U0248412

周东华 主编

紧跟时代发展
培养自动化专业创新人才

2017全国自动化教育学术年会论文集

清华大学出版社

北京

图书在版编目（CIP）数据

紧跟时代发展　培养自动化专业创新人才：2017全国自动化教育学术年会论文集 / 周东华主编. —北京：清华大学出版社，2018

ISBN 978-7-302-50037-7

Ⅰ. ①紧…　Ⅱ. ①周…　Ⅲ. ①自动化-人才培养-研究-中国　Ⅳ. ①TP1

中国版本图书馆 CIP 数据核字（2018）第 083856 号

责任编辑：王一玲　赵　凯
封面设计：常雪影
责任校对：白　蕾
责任印制：宋　林

出版发行：清华大学出版社
　　　　　网　　　址：http://www.tup.com.cn, http://www.wqbook.com
　　　　　地　　　址：北京清华大学学研大厦 A 座　　　邮　　　编：100084
　　　　　社　总　机：010-62770175　　　　　　　　邮　　　购：010-62786544
　　　　　投稿与读者服务：010-62776969，c-service@tup.tsinghua.edu.cn
　　　　　质　量　反　馈：010-62772015，zhiliang@tup.tsinghua.edu.cn
印　装　者：三河市铭诚印务有限公司
经　　　销：全国新华书店
开　　　本：210mm×285mm　　　印　张：51.5　　　字　　　数：1427 千字
版　　　次：2018 年 9 月第 1 版　　　印　　　次：2018 年 9 月第 1 次印刷
定　　　价：398.00 元

产品编号：077522-01

紧跟时代发展　培养自动化专业创新人才
——卷首词

当今世界，科技进步日新月异，新生事物层出不穷。

物联网、大数据、云计算、智能技术……为调整经济结构、转变发展方式提供了强有力的支撑，催生出一大批新产业、新业态、新经济。智能机器人、智能制造、智慧城市、智慧生活……一系列信息和自动化技术的新应用，正成为推动自动化专业人才培养体系进行改革的重要力量。

2015 年 7 月下旬，上一届全国自动化教育学术年会在国务院刚刚颁布了《中国制造 2025》和《国务院关于积极推进"互联网+"行动的指导意见》等重要文件后于古城西安召开。近 500 位与会代表立足应对经济新常态发展、提升人才培养质量的宗旨，热烈交流探讨自动化专业人才培养新定位、专业培养方案改革、工程教育质量保障与专业认证、以慕课为代表的教学方式改革等教育话题，为本学校本专业教育和改革实践拓展了视野、校准了目标、增加了方法、丰富了资源。

两年来，围绕"两个一百年"奋斗目标和全面建成小康社会的明确任务，党中央、国务院陆续推出一系列重要举措，为自动化专业教育的发展提供了广阔的、光明的、极具挑战的新空间。2016 年 5 月底，习近平总书记在"科技三会"上向全国科技工作者发出了"为建设世界科技强国而奋斗"的动员令。8 月，国家颁布《"十三五"国家科技创新规划》，在《国家中长期科学和技术发展规划纲要（2006—2020 年）》设置的重大专项基础上，面向 2030 年，再一次选择航空发动机及燃气轮机、深海空间站、量子通信与量子计算、脑科学与类脑研究、国家网络空间安全、深空探测及空间飞行器在轨服务与维护系统、种业自主创新、煤炭清洁高效利用、智能电网、天地一体化信息网络、大数据、智能制造和机器人、重点新材料研发及应用、京津冀环境综合治理、健康保障等一批体现国家战略意图的重点方向，设立 15 个重大科技项目，并按照"成熟一项、启动一项"的原则，分批次有序启动实施。在国家"十三五"科技创新布局进展过程中，以智能语音/图像/视频处理技术、AlphaGo、无人驾驶汽车等为典型应用的人工智能技术在国际国内迅速发展，已经显露并将继续深刻地改变人类社会生活、改变世界。我国自动化领域的一批院士和专家学者，联合计算机等其他专业领域的专家学者，共同向党中央、国务院提出增设"新一代人工智能"重大科技项目的倡议，抢抓人工智能发展的重大战略机遇，构筑我国人工智能发展的先发优势，加快建设创新型国家和世界科技强国。经过紧张、系统的研究部署，在本次大会召开前不久的 7 月 20 日，国务院颁布了《新一代人工智能发展规划》，成为新的国家重大科技项目之一。

当今时代为自动化学科发展和科技进步带来了巨大成长空间，当今时代也迫切要求高校自动化专业人才培养过程朝着更加适应建设未来社会需要的目标转变。

两年来，全国高校自动化专业抓住机遇、改革创新，办学和人才培养取得了长足进步。专业规模稳步扩大，"机器人工程"成为新的特设专业方向。课程体系进一步优化，以控制为核心，各高校结合办学定位和特色，或在装备制造、新能源、智能交通、生命科学和脑科学、生态环境等交叉领域拓展，或在网络化、信息化、智能化等新方向上深化，或在物联网、大数据、无人机、机器人、生物制造等新应用上布局。更多学校加入专业认证行列，按照"以学生发展为中心""学习成效导向"和"持续改进"的核心认证理念，完善专业教育教学和质量保障体系。教育教学方式更加适应学生特点和需要，"双创"教育、慕课教学、赛课合一、研讨互动方式等被越来越多的学校、专业和教师运用。自动化毕业生就业形势继续领先，"中国制造 2025""互联网+"战略和"一带一路"倡议为自动化专业带来了强劲的人才需求，各专业办学质量的提升为毕业生高质量就业奠定了基础。

在上述背景下，本次大会以"紧跟时代发展，培养自动化专业创新人才"为主题，以服务全国高校自动化专业、提升人才培养质量为宗旨，邀请高校教师、行业企业专家，围绕时代发展呼唤创新型人才的需求，共同交流探讨高校自动化专业的发展战略与规划、人才培养目标及模式、青年教师教学及实践能力提升、工程教育认证及质量保障体系、教学资源建设与教学组织运行、实践与创新创业教育改革、校企协同育人举措等。

"2017 全国自动化教育学术年会"继续由教育部高等学校自动化类专业教学指导委员会、中国自动化学会教育工作委员会、中国系统仿真学会教育工作委员会、中国机械工业教育协会自动化学科教学委员会主办，由南京理工大学、江苏省自动化学会共同承办。大会得到全国自动化领域广大教师的积极响应，投稿踊跃，共收到论文 196 篇。经程序委员会组织近 50 位专家审稿，共录用论文 170 篇，收录在会议论文集光盘中，部分论文将推荐到《电气电子教学学报》《实验室研究与探索》《中国大学教育》等刊物上发表。作为特殊表彰，会议将评选出 10 篇左右的大会优秀论文。

我相信，在全体参会代表的努力下，本次大会一定会取得圆满成功！

最后，我代表会议程序会员会真诚感谢教育部高教司和江苏省教育厅领导对大会的指导！诚挚感谢吴澄院士、瞿振元会长亲临大会为我们带来高屋建瓴、见解深刻、内容丰富的主题报告！感谢从全国各地高校自动化专业教育第一线来到大会现场的各位老师和为今天大会成功举办而付出努力的各位同仁！

谢谢大家。

2017 全国自动化教育学术年会程序委员会主席

周献华

2017 年 8 月 11 日

目　录

主题 1：自动化专业的发展战略、发展规划

人工智能与自动化（智动化）新工科专业创建思路 ………………………………… 韩九强 （ 3 ）
"一带一路"战略下自动化专业高等教育的思考 ……………………………………… 张梦怡 （11）
地方院校自动化专业特色发展建设研究与实践 ……………………………… 范立南　李　鑫 （15）
地方高校自动化专业综合改革试点建设的研究与实践 ……… 于微波　张秀梅　刘克平　邱　东 （19）

主题 2：自动化专业人才培养目标、培养模式及培养计划

面向智能制造的自动化专业人才培养思考 ………………………… 李慧芳　彭熙伟　夏元清 （27）
自动化专业分方向培养模式研究 …………………………………………… 张凯锋　魏海坤 （32）
电气信息类专业创新应用型人才培养模式改革与实践
　　………………………………… 苏海滨　贺子芙　张红涛　熊军华　朱安福 （37）
电气信息类 IIIX+I 人才培养体系探索与实践 …………………… 常俊林　马小平　李　明 （42）
基于人格塑造与专业教育融合的自动化类专业创新型人才培养模式的探索与实践
　　………………………………… 何顶新　周凯波　周纯杰　彭　刚　王燕舞 （48）
结合 IEET 认证的应用型自动化专业人才培养方案探讨
　　………………………………… 龙迎春　彭昕昀　宁　宇　何　莹　刘文秀　王杏进 （54）
基于机器人 "3C" 平台培养应用型人才 ………………… 夏庆锋　曾舒婷　孙海洋　刘益新 （59）
目标引领、问题驱动和成果导向深度融合的自动化专业应用型人才培养模式研究
　　………………………………………… 孔祥松　关健生　徐　敏 （64）
地方高校自动化专业 "四种类型" 人才培养模式的构建与实践
　　………………………………… 于海生　丁军航　于金鹏　吴贺荣 （68）
大学四年级校企联合柔性培养计划的探索与实践
　　………………………………… 黄　鹤　汪贵平　雷　旭　龚贤武　王会峰 （72）
中约大学自动化专业人才培养模式初探 …………………………………………… 贺良华 （79）
应用型人才培养模式和课程体系的改革与实践——以哈尔滨工程大学自动化专业为例
　　………………………………… 张晓宇　肖模昕　池海红　原　新 （84）

主题 3：自动化专业课程资源、MOOC 课程和教材建设

构建控制类精品课程群　打造优质立体化教学资源 ……………… 徐晓红　陈立刚　张　红 （91）
基于 OBE 工程教育模式的微机原理课程教改探索 ………………………… 刘　笛　凌志浩 （95）
具有航运特色的《仪表与过程控制》虚拟仿真实验教学资源建设 ……… 张萌娇　李　晖 （100）
基于 MOOC 的过程控制系统课程建设 ………………………………… 常艳超　曾庆军 （104）
"信号检测、处理及实现" 系列教材建设 ………………………………… 徐科军　黄云志 （108）
电机学与驱动控制系列课程的线上线下混合教学模式建设 …… 周熙炜　汪贵平　闫茂德　茹　锋 （114）
电子技术实验教学改革探索与实践 ……………… 谢　东　郭利霞　王　敏　张俊林　李正中 （118）

基于 MOOC 的船舶电气自动化类专业自动控制原理课程建设

　　………………………………………常艳超　曾庆军　薛文涛　陈　伟（122）

翻转课堂的探索与实践………………………………………………于春梅　毕效辉（128）

基于单自由度弹性关节机器人模型的"现代控制理论基础"课程设计……………任　凭（133）

基于《自动控制原理》课程混合式教学改革研究与实践

　　………………………李二超　刘微容　李　炜　苏　敏　赵正天（137）

研究生《现代运动控制系统》课程体系与教学实践………………陈德传　陈雪亭（141）

对翻转课堂教学的体会………………………………………………李　凌　袁德成（144）

基于 SPOC 的"自动控制原理"混合教学模式研究

　　………………苏　敏　李　炜　李二超　毛海杰　申富媛（147）

基于网络平台的自动控制原理课程混合教学模式研究与实践………张秀梅　于微波　刘克平（151）

主题 4：自动化专业师资队伍培养和教学团队建设

从工程应用技术教师大赛论高校工科专业教师队伍建设……萧德云　吴晓蓓　刘　丁　黄海燕（157）

工程教育认证背景下的地方院校师资队伍建设思考……………………孔玲玲　李　佳（163）

基于 robocon 的自动化专业创新人才培养模式探讨

　　………………………程　磊　李　婵　彭　锐　贺志华　陈泓宇（167）

展练评——站稳三尺讲坛，迎送交——立足教研舞台控制理论相关课程教学团队建设实践与成效

　　…张捍东　张世峰　方　炜　吴玉秀　黄松清　姚凤麒　沈　浩　刘一帆　贺荣波　孔庆凯（171）

工程教育认证背景下的自动化专业师资队伍建设……………………………………邱柯萍（177）

主题 5：青年教师教学成长的做法和成效

"非线性及自适应控制"课程教学改革探讨…………………………王庆领　杨万扣（183）

实验技术教师工作的分析与讨论……………………………张　婷　吴美杰　刘瑞静（186）

以"三引"为指导，在通识教育课上开展研究性学习——"走进物联网"课程教学体会点滴

　　………………………………………………………………王力立　吴晓蓓（190）

自动化类专业的教与学学术（SoTL）社群建设研究………………高　琪　廖晓钟　庞海芍（194）

自动化专业青年教师教学成长的做法和成效………………朱艺锋　乔美英　胡　伟　王红旗（199）

主题 6：自动化专业创新创业教育研究与实践

本科创新能力培养与课堂教学相结合的探索…………冬　雷　廖晓钟　高志刚　马宏伟（205）

创客文化建设背景下的实验室价值提升路径探索………………赵广元　张　良　张二锋（209）

大学生创新能力培养模式探索与实践………………马立玲　王军政　赵江波　汪首坤（214）

地方高水平大学自动化专业创新创业人才培养闭环控制模式的研究与实践

　　………………………高国琴　刘国海　张　军　赵文祥　赵德安（218）

基于创新能力培养的"计算机控制技术"课程教学体系建设方案

　　………………李　海　李晓辉　李　杰　龚贤武　闫茂德　汪贵平（223）

重创新要素、构创新平台、强培养过程——自动化专业学生创新能力培养模式探索与实践

　　………………………………………………王海梅　吴晓蓓　吴益飞（228）

地方院校自动化专业创新创业教育探索与实践………刘　涵　弋英民　焦尚彬　刘　军　刘　丁（232）

主题 7：自动化专业实践教学模式的创新与探索

"互联网+"背景下控制学科实践教学模式的探索 …………… 朱燕红　史美萍　吕云霄　谢海斌（237）

创新能力驱动的 DSP 课程实验教学研究 ……………………………………… 苗敬利　安宪军（242）

从中国智能制造挑战赛谈自动化专业工程教育的缺失

…………………………… 萧德云　张贝克　王　红　张　昕　彭　惠（246）

高水平自动控制原理实验平台 …………………………………………………… 袁少强　刘　中（254）

高校机器人实践课程教学模式探索 ………………… 周春琳　熊　蓉　刘　勇　姜　伟　谢依玲（258）

高校机器人实践课教学中若干现象分析 …………… 周春琳　熊　蓉　刘　勇　姜　伟　谢依玲（263）

工程教育背景下卓越计划对自动化专业实习教学的启迪 ……… 张浩琛　刘微容　刘仲民　赵正天（267）

构建以控制为特色的跨学科创新性实验教学平台 ………… 韩　涛　张建良　吴　越　姚　维（271）

基于 CDIO 理念的项目驱动式教学方法研究与实践 ………… 于微波　张秀梅　刘克平　邱　东（275）

基于 CDIO 模式的《程序设计》课程教学改革研究

…………………………… 杨其宇　张　霞　杨正飞　李　明　陈　玮（280）

基于工程对象的创新型工程实训教学研究

………………… 彭　刚　何顶新　周纯杰　周凯波　秦肖臻　姚　昱　秦志强（283）

基于培养学生能力为目标的实验教学研究与实践——以电气传动课程设计为例

…………………………………………………… 张　婷　刘瑞静　吴美杰（289）

基于项目驱动的自动化专业课程一体化实践教学模式的探索与实践

…………………………………………… 马　然　齐咏生　张健欣　魏　江（293）

基于应用实例的"微机原理与接口技术"课程教学方法探讨 …………………………… 姚分喜（298）

面向复杂工程问题，推进实验教学改革 ………… 彭熙伟　郭玉洁　张　婷　王向周　郑戍华　汪湛清（302）

面向工程实践理念的数字信号处理课程教学方法 …………………… 王秋生　张军香　董韶鹏（307）

面向工业 4.0 的自动化专业实践教学改革初探 …………… 陈　薇　郑　涛　唐　昊　李　鑫（312）

面向自动化专业的移动机器人综合实验平台

………………… 徐　明　肖军浩　李治斌　薛小波　卢惠民　徐晓红（316）

实验教学模式创新与探索 …………………………………………………… 姜增如　许泽昊（320）

适应工业 4.0 体系的自动化专业实验系统设计与实现 … 王　林　徐志涛　张嘉英　王旭东　贾美美（325）

微视频在翻转实验课堂的应用 …………………………………… 张　婷　刘瑞静　吴美杰（330）

虚拟仪器在单片机课程设计中的应用 ………………… 郭玉洁　郑戍华　汪湛清　彭熙伟（333）

学科交融背景下课程设计的教学研究与实践 ……………………… 王　田　骆　滢　乔美娜（338）

一种基于物联网的实验室智能控制系统 ………………………… 汪湛清　彭熙伟　郭玉洁（342）

以能力为导向的卓越计划实践教学体系的改革 …………………………………… 张　毅　黄云志（347）

以整体工程观为指导的自动化专业课程教学模式改革与实践

…………………………… 张光新　谢依玲　黄平捷　侯迪波　戴连奎（351）

应用型本科自动化专业校企合作实践教学模式初探 ……… 郑　英　王迷迷　张立珍　辛海燕　陈慧琴（358）

自动化"卓越工程师计划"企业实践课程中教师角色探究 ……… 张浩琛　刘微容　赵正天　祝超群（362）

自动化类专业课内课外一体化的多层次实践平台的建设与实践

………………… 周凯波　何顶新　周纯杰　彭　刚　王燕舞（366）

自动化专业"三电"实验课程教学探索与实践 ……… 徐　伟　陈　勇　艾伟清　吕　庭　徐惠钢（372）

自动化专业课堂教学与创新实践一体化的探索与实践 ……… 邬　晶　李少远　周　越　袁景淇（376）

自动化专业实验实践教学体系和教学模式改革与探索 ……… 张莉君　陈　鑫　张晶晶　王广君（380）

电机及运动控制虚拟仿真与快速原型实验平台⋯⋯⋯龚贤武　黑文洁　岳靖斐　汪贵平　闫茂德（386）
工程教育背景下自动化专业实践教学体系改革⋯⋯⋯⋯⋯⋯⋯⋯⋯王新环　张宏伟　乔美英（390）
基于"混合教学"（Blended Learning）模式，培养学生工程实践能力和创新精神的实验教学改革
⋯⋯⋯⋯⋯⋯⋯⋯⋯⋯⋯⋯⋯⋯⋯⋯⋯⋯⋯⋯⋯⋯⋯⋯⋯⋯⋯⋯⋯耿玉茹　霍平（395）
基于机器人竞赛的自动化专业实践创新教育模式探索⋯⋯冯钧　张永春　王刚　周军（397）
解析"自动化仪表"课程的系统化教学模式⋯⋯⋯⋯⋯⋯⋯⋯陈荣保　肖本贤　朱敏（401）
开放式的暑期学校特色专业教育研究⋯⋯⋯⋯⋯⋯戚国庆　张一戎　李银伢　盛安冬（406）
面向工程实践，构建信息类创新人才培养模式⋯⋯⋯王悦　杨世凤　刘振全　李建良（410）
自动化专业课程教学模式改革与实践⋯⋯⋯⋯⋯⋯⋯⋯⋯⋯⋯⋯⋯⋯胡红林　赵喜梅（414）
构建轨道交通特色的多层次实验教学新体系⋯⋯⋯王小敏　王茜　张翠芳　邬芝权（418）
一种虚实结合的便携式运动控制实验系统的研发⋯⋯⋯郭毓　吴益飞　王海梅　丁福文（422）
依托实验室培养卓越工程师模式的探索⋯⋯⋯⋯⋯⋯⋯⋯⋯⋯⋯⋯⋯⋯申建军　喻薇（427）
自动化专业开放实验室信息化建设与探索⋯⋯⋯谭飞　范焘　曾慧敏　陈再秀　陈玉梅（431）

主题 8：自动化专业工程教育认证

《过程控制综合训练》对毕业要求指标点的达成实践
⋯⋯⋯⋯⋯⋯⋯⋯曹慧超　李炜　赵小强　鲁春燕　赵正天　蒋红梅（439）
"自动控制原理"课程达成度的计算与持续改进
⋯⋯⋯⋯⋯申富媛　李炜　毛海杰　鲁春燕　蒋栋年　刘微容　李二超　赵正天（444）
毕业要求达成度量化评价机制与方法——以南京理工大学自动化专业为例
⋯⋯⋯⋯⋯⋯⋯⋯李银伢　戚国庆　徐大波　盛安冬　徐胜元（448）
基于课程教学考核的毕业要求达成度评价方法⋯⋯⋯戴波　蓝波　徐文星　刘建东　纪文刚（455）
面向工程教育专业认证的电力电子课程综合改革研究与实践⋯张凯锋　吴晓梅　包金明　魏海坤（464）
基于专业认证的地方高校自动化专业人才培养模式构建⋯⋯李澄非　梁淑芬　陈鹏　李华嵩（469）
培养目标与毕业要求达成度评价研究与实践⋯⋯⋯⋯⋯⋯⋯⋯⋯⋯⋯李现明　杨西侠（475）
面向工程教育认证的毕业设计问题分析及质量提升策略
⋯⋯⋯⋯⋯⋯⋯⋯⋯⋯⋯杨青　周萍　许川佩　张敬伟　任凤华（480）
应用型本科自动化专业的成果导向教育实践⋯⋯⋯胡文金　宋乐鹏　刘显荣　谢东　张俊林（484）
工程教育认证背景下的自动化专业持续改进策略研究
⋯⋯⋯⋯⋯⋯⋯⋯⋯贾鹤鸣　张佳薇　管雪梅　刘一琦　黄建平（490）
工程教育认证下自动化专业培养目标和实践改革之思考⋯⋯⋯赵艳东　吴兵　樊春玲（494）
专业认证背景下课程教学大纲重构中的思考——以《微机原理与接口技术》为例
⋯⋯⋯⋯⋯⋯⋯⋯⋯⋯⋯⋯⋯⋯⋯⋯⋯⋯⋯⋯⋯⋯⋯⋯⋯张永林　朱志宇（498）
基于工程认证的数字电子技术实验课改革⋯⋯⋯⋯⋯⋯⋯⋯⋯⋯⋯⋯任国燕　任国梅（504）
工程教育认证背景下的自动化品牌专业建设研究⋯⋯⋯⋯⋯⋯⋯⋯⋯⋯伏姜　吴益飞（509）

主题 9：自动化专业教育教学改革与实践

5 个"自主"，探索"新生研讨课"教学新模式⋯⋯⋯⋯⋯戴先中　钱堃　甘亚辉（515）
"嵌入式控制系统"课程教学的探索与实践⋯⋯⋯李治斌　薛小波　徐明　肖璇（519）
"现代控制理论"课程知识点逻辑关系设计⋯⋯⋯⋯⋯⋯⋯⋯⋯⋯刘亚东　周宗潭（524）
"自动控制原理"课程研究性教学改革与实践⋯⋯⋯⋯⋯⋯⋯⋯⋯罗家祥　高红霞（528）
"非线性系统导论"研讨课程的教学改革⋯⋯⋯⋯⋯⋯⋯⋯⋯⋯⋯⋯⋯⋯⋯翟军勇（532）

"过程控制系统"实践案例：基于模糊神经网络 PID 的液位控制系统设计

　　　　　　　　　　　　　　　　　　　　　　蔡林沁　吴承宪　李星辰　郭俊欣（535）

"自动控制理论"课程中翻转课堂教学方法改革与实践……………李瑞瑞　辛　菁　刘　丁（539）

"自动控制原理"英文教学的实践与思考……………………王　薇　林　岩　左宗玉（544）

"C++程序设计"课程教学改革与实践……………杨万扣　王庆领　魏海坤　孙长银（548）

OBE 模式下控制课程群闭环支撑体系建设与实践

　　　　　　　　　　　　刘微容　刘朝荣　李　炜　李二超　赵正天　鲁春燕（553）

帝国理工学院人才培养模式探析……………张兰勇　刘　胜　马忠丽　Christos Papavassiliou（558）

多学科交叉背景下的计算智能课程教学研究……………………王　田　乔美娜　陈晓磊（562）

工程教育背景下检测与转换技术课程教学模式改革探索………张浩琛　曹慧超　刘朝荣　何俊学（566）

工程教育背景下自动化专业控制课程群的建设与实践

　　　　　　　　　　　　　　　李二超　刘微容　李　炜　苏　敏　赵正天（570）

工程认证指导下的电路课程过程化教学改革………………………盖绍彦　达飞鹏（574）

基于"卓越计划"的计算机控制技术课程教学改革与探索

　　　　　　　　祝超群　刘微容　王志文　刘仲民　王　君　张浩琛　鲁春燕（578）

传统考核方式改革分析——基于 B/S 模式通用 在线考试系统的设计……关丽敏　汪贵平　李伟刚（583）

基于 LabVIEW 的"自动控制原理"教学辅助系统设计与应用………刘志鸿　温素芳（589）

基于 PLC 的丝杠控制系统及在自控原理实验中的应用…………刘　中　富　立　袁少强　张军香（593）

基于 TRIZ 理论的高校大学生创新力培养研究………诸　云　郭　健　张丹丹　熊玉倩（598）

基于创新能力培养的控制工程类研究生课程教学改革的研究

　　　　　　　　　　　　林　海　张泽莹　朱　旭　杨盼盼　左　磊　闫茂德　汪贵平（604）

基于工业化与信息化深度融合的自动化专业课程体系改革

　　　　　　　　　　　　　　　王　平　蔡林沁　吕霞付　虞继敏　向　敏（609）

基于雨课堂的混合式教学模式设计与实践………………谢将剑　张军国　陈贝贝　吴宇璐（614）

基于知识关联思想的数字信号处理课程教学方法探索与实践…………王秋生　董韶鹏　张军香（618）

计算机控制系统实验的改革研究……………………………………李　敏　陈国定（623）

可编程控制器课程教学改革研究与实践…………………周　琳　迟书凯　黎　明　牛　炯（627）

论继续提高我院自动化课程教学质量的方法…………毛　琼　齐晓慧　董海瑞　曹英慧（631）

面向工程教育专业认证的"控制系统计算机仿真"课程建设研究

　　　　　　　　　　　毛海杰　蒋栋年　赵正天　李　炜　刘微容　李二超（635）

面向智能制造发展需求的自动化专业本科毕业设计改革方案……………熊永华　陈　鑫（641）

面向卓越工程师培养的自动化专业教学改革研究……………周丽芹　綦声波　刘兰军　黎　明（646）

面向自动化类专业的创客课程案例教学实践………………赵广元　张　良　周金莲　潘　峰（651）

浅谈新工科背景下的应用型自动化专业的课程体系改革……………………………瞿福存（657）

提高自动化专业本科课堂教学质量的探索………郑永斌　谢海斌　徐婉莹　白圣建　李　春（663）

项目导向教学法在专业课程中的实践………………………彭学锋　刘建斌　李　红（668）

自动化专业"电子技术实验"课程建设与教学改革…王　波　王美玲　刘　伟　金　英　肖　烜（672）

"运动控制系统"课程考试改革与创新能力培养………郭　毓　吴益飞　王海梅　苏少钰　陈庆伟（677）

参照产品谱系的自动化专业课程体系研究………汪贵平　黑文洁　黄　鹤　龚贤武　闫茂德（681）

磁盘驱动读取系统在控制工程教学中的应用…………………………………强　盛（688）

工程教育专业认证背景下翻转课堂的设计与实践

　　　　　　　　　　　杨玲玲　陈　玮　章云　龙　德　李　明　杨其宇（693）

基于问题的学习在电子电路基础课程教学改革的应用
·· 牛　丹　仰燕兰　陈夕松　周杏鹏　叶　桦（696）
浅谈信息通信网络教学改革 ·· 曹向辉　周　波　孙长银（700）
试论"现代控制理论"课程教学中工程应用能力的培养 ·· 王宏华（704）
微机原理及接口技术教学方法研究与实践 ·· 林　新（708）
循序渐进设计实例在自动控制理论教学中的应用 ·· 强　盛（712）
智能建筑与楼宇自动化课程实验设计 ·········· 倪建云　刘洪锦　谷海青　解树枝（718）
智能控制课程教学改革与实践 ·········· 黄从智　杨国田　李新利　葛　红（722）
自动化国家级特色专业建设与实践 ·········· 巨永锋　汪贵平　闫茂德　武奇生　龚贤武（727）
工程教育认证背景下的自动化专业本科毕业设计改革与实践 ·········· 夏思宇　黄永明（733）
"运动控制系统"课教学方法研究和部分难点分析 ·········· 李练兵　江春冬　李　洁　王　睿（737）
基于 CDIO 工程教育模式的微机控制课程教学改革研究与探讨
·· 李俊芳　高　强　郭　丹　李玉森（741）
CDIO 模式下的"自动控制原理"教学改革探索 ·· 李　凌　袁德成（745）
面向工程认证的自动化专业课程多元化考核体系研究 ·········· 王华斌　李鹏飞　罗　好　郭利霞（748）
项目驱动的 MATLAB 在运动控制系统教学中的应用 ·· 王艳芬（751）
新工科背景下"电机与拖动"教学改革与探索 ·········· 吕　剑　从兰美　何莉萍（755）
关于系统控制理论与思维方式的思考 ·· 张　明（760）

主题 10：自动化专业教学质量保障体系建设

基于诚信因子的自动化本科课程考核方式与成绩 评定模型研究
·· 宋春跃　赵豫红　王　慧　谢依玲（767）
模糊模型评价卓越工程理论教学研究 ·········· 宋乐鹏　胡文金　官正强（775）
基于校友调研的自动化专业培养状态分析——浙江工业大学的案例 ·········· 杨马英　李志中（780）
加强过程管理的本科生毕业设计（论文）分类指导浅谈
·· 杨　欣　徐盛友　苏玉刚　孙　跃　李　斌（785）

主题 11：自动化专业校企合作平台建设

"企业实践一"对自动化专业卓越计划学生能力培养的探索与实践 ········· 赵正天　汪应军　刘微容（791）
独立院校自动化专业依托"校企合作平台"工程应用型人才培养之探索
·· 汪纪锋　李　洁　党晓圆（796）
河北工程大学自动化专业校企合作人才培养模式研究 ·········· 韩　昱　王艳芬（800）
摄像头循迹智能车实验平台关键技术研究 ·········· 董韶鹏　姜凯伦　袁　梅（804）
基于工程认证的"自动化微工厂"实践教学平台 ·········· 郝　立　包金明　王　飚（809）

主题 1：

自动化专业的发展战略、发展规划

人工智能与自动化（智动化）新工科专业创建思路

韩九强

（西安交通大学，陕西　西安　710049）

摘　要：本文针对自动化专业在新时期的发展问题，结合对工业革命发展规律的分析研究，预测未来以智能化为主要发展方向的第五次工业革命（工业 5.0）将成为推动自动化专业教育的主要内涵。结合新工科建设的"复旦共识"与"天大行动"计划，提出"人工智能与自动化（智动化）专业"的创建构想和建设思路。结合工业 X.0 的机器系统概念定义和具有工业 5.0 特征的智动化系统，分析归纳智动化专业的课程体系与实验体系，最后简介了一种群机器柔性智动化系统教学实验平台。

关键词：智动化；工业 5.0；人工智能

The Idea to Create the Major of Artificial Intelligence and Automation

Jiuqiang Han

(Xi'an Jiaotong University, Xi'an 710049, Shaanxi Province, China)

Abstract：According to the development problems of automation major in the new era and the analysis of the development pattern of industrial revolutions, we proposed that the main content of automation major education in the future is artificial intelligence and automation, which is the development direction of the Fifth Industrial Revolution (Industry 5.0). Firstly, on the basis of Fudan Consensus and Tianda Action, we came up with the idea to create the major of artificial intelligence and automation. Secondly, we analyzed the course system and experimental system of this new major, combining the definition of machines in Industry X.0 and the systems with all the features of Industry 5.0. Lastly, we introduced a teaching experiment platform of flexible intelligent swarm robotic system.

Key Words：Artificial Intelligence and Automation；Industry 5.0；Artificial Intelligence

1　自动化专业的辉煌与挑战

随着我国电力技术的应用，早在 1952 年高校成立了服务工业的工业企业电气化专业，1958 年由于我国国防工业发展的需要，新成立了服务于军工的自动控制专业，从此，自动化专业就分为服务于工业企业的工企专业（强电）和服务于军工的自动控制专业（弱电）两个专业方向发展。在 20 世纪六七十年代，自动控制发展成为工业皇冠上的一颗璀璨明珠，辉煌数十年。西安交通大学的自动化专业与全国高校同步发展。

随着工业快速发展和自动控制理论技术的完善普及，20 世纪 90 年代，许多行业的工科院系利用自动化技术嫁接升级自身的行业背景专业，于是出现了诸如机械及其自动化专业、电器工程与自动化专业、化工自动化专业等，使得这些专业取得了嫁接升级成功，在专业招生方面取得了很

联系人：韩九强. 第一作者：韩九强（1951—），男，本科，教授.

大的突破。然而，没有行业背景的自动化专业却遇到了前所未有的生存挑战，西安交通大学自动化专业受到1996年被取消招生资格的挑战，教师转为信息工程专业辅助教学。在引导性招生目录的引领下，特别是没有行业背景的自动化专业都面临着类似的挑战。

2001年，经全国自动化界的同仁共同努力，经教育部同意，自动化专业与其他具有行业背景的自动化专业并存，西安交通大学于2002年恢复了停招6年的自动化专业本科招生资格，从此无行业背景的自动化专业生存得到了基本保证。特别是经过前两届教育部自动化专业教学指导分委员会的努力，在新一轮专业目录中，自动化专业由原来在电子信息与电气学科类下的一个自动化专业，发展成为类所属的自动化（080801）和轨道交通信号与控制（080802T）两个专业，2012年成立了本届教育部自动化类专业教学指导委员会。从此，自动化专业得到了更大的发展机遇。

随着德国人工智能研究中心2011年提出工业4.0概念之后，2013年4月德国汉诺威工业博览会上正式推出工业4.0，世界各国分别将其上升为各自的国家战略，如德国政府的《德国2020高技术战略》，中国政府的《中国制造2025》，美国政府的《先进制造伙伴（AMP）》等，工业界掀起了工业4.0的研究应用热潮[1, 2]。随着《中国制造2025》的展开，众多行业领域都不同程度地涉及智能内容，如中国工程院与国家自然科学基金委项目组提出"中国工程科技2035发展战略研究"12大类提案中，就智能与控制子项中涉及智能机器人技术、智能感知与信息获取、智能认知与学习、智能驱动与控制、脑认知的形式化等；先进制造子项中涉及智能设计与仿真、智能感知与人机交互、智能化工艺与生产、智能执行单元及系统、智能检验检测技术、增材智造、智能机器人等；国家"十三五"规划布设的智能制造试点项目中涉及微小惯性器件智能制造、节能重卡变速器智能制造、煤化工智能工厂、智能终端智能制造、智能断路器智能装配……国务院学位委员会也在学科设置上增加了《智能科学与技术》一级学科，涉及脑科学、认知学和人工智能等，每一项提法都无不带有智能一词，其中无不涉及智能化的内容。因此，在当代科学技术日新月异发展新形势下，自动化面临新挑战的内容，下面重点就"智动化"和"自动化"进行说明。

2　智动化与自动化

近几年来，对工业4.0的解释，大部分学者均采用德国人工智能研究中心关于工业革命发展报告的插图[3, 4]（图1，前四次工业革命发展历程图）进行论述解释，包括给国务院总理讲解工业4.0时的引图也不例外。同样，本文也引用图1对工业革命的发展规律进行了分析，即将每一次工业革命中的机器（广义的机器）类人比较进行机器机能衍生的划分，进而分析工业革命的发生发展规律。分析结果发现，每次工业革命都是以机器衍生出类人某一种重要器官肌能（如体力、手足、大脑、耳朵、嘴巴、眼睛）的机器机能（如动力、动作、计算、听讲、视觉）和诞生该机能机器为标志的发展规律。由此类推，引发第五次工业革命是机器衍生出类人的认知学习能力的机器学习机能，并诞生学习机能机器和广泛应用，即工业5.0。由此可以认为，与李世石、柯洁PK的围棋高手AlphaGo称得上是引发第五次工业革命的标志性机器——智能机器[5]。

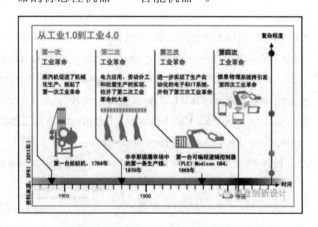

图1　前四次工业革命发展历程图

通过上面对工业革命的简要分析，工业已经发展到或将进入机器衍生认知学习机能的智能化时代或阶段，广泛应用的工业自动化生产线系统或将转型升级为工业智动化生产系统形态。

类人比较分析得出每一次工业革命机器衍生出的类人器官肌能、机器机能、标志机器以及机器化与工业化发展如表 1 所示，每次工业革命诞生的机器定义如表 2 所示。由于工业发展越来越快，很多机器机能并发出现，如听讲看的机器机能和工业发展将其归为第四次工业革命进行说明。

表 1 工业革命的类人比较分析结果

工业革命	类人肌能	机器机能	标志机器	机器发展	工业发展
第一次	体力肌能	动力机能	动力机器	机器动力化	工业机器化
第二次	手动肌能	动作机能	动作机器	机器动作化	工业机械化
第三次	脑算肌能	计算机能	程控机器	机器程控化	工业信息化
第四次	耳嘴肌能	听讲机能	网络机器	机器网控化	工业网络化
	眼睛肌能	视觉机能	视觉机器	机器视觉化	工业视觉化
第五次	认知能力	学习机能	智能机器	机器智能化	工业智动化

表 2 工业 X.0 机器定义

工业 X.0 机器	工业 X.0 机器定义
工业 1.0 机器	具有蒸汽动力机能的机器
工业 2.0 机器	具有动力机能 + 动作机能的机器
工业 3.0 机器	具有工业 2.0 机器机能 + 计算处理机能的机器
工业 4.0 机器	具有工业 3.0 机器机能 + 听讲机能的机器
工业 4.5 机器	具有工业 4.0 机器机能 + 视觉机能的机器
工业 5.0 机器	具有工业 4.5 机器机能 + 认知学习机能的机器

随着中国制造 2025 的快速推进以及第五次工业革命的兴起，涉及智能化行业之多、应用范围之广是可以预见的。整个工业的智能化将对如表 2 所示的机器需求是巨大的，对智动化人才的知识结构要求是宽广而超前的，即对工业 4.0 机器机能和认知学习机能涉及的基础知识和专业技能是必须的。从工业 5.0 机器定义看出，工业 5.0 人才所具备的知识就是工业 4.0 机器涉及的基本知识加上认知学习机能的理论技术。因此，自动化专业培养学科交叉、知识宽广的智动化人才有着得天独厚的学科优势和专业技术优势。所谓学科优势就是自动化专业所在一级学科设有模式识别与智能系统；所谓专业知识优势就在于自动化专

业绝大部分师资长期从事模式识别、智能测控、智能系统、机器学习、认知学理论等教学科研工作，具备智动化专业人才培养的基础知识和专业能力。因此，创建人工智能与自动化（简称智动化）新工科专业是自动化专业振兴的天赐良机和战略性发展机遇。

3 智动化新工科专业创建思路

3.1 智动化新工科专业创建指导思想

创建智动化新工科专业，要乘国家新工科建设的"复旦共识"和"天大行动"政策之势，深入研究工业发展的历史规律，结合工业发展对智动化人才的广泛需求、知识能力要求以及人才培养的基本规律，应开展以下多方面的创造性研究工作。

（1）树立智能创新、智能化工业机器系统、全智能化工程背景办学的新理念。

（2）构建智能化与自动化相结合的智动化专业的新结构。

（3）探索实施智动化新工科专业人才培养的新模式。

（4）打造具有国际智动化人才竞争力培养的新质量。

（5）建立完善智动化专业课程与实验的新体系。

（6）实现自动化专业从自动化大类走向智动化强类的目标。

3.2 课程体系与实验体系创建思路

智动化专业课程体系与实验体系，应体现培养工业 5.0 机器系统的智动化人才为目标，也就是课程体系与实验体系应引入工业 4.0 与工业 5.0 机器系统涉及的智动化新理论、新技术、新方法和新工具；能够体现时代性、系统性、实用性和前瞻性；能够确保学生全面掌握解决智动化系统涉及的专业知识和科研能力；能够避免课程内容的重复、交错和遗漏问题，也可以防止因人设课的课程体系的严谨性等，拟开展以下多方面的研究工作。

（1）研究选择一类有代表性的工业智动化机器系统，从中归纳抽取涉及的共性智动化理论、技术及工具。

（2）依据归纳抽取的共性理论、技术和工具，

结合培养目标归纳整理智动化新工科专业的课程体系。

（3）依据智动化新工科专业的课程体系，研究确定每门课程涉及三级目录大纲。

（4）依据每门课程大纲研究确定是否编写讲义教材。对于需要编写为教材的课程组织力量编写，对于不需要编写教材的课程，要求任课教师跟踪国际智动化机器系统发展走向，定期（每届）补充本课程的新内容，或定期修改该课程大纲，或经过多年使用可修订为讲义教材。

（1）卫星群智能导航系统

（2）汽车群智能交通系统

（3）群 AGV 智能分发系统

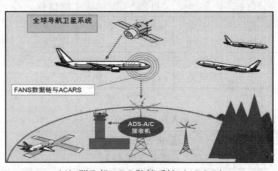

（4）群飞机 ADS 防撞系统（ADS-B）

（5）群塔吊自动防撞系统

（6）群机器自动装配系统

（7）群机器人柔性智能装配系统

图 2　典型工业智动化群机器系统

（5）依据课程体系对应的智动化机器系统，通过分层与单元的组分，结合能力培养目标，制定出智动化专业的教学实验体系。

（6）依据智动化教学实验体系，统一规划分步实施，创建适合学生能力培养、操作性强的智动化机器系统教学实验环境。

4 智动化新工科专业课程体系与实验体系

在智动化新工科专业创建思路引导下，结合课程体系与实验体系的创建思路，研究选择了具有工业 4.0 和工业 5.0 基本特征的代表性机器系统，包括中卫星群智能导航系统、汽车群智能交通系统和 AGV 群智能分发系统、飞机群 ADS 防撞系统（ADS-B）、塔吊群自动防撞系统、群机器自动装配系统和群机器人柔性智能装配系统等。在课程体系和实验体系研究归纳过程中，主要以群机器人柔性智能装配系统作为典型智动化系统，并参考其他系统模型，研究分析智动化系统涉及的理论技术和方法，从中归纳出智动化专业课程体系与实验体系，过程如下。

4.1 典型工业智动化群机器系统的选取

七种典型的工业智动化群机器系统如图 2 所示。

4.2 群机器智动化系统逻辑结构图

以群机器人柔性智能装配系统作为典型智动化系统研究，其结构框图如图 3 所示。并参考群机器自动装配系统和塔吊群自动防撞系统，其逻辑结构框图分别如图 4 和图 5 所示。

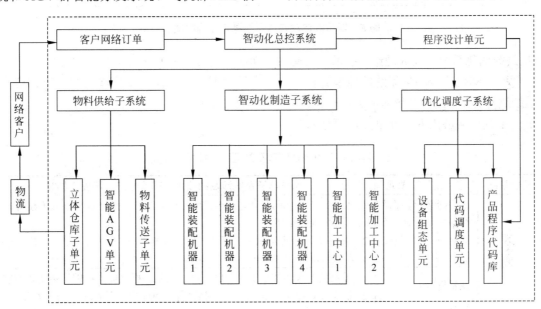

图 3　群机器人柔性智能装配系统逻辑结构框图

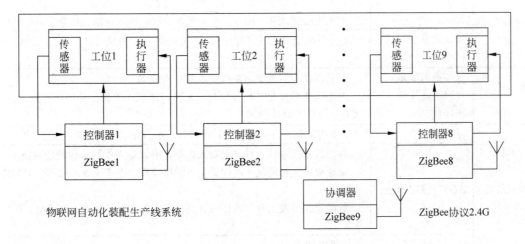

图 4　群机器自动装配系统逻辑结构框图

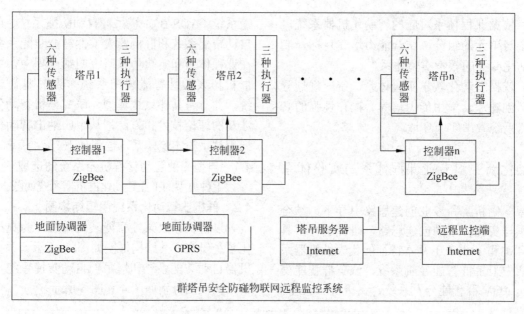

图 5 塔吊群自动防撞系统逻辑结构框图

4.3 群机器智动化系统涉及的理论、技术、工具

依据典型自动化或智动化系统的原理结构，对整体系统进行分解，给出系统对应的各子系统，将每一个子系统再分解为各功能单元，再分析各功能单元涉及的软硬件技术、理论方法和研发工具等。群机器智动化系统涉及的理论、技术、工具如表3所示。

表 3 群机器智动化系统涉及的理论、技术、工具

系统涉及子系统	子系统涉及单元	系统与子系统涉及的技术、理论方法、研发工具等
智动化 总控系统	客户网络、程序设计、物料供给、智能制造、智能调度等单元	1. 网络技术、代码设计、机电控制、信息管理、生产调度、系统集成、系统仿真等传统理论技术 2. 系统智能化[视觉识别、语音识别、机器学习（记忆、理解、关联、分析、评判、创新）、大数据分析等]理论技术
智动化作业 子系统	视觉机器人 单元	1. 工业机器人本体、多自由度机械手控制、群机器人组网等传统理论技术 2. 机器人智能化（图像采集、图像处理、模式识别、机器学习、大数据分析）理论技术
	数控加工中心单元	1. 数控加工中心本体、多自由度机床控制、群机床组网等传统理论技术 2. 加工中心智能化（图像采集、图像处理、模式识别、机器学习）理论技术
	智动化系统 研发工具	智动化系统研发工具（程序设计、C++语言、系统仿真、智能组态开发软件等）
优化调度 子系统	设备组态单元 代码调度单元 程序代码库	1. 离散事件、运筹学、系统仿真等理论技术 2. 组态调度智能化：机器学习（记忆、理解、关联、分析、评判、创新）、大数据分析等理论技术
物料传送子系统	立体仓库单元	传统系统仿真、立体仓库、程序设计、编程语言、网络等理论技术
	AGV 机器人单元	1. 移动机器人本体、移动机器人控制、群机器人组网等传统理论技术 2. 移动机器人智能化（图像采集、图像处理、模式识别、机器学习）理论技术 3. 智能系统研发工具（程序设计、C++语言、系统仿真、智能组态开发软件等）
	物料传送子单元	传统机电技术

4.4 群机器智动化系统归纳的课程体系

依据各功能单元涉及的软硬件技术、理论方法和研发工具，归纳其共性技术、理论方法以及上游基础理论，形成课程内容，即智动化专业课程体系，如表4所示。

4.5 群机器智动化系统归纳的实验体系

依据典型智动化系统的各子系统和功能单元，参考归纳的智动化专业课程体系，研究设计出智动化系统硬件能够支持、软件配套、可覆盖课程体系中典型课程内容的课程实验，即智动化专业实验体系，如表5所示。

表4 智动化专业课程体系

系统涉及的技术、理论方法和研发工具	智动化课程体系	
1. 网络技术、代码设计、机电控制、信息管理、生产调度、系统集成、系统仿真等传统理论技术 2. 系统智能化（视觉识别、语音识别、机器学习（记忆、理解、关联、分析、评判、创新）、大数据分析等）理论技术 3. 工业机器人本体、多自由度机械手控制、群机器人组网等传统理论技术 4. 机器人智能化（图像采集、图像处理、模式识别、机器学习、大数据分析）理论技术 5. 数控加工中心本体、多自由度机床控制、群机床组网等传统理论技术 6. 加工中心智能化（图像采集、图像处理、模式识别、机器学习）理论技术 7. 智能系统研发工具（程序设计、C++语言、系统仿真、智能组态软件等) 8. 离散事件、运筹学、系统仿真等传统理论技术 9. 组态调度智能化：机器学习（记忆、理解、关联、分析、评判、创新）、大数据分析等理论技术 10. 传统系统仿真、立体仓库、程序设计、编程语言、网络等理论技术 11. 移动机器人本体、移动机器人控制、群机器人组网等传统理论技术 12. 移动机器人智能化（图像采集、图像处理、模式识别、机器学习）理论技术 13. 智能系统研发工具（程序设计、C++语言、系统仿真、智能组态软件等) 14. 传统机电技术	**自动化课程类** 1. 网络技术 2. 程序设计 3. 机电控制 4. 信息系统 5. 生产调度 6. 系统集成 7. 系统工程 8. 系统仿真 9. 工业机器人本体 10. 机械手控制 11. 群机器人组网 12. 数控加工中心本体 13. 数控机床控制 14. 群机床组网 15. 离散事件 16. 运筹理论 17. 立体仓库 18. 移动机器人本体 19. 移动机器人控制 ……	**智能化课程类** 1. 智动化系统概论 2. 系统智能化 3. 图像处理 4. 模式识别 5. 系统智能化工具 6. 系统智能化组态工具 7. 机器学习 8. 深度机器学习 ● 类脑与计算智能 ● 基本框架结构 ● 卷积神经网络 ● 循环神经网络 9. 强化学习 10. 对抗性生成网络 11. 迁移学习 12. AlphaGo原理 13. 大数据分析 14. 认知学理论 ……

表5 智动化专业实验体系

涉及的子系统	系统涉及子系统单元	系统子系统涉及的实验体系	实验属性
智动化总控系统	客户网络单元 程序设计单元 物料供给单元 智能制造单元 优化调度单元	手机-机器人网络订货实验案例； 产品加工代码编程实验案例； 联合装配与虚拟制造实验案例； 群机器人智能装配实验案例； 群机器人系统调度实验案例	工业4.0 工业3.0 工业5.0 工业5.0 工业4.0
智动化制造子系统	工业机器人单元	1. 多自由度机械手模识控制实验； 2. 机器人初级智能化（含图像采集、图像处理、模式识别）C++编程与XAVIS编程实验； 3. 机器人高级智能化（含机器人记忆、理解、关联、分析、评判、创新）实验； 4. 系统智能化（含机器学习、深度机器学习、大数据分析）C++编程实验	工业4.0 工业5.0 工业5.0 工业5.0

续表

涉及的子系统	系统涉及子系统单元	系统子系统涉及的实验体系	实验属性
智动化制造子系统	数控加工中心单元	数控加工中心操控实验	工业 5.0
	智能化软件工具	1. C++编程实验案例； 2. XAVIS 智能化组态编程实验案例	工业 4.0
智能调度子系统	设备组态单元 代码调度单元 产品程序代码库	1. 群机器人与群机床组网调度实验； 2. 产品生产加工代码优化调度实验； 3. 虚拟机床加工代码编程实验	工业 4.0 工业 4.0 工业 4.0
物料传送子系统	立体仓库单元	传统系统仿真仿真实验	工业 3.0
	AGV 视觉机器人单元	AGV 供料编程实验	工业 5.0
	物料传送子单元	物料供给控制实验	工业 2.0

5　群机器智动化系统实验平台

西安交通大学自动化专业通过对工业发展规律的研究，对工业 4.0 机器系统实验平台进行开发，先后研制成功基于物联网的群机器 MPS 教学实验平台、基于群机器人协同生产模型实验平台等，为自动化专业教学发挥了积极作用。2016 年研发成功"群视觉机器人柔性智造系统实验平台"，并随着该平台场景感知初级认知类（对象实时感知、视觉定位、模识分类、自主装配、工件拆装）智能实验、群视觉机器人协同作业类（多机器人协同装配、协同虚拟制造、协同工件转移）智能实验，以及群机器人场景感知和情景认知竞争类智能实验的研制开发，将对智动化新工科专业创建和发展发挥不可替代的作用。

6　结束语

智能化是工业发展的必然，智动化专业是引领自动化专业发展的未来，没有可照搬的课程体系与实验体系。本文仅给出了基本创建思路和初步课程体系和实验体系，与适用有很大差距，需要组织力量对工业 5.0 涉及的不同行业机器智能化、生产制造系统的智动化、城市发展的智慧化等涉及智动化的共性理论、共性技术和共性研发工具等进行深入研究，归纳整理出能够体现智动化专业的前瞻性、实用性、系统性和可操作性的

智动化新工科专业的课程体系与实验体系，为培养智动化专业人才奠定坚实基础。

本文纯属个人的研究观点，愿与大家共同研讨，希望提出建设性意见和建议，为自动化专业有更大的发展、为创建适应工业发展规律的新工科智动化专业贡献微薄之力。

References

[1] Li Jian. Made in China 2025, German industry 4.0, US industrial Internet strategy and China's plastics machinery industry [J]. China Rubber/Plastics Technology and Equipment (Rubber), 2015, 41(21): 1-14.

[2] Wang Dexian. German Industry 4.0 Strategy and Its Enlightenment to the Development of Chinese Industry [J]. Taxation & Economy, 2016 (1): 9-15.

[3] Kagermann Henning, Wahister Wolfgang, Helbig Johannes. Securing the future of German manufacturing industry: Recommendations for implementing the strategic initiative Industrie 4.0: Final report of the Industrie 4.0 Working Group [M]. 2013.

[4] Dragan Vuksanović, Jelena Ugarak, Korčok Davor. Industry 4.0: the future concepts and new visions of factory of the future development [M]. Industry 40: The Future Concepts and New Visions of Factory of the Future Development. 2016.

[5] 韩九强，吕红强，钟德星. 工业革命发展的内在规律及未来工业 5.0 趋势分析[J]. 信息技术与信息化，2016（8）：87-90.

"一带一路"战略下自动化专业高等教育的思考

张梦怡

（南京工业大学 电气工程与控制科学学院，江苏 南京 211800）

摘 要：自动化技术作为现代工业发展中必不可少的核心技术之一，不仅技术迭代上要注重与时俱进，其人才培养模式也需要根据工业的发展需求及国家的战略要求不断做出相应的变革与改进。本文针对我国"一带一路"发展战略背景下自动化专业的人才培养模式进行了讨论，分析发展战略的核心内涵与发展机遇，并给出了对应的改革策略。

关键词："一带一路"；自动化；高等教育；人才培养

Thinking for Higher Education of Automation Towards Strategy "the Belt and Road"

Mengyi Zhang

(Nanjing Tech University, College of Electrical Engineering and Control Science,
Nanjing 211800, Jiangsu Province, China)

Abstract：Automation technology is one of the core technology when developing modern industry. It is required to keep up with time in technology updating. Besides, the personnel training model also should be adjusted, reformed and developed to fit requirement from nation strategy and industry development. In this paper, the personnel training model for automation towards "the Belt and Road" strategy is discussed. Key connotation and development opportunity of the strategy is analyzed. Meanwhile, corresponding revolution method is given.

Key Words：the Belt and Road；Automation；Higher Education；Personnel Training

引言

现代工业文明社会当中，自动化技术是衡量企业技术水平的核心之一，也是体现现代化程度的关键指标。因此工业自动化的技术水平会直接反映出国民经济发展水平。如何提高自动化技术的核心竞争力，由多方面的因素综合决定的，在这当中，人才无疑是最为重要的一环。

2016 年 7 月 13 日，教育部印发了《推进共建"一带一路"教育行动》的通知，为教育领域贯彻落实"一带一路"吹响了号角，如何在新的国家战略下实现自动化教育策略的更新迭代，紧跟时代步伐，是每个教育者都需要思索的，因循守旧只会被历史的浪潮淹没，在国内，许多学者针对"一带一路"对高等教育的机遇与挑战进行了研究与讨论[1-4]，本文有针对性地讨论了"一带一路"核心内涵对自动化专业高等教育的机遇与挑战，思考了新常态下自动化高等教育变革的创新模式。

联系人：张梦怡. 第一作者：张梦怡（1986—），女，博士，南京工业大学讲师.

1　国内外自动化专业教育现状

工程教育不同于其他学科领域的教育，其教育的目的是为工业界培养合格的工程领域的人才，因此在 20 世纪 80 年代，美国的工程教育界开始注重工程实践，强调其重要性，并由此提出概念——工程教育要回归工程。[5]

在发达国家，其工程师教育可以分为两种模式：第一种是以美国为代表的《华盛顿协议》成员国模式，该模式注重知识的全面性和实践的创新性，从课程设置上采用"核心课程+主修课程+选修课程"的形式，体现了"宽口径，跨领域，重实践"的特点，以生产过程的顺序来组织教学，期望培养集管理、人文、经济、生态、伦理、工程技术于一身的工程人才模式；另一种是以德法为代表的欧洲大陆模式，其注重工程实践能力的培养，从课程设置上则是更多地体现企业需求的特点，以若干模块来组成教学系统，期望直接培养工程师成品，相关专业的工程师毕业直接被授予工程师文凭。[6]

在国内，传统的高等教育体系则面临着巨大的挑战，重点在于随着我国改革开放以来社会的高速发展，新时代下企业对需求人才日新月异的要求与变革缺乏灵活快速的高等教育工程人才培养体系之间的脱节。针对教育改革，国内的很多专家也进行了讨论[7-11]。相较于欧美等国家的工程师教育，我国的自动化教育存在着"科研为主，实践为辅"的情况，从培养方案的设置上，重视理论基础与课堂教育，轻视工程实践与动手能力的培养，重点培养研究型人才，然而工程师教育的核心与根本目的在于为企业培养实践型的动手能力强的工程师，其违背了初衷。即使推行将硕士培养划分为工程型硕士与学术型硕士培养两类，依旧存在"重理论，轻实践"的情况，各类工程实践课程与校企合作实践流于表面，且从教育资源的分配上也存在实践支撑力度不足的情况。

2　自动化专业人才培养分析

自动化专业的核心理论基础为自动控制理论，通过电子技术等进行系统级的分析与设计，

近年来，随着自动化系统往"网络化""智能化"等方向演进，其核心内涵也随之发生很大变化，总的变化趋势是不断拓宽专业口径，增加培养知识的广度，来为本专业学生今后的发展创造更大的空间。

针对学科特点，国外很多高校采用的培养模式是将其融入更宽口径的学科和专业中，通常是放在"电气工程""电气与电子工程"这一类系和专业中，淡化专业界限，对本科阶段的学生进行"通才化培养"。国内的教育则是专门设置专业和系，培养模式上依旧采用通才教育。这对于"一带一路"战略复杂需求下对全才的需求不期而遇。

3　"一带一路"战略下自动化专业人才培养的发展机遇

"一带一路"是我国在 2013 年提出的战略构想，主要是构建"丝绸之路经济带"和"21 世纪海上丝绸之路"[12]，其沿线大多数是新兴经济体和发展中国家，这些国家正处于经济发展的上升期，亟须引入先进的现代化生产方式与相关技术，能够很好地与我国进行战略互补，由我国对其输出相关人才与资源，进行深度合作。自动化是现代工业体系中最为重要的一环，在全新的大国家战略下进行高度化的开放合作对于自动化专业人才培养来说是十分重要的发展机遇。

3.1　拓宽自动化人才的就业面

作为我国新的国际战略框架，"一带一路"给中国经济带来了多重发展机遇，根据目前可获取的公开信息，"一带一路"战略将依托沿线基础设施的互通互联，对沿线贸易和生产要素进行优化配置，从而促进区域一体化发展，我国将进一步对沿线周边国家进行开放，刺激区域内基础设施的投入与建设，包括边境口岸设施和中心城市市政基础设施等项目建设，中石化、国家电网等石化、电力领域的龙头企业纷纷在沿线周边国家投入大量的资金与人力建设相关项目，这势必会进一步刺激自动化产业的技术、产品的创新与应用，自动化技术是支撑石化、电力企业"走出去"的重要基础[13]，这意味着会有更多的人才需求，这将大幅扩大自动化专业学生的就业范围，提供大

量的工作岗位。与此同时，高度化的国际性战略合作将为自动化专业的人才提供更多的、更为国际化的就业平台。而且，随着"一带一路"的深度推进，与周边各国的合作继续深入，将急需一批精通相关外语，具有国际化视野的专业性人才，在国家大力支持下，自动化专业的学生将大有可为。

3.2 牵引自动化专业人才培养的改革方向

目前我国的工业发展已经进入了稳步增长时期，高校原有的培养框架虽然存在许多弊端，但也能够满足当前我国工业界对于人才培养的需求，改革缺乏强劲的原动力。高校教育改革的根本目的在于培养精确对口的高素质的自动化专业高端人才，而实践是检验真理的唯一标准，改革亦不能例外，脱离大样本的社会反馈，改革就只是构想。随着"一带一路"倡议的提出，在我国与各国进行战略合作的大背景下，工业发展会进入快车道，高速发展势必会对新时代下自动化专业的人才培养提出更多更加迫切的需求，从而牵引自动化专业进入改革的快车道，以实现高校向社会，向企业输送人才的快速反馈与快速调整。同时，随着"一带一路"战略的深入推进，深度的国际合作也为自动化专业人才培养的改革提供了更多更为翔实的国际化教育样本，这对于提高自动化教育改革的全面化、国际化，无疑是大有裨益的。

3.3 进一步扩大自动化专业的细分规模

自动化专业作为工业需求的工程学科大类，在多年发展中逐步细化出各门细化学科，然而当前的专业设置是否能够满足日新月异的技术变革，是否能够满足企业的真实需求，是需要存疑的。在"一带一路"建设的影响下，我国能够将技术优势充分发挥出来，在与其他国家进行战略互补的过程当中，自动化专业可以充分利用互相学习的机会以及利用自身的科技与产业优势，通过高速建设所需的大量工程实践，利用自动化专业工程实践性强的特点，"以实践促发展，以发展促实践"的螺旋式上升，以战养战，促进高校自动化专业实力的进一步提升。同时，通过建立集人才教育、产学研深度合作和综合资源管理配置的互动体系，形成良好互动，及时反馈第一手的市场信息，扩大自动化专业细分规模，以更好地

精确匹配市场需求。

4 "一带一路"倡议下自动化教育的培养变革

4.1 拓宽自动化专业培养的教育广度

高校要深入分析"一带一路"倡议的深刻内涵，确保建立协同发展的人才培养机制，为丝绸之路经济带提供更加对口的专业性人才。在"一带一路"倡议的影响下，对自动化专业人才的需求会变得更加多样化，这就需要学生掌握更多的知识，不但要掌握本领域的专业知识，还需要拓展交叉学科方面的知识，提高综合能力水平，从"专才"走向"全才"，培养面向国际化的高创新高素质的人才，在培养方案设置上学习西方国家工程师教育的"核心课程+主修课程+选修课程"模式，强化选修课程的重要性，提供更加全面的教育，同时从自动化专业学科的系统性思考的特性出发，培养学生们的"系统思维"。同时，在通才教育的基础上，探索与之前国家大力推广的"卓越工程师"计划类似的人才计划模式，进行多层次广度涵盖的灵活性人才培养计划，充分调动学生学习与竞争的积极性，采用多元化的培养形式，为学生提供更多更加全面的成才路径选项。同时，自动化教育改革也需要打破以往仅引入国际化专业课程的基础教育部分的现状，要在深刻理解国际化课程体系的基础上，做好西方优秀课程体系的本土化工作，杜绝诸如"外文教材中文讲解""中文考题直译成英文"等换汤不换药的假国际化，探索中西教育的有机结合方法。

4.2 强化自动化专业培养的社会契合度

国家在实施"一带一路"战略的过程中，在"丝绸之路"经济带沿线的国家会进入经济发展的快车道，高校可以借助这一机会，加强人才培养的输送情况调查，获取大量自动化专业人才与工业企业岗位需求的契合度信息，建立高效实时的信息反馈渠道，并结合飞速发展的就业形势，进行有针对性的人才就业规划。与其同时，发展合作国家的情况各式各样，也为高校获取人才培养输送情况提供了更为全面翔实的样本，高校要牢牢抓住这一机遇，进行更为全面的培养调整，以强化自动化人才培养与社会的契合度。

4.3　提高自动化专业培养的对外交流程度

"一带一路"的核心内涵之一在于优势互补，广泛而深入地交流合作，这启发高校对于自动化教育要将"引进来"与"走出去"有机地结合起来，以交流带动发展，以发展促进交流，形成良性循环。在"引进来"方面，一来高校可以吸引更多的国外高校的留学生，促进国家间、区域间的教育互动，文化交流；二来高校在进行校企合作这方面，也可以考虑利用政策优势与更多国外优秀企业建立良好互动，而这些企业也可以不仅仅局限于国际企业的本土化分部，比如组织优秀学生名企行。在"走出去"方面，一方面是继续推动高校优秀人才以各种各样的形式输送到国外进行留学，另一方面是以学校作为沟通桥梁，为学生搭建国际化的工程实践，与国内外的优秀企业建立更为全面的沟通渠道，以企业实践带动学科教育调整，以实现更为精准的人才供需匹配。

4.4　加速自动化专业培养的授课团队螺旋式上升

在对自动化专业高等教育进行改革的过程当中，教师的教学水平高低对人才培养的质量高低起着关键性的作用，因此除了在资源配置及办学培养模式上的变革之外，如何提高教师的创新意识与教学方面的自我提升改进意识是十分重要的。对于教师团队，我们要打破以往教师"铁饭碗"的意识，对课程教学采用竞聘上岗，定期审核的形式。一方面通过教学比拼的方式调动教师们提高教学水平的积极性；另一方面，给予具有创新意识的教师们进行教育试点改革，创新课程试点的充分自由度，形成完善的考评、激励、鼓励体系，促进教师在自动化专业人才培养方面持续不断的螺旋式上升。

5　结语与展望

现代科技的飞速发展离不开大量人才的支撑，而作为现代工程师的摇篮——高等院校，肩负起了为社会输送更加对口的新世纪人才，自动化历来是工业发展过程当中非常关键的一环，高等院校如何起到对自动化专业的高水平人才向社会的精确输送，其核心在于通过不断结合内外形势，进行创新与改革，来形成良好的正向循环。对于供需双方而言，"一带一路"国家战略提供了很好的发展契机和交流机遇，自动化专业需要抓住这一历史机遇，推进其工程教育的科学化，全面化，精准契合化，借助区域经济一体化的趋势发展，培养更加优秀的人才。

References

[1] 白鹭. "一带一路"战略引领高等教育国际化的路径探讨[J]. 新西部：中旬·理论，2015（8）：121.

[2] 林健，胡德鑫. "一带一路"国家战略与中国工程教育新使命[J]. 高等工程教育研究，2016（6）：7-15.

[3] 刘琪. "一带一路"倡议下西部地区省域教育对外开放事业发展路径探析——以贵州省高等教育中外合作办学为例[J]. 重庆高教研究，2016，4（6）：23-28.

[4] 史良平. "一带一路"战略下高等学校人才培养研究[J]. 郑州铁路职业技术学院学报，2016（4）：89-91.

[5] 张伟，陈涛，周佳加，等. 以科研实践提升创新能力的自动化类本科"卓越工程师"人才培养研究[J]. 教育现代化（电子版），2016（25）：14-15.

[6] 张安富，刘兴凤. 实施"卓越工程师教育培养计划"的思考[J]. 高等工程教育研究，2010，4（57）：21.

[7] 司家勇，李立君，闵淑辉，等. 高等林业院校机电类专业应用型创新人才培养体系的构建——以中南林业科技大学为例[J]. 中国林业教育，2016，34（6）：23-26.

[8] 刁荣飞. 浅谈机械工程及自动化技术的发展[J]. 科技创新与应用，2014（35）：116.

[9] 李维刚，隋晓冰. 探究式教学模式在高校教学中的应用[J]. 科技创业月刊，2017，30（6）：86-88.

[10] 潘强，刘胜. 自动化专业大学生核心能力范畴研究[J]. 黑龙江高教研究，2014（12）：149-151.

[11] 张军. 自动化专业工程人才培养模式教学方法改革的研究[J]. 教育教学论坛，2014（37）：47-48.

[12] 新华网："一带一路"战略引领中国开放经济新格局，http://news.xinhuanet.com/fortune/2014/12/16/c_1113666080.htm，2014.

[13] 控制网："一带一路"开启自动化产业发展新局面，http://www.kongzhi.net/news/detail_160339.html，2017.

地方院校自动化专业特色发展建设研究与实践

范立南[1,2] 李 鑫[1]

（[1]沈阳大学 信息工程学院，辽宁 沈阳 110044；[2]沈阳大学 城市轨道交通学院，辽宁 沈阳 110044）

摘 要：以地方高校转型发展为契机，结合信息化与工业化融合的学科发展趋势和社会对人才规格的改变，形成以培养应用型人才为核心，适应区域经济社会发展需要的特色专业建设方向。建立特色鲜明的自动化专业体系和层次化、多样化与个性化的教学体系为一体的新型人才培养模式，为地方高校转型发展提供参考。

关键词：转型发展；校企合作；人才培养

Study and Practice on Featured Construction of Automation Specialty in Local University

Linan Fan[1,2], Xin Li[1]

([1]Shenyang University, School of Information Engineering, Shenyang 110044, Liaoning Province, China;

[2] Shenyang University, School of Urban Rail Transportation, Shenyang 110044, Liaoning Province, China)

Abstract：Combining with the development of the fusion of informatization and industrialization and the change of the society for talents specifications, the transformation development is an opportunity to local universities. It is formed to train application-oriented talents to meet the needs of regional economic and social development. A new model of cultivating talents is established, which will provide a reference for the transformation and development of local universities.

Key Words：Transformation Development；University-enterprise Cooperation；Talent Cultivation

引言

我国要由制造大国成为制造强国，就必须采用综合自动化技术来改造和提升传统产业。辽宁省是我国的重要工业基地，特别是装备制造业的生产基地。提高装备制造业综合自动化水平已成为企业发展的重大问题。地方院校自动化专业要面向东北老工业基地、面向装备制造综合自动化

产业、面向工业、工程第一线，培养具有创新意识、实践能力和创业精神的高级实用型人才，社会需求巨大。

地方本科院校以培养应用型人才为主，在师资力量、学生素质、软硬件建设等方面与重点院校相比存在较大的差距。如何提高地方院校人才培养质量和社会竞争力，更新观念，缩小差距，是地方院校自动化专业特色发展建设的关键[1]。

加强地方院校自动化专业建设，为推动自动化学科的发展提供创新研究团队、培养自动化技术人才，从而为振兴东北老工业基地提供人才储备和技术支撑。因此地方院校自动化专业建设对振兴东北老工业基地，发展辽沈装备制造业具有重要的现实意义和长远的战略意义。

联系人：范立南. 第一作者：范立南（1964—），男，博士，教授.
基金项目：本文系教育部自动化类教学指导委员会教育改革研究课题（编号：2014A34）；辽宁省普通高等教育本科教学改革研究项目（编号：2016576）；辽宁省教育科学"十三五"规划课题（编号：JG16DB287）；沈阳大学校级教学改革重点项目（201532）；沈阳大学转型发展专题立项（2016A11）研究成果.

1　自动化行业现状分析

装备制造业是我国国民经济的重要支柱产业，是辽宁省经济重点发展产业，其工业产值占全国工业总产值的66%。我国的装备制造业，如大型综合机床、大型工程机械、大型矿山设备、大型冶金设备、大型化工设备等，都有相当的制造能力，但是缺乏与之配套的自动化成套系统。在全球激烈的市场竞争环境下，装备制造业企业已经由过去的单纯追求大型化、高速化、连续化，转向注重提高产品质量、降低生产成本、减少资源消耗和环境污染、可持续发展的轨道上来。

信息化是我国加快实现工业化和现代化的必然选择。坚持以信息化带动工业化，以工业化促进信息化，走出一条科技含量高、经济效益好、资源消耗低、环境污染少、人力资源优势得到充分发挥的新型工业化路子。

党中央、国务院做出了走中国特色新型工业化道路、建设创新型国家、建设人才强国等一系列重大战略部署，这对高等工程教育改革发展提出了迫切要求。走中国特色新型工业化道路，高等工程教育迫切需要培养一大批能够适应和支撑产业发展的工程人才；建设创新型国家，提升我国工程科技队伍的创新能力，迫切需要培养一大批创新型工程人才；增强综合国力，应对经济全球化的挑战，迫切需要培养一大批具有国际竞争力的工程人才[2]。

培养大学生的创新精神和实践能力，是高等教育发展的需要，更是我国社会发展和国际竞争的需要。然而，如何有效地培养大学生的实践能力和创新精神，是目前高校教育改革的重要课题之一。本文致力于研究地方院校自动化专业的人才培养模式，探讨地方院校自动化专业的建设，强调应用型人才的培养。

基于以上因素，我们确定"能（创新能力）、实（工程能力扎实）、好（综合素质好）"的专业办学特色，建设服务辽沈区域经济社会发展的自动化特色专业；以培养具有创新意识人才为宗旨，以提高学生工程实践能力和综合工程素质为主线，培养工程实践能力突出的自动化专业人才。

以广泛调研信息为基础，结合自动化专业特点，突出特色、打造品牌。建立以就业为导向的人才培养模式，加大校企合作、产教结合的力度，提高学生的社会竞争力。构建以专业教育为基础，以工程教育为重点，以综合实践能力培养为导向的产学研人才培养模式，突出企业的实践学习，从而加强学生的工程素质、工程意识、工程实践能力、工程设计能力和工程创新意识，培养面向未来、高素质、具有社会竞争力的高级应用型人才。

2　专业结构优化调整

为了更好地适应辽沈地区经济社会发展需要，围绕辽沈地区老工业基地转型升级，特别是加快发展先进制造业对高素质技能型人才的需求，结合相关专业的实际情况，准确定位、整合资源，调整和优化相关专业设置和专业结构，打造精品专业，并以此为抓手深化专业教学改革，达到规模和质量的协调发展，全面提高教学质量。

联合学院相关专业。联合打造特色专业群，整合相关专业资源，优化教学资源配置，依据市场需要，将课程内容相似，技能培养相关的课程进行调整和合并，在专业群内部构建符合宽口径专业培养目标和培养规格的课程体系。

拓宽相关专业方向，面向区域经济产业发展形势，坚持多方向培养，即在扩大专业规模的同时，充分调研分析专业市场前景和生命力，为使专业能在相当时期内仍适合辽沈地区经济产业发展的需要，加大专业改造的力度，拓展专业方向，拓宽专业面，使其向宽口径的专业办学模式发展，以增强适应性，提高人才培养质量。

3　专业结构优化调整

3.1　优化培养方案

聘请企业管理人员、专业技术人员参与专业建设、人才培养方案制订、调整与优化等方面的指导工作，共同确定人才培养目标[3]。着力突出专业特色、企业特色和人才培养特色，积极示范带动人才培养模式改革创新与应用型人才培养。在专业教育中融入企业元素，实现学术、技术、企业需求三者的有机结合，使学生既有一定理论水平，又掌握企业、行业所需的基本技能，熟悉工作流程。

3.2 修订培养目标

从转型发展的角度，强调工程实践能力和创新意识，培养动手能力强、综合素质好的应用型人才。依据人才培养模式对课程体系、实践教学等方面进行改革：修订毕业总学分；明确要求学生要参加与专业相关的职业资格认证考试；可以进行课程置换，即利用考取的证书进行课程置换；第 7 学期全部为企业课程等。在实践教学中，以学校转型发展为契机，以服务区域经济社会发展为宗旨，以素质教育为核心，以专业人才培养目标为依据，注重工程教育和实验教学创新；依托校企合作的方式，实行 3+1 培养模式，强化对学生自学能力、工程实践能力和创新意识的培养，形成理论教学、实践教学和能力培养有机结合的"三位一体"教学方式。新修订的培养方案中实践学分占总学分比例 40%以上，较大幅度地提高了实践学分的比例。

3.3 调整课程体系

以实践能力作为配置课程的基础，构建"基础实践+专业实践+创业实践+综合实践"四个层次的实践教学课程体系，实现课程内容与企业需求对接、教学过程与生产过程对接。突出"三个特性"：培养目标的实用性、课程设置的应用性、教学过程的实践性。实现"三个协调"：学历教育、实践能力、综合素质相协调。

通过自动化核心专业课程体系的支撑、带动作用，集合相关专业课程体系的搭建，形成集群优势，并经过集成创新实现课程体系的集成绩效。具体实施上，通过校企合作探索开发校企结合的应用型核心课程，使学生通过应用型课程的学习，深入了解企业对人才的需求，同时企业和用人单位也通过工学结合课程，提前了解学生，使人才的选择更有针对性。同时，根据企业的用人需求和学生的就业意向，组织定向教学班，按企业要求组织教学。根据各企业的要求制订教学计划。确定课程设置，引入企业培训教材，改造现有课程，聘请企业专家举办技术讲座，按照企业的用人标准进行培养和考核学生。

针对学生的就业去向，到行业企业调研，分析岗位能力要素，了解企业需要学生去做什么，

确定企业对学生能力和素质的要求，最后概括出自动化专业的若干项核心能力及相应的子能力，确定能力培养目标。然后根据培养目标进行具体的能力培养方案设计，把企业工程能力和工程素质培养融合到专业基础模块和专业模块中去，把每一项能力转化成一个个的教学模块。开展围绕学生核心能力培养的模块化教学改革，每个模块都是围绕特定主题的教学单元，可能是一门课或一门实验，也可能是几门课或几门实验的整合。并且整个的模块教学过程中都是面向企业需求有针对性完成的，甚至是直接与企业工程师共同完成的。学生通过对这些规定模块和选修模块的学习，走上工作岗位就能很快上手。

3.4 理论教学与实践教学并重

高度重视实验、实习、课程设计等实践教学环节，培养和提高学生的动手能力和创新意识。大力改革实验教学的形式和内容，鼓励开设综合性、创新性、研究性实验，鼓励学生通过多种方式参与科研活动。理论课程教学内容的设计与产业界紧密结合，满足产业界的需求。理论课程体系总体要求是以应用为目标，教学内容紧密结合专业核心能力对理论知识的要求，形成有技术应用特点的知识体系。有针对性地将与产业关联度大的专业主干课程，如电器与可编程控制器、交流电机控制技术、计算机控制系统、过程控制系统、工厂供电、检测技术与仪表等课程内容进行更新。及时将教师的最新科研成果和科研项目进展融合到相关的课程内容中去，让学生接受到来自科研和工程研发第一线的新知识和新技术，更生动地感受到前沿科技的魅力。

4 实践教学条件

在现有实验室及实训环境的基础上，结合专业实训所需的软硬件环境，采用学校投入为主，企业协助为辅助的方式，加大经费投入，不断完善实践教学基地的硬件及软件环境。通过建立校企、校校合作机制，开放基地资源，实现校企、校校资源共享，建立特色鲜明的工程类专业联合实验室。

构建一体化的实践教学体系，以校企合作项目为依托，根据专业的特点和要求，加大实践教

学力度，在贯彻执行 3+1 的教学模式（即在 3 年纯理论课教学的基础上，实施第四学年集中进行实践环节，使学生边毕业设计，边进行实践实习，最终使实践课教学达到 1 学年）的基础上，逐步加大企业在教学过程中的需求引领作用，企业从大一至大三渐进进入课堂，与学校教师共同培养学生工程能力和工程素质。在系统重构专业培养方案和优化课程体系的基础上，结合自动化领域的新发展、新要求，在专业课教学中引进企业（集团）生产实践典型案例，修订课程教学大纲，更新教学内容，以培养工程实践能力和创新意识为目标。

进一步完善层次性的实践教学内容和方法设计，体现"扎实的基础、精深的核心、广泛的扩展"特点，包括"入、会、熟、精、通"五个过程，突出培养学生综合应用能力，根据专业特点，以企业需求为基础，设置不同的内容。

进一步加强校企合作校外实习实训基地建设，建立学生到校外实践教学基地开展实践教学的有效机制，提高学生的工程能力和就业竞争力[4]。在保证现有合作机制有效运行的同时，努力探索新的合作增长点，拓展合作领域，如建立企业"嵌入式"实验室，将企业的部分科研项目转入校内进行，专业教学的很多实践环节都在这里完成，在这里教师既教学也担任企业工程师，企业工程师同时也是学生的导师，使学生"未出校门，就进厂门"。

进一步完善和有效利用现有的辽宁省自动化专业实验教学示范中心，加大综合性、设计性、创新性实验课程的比例，打破原有的实验教学课程体系，降低原有单一课程实验的比例，将基础、专业、综合实验加以整合，通过模块优化实验内容，强化学生实践能力。通过实验课程化改革，全天候开放实验室，并定期组织各种实践技能竞赛。加大先进性设备数量上的投入，保障学生能够自己独立设计个性化实验。

进一步加强装备制造综合自动化重点实验室等校内产学研基地的建设，让学生直接接触工程实践及各种最新科技知识，培养学生的工程能力和创新意识。鼓励学生走入实验室，走进教师科研项目，以"跟班"学习方式提升发现问题、解决问题的能力。为了提升学生的实践创新能力，

与重点实验室联合启动大学生科技创新计划，开展大学生科技创新活动。由重点实验室提供平台和相关设备，并指派专人负责大学生创新活动的安排与管理，定期组织开展科技创新活动，具体包括平台介绍、专题讲座、学术沙龙、课题汇报、科技竞赛等。通过开展活动，使学生能够夯实专业基础，增强实践环节，接触学科前沿，提升创新能力。

5　结论

以应用型主导的地方院校自动化专业特色发展建设的思路是：培养自动化高级应用型人才为主，具有较广泛的通识基础，良好的人文素质，扎实的专业知识；具有较强的解决实际问题的能力；面向工程技术应用、重视实践环节的锻炼，具有较强的工程适应能力；具备一定的行业专业知识和技能。突出特色、打造品牌、确保重点、兼顾一般。建立以就业为导向的人才培养模式，加大校企合作、产教结合的力度，提高学生的社会竞争力。构建以专业教育为基础，以工程教育为重点，以综合实践能力培养为导向的产学研人才培养模式，突出企业的实践学习，从而加强学生的工程素质、工程意识、工程实践能力、工程设计能力和工程创新意识，培养面向未来、高素质、具有社会竞争力的高级应用型人才。

References

[1] 薛玉香，王占仁. 地方高校应用型人才培养特色研究[J]. 高等工程教育研究，2016（1）：149-153.

[2] 程光文，龚园. 面向行业的地方高校人才培养模式改革研究[J]. 中国大学教学，2015（11）：31-34.

[3] 李佳洋，肖倩，成鹰，等. 依托校企深度融合机制的交通运输专业创新人才培养实践教学改革探究[J]. 沈阳工程学院学报：社会科学版，2016，12（2）：409-414.

[4] 范立南，莫晔，张姿炎，等. "企业命名班"校企合作工程应用型人才培养机制研究与实践[J]. 教育现代化，2016，38：3-5.

地方高校自动化专业综合改革试点建设的研究与实践

于微波　张秀梅　刘克平　邱　东

（长春工业大学　电气与电子工程学院，吉林　长春　130012）

摘　要：为了发挥高校的主动性和积极性，引导高校适应国家以及地方社会经济发展的需求。教育部在"十二五"期间实施"专业综合改革试点"项目。在此背景下，根据实施"综合改革试点专业"的建设目标，从教学团队建设、教学方式方法改革、课程与教学资源建设、强化实践教学环节和教学管理改革五个方面进行了综合改革，更新了教学理念，改善了教学方案，取得了良好效果，不仅提升了专业的教学质量和管理水平，还提高了学生实践能力和综合素质。对地方高校相关专业的改革建设起到了引领示范作用。

关键词：自动化专业；综合改革试点；专业建设

Research and Practice on Construction Automation Professional Comprehensive Reform Pilot Project of the Local Colleges

Weibo Yu, Xiumei Zhang, Keping Liu, Dong Qiu

（College of Electrical and Electronic Engineering Department of Automation,

Changchun University of Technology, Changchun 130012, Jilin Province,China）

Abstract：To exert initiative and enthusiasm of colleges, it is necessary to guide colleges adapt to the needs of national and local social and economic development. The ministry of education implements the comprehensive reform of the professional pilot project during the period of Twelfth Five-Year. According to the implementation of the project objectives, the comprehensive reform is carried out from five aspects of the construction of teaching team, teaching methods, curriculum reform and construction of teaching resources, strengthening practical teaching and teaching management reform. Renewing the teaching idea and improving the teaching plan, it obtains the good result. It not only raises the professional teaching quality and management level, but also improves student's practice ability and comprehensive quality. It plays a leading exemplary role in the reform and construction of local colleges' relevant profession.

Key Words：Automation；Comprehensive Reform Pilot；Professional Construction

引言

2011 年 12 月 30 日，根据《教育部 财政部关于"十二五"期间实施"高等学校本科教学质量与教学改革工程"的意见》（教高〔2011〕6 号），教育部高等教育司于"十二五"期间实施"专业综合改革试点"项目，其目的在于发挥高校的主动性和积极性，引导高校适应国家以及地方社会经济发展需求。

"专业综合改革试点"项目，旨在两方面：一

第一作者：于微波（1970—），女，硕士研究生，教授.

基金项目：2014 年吉林省高等教育教学研究课题 2015 年度吉林省高教学会高教科研课题（JGJX2015D67）.

是优化专业机构,确立专业学生培养目标和重点,加强高校专业素质建设;二是改革学生培养方案,创新学生培养模式,大力提升学生培养水平。为提高人才培养质量,地方高校可根据当地特色合理设置建设实施方案,强化改革人才培养机制,更新教学理念,将本专业建设成为现代化特色专业[1]。

我校自动化专业于2013年6月被教育部批准为第一批本科专业综合改革试点专业(我校唯一试点专业),本课题正是在此背景下,通过进一步整合、践行已取得的各项改革成果,强化教学关键环节,在教学模式、教学团队以及教学方法等方面强化高校专业发展改革,创新人才培养模式,促进人才培养质量整体提升[2]。

1 自动化专业综合改革的建设目标

本专业将坚持以社会需求为导向,瞄准国家特别是吉林省战略需求和战略性新兴产业对人才培养和科技研发的需要,提高教学质量,提升学生综合素质。发扬优良传统,加强专业教学内容与教学方法改革,突出专业特色和学科优势,将本专业建设成为具有鲜明特色的专业,本专业在教学团队、课程教材、教学方法和教学管理等诸多教学环节具有明显的优势。自动化专业综合改革一定要符合时代要求,创新培养方案,提高学生的综合素质和能力。为提高自动化专业综合改革,还需要建立一支高质量、高水平的教学团队,在优秀教学团队的带领下培养一大批适应现代化经济社会发展战略需求的高水平现代化创新型人才。

经过几年的逐步改革建设,将自动化专业建设成为具有先进的教学理念的国内同类高校中一流特色专业。

2 自动化专业综合改革的建设内容

根据实施"综合改革试点专业"的建设目标,自动化专业综合改革的建设内容主要有以下5个方面。

(1)教学团队建设。围绕专业核心课程群,遴选本专业具有丰富的教学经验和先进教学观念

的优秀教师作为带头人,研究建立热爱自动化专业教学、优化教学结构、提高教学质量的优秀教学师资队伍的途径和体制;探索优秀教学团队的运行体制,健全教学团队激励政策以及鼓励年轻教师向优秀教师学习,建立切实可行的培训体系。

(2)教学方式方法改革。结合自动化专业"卓越工程师教育培养计划"和目前倡导的工程教育,依托信息技术,完善教学管理,改进教学模式,改变教学理念;教学应避开"填鸭式"教学,鼓励学生一起参与,一起讨论的教学方式,从而调动学生的求知欲和积极性,达到启发学生的目的;另外,教学方式的改革要注意科研与教学互动,不能一味的只教授教材知识,需要将科研成果引入到教学过程中,扩大学生的知识面;鼓励地方高校在校学生参与科研活动,学以致用,提高学生的综合素质。

(3)课程与教学资源建设。优化课程结构,合理设置课程安排,健全具有地方院校特色的自动化专业核心课程群;整合本专业及电气学院资源,开发优质共享教学资源,而且要保证共享教学资源要符合自动化专业人才培养方案和创新型人才培养目标。

(4)强化实践教学环节。为提高创新型人才培养综合能力,需要结合自动化专业本身特点,增加实践教学课时,确保学生能真正参与实践教学,提高实践教学比重,为此一定要确保自动化专业实践教学必要的学分;利用省财政专项资金改善实践教学条件,结合当地社会发展以及科研成果,更新实践教学的内容,一方面地方高校可相应增加综合性和设计性实验,另一方面,需要鼓励学生探索自选性、协作性实验;为确保高质量的实践教学,需要加强高校实践教学共享平台建设,加强自动化专业实验室的建设以及具有地方特色的学生实训基地的建设。

(5)教学管理改革。研究加强教学过程管理机制,提高教学团队教学质量,在建立学生评价制度和奖励机制时,一方面要有利于学生全面发展,另一方面,不能忽略学生的个性的发展;建立健全教学管理制度,强化学生在本科期间的管理,研究在本科自动化专业建设的重要环节进行探索发现的激励政策和机制。

3　自动化专业综合改革建设的具体过程

3.1　发挥团队建设的"四种作用"，坚持教师队伍的"五个互动"，"内培"与"外引"相结合，强化教学团队建设

本专业建设始终以团队建设为核心，以提高教师综合素质为主线，以教书育人为己任，以提高教学质量为目标，以教学改革为动力，不断提高团队成员的教学、科研素质。具体措施包括：

（1）充分发挥团队建设 4 种作用[3]：①充分发挥老教师的带动作用，以老教师带领青年教师，明确老教师指导青年教师的目标和内容，提高教师队伍综合素质；②充分发挥课程组的整合作用，将自动化专业相同或相近课程组成课程组，相关任课教师需要经常开展教学研讨，更新教学理念，改革教学内容，强化课程建设；③充分发挥教师间的互助作用，制定自动化专业团队内部听课机制，经常邀请优秀教师做模范教学，团队其他教师旁听学习，组织团队内的教学交流，充分发挥教师间的互助作用；④充分发挥团队组织的促进作用，召开团队内部教学研讨会，讨论每个教师的发展计划，鼓励教师积极进取，培养教师拼搏奋斗的精神。

（2）坚持教师队伍建设的"五个互动"[3]：①教学与教研互动：教学团队在教学实践过程中，要认真发现总结教学规律，改善教学方案，重视学生在实践教学过程中反馈的信息，改革教学模式，提升教学整体水平。②教学与科研互动：在教学实践过程中，科研能有效地促进教学，地方高校应鼓励教学团队把科研与教学相结合，建立产学研机制。③理论与实践互动：传统的教学侧重理论研究，现代化教学要求理论与实践相统一，应强化实践教学，提升师生的实践动手能力，青年教师应先到实验室、实训基地指导实践教学。④教师与学生互动：实施全程导师制，由教学团队里有丰富教学经验的优秀教师担任本科导师，在学生在校期间进行实时教导。⑤教师与教师互动：为提高教学团队教学整体质量，地方高校制定相互听课制度。教师之间开展交流与合作，形成了良好的积极进取的氛围和拼搏奋斗的精神，提升自动化专业教学队伍的教学质量和综合素质。

（3）为强化教学团队建设，教学团队通过内部培养、社会聘请和外部引进多种渠道，建设一支高素质、高质量的优秀教学队伍。2014 年以来，团队通过委托培养了博士学位的教师 2 人，在读博士教师 4 人。目前，团队具有博士学位的教师占 79.2%。另外，教学团队还引进 985 高校博士 5 人，聘请了 2 名资深教授为校内特聘教授。

3.2　发挥国家精品课示范作用，加强课程与教学资源建设

在"计算机控制系统"国家级精品课、精品资源共享课建设的基础上，不断加强自动化专业其他相关课程的资源建设，具体措施包括：

（1）加深研究建设自编教材。组织优秀教学团队通过多年教学经验以及教育改革项目，对相关教材进行改革研究。此外，地方高校还与出版社签订合同出版自编优质教材。2014 年以来，本专业出版"十二五"高等教育本科国家级规划教材 1 部，高等教育测控技术与仪器专业规划教材 1 部。

（2）在教学中引入慕课在线课程。在教学应用中，引入超星的慕课平台，选择部分优秀课程，重新改革设计，鼓励优秀教师将自己授课录像上网，从而实现教学资源的共享，强化共享资源建设，为学生的课外学习以及校外人员学习提供了便利的学习条件。2014 年以来，本专业申报吉林省在线开放课程 1 门。

3.3　教育教学改革项目与专业课教学改革相结合，促进教学方式方法改革

结合自动化专业"卓越工程师教育培养计划"和目前倡导的工程教育专业认证，依托教育教学改革项目，进行了教学方式和教学方法的改革。具体措施包括以下几个方面。

（1）选出本专业 4 门专业核心课程（自动控制原理、现代控制理论、单片机原理及应用以及现代电气控制技术）进行教学内容和教学方法的改革，寻求既可以契合现代化创新型人才培养目的，又可以满足特色人才培养的专业课程教学方案。更新了教学理念，将传统的"填鸭式"教学模式逐渐转变为教师带领学生一起探索发现知识的模式，充分地激励了学生的求知欲。将传统的授业解惑教学模式逐渐转变为师生合作式教学模式，让学生更多地参与讨论，探索，更多地鼓励学生自主学习。引入现代化教学方式，改变传统

单一的课堂讲授方式，转变为多样化教学方式。重视科研研究，不能单单注重理论教学，应将产学研结合。

（2）对 2013 级和 2014 级自动化专业本科生成立综合改革试点班。激励学生的求知欲，提升学生培养的综合能力和综合素质，需要积极深入探索启发模式教学、讨论模式教学和参与模式教学等多样化教学。在试点班中实施导师制，每位教师指导 2 名本科生，让本科生跟着导师参加相关的科研活动，尽早了解课题，尽早融入课题团队。

3.4　通过增加实践教学比重、改善实践教学条件和加强实践基地建设，强化实践教学环节

根据"自动化专业卓越工程师培养计划"的培养目标和对工程应用型人才知识、能力和素质的要求，建设了注重以学生工程实践创新能力为关键点的实践教育教学体系[4]。

（1）重视实践教学，提高学生实践动手能力。增加实践学分在总学分中的比例，增加实践课时，构建更加完善的教学实践体系。结合我校办学定位，依据自动化专业特色和学生培养目标，在确立学生培养方式时，需要符合项目建设要求，并将其建设内容融入新的培养方案中，优化了课程结构，最终制订了 2014 版自动化专业本科培养方案。新的培养方案中，将原来的 48.5 周实践教学环节增加到 52.5 周，不仅增加实践教学课时，还要增加实践教学学分，使其占总学分的 23.1%。实施了"以提高学生创新能力为目标，以激发教育为手段，课内外相结合，教学科研相互动"的一体化实践教学模式。

（2）利用省财政专项资金，加强实践教学设施的建设。对实践教学的实验室重新设计，规划布局，将其建设为产学研相结合的现代化实验室。另外加强地方高校与企业的合作，将企业先进的技术引入到地方高校实践教学中，建立健全具有当地特色的实践教学体系。改革实践教学方案，更新实践教学理念，建立健全管理机制，全面推进首批"国家级工程实践教育中心"和自动化工程技术研究中心等高质量产学研相结合的现代化平台的建设。

3.5　更新教学管理理念，改革教学管理模式

在建立健全教学管理机制时，一方面要符合学生的全面发展与个性发展有机结合，另一方面要有利于提高教学团队的综合素质，改善教学模式。

构建多极化督导的立体化教学质量监督机制，增强教、学、管角色意识，强化监督教学体系，提高教学质量。为了更好地了解教学效果与不足，需要实施教学评价制度，更正教学不足，改善教学模式。针对教学过程出现的不足，专门成立院级、系级二级教学质量监控小组，对教学过程进行全程监控，并实时反馈教学质量信息，对教学过程中出现的不足及时调整，提高教学团队教学质量，形成闭环的控制系统。自动化专业教学质量监控体系如图 1 所示[5]。

4　结论

通过两年的建设与实践，更新了教学理念，改善了教学方案，自动化专业的综合改革取得了良好效果，不仅提升了教学团队教学质量和管理水平，还提高了学生实践能力和综合素质。

近三年来，我校自动化专业学生在国内各种大赛中取得了优异的成绩。在第三届全国大学生自动化系统应用"AB 杯"大赛中，获得国家三等奖，并获得国家级大学生创新创业训练项目 1 项。在全国"飞思卡尔"智能车大赛中，获得东北赛区二等奖 1 项，三等奖 1 项，优秀奖 1 项。在全国"大学生电子设计"比赛中，获得省一等奖 3 项，二等奖 3 项。在吉林省"大学生电子设计大赛"中，获得一等奖 3 项，二等奖 5 项，三等奖 1 项。在吉林省"挑战杯"创业大赛中，获得二等奖 1 项，三等奖 1 项。在吉林省"创青春"创业计划大赛中，获得三等奖 1 项。在吉林省"青年创新创业大赛"中，获得三等奖 2 项。在长春市"青年科技创新创业大赛"中，获得二等奖 1 项，三等奖 1 项。

2013 级综合改革试点班 130304 班，共有学生 34 人，考取研究生 11 人，其中考研成绩近 400 分的 2 人，考取 985 学校的 4 人（东北大学 2 人，吉林大学 1 人，北京航空航天大学 1 人），考取 211 学校 1 人，中科院光机所 1 人，考研率为 33.4%（学校整体考研率 12%～15%）。就业签约率为 88.2%，其中签约一线城市的 4 人。

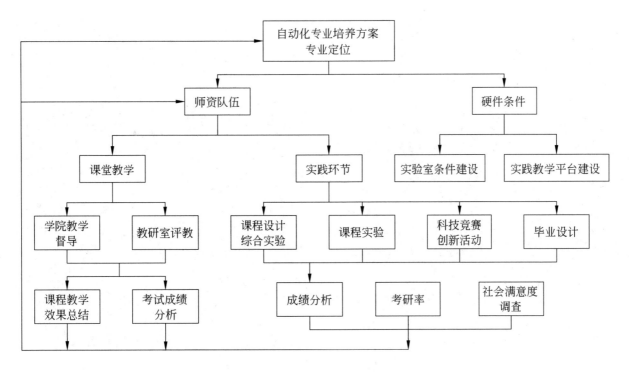

图1　自动化专业教学质量监控体系

References

[1] 关于启动实施"本科教学工程""专业综合改革试点"项目工作的通知 http://www. Moe.gov.cn/publicfiles/business/htmlfiles/moe/A08_sjhj/201201/129382. html.

[2] 张德江, 刘克平. 自动化专业教学改革与团队建设[J]. 中国大学教学, 2011（9）：78-80.

[3] 刘克平, 张德江, 李元春, 等. 地方高校自动化专业综合改革试点建设[J]. 电气电子教学学报, 2014（6）：12-13+52.

[4] 王丽娜, 于微波, 刘克平, 等. 自动化专业"卓越工程师教育培养计划"实践教学模式的研究与实践[J]. 吉林省教育学院学报, 2016（12）：106-110.

[5] 周子明, 陈思, 王阳, 等. 自动化专业教学质量监控系统的研究与实践[J]. 吉林省教育学院学报, 2016（11）：130-133.

主题 2:

自动化专业人才培养目标、培养模式及培养计划

面向智能制造的自动化专业人才培养思考

李慧芳　彭熙伟　夏元清

（北京理工大学　自动化学院，北京 100081）

摘　要：智能制造战略对人才培养提出了更高的要求，自动化专业需要及时调整人才培养策略，与时俱进地改革课程体系，以适应新技术之间的交叉与融合。本文介绍了智能制造对自动化专业人才培养的需求，分析了自动化专业人才培养的现状与问题，提出了面向智能制造的自动化专业人才培养建议。

关键词：智能制造；自动化专业；人才培养

Thinking about Intelligent Manufacturing Oriented Automation Personnel Training

Huifang Li, Xiwei Peng, Yuanqing Xia

(Beijing Institute of Technology, Beijing 100081, Beijing, China)

Abstract：Intelligent manufacturing strategy puts forward higher requirements for personnel training. Automation needs to adjust the personnel training strategy, reforms the curricula architecture with the times, so as to adapt to the cross, overlap and integration of new technologies. This paper introduces the intelligent manufacturing demand for personnel training, and analyzes the current situation and problems of personnel training process on automation specialty, and finally proposes some significant suggestions to automation talent training for intelligent manufacturing.

Key Words：Intelligent Manufacturing; Automation Specialty; Personnel Training

引言

随着"工业4.0"的出现，以智能化为核心的制造业变革时代正在到来。2012年3月，美国提出"美国国家制造业创新网络"议案；2013年4月，德国提出"工业4.0"战略；2013年12月，欧盟批准实施"地平线2020"科研计划；2015年5月，我国发布《中国制造2025》规划。由此可见，制造业的转型升级将迎来大提速、大突破，在此形势下的智能制造发展，对高等教育提出了新的、更高的要求，而作为"宽口径、万金油"的自动化专业发展，也将面临极大的机遇与挑战[1]。

自动化专业是一个集电子科学、控制理论和信息技术的宽口径专业，其专业涉及的技术领域知识与智能制造涵盖的智能工厂、智能车间、智能生产等核心内容紧密相关，是支撑智能制造的关键专业之一。目前，自动化专业的培养目标还未能体现智能制造的人才发展需求，课程体系设置与实践教学也未能体现智能制造对人才的多元化、综合性与系统性要求。为应对科技变革带来的制造业转型升级挑战，我国的自动化专业亟须增强自身的特色，呼唤多样化的人才培养目标、与时俱进的知识及课程体系，以搭建教育教学实

联系人：李慧芳．第一作者：李慧芳（1965—），女，博士，副教授．

践与工业发展间的桥梁。因此，从培养目标、课程体系与培养方案的各个方面进行自动化专业教育教学改革与探索，以培养面向智能制造的多元化、高素质专业人才，对于促进我国实现"制造大国"到"制造强国"的跨越具有非常重要的意义。

1　自动化人才培养现状与不足

智能制造对自动化专业人才提出了多元化的能力/技能需求，但目前的自动化专业人才培养方案主要按照传统的学科体系构建专业课程体系，一方面缺乏专业课之间的融合与交叉，另一方面，由于忽视了综合性实践操作技能相关的教学培训，也就缺乏对复合型、综合性人才的支持，特别是缺乏新一代信息技术，例如人工智能、云计算、大数据等方面的技术开发与应用能力的培养。为此，需要对自动化专业人才培养目标、课程设置、理论与实践教学内容、学时分配不断进行调整与优化，保持与时俱进。目前的自动化专业人才培养存在以下问题：

1.1　缺乏多元化培养目标

"工业 4.0"和"中国智能制造 2025"战略的提出，为各行各业带来了机遇与挑战。作为智能化的前提与基础，自动化在智能制造中起着非常重要的作用，几乎涉及工业制造的各个环节，这就对自动化专业的技能提出了多元化需求，例如要求从业人员具备大型软件开发、复杂系统设计或者人工智能的开发、应用与实施能力。可是，当前的专业培养目标设置缺乏对多元化人才需求的考虑或者对多元化人才需求的覆盖非常有限，导致课程体系、专业知识结构以及实践教学内容与手段对人才多元化能力培养的支持不够。

自动化专业的课程设置取决于专业培养目标的要求。可是，由于对智能制造含义及其对自动化人才培养需求的理解不够深入，甚或对面向智能制造的自动化人才技能要求不明确，即使制定/修订了培养方案，也无法在课程设置中覆盖智能制造所需的多元化综合性、新知识，特别是新一代信息技术例如人工智能知识，更无法满足智能制造对人才的多元化能力需求，最终使专业课教学目标或专业毕业要求对智能制造人才培养的支

持不力，甚至偏离专业的培养目标，导致专业课教学缺乏目标导向，直接影响专业培养目标的实现。

1.2　课程设置与内容有待优化

虽然自动化专业涉猎面极广，涉及电工电子、计算机网络、控制理论等较宽领域内的专业知识。但是，智能制造是自动化制造的高级阶段，智能制造的柔性化、个性化、大规模定制特征，使得智能制造所依赖专业分工更细化，例如智能制造的含义表现为制造过程管理与控制系统，对过程设备、环境系统、在制品/产品、人类需求与行为的全方位感知、精准化理解、预测性/智慧化判断，通过将正确的信息、在正确的时间、以正确的方式传递给正确的人/系统，实现资源的最优化配置、生产的最优化安全运行、管理的精准化决策……所有这些目标的实现对所依赖的工程技术提出了更深的综合性、交叉性和应用性需求。可是，现有的专业课程设置存在内容相对陈旧、缺乏交叉/融合性、综合/应用性不足，与智能制造技术型人才的多元化需求还有一定差距。因此，自动化专业的课程体系与知识结构需要针对智能制造智能化特征需求进行改革与创新。

针对自动化专业的课程体系设计问题，刘燕等提出面向智能制造的自动化专业课程体系的重构，将智能制造装备的共性技术、测试装置与部件技术融合到传统自动化专业课程中，给出了课程体系重构方案[2]。面对智能制造的挑战，尽管有些学者对自动化专业的教学改革提出了一些思路与建议，但是总体来说，大多数高校自动化专业的课程设置与知识体系存在缺少整体规划、教学内容相对陈旧、缺乏课程内容的交叉与融合等问题。

为了应对智能制造对人才培养的挑战，满足其对人才的多元化技能需求，需要对专业课程设置进行重新思考、总体规划，即便引入了一些相关的基础与专业课程，但是课程之间的关系或者课程对培养目标的支撑作用也不清晰，导致课程内容相互重叠，甚至出现重复设课、课程繁杂现象。另外，在智能制造背景下，市场对于高新技术，特别是新一代信息技术，例如大数据、人工智能、机器学习与工业软件等方面的技术需求越来越迫切，掌握数模电、计算机网络、通信原理、

控制理论、微机原理与接口等技术已经远远不能满足企业对自动化专业人才的智能制造新技能需求，所以课程陈旧是一个亟须解决的问题。

由此可见，传统的课程体系设置，导致自动化专业培养出的人才很难适应智能制造的大趋势，出现"企业招聘不到人、毕业生找不到工作"的矛盾。

1.3 实践教学内容综合性不足

智能制造的发展对生产实际提出了高水平、智能化、综合化的新要求，但传统自动化专业中的实践教学活动仍停留在单一、简易、技术含量低、注重原理验证的单纯软件或硬件层面上，软、硬件结合的综合性实践教学内容相对较少，缺乏智能制造所需要的系统性分析、综合、探究、创新能力实训内容支持，如何提升实践教学环节与教学活动的技术性、贯通性、系统性、综合性、集成性以及软硬件结合的工程应用性，并融入新一代信息技术例如大数据、人工智能技术的开发与应用实践，使自动化专业培养的人才一旦走出校门，便能够满足智能制造对人才的多元化、综合性、创新性能力要求，是推动《中国制造2025》战略实现的重要举措。

2013年，夏春智提出了以认识实习与课堂教学相结合、加强实习基地建设、创新毕业设计三种开展形式/方法，丰富了实践教学内容，强化了学生的实践操作能力[3]。自动化专业领域的教育学家，虽然对实践教学进行了很多思考和改革，但是智能制造时代背景下的自动化专业实践教学，需要以智能制造战略的人才技能需求为导向，设计自动化专业培养目标与毕业要求，使专业人才培养适应并逐步满足智能制造对自动化专业发展的新要求，为《中国制造2025》战略目标的实现提供人才储备。智能化是自动化的高级阶段，智能制造的人才需求包括扎实的人工智能理论基础、大型综合软、硬件系统的开发与集成能力、系统分析与解决问题的能力。当前的自动化专业实践教学内容相对简单、注重原理验证，一方面，实践教学内容本身缺乏系统性、综合性、集成性以及工程应用性，另一方面，理论教学内容对新一代信息技术例如大数据、人工智能、机器学习、大型工业软件技术的缺乏，导致实践教学内容无法满足智能制造所需要的全方位感知、智能化分析、预测性维护、精准化决策等人才技能要求。因此，自动化专业人才培养，需要综合教学内容，选取具有代表性的复杂系统/产品工程案例，针对某一项智能化目标实现，创设不同专业知识的交叉与融合、软硬件与新一代信息技术集成应用等场景，利用多学科、多场景、多方式的实践教学资源，通过系统性验证与综合集成创新，提升实践教学的综合性、系统性、集成性、创新性，进一步提高自动化专业实践教学水平。

2 人才培养思考与建议

智能制造是制造业由自动化发展到数字化、服务化，再进一步发展到智能化的必然产物。自动化专业与智能制造之间的关系是息息相关、紧密相连，除了数学、计算机、通信、控制等理论和技术，要实现智能制造还需要物联网、工业互联网、大数据、人工智能等新一代信息技术的支撑。在此背景下，传统的专业培养方案与课程体系设置，已经不能满足智能制造时代的人才技能需求，自动化专业人才培养方式的改革与创新势在必行。

2.1 坚持目标导向，明确培养目标

目标导向是指在培养方案设计时，以市场需求为牵引，充分考虑智能制造的人才需求，设置多元化人才培养目标及其相应的课程体系，使课程内容相互融合、交叉与贯通，为制造智能化提供针对性技能支撑，符合智能制造对人才的多元化要求。

需要说明，多元化要求产生的原因在于，智能制造的特征是满足用户对产品的大规模、个性化、定制需求，这就要求制造过程系统具有极高的灵活性与智能适应性，而这一目标的实现，需要市场分析、硬件设计、软件工程、机电一体化、系统工程、决策科学、大数据、人工智能等多个领域的专业人才，通过有机协作、取长补短、相辅相成、紧密配合，推动中国制造智能化战略目标的实现。

2.2 坚持整体规划，优化课程内容

智能制造对于复合型人才的需求量很大，它要求从业者既要有扎实的专业基础，又要广泛地了解和掌握各学科专业的相关知识，还要具备新

一代信息技术例如物联网、云计算、大数据、人工智能、机器学习的研究、开发、工程应用与实施能力。在此背景下，无论是企业还是科研单位，对于人才培养的质量也提出了越来越高的要求，而自动化专业的毕业生要适应时代发展的需求，必须优化专业课程体系设计以及课程内容设置，以整体规划、整合优化、与时俱进、创新提升为思路，进行培养方案与课程体系改革。

为此，专业需要深入分析智能制造的核心内容及其目标实现所依赖的人才技能，参照行业标杆专业的培养目标与课程体系设置，评估本专业现有课程体系对智能制造人才技能的支持力度，进行差距分析。在此基础上，结合智能制造的多元化人才需求，对专业培养目标、课程体系与教学内容进行整体规划，通过分析教学内容与培养目标之间的对应支撑关系，识别急需课程、剔除冗余课程、整合重叠的教学内容，实现面向培养目标的课程内容优化组合与课程资源优化配置，支持多元化人才培养。根据专业知识结构与课程内容之间的依赖关系，设计专业课程、特色课程与重点课程的教学顺序。一般来说，按照数学类基础课→专业基础课→专业课的顺序，循序渐进、由浅入深，而特色课程、重点课程的安排则要兼顾专业培养目标需求与学校特色，做到有根（满足需求）有叶（凸显特色）、多点开花。自动化专业的课程涉猎面广、课程内容较为多样化，甚至存在课程内容重叠现象。为了提高人才培养效率、满足多元化技能需求，需要去粗取精、删除已经过时或者不再实用的知识点，整合内容相近的课程，达到节省课时并优化专业知识结构的目的。同时，适当压缩必修课比重，扩大选修课比重，实现多元化人才培养目标。最后，随着市场的全球化以及产品的大规模、个性化定制需求越来越强烈，制造业的数字化、柔性化与智能化转型升级已经成为必然，自动化专业不应该局限于传统自动化技术或自动控制的相关研究与开发，而应该注重宽泛的自动化技术，例如管理、决策、运维自动化，并引入大数据、人工智能、机器学习等新鲜血液，促进整个专业人才培养模式创新与人才培养质量的提升。

2.3　强化综合性实验，突出系统性

自动化专业有很强的综合性、系统性、实践性，其课程内容涉及的所有理论、技术、案例都是为生产实际服务的，所以自动化专业的实践教学是必不可少的重要环节。但智能制造要解决大规模、个性化、功能复杂的产品定制需求，实际生产过程会变得更加复杂化、综合化、系统化、柔性化、智能化。因此，为了满足实际生产制造过程的智能化需求，进一步提升自动化专业人才对智能制造的开发、应用与实践能力，可以考虑以下几个方面：

发挥高校中产、学、研、用相结合的优势，建立多校联盟、校企合作的智能制造综合实验云平台，以覆盖课程知识体系，体现多学科间的逻辑关系，创设课程知识的实际应用环境。具体内容为构建海量多源异构生产仿真数据，综合控制理论、信号处理、网络通信等基础理论，提供机器视觉、自然语言处理、机器学习/深度学习等分析方法，模拟实践智能制造中的生产环节，锻炼学生认识、分析、设计、开发、软硬件应用调试、最终解决智能制造实际问题的综合能力。

在真实教学环境下，充分发挥学校的科研优势，深化校企合作，引进优秀企业高水准的智能生产资源作为学校实验室教学内容；以培养企业需要的专项人才为目标，增加学生在智能制造企业中自主选择合适岗位的实习机会，消除/缓解仅仅以企业参观为目标的实践教学活动的弊病，帮助学生更准确地认识智能制造的本质与目标。

自动化专业的毕业设计是检验学习成果、锻炼学生从理论学习走向实际应用的重要环节，为学生提供与智能制造相匹配的实际生产案例相关的毕业设计题目，鼓励学生走出课堂，走进生产实际，实地采集数据，发现生产实际相关的自动化问题，并利用所学知识解决问题，将理论知识更好地应用于生产实际，进一步提升学生的专业知识应用与实践操作能力。

3　结论

为了应对智能制造的多元化、复合型人才需求，自动化专业需要适时调整培养方案与措施，为《中国制造2025》战略的实现培养多样化、专业型人才。本文在分析智能制造的内涵以及自动化专业人才培养现状的基础上，提出了面向智能

制造的自动化专业人才培养建议，旨在为自动化相关专业的人才培养与教学改革提供有益的参考。

References

[1] 王军，高巍，张雪，等. 面向智能制造的特色网络工程专业人才培养的研究[J]. 教育教学论坛，2017（3）：8-9.

[2] 刘燕，徐惠钢，等. 面向智能制造的自动化专业课程体系的重构[J]. 电气电子教学学报，2016，38（4）：51-53.

[3] 夏春智，许祥平，邹家生. 工科高校特色专业人才教育教学的实践与思考——以江苏科技大学焊接技术与工程专业为例[J]. 新校园旬刊，2013（11）：46.

自动化专业分方向培养模式研究

张凯锋　魏海坤

（东南大学　自动化学院，江苏　南京　210096）

摘　要：近年来，随着自动化学科的涉及领域越来越广，自动化专业学生的就业面也越来越广。此时，传统的不分方向、不灵活分方向的自动化专业培养模式已经难以满足社会需求，也难以满足工程教育专业认证的要求。为此，东南大学自动化专业在制定 2015 级本科生培养方案时，将学生培养模式划分为控制科学、控制工程、智能机器人、智能信息处理四个方向。本文对此进行具体介绍，包括分方向的具体思路和实践过程。

关键词：自动化专业；分方向培养模式；工程教育专业认证

Research on the Separately Oriented Training Mode in the Major of Automation

Kaifeng Zhang, Haikun Wei

(School of Automation, Southeast University, Nanjing 210096, Jiangsu Province, China)

Abstract：Recently, the fields of automation become more and more wide. Meanwhile, the employment categories of the students of the major of automation also become more and more wide. For traditional training mode of automation major seldom considers the need of separately oriented training, it will be hard to meet the requirements of real engineering and that of the engineering education certification. Thus, when designing the training program of 2015, the automation major of Southeast University divides the training mode into four sub-directions, or control science, control engineering, intelligent robot and intelligent information processing. In this paper, this mode will be introduced, including the basic idea and the application details.

Key Words: Major of Automation; Separately Oriented Training Model; Engineering Education Certification

引言

自动化专业是一个具有显著中国特色的专业，在其发展过程中经历了由多个专业（工业自动化、自动控制、飞行器制导与控制、液压传动与控制等）合并为单个专业（自动化），又发展为专业类（自动化类，包括自动化、轨道交通信号与控制等）的过程[1]。东南大学的自动化专业始建于 1957 年，是国内最早设立自动化专业的高校之一，在其发展过程中也经历过类似的过程。

近年来，东南大学自动化专业开始思考在自动化专业内部灵活设置多个方向的问题，并具体在 2015 级培养方案中付诸实施。这主要是考虑到随着自动化学科的涉及领域越来越广，自动化专业学生的就业面也越来越广。此时，传统的不分方向或不灵活分方向的自动化专业培养模式已经难以满足社会需求。在当前工程教育专业认证的发展大背景下，也难以满足专业认证的要求。

联系人：张凯锋（1977—），男，博士，教授.

基金项目：自动化类教指委高等教育教学改革研究课题（2015）；东南大学教学改革研究项目（2015-45）.

实际上，在许多专业的发展中，也都探讨过在一个专业中设置多个方向的问题[2-4]。本文将具体介绍东南大学自动化专业上述改革的有关思路、过程和举措。

1 自动化专业分方向培养情况现状分析

1.1 目前国内自动化大都没有采用分多个方向、灵活分方向的培养模式

近年来，国内高校大都采用"宽口径、重基础、复合型"的人才培养模式。很多高校都不再分方向。有一些高校（例如东南大学前期）分两个方向，但是方向之间不同的课程很少。也有一些高校分为偏向于自动化和偏向于电气两个方向，严格说来这并非分方向，而是实质上的两个专业在一个专业（自动化）名义下培养。整体上，笔者认为，目前大都没有采用分多个方向（例如 3 个、4 个以上方向）、灵活分方向（即根据行业需求灵活设置方向）的培养模式

同时也应该注意到，一些高校由于自身的行业特色、应用特色，其自动化专业的方向又事实上不同于其他高校。例如一些化工类高校的自动化专业偏向于过程控制，一些电力类高校的自动化专业偏向于热工控制，一些无明确行业背景的高校则会偏向于运动控制等。

1.2 自动化专业有分方向教学的需求

由于近年来自动化学科的发展，涉及领域越来越广（如机器人、人工智能、大数据等），随之自动化专业学生在就业面上也越来越广（如越来越多的自动化专业学生从事机器人、IT、人工智能、"互联网+"等方面的工作）。同时工程教育专业认证和社会、行业也对自动化专业的学生在工程能力、行业背景、专业素质等方面提出了越来越高的要求。相比之下，传统的不分方向教学模式会导致培养的学生"宽而不精"。因此，自动化专业有分方向教学的需求。

1.3 相关专业有分方向教学的先例和实践

在本科教育层面，按照应用领域的发展进行分方向教学的尝试在其他专业已经存在。例如一些学校在电气工程专业下，就细分为农电方向、

工厂供电方向、继电保护方向、电网方向等。上述方向并非严格按照"二级学科"划分，一些方向完全是根据行业需求、学校特色进行灵活设置。

1.4 国外自动化专业有分方向教学的实例

诚然，欧美国家大多没有自动化专业。不过，英国的谢菲尔德大学存在类似的情况，有自动化专业分方向教学的实例，可供我们参考。

谢菲尔德大学是英国著名的"红砖大学"之一，并且是有着英国常春藤之称的英国名校联盟"罗素大学集团"成员，被称为英国的工程帝国，一直具有国际公认的优秀科研和教学水平。谢菲尔德大学的自动控制与系统工程系是英国系统和控制领域规模最大的系，对学生采用"重基础、多方向"的培养模式。其低年级课程强调学生"通才"能力的培养，高年级课程则侧重于专业方向实践能力的培养，即在前面宽口径培养的基础上，还要求学生专精一个特定方向的知识和实践动手能力。该系设置了三个高年级专业培养方向，分别是系统与控制工程、计算机系统工程、机电一体化与机器人工程，学生一般只能选择一个特定方向。

2 东南大学自动化专业分方向培养的实践情况

2.1 实践过程概述

东南大学自动化专业在 2015 年之前在分方向方面存在过两种情况：不分方向和简单地分两个方向。其中即便是分两个方向，互相之间的区别也很少。

在制定 2015 级本科生培养方案时，出于上述分方向培养的必要性，同时也借鉴了国内外其他学校、专业的分方向培养经验，决定分方向培养，并制定相应的培养方案。

具体地，分方向后东南大学自动化专业学生的培养模式被划分为控制科学、控制工程、智能机器人、智能信息处理 4 个方向。设置这 4 个方向的主要依据有：本学科近年来的重要发展方向（智能机器人）；行业的重大需求以及学生的主要就业行业（智能机器人、智能信息处理、控制工程）；本校此学科的传统优势（有控制理论与控制工程国家重点学科）。

2.2　基于分方向培养模式的培养方案

具体地，东南大学自动化专业分方向培养方案中，自动化专业学生一、二年级的课程相同，从三年级开始，所有学生分 4 个方向培养（每个学生必须也只能选择一个方向）。

从三年级开始，4 个方向的教学环节有一些仍相同，如电力电子技术、形势与政策、数字信号处理、自动化元件、自动检测技术、毕业设计（当然选题不同）、科研与工程实践等。但是其中也有明显的不同，具体的不同部分如图 1 所示。

课程名称	学分	授课学年	授课学期	备注
非线性与自适应控制	2	三	3	方向1
网络化控制	2	三	3	
智能控制概论	2	四	2	
控制系统建模与分析综合设计	2.5	三 四	4 1	
多机器人系统建模与分析（研讨课）	1.5	四	2	2选1
现代控制系统设计（研讨课）	1.5	四	2	
自动化仪表	2	三	2	方向2
复杂系统与过程控制（双语）	2	三	3	
系统辨识与建模	2	三	3	
控制工程系统综合设计	2.5	三 四	4 1	
实时优化与先进控制（研讨课）	1.5	四	2	2选1
现代交流调速技术（研讨课）	1.5	四	2	
机器人学	2	三	2	方向3
机器人控制	2	三	3	
工业机器人系统	2	三	3	
智能机器人系统综合设计	2.5	三 四	4 1	
特种机器人（研讨课）	1.5	四	2	2选1
服务机器人（研讨课）	1.5	四	2	
数据统计分析	2	三	2	方向4
模式识别与机器学习	2	四	2	
数字图像处理（双语）	2	三	3	
数字图像处理系统综合设计	2.5	三 四	4 1	
机器视觉（研讨课）	1.5	三	3	2选1
数据挖掘（全英文）	1.5	三	3	

图 1　各方向不同课程示意图

在此需要说明的是，在三年级最后一个长学期（东南大学为第三学期）开设的《自动控制原理II》课程（一些学校也成为《现代控制理论》），又从分方向的不同需要出发分为《自动控制原理IIa)》和《自动控制原理II(b)》，其中(a)面向控制科学方向，难度偏高，(b)面向其他方向。

可见，上述方案真正实现了分方向培养，即各方向之间的差别很明显，不是简单地个别课程有差别，而是充分根据各方向的需求进行了多门课程的专门设计。

2.3　基于课程组的教学组织与管理

东南大学自动化专业在"东南大学自动控制系"时代有相应的教研室，并以教研室的形式开展教研活动。但是自动化学院成立后，撤销教研室，成立了若干个研究所。其结果是整个专业的课程隶属于不同的研究所，研究所之间基本不会因教学问题进行定期交流。同时，即便若干课程的主讲教师是在同一个研究所，但由于缺乏明确的、有效的组织形式，也很难充分开展教研工作。在目前的课程管理状况下，教师之间缺乏交流，造成部分教师不了解其主讲的课程在后续课程中的应用，只负责单门课程的教学，无法引导学生进行更深层、后续的学习，造成课程教学的孤立性，难以形成科学的、符合工程教育专业认证的教学体系。

归根结底，笔者认为上述情况的产生在很大程度上是由于研究所的设置大都是以学科为纽带，而非以本科教学为纽带。为此，在分方向培养的背景下，如何进行有效的教学组织与管理，便很急迫。在此方面，东南大学自动化专业总的解决思路是"设立课程组"。具体如下：

（1）4 个方向各成立一个方向课程组，即控制科学课程组、控制工程课程组、智能机器人课程组、智能信息处理课程组。

（2）还成立几个平台类课程组，包括专业基础课程组、软件课程组、硬件课程组。

（3）一些课程虽然是平台类课程，但是由于和某一方向课程组关系密切，所以也并入方向课程组。例如，《电力电子技术》是平台类课程（所有学生的必修课），并非某一方向课程，但是由于它和控制工程课程组关系密切，所以也纳入控制工程课程组的管理。

基于课程组的教学组织和管理方式可实现各个课程教学的有效联系及教学活动的连续性与一

致性，可形成一套以课程体系为组织单位的，以构建系统为目标的新的课程管理与教研体系。

2.4 按照工程教育专业认证标准安排各方向的综合课程设计

近年来，随着国内工程教育专业认证工作的开展，如何通过培养方案改革满足工程教育专业认证要求也受到了很大重视。东南大学自动化专业于 2014 年开始关注和考虑认证事宜，专家于 2017 年 6 月进校考查。因此在制定分方向的 2015 级培养方案时也认真考虑了如何符合工程教育专业认证要求的问题。

在 2015 版工程教育专业认证标准中，"复杂工程问题"可以认为是最核心的内容[5]。上述分方向的培养模式，应该可以更加有利于使得学生具有解决复杂工程问题的能力。在具体实施方面，业内还没有统一的、成熟的认识，东南大学自动化专业的一些计划和想法有：

（1）在复杂工程问题的具体实现载体方面，计划通过每个方向的大型综合性设计课程达成。具体地，在本专业的 2015 培养方案中，各方向分别设置了"控制系统建模与分析综合设计""控制工程系统综合设计""智能机器人系统综合设计""数字图像处理系统综合设计"。上述课程均为研讨课，2.5 个学分，从三年级第三学期（即春季长学期）到四年级第一学期（即短学期）。

（2）大型综合性设计课程要求组织学生进行具体的项目开发，包括系统的硬件设计、软件开发、控制算法研究、系统仿真和系统调试。对学生设计的工程项目需要进行验收、答辩，学生需要提交设计报告，教师根据项目完成情况、答辩情况和撰写的报告给出成绩。

（3）计划每个方向都建立若干个典型的复杂自动化工程问题（形成项目库）。这些复杂工程问题都应该符合工程教育专业认证的要求。进一步，也应该设置不同的难度，满足不同的等级评价要求。

下面以设计"交流异步电机变频调速系统"为例，阐述复杂工程问题的设计。具体的设计任务为：设计构建一个交流调速系统，实现异步电机的调速。在同一任务的要求下，给出不同的设计要求：

Ⅰ．掌握调速系统的基本构成，包括电力电子变换电路、各种信号的检测电路、控制电路和被控对象。自主设计控制电路，主要包括信号的采集，信息显示、通信和按键处理电路，采用的微处理器不限型号，DSP、MCU、FPGA 都可以。对设计的控制电路进行调试，并和给定的主电路、驱动电路连接，构建系统硬件平台，在此基础上，实现基本的恒 v/f 的 SPWM 控制，电机空载运行。如果该项目实现，成绩为合格。

Ⅱ．在Ⅰ的基础上，对控制算法进行研究、实现交流异步电机的 VC 控制，电机空载运行，在对系统进行 matlab 仿真的基础上，编写软件，在实际系统中进行调试。如果任务完成，成绩为中等。

Ⅲ．在Ⅱ的基础上，改变负载大小和特性，对系统的控制精度和相应时间提出指标要求。如果任务完成，成绩为良好。

Ⅳ．在Ⅲ的基础上，自主开发电力电子主电路与驱动电路，即自主开发整套系统所需的硬件电路，搭建硬件平台，对所做系统进行算法仿真，控制时考虑负载的多样性。如果任务完成，成绩为优秀。

5 结论

（1）随着自动化学科的涉及领域越来越广，自动化专业学生的就业面也越来越广，自动化专业有明显的需要分方向培养的必要性。

（2）不同学校需要根据不同的行业需求、学校特色、发展阶段制定灵活的、有针对性的分方向培养方案。

（3）东南大学自动化专业制定的 2015 级本科生培养方案中，将学生培养模式划分为控制科学、控制工程、智能机器人、智能信息处理四个方向。目前该方案正在有序执行，其中"智能机器人"这个方向已经在 2016 年发展为一个单独的专业"机器人工程"。这是国内获批的首个机器人本科专业。这也可以在一定程度上说明分方向培养，包括设置"智能机器人"方向的正确性。

此外，笔者需要强调说明的是，东南大学自动化专业的分方向培养方案还刚开始实施，至目前还没有完整的一届毕业生。因此，具体的、深入的利弊分析还有赖于进一步考察、分析和讨论。

References

[1] 戴先中. 我国自动化专业的特色、特点分析与发展前景初探[J]. 电气电子教学学报，2004（3）：1-5.

[2] 靖增群. 本科旅游管理专业分层次分方向培养模式的探索[J]. 海南师范大学学报(社会科学版)，2012（3）：145-149.

[3] 张丽，郝玉玲. 分方向培养模式对专升本护生学习投入及专业态度的影响[J]. 中国高等医学教育，2014（3）：50，83.

[4] 张钢. 计算机科学与技术专业分方向人才培养模式[J]. 计算机教育，2011（7）：7-10.

[5] 中国工程教育专业认证协会秘书处. 工程教育专业认证工作指南（2016版）.

电气信息类专业创新应用型人才培养模式改革与实践

苏海滨　贺子芙　张红涛　熊军华　朱安福

（华北水利水电大学　电力学院，河南 郑州 450045）

摘　要： 本文介绍了我校电力学院电气信息类专业创新应用型人才培养模式的举措及成效。在建设实施中，提出了"一个中心、二个平台、三个结合"的培养模式改革总体建设规划，论述了在课程体系改革、校内实践基地建设、以学科建设促进本科教学、以科技竞赛引领学生创新、创新教学模式和教学方法、推行导师制等方面采取的方法和措施。通过近年来的探索和实践，该培养模式在培养学生创新实践能力方面取得了显著成效。

关键词： 电气信息类；创新型人才；培养模式改革

The Reform and Practice for the Training Model of Creative Application Abilities of Electric Information Talents

Haibin Su, Zifu He, Hongtao Zhang, Junhua Xiong, Anfu Zhu

(Electric Power School, North China University of Water Conservancy and Electric Power, Zhengzhou 450011,

Henan Province, China)

Abstract： Measures and achievements of reforming electrical information specialty of innovative talent training model of in our electric power school is introduced. The innovative talents cultivation model based on a center, two platform, and three combination is presented in the practice of reforming of electrical information specialty. Focusing on the curriculum system reforming, the campus practice base construction, the discipline construction promoting undergraduate teaching, the science and technology competition leading students innovation, the innovative teaching models and teaching methods, the tutorial system for promoting students innovation ability, this paper describes the construction Method of a cultivating system for creative practice abilities of electric information specialty. After many years of exploration and practice，this system has been proved to be effective in the cultivating students creative practice abilities．

Key Words： Electrical information specialty; Innovative application talents; Training model reform

引言

培养创新应用型人才是 21 世纪高等教育发展的需要，更是我国社会发展和国际竞争的需要。

2013 年,《中共中央关于全面深化改革若干重大问题的决定》指出，要深化教育领域综合改革，增强高校学生社会责任感、创新精神、实践能力，深化产教融合、校企合作，培养高素质劳动者和技能型人才，创新高校人才培养机制，促进高校办出特色争创一流。人才培养是高校的根本任务，要实现素质教育，培养创新应用型人才的目标，必须更新教育观念，重新构建创新应用型人才培

联系人：贺子芙.第一作者：苏海滨（1964—），男，博士，教授.
基金项目：校级教改重点项目（201511306）.

养模式。我校电力学院多年来针对电气信息类本科教育进行了改革和创新，逐步确立了"一个中心、二个平台、三个结合"的培养体系，即以学生为中心、建立工程教育平台和学科基础教育平台，工学与人文相结合、教学与研究相结合、课内与课外相结合，不断完善创新应用型人才培养模式，取得了一系列可喜的成果，学生的创新意识和实践能力有了显著的提高。

1　建设思路与理念

1.1　"一个中心"

无论是教师或是管理人员都要转变教育思想和教学观念，全方位实现"以学生为中心"，这不仅是对教育本质的深刻再认识，也是教育思想、教学观念的一次深入变革[1]。电力学院近年来引进大量青年博士教师，他们大都是从高校毕业直接进入高校，学术研究热情高，对本科教育了解不多，以"教"为中心的观念根深蒂固。因此，我院开展了教育理念的大讨论，逐步转变教育思想、观念、方法，使广大教师充分认识到要把学生的学习放在第一位，在有利于学生学习、学生发展的思维之下设计自己的教学和管理工作。同时院系领导心系学生、深入学生、深入课堂，了解学生的学习情况，研究解决学生学习中存在的有关问题，制定有利于学生学习的政策、制度，创设有利于学生学习的环境、文化氛围，为学生的成长创造广阔的空间。全面推行导师制，帮助学生发掘自己的优势潜能、进行学习设计和人生规划，取得了较好的成效。

1.2　"两个平台"

"两个平台"是指突出创新应用能力的工程教育平台和体现学科交叉融合的大学科基础教育平台。21 世纪现代工程教育应充分体现学科的综合和交叉，是建立在科学与技术之上的包括社会经济、文化、道德、环境等多因素的工程含义[2]。因此现代工程教育观不仅强调工程的实践性、创造性，更加重视工程的系统性及实用特征。工程教育平台达到的目标是：提供跨学科、综合化的知识，树立工程意识，掌握系统科学方法，具有工程职业技术及从事工程实践活动的能力[3]。大学科基础教育平台建设目标是打通电气信息类不

同专业不同学科的基础教育课程。电力学院电气信息类专业主要有电气工程及自动化、自动化、轨道交通信号与控制、电子科学技术等，学生就业去向大都是面向电气、信息及相关行业。打通大学科基础课程，是培养具有宽厚的学科知识背景、适应社会需求和创新能力强的宽口径应用型人才的关键。

1.3　"三个结合"

一是工学教育与人文学教育相结合，对于工科学生来讲加强工学教育固然重要，但人文教育同样不能忽视，人文教育是素养教育，其核心功能在于其能够为学生提供广阔的思维视野，使学生能够从更高的层面思考问题、分析问题和解决问题。现代社会科学与人文研究已经跨越了传统学科边界，许多公共决策需要不同的，甚至相反的学科视角。现有的工科教育体系中，无论是教师还是学生普遍存在重专业、轻人文的思想观念，不利于学生个性发展和创新意识的提高。因此，加强人文教育是培养具有跨学科视野和跨领域研究的创新人才基础。二是教学与科研相结合，教学是科研的基础，科研是教学的发展和提高。科学研究与人才培养相互促进，共同发展，实现两者有机的统一，才是发展科技教育的最佳途径。因此，教学与科研的紧密结合，有利于培养学生创新能力、有利于教师学术和教学水平同步提高、有利于改善办学条件、有利于理论与实践相互融合。三是课内与课外相结合，构建适合于电气信息类专业课内课外创新教育体系，以夯实学生的创新基础。课内设置有通识创新教育、科技信息获取及写作、专业特色创新等课程，以培养学生创新意识和创新方法。完善课外创新软硬件环境，建设电气信息类专业科技创新、创业实践基地，开放各级各类实验室，设立课外科研创新基金、开展科技竞赛活动和创新素质教育论坛等。

2　建设内容和措施

2.1　构建突出创新应用能力培养的课程体系

优化课程体系是培养创新应用型人才的前提，课程体系为实现人才培养目标而选择的教育内容及其进程的总和，是人才培养的载体，是学生获取知识的主渠道[4]。根据"两个平台"中工

程教育平台的要求，学科的设置要充分体现学科的综合和交叉，增强学科的系统性和实用性。同时大学科基础教育平台则要求了电气信息类专业基础课程的通用化，不仅能够拓宽学科的知识范畴，还能强化学生对社会的适应能力，培养出创新能力强的宽口径应用型人才。具体在制定电气信息类专业培养方案时，我院主要进行了以下几个方面改进，具体如表 1 所示。一是注重科学与人文学科相结合。加强学生的科学教育固然重要，但人文教育同样不能忽视。科学教育是科学技术方面的教育，属于专才教育的范畴，而人文教育则是素养教育，属于通才教育的范畴，其核心功能在于其能够为学生提供更加广阔的思维视野。大量的事实证明，具有深厚科学素质和人文情怀的科技人才更容易取得成功。二是实现学科之间的交叉。另外，跨学科的课程设置也体现的是对人的全面发展以及创新能力培养的重视。注重课程设置体系的跨学科性，为培养具有跨学科视野和跨领域合作研究的人才奠定基础。三是设置个性化的选修课程，让学生可以选择自己喜欢和感兴趣的学习课程。选修课设置"量大面广"，每个专业设置了 30 门左右选修课程。多样化课程既满足了学生个性需求，开阔了学生视野，又为发展学生特殊才能提供了必要补充。四是设置了灵活丰富的实践课程。创新人才的培养离不开实践能力的锻炼，开设丰富而灵活的实践课程，可以使学生在实践中增强问题意识和创新能力。

2.2　建立具有创新内涵的校内实践基地

无论是国外高校还是国内高校，校内训练必然是培养学生创新意识和实践能力的首要基地[5]。因此，高校作为学生创新能力培养的重要阵地，不仅担负着学生的专业知识方面的教育，同时更要加强对其创新意识和创新能力的锻炼，注重学生可持续性学习能力的培养，建设具有创新内涵的校内创新实践基地[6]。

我校长期以来一直重视大学生创新教育，学校建设有大学生创新创业园，面向全校大学生和研究生，其吸纳能力十分有限，大批量的学生创新实验项目实施主要由二级学院来完成。我院建设有省级动力与自动化实验教学示范中心，中心管理 26 个实验实训室，涵盖强电弱电、自动控制、电子技术、微机数控编程及应用、电气工程等，

表 1　电力学院电气信息类专业课程设置体系

课程类别	学分比例	涉及领域	课程目的	基本要求
公共课	35%	自然学科、哲学、政治、经济、文学艺术、社会与行为等	培养学生综合素养、探索知识能力和思考习惯，达到科学与人文知识的平衡	包括核心和非核心课程，其中核心课程必修，非核心课程可以选修
专业课	30%	专业学科领域	培养学生专业素养	达到专业培养目标要求
任选课	10%	学科交叉领域	满足学生个性需求、扩大学生知识视野	要求学生至少选修 3 门不同学科专业的课程
实践课	25%		培养学生动手实践能力、创新意识和分析问题解决问题能力	包括课程设计、社会实践、创新实验项目、学科竞赛、实习和毕业设计等

能够满足大学生创新研究及实验实训教学的基本需要。学院投入专项资金建立电子器件展览室、典型电气控制设备展览室和学生创新作品展览室，供学生参观学习，认识和了解常用器件及设备构造，扩展了学生的视野，解决了课本知识的局限。学生创新作品展览室展出历年来学生参加各类学科竞赛的获奖作品，激励学生参加创新实验积极性，激发他们比学赶超的创新斗志。学院制定了完善的开放实验室管理办法，对实验开放、实验预约、实验管理、实验考评以及师生参与等环节进行有效的管理，学生可在开放实验室中独立完成自主设计的实验项目，如综合实验、设计实验、创新项目研究、课程设计等。校内实践基地软硬件的完善，不仅能够提高校内实践教学水平，而且也为学生创新意识和创新能力培养提供了必要的保证。

2.3　以学科建设促进教学改革

我院现有控制科学与工程省级重点一级学科和电气工程专业学科，6 个硕士专业方向，学科成员中教授 11 人、副教授 13 人、博士学位教师 24 人，他们既是学科骨干成员，又是本科教学的中坚力量，科研是创造知识的过程，教学是传授知

识和培育人才的过程，我们提出以学科建设促进教学改革和课程建设的同步发展。近年来，我们积极倡导把科学研究思想意识融入教学实践中，充分发挥本学科科研发展的优势，将科研成果转化为教学资源，努力促进教学水平的提升。注重把新的学科知识和研究成果引进课堂，进一步促进了教材建设和教学内容的改革。例如，在"电力电子技术"课程中引入了新能源发电控制案例，使该课程更具有先进性和实用性，"检测技术"课程和"微机原理及应用"课程都引入了当前最先进的传感器件及高性能的 DSP 芯片，让学生了解课程最新发展，开阔学生视野。实际上，学科建设发展也有利于促进教学条件改善，更新教学手段，提高知识的传授量，以确保教学质量的不断提高，学院要求学科建设以及教师科研经费购买的先进仪器设备定期对学生开放，供学生参观学习。学科组织的学术报告、学术论坛和学术沙龙，要求本科生积极参与，让学生了解科技大师学术成果及研究经历，培养学生独立学习的意识，提高学生独立获取知识的能力，激发学生求知欲和创新潜能，形成良好的学风。近年来学生研究生报考率和录取率逐年提高。学科鼓励教师参加教学改革学术会议，并在经费上给予一定支持，与国内同行交流教学改革经验。近两年来，我院教师在教育学术刊物及全国性教学研讨会上发表教学研究论文 30 余篇。

2.4　以科技竞赛引领学生创新意识

学科竞赛是培养学生动手能力、解决问题能力，提高创新能力和实践能力行之有效的途径之一。我院鼓励学生积极参加学科竞赛，"以赛促学""以学促赛""学赛结合"，加强对学生创新能力的培养。积极组织、精心指导学生参加全国、省级等各种科技竞赛，如"全国大学生电子大赛""盛群杯单片机竞赛""挑战杯""机器人设计大赛""飞思卡尔智能车设计竞赛""数学建模"。学院定期举办多种科技活动，扩大学生参与面，如每年举办"信用电力知识竞赛""电力之光"艺术节、教授博士论坛等。学院设立创新专项基金，鼓励学生积极申报创新实验科技项目。近三年来，电力学院电气信息类专业的学生参加全国及省级科技竞赛获得一等奖 12 项，二等奖 29，取得发明专利 3 项，实用新型专利 6 项，申请国家创新实验

项目 22 项，校级创新实验项目 65 项，开放实验室创新实验活动达 300 余人次，学生参加各类科技活动比例高达 75%，获得创新学分的比例达到 42.3%。目前我院已经形成有效的学科竞赛机制，学生参与科技创新的热情、积极性和主动性不断提高，极大促进了学生的创新意识及实践能力的培养。

2.5　创新教学模式和教学方法

要培养创新应用型人才，必须进行教学方法改革，建立新的教学模式。一是要转变教学观念，教师教学观要从"以教师为中心"转向"以学生为中心"，这样才能更有效地激发学生的创造潜能和学习的积极性、主动性。树立学生主体地位，教师不能只是学生学习监督者，而更应该是学生学习知识引导者。二是积极推进教学方法改革，变革"传统满堂灌"的单一教学方式，教师应根据知识难点和重点，采用灵活多样的教学方法。如综合采用启发式、发现式、案例式、角色转变式、学生参与式、师生对话式等教学方式。教师可以在讲授基本理论框架的基础上，要求学生围绕专题和案例在课外查阅资料、展开分析，在课堂发表观点，同学们之间展开讨论，教师进行指导。通过这种教师指导与学生自学相结合的教育方式，培养学生发现、分析、解决问题的能力，充分调动学生学习的主动性。三是要重视教材建设。教材作为知识传播的直接载体，在创新人才培养方面起着举足轻重的作用[7]。此外，随着科技的不断进步，教材内容结构也应该不断得到优化。近年来组织力量编写出版了 20 部教材，30 余部电子讲稿，15 门课程试题库、多媒体案例等，为学生的自主学习和研究性学习提供了宝贵的资源。四是用现代信息技术促进教育教学方式变革。现代信息技术尤其是网络技术的发展，使传统教学方式发生了巨大的变革，教师的教学不再限于课堂，学生的学习也不再限于教室，以现代信息技术为载体的现代化教育教学方式完全突破了时空的限制，学生可以利用多种信息工具（笔记本电脑、IPAD、手机）随时随地学习和回答问题。目前采用的信息化教学方式主要表现为网络课、精品课、学习空间、微课、MOOC、翻转课堂、多媒体和虚拟仿真等。我院电气信息类专业大部分课程建立了网络课件，核心课程建设为精品课，

所有教师在校网络学习空间平台上开通了课程学习空间，辅导、答疑、作业批改都可以在课程学习空间里完成。与国内MOOC平台清华在线建立合作关系，把先进的MOOC资源引进来供学生学习，学校认可学习成绩。一些设计性、综合性、创新性实验实现了网络化虚拟化，供学生提前预习试做。

2.6 推行导师制，全面提升学生创新能力

本科生导师主要职责包括关心学生的思想进步，帮助其树立正确的人生观和价值观，根据学生的特点和志向指导学生制订好个人的学习计划，导师要尽可能多地让学生参加到科研活动中去，培养学生的科研能力和创新能力，关心学生的生活，帮助学生解决生活中出现的问题[8-9]。

我们的具体做法：一是在新生入学时就为本科生配备专业导师，每位导师指导3～5名学生，组成学习研究小组，并指定一名组长负责小组活动组织。导师每学期为小组制订活动计划，每两周召开一次见面会，与每一个学生进行面对面谈话，了解学生学习、生活、心理及职业需求。在思想上引导学生，在学术上指导学生，在生活上关心学生，做学生成长的引路人。导师向学生介绍自己研究方向和研究成果，充分发挥自己专业优势，以激发学生的专业学习兴趣和热情，帮助学生在学习专业知识的同时，适应和掌握大学的学习、研究方法。二是学院每年评选优秀导师，并对本学院教师进行培训，分享对学生的指导经验，以督促年轻教师加强学习和研究，丰富他们的学识，更好地指导学生。对于优秀导师在教师职称评定时适当加分，职务晋升时优先考虑，激励导师认真履行职责，真正发挥导师的作用。三是利用现代信息技术与学生建立多渠道沟通，导师可以充分利用现代化通信手段，如通过微信、电子邮件、QQ聊天工具等多种方式与学生进行交流和互动，和传统的面对面的交流相比，这些方式不受地点时间的限制，可以充分利用师生的闲暇时间增加交流机会。

全面推行导师制效果显著，近年学院电气信息类专业学生创新热情大幅度提高，专利、核心论文成果数量质量有较大提升，违纪旷课现象明显降低，尤其是低年级学生参加学科竞赛和创新项目申报比例也大幅升高。可见，导师制对提高学生思想觉悟、自学能力、创新能力和组织能力方面具有非常积极的作用。

3 结语

创新应用型人才培养是一个系统工程，我们通过实施"一个中心、二个平台、三个结合"总体建设规划，取得了一些成绩。学生创新意识和创新能力得到加强，学生获得创新成果数量大幅提升，学习态度更加端正，毕业生就业率和考研率也有较大提高。教师参与教学改革的积极性得到提高，教改立项数量逐年增加。

References

[1] 刘献君. 论"以学生为中心"[J]. 高等教育研究，2015，33（8）：1-6.

[2] 白强. 美国名校科技创新人才培养的实践经验与启示[J].教师教育学报，2015，2（3）：112-117.

[3] 潘再平. 电气工程及其自动化特色专业建设研究与实践[J]. 实验室研究与探索，2016，30（10）：29-32.

[4] 周合兵，沈文淮，罗一帆. 构建全方位、多层次、立体化创新教育体系的实践与探索[J]. 中国大学教学，2010（9）：66-68.

[5] 朱金秀，范新南，朱昌平，等.电气信息类人才实践创新能力培养体系[J]. 实验室研究与探索，2011，30(10)：129-131.

[6] 梁勇，王杰，任佳. 构建校内创新实践基地培育学生创新能力[J]. 实验技术与管理，2014，31（10）：216-218.

[7] 陈希有，李冠林，刘凤春.工程教育导向下的电气信息类教材建设[J].电气电子教学学报，2016，38（2）：149-152.

[8] 王辉，王卓然. 牛津大学导师制发展探究及启示[J].黑龙江高教研究，2012（9）：23-25.

[9] 靖国安. 本科生导师制：高校教书育人的制度创新[J].高等教育研究，2005，26（3）：80-84.

电气信息类ⅢX+Ⅰ人才培养体系探索与实践

常俊林　马小平　李　明

（中国矿业大学　信息与控制工程学院，江苏　徐州　221116）

摘　要：针对当前人才培养体系中普遍存在的模式单一、知识系统更新慢、创新创业教育与专业教育结合不紧密等问题，以尊重学生特长个性、提升学生工程素质为主线，探索并制定出了一套基于"工程生长"理念的ⅢX+Ⅰ人才培养体系。根据兴趣与需求对学生进行分类多层次培养，确立研究导向型、卓越工程师型、工程实践型三类培养模式(Ⅲ)，每类别设置若干方向课程(X)、实施一项"大学生全程素养能力提升计划(Ⅰ)"。突出"以学生为本"，构建理论与工程实践相融合、尊重学生特长个性、凸显专业特色的培养体系，解决社会对人才多样化需求的问题。

关键词：人才培养体系；电气信息类；分类培养

Exploration and Practice of "ⅢX+Ⅰ" Talented Personnel Training System for Electrical and Information Majors

Junlin Chang, Xiaoping Ma, Ming Li

(School of Information and Electrical Engineering, China University of

Mining and Technology, Xuzhou, 221116, Jiangsu Province, China)

Abstract：To solve the problems, such as unitary pattern, knowledge updating slowly and the innovative education couldn't be joined to the professional education closely, in the traditional talented personnel training system, A new "ⅢX+Ⅰ" talented personnel training system is explored and developed based on the concept of "Engineering Growth". The goal of the new training system is to respect students' special personality, enhance students' engineering quality. Classify and train students at different levels according to their interests and needs, establish the research oriented, excellent engineers, engineering practice three kinds of education modes (Ⅲ), with each category set several directions of course (X), and implement a "Whole process literacy and research enhancement program for College Students" (Ⅰ). Stressing the "student oriented", constructing the training system of combining theory with engineering practice, respecting students' individual specialty, highlighting professional characteristics, and solving the problem of social diversity of talents.

Key Words：Talented Personnel Training System; Electrical and Information Majors; Classified Personnel Training

引言

近年来，随着科学技术的迅猛发展，高层次、高素质、创新型人才在综合国力竞争中越来越具有决定性的作用。然而，当下的人才培养体系普遍存在模式单一、知识系统更新慢、创新创业教育与专业教育结合不紧密等问题[1]。导致从整体上看学生创新能力不强，普遍缺乏学习兴趣，一些大学新生在入学后发现对自己所学专业不感兴趣而感到失望、沮丧、厌学，学习动机呈现出"被动化"的现象，读书只是为了找到好工作等外在

联系人：常俊林（1977—），男，博士，副教授.

基金项目：基于学生兴趣的自动化专业个性化培养模式研究与实践（教育部自动化类专业教指委教改项目，2015A24）；电气工程及其自动化专业品牌专业建设（江苏高校品牌专业建设工程资助项目，PPZZY2015B132）.

目的。高校必须调整人才培养目标，并建立与该目标相适应的人才培养体系已是迫在眉睫。创新离不开兴趣，创新人才培养需要重视、尊重和培养学生的学习兴趣，促使兴趣、创造、自信心、成就感、创造成果之间形成正反馈。通过激发学生兴趣使学生能够去主动自发地学习，诱发学生的学习兴趣，激发求知欲和好奇心。仅靠外部动机的推动与诱导，不培养学生的兴趣等内部动机，创新人才培养将是一句空话。激发学生的学习兴趣与创新潜能，必须确立以学生为中心、以兴趣为导向的教育理念，使学生从知识接受者转为知识探索者，从知识获得变成能力培养[2]。如何突出"以学生为本"，构建理论与工程实践相融合、尊重学生特长个性、凸显专业特色的培养体系，解决社会对人才多样化需求的问题，是当前各高校面临的重要问题[3]。

1 当前人才培养体系面临的问题

为了满足学生个性化发展的需要，同时也顺应学科发展综合化、人才需求多元化的趋势，实施宽口径的人才培养模式势在必行。近年来，中国矿业大学信息与控制工程学院对电气工程及其自动化专业与自动化专业进行了资源整合，合二为一；将电子科学与技术专业和信息工程专业整合为电子信息工程专业。每个专业下设若干专业方向，以电气信息类专业进行大类招生、大类培养。通过对标国内外高校，我校电气信息类专业与标杆之间的差距主要体现在3个方面：（1）与国内外标杆专业对比，存在培养模式单一的问题，很难实现因材施教，不能适应国家经济社会发展对不同人才的需求；（2）本专业教学内容的知识体系过于狭窄，人文学科少，创新性实践教学不足，学生可以选择的空间不大，与国外灵活多样、以学生为中心的培养模式存在差距；（3）本专业学生学习自主性不够强，而标杆专业已经建立了一套以学生为中心、自主选择、知识宽度和前沿兼备的课程体系，能够满足学生自主性、个性化和研究性学习的需要。

针对当前存在的问题，研究并制定出了一套基于"工程生长"理念的ⅢX+Ⅰ人才培养体系，根据兴趣与需求对学生进行分类多层次培养。在

建设人才培养体系的过程中首先面临的问题是如何突出"以学生为本"，构建理论与工程实践相融合、尊重学生特长个性、凸现专业特色的培养体系，解决社会对人才多样化需求的问题；其次是如何整合和构建核心理论课程群建设模式，建设优质教学资源，革新教学模式和手段，解决学生牢固掌握专业知识、有效提升系统性工程思维能力的问题；最后是如何构建实践实训多元化课程教学体系，形成"工程生长"优良环境，解决学生工程实践系统性训练不足、创新能力不够的问题。

2 构建"ⅢX+Ⅰ"创新人才分类培养机制

以基于学习产出的教育模式（OBE）的理念审视专业教学的各个环节，OBE是一种"以学生为本"的教育哲学；在实践上，OBE是一种聚焦于学生受教育后获得什么能力和能够做什么的培养模式；在方法上，OBE要求一切教育活动、教育过程和课程设计都是围绕实现预期的学习结果来开展[4]。构建人才培养体系是实现OBE的基本环节与核心内容。本着切实转变"以教师为中心"为"以学生为中心"的理念，贯彻"三个一切"的原则：一切为了学生，为了学生的一切，为了一切的学生。学风问题不能仅埋怨学生，而要反思人才培养机制，增强改革的主动性。在新的人才培养机制中，充分重视学生能力培养，真正实现学生知识、能力、素质协调发展。落实因材施教、尊重学生个性发展、实施分类培养，着力培养学生的创新创业精神和创新创业能力。

以尊重学生特长个性、提升学生工程素质为主线，探索"ⅢX+Ⅰ"人才培养机制，如图1所示。Ⅲ表示实施分类培养，建立研究导向型、卓越工程师型、工程实践型三类人才培养模式。研究导向型为有意愿出国深造、考研升学的学生定制培养；卓越工程师型为有意愿参与卓越工程师计划的学生定制培养，尤其突出有一年时间的现场实践锻炼；工程实践型为有意愿从事工程创新、创新创业的学生定制培养。三种培养模块由学院统一制定培养方案，覆盖所有的学生，学生根据自己的能力、需求、个人的发展自主选择。原则

上每一个类型只要有 15 名以上选择，学院即给予培养。三种类别在知识体系、课程体系、培养方法基本保持一致。在理论知识的深度上、少数课程结构上、实习实践的组织形式及要求上，以及外语能力、科研文章写作上、创业课程的设置上等方面有所侧重，有所深化，有所提高。X 表示考虑社会市场的需求变化，根据专业自身建设的需要，根据学生本身的兴趣、爱好和个人发展的需要，学院在每个专业与就业相关的少数课程上设置若干（X）方向课程并建立知识体系相对完整的课程组。方向课程组的设置要满足该专业知识体系结构的要求，要与当前国家、社会、市场及用人单位的需求接轨，同时还体现学校行业特色，供学生选择。明确方向课程组负责人，并由其对该课程组所有课程的内容、课程设置、课堂教学方法、实验大纲实验内容，综合实训实验实习平台建设、学生考核评价等进行统筹考虑，整体建设。原则上每个方向课程组有 15 名以上同学选择，学院即给予培养。同时，X 方向课程组最终能否实施应由学生自由选择来决定是否保留还是撤销。在构建 X 方向课程组的同时，学院也根据专业本身所需的知识体系，全面构建通识课程、专

业基础课程、专业核心课程、专业指定选修课程和专业自由选修课程。I 为实施一项"大学生全程素养能力提升计划"，构建分类分层模块化课程体系。大学生一进入大学，学院通过专项辅导，引导学生选择一个自己感兴趣的项目，开展系统深入的研究并跟随大学四年，可与毕业设计衔接。项目可以一个人做，也可以团队协作。项目也可在规定的时间内根据学生自身的能力、兴趣进行调整一次。设立个性化科研项目奖励基金和学分。实行导师制，配备导师，全程指导培养。建立培养训练平台，努力开放实验室、开设 101 论坛、班级学术发展论坛、学生研讨活动室及答疑室，全程科研训练计划与原有的大学生课外科技创新创业活动互为补充，课内课外结合。目的是为了真正激发学生的创新精神和能力，充分调动学生的原始创新动力，充分发挥学生的好奇心、想象力。通过计划的实施，进一步激发学生对专业的热爱，应用专业所学的知识解决实际问题，并在解决问题的过程中得到快乐和成就感。鼓励学生成功，更允许学生失败，我们看重的是学生在整个过程中得到的锻炼和培养。

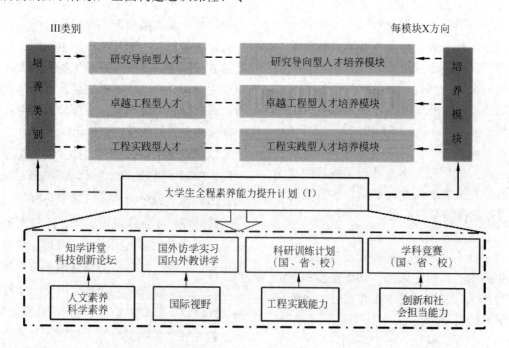

图 1　基于学生个性发展的"ⅢX+Ⅰ"培养模式

3 "ⅢX+Ⅰ"创新人才分类培养机制的实施保障

3.1 搭建"四位一体"系列课程群建设模式

通过对工程教育认证的标准要求分析，对比专业的培养目标，依照课程间的知识点关联，建立以"基础—专业—实践—创新"为主线的系列课程群，如图2所示。工程基础核心课程群是电气信息类平台课程群，着重打牢基础知识；各专业主干系列课程群重在练就思维方法；课程群综合实践环节旨在提高学生的综合实践能力；创新实践系列课程群意在培养学生的创新能力，形成"知识、思维、实践、创新"四位一体的建设模式。

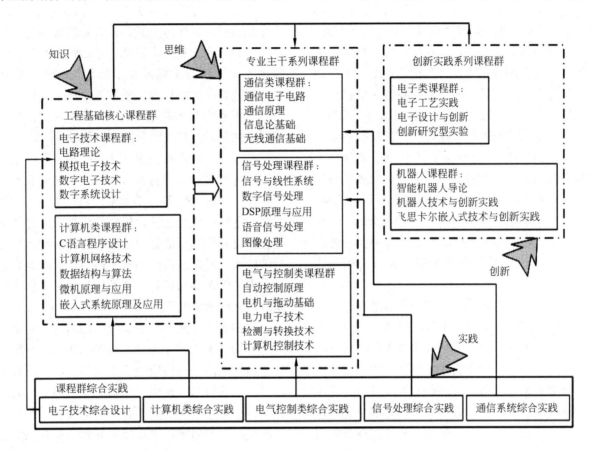

图2 "四位一体"系列课程群建设模型

改革课程结构体系，进行课程体系重组及教学内容的精选优化，专业主干课程中强化工程思维的培养。按照课程群进行分层次建设，合理协调梳理、点面结合，促进精品教学资源升级发展，并与教学方法改革相融合，有效开展翻转课堂、探究性学习等教学活动。根据课程内容的更新，精心打造系列精品教材，为教学质量提升提供丰富的教学资源保障。课程群按照"1+N"模式建设，即围绕1门核心课重点建设，带动多门课程的建设。

根据解决复杂工程问题能力培养所需要的知识支撑，对课程进行全面的梳理，并对课程的教学大纲进行修改。专业基础课程、专业课程促成学生解决复杂工程问题能力和创新思维能力的形成，各种独立实践环节促成学生解决复杂工程问题能力和创新思维能力的养成，专业实践课程、专业综合训练、学生创新活动、毕业设计促成学生解决复杂工程问题能力和创新创业能力的具备。以专业课程和专业实践课程为载体，培养学生解决复杂工程问题能力，设计制定了详细的载体（课程）训练实施方案，并配备有工程实践经验丰富的教师进行专门指导。

鼓励教师把最新科研成果、前沿学术发展、实践经验融入课堂教学，不断更新教案。通过课程群的建设提高课程间的合理衔接，推动教学内容整体进步，整体推动课程教材资源的开发，编制和引进一批新的教材，打造一批精品教材。制作网络视频教材，建成精品资源共享课程和视频公开课若干门。

3.2 形成四层面多元化实践教学"工程生长"环境

依托"科研、学科、校企合作"三平台，构建"基础实践、综合实践、科技创新实践、工程导向实践"四层面、体现"虚实结合、软硬兼施"建设原则的多元化实践创新教学体系，形成"工程生长"优良环境，实现"理论与实践、工程训练与课程实验、科技竞赛与创新教育、虚拟仿真与实物实验"四个结合，为实施"IIIX+I"培养大学生全程创新实践提供了保障。在开展课程实验、课程群综合实践外，积极组织学生通过多种途径积极参加课外科技创新实践活动，例如挑战杯、机器人、电子设计、过程控制等多类型科技竞赛，指导各级大学生科研训练项目。以实现从入学到毕业、从理论教学到实践环节、从课内到课外，全方位、全过程地提高学生解决复杂工程问题能力。

加强和产业界的联合，建设产教融合、校企合作的综合实践能力培育平台。联合行业领军企业建立培养基地，高校教师和企业工程师共同实施教学。企业参与学生实践培养目标的确定、培养方案的制定和实践训练课程的深度定制。建设校企深度融合、培养目标精细、培养水平显著提高的综合能力实践平台。解决了高校实践教学资源分散封闭和工程实践师资严重不足的矛盾，提高校企合作实践教育平台的水平和层次，做到优势资源的集约共享。学生通过顶岗实习深入了解并真正理解复杂工程问题；通过参与企业研发，培养学生解决复杂工程问题的能力；通过实习答辩、毕业设计答辩，提高学生解决复杂工程问题的能力。通过产学合作、与教师创办企业的融合，将课堂教学与工程实践进行了紧密的联系，建立了一种课堂教学与工程实践一体的新型培养体系，提高了学生解决复杂工程问题的能力。

3.3 实施全方位的教师能力提升计划

为适应新的人才培养目标的要求，需加大教师能力提升的力度，扩展教师的学术视野，提高教师的科研实践能力，并建立教师培育、新教师准入和教师流动交流机制。

建立教师国际进修机制，鼓励本专业教师申请各种途径的公派出国访学进修的机会。每年派出 5~10 名教师到国外一流大学从事不低于一年期的访学进修，提高专业教师的国际交流能力、教学水平和科研能力。建立教师国内企业工程实践进修机制，鼓励教师通过科研合作，加强企业工程实践。以每年派出 3 名左右教师到大中型企业挂职或科技合作等方式，让青年教师参与三个月以上的企业工程技术锻炼。形成每隔几年，教师进入企业进行工程需求了解和工程实践的机制。实施教学名师培育工程和教学研究项目牵引工程，不断培养优秀师资队伍，保证研究性教学可持续性发展，建成国家级、省级教学团队。

确保新进教师来源多样化，提高准入门槛。利用各种资源吸引优秀青年才俊，增加毕业于国际名校、国内 985 高校的教师比例；限制本校毕业博士生留校任教比例，优化学缘构成。建立新进教师培养机制，通过导师制和科研启动经费支持的政策，对新进教师的教学能力、科研能力进行全方位的培养与锻炼，帮助新教师尽快融入新团队、适应新岗位。

加强兼职导师和双师型教师的引进，从企业引进高端技术人才，可采取兼职方式介入教学活动，达到提高学生科研创新能力和实践创新能力培养水平的目的，避免"动脑的不会动手，动手的不会动脑；教动脑的不会教动手，教动手的不会教动脑"的问题。更新用人观念，广开进贤之路，建立动态合理的师资流动机制，长期保持人才、信息、学术活动与外部系统的交流。建立健全学术休假制度和教授互聘制度，促进学术交流。形成聘请国内外专家来校举办学术讲座的制度。和国内外高水平专业开展院际合作，使教师互派成为常态。邀请国外高水平专业教师担任本专业课教师，同时鼓励本专业教师到对方院校授课或者担任助教，加强教学模式、方法的深层次交流。

4 结论

为了满足学生个性化发展和提高学生创新创业的能力，同时也顺应学科发展综合化、人才需求多元化的趋势，我们吸取国内外高校的先进经验，结合本校的办学定位构建了"IIIX+I"创新人才分类培养机制。在此基础之上，搭建了"四位一体"系列课程群建设模式，形成了四层面多元化实践教学"工程生长"环境。并将在今后的实践过程中，不断地完善和修正人才培养体系所涉及的各个环节。

References

[1] 曾小勇，刘飞龙. 电气信息类创新型人才培养模式的研究与实践[J]. 中国电力教育，2012（3）：70-71.

[2] 蔡威. 建立以兴趣为导向的创新人才培养体系[N]. 联合时报，2017-05-23（3）.

[3] 马丹竹，贾冯睿，等. "三元协同式"创新型工程应用人才培养模式改革实践[J]. 实验技术与管理，2017，34（5）：27-31.

[4] 周永杰，高立艾，等. 电气信息类创新人才培养模式研究[J]. 河北农业大学学报，2014，16（2）：54-56.

[5] 申天恩. 基于成果导向教育理念的人才培养方案设计[J]. 高等理科教育，2016，130（6）：38-43.

[6] 郑庆华. 深化本科教育教学改革"四位一体"培养拔尖创新人才[J]. 高等工程教育研究，2016（3）：80-84.

基于人格塑造与专业教育融合的自动化类专业创新型人才培养模式的探索与实践*

何顶新　周凯波　周纯杰　彭　刚　王燕舞

（华中科技大学　自动化学院，湖北 武汉 430074）

摘　要： 针对目前我国高等教育培养中存在的重专业教育、轻做人教育，重知识传授、轻人格塑造等普遍教育问题，本文对基于人格塑造与专业融合的自动化类专业创新型人才培养模式进行了较为系统的研究。提出以学生为中心，人格塑造、能力培养与知识传播"三位一体"的自动化类专业人才教学模式，探索了一种高质量培养全面素质自动化类专业创新型人才的途径和方法。该教学模式在华中科技大学自动化学院自动化、测控、物流自动化等专业实施，取得了良好效果。

关键词： 教学模式；自动化；创新型人才；素质教育

Exploration and Practice Innovative Talents Training Mode Based on the Combination of Personality Molding and Professional Education for Automation Specialty

Dingxin He, Kaibo Zhou, Chunjie Zhou, Gang Peng, Yanwu Wang

(School of Automation, Huazhong University of Science and Technology, Wuhan 430074, Hubei Province, China)

Abstract: In view of the prevailing problems in the cultivation of higher education in China, such as the importance of professional education, neglect of life education, emphasizing knowledge transfer, ignoring the problems of personality molding. Based on the combination of personality molding and profession education, a systematic study on the innovative talents training mode for automation major is present. A student-centered, personality building, ability training and knowledge dissemination of the trinity of the automation of professional teaching model are introduced. A method for cultivate innovative talents with high quality and comprehensive quality of automation major is proposed. Good results have achieved when the teaching model had been implemented in such fields as automation, measurement and control, and logistics automation.

Key Words: Teaching Pattern; Automation Major; Innovative Talents; Quality Education

引言

自动化类专业人才在我国的工业和国防建设中发挥了极其重要作用，几乎全国每所理工科高校都设有自动化类专业。我国高等教育培养人才目前普遍存在的问题是重视专业的教育，缺乏做人的教育；重视实践能力的培养和知识的传授，但对人格塑造关注不够，导致不少学生的培养出现问题，如以自我为中心，轻视精神层面的历练，缺乏社会责任感，团队精神不强等。如何转变培养观念，改变人才培养过程中重知识传播和能力

联系人：周纯杰，周凯波．第一作者：何顶新(1966)，男，硕士，副教授。

*教育部高等学校自动化类专业教学指导委员会专业教育教学改革研究课题(2015A25).

培养，轻精神磨砺和人格塑造的问题，将人格塑造和精神层面的培养作为教学的重要方面，是当前需要解决的重要问题[1-9]。这里的人格塑造是指在一定的人格基础上进行人格完善的过程，包括职业道德的培养、意志品质的历练、求真务实的科学精神培养等，这些方面是杰出人才应该具备的基本素质[4]。

从 2006 年开始，我们对人格塑造与专业融合的教学模式进行了较为系统的研究与实践，探索了一种高质量培养全面素质自动化类专业人才的途径和方法。

1　基于人格塑造与专业教育融合的自动化类专业创新型人才培养教学模式总体设计

针对目前高等教学学生培养存在的问题，我们对自动化类专业所提解决教学问题的方法如下：

1.1　贯穿整个本科学习阶段，人格塑造与专业教育融合、课内外交叉融合、理论与实践融合的以学生为中心教学环节的全流程规划

创新人才培养应该是全方位的，是做人、做事和做学问的和谐统一，尤其在信息技术发展背景下 AI 技术的飞速发展，如 AlphaGo 等，自动化类专业人才培养更应该注重创新人才的人格塑造和精神品质；因此我们提出了人格塑造与专业教育融合、理论与实际融合、课内与课外融合的三种融合理念，将三种融合贯穿于大学的整个人才培养体系的各个环节中：通识教育及基础课程、学科大类基础课程、专业方向课程，专业选修课程以及实践环节，在这个总体设计中，充分考虑新型信息技术对各个环节的更新和重构，如图 1 所示是新型信息技术驱动下的创新人才培养体系总体设计。

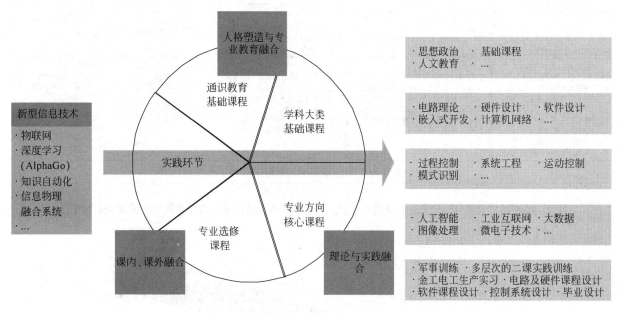

图 1　新型信息技术驱动的创新人才培养体系的总体设计

根据大学生的特点和成长规律，将人格塑造作为人才培养的重要方面，贯穿整个大学期间，按照逐步递进的方法，提出以学生为中心，以能力培养为导向，将人格塑造(职业道德、团队意识、关注社会和意志品质等软能力)与专业教育（硬能力培养和知识传播）融合融入大学期间的整个本科教学环节之中。从 2006 年开始，我们开始注重将人格塑造作为人才培养的重要方面，将人才培

养过程中的软能力各个方面有意识地融入大学期间的各个阶段。图 2 是华中科技大学自动化学院自动化类专业人格塑造与专业教育融合的实践教学环节的全流程规划。

1.2　以能力培养为导向有利于学生全面发展的多层次多模式实践平台和基地的建设

信息技术发展速度迅猛，常规的实验设备更新速度已不能满足创新人才培养的需求，为了保

证与信息技术发展同步，我们广开渠道，参照华盛顿协议学生能力评价标准，采用"赛课结合"、基于老师的最新科研成果建立实践平台、与国际大公司组建先进的联合实验室、与企业建立产学研联合实验室、学院自筹经费加快实验设备更新、建立一流的拔尖创新人才基地等方式，构建以能力培养为导向有利于学生全面发展的多层次多模式实践环境，如图 3 所示。

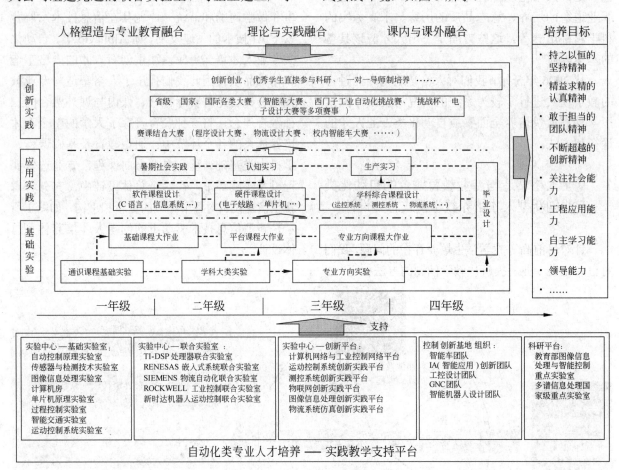

图 2 华中科技大学自动化学院自动化类专业人格塑造与专业教育融合的实践教学全流程规划示意图

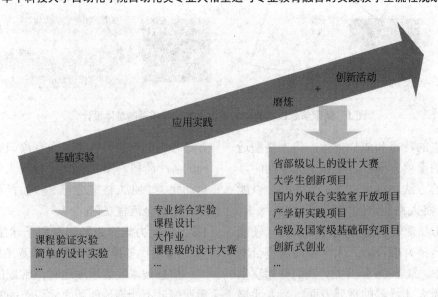

图 3 多层次多模式递阶式训练的实践平台

对于信息类课程，我们实施了"赛课结合"的教学与实践方案，让学生以最快速度接触最先进的信息技术。如 2005 年开始的华中科技大学 C 语言程序设计大赛已主办十余届产生了很好的效果，2007 年开始的超级 MCU 模型车设计大赛，以及 2006 年开始的原"飞思卡尔"杯智能车大赛（现"恩智浦"杯）、"西门子杯"中国智能制造挑战赛等，很好地跟踪了信息技术的发展。2013 年开始，学院利用合并的机会，将学院的实验室场地集中，统一管理，学院多次争取到学校设备处建设经费和学院自己自筹经费加快实验室基础设施和平台的建设。

2 自动化类专业创新型人才培养教学模式实践

2.1 建设和完善教学的管理体制和机制，营造人格塑造与专业教育融合，有利于学生全面发展的教学软环境

在 2008 年，成立了以学院主要领导、教育部自动化类专业教学指导委员会委员、本科中心实验室主任为核心成员，学校和学院的课程责任教授或课程组长以及课程骨干教师参加的自动化学院创新型人才培养体系改革小组。改革小组对主要核心课程体系进行了改革，以程序设计、电路电子技术、计算机网络、自控原理、控制系统为若干条主线，将所有课程分成不同的功能块课程，将方向性的知识进行串联，将理论学习和实验或实践进行整合，以大作业或高强度课程设计（或综合设计）作为考核的主要指标，将课外学习纳入课程学习的范畴。同步进行了课程组的重构，采取各种鼓励政策，将优秀教师引导到教学第一线。

在实验室硬件平台和基地建设的基础上，将学院实验室场地集中整合，2010 年开始，将整个实验及实践环节进行了重构，分为三个层次：课程实验，专业方向实验，以及创新实验，尤其加大了新型信息技术应用驱动的创新实验室的建设。在此基础上，对华中科技大学自动化学院实验室的管理也进行了同步改革，实验室人员实行全天候每周 7×15 小时的值班制度，全天候向学生开放，利用信息化的智能手段对教师的实验指导在形式上和过程上都做到了定性加定量的综合管理，如教师指导实验及答疑依靠学校一卡通系统刷卡计量正式教学工作量等。

在大强度高水平的课程设计，以及各种竞赛的组织中，从 2010 年开始将学工组的辅导员及班主任引入指导团队，加强思想疏通和引导，发挥了较好作用。

2.2 高水平高强度大作业和课程设计，磨砺学生

通过在教师指导下的高水平大强度大作业及课程设计，培养学生的创新意识和精神，领会理论结合实际的精神要素，注意团队精神培养和职业道德的启蒙，让学生体会人文及科学精神在实践中的作用。整个人才培养体系中每个功能块课程有一个大作业或课程设计，将关注过程、批判性思维、团队合作与交流、面对真实问题、问题研讨、自主学习与主动实践等方面作为课程学习评价的重要方面，除要求文献查阅能力、设计及分析能力、实际动手实践能力外，将软能力培养作为课程学习的重要方面，较好地贯穿了这一思想，如计算机网络大作业、C 语言课程设计、控制系统课程设计、物流自动化、管理信息系统及测控系统等近 10 课程的课程设计和大作业，都很好地贯穿了这一思想。

2.3 赛课结合，水平逐年递进和提高的实践活动，激励学生不断超越自己

信息技术的快速发展，使得自动化专业的部分实践教学与课堂学习脱节，赛课结合的大赛可以有效地解决这一问题。我们鼓励学生在掌握课堂教学内容的同时，积极参与各类各层次重大赛事，并通过参赛，开拓学生视野，因材施教，增强团队合作意识，促进创新性人才的培养，可以及时跟踪信息技术的发展。

2.4 "制物、修心、育人"为宗旨的大学生创新创业基地历练学生

华中科技大学自动化学院控制大学生创新基地以培养学生主动学习、探索精神、沟通能力、新技术与新工具的应用、关注社会等能力为导向，不以是否获奖论英雄，更强调学生学习过程的历练和磨炼。在以人格塑造与专业教育融合教育思想指引下，控制创新基地制定了以"制物、修心、塑人"为宗旨的人才培养方针，通过大强度、高质量、长时间的科技创新活动（如智能车大赛、

创新项目、创新大赛）培养学生持之以恒的坚持精神、精益求精的认真精神、敢于担当的团队精神、不断尝试的创新精神及关注社会关注他人的人文情怀。

3　教学模式实践效果

3.1　课程教学实施例

以华中科技大学自动化学院二年级上学期初C语言课程设计为例，我们通过设置20个左右与实际联系非常密切的开放式课题（每年更新50%以上），在本科一年级结束时学生公开选题，要求组成团队(2~3人)选题(同一题目，一个班只能选一次)，培养团队意识，学生利用暑期实地考察，查阅大量文献，确定自己所选题目的实际需求和要完成的功能，开学后待老师确认进入具体的设计和代码编写工作。开学后，我们将计划2周的课程设计拉伸到10周，学生充分利用课余时间，在这期间，我们通过9位老师和9位助教的固定时间值班，以及网上答疑回答学生设计过程中的各种问题，问题的回答是全方位的，包含方法和精神层面的引导，最后的验收集中两整天时间（每天从早晨8:00到晚上11:00），对每一个学生老师从需求、设计的结构合理性、逻辑性及代码的规范性等方面进行面对面验收。在整个过程中，我们始终引导学生关注社会中的技术问题，技术是如何改变社会，鼓励学生创新，不放弃，如何站在用户的视角考虑设计问题，如何激发学生的学习激情等，学生通过这样一个课程设计，从技术和精神层面得到了很好的提升。十余年来，3000余名本科学生从中受益。

3.2　赛课结合实施例

C语言设计大赛是在C语言程序设计和C语言课程设计的基础上在二年级上学期开展的，C语言课程设计结束后，我们组织学生进行了C语言程序设计大赛，引导学生如何进行完善和创新，培养他们精益求精，不断超越的精神。从2004年开始，已连续主办了12届，已成为我校科技节的重要活动之一。这一活动对学生的团队协作和组织能力也有极大的锻炼。

华中科技大学瑞萨杯智能车大赛是在嵌入式系统和C语言程设计课程之后，主办的一个全校性的大赛，已连续主办了11届，已在武汉地区产生了较大影响，这个大赛同时也是控制创新基地选拔学生的大赛，学生进入基地后，经过基地的训练，不断超越，后续参加华南赛区的智能车大赛和其长他创新项目，在大三参加全国性大赛（如"飞思卡尔"智能车大赛，嵌入式设计大赛，创新创业大赛）和更高水平大赛。

物流自动化专业结合信息管理系统课程开展的"安吉杯"物流设计大赛，从2009年开始主办，在物流专业产生了较好的影响。

结合运动控制系统和过程控制系统课程的全国大学生"西门子杯"中国智能制造挑战赛，在自动化专业有较大影响力，近5年来，华中科技大学自动化学院学生在该项大赛取得优异成绩。

其他结合课程的各类比赛有：全国电子设计大赛、数学建模大赛、全国大学生计算机设计大赛、全国大学生节能减排社会实践与科技竞赛。

3.3　课内课外融合实施例

华中科技大学自动化学院控制创新基地在注重学生人格塑造和实践能力培养的同时，要求学生的理论学习不放松。良好的学习环境和教师积极的指导与引导，使得学生进入基地后，在不断取得创新成果的同时，课内成绩不降反升。如以进入控制创新基地智能车队的学生为例：2012级学生共18人，获得华南赛区一等奖15人次以上，获得全国大赛一等奖6人次以上，他们的平均成绩大一84.8，大二85.8，大三87.5，大四88.1。近几年其他年级学生获奖人次与平均成绩趋势大致如此。近八年来，300余学生在控制创新基地受益，共获得各类奖励200余人次，其中特等奖30余人次。控制创新基地大四学生裸分保研率90%以上。

4　结语

在教学中提出了以学生为中心，基于能力导向，将人格塑造与专业教育融合、课内与课外融合、理论与实践融合，人格塑造、能力培养与知识传播"三位一体"的高质量全面素质自动化类专业人才教学模式。在此基础上，构建了能力培养为导向与信息技术发展同步的多层次多模式的实践平台和基地，近十年来我们以学生为中心、

以创新为主线、以能力培养为导向、以人格塑造
与专业教育融合为突破口，全方位对华中科技大
学自动化学院自动化类专业教学进行了改革和实
践，取得了良好的成效。

（1）基于三种融合的自动化类专业创新人才
培养的教学理念和教学成果获得国内外同行的广
泛认同。国务院、全国政协、科技部、教育部等
各级领导莅临学院和基地指导工作，在全国产生
了较好反响。

（2）本科生在科技创新和创业实践中屡获佳
绩，每年 40 余人次在国际国家级大赛中获奖，100
余人次在省级以上比赛中获奖。近年来 20 余人获
发明专利，孵化科技型创新企业 10 余家，均获天
使投资。

（3）华中科技大学自动化学院校优良学风班
总数一直处于我校工科院系前三，本科毕业生受
到用人单位的认可和青睐，一次性本科就业率超
过 95%；毕业生中 55%以上继续攻读研究生。

（4）华中科技大学自动化学院毕业学生中，
15%以上学生出国深造，部分优秀学生到国外著
名大学如麻省理工、斯坦福大学、卡内基梅隆、
加州大学、佐治亚理工、伊利诺伊香槟分校、帝
国理工等高校深造。

References

[1] 王宏，吴文虎. 清华实践教学"赛课结合"新思路[J].
计算机教育，2006，4（7）：10-12.

[2] 葛宏伟，孙亮，丁琦. 面向实践与创新能力培养的程
序语言多元化教学模式探索[J]. 教育教学论坛，
2014，6（15）：210-211.

[3] 邱东，白文峰，李岩. 工科高校大学生科技创新能力
培养的认识与思考[J]. 实验室研究与探索，2011，
30（10）：238-241.

[4] 郭伟业，庞英智. 面向创新能力培养的程序设计类课
程教学改革[J]. 吉林省经济管理干部学院学报，
2015，30（4）：110-112.

[5] 姜峰，汤伟，赖俊. 基于能力培养的面向对象程序设
计课程教学改革探索[J]. 计算机工程与科学，2014，
36（A1）：126-130.

[6] 程磊，戚静云，兰婷，等. 基于"学科竞赛群"的自
动化卓越工程师创新教育体系[J]. 实验室研究与探
索，2016，35（6）：152-156.

[7] 施晓秋，刘军. "三位一体"课堂教学模式改革实
践[J]. 中国大学教学，2015，37（8）：34-39.

[8] 教巍巍，褚治广，李昕. 大学生计算机应用创新能力
培养的研究与实践[J]. 中国大学教学，2014，36（6）：
123-128.

[9] 陈莲君，朱晴婷. 培养能力为主线的 C 语言程序设计
教学研究[J]. 计算机教育，2011，146（14）：102-105.

[10] 吴永芬，陈卫卫，李志刚，等. 面向创新实践能力
培养的 C 语言程序设计实践教学改革[J]. 计算机教育，
2014（3）：88-91.

[11] 田琳琳，刘斌，于红. 面向应用型创新人才培养的程
序设计语言实验教学[J]. 计算机教育，2016，14（3）：
12-15.

[12] 吴慧婷. C 语言教学中程序设计能力培养的探讨[J].
电脑知识与技术，2016,12（15）：170，172.

[13] 吴晓蓓.《中国制造 2025》与自动化专业人才培养[J].
中国大学教学，2015，37（8）：9-11.

结合 IEET 认证的应用型自动化专业人才培养方案探讨

龙迎春　彭昕昀　宁　宇　何　莹　刘文秀　王杏进

（韶关学院　物理与机电工程学院自动化系，广东 韶关 512005）

摘　要：对工程教育理念下的应用型自动化专业人才培养目标、规格、课程体系进行了探讨，着重介绍了优化课程内容、拓展知识结构所做的一些尝试。

关键词：自动化；人才培养方案；课程体系；知识结构；IEET

Discussion on training program of applied Automation Specialty Based on IEET Certified

Yingchun Long, Xinyun Peng, Yu Ning, Ying He, Wenxiu Liu, Xingjin Wang

(School of Physics and Mechanical & Electrical Engineering,Shaoguan 512005, Guangdong Province, China)

Abstract：This paper probes into the training target, specification and course system of applied automation talents under the engineering education idea, and emphatically introduces some attempts to optimize the course content and expand the knowledge structure.

Key Words：Automation；Personnel Training Program；Curriculum System；Knowledge Structure；IEET

引　言

随着国家推动创新驱动发展，以及"一带一路""中国制造 2025""互联网+"等系列重大战略的实施，对工程科技人才的培养了提出了更高要求[1]。2016 年 6 月我国正式加入华盛顿公约，标志着我国工程教育专业认证体系实现了国际接轨，也为深化我国工程教育改革提供了契机。自动化专业是一个传统的工科专业，同时，也因其切合新经济、切合国家战略性新兴产业的需求，以及其本身宽口径、复合型人才培养模式的特点[2]，而赋予了其新工科专业属性。因此，"即旧又新"的自动化专业如何定位新的人才培养目标和规格，如何构建新的人才培养模式和课程体系，是自动化专业人才培养面临的新课题、新任务。

对此，我校自动化专业秉承工程教育的理念，结合中华工程认证学会(IEET) 的认证体系和标准 EAC2016[3]，开展 2017 级自动化专业人才培养方案的修订与改革。

1　培养目标与基本规格

1.1　培养目标

本专业培养具有良好的思想道德修养、心理素质、文化素质和科学素养，具有协同精神与创新意识，具备自动化领域方面的基础理论、基本知识、基本技能与方法及其相关知识，具有从事运动控制、嵌入式控制、电气自动化、制造系统自动化、检测技术与自动化仪表、机器人控制、

联系人：龙迎春．第一作者：龙迎春（1970—），男，博士，教授．

基金项目：2104 年广东省本科高校教学质量与教学改革工程建设项目-自动化专业综合改革（粤教高函〔2014〕97 号）；韶关学院第十五批教育教学改革研究重点项目（SYJY20141505）．

智能化系统等方面的工程设计、技术开发、系统管理与运行维护、企业管理与决策等工作初步能力的高级专门人才和应用型人才。

1.2 基本规格

经过系统的理论学习、基本方法和技能培训，本专业毕业生应达成以下 8 个方面的能力要求。

（1）能够将物理学、微积分、工程数学及工程统计知识应用于自动化专业及相关领域工程问题的分析与研究。

（2）具备设计及执行实验，以及分析解释数据的能力。

（3）能针对自动化专业及相关领域工程问题，设计满足特定需求的工程系统、单元（部件）或工艺流程，并能够在设计环节中体现创新意识。

（4）理解并掌握工程管理与经济决策方法，能够选择与使用恰当的技术、资源及现代工具对自动化专业及相关领域工程问题进行分析及规划，并提出解决方案。

（5）能够就自动化专业及相关领域工程问题与业界同行及社会公众进行有效沟通和交流，包括撰写报告和设计文稿、陈述发言、清晰表达或回应指令；能够在多学科背景下的团队中承担团队成员或负责人的角色。

（6）具备一定的国际视野及外语能力，能够在跨文化背景下进行沟通和交流。

（7）能够基于工程相关背景知识进行合理分析、评价自动化专业工程实践和工程问题解决方案对环境、健康、安全、法律、文化以及社会可持续发展的影响，理解并遵守工程职业道德和规范，履行社会责任。

（8）具有自主学习和终身学习意识，具有跨领域学习和适应发展的能力。

2 课程体系构建

为促进培养目标和规格的达成，在充分体现自动化专业学科性质和特点，充分体现自动化技术发展趋势，有利于形成合理的知识结构和能力结构原则的前提下，我们对课程体系进行了重组，构建"类别+模块"形式课程体系，即包括通识课程、学科基础课程、专业课程等 3 大类别，每个类别中分别设置不同的模块课程，如表 1 所示。

表 1　自动化专业本科人才培养方案课程体系一览表

课程体系	修读性质	模块		学分数
通识课程	必修	六大模块（思想与政治、军事与国防、语言与技能、运动与健康、就业与发展、创新与创业）		45
	选修	六大模块（思维与方法、艺术与审美、语言与文化、科学与技术、经济与管理、哲学与政治）		≥10
学科基础课程	必修	数理基础		23
		机电基础		28
		基本技能		5
专业课程	必修	专业课程		12.5
		专业实践		22.5
	选修	运动控制方向	模块 1（限选）	9
			模块 2（任选）	≥5 ┐ ≥9
			模块 3（任选）	≥2 ┘
		机器人控制方向	模块 1（限选）	9
			模块 2（任选）	≥5 ┐ ≥9
			模块 3（任选）	≥2 ┘
合　计				≥164

（1）通识课程：以培养学生的人文素养、社会责任、科学精神、逻辑思维、语言沟通、批判性思维能力及创新创业思维，满足学生个性发展需求而开设包含多种课程门类的综合课程，分别设置相应的课程模块如表 1，其中语言与技能模块开设有大学英语和计算机应用与编程能力（C 语言）课程，以提升学生国际视野与外语能力，达成跨文化背景下进行沟通和交流的能力，以及基本的软件编程能力。

（2）学科基础课程：以"夯实基础"为原则，为进入专业课程学习打下基础，并培养学生适应自动化技术发展的能力。学科基础课包括数理基础、机电基础和基本技能三大模块，全部为必修课程。其中数理基础模块课程为学生分析、研究自动化专业及相关领域工程问题提供基本的物理学、微积分、工程数学等方面的知识；机电基础及基本技能模块为分析、研究、解决自动化专业及相关领域工程问题提供必备的基础理论、基本方法和基本技能。课程情况如表 2 所示。

表 2　学科基础课程一览表

模　块	课　程
数理基础	高等数学、线性代数、概率统计、复变函数与积分变换、大学物理、大学物理实验
机电基础	工程制图与计算机绘图、电路原理、数字电子技术、模拟电子技术、微机原理及应用、微机接口技术、电机与电力拖动基础、自动控制原理、传感器与检测技术
基本技能	专业技能训练、数字电子技术实验、模拟电子技术实验、电子工艺实训、电子与单片机系统综合设计与实训

（3）专业课程：包括专业必修课和方向选修课，以培养学生工程系统组建及流程设计能力、分析规划及解决工程问题能力、沟通与团队协作能力，以及专业伦理与社会责任。方向选修课采取"方向+模块"的柔性化课程设置形式，结合"学分制"改革的要求，进一步拓宽专业知识结构，培养学生跨领域学习和适应发展的能力，实现学生个性化的培养。结合我校的实际情况，我们开设两个运动控制方向和机器人控制方向，每个方向下设置多个模块，学生可根据自身发展目标选择专业方向及课程。主要课程如表 3 所示。

表 3　专业课程一览表

必修	专业课程		电力电子技术、计算机控制技术、电气控制技术及可编程控制器、自动控制系统、工程伦理
	专业实践		PLC 系统综合设计与实训、自动控制系统课程设计、专业综合设计与实践、生产实习、金工实习、毕业实习、毕业设计
选修	运动控制方向（≥18学分）	模块 1（9学分）	嵌入式系统原理、DSP 控制技术、嵌入式系统设计、现代控制理论、学科知识拓展
		模块 2（≥5学分）	软件技术基础、面向对象程序设计、应用软件开发技术、机械工程基础、智能控制、计算机网络与通信技术
		模块 3（≥2学分）	机器人技术基础、图像处理与机器视觉、工业机器人编程、机器人驱动与控制技术、供配电技术
	机器人控制方向（≥18学分）	模块 1（9学分）	机器人技术基础、图像处理与机器视觉、工业机器人编程、机器人驱动与控制技术、学科知识拓展
		模块 2（≥5学分）	软件技术基础、面向对象程序设计、应用软件开发技术、机械工程基础、智能控制、计算机网络与通信技术
		模块 3（≥2学分）	嵌入式系统原理、DSP 控制技术、嵌入式系统设计、现代控制理论、供配电技术

（续表标注：续表）

3　优化课程设置内容，拓展知识结构

针对培养规格的能力要求，我们对课程设置及内容进行了优化和调整，在知识结构上进行了拓展，具体做法如下。

（1）基于加强软件编程方法的数字化控制技术能力的培养，加强学生自主学习能力及实践动手能力的培养的理念，对电子技术类、微机类课程及实践教学安排进行优化。将"数电电子技术"课程提前至"模拟电子技术"课程前开设，将"微机原理及应用"（以单片机为背景机讲述）课程提前到第 3 学期和"数电电子技术"课程同期开设，但在课程安排上，尽量将"数电电子技术"课程安排在学期的前半段，"微机原理及应用"安排在学期的后半段。这种课程安排的调整，有利于学生课后自主开展基于单片机的实践项目、创新项目，对学风、对个性化人才培养十分有利。但如此调整带来学生知识结构不完整引起的学习困难问题，在具体教学实施过程中，修订课程标准，对一些教学内容进行调整，做好各知识结构的衔接，例如，在数字电子课程中简要介绍二极管的单向导电性、三极管的三种工作状态等结论性的内容，并利用此结论学习介绍数字电子技术中逻辑门电路的相关内容；第 4 学期增开"微机接口技术"，将原来安排在第 6 学期的"计算机控制技术"课程中讲述的输入输出通道、人机接口技术、数据处理技术等内容提前至"微机接口技术"开设，并结合同学期开设的"电子与单片机系统综合设计与实训"课程完成一个基于单片机的综合

性课程设计项目。

（2）加强系统分析和系统设计能力的培养，对传统的运动控制系统课程群教学内容进行了优化。在传统的运动控制系统课程群"电机与电力拖动基础""电力电子技术""运动控制系统"和"自动控制系统课程设计"的基础上优化教学内容，例如删减、精讲电机结构及原理内容，删减、精讲传统的晶闸管整流电路内容，增加永磁同步电机和无刷直流电机及其控制技术，增强以全控器件的 PWM 整流和移相软开关新技术，增加 PWM 控制技术和闭环控制内容，将传统的自动控制系统课程设计任务从直流电机双闭环调速系统的调节器设计扩展为开发一个实际的电机控制或电力电子系统；课程设置上增加"DSP 控制技术"课程，进一步强化电机控制的数字化控制技术及控制算法教学内容，树立框图即模块、模型即算法的思想，建立控制系统与软件程序设计之间的联系；在教学手段上贯彻 MATLAB 为主的数字仿真技术，通过 SIMULINK 的 POWER SYSTEM BLOCK 实现可视化建模，实现自动控制理论和控制系统设计的快速验证，便于学生对深奥的控制

理论的学习与掌握。

（3）结合 IEET 认证中 capstone 课程教学理念，在第七学期开设"专业综合设计与实践"课程。课程内容上要求学生整合并充分利用所学专业领域的大部分知识，完成一个与专业密切相关的实际项目，从而提高学生解决实际问题的能力。课程形式上采取项目主导的任务驱动型，要求以学生团队形式，重点突出学生工程系统组建及流程设计能力、项目规划及解决工程问题能力、团队协作与沟通能力、跨领域学习和适应发展的能力的培养。

（4）结合工程认证要求，开设"工程伦理""学科知识拓展"两门课程，培养学生正确评估专业工程实践对环境、社会可持续发展影响的能力，以及职业道德规范；培养学生在专业工程实践中的工程管理与经济决策意识；

（5）强化信息技术应用能力和专业技能及工程实践能力的培养，在课程安排及教学内容上做到两大能力培养过程四年不断线，同时设置课外的创新实践学分，实现了多层次、全方位的工程实践能力和创新能力的培养。相关课程的安排如表 4 所示。

表 4　信息技术应用能力和专业技能及工程实践能力培养课程

学期	信息技术应用能力培养				专业技能及实践能力培养		
	信息技术类课程	学分	结合信息技术应用软件的课程（应用软件）	学分	课程	学分	
1	计算机应用基础	1	工程制图及计算机绘图（AutoCAD）	3			
2	C 语言程序设计	3			专业技能训练	1	
3	软件技术基础	3	数字电子技术（Multisim）	3.5	数字电子技术实验	0.5	
			微机原理及应用（KEIL C51、 Proteus）	2.5	电子工艺实训	1	
4	面向对象程序设计	2.5	模拟电子技术（Multisim）	4	模拟电子技术实验	0.5	课外创新实践学分（大学生创新创业项目、学科竞赛、课外科技创新实践活动项目、PLC 高级程序设计师资格考试）（≥2 学分）
			微机接口技术（KEIL C51、Proteus）	1.5	电子与单片机系统综合设计与实训	2	
5	应用软件开发技术	2	自动控制原理（MATLAB）	4.5	PLC 系统综合设计与实训	1.5	
	计算机控制技术	2	电气控制技术及可编程控制器(GX Simulator)	3			
	嵌入式系统原理及应用	3	电力电子技术（MATLAB/SIMULINK/POWER SYSTEM BLOCK）	3			
6	DSP 控制技术	2	自动控制系统（MATLAB/SIMULINK/POWER SYSTEM BLOCK）	3.5	自动控制系统课程设计	1	
			嵌入式系统设计（ucos-Ⅱ）	1	生产实习	2	
			现代控制理论（MATLAB）	2			

续表

学期	信息技术应用能力培养				专业技能及实践能力培养		
	信息技术类课程	学分	结合信息技术应用软件的课程（应用软件）	学分	课程	学分	
7	计算机网络与通信技术	2.5	智能控制（MATLAB/SIMULINK）	2	专业综合设计与实践	3	
			图像处理与机器视觉(OpenCV)	2.5	工业机器人编程	2	
					金工实习	1	
8					毕业实习	6	
					毕业设计	8	
合计学分	21		36		29.5		≥2

4　结论

本次人才培养方案的制定，是在前期应用型自动化专业人才培养教学改革的基础上，结合 IEET 工程教育理念下进行的，是一项复杂而细致的系统工程，需要各方面的协同和配合，也需要在将来的实践中不断完善和改进，尤其是 IEET 认证要求与大陆高等教育现状间的关系协调。在本方案确定的培养框架下，还需要致力于各门课程的改革，包括教学内容、教学模式、教学方法等问题，使本方案确定的人才培养目标和培养规格得以达成。

References

[1] 吴晓蓓. 《中国制造 2025》与自动化专业人才培养[J]. 中国大学教学，2015（8）：9-11.

[2] 徐今强. 自动化专业创新型人才培养模式探索与实践[J]. 当代教育理论与实践，2017（1）：45-47.

[3] 中华工程教育学会认证未运会工程教育认证规范(EAC2016)[EB/OL].101.110.118.33/WWW.ieet.org.tw/(106)认证文件/(106)工程教育认证规范(EAC2016).pdf.

[4] 鲁照权，方敏，陈梅，等. 自动化专业教学计划的改革探讨[J]. 合肥工业大学学报(社会科学版)，2010（1）：82-85.

[5] 李宏胜，陈桂. 应用型本科人才培养方案制定过程的思考[J]. 中国现代教育装备，2011（21）：10-11.

基于机器人"3C"平台培养应用型人才

夏庆锋　曾舒婷　孙海洋　刘益新

（南京大学　金陵学院，江苏　南京　210089）

摘　要：独立学院作为我国高等教育的重要组成部分，以培养具有创新精神的应用型人才为目标，因而在人才培养模式和机制方面有自己的特色。本文介绍了我校机器人"3C"平台的建设情况，分析了基于该平台培养应用型人才的思路和方法，最后总结了该培养模式和机制的应用情况。经过五年多的教学实践，取得了较好的成效，证明我们的改革思路和方案是合理的。

关键词：独立学院；机器人"3C"平台；应用型人才

Cultivate Applied Talents Based on the Robot"3C"Platform

Qingfeng Xia, Shuting Zeng, Haiyang Sun, Yixin Liu

(Nanjing University Jinling College, Nanjing 210089, Jiangsu Province, China)

Abstract：Independent colleges as an important part of Chinese higher education, to cultivate applied talents with innovative spirit as the goal, thus in personnel training mode and mechanism have their own characteristics. This paper introduces the construction situation of the robot "3C" platform in our school, analyzes the train of thought and method based on the platform, and finally summarizes the application of the training mode and mechanism. After more than five years of teaching practice, we have achieved better results and proved that our reform ideas and plans are reasonable.

Key Words：Independent College; Robot "3C" platform; Application-oriented Talents

引言

教育部《普通高等学校独立学院教育工作合格评估指标体系》中，明确指出：独立学院应确立"培养具有创新精神和实践能力的应用型人才"的培养目标。因此，应用型本科高校要以"应用"为导向，培养具备现代科技和管理知识，理论与实践相结合，具有自主学习能力、实践创新能力、团队合作能力，能在生产和管理岗位上解决实际问题的应用型人才。要培养应用型人才，创新实践平台的建设和创新实践教学体系的构建就尤为重要[1, 2]。

南京大学金陵学院作为南京大学的独立学院，始终坚持与大校错位发展，沿着应用技术型大学之路，致力培养具有创新精神的高素质应用型人才。我校在培养自动化类学生创新实践能力方面的一项重要举措是，于 2009 年在信息科学与工程学院建立了智能机器人实验室，实验室成立之初即集中力量开始组织优秀学生参加国家级机器人竞赛。以机器人竞赛为突破口，逐步带动相关的教学和科研的发展[3, 4]。

自动化专业突出以"智能机器人"为专业知识的载体，面向机器人技术的实验、实习、实训

联系人：夏庆锋. 第一作者：夏庆锋（1982—），男，硕士，副教授.

基金项目：江苏省高校自然科学研究面上项目（15KJB510013）；南京大学金陵学院教改项目（0010521608）.

课程丰富，课程设置和培养模式特色鲜明。在培养应用型人才的过程中着力构建了机器人"3C"平台，即课程群（Courses）、竞赛（Competition）和社团（Corporation），"3C"培养体系结构如图1所示。基于该平台探索出了一套有特色的培养模式和机制，积累了一定的学生创新实践能力培养的组织管理方法与经验，为社会培养了一大批具有创新精神和一定能力（特别是机器人应用方面）的优秀人才。

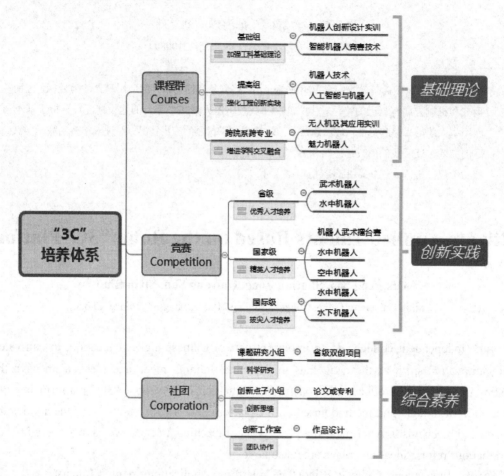

图1 "3C"培养体系结构

1 机器人"3C"平台介绍

我院自动化专业举全专业之力对师资进行优化配置，建设了一支多维立体化的机器人教师团队。教师团队成员包括专业教师、辅导员和实验员等，这样的教师团队成员，能够发挥各自的专业特长与岗位优势。机器人教师团队经过多年的努力，完成了机器人"3C"平台的建设。

1.1 以新型机器人类课程群为主线，构建自动化专业学生的大平台

机器人类课程群包括《机器人创新设计实训》《智能机器人竞赛技术》《机器人技术》《人工智

能与机器人》《无人机及其应用实训》和《魅力机器人》等。《机器人创新设计实训》和《智能机器人竞赛技术》分别面向自动化专业大一和大二开设，由机器人竞赛指导教师团队共同上课，由理论授课、基础实验、创新项目和课内比赛等环节组成；《机器人技术》和《人工智能与机器人》为信工学院各专业选修课，主要面向大三学生开设，注重学生科研能力的培养，加强对学生科学合理引导。

《无人机及其应用实训》面向信工学院、传媒学院和艺术学院开设，《魅力机器人》面向全校所有专业开设。在全校范围内普及了机器人基础知识及其应用情况，扩大了学生的受益面。

1.2 以机器人竞赛为抓手，培养具有创新精神的应用型人才

机器人竞赛是我院的一个亮点。自智能机器人实验室成立以来，每年都组织优秀学生参加江苏省大学生机器人大赛、中国机器人大赛、国际水中机器人大赛等各级机器人比赛，并取得了优异的成绩。由于名额的限制，学生为了能够入选机器人团队，往往更加努力学习相关课程知识，并利用课余时间积极训练自己的创新能力。

通过组织机器人比赛培训，为自动化专业学生搭建良好的创新平台，同时还吸引来自信工学院其他专业的优秀学生，既"因材施教、分类培养"，又强调学科交叉融合。

1.3 以机器人社团为载体，培养学生的协作创新意识

机器人社团为学术性社团，社团内部成立各具特色的课题研究小组、创新点子小组和创新工作室，以作品设计、申请项目、撰写论文、申请专利等为目标。

通过机器人社团这个平台，给学生提供一种模拟公司运行的机制和环境，让学生在学习中体会工作的流程。在项目设计中，增强学生的协作创新意识和能力，掌握分工协作与交流沟通的技巧，积累结题的经验以及撰写报告的方法。

2 培养应用型人才的举措

机器人"3C"平台建成以后，充分利用机器人教师团队的专业特长与岗位优势，共同培养自动化类应用型人才。由辅导员对专业特色进行介绍与宣传，指导学生进行机器人课程的选课、机器人竞赛的报名以及机器人社团的运营，并全程对学生进行管理；由专业教师负责课程群的建设与实施，通过课程进行理论知识教学，通过机器人比赛基于项目对学生进行分类培养；实验员则可以发挥其专业技能和岗位优势，重点培养学生的动手实践能力。

2.1 全方位开放式的四级创新实践训练体系

通过构建机器人"3C"平台，探索出了一套全方位开放式的四级创新实践训练体系，即低年级学生分类引导和兴趣培养、初级动手训练、高年级学生系统动手训练和综合创新设计。

大一上学期开设《新生导学课》，每周两节课，分别由各专业主任以及具有高级职称的老师承担，笔者承担其中两节课的任务。笔者利用该课程主要介绍机器人的基本概念、生活中的机器人以及机器人与各专业的关系，并通过具体的机器人演示来激发学生的兴趣。大一下学期由机器人竞赛教师团队共同开设《机器人创新设计实训》，主要通过解说和解释我校机器人竞赛视频来介绍参加机器人竞赛所需知识和能力等，然后让学生完成一系列简单的趣味性机器人实验，进一步对学生分类引导。大二通过机器人社团和《智能机器人竞赛技术》课程对机器人竞赛团队进行基础培训和强化训练，并通过作品设计、内部比赛、答辩等形式进行选拔，从而产生最终的机器人竞赛队伍。大三通过《机器人技术》和《人工智能与机器人》等课程系统介绍相关理论知识，让学生将实践中用到的知识、技术与理论联系起来，从而解决之前遇到的困惑。同时充分利用机器人社团，培养学生申请项目和撰写学术论文的能力。此外，课程中还引入了免修机制进一步激发学生从事科技创新、开发与研制的兴趣。大四通过校内外实习和毕业设计对学生进行进一步培养，突出学生的综合创新设计能力。

值得注意的是，近年来，我校实行大类招生，其中自动化专业、电子专业和通信专业在入学时同属于电子类，直到大一下学期才进行专业分流。该训练体系在专业分流时有助于吸引优秀学生进入自动化专业。

2.2 新型课程的建设

我院在教学过程中采用"3+1"模式，即用三年的时间学完四年的课程，第四年让学生进入签约的企业进行实习实训。在此模式下，学生从事创新实践能力训练与课程繁重的冲突问题比较严重。为了解决这个问题，提出了将学生创新实践能力的培养和新型课程的建设进行有机结合，建设了独具特色的机器人类课程群，将创新实践能力培养过程中的关键问题、关键技术和对应的训练方法等相关内容进行归纳总结，并融入课程内容中去，学生从事创新活动的过程变成了选修相关课程的过程，同时解决了教师的工作量和学生学分的问题。

新型的创新课程的授课内容、授课方式和考

核方式等各个环节，都与常规课程有很大不同，并且鲜有先例可循，因此要大胆创新、深化改革。授课内容均为教师团队在多年的学科竞赛指导过程中积累并提炼的专业知识、核心技术、案例分析等；授课方式包含集中理论授课、分组动手实践以及项目驱动等；考核由实物演示、设计报告和答辩三个环节组成，分别按照 30%、30%、40% 的比例构成[5]。学生如果达到以下成果之一可免于答辩，并直接获得优秀的成绩：

（1）撰写一篇学术论文，经指导老师审核通过后成功投稿者。

（2）申请到江苏省大学生创新创业训练计划者。

（3）参加省级以上学科竞赛并获得省级一等奖或者国家级二等奖以上者。

（4）申请实用新型专利一项。

（5）所有指导教师一致认为作品优秀者。

2.3 "3C" 互联互通，形成独立学院应用型人才培养机制

通过机器人 "3C" 平台，把知识的学习、素质的培养和实习实训联系起来，形成我院自动化专业应用型人才培养机制。通过机器人社团给学生提供一种模拟公司运行的机制和环境，让学生在学习中体会工作的流程。在竞赛培训过程中，让学生带着问题去查找资料或者咨询其他师生，增强学生自主学习的能力，并注重分工协作与交流沟通的技巧。在课程中引入竞赛和项目的案例，将相关知识、技术等理论知识和实际应用结合起来。同时通过在课程中设置免修机制，引导学生申报项目、组织管理和实施项目，并及时撰写技术文档和学术论文，以期达到提升学生综合素质的效果，从而将教学、实践、创新有机融合为一个整体。

课程群既可以为竞赛团队培养选拔人才，又可以将竞赛的实践融入教学内容中去，提高学生的受益面；竞赛可以推进工程教育"回归工程"，真正做到学以致用；社团可以引导学生个性化发展，提升学生的综合素质。

3 应用情况

我院自动化专业基于机器人 "3C" 平台提出了开展应用型人才培养的模式与机制，形成了特色鲜明的应用型人才培养体系，成效显著，影响深远。

（1）多次做教改报告，改革理念和初步成效引起了其他同类高校以及用人单位的关注。五年来，南京大学、合肥工业大学、解放军理工大学、南京信息工程大学、南京工程学院、企业代表、学生家长前来调研和经验交流 20 余次。

（2）参加 "3C" 平台活动的学生的科研能力普遍提高，学生作为主持人申请了 9 项省级双创项目，学生作为第一作者发表学术论文 17 篇。

（3）学生自主学习能力和创新能力显著提升，自 2009 年以来，机器人团队共参加了 5 次国际级比赛、10 次国家级比赛和 4 次省级比赛，共获得国际级冠军 1 个、国家级冠军 14 个、省级冠军 2 个，以及组委会颁发的一等奖数十项（一般比赛成绩排名前 10% 至前 20% 以内为一等奖，不同赛事的一等奖获奖比例略有不同）。

（4）青年教师的教学、科研水平得到提升。主持纵向课题和横向课题各一项、校级教改重点项目 5 项、一般项目 3 项，发表论文 50 余篇。

（5）2012 年 5 月，南京大学金陵学院承办了 2012 中国水中机器人大赛暨首届国际水中机器人公开赛，作为南京大学 110 周年校庆的重大活动之一，受到了各大新闻媒体的关注，中央电视台新闻频道对赛事和我校参赛队伍进行了详细的报道。之后几年的比赛，南京电视台、扬子晚报和新浪网等新闻媒体 20 余次报道我校学生参加机器人竞赛的情况。

4 结论

本文基于我校自动化专业学生的特点以及整体培养方式，介绍了机器人 "3C" 平台的内容，并由此提出了适合独立学院培养具有创新精神的应用型人才培养体系和培养方法。通过机器人 "3C" 平台，可以激发学生参与科技创新、开发与研制的兴趣和爱好，也可以全面锻炼学生的团队协作能力、实践能力和知识运用能力，为将来走向工作岗位打下了坚实的基础。

References

[1] 邵进. 高等教育新常态下独立学院人才培养模式改革路径探析[J]. 江苏高教，2015，184（6）：91-93.

[2] 王青林. 关于创新应用型本科人才培养模式的若干思考[J]. 中国大学教学，2013（6）：22-25.

[3] 夏庆锋，丁尧，万凯. 基于机器人竞赛的应用型人才培养初探[J]. 电气电子教学学报，2012，34(4)：60-61.

[4] 夏庆锋，张燕，谢鹏飞，等. 独立学院开展机器人竞赛的探索与实践[J]. 机器人技术与应用，2015（4）：41-44.

[5] 谢鹏飞，夏庆锋，张燕，等. 独立学院开展机器人创新设计实训课程探索[J]. 电脑知识与技术，2017，13（4）：148-150.

目标引领、问题驱动和成果导向深度融合的自动化专业应用型人才培养模式研究

孔祥松　关健生　徐　敏

（厦门理工学院，福建　厦门　361024）

摘　要： 针对在自动化专业应用型人才培养过程中普遍存在的学生缺乏目标感、缺乏有效学习方法和缺乏获得感的共性问题，融合当前高等教育的新方法与新理念，在自动化专业特色基础上，结合新型教育技术和教学平台，提出目标引领、问题驱动和成果导向三者在培养过程中深度融合的解决思路，力求形成适合于厦门理工学院应用型本科自动化专业人才培养的新模式。

关键词： 目标引领；问题驱动；成果导向；深度融合

引言

自动化专业教指委在《普通高等学校自动化专业规范》中指出：随着自动化、智能化、信息化等科学技术的发展，对自动化专业人才的需求不断增加，对毕业生的要求也在不断提高。自动化专业的教学方法和手段必须紧随这一趋势进行变革，以培养适应未来社会发展的自动化专业人才[1]。

厦门理工学院自动化专业是一个处于成长过程中的新生专业，本专业以"亲产业"为办学定位，以培养应用型特色人才为办学目标。专业在人才培养方案制定、师资队伍以及实验室建设等方面还存在一定不足，亟待创新思维，引入先进教学理念，戮力改革。应创新教学方法，建立与本校本专业人才培养定位相适应、与本校学生学习状况相符合的教学方式[2]。在此基础上形成高效的人才培养模式是提高应用型人才培养质量和本专业快速发展的必由之路。

我校自动化专业从以学生为中心的角度出发，针对学生特性，在最大限度优化配置各类教学资源的条件下，发挥教师与学生的主观能动性，探索建立适应于应用型自动化专业人才培养的新模式。

1　现状分析与人才培养模式改革思路

经过多年的教学实践和学生访谈，深切感到我校自动化专业学生，尤其是专业学习较落后的学生，在一定程度上普遍存在以下突出问题：第一，不知道该学什么，即缺乏目标感；第二，不知道如何去学，即缺乏有效学习方法；第三，不知道能学到什么，即缺乏获得感。

以上问题导致：学生缺乏方向感，易迷失方向；传统培养模式难以激发学生专业学习的兴趣，导致学生的积极性、主观能动性不强，影响自学能力培养；学生学习吃力，成效有限，不利于培养学生解决复杂工程问题的能力；学生容易对专业和个人能力丧失信心，不利用建立自信等。而上述问题交融，最终可能导致自动化学生缺乏足够竞争力，严重制约自动化专业应用型人才培养质量的提升。

而传统人才培养模式并未能很好应对学生面临的上述问题。因此，从上述问题出发，建立与学生学习状况相适应的人才培养模式是提高办学质量的重要关键。

在厦门理工学院自动化专业人才培养模式改革中，我们提出在当前学生学习状况及特性基础上，分别从树立学生目标感、引入有效教学方法和建立获得感的角度出发，融合当前高等教育的

联系人：孔祥松. 第一作者：孔祥松（1982—），男，博士，讲师.

新方法与新理念，在自动化专业特色基础上，结合新技术与新平台，建立目标引领、问题驱动和成果导向深度融合的应用型人才培养新模式。

2 目标引领、问题驱动和成果导向深度融合的应用型人才培养模式

当前高等教育已有一系列先进理念和先进教学方法，比如 PBL 教学模式、OBE 教学理念、面向复杂工程问题求解的顶点课程（Capstone Course)以及国际工程教育 CDIO 新模式等[3]。这些先进理念和教学方法、教学模式已在我国高等教育尤其是工程教育中得到一定的推广和实践。但仍缺乏针对某一所高校某特定专业的、能将多种先进理念和教学方法与自身特色有机融合在一起的成套解决方案[4]。

厦门理工学院自动化专业从上述角度出发，提出构建目标引领、问题驱动和成果导向三者深度融合的新型人才培养模式改革思路。探讨在现行自动化专业应用型人才培养模式基础上，有机融合多种先进教学理念和教学方法，从而在充分的教学实践和教学反馈基础上，形成系统性的、可实施性强的新型应用型人才培养模式。希望在系统化和体系化的过程中，通过新型人才培养模式帮助学生形成目标感、采用有效学习方法和建立获得感。

深度融合是该新型应用型人才培养模式的关键所在。我校自动化专业围绕图 1 所示五大方面全面体现人才培养模式中目标引领、问题驱动和成果导向的深度融合。五个组成模块相辅相成，分别提供了深度融合机制、融合条件及融合资源支持平台等。

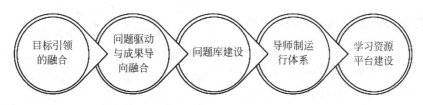

图 1　目标引领、问题驱动和成果导向深度融合的应用型人才培养模式的主要构成模块

2.1 基于目标引领的自动化全培养周期专业教育新模式

在传统培养模式下，我校自动化的专业教育仅在大一第一学期以《专业导论》等课程形式设置，按教学进度学生至大二下学期才逐渐进入专业课程的学习。学生与专业学习长期处于脱节状态。导致低年级自动化专业本科生对专业的认知和理解在相当长时间非常有限，而即便高年级本科学生在进入毕业设计前，对专业的认知和理解也存在很大不足和偏差。这非常不利于学生建立对自动化专业的理解和认知，不利于启发引领学生，也不利于培养他们对专业学习的兴趣。

针对上述问题，以目标引领为核心，将目标引领理念深度融合于自动化专业人才培养全生命周期中，形成基于目标引领的自动化专业新型专业教育长效模式。

新型专业教育模式由三大部分构成。(1)优化专业教育课程，由专业负责人和资深教师共同开设、讲授《自动化专业导论与学涯规划指导》；

(2)在专业课程中强化目标引领，由本系专业教师在专业课程与专业实践教学环节中，联系课程加强专业教育和对学生的目标引领；(3)建立学科前沿与工程应用讲座模式，由本系专业教师、研究生和高年级应届毕业生共同协作构建一系列开放性学术讲座，既加强专业内学术与工程实践经验交流，也通过分享强化对低年级学生的目标导向。由上述三个部分建立体系化、全生命周期覆盖的新型专业教育模式。

2.2 问题驱动与成果导向相融合的自动化专业人才培养模式

以 PBL 教学方法为手段，将成果导向融入问题驱动过程中，形成问题驱动与成果导向相融合自动化专业人才培养模式，如图 2 所示。

在这种新型人才培养模式下，由课程、实践或讲座环节引入具有一定复杂度的工程问题，鼓励学生参与问题的分析和解决。将问题凝练形成学生的研究性课题，学生可以根据课题特征，通过申请大学生创新创业项目、学科竞赛和面向企

业的应用开发项目，来系统性的分析和解决上述工程问题，并将创新项目、学科竞赛和应用开发延续扩展成为毕业设计课题。学生可以在上述过程各个环节中、在指导教师、专业导师团队的引导下完成论文、专利或软件著作权等，从而获得一定研究成果，增强学生的获得感，提高专业学习兴趣。

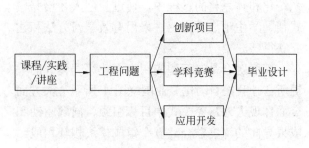

**图 2　问题驱动与成果导向相融合的
应用型自动化专业人才培养模式**

2.3　产学研深度融合的自动化专业特色问题库建设

应用型自动化本科专业以培养应用型人才为目标。问题驱动需要有适用的问题库作为支撑。为培养特色应用型专业人才，需要建立产学研深度融合的专业特色问题库。问题库中问题来源主要分三类：(1)来自真实工程场景的企业技术问题或技术需求；(2)反映专业或工程学科前沿方向的教师科研问题；(3)经典应用案例或示范性问题。

三类问题经过提炼，逐步充实形成本校自动化专业特色问题库。三类问题的不同来源，正是产学研深度融合的体现。特色问题库还会随着专业建设和成长而不断发展、不断动态更新，并逐渐由第一、二类问题转换得到第三类问题。问题库将依托学习资源平台向学生提供。

而毕业设计的命题与选题将与我校自动化专业所建立的特色问题库融合起来，相互支撑，为学生通过问题来提升解决复杂工程问题的能力提供良好条件。

2.4　面向问题驱动型培养模式的自动化专业导师制建设

师资在多数院校自动化专业中都是一项紧缺资源，要在培养过程各环节中深化落实问题驱动，

需要给全体自动化专业本科学生提供充分的教师指导和帮扶。而传统专业培养模式下，稀缺的师资难以满足问题驱动型培养模式的需要。严重制约了人才培养质量的提升。

那么如何解决这一矛盾呢？我校自动化专业在培养模式改革实践中，针对上述问题，提出一套紧缺师资资源条件下的优化整合解决思路。即在新型培养模式下，将自动化专业专任教师团队打造形成一个整体团队，团队中教师根据研究方向和研究兴趣组合形成多个导师组。因师资限制，专任教师会在多个导师组内作为成员（一般 1~3 个）。每个导师组对应 1 个特定方向的学生团队，设主负责导师一名，其余导师参与辅导，团队由四个年级的部分学生依兴趣方向、按一定的分工构成一个梯次性团队。

在此架构下，通过新老结合，充分发挥学生的主观能动性，锻炼学生团队协作能力；同时，将有限师资资源充分调动，通过联合指导，降低每个教师的指导成本，实现优势资源共享，形成团队合力。从而建立一套可实施性强、高效能的自动化专业导师制运行体系。

2.5　自动化专业特色的立体式、集成化学习资源平台

借鉴 MOOC 等网络课程思想和手段，顺应"互联网+"和网络时代发展趋势，结合新型教育技术和教学平台，建立具有自动化专业特色的立体式、集成化学习资源平台。将专业教育、网络课程、学习经验、案例及论坛交流等融合在一个统一的专业知识平台架构下。平台由师生共同参与维护和资源建设，可以为师生提供一个便捷有效的交流平台。

学习资源平台建设将是落实目标引领、问题驱动和成果导向深度融合的一个重要媒介，如图 3 所示。我校自动化专业正依托学校网络课程中心、高校邦课程平台，从精品网络课程出发，逐步构建这样一个一体化、集成式的专业学习资源平台，为新型人才培养模式的推行奠定基础。

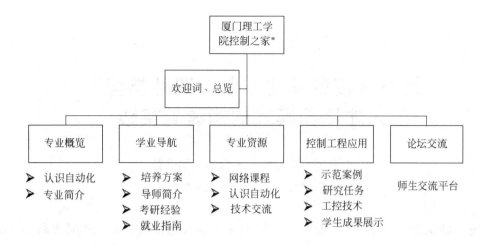

图 3　学习资源平台示例

3　结论

　　本文是对厦门理工学院自动化专业人才培养模式改革思路的总结和探讨，我们将不断实践，持续改进，力求建立适应于自动化专业应用型人才培养的有效人才培养模式，办出专业特色，全面提升本专业的办学水平和人才培养质量。

References

[1]　教育部高等学校电子信息与电气学科教学指导委员会自动化专业教学指导分委员会.普通高等学校自动化专业规范. 2010.

[2]　吴晓蓓.《中国制造 2025》与自动化专业人才培养[J].中国大学教育，2015（8）：9-11.

[3]　佟君. 关于毕业设计与顶峰体验课程的比较研究[D].上海交通大学. 2009.

[4]　朱晓春，陈小虎，汪木兰，等. 自动化专业应用型人才培养模式的创新与实践[J]. 中国现代教育装备. 2004(9).

[5]　陈其梅. PBL 混合式课堂教学模型及资源平台的构建研究[D]. 浙江工业大学. 2012.

地方高校自动化专业"四种类型"
人才培养模式的构建与实践

于海生　丁军航　于金鹏　吴贺荣

（青岛大学，山东 青岛 266071）

摘　要：为了实现自动化专业人才多样化培养、个性化培养，适应区域经济建设和社会发展需求，针对地方高校自动化专业的人才培养模式现状，提出了以"拔尖创新型、卓越工程型、应用技术型、交叉复合型"为主的"四种类型"自动化专业人才培养模式，解决了人才培养类型和培养模式单一、人才培养个性化不足和人才培养适应性不强的问题。通过 3 年的运行与实践，完善了人才培养方案，取得了明显的效果。

关键词：自动化；人才培养模式；构建；多样化

Construction and Practice of Four Typestalents Training Mode for Automation Speciality in Local University

Haisheng Yu, Junhang Ding, Jinpeng Yu, Herong Wu

(Qingdao University, Qingdao 266071, Shandong Province, China)

Abstract：In order to achieve the diversified training and personalized training of automation specialty, adapt to the regional economic construction and social development needs, aiming at the current situation of the talent training mode of local universities automation, this paper puts forward the "four types" automation professional talents training mode based on "top innovation, excellent engineering, applied technology and cross compound", which solves the problems of single talent training type and single training mode, individualized training and personnel training adaptability is not strong. Through the operation and practice of 3 years, the talent training program has been perfected, and the obvious effect has been achieved.

Key Words：Automation Specialty ;Personnel Training Mode ; Construction ; Diversification

1　存在的问题分析

青岛大学自动化专业创办于 1979 年并同时招收本科生。该专业是国家级"本科教学工程"地方高校第一批本科专业综合改革试点、国家级特色专业建设点，拥有国家级人才培养模式创新实验区、国家级实验教学示范中心、国家级精品资源共享课程、国家级精品课程、国家级规划教材、中央与地方共建自动化专业实验室。目前，针对国内、国外一流大学的自动化相关专业建设与发展趋势，结合区域经济建设和社会发展对自动化专业人才培养的需求[1]，分析研究地方高校的自动化专业教育与人才培养模式，存在的主要问题有以下几个方面：

联系人：丁军航. 第一作者：于海生（1963—），男，博士，教授.

基金项目：教育部本科教学工程地方高校第一批本科专业综合改革试点，2013（ZG0307）.

（1）教育理念不够清晰，人才培养定位趋同。

工程教育理念不够先进，人才培养目标定位趋同，人才培养目标的前瞻性不足。对于企业注重的创新能力、敬业精神、团队合作、沟通能力、学习能力和工程伦理观念，没能得到有效培养和形成，学生素质结构难以适合企业需要[2]。

（2）人才培养类型和培养模式单一、人才培养个性化不足。

高校人才培养类型和培养模式单一，但就业市场渴求多样化、个性化人才，从而使人才供需之间出现了矛盾。一方面，在就业市场里，一些岗位招不到合适的人才；另一方面，大量的高校毕业生又找不到合适的工作。

（3）教师缺乏工程经历，言传身教能力不足。

教师缺少工程背景和企业工作经历、工程素质和实践能力偏低，严重影响人才培养模式的多样化。高校教师都是从高校到高校的模式，缺乏从高校到企业的关键环节，缺乏工程项目经历。这样造成高校教师理论能力突出、实践经验匮乏的现状，无法从工程性、实践性的角度实现人才培养的多样化[3]。

（4）课程体系相对陈旧，创新创业教育缺乏。

在旧的培养方案下，更多是强调学生培养的一致性，课程体系相对陈旧，课程安排循规蹈矩，教学内容大而全，不能体现因材施教[4-6]。而且，教学内容中缺乏创新创业教育内容，学生创新精神、创业意识、发掘自身潜力的能力，以及就业能力得不到培养。

2 "四种类型"自动化专业人才培养模式的设计原则

通过对问题存在原因的分析，着手从自动化专业人才培养模式的多样化上进行构建和实践。其总体原则是：通过构建"拔尖创新型、卓越工程型、应用技术型、交叉复合型"的"四种类型"人才培养模式，实现分类人才培养、人才培养个性化与多样化、因材施教、人人成才的培养目标。其中：

拔尖创新型，有利于优秀的学术型人才脱颖而出的原则；在培养计划中，着重于科学研究基础类、科研创新型课程的安排，如数值分析与数值计算、模式识别与智能系统、最优控制、机器人学、多智能体系统等课程；

卓越工程型，有利于优秀的工程型人才脱颖而出的原则；在培养计划中，增加工程类选修课程与工程实践课程，如计算机控制系统工程实践、先进运动控制系统工程实践、计算机集成制造、自动化工程实训、企业生产实践等课程；

应用技术型，有利于更好地为地方经济社会发展提供更多的技术型人才的原则；在培养计划中，增加实用型技术类课程的设置，如嵌入式系统应用、物联网技术与应用、工业组态软件及应用、先进智能制造技术、面向海洋工程技术等课程；

交叉复合型，有利于为地方经济社会发展提供更多的复合型人才的原则；在培养计划中，不仅仅完成自动化专业的必修课程，还安排有其他专业的选修课程，比如管理学、运筹学、工程项目管理、系统工程导论等；同时鼓励学生辅修第二专业。

3 "四种类型"自动化专业人才培养模式的实现

3.1 人才培养理念

坚持以人为本、立德树人、因材施教，通识教育与专业教育相融合、产学研相结合，知识、能力、素质协调发展。建立全员育人、全过程育人、全方位育人体系，注重"四大观念"，即大实践观、大工程观、大系统观、大集成观，强化"五种实践"，即工程技术实践、科技创新实践、人文社会实践、创业就业实践、领导管理实践，培养具有健全人格和社会责任感，具备综合素养、专业基础、创新能力和自我发展能力的多样化创新人才。

3.2 人才培养目标定位

注重知识传授、能力培养、素质养成、价值塑造，培养德智体美全面发展，具有健全人格、家国情怀、社会担当、国际视野、创新精神、创业意识和实践能力的拔尖创新型、卓越工程型、应用技术型、交叉复合型等多样化自动化高级专门人才。

3.3　自动化专业建设思路

按照"六个一"的建设思路，实施自动化专业综合改革。"六个一"即一个任务：立德树人；一个主线：提高人才培养质量；一个提升：教师教学水平；一个突破：创新创业教育；一个机制：协同育人；一个共享：优质教育资源。

3.4　"四种类型"人才培养模式的实现

"四种类型"的分类人才培养模式，适应地方经济社会发展对自动化专业人才的需求，突出了分类人才培养、因材施教、人才培养类型多样化、培养方案个性化特色。

（1）依托获批的"山东省特色名校建设工程"自动化重点专业项目，组建了自动化专业创新班，主要培养拔尖创新型人才，强化培养学生的学术研究能力。自动化创新班的构建，由30名左右学生组成，其选拔机制为：依托大一总评成绩、尊重学生学习意愿；引导学生创新、鼓励学生深造；鼓励报名、择优录取。对于创新班的授课教师，精挑细选教学经验最丰富、教学质量高的教师，进行小班授课。优先安排创新班学生参与各种科技竞赛的培训、参赛等。

（2）依托获批的"教育部卓越工程师培养计划"项目，组建了自动化专业卓越班，主要培养卓越工程型人才，强化培养学生的工程研发能力。卓越工程师班每届学生的组成，也是由大约30名学生，选拔的过程，也遵循"鼓励报名，择优录取，看重学生在工程实践上的积极性"。学院与行业企业建立联合培养人才实践基地，企业由单纯的用人单位变为联合培养单位，共同设计培养目标，制定培养方案，共同实施培养过程。强化工程能力与创新能力为重点，学生在企业学习一年，聘请企业工程师最为兼职教师，指导学生"真刀真枪"做毕业设计。在学校里，优先聘任有在企业工作经历的教师为卓越班的学生授课。

（3）结合地方经济社会发展对自动化专业人才的需求，培养应用技术型人才，强化培养学生的工程系统分析、设计及应用能力。该类培养是主要的传统培养模式，尊重原有的培养计划，并进行不断的修订和改进，即强调学生的专业知识专业能力，又充分考虑当地经济发展的需求，为当地经济发展的大环境要求，不断修订专业培养计划。

（4）针对部分学生的自身发展和就业需求，鼓励学生辅修第二专业或跨学科、跨专业选修课程，培养交叉复合型人才，满足学生的多样化成才需要。该类班级的人数不固定，但不超过30人，在培养过程中强调学生的综合能力培养，体现培养的多样性、复合性、个性化；鼓励学生自主创业，在辅修课程安排上侧重创业培养，联合社会上的创业资源，为学生配备相应的创业指导教师，并加强工程伦理、项目管理、法律支援等方面的知识。

3.5　实践效果

在人才培养质量方面，"四种类型"人才培养模式成效显著。学生探究学习能力与学习效果显著提高。创新班、卓越班大部分同学考取国内著名高校及科研院所研究生进一步深造，少数就业；应用技术型培养地方经济社会发展需要的自动化专业人才；交叉复合型培养专业知识融合并综合地发挥作用的人才。学生工程素质和综合能力得到提升。毕业生深受用人单位欢迎。

在自动化专业建设方面，打造了一批自动化专业国家级教学资源。获批了教育部"本科教学工程"地方高校第一批本科专业综合改革试点、国家级精品资源共享课程、国家级特色专业建设点、国家级人才培养模式创新实验区、国家级实验教学示范中心、国家级精品课程、国家级规划教材、中央与地方共建自动化专业实验室等13项国家级质量工程项目和11项省级质量工程项目，为自动化专业打造了一批国家级教学平台与教学资源。

4　结论及进一步研究的思路

结合教育部本科教学工程地方高校第一批本科专业综合改革试点项目，通过3年的运行与实践，完善了多样化的人才培养方案，取得了明显的效果。青岛大学自动化专业通过"四种类型"分类人才培养模式，培养了学术型、工程型、技术型、复合型人才，适应了地方经建设和社会发展对自动化专业人才的需要，突出人才培养类型多样化、培养方案个性化特色。

为了进一步提高人才培养质量，今后着手从以下方面做一些工作。

（1）进一步完善创新创业教育体系。践行以工程技术实践、科技创新实践、人文社会实践、创业就业实践、领导管理实践为载体的"五种实践"多元化实践育人模式；着力发展新的学生科技创新体系[4]；课内外和校内外有机衔接的"创业知识+案例指导+孵化培育"的创新创业教育体系。实现创新创业教育的新突破。

（2）大力推进协同育人机制。构建多类型的实践基地，探索与政府部门、科研院所、行业企业、兄弟院校等协同育人机制，解决资源局限性、教师实践性、人才培养针对性和应用性问题。院校与企业、行业建立良好的合作关系，聘请有实践经验的企业技术专家来校承担教学任务，指导教师和学生的实验实训，帮助教师了解行业动态，提高实践能力。

（3）推进自动化专业师资建设。教师是学科专业建设的关键。高素质的教师队伍，是自动化专业人才培养质量的最根本保证[7]。多样化培养模式下的自动化专业教师既要理论水平高，同时也要实践能力强；既具有教育教学能力，又有科研能力、适应地方经济社会发展需要的能力。要不定期地选派缺乏企业经历的专业教师到企业挂职和培训。

References

[1] 吴晓蓓.《中国制造 2025》与自动化专业人才培养[J]. 中国大学教学，2015（8）：9-11.

[2] 杨红霞. 改革人才培养模式，提高人才培养质量[J]. 中国高教研究，2014（10）：44-51.

[3] 王丽霞，等."2+2"应用型人才培养模式的理论研究[J]. 高等工程教育研究，2015（1）：180-184.

[4] 常雨芳，等. 地方工科院校自动化专业人才培养研究[J]. 中国电力教育，2013（32）：43-45.

[5] 于海生. 自动化专业计算机控制系统课程的改革与实践[J]. 电气电子教学学报，2000，22(3):15-17.

[6] 于海生，等. 大电类人才培养模式改革与自动化特色专业建设[J]. 山东大学学报（工学版），2009，39（S1）：57-60.

[7] 刘朝华，等. 大数据背景下地方高校自动化专业人才培养探究[J]. 当代教育理论与实践，2016，8(6): 70-72.

大学四年级校企联合柔性培养计划的探索与实践

黄 鹤 汪贵平 雷 旭 龚贤武 王会峰

（长安大学 电子与控制工程学院，陕西 西安 710064）

摘 要：针对四年级学生职业规划的多样性，通过校企深度联合制订柔性培养计划，探索高校工程技术人才培养的有效方式。经过多年的教学改革与实践，参照工程教育专业认证标准，在自动化专业培养方案中为四年级学生量身定制了四种可选大类培养计划。该计划构建了以学生职业规划为导向，以工程项目为主线，校企联合培养的教学体系，促进了培养目标的达成。整个学习过程以学生为中心，学生学习围绕职业规划对应项目展开，在做项目中培养核心技术和能力，有效调动了学生主动学习积极性，显著提升了学生核心竞争力。

关键词：柔性培养计划；工程教育专业认证；卓越工程师教育培养计划； 自动化； 核心竞争力

The Research and Practice of the Flexible Training Plan of School-enterprise Cooperation for the Seniors in University

He Huang, Gui ping Wang, Xu Lei, Xian wu Gong, Hui feng Wang

(College of Electronic & Control Engineering in Chang'An University, Xi'an 710064, Shaanxi Province, China)

Abstract: The paper explores effective ways of cultivating engineering and technical talents for colleges and universities through deep school-enterprise cooperation and establishment of flexible training plans that is specific to career planning diversity of seniors, and customizes four training plans for seniors in automation training programs based on the approval standards for engineering education. A school-enterprise cooperative teaching system guided by career planning of students and pioneered by engineering projects is established to promote the realization of training objectives; the system focuses on students and students concentrate on careering planning during the learning process. At a result, core technology and ability to implement projects have been cultivated, learning initiative of students has been motivated effectively and their core competitiveness has been greatly improved.

Key Words: Flexible Training Plan; Engineering Education Approval; Plan for Education Training Outstanding Engineers; Automation; Core Competitiveness

引言

大学四年是人生最为灿烂的时光，四年级既是学生在校学习关键的一年，也是学生面临多种选择的一年，因此，如何合理安排教学就显得十分重要。

通过调查发现：学校安排的正常课程教学到课率较低，甚至有些课程 2 个班 60 多人只有几人上课。生产实习和毕业设计等重要实践环节学生也得过且过，只要能达到基本要求能毕业就行。面对这些问题，依靠管理制度和老师的严格监控是不能全面解决的。

为提高本科教学质量，长安大学自动化专业

联系人：黄鹤. 第一作者：黄鹤(1979—)，男，河南南阳人，长安大学副教授，博士后.

基金项目：2016 年自动化专业课程体系改革与建设试点暨自动化类教指委专项教学改革课题（2016A03），2015 年产学合作专业综合改革项目（"电子与控制工程学院卓越工程人才培养体系研究"，教高司函〔2015〕51 号），中央高校教育教学改革专项经费资助项目（310632161507，310632161103，310632161102 和 310632176101）.

在多年教改的基础上，参照卓越工程师培养标准、国际 CDIO 培养模式与方法和工程教育专业认证要求，以学生为中心，对自动化专业四年级培养计划进行了探索与实践。

1 四年级学生需求系统分析

系统是由相互联系相互作用并具有特定功能的部件组成的整体。如果把四年级人才培养看作一个系统，输入是本校三年级学生，输出应是符合社会需求的各类应届毕业生。四年级以培养计划为主线，学生应完成的学习内容如图1所示。

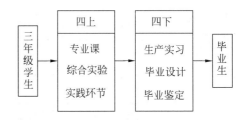

图1 以培养计划为主线四年级的学习计划

除正常学习外，四年级学生面临着职业规划的重大需求，按毕业去向大致可分为择业生、考研生和免试推荐保送生三大类。图 2 所示为以职业规划为主线的四年级学生需要做的工作。

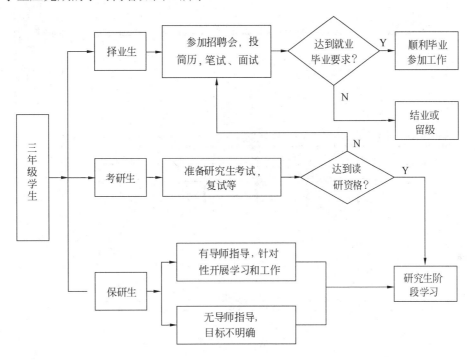

图2 以职业规划为主线的四年级学生要做的工作

从时间节点来看，开学前 4 周学校安排免试研究生的推荐工作，申请免试推荐研究生的同学忙于联系学校、导师和面试；报考研究生的同学一直在复习考试科目；找工作的同学在做简历和准备应试的复习。从每年 10 月开始，各招聘单位就开始选聘毕业生的工作。此后，应聘、面试、考试和学习贯穿在整个学习过程中。学生在两条主线中交替完成学习和职业规划，两条主线不容易把握，往往会因为方向不明确而忽视正常的学习。因此有必要构建以学生为中心，以职业规划为主线，促进学生培养目标达成，满足学生个性化发展的四年级校企合作柔性培养计划。

2 四年级校企联合柔性培养计划的制订

长安大学是教育部直属 211 院校、卓越工程师教育培养计划首批试点高校。自动化专业是国家第一类特色专业建设点，也是学校卓越工程师培养第一个试点专业。本着"加强基础，注重特长，突出行业特色，通过学校和企业密切合作，以工程项目为主线，着力提高学生的工程能力、创新能力和工程素质"的思路，以大工程教育观为指导，参照工程教育专业认证要求，形成了"一个目标，两种途径，三个问题，四种方法"的人才培养整体解决方案（见图3）。该方案针对学生培养过程存在的三个突出问题，通过创新教学体系与资源配置模式两种途径，采用四种方法，实现培养自动化专业卓越人才这一目标。

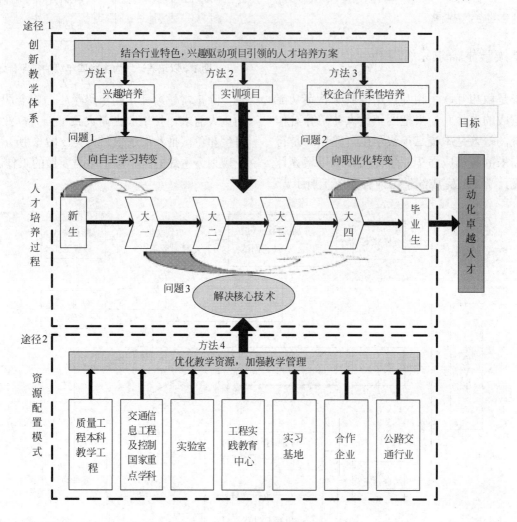

图3　自动化专业人才培养整体解决方案

从图3可以看出，校企合作柔性培养是解决四年级学生向职业化转变的重要手段。

2.1　制订原则

自动化专业四年级教学计划的安排，既是人才培养计划的一个重要组成部分，也是实现培养目标的最终环节。从顶层设计来说，应考虑的核心要素如下：

1）围绕培养目标，和合作企业共同制订培养计划，共同做好项目的建设工作。

2）做好和前三年教学计划的衔接，形成目标明确、层次清楚，并具有连续性、系统性和创造性的人才培养计划。

3）以学生为中心，以职业规划为主线，设计满足学生个性化发展的教学内容。

4）注重成本效益原则，确保实践教学环节的可操作性。

5）充分调动学生的积极性。创造条件使学生参加老师的科研课题、产品开发、大学生创新创业训练计划和社会实践活动，培养学生的工程意识，工程素质、创新能力和团队合作精神。

6）充分发挥教师的积极性，确保每个学生在四年级期间自始至终都有一位老师指导其学习和职业规划。

2.2　总体框架

根据卓越工程师的培养目标和通用标准，参照工程教育专业认证要求，结合长安大学自动化专业办学条件和特色，在人才培养方案中将学生应掌握的核心技术按四学年培养划分为四个层次，四年级为企业实践和工程创新层。考虑四年级学生即将毕业，在 180 学分中要求学生应修 30 学分。

根据制订原则，按照择业生、考研生和保送生对学生进行分类，所制订的四年级学生柔性培养计划总体框架如图 4 所示。图中各符号代表意义如下：

A：3 门专业前沿或行业特色选修课（每门 2 学分）

B：生产实习（4 周，4 学分）

C：毕业设计（14 周，14 学分）

D：企业实际项目（将生产实习和毕业设计一起做，校企联合指导，18 周，18 学分）

E：与考研专业课相关的专业课（4 学分）加 1 门专业前沿或行业特色选修课

F1，F2：研究生阶段基础课程（每学期 2 门）

G1：参与校内老师科研项目或大创项目（18 学分）

G2：参与校外导师科研项目（18 学分）

以择业生为例，职业规划与毕业设计指导（1 周，1 学分），由老师、企业工程师和企业人力资源部经理一起，指导学生做好职业规划的准备工作。各位老师分别介绍自己指导毕业设计题目的主要内容、学生要做的工作以及和就业目标企业之间的联系。在确定学生毕设指导老师后，由老师具体负责指导每个同学选课等教学环节的工作，使学生进一步明确四年级学习的目标。

自动控制系统综合设计性实验（4 周，4 学分），要求 3～4 个学生组成一个团队，在老师的指导下，独立完成一个较大项目构思、设计、改进和运行的全过程。项目依托实验室、学科平台、大学生创新创业训练计划和老师科研课题，让学生真刀真枪进行实战训练。整个过程中不仅要有方案设计、工作计划、调试报告等文字类训练，而且要有现场调试、实物展示、视频展示、PPT 汇报和交流答辩，以此全面提高学生的工程实践能力、工程素质和交流表达能力。

培养计划中的三门选修课可在老师指导下，让学生根据就业目标企业和所在行业进行选择。生产实习和毕业设计可由系、部统一安排。对于学业成绩较好的同学而言，可以合并到合作企业，在校企导师指导下，就企业新产品开发项目、工程设计项目等完成培养。

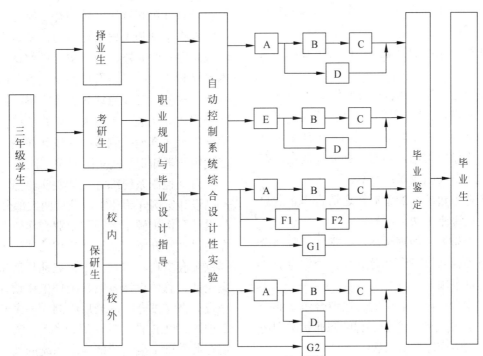

图 4　四年级学生柔性培养计划总体框架

对于考研生而言，其培养计划基本上和择业生相同，不同之处在选修课上。考研生更关注考研专业课，报考控制科学与控制工程一级学科专业研究生的专业课通常为电子技术基础或自动控制理论。以考自动控制理论专业课为例，为其提供智能控制理论的选修课（4 学分）。报考研究生所考专业课是本专业的核心课程，老师将控制理论从经典、现代到智能进行全面系统的介绍，并通过典型案例加以展开。这样做，既帮助复习了该考研课，开阔了视野，又提高了学生综合运用控制理论分析和解决问题的能力。其他选项依次类推。

3　主要环节的建设

3.1　职业规划与毕业设计指导的建设

职业规划与毕业设计指导，安排在四年级第一学期第一周。该环节是学生四年级学习的总纲，其主要教学目标如下：

（1）掌握职业规划的基本理论和基本知识。

（2）了解行业和企业需求，客观地评价自我，确定毕业目标，确定读研目标院校或就业目标企业。在老师指导下，撰写个人职业规划方案。

（3）掌握毕业设计的基本步骤，完成毕业设计选题并确定指导老师。

（4）在指导老师的指导下，确定选修课和实训项目。

为实现上述目标，在教学方面作如下安排：

（1）职业规划。12 学时，老师参照教科书并结合自己的体会，介绍职业规划的基本理论和基本知识。学生做完习题，填写各种问卷调查，在此基础上撰写个人职业规划方案。

（2）企业家讲座。2 学时，邀请合作企业总经理作企业家讲座 1 次。

（3）人力资源部经理讲座。4 学时，邀请合作企业人力资源部经理作 2 次讲座，介绍企业招聘流程及注意事项。

（4）工程师讲座。4 学时，邀请合作企业一线工程师作 2 次讲座，介绍工程师职业状况和应聘时技术面试中应注意的问题。

（5）保研和考研讲座。2 学时，由老师介绍保研和考研情况。

（6）毕业设计与就业指导。16 学时。其中 8 学时由 1 位老师主讲，全面介绍毕业设计的全过程，包括毕业设计选题、资料查阅、方案设计、实验验证、调试、实验测试、记录结果和毕业论文撰写等。另外 8 学时由各位老师介绍其指导毕业设计题目的相关内容并和学生进行广泛交流。在此基础上，学生选定题目和指导老师。

通过本环节的实施，学生对四年级要开展的学习有了较为清晰的理解，从内心明确了教学环节安排和职业规划紧密相关，是以学生职业需求为导向的，其课程和教学环节是在老师指导下学生自己选定的，从而使学生的目标更为明确，行动更有动力。

3.2　实训项目建设

新产品开发、生产施工和组织管理无不是以项目形式出现。培养学生的工程素质、工程实践能力和团队合作精神同样需要项目进行实训。

目前，用人单位通常在第 5 周就开始进行校园招聘。这样"临阵磨枪不快也光"，一方面对学生能起到立竿见影的效果，另一方面也使学生看到自己的差距，明确未来学习的目标。自动控制系统综合设计性实验安排在四上第 2～5 周。本环节的主要教学目标一是培养学生运用前三年所学专业知识分析和解决问题的综合能力，培养学生团队合作精神和工程设计能力；二是学生马上面临应聘等就业问题，为学生提供面试和笔试的基本素材和经验；三是通过答辩交流了解各种控制系统的构成、工作原理和设计方案；四是通过团队合作实际完成一个较大控制系统的设计调试，使学生全面掌握控制系统的设计和调试方法，并能运用所学知识解决实际问题。

自动控制系统综合设计性实验内容分为典型产品设计案例介绍和实训项目两大部分。典型产品设计案例来源于老师和企业合作研发的产品。在主讲教师介绍产品设计流程的基础上，为学生提供全套资料和实物。主讲老师从需求分析、方案论证、总体设计方案、硬件电路设计、软件程序设计做详细介绍。最后给同学们全套硬件电路原理图、PCB 图、软件流程图和全部程序。同学们在此基础上全面了解整个系统的架构，分析其工作原理，并对局部功能进行修改。通过典型案例的介绍，同学们熟悉了整个过程，了解了编程技巧，熟悉了规范，水平会有较大提升。

实训项目有 40 余项，表 1 列出其中一部分，这些题目有的是结合实验室和学科平台大型实验设备，有的是结合老师科研课题，有的来自大学生创新创业训练项目和学科竞赛题目。它们具有一个共同特点就是有实际控制对象，能完成整个项目的安装调试过程。

表1　部分实训项目名称

序号	项目名称
1	计算机远程监控系统
2	高压清洗车上装控制器
3	自动门控制装置
4	车辆出入库管理系统
5	无线式车辆检测器
6	机器人竞赛系统
7	"飞思卡尔"智能汽车

学生按 2~3 人一组，任选其一，每组题目不能相同，也可自选题目（需要在汇报环节审核通过）。

所有项目均为团队合作项目，学生在项目进行的过程中学习探索，有利于培养设计、创新、协调、沟通和领导能力（每个团队的组长轮流担任，每个学生都有当领导的机会），极大地增强学生的自信心。

这种开放型的项目，使学生有机会把知识有机地联系起来，应用有可能用到没有学过的知识，因此学生要学会以探究方式获取知识，整个过程体现面向工程背景的实际应用能力。

此外，对于未来参加工作所需要的很多知识、技能和素质要求，学生在项目的实施过程中就会碰到，只需老师适当指点并设计相应考核要求，如组织管理、会议议程、会议记录、决策过程和方法、报表、文字和图像处理、撰写报告、查询和阅读资料、口头交流、口头报告、电脑软件的使用等。

4　卓越工程师培养建设

教育部启动"卓越工程师教育培养计划"的主要目的是培养一批具有工程意识、工程素质和创新能力的工程师。卓越工程师培养采用"3+1"

模式，其中要求学生至少有一年以上在企业实践的经历。

4.1　校企联合共同制订培养方案

毕业生是否满足社会需求，企业最清楚。毕业生是否能够尽快适应就业岗位，需要在四年学习过程中逐步培养。为提高教学质量，培养过程中涉及的实践环节邀请合作企业负责人、人力资源部管理人员和企业工程师共同修订本科人才培养计划。商讨后制订原则如下：

（1）学生前三年以学校教育为主，教学安排要有足够的生产实践与实训项目训练。

（2）四年级一年以企业实践为主，结合企业需要解决的技术问题完成毕业设计。

（3）合作企业提出毕业设计题目、任务书和企业指导导师，交由学校老师讨论及审核。在确定题目和相应校内指导老师后向三下学生进行宣传和推广。

（4）由学校老师和企业工程师共同组成面试小组，对本专业 6 个班中感兴趣并报名的同学进行面试选拔。

（5）通过选拔的同学，在学校和合作企业双导师的指导下，完成卓越工程师培养。

本专业培养计划前三年教学安排是在借鉴卓越工程师培养工程实践从新生开始以工程项目为主线教改经验基础上制订的。卓越工程师培养仅在三年级下学期增加选拔，在四年级这一年以"企业实践与毕业设计"（30 学分）这一环节来实现培养目标的达成。

4.2　企业实践与毕业设计环节的建设

学生在企业实践一年遇到的第一个主要问题是安全和条件保障。签订学校、企业、学生个人和学生家长四方协议有效解决了这一问题，在协议中明确了相互的权利、责任和义务，如企业为学生提供意外保险、四人间住宿条件、实习补贴和往返车票等，规定学生必须遵守企业劳动纪律和实习时间等。

第二个主要问题是如何"变"。参与卓越计划的同学来自择业生和保送生两大类，择业生依然以就业和学习为两条主线，保送生也存在保送申请和面试等问题。为解决这些问题，在三下暑假安排 5 周到企业实践，其中前 3 周采用"轮岗制"到各部门实习，熟悉环境，在工人师傅的指导下学习技能。后 2 周采用"项目制",学生参与毕业设计相应项目。通过前 5 周实习,企业就能和部分学生达成就业协议,同时留下 5 周时间供其余同学到学校参与择业和保送研究生,具体时间支配由学生确定,报企业批准有效。

第三个主要问题是培养质量。人才培养质量是关键,校企合作和双导师制都很好,但如果流于形式,结果也会很差。为此制定了"卓越工程师培养企业实践一年管理办法",办法中明确规定:学生每天必须做工作日志,一周撰写实习总结和下周计划,并用电子邮件发给两位导师;企业导师负责日常指导,学校导师负责提出意见和建议,双导师 2 周相互交流一次;学校导师每 2 个月到企业去一次,商讨学生企业实践与毕业设计要解决的问题,学校和企业每学期联合组织学生交流答辩汇报一次。

学生除保送、找工作等环节需要到学校外,绝大部分时间在企业参与项目,通过项目学习行业领域的专业知识和新技术。通过参与某一新产品的设计、开发和试制,校企合作培养使毕业生达到应具有的知识、能力和素质。学生通过一年的时间在企业学习,得到工程师的初步训练。

5　结论

(1)构建了学生职业规划和四年级学习任务合二为一的柔性培养计划。柔性化培养满足了学生个性化需求,提高了学生主动学习的积极性,

有效解决了学生旷课或不上课等具体问题。

(2)教学进程安排有利于学生职业目标的形成。从职业规划与毕业设计指导开始,到毕业鉴定结束,始终突出了学生的中心地位,学生选课、学生选择培养方式等。

(3)将卓越工程师培养和本科人才培养合二为一,简化了人才培养方案的制订。通过校企联合,学生自愿参加选拔,实现了三方共赢。一年企业实践时间能让企业把学生真正当一个技术人员使用,同时也为学生全程参与一个项目提供了时间保障。

References

[1] 汪贵平,李思慧,李阳,等. 构建自动化专业卓越工程师培养创新实践教学体系[J]. 实验室研究与探索,2013(11):456-460.

[2] 顾佩华,胡文龙,林鹏,等. 基于"学习产出"(OBE)的工程教育模式——汕头大学的实践与探索[J]. 高等工程教育研究,2014(1):27-37.

[3] 彭江. 美国高等教育认证中的学生学习结果评估[J]. 复旦教育论坛,2014(1):85-91.

[4] 汪贵平,雷旭,武奇生,等. 为新生开设专业实践基础课程的探索——"自动化专业实践初步"教学案例[J]. 中国大学教学,2012(11):80-83.

[5] 顾佩华,沈民奋,陆小华译. 重新认识工程教育—国际 CDIO 培养模式与方法[M]. 北京:高等教育出版社,2012:4.

中约大学自动化专业人才培养模式初探

贺良华

（中国地质大学（武汉），湖北 武汉 430074）

摘　要：本文以"一带一路"国家战略为背景，以正在组建的中约大学自动化专业人才培养模式为研究对象，详细介绍并分析了所制定的中约大学自动化专业培养方案，该方案充分体现我校自动化专业本科生"实践-创新-国际化"的能力培养模式。

关键词：中约大学；国际化；自动化专业；培养模式

Study on the Automation Talents' Cultivation Mode of Chinese Jordanian University

Lianghua He

(China University of Geosciences, Wuhan 430074, Hubei Province, China)

Abstract：With the national strategy of "Belt and Road" as the background, the automation specialty talents' cultivation mode of Chinese Jordanian University has been studied so as to establish automation specialty cultivation programme, and the ability cultivation mode of "practice-innovation-internationalization" is sufficiently embodied in this programme.

Key Words：Chinese Jordanian University；Internationalization；Automation specialty；Cultivation mode

引言

"一带一路"是国家主席习近平在 2013 年提出的共建丝绸之路经济带和21世纪海上丝绸之路的重要合作倡议。2017 年 5 月 14 日至 15 日，中国在北京主办"一带一路"国际合作高峰论坛，与会国家和国际组织达 100 多个。这是各方共商、共建"一带一路"，共享互利合作成果的国际盛会，也是加强国际合作，对接彼此发展战略的重要合作平台。3 年多来，"一带一路"建设进展顺利，成果丰硕，受到国际社会的广泛欢迎和高度评价。各国政府、地方、企业等达成一系列合作共识、重要举措及务实成果，共达成了 76 大项、270 多项具体成果。

中约大学就是在"一带一路"这一国家战略背景下进行组建的，它是由我国政府主导的第一所走出国门的大学，由中国地质大学(武汉)与约旦政府高等教育与科学研究部对接，于 2015 年开始筹建，组建该校也是我校增强服务国家重大战略能力，不断提升办学活力和教育质量的重要举措。自动化专业是中约大学的 15 个主要专业之一，我校将依托现有控制学科的人才、科研和国际化趋势，担负自动化专业国际化人才培养工作。但是，作为一所新建的、服务于"一带一路"战略的国际合作大学，自动化专业的人才培养也必须面对"一带一路"沿线国家在自动化领域内的人才、科技和产业的需求这一新的形势，因而研究中约大学自动化专业的人才培养模式十分重要。

联系人：贺良华（1966—），男，博士，副教授

1　培养模式的内涵与种类

关于人才培养模式，至今并没有一个统一的定义和固定的形式，但高校人才培养模式是培养主体为了实现特定的人才培养目标，在一定的教育理念指导和一定的培养制度保障下设计的有关人才培养过程的运作模型与组织样式[1]。它主要由人才培养理念、专业设置模式、课程设置方式、教学制度体系、教学组织形式、隐性课程形式、教学管理模式与教育评价方式等要素构成，涉及内容广泛。

人才培养模式的改革与创新是高等教育发展的重要课题，各高校为了进一步深化教育教学改革，提高自动化人才培养质量，提升专业办学能力，针对自动化学科的发展及社会对自动化专业人才的需求而在不断地开展人才培养模式的研究，并出现了诸多卓有成效、富有特色的培养模式，如研究型学习培养模式、校企合作办学培养模式、个性化培养模式、"卓越工程师"培养模式、本硕贯通的培养模式、大类招生的培养模式、素质教育模式、通才教育模式、专才教育模式等。

2　国际化专业人才培养模式的选择

随着全球经济的一体化发展，高等教育的人才培养国际化趋势愈加凸显，因而国际化的人才培养模式无疑会成为人才培养的发展趋势。

与国内外知名兄弟院校一样，中国地质大学（武汉）一直积极开展对外学术、科技和文化交流，先后与美国、法国、澳大利亚、俄罗斯等国家的100 多所大学签订了友好合作协议，还成立了由我校牵头，斯坦福大学、牛津大学、莫斯科大学、麦考瑞大学、香港大学等 12 所世界知名大学组成的地球科学国际大学联盟及六所国际科研合作中心，在相关领域广泛开展资源共享、国际交流与合作。

同时，中国地质大学（武汉）结合学科优势和专业特点，于 2014 年 12 月正式成立了"丝绸之路学院"，是国内率先为服务"一带一路"战略而专门设立相应机构的高校之一，以对接和服务"一带一路"战略，已招收来自巴基斯坦、塔

吉克斯坦、哈萨克斯坦等"一带一路"沿线国家400 名左右留学生，重点培养地质、土木工程、道路和桥梁等基础建设工程技术人才。此外，同约旦政府共建的"中约大学"，将通过订单式培养、定向委托培养、项目联合培养等方式，主要为其培养地质资源、环境科学、水科学、资源经济、通信工程、自动化、生态保护、公共管理等方面的创新人才。

3　中约大学自动化人才培养模式

3.1　国际化人才培养模式

中国地质大学（武汉）自动化专业自建立以来，以自动化专业规范为指导，在专业建设及人才培养上，依托学校的学科优势，不断探索高水平创新人才的培养模式，并提出本科生"实践-创新-国际化"和研究生"创新-国际化-实践"的能力培养模式，中约大学的建立及其自动化专业的设置，为我校自动化专业国际化人才培养提供了难得的机遇，也使得如何培养符合"一路一带"战略需求的学生成为新形势下人才培养工作面临的挑战。

3.2　中约大学自动化专业人才培养目标

中约大学自动化专业人才培养以中国地质大学（武汉）为主导，为此，经过中约双方多次交流并认真研讨，结合教育部高等学校自动化专业教学指导分委员会制定的自动化专业规范[2]，及《中国制造 2025》对自动化专业人才的新要求[3,4]，我们提出的中约大学自动化专业人才培养目标是：培养具备有电工、电子技术、控制理论、自动检测与仪表、信息处理、系统工程、计算机技术与应用等较宽广领域的工程技术基础和一定的专业知识的高级工程技术类人才，使之能在运动控制、过程控制、电力电子技术、检测与自动化仪表、电子与计算机技术、信息处理、管理与决策等领域从事控制系统分析、设计、运行管理、科技开发及研究等方面工作。

3.3　专业培养要求

中约大学自动化专业人才培养要求是：

（1）本专业学生主要学习电工技术、电子技术、控制理论、自动检测与仪表、信息处理、系统工程、计算机技术与应用等方面的基本理论与

基本知识，受到较好的工程实践基本训练，具有控制系统分析、设计、开发与研究的基本能力。

（2）在中文方面，具备听、说、读、写的基本能力，达到能独立获取信息的水平。

3.4　知识与能力要求

毕业生应获得以下几方面的知识与能力：

（1）具有较扎实的自然科学基础，较好的人文社会科学基础和应用能力。

（2）掌握本专业领域必需的较宽的基础理论知识，主要包括电路理论、电子技术、控制理论、信息处理、计算机软硬件基础及应用等。

（3）较好地掌握运动控制、过程控制及自动化仪表、电力电子技术及信息处理等方面的知识，具有本专业领域 1-2 个专业方向的专业知识和技能，了解本专业学科前沿和发展趋势。

（4）获得较好的系统分析、系统设计及系统开发方面的工程实践训练。

（5）在本专业领域内具备一定的科学研究、科技开发和组织管理能力，具有较强的工作适应能力。

3.5　培养方案

为了实现上述自动化专业人才培养目标、专业培养要求及毕业生应具有的知识与能力要求，现已制定了中约大学自动化专业培养方案，并制订了详细的课程教学计划。该方案中，规定学制为 5 年，采取 3 加 2 或者 2 加 3 模式，外国学生先在约旦学习两年或者三年，其余时间来华在中约大学学习。

3.5.1　核心课程、专业实验与实践环节

（1）该培养方案中涉及的核心课程为：电路理论、电子技术基础、自动控制理论、计算机原理及应用、传感器与检测技术、电力电子技术、计算机仿真、电机与电力拖动基础、过程控制、运动控制、计算机控制技术等。

（2）主要专业实验包括：自动控制理论实验、电力电子技术实验、运动控制实验、过程控制实验、自动检测与仪表实验、计算机控制实验、系统仿真实验、网络及多媒体实验等。

（3）主要实践性教学环节有：金工实习、高级语言程序设计、电子工艺实习、单片机及接口技术教学实习、自动控制系统实习、生产实习、毕业实习与毕业设计等。

3.5.2　课程教学计划

该课程教学计划包含通识教育课程、学科基础课程、专业主干课程、专业选修课程、实践环节、自主创新等模块。

（1）通识教育课程。

共有 312 学时，19.5 学分，具体课程如表 1 所示。

表 1　通识教育课程

课程名称 Course Name	学分 Crs	学时 Hrs
当今中国 China Today	3	48
计算机高级语言程序设计 Computer High-level Language	3.5	56
法律基础 Fundamentals of Law	3	48
普通话 Mandarin	2	32
汉语写作 Chinese Writing	4	64
汉语阅读 Chinese Reading	4	64

（2）学科基础课程。

共 872 学时，54.5 学分，具体课程如表 2 所示。

表 2　学科基础课程

课程名称 Course Name	学分 Crs	学时 Hrs
工程制图 Engineer drawing	2.5	40
高等数学 Advanced Mathematics A	12.5	200
线性代数 Linear Algebra C	2.5	40
大学物理 University Physics C	7	112
物理实验 University Physical Experiment B	3.5	56
概率统计与随机过程 Probability Theory & Stochastic Process	3.5	56
电路分析 Theory of Circuitry	4.5	72
复变函数与积分变换 Function of Complex Variables & Integral Transformation A	3.5	56
模拟电路技术基础 Introductory Analog Electronics A	4	64
数字电路技术基础 Digital Electronics A	4	64
单片机原理及应用 Single- Chip Computer and Application A	3.5	56
信号与系统 Signal and System	3.5	56

（3）专业主干课程。

共 528 学时，33 学分，具体课程如表 3 所示。

表 3　专业主干课程

课程名称 Course Name	学分 Crs	学时 Hrs
自动控制原理 A Automatic Control Principles A	5	80
电力电子技术 Power Electronic Technology A	3.5	56
电机与电力拖动 Electrical Machinery ＆Drive	3.5	56
传感器与检测技术 Sensors and Measuring Technology B	3.5	56
微机控制技术 Micro-computer Control Technology	3.5	56
运动控制系统 Motion Control System	3.5	56
过程控制 Process Control	3	48
控制系统数字仿真 Digital Simulation of Control System	2.5	40
电气控制技术与 PLC Electric control and Programmable Logic Controller	2.5	40
嵌入式系统设计 Embedded System Design	2.5	40

（4）专业选修课程。

专业选修课程共需选修 320 学时，20 学分，部分主要选修课程见表 4 所示。

表 4　专业选修课程

课程名称 Course Name	学分 Crs	学时 Hrs
信号与系统 Signal and System B	2	32
数据库原理 Database System C	2	32
系统辨识 System Identification	1.5	24
系统工程概论 Introduction to System Engineering	2	32
智能控制 Intelligent Control	2	32
PSOC 技术与应用 PSOC Technology and Application	2	32
控制系统优化设计 Control System Design Optimization	1.5	24
工厂供电 Power Supply for Works	2	32
物联网技术 Internet of Things Technology	2	32
模式识别与人工智能 Pattern Reorganization and AI	2	32

续表

课程名称 Course Name	学分 Crs	学时 Hrs
DSP 技术及应用 DSP Technology ＆Application C	2	32
智能电网技术 Smart Power Grid Technology	2	32

（5）实践环节。

独立设置的实践环节共 41.5 周，共 59 学分，具体课程如表 5 所示。

表 5　实践环节

课程名称 Course Name	学分 Crs	学时 Hrs
金工实习 Metalworking Practice D	1.5	1 周
计算机高级语言课程设计 Course Design for High-level Computer Language (C)	2	1.5 周
电子工艺实习 Electronics Craft Practice	3	2 周
单片机及接口技术实习 Single-chip Computer and Interface Practice	4.5	3 周
自动控制系统实习 Automatic Control System Practice	6	4 周
生产实习 Production Practice	18	12 周
毕业实习与毕业设计 Practice and Design for Graduation	24	16 周

（6）自主创新。

自主创新 3 个学分，主要用于学生自主学习（无学时安排），考查学生参加学科竞赛、发明创造、撰写科研报告（论文）等创新性实践活动。

4　结论

人才培养模式涉及内容广泛，本文仅就中约大学自动化专业人才培养目标、专业培养要求、知识与能力要求、相应的培养方案等核心内容进行了初步探讨。其中，课程教学计划中 1~6 各个模块的课程总学时为 2032+41.5 周，总学分 189，各模块所占学分比例分别是：通识教育课 10.3%、学科基础课 28.8%、专业主干课 17.5%、专业选修课 10.6%、实践环节 31.2%、自主创新 1.6%。

可见，该培养方案已经较好地体现了中约大学自动化专业本科生"实践-创新-国际化"的培养模式。中约大学自动化专业的设立，将进一步促进我校自动化专业国际化人才培养质量及教育教学水平的提高，并为培养符合"一带一路"战略需求的学生做出重要贡献。

References

[1] 董泽芳. 高校人才培养模式的概念界定与要素解析[J]. 大学教育科学，2012（3）：30-35.

[2] 教育部高等学校自动化专业教学指导分委员会. 自动化专业规范. 2010.

[3] 吴晓蓓.《中国制造 2025》与自动化专业人才培养[J]. 中国大学教学，2015（8）：9-11.

[4] 张拓，李丹丹.《中国制造 2025》背景下高校自动化专业改革与发展研究[J]. 教育探索，2016（6）：70-72.

应用型人才培养模式和课程体系的改革与实践
——以哈尔滨工程大学自动化专业为例

张晓宇　肖模昕　池海红　原　新

（哈尔滨工程大学　自动化学院，黑龙江 哈尔滨 150001）

摘　要：培养高层次的理论研究型人才和工程应用型人才是自动化专业的人才培养目标，本文通过修订人才培养方案，调整课程体系，构建"厚基础、宽口径、重创新"的应用型人才培养模式，进一步提高自动化人才的工程实践能力。

关键词：应用型；人才培养；课程体系

Reform and Practice of Training Model and Curriculum System of Applied Talents
——Taking the Automation Major of Harbin Engineering University as an Example

Xiaoyu Zhang, Moxin Xiao, Haihong Chi, Xin Yuan

(College of automation, Harbin Engineering University, Harbin 150001, Heilongjiang Province, China)

Abstract: The cultivation of high-level talents of theory and engineering application talents training goal of automation professional personnel, through the revision of the talent training scheme, adjusting curriculum system, construct the training mode of Applied Talents in the thick foundation, wide caliber, innovation, to further improve the engineering practice ability of automation talents.

Key Words: Application type; Personnel training; Curriculum system

引言

教育的主要功能之一就是为经济社会服务，而自动化专业作为工程技术教育的重要组成部分，是与社会经济建设关系最为密切的专业之一，也是受经济发展变化而影响最大的一部分。在当今社会经济和科学技术都迅猛发展、经济全球化不断深化的新形势下，自动化专业教育如何与经济发展相适应，是我们目前面临的一个重大课题。

自动化学院在原有基础上进一步夯实研究方向、拓宽研究领域，培养高层次的理论研究型人才和工程应用型人才；以专业技能培养为主线，以计算机和外语为辅助，以培养学生的实践能力、创新能力、团结协作能力、社会适应能力为目标，坚持高起点、高标准、严要求，培养高素质的精英型人才。自动化学院依据社会需要及自身发展特点将原有的三个专业方向"自动控制""船舶控制""运动控制"更改为"工业自动化""船舶自动化"和"核电自动化"，使专业特色更加鲜明。

如何依托我校在船海领域的特色，结合学科专业特点，为船舶工业和国民经济建设培养

联系人：肖模昕。第一作者：张晓宇，（1971—）男，博士学位，教授.

基金项目：哈尔滨工程大学校级教学改革项目.

自动化行业具有深厚基础、创新潜质的应用复合型领军人才是值得深入思考的问题。培养一批创新性强、能适应经济和社会发展需求的自动化专业工程科技人才，着力解决高等工程教育中的实践和创新问题，提高科技创新能力，对于加快经济发展方式的转变、实现我国经济社会的可持续发展，具有重要意义。为培养应用复合型创新人才，必须创建一套能够适应社会发展需求、突出应用实践能力的培养模式。

1　自动化专业应用型人才培养目标的确定

哈尔滨工程大学始终将"培养具有坚定信念与创新精神，视野宽、基础厚、能力强、素质优的可靠顶用人才；使我校成为我国'三海一核'领域（船舶工业、海军装备、海洋开发、核能应用）一流工程师和企业家的摇篮，国防科技工业和国民经济建设高层次科技人才的重要基地"作为人才培养的目标。

自动化专业培养面向船海领域及国家经济建设需要，德、智、体、美全面发展，知识、素质、能力协调统一，掌握自动化领域的基本理论知识和专业技能，并能在科研院所、工业企业等部门从事有关过程控制、运动控制、核电站运行与控制、船舶控制、智能监控系统、机器人控制、智能建筑、智能交通、物联网等方面的工程设计、系统运行管理与维护、企业管理与决策、技术开发、科学研究和教学等工作的具有"宽厚、复合、开放、创新及系统思维、反馈意识、最佳决策"特征的复合型的自动化工程科技人才。

结合学校人才培养目标，完善自动化学院人才培养素质要求，初步提出培养专业基础扎实、"三海"特色鲜明、知识结构合理的专业型人才；培养具有系统思维、协作意识、领袖性格的复合型人才；培养具有自我校正、反馈意识、国际视野的创新型人才；培养具有挑战自我、鲁棒素质、追求卓越的身心健康型人才的培养目标。

2　自动化专业应用型人才培养方案的培养要求

要培养应用型人才，必须确定相应的适合应用型人才的教学内容。应注重学生良好的道德品质和宽口径厚基础的培养。良好的道德品质是学生成才的保证，各高校都注重学生的德育养成教育。在学习方面，新生进校学习不定专业，学习基础性的课程，这些宽厚的基础课学习给学生留有个性发展空间，有利于学生良好个性的发展。

开设文化基础课，让学生更多地了解我国的国情、文化和历史，培养学生的爱国心、责任心和使命感。

强化外语教学，加强国际合作。社会在发展，国际间的合作也日趋频繁，竞争日益激烈。顺应潮流，各高校精英人才培养都应加强外语教学，加强国际合作，聘请一些外国教授为学生授课，举办国际学术会议，积极参与国际合作科学研究项目，提高国际竞争力。

大力开展学生科技创新活动。学校要为学生创造参与创新实践的机会，对于学生参加各类科技竞赛、参与教师的科研学术活动、在公开刊物上发表论文、参与社会公益活动等建立起相应的激励机制，鼓励学生课外创新。

改革实验教学的模式和内容，提高学生实践能力。减少验证型的实验，增加综合型、设计型、研究型的实验，创造更多的师生交流的空间和自我动手、动脑的机会，激发学生独立思考和创新意识的机会，培育学生科学的批判精神，营造崇尚真知、追求真理的氛围，使蕴藏在学生身上的创造性品质和潜能得以充分发挥。

加强实践性教学环节。构建探究性学习实验教学模式；不断更新实践教学内容；积极推进实验室开放；逐步延长实验室开放时间，不断扩大开放范围与覆盖面。将发明创造类、科研创造类等实践性教学环节纳入教学要求，从而有针对性、有目的性地培养大学生的发明创造能力。

在课程设计和毕业设计中向工程实际靠拢；提供科研和创新活动的场所，鼓励学生参加科研和科技创新活动；校企合作，提升创新能力。

自动化专业毕业学分要求：本专业学生必须修满 171 学分，其中理论必修课 117 学分，实践教学环节 34 学分，专业选修课 10 学分，通识教育选修课 10 学分（自动化专业学分设置情况见表 1，自动化学院课程设置情况见表 2）。

表 1　自动化专业学分设置情况

课程设置（纵向）	学　分	占总学分比例
基础教育课程平台	103	60.2%
专业教育课程平台	68	39.8%
合　计	171	100%

表 2　自动化专业课程设置情况

课程设置（横向）			占总学分比例	占理论教学环节的比例
论理教学环节	理论必修课	117		85.4%
	选修课	专业选修课	10	80.1%	7.3%
		通识教育选修课	10		7.3%
实践教学环节		34		19.9%

3　自动化专业应用型人才培养课程体系的创建

根据学校"培养我国'三海一核'领域一流工程师和企业家、国防科技工业和国民经济建设高层次科技人才"的人才培养目标定位，学院不断优化和改进课程体系，在课程设置中体现专业特色。

人才培养方案是教学工作的纲领性文件，是组织一切教学活动和从事教学管理的依据，体现高等院校的人才培养模式，是保证人才培养质量的关键。本科生学习以课堂教学为主，以课程体系学习为主，要实现"三个结合"：即课堂传授与课后学习相结合，理论教学与实践教学相结合，课内学习与课外科技创新活动相结合。

新版培养方案应做到，一要注重夯实学生的基础，减学分不能减基础课时，基础课一定要上好上精。二要注重培养学生的人文素养，通识教育要有高水准的经济、政治、社会、心理、文学、历史、哲学方面的课程。三要注重培养学生的创新精神，贯彻落实学校各项相关的方针政策。四要注重培养学生专业素养，宽口径与社会现实需求相结合，专业课减学时不能减知识点，必须保证专业知识的系统性和完整性，以"基础、创新、特色、人本"为着眼点上好基础课。

根据学校精神指导和自动化特色专业建设需

要，在广泛调研的基础上，经过全院教师的参与和众多资深专家的评审，学院精心打造了创新型本科人才培养方案，进一步完善了自动化专业的课程体系建设（自动化专业课程体系见图 1）。

核心知识领域：电路及电子学基础、自动化基础理论、计算机技术基础、传感器与检测技术、电力电子技术、计算机控制技术、运动控制技术、过程控制技术。

专业核心课程：自动化学院专业导论、模拟电子技术、数字电子技术、自动控制理论、现代控制理论、微型计算机原理与接口技术、自动控制元件、计算机控制系统、电力电子技术、运动控制系统、船舶控制系统、工业过程控制。

主要实践性教学环节：大学物理实验、电子技术基础实验、电子电路综合实验、自动控制元件实验、自动控制理论实验、军事训练、工程认识、工程实践、创新认知与实践、课程设计、专业实习、学士学位论文。

选课要求：自动化学院自 2014 级开始按学院招生，前两年学习基础课程，两年后选择专业。该方案的课程体系的基本构架是基础加专业模块，总体就业方向为航海、造船、航空、航天及各种含自动化、计算机技术领域的研究设计和生产单位。

自动化专业的课程体系中，人文与社会科学基础课加强学生的人文社会科学基础，提高外语综合能力，实现学生全面发展。自然科学与技术基础课程为自动化专业知识体系的基础领域提供数理力学与机电基础。电类基础课程为自动化专业知识体系的控制知识层提供电学基础知识。实践教学环节提高学生的创新与实践能力。

自动化专业学生必须选修 10 学分自动化专业选修课，其中电磁场、检测与转换技术、数字信号处理三门课程选修两门。其余课程根据学生兴趣及就业方向课进行选修。根据学习知识的不同，学生可以到运动控制、过程控制、船舶控制、核电站运行与控制、机器人控制等不同领域就业。

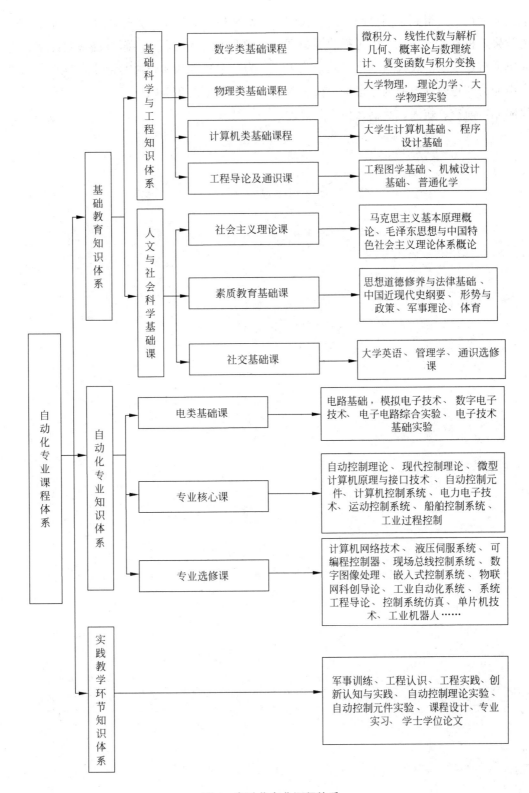

图1　自动化专业课程体系

4　结论

自动化学院人才培养工作扎实，勇担国家重任。多年以来，毕业生总供需比一直保持在1∶3以上，研究生45%以上在国防系统内服务。结合我校自动化专业特点制定的培养方案经过3年多实施，学生的应用能力得到了明显的提高，收到了显著的效果。根据对已毕业学生进行的跟踪调查，用人单位普遍反映，我校自动化专业毕业生的实际应用能力普遍较强，在人才市场上很受欢迎。不仅船舶、航空、航天、兵器、核工业等国防科技工业集团一直把自动化学院作为吸收优秀毕业生的首选之一，而且也备受百度、腾讯、华为、中兴等知名公司的青睐。毕业生一次就业率一直保持在95%以上。

主题 3：

自动化专业课程资源、MOOC 课程和教材建设

构建控制类精品课程群　打造优质立体化教学资源

徐晓红　陈立刚　张　红

（国防科技大学　机电工程与自动化学院，湖南 长沙 410073）

摘　要：理论与实践教学构成本科生培养的主战场和主渠道，通过课程完成扎实的基础理论和系统专门知识的学习以及实践能力的训练，从而实现专业人才培养目标。本文以国家精品开放课程和虚拟仿真实验中心建设为牵引，构建控制和硬件系列精品课程群，在建设优质教学资源、改革教学模式、创新综合实践平台等方面探索了提升专业人才培养质量的途径。

关键词：精品课程群，教学资源，实践平台，人才培养

To Build up Quality Stereo Teaching Resources through Constructing the Series of Top-quality Control Courses

Xiao Hong XU, Li Gang Chen, Hong Zhang

（Mechatronics and Automation School of National University of Defense Technology, Changsha 410073, Hunan Province, China）

Abstract：The fundamental factors for undergraduate education are theory and practice. Cultivating professional talents is not simply providing a solid foundation of theories or specialized knowledge systems but skill training is also very important. The article will base on national quality courses and the construction of virtual experiment center, describing how to set up a series of control and hard-ware courses. Moreover, it will provide several methods about how to construct excellent teaching resources, how to optimize teaching model and how to innovate a comprehensive platform to assist practice.

Key Words：The Series of High-Quality Courses；Teaching Resources；Practical Platform；Personal Training

引　言

"十二五"期间，国家建设精品开放课程和虚拟仿真实验中心，包括 5000 门精品资源共享课，1000 门精品视频公开课，100 个国家虚拟仿真实验中心。旨在促进教学观念转变，引领教学内容和方法改革，通过现代信息技术手段推动高等院校优质课程教学资源建设，实现共建共享，提高人才培养质量，服务学习型社会。我们知道，课程建设的基本目标是培养人才，构建合理的课程体系，保证其科学性和可行性是必要条件。因此课程建设必须要有以培养学生能力为目标的教学改革相配套。本文通过分析军队自动化专业人才培养面临的挑战，以国防科技大学自动化专业为例，从构建精品课程群、建设开放课程、创新综合实践平台、打造虚实教学资源等方面，研究讨论如何将以"教师为主"的教学模式转换为"以学生为中心"，使人才培养达到"学生学了什么""学会了做什么"。

1　自动化专业教育教学改革的必要性

自动化是武器装备从机械化向信息化发展的桥梁和纽带，具有自动化专业背景的毕业生是军

联系人：徐晓红. 第一作者：徐晓红（1966—），女，硕士，副教授.
基金项目：湖南省自动化专业综合改革试点项目.湘教通[2012]266.

队信息化建设中大量需求的人才。军队信息化建设，特别是我军武器装备机械化和信息化复合发展，对自动化专业人才提出了系统思维能力更强、知识更新周期更短、联系实际更加紧密的更高要求，对专业人才培养提出了新的挑战。

一直以来，学校自动化专业教育教学一直保持较高水平，学科建设亦位居全国前列。但随着国内和军内本科教育形式的发展，自动化专业本科教学过程中也出现了日益明显的问题。

首先，旧的课程体系和人才培养方案难以适应新形势下人才培养尤其是部队信息化人才培养的要求。为适应军队现代化建设和军事斗争准备需要，在保证课程体系相对稳定的基础上，必须优化调整课程结构，促进专业课程协同发展；必须做到教学资源及时更新、充实和发展，并研究探索与之相适应的教学新理论新方法；必须建设与结构合理、业务能力强、教学思想和教学理念与时俱进的优秀教学团队。

其次，学科的科研优势未在教学中得到体现，大量优秀科研成果未及时转换成教学资源，客观上要求探索新的教学资源生成机制，打造与科研应用相衔接的一流实践平台。

2　建设精品课程群，构建专业课程教学体系

以"厚基础、重实践、强能力"为指导思想，以先进性、实用性、综合性为指标，以确保课程体系和教学内容与专业建设协同发展为核心，沿时间轴实践了"核心课程—军队优质课程—省精品课程—国家精品课程—视频公开课—国家精品资源共享课程—国家级规划教材"精品课程群的建设思路。

2.1　建设精品课程群

发挥既有精品课程的示范、辐射作用，建立精品课程群，实现自动化专业核心课程的协调发展。《计算机硬件技术基础》课程是国内较早具有影响力的名牌课程。"十五"期间，课程先后被评为军队优质课程和国家精品课程。"十一五"期间，我们总结《计算机硬件技术基础》国家精品课程建设的先进思想理念、成功做法和经验，以《自动控制原理》和《计算机控制技术》课程为突破

口，推广"移植"，将课程成功建设成为湖南省精品课程和国家精品课程，开启了自动化专业精品课程群建设新局面。"十二五"继续发挥，课程组成功建成《计算机硬件技术基础》和《计算机控制技术》2门国家精品资源共享课，1门军队级精品视频公开课《让计算机走进生活—计算机接口技术》，实现了自动化专业核心课程的协调发展。

2.2　构建立体化课程教学体系

以自动化专业建设为牵引，加强专业结构优化与内涵建设；以适应军队信息化建设人才培养为切入点，科学修订自动化专业人才培养方案。在原优质课程基础上，打造了《计算机硬件技术基础》《计算机控制技术》《自动控制原理》等国家/省级精品课程群。强化实践教学，10学时以上实验单独设课，设计性综合性实验项目比例达96%。构建了"基础、核心、应用"课程设置三层次和"理论、实践、创新"实施三层次纵横交织的立体化课程教学体系，如图1所示。

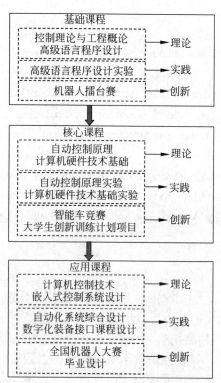

图1　控制与硬件系列立体化课程体系

基础课程旨在认知控制理论，了解控制系统，打牢设计基础；核心课程旨在熟悉控制系统原理，掌握计算机测控系统设计的基本技术和方法；应用课程旨在培养运用自动控制相关理论和计算机

软、硬件技术解决部队数字化建设相关问题的能力。每层次课程均有理论教学，实践教学，还有学科竞赛和课外创新实践活动支撑。实验内容以设计性、综合应用性和研究探索性实验为主、原理和功能验证性实验为辅；实验实施则以课内实验、课程设计和课外创新实践相结合。

3　打造优质立体化教学资源

构建立体化教学资源，解决部分课程内容陈旧，课程内容多、学时少，难以按专业类别因材施教的问题。以专业综合改革和精品课程建设为载体，建设"规划教材—精品资源共享课—视频公开课—虚拟仿真实验"，形成了"从理论到实践，从实体到网络"相互交叉的自动化专业核心课程立体化教学资源。

3.1　建设精品公开共享课程

按照国家精品资源共享课的指标体系，针对不同受众建设学习资源。受众利用精品资源共享课平台，享受全程高清视频，既可以系统学习又可有选择地学习本门课程的知识点，对一些难以理解的原理还可播放动画学习；在自主学习过程中，学生可根据自己学习的程度，自由组卷进行自我测试评定学习效果；对于疑难问题可以按关键字或章节号获得解答，也可以在线交流或聊天讨论的方式，从老师或同学那里寻求帮助。此外，还提供有较完整的、与课程有关的背景资料。高标准建成《计算机硬件技术基础》和《计算机控制技术》两门国家精品资源共享课。

依托机器人技术科研积累，创新生活案例知识化，建设精品视频公开课程。机器人技术是团队科学研究的重点方向和特长领域，在长期的科研工作中积累了移动机器人定位、四足机器人、机器人认知等方面丰富的经验和技术。精品视频公开课《让计算机走进生活—计算机接口技术》建设颠覆了传统课程建设理念，课程以一种典型的计算机控制系统、一般人既感神奇又感兴趣的常见生活机器人作为切入点，引出计算机接口的概念，并逐步展开计算机接口技术最主要、最基本内容的讲述。最后又以构建一个机器人运动控制系统使之随"芯"而动，作为计算机接口技术的应用归宿。

3.2　建设高水平规划教材

改革系列课程内容，加强教材内涵建设，形成课程建设与教材建设相互促进的良性循环，编著出版高水平教材14部。结合教指委"十二五"重点立项研究，积极推进突出计算思维能力培养、强调从被动模仿到主动设计和基于实验项目开展教学研讨的教学实验模式改革，选择具有实际应用背景的科研实例，编著出版教指委推荐教材《微机原理与接口技术经典实验案例集》。

《计算机硬件技术基础》课程，以汇编语言开展硬件编程教学，难以满足以计算机接口技术与应用为主线的教学需求，团队在国内率先建立基于C语言开展硬件编程教学的教学实验体系。淡化接口背景机，理顺了各类微处理器在接口基本原理上的相通性，既保持了教学内容上的系统性、先进性，也解决了课时少、内容多的矛盾。并结合"十二五"国家级规划教材建设，编著完成体现上述教学改革思想，突出计算思维能力培养和满足宽口径教学的《微型计算机原理与接口技术（第二版）》教材。反过来，这些教材的使用又为我们的改革提供了更大的空间，形成两者"螺旋式"发展的良性循环。

3.3　建设虚拟仿真实验教学资源

实验室遵循虚实结合，以虚补实，实体为主的教学理念，加强虚拟仿真实验资源建设，满足时间上、空间上的全开放机制。原创建设了8个虚拟仿真实验资源，解决了实验对象面广、量大，以及实际实验调试难度大，场地要求高的问题。

自主设计开发的"典型控制环节特性分析""定时/计数器接口设计"等虚拟实验解决了实验对象面广、量大的需求；"磁悬浮小球控制系统""履带式机器人运动控制"等虚拟仿真实验解决了开展实际系统实验调试难度较大，对场地要求高的问题；"交通信号灯控制系统"虚拟实验还可形象模拟真实控制场景，易激发学生创新意识和实践兴趣。"机电工程与自动化虚拟仿真实验中心"先后被评为湖南省和国家级虚拟仿真实验中心。

4　创新实践教学平台

依托本学科科研优势，按照"人才培养需求牵引，专业改革方案驱动，发挥学科科研优势，转化成果构建平台，自研定制采购设备"的本科教学实践条件建设的思路、模式，高质量、高效益建设了学校"十一五"、"十二五"控制技术与工程实验室，以及机器人技术创新实践基地。

4.1　科研成果及时转化为教学资源

以科研促进教学条件建设，及时将科研成果以自研定制的方式转化为教学资源。满足了结合武器装备开展研讨式、案例式教学，以及进行课外创新实践和毕业设计等教学需求。

① 以智能机器人系统和数字化、信息化武器装备研制的成果、经验为基础，自行设计开发制造了与实验改革思路相配套的微机接口技术实验平台；

② 从火箭发射控制的基本原理出发，自研定制生产了一级倒立摆控制系统实验装置；

③ 从导弹、火炮的自动瞄准系统中抽象出来，自研定制了某型号火炮控制系统实验装置；

④ 以信息化装备研制为基础，自研定制了武器控制系统综合实验装置。

4.2　学科竞赛促进实践平台建设

结合团队在机器人研究领域的优势和满足高素质创新人才培养需求，重点建设了机器人技术创新实践基地。以组队参加国内、国际各类机器人大赛为背景，科学管理，提出并实践了"基本技能培训，方案策略讨论，专家教授讲座，关键技术攻关，赛前强化训练，以及师队组三级管理，本科生主力，以老带新，教师决策"的运行管理模式。打造了一个控制、机械、仪器等多学科交叉融合，满足创新人才培养的综合实践平台，培养了一支敢于创新、挑战和顽强拼搏，具有强劲战斗力的机器人团队。

这些建设的成果和机器人大赛积累的先进技术，又以自研自制、自研定制等形式及时转化为教学条件资源，建设了创意机器人组合系统、全向机器人移动平台、履带式机器人系统等，为满足更多学生参与创新实践提供了支撑条件。

5　结语

团队建设的教学资源真正做到了服务于社会。两门国家精品资源共享课发布在爱课程网站，面向全国公众共享，截至 2017 年 4 月，点击率 51882 次，居全国上线课程前列。1 门视频公开课发布在梦课程网站，面向全军官兵共享，课程获全国教育教学信息技术大奖赛二等奖。国家级规划教材被多次印刷，服务于军内外多所高校。"机电工程与自动化国家级虚拟仿真实验中心"已在校园网上向全国高校开放。团队主讲教师在教育部网培中心向全国十几个省市同步讲授《微机原理与接口技术》实施方案和示范课，锻造了一支国家级教学团队。

支撑大批学员参加亚太大学生机器人大赛（Robocon），RoboCup 机器人世界杯、国际地面无人系统创新挑战赛（UGVC）等高水平学科竞赛。近年，有 407 人次在国家级学科竞赛中获奖，其中全国二等奖以上就有 334 人次（一等奖 221 人次）；301 人次在湖南省学科竞赛中获奖，其中省级二等奖以上就有 262 人次（一等奖 108 人次），全面提高了专业人才培养质量。

References

[1] 徐晓红, 陈立刚, 徐明. 微机接口技术系列课程实践教学改革[J]. 电气电子教学学报, 2015, 37(1).

[2] 徐晓红, 郑志强, 卢惠民. 学习感悟: 构建机器人技术创新实践基地的探索与实践[J]. 实验室研究与探索, 2015（3）.

[3] 陈立刚, 徐晓红. "计算机硬件技术基础"教学内容改革[J]. 电气电子教学学报, 2013, 35(2).

基于 OBE 工程教育模式的微机原理课程教改探索

刘　笛　凌志浩

（华东理工大学　信息学院自动化系，上海 200237）

摘　要：本次教改基于 OBE 工程教育模式，着力解决"基于实践，始于问题"这一创新型人才培养的重点问题。教学过程中，应用了案例式+项目化教学方法。通过教学内容的更新、翻转课堂教学方式的引入以及考核方式的改革，在强调基本原理的同时，更加关注学生能否将原理应用于实践的能力培养，体现工程教育的思想。

关键词：案例式+项目式教学；翻转课堂；工程教育模式

Exploration on Teaching Reform of *Microcomputer Principle* Based on OBE Engineering Education Mode

Di Liu, Zhihao Ling

(East China University of Science and Technology, Shanghai 200237, China)

Abstract：Based on OBE engineering education model, this teaching reform is mainly to solve the key problem in cultivation of innovative talents, which is "based on practice, beginning with the problem". In the process of teaching, the case-based and project-based teaching method are applied. Through updating the teaching content, introducing the flipped class teaching mode and reforming means of examination, the reform emphasized the teaching of basic principles, and paid more attention to the development of students' ability to apply the principles to practice. It reflected the idea of engineering education mode.

Key Words：Project-based Teaching；Flipped Class；Engineering Education Mode

引言

《微机原理及实验》是电气信息类本科生的专业基础课之一，对自动化、测控、电自、电子信息工程、通信工程、机械等许多专业的学生今后从事专业领域的理论研究和工程实践非常重要。

本次课程改革，基于 OBE 工程教育模式，以项目为主要导向，凸显"基于实践，始于问题"这一创新型人才培养的重点问题，逐步做到：以案例/项目为中心来组织教学，以学生参与项目开发实践为手段，以培养学生专业技能、综合能力为目的，使学生在已有知识的基础上进行自主的研究活动。强调以"用"指导学，使学生明确学科知识学习的目的性和针对性，突出"知"而后"行"，做到学以致用。在项目式教学的过程中，通过更新教学内容，引入翻转课堂教学模式，以及改革考核方式，加强对学生的工程能力培养。

1　课程目标

本课程紧密结合电气信息类的专业特点，围绕微机原理和应用主题，以单片机等嵌入式系统为主线，系统介绍微型计算机的基本知识、基本组成、体系结构、工作模式及其应用等。课程通

第一作者：刘笛（1973—），女，博士研究生，讲师.

基金项目：华东理工大学 2017 年专业核心课程建设项目 ZH1726111.

过课堂理论教学和一定量的实验教学相结合，使学生较清楚地了解单片机的基本结构、主要特性与工作原理，掌握 MCS-51 单片机的指令系统、编程技术、内部资源（ROM、RAM、定时/计数器、中断、SIO、PIO）、接口扩展等知识，初步掌握小型应用系统设计的综合技能。结合专业特色，精心挑选单片机应用系统开发案例，针对每一个实例，重点讲解思路、方法，注重引导学生思考，鼓励学生进行不同方法的尝试，以培养学生针对实际问题的分析与解决能力，提高学生的软、硬件开发水平，为学生今后从事电子技术开发、自动化与测控技术研究、测控仪器设计等工作奠定基础。

2　教学内容选择与安排

从"教为主导，学为主体，以学为本，因学论教"的原理出发，遵循循序渐进的原则，有步骤、分层次地从知识、能力到理论应用逐步加深。针对以往教学过程中存在的重理论轻工程、实验教学与实际脱节、重视知识学习而轻视创新培养、强调个人能力而忽视团队协作精神等问题，为实现学生的创新能力和工程能力培养，《微机原理及实验》在强调基本原理的同时，更加关注学生能否将原理应用于实践的能力培养。根据课程的内容、新技术的发展，理论与实践之间的相互关联，实验内容设计也充分体现出项目设计的思想，包括基本技能、综合设计、研究创新等多层次、多模块的实验项目，实施"验证认知、综合分析、探索创新"的实验教学模式。

2.1　编程语言的教学

单片机原理与应用教材大都采用汇编语言讲解和设计程序实例，但汇编语言学习困难。在实际应用系统特别是比较复杂的应用系统开发调试中，为了提高开发效率和方便程序移植，多采用 C 语言。C 语言不仅学习起来容易，而且同汇编语言一样，也能对单片机资源进行访问，因而目前大多数院校在开设单片机课程时都引入了 C 语言[1-4]。文献[5]对汇编语言单片机教学和 C 语言单片机教学的利弊进行了分析，从单片机工作原理的理解掌握、单片机资源的应用编程能力、职业能力培养需求和激发学习意愿四个方面对两种编程语言

教学进行了对比分析，结果如表 1 所示。

表 1　汇编语言教学和 C 语言教学的对比分析

	单片机原理的掌握	单片机资源应用编程	职业能力培养需求	激发学习意愿
汇编语言	非常有利	不足培养	不符合	不利
C 语言	不利	充分培养	能满足	有利

本次课程改革采取了两者兼顾的方式，具体做法是：为熟悉内部资源、外围硬件和工作原理，从汇编入门。结合单片机系统的存储器结构，讲解指令系统和 C51 的数据类型。从 CPU 资源本身到定时中断以汇编为主，其他外围资源编程以 C51 为主。

2.2　系统虚拟仿真设计与实验板调试结合

传统的单片机教学往往基于实验箱。一方面，实验箱功能较多，涉及的硬件较多，原理图较复杂，接线也比较固定，不方便学生理解；另一方面实验箱的体积较大，学习过程中不方便携带。本次教学过程中增加 Proteus 仿真软件及 uVision 开发平台的应用，加强系统开发方面的训练和指导。同时根据教学大纲的要求，自行开发设计一款小型开发板，供学生随身携带，这样学生上课的时候就可以和老师一同完成程序的下装调试，加深对所学知识点的理解，提高学习效率同时锻炼实际动手能力。

2.3　教学案例/项目的设计与组织

传统的单片机教学，均是以单片机的结构为主线，先讲单片机的硬件结构，接着是指令系统和软件编程，然后是单片机系统的扩展和各种外围器件的应用，最后再讲一些实例。按照此种教学模式，学生普遍感到难学，学习积极性和主动性也受到极大挫伤。为了提高教学质量，已有教师采用项目化教学方法进行教学改革，通过理论与实践教学相结合，取得了一定成效[6-9]，国内也有不少教材专注于项目驱动教学[10-11]。

然而，单一的项目化教学实施过程中，对于单片机自身原理部分，通常也是融合在项目中顺带教学。同时由于项目通常涵盖内容广，学生不能够对某些原理进行深刻细致的理解。可见，单一的项目化教学也不能兼顾系统全面掌握理论和加强实践能力培养的要求。

本次教改探索研究的是案例式+项目化的混

合教学。在单片机原理及接口技术部分，全部采用案例式教学。简单来说，就是为了达到教学目标的要求，设计一个与课程知识点相一致的教学案例，教师边讲授案例边带领学生进行实践操作，通过观察实验现象，培养学生发现问题、分析问题和解决问题的能力，从而使学生真正系统全面地掌握单片机原理，为后续的单片机应用系统开发打下坚实的基础。在单片机开发章节的课堂教学环节和设计型、综合型实验环节，则采用项目化教学。

不管这里的案例式+项目化混合教学还是单一的项目化教学，案例和项目的设计与组织都尤为重要，不仅要求包含单片机相关的知识，又不能过分增大学生的学习负担，最好还能切合工程实际。

本课程教学团队从第三届（2007 年）开始指导学生参加恩智浦杯（原飞思卡尔杯）智能车竞赛，在华东和全国大赛中常年获奖，积累了大量的项目经验，为开展案例教学打下了很好的基础。同时课程教学团队在校外的产学研践习基地是一家专业从事单片机应用系统开发与培训的公司，也拥有足够的实际项目供教学使用。

基于以上两点优势，本次教改中项目的设计兼顾本校竞赛和实际市场需求，能够更好地关注学生将原理应用于实际的能力培养，体现工程教育思想。

3 实践能力培养

针对《微机原理及实验》课程实践性、应用性强的特点，在教学过程中从多个方面加强对学生实践能力的培养。

3.1 实验环节

为适应测仪、自动化等领域对人才知识、素质和能力结构的需求，以培养学生的实践动手能力和创新意识为主线，通过开展实验教学体系研究，构建包含基本技能、综合设计、研究创新等多层次、多模块的实验教学体系，提出"验证认知、综合分析、探索创新"的实验模式，为学生实践能力培养奠定坚实基础。用现代技术手段改造传统的实验教学内容，更新设备，开发新的实

验项目，形成系统化、立体化的实验教学平台。作为项目导向的研究性教学体系重要组成部分的课外研究性教学和部分研究性实践教学尽量以项目的形式组织实施。

（1）开放性实验模式：在一些实验中，教师仅给出设计要求与规范，要求学生在开放型专业实验室中自主完成和验证实验方案；考核时注重方案的合理性、难度、工作量、完成效率和完成质量。

（2）学生创新小组模式：创新小组可以基于科研项目、学生自行提出的项目或竞赛项目而组成。

（3）参与科研和大学生学科竞赛提升学生创新意识。

3.2 课程设计环节

探索用系统化的、规范的、可度量的方法安排课程设计，按类似项目的方式进行管理，重点培养学生项目分析设计和组织协调的能力。

3.3 竞赛环节

调研显示，学生在参加电子设计大赛、智能车竞赛等比赛前如果掌握有扎实的单片机原理和设计方面的知识，后期将上手很快，进展更顺利。

结合竞赛需求，有针对性地在单片机实验环节中增加和加强相关内容的选题，不仅有助于学生的参赛，对学生今后进行毕业设计或工程实践也会有很大的帮助。

4 教学方式改革

传统的教学模式以教师为中心，以理论知识的传统传授为重点。采用这样的教学模式，学生缺乏实践的机会。另外，传统的教学中还存在着课时不足的问题，只使用课堂内的时间，很多知识点无法深入下去，学生在紧张的理论学习之余也没有实践锻炼的机会。翻转课堂的出现理论上让这个问题得到解决。

翻转课堂又被称作为颠倒课堂（Flipped Class），从字面意思来理解就是一种将传统的教学模式翻转或者说是颠倒过来。让学生在进入课堂前就完成了该课程知识的学习，在进入课堂后能够将更多的精力集中起来，以便完成教师所布置

的练习，同时还有更多的时间能够通过与他人的合作来锻炼学生的团结协作能力。翻转课堂的教学模式不仅是简单地让学生通过视频的学习对课程内容进行学习，同时也是在培养学生主动学习的习惯。

微课是随着翻转课堂教学模式的出现而出现的。只有设计出优秀的微课，才能让翻转课堂实现其本来的教学目标。针对课程的难点重点，为学生设计出具有针对性的微课，开拓学生学习的途径，并且借助网实现大范围的共享，让更多的人能够共同学习，拥有更多的相互交流和向老师请教的机会。

微课的设计中，遵循以下几点：

（1）明确以案例或项目为主导，建立完整系统的知识结构框架。

（2）把握知识的重点、难点，找出最佳切入点，力求把重点、难点问题交给学生，给学生一定方法引导和思维启示，让学生自己动脑，分析解决问题。

（3）设计问题培养学生运用知识的能力。依据学习目标、学习内容以及学生的具体情况，精心设计问题。问题的设置要根据学生现有的知识水平和综合素质，有一定的科学性、启发性、趣味性和实用性。还要具有一定的层次。

（4）通过练习及时自查和巩固学习效果。学生的差异性，体现在理解问题和解决问题的能力上也有差异，自学过程中可能会出现许多各个层面的新问题，帮助学生及时从练习中发现这些问题并进行及时的正确的引导，对培养学生的主体意识和思维能力是至关重要的。

5　考核方式改革

改变传统的单一试卷笔试方式，注重学生能力的考核。由于单片机课程是以培养学生实践能力和应用能力为目的，因此考核也应围绕编程能力、软硬件分析能力、软硬件调试能力和综合运用能力等几方面进行，不仅采用试卷笔试，还要安排上机操作。

采取分阶段的考核方法。结合实验教学体系结构的内容，在每个知识单元学习结束后，针对学习内容对学生进行考核，及时评价学生的知识掌握程度。这样的方式既可以让学生及时了解自己的掌握情况，又有助于学生养成持续学习的好习惯。

增加平时成绩所占课程总成绩的比重。通过课堂提问、作业、研究性学习汇报、阶段考核以及实验报告、课程设计等，加强对学生平时学习的督促和考核，培养学生良好的学习习惯。

6　结语

《微机原理及实验》是一门实践性很强的课程，任何教学内容的设置，教学方式的采用以及考核评价标准都要以培养学生的实践能力为目标，体现工程教育思想。本文基于对传统教学模式弊端的分析，在广泛调研的基础上，改变了原有的单一汇编语言单片机教学，和基于实验箱的实验模式，探索了案例式+项目化混合教学方式，提出了新的课程考核方法。虽然本次课程改革还在继续实施阶段，但前期的部分案例教学以及实验教学和实践能力培养方面的工作已取得了初步成果，受益学生的动手能力和综合分析设计能力得到明显提高，在智能车竞赛和电子设计大赛等活动中也多次获奖。随着教改的进一步深入，相信无论是教师团队还是受益学生都将收获更大的成绩。

References

[1] 李想，郭姗姗. 应用型本科院校基于 C 语言的单片机教学探索与实践[J]. 时代教育，2016（17）：146-147.

[2] 廖秋香，姚高华，邹木春，等. C 语言中融入单片机部分内容的教学改革探讨[J]. 高教学刊，2016（8）：141-142.

[3] 唐静，赵常昊，翟丽杰. "单片机 C 语言程序设计"课程教学改革[J]. 实验科学与技术，2016（5）：163-166.

[4] 熊中刚，罗素莲. 基于单片机的"C 语言"教学方法探讨[J]. 教育教学论坛，2014（10）：66-67.

[5] 朱志伟. 基于 C 语言的单片机教学利弊分析[J]. 电子制作，2015（3）：103.

[6] 谢宇希，黄顺. 等. 基于项目化教学的转型探索在单片机原理课程中的应用[J]. 价值工程，2017（4）：168-169.

[7] 白艳霞，温成卓.《单片机原理与应用技术》课程项目化教学探索与研究[J]. 山东工业技术，2016（8）：266-267.

[8] 向兵，乔之勇. 单片机应用技术课程的项目化教学改革与实践[J]. 科技创新导报，2016（28）：158-159.

[9] 李新梅. 单片机项目化教学改革的研究与实践[J]. 商情，2014（17）：348-349.

[10] 牛军. MCS-51 单片机技术项目驱动教程（C 语言）[M]. 清华大学出版社，2015.

[11] 马高锋，黄华圣. 单片机项目设计与实训——项目式教学[M]. 高等教育出版社，2011.

具有航运特色的《仪表与过程控制》虚拟仿真实验教学资源建设

张萌娇 李 晖

（大连海事大学 信息科学技术学院，辽宁 大连 116026）

摘 要：基于自动化专业工程创新型人才培养目标要求，彰显大连海事大学航运特色，并结合自动化专业教学和科研的实际需求，开发了具有航运特色的自动化专业课程《仪表与过程控制》虚拟仿真实验教学平台。该实验平台的建设以先进的万箱集装箱船舶作为母船，完成船舶自动化测控仪表以及船舶机舱典型过程控制系统的模拟仿真，系统具有良好的人机交互功能，逼真的动态模拟效果，为教师和学生提供辅助教学和自主实验的实验教学平台，能有效提高学生对相关专业课程的学习兴趣和对过程控制系统的认知和理解能力。

关键词：仪表与过程控制；航运特色；虚拟仿真；实验平台；

Construction on Virtual Simulation Experimental Teaching Resource of Instrument and Process Control Based on Shipping Features

Mengjiao Zhang, Hui Li

（Information Science and Technology College, Dalian Maritime University, Dalian 116026, Liaoning Province, China）

Abstract：Based on the cultivating objectives and requirements of engineering innovative talents of Automation Major, Highlighting the shipping features of Dalian Maritime University, combined with the actual needs of automation professional teaching and scientific research, the virtual simulation experimental teaching platform of automation professional course of Instrument and Process Control based on shipping features is developed. An advanced million TEU container ship is adapted as the main object of study in the construction of the experimental platform. The simulation of automatic measurement and control instruments and typical marine engine room process control system is completed. The system has good human-computer interaction function and realistic dynamic simulation results. The experimental teaching platform can provide assistance teaching and independent experiment for teachers and students. The interest in learning related professional courses and the cognition and understanding ability to process control system for students can be improved effectively.

Key Words：Instrument and Process Control; Shipping Features; Virtual Simulation; Experimental Platform

引言

大连海事大学是交通运输部所属的全国重点大学，是中国著名的高等航海学府，是被国际海事组织认定的世界上少数几所"享有国际盛誉"的海事院校。目前，面对经济发展的新常态，大连海事大学融入国家建设海运强国、海洋强国及"一带一路"等战略，彰显航运特色，主动承担起"四个交通"发展的人才培养、科技创新和服务于社会的重任，全面提升学校服务交通运输事业发

联系人：张萌娇. 第一作者：张萌娇（1989—），女，硕士，助理实验师.

基金项目：辽宁省本科教改项目"具有航运特色的自动化专业卓越人才培养模式创新研究与实践"（UPRP20140122）.

展的能力和水平。

《仪表与过程控制》是以控制系统为体系，涵盖自动控制理论、计算机技术、传感器技术等多领域的理论与方法，是自动化专业的主要专业课程之一，是一门综合性强，对实践性要求非常高的课程，对培养应用型的技术人才具有重要作用[1]。

实验教学是教学过程中的重要环节，是学生将所学理论知识应用于实践的重要途径，对学生动手能力、创新意识的培养有着不可替代的作用。因此，实验教学在很大程度上影响着整个课程的教学效果和人才培养的质量。

传统的实验教学目前已经不能满足新形势下的教学要求，技术的快速发展和学生人数的持续增加均给实验教学带来了巨大的压力和挑战。现有实验教学中存在一些问题，例如，设备更新换代快，设备陈旧是制约实践教学的因素之一；其次原有实验中验证性实验所占比重大，学生只需要按照既定的实验步骤进行实验，很难实现理论与实验的结合，导致学生缺乏实验的兴趣，积极性不高；另外由于多方面因素的制约，我们又很难将大型设备用于实验教学。因此，开展虚拟仿真实验教学具有重要的现实意义。

基于船舶机舱典型过程控制系统的《仪表与过程控制》虚拟仿真实验教学平台结合轮机模拟器科研项目的开发，以先进的万箱集装箱船舶作为仿真母船，能够实现船舶机舱多个典型过程控制虚拟仿真实验项目的仿真实验与研究，通过具体实例讲解相应仪表及过程控制系统的基本工作原理，强调理论基础与实际工程相结合，既要求扎实的理论基础，又强调实际工程中分析问题、解决问题的能力。

实验教学平台的建设，具有良好的人机交互功能，逼真的动态模拟效果，为教师和学生提供辅助教学和自主实验的实验教学平台，能有效提高学生对相关专业课程的学习兴趣和对过程控制系统的认知和理解能力，凝聚了我们对高校教改要求和培养复合型、具有一定创新意识人才的思考，构成了专业建设的重要内容和方向。

1 建设目标和要求

实验资源的建设目标是探索满足新时期自动化专业人才培养要求并具有学校航运特色的虚拟仿真实验教学平台，建立创新型工程人才培养的环境，服务于我校强化内涵，突出特色，走世界一流航海学府之路的总体战略，使我校自动化专业实验教学水平与学科发展有机融合。

根据专业本科培养方案和教学大纲对实验教学的要求，针对自动化专业《仪表与过程控制》专业课程的特点，基于虚实互补的原则，结合轮机模拟器研发系统中典型过程控制系统实例，深入开展课程虚拟仿真教学资源的建设，充分突出开放共享、教学与科研融合、工程案例认知与综合性、设计性实验结合的特点，培养学生的工程系统观念，提高实验教学效果[2-4]。

2 建设方案

《仪表与过程控制》虚拟仿真实验教学平台的开发实现主要包括界面操作设计和支撑界面运行的模型设计两部分，操作与显示界面以单独子系统的形式位于终端计算机上，模型处在 Prosims 主机服务器上，基于服务器变量数据库及系统变量，将界面与模型相关联，实现系统的实时控制。主服务器可通过总线系统与轮机模拟器硬件通信，实现硬软互联。

该实验教学资源建设分为若干个子项目，包括：船舶主机燃油黏度控制虚拟实验系统，船舶空调与制冷虚拟实验系统，船舶冷却水温度控制虚拟实验系统，温度检测虚拟实验系统，差压变送器测试与调整虚拟实验系统等典型的船舶机舱自动化测控仪表与过程控制实验系统。在实验系统上，学生可对船舶典型的过程控制系统进行认知学习，加深对过程控制系统结构、工作原理的理解。学生通过配置、连接、调节和使用虚拟仿真仪表进行实验，如调节系统控制器参数，对过程参数进行监测和在线修改，故障设置及清除，自主编写相关控制算法，并在实验系统上进行仿真，系统能动态逼真模拟船舶机舱典型过程控制系统在实船上的工作过程。

2.1 船舶主机燃油黏度控制虚拟实验系统

船舶主机燃油黏度控制系统是典型的船舶机舱过程控制系统之一，系统通过控制主机燃油温度和黏度，保障主机的正常有效运行。船舶主机燃油黏度控制系统主要由调节器（温度控制器、黏度控制器），执行机构（蒸汽调节阀），被控对象（燃油加热器），检测变送装置（测粘计、差压变送器、温度变送器）等几部分组成，基本工作原理如图 1 所示。

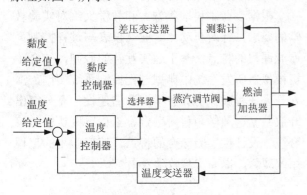

图 1　燃油黏度控制系统原理框图

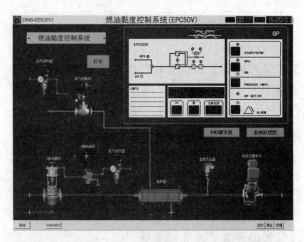

图 2　EPC50V 型燃油黏度控制虚拟实验系统

船舶主机燃油黏度控制虚拟实验系统主要由基于 EPC50V 型电动控制单元和基于 NAKAKITA 型气动调节器的两种典型船舶燃油黏度控制系统组成。基于 EPC50V 型电动控制单元的燃油黏度控制实验系统如图 2 所示。在该系统中，由黏度控制装置与温度控制装置构成的双闭环控制回路采用电信号传递，以黑色虚线表示，将两套装置的输出值以电信号形式传递给 EPC50V 控制面板，经"温度/黏度"控制选择阀选择输出较大控制信号值，并同样以电信号形式传递给蒸汽调节阀，调节蒸汽阀开度，最终将黏度控制在给定值范围内。界面管道中有三种流体在系统中流动，红色连续点状线在管道中流动表示燃油流通，蒸汽的流动以绿色连续点状线表示，蓝色则表示空气的流通。另外，该实验系统可以实现"柴油/重油"的切换功能，由三通电磁阀和三通活塞阀控制，EPC50V 控制面板是专门为燃油黏度控制系统设计用于自动监控燃油黏度变化和参数设置，在 EPC50V 控制面板上可实现系统启停、燃油类型切换、报警指示及复位等控制操作及参数显示功能。

数字式 PID 调节器作为系统控制单元，子界面如图 3 所示。为了加强对数字式调节器的使用操作能力，本文在实现燃油温度 PID 控制和黏度 PID 控制的基础上，增加了比例带、积分时间、微分时间的设定和 PID 作用规律开环阶跃特性测试操作功能。

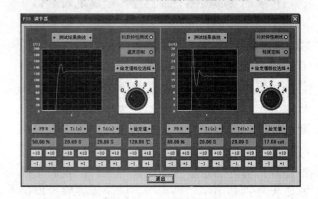

图 3　PID 调节器操作界面

2.2　船舶空调与制冷虚拟实验系统

船舶空调与制冷系统是船舶非常重要的辅助系统。制冷系统主要是服务于伙食冷库，空调系统主要作用是满足船员在船上工作有着较舒适的工作条件和生活卫生环境。本实验子系统在应用热力学、传热学等相关理论建立压缩机、蒸发器、冷凝器和膨胀阀等主要组成部件的数学模型的基础上，实现温度、湿度等参数闭环控制，满足系统的温度控制要求，实现多工况下船舶空调和制冷系统的动态模拟、实时控制、系统操作和故障设置与分析等功能。船舶空调与制冷实验系统的界面主要分为两个部分：船舶制冷系统与船舶空调系统。船舶制冷系统主要有制冷系统主界面、制冷舱室控制界面、制冷报警界面、舱室报警界面和各控制界面等。空调系统主要有空调系统主界面、甲板舱室控制界面、报警页面和各控制界面等。

船舶空调控制虚拟实验系统主界面如图 4 所示，包含两个相对独立的空调系统。界面中有三种流体在系统中流动，蒸汽的流动用绿色表示，制冷剂用黄色，而冷却水则用红色表示。在每个独立的系统中主要有压缩机、冷凝器、膨胀阀、蒸发器、蒸汽加热模块等组成，加热工况下，由室外进入的新风和由舱室进入的回风进行混合，经过空气过滤、挡水加湿、蒸汽加热后送进舱室，实现温度、湿度的控制；制冷工况采用蒸汽压缩式制冷方式，利用制冷剂在换热器内汽化时吸收汽化潜热的原理来实现制冷，过热气体状制冷剂经由冷凝器热交换，通过冷却水排除热量。系统通过调节膨胀阀的开度调节蒸发器的供液量来实现温度的控制。在该实验系统主界面上还可以点击进入其他操作子界面，例如阀门操作界面、空调湿度控制界面、控制舱室操作界面等。

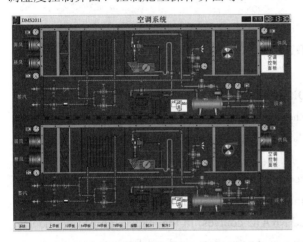

图 4　船舶空调控制虚拟实验系统

2.3　温度检测虚拟实验系统

　　船舶控制系统中常用的检测参数为温度、压力、液位和流量，也是仪表与过程控制课程重点掌握的四大参数。通过典型传感器虚拟实验系统的开发，目的是让学生了解传感器的工程应用，掌握典型过程参数的检测方法及基本原理，并初步具有针对实际工程问题进行传感器测试系统的设计、参数调整的能力。船舶温度参数检测系统一般主要包括热电阻温度检测和热电偶温度检测，图 5 所示为船舶发电柴油机排气温度热电阻检测虚拟实验系统，在该实验系统上可以实现实际排气温度测量与显示（与船舶发电柴油机模块关联），查看检测系统工作原理图，进行零点调整与量程调整操作，传感器断线、短路与套管积灰等故障报警指示，故障分析与复位操作等功能。

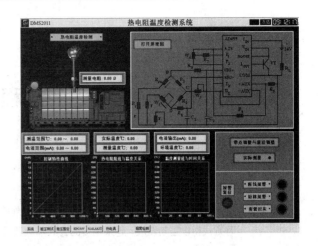

图 5　热电阻温度检测虚拟实验系统

3　结束语

　　具有航运特色的《仪表与过程控制》虚拟仿真实验教学平台结合了轮机模拟器科研项目的开发，是科研优势转化为教学资源的很好尝试。该实验平台能够让学生在了解船舶机舱过程控制系统典型案例的结构及基本工作原理的基础上，对过程参数检测与控制仪表的使用与调整，控制系统的设计和优化进行虚拟仿真实验，将理论知识与实际工程有机结合。系统可作为相关课程的辅助教学和实验资源，有效延伸了学生进行辅助学习和实验的空间和时间，增强了学生的兴趣和实验效果。系统为培养学生过程控制工程系统的认知能力，获得实验技能的基本训练和初步的过程控制系统的设计能力提供了良好的虚拟实验平台。

References

[1] 于新业."自动化仪表与过程控制"课程教学改革与实践[J]. 中国培训，2016（9）：153-154.

[2] 杨清宇，林岩，蔡远利，等. 研究性大学自动化专业实验室建设探讨[J]. 实验室研究与探索，2010（6）：163-165.

[3] 严华，郑国杰. 海上专业实验教学示范中心建设的探索与实践[J]. 实验室研究与探索，2013,32（2）：127-129.

[4] 路勇，马修真，高峰，等. 船舶动力技术虚拟仿真实验教学资源建设与实践研究[J]. 实验技术与管理，2016, 33（3）：117-119.

基于 MOOC 的过程控制系统课程建设

常艳超 [1] 曾庆军 [2]

(¹江苏科技大学，江苏 镇江 212003；²江苏科技大学，江苏 镇江 212003)

摘 要：随着大规模在线开放课程（MOOC）在国内外的兴起，一种新型的借助于网络平台的知识传播方式和远程学习方式得以蓬勃发展，越来越多的公共基础课程开设了 MOOC 课程。本文以过程控制系统课程为例，介绍了相关 MOOC 课程的设计思路，并提出具体的设计方案，以保证这种 MOOC 课程的教学水平和教学效果。

关键词：过程控制系统；MOOC；课程建设

Course Construction of Process Control System Based on MOOC

Yanchao Chang[1], Qingjun Zeng[2]

(¹Jiangsu University of Science and Technology, Zhenjiang 212003, Jiangsu Province, China;
²Jiangsu University of Science and Technology, Zhenjiang 212003, Jiangsu Province, China)

Abstract：With the rise of large-scale online open courses (MOOC) at home and abroad, a new type of knowledge-based communication and distance learning methods have been thrived by means of a network platform. More and more public basic courses have opened MOOC courses. In this paper, the process control system courses, for example, introduced the MOOC curriculum design ideas, and put forward specific design to ensure that this MOOC course teaching level and teaching effect.

Key Words：Process Control System; MOOC; Course Construction

引言

过程控制系统是自动化专业的主要专业课程之一，主要介绍过程控制系统的理论、技术及工程应用。通过本课程的学习，学生可以全面了解和掌握各种典型过程控制系统的组成、各个环节的工作原理以及相关理论与技术最新的发展状况，使学生初步掌握仪表的选型、系统设计的基本原理与方法，并对过程控制技术的最新发展有一个全面的了解。目前，在各大在线课程网站，很少见到过程控制系统相关的在线资源，因此，过程控制系统 MOOC 课程的建设，有着极大的必要性[1]。

MOOC 这个术语是 2008 年由加拿大爱德华王子岛大学网络传播与创新主任与国家人文教育技术应用研究院高级研究员联合提出来的。所谓"慕课"(MOOC)，顾名思义，M 代表 Massive(大规模)，与传统课程只有几十个或几百个学生不同，一门 MOOCs 课程动辄上万人，最多达 16 万人；第二个字母 O 代表 Open(开放)，以兴趣导向，凡是想学习的，都可以进来学，不分国籍，只须一个邮箱，就可注册参与；第三个字母 O 代表 Online(在线)，学习在网上完成，无需旅行，不受时空限制；第四个字母 C 代表 Course，就是课程的意思[2]。

MOOC 课程在中国同样受到了很大关注。根

联系人：常艳超. 第一作者：常艳超（1980—），男，硕士研究生，讲师.

据 Coursera 的数据显示，2013 年 Coursera 上注册的中国用户共有 13 万人，位居全球第九。而在 2014 年达到了 65 万人，增长幅度远超过其他国家。

1 过程控制系统 MOOC 课程的建设

我校的过程控制系统课程以机械工业出版社"过程控制与自动化仪表"为授课教材，作者潘永湘。接下来，本文将以本教材为基础，从知识模块提炼、课程团队的组建、MOOC 方案设计三方面给出过程控制系程的 MOOC 教学设计思路，为过程控制系统 MOOC 课程开设做准备。

1.1 课程知识模块提炼

教材全书共分 10 章，第一章至第五章为基础部分，第六章至第九章为提高部分，第十章为应用部分。各章节内容依次为：第一章，绪论；第二章，过程参数检测与变送；第三章，过程控制仪表；第四章，被控过程的数学模型；第五章，简单控制系统设计；第六章，常用高性能过程控制系统；第七章，实现特殊工艺要求的过程控制系统；第八章，复杂过程控制系统；第九章，基于网络的过程计算机控制系统；第十章，典型生产过程控制与工程设计。

我校的过程控制系统理论教学为 28 学时，但随着工程教育专业认证的推进，自动化专业毕业要求达成度的总学分压缩了将近 10 个学分，部分课程的理论教学学时被压缩，过程控制系统也不例外，一些交叉知识点被梳理，避免多门课程的相同知识结构重复教学，以达到压缩学时的目的。

过程控制系统的前期先修课程有自动控制原理，检测与转换技术，模拟电子技术等课程，后续相关课程有现代控制理论，智能控制理论，以及集散控制系统等。其中教材第二章和第三章内容在检测与转换技术课程中有体现，第四章在自动控制原理有体现，第八章内容在现代控制理论以智能控制理论课程中有所体现，第九章在集散控制系统中有体现。因此，本课程的理论教学只讲述第一章、第五章、第六章、第七章、第十章五个章节。各章节的现在教学学时分别为：第一章 2 学时，第五章 6 学时，第 6 章 6 学时，第七章 8 学时，第十章 6 学时，总计 28 学时。MOOC 课程讲究短而精，在课程设计时务必去伪存真，尽量简练，避免拖沓，每段教学视频一般 15～20 分钟左右，经过仔细提炼与推敲，本课程计划教学视频个数为 15，各章节计划视频个数如图 1 所示。

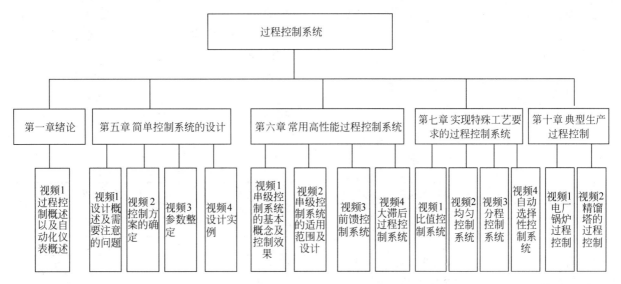

图 1　各章节计划视频数量

1.2 课程团队的组建

任何一门好的 MOOC 课程的创建，必然是团队的产物，过程控制系统 MOOC 课程的创建也不例外。教学团队是指为满足专业、课程群组的建设需要，以技能互补又能相互沟通、相互协作的教师为主体，以教学改革为途径，以专业建设和系列课程为平台，为提高教师教学水平组成的教学业务组合。

MOOC 的核心是主讲教师和把这门课程呈现出来的教学团队。单独一个教师无法完成课程的教学任务，而是由主讲教师领衔的教学团队来完成。MOOC 时代主讲教师负责讲课，背后需要一个庞大的教学团队来完成后续事务如表 1 所示。与传统教学团队相比，这个团队具有如下特征：

（1）团队成员对 MOOC 新模式有高度的认知度。MOOC 时代一个高水平、高效的教学团队应该具有共同的目标、有效的领导和良好的沟通。共同的目标可以激发教学团队的激情和凝聚力，团队所有成员都将以此为志，这个目标能够为团队成员指引方向，提供动力。

（2）团队成员构成的多学科性。这个教学团队由课程所在领域的一线教师组成，同时需要配备辅导教师、课件设计人员、教学设计人员、在线答疑人员等，由他们协助主讲教师设计课件、准备课程。

（3）团队成员的跨时空性。MOOC 团队成员不限于同一学校，而是以主讲教师为核心，可以分布于各个地区，形成了一个跨时空的网状结构。

（4）团队成员之间的不可替代性。教学团队成员之间的个性、知识和技能是相互补充的。每个人在团队中的角色都是独特的和明确的，课程信息的设计、视频的制作、互动主体的选择以及试题的设计，主讲教师与答疑辅导等各个环节都需要明确分工。

表 1　课程团队成员以及职责分配表

人员	数量（人）	职责
授课教师	1～2	负责备课、上课及全程跟踪编辑指导校正；课程在线答疑、作业批改等
摄像师	2	负责撰写拍摄提纲和脚本，以及课程的摄像和录制
后期制作人员	1～2	负责课程的后期集成编辑、修改、生成工作

随着"大规模在线开放课程"（MOOC）引发高等教学的重大变革，MOOC 给高等学校教学团队的建设提出了更高的要求和挑战。鼓励 MOOC 建设与教学改革相结合，以课程组为基本单位组建跨学科、跨领域的教学团队，以教学团队为载体进行MOOC建设才是高等学校积极应对这一新生事物的有效策略。

1.3　MOOC 方案设计

要想完成一门 MOOC 课程，任课教师首先要规划授课内容、授课进度，准备教案和课件，确定知识点的呈现方式，也就是课程设计。教师要细致规划出重点难点，要设计如何授课，采用何种方法授课，要尽量让学生简单方便地获悉知识。要提前写出至少两周课程的详案，并要反复斟酌修正，最后定稿。除两周的详案外，还要整体规划整门课程，尤其是要梳理知识点之间以及章节之间的衔接，最好是将多年备课授课的积累加以整理，有一套丰富的教案[3]。

教案准备完成以后，授课教师需和信息技术教师商议如何拍摄，制定拍摄提纲，信息技术教师根据提纲编写脚本，然后交给授课教师审议并修改，随后进入拍摄阶段。拍摄视频尽量采取课堂实录的形式，这样可以让学习者有一种身临其境的感觉，让其感受到不是一个人在学习，而是一群人在学习。

MOOC 录制中，要优先保证声音品质，全面、无失真的记录现场声音，主要是教师讲课的声音、学生回答问题的声音以及课堂里的有效声音。其次，要保证画面的品质。为了节省资金，视频一律自行录制，画面一定要清晰，稳定，构图合理，为后期制作做好铺垫。录制要根据脚本一节一节拍摄，保证课程环节不丢失，一节课拍摄完，要整理校对，对缺失镜头一定要进行补拍。

视频录制完毕，后期处理不可缺少，可以通过适当的特效以及动画来提高视频的生动性、趣味性以及感染力。常用的后期处理软件如表 2 所示：

表 2　常用的视频处理软件

类型	软件名称
专业非线性编辑软件	Premiere,Edius,大洋，索贝等
平面设计软件	Photoshop,CoreIDRAW,Illustrator 等
特效制作软件	After Effects 等
动画制作软件	Flash，3dMax 等
字幕制作软件	TIMEM 时间机器，SRT 字幕制作助手等

授课教师要跟踪后续的后期制作过程，反复地进行审阅，以达到最理想的课程效果。一门好的 MOOC 课程的制作，通常要进行多次审阅，多

次校对，最终做到无错误为前提，课程精彩为目标。

视频处理完毕就可以具体实施课程创建，其中包括课程介绍、授课计划发布、视频上传，相关 PPT 上传、每节课后作业上传以及单元测验等内容。

在制作完成一次课或者几次课后，就可以进行课程发布，考虑到网络学习的特点，课程内容要每周定期播放，类似于学生每周上课，因此，相关内容要提前制作完成，以免影响学习者正常学习。

真正进入发布学习阶段，授课教师就要定期批改作业、在线答疑，与学生实时在线交流，并及时公布学习者的学习成绩。

本课程的 MOOC 课程将在爱课程网上建设，如图 2 所示。课程建设初期主要面向本校学生开放，作为辅助教学的一种手段，其课后作业以及答疑等环节完全通过 MOOC 教学平台完成。不断完善后面向整个社会开放。

图 2　爱课程网官方主页

2　主要挑战及问题

在课程建设过程中所面临的问题主要有两个方面：

其一，我校的过程控制系统课程只针对自动化和电气工程及其自动化两个专业开设，因为任课教师相对过少，且年龄以中青年教师为主，存在经验不足的现象，解决其问题的途径只能是走访名校名师，多吸取经验，提高自身水平。

其二，学校缺乏专业的语音室，常规的教室随堂录制难以保证视频质量，聘请专业的录制团队又费用较高，这是目前面临的最大问题。

3　结论

当过程控制系统这样的专业课采用 MOOC 网络模式授课时，在教学形式、授课内容、人员组织等方面与日校面授情况有较大的不同。在明确这种开放式课程是当今网络时代发展的必然趋势的同时，要充分分析 MOOC 课程与以往的国家精品课程和视频公开课的区别。不但要精心设计课上教学活动，还要充分准备课下教学内容。发挥教研组在资源共享、协作提高方面的作用，提高教学水平和教学效果[4]。

References

[1] 常艳超，孙娜. 过程控制基础课程的教学改革与创新[J]. 电脑知识与技术，2016（3）：147-148.

[2] 冯雪松，汪琼. 北大首批 MOOCs 的实践与思考[J]. 中国大学教学，2013（12）：69-70.

[3] 张翌，胡秋艳. 浅谈"慕课"（MOOC）课程制作方案[J]. 才智，2014，27.

[4] 陈希，高淼. MOOC 课程模式及其对高校的影响[J]. 软件导刊，2014，13（1）：12-14.

"信号检测、处理及实现"系列教材建设

徐科军　黄云志

（合肥工业大学　电气与自动化工程学院，安徽　合肥　230009）

摘　要： 根据教学经验和科研积累，面向自动化和电气工程专业，编著"信号检测、处理及实现"系列课程的教材、参考书及实验指导书。构建信号检测、处理及实现完整的知识体系。注重培养学生分析问题和解决实际问题的能力；融入科学的教学方法，突出本质，理清思路；适应工程教育的需要，简要介绍新技术。系列教材在推动工程教育教学改革中发挥了较好的作用。

关键词： 信号检测、处理及实现；系列教材；知识体系；教学改革

Series Teaching Material Construction of "Signal Measurement, Processing and Implementation"

Ke-jun Xu, Yun zhi Huang

(Hefei University of Technology, Hefei 230009, Anhui Province, China)

Abstract: According to the accumulation of experience in teaching and research, textbooks，reference books and experimental guide books of "signal measurement, processing and implementation" series curriculum are published and edited for automation and electrical engineering majors. The series teaching material builds up the complete knowledge system of signal measurement, processing and implementation. It focuses on training students' ability to analyze and solve practical problems. It integrates scientific teaching methods, highlights the nature, and clarifies ideas. It meets the needs of engineering education, and briefly introduces new technologies. The series teaching material plays a good role in promoting educational reform in engineering.

Key Words: Signal Measurement; Processing and Implementation; Series Teaching Material; Knowledge system; Educational reform

引言

教材作为教学的基本工具，是体现教学内容和教学方法改革的载体，其质量优劣在一定程度上决定了人才培养的质量。现行的有些工科教材缺乏理论联系实际的特色，忽视对学生分析问题与解决实际问题能力的培养。重视教材本身的知识结构，缺乏教学方法的融入。新理论、新技术所占的比重较低，难以适应工程教育的发展。为此，我们教学团队根据多年来的教学经验和科研积累，面向自动化和电气工程专业，构建"信号检测、处理及实现"系列课程[1]，积极开展教材、参考书和实验指导书的编写工作，先后出版了《传感器与检测技术》《电气测试技术》《信号分析与处理》《TMS320F2812 DSP 应用技术》《DSP 原理

联系人：徐科军.第一作者：徐科军（1956—），男，工学博士，教授.
基金项目：安徽省名师（大师）工作室"徐科军名师工作室"（2016msgzs052），安徽省教学研究项目"基于口袋实验板的'MSP430 单片机原理与应用'混合课程建设"（2016jyxm0822）.

及应用》和《MSP430单片机原理与应用》6本教材，《传感器动态特性实用分析方法》《DSP及其电气与自动化工程应用》和《流量传感器信号建模、处理及实现》等10本参考书[2-8]，以及编写了6本实验指导书，形成了较为完整的"信号检测、处理及实现"系列课程的教材、参考书和实验指导书，在推动工程教育教学改革中发挥了较好的作用。

1 系列教材建设的必要性和作用

"信号检测、处理及实现"系列课程是自动化专业和电气工程专业的重要教学和实践内容，且具有较强的工程背景。"自动化"专业是以信息为基础、控制为核心、立足于系统，其中，电量和非电量的检测以及进一步的信号处理为控制提供必要的信息，而传感器、数字信号处理器(DSP)是实现自动化系统的重要部件和工具[9-10]。"电气工程"专业是完成电能的产生、变换、控制和传输，必然涉及信号的采集和处理。所以，"信号检测、处理及实现"系列课程是这两个专业的重要课程，如图1所示。而教材是教学之本，教学参考书可以辅助教学、扩展学生的知识面，所以，加强"信号检测、处理及实现"系列教材的建设对课堂教学和课外实践活动非常重要。

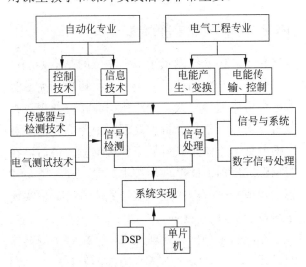

图1 自动化和电气工程专业内涵与系列课程之间的关系

"信号检测、处理及实现"系列教材的内容和联系如图2所示。

我们出版的"信号检测、处理及实现"系列教材和参考书以及编写的实验指导书如图3(a)、(b)和(c)所示。图中，TI公司为德州仪器半导体技术(上海)有限公司。

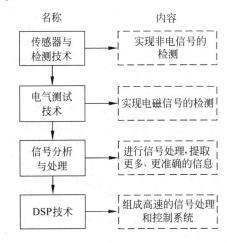

图2 信号检测、处理及实现系列教材的内容和联系

2 系列教材建设的思路和特色

2.1 构建信号检测、处理及实现完整的知识体系

面向自动化和电气工程专业，以信号为线索，围绕信号的检测、处理以及实现这几方面编写教材，使教材的内容前后呼应，紧密衔接，形成完整的知识体系；同时，不仅编撰了面向课堂的教材，而且编著了供学生课外阅读的教学参考书，以及实验指导书，形成了"全方位"的系列教材和参考书。

(1) 合理整合内容，在有限学时内介绍更多的知识。将"传感器原理与应用"和"自动检测技术"有机地融合在一起，形成了《传感器与检测技术》，满足自动化等电气信息类专业本科生教学的要求。在传感器部分，以传感器的工作原理为线索进行介绍；在检测技术部分，以被测量为线索进行叙述。

将电磁量的测试与非电量的测试很好地融合起来，形成了《电气测试技术》，满足电气工程专业教学的需要。介绍用各种比较式电测仪表、电子式测量仪表和数字化电测仪表完成电磁量的测试，用各种传感器完成非电量的测试。因为非电量的测量是通过传感器转换成电量来进行的。电量的测量是非电量测量的基础，而非电量的测量是电量测量的拓展。

检测 {《传感器与检测技术》，电子工业出版社
《电气测试技术》，电子工业出版社

信号 处理 {《信号分析与处理》，清华大学出版社

实现 {《TMS320F2812 DSP应用技术》，科学出版社
《DSP原理及应用》，机械工业出版社
《MSP430单片机原理与应用》，电子工业出版社

（a）教材

检测 {《容栅传感器研究与应用》，清华大学出版社
《传感器动态特性实用研究方法》，中国科学技术大学出版社
《自动检测和仪表中的共性技术》，清华大学出版社

信号 处理 {《信号处理技术》，武汉理工大学出版社
《流量传感器信号建模、处理及实现》，科学出版社

实现 {《TMS320X281x DSP原理与应用》，北京航空航天大学出版社
《DSP及其电气与自动化工程应用》，北京航空航天大学出版社
《定点DSP的原理、开发与应用》，清华大学出版社
《TMS320LF／LC24系列DSP的CPU与外设》，清华大学出版社
《TMS320LF／LC24系列DSP指令和编程工具》，清华大学出版社

（b）参考书

检测 {《传感器与检测技术实验指导书》，合肥工业大学

信号 处理 {《信号分析与处理实验指导书》，合肥工业大学

实现 {《DSP原理及应用实验指导书》，合肥工业大学
《MSP-EXP430F5529实验指导书》，合肥工业大学，TI公司大学计划部
《MSP430软件开发指南》，TI公司大学计划部，合肥工业大学
《EKS-LM3S8962实验指导书》，合肥工业大学，TI公司大学计划部

（c）实验指导书

图 3　"信号检测、处理及实现"系列教材、参考书和实验指导书的组成

将"信号与系统"和"数字信号处理"有机地融合在一起，形成《信号分析与处理》。考虑到总学时数的减少以及在"自动控制理论"课程中学习过系统的知识，我们将"信号与系统"中的信号部分内容以及"数字信号处理"中的部分内容，融入"信号分析与处理"课程中。这样既与先修课程"数字信号处理"等紧密联系，又不重复先修课程的内容，有自己的教学内容和体系，可以使自动化专业学生在较短的学时内很好地掌握信号处理的基本理论和方法。

（2）注意内容的衔接，形成完整的、实用的知识体系。在"信号检测、处理及实现"系列教材的编写中，我们注重教学内容的前后呼应和融会贯通，使学生形成完整的知识体系。在《电气

测试技术》中介绍测量频率和相位的基本方法；在《传感器与检测技术》中，介绍扭矩和流量等非电量可以通过转换，变成频率和相位差来进行测量；再在《信号分析与处理》中介绍如何用数字信号处理方法来获得频率和相位差；最后，在《TMS320F2812 DSP 应用技术》中，介绍用 DSP 芯片构成一个完整的数字信号处理系统，去实现这些量的实时　测量。

在《信号分析与处理》中，介绍数字滤波器的设计，而在"DSP 技术"方面的教材中，介绍用 DSP 芯片去实现数字滤波器。

对于自动化和电气工程专业来讲，《信号分析与处理》所分析和处理的信号均来自传感器，所以，该教材不仅介绍采样定理，还简要介绍数据

采集技术以及等效时间采样方式，与《传感器与检测技术》很好地衔接，共同构成关于信号、系统完整的工程科学基础。

2.2 注重培养学生分析问题和解决实际问题的能力

在《信号分析与处理》中注重列举信号分析与处理技术在工程方面的具体应用，例如，介绍频谱分析、相关分析在多个领域中的应用实例。特别在第 5 章"随机信号分析"中，我们不仅给出了功率谱估计方法，还列举了多个功率谱估计的应用实例，并详细说明了在功率谱估计中需要考虑的几个实际问题，又进一步介绍了非常实用的频谱校正方法，以提高功率谱的估计准确度。这样的介绍使得学生对实际中广泛应用的功率谱从概念、方法到实际应用，有了完整的认识，便于培养学生解决实际问题的能力。

在该教材中，不仅介绍了一般教材都包括的 IIR 和 FIR 数字滤波器，还介绍了几种简单滤波器的设计和应用，因为这些简单滤波器在实际工程中用得很多，也非常有效。

在该教材的最后一章"总结和应用"中，以自动化领域为应用背景，针对含有各种现场噪声的信号，介绍用信号分析与处理方法准确提取出频率、幅值和相位差信息的应用实例，以便学生熟悉信号处理方法的应用过程。此外，我们出版了供学生课外阅读的《流量传感器信号建模、处理及实现》一书，该参考书以多种流量传感器为研究对象，详细介绍了各种先进的信号处理技术的应用过程，以及基于 DSP 和 MCU 的信号处理系统的研制过程，为学生的实际应用给出了典型的案例。

为了使学生更好地掌握 DSP 技术，我们在出版相关教材的同时，还根据我们学院多年来在 DSP 技术应用方面的成果，编写和了《DSP 及其电气与自动化工程应用》一书，详细介绍了 DSP 技术在传感器与自动化仪表、电气传动、电力系统、新能源利用和电机控制等方面的应用实例，给出了硬件系统框图、电路原理图、系统软件框图、流程图、部分程序源代码、测试和实验结果等，极大地方便了学生的应用。

2.3 融入科学的教学方法，突出本质，厘清思路

"传感器与检测技术"课程介绍各种传感器的工作原理、基本结构、调理电路和应用实例，以及过程参数的检测方法和系统。其中，传感器的工作原理涉及力学、热学、电磁学和化学等，测量对象涉及位移、速度、加速度、力、压力、力矩、温度、流量、成分等。所以，最大的教学难点是：表面上显得内容杂乱，没有一条主线贯穿始终；可以用多种传感器去测量某一非电量，如何选择最佳的传感器。我们采用整合归纳和横向比较的方法，较好地解决了这一难题。将应变式传感器和压阻式传感器归为电阻式传感器；将自感式传感器、差动变压器式传感器、电容式传感器、电涡流式传感器和压磁传感器归为变阻抗式传感器；将光电器件、光电码盘、电荷耦合器件、光纤传感器和光栅传感器归为光电式传感器；将磁电式传感器、霍尔传感器和压电式传感器归为电动势式传感器式。以相同和相似的工作原理为线索，进行教材编写和课堂教学。让学生对多种传感器有了基本认识之后，再以相同的被测量为线索，介绍不同的传感器和测量方法。这样从纵（传感器工作原理）横（传感器的各种应用）两方面，把各种传感器的工作原理、结构组成和各种应用介绍清楚。在介绍各类检测技术中，对同一物理量的不同检测方法进行比较。例如，对于转速的测量，介绍光电测量方法、霍尔传感器测量方法和磁电式测量方法。根据各自的特点，说明它们各自的原理、特点和适用范围，拓展学生的思维，培养学生工程能力和创新能力。

在《传感器与检测技术》中针对工作原理复杂的传感器，例如，电感式传感器、电涡流式传感器，若要分析其工作原理，必然涉及电磁场的分析和计算，为此，采用等效电路的方法，分析其工作原理，推导出输入输出关系，这样既突出了传感器工作的实质，又简化了分析和计算过程。

在《信号分析与处理》中，用图解的方法介绍离散傅里叶变换推导过程；用图解的方法介绍连续傅里叶变换与离散傅里叶变换之间的关系与过渡；用框图形式归纳全书的叙述思路和各章的主要内容。这些使学生比较容易掌握各种变

换的实质，把握各章的主要内容和整个教材的脉络。

2.4 适应工程教育的需要，与时俱进地更新教材内容，简要介绍新技术

在《传感器与检测技术》中简要介绍一些实用的共性技术和新技术。例如，介绍误差修正技术，可以有效地消除传感器和检测系统应用中的静态和动态测量误差，特别是动态补偿技术的采用，可以使传感器真正应用于实时、快速的控制系统。此外，我们还出版了学生课外阅读的《传感器动态特性实用研究方法》和《自动检测和仪表中的共性技术》两本书，详细介绍了传感器动态实验、建模和校正技术，以及仪表中的一些共性关键技术，把更为深入和前沿的内容展示给学生。又例如，《传感器与检测技术》简要介绍了当前迅速发展、具有广阔应用前景的基于 MEMS 技术的微型传感器和无线传感器网络等。

在《信号分析与处理》的第 2 章"离散时间信号分析"中，介绍了等效时间采样方式。针对在实际中应用广泛的周期图谱受到非周期采样的影响，计算误差大的问题，介绍了近十几年发展起来的频谱校正技术，可以有效地提高了频谱分析的精度。介绍用自适应陷波滤波处理科氏质量流量传感器的输出信号，测量和跟踪频率的变化。将经典理论与最新技术相融合，扩展学生的学习兴趣和对最新知识的了解。

在《电气测试技术》中，删减比较陈旧的技术内容，增加新的技术内容。例如，考虑到实际中，直读式电测仪表很少应用，所以，在该教材的第 3 版中删除了"直读式电测仪表"。增加了数字式电测仪表的内容。又增加了"数字荧光示波器"和"基于数字信号处理的电测仪表"等内容。

在 DSP 原理及应用方面的教材编写中，我们选择占市场 60% 的美国德州仪器（TI）公司的 DSP 芯片作为讲授对象，在 TI 公司的 DSP 芯片中，C2000 系列用于电机控制、数字电源和先进传感，所以，特别适用于我们自动化和电气工程专业。前几年我们介绍的是当时主流的 DSP 芯片 TMS320LF2407A；随着芯片的发展，我们与时俱进地介绍了 TMS320F2812 DSP 芯片。

3 系列教材建设的效果

（1）作为本校多门课程的主要教材，促进工程教育教学改革。《传感器与检测技术》《信号分析与处理》《TMS320F2812 DSP 原理与应用》和《MSP430 单片机原理与应用》分别为本校相关课程的教科书。"传感器与检测技术"课程为安徽省精品资源共享课；"信号分析与处理"课程为校精品课程，由原先的自动化专业选修课发展成学院的公共平台课，为自动化和电气工程专业的必修课；"DSP 原理及应用"课程为自动化和电气工程专业的选修课；"DSP 技术"被遴选为校级研究生公共实验课；"MSP430 单片机原理与应用"是我校第一门工科性质的、网上视频校定平台选修课。

（2）被多所高校采用，得到好评。《传感器与检测技术》被评为普通高等教育"十一五"国家级规划教材、2009 年普通高等教育国家精品教材、2010 年全国电子信息类优秀教材一等奖和普通高等教育"十二五"国家级规划教材，发行了 14 多万册，被国内约 100 所高校选作教材。《电气测试技术》被评为普通高等教育"十一五"国家级规划教材，发行了近 2 万册，被十几所高校选作教材。《信号分析与处理》被评为普通高等教育"十一五"和"十二五"国家级规划教材，发行了 2 万多册，被三十多所高校选作教材。

（3）指导学生参加课外实践活动，为培养学生创新能力提供了丰富的材料。我们编写的基于 EKS-LM3S8962 的 ARM 实验教学套件和基于 MSP-EXP430F5529 单片机开发板的实验套件，包括实验案例、实验指导书、实验视频和 PPT，公布在 TI 公司的网站上，也发送给包括清华大学、上海交通大学、西安交通大学、西安电子科技大学等 200 余所高校，已有 2 万多名学生学习并使用了这些实验套件。

References

[1] 徐科军. 信号检测、处理及实现系列课程建设探讨[J]. 南京：电气电子教学学报，2009, 31(2)：11-12, 24.

[2] 徐科军，马修水，李晓林，等. 传感器与检测技术（第 3 版）[M]. 北京：电子工业出版社，2011.

[3] 徐科军，黄云志，林逸榕，等. 信号分析与处理（第 2 版）[M]. 北京：清华大学出版社，2012.

[4] 徐科军，马修水，李国丽，等. 电气测试技术（第 3 版）[M]. 北京：电子工业出版社，2013.

[5] 徐科军，陈志辉，傅大丰. TMS320F2812 DSP 应用技术[M]. 北京：科学出版社，2010.

[6] 徐科军. 传感器动态特性的实用研究方法[M]. 合肥：中国科学技术大学出版社，1999.

[7] 徐科军，陶维青，汪海宁，等.DSP 及其电气与自动化工程应用[M]. 北京：北京航空航天大学出版社，2010.

[8] 任保宏，徐科军. MSP430 单片机原理与应用[M]. 北京：电子工业出版社，2014.

[9] 韩九强，郑南宁，彭勤科. 自动化专业体系与实验环境建设[C]. 2007 年中国自动化教育学术年会论文集，18-23，北京：机械工业出版社，2007.

[10] 赵光宙，齐冬莲."信号分析与处理"课程教学改革与思考[C]. 2007 年中国自动化教育学术年会论文集，379-382，北京：机械工业出版社，2007.

电机学与驱动控制系列课程的线上线下混合教学模式建设

周熙炜　汪贵平　闫茂德　茹　锋

（长安大学　电子与控制工程学院，陕西 西安 710064）

摘　要："电机学与驱动控制"系列课程主要包含有《电机及拖动基础》《电力电子技术》《运动控制》3 门课程，构成了"电机+驱动电路+控制"的知识框架，对自动化系统的设计实现提供了有力的支撑。本文阐述了一种利用"线上线下混合教学教育理念"对这系列课程的教学模式进行改革的思路，分解教学目标，实施启发-探究式的教学，并开展综合项目案例引领，为自动化专业的教学效果提升而进行了积极的研究和尝试。

关键词：电机学与驱动控制系列课程；线上线下混合教学模式；综合项目案例引领

Construction of the Online and Offline Hybrid Teaching Mode for Electrical Motor and Driving Control Series Courses

Xiwei Zhou　Guiping Wang　Maode Yan　feng Ru

（School of Electronic & Control Engineering, Chang'an University，Xi'an 710064，Shaanxi Provmce，China）

Abstract：The Electrical Motor and Driving Control curriculum group are mainly included Motor & Drive Foundation, Power & Electronics and Motion Control. The three courses formed the integral knowledge framework so-called "Motor + Drive Circuits + Control". The correlative knowledge provide strong support for the design of the automation system. This paper expounds the idea which use a kind of hybrid education concept of online and offline teaching method to reform the teaching mode of these series courses. The teaching objectives is decomposed, heuristic teaching method is adopted, integrated project case be carried out etc. in the paper. These positive studies and attempts is helped to improve the teaching effectiveness for Automation Major.

Key Words：Motor & Driving Control Courses；Online and Offline Hybrid Teaching；Integrated Project Case

引言

在信息化时代的今天，教师课堂讲授的传统教学模式因其方式单调而影响着教学效果的提升。而"慕课"模式尚不能完全取代传统教学模式。如何结合大学课堂教学和"慕课"模式的优势，利用"线上线下混合教学教育理念"来对课程教学模式进行改革成为我们所关注的教学研究课题。

"电机学与驱动控制"系列课程主要包含有《电机及拖动基础》《电力电子技术》《运动控制》3 门课程。这一系列课程的知识内容既有所侧重和区别，又相互联系不可分割，在自动化行业的各个项目案例中，构成了"电机+驱动电路+控制"的知识框架，对自动化系统的设计实现提供了有力的支撑！因此，有必要对这一系列相关课程的

联系人：周熙炜. 第一作者：周熙炜（1975—），男，博士，副教授.

基金项目：长安大学中央高校教育教学改革项目.

教学方式和方法开展分析与研究。

1　建设目标

"电机学与驱动控制"系列课程是我校电子与控制工程学院的自动化、电气工程自动化及相关专业 2 个年级共 30 个班约 1000 名学生的一系列极为重要的专业基础课。针对这一系列课程知识的相互关联的特点，建设线上线下的混合教学模式如图 1 所示，其建设目标主要有：

（1）对"电机学与驱动控制"系列 3 门课程的实践环节，通过利用 MATLAB/Simulink、Proteus、dSPACE 等工程软件和虚拟仿真工具，建设课程的线上"工程项目案例库"，并在项目设计上，增加综合题目，注重教学内容之间的上下联系和交相辉映，使知识体系真正实现融会贯通。

（2）在课程的线上教学活动中，同时使用我校的"信息门户网络教学平台"以及《电机及拖动基础》——省级精品开放课程网络平台。

（3）积极采用线上线下混合的课程考核方法，

线上网络答疑、考评和卷面成绩结合。

2　建设方案

2.1　教学模式设计

在教学模式的建设过程中，以工程项目案例的训练为基本手段，利用线上线下的混合教学模式为载体，对这一系列课程的各个教学环节进行综合优化。

2.2　线上教学建设

线上教学建设的主要内容有：

（1）开展"电机学与驱动控制"系列课程的"工程项目案例库"的建设。所选用的项目应把握深度和广度；既体现知识应用的基础性和系统性，又尽量体现其创新性和实践性。

（2）在网上建设适合用于线上教学的 MATLAB 和 Proteus 建模资源。在学生中积极开展课余时间的仿真工具软件的开发和应用，通过线上辅导，激发学习热情；充分预习后，再实现线下课堂的互动与配合。这样，不仅有助于整合

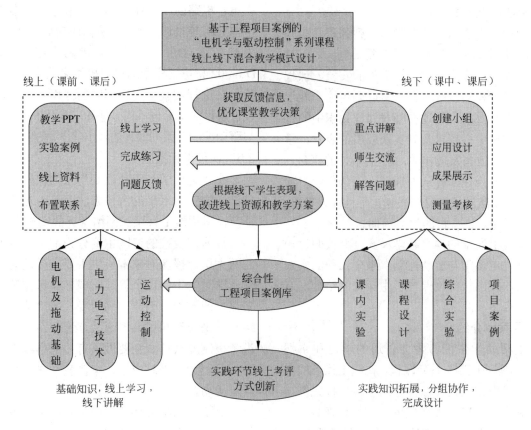

图 1　基于工程项目案例的"电机学与驱动控制"系列课程的线上线下混合教学模式设计

资源，把虚拟教室和真实的实验室结合在一起；而且实现了以线下学习为主到线上学习和线下讨论相结合的转变，抑制学生的电脑游戏等不良现象。

（3）组建与项目案例有关的仿真模型、电子电路、图纸、程序源码等资料库。

（4）上传"电机学与驱动控制"系列课程的实践环节辅助讲义和电子课件，供学生自学使用。

2.3 线下教学方法

随着现代科技知识的飞速发展，"电机学与驱动控制"系列课程的知识内容更新也越来越快，信息获取渠道也日益广泛。因此，学生知识的获取更应该是学习者在原有知识的基础上，以主动的思维发展过程来完成。单一的发现式教学方法又称构成主义教学方法。而在启发式教学法的基础上，采用了两者配合的启发-探究式教学法是更为有效的。这是一种强调启发、实验、讨论和群体参与的实践性教学方法。教师在教学过程中更多地起到引导作用，向学生引荐必需的概念和信息。这一教学方法注重培养学生分析问题、发现问题和解决问题的能力。

由于"电机学与驱动控制"系列课程具有较高的实践能力要求，学生需要掌握一些认知工具和设计软件，课程内容也包含大量的实验、课程设计和项目工程实践等内容，所以采用这一教学方法是极为必要的。通过教师对课程知识中的重点和难点的集中讲授以及对实践应用的启发，学生会积极主动地去发现和学习课程内/外的概念、工具、知识和规律，并从中探寻这门课程学习的方法。不仅仅激发了学习的兴趣，而且融会贯通，有效缩短了相关课程群的学习周期。

结合线上线下的混合教学模式，并按照这一流程改进"电机学与驱动控制"系列课程的实践教学活动，突出教师授课与学生探究的结合，有着积极的意义。

2.4 项目案例介绍

为了帮助学生能够融会贯通的学习和掌握"电机学与驱动控制"系列课程，在线上线下的混合教学模式中，应设计综合性的实践项目案例。图2是利用 dSPACE 而开发的半实物仿真装置。整个系统由 dSPACE 软硬件子系统、硬件驱动/保护、功率主电路和电动机对拖台架4大部分构成。

系统可以通过驱动感应电动机来验证算法的适用性。

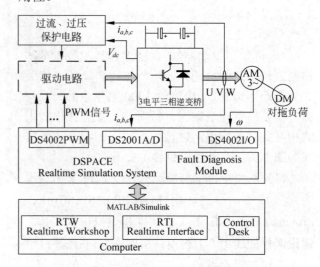

图 2　三相异步电动机运动控制半实物仿真系统

同学们首先在线下的课堂时间里学习相应的知识；然后在课余时间，对线上资源库里的典型控制算法模型进行学习；并在各自的电脑上用 MATLAB/Simulink 工具，开展电动机的建模、电力电子电路的 PWM 调制算法和运动控制系统的性能分析等设计工作；在仿真成功后，由 dSPACE 内部实现 DSP 控制器的代码生成／下载，用 DS4002 与仿真模型的接口模块来输出 PWM 指令信号，进行实验研究。不同的课程及学习阶段，设计题目的难易也不同。这样，有助于将"电机学与驱动控制"系列课程的线上线下教学整合起来。

2.5 课程考评措施

在"电机学与驱动控制"系列课程中，积极尝试学生实践水平的考核方法改革，对课程实践环节，采用线上答疑和网络考评的实施方法。

目前，我校的校区主要分为渭水河本部的南北两大块，授课对象本科生主要在遥远的渭水之畔，这对学生的课余答疑、辅导和考评等活动带来很大的不便。因此，利用我校的"信息门户网络教学平台"和精品资源共享课的网络平台，推进考核制度改革。主要做法有：同学线上辅导点名、线上考评平时成绩、案例教学作业的在线检查等活动。

对不同的学习环节采用不同的考评方式。比如，对于考查要求的知识点，可以设置开卷型的题目；也可以在指定时间点上传试题、在规定时间内收交答卷。对于综合设计环节，教师可以线上查看学生的仿真实验波形；并随时回传教师的批改和评分。最后的课程成绩由线上考核与线下闭卷测试而得出。

3 结论

在"电机学与驱动控制"系列课程中，这 3 门课程属于同一知识体系，既有所侧重区别，又紧密联系互不可分。大多数自动化行业的工程实际项目的设计离不开这3门课程知识的融会贯通。因此，利用线上网络平台，对该系列课程的实践教学环节开展线上线下混合教学模式的改革，大幅添加综合性工程项目案例，进行"电机-驱动电路-控制"的一体化的工程项目训练，使学生的工程实践能力得到提升。

References

[1] 张炜，万小朋，张军，等. 高等教育强国视角下的学习共同体构建[J]. 中国高教研究，2017（2）.

[2] 曾玲晖，张翀，卢应梅，等. 基于卓越教学视角的大学应用型人才培养模式研究[J]. 高等工程教育研究，2016（1）.

[3] 汪贵平，雷旭，武奇生，等. 为新生开设专业实践基础课程探索——"自动化专业实践初步"教学案例[J]. 中国大学教学，2012.（11）.

[4] 龚晓君，唐义祥，涂利明. 基于 MOOC 平台的线上线下混合教学法探索[J]. 福建电脑，2017（2）.

[5] 孙曼丽. 国外大学混合学习教学模式述评[J]. 福建师范大学学报（哲学社会科学版），2015（3）.

[6] 黄孔雀. 美国高校服务学习模式述评[J]. 高教探索，2015（2）.

电子技术实验教学改革探索与实践

谢 东[1] 郭利霞[1] 王 敏[2] 张俊林[1] 李正中[1]

([1] 重庆科技学院 电气与信息工程学院，重庆 401331；[2] 重庆科技学院继续教育学院，重庆 401331)

摘 要：在电子技术实验课程教学中，运用仿真软件进行辅助实验教学，为解决实物实验装置、场地匮乏，提高实验教学工作效率都具有重要意义。本文结合应用型本科大学工程实践能力提升需求，将仿真实验和实物实验项目相结合的方法用于电子技术实验教学中，以帮助学生更好地理解电路工作原理和仪器仪表的使用，为电子电路设计制作打下良好基础，培养学生分析问题、解决问题和实际动手能力。

关键词：电子技术；课程实验；仿真软件；教学改革

Electronic Technology Experimental Teaching Reform Exploration and Practice

Dong Xie[1], Lixia Guo[1], Min Wang[2], Junlin Zhang[1], Zhengzhong Li[1]

([1] School of Electric & Information Engineering, Chongqing University of Science and Technology, 401331, Chongqing, China; [2] School of continuing education, Chongqing University of Science and Technology, Chongqing 401331, China)

Abstract: In the experiment teaching of electronic technology, using the simulation software for auxiliary experiment teaching to solve the lack of physical experiment equipment and sites is great significance. It can also enhances the working efficiency of the experimental teaching. This paper discussed that in order to prop up the applied undergraduate university engineering practice ability, the simulation experiment and real experiment project is combined into the electronic technology experimental teaching. The method can help students better understand the circuit principle and the use of the instrument, and lay a good foundation for electronic circuits design. It can train the student practical ability of analyze and solve problems.

Key Words：Electronic Technology; Course Experiment; Simulation Software; The Teaching Reform

引言

电子技术是高校自动化专业一门核心基础课程，工程实践性强，但教学难度大。该课程也是我校测控技术与仪器、电气工程及自动化、机械电子工程、计算机等专业的一门重要的基础课。电子技术课程实验是对课程的验证和综合，使学生掌握电路的基本理论，验证、分析、计算电路的参数，掌握电路设计的初步技能，它也是各高校电类专业重点开设课程[1]。随着计算机技术的发展，计算机仿真为电子技术的实验教学开辟了一条新的途径[2]。在电子技术课程实验中采用虚拟项目教学法，不仅降低了学生学习的难度，拉近了课程教学目标与实验教学的距离，而且也提高了课堂教学效率，促进学生的工程应用能力提升，有效激发学生的学习兴趣。

我校现有电子技术实验装置是台式实验装置，该装置采用模块化结构设计，根据不同的电路制作了相应的实验板，学生实验时只需接入少

联系人：谢东. 第一作者：谢东（1967—），男，博士，教授.

量导线即可完成实验。这些装置除了承担电类专业的模/数电课程实验、课程设计等工作外，还要承担其他非电类专业的电工电子课程教学实验工作，设备使用率非常高。采用这种装置的优点是实验操作便捷，可快速完成，但缺点也十分明显，主要表现在学生对电路认识不足，特别是对硬件的组成、结构、连接等了解不透彻，对实验过程了解不充分，这对电类专业学生的培养是十分不利的。

针对此情况，本文提出采用仿真软件与实物实验相结合的实验教学改革模式，让学生前期做实验预习时在仿真软件上按照实验指导书或者教材上的原理图搭建电路，完成电路参数设计，并进行仿真验证以及调试，待仿真完成后再到实验室完成实物电路实验。实施这样的实验教学改革，有助于学生动手能力的培养，有助于案例教学深入实施，也有助于基础课程实验教学改革的进行。

1 软硬结合，激发学生自学能力和学习主动性

学习过程并非一种机械的接受过程，在知识的传递过程中，学生是一个极活跃的因素。教师不仅要传授学生知识，而且要调动学生的积极性。电子技术实验对象主要是半导体器件应用和典型的各类放大电路，具有很强的操作性和实用性，也有一定观赏性和趣味性。由于EWB、Multisim、Proteus等仿真软件较易入手[4-6]，采用学生自主学习方式，立足于基本概念、基本电路和基本分析方法的理解，实现实验教学的形象化、生动化，促进学生对课程内容的主动学习和思考。在每次实验前，由指导教师布置实验项目的任务，要求在EWB或者Multisim进行电路仿真，使用与实物实验一样的参数，以及测试要求，这样来替代过去传统的理论预习的方式，使得学生在实验前已经对电路的搭建和要测试时参数有了初步认识。

另外，由于传统的实验，在当电路较复杂时，学生有畏难情绪，电路搭接复杂，学生易失去耐心，实验完成不好，影响实验效果。比如多级放大电路、负反馈放大电路、集成放大电路等，实验内容多，测试的参数多，要求改变静态工作点，观察、测试并分析放大电路的失真波形等，如果没有做好预习准备，学生是难以在规定时间内完成的。利用仿真软件工具，可以让学生在计算机上先做仿真实验，提前观察到实验结果，并且学生事先思维考虑为什么会有这样或那样的结果，然后带着问题在进入到实物实验验证。这样学生由被动接受转为主动探求，而在整个教学系统中每个环节都能起到比较积极的作用，教学效果明显不同。

2 强化实践，将实践教学与理论教学有机结合

电子技术实验是一个很好的培养电类学生建立电路分析和设计的基本概念的课程，抓好这个环节的训练，可以很好培养学生对电子技术课程的兴趣，增强实践动手能力和创新的能力。电子技术实验不仅训练学生识别元件、识别电路图、操作测试仪器仪表、记录实验数据、绘制输入输出曲线、图表，分析输入输出关系，破解电路功能等内容，还能激发学生的创新思维和能力。所以，从仿真设计到实物实验，电子技术实验教学改革坚持理论与实践并重，注重应用能力培养和工程实践相结合。

仿真软件能够将电路工作状态的做出"真实"表现，我们将教学中的电路和相关内容设计成为开放灵活的，便于使用的示教的项目，把实验室与课堂有机地融为一体，培养学生综合应用能力和创新意识。比如在单管放大电路中，要求根据让学生在仿真的实验平台上设置不同的静态工作点，设计共发射极、共集电极、共基极三种不同组态的单管放大电路，整理测试点，比较计算结果，并分析三种不同组态放大电路的异同。通过改变静态工作点，观察、测试并分析放大电路的失真波形。通过对仿真实验要求，满足了多数学生的实验需求，实验技能稍差的学生，可以在仿真实验平台上完成一部分实验内容。实验技能较好的学生，可以充分利用仿真结合实验平台，在规定的实验时间内完成三种不同组态单管放大电路的设计与测试。这种层次化实验教学模式，有

利于提高学生的实践技能。

3　调整内容，设计具有行业背景的案例

将实际中的案例中所用到的一些电子技术知识进行收集和整理，将其分解成实验教学环节中的不同内容，根据教学进度，设计各章节教学知识点和实验内容。通过实验过程中参数变化和调试、排故，使得在案例教学同时，让学生初步接触一些行业知识，掌握电子技术在实际生产中的应用。

根据我校面向石油冶金两大行业，针对一些典型电路的应用，结合电子技术教学大纲和实验内容，运用仿真实验室，开展电子技术实验。比如两大行业中较为常见的仪表放大电路，恒流源电路，功率放大电路，电源模块等，在仪表放大电路中，要求用三个运放搭建电路和使用 AD520 集成运放电路设计，要求掌握放大倍数调整，外接电路参数的关系，通过工程实际中的参数设计仿真实验和实物实验，并进行比较。在恒流源电路实验中，通过仿真理解负载电阻变化对输出的影响，在实物电路里测试负载电阻，电源电路实验中，除了要求基本三端集成稳压电路，还要求按照工程实际中运用，学会对电源模块的选型，电流和功率的估算等，学生仿真实验操作界面案例如图1～图4所示。

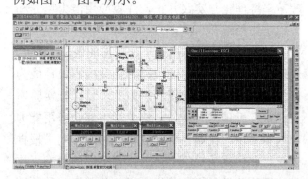

图1　单管放大电路仿真实验

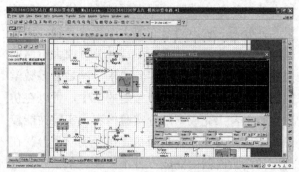

图2　运算放大电路仿真实验

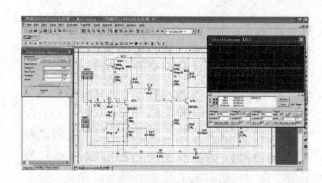

图3　负反馈放大电路仿真实验

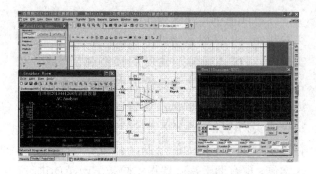

图4　有源滤波电路仿真实验

这些仿真实验要求将实际工程中的参数和电路的运用作为实验设计内容要求学生完成，并找出与前后级之间关系。

在实验时，要求先进行仿真设计，代入实际参数得到结果，再进行实物连接和调试，这样改革既不同于单纯的仿真实验和单纯的实物实验，又将仿真实验与实物实验有机结合，提高完成实验的能力与效率，拓展实验空间，提高实验教学水平。

4　改革实验的考核方式和内容

仿真实验引入后，学生对电路的工作原理和结果的熟悉程度极大提高了，为了避免只重视软件仿真，不注重动手，提出考核学生实践动手能力和实际操作和仪器仪表操作能力，制定电子技术实验考核标准，明确每个实验项目重点考核的实验内容，以及每个实验项目的具体考核办法。将每个实验分解成若干个单独的实验考核项目，即避免学生盲目地死记硬背地去记忆实验内容，又做到可以灵活变动参数，得到不同结果，激发学生平时实验的主动性和对问题的深入了解。

在实验考核内容方面，针对实验考核的目的

主要考查学生动手能力和综合理解能力，将每个项目分为仪器使用、电路设计、搭接实验电路、实验数据测试四个方面。对每个实验项目，实验考核的侧重点有所不同。模拟电子技术实验考核项目设计和评分标准示例如表 1 所示。

表 1　电子技术实验考核项目和评分标准样例

序　号	名　称	评 分 标 准	
项目一	静态工作点测试、调整	1) 电路搭接正确*1	(20 分)
		2) 给定 Ie，测试出 U_B,U_C,U_E 各点电位和 Ic 电流正确	(30 分)
		3) 要求改变 Ie，调整正确，并测出 U_B,U_C,U_E	(30 分)
		4) 正确使用仪器*2	(20 分)
项目二	电压放大倍数测试，调整	1) 电路搭接正确	(20 分)
		2) 测出 U_I,U_O，算出 A_U	(30 分)
		3) 指定 A_U，要求调整参数	(30 分)
		4) 正确使用仪器	(20 分)
项目三	输入电阻测试，输出电阻测试	1) 电路搭接正确	(20 分)
		2) 测出输入电阻正确	(30 分)
		3) 测出输出电阻正确	(30 分)
		4) 正确使用仪器	(20 分)
项目四	频率特性测试	1) 电路搭接正确	(20 分)
		2) 测试 f_L 正确	(30 分)
		3) 测试 f_H 正确	(30 分)
		4) 正确使用仪器	(20 分)

实验考核标准先向学生发布，也便于学生平时训练时能注重这些方面的工作。学生采用抽题方式，独立完成电路设计、参数计算、电路搭建、数据测试、结果分析，并提交实验结果。学生可先在软件上进行仿真设计调试，再进行实物考核。项目在设计中各有重点，有的考核学生学习使用电子仪器的能力，有的考核学生电路设计和搭建实践能力，有的考核学生实验电路测试和数据分析能力，有的项目综合考核学生在电路设计中的综合实践能力。为了平衡各项目之间操作和内容难易程度，在评分上设定不同权重，以避免有的内容简单，有的内容难的矛盾，根据其侧重要求对其具体能力的考核进行打分，给出学生的实验考核成绩，同时指出学生的不足之处，并允许参与二次考核，使学生有针对性地学习，提高自己的薄弱环节，帮助学生提高电路设计和创新实践能力。

5　结束语

将仿真实验和实物实验项目要求相结合，引入到电子技术实验教学中，帮助学生更好地理解电路工作原理和仪器仪表的使用，为电子电路的设计制作打下良好基础。结合实物实验电路，让学生由浅入深地掌握仿真软件的使用，进一步开展复杂实验设计，对综合性、设计性实验项目，由学生作为课外项目设计工作开展，解决了实验装备少，指导教师不足的缺陷。本项目改革工作在率先在自动化试点班实施，逐步扩大到测控技术与仪器、电气工程及自动化等专业理论教学和实验教学改革的应用，并实施了电子技术实验考核改革，获得了较好的教学效果，激发和促进学生创新活动开展，锻炼和培养了学生分析问题、解决问题和实际动手能力。

References

[1] 程春雨，吴雅楠，马驰，等. 电子技术实验教学改革与实践[J]. 实验科学与技术，2014（6）：71-74.

[2] 王鲁杨，王禾兴. 提高"电子技术"课程教学效果的实践[J]. 中国电力教育，2012（11）：38-39,43.

[3] 晏湧，蓝波."任务驱动"教学法在电子技术实验中的应用[J]. 实验技术与管理，2010（11）：253-254.

[4] 刘君，杨晓苹，吕联荣，等. Multisim 11 在电子技术实验中的应用[J]. 实验室研究与探索，2013(2):95-98.

[5] 吴志敏，朱正伟，何宝祥. Multisim 10 在电子技术课程实验中的应用[J]. 实验室科学，2012（4）：113-116.

[6] 杨秀增，肖丽玲. Proteus 软件在"电子技术"课程教学中的应用[J]. 中国电力教育，2012（2）：56-57.

基于 MOOC 的船舶电气自动化类专业
自动控制原理课程建设

常艳超　曾庆军　薛文涛　陈　伟

（江苏科技大学，江苏 镇江 212003）

摘　要： 近两年来，MOOC 在全国范围内崛起，给知识传播以及高等教育带来了巨大的变革。随着互联网和移动互联网的普及，我国高等学校也越来越多地采用网络来进行学术交流和知识传播。本文探讨将 MOOC 教学模式引入到船舶电气类专业《自动控制原理》课程的教学过程中来，从课程重点知识模块提炼、课程团队的组建以及 MOOC 课程平台设计三个方面进行重点介绍，并真正实践到 MOOC 课程建设过程中来，以期达到良好的效果。

关键词： MOOC 模式；自动控制原理；教学设计

Construction of Automatic Control Principle Course of Marine Electrical Automation Specialty Based on MOOC

Yanchao Chang, Qingjun Zeng, Wentao Xue, Wei Chen

(Jiangsu University of Science and Technology, Zhenjiang 212003 Jiangsu Proviuce, China)

Abstract： In the past two years, MOOC rise in the country, to the dissemination of knowledge and higher education has brought great changes. With the popularization of Internet and mobile Internet, more and more colleges and universities in our country adopt the network to carry on the academic exchange and the knowledge dissemination. In this paper, MOOC teaching mode is introduced into the teaching process of "Automatic Control Principle" course of ship electrical engineering. The key points of knowledge module extraction, course team building and MOOC course platform design are introduced, and really practice to MOOC course construction process, expect to achieve good effect.

Key Words： MOOC Mode; Automatic Control Principle; Instructional Design

1　关于 MOOC

MOOC 是英文 Massive Open Online Course 的缩写，字面意思是"大规模在线开放课程"，中文通常称为"慕课"。近年来，MOOC 课程在国内受到了极大关注，根据 Coursera 的数据显示，2013 年 Coursera 上注册的中国用户共有 13 万人，而在 2014 年已经达到了 65 万人，增长幅度远超其他国家[1]。

MOOC 模式的产生，实现了优秀教育资源的公开化，与传统的教学模式不同，MOOC 模式更侧重于模块化教学，把重点知识进行提炼，通过 10～20 分钟的教学模块进行讲授，从而做到重点突出，有的放矢。在 MOOC 地教学模式下，学生可以根据自身情况有选择地进行学习，更为有利于学习者掌握知识内容。

联系人：常艳超，第一作者：常艳超（1980.7)，男，硕士研究生，讲师.

基金项目：本文系国家特色专业建设项目、江苏省品牌专业建设项目资助；江苏科技大学 2014 年高等教育科学研究课题（GJKTY201426）资助.

MOOC 模式下，在整个学习过程中，需要学习者具有高度自觉性和较强的自我学习能力，如果能力较差，则很有可能在学习过程中遇到困难而退出。

MOOC 上的课程主要以名校为主，名校的加入促进了 MOOC 的发展和兴起，但同时也给普通高校带来了一定的影响和冲击。最后，MOOC 模式缺少学习者与传授者之间面对面的情感交流，主要注重于具体的知识和技能传授，而忽视了学习者心理和情感方面能力的培养。

2 船舶电气类专业培养现状

我校的船舶电气类专业主要包括自动化、电气工程及其自动化、测控技术与仪器三个专业，三个专业在培养计划的制定中，均包括一定比重的船舶海洋类相关课程。其中自动化专业为国家级特色专业、江苏省品牌专业、江苏省卓越计划试点专业；电气工程及其自动化专业为江苏省重点专业、校级特色专业[2]。

我校与国内众多大中型造船企业、研究院所建立了长期合作关系，所承担的项目主要来自行业实际需求，有着真实的工程应用背景[3]。

近年来，学校先后建成了船舶与海洋工程自动化实验室、美国罗克韦尔自动化实验室、船舶综合电力系统实验室等实验室，为船舶电气类专业课程实验教学与改革提供了良好的硬件基础，在本课程的 MOOC 课程建设过程中将大量引用我校相关实验实例，以突出船舶电气自动化类专业办学特色，增加课程的生动性和实践性，如图 1 所示。

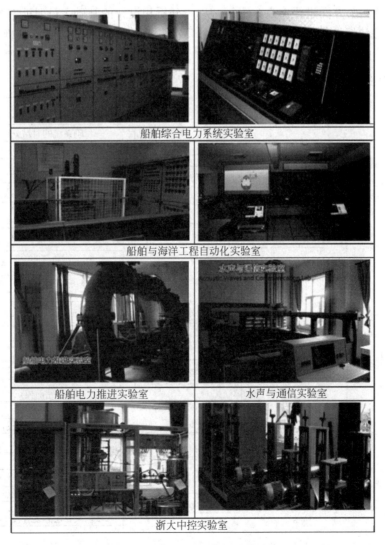

船舶综合电力系统实验室

船舶与海洋工程自动化实验室

船舶电力推进实验室　　水声与通信实验室

浙大中控实验室

图 1　船舶电气自动化实验室剪影

作为船舶与海洋工程类特色高校，我校一直以培养一流造船人才为办学宗旨，船舶电气类各专业培养目标均以船舶行业为背景，多年来，为祖国输送了大量的造船人才，真正实现了海洋报国的远大梦想。

3　MOOC模式下自动控制原理课程建设

MOOC课程的教学模式与传统的课堂教学模式具有很大的不同，目前的MOOC课程以公共基础课为主，而本文主要探讨将MOOC教学模式引入到专业基础课的教学过程当中。给出了MOOC模式下自动控制原理课程的建设思路，为以后的自动控制原理MOOC课程的开设做准备。本文将从课程重点知识模块提炼、课程团队的组建以及MOOC课程平台设计三个方面进行重点介绍。

3.1　课程重点知识模块提炼

自动控制原理经典控制部分主要分为六章，其章节内容分别为：第一章控制系统概述；第二章控制系统的数学模型；第三章控制系统的时域分析；第四章根轨迹法；第五章频域响应法；第六章控制系统的校正。

自动控制原理经典控制部分的知识体系具有一定的系统性和连贯性，为了让学生更好地理解各部分知识的有机联系，对经典控制理论体系建立"三横"和"三纵"两条知识主线。控制系统分析与设计的主要内容是研究常见控制系统的三大特性，即稳定性、快速性、准确性，又称控制系统"三要素"。从性能指标是看，也就是所谓的"稳，快，准"。把这三方面的性能指标称为"三横"。所谓"三纵"是指在不同的域内进行系统的分析与设计，即时域、复域、频域。掌握常见控制系统在不同域中的数学模型表达，即可对系统进行特性分析与设计。可谓，系统的数学模型是分析和设计的基础。只要能够加深对"三横""三纵"两条线的理解，便可以贯通课程知识体系，掌握其精髓所在。自动控制原理经典控制部分重点知识结构如图2所示。

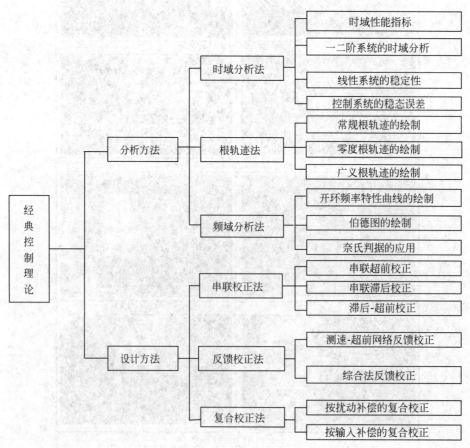

图2　重点知识结构图

在课程建设过程中，重点知识模块的提炼尤为重要，传统的课堂教学模式，属于贯通式教育，一般是按照教学大纲要求，全部知识通讲，尽管任课教师会强调部分重点，但对于大部分学生而言，等课程学完，很难把重点、次重点、了解内容进行严格划分，往往容易造成重点知识掌握不清，而了解内容又过度重视的问题，最终导致学习者的学习效果大打折扣[4]。

而 MOOC 模式属于碎片化教学模式，尤其强调重点问题，难点问题。首先，确定内容要点，然后交代每个知识点的关联性，精炼举例推导过程，尽量避免"大而散"，力争做到"少而精"。此外，对于所讲内容要分清主次，突出重点、难点。同时注意，要有较高的系统性和逻辑性。难点知识一定要精心组织，一定要讲懂。最后，哪些内容需要少讲，哪些内容需要加强，要认真地组织和思考。例如，第三章控制系统的时域分析当中，可以把劳斯稳定判据作为一个大的知识模块，这一大的知识模块又包括 3 个独立子模块，具体关系如图 3 所示：

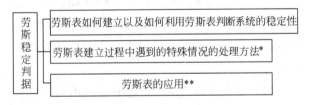

图 3　劳斯稳定判据模块结构

其中，对于三个子模块，*表示该模块重点内容，要突出，**表示该模块既为重点内容又为难点内容，不但要突出，还要加强。

课程知识体系经过碎片化处理以后，碎片与碎片之间并不是毫无联系，一定要注意其关联性，又如图 3 所示的三个子模块之间，从上到下是必然存在某种联系，其关联性可以理解为是从一般到特殊再到应用，也可以理解为是从基础到重点再到难点。掌握其关联性，无论对于讲授者还是学习者而言，都会获得意想不到的收获[5]。

此外，任何一所院校的控制类专业都要开设

《自动控制原理》课程，要想在众多所院校中脱颖而出，突出其办学特色是唯一出路。我校为船舶与海洋工程类高校，在知识内容的讲授过程中，以自动控制理论应用为主线，要尽可能多地引用一些船用电气自动化仪表、辅助设备自动控制、主机遥控等基本原理和应用知识。例如，讲述反馈相关内容，可以把船用柴油机气缸冷却水温度控制系统作为研究对象；讲述自动控制系统的组成，可以把燃油黏度控制系统作为分析对象。甚至，实验室条件下的船舶类相关控制实例也可以作为案例引入到课堂教学过程中，作为理论教学的一部分，以增加课程讲授的灵活性，激发学习者的学习热情[6]。

3.2　课程团队的组建

基于 MOOC 的自动控制原理课程建设，如果由一人完成，即使能力再强也难以考虑全面，因此一个好的课程团队是完成课程建设的重要组织保障。

课程团队的建设是以学科为依托，适应本校办学特点，以一线教师为主，教师成员基本涵盖了老-中-青三个年龄段。团队的带头人由具有教授职称的老教师承担，老教师承担课程教学工作多年，具有丰富的教学经验，教学效果好，学术水平高；中年教师也奋战在教学一线多年，熟悉本课程的发展前沿和相关课程的改革趋势，有较强的改革意识，作为团队骨干，主要负责课程的讲授；青年教师精力充沛，思想活跃，主要负责课程前期相关调研、开放课程后期维护和管理、平台互动以及答疑等事项。

教学团队组建完成以后，团队负责人组织和带领团队成员主要完成几个方面的工作：

（1）组织团队成员进行调研，走访一些具有相同办学背景的国内院校，通过与相关教师交流，吸取经验，避免不该走的弯路。

（2）MOOC 课程作为一种新的网络教学模式，应该在学生对知识的获取、思维能力和创造力的开发等方面有自己的特色。江苏科技大学的控制学科依托国家船舶工业，在船舶综合平台、船舶电力系统控制、船舶控制系统集成、船舶综合测控等方面具有一定的优势。因此，怎样结合学校的办学特色，在学习理论知识的同时，培养学习者的创新意识和分析、解决实际问题的能力，成为团队负责人带领课。

（3）定期召集团队成员学习新的教学理念和教学方法，探讨课程中的重点和难点，研究如何将更多的船舶行业相关案例引入到课程的讲授过程中来。此外，在条件允许的情况下，有计划地安排团队教师进修和提高。

（4）充分利用网络教学资源，经常性地安排团队教师观摩、研究名校、名师的相关教学视频，学习优秀的教学方法，扬长避短。此外，教学视频采用了课堂实录，这让学习者身临其境感觉到就是坐在教室里和其他同学一起上课，从而避免枯燥感，能够从始而终。

3.3 MOOC 课程平台设计

MOOC 课程平台的设计既要采用超前思维、先进技术和系统工程方法，又要注意思维的合理性、技术的可行性以及方法的正确性。系统设计要遵从国家标准和教育部标准，要从系统结构、技术措施、系统管理等方面着手。系统设计要充分考虑学校已有的各类教学资源和教学成果，并确保与现有系统协同工作，采用分层次、模块化设计，便于系统扩展。整个课程平台由多个部分组成较为复杂的系统，为了便于系统的日常维护和管理，要求解决方案和产品都要有较好的可管理性和可维护性，以便于日常运行维护和管理。

考虑到以上要求，对 MOOC 课程平台的功能框架设计如图 4 所示。

（1）过关式学习。为了达到预定的学习目的，预先设计一定的测试题目，学习者每学习完一定内容必须通过相应测试方可进入下一环节的学习。为了通过相应测试，学习者必然会认真学习、反复学习。

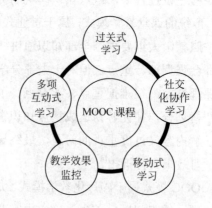

图 4 MOOC 课程平台功能框架

（2）社交化协作学习。任课老师提供基于每个知识内容的问答、讨论，可以使学习者之间能够有针对性地进行内容讨论。此外，还可以以发送弹幕的形式，让学习者之间在学习过程中有一个实时互动，也能够对学习起到一定的促进作用。

（3）移动式学习。支持所有主流的平板电脑、安卓系统、IOS 系统同步发布，学习者可以随时随地进行学习。

（4）教学效果监控。能够实时掌握学生对课程的访问情况，可以管理和处理互动平台的言论。此外，还可以对学生的学习进度、成绩分析等及时进行统计。

（5）多项互动式学习。要充分利用相应的互动环节，比如师生互动、生生互动、线上线下互动等。互动平台由专人监管，要及时发现问题，解决问题。

总之一个好的课程平台是确保学习质量的先决条件，课程团队成员要献计献策，以确保这一平台的设计更加完善。

4 初步成果

自动控制原理 MOOC 课程将在"爱课程"江苏省在线课程中心平台上完成，目前部分章节已经建设完毕，但在知识内容提炼以及视频录制质量等方面存在一定不足，在后续工作当中将会加以改进和提高（见图 5）。

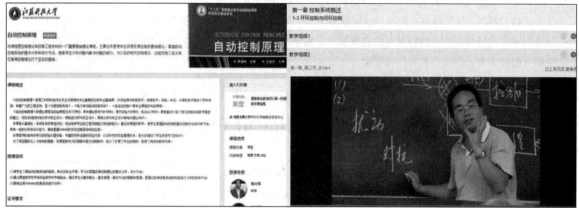

图 5　课程建设初步成果剪图

5　结论

随着 MOOC 的兴起，传统大学教育的观念和方法都会随之改变，如何应对这一变化，提高学生的学习效果，培养基于深厚理论知识系统的实践能力，是教师面临的一项巨大挑战[7]。当自动控制原理这样的专业基础课采用 MOOC 网络模式授课时，在教学形式、授课内容、人员组织方面都与传统的教学方法都有着较大的不同，因此，在建设过程当中不但要精心设计各个教学环节，又要突出我校培养一流造船人才的办学特色。总之，MOOC 不是使内容变得更简单，而是让教学变得更有效，只要发挥课程组在资源共享、协作提高等方面的极大优势，定能建设出一门好的 MOOC 课程。

由于本课程的 MOOC 课程刚刚建设完毕，且在完善阶段，尚未发布，待正式发布再进行相关数据统计。

References

[1] 陈希，高淼. MOOC 课程模式及其对高校的影响[J]，软件导刊，2014（1）：12-14.

[2] 陈伟，曾庆军. 船舶电气类专业《自动控制原理》课程教学改革[J]，中国电子教育，2012（2）：65-68.

[3] 薛文涛，曾庆军，等. 基于行业特色的"线性系统理论"教学改革与实践[J]，中国电力教育，2012（29）：58-59.

[4] 王新生，张华强，张红. 基于 MOOC 模式的自动控制原理网络教学设计[J]. 教海探新，2015（13）：34-36.

[5] 陈希，高淼. MOOC 课程模式及其对高校的影响[J]. 软件导刊，2014（1）：12-14.

[6] 寇卫利，狄光智，张雁. MOOC 与传统在线课程的关系辨析[J]. 网络化与数字化，2016（3）：75-79.

[7] 冯雪松，汪琼. 北大首批 MOOCs 的实践与思考[J]. 中国大学教学，2014（1）：69-70.

翻转课堂的探索与实践

于春梅　毕效辉

（西南科技大学　信息工程学院，四川 绵阳 621010）

摘　要：翻转课堂这种全新的混合式教学模式因其能增加师生互动和学生的个性化学习时间而成为全球教育界的研究热点。文章以自动控制理论课程为研究对象，以立体化教学资源为基础，通过教学过程的设计和教学观念的转变，实施翻转课堂的教改试点，给出了实施效果，并指出存在的问题及解决方案。

关键词：翻转课堂；立体化教材；微视频

The Exploration and Practice of Flipped Classroom

Chunmei Yu, Xiaohui Bi

(Southwest University of Science and Technology, Mianyang 621010, Sichuan Province, China)

Abstract：As a new blended teaching model,the flipped classroom which can increase the interaction between teachers and students and the individualized learning time of students, has become a hot topic in the global education field. Taking the course of automatic control theory as the research object, the three-dimensional teaching resources as the foundation, This paper made educational experiments of flipped classroom through the design of teaching process and transformation of teaching ideas. The implementation effect was given, and the existing problems and solutions were pointed out .

Key Words：Flipped classroom；Three-dimensional Teaching Materials；Micro-vide

引言

标准化课堂教育模式，即普鲁士教育模式在多数人不能接受教育的当时，提高了整个社会的文明程度，促进了中产阶级的产生。但是，不能否认标准化课堂教育模式对学生思维的训练缺乏关注，甚至是约束。早在 1892 年，美国十人委员会讨论教师应该教学生什么的议题时就已经指出，"一旦学生掌握了严谨的逻辑推理方法，教师就应当停止被动式的教学过程"。著名哲学家、教育家柏拉图也曾经说过，"教育无须、不能也无法强迫，任何填鸭式的教学方式只会让人头脑空空，一无所获"。

教育家斯金纳有一个著名的对教育本质的诠释："如果将学过的东西忘得一干二净，最后剩下来的就是教育的本质了"（事实上，这句话的出处还存在争议）。大学教育的本质呢？我们以为，除了人文素养之外，在教授知识的过程中，培养学生的思维能力、分析问题、解决问题的能力才是教育真正应该关注的。不论是什么课程，教师要做的不仅仅知识的传授，更重要的是思维、能力的培养。现在的大学课堂很难将二者完美结合。这一方面源于不断压缩的教学学时和增长的学生人数，教师要在规定时间完成教学任务，直接采用课堂教学的方式最为经济，而这也最容易沦为灌输式教学。另一方面，大量课程的灌输使学生逐渐失去求知欲，变成被动的、不情愿地接受。这样，多数学生疲于应付，对最终成绩的关注、

联系人：于春梅．第一作者：于春梅（1970—），女，博士，教授．

基金项目：四川省自动控制理论精品资源共享课程；西南科技大学自动控制理论翻转课堂教改试点班．

对证书的关注远超过学习本身（当然这里面也有其他原因）。一旦分数成为目标，死背重点、题海战术等最不应该在大学出现的东西随之而来。这样一来，大学教育显然背离了初衷，甚至越走越远。

翻转课堂最初起源于美国科罗拉多州林地高中，两名化学老师为了让缺课学生能跟上进度录制了教学视频供需要的学生自学[1]。后来逐渐演变成学生在家看视频讲解，回到课堂在教师指导下做作业的形式。因与课堂由老师讲解知识点、课外做作业内化知识的传统正好相反，因而称之为翻转课堂。其根本在于将知识的学习放在课外，而内化知识、拓展能力则在课内由教师引导。这种不同寻常的教学实践很快受到关注，但并没有迅速流行。直到 2010 年，可汗学院引起比尔盖茨的关注而得到迅速发展为这种模式提供了坚实的土壤，翻转课堂得以在全球范围内蓬勃发展。研究、探索和应用这种教学模式成为流行[2]。

正是基于这样的背景，我们在西南科技大学教改试点班项目支持下，对自动控制理论课程进行翻转课堂的尝试。希望找到适合普通高校学生的教学方法，能够激发学生积极思考，帮助他们养成独立思考的习惯，使他们在学习中变被动为主动，培养思辨能力和解决问题的能力。本文从课程建设背景、翻转课堂的具体实施、实施效果、面临的问题及解决思路等几个方面进行阐述。

1　课程建设背景

西南科技大学自动控制理论课程的教学改革始于 1999 年，2000 年起，我们在全校率先采用多媒体教学，深得学生和学校专家组的好评。2003 年，课程被列为校级品牌课程，为了方便学生学习，课程网站初步建成。2005 年，自动控制理论成功申报省级精品课程。为了让学生理解一些抽象的概念，我们设计制作了与课程内容密切相关的 Flash 动画。2008 年，我们的"全方位改革教学体系，建立高效、互动、开放的立体化教学模式"获西南科技大学教学成果一等奖。此后，我们继续深入进行课程改革。2011 年获省级教改项目自动化专业综合改革项目子项目——《自动控制理论》精品开放课程建设项目；2012 年获"自动控制原理"省级"十二五"规划教材建设项目和四川省精品资源共享课程建设项目；2013 年获西南科技大学"自动控制原理—高融合立体化教

材"建设项目。可以说，在自动控制理论课程建设方面我们一直走在学校甚至四川省前列。我们已经形成比较完整的网络学习资源和包括光盘和纸质教材的立体化教学资源，开展翻转课堂的基础已经具备。2015，经学校批准，我们开始进行"自动控制理论翻转课堂"教改试点班项目，主要工作包括：教学资源的整合、教学理念的转变和教学方法的改革。我们不再着眼于课程本身，而是转变教学理念、以培养学生能力为目标。我们希望通过这次试点，能够得到一些普适性的做法和结论，为同类课程提供参考。

2　翻转课堂的具体实施

2.1　建设基础

正如何克抗教授指出的，实现翻转课堂所面临的挑战之一是优质教学资源的研制与开发[1]。课程组在开展试点班之前，对以往的课程教学资源进行了整合，并针对试点班的需求，增加了部分素材，最终形成的由高融合教材和网络资源结合的立体化教学资源，结构图如图 1 所示。

高融合教材整合了以往设计的 Flash 动画、MATLAB 仿真程序等素材，由科学出版社出版，集纸质教材、Flash 动画、MATLAB 仿真、电子课件、工程案例为一体，是一个突破传统、多种媒体高度融合、"纸质+光盘"形式的新型立体化教材。其中，Flash 动画生动形象、便于理解，为原本枯燥的课堂增添色彩；MATLAB 仿真让学生可以方便地感受参数对系统性能的影响。

网络资源由自动控制理论精品资源共享课程网站和慕课网站构成。课程网站包括教学所需的各种文件、授课全过程录像、课程内容、思考题等，为学生提供了方便实用的自主学习环境。

慕课网站基于西南科技大学学堂在线慕课平台。主要内容有微视频、练习题、讨论单元、评价单元等。微视频共录制了 19 个，覆盖经典控制理论所有章节的内容。这些微视频短则 3 分钟，长则 15 分钟，主要包括重难点讲解、知识点串讲、章节小结等，便于学生随时利用碎片时间，也不易让学生产生疲劳厌倦。每个视频后面都有针对性的练习题，帮助学生评价自己的学习效果。讨论单元中学生可以自由提问，大家共同讨论。

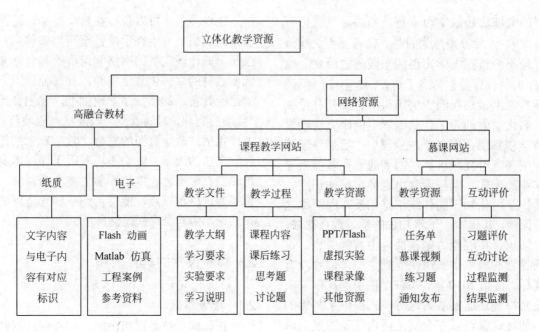

图1　立体化教学资源结构图

所有这些一起为教学过程提供了辅助支持，可以说没有这些精心设计的教学资源，翻转课堂就是一句空话。

2.2　教学设计

2.2.1　试点班组织

我们以自动化卓越 2013 级和 2014 级共两届的自动控制理论课程作试点，2013 级共 41 人，2014 级共 32 人。

翻转课堂的实施需要对整个教学过程重新设计，减少课堂学习时间的同时增加学生自主学习的时间。在 2013 级的实施中，我们采用了全翻转的形式。学生知识点的学习几乎全部在课外完成，要求完成线上作业和教材中的习题，要求观看视频。课堂一方面根据设计好的讨论议题进行讨论以深化理解；另一方面，解答同学们的疑问，有必要的也拿出来讨论。在实施结束，综合听取学生反馈意见后（学生认为学习时间过长）。2014级我们采用混合式教学模式。由教师主讲课程的多数内容，尤其是章节概述、总结及各种方法的思路等，但有些具体的内容由学生自学；为了检验学习效果，增加了课堂提问的频率，增加了课堂测试和中期测试环节。仍然要求完成线上作业和教材中的习题，但不强制要求看视频。

2.2.2　教学过程的设计

为了配合教改试点班的实施，我们需要做的工作主要包括学生课前学习任务单的设计、配套知识点微视频的录制以及课堂讨论的组织等。课前学习任务单告诉学生应该掌握的内容，包括需要理解和掌握的基本概念、基本理论和基本方法，也可以具体到相关例子或者习题，作为学生检验自学成效的依据；在此基础上对学有余力或感兴趣的同学提出更高的要求。微视频主要考虑自学比较困难的知识点或者是内容的小结、知识点的串讲等。课堂讨论一方面对普遍存在的问题进行讲解，另一方面，也可以根据学生的学习情况引导更深入的讨论，加深理解。

（1）课前学习任务单的设计。

课前任务单主要为每一章的基本概念，比如第一章的任务单"什么是自动控制系统？自动控制系统有哪些应用？举例说明自动控制系统的组成部分。理解控制系统的被控对象、被控量、给定量、干扰量等。开环系统与闭环系统的区别？控制系统有哪些类型？恒值控制和随动控制分别是什么概念？对控制系统的要求有哪些？"。旨在帮助学生理清逻辑、整理思路。

（2）课堂讨论议题的设计。

课堂讨论议题主要为每一章易混淆、需要进一步理解的概念，或者引导学生与实际工程的联系，比如第一章的讨论议题"反馈能否抑制测量装置故障引起的输出量变化？电加热炉温度控制系统的被控量、被控对象、给定量分别是什么？自动控制系统由哪些部分组成？振荡是如何产生的？如何理解稳快准？分析一个你们熟悉的控制系统的原理，给出方框图"。旨在增加师生和生生互动、提高学生参与度，同时帮助学生正确理解、激发学生思维、促进学生深入思考，在讨论中锻炼学生思辨能力和表达能力。

2.3 教学理念

要将翻转课堂线上学习和面对面教学两部分都开展好，教师的教学理念必须更新。我们在执行试点班的过程中，以混合式教育思想，即"主体-主导结合"的教育思想为指引，兼取"传递-接受"和"自主-探究"的教学观念。从以教师为中心到以学生为主体又不忽视教师的主导作用，课堂教学从单纯的课堂授课到增加讨论互动。在教学方法上，倡导主动学习，培养学习兴趣、思辨能力、学习能力、解决问题的能力。课程组对学习过程进行了精心设计，在辅导学生的过程或与学生讨论的过程中，不是直接帮助学生找到答案，而是引导学生思考，寻找解决问题的方法；鼓励学生进行探究式学习，课后作业或思考题要求学生进行小组讨论，课堂上加强师生互动和生生互动，使学生获得思辨能力；进一步通过对典型案例的分析，培养解决问题的能力。这种新的教学模式的建立是我们经过长期探索、实践、改进，再研究、再实践的结果。

同时，新的教学理念融入工程教育质量认证和卓越工程师培养要求，从重理论到理论与实践并重。我们设计的 MATLAB 仿真软件可供学生仿真实际系统并与理论结果和实验结果比较；自动控制与仿真、过程控制、PLC 等开放实验室，可供学生随时实验；以科技竞赛为支撑的各种工程实训，包括电子设计竞赛实训、智能车大赛实训、西门子杯实训、台达杯实训等，为学生提供了控制系统设计的平台；实验室的吊车摆设备、水箱液位系统、机械臂、风力摆等为学生提供了从仿真到软硬件设计到编程调试的整个控制系统设计过程。教学模式与教学过程关系示意图如图 2 所示。

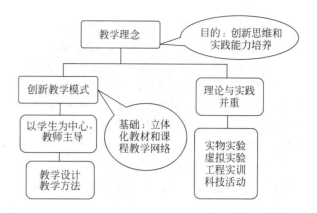

图 2 教学理念与教学过程关系示意图

3 实施效果

两届试点班已结束。从个人体会和学生的考试情况看，学生基本概念的掌握比以往有所提高，理解也比较深入，更愿意去分析和解决问题；学生两年的期末成绩也比平行班分别高出 12.9 分和 11.4 分。当然，这个分数的差异还来源于试点班的学生普遍比普通班学生基础好。从学生的评价和调查问卷看，此次教改试点的认同度比较高，学生评教均在 90 以上；80%以上的学生认为增加了互动交流，学习主动性有所提高；有同学给出了"感觉这才是大学应有的样子""自己的独立思考能力有较大提升""这门课的教学方式培养了自学能力""在不知不觉中影响学习习惯，变得主动乐于讨论"等评价，成为我们继续下去的动力。从工程实训和科技活动看，同学们积极性比较高，也有同学专门针对科技活动中遇到的控制问题来跟我讨论。

我们下一步计划对试点班进行推广。首先在自动控制的其他教学班推广，采用混合式教学模式，部分内容课堂讲授，部分内容学生自学。计划与第三方网络平台合作，上传课程全部的教学视频；针对不同专业的学生设计不同的任务单和讨论议题。我们会很乐意与其他课程组老师合作或者商讨混合式教学的实施方案。

4 存在问题及解决方案

在实施和推广过程中，我们认为可能存在以下问题。

（1）讨论课学生人数的限制，这直接影响到翻转课堂模式的推广。一般来说，讨论课人数如果超过 50 人会有不少同学没有发言机会，但现在高校普通班的学生人数多数在 60~100 人。我们考虑，这种情况可以采用授课统一，讨论课分批次进行的方式，需要提前规划好学生的自学时间和课堂时间。

（2）课上课下的时间可能加重学生负担。对于这个问题，我们这么看。首先要想学好，肯定要多花工夫，又想不努力又想学好是不可能的。其次，我们在教学设计中也会考虑尽量减轻学生的负担，有些部分的学习通过高效的课堂讲授进行，在讲授中注意启发学生思考。有些部分则必须要有自己的思考过程以加深理解。

（3）视频的录制、线上的管理等增加教师负担。视频的录制可以做到一劳永逸，这样辛苦一阵子大家还是可以接受的。线上的管理可以由研究生助教承担。

References

[1]　何克抗. 从翻转课堂的本质看翻转课堂在我国的未来发展[J]. 电化教育研究，2014（7）：5-16.

[2]　张其亮，王爱春. 基于"翻转课堂"的新型混合式教学模式研究[J]. 现代教育技术，2014，24（4）：27-32.

基于单自由度弹性关节机器人模型的
"现代控制理论基础"课程设计

任 凭

（中国海洋大学，山东 青岛 266100）

摘　要：本文介绍了一种单自由度弹性关节机器人的线性定常模型，并基于该模型为本科"现代控制理论"课构建了一项新的课程设计。现代控制理论课涉及的知识点都可以在此模型上得到应用，例如，状态方程转化、状态转移矩阵、状态方程转化传递函数、能控能观性分析、状态反馈控制器、状态观测器、二次型最优控制、李雅普诺夫稳定性等。此外，该课程设计项目还可以展现出运用经典控制理论与现代控制理论手段在处理同一系统控制器设计时的区别与联系，从而通过对比方式，加深学生对这两门核心课程的理解。

关键词：现代控制理论；机器人动力学；控制系统分析与设计

A Course Project for Fundamentals of Modern Control Theory Based on a Single-DOF Robot Model with a Flexible Joint

Ping Ren

(Ocean University of China, Qingdao 266100, Shandong Province, China)

Abstract：This paper introduces a linear time-invariant model of a single-degree-of-freedom robot with a flexible joint. Based on its dynamics, a new course project has been created for an undergraduate Modern Control Theory course. Basically, all topics covered in the course could be implemented on this flexible robotics model, which include but are not limited to: state equation modeling, state transition matrix, state equation to transfer function, controllability and observability, state feedback controller, state observer, quadratic optimal control, and Lyapunov stability. In additional, this project may help to enhance students' understanding on both classical and modern control theories through a comparative study on the controller design issue of the same system using two different approaches.

Key Words：Modern Control Theory；Robot Dynamics；State Feedback Controller and State Observer

引言

在当前通行的本科生现代控制理论教材中，基于状态空间方程的例题以及作业题大多以二、三阶模型为主。教材在使用这些模型时，有时会简略介绍该模型所依托的物理或工程背景，例如滑块-弹簧-阻尼系统、简化汽车悬浮系统、陀螺仪传感器系统、伺服控制系统等，但更多的情况则是根据课本章节内容，直接将状态空间方程的数学表达式给出[1]。由于通行教材中的状态方程模型普遍阶数较低，学生在求解时大多采用纸笔计算的方式，运用理论工具并在一定时间内逐步提高解题正确率，从而实现对基本功的训练。

联系人：任凭．第一作者：任凭（1980—），男，博士，副教授．
基金项目：中国海洋大学本科教学工程项目：一种单自由度弹性关节机器人模型在"现代控制理论"教学中的应用研究．

近年来，伴随着"工程教育专业认证"工作的日益深入以及"新工科研究与实践"项目的启动[2]，对自动化专业本科生分析、设计复杂控制系统的能力要求日渐提高。原有的课本例题加作业题加闭卷考试的训练方式，已渐渐无法满足"本科生应具备分析处理复杂工程问题能力"这一毕业要求[3]。因此，在现代控制理论的授课过程中增加大型课程设计项目已经成为必然趋势。在课程设计项目中，学生可以在相对较长的时间内采用多种方法处理高阶控制系统的分析与综合问题，并通过仿真与实验进行验证，加深对知识的理解。

1　课程设计项目的基础模型

本文认为，一个适合本科生使用的现代控制理论课程设计项目应当具备以下特点：

（1）阶数较高的线性定常系统。

较高的阶数可以加强学生使用仿真软件求解复杂控制问题的能力，而线性定常可以保证课程设计的难度不至于超出教学大纲的要求。

（2）具有时代感的工程应用背景。

在当前信息社会的背景下，学生接触科技前沿的机会非常多。现行现代控制理论课本中采用的工程模型，往往是沿用了十几年的经典模型，与当下的科技发展新方向有所脱节。而具有时代感的模型背景将有助于提高学生学习兴趣，扩大知识面。

基于上述两点认识，本文将视野投向在国际上认可度最高的机器人学教材《Robot Modeling and Control》[4]，以该文献第7章中讲述的一种单自由度弹性关节机器人模型为基础，开展课程设计项目的构建。

图1　单自由度弹性关节机器人模型

如图1所示，该模型由三部分构成：伺服电机、传动链与负载杆，从机构学角度可视为一个具有单转动关节的单自由度串联机器人。在现实中，传动链的主体由减速器构成，但模型没有将减速器完全视为刚体，而是将其建模为以 k 为弹性系数的扭转弹簧，从而构建了一个具有弹性关节的机器人机构。该模型的动力学方程可以描述为

$$J_l\ddot{\theta}_l + \beta_l\dot{\theta}_l + k(\theta_l - \theta_m) = 0 \tag{1}$$

$$J_m\ddot{\theta}_m + \beta_m\dot{\theta}_m - k(\theta_l - \theta_m) = u \tag{2}$$

其中，J_l 与 J_m 分别为负载杆与电机的转动惯量，θ_l 与 θ_m 分别为负载杆与电机的转角，β_l 与 β_m 分别为负载杆与电机的阻尼系数，u 为输入扭矩。

从运动控制角度来看，该系统的主要控制问题可以描述为：如何设计好控制输入扭矩 u，使输出的负载杆转角 θ_l 在电机转角 θ_m 的耦合作用下，依然具有较好的稳定收敛特性。

2　课程设计各模块

以前述单自由度弹性关节机器人动力学模型为出发点，构建一个具有以下10个模块的课程设计项目。

2.1　背景调研

这一模块的作用是使学生理解该模型的工程应用背景。通过收集网络资料进行背景调研，让学生感受到"现代控制理论"课与"机器人技术基础""电机拖动控制系统"等课程之间的联系。此外，授课教师还可以适当补充 *Springer Handbook of Robotics*[5]中相关章节中的内容，使学生了解该模型的提出对于弹性机器人这一机器人学科分支的开创意义，以及弹性机器人理论在工业机器人、太空机器人领域的广泛应用。

2.2　状态空间方程建模

采用状态空间方程对式（1）、式（2）中的微分方程模型进行改写。其过程如下

$$x_1 = \theta_l \quad x_2 = \dot{\theta}_l \quad x_3 = \theta_m \quad x_4 = \dot{\theta}_m$$

$$\dot{x}_1 = x_2$$

$$x_2 = -\frac{k}{J_l}x_1 - \frac{B_l}{J_l}x_2 + \frac{k}{J_l}x_3 \tag{3}$$

$$\dot{x}_3 = x_4$$

$$x_4 = \frac{k}{J_m}x_1 - \frac{B_m}{J_m}x_4 - \frac{k}{J_m}x_3 + \frac{1}{J_m}u$$

状态方程各矩阵为

$$A = \begin{bmatrix} 0 & 1 & 0 & 0 \\ -\dfrac{k}{J_l} & -\dfrac{B_l}{J_l} & \dfrac{k}{J_l} & 0 \\ 0 & 0 & 0 & 1 \\ \dfrac{k}{J_m} & 0 & -\dfrac{k}{J_m} & -\dfrac{B_m}{J_m} \end{bmatrix} \quad B = \begin{bmatrix} 0 \\ 0 \\ 0 \\ \dfrac{1}{J_m} \end{bmatrix} \quad (4)$$

$$C = \begin{bmatrix} 1 & 0 & 0 & 0 \end{bmatrix} \qquad D = 0$$

显然，该模型为单输入单输出四阶线性定常系统。学生需要借助仿真工具才能更加有效地对系统进行分析与设计。

2.3 状态转移矩阵

给定参数数值，要求学生采用拉式变换方法、级数方法、凯利-汉密尔顿方法对状态转移矩阵进行求解，并通过仿真进行验证，三种方法所得结果应当完全相同。

2.4 时域响应仿真

本模块包含两个子任务：首先在状态初值不为零，输入为零的情况下对系统进行仿真；然后在输入 u 为阶跃信号时，对系统进行仿真。仿真建议采用两种方式。以 MATLAB 为例，第一种方法是使用状态方程的时域解画出响应曲线，第二种方法是使用 ode45 等数值积分指令画出响应曲线。两组曲线应当完全重合。

通过分析结果可以发现，该模型在开环情况下无法保证 BIBO 稳定，因此有必要进行闭环反馈控制器的设计。

2.5 能控能观性分析

在给定参数数值的情况下，可以通过检验能控能观判据矩阵阶数的方式进行分析。在更广义的情况下，可以基于式（4）中 A,B,C 矩阵的解析形式直接进行判据矩阵的推导，并通过矩阵行列式的求取进行分析。本系统显然满足能控性与能观性的基本条件，为控制器与观测器的设计奠定了基础。

2.6 状态反馈控制器设计

假设各状态分量均可量测。在给定二阶响应性能指标（超调量、超调时间、系统频宽等）的条件下，要求学生确定一对控制器闭环主导极点的位置以及两个远极点的位置。根据四个极点的期望位置进行极点配置，计算控制器增益矩阵 K

的数值，并通过仿真验证控制器的性能。

2.7 状态观测器设计

假设状态不能完全量测。根据上一模块的控制器极点位置，设计观测器极点位置（依据经验法则，观测器极点距离虚轴的距离应为控制器极点的五倍），并计算相应的观测器增益矩阵 G 的数值。将式（3）、式（4）中的状态方程模型进行扩维，建立一个八阶带观测器的状态反馈控制器模型，并进行仿真。仿真时采用多组与虚轴距离不同的观测器极点进行对比验证，分析其对控制器性能的影响。

2.8 李雅普诺夫稳定性分析

定义二次型李雅普诺夫函数，对其求导后代入状态方程模型，验证李雅普诺夫稳定性。

2.9 最优控制器设计

定义二次型积分式性能指标函数，采用代数黎卡提方程求取最优增益，并通过仿真进行验证。

2.10 PD 控制器与状态反馈控制器的比较

按照经典控制理论的设计方法，以负载杆转角 θ_l 及其角速度（或者电机转角 θ_m 及其角速度）均可搭建 PD 控制器，实现对系统的控制。在固定 PD 控制器比例系数与微分系数比率的情况下，可以采用根轨迹方法对控制器参数进行设计。通过与状态反馈控制器比较可以发现，PD 控制器可以令极点在二维空间内进行配置，而状态反馈控制器可以令极点在四维空间内进行配置，显然灵活性更强。

3　课程设计的实施方法

在上述 10 个课程设计模块中，第一至第五与第八模块属于控制系统分析范畴，第六、第七、第九、第十模块属控制系统设计范畴。模块的前后完成顺序可以依照通行现代控制理论课本的章节顺序进行适当调整。授课教师不应当将所有课程设计模块一次性布置给学生，而应当随着课程的进度，将课程设计模块逐个下发，并提供设计报告模板，安排适当的时间进行中期与期末验收。表 1 展示了一个 16 周、32 学时"现代控制理论基础"课的教学日历，并附有布置课程设计模块的建议顺序。

表 1　教学日历对应课程设计模块

周　次	教 学 内 容	课程设计模块
第一周	现代控制理论概论	
第二周	第一章　数学基础	
第三周	第二章　状态空间方法 2.1 状态空间方法导论	1. 背景调研
第四周	第二章　状态空间方法 2.2 状态空间例题讲解 2.3 计算机仿真状态方程	2. 状态空间方程建模
第五周	第二章　状态空间方法 2.4 状态空间方程解与转移矩阵	3. 状态转移矩阵
第六周	第二章　状态空间方法 2.5 传递函数矩阵与系统交连解耦	4. 时域响应仿真
第七周	第二章　状态空间方法 2.6 离散性系统状态空间方程 2.7 连续状态方程离散化	
第八周	第三章　能控性与能观性 3.1 导论 3.2 线性定常系统的能控性判据	
第九周	第三章　能控性与能观性 3.3 线性定常系统的能观性判据 3.4 能控能观性与传递函数零极点关系	5. 能控能观性分析
第十周	第三章　能控性与能观性 3.5 对偶原理与能控能观标准型	课程设计中期检查
第十一周	第四章　状态反馈与状态观测器 4.1 极点配置法	6. 状态反馈控制器设计
第十二周	第四章　状态反馈与状态观测器 4.2 状态观测器设计	7. 状态观测器设计
第十三周	第五章　系统的稳定性 5.1 导论 5.2 李雅普诺夫稳定性	8. 李雅普诺夫稳定性分析
第十四周	第五章　系统的稳定性 5.3 线性定常系统的稳定性判据 第六章　最优控制理论介绍	
第十五周	第六章　最优控制理论介绍	9. 最优控制器设计 10. PD 控制器与状态反馈控制器比较
第十六周	最优控制案例讲解 总复习	提交课程设计最终版报告

如有必要对学生进行分层次教学，则可将前述 10 模块中的第一至第七模块设定为课程设计项目的必做模块，第八至第十模块设定为选做模块，主要针对部分理解力较好且学有余力的学生。授课教师也可以根据自身特点，设置更多的设计模块，例如降维观测器设计、自适应控制器设计等，从而满足学生对理论知识的更高层次需求。

在选取模型中各个参数的仿真数值时，鼓励学生从伺服电机以及减速机的技术手册中查阅更切合工程实际的具体数值。授课教师也可以向学生提供较为简单的仿真数值，帮助他们尽快熟悉系统模型。建议使用如下参数值：

$$J_l = 10，J_m = 2，\beta_l = 1，\beta_m = 0.5，k = 100$$

4　结论与未来工作

基于单自由度弹性关节机器人动力学模型的课程设计项目已在本单位 2013 级、2014 级自动化专业本科生的"现代控制理论基础"课程中得到了应用，并参加了本单位组织的 2017 学年春季学期教学评估，获得了评审专家的认可。未来将根据学生反馈意见与完成效果进一步改进该设计项目，并基于该机器人模型设计相应的硬件实验平台。

References

[1] 于长官. 现代控制理论[M]（3 版）. 哈尔滨：哈尔滨工业大学出版社，2005.

[2] 关于开展新工科研究与实践的通知（教高司函〔2017〕6 号），教育部高等教育司，2017.

[3] 工程教育认证标准（2015 版），中国工程教育认证协会，2015.

[4] Mark Spong. Robot Modeling and Control.John Wiley & Sons，2006.

[5] Bruno Siciliano. Springer Handbook of Robotics. Springer, 2008.

基于《自动控制原理》课程混合式教学改革研究与实践

李二超　刘微容　李　炜　苏　敏　赵正天

（兰州理工大学 电气与信息工程学院，甘肃 兰州 730050）

摘　要：针对高等教育大众化时代，自动化专业学生培养过程中存在的缺乏独立思考和自主学习、过度依赖教师和习惯机械记忆的问题，引入现代工程教育认证的核心理念——以学生为中心的教育理念、以目标导向的教育取向和持续改进的质量文化，依据工程教育专业认证标准的新要求，提出了课堂教学、在线学习和小组学习三个互驱动环节构成的混合式学习模式，并在自动控制原理课程教学中进行了实践，三个教学环节分别发挥教师导学、学生自主学习、小组合作学习的作用，促进学生完成知识的有效学习。最后总结了目前混合式教学过程中存在的问题与建议。

关键词：混合式教学；自动控制原理；教学改革

The Research and Practice of Blended Teaching Reform Based on The Automatic Control Principle Course

LI Er-chao, LIU Wei-rong, LI Wei, SU Min, ZHAO Zheng-tian

(Lanzhou University of Technology, Lanzhou 730050, Gansu Provimce, China)

Abstract：In the era of higher education popularization, automation specialty students are lack of independent thinking and independent learning, in the process of excessive dependence on teachers and used mechanical memory problems, the core concept of modern engineering education accreditation, student centered education concept, education orientation to goal oriented and continuous improvement of the quality of culture, on the basis of the new requirements engineering education accreditation standard, put forward the model of blended learning consists of classroom teaching, online learning and group learning three mutually driving links, and practiced in the teaching of automatic control principle course, three teaching teachers respectively play guidance, students' autonomous learning, cooperative learning, promote effective learning students complete knowledge. At last, the paper summarizes the problems and suggestions in the process of blended teaching.

Key Words：Blended Teaching; Automatic Control Principle; Reform in Education

引言

《国家中长期教育改革和发展规划纲要（2010—2020 年）高等教育专题规划》中指出："教育要注重创新性，增强学生的创新精神和创新能力，培养跨学科思维、批判性思维和重视学生在学习中的主体地位，注重学思结合。"大学不再是人们获取专业知识和技能的唯一渠道，大学教学只有重新定位并适应社会信息化的变革，才能更好地发挥培养人才、服务社会的作用[1,2]。

联系人：李二超. 第一作者：李二超（1980—），男，博士，副教授.

基金项目：自动化类专业教学指导委员会专业教育教学改革研究课题面上项目(2014A32)、兰州理工大学教学改革项目.

传统的课堂教学是以教师为中心开展的，教师是知识的来源，学生是知识的灌输对象；教学方法主要是教师课堂讲授，教学目标以知识灌输为主。传统教学通常是教师在课堂上讲课，布置作业，让学生课下练习。这种"一个版本"针对所有对象授课，不同程度的学生听同样的课程内容，忽视学生个性化学习，普遍存在重理论、轻实践，重知识传授、轻能力培养，"学""用"脱节等一系列问题。混合式教学是一种学习本源的回归，学习中心从教师向学习者转移。课堂性质开始从"以教为中心"向"以学为中心"转变[3,4]。教学设计从强调对"教"的设计转向对"学"的设计，是知识传授与知识内化的融合，每个学生课前可以根据个人需要自定时间与进度自主学习，学习资源丰富，在课堂上，教师从传统内容的呈现者转变为学生的教练，与学生进行一对一交流，参与学生研讨小组，回答学生问题并进行个别指导，全面提升课堂互动机会，形成"以学生为中心"的个性化课堂[5,6]。

为了突出核心课程重点建设，以点带面协同发展，2003 年自动控制原理被遴选为院级重点建设课程，2006 年开始启动作为校级重点课程建设。2006 年正式开通了该门课程的教学网站，2007 年获准省级精品课程。目前该课程已增加到 10～12 班/年（350～410 人），含控制工程基地班、卓越工程师班）。

《自动控制原理》是研究各类控制系统共性的一门技术基础学科，具有科学方法论的特点，研究的问题带有普遍性，与其他学科交叉协同发展，对工程具有突出的指导意义。自动控制的基本概念、基本原理和基本方法不仅是控制类学科专业的必要基础，掌握反馈的思想和控制器的设计，更是控制类及相关专业学生毕业后从事专业技术工作的基本素养和专业能力的具体体现。

随着信息化环境的不断改变，微处理器技术和网络通信技术日新月异，工业自动化技术高速发展，对《自动控制原理》课程的教学提出了更高的要求，混合式学习作为对传统教学和网络教学折中的教学改革，有利于将信息技术有效地应用于教学中，提升学生的学习兴趣和学习效率，实现教学效果的最大化。兰州理工大学对《自动控制原理》课程进行了混合式教学改革。

1 《自动控制原理》课程混合式教学模式的设计

根据教学模式的基本流程，设计《自动控制原理》课程混合式教学模式框架，分别为在线教学平台、课堂教学平台及网络交流平台。

1.1 在线教学平台

混合式教学融合了多种学习方式，因此教学资源必须很丰富，除了传统课堂教学过程中的纸质教材、课程讲义外，还包括支持在线个性化学习的网络课程、试题库、学习指南、教学课件以及支持网络探究学习的各种网络超链接、文献资料库、案例教学库、学科素材库等，在线学习借助网络教学平台上的教学资源，完成理论部分知识点的自主学习。

本课程依托清华大学清华大学教育技术研究所开发的网络教学综合平台，为教师、学生和教学管理人员提供了一个教学互动、资源共享、过程监督与质量监控的数字化教学环境。该平台包括：教学大纲、教学日历、教师信息、教学材料、课程通知、答疑讨论、课程问卷、教学邮箱、教学笔记、个人资源、课程作业、在线测试等模块。学生通过平台了解课程的主要教学内容和教学方法，进行网络自学并与教师网上互动。

1.2 课堂教学平台

课堂教学采用"面授+课堂讨论"形式向学生介绍课程内容、教学方法、课程安排、考核方法、教学要求及网络教学平台使用方法；并在课程的关键节点上围绕课程内容设计两次讨论课，以分组+个别答疑的形式，内容紧紧围绕知识点展开，要求学生针对知识点开展讨论并发言，可以是个人陈述、展开辩论或头脑风暴等，发现问题教师及时指出，教师根据学生准备及发言情况评定打分。

1.3 在线交流平台

在学习过程中，教师和学生可以利用交流平台的讨论区进行沟通，还可以通过网络平台邮件或 QQ 群发布消息，对学生无法理解的内容展开讨论。为了更好地掌握课程重点内容，老师可以在知识单元里发布在线讨论，有重点的进行引导讨论或答疑。

2 教学考核方式

为了科学评价学生的学习效果，力求做到考核评价体系全面、科学和合理，《自动控制原理》课程的考核成绩由平时和期末考试成绩组成，其中平时成绩占35%，采用如下比例进行分配；综合评价占5%，作业占10%(包括线下、线上)，模拟实验占10%、仿真实验占10%。综合评价主要包括教师评价、小组评价、学生互评三种方式，分别对学生在教学环节的表现、学习小组表现、学习小组各成员贡献进行评价。

3 教学模式的实践及效果

2016 年秋季学期，以兰州理工大学电信学院15 级基地班 48 名学生为样本，对《自动控制原理》课程进行了混合式教学模式的实践。

利用在线教学平台将"教学安排"进行介绍，学生根据《自动控制原理学习指南》，明确所自学章节的学习目标、主要内容和重难点，以便学生指定学习计划，配合教师进行主动学习。将整个学期的 15%教学课时安排为学生自己在线(Online)观看教学视频，学习相关知识点，并进行针对性的课前练习；另85%教学课时为面授(Face to Face)形式，根据实际情况再适度调整。在课堂授课中，学生快速完成少量测评，然后通过重点、难点讲授，解决问题来完成知识的内化，最后老师进行课程知识总结和反馈、组织学生交流讨论。

课内外理论学时分配如表 1 所示。

表 1 课内外理论学时分配

序号	课程主要内容	理论学时		
		课堂	在线	合计
1	绪论	5	0	5
2	控制系统的数学模型	8	0	8
3	线性控制系统的时域分析法	8	2	10
4	根轨迹法	2	6	8
5	线性控制系统的频率分析法	10	0	10
6	线性系统的综合与校正	9	0	9
7	线性离散控制系统的分析与校正	10	0	10
8	非线性控制系统的分析	4	2	6
合 计		56	10	66

课前教师设计教学方案，学生组建 5~6 人的学习小组，由小组长组成助课小组，助课小组协助教师进行教学组织和综合评价。在课堂上教师在一系列问题的引导下进行课程内容的教学，包括基础问题、渐进性问题、拓展问题，问题要精准、巧妙，才能起到启发、引导、激发和示范的作用。课后要求学生自主学习，到课程网络教学平台参与问题提交与讨论、浏览课程资源或分享自主学习资料，自主学习情况汇报一般在课前10min 进行。学习小组活动内容可以学生自拟或者教师制定，例如可选择某个课程内容模块进行课堂总结汇报和答疑，或者选择课程讨论区的问题进行梳理解答等，活动材料(包括成员贡献、汇报 PPT、活动视频、图片、活动感悟等)要提交到网络课程平台。

通过课程组教师听课、学生调查问卷、学生座谈会、与学生个别交流、学习总结(小组及个人) 、课程 QQ 群实时反馈等形式进行教学效果调查。结果表明该教学改革收到了良好的教学效果。混合式教学模式的多个教学环节给学生提供了参与的机会，也提供了合作和交流的机会，加强了学生自主学习和团队学习能力。自主学习汇报和学习小组活动受到欢迎，问卷调查结果表明，78.8% 和 94.5%的学生认为这两个环节对学习起到了积极的促进作用。由学生表现看出，从学期初被要求回答问题和提问，到后来变为主动提问、课堂内外随时提问和讨论，逐渐养成课上积极互动，课后自主学习、深入思考、大胆质疑的习惯。期末考试成绩统计如表 2 所示。

表 2 考试成绩统计结果

考试成绩统计		
90 分以上(优秀)	8 人	16.67%
80～89 分(良好)	18 人	37.50%
70～79 分(中等)	13 人	27.08%
60～69 分(及格)	9 人	18.75%
不及格(不及格)	0 人	0.00%
其他	0 人	0%
合计	48 人	100.00%

4 结论

首先教师要转变传统观念，具备现代教学观念和能力，在传授知识的同时要努力成为新知识的启发者，引导学生在网络背景下学会自我学习。教师要加强自身知识体系的建设，掌握一些实用技术，例如图像处理、录制视频、录制屏幕、综合剪辑等，充分利用现有的网络资源为课程提供丰富的学习资源库，打造个性化、人性化的教学平台。另外，教师要认真制定科学的课程考核与评价标准，激发学生学习的主动性。

相对于传统的课堂授课，一部分学习是通过网络教学平台自主完成的，学与不学、持续地学还是间断地学都完全取决于学习者自己，如果学生自觉性不强，没有积极性，那么这种方式就被浪费了，因此要求学生具备一定的自我控制和自我管理能力

利用网络教学平台建立本课程知识结构脉络图，引导学生在确定的时间范围内进行必要的知识储备，让其学会自学，同时，教师要不断地补充教学资源，吸引学生主动学习。加强平台监测功能及学生交互活动的设计，对于那些自觉性不够、自学能力不足的学生，加强学习过程的监督。

References

[1] 乔玉玲，郭莉萍. PBL 教学法在大学英语阅读教学中的应用[J]. 教育理论与实践，2011，31（10）：58-60.

[2] 张楚廷. 大学里，什么是一堂好课[J]. 高等教育研究，2007，28（3）：73-76.

[3] 张义兵，陈伯栋. 从浅层建构走向深层建构：知识建构理论的发展及其在中国的应用分析[J]. 电化教育研究，2012（9）：5-12.

[4] 丁妍，王颖，陈侃. 大学教育目标如何在学生评教中得到体现：以 24 所世界著名大学为例[J]. 复旦教育论坛，2011，9（5）：18-22.

[5] 刘文，胡巍，陈志伟，等. 基于"教问"的混合式学习模式设计与实践[J]. 黑龙江畜牧兽医，2016，（10下）：230-232.

[6] 张晓海. 基于"可编程控制技术"课程混合式教学改革研究[J]. 新疆农垦科技，2015（12）：50-51.

研究生《现代运动控制系统》课程体系与教学实践

陈德传　　陈雪亭

（杭州电子科技大学 自动化学院，浙江　杭州 310018）

摘　要：《现代运动控制系统》是电气自动化方向一门重要的研究生专业课，但至今还没有教材出版。为此，本文根据多年的授课实践，对该课程的内容规划问题以及研究生授课中的一些特殊问题提出建议，为该课程的教材建设提供参考意见。

关键词： 运动控制；电机控制；研究生教材

Curriculum Structure and Practices of Modern Motion Control System for Postgraduate Students

CHEN Dechuan, CHEN Xueting

(School of Automation, Hangzhou Dianzi University, Hangzhou, 310018 Zhejiang Province, China)

Abstract: Modern Motion Control System is a professional postgraduate course for students majoring in Electric Automation. However, so far there is no textbook published for this course. To offer suggestion for the construction of the textbook, this paper lists some advice for problems involved in content planning of the course and teaching methods for postgraduate students.

Key Words: Motion Control；Motor Control；Textbook for postgraduates

引言

"现代运动控制系统"是电气自动化方向一门重要的研究生专业课，主要研究以各类电机为机电装备控制的执行部件，以机械运动中的受力（或力矩）、运行速度、位置（包括运动轨迹、姿态等）为被控量，以电机学、电力电子技术、控制技术为基础构成的新型现代电机控制系统（单轴），以及基于此的复杂机电装备的多电机协调（也称协同或同步）控制系统。培养研究生具有从事高性能电机驱动控制系统、复杂机电装备的动力控制与运动控制系统的理论研究与技术开发能力。

目前研究生"现代运动控制系统"课程面临的主要问题在于：一是教材缺乏，目前适于本科的同类教材繁多，适于研究生教学的几乎没有；

二是授课难度大，除了缺乏教材，普遍存在着选研究生的本科专业方向不一，跨专业考研者也不少，缺乏本科先导课程的基础。为此，本文首先立足于研究生专业课建设的角度，提出对该课程内容组织规划的建议。进而针对研究生的不同专业基础，探讨实际中教学内容的组织问题。

1　本科"运动控制系统"课程内容回顾

本科阶段的"运动控制系统"（也称：电机控制系统、电力拖动自动控制系统、电气传动控制系统等）的课程核心内容主要包括如下几大部分。

1.1　直流电机控制系统，其核心内容

（1）基于晶闸管相控式/脉宽调制式（V-M/PWM-M）的直流电动机开环调压调速控制装置及其运行分析。

（2）转速闭环直流调速控制系统与电枢电流的额约束控制。

（3）V-M 转速-电流双闭环直流调速控制系统。

（4）PWM-M 转速-电流双闭环可逆直流调速控制系统。

（5）直流调速系统的数字测控技术。

（6）自控原理的实际应用方法——控制系统工程设计法。

1.2　交流电机控制系统，其核心内容

（1）异步电动机变压调速（仅适于软特性异步电的机、软起动/软制动器等）。

（2）基于 SPWM/CFPWM/SVPWM 逆变技术的异步电动机变压变频调速器。

（3）绕线转子异步电动机的转子变频调速系统；（4）异步电动机矢量控制（VC）系统。

（5）异步电动机直接转矩控制（DTC）系统。

（6）同步电机调速控制系统：矢量控制（VC）、直接转矩控制（DTC）。

1.3　伺服控制系统，其核心内容

（1）常用伺服系统的组成原理。

（2）位置伺服系统的控制方案。

（3）位置伺服系统的分析与设计等。

2　研究生"现代运动控制系统"课程内容组织

本校多年来在控制科学与工程学科的研究生运动控制系统课程教学中逐渐形成的该课程核心内容主要由如下几部分组成，其中的各类电机控制系统都是采用基于科研项目驱动式的授课方法。

2.1　运动控制系统导论

利用分析典型机电装备的多电机协同控制系统的工程应用实例，引出运动控制系统的研究内容，并基于开展科研项目进程的思路，给研究生介绍该课程知识体系的形成，以及与相关先导课程知识间的有机关系。

2.2　单轴运动控制系统及其测控方法

（1）单轴运动系统的典型结构（开环、半闭环、闭环、混合闭环）。

（2）典型机电对象的时变/定常运动方程分析。

（3）位置、速度、电压、电流检测技术。

（4）常用的运动控制算法。

（5）运动控制系统的指令形式。

（6）运动控制系统的工程设计法等。

2.3　步进电动机控制系统

（1）步进电机的类型与特点。

（2）步进电机的脉冲分配与驱动电路。

（3）步进电机的动态升/降频控制。

（4）步进电机的细分优化控制等。

2.4　直流电动机控制系统

（1）直流电动机的高效率驱动技术。

（2）直流电动机的建模及其运动控制方案研究。

（3）直流电动机调速系统的动态最优控制研究。

（4）具有力矩/速度/位置运行方式的直流电动机控制系统。

（5）基于速度观测器的直流电动机控制系统的研究。

（6）系统实现技术。

2.5　交流电动机控制系统

（1）交流力矩电机的调压调速控制。

（2）异步电动机的变压变频协调控制原理。

（3）异步电动机矢量控制（VC）系统。

（4）异步电动机直接转矩控制（DTC）系统。

（5）同步电动机矢量控制（VC）系统。

（6）同步电动机直接转矩控制（DTC）系统。

（7）基于速度观测器的交流电动机控制的系统。

（8）具有力矩/速度/位置运行方式的交流电动机控制系统等。

2.6　新型电机及其控制系统

（1）直流/交流直线电机控制系统。

（2）直驱式电机控制系统。

（3）开关磁阻电机控制系统。

（4）磁致伸缩电机控制系统等。

2.7　多电机协同控制系统

（1）多电机线体协同控制系统。

（2）多电机平面协同控制系统。

（3）多电机空间协同控制系统。

（4）多电机网络协同控制系统。

2.8　现代运动控制系统的仿真研究方法

2.9　现代运动控制系统的设计规范

3　研究生《运动控制系统》课程教学问题

在研究生专业课教学中，与本科生教学的最

大不同在于，因很多研究生在本科阶段的专业方向不一，跨专业考研者也不少，缺乏像本科阶段那样有较完整的专业先导课程的知识链基础，这给研究生专业课的授课造成很大的困难。为此，在研究生《现代运动控制系统》课程的教学中，宜根据选课研究生的专业知识基础，组织授课内容，以便兼顾施教。

4 结束语

本文根据作者长期从事《现代运动控制系统》等研究生专业课程的教学与科研实践过程的思考，提出了研究生《现代运动控制系统》课程的内容组织结构与教学建议，实属抛砖引玉，供同行老师们参考，更希望有志者能尽快编撰出版高质量的《现代运动控制系统》研究生教材，为提高电气自动化方向的研究生教学与培养质量做贡献。

References

[1] 王成元，夏加宽，孙宜标. 现代电机控制系统[M]. 2 版. 北京：机械工业出版社，2014.

[2] 阮毅，杨影，陈伯时. 电力拖动自动控制系统-运动控制系统.[M]. 2 版. 北京：机械工业出版社，2016.

[3] [罗马尼亚]Ion Boldea，[美]IS.A.Nasar. 现代电气传动[M]. 2 版. 尹华杰译. 北京：机械工业出版社，2014.

对翻转课堂教学的体会

李　凌　袁德成

（沈阳化工大学　信息工程学院，辽宁　沈阳　110142）

摘　要：简单综述了翻转课堂（Flipped Classroom）和慕课（MOOC）的发展历程，并以自动控制原理课为例，进行了翻转课堂的教学设计，在实施过程中进行了反思。

关键词：翻转课堂；慕课；自动控制原理

Experience of Flipped Classroom

LiLing, Yuan Decheng

（Shenyang University of Chemical Technology, Shenyang 110142, Liaoning Province, China）

Abstract：The development courses about Flipped Classroom and Massive Open Online Course (MOOC) are summarized. Teaching of Flipped Classroom is designed according to the principle of automatic control course as an example. The reflection has done in the implementation processes.

Key Words：Flipped Classroom；MOOC；Principle of Automatic Control

1　翻转课堂和慕课的由来

翻转课堂又称反转课堂或颠倒课堂（Flipped Classroom、Inverted Classroom）等[1~3]。翻转课堂起源于美国科罗拉多州的 Woodland Park High School。2007 年春，该校两位教师开始使用录屏软件录制 PowerPoint 演示文稿的播放和讲课声音，并将视频上传到网络，以此给缺席的学生补课。后来，这两位老师又让学生在家看教学视频，在课堂上完成作业，同时在课堂上对学习中遇到困难的学生进行补充讲解。

翻转课堂为人熟知得益于 Salman Khan 和他的可汗学院。在 2011 年突然红遍全球[4]，一开始 Khan 只是为了解决亲戚小孩的数学问题，将解题过程录制下来放在网上，这些视频在网上深受欢迎，受此鼓励 Khan 成立了可汗学院。2011 年，Khan 受邀到 TED 大会演讲时，多次说明翻转课堂的核心与优点，从而使得翻转课堂开始全球流行。翻转课堂可以理解为将传统的课堂教学方式"翻转"过来。学生可以在家或者寝室看视频以替代教师的课堂讲解；在课堂上，教师和学生则把精力集中在探讨学生自学有困难的内容上，并同时完成练习，还可以加强学生与教师和同伴的互动交流。翻转课堂的最大优点在于，学习节奏和时间完全由学生自主安排，学生可以反复观看不懂的内容，或者跳过自己已知的部分，这就避免了学习的时间和节奏完全被教师主宰的情况，这样还可以培养学生自主学习的能力。

慕课（Massive Open Online Course, MOOC）是指大规模的网络在线开放课程[5~7]。慕课同以往的在线教育（比如：广播电视大学、视频公开课）的最大不同在于，慕课可以实现互动。在慕课的

联系人：李凌. 第一作者：李凌（1972—），女，博士，副教授.

基金项目：2014 年自动化类专业教学指导委员会专业教育教学改革研究课题面上项目（2014A30）.

课堂里，课程视频被切割成十分钟甚至更小的片段，由许多个小测验穿插其中将其连贯，就像游戏的通关设置，答对后才能继续听课，这样可以增加学生的投入程度。学生如果在学习过程中遇到问题，可以直接留言提问，或者是到讨论区查找、参考别人的想法。

Udacity、Coursera 和 edX 被称为慕课的三驾马车。新一轮的"慕课热"缘起于 2011 年秋，斯坦福大学开设了三门网络在线式的免费计算机课程，每门课的注册学生都达到 10 万人以上。这三门课的授课教师受此启发和鼓舞，纷纷"另立门户"。其中 Sebastian Thrun 于 2012 年 1 月创办了 Udacity，主要提供计算机课程[8]；Daphne Koller 和 Andrew Ng 于 2012 年 4 月创办了 Coursera（意为课程的时代）[9~10]，Coursera 旨在同世界顶尖大学进行合作，在线提供免费的网络公开课程。Coursera 的首批合作院校为斯坦福大学、密歇根大学、普林斯顿大学和宾夕法尼亚大学 4 所名校，2013 年 7 月，Coursera 在上海正式达成了与复旦大学、上海交通大学两所高校的合作，加上之前的北京大学、清华大学、台湾大学和香港中文大学，中国加入 Coursera 大家庭的已经有 6 所大学。2012 年 5 月，哈佛大学与麻省理工学院一道启动了 edX[11]。目前，已经有来自世界各地的 28 所高校加入了 edX，包括中国的香港大学、香港科技大学、北京大学和清华大学。

通过慕课上的学习，现在已经可以获得部分美国大学的学分，比如，科罗拉多州立大学环球学院规定，在 Udacity 上学习的课程均可申请该学院的学分，前提是通过 Udacity 提供的，由考试中心监考的考试。2013 年 2 月 8 日，Coursera 旗下的五门网络课程的学分获得了美国教育委员会的官方认可。学生只要在 Coursera 上注册完成该课程的教学计划，并参加其线上考试，就有机会获得相应学分[13]，将可能转换成其在大学里的相应学分。

2 翻转课堂的实现步骤

翻转课堂与传统课堂相比，各要素的对比情况见表 1。由表 1 可清晰地看到，翻转课堂在师生角色、教学形式、课堂内容和评价方式上颠覆了传统课堂。

表 1　翻转课堂与传统课堂各要素的对比

	传 统 课 堂	翻 转 课 堂
教师	知识传授者、课堂管理者	学习指导者、促进者
学生	被动接受者	主动研究者
教学形式	课堂讲解+课后作业	课前学习+课堂探究
课堂内容	知识讲解传授	问题探究
技术应用	内容展示	自主学习、交流反思、协作讨论工具
评价方式	传统纸质测试	多角度、多方式

2.1　课前

2.1.1　创建教学视频

教学视频可以由老师亲自录制或者使用网络上优秀的开放教育资源。教师在创建教学视频时，首先，应明确学生必须掌握的目标，以及视频最终需要表现的内容；其次，应考虑不同教师和班级的差异；最后，在制作过程中应考虑学生的想法，已适应不同学生的学习方法和习惯。

2.1.2　针对性的课前练习

为巩固学习内容并发现学生存在的问题，要求学生在自主学习之后必须完成教师布置的针对性课前练习。对于课前练习的数量和难易程度，教师要合理设计，利用"最近发展区"理论，帮助学生利用旧知识完成向新知识的过渡。

2.2　课中

2.2.1　课堂组织

由于课堂内容在课外已经传递给了学生，课堂内更需要高质量的学习活动，让学生有机会在具体环境中应用所学的内容。在课堂上，教师应该根据学生课前的学习情况，有针对性地讲解，把学习的主动权还给学生，教师变"教"为"导"，学生变"听"为"学"，鼓励学生质疑展示、引导学生合作探究、帮助学生独立解决问题、开展基于项目的学习等，力争做到先学后教、学教互动、少教多学。

2.2.2　总结、反馈

课堂结束前，教师对学生完成的项目进行点评，与全班同学分享，并将课堂上观察到问题及时解决。引导学生梳理知识结构，总结学习方法和经验，达到提升学习能力的目的；综合实践活动，引导学生进行课外拓展探究，达到延续学习探究的目的。

3 "自动控制原理"课程翻转课堂设计

下面以我们学校自己开设的自动控制原理课程为例，对其进行教学改革，尝试采用翻转教学方式。该课程总课时设计为 10 周，每周的时间在 80～90 分钟之间，每周的视频都根据知识点被分割成 10～20 分钟不等的片段，这样一方面是便于学生有针对性的搜索，第二方面是因为有研究表明大学生集中注意力的平均时间只有 10～18 分钟左右[13]。这 10 周的内容分别是：控制系统数学描述与模型转换；线性系统时域分析法；频域分析法；根轨迹分析法；线性系统的校正；采样控制系统；非线性系统分析等。国内综合性大学的控制原理课程课时一般为 16 周左右，每周 150 分钟左右，我们设计的翻转课堂课程相对来说课时更少，所以其课堂上讲授的知识点不如传统课堂上的全面，但是其特点在于把每一个知识点都讲解得很透彻。

课程每周有两到三个小测验，每个测验 10 分；平均每两周解决一个专题，每个专题 30 分；期末考试占 50 分，总分为 400。通过本门课程需要获得 240 分，获得优秀需要拿到 360 分。值得一提的是，小测验等往往有三次左右递交答案的机会，出错了有机会再改正，因为有研究表明在失败中学到的往往比在成功中学到的更多[12]。

因为之前未采用过翻转课堂教学理念，所以很多学生可能会不适应这种教学模式，特别是一些自主学习能力比较差的学生。因此我们在平行班的课程中，将其中一个班级采用翻转课堂的教学模式，供学生选择，真正做到因材施教。

4 小结

翻转课堂的引入给传统教学模式带来了巨大的冲击，对于传统课堂而言是一场颠覆性的变革，颠倒了传统的教学流程、教学理念、教学模式及教师和学生的角色。在国家教育信息化发展过程中翻转课堂教学模式必将对我国的教学改革产生积极的影响，同时我们也将面临更多的机遇和挑战。作为教学一线的老师，只要是能促进教学的新鲜事物，我们都应该及时学习，并加以利用。将慕课和翻转课堂用于教学，关键在于教师基本功的提高，例如教师要善于引导讨论，课程中有些较难理解的知识点，单靠观看视频是不够的，需要教师和学生反复讨论，面对面的讨论更能激发灵感，实现教学相长的过程。

References

[1] 张金磊，王颖，张宝辉. 翻转课堂教学模式研究[J]. 远程教育杂志，2012，30(4)：46-51.

[2] 张渝江. 翻转课堂变革[J]. 中国信息技术教育，2012，（10）：118-120.

[3] 金陵. "翻转课堂"翻转了什么[J]. 中国信息技术教育，2012（9）：18.

[4] 白聪敏. 翻转课堂：一场来自美国的教育革命[J]. 广西教育，2013（2）：37-41.

[5] 李青，王涛. MOOC:一种基于连通主义的巨型开放课程模式[J]. 中国远程教育，2012（3）：0-36.

[6] 王文礼. MOOC 的发展及其对高等教育的影响[J]. 江苏高教，2013（2）：53-57.

[7] 王颖，张金磊，张宝辉. 大规模网络开放课程(MOOC)典型项目特征分析及启示[J]. 远程教育杂志，2013（4）：67-75.

[8] https://www.udacity.com/.

[9] https://www.coursera.org/.

[10] 吴维宁. 大规模网络开放课程(MOOC)—Coursera 评析[J]. 黑龙江教育，2013，2: 39-41.

[11] https://www.edx.org/.

[12] http://nation.time.com/2012/10/18/college-is-dead-long-live-college/.

基于 SPOC 的"自动控制原理"混合教学模式研究

苏 敏 李 炜 李二超 毛海杰 申富媛

（兰州理工大学 电气工程与信息工程学院，甘肃 兰州 730050）

摘 要：SPOC 是将 MOOC 与课堂教学相结合的一种混合式教学模式，是 MOOC 的继承、完善与超越。本文简要介绍了 SPOC 的教育模式，报告了基于 SPOC 平台开展自动控制原理课程混合式教学具体实践的几点体会。实践表明，基于 SPOC 的混合教学模式适用于自动控制原理教学，能充分利用信息技术和理论教学的深度融合，能有效促进学生知识内化及知识建构，有利于激发学生学习潜能，进而提高人才培养量。

关键词：SPOC；混合教学；MOOC

The Hybrid Teaching Model Of Automatic Control Principle Based on SPOC

Su min, Li wei, Li er chao, Mao hai jie, Shen fu yuan

(College of Electrical and Information Engineering Lan zhou,Univ of Tech, Lanzhou 730050, Gansu Province, China)

Abstract：SPOC is a hybrid teaching model combining MOOC with classroom teaching. It is the inheritance, perfection and Transcendence of MOOC. This paper briefly introduces the educational model of SPOC, and reports some concrete experiences of the practice of Hybrid Teaching in the course of automatic control principle based on SPOC platform. Practice shows that the mixed teaching model SPOC is suitable for the automatic control principle teaching based on fusion can make full use of information technology and teaching theory depth, can effectively promote the students' knowledge and knowledge construction, to stimulate the students' learning potential, and improve the training quantity.

Key Words：SPOC; Blended Teaching; MOOC

引言

2012 年起，随着大规模开放在线课程（Massive Open Online Course MOOC）在国内外的兴起，依托高速发展的教育网络信息技术，国内许多高校纷纷从不同角度开展如何利用MOOC优势改变传统课堂教学模式的研究。由此，"SPOC(Small Private Online Course)""翻转课堂"、"混合教学"等教学模式研究，正在成为当前高校教育研究的热点，引发教育模式的深刻变革[1]。其中，SPOC 因继承了 MOOC 的优势，将 MOOC 资源与课堂教学深度结合，同时解决了 MOOC 在高校教学中面临的困境而备受关注，SPOC 代表未来教育模式的探索已经成为高等教育信息化发展的一个趋势[2]。

2016 年，兰州理工大学顺应教育教学信息化潮流，积极探索新型教学组织形式，改革教学内容与课程体系，启动混合式教学课程改革工作，

联系人：苏敏. 第一作者：苏敏（1979—）：女，硕士，讲师.

基金项目：2014 年自动化类专业教学指导委员会专业教育教学改革研究课题面上项目资助（2014A32）.

将《自动控制原理》作为首批建设的 SPOC 课程，按照"边建设边使用边完善"的工作思路，在先进教学设计理念引导下，以建设丰富多样的在线教学资源为基础，以搭建全方位全时空的互动交流平台为关键，积极推行混合教学模式。经过一年的探索与实践，笔者认为基于 SPOC 平台的混合教学模式能充分整合和利用优质教学资源，能实现课程内容精选精练和教师辅导定向精准，能有效促进学生知识构建与内化，有利于提高学生综合能力，也是在线教育在高校教育中的真正价值所在。

1　SPOC 教育模式简介

SPOC 译为"小众私密在线课程"。SPOC 将传统的"课堂听课—课下答疑"翻转为"课堂讨论—线上学习"，将 MOOC 中的教学资源如课程大纲、课程视频、测验与作业、试题库、评分机制、论坛讨论等应用到小规模课堂教学中的一种教育模式，学生在课前基于视频等教育资源自主学习各知识点，课堂则通过师生互动讨论答疑，达到更好的学习效果[3]。SPOC 将优质 MOOC 课程资源与课堂教学深度结合，既有效弥补了 MOOC 教学模式单一化的短板又补充了传统教学交流讨论的不足，是 MOOC 的继承与超越，SPOOC 相对已有的国家精品课程、视频公开课、资源共享课在教学功能上更为综合与高效[4]，就教学模式而言，SPOC 借翻转教学流程，变"填鸭式"教学为主动式学习，代表了一种基于能力培养而精心设计的教学模式。与传统课堂相比 SPOC 在学习动机、学习主体、课堂时空、交互方式、课程设计及评价等环节上都有本质的区别[5]，强调将"个性化学习"和"面对面交流"相互结合，学生能够在这种互动模式下进行主动学习，教师也由原本的知识传授者转变为学习过程的指导者和促进者。

2　基于 SPOC 混合式教学的几点体会

2.1　重视课前视频的设计

通过大量文献调查发现，超过 80% 的教师认为微视频是 SPOOC 的核心资源形式[6]。经过一轮的实践教学，课程组也深刻体会到课前微视频的作用绝不仅仅是在课前进行观看这么简单，实际上，微视频的作用概括起来是对知识的一种自主学习，通过微视频学生能够积极思考，理解知识的同时并运用到课堂讨论中，或是做课后作业及项目训练的时候，面对混乱或难懂的知识可以通过反复观看微视频加深理解。部分学生因重视程度不够粗略观看微视频甚至不看就做不到理解知识，更没有内化知识，这样使得学生对知识的学习进入一种一知半解的状态，严重影响后续课堂教学的顺利展开。

所以微视频的设计在整个教学环节中显得尤为重要。优秀视频应有明确清晰的主题，能吸引学生的关注，同时具有一定的交互功能。鉴于此，课程组根据本课程的特征、教学目标与知识体系的总体要求首先将课程内容进行碎片化处理，将课程划分为若干个主要知识点，其次对已有的精品课程资源进行二次开发或"本土化"升级改造，将原来整节课程视频改为以知识点为单位的微课形式，每一个知识点的长度一般小于 15 分钟，集中说明一个知识点，有明确的教学目标，结合了录像与录屏两种方式予以体现。其目的在于力求让学生在视频长度的时间内，保持浓厚学习兴趣，尽可能全面掌握所授知识与技能。

课程组以提高学生学习兴趣为中心，以掌握基本知识技能为目的，建立及时激励与反馈课程学习系统，包括微视频、微案例、微项目、微作业、在线测试、在线答疑和在线激励的线上平台，让学生在现有的网络平台上就自觉的完成课程教学的基本教学目标，还得到了及时的激励和学习效果反馈，极大地提高了学生的学习兴趣和效果。

相对整节课程的录像而言，录制微视频时需要考虑教学目标、知识点的性质、学生认知水平、表现形式等，即使是共享的优质 MOOC 资源也不能完全满足要求，对于教师而言，微视频的时间缩短了很多，但是录制形式多样化，所耗费的教学设计时间、录制技术掌握所需的时间、精力远远超过了课堂教学的备课时间。经过长期的课前资源准备过程，课程组一致认为那些体现教学理念和特色的示范性微素材是整个混合式教学能够顺利进行的坚实基础和有力保障。

2.2 重视课堂教学的重构

传统课堂只重视学生掌握技术能力，而往往忽视了沟通交流、团队合作、灵活应变、信息处理等非技术能力的培养，其实对核心知识及其问题进行多维度探讨也是提高学生学习能力的重要方面。线上微视频为课堂教学留出时间，教师可以将更多精力聚焦到探究式的个性教学上，包括答疑解惑、深入讨论、演示指导等，这才是有灵性的、个性化的教育，才是能培养出独立思考、实践动手能力的教育。因此在课堂教学形式上需要教师重新组织和梳理能充分发挥学生主动性的课堂活动，大胆运用情景模拟、项目训练、案例讨论、交流辩论、成果展示等教学手段，根据课程目标、课程内容、知识体系，从大量优质 MOOC 课程资源的浏览、参与及分析中挖掘、提炼、归纳、设计学生理解知识、构建知识、应用知识与进行能力训练所需的具有探究价值的问题；整理、设计诸多富有挑战性、创造性的训练项目；从学生解决问题的角度设计课堂环节[7]。根据《自动控制原理》课程特点，课堂教学结合项目教学法，重点为创设训练项目， 以 4~6 人组成一个学习小组，通过向小组布置具有实际背景的项目（包括：项目背景、系统性能指标等），分配一定分组讨论时间，分阶段由个人或以小组为单位提出设想，共同探究某一具体问题，或共同讨论完成某项目任务，定期进行成果展示经全班讨论、教师点评后进行总结。在项目训练过程中，学生运用和领悟新知识，采用相互学习、共同研讨的方式解决遇到的新问题，及时与教师进行线上或线下的交流。这样，学习能力在通过参与项目训练、问题研讨、仿真实验与案例分析的过程中不断提升，不仅内化了知识，在自主学习、独立思考、协作研究、交流表达以及自信心等方面也得到了很好的锻炼。

不同于填鸭式的传统教学，SPOC 更注重的是教师和学生的互动体验，这种个性化、动态的使用需求对教师的综合能力要求比技术平台、比视频资源更重要，课堂职能的转变也逼迫教师必须更透彻地解析课程内容，更深入地探讨核心知识，在提高学生学习能力的同时也提升了自身学术水平。

2.3 重视教学过程评价系统

传统的教学评价体系过于关注学习成效而忽视教学过程，SPOC 教育模式中学生的知识掌握与能力获取必须在全程的教学环节中得以实现的，同时保证学生学习质量的根本方法是对线下学习效果给出更加有效且及时的评估，因此 必须重视 SPOC 教学质量评价体系中教学过程的评价，做到教学过程与学习成效并重。SPOC 平台建设中容易忽视教学行为管理功能的设计，在线学习行为应有及时、完整的记录，可以从平台上获取每位学生每天的学习行为，包括浏览具体章节的视频时长、学生的作业提交数及同学们的平均完成情况等。通过数据分析，并结合课程教学计划，对每位学生每周自身的学习状况、在整个班级中的占位、与教学要求的差距等，给出个性化的评价，以达到督促的目的。还可以设置各种学习排行榜（访问次数、学习时长、学习进度、作业／考试成绩等）并向所有用户展示，这既可以展示学生的学习进度和学习成绩，还可形成有效的竞争机制。及时评价策略模式形式多样，可以在线完成，也可以线下补充完成；通过强化学习过程考核比如课前视频观看完整度、论坛活跃程度、课堂提问、在线测试、作业提交，项目作业等，就可以有效地构建针对 SPOC 课堂的教学评价体系。通过加强学习过程的评价，能让教师做到对学生知识的掌握程度了如指掌，心中有数，不至于长时间出现"夹生饭"的状况，这对自动控制理论这种前后知识衔接性比较强的学科尤为重要[8]。

3 结束语

网络学习受限于互动，传统学习受限于时空。将 SPOC 融入传统课堂，利用信息技术和理论教学的深度融合，既体现了教师引导、启发、监控教学过程的主导作用，又充分发挥了学生的主动性、积极性与创造性。 实践表明，这种优势互补的混合教学模式，能有效促进学生知识内化及知识建构，不仅激发了学生对课程本身的学习潜能，更有助于促进学生在自主学习、独立思考、协作研究、交流表达以及自信心等方面的能力提升。

References

[1] 苏小红，赵玲玲，叶麟，等. 基于 MOOC+SPOC 的混合式教学的探索与实践[[J]. 中国大学教学，2015（7）．

[2] Kathleen F. Upside Down and Inside Out: Flip Your Classroom to Improve Student Learning[J].Learning and Leading with Technology，2012（6）．

[3] 赵兴龙. 翻转课堂中知识内化过程及教学模式设计. 中国远程教育研究，2014.（2）．

[4] 贺斌，曹阳. SPOC：基于 MOOC 的教学流程创新[J]. 中国电化教育，2015（3）：22-29.

[5] 李曼丽，徐舜平，孙梦嫽.MOOC 学习者课程学习行为分析——以"电路原理"课程为例[J]. 开放教育研究，2013：83.

[6] 邹景平. 美国大学混合学习的成功应用模式与实例[J]. 中国远程教育研究，2008：11.

[7] 陈冰冰. MOOCS 课程模式:贡献和困境[J]. 外语电化教育，2014：3.

[8] 王颖,张金磊，张宝辉.大规模网络开放课程（MOOC）典型项目特征分析及启示[J]. 中国远程教育研究，2013：71-72.

基于网络平台的自动控制原理课程
混合教学模式研究与实践

张秀梅　于微波　刘克平

（长春工业大学　电气与电子工程学院，吉林 长春 130012）

摘　要：随着现代科技的日益发展和互联网的广泛普及，传统的自动控制原理课程教学模式也开始向着多元化方向发展。在革新传统教学模式的过程中，有效利用互联网，通过互联网教学模式弥补传统教学模式的不足，能够实现教学效率的大幅提升，与此同时，还能够有效刺激学生的学习积极性，促进学生学习方式的转化，从而提高自动控制原理的教学效果。

关键词：网络平台；混合式教学；自动控制原理

Research and Practice on Comprehensive Teaching Mode of Automatic Control Principle Course based on Network Platform

Zhang Xiumei, Yu Weibo, Liu Keping

（College of Electrical and Electronic Engineering Department of Automation，Changchun University of Technology，Changchun 130012, Jilin Provincen,China）

Abstract：With the advancement of modern technology and the wide popularity of the Internet, the traditional course teaching mode for automatic control principle course starts to move towards diversification. In the process of innovating the traditional teaching mode, an effective application of Internet by virtue of the online instruction mode to make up for deficiencies of the traditional teaching mode, can not only enrich teaching contents and arouse students' interest to learn, but also stimulate students to turn from the passive reception learning into the active autonomous learning, thereby improving the teaching efficiency of the automatic control principle.

Key Words：Automatic Control Principle Course；Network Platform；Comprehensive Teaching Mode

引言

随着电子技术、计算机技术的飞速发展，"《中国制造 2025》纲要"于 2015 年正式面世，对后续十年内的发展任务做出了系统的规划，重点强调了智能制造（Intelligent Manufacturing，IM）的重要作用，肯定了发展人工智能以及智能机器人的基础性作用。随着我国工业化进程的不断加快，工业智能化的大趋势下，人才的重要性得到了凸显，自动控制领域专业人才稀缺的情况也得到了相关人士的广泛关注。

"自动控制原理"课程作为自动化专业和电气工程专业本科生重要的专业基础课，对学生的后续学习与发展起到了关键性的奠基作用，会对其职业生涯产生不可磨灭的影响。从客观上来讲，

第一作者：张秀梅（1983—），女，博士研究生，讲师.

基金项目：1.吉林省高等教育学会高教科研课题(JGJX2017C29 和 JGJX2015D69)；2. 2016 年吉林省高等教育教学改革研究课题；3. 2015 年教育部自动化教指委教学改革研究课题(2015A10).

学生对此门课程的掌握程度，与其后续职业发展以及对社会的贡献程度呈现出直接的关联作用[1~3]。

随着现代科技的日益发展和互联网的广泛普及，传统的授课方式已经无法激发学生的学习兴趣。为此，基于"互联网+教育"特点和网络时代学习理论，有效利用互联网，通过互联网教学模式弥补传统教学模式的不足，能够实现教学效率的大幅提升，与此同时，还能够有效刺激学生的学习积极性，促进学生学习方式的转化，从而提高自动控制原理课程的教学效果。

1 自动控制原理课程教学存在的问题

自动控制原理课程是系统学科、信息学科、机械学科等相关学科的应用基础，在控制科学与工程学科中占有极其重要的地位。其授课方式、讲授效果的好坏直接影响着学生后续课程的学习，影响着学生对整个专业知识的掌握。但是从现实情况来看，目前"自动控制原理"课程的教学现状并不乐观，多强调理论知识的灌输，忽略了对学生实践能力的培养。长此以往，学生的学习自主性以及创新意识将会被压制，往往会导致学生普遍学习热情不高，部分基础不好的学生厌学情绪较重，仅有小部分学生仍然能够保持较好的学习状态[4~6]。

立足于现实背景，深入剖析我校自动控制原理课程的教学现状，在此基础上将现存问题总结为如下几项：

1.1 课堂教学的学时相对不足

我校自动化专业 2014 版培养计划中《自动控制理论》共 84 学时，其中理论教学 74 学时，实验教学 10 学时。《自动控制原理》的主要教学内容有：频域、时域的分析方法；非线性、线性系统的分析设计；离散、连续系统的校正与分析等。由上述内容可见，全部依赖于课堂教学，无法完成这么多的教学内容。而且，新的培养计划还要减少学时，那么如果解决学时少，教学内容多的矛盾，是教师需要考虑的问题。

1.2 课程难度大，学生不易掌握

自动控制原理是一门综合性很强的专业课，涉及方方面面的内容。其关联学科主要包含热学、力学、光学、电路学、电子学等。与此同时，学生想要顺利完成系统控制建模，必须要具备较高的实践能力以及建模能力。因此，学生在高等数学、线性代数学等课程的学习方面也不能松懈。但是由于大多数学生对相关学科知识的掌握度不高，也未能深入理解学科交叉的意义，因此其在学习自动控制原理课程的过程中，往往步履维艰。

1.3 传统教学模式，课后答疑难以保证

现有的教学方式主要是课堂教学，采用多媒体(PPT) + 传统板书，每次上课时间 2 课时。由于课时减少，授课进度较快，那么基础较差或学习能力较弱的学生跟不上教学思路，未能理解和消化上课内容。而课堂上老师要顾及大部分学生的教学进度，不能经常性地照顾他们。这部分学生找教师答疑的情况也不令人满意，经沟通后得到的答案是答疑时间冲突较为厉害，问题越积越多。在课程考核时，常有约 1/4 的学生无法通过考核，比例较高。

2 基于网络教学平台的自动控制原理教学模式

2.1 课堂教学模式

自动控制原理课程日常授课以板书与讲解相结合的授课方式为主，这种教学方式有助于学生对传递函数推导、方程式推导等内容的理解与应用，但是不利于学生的形象感知，且板书的教学效率相对较低，在讲解图像较多的内容时需要耗费较长的时间。在这一背景下，多媒体教学方式的优势得以突出，主要表现在直观性、趣味性较强等诸多方面，有助于激发学生的学习积极性，能够促进教学效率的提升。

传统教学将基本理论知识的课堂讲授摆在了核心位置，引入计算机等现代教学工具后，逐步在课堂教学中增添了 MATLAB 软件部分以及工程实践能力部分，对计算机辅助教学以及实践教学进行了强调，逐步形成了"三位一体"课堂教学模式体系。不过，从客观上来讲，这种教学模式仍然是不科学的，主要强调从理论到仿真再到教学实践的过程。基于此背景，有必要实现三者的有机融合，充分发挥理论知识的牵引作用，将上述三项内容和谐地穿插在一起[7,8]。

2.2　网络教学模式

从客观上来讲，相比于传统教学模式，网络教学模式的优势突出体现在能够有效扩充并发展课堂教学的内涵。明确上述优势之后，充分依托网络技术，现代化的教学模式得以确立，其突出特征在于"四大分离"：

（1）时间分离：在这里需要关注两个概念，首先为学生在不受时间限制的条件下重复学习同一堂课的视频，此特征被称作"非线性"特征，其次指的是学生能够观看已经录制好的视频，此特征被称作"非实时性"特征。上述两项特征共同构成了时间分离特性，有效刺激了学生的学习积极性，进而提高了教学效率[9]。

（2）空间分离：强调网络的异地性。指的是学生能够根据自身情况科学选择参与网络学习的时间与地点。

（3）师生分离：强调网络教学模式下师生间呈现出单向间接交流的状态。

（4）教管分离：即教师不会干预学生个人的学习过程。

2.3　两种教学模式的互补

基于课堂教学模式和网络平台教学模式的特点，针对我校学生特点，设计了基于网络教学平台的自动控制原理教学过程，如图1所示。

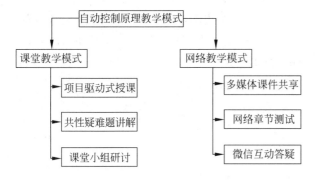

图1　基于网络教学平台的自动控制原理教学模式

我们应清醒地认识到，网络教学和传统教学各有优势和不足，想要充分激发二者的价值，必须要实现二者的优势互补，扬长避短的加以运用，进而实现教学体系的发展与完善。

3　基于网络教学平台的自动控制原理教学过程

3.1　课前微课的使用，分层教学得到落实

因微课具有"多形式、少内容、短时间、多资源"等特点，因此在课前采用微课的形式为学生学习提供个性化服务，学生可以根据自身需求来展开学习，不再拘泥于呆板的教材与教案，能够科学选择适合自己的学习内容，进而高效率的展开学习。教师要充分发挥自身的引导职能，为学生提供必要的指引与帮助，促进学生自主学习。应该充分发挥现代沟通工具的作用，依靠QQ群、微信群等平台来展开讨论与沟通，促进学生学习自主性的转化，帮助学生挖掘学习乐趣。应该以微课为阵地，提高碎片化时间的利用率，引导学生树立科学的学习习惯。

3.2　课中"互联网+"的使用，教学与育人统一

针对理论性较强的《自动控制原理》课程，为增进其工程性和实用性，应该探索多元化的教学方法。以"二阶系统的动态性能"的授课为例，建议合理参照网络课程的"直流电动机转速控制系统"案例，以实验为手段展开分析与验证，激发学生的主动性，锻炼学生的动手能力。必须认识到实践操作的价值所在，促进学生学习能力的提高。考虑到目前通信技术越来越发达，手机已经成为人们的必要工具，因此可依托这一条件，引导学生利用手机来进行网络视频、微课、慕课的学习，充分激发网络教学的价值，逐步转变传统的教学模式，朝着混合式的学习方式迈进，全面调动学生的主动性，增进学生与老师之间的距离。从客观上来讲，这一转变有助于学生团队意识能力、沟通能力、语言表达能力的培养，与此同时，还实现了线上线下资源的优势互补，进而全面提升学生的学习效率，促进理论学习与实践学习的有机结合。

3.3　课后慕课的使用，个性化发展得以实现

对于学生而言，若能够有效利用业余时间来进行学习，那么其个人学习与发展势必会更加顺利。因此，教师必须要充分发挥自身的引导作用，帮助学生自觉地利用课余时间来展开学习，进而实现课堂的有效拓展与延伸，随着现代信息技术的不断发展，当代学生能够享受到更加便捷、更加优质的教育资源，慕课、微课便是其中的代表，若学生能够依托互联网，有效利用上述资源来展开学习与交流，必然会受益匪浅[10]。慕课的价值主要体现在，能够充分激发学生的学习兴趣，为

学生提供个性化的学习服务，帮助学生尽快适应学习任务，进而展开高效率的学习与发展。

3.4　实施效果

长春工业大学电气与电子工程学院自动化专业于 2013 年 6 月被教育部批准为第一批本科专业综合改革试点专业。为此，对 2013 级本科生选择了"自动控制原理"课程实施混合教学模式。2013 级综合改革试点班 130304 班共有学生 34 人在自动控制原理期末考试中优秀人数 10 人（30%），不及格人数 1 人（2.9%）。从学生反馈来看，非常喜欢混合教学模式，大大调动了学生的积极性和学习主动性，在后续课程中也展现了其较好掌握了控制理论基础知识，除此之外，2015 年自动化专业 130304 实验班学生在全国大学生电子设计大赛，"挑战杯"，首届"互联网+"大赛中也获得了优异成绩。

4　结语

随着现代信息技术的不断发展，互联网在人们日常生活中的作用越来越突出，教学领域也迎来了新一轮的改革，在顺境中谋求新的发展。传统课堂教学模式与网络平台教育理念的结合无疑成为互联网背景下教育领域的一次壮举，有助于拉近师生间的距离，能够促进教学质量以及学习质量的全面提升。这种教学模式激发了学生的学习热情，增强了学生的学习主动性，有利于培养学生的团队协作能力以及独立思考能力，能够帮助学生在实践过程中快速地成长起来。

References

[1] 刘丙友."自动控制原理"课程教学改革与探索[J]. 中国电力教育，2011（2）：62-63.

[2] Practice and Exploration of Automatic Control Principle Course Teaching[J]. China Educational Technology & Equipment, 2011.

[3] 张秀梅，侯云海，廉宇峰. 改革实践教学模式，培养创新型人才[J]. 科技创新导报，2014（25）：173.

[4] 唐超颖，姜斌."自动控制原理"课程的探究性教学实践[J]. 电气电子教学学报，2007，29（6）：91-93.

[5] 郭爱文，周洪."自动控制原理"课程教学改革探讨[J]. 电气电子教学学报，2014，36（1）：11-12.

[6] 李丽霞，宛波，于宏涛，等. 应用型本科院校《自动控制原理》课程教学探讨[J]. 沈阳工程学院学报（社会科学版），2008，4（3）：421-423.

[7] 余洁，杨平，王新刚. 提高"自动控制原理"课程教学质量的探讨[J]. 教育与职业，2010（29）：128-129.

[8] 周武能，石红瑞. 自动控制原理教学改革与实践[J]. 教学研究，2010，33(1)：63-66.

[9] 袁桂丽，刘向杰，王宝源. 自动控制理论课程教学的改革与实践[J]. 教育教学论坛，2016（24）：154-156.

[10] 王新生，张华强，张虹. 基于 MOOC 模式的自动控制原理网络教学设计[J]. 高教学刊，2015（13）：34-35.

主题 4：

自动化专业师资队伍培养和教学团队建设

从工程应用技术教师大赛论高校工科专业教师队伍建设

萧德云[1]　吴晓蓓[2]　刘　丁[3]　黄海燕[1]

（[1] 清华大学 自动化系，北京 100084；[2] 南京理工大学 自动化学院，南京 210094；

[3] 西安理工大学 自动化与信息工程学院，西安 710048）

摘　要： 本文从举办两届的工程应用技术教师大赛反映出来的问题和当前高校存在的现状，论述高校工科专业教师队伍建设的复杂性和艰巨性，并且指出工程实践能力是目前工科专业教师的严重短板。呼吁各界要充分重视高校工科专业教师队伍的建设，尤其要积极主动地创造条件切实加强工科专业教师特别是中青年教师的工程实践能力，以促进提升高等院校的教育教学水平。

关键词： 工程应用技术；教师大赛；专业教师队伍；工程实践能力

On Construction of Teacher Team of Engineering Specialty in Colleges and Universities from Engineering Applied Technology Contest for Teachers

Xiao De-yun[1]　Wu Xiao-bei[2]　Liu Ding[3]　Huang Hai-yan[1]

（[1]Department of Automation, Tsinghua University, 100084；[2]School of Automation, Nanjing University of Science and Technology, 210094；[3]School of Automation and Information Engineering, Xi'an University of Technology, 710048）

Abstract: In this paper, the construction of teacher team of engineering specialty in colleges and universities is discussed from the problems reflected in the two engineering applied technology contest for teachers and the current situation at present in colleges and universities, and this is a complicated and arduous job. Also it is pointed out that the ability of engineering practice is serious short board for teachers of engineering specialty. We call on all circles attach importance to the construction of teacher team of engineering specialty. In particular, we should actively create conditions to effectively strengthen the ability of engineering professional teachers, especially young and middle-aged teachers, in order to promote the promotion of education and teaching level.

Key Words： Engineering Applied Technology; Teachers' Contest; Professional Teacher Team; Ability of Engineering Practice

引言

为了深入贯彻《国家中长期教育改革和发展规划纲要（2010—2020 年）》和十八大报告提出的"深化教育领域综合改革，着力提高教育质量"的战略思想，进一步推动高等院校教育教学改革，强化专业教师实践与创新能力训练，以培养更高质量的工程应用技术人才，更好地满足"中国制造 2025"等国家战略的实施，中国高等教育学会于 2015 年和 2016 年连续举办了两届"全国高等院校工程应用技术教师大赛"（以下简称"大赛"）。

联系人：萧德云.

从这两届大赛的执行情况看,参赛教师尤其是青年教师表现出来的实践动手能力尚存在一些问题,也从中认识到高校专业教师队伍建设任务的复杂性和艰巨性。2016 年我国正式成为《华盛顿协议》成员国,这意味着我们必须站在更加宽广的平台上,对工程科技人才的培养提出更高的要求。为此,我们必须下大力气进一步优化高校专业教师队伍的学历结构、学缘结构,着实提高专业教师的整体素养水平。对于工科专业来说,尤其要重视提高专业教师的工程实践能力与创新力。我们必须清醒地认识到,高校专业教师队伍建设是高等院校教育教学改革的关键,各方同仁必须高度重视,它关系到我国高等教育事业的未来与发展。

本文从工程应用技术教师大赛的出发点、执行情况和反映出来的问题,以及当前高校普遍存在的现状,论述高校工科专业教师队伍建设的重要性和艰巨性,文中还就专业教师队伍建设问题提出一些建议和意见。

1　高校工科专业教师素质要求与队伍建设

高校工科专业教师不同于科研院所的研究员,也不同于企业单位的工程师,其专业素养和专业能力要求更高。在具备高尚的师德前提下,不仅要具有教学能力,还要具有科研能力和工程实践能力。

教学能力包括钻研教材的能力、了解学生的能力、教学活动组织能力、良好的语言表达能力和教育理论研究能力。首先,教师要会钻研教材,善于把教材的知识弄懂,融会贯通,转化为自己的知识,并把教学目的、重点及要求转变为教学的指导思想;同时将教学内容与学生的实际紧密联系,找到使教学内容适应学生能接受的教学方式;这种钻研教材的能力越强对提高教学质量越有利。其次,教师要会深入了解学生,掌握学生的所思、所想和所需,这是教师进行教育教学工作的出发点,也是教师的一项基本功;只有了解学生的实际,才能做到有的放矢、长善救失、因材施教。再者,教师应具备较强的教学活动组织能力,包括制定教学计划、设计课堂教学方案、

进行教学总结,以及善于启发诱导、激发学生兴趣等;这种教学活动组织能力包含一定的创造性,既需要知识经验,又需要满腔热情,更需要在实践中坚持不懈地研究、总结、磨炼。另外,教师良好的语言表达能力会直接影响教学效果,包括教学表达时简练明确、内容具体、生动活泼、合乎逻辑、流畅通达、富于感情、有感染力等。除此之外,教师还要能善于总结自己的教学经验,并使之不断升华,达到理论的高度,还应能自觉地运用、验证教育理论,从大量的现象中研究探索出规律性的东西,以先进教学理论为指导,不断改进教学工作。

科研能力包括科研意识、科研精神、科研方法和成果表达等。科研意识是指积极从事科学研究的心向,潜心捕捉和发现科研课题的求知欲,这是科研活动的内在动力。科研精神是指能坚持真理、勇于探索、实事求是、协同合作和勇于创新。科研方法是指发现问题、预测设计和信息筛选的能力;科学研究都是从问题开始的,并把它设计成研究课题,再根据自己掌握的信息,设计课题的研究思路与目标,并对相关信息进行采集、获取、识别、分类、评估和使用等。成果表达是指把经过潜心研究得出的结论诉诸文字,通过科研报告、科研论文、著作等表述出来的能力。"一个只会创造不会表述的人,不算一个真正的科研工作者"。作为工科专业教师,还要善于将科研的过程和成果,结合教学的需要,转化为课堂教学的内容或案例。

工程实践能力是指从事实际工程的一种专业技术能力,是面向工程实践活动时所具有的潜能和适应力。其一要有敏捷的思维、正确的判断和善于发现问题的能力,其二要有理论知识和实践融会贯通的能力,其三要有能把构思变为现实的技术能力,其四在工况现场要具有判断故障和应急处理的能力,其五要有综合运用资源、优化配置、保护生态环境和实现工程可持续发展的能力,说到底是一种以正确思维为导向的实际操作能力,具有很强的灵活性和创造性。一要有广博的工程知识素质,二要有良好的思维素质,三要有工程实践操作经验,四要有灵活运用人文知识的素质,五要有扎实的方法论素质,六要有工程创

新素质，并非知识的简单综合，而是一个复杂的渐进过程，将不同学科的知识和素质要素融合在工程实践活动中，使素质要素在工程实践活动中综合化、整体化和目标化。

上面分列的教学能力、科研能力和工程实践能力要素是对高校工科专业教师的基本祈求，应该成为高校工科专业教师队伍建设的靶向。就目前高校的现状而论，积极主动创造条件切实提高工科专业教师特别是中青年教师的工程实践能力尤为迫切。

以上分析说明，高校专业教师队伍建设涉及方方面面，它是高等院校教育教学建设第一位的头等大事，也是人才培养最重要的要素之一。任何不利于专业教师队伍建设的做法都不是好的做法，任何损害专业教师队伍建设的改革都是逆动的改革。目前很多高校在专业教师队伍建设上有许多新的举措，但普遍存在一些问题，对提高专业教师工程实践能力是不利的。比如：

（1）新教师以学位、发表论文的篇数和档次为门槛，缺乏对工程实践能力的要求，这就将大量实践能力强的人才拒之高校门外。

（2）教师的考核、职称升迁等，唯论文和基金项目，虽然对教学课时数有一定的要求，但对工程实践能力没有硬性指标，这就将教师引导到写本子争取基金项目上去，造成其他方面能力的落差。

（3）一些学校将专业教师队伍分成教研系列、研究系列和教学系列三类，这种分化专业教师队伍的做法显然不利于上述对教师能力的诸项要求，也会引导教师更加急功近利，影响专业教师队伍建设，不利于高校教育教学改革。

（4）学校对教师教学能力的考核大都采用，一是工作量，二是学生没有大的意见反映。其实，这是最低标准，如何发挥工程实践经验对教学的作用没有体现在评价标准中。

（5）有些学校师生比很低，十几个人甚至几个人就办一个专业，一个教师要同时上多门课程，基本上没有时间进修学习，更谈不上有时间去提高工程实践能力。

可见，要建成一支高素质的专业教师队伍问题很多，任重道远。对于工科专业教师来说，扎扎实实提升工程实践能力更是障碍重重。

2 工程应用技术教师大赛

教育部倡导在高等院校推进"卓越工程师教育培养计划"，实施该计划的关键在于要有一支既懂理论知识又有工程实践经验的教师队伍。大赛针对当前高校教师的现状，本着提高教师的工程实践能力，增强工程实践经验，坚持工程技术应用方向，融合卓越工程师和应用技术型人才培养要求，以现代制造、环境与新能源、自动化系统、电子信息和电气工程等若干技术领域工程项目为背景，通过工程应用项目或教学实验项目的设计和实践，在全国高校范围内开展工程应用技术教师竞赛。大赛提倡应用创新、重视实践，旨在促进培育新一代既懂理论知识又有实践经验的"卓越工程师"教师人才队伍，适应高等院校教育教学改革的需要，提升高等院校工程技术专业人才的培养质量。

2.1 大赛宗旨[1,2]

大赛以提高专业教师的实践动手能力为目的，"实践、创新、诚信、公平"为大赛宗旨。旨在倡导敢于实践、勇于创新、笃于诚信、践行公平。敢于实践意在要求参赛选手能够比较熟练地将理论知识用于工程实际，在实践中提高教师的专业动手技能；勇于创新意在要求参赛选手充分释放想象力和能量，在设定的有限资源条件下，创造性地运用知识，设计开发有创意、有价值的应用系统，在创新中提升教师的工程实践能力；笃于诚信意在要求参赛选手必须忠于诚信，本着诚信第一的信念，遵守学术道德规范，在竞争中提升教师的专业素养。践行公平是大赛必须遵守的原则，是大赛获得教育界信任、持续发展的根本。

2.2 赛项设置[1,2]

大赛围绕现代制造、环境与新能源、自动化系统、电子信息和电气工程5大主题，设置16个赛项，每个赛项配置指定的实施平台。

2.2.1 现代制造（MM：Modern Manufacturing）

MM 1：数控机床控制技术

MM2：机械系统装调与控制技术

MM3：液压与气压传动技术

2.2.2　环境与新能源（E&E: Environmental protection and new Energy）

E&E1：新能源风光发电技术

E&E2：水环境监测与治理技术

E&E3：大气环境监测与治理技术

2.2.3　自动化系统（AS: Automation System）

AS1：工业机器人与机器视觉应用技术

AS2：可编程序控制系统设计及应用

AS3：工业网络集成控制技术

AS4：过程装备及自动化技术

AS5：智能制造生产线信息集成与控制

2.2.4　电子信息（EI: Electronic Information）

EI1：电子技术创新设计与应用

EI2：物联网技术

2.2.5　电气工程（EE: Electrical Engineering）

EE1：楼宇智能化工程技术

EE2：电力电子与调速技术

EE3：智能变配电技术

2.3　大赛模式[1,2]

大赛采用目标命题的竞赛方式，即限定赛项平台，给定实现目标，实施方案不拘一格。这种目标命题的竞赛方式既约束了项目的实施范围，又为参赛选手留有应用创新的空间，重在考察参赛选手的实际应用能力和解决问题能力。

大赛支持在目标命题范围内和限定赛项平台下进行有创意的系统设计，鼓励从应用创新的角度去思考设计工程应用系统，或从培养学生的角度去构造实验教学系统。

大赛分初赛和决赛两个阶段，初赛阶段参赛选手在 16 个赛项中任意选择一个赛项，根据目标命题的要求和赛项平台的硬件和软件资源，设计一个工程应用系统或教学实验系统（二选一）。所设计的工程应用系统要求具有实际应用价值，方案富有创新性，技术运用灵活；所设计的教学实验系统要求具有教学实验使用价值，能覆盖多门课程、多个知识领域的知识点。参赛选手按规定时间提交项目方案设计书，大赛组织相关专家以网评的形式进行初审，根据初审结果，决定入围全国总决赛名单。

决赛阶段分"工程实践操作"和"目标命题实现"两个环节。第一环节主要比基本技能操作和工程素质，第二环节主要比规定目标下的应用创新和解决问题的能力。决赛两个环节的赛时各为 120 分钟，第一个环节完成后间隔 30 分钟进入第二个环节，第二个环节完成后由评审专家组织对参赛选手进行现场答辩。

在第一比赛环节中，参赛选手根据"工程实践操作"作业书，在限定的赛项平台上，完成规定的操作步骤和技术要求。现场裁判从工程能力素养要求的角度，就工艺、流程、规范、安全等方面，对参赛选手现场操作的结果进行评判，给出百分制成绩，权重 0.40。在大赛官方网站上提前公布"工程实践操作"作业书，决赛现场提供的作业书会有不大于 20%的变动。

在第二比赛环节中，参赛选手根据"目标命题实现"任务书，在限定的赛项平台上，完成规定的目标任务和技术要求。评审专家从工程应用和解决问题能力的角度，就方案设计、方案实现、实施效果和答辩情况等方面，对参赛选手完成目标命题任务的结果进行评判，给出百分制成绩，权重 0.60。每个赛项的"目标命题实现"任务书可能给出 1～3 个任务，参赛选手从中选择一个任务，先做方案设计，提交后通过初审，入围者进入全国总决赛。

2.4　大赛的执行效果

2.4.1　赛项设置具有挑战性

大赛的赛项设置内容上涵盖数控、机械、机电一体化、液压气动、新能源、水处理环保、大气污染监测、自动化、工业机器人、智能制造、信息技术、电子技术、电气工程、智能家居、物联网和供配电等多种专业，竞赛模式采用目标命题的方式。各赛项编制"目标命题实现"任务书，参赛选手按照任务书设计参赛项目方案。所设计的方案要么具有工程应用价值，设计富有创新性，覆盖多个技术点；要么具有教学实验使用价值，覆盖多门课程、多个知识点，具有培养学生动手和解决实际问题的能力。从参赛选手、现场裁判和评委专家的反馈意见看，赛项设置专业性强、工程性复杂、技术性高、覆盖的知识面广，具有挑战性，对参赛选手是一种严峻的考验，有助于提高工程实践能力。

2.4.2 参赛选手的表现

两届大赛报名参赛选手来自全国 100 多所院校，初赛人数接近 400 人，经过初审入围决赛的约 260 多人。选手的参赛热情很高，在竞争的氛围下、碰撞的思潮中，穿插着思想的交锋、知识的应用，方法的选择，以及对方案设计、系统调试等全过程的演练，个人的潜能得到很好的发挥，个人的能力得到深刻的锻炼。参赛选手的努力拼搏，使整个赛事场面感人，许多参赛选手在赛题难度较大的情况下依然能出色完成比赛，取得优异成绩，在激烈的竞赛面前表现从容。

2.4.3 裁判和评委的作用

大赛的裁判和评委均来自高校和企业的专家，阵容强大，他们既具有丰富的实践经验，又是教育界的行家。在严格的程序下，公正的裁判和评审，使大赛的奖项具有权威性，真真做到既比出水平高低，又切磋专业技能。裁判和评委还结合参赛内容现场对参赛选手进行专业方面的指导，对参赛选手来说，犹如聆听一堂高水平的课和接受一次具体的实践指导，竞争赛场成为探讨教育改革和教书育人的课堂。

2.4.4 存在的问题

从大赛的总体情况看，主要存在几个比较突出的问题：

（1）参赛选手的水平相差比较大，虽有些参赛选手水平比较高，但表现出来解决问题的能力还比较弱，比如不会调整设备参数，使系统运行在最佳工况。

（2）工程思维方式、系统分析能力欠缺，需求分析、对象特性分析能力不足，对涉及交叉知识的应用，缺乏应对能力。

（3）参赛选手编写的方案设计书质量较差，缺少基本格式、基本规范，也不善于将自己所做的工作用自己的语言表达出来。

3 从大赛看教师队伍建设的艰巨性

从大赛反映出来的问题看，我国高等院校工科专业教师队伍的状况是中青年教师占主导，且具有高学历、高职称，学术思想比较活跃的特点，有时还盲目传承导师的衣钵。在当前教师评价体系的指挥棒下，重科研能力的发展、轻工程实践能力的练就、一味追逐发表所谓的高水平学术论文成了从众的时潮风尚。教学上对学生"宽容"，甚至迁就，以求得学生给个"好评"，造成了学生学习无严师，生活无导师的现象。工程实践能力更是许多专业教师的一块短板，在面对工程实际问题会显得有点"怯"，缺乏系统分析、系统设计能力，缺乏综合应用专业知识的能力，解决实际问题的能力低，甚至有些专业教师从来没有接触过工程实践项目，缺乏真实的工程实践体验。

在决赛的"工程实践操作"和"目标命题实现"两个环节中，第一个环节主要比基本技能操作，第二个环节主要比实践应用新能力。在第一个环节中，由于该环节的"作业书"写好了操作流程，参赛选手按"作业书"的引导步骤一般还能完成规定的操作。但到了第二个环节，参赛选手就可能手脚忙乱，甚至显得束手无策，不但不能完成命题要求的任务，甚至系统都开动不起来。遇到要系统故障，往往无从下手，只能"隔岸观火"。如果赛题同时涉及"机"和"电"的知识和操作或其他知识的综合应用，参赛选手更会感到棘手。

从整个大赛的结果看，参赛选手的工程实践能力普遍比较低，设计的项目不仅缺乏工程性、完备性和创新性，而且视野不宽、层次不高、思路不活，尤其是处理解决突发故障的能力不足，而且设计文档、工程操作欠规范。

这一切的一切都说明目前高校工科专业教师的工程实践能力存在问题，虽然他们有的出身"名门"，但工程实践能力无不例外令人担忧。然而要改变这种现状，不是一朝一夕能解决的，它与高校的制度和政策有关，与领导的目光、远见和境界有关，与教师遭受的社会和生活压力有关，与母校和导师给予的知识结构有关。可见，高校工科专业教师队伍的建设关系复杂，艰巨的很呀！

4 一些建议和意见

建设一支素质优良、结构合理、相对稳定的高校专业教师队伍是实现高等教育事业跨越性发展和改革的需要。下面结合高校的现状和大赛所反映的问题，提几点建议和意见。

（1）各级领导要切实重视高校专业教师队伍的建设，制定教育教学改革方针和政策时，要考虑到是否真正有利于提升专业教师的教学能力、科研能力和工程实践能力，要把这项工作与学校"双一流"建设的目标结合起来。

（2）目前高校专业教师的评价体系不利于专业教师队伍建设，需要进一步研究完善专业教师的评价体系，建立全方位的教师评估、监督、考察机制，形成立体化的评估体系，以促进专业教师队伍的良性管理和建设，尤其重要的是要解除捆绑在专业教师身上的一些精神锁链，给专业教师留有充分的自由发展空间。

（3）要设法把专业教师组织在课程组框架下，传承教学上的师徒关系，提高专业教师的教学能力；要设法让专业教师强强联合，在学科带头人的引领下，提升专业教师的科研能力；要创造条件让专业教师承担或参与实际的工程项目，锻炼专业教师的工程实践能力。

（4）高校专业教师要充分认识到身负培养高质量工程技术人才的重任，打铁自身要过得硬，特别要利用所有条件，自觉投身到锻造自身工程实践能力的活动中，这样才能谈得上为国家培养高水平的工程技术人才。

（5）营造尊重实践、提倡实践的社会风尚，鼓励工厂企业尽可能接纳高校工科专业教师进修、实训，高校工科专业教师定期到工厂企业学习、锻炼，造就更多具有工程经验的巨匠，并使之立足高校的讲台，使工科专业教师以具有丰富的工程实践经验为荣。

（6）教育主管部门、行业协会（学会）要多组织有关的活动，比如设立专业教师实践能力提升专项项目，在经费、时间等方面提供保障。搭建教学交流平台，让老师们相互学习，相互借鉴，共同提高。组织竞赛，设置奖项，通过比、带动学、促进教师实践能力的提高。

（7）解决好专业教师的福利待遇，营造和谐的教书育人环境，使学校的管理更加人性化。只有充分解决专业教师生活的后顾之忧，专业教师们才有可能全身心地投入教育教学改革。

5　结束语

以清华大学吴澄院士和浙江大学孙优贤院士领衔的"全国高等院校工程应用技术教师大赛"在杭州举办了两届，今年正在筹办第三届，大赛的原本宗旨是提升高校工科专业教师的工程实践能力。两届大赛折射出高校工科专业教师队伍建设存在诸多问题，尤其反映工程实践能力是高校工科专业教师确确实实的短板，而且目前情况下仍然未能引起各方的足够重视。本文意在呼吁各界要重视高校工科专业教师的队伍建设，尽可能地创造条件加强高校工科专业教师工程实践能力的训练，以进一步提升高等院校的教育教学水平，为实现我国从制造大国迈向制造强国做出应有的贡献。

References

[1] 全国高等院校工程应用技术教师大赛组委会，"2016年（第二届）全国高等院校工程应用技术教师大赛"执行方案，http://skills.tianhuang.cn，2016.

[2] 全国高等院校工程应用技术教师大赛组委会，"2017年（第三届）全国高等院校工程应用技术教师大赛"执行方案，http:// skills.tianhuang.cn，2017.

工程教育认证背景下的地方院校师资队伍建设思考

孔玲玲　李　佳

(云南民族大学 电气信息工程学院，云南 昆明 650031)

摘　要： 实施工程教育专业认证对高校教师提出了新要求和新挑战。论文梳理了工程教育专业认证基本理念以及对教师队伍的整体要求，结合地方院校工科专业教师现状，提出符合认证标准师资队伍建设思路。

关键词： 工程教育专业认证；地方院校；师资队伍

Reflections on the Construction of Teachers in Local Colleges with on the Background of Professional Accreditation of Engineering

Kong Ling-ling, Li Jia

（School of Electrical and Information,Yunnan Minzu University ,Kunming 650031, Yunnan Province, China）

Abstract: The implementation of professional accreditation of engineering has raised new demands and challenges for college teachers. The paper combed the basic concepts of professional accreditation of engineering and the requirements of the teaching staff. Combining with the present situation of local engineering colleges and universities teachers, the paper puts forward the train of thought for the construction of qualified teachers meeting the certification standards.

Key Words： Professional Accreditation of Engineering; Local Colleges; Universities Teaching Staff

引言

我国于 2016 年 6 月正式加入国际工程教育专业认证协议《华盛顿协议》，成为国际本科工程学位互认协议的正式会员。近几年，国内许多高校正在积极开展工程教育专业认证工作。在工程教育认证背景下，离不开一支高水平的师资队伍。如何完善机制，提高师资队伍整体水平，建设一支符合认证标准的师资队伍极其重要。

1　工程教育专业认证概述

1.1　工程教育专业认证基本理念

为提升我国工程教育的国际竞争力，实现工程教育的国际互认，我国于 2007 年成立了工程教育专业认证专家委员会，在推进我国工程教育专业认证与国际接轨的进程中，该协会制定的专业认证通用标准，在学生、培养目标、毕业要求、持续改进、课程体系、师资队伍和支持条件等 7 个方面与国际标准紧密对接（见图 1）。

从图 1 可以看出，工程教育认证的教育理念强调以学生为中心，以培养目标为导向，注重教育产出和实际成效，坚持全体学生共同达标，以持续改进促进质量不断提高。工程教育专业认证要求专业课程体系设置、师资队伍配备、办学条件配置等都围绕学生毕业能力达成这一核心任务展开，并强调建立专业持续改进机制和文化以保证专业教育质量和专业教育活力[2]。

联系人：孔玲玲. 第一作者：孔玲玲（1979—），女，硕士，讲师.

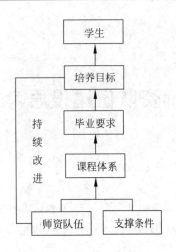

图1　工程教育专业认证内容框架

1.2　工程教育专业认证对教师队伍的整体要求分析

建设一支数量足、结构合理、质量高的工科教师队伍是培养满足培养目标和毕业要求的工程人才的关键。ABET工程专业认证标准（2014—2015）第六条——对教师队伍的规定是："专业应有足够数量的教师以具备覆盖专业所有课程领域的能力。必须有足够数量的教师以提供充分的生师交互、学生建议和咨询、大学服务活动、专业发展、与工业和专业实践者以及用人单位的交往。"[5]要想确保专业教师对专业的指导到位，提出专业的评价、评估和持续改进建议，专业教师就必须有符合要求的任职资格和足够的职业经历。对教师的整体胜任力通常通过以下因素来判断：教育背景的丰富性、工程及项目的经历、教学效果和评估、沟通协调能力、对专业的热情、学识水平、是否有专业团体的参与、专业工程师许可等（见图2）。

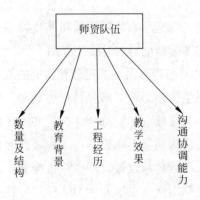

图2　工程认证下的师资队伍指标

从工程教育专业认证标准对师资队伍的规定

可以看出，对从事工程教育的教师的要求既有与其他学科教师相同的部分，也有其独特的地方。例如在教师任职资格上，不仅需要高学历，还必须有丰富的工程经历和多样的职业发展历程；教师的结构和数量除完成常规的教学工作外，还必须有时间和精力投入到教学和学生指导中，为学生职业生涯规划、职业从业教育提供有效建议；教师的职业发展也不能够仅限于校内，还要积极参与国内外本工程学科专业团体的各项活动。建设一支具有开阔的工程视野，敏锐的工程思维以及很强工程设计能力的工程应用型师资队伍是工程认证背景下人才培养的有力保障。

2　地方院校师资队伍现状分析

地方高校担负着为地方经济建设和基础教育输送人才的重要任务，是我国高等教育的一支重要生力军。近年来，随着高校之间竞争的加剧，各高校加强了教师队伍建设，虽取得了明显的成就，但从整体上来说，地方高校教师队伍建设仍然存在一些不足。主要表现以下几点：

2.1　教师队伍结构不尽合理

对于地方高校，特别是欠发达地区，教育经费短缺，科研平台欠缺，教师待遇不高等因素导致地方高校工科院校高层次的博士人才数量不足，而主要以优秀硕士毕业生为主体。教师队伍较于年轻化，因此具有高级和副高级职称的教师比例偏低。拿某地方院校二级学院来说，有专职教师60名，其中博士18名，占30%，硕士36名，占60%，具有副高以上职称的只有29名，仅占学院总人数的48.3%。

2.2　工程意识淡薄，工程实践能力普遍较低

地方工科专业培养人才更加注重所学知识的实用性以及学生的实践能力，而大多数青年教师多是在传统教学模式下培养出的硕士毕业生或博士毕业生，他们直接从学校毕业后进入学校任教，缺少必要的中间环节——社会工程实践能力的培养。再加上我国现阶段高校评估体制的不完善，绝大部分高校为了自身荣誉，花大力气搞学术研究，追求论文数量，本应重视工程实践的高等工科专业院校也不例外，重理论轻实践，不看重青年师资队伍工程实践能力的培养，缺乏工程实践能力

的教师培养出的学生同样缺乏工程实践能力，照此下去，就会形成一个恶性循环[6]。

2.3 教师专业发展不能满足专业化的需求

地方院校教师队伍由于历史原因情况较为复杂，学历层次差异比较大，甚至有些院校的教师仅具有专科文凭。而许多年轻教师在步入高校后就立刻承担起了繁重的教学任务，长期工作在教学第一线而缺乏了进一步深造和进修的机会。在面对不断涌现出新的教学方式、教育理念以及专业发展前沿时，感到无从入手，无法掌握和深入学习并将前沿知识融入教学当中，这成为高校提高教学质量的障碍与瓶颈。同时也表明了地方院校教师专业化的推进进程应该与高校教师的继续教育同步进行性。

2.4 创新能力欠缺

基于工程认证标准，需要培养出具有一定独特见解和勇于突破既定思维模式的学生，希望他们面对工程问题能产生出新颖独特的创新成果。高校教师是学生创新能力的塑造者。因此，培养学生的创新能力首要考虑的是教师的创新思维能力。但当前地方高校的教师绩效考核体系、职称评定职务晋升政策和人事管理政策等过分量化的评价机制，在一定程度上制约了教师创新能力的发展和提升[7]，致使相当一部分教师创新意识不强，创新素质偏低，在一定程度上影响着学生的创新精神和实践能力的培养，束缚着学生的创新潜能开发。

3 工程教育认证背景下的地方院校师资队伍建设思考

结合地方院校师资队伍现状和工程教育专业认证对教师队伍的要求，地方院校教师队伍的建设应着重在以下几个方面做好工作。

3.1 整合教学资源，注重团队型教学

通过建立团队协作的机制，围绕对学生的培养目标，明确各门课程、各类型课程对学生学习的贡献程度，来对教学内容和方法进行改革，开发新的教学资源，加大教学研讨和教学经验交流的力度，引入教学工作的传帮带机制，老中青相结合，从而提升整体教学水平，避免重复的低水平教学行为和浪费教学资源。

3.2 发挥青年教师岗前培训作用，注重提升工程实践能力

现有地方高校青年教师主要采取校内教师发展中心所组织的教师培训、教学交流、教学咨询等活动。由于培训时间短、培训内容针对性不强，因此培训效果差强人意。在现有条件下，应充分发挥教师培训中心的机制化和长期化优势，结合工程认证对教师教学能力的要求，紧密围绕清晰教学目标设计、教学方法选择和教学评价操作等核心环节开展针对性培训，迅速提高工科教师的专业化教学水平。工科教师丰富的工程实践经历和工程实践能力，是需要通过校外的具体实践才能获得的。而通过加深校企合作，共建工程实践基地，有计划、分层次、分批次地组织教师定期到实践基地进行实务操作、实践技能培训、项目锻炼等，可以丰富工科教师的实践能力。此外，还可以创新校企合作运行模式，例如把高校实训基地就直接建在企业生产车间，聘请企业的工程技术人员作为兼职教师，学校组织定期与这些企业技术人员进行交流学习、合作论坛等，从而与企业加强在应用技术方面的合作研究，实现学校与企业的共赢。

3.3 引领教师转变教学理念

工程认证强调教育结果，并由教育结果导向教学活动。适应这种转变，需要教师切实树立为学生发展结果负责的理念，由"过程、投入为本"转向"学生为本"，即主张学生能力的提高而非教育资源的增加，从而使教育绩效责任实践由关注资源输入转向教育结果的输出。这就要求教师在教育活动之前对学生达到的发展水平有清晰的认识，用针对性的教学大纲指导教学开展，选择与教学目标类型一致的教学方法。

3.4 完善多元化的人才培养和人才引进机制

选拔人才培养对象应充分考虑教师的学术水平、教学水平及实践能力的差异，将不同层次的教师纳入到不同层级的培养工程中来，力求做到既注重拔尖人才的培养，又兼顾优秀骨干教师的成长与发展。高层次人才是学校发展的关键，是引领学校提升办学水平和办学层次的领头羊，地方院校受科研平台及科研条件所限，可以通过短期聘用、合作研究、学科顾问、兼职教授等柔性引进模式，以弥补高层次人才匮乏的问题。

3.5　健全合理的考评管理制度

学校要建立有效的考评激励机制，对教师培训考证、参与企业实践给予一定的补贴，对开展技术开发项目、工程开发项目等方面的研究应给予专项资金支持，对获得专利、成果以及技能大赛获奖的给予奖励，在职称评审以及评优评奖方面给予一定的政策倾斜。通过各种政策导向，提高教师加强实践能力培养的自觉性和积极性。

4　小结

教师是高校的主体，教师的能力建设是教师队伍建设的核心。工程教育专业认证对高校教师提出了新要求与新挑战，工科教师不仅要具有扎实的教学基本功、广博的知识面、良好的学术素养，还要具有丰富的工程经历和工程实践能力。然而地方院校教师队伍存在着结构不合理、教学基本功不扎实、科研能力欠缺、工程意识淡薄等问题。因此，地方院校的师资队伍建设应当按照自身类型定位，围绕工程教育专业认证对教师队伍的要求，在团队建设、实践能力、教学理念等方面采取有效措施。

References

[1] 百度百科工程教育专业认证【EB/OL】<http://baike.baidu.com/link?url=bCXSViqZFBfAhojuS8BTFq909Vo57yQO7TnuKEN8AfCJcPnXWTgg-52JjpMPHfllvcpdQCBna-6DIL_r0V7MWfJPDkZf40xIiQg-ZqAxQFhjnqDNtSsSYxdofKcb1yl34XTYBeT4D-eDWWHyr53ZeWtzDqnpcmONUqejv0QKcYa>.

[2] 第一份《中国工程教育质量报告》"问世"<http://www.moe.gov.cn/publicfiles/business/htmlfiles/moe/s5987/201411/178168.html>.

[3] 胡文龙. 工程教育专业认证背景下的高校教师教学发展[J]. 高等工程教育研究，2015（1）：73-78.

[4] 张泳. 应用型本科院校师资队伍建设的回溯、反思与展望[J]. 黑龙江高教研究，2014（2）：75.

[5] 林建. 工程教育认证与工程教育改革和发展[J] 高等工程教育研究，2015（2）：10-19.

[6] 孔玲玲，高飞. 地方高校工科青年教师职业能力培养机制研究[J]，2016（S1）：61-65.

[7] 应卫平，龚胜意，罗朝盛，等. 地方高校青年教师创新能力发展现状及对策研究.

基于robocon的自动化专业创新人才培养模式探讨

程 磊 李 婵 彭 锐 贺志华 陈泓宇

（武汉科技大学 信息科学与工程学院，湖北 武汉 430081）

摘 要：以自动化专业为背景，针对如今各高校普遍采用的人才培养模式，导致大学生创新能力不足的问题，提出将robocon比赛与人才培养相结合，以robocon比赛为主体，通过实践提高学生对专业知识的运用能力和创新能力。该项比赛要求本专业学生以团队的形式合作完成机器人的实物制作，并且实现从底层设计到机器人的本体控制，在提高学生集体配合意识的同时，也增强了学生对知识的综合运用能力。

关键词：robocon；自动化；创新人才

Discussion on the Training Mode of Innovative Talents of Automation Based on robocon

Lei Cheng, Chan Li, Rui Peng, ZhiHua He, HongYu Chen

(School of Information Science and Engineering, Wuhan University of Science and Technology, Wuhan 430081, Hubei Province, China)

Abstract：With the background of automation, the combination of robocon competition and talent cultivation is proposed to solve the problem of insufficient innovation ability of college students, which is caused by the talent training mode that is widely used in colleges and universities, as the main body, robocon competition can improve students' ability to use professional knowledge and innovation through practice. The competition requires students of this major to cooperate in the form of team to complete the physical production of the robot, and can realize from the bottom of the design to the robot ontology control, from the competition, the collective awareness of students has been improved, at the same time, students' ability to synthesize knowledge has also been enhanced.

Key Words：Robocon；Automation；Innovative Talent

引言

如何开展和实施创新人才培养模式是教育部一直以来关注的热点话题，也是各高校面临的重要问题，只有做好创新人才的培养，才能更好地落实科学发展，实现科技兴国[1~4]。然而，如今的大学生普遍面临思维僵化、墨守成规的难题[5]，很少有大学生表现出强大的创新能力，这主要归咎于常规的培养模式[6~7]：授课+考试。在此种培养模式下，大学生会逐渐形成惯性思维，思考方式与课本所介绍的方式如出一辙。

针对此问题，本文提出将科技竞赛与人才培养相结合，通过实践增强学生的思维能力，提高学生的创新能力[8,9]。由于自动化专业的特殊性，其涉及的知识面较广，包括软硬件和强弱电各个方面，且注重各知识面的结合，因此，选择以robocon比赛为主体，将授课与竞赛的方式相结

联系人：程磊. 第一作者：程磊（1976—），男，博士，教授.

基金项目：国家自然科学基金项目（61203331，61573263），湖北省自然科学基金项目（2014CFB813），湖北省科技支撑计划项目（2015BAA018），湖北省教育厅科研计划重点项目（D20131105）.

合，通过参与比赛的实践，提高大学生的创新能力。

1　robocon 比赛及其作用

全国大学生机器人大赛（robocon）是由中央电视台主办，科技部高新技术发展及产业司、国家"十五" 863 计划机器人主题、中国自动化学会机器人竞赛工作委员会协办的全国大学生科技活动。自 2002 年起，该项比赛每年一届，每届一个主题，主要是为"亚广联亚太地区大学生机器人大赛"选拔中国大学生的优秀代表队。自 2014 年起，该项比赛地点定在孟子故里——山东邹城，寓意将传统文化与现代科技相融合，以现代科技的形式传承中华传统美德。

该项比赛的意义不仅仅在于培养全国大学生的动手能力，更重要的是：以团队的形式，培养大学生的集体配合意识和相互沟通的能力；另外，在从机器人的设计、制作到控制这一整个过程中，培养学生"软硬兼施、强弱并重"的能力，即将机械设计、制作与电力控制有效结合，培养学生对专业知识的强综合能力。

2　robocon 创新人才培养模式实施

自动化专业是一个特殊的专业，其不偏重强电或弱电的某一个方向，也不偏重硬件或软件的某一个方向，而是强弱并重，软硬并重，旨在培养大学生的综合能力。robocon 赛事恰好要求大学生自己制作并控制机器人，这一过程中，便涉及强弱电和软硬件，且每个方向缺一不可，需要极好地配合。将 robocon 赛事与自动化专业学生的培养相结合，通过实践，培养了大学生对专业知识的强综合能力和集体配合意识。

2.1　以 robocon 为主体，培养学生集体配合意识

对于 robocon 比赛，武汉科技大学这支参赛队的成员以自动化专业学生为主。在参赛队员的选拔过程中，要求学生具备良好的吃苦精神和自主学习能力，即使在及其艰苦的条件下，也能坚持学习，不轻易放弃。同时，在备赛过程中，采取淘汰制，对于不服从团队管理或不按时完成规定任务的学生，取消其参赛资格，前期付出的所有努力都付诸流水。因此，最终能参加比赛的学生，都是高素质人才。

每届的参赛队员数控制在 30～40 人之间，作为一个小团体，学生的集体配合意识尤为重要。

为了培养学生的集体配合意识，在备赛过程中，要求成员之间分工明确，同时，各个分工也相互联系；除此之外，规定每周一次例会，汇报每人的工作进展，以例会的形式促进成员之间的相互交流。

作为一个团队，个人的工作进展与团队的发展密不可分。以比赛为主体，将不同成员的任务分配与例会相结合，通过成员之间的相互交流，了解各项任务之间的联系，以此来培养学生的集体配合意识，有效提高个人工作效率，从而促进团队发展。

2.2　以 robocon 为核心，培养学生的强综合能力

以 robocon 为核心，本专业设有自动控制原理、计算机软件基础、数字信号处理与 DSP 系统、智能机器人技术基础、模式识别与图像处理等课程，目的是提高学生的专业知识水平，从理论上培养学生对专业知识的综合能力，为该项比赛做准备。以自动控制原理为例，该门课程介绍了控制方面的基础问题，包括控制结构、信息反馈和性能研究，在备赛过程中，若要控制机器人的运动，控制结构、信息反馈和性能这三方面的问题尤为重要，本专业通过授课的形式，为学生参与比赛奠定理论知识基础。以 robocon 为动力，学生便会带着问题来上课，从而减少"上课打酱油"的现象，大大提高老师讲课的成效。

在此项比赛中，本专业学生负责机器人的控制，包括底盘和上层的控制。备赛前期主要是学习相关知识，打好基础，包括硬件结构和软件设计，在前期的学习过程中，通过成员之间的相互交流与讨论，学生可学到大量软硬件及机械结构设计方面的知识，大大扩充知识面；待机器人的制作完成，后期便负责机器人的调试，在调试过程中，会将前期所学的软硬件知识加以应用，通过实践加强对所学知识的理解和应用能力。若要实现对机器人的本体控制，使其达到理想效果，

需以对理论知识的应用为基石，创新能力为台阶，从实际应用上提高学生对自动化专业知识的综合能力。

3 robocon创新人才培养模式成效

作为一级博士点单位及湖北省一级重点学科，自动化专业一直是武汉科技大学的主干专业之一，其专业发展受到学校高度重视。自2015年本专业第一次参加robocon赛事以来，全面实施了上述培养模式。截至目前，已有三届本专业的学生参加该赛事，受益于此培养模式，取得了良好的成效。

3.1 学生集体配合意识的增强

在robocon比赛的驱动下，武汉科技大学自动化专业学生最早从大二中期便开始了解该项比赛。虽然参赛主体为大三学生，但是大二学生在寒假期间可去创新工场参观，了解参加比赛的这个团体的合作模式，为之后参加比赛的一年期间做好心理准备和相关知识储备。

对于参赛主体——大三学生而言，在备赛的这短短一年期间，学生每天除了面对一起上课的同学之外，相处时间最多的便是自己的队友，几乎每天同出同归，每天一起拼搏，这一年的感情积累和默契度极其珍贵。同时，每名队员分工明确，而每名队员之间的任务又是密切联系，环环相扣，每一个环节出现问题都会影响整个团队的成效。故在此过程中，有效的交流和集体配合意识极其重要。此外，由于有淘汰制的钳制，要想最后具备参赛资格，学生必须学会慢慢改变自己从而适应团队的发展，必须具备良好的集体配合意识。

目前参加过robocon比赛的自动化专业学生已有两届，2012级和2013级学生均取得了全国二等奖的好成绩，这非常有力地证明了本专业学生的集体配合意识。

3.2 学生强综合能力的提高

自动化专业2012—2013级学生已参加过robocon比赛，借助于这种创新人才培养模式，取得了良好成效。实践证明，参加过此项比赛的学生，对专业知识的综合运用能力远远高于本专业其他学生。

以自动化2013级学生为例，这一届的学生参加robocon比赛的主题为"清洁能源"，学生需制作两台机器人，分别为A和B，机器人A为半自主或自主控制的混合型机器人，机器人B为象征节约能源的清洁型机器人，只能从机器人A那里获取能源完成行驶动作，整个过程中，通过机器人A的驱动，机器人B需在指定的路径范围内穿过河流、山岗等地，最终到达目的地，随后，机器人A从B那里取得螺旋桨，并爬上风力发电柱完成风力发电机的装配。

比赛的整个过程要求能够实现两个机器人的相互协调、路径跟踪和爬杆。通过一年的磨炼，参加该比赛的自动化2013级学生具备了良好的综合能力，能够将软硬件有效结合，通过电来控制机器人的运动状态：直行、转弯、上下坡和爬杆等。

受益于该强综合能力，参加过robocon比赛的2013级自动化专业学生中，选择就业的同学在2016年10月即完成签约，就业率为100%；此外，该创新人才培养模式的实施，为本校"本硕连读"模式开辟了一条新路，从2016年开始，学校开始实施"拔尖人才计划"，参加过robocon比赛的学生有足够优势获得进入"拔尖人才计划"的机会，目前已有两名学生进入该计划，今后，高年级"准研究生"的现象会更普遍。由此可见，参加过robocon比赛的学生，其强综合能力获得校内外的高度一致认可。

4 结束语

本文所探讨的创新人才培养模式之特色在于：将robocon赛事与学生的培养有效结合，首先通过课程的讲解提高学生的理论知识水平，然后通过比赛的实践，让学生将所学知识有所应用，并能有所创新，将软硬件有效结合，同时，通过备赛一年期间的培养，大大提高学生的集体配合意识。实践证明，该培养模式显著提高了本科生的沟通能力、学习能力和专业知识应用的能力，真正打造了创新人才，为学生的发展提供更大空间。同时，本文提到的培养模式将在创新教育方面起到示范作用，为其他专业创新人才的培养提供参考。

References

[1] 尹仕，肖看，王贞炎. 全开放的创新性实践教学体系构建[J]. 实验室研究与探索，2013，32（11）：183-185.

[2] 杨宁，王凡. 大学生创新活动体系建设[J]. 实验室研究与探索，2013，32（2）：106-108.

[3] 童红兵，张秀平. "基于项目驱动的一主两线三结合"教学模式探索与实践[J]. 宿州教育学院学报，2010，13（5）：70-72.

[4] 邱东，白文峰，李岩. 工科高校大学生科技创新能力培养的认识与思考[J]. 实验室研究与探索，2011，30（10）：238-241.

[5] 许谨，席剑辉，王扬扬. 面向航空的自动化专业创新型人才培养实践教学探讨[J]. 实验技术与管理，2016，33（5）：17-20.

[6] 张晨亮，苏学军，王成刚，等. 军校学员电子技术创新能力培养模式的探究[J]. 实验室研究与探索，2016，35（6）：221-223，257.

[7] 肖艳军，杨泽青，周围，等. 测控专业人才培养目标及培养模式创新性研究[J]. 实验技术与管理，2016，33（3）：20-22.

[8] 程磊，戚静云，兰婷，等. 基于"学科竞赛群"的自动化卓越工程师创新教育体系[J]. 实验室研究与探索，2016，35（6）：152-156.

[9] 李慧，陈姝慧，彭忠利. 高等学校自动化专业创新创业教育方法研究与实践[J]. 实验室研究与探索，2015，34（3）：198-201.

展练评——站稳三尺讲坛，迎送交——立足教研舞台
控制理论相关课程教学团队建设实践与成效

张捍东 张世峰 方 炜 吴玉秀 黄松清 姚凤麒 沈 浩 刘一帆 贺荣波 孔庆凯

（安徽工业大学 电气与信息工程学院 控制理论相关课程教学团队，安徽 马鞍山 243002）

摘 要：结合国家级特色专业安徽工业大学电气与信息工程学院自动化专业建设及自动化专业培养方案、教学工程实施、教学改革与实践等，讨论控制理论相关课程教学团队建设的实践以及取得的成效。

关键词：教学团队；教学改革；自动化专业；控制理论

The Development Practice and Its Effects of the Teaching Team Relative to Control Theory Courses

Zhang Handong, Zhang Shifeng, Fang Wei, Wu Yuxiu, Huang Songqing, Yao Fengqi, Shen Hao, Liu Yifan, He Rongbo, Kong Qinkai

(School of Electrical and Information, Anhui University of Technology, Maanshan 243002, Anhui, Province, China)

Abstract：Combining several respect of the automation specialty construction and students cultivating plan and teaching process practice as well as teaching reform and practice activity in ordinary university, which is a national distinguishing specialty in the School of Electrical and Information, Anhui University of Technology. The development practice and its effects of the teaching team are discussed and studied, which team is with the series courses teaching relative to automatic control theory.

Key Wods：Teaching team; Teaching reform; Automation specialty; Control Theory

1 概况

作为一般本科高校，围绕培养学生的根本任务和目标，结合自动化国家级特色专业建设等本科教学项目及质量工程项目的实施，积极探索与实践，克服困难与不足，我们积极建设和锻炼高水平教学团队。

安徽工业大学电气与信息工程学院自动控制理论相关课程教学团队主要成员构成情况如表 1 所示。

表 1 控制理论相关课程教学团队主要成员简况

姓名	年龄	职称	学位	毕业学校	专 业
张捍东	54	教授	博士	东北大学	控制理论与控制工程
张世峰	58	教授	硕士	华东理工大学	控制理论与控制工程
方炜	42	教授	博士	南京航空航天大学	导航与制导
吴玉秀	34	讲师	博士	天津大学	控制理论与控制工程
黄松清	52	副教授	硕士	东南大学	控制理论与控制工程

联系人：张捍东. 第一作者：张捍东（1963—），男，博士，教授.
基金项目：自动化国家级特色专业建设项目、安徽省名师工作室项目（2015msgzs134）、安徽省重大教学改革研究项目（2014zdjy045）、安徽省专业综合改革示范专业项目（2012zy028）及安徽省卓越工程师教育培养专业项目（2015zjjh005）资助.

续表

姓名	年龄	职称	学位	毕业学校	专　业
姚凤麒	32	副教授	博士	华南理工大学	系统工程
沈浩	32	副教授	博士	南京理工大学	控制理论与控制工程
刘一帆	38	讲师	硕士	安徽工业大学	电气工程
贺荣波	38	讲师	博士	南京航空航天大学	力学
孔庆凯	39	讲师	博士	南京理工大学	控制理论与控制工程

　　由表 1 可见，本自动控制理论相关课程的教学团队来源、结构、学历、职称、年龄等配置合理。

2　主要成果

　　高校教师教学团队建设是目前高校与社会普遍关注的热门话题之一[1, 2]。安徽工业大学电气与信息工程学院控制理论相关课程教学团队在教学与改革过程中，在培养和锻炼学生的同时，兼顾教师自身发展与进步，在高校教师教学团队建设发展方面进行了有益尝试，取得了一系列突出的成绩。

　　安徽工业大学控制理论相关课程教学团队建设的主要教学成绩如表2～表6所示。

表2　近几年省级及以上主要教学成果及奖励等

成　果　名　称	获得时间	获　奖　等　级	主要完成人	项目编号
完善智能车竞赛机制，激发学习兴趣和自主学习能力	2016.12	安徽省教学成果一等奖	吴玉秀,武卫华,刘一帆,张捍东,等	2016jxcgj041
实践教学与学科竞赛相结合，促进创新人才培养	2016.12	安徽省教学成果一等奖	刘亮,刘一帆,等	2016jxcgj042
夯实学科竞赛平台，构建电类专业学生创新人才培养模式	2015.12	安徽省教学成果一等奖	主要参与:方炜,刘一帆	2015cgj563
优化设置电气信息类相关系列课程的研究与实践	2012.12	安徽省教学成果二等奖	张捍东,等	2012cgj108
优化配置优质教学资源，提高电气信息类本科教学质量的探索与实践	2008.12	安徽省教学成果三等奖	张捍东,等	2008231-1
安徽省教学名师	2013.12	安徽省教学名师	张捍东	2013jxms033
未知环境下基于改进协调场的移动机器人导航技术研究	2008.9	安徽省优秀硕士学位论文指导教师	张捍东	

表3　近几年省级及以上本科教学工程与教学研究等主要项目

项目名称	时　间	等　级	项目编号
中国智能制造挑战赛安徽赛区暨华东三分赛区（原全国大学生工业自动化挑战赛）	2017.1—2019.12	省重大	2016jyxm0151
基于能力素质模型的电类专业工程应用型人才培养模式的研究与实践	2016.1—2018.12	省重大	2015zdjy059
综合优化一般高校文献保障系统的研究与实践	2015.1—2017.12	省重大	2014zdjy045
全国大学生"西门子杯"工业自动化挑战赛安徽赛区组织与实施	2015.1—2017.12	省重大	2014zdjy208
学科竞赛平台科学化构建与"微项目"培养人才新模式的研究	2014.1—2016.12	省重大	2013zdjy074
电子信息工程专业学生工程实践及创新能力培养模式研究	2008.1—2009.12	省重点	2007jyxm053
电气类专业实验教学资源集成与人才创新能力培养	2015.1—2016.12	省一般	2014jyxm120
基于电类学科竞赛平台的科技创新活动组织培训模式探索	2014.1—2015.12	省一般	2013jyxm072
先进自动化综合实践教学平台建设	2013.1—2014.12	省一般	2012jyxm188
电气工程全日制专业学位研究生培养模式综合改革	2011.1—2012.12	省一般	20100383
优化设置电气信息类相关系列课程的研究与实践	2008.1—2009.12	省一般	2007jyxm266

续表

项 目 名 称	时 间	等 级	项目编号
适应行业特色的工程硕士培养模式研究与实践	2009.1—2010.12	全国工程硕士专业学位教育教学指导委员会	2009-zx-036
国家级特色专业——自动化	2010.9—2014.8	国家级特色专业	
安徽省卓越工程师教育培养专业——自动化	2015.9—2019.8	安徽省卓越工程师教育培养专业	2015zjjh005
安徽省专业综合改革示范专业——自动化	2013.9—2017.8	安徽省专业综合改革示范专业	2012zy028
安徽省名师工作室——控制理论相关课程教学名师工作室	2016.1—2018.12	安徽省名师工作室	2015msgzs134

表4 近几年出版教材等

教 材 名 称	作 者	出版时间	出 版 社
电力拖动自动控制系统	黄松清	2015.9	西南交通大学出版社
非线性系统理论及应用	黄松清	2013.8	西南交通大学出版社
随机 Markov 跳变系统的有限时间控制与综合	何舒平，沈浩	2016.6	科学出版社

表5 近几年主要教学效果

科技竞赛名称	时间	获 奖 等 级
全国大学生智能汽车大赛	2016	全国一等奖1项、二等奖1项
全国大学生智能汽车大赛	2015	全国二等奖1项
"西门子杯"全国大学生工业自动化挑战赛	2015	全国特等奖1项、一等奖1项、二等奖1项
"瑞萨杯"全国大学生电子设计大赛	2015	全国二等奖1项，安徽省一等奖1项
"西门子杯"全国大学生工业自动化挑战赛	2014	全国设计开发高校组特等奖、工程应用高校组一等奖、工程创新组二等奖、运动控制组二等奖
全国大学生"飞思卡尔"杯智能汽车竞赛	2013	全国一等奖（创意）；全国二等奖（竞速）
2013 中国 RoboCup 公开赛	2013	全国机器人寻宝游一等奖
2013 年安徽省第五届大学生单片机应用技能竞赛	2013	安徽省一等奖1项、二等奖1项、三等奖2项
全国大学生飞思卡尔杯智能车竞赛	2011	全国二等奖1项，安徽省一等奖2项
第五届安徽省大学生电子设计大赛	2010	安徽省一等奖2项、二等奖2项、三等奖2项

表6 近几年主要教学研究论文

论 文 名 称	期刊或会议	时 间
MOOC 在现代控制理论课程教学中的应用	安徽工业大学学报（社会科学版）	2016 年 5 月
思维导图教学策略在信号与系统课程中的构建与实践	安徽工业大学学报（社会科学版）	2015 年 11 月
学科竞赛项目驱动的学生能力训练模式探索	安徽工业大学学报（社会科学版）	2015 年 9 月
实验教学资源与科研资源合理配置及利用探讨	安徽工业大学学报（社会科学版）	2015 年 5 月
电机与拖动课程的教学改革探索	安徽工业大学学报（社会科学版）	2014 年 7 月
《自动控制原理》教学模式探索与实践	实验科学与技术	2014 年 6 月
思维导图在智能控制课程教学中的应用	安徽工业大学学报（社会科学版）	2013 年 1 月
电子信息工程专业生产实习教学改革与实践	安徽工业大学学报（社会科学版）	2010 年 7 月
高校二级教学单位教学管理规范化的探索	安徽工业大学学报（社会科学版）	2010 年 11 月
电气信息类本科电子系列课程优化设置的实践	信息系统工程	2010 年 10 月
面向行业特色的工程硕士培养模式改革与实践	信息系统工程	2010 年 9 月

续表

论 文 名 称	期刊或会议	时　间
自动化专业综合改革问题探讨	全国自动化教育学术年会论文，2013年，杭州	2013 年 8 月
电气信息类人才培养模式创新实验区建设	全国自动化教育学术年会论文，2011年，长春	2011 年 8 月
优化配置优质教学资源　提高电气信息类本科教学质量的措施与成效	全国自动化教育学术年会论文，2009年，北京	2009 年 8 月

3　具体措施与经验

科学技术一日千里，控制学科也日新月异，相关教学内容不断补充、修改、增加与更新，而教学学时却非常有限，教学内容多与教学学时少形成了突出矛盾，所以我们在安徽工业大学自动化专业相关课程教学过程中，在教学内容上不断推陈出新，及时加入学科新内容及发展趋势，优化内容，精讲多练。在教学方法上应用启发式、探讨式、研究式、教互式教育，注意调动学生的学习积极性和主动性。

教学内容不断更新。结合国家级及安徽省的教学研究项目，进行课程教学内容的更新与调整、衔接，例如增加现代控制理论及智能控制技术、机器人等相关知识。联系工程实践，补充生产现场实际工程知识，将教师的科研工作结合到教学过程中。及时调整自动化等专业的培养方案与教学计划，例如增加自动化新生研讨课，自动化概论课程，学生及早接触专业教师，提前熟悉专业发展情况，跟踪科技发展与进步，制定和修改本科培养方案，补充与完善课程教学大纲等。

教学方法坚持改革。全面深入地进行教学改革。主动进行研究式、启发式、讨论式教学方法改革与探索。注意各个不同方面的结合，例如课程内外结合；学校内外结合；理论实践结合；教学科研结合；软件硬件结合等。利用实验、实习、课程设计、培训、社会实践、课外活动与科技比赛等激发学生学习热情，以学生为本，以教学效果为本。

团队建设锻炼内功。利用送出去和引进来等不同渠道，积极提升教师队伍的素质和能力水平。在已经构建的安徽省《自动控制理论》相关课程教学的名师工作室的基础上，通过邀请专家指导

讲学、教师外出国内外访问、进修与学习等不同方式，老教师主动言传身教示范，年轻教师积极配合锻炼自己。开通科学研究、教学研究与改革等不同渠道，开展教学内容与教学方法研讨，教学团队成员互帮互学，取长补短，共同提高，不断进步[3, 4]。

专业建设稳步推进。团队注重自动化专业国家级特色专业建设、安徽省专业综合改革、安徽省卓越工程师教育培养计划本科教学项目等的具体落实与推进。在自动化专业建设过程中，我们按照全国自动化专业教学指导委员会制定的专业规范与标准，同时积极参与全国自动化专业教学指导委员会领导和组织的自动化专业教学改革的研究与讨论，结合专业工程认证，围绕以下"五个度"进行专业建设与培养方案制定和实施，即（1）培养效果与培养目标的达成度、（2）办学定位和培养目标与社会需求适应度、（3）教师和教学资源对学校人才培养保障度、（4）教学质量保障体系运行的有效度以及（5）学生和用人单位的满意度[5, 6]。

教学改革及研究成果进一步提炼、固化与提升。

教学改革由点到面，由浅入深，全面展开。

从一门课程到系列课程；

从平台建设到队伍建设；

从教材建设到课程建设；

从理论课程到实践环节；

从培养方案到专业建设；

从教学内容、方法、手段等多渠道实施教学改革。

以课程建设和改革等为主导，进行全过程、全方位的教学改革研究。适应高等教育及科技新形势的发展，积极进行网络教学与开发课程资源建设。真正实现校内外结合、课内外结合、理论

与实践结合、产学研结合等。

在实验、实习与实践方面：不断更新实验设备与仪器，在教学中发挥其积极作用。与美国 GE 公司，德国西门子公司以及国内自动化相关技术公司等通过赠送实验设备、配置实验平台、提供培训指导、合作培养年轻教师、联合制定本科培养方案、反馈教学效果等方式建立联合教学与科研的实验室与研究中心，结合大学生全国自动化专业自动控制技术学科竞赛、全国大学生智能车比赛、全国大学生电子设计大赛等方式，培养学生与锻炼教师。

功夫不负有心人，我们的努力也取得了突出的教学效果与成绩，获得了有关教学成果与奖励。我们在不断实践的同时，还注意积极总结与推广经验，扩大我们团队的影响与覆盖面。

国家级特色专业自动化等专业的培养方案在安徽工业大学及安徽省高校进行交流和研讨，获得认同、好评和推广，结合我们的实验平台，帮助安徽省其他高校培养年轻教师；

通过努力，获得了进一步更高层次的教学研究项目，例如获得了安徽省重大与重点教学研究项目及全国工程硕士教学指导委员会的教学研究项目等，推进了教学改革活动的不断深化；

取得了相应的教学研究成果和教学效果，包括安徽省教学成果以及国家、安徽省的大学生科技竞赛奖励等；

总结了相关经验，发表了相关的教学研究论文，扩大了安徽工业大学学校与自动化专业的影响和宣传效果；

在全国的自动化教育学术年会上宣传、推广和应用，获得好评。具体见第 2 部分。

在科研促进教学方面，团队教师积极申请和参与科研项目，并且转化为教学的指导与研究的依托，不断促进教学工作的深入进行，提升教学水平与能力，教师获得省部级科技进步奖二等奖两项，省部级科技进步奖三等奖两项。出版教材 3 本，发表学术论文上百篇。主持与参加科研项目 30 多项。其中国家级项目 7 项，包括国家自然科学基金、国家科技攻关项目等，省部级项目 10 余项，企业重点项目 10 多项。

科研项目在教学过程中得到体现，并且发挥了积极作用，作为课程实际应用的例子，能够理

论结合实际，或者结合毕业设计课题，培养学生实习、实践与动手能力，开展学生创新训练与课外活动、科技竞赛等。

4 教学团队建设的特色

通过练内功，抓教学，促教改，保质量，提水平，我们的教学团队在教师教学能力专业化发展方面卓有成效地成长与进步。我们培养与提高教师能力与素质的特色总结如图 1 所示，以下具体说明。

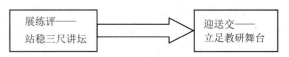

图 1 本团队案例的特色

4.1 展练评——站稳三尺讲坛

作为高等学校的教师，最重要的是站稳教学的三尺讲坛。围绕教学及教学改革工作的开展，我们的主要做法如下：

展：展示——老教师展示教学风采。结合安徽省教学名师洪乃刚、张捍东；安徽省名师工作室控制理论相关课程工作室；安徽省精品课程《自动控制原理》《电力电子技术》等，国家级及安徽省教学研究项目的实施，搞好传帮带，充分展示安徽工业大学控制理论相关课程教学团队老教师的教学风采，给年轻教师垂范。

练：练习——年轻教师多渠道练习。在课堂，课外，实验与实习等环节，通过讲课、说课、微课等不同教学方式与手段，例如方炜、沈浩、姚凤麒等年轻教师积极参加学校的教学活动与比赛，先后在安徽工业大学讲课比赛中获得奖励。青年教师参与编写自动化专业培养方案与课程教学大纲，综合思考与训练如何全面培养学生的问题。通过这些方式，让年轻教师上好课，站稳三尺讲坛。

评：评价——教学反馈与持续改进。同行互相评价与切磋，教师在课程、教材、教法、考试、评价、教学改革等方面进行不同的尝试，并且进行研究与讨论。积极听取学生意见，通过辅导员、教学管理人员反馈教学意见，特别注意听取已经毕业的学生及现场技术人员反馈的意见与建议，

通过互相交流与探讨，教师能够积极采用交互式、研讨式、启发式进行教学，能够有效利用反转课堂，慕课（MOOC）等多种教学形式。

4.2　迎送交——立足教研舞台

为了提高教学质量和教学水平，让教师更全面地发展，立足更广阔的教研舞台，需要开放与交流，多与社会等接触。我们主要做了以下工作：

迎：迎来——聘请与迎接专家传经送宝。 通过学校与学院的指导与帮助，结合学科建设与评议、本科教学水平及审核评估、专业工程认证等，分别邀请了日本早稻田大学、加拿大皇后大学、新加坡南洋理工大学、清华大学、浙江大学、东南大学、东北大学、中国科学技术大学、华中科技大学、中南大学、中山大学、东北大学、华南理工大学、国防科技大学、南京理工大学、南京航空航天大学、合肥工业大学、北京科技大学等专家进行学科、专业建设指导与定位，以及聘请现场工程技术人员指导与帮助进行实践环节训练与提高动手及创新能力等。

送：送往——送出去锻炼与学习。 分别去国外日本早稻田大学，加拿大皇后大学，塞尔维亚贝尔格莱德大学，美国、德国、韩国等国家的大学，国内清华大学、浙江大学、南京大学、中国科学技术大学、东南大学、南京航空航天大学、南京理工大学、合肥工业大学、河海大学等访问、进修、学习。教师去德国西门子公司、美国 GE 公司、马鞍山钢铁公司、中冶华天南京自动化工程公司、南京钢铁公司、中国铁路总公司、浙江天煌教学仪器公司、浙江求是教学仪器公司等培训与实习，下生产现场与工厂基层锻炼与实践。

交：交互——加强平台建设与交流。 通过参加相关学术与教学会议，参加工程实践等，广泛结交各届朋友与现场技术人员，密切加强相互联系，扩大学校与学院影响。紧密结合安徽工业大学冶金行业特色及合芜蚌产业承接转移示范区的区域优势，积极利用已经建立的产学研平台，建立联合科研与教学的实验室与研究所，申请相关科研项目，研究与分析大型设备智能检测与控制、工业机器人、智能电网、电动汽车、冶金与智能制造、新能源技术、冶金炉综合利用等自动化相关技术的基础理论与现场实际问题，做到科研有深度，教学有水平，培养有目的，培养与培训学生，特别是结合进行大学生卓越工程师教育与培养工作，与现场工程师共同指导学生进行毕业设计、生产实习等，提升教师教学与科研水平，促进教学团队建设。

5　总结

总之，安徽工业大学作为一般本科高等学校，在历史、经济、行业、地理等诸多不利客观条件的制约下，安徽工业大学电气与信息工程学院控制理论相关课程教学团队能够克服困难与不足，勇于创新，积极开拓进取，在高校教师教学团队建设及教学能力专业化发展方面做了一些有益的尝试，取得了一定成绩，锻炼了教师队伍，保证了教学质量，提高了教学水平，培养了优秀本科学生，对于高校教师教学团队建设及教学能力专业化发展有一定的借鉴意义。

在此，愿与全国高校自动化专业同行分享我们的经验与做法，希望进一步促进高校教师教学团队专业化建设的途径和渠道。

References

[1] 马廷奇. 高校教学团队建设的目标定位与策略探析[J]. 中国高等教育，2007（11）：40-42.

[2] 岳慧君，高协平. 教师教育教学发展视角下的高校教学团队建设探讨[J]. 中国大学教学，2010（5）：13-16.

[3] 林健. 胜任卓越工程师培养的工科教师队伍建设[J]. 高等工程教育研究，2012（1）：1-14.

[4] 郭英德. 教学与科研的双向互动——国家级优秀教学团队建议经验谈[J]. 中国大学教学，2011（11）：58-62.

[5] 黄云志，徐科军. 以学生为中心，加强系列课程教学团队建设——以合肥工业大学为例[J]. 合肥工业大学学报（社会科学版），2012, 26（1）：134-137.

[6] 章兢，傅晓军. 谈基于课程或课程群的教学团队建设[J]. 中国大学教学，2007（12）：15-17.

工程教育认证背景下的自动化专业师资队伍建设

邱柯萍

（南京理工大学，江苏 南京 210094）

摘　要：工程教育认证是工科专业与国际工程教育接轨、加快"双一流"建设的有效途径。文章首先介绍工程教育认证的背景，分析师资队伍建设在人才培养体系中的关键性和重要性，然后结合工程教育认证中的通用标准和自动化专业的补充标准，借鉴相关高校在自动化专业认证中的经验做法，从师资引进与构成、管理与考核、培养与发展等环节探讨如何打造一支适应自动化专业发展的高水平师资队伍。

关键词：工程教育认证；自动化专业；师资队伍

The Teaching Staff Construction of Automation Based on Engineering Education Professional Accreditation

Keping Qiu

(Nanjing University of Science and Technology, Nanjing 210094, Jiangsu Province, China)

Abstract：Engineering education professional accreditation is an effective way for engineering majors to integrate with international engineering education and speed up the "Double First-class" construction. After introducing engineering education professional accreditation, the paper analyzed the importance of the teaching staff construction. According to the general standards and Automation standards in engineering education professional accreditation, combined with the successful experience of some universities in the major of automation, it gave the suggestions on teaching staff recruitment, management and training to improve the quality of teaching staff.

Key Words：Engineering Education Professional Accreditation；Automation；Teaching Staff Construction

引言

师资队伍是高校进行人才培养、科学研究、社会服务和文化传承的根本支撑力量。《国家中长期教育改革和发展规划纲要（2010—2020 年）》和《统筹推进世界一流大学和一流学科建设总体方案》等重要文件先后提出要"造就一批教学名师""为高校集聚具有国际影响的学科领军人才""加快培养和引进一批活跃在国际学术前沿、满足国家重大战略需求的一流科学家、学科领军人物和创新团队"等系列要求。教育发展面临了新形势，其中工程教育专业认证就给相关专业带来了机遇和考验。把握工程教育认证给自动化专业带来的机遇，做好专业的师资队伍建设，必将推动高等教育的进一步发展。

工程教育专业认证是指专业认证机构针对高等教育机构开设的工程类专业教育实施的专门性认证，由专门职业或行业协会（联合会）、专业学会会同该领域的教育专家和相关行业企业专家一起进行，旨在为相关工程技术人才进入工业界从业提供预备教育质量保证。《华盛顿协议》是国际

第一作者：邱柯萍（1985 年 10 月），女，硕士，助理研究员.
基金项目：江苏高校品牌专业建设工程资助项目(PPZY2015A037).

上最具影响力的工程教育学位互认协议，由美国等 6 个英语国家的工程教育认证机构发起，其宗旨是通过多边认可工程教育认证结果，实现工程学位互认，促进工程技术人员国际流动。我国于 2013 年成为《华盛顿协议》预备会员，2016 年 6 月成为第 18 个正式成员。

工程教育专业认证的核心就是要确认工科专业毕业生达到行业认可的既定质量标准要求，是一种以培养目标和毕业出口要求为导向的合格性评价。工程教育专业认证要求专业课程体系设置、师资队伍配备、办学条件配置等都围绕学生毕业能力达成这一核心任务展开。教师是培养方案、教学计划的制定者和各教育环节的执行者，师资队伍质量直接影响人才培养质量，一支高素质的师资队伍是保证毕业生达成培养目标的关键因素。

"持续改进"是工程教育认证的核心理念之一，只有不断评价和反馈教学实施效果，及时发现并修正需要改进的环节，通过周期性评价形成持续改进的教学闭环反馈系统，才能持续地保持和提高人才培养质量。因此，师资队伍建设是自动化专业建设中一项至关重要且需要长期持续的任务。本文从工程教育专业认证的角度出发，结合国内相关高校自动化专业在认证中取得的经验做法，从师资结构与选聘、专业教师的管理与考核、教育人员的培养与发展等环节，就如何打造一支自动化专业高水平师资队伍给出一些针对性的措施和建议。

1　师资结构与选聘

1.1　专业教师的引进

师资队伍建设是长期性、渐进性的一项工程。师资引进并非一时所需，首先要结合学校、学院、学科专业发展的定位来确定师资数量、质量和结构，然后再综合考虑生师比、教学需求、研究需求等多方面因素制定阶段性规划。在短期规划中，引进专业教师除了考核学历、专业背景、综合素质等基本条件，应进一步考虑工程背景、学缘结构和师资梯队建设所需。短期师资引进需求应由教师团队根据教学或科研需求提出，这样才能确

保教师入职后能进入相应的团队，为新教师的个人发展和工作质量提供保障。以南京理工大学自动化专业为例，该专业是国家级特色专业、江苏省 A 类品牌专业，已经通过工程教育专业认证。专业教师中包括了"千人计划"学者、长江学者、国家教学名师、国家杰出青年基金获得者、"青年千人"学者等，专业师资建设围绕"国内一流，具有一定国际影响力"的专业建设目标，分层次、有目标地推进，逐步构建教学团队和学术梯队。

1.2　兼职教师的选聘

校内师资单一的理论教学绝对无法满足社会企业对工程师"解决复杂工程问题"的要求，让学生具有丰富的学习实践经历，经过多种实际课题的锻炼和考验，才能培养学生解决多样化、综合性问题的能力。工程教育认证中也明确提出师资队伍"结构合理，并有企业或行业专家作为兼职教师"这一标准。选聘校外专家、企业人员作为兼职教师已是高校的普遍做法，兼职教师数量与质量、教学教育成效才是衡量的关键。对于聘请的学科、专业领域的专家而言，应做到定期到校进行讲座报告，为学生做好专业发展前沿动态的引领。对于企业或行业专家的选聘，应以专业教师的产学研合作项目为基础，只有保证专业教师、研究生和本科生共同参与到项目中，才能确保持续长效的工程实践教育。另外，培养目标的修订、课程体系的设计、企业实训实习等必须聘请行业企业专家参与，做到学校与工业、企业界协同育人。围绕自动化专业人才培养需求，南京理工大学自动化专业聘请了中电熊猫、南京地铁、国电南自、江苏银河电子、南京怡咖电气等多家企业的研究员、高级工程师作为专业兼职教师，并与二十几家企业建立了工程教育实践中心、产学研合作基地、实习基地，企业人员的教学为专业师资做了有力补充。

1.3　其他师资的补充

工程教育认证中毕业要求标准有 12 条，不仅涵盖了专业教师教学教育可达成的专业知识、研究能力、工程应用等方面的要求，还对职业规范、个人和团队、沟通、项目管理、终身学习 5 个方面提出了具体细致的要求。为达成这些毕业要求而采用的教育教学就必须要进一步依靠专业教师

以外的师资、教育管理等人员。师资队伍中也有"教师为学生提供指导、咨询、服务，并对学生职业生涯规划、职业从业教育有足够的指导"这一标准。这部分师资的建立需要借助学院、学校的力量完成，比如人文社科的教师、创业导师、学生辅导员等，通过职业规划教育、创新创业教育、心理健康教育、组织社团活动、科技竞赛等达成毕业要求。

2 专业教师的管理与考核

教师投入教学的积极性直接关系到人才培养的成效。让教师发展与学生成长同步，将教学的任务要求与教育成效纳入教师的岗位聘任与考核、职称职务评聘晋升条件中，无疑是提高教师工作积极性的最佳办法。

部分高校将教师的岗位聘任与职称评定相分离，将教师岗位分类定级，并由学院根据学科、专业、团队、教师个人的实际情况制定个性化的岗位聘任条件和职责要求，采用能上能下的聘考机制，每个专业可以根据人才培养的需求来细化并分配工作职责和任务。南京理工大学在教师岗位聘任中设置了教学为主、教学科研并重、科研为主三类岗位，每类岗位由学院根据实际情况设置了不同的等级，每位教师根据自身情况和岗位设置情况聘任至某一类别和等级的岗位，并签订相应的岗位职责。学校将岗位聘任与绩效津贴挂钩，激励和监督教师主动履行岗位职责。在工程教育认证的背景下，只要能从认证标准反推出教师的工作职责和任务，再细分落实到每位教师，通过考核每位教师来把握总体任务的完成情况，最终确保人才培养目标的达成。

职称评定规则是教师工作的有力导向。当前，许多教师更重视科学研究，轻视教学研究，这种态势不利于工程教育认证的人才培养目标达成。南京理工大学在职称评定中专门增加教学为主教师系列和实验教学教师系列，以教学成果、教育改革成果为主要指标，不但为从事教学研究的教师提供了发展通道，也有利于本科人才培养质量的提升。另外，将担任过班导师或学生辅导员作为评定高级职称的必备条件，必定可以促进教师更加关心关注学生的成长发展，为"以学生为中心"的理念做好引导和保障。

3 师资的培养与发展

3.1 团队式培养

工程教育认证是对人才培养质量结果的一个评价体系，从高校职能上来说，只是对高校"培养人才"这一基本职能进行评价和检验。教师作为高校职能的执行者，承担着更多的职责和任务。高校、学院、学科、专业层层布局，以完成高校的所有职能。专业建设目标的达成直接落实到教师个人跨度较大，通过建立教师团队，以团队化的管理与考核可以较合理地分配建设任务。每位教师都有自身的特点和优势，要求所有教师实现教学研究和科学研究的完全并重发展并不合理。所以促进不同特长的教师融入一个团队，促进教学团队和科研团队的融合，也是师资建设的有效办法。让教师分工合作，发挥所长，可以促使科学研究、教学研究相协同，理论研究、工程应用相协同。团队化培养更有利于搭建教师梯队，让资深的教授传带青年教师，也为青年教师提供了发展的平台。

3.2 业务提升与国际化

工程教育认证标准中明确提出"学校能够有效地支持教师队伍建设，吸引与稳定合格的教师，并支持教师本身的专业发展，包括对青年教师的指导和培养。"教师专业水平、综合素质、职业素养的提升是教师自身发展的需求，更是提升人才培养质量的需求。工程教育认证与国际接轨，为建设世界一流大学，强化教师的出国交流与学习显得尤为重要。各高校都在积极推进"双一流"建设、优势学科建设、品牌专业建设、深化综合改革等，各项建设经费可为教师队伍建设提供有力的保障，通过设立"教师培养基金"资助教师在职进修、出国访学、交流合作、教改立项、自主科研等。

3.3 管理人员的专业化

工程教育专业认证标准的达成依赖于全校师生的对标准理念与体系的认同、理解和执行，尤其是教育管理人员的认知水平直接影响培养教学方案的制定。因此，除了提升专业化的师资水平，也需要提升教学管理人员甚至全校相关职能部门管理人员的业务技能，可通过组织参加业务培训、教学管理讲座、经验交流会、企业调研学习等提升管理人员的业务水平和服务意识。比如选派和支持管理人员参与教育学术年会、实践教学论坛等，都可以有效提升管理人员对专业教育的认知，更好地为教育教学服务。另外，针对教学管理人员制定与工程教育认证标准相适应的岗位职责和任务，设立岗位竞争和激励机制，必能有效激发教学管理人员的工作积极性。

4　结论

工程教育认证为衡量工程人才教育质量建立了一套国际通行的评价体系，师资队伍是评价体系中的一部分，也是保障其他部分达成的基础条件。自动化专业应抓住工程教育认证的契机，优化师资结构，确保师资数量和质量均达到国际工程教育认证标准，加快与国际接轨的步伐，助力学科和高校进入"双一流"。

References

[1] 中国工程教育专业认证协会 http://www.ceeaa.org.cn/.

[2] 张颖捷，张洪文，姜彦. 基于工程教育专业认证的高校教师能力培养[J]. 广东化工，2016（18）.

[3] 宁滨. 以专业认证为抓手 推动"双一流"建设[J]. 中国高等教育，2017（3）.

[4] 李颖.工程教育专业认证背景下教学管理工作的研究与改进[J]. 教学研究，2016（2）.

主题 5：

青年教师教学成长的做法和成效

"非线性及自适应控制"课程教学改革探讨

王庆领　　杨万扣

（东南大学 自动化学院，江苏 南京 210096）

摘　要：在自动化工程教育认证的背景下，本文主要探讨"非线性及自适应控制"课程从选修课到必修课的教学
改革对我们的启示。我们从教学模式、教学方式和考核形式等几方面进行探讨研究，提出了课程内容优化、
教学模式对分、项目考核驱动的教学改革模式。具体的包括理论教学对分和课程设计相结合，注重对分课
堂模式、课程项目考核，淡化期末笔试成绩，重点突出理论联系实际和实验仿真能力的培养。以此来提高
自动化专业本科毕业生解决复杂工程问题的能力。

关键词：非线性控制；自适应控制；教学改革

The Reform on Course of Nonlinear and Adaptive control

Qingling Wang, Wankou Yang

(School of Automation, Southeast University, Nanjing 210096, Jiangsu Province, China)

Abstract：In the context of the certification of automation engineering education, this paper mainly
discusses the enlightenment of the teaching reform on course of nonlinear and adaptive control from elective
courses to compulsory courses. We study from the teaching mode, teaching methods and assessment form and
so on, and put forward the teaching reform mode from the course content optimization, the divided teaching
mode and the project examination. It contains the combination of theoretical teaching and curriculum design,
focusing on divided teaching mode, curriculum assessment, and diluting the test of examination results,
highlighting the theory of practice and experimental simulation capabilities. This improves the automation of
professional graduates to solve complex engineering problems.

Key Words：Nonlinear Control；Adaptive Control；Educational Reform

引言

非线性及自适应控制[1]是传统自动控制理论
发展的高级阶段，是现代控制理论的核心课程之
一，并且是一门理论和工程实际紧密结合的专业
基础课，它主要解决工业实际中出现的最基本的
非线性问题。其课程内容所涉及的基础理论，如

最小二乘辨识理论、超稳定性理论等，在自动化
专业课程体系中有着重要的地位和作用[2]。本文
根据笔者在教学改革实践中遇到的一些问题，分
析该门课程的特点和教学目的，依照自动化工程教
育认证的要求，提出在教学改革过程中需要采取
的一些措施和改进方法。

1　课程特点及教学目的

"非线性及自适应控制"是在生产实践中应用
最广泛的一门控制技术课程。其中最主要的内容

联系人：王庆领. 第一作者：王庆领（1982—），男，工学博士，
讲师.

基金项目：江苏省自然科学基金（BK20150625）.

是有关自适应控制技术讲授。自适应控制的本质是由于检测（对象）模型的不确定性，根据检测得到的偏差来修改控制策略，达到控制目标。由于这种控制思想符合人类认识规律，实现方案又相对简单，因而在工业领域受到了广泛的采纳和应用。总的来说，该课程具有理论性较强，内容多样，涉及经典非线性系统理论的多重扩展等特点。针对这门课程，如何提高学生的信心，学好这门课程的内容是教学改革的重点。具体来说，这门课程的目的是培养学生如下的能力：

（1）问题分析：能够应用数学、自然科学和工程科学的基本原理，识别、表达、并通过文献研究分析具体问题。

（2）设计/开发解决方案：能够针对具体的工程问题，设计解决方案。所设计的方案可满足特定的工程需求，并能够在设计环节中体现创新意识，考虑社会、健康、安全、法律、文化以及环境等因素。

（3）使用现代工具：能够针对具体工程问题，开发、选择与使用恰当的技术、资源、现代工程工具和信息技术工具，包括对问题的预测与模拟，并能够理解其局限性。

以上所述的三个方面的能力培养，不仅是本门课程的目的和要求，也是自动化工程教育认证达成度分析中其他课程的重要补充。此外，这也是本门课程能够从选修课成为必修课过程中不可缺少的教改环节。针对这三个方面的要求，我们接下来会在课程的教学模式、教学方式和考核形式等几方面进行探讨研究。

2 教学改革与实践

如上所述，"非线性及自适应控制"理论性较强，其所涉及的理论知识包括大量应用数学的基础理论，特别是在随机系统理论方面，这些知识相对比较抽象，难理解。学生学习枯燥的数学知识就已经感到比较困难了，何况学习相对较难的随机过程等理论呢。从而一开始学生就会产生这门课程难学、乏味等念头，其主动性表现的就会更差。所以，这就需要教师在教学环节上多下功夫，采取更加有效的教改措施，否则会严重影响这门课程的教学质量及成效。与此同时，所在学院正在积极准备自动化工程教育认证的事宜，竭力培养具有解决复杂工程问题的毕业生，并使之向能够得到国际社会所认可的方向努力。这就要求教师不仅努力向工程教育认证的要求靠近，而且也要从社会培养要求方面出发，培养其能够为社会创造价值，适应现今社会高速发展的，具有自动化工程背景的高素质工程师。针对这些基本要求，我们采取了一系列的教学改革措施。

2.1 课程内容优化

自适应控制理论经过几十年的充实和完善，已经形成了相对完整的理论体系。现有的教材以及课程内容相对本科生而言需要改进的地方很多，同时，还需要结合非线性控制理论的知识点。同时，授课教材也并不能局限于指定的某本教材，还应选用知识互补，具有不同优势的教材作为学生的参考书，以帮助学生更好理解本课程。

现有自适应控制理论侧重于模型参考自适应控制、参数辨识、自校正控制、多模型自适应控制等内容讲授，而教材中的有些内容对于本科生而言，已经超出了大纲的要求。比如多模型自适应控制理论。还有些内容在工程实践中很少应用，如系统辨识的随机逼近法、极大似然法和预报误差法等。同时，在课程内容上加入了简单的非线性部分，比如饱和非线性环节，死区非线性环节等。上面所说的非线性环节都在经典的自动控制原理内容中出现过。学生也比较容易接受。所以，针对教材内容方面我进行了适当的删减和调整，同时简化了一部分内容，比如自校正控制方面，主要介绍基于极点配置的自校正控制器的设计方法。因为极点配置的方法在自动控制理论中是必须掌握的经典的控制方法。这样做就突出了非线性及自适应控制这门课程的基本内涵，又可以扩展学生的理论视野。同时，让学生了解到除经典控制理论之外的现代控制理论的一些内容。这对他们后续的学习打下良好的基础。

2.2 教学模式对分

传统的教学方式多是以教师课堂讲授，学生课堂听讲，课后吸收的方式进行。这样的教学方式与"填鸭式"的知识传授一般无二，教学方法和手段单一，雷同，主要以"教师为中心"。随着高等教育由规模发展向可持续发展的转变，注重提高教学质量，不断改革高校的教学方法，以适应现代经济社会的发展对人才的要求，以及满足个人对自身教育目标的追求，成为当前高校教育改革的重要内容之一，提出以"学生为中心"的教育教学模式[3]。笔者研究了一些教改模式，认为以"对分课堂"为核心理念的教改新模式可以解决"教师中心"与"学生中心"两种模式的矛盾[4]。即把课堂时间对半分，把一半课堂时间分配给教师讲授，一半分配给学生讨论，并采用"隔堂讨论"的方式，给学生留下自主学习和内化吸收的时间。课堂对分教学由讲授、独立学习、独立做作业、小组讨论、全班交流五个关键环节组成。笔者根据本门课程的特点对上述对分模式进行了具体化的实施：把"隔堂讨论"的方式变成了"当堂讨论"，即利用了"小对分"的模式对理论性较强的课程进行了讲授。经过一段时间的实施，笔者发现这种教学新模式可以激发学生的学习主动性，注重教与学的融合，强调学生的参与意识，调动学生积极思考，激发求知欲，提高教学效率。同时，也可以解决课堂上以教师讲授为主的教学模式。

2.3　项目考核驱动

非线性及自适应控制这门课程的考核方式原来主要是由平时成绩和期末成绩两部分构成。考核方式相对单一，期末成绩基本决定了这门课程的好坏，这就非常影响学生平时的学习和参与度。在经过一段的调研之后，笔者运用了以项目为驱动的考核方式，即在一个学期的时间内，布置两个以上的课程设计项目，课程设计内容主要是从复杂的工程问题提炼出来的基础理论知识，其主要包括课程的设计内容、仿真实验、设计小结等。通过课程设计来增加学生的参与度，增加学生在本课程的时间投入。同时，也提高了学生对复杂工程问题的深入了解和学习。此外，笔者在平时成绩中特别加入了对出勤率的考核，这也是保证"对分课堂"讲授能够进行下去的必要条件。实践证明，这种综合课程设计对培养学生的创新能力和动手能力大有益处，使学生的学习目的更加明确，从而激发学生对本门课程的学习动力。

3　结论

通过对"非线性及自适应控制"课程进行深入的教学改革探讨和实践，实现了该课程由教师为中心的教学模式转化为以学生为中心的理论与项目驱动考核并重的综合型教学的有效转变。实践证明，该教学模式激发了学生的主动学习能力，不仅有效地传授了理论知识，而且培养了学生自主性学习，从而为贯彻落实了自动化工程教育认证的一些基本要求。此外，虽然本学课的理论内容已经经过了优化，相对完善，但它成功应用于工程实践的案例仍然相对比较少，而且还面临很多的外部条件限制。这就要求我们在教学改革之余，还应积极投身于科研和工程实践活动，不断地跟踪理论的新发展，成果的新应用，这样才能把学科的最新成果传授给学生，从而取得更好的教学效果。

References

[1] 韩正之，陈彭年，陈树中. 自适应控制[M]. 北京：清华大学出版社，2011.

[2] 韩曾晋. 自适应控制[M]. 北京：清华大学出版社，1995.

[3] 田永彩. 构建以学生为中心的教育教学模式[J]. 金融教育研究，2016（6）：126-127.

[4] 张学新. 对分课堂：大学课堂教学改革的新探索[J]. 复旦教育论坛，2014（5）：5-10.

实验技术教师工作的分析与讨论

张 婷 吴美杰 刘瑞静

（北京理工大学 自动化学院，北京 海淀 100081）

摘 要：实验技术教师是实验教学、实验室建设与实验室管理的实施者。完善的实验室建设是开展实验教学的前提条件，良好的实验室管理是实验教学顺利进行的基本保障。文章从实验技术教师的工作内容出发，主要就实验教学工作、实验室建设和实验室管理三方面的工作内容、工作重点进行了分析，对实验教学发展方向、实验室建设基本导向等进行了思考。

关键词：实验技术教师；实验教学；实验室建设；实验室管理

Analysis and Discussion of Experiment Technology Teachers' Work

Ting Zhang, Meijie Wu, Ruijing Liu

（School of Automation, Beijing Institute of Technology, Beijing 100081, China）

Abstract：Experimental technology teachers are the perpetrators of experimental teaching, the laboratory construction and laboratory management. Perfect laboratory construction is the premise condition of experimental teaching, good laboratory management is the basic guarantee of smooth experimental teaching. Embarks from the work of experimental technology teachers, analyze the main working content and focus of experimental teaching working, laboratory construction and laboratory management, and think about developing direction of experiment teaching, the laboratory construction guiding and so on.

Key Words：Experiment Technology Teacher；Experimental Teaching；Laboratory Construction；Laboratory Management

引言

高等院校作为国家人才培养重要基地，为了让学生适应当今的形势，应在实验教学方面不断改进与完善[1,2]。实验教学是对课堂所学理论知识的直观认识和学生创新实践能力培养的基本方式。完善的实验室建设是开展实验教学的前提条件，良好的实验室管理是实验教学顺利进行的基本保障。而实验技术教师正是实验教学、实验室建设与实验室管理的实施者。作为一名实验技术

教师，在踏上实验教学道路的起始点，任重而道远，我们应该探索今后实验教学的发展方向，提高自身教育教学能力。

1 实验教学工作

1.1 实验技术教师需具备扎实专业基础知识，熟练实验技术业务

实验教学与理论教学相辅相成，是培养学生理论与实践相结合能力的基本形式，是培养学生创新能力的基本手段。因此，实验技术岗教师应具备扎实专业基础知识，熟练实验技术业务的教师善于指导学生，解决学生在实验过程中遇到的

联系人：吴美杰. 第一作者：张婷（1970—），女，博士研究生，高级实验师.

各种问题，善于挖掘学生的新思想、新创意[3]。

我校针对实验技术教师开展教学工作，提出几点要求。首先，实验技术教师要参与理论课学习。丰富实验技术教师的理论知识，加强其与理论任课教师之间交流，提高教学方式与教学目标等方面的统一性。其次，实验技术教师要经过严格试讲，才能承担实验教学任务。试讲主要内容包括介绍课程大纲，课程重点、难点，试讲时间20 分钟。试讲专家组由专业责任教授、教学单位教学负责人、课程责任教授、学院督导组成员、申请人所在基层单位教师至少三名教师组成。责任教授（或教学所长）担任组长。

可见，经过严格考核制度上岗的实验技术教师具有过硬的教学基本素养。

1.2　实验技术教师应具备编写优秀实验指导教材的能力

编写适应学生培养目标的指导教材，是新形势下实验技术教师业务素质的体现。根据承担的教学任务，完善实验指导书、实验教材、实验教学大纲等教学资料，确保实验教学顺利进行。要想编写一本优秀的实验教材，需要实验技术教师对实验依托的理论知识熟练掌握，明确实验教学目标、教学形式、教学内容、教学过程中遇到的问题等。这不仅需要实验技术教师有扎实的基本功，更要有较强的逻辑思维能力，为指导学生实验提供基本教学工具—实验指导教材。

我校自动化实验中心承担"自动控制理论"实验教学的教师，依据该课程的教学内容，教学方法及教学目标，结合多年教学经验，编写了《自动控制理论创新实验案例教程》。该实验指导教材应用于本专业学生自动控制理论实验的学习，取得良好的教学效果，获得参与学生的高度评价。

编写实验指导教材是对实验技术教师专业基础知识和实验技术素养的一种检验方式，优秀的实验教材是教师良好教学素养的重要体现之一。适合学生学习的实验指导教材是对实验技术教师教学能力的肯定。

1.3　科学评估实验技术教师的教学质量，是对实验技术教师教学素养的重要体现

实验教学是实验技术教师最基本的职责，实验教学的效果与质量是衡量一位实验技术教师的根本指标。学生是实验教学的直接参与者，是最有发言权来评价实验技术教师教学质量的群体。我校采用学生不记名评分制，对每一位实验技术教师进行教学形式、教学态度、教学能力及教学效果等方面的综合评价。评价采用百分制，共分五个等级。90 分及以上为优秀，80 分及以上为中等，70 分及以上为良好，60 分及以上为合格，60 分以下为不合格。教学评价结果为合格者要提出实验教学改进方案，并参与优秀实验技术教师的实验课程。教学评价结果为不合格者，取消其所承担实验课程的教学资格，重新提交申请和试讲，才能继续承担教学任务。

良好的教学能力是实验技术教师工作核心，同时做好实验室建设工作，是实验教学得以开展的前提条件和基础保障。参与实验室建设是实验技术教师工作的重要内容。

2　实验室建设

2.1　实验室文化与环境建设

良好的实验室文化[4]是实验室能效发挥的指导核心，在增强实验教学效果，引导实验室建设方向等方面具有显著促进作用。

我校自动化实验教学中心打造出了与课堂教学和实践教学相辉映的、颇具特色的人文环境，充分体现出一个现代化实验中心应具有的良好环境氛围。

实验教师是学生不断创新精神资源的激发者。实验技术教师精神文明学习和自身文化素养的提高是加强实验室文化建设的基础[5]。

2.2　实验室设备建设

实验室是学校教学、科研、学科建设的重要组成部分。实验室设备建设内容主要包括实验仪器设备的购置、运行与维护、环境与安全等方面[6,7]。

我校实验室建设工作由实验室与设备管理处统一负责。实验室按统一领导、分级管理的原则进行有步骤、分阶段的实验室的规划与建设工作。

每年 3 月确定本年度建设规划。学院组织申报，经实设处与财务处综合审核，于 6 月进行答辩，经专家组评审，获批建设项目与相应经费。次年 9 月完成建设，并由实设处进行项目验收。验收结果直接影响本单位下一年的建设申报工

作。建设类型主要分为 3 种：基本保障类、条件改善类和整体新建类。一方面保障基础实验教学的顺利进行，实现对现有实验教学的改进与完善。另一方面，避免实验室重复建设，合理配置实验室资源。

实验室建设关系到实验教学能否顺利进行及实验教学质量评估。积极参与实验室建设工作是实验技术教师提高实践教学的重要方式。

2.3 实验室制度体系建设

完善可行的实验室制度是保障实验教学工作顺利进行的基本规范。

2.3.1 实验室运行制度建设　各学院实验室在学校实验室与设备管理处和教务处的领导下，设有教学指导委员会和实验室管理办公室，实行中心主任负责制。聘请杰出人才、学科责任教授、科研骨干教师担任教学指导委员会委员，实验教学受学校教务处督导组和学院教学指导委员会监督和管理。

2.3.2 教学质量保障制度建设　以教学质量为核心，以教学改革为动力，从教学质量监督与考评、教学条件保障等方面，依据《北京理工大学本科教学质量监控评价办法》《北京理工大学关于加强本科教学质量管理的原则意见》等规定，建立并落实覆盖整个实验教学过程的教学质量保障体系，有效地保障实验教学的质量。包括教学质量监督与考评机制，教学条件保障措施（教材质量保障措施、实训条件保障措施、硬件条件保障措施和经费保障措施等）。

2.3.3 教师队伍培养培训制度建设　实验室统一组织工作培训和安全教育，完善岗前培训制度，注重青年教师培养，对实验技术教师进行专类管理和考核，明确岗位职责和考核办法。通过鼓励科研一线教师投入实验教学工作、加大人员培养培训力度、引进科研院所、企业的兼职教师等措施，建立一支学科、学历和年龄搭配合理的高水平实验教学队伍，保障实验教学和管理的有效实施。

3　实验室管理

提高实验室整体管理水平，是完善实验室建设的重要手段，是提高实验教学质量的保障。参与实验室管理，了解实验室运行机制，更好地服务于实验教学，提供实验教学的新策略、新方法[8~11]。

我校为加强实验室管理，提高实验室管理整体水平，要求实验技术教师严格执行规定，规范操作，真正做到"教书育人、管理育人、服务育人"。

3.1 实验室基础设施管理

实验室基础设施主要包括实验教学的仪器设备和实验教具等。管理内容包括仪器设备的配备、管理、维护、计量及标定工作。我校实设处定期处理教师申请的实验设备的购置、维修、报废、清理等工作，保证实验教学符合科学技术发展的前沿性。合理购置设备，具有一定的仪器检修能力，提高实验建设经费利用率，是实验技术教师工作的一部分。鼓励实验技术教师积极开展仪器设备的改制和自制工作，有利于培养学生创新实践能力。

3.2 实验室安全管理

实验室安全管理是实验室管理核心，实验室要严格遵守国家和学校的实验室安全管理规章制度，需要实验技术教师和学生的共同维护。为加强实验室管理，我校自动化实验教学中心采用聘任研究生助管员机制，每位助管员负责一个实体实验室的安全及日常工作。

我校自动化实验中心从事气动研究的实验设备属于压力容器，定期进行年检，并将检查结果张贴在实验室明显位置。严格按照操作规程，实验人员穿工作服，佩戴手套和安全帽，并详细记录实验情况。禁止在无人情况下进行实验，在实验过程中禁止非专业人员近距离参观或接触实验设备。

4　结论

实验教学、实验室建设和实验室管理是相辅相成的三方面，实验室建设与管理水平是反映高等学校工作水平、办学效益的重要指标。高质量实验教学是实验室建设和实验室管理的重要体现。实验技术教师是实验教学的直接执行者，是实验室建设的主力军，更是实验室管理的参与者，因此，实验技术教师不单是教育教学者，更是建设者、管理者。作为实验技术教师应不断丰富自身专业知识，提高实验技术业务熟练度，还要提升自身高度，着眼实验室建设，参与实验室管理，只有做好这三方面的工作才能在实验教学道路上走得更远。实验技术教师在提高自身综合素质方面需不断进步，培养具备符合社会不断发展的新型人才。

References

[1] 厉旭云，梅汝焕，叶志国，等. 高校实验教学研究的发展及趋势[J]. 实验室研究与探索，2014，33（3）：131-135.

[2] 李哲. 深化实验教学改革培养实创新能力[J]. 高教探索，2007（6）：191-192.

[3] 陈培玲，张容. 理工科大学新进教师教学能力研究与实践——以河海大学为例[J]. 黑龙江教育（高教研究与评估），2016（2）：75-77.

[4] 石瑛，吴其光. 实验室文化的内涵及其构建[J]. 教育探索，2010（11）：81-82.

[5] 孙胜春，李忠猛，袁志勇. 加强专业实验室建设 满足任职教学需求[J]. 实验室研究与探索，2015，34（4）：239-241.

[6] 吕维莉，黄诚梅，魏源文. 科研单位大型仪器设备管理探讨[J]. 实验室研究与探索，2015，34（4）：252-254.

[7] 郭莹莹，马文渊，李丘林. 提高教学实验设备使用率的探索[J]. 实验室研究与探索，2015，34（4）：263-266.

[8] 史怀忠，李根生，黄忠伟. 高压水射流与完井实验室建设与安全管理[J]. 实验室研究与探索，2015，32（1）：237-240，244.

[9] 徐远卫，单汨源. 高校重点实验室管理研究与实践探索[J]. 科技管理研究，2010（20）：78-80.

[10] 罗联社，周云涛，张源，等. 强化实验室管理 提高实验室效益[J]. 实验室研究与探索，2010，29（11）：145-147.

[11] 赵小强. 实验室管理新模式的探索及实践[J]. 实验室研究与探索，2010，298（11）：138-139,15.

以"三引"为指导，在通识教育课上开展研究性学习
——"走进物联网"课程教学体会点滴

王力立　吴晓蓓

（南京理工大学 自动化学院，江苏 南京 210094）

摘　要： 本文结合南京理工大学通识教育核心课"走进物理网"的教学体会，提出了以"三引"，即吸引学生兴趣、汲引学生思考、旌引学生交流为指导的课堂教学方法。充分利用物联网应用广泛的特点，有效地组织学生学习，提升了学生学习的效果。

关键词： 通识教育课；MOOC 课程；物联网

Research Study in General Education Course
——Experiences in teaching "Enter the Internet of Things"

Lili Wang, Xiaobei Wu

(Nanjing University of Science and Technology, Nanjing 210094, Jiangsu Province, China)

Abstract: Based on the experiences in teaching of "Enter the Internet of Things", which is a core general education course in Nanjing University of Science and Technology, we put forward a "three steps" teaching method to attract the interest of the students, promote students' thinking, and guide students to communicate. By making full use of the characteristics of the Internet of things, we effectively organize students to learn, and enhance the learning effect.

Key Words： General Education Course; MOOC; Internet of Things

引言

通识教育选修课近年来越来越受到各个学校的重视，此类课程旨在引导学生广泛涉猎不同学科领域，增进学生对人文、社会、自然及其之间相互关系的理解，从而培养学生健全的人格、包容的态度、开阔的视野、批判的思维、高度的社会责任感和人文关怀，以及追求真理的精神。期望能使向来以专、精教育为导向的大学教育，能有所补偏救失，使大学生除了有专门的专业知识外，更能有广博的视野，在精深的研究之外也能获得通达的人生[1]。

研究性教学是一种教学方式，主要是指教师通过对教学过程的有效组织，引导学生以研究的方式学习知识、探究道理，培养学生勇于探索、善于研究的意识和能力，培养学生创新思维的能力，培养学生终身学习的能力[2]。

为深化本科教育教学改革，全面构建通识教育选修课程体系，提高课程建设质量，南京理工大学2015年启动了通识教育选修核心课程建设工作，我们针对通识教育课程"走进物联网"的建设工作，进行了校内立项。迄今，该课程已经开设了 8 个班次，取得了较好的教学效果，我们也积

联系人：王力立（1987—），女，博士，讲师.
基金项目：教育部高等学校自动化类专业教学指导委员会专业教育教学改革研究课题(2015A05)；江苏高校品牌专业建设工程. 资助项目(PPZY2015A037).

累的一些经验。本文主要结合我们在"走进物联网"课程教学过程中实施研究性教学的具体做法、感想和成效，谈几点体会。

1 吸引学生兴趣，培养学生对物联网知识的好奇心和求知欲

好奇心是学生学习的内在动机之一，而大学生具有强烈的好奇心和旺盛的求知欲，学生的学习效果往往受兴趣的支配。教学的各项活动是否能够有效调动起学生的好奇心和求知欲，这是教师教学行为的重要目标之一。爱因斯坦认为："兴趣是最好的老师。"苏霍姆林斯基也曾说过："所有智力方面的工作都依赖于兴趣。"俄国教育家乌申斯基说："没有丝毫兴趣的强制性学习，将会扼杀学生探求真理的欲望。"[3]为此，我们十分注意激发其兴趣。

在"走进物联网"这门课程中，我们主要是从以下三个方面调动学生的学习兴趣。一方面，从现实生活中身边的感受看，世界上的万事万物，手表、钥匙、汽车、楼房……只要嵌入一个微型感应芯片，把它变得"智能"，再借助无线网络技术，这个物体就可以实现自动开口说话、自动记录状态、自动相互交流……通过"物联网"技术的逐步实施和完善，这种生活场景将变得司空见惯。另一方面，从尖端科学发展来看，卫星探测宇宙、天舟与天宫交会、蛟龙海底畅游、机器换人走向各个岗位……同时网络让世界变小、使距离不再遥远……再一方面，《阿凡达》《机器之心》《超脑特工》《她》《黑客帝国》等大批好莱坞科幻电影中所展现的物联网技术，广受年轻人喜爱和向往。无处不在的"物联网"应用是吸引学生探究个中原理的最大动力[4]。

在具体的教学过程中，我们牢牢注意抓住学生的好奇心理，通过循循诱导，让学生有强烈的冲动去了解、学习其中的关键技术和原理知识。

2 汲引学生思考，培养学生审辨性思维的自觉习惯和科学方法

善于观察和思考是学习最好的潜质。在调动起学生的学习积极性以后，一是要保持这种积极性和亢奋劲；二是要汲引学生观察和思考，使其善于学习。只要教师重视养成学生善于观察、勤于思考的良好品质和习惯，使他们具备科学的观察方法和深入持久的思考能力，就一定能培养出具有创新精神和实践能力的人才。

要汲引学生观察和思考，一是通过创设适宜的问题情境，汲引学生思考，启发学生解惑。瑞士心理学家皮亚杰等人指出："当感性认识与人的现有认识结构之间具有中等程度不相符时，人的兴趣最大。"比如：教学中引入"中国快递机器人分拣包裹"的视频，问题是它所涉及的科学技术有哪些？要求同学们利用课余时间学习了解，课堂上进行介绍。没有想到的是同学们的积极性都很高，有的还走访实际的物流公司，现场查看包裹的分拣情况，询问有关的技术和使用，为了到课堂上表现最好，还查阅了不少教科书和技术书籍，交流非常深入、丰富。教师需要的是将学生提到的技术进行补充完善，并按照知识和技术的体系，有序地组织介绍，完善学生的认知体系。

二是设计典型案例，汲引学生从多维和不同角度思考问题。历史上的科学巨匠、艺术天才、顶级商人等，他们最重要的思维策略即在于能从多个角度去思考问题、研究问题、解决问题。像达·芬奇、爱因斯坦、弗洛伊德、迈克尔·戴尔这些杰出人物的一个共同特点，就在于他们往往从不同的角度重新构建所遇到的各方面问题。爱因斯坦的相对论就是对不同视角之间关系的一种解释。弗洛伊德的精神分析法旨在找到与传统方法不符的细节，以便发现一个全新的视角。而沃尔玛公司、戴尔公司这些企业则以全新的视角，开发出某种前所未有的全新的商业模式。迈克尔·戴尔认为，"成功在很大程度上并不取决于能力，而取决于你是否愿意换一个角度来看你所熟悉的事物。"正因为换了一个角度，他发现从"产品→商品"，居然有那么多中间环节。他决定跃过中间环节"直达"消费者，在节省成本的同时，正是采用了"直达"新模式，也为"批量度身定做""网络营销"创造了条件。1984 年创立的 DELL "直达营销"新模式，使戴尔公司大获成功。教学也要摆脱"复制性思维的辖区"。在走近物联网的课程中，我们以物联网在城市交通中的应用为题，要求学生进行设计和规划,并说明其设计理念。由于

走进物联网课程是通识教育课，涉及具体的技术知识不要求很深，学生要独立设计出一个技术路径完备的系统不可能，也不是本课程的目标。学生们都能脑洞大开，发挥出超高的想象力，他们的设计适合各种情况，同时还能兼顾成本、美观、耐用、针对不同群体……课堂提问也注重促进学生思维的活跃性，重视由浅入深的讨论，及时捕捉学生发言中的信息，进行有效点拨和汲引。

三是鼓励学生树立对问题深究穷追和对知识孜孜以求的精神。古希腊时期的思想家、教育家柏拉图就十分推崇理性训练，他主张在教学过程中要以发展学生的思维能力为最终目标的。在《理想国》一书中，他多次使用了"反思"（reflection）和"沉思"（contemplation）两词，认为关于理性的知识唯有凭借反思、沉思才能真正融会贯通，达到举一反三，他十分注重在教学中发展学生的思维能力，强调探讨事物的本质，这些都给了后世教育家们以巨大的影响和启迪[5]。因此，教师必须引导学生心思凝聚，学思结合，从一个层次的理解到达另一个层次的理解，步步深入，最终形成对知识深入全面的掌握，并有自己的观点。在走进物联网课程的教学过程中，我们以"感知层—网络层—应用层"为主线，利用物联网在不同领域中的应用案例，以问题为导向，教师通过点悟、启发、诱导，汲引学生逐渐进入研究"佳境"，使他们在苦思冥想后茅塞顿开，喜获研究之乐。

3 旌引学生交流，培养学生勇于表达与善于沟通的能力

表达沟通能力是个人素质的重要体现，也是获取知识的有效途径，它关系着一个人的知识、能力和品德。在该课程中我们尤其注重学生表达、交流和沟通能力的训练和培养，促进学生"从勇于说到善于说"。我们课堂上给学生提供很多的口头表达平台，开设了"观点碰撞"环节，事先给出命题，有的命题是学生自己提出来的，比如：向同学推荐一本物联网的书籍，并说明你推荐的理由；科幻中的物联网；物联网与智能制造；物联网与大数据；人机联网……让学生发表自己的观点。另外，设计了小组研学活动，各小组围绕物联网的应用课题，从调研开始，通过查阅资料，结合相关知识，设计出自己的物联网方案，并按小组在全班交流。通过这些不同方式，学生的交流积极性被调动起来，从以前不想说、不爱说、不敢说、不能说到"说"犹未尽。很多学生在总结中都说，通过这样的组织使自己的表达能力有了很大的提升，甚至个别同学讲"老师现在是我们听你说，今后一定是你听我们说！"我们感到，学生不仅仅是想说会说了，更重要的是为了说好，他们学习的劲头更足了，自信心也更强了。

4 MOOC 课程的设想

MOOC（Massive Open Online Course，慕课）自 2008 年由加拿大爱德华王子岛大学网络传播与创新主任与国家人文教育技术应用研究院高级研究员联合提出以来，引起了教育界的广泛关注，在中国也同样受到了很大重视[6]。根据 Coursera 的数据显示，2013 年 Coursera 上注册的中国用户共有 13 万人，位居全球第九。而在 2014 年达到了 65 万人，2016 年更是达到了 100 万人，增长幅度远远超过其他国家。慕课课程以它的广泛开放性、全面透明性、优质教育资源的易获得性等特点，会越来越体现出它的独特优势[7]。

通识教育课程"走进物联网"的特点是教学形式多样，师生互动充分，开放性强。我们计划将近几年的教学体会和学生感兴趣的问题以及有效的活动，根据 MOOC 课程的特点和要求进行综合设计，使感兴趣的同学都能够加入，实现基于网络的更大课堂。

5 结论

新知识经济时代大学生应该具备的鲜明特征就是创新意识、创新精神和创新能力，对学生来讲，意识、精神与知识同样重要。教育教学不仅仅是教会学生掌握具体的技能，更是培养他们具有掌握知识的能力，具有终身学习的能力。走进物联网课程的"三引"教学方法，用启发、探究式的教学方式来刺激了学生的好奇心和求知欲，提高了他们学习的兴趣，为学生提供了发挥想象、

创造思维、展示自己的平台，培养了学生的综合素质。

References

[1] 吴晓蓓.《中国制造 2025》与自动化专业人才培养[J]. 中国大学教学，2015（8）：9-11.

[2] 李拓宇，李飞，陆国栋. 面向"中国制造 2025"的工程科技人才培养质量提升路径探[J]. 高等工程教育研究，2015（6）：17-23.

[3] 冯克诚. 西方近代教育思想与论着选读[M]. 北京：人民武警出版社，2010.

[4] 陈春梅，郭明明. 物联网专业实践教学模式综述[J]. 教育教学论坛，2015（34）：127-129.

[5] 邹爱民，张厚吉. 柏拉图的教学方法及其对现代外语教育的启示[J]. 当代教育科学，2007（19）：59-60.

[6] 任友群."慕课"下的高校人才培养改革[J]. 中国高等教育，2014（7）：26-30.

[7] 贺斌. 慕课：本质、现状及其展望贺斌[J].江苏教育研究，2014（01A）：3-7.

自动化类专业的教与学学术（SoTL）社群建设研究

高　琪　廖晓钟　庞海芍

（北京理工大学，北京　100081）

摘　要：教学工作理应是高等学校人才培养的核心，但目前由于受到评价体系的影响，"重科研、轻教学"的现象广泛存在。教与学学术研究把教学实践和教学研究从教师个体的经验性活动提升为与科学研究一样的学术性工作，从而促进了教学研究的深入和教学质量的提高。公共性是教与学学术的重要特点，它包含了公开发表、同行评议、公共知识体系构建等基本成分，而教与学学术社群是其重要的基础。教与学学术同时还具有学科本位特性，学科教学知识与一般教学规律的结合能够真正产生有价值的教与学学术成果。在教与学学术和学术社群两个基本概念的基础上，结合学科特点论述了自动化类专业教与学学术社群建设的必要性和合理性，提出了可能采取的方法和途径。通过本文工作，将能够为自动化类专业青年教师的教学发展和职业成长开拓有效的途径，为促进自动化类专业的教学质量和教学研究水平的提高发挥积极的作用。

关键词：教与学学术；学术社群；学科教学知识；教学质量；教师发展

Study on SoTL Community in Automation Specialty

Qi Gao　Xiaozhong Liao　Haishao Pang

(Beijing Institute of Technology, Beijing 100081, China)

Abstract：Teaching should be the core of talent training in colleges and universities. However, due to the impact of the evaluation system, the phenomenon of "emphasize researching and despise teaching" is widespread. Research on Scholarship of Teaching and Learning (SoTL) has promoted teaching practice and teaching research from the individual experience of teachers to scholarship like scientific research, thus promoting the deepening of teaching research and the improvement of teaching quality. Publicity is an important characteristic of SoTL. It includes such basic elements as public publication, peer review and public knowledge system construction, and the SoTL community is an important foundation. SoTL is also discipline-based. The combination of Pedagogical Content Knowledge and general teaching theories can produce valuable academic achievements in teaching and learning. Based on the two basic concepts as SoTL and academic community, the necessity and rationality of SoTL community construction in automation specialty are discussed with the characteristic of discipline-based, and the methods and approaches may be taken are proposed. The work in this paper will be able to explore the effective way for young teachers in automation specialty of teaching development and individual growth, and play a positive role in promoting the teaching quality and improving the level of teaching and research in automation specialty.

Key Words：SoTL; Academic Community; PCK; Teaching Qualities; Faculty Development

联系人：高琪. 第一作者：高琪（1972—），男，硕士，讲师.

基金项目：教育部高等学校自动化类专业教学指导委员会专业教育教学改革研究课题立项（2015A21）.

引　言

人才培养在高校各项工作中具有中心地位，其中本科教学是最基础和最根本的工作[1]。作为高校教师，理应在教学工作和科研工作两方面投入同等的精力和时间，并努力取得良好的成果。但在目前国内大多数高校的教师考核评价体系中，对科研工作及其学术成果认可的程度远大于对教学工作及其成果的认可程度。受此导向的影响，自动化类专业的青年教师在个人职业发展中，普遍更加重视科研投入和学术产出，而缺少在教学方面发展成长的动力和合理的规划。

"教与学学术（Scholarship of Teaching and Learning，SoTL）"是诞生于 20 世纪 90 年代初的一个重要理念，并从美国开始逐步在世界范围内掀起了一场研究和实践这一理念的广泛运动。教与学学术是一种新的学术观，它把教学实践和教学研究不再看作是教师个体的经验性活动，而是将其上升为与科学研究一样的学术性工作，并对其概念、内涵、研究方法和成果评价标准进行了界定。在自动化类专业中推广教与学学术（SoTL），能够将基于经验的传统教学研究和教学改革实践提升到对教与学中客观规律进行理论分析、实验探索和实践应用的学术研究的层次，大大促进教学研究的深入和教学质量的提高。

教与学学术的开展十分强调公共性。它以教学研究成果的公开发表和同行评议为基础，希望通过文献对话、同行交流和批判性评价来构建公共的教与学知识体系，以此反馈和指导教学实践。因此，具有共同学科背景和学科教学内容的教与学学术共同体，将是有效进行教与学学术活动的主体，也是教师开展学术性教学研究的支持性环境。

本文将在介绍教与学学术基本概念的基础上，分析教与学学术的学科本位特性，从而阐述在自动化类专业教师中建设教与学学术社群（SoTL Community）的必要性和合理性，并分析社群建设可能采取的方法和途径。通过本文的工作，将能够为自动化类专业青年教师的教学发展和职业成长开拓有效的途径，为促进自动化类专业的教学质量和教学研究水平的提高发挥积极的作用。

1　教与学学术的基本概念

美国大学曾经有悠久的"以教学为中心"的传统。但随着第二次世界大战中高校在国防研究领域发挥了重要的作用，美国大学开始从教学为主向以研究为主转型，并产生了一批著名的研究型大学[2]。在这一过程中，"学术"的内涵和外延被大大缩小，科研工作成为大学教师的主要任务，教学被放在了次要的地位。这不仅引起了许多视教学为教师核心职责的大学教师的不满，也受到了来自社会各方面越来越多的批评。为挽救美国高等教育的质量，使高校重新回到"育人为本"的正确道路上来，时任卡耐基教学促进基金会主席的厄内斯特·博耶（Ernest L. Boyer）重新思考了"学术"的含义，在 1990 年出版的题为《学术的反思——教授的工作重点》的报告中，提出学术应该包括发现的学术（Discovery）、综合的学术（Integration）、应用的学术（Application）和教学的学术（Teaching）[3]。随后他的继任者李·舒尔曼（L. S. Shulman）在 1999 年将教学学术扩展为"教与学学术"（Scholarship of Teaching & Learning），同时认为学术的标准应该包括公开性、同行评议和基于学术共同体的知识建构三个方面[4]。

在博耶和舒尔曼看来，"教与学"之所以是一种学术，是因为教与学的过程中蕴含着普遍的客观规律，可以采用符合学术标准的方法去进行研究和分析，其研究成果又可以反过来指导和改进教学实践。在教与学学术研究中，十分注重基本的教学理论框架对研究的指导和基于证据的研究方法。这也使得教与学学术研究能够摆脱个体摸索和经验总结的范式，能够与各个学科专业的学术研究过程摆在同样的地位。

在国内，从 21 世纪初逐渐有学者开始关注教与学学术的概念及内涵，对其历史起源和教与学学术运动的发展也进行了比较细致的梳理和分析。但是，这些已有工作大多是作为高等教育史和高等教育比较研究来进行的，国内还缺少对教与学学术实质性地大规模推广实践，也几乎没有某个专业类进行了相应的教与学学术共同体建设。

2　教与学学术的学科本位特性

随着科学技术的发展，学科的划分日趋细密，不同学科相互之间的独立性逐渐增强，其知识的传播过程也逐渐显示出与学科密切相关的特性。例如在自动化类专业中，学生既要学习抽象的算法理论，又必须掌握在多样化的对象和随机干扰下，如何实现一个工程上有效的实际系统。这就要求自动化类的课程教学在理论讲授与工程实践锻炼中取得一个良好的平衡。这与其他门类的学科在学生情况、学习目标、学习方法和学习效果检验方面都有很大的不同。同时，同一个学科的教师和学习者，具有相似的知识基础和学习经历，并在长期的专业学习和研究中形成了共同的思维模式和"缄默知识"[5]，这也构成了该学科教学中的基本情境。在这个意义上，舒尔曼提出了"学科教学知识（Pedagogical Content Knowledge, PCK）"的概念，并得到了广大教师和教学研究者的认可[6]。

图 1　李·舒尔曼提出的"学科教学知识"

因此，教与学学术研究从根本上来讲应当是学科本位的，其研究参与者、研究过程和研究结果都应与具体的专业学科密切相关，与该专业学科本身的科学研究相关。虽然教与学学术倡导以教与学中的普遍客观规律来建立教学理论框架，并指导教学研究和教学实践的开展。但是，"教与学学术研究"既不是传统的教研教改，也与作为一个独立学科的"教育学研究"有区别。教与学学术不是研究抽象的教育规律，而是在教育与教学普遍理论的支持下，针对某个具体学科的教学过程进行研究，并通过教学实践促进该学科上知识的传播和学生的能力培养。

教与学学术的学科本位特性，要求进行教与学学术研究的教师既具有教与学的基本知识，熟悉教与学的主要理论，又要精通本专业的知识体系，掌握具体教学内容最恰当的教学方法，并能够依次设计出有效的教学过程。这种对教师的要求使得传统的个体教学活动受到挑战。单个的教师仅凭自身的经验积累和个人探索，无法在教学理论和专业教学方法上都取得显著的进步。只有在教师融入一个教学学术共同体的情况下，以学科专业教学为背景的公共知识体系，才能够给教师以足够的资源和营养，使得他的所有教学活动都建立在已有的公共知识基础上，并且这些知识已经经过了同行的批判性评议，同时具有客观证据的支撑[7]。

3　自动化类专业的教与学学术社群建设

既然教与学学术具有学科本位的特性，其顺利开展又离不开学术共同体的支撑，那么自动化类专业的教与学学术社群（SoTL Community）建设就成为一项重要的工作。

3.1　教与学学术社群的概念

学术社群（Academic Community），又译作"学术共同体"，其概念可以追溯到英国科学哲学家迈克尔·波兰依（Michael Polanyi）1962 年在《科学共和国》（The Republic Of Science: Its Political And Economic Theory）中提出的"科学共同体"（Scientific Community），是指具有共同研究兴趣、价值取向和道德规范学者群体，他们相互联系、相互影响，共同推动某一方面的学术发展[8]。舒尔曼将"教学社群（Teaching Community）"引入教与学学术中，并逐渐演化为教与学学术社群（SoTL Community）[7]。

作为共同从事教与学方面学术研究的学者群体，教与学学术社群在教与学学术的确立和发展中发挥着不可或缺的重要作用：

（1）它既是教与学学术知识的生产者，也是教与学学术方面公共知识体系的所有者，通过社群，学者在教与学学术方面的研究成果才成为公共财产，可以被社群的其他成员检视和使用。

（2）它承担着对教与学学术成果进行评价的职责，只有在教与学学术社群内的同行评议，可以决定教与学学术研究成果的学术水平。

（3）它是教与学学术研究规范的制定者和维护者，通过以社群为媒介的学术交流和学者之间的人际交往，教与学学术研究规范得以成形，并为全体研究者所理解和遵守，教与学学术研究也才能符合通用的学术标准，得到学术界的接纳和认可。

（4）它提供了教与学研究者和实践者之间的联系渠道，也使得在学科教学知识（PCK）基础上的学科和专业教学能够构成一个有机的整体网络，消除了舒尔曼所说的"教学孤岛"（Teaching Solitude），为全面提升专业教学质量提供了保障。

3.2 教与学学术社群的建设方式

教与学学术社群的组织形态是多种多样的：既可以是通过学会、教学组织机构、兴趣小组等构成的有形组织，也可以是通过学术期刊、学术会议的投稿者、评审者、阅读者和引用者构成的无形组织；既可以是以个体身份管理为基础的确定性组织，也可以是以社交网络关系为基础的不确定性组织；既可以是真实世界中的线下组织，也可以是通过 Internet 上的各种服务连接起来的线上组织。针对自动化类专业的教与学学术社群建设需求，可以采取以下一些具体的做法：

（1）通过组织自动化类专业的教师召开教与学学术会议、举办有针对性的培训班或工作坊，培养具有共同研究方向和研究旨趣的教与学学术研究群体，进而形成自动化类专业教与学学术社群的主体。

（2）通过创立或改造以自动化类专业的教与学学术研究成果为主要发表对象的学术期刊，促进教与学学术的研究与学术交流，并在构建公共知识体系的同时形成自动化类专业教与学学术社群的基础。

（3）通过成立全国或区域性的自动化类专业教与学学术学会（协会）等专业组织，集合教与学学术研究的主要参与者和广大自动化类专业的一线教师，从学术研究和教学实践两个方面组成自动化类专业教与学学术社群的核心力量。

（4）通过建立自动化类专业教与学学术的专题网站、博客、微博、社交媒体群等方式，扩大在自动化类专业中推进教与学学术宣传的渠道，吸引一线教师和教学研究者的关注热情和研究兴趣，为自动化类专业教与学学术社群的建设提供支撑环境。

4 结 论

产生高等学校教师考核评价中"重科研，轻教学"现象的根本原因，在于科研评价具有"公开发表""同行评议"和"学术共同体的知识构建"等特性，比较符合公认的学术标准，其公正性和客观性易于得到认可。而反观传统的教学改革实践和教学研究方法，则更注重个体教学经验的总结与相互借鉴，相关论文的撰写和发表也不完全符合学术论文的要求。这客观上影响了教学研究成果的学术水平，也导致教学成果的认可度低于科研成果的认可度。

基于全面的学术观，通过"教与学学术"概念和相应研究方法的推广运用，可以将基于经验的传统教学研究和教学改革实践提升到对教与学中客观规律进行理论分析、实验探索和实践应用的学术研究的层次。建设自动化类专业的教与学学术社群，面向专业教学的共同问题，依托学科教学知识来开展教与学方面的学术研究和学术交流，努力为自动化类专业青年教师的教学发展和职业成长开拓有效的途径，可以积极促进自动化类专业的教学质量和教学研究水平的提高。

本文研究了如何在国内高校的一个专业类中引入教与学学术研究概念，提出了建设多种形式的教与学学术社群的思路和方法，目标是加深自动化类专业青年教师对教与学学术理念的理解与认识，激发他们参与教与学学术研究和实践的热情，搭建自动化类专业教与学学术交流的平台和支撑环境，从而为解决自动化教育中的质量问题提供新的思路和途径。

References

[1] 教育部. 关于全面提高高等教育质量的若干意见[EB/OL]. http://www.moe.edu.cn/publicfiles/business/htmlfiles/moe/s6342/201301/xxgk_146673.html, 2017-06-10.

[2] 沈红. 美国研究型大学形成与发展[M]. 武汉：华中理工大学出版社, 1999:89.

[3] Boyer E L. Scholarship Reconsidered: Priorities of the

Professoriate.[M]. Princeton University Press, 3175 Princeton Pike, Lawrenceville, NJ 08648. 1990.

[4] Pat Hutchings, Lee S. Shulman. The Scholarship of Teaching: New Elaborations, New Developments[J]. Change-the Magazine of Higher Learning, 1999, 31（5）: 10-15.

[5] 蒋茵. 教师的缄默知识与课堂教学[J]. 教育探索, 2003（9）: 90-92.

[6] Shulman L S. Those Who Understand: Knowledge Growth in Teaching[J]. Educational Researcher, 1986, 15(2): 4-14.

[7] Shulman L S. Teaching as community property：Putting an End to Pedagogical Solitude [J]. Change- the Magazine of Higher Learning, 1993，26（2）: 6-7.

[8] 韩启德. 充分发挥学术共同体在完善学术评价体系方面的基础性作用[J]. 科技导报, 2009，27（18）: 3.

自动化专业青年教师教学成长的做法和成效

朱艺锋　乔美英　胡　伟　王红旗

（河南理工大学 电气工程与自动化学院，河南 焦作 454000）

摘　要：青年教师正成为高校自动化专业教学的生力军，其教学成长的做法和成效对自动化专业人才培养质量的影响至关重要。本文围绕这一重大命题，结合河南理工大学自动化专业青年教师的教学成长经验，提出了一套促进青年教师教学成长的机制和做法。该做法在我校的实践中取得了一定的成效，证明了该套做法的有效性。

关键词：自动化；青年教师；教学成长；做法

The Practice and Effect of Young Teachers' Teaching Development in Automation Specialty

Yifeng Zhu, Meiying Qiao, Wei Hu, Hongqi Wang

(School of Electrical Engineering and Automation, Henan Polytechnic University, Jiaozuo 454000, Henan Provence, China)

Abstract： Young teachers are becoming a new force in the teaching of Automation Specialty in Colleges and universities. The practice and effectiveness of their teaching development are of vital importance to the quality of talents training in automation specialty. Based on this important proposition, this paper puts forward a set of mechanism and practice to promote the growth of young teachers' teaching, combining with the teaching experience of young teachers in the automation specialty of Henan Polytechnic University. This practice has achieved certain results in our school practice, and proved the effectiveness of the practice.

Key Words： Automation; Young Teachers; Teaching Growth; Practice

引言

当前，世界范围内的国家竞争越来越激烈，国家综合实力中最为重要的就是科技实力和国民综合素质[1]。高等教育在提升国民综合素质和国家科研实力方面起着十分重要的作用。自动化专业作为一种信息化、智能化和自动化技术密集的专业，对培养国家的科技人才方面意义重大[2]。

而培养的自动化专业人才质量如何，又在很大程度上取决于自动化专业的教师队伍水平和高校的教学质量保障体系。由于中国的特殊国情，目前在高校的教师队伍里青年教师占很大比例，已成为大多数甚至是绝大多数。比如河南理工大学自动化专业教师队伍中，共有17名教师，年龄在40岁以下的青年教师就有12名，占到70%。因此，青年教师的教学素质、教学理念和教学水平就成为一个影响自动化专业人才培养质量的关键因素，采取怎样科学有效的措施去提高自动化专业青年教师的教学素质、教学理念和教学水平也成为一个值得研究的重大课题。

联系人：朱艺锋. 第一作者：朱艺锋（1979—），男，博士，副教授.

基金项目：河南理工大学教育教学改革研究项目（2015JG072）.

近几年有很多文献报道了促进青年教师成长方面的做法[3~6]，具有一定的借鉴价值。本文围绕这一重大命题，结合河南理工大学自动化专业青年教师的教学成长经验，研究科学有效促进青年教师教学成长的机制和方法。

1　青年教师教学成长的做法

自动化专业属于工科专业，培养人才的目标是要解决自动化领域的复杂工程问题。这种专业定位对自动化专业的师资队伍也提出了较高的要求。青年教师具有很强的可塑性，其在教学水平和能力方面的成长得到相关各方的高度关注。文献[7]提出应将"教学工程师"作为高校青年教师的成长标杆，具有一定的指导意义。文献[8]研究指出就教学能力来说，青年教师的选才是第一位的，应选择内在素质较高的人员从事教学；其次，从青年教师的教学能力发展来看，前两年稳步提高，两年后就逐步趋于稳定。因此，青年教师入职后的前两年是教学成长的关键时期。本文从选材之后的教师培训开始，介绍我校自动化专业在青年教师教学成长的做法和机制，主要包括以下几个方面，并形成一个体系。如图 1 所示。

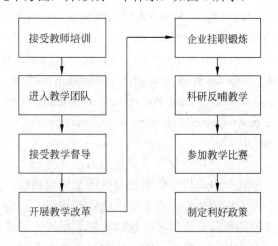

图 1　自动化专业青年教师教学成长培养机制

1.1　在教师职业培训中进行职业定位和规划

青年教师进入学校后首先接受教师职业培训，培训的主要目标是让青年教师树立对高等教育教学职业的正确认识以及达成优秀教师的努力途径。培训内容主要有教育学、心理学、师德师风、学校办学文化及教学管理方面的核心文件、

口才学等。青年教师应该尽早认识到，从事高等教育是一项伟大崇高的事业，用心投入得到学生的认可才是职业上的最大成功。加强教师职业认同感[9]，要把自己未来的发展和所在学校的发展紧密联系在一起。

1.2　在教学团队的帮助和指引下成长

青年教师进入系室后，系室工作小组负责给青年教师安排助课任务，使其进入课程组，并为其选择分配教学指导老师。青年教师跟随教学导师随堂听课，整理课件，准备实验，批改作业，熟悉课程内容，观摩课堂教学的艺术，批改试卷等，参与教学的各个环节，熟悉各个环节的规矩和要求，为其日后的独立授课奠定坚实的基础。

1.3　在教学督导和经验交流中完善自我

从学校、学院到课题组，在青年教师的课堂教学方面都进行专家听课督导，为青年教师发现问题，提出改进的方法。学院和系室每学期召开一次教学经验交流会，并进行观摩教学。青年教师在经验交流会上，可以向其他教师提出教学上的困惑、讨教学良策，共同探讨教学内容、教学方法、教学艺术等。

1.4　在不断探索反思中形成自己的教学风格

教学实践中青年教师会形成自己的经验，发现自己的问题，产生新颖的想法，并会借鉴到自己的人生经历以及求学时学校老师的教学方法。以此为依据，深入思考当下高校教学理念，分析和钻研教学内容，总结和创新教学模式，大胆开展教学改革，撰写教学论文，写教学心得，可以更好地提升自己的教学水平，并逐步形成自己的教学风格，同时也使自己的教学能力得到锻炼和提升。

1.5　用工程实践经验丰富课堂教学

安排青年教师到相关企业挂职锻炼。青年教师在企业挂职期间，可以深度了解工程背景、接触实际应用的技术，积累工程案例，感受企业文化，从而为课堂教学储备丰富生动的工程案例。将工程案例再引入课堂，可以激发学生学习专业技术知识的兴趣，并为其走向实际的工作岗位担任技术工作奠定坚实的基础。为配合和促进青年教师去企业挂职锻炼，学院也出台了相关的工作量补贴政策，消除了青年教师的后顾之忧。

1.6 用科研成果扩展学生的眼界

鼓励青年教师在开展教学工作的同时，进行科学研究。大部分青年教师都具有博士学位，而且正处于科研创新力最佳的年龄，完全有理由有能力在博士论文的基础上进行相关更深层次的研究。其部分研究成果还可以转化为课堂素材，将科研成果、科研心得、科研过程介绍给同学们，扩展学生的眼界，提升课堂教学的效果。

1.7 在教学比赛和学生评教的压力中提升

鼓励并要求青年参加各类教学比赛，在教学比赛中全面提高自己的教学水平和技能。我校的教学比赛分为院级和校级两个级别，面向青年教师的比赛称之为"希望杯"教学比赛。面对教学比赛的压力，青年教师都会全身心投入到教学准备中，精心进行教学设计，不断优化 PPT 课件，反复推敲自己的讲课语言，注重并设计和学生的互动，关注学生的听课反映，赛后又能得到听课专家的意见反馈，是一种真刀实枪、坦诚布公、参与各方都严肃对待的考验和提高教学水平的好方式。

学生评教对青年教师而言同样是一种压力，当获得好的评教成绩时会有一种成就感和被认可的幸福感，而评教成绩不好的时候又会有一种羞愧感，知耻而后勇，查找自己存在的问题并不断改进。

1.8 营造有利于青年教师教学成长的环境

教学制度的支持与鼓励是教师能力成长的制度保障。合理、正确的奖惩机制，能够在很大程度上激发青年教师的教学积极性。制度上的支持与关怀能够从情感上刺激教师的需求动机，促进青年教师实现横向与纵向的全面发展[10]。在政策方面，制定有利于青年教师教学成长的政策，消除其主要精力投向教学的后顾之忧，保证青年教师在教学中的投入。这些政策主要包括青年教师入职两年内不参加评教、助教半年内进行工作量补贴、提高在职称评审中教学业绩的比重、鼓励青年教师参加进修和培训等。在这样的政策环境下，青年教师会更有可能、更有理由全身心投入到教学工作和教学水平提高中。

2 自动化青年教师教学成长的成效

我校的自动化专业青年教师在上述的教学成长培养机制下取得了一定的成效，主要表现在课堂教学得到学生认可，获得多项教学荣誉，科研成果也很丰硕。

2.1 青年教师获得教学方面的荣誉众多

通过培养，我院自动化专业青年教师在教学方面获得了大量荣誉，其中获得校级教学比赛奖项的有 5 人，获得校级"太行名师"以上荣誉称号的有 3 人，获得校级"太行学者"的老师有两名，还有一名老师获得了校杰出青年基金。

2.2 青年教师的成就感、自信心和幸福感增强

青年教师在站稳讲台，熟悉讲课内容和讲课艺术之后，大部分都获得了学生的认可，评教成绩也大多是良好以上。这使得青年教师获得了职业的成就感，体现了作为一名高等学校教师的价值感，从而内心充满自信并安宁平和。以此为基础，带来的家庭生活和科研事业也能稳步发展，教师的职业认同感和单位归属感良好。

2.3 学生认可青年教师，成绩好的同学越来越多

在青年教师的教学水平提高之后，随之而来的是学生对老师的认可度逐步上升。学生的学风得以改观，学习兴趣提升，学习投入加大，学习成绩逐渐提高，主要表现在课程设计质量、毕业设计水平的提高上，也表现在各类科技比赛参赛人数和获奖人数的增加上，实现了老师和学生的双赢。

3 结论

青年教师正成为高校自动化专业教学的生力军，其教学成长的做法和成效对自动化专业人才培养质量的影响至关重要。本文提出的促进自动化专业青年教师教学成长的做法机制在河南理工大学的实践中取得了一定的成效。这些做法层层递进，涵盖全面，构成一个体系，可为其他高校和专业在青年教师教学成长方面的做法提供借鉴。

References

[1] 王莹. 新形势下高职院校青年教师教学实践能力的成长分析[J]. 教育现代化，2016，9(25)：78-79.

[2] 徐宇卉. 浅谈青年教师在教学实践中的成长[J]. 人才资源开发，2015（10）：72.

[3] 常小琴. 党建教学合力，青年教师成长[J]. 中国农村教育，2016，32（2）：100-101.

[4] 侯春阳. 自我研修与他我研修：高校青年教师教学实践专业成长新常态[J]. 继续教育，2016（7）：17-19.

[5] 顾裕文. 教学反思：高职院校青年教师成长不可或缺的有效路径[J]. 高教学刊，2015（14）：149-150.

[6] 周予新. 学科教学知识与青年教师专业成长[J]. 教育实践与研究（B），2015（3）：32-34.

[7] 敬芳. 从"知识民工"到"教学工程师"：高校青年教师成长机制研究[J]. 亚太教育，2015（2）：238-239.

[8] 樊顺厚，章素梅. 从学生评教统计分析看青年教师教学能力的成长规律[J]. 教育教学论坛，2014，4（14）：49-50.

[9] 胡华秀，刘学柱，刘汉忠. 高职院校青年教师的专业成长与职业发展探析——基于"双师型"教学团队建设视角[J]. 中国电力教育，2014，2（15）：129-130.

[10] 马亚玲. 高校青年教师专业教学能力的成长激励机制研究[J]. 黑龙江高教研究，2016，2（262）：112-114.

主题 6：

自动化专业创新创业教育研究与实践

本科创新能力培养与课堂教学相结合的探索

冬　雷　廖晓钟　高志刚　马宏伟

（北京理工大学，北京　100081）

摘　要：分析了本科生创新能力培养与课堂教学之间的关系，提出了网格化知识体系的构想并应用于课堂教学中，再通过课堂教学与实践教学相结合的方法指导学生的创新探索。提出并实施了"教与学结合、知与行并举"的创新教学评价体系和实践教学督导机制。

关键词：创新能力；网格化；实践教学

Combination of Undergraduate Innovation Ability Training and Classroom Teaching

Dong Lei, Liao Xiaozhong, Gao Zhigang, Ma Hongwei

(Beijing Institute of Technology, Beijing 100081, China)

Abstract：The relationship of undergraduate student innovation ability training and classroom teaching is analyzed. A novel meshing knowledge hierarchy is proposed and used in the classroom teaching. Then the combination method of classroom teaching and practical teaching is used to instruct students for the innovation explorations. And a new evaluation system of innovation ability training and mechanism for practical teaching supervision are proposed.

Key Words：Innovation Ability；Meshing Knowledge Hierarchy；Practical teaching

引言

大学生创新能力的培养受到了高校的广泛重视，有很多学者也对此进行了深入的研究[1~5]。有研究表明目前工科学生培养创新能力的主要方式是社会实践活动[4]，然而社会实践活动能够给学生带来的创新实践是微乎其微的。作为高校主要的教学活动之一的课堂教学却大大限制了大学生的创新能力培养，这主要是因为以下几个方面的影响所造成的[4]：

（1）本科教学着重基础知识的培养，教材内容没有体现出创新方法和创新理念。

（2）传统的高校教育把知识传承置于教学中心位置，教师更多地注重书本上现行知识的传授，完全忽略了所传授知识如何应用的培养。

（3）一些精品课程的建设，使教师的讲授强调了规范化，程式化，忽略了学生在教学实践活动中的主体地位，没有针对学生的课堂反应动态地调整教学内容，使学生不能真正掌握所学知识的应用方法。

本科生所面对的是零散的知识，而且没有进行科学研究的经验和方法。通过创新实践活动可以引导学生探究问题，将零散的知识点系统化条理化，形成一个知识系统；能够让学生从系统的角度和整体的角度分析问题，从而增强创新的能力。

然而，本科生同学初涉研究和创新，无疑更

联系人：冬雷. 第一作者：冬雷（1967—），男，博士，副教授.

需要教师的引领与帮助。维果茨基的最近发展区理论也说明，没有教师的及时而有针对性的指导，学生的成长与进步有一定局限[5]。然而调查研究发现，很多学生反映指导教师无暇顾及他们本科生的研究。主要原因有两个方面，第一，学生进行科研创新实践活动的积极性不高，从国家大学生创新项目的统计来看，不但能够完成的项目很少，而且申请的学生也越来越少；第二，教师指导本科生的动力不足，从教师的考核方面没有任何一项指标支持教师指导本科生进行创新实践活动。

本科生创新能力的培养，不应该成为少数同学的专利，应该让大多数本科生能够受到创新能力的训练，并对其未来的学习和工作产生积极的影响。为此，就需要将本科创新实践能力培养与高校主要教学活动之一的课堂教学相结合。但是如何通过课堂教学，提高本科学生的创新能力，其理论和方法都需要不断地进行探索和研究。

1　创新能力培养与课堂教学之间的关系

目前课堂教学，特别是本科生专业课程的教学，主要在于知识的传授。教师的目的是把专业课程的知识讲解透彻，原理分析清楚，让学生能够理解和掌握教学大纲所规定的内容。学生主要目的多为六十分万岁，只要掌握知识点、重点、难点、考点即可，特别是考点，是学生努力追求的。由此可以看出，课堂教学只是让学生接受了知识，如何灵活运用的方法并没有学到，因此也就更加谈不上创新了。这样的结果就是，许多学生在毕业时觉得自己什么也不会，觉得大学所学的知识在工作中用不上。用人单位的感受就是学生创新能力不足，不愿意接收应届学生，因此很多本科生毕业后要花大价钱去上培训学校，以此提高找工作的竞争力。

创新能力的培养重点在两个方面：创新思维，创新方法。

创新思维主要基本点是：

（1）突破性。

是打破传统、常规，开辟新颖、独特的科学思路，升华知识，发现对象之间的新联系、新规律，具有突破性的思维活动。要想发现对象之间

的新联系，首先在课堂教学时必须建立起专业知识之间的联系。只有这样学生才有机会对现有联系进行突破、创新。

（2）求异性。

创造性思维总是以创新求异为目标，无论理论研究还是解决实际问题，都要从时间、空间、观念、方法等方面另辟蹊径、实现超越。因此在课堂教学当中必须使学生建立起系统的、整体的观点，否则难以获得与现有技术不同的灵感。

（3）发散性。

由于在创造性活动中，往往没有现成的答案可供使用，也难以用传统、常规的方法去解决问题，因此它要求学生能够提出崭新的解决办法。这就既需要发散思维，提出尽可能多的设想和方案，又要集中思维挑选出最好的设想和方案。因此我们在课堂教学上就需要将不同课程、不同知识内容之间的相关联系梳理出来，并呈现给学生。只有这样，才能使学生循着这些关联信息进行思维的发散性活动。如果把知识点和专业课之间都完全孤立起来进行讲授，就很难使学生建立起发散性思维。

创新方法主要有两种：原始创新、集成创新。

（1）原始创新。

原始创新可分为科学上的原始创新和技术上的原始创新。

科学的主要任务是解释现象和创造新知识，回答人类未知事物"是什么"和"为什么"，科学阐述起因，起着揭示新技术潜能的作用。技术主要解决"做什么"和"怎样做"的问题，包括具体的方式、方法、途径等。技术上的原始创新是指技术上的重大突破，其成果包括新工艺、新方法、新产品等重大发明。不论是科学原始创新还是技术原始创新，首先都要找到要解决的关键问题，通过对自己所学知识的充分联想，才能创造出新的知识或者方法。因此课堂教学要让学生建立起一个完整的知识体系，这样才能通过充分联想建立起"现象"与"理论"、"问题"和"方法"之间全新的联系。

（2）集成创新。

集成创新是利用多项已经存在的单相技术创造出一个全新产品，它与原始创新的区别是，集成创新产品所用到的所有单相技术都不是原创

的，其创新之处就在于对这些已有的单项技术按照问题的需求进行集成并形成全新的产品。因此集成创新更加需要课堂教学对现有技术的特点以及不同技术之间的关联进行充分的分析和讲解，这样学生在实际应用中更加容易产生出集成创新成果。

综上所述，课堂教学是可以对学生创新能力培养提供帮助的，不应将课堂教学仅仅定位于知识的传授，而创新能力的培养应该更加注重思维的发散和联想。课堂教学培养学生建立起不同专业课、知识点之间的联系，形成一个完整的知识体系对创新能力培养是至关重要的。

2 创新能力培养与课堂教学结合的方法探索

为了在课堂上对大多数的本科学生进行创新能力的培养，需要对知识体系进行全面的整合。以自动化专业中运动控制方向为例，梳理了自动控制理论、电力电子技术、电气传动及控制基础、

计算机控制系统、自动控制元件、DSP 原理及应用、微机原理与接口技术、传感器与检测技术、C++程序设计等运动控制系统相关的课程之间的相互关联内容和知识，各个课程内容之间通过信息流或者能量流相互关联，建立起网格化的知识体系，见图1。

相互关联的信息流或者能量流是连接不同专业基础课或专业课程内容的关联通道。每个关联通道，都归纳出典型实际应用案例，各个应用案例可以将不同课程的知识点连接成一个网格。任课教师针对网格化知识体系中的课程与相关其他课程的联系，在讲授本课程理论知识的同时，更加注重通过网格化关联进行案例教学，将本课程知识与相邻其他专业课程进行关联，使学生以系统视角对所学的专业知识的定位有一个全面完整的认识，便于学生掌握好课程知识和灵活运用。自动控制系统网格化知识体系是创新能力培养的基础。只有学生把所有学习的知识都能够联系起来，才能够有创新的意识，以及创新的思路。

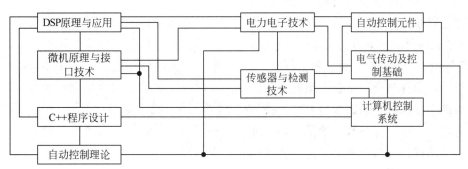

图1 网格化知识体系

以 DSP 原理及应用课程为例，该课程关联了电力电子技术、传感器与检测技术、微机原理与接口技术、自动控制理论等多门专业课的课程。

为了让学生能够更好地掌握 DSP 的应用方法，在介绍 DSP 片上 PWM 模块时，就结合电力电子技术中的 PWM 调制技术一章内容，相互印证。在 DSP 原理及应用课堂老师讲解 PWM 模块如何驱动一个三相桥式逆变电路，并对其中的死区设置的目的、方法以及所产生的影响进行介绍，在此基础上启发学生思考如何对死区产生的电压畸变进行补偿，不仅让学生深刻理解了 DSP 片上 PWM 模块的使用方法，而且对电力电子技术的知识也有了更深入的认识。与此同时，电力电子技

术课堂的老师在介绍 PWM 调制方式时，首先引导学生利用模电基础设计一个模拟的 PWM 产生单元对电力电子器件进行控制，然后根据模拟 PWM 产生模块的原理，介绍如何利用数字电路的方法借鉴模拟电路思想产生 PWM 驱动信号，进而介绍利用 DSP 片上 PWM 模块可以更加方便灵活地产生 PWM 控制信号。通过三个不同 PWM 信号产生方法的案例逐步递进介绍，使学生开阔了视野，不仅对 PWM 控制方式理解更加深刻，而且真正学会了如何利用 DSP 产生 PWM 信号进行全数字化控制，以及如何控制电力电子变换装置。

除此之外，在电力电子课堂中要涉及电动机的控制原理，因为电动机是电力电子装置驱动和

控制的对象。这样就把自动控制元件和电气传动及控制基础课程的相关内容结合起来，使学生既了解电力电子变换器的各种工作原理，又能够了解电力电子变换器的最主要的应用控制对象。

而电机控制中需要对电机的磁场和转矩、转速进行控制，这些控制量可以利用电力电子变换器实现，但是电力电子装置需要顶层的控制理论和控制算法进行驱动，这就关联到了自动控制理论的内容，使得自动控制理论的课程不只是公式和理论的介绍，案例更加生动，应用性更强。

控制理论和方法不能直接作用在电力电子装置中，就需要控制软件和搭载软件的平台，因此就可以将 DSP 原理及应用和 C++ 程序设计纳入系统中，通过案例介绍如何利用 DSP 和电力电子装置对一个电机的转矩和转速进行控制。

在控制系统中需要进行闭环反馈，因此又需要电气测量技术、传感器技术的知识。传感器通过计算机接口技术与 DSP 的片上外设进行连接。

这样通过一个电机控制系统的例子就能够将多个专业课程连贯起来，使学生能够从整体的视角看待本课程在控制系统中的位置、作用和意义。

此外，将课堂教学与实验、设计和创新结合，理论与实践结合，课程与应用结合，激发学生的学习兴趣，调动学生积极主动地参与教学，使每个学生的潜能得到挖掘，提高教学质量。提出并实施了"教与学结合、知与行并举"的创新教学评价体系和实践教学督导机制，即教师指导实践教学的评价指标和突出实践创新能力评价的多样化学生学业评价方式，全面实施对实践教学的督导。以评价和督导促进教师提高实践教学指导的水平；以优化的学生学业指标引导学生自主学习，挖掘学生创新能力。

通过网格化知识体系的培养，学生对进入新的科研领域有较强的适应能力，而且具有较强的自主学习能力。例如，在"可再生能源发电及变换课程设计"中，学生自主选择研究课题，自己学习相关太阳能发电的知识，设计出了利用太阳能自动抽水灌溉装置，如图 2 所示。该装置主要

出发点在于，当农田比较干旱时，太阳能的资源一定会比较好，可以通过对太阳能发电进行最大功率追踪控制，进行抽水灌溉，解决农田夏季干旱问题。这个系统中运用到了电力电子学知识、DSP 的知识、控制理论的知识、传感器的知识等，通过这些知识的融会贯通设计出了非常新颖实用的装置。

图 2 学生设计的利用太阳能自动抽水灌溉装置

3 结论

通过分析本科生创新能力培养和课堂教学之间的关系，提出了网格化知识体系及教学方法，再将课堂教学与实验、设计和创新结合起来以提高学生活学活用课堂知识的能力。提出并实施了"教与学结合、知与行并举"的创新教学评价体系和实践教学督导机制使更多的同学得到了创新能力的锻炼。

References

[1] 吴向明. 对大学生创新能力培养的成长环境的思考[J]. 杭州电子工业学院学报，2001：29-32.

[2] 孙德芬. 大学生创新能力培养的难点分析与对策研究[J]. 广西青年干部学院学报，2007：31-33.

[3] 林嵩. 基于创新能力培养的教育新模式的探索与研究[J]. 基础理论研讨，2006（2）：32-33.

[4] 毕研俊，赵敏. 工科学生创新能力培养体系调查与分析[J]. 山东商业职业技术学院学报，2011：37-41.

[5] 乔连全. 厦门大学本科生创新性实验计划实施的调查研究[J]. 中国大学教学，2011（1）：87-90.

创客文化建设背景下的实验室价值提升路径探索

赵广元[1] 张 良[2] 张二锋[1]

([1]西安邮电大学, 陕西 西安 710121; [2]西安卫星测控中心, 陕西 西安 710143)

摘 要: 校园创客文化建设具有较强的现实需求。学校众多的教学实验室以及相应的实验系列师资可作为创客文化建设的重要资源。结合具体实践, 对创客文化建设背景下的教学实验室价值提升路径进行分析。认为教学实验室通过全面开放、提升创客实践支持能力方面可提供创客学习环境支持; 实验系列师资通过主导或协作创客课程开发、指导创客项目等方面提供创客实践支持。教学实验室价值的提升对于落实教育相关政策、充分利用实验室资源、提升学生专业兴趣以及提高学生实践创新能力、促进全人培养等方面有重要意义。

关键词: 教学实验室; 创客文化; 创客教育; 价值提升

Path of Promoting the Value of Laboratory in the Maker Culture Background

Guang yuan[1] Zhao , Liang[2] Zhang, Er-feng[1] Zhang

([1]Xi'an University of Posts and Telecommunications, Xi'an 710121, Shaanxi Province, China;

[2]Xi'an Satellite Control Center, Xi'an 710143, Shaanxi Province, China)

Abstract: Campus maker culture construction has a strong real demand. Many of the school's teaching laboratories and the corresponding experimental series teachers can be used as an important resource for maker construction. Combined with practice, this paper analyzes the value promotion path of the teaching laboratory under the maker culture background. It is suggested that the teaching laboratory can provide support for students' learning environment through fully open and promotion of the practical support ability. The experimental series teachers provide practical support through the development of courses and instruct the project. The improvement of the value of teaching laboratory is of great significance in the implementation of education-related policies, making full use of laboratory resources, improving students' professional interests and improving students' ability to innovate and promote the cultivation of whole person.

Key Words: Teaching Laboratory ; Maker Culture; Maker Education; Value Promotion

引言

2015 年 5 月, 国务院办公厅颁发《关于深化高等学校创新创业教育改革的实施意见》[1], 指出要培育创客文化, 努力营造敢为人先、敢冒风险、宽容失败的氛围环境; 教育部在传达学习李克强总理在五四青年节给清华大学学生创客的重要回信精神, 研究部署贯彻落实工作时强调"充分利用大学科技园、实验教学示范中心、工程实践教育中心等, 建设一批大学生创客空间, 不断壮大大学生创客队伍。"[2]在 2016 年 5 月, 中共中央、

联系人: 赵广元. 第一作者: 赵广元 (1975—), 男, 硕士, 副教授.

基金项目: 陕西省教育科学"十三五"规划 2016 年度课题"教育创客空间建设与运行模式研究" (SGH16H079), 西安邮电大学 2017 年度教学改革研究项目"跨学科协作的创客课程改革与实践研究".

国务院印发的《国家创新驱动发展战略纲要》则围绕创新将以下内容作为战略任务：[3]推动教育创新，改革人才培养模式，把科学精神、创新思维、创造能力和社会责任感的培养贯穿教育全过程。鼓励人人创新。推动创客文化进学校，设立创新创业课程，开展品牌性创客活动，鼓励学生动手、实践、创业。强调创新能力从"跟踪、并行、领跑"并存、"跟踪"为主向"并行"、"领跑"为主转变。[4]

从以上分析看，建设创客文化已上升到国家教育改革和创新驱动战略层面，具有重要的现实意义。

实施创客教育，是落实创客文化建设的重要一环。关于创客教育，虽未有统一的标准定义，但在相关的研究中对其意义的描述基本统一。文献[5]认为可以从两个角度去理解创客教育：一种是旨在培养创客人才的"创客的教育"；另一种则是旨在应用创客的理念与方式去改造教育的"创客式教育"。对于"创客的教育"，可以通过开设专门的创客课程，建立创客空间，配备专业化的指导教师进行实施；对于"创客式教育"，则需要将创客运动倡导的"动手操作、实践体验"理念融入各学科教学过程，开展基于创造的学习。二者的最终教育目标是一致的，即培养具有创新意识、创新能力和创新思维的创新型人才。二者又是融合的，可以相互支撑。实施创客式教育必将使更多的学生具备创客思维和创客能力，进而成为真正的创客；专门的创客课程开设以及创客人才培养，又将促进学生在其他学科开展基于创造的学习。

教学实验室经适当改造后，其环境可以全面支持这两种创客教育方式。随着更多创客课程的建设，对于创客式教育的支持甚至成为教学实验室适应新的需求所必须面对的挑战和发展机遇。而对于创客的教育的支持则为教学实验室及相关的师资提升自身价值提供了有效途径。如果将学校层面建设的创客空间比作大动脉的话，遍布全校的教学实验室所形成的教育创客空间将是数量众多的毛细血管，从而成为高校创客文化建设不可或缺的重要组成部分。

本文首先对现实需求和研究现状进行分析，其次结合实践对教学实验室价值提升各路径分别探讨。最后给出研究结论。

1　教学实验室环境和师资的现实需求

目前，在学校层面上大规模建设的创客空间的运行情况得到较多关注。独立的创新实验室建设也有一定研究[6~9]。事实上，在广义上，能够开展创客教育或进行创客实践的场所都可称为创客空间，教学实验室等应用于创客教育时当属此列。但目前的大多数教学实验室专用于课程的实验教学，主要设备是各类实验箱、计算机，以及部分配套工具与仪器。这类实验室的总体特点是：（1）开放程度不高，一般只服务于专业课程教学，在课余（包括假期）基本处于关闭状态；（2）资源利用不足，如有的实验室可供复用为小组讨论的空间，有的实验工具和仪器在实验室关闭时基本处于闲置状态；（3）支持创客教学开展的环境设施配备不足，表现在相应的仪器、器材等方面。加强这些教学实验室的开放和资源利用，将会极大地促进学生创客实践。

再有，实验室和实验系列教师的边缘化问题是不争事实，是当前高校实验室作为创新创业平台的障碍。如教学实验室普遍作为教学的"垫脚石"，其作用仅仅是配合各学科专业完成一般教学目标任务，有的高层次学历的实验教师不过是负责实验室的安全与卫生管理和设备的基本维护。在实验室人才职业发展上，制约因素较多。目前高校专业职称评定中"实验系列"的职称架构因素、实验专职人员职业技能的系统化培训因素、长期将实验室作为辅助教学单位，导致实验系列教师思想和工作状态不稳定的因素等。

以上问题为教学实验室提升价值提出了现实需求。创客教育为教学实验室提升价值提供了机遇。

2　教学实验环境价值提升路径探索

按照蒙台梭利教育理论，"有准备的环境"、作为"导师"的教师、作为活动对象的"工作材料"是教育方法的三个重要要素[10]。本文依此探索教学实验环境价值提升路径。

2.1 建设"有准备的环境"

2.1.1 全面开放实践场地

为实现教学实验室的复用，只有全天候开放，保障课余、假期、晚上等所有时间段的开放，才能为学生的创客实践腾出充分的时间和场地。为此，通过制定由教师作为负责人、学生作为安全员的教学实验室管理方法，加强实验室管理，实现实验室的完全开放，为创客教育提供更宽松的环境，营造良好的动手实践和自由交流氛围，有力保障这种模式的顺利实施。目前，除专门的创新实验室外，所有教学实验室也全部实现了24小时对学生开放。这种全开放的模式，在其他兄弟院校也得到了充分实践[11]，证明了实验室不仅仅是关起门来做实验的地方，更可以打造成为永不关闭的梦工厂。学生可以充分利用实验室硬件设备和学习条件圆梦。

2.1.2 与时俱进改造实践环境

教学实验室基础环境的改造需与时俱进。如为应对以小班形式开出的创客实践课程，增添了投影仪供教学使用。再如面对越来越多的师生自带设备(BYOD)，实验室提供了充足的电源插座、无线网络接入点等以满足实际需求。

2.2 提供充分的"工作材料"及保障支持

物理的创客空间场地如果没有"工作材料"来充实，将使得创客空间的功效大打折扣。因此，提供充分的创客实践材料及相应的保障支持，并提升实践支持能力是重要的建设内容之一。

2.2.1 共享工具提升加工能力

创客空间的必备利器有各类二维、三维绘图软件、3D打印机、3D扫描仪、激光切割机、数控机床，基本的电子元件工具则有Arduino工具包、焊接烙铁、万用表等[12]。这些工具有重要的教育价值。如3D打印在塑造可重用的多态教育对象、促进学习者从教育消费者到创造者的转变方面、基于协同创造打造虚实结合的教育应用平台多个方面富于教育价值，并共同促进基于创造的学习[13]。

但上述工具显然不全部适合放置于教学实验室。一是受限于实验室的物理空间，二是工具本身在加工过程中可能产生噪音或气体等污染。为此，与校内其他部门协作或与校外的加工企业合作是一条提升自身机械加工能力且节约成本的途径。如我们在建设初期曾与校外两家加工企业达成合作协议，以较低价格使用大型加工设备；在后期学校建设工程训练中心后，实现了大型加工设备的共享使用，同时还争取获批为院级创新创业孵化基地，因此获得了学校的更多基本器件的持续支持。这些来自各方共同的努力提升了实践支持能力，促进教学实验室形成一个可以充分拓展的大教育创客空间。

2.2.2 多方协作科学管理器材

随着器件和工具的不断积累增加，将面临如下问题：这些器件或工具如何租借？如何引导学生入门以正确使用这些器件或工具？我们在实践中借鉴了以下做法[14]：器材管理。为器件套件列出详细内容清单便于清点。考虑到器件的损耗以及部分小的且便宜的器件(如电阻和LED灯等)丢失的情况，聘请电子设计方面的学生高手来帮助进行每学期的库存清点；器材补充。考虑到购买的周期等问题，供货商合作，由供货商来提供零件更换包(Parts Refill Pack)服务；相关服务。聘请相关专业的学生增强服务，提供诸如器件的技术咨询、辅助开展课程、支持材料的开发以及教学研讨会等。

2.3 作为"导师"的教师培养

学生参与创客学习的关键因素之一是课程[15]。课程化是创客教育扎根并惠及全体学生的必由之路[16]。创客教育进课程将形成面向创客教育的课程体系。大课程观强调，课程本质上是一种教育进程，课程作为教育进程包含了教学过程。课程不仅仅是存在于观念状态的可以分割开的计划，课程根本上是生成于实践状态的无法分解的、整体的教育活动[17]。因此，创客课程是包含了教育的内容、方式、过程等的总称，是高校创客教育不可或缺的组成部分。

2.3.1 协作创客课程与教学改革

如对于理论课程的改革。一种是较为彻底的课程改造，如基于开源硬件Arduino开展C语言的教学改革。因为Arduino的编程语言的语法类似C语言，只在程序框架区别于C语言，同时还引入了C++的面向对象概念，而对于硬件基础的要求则非常宽松，对于基本器件的一般使用只需有常识性的知识即可。实践证明：在课程开始前做简要的单片机硬件知识铺垫、引入面向对象概念，基于 Arduino 设计各知识点实验并贯穿课程是可行的。创客空间组织的多期"创客实践班"吸纳了包括大一或大二低年级的学生，他们均能较快熟悉起编程环境和硬件。较之传统的 C 语言教学，开源硬件 Arduino 丰富了表现形式，带来了更加多样的体验。另一种是仅对课程的部分实验进行改造。如结合测控技术专业的特点，对"计算机网络"课程进行部分实验的改革[18]。基于 Arduino 设计网络测控应用系统，有效加深学生对于本门课程的兴趣及对本专业的认知。在这些课程的改革中，实验系列教师的角色主要是协作进行创客教学案例的制作、指导学生创客实验等。

再如协作改革实践教学。如在相关学科的课程设计，毕业设计中鼓励使用 Arduino 或树莓派等开源硬件进行原型系统设计，之后再利用教学使用的具体型号器件设计系统。对于学生作品的版权问题，采用了知识共享协议 (Creative Commons，CC)。这种方法被证明是有效的。如在文献[19]给出的创新教育的课堂实用方法中，将颁布 CC 协议作为促进学生创新的手段。而在文献[20]中则进行了使用 CC 来提升协作学习效果的具体实践研究。结果表明，CC 可能是一个提升责任感并激励他们参与协作学习的潜在途径。在实践教学改革的第一阶段原型设计过程中，实验系列教师可负责主要的指导工作。

在这些具体的教学改革实践中，实验系列教师参与到具体的教学实践中，提升了自身价值。而专业教师也更加深入地理解了创客教育的内涵、更加准确地了解到学生的创客实践需求，增强了自身的创客教学能力。

2.3.2　主导开发入门创客课程

开发一定数量的入门创客课程，对于提升学生的创客实践的信心有重要意义。实验系列教师在这一方面应主动主导实施。代表性的课程可有如下：

创客入门技术课程的开发。鉴于 Arduino 的易用，适合多学科背景的学生使用，且涉及电子、编码、设计和工程等多个领域，且易于激发创新思维，开设 Arduino 的基础课程是非常必要的。这样的课程从另一侧面也达到了创新学生信息素养培养的目的，可谓一举两得。这一课程的开发包括了实验室聘请的学生和实验系列教师的

协作。

知识产权入门课程的开发。对于创客成果的知识产权问题需值得特别重视。开设知识产权的入门课程，促进对知识共享 (Creative Commons) 等协议的理解应用也是非常有必要的。

创客实践安全教育课程的开发。如何正确安全地使用创客共享空间的工具器件等是需要特别重视的，应此，安全教育课程应是必备的首选课程。典型的案例如西安交通大学工程坊要求学生在选修其他所有课程之前，必选安全教育课程[21]。

2.3.3　参与创客项目的指导

在实践中，我们强调以共同体的理念有效促进创客实践活动的开展。坚持学生主体、实验系列教师主导的原则，成立了学生自治小组，负责教育创客空间活动的具体组织与实施；为加强对参加创客活动的学生实践指导，形成学生的人员滚动机制，实现以老带新。如在开展的多期创客实践班中，邀请有丰富经验的同学共同指导新同学。在这一过程中，将使得原先是边缘性参与者的新成员逐步成为核心成员，不断对这一共同体做出贡献和支持，使之不断进行自我再生产，并最终引导共同体走向未来[22]。为提高项目指导水平，我们还邀请多名青年教师参加沙龙，并具体指导学生的创客实践。这些实践同时也为促进教师开放对话营造了良好氛围。

3　结论与展望

本文从全面服务于创客文化建设、形成全员参与的遍在创客学习环境角度出发，分别在教学实验环境、工作材料、教学实验师资三个方面对教学实验室价值提升路径进行探索研究。教学实验室的价值提升对于落实教育相关政策、充分利用实验室资源、提升学生专业兴趣以及提高学生实践创新能力、促进全人培养等方面有重要意义。

实践证明，我们的做法对于全员育人、实践全人培养起到了积极的促进作用。实验系列教师在创客教育实践中发挥了积极作用，如 2017 年作者指导 2 项挑战杯科技作品均获陕西省一等奖、参与指导的 1 项挑战杯科技作品进入国赛。参与研究生及本科生累计达 90 余人。

目前的工作还主要是一线教师的自发行为。缺乏对于相关教师的有效激励，对于解决教师积极性问题、这一行为的长久性问题、模式的推广等都将造成不良影响。因此，后续还需要校级层面系统性的规划与实施。

下一步，我们还将进一步实践并推广这一模式。习近平同志反复强调，创新是一支军队发展进步的灵魂，科技创新是实现强军目标的必然选择。我们将与相关军事单位科研训练部门协作，共同推进创客文化建设，促进创新人才培养。

References

[1] 国务院办公厅关于深化高等学校创新创业教育改革的实施意见，国办发〔2015〕36 号，http://www.gov.cn/zhengce/content/2015-05/13/content_9740.htm.

[2] 中共中央、国务院印发《国家创新驱动发展战略纲要》，http://news.xinhuanet.com/politics/2016-05/19/c_1118898033.htm.

[3] 依靠创新打造发展新引擎 培育增长新动能——科技部党组书记、副部长王志刚权威解读《国家创新驱动发展战略纲要》，http://news.xinhuanet.com/politics/2016-05/20/c_128998909.htm.

[4] 祝智庭，雒亮. 从创客运动到创客教育:培植众创文化[J]. 电化教育研究，2015（7）：5-13.

[5] 杨现民，李冀红.创客教育的价值潜能及其争议[J]. 现代远程教育研究，2015（2）：23-34.

[6] 胡福文，徐宏海，张超英，等. 基于创客文化的实验室开放平台建设研究与探索[J]. 实验技术与管理，2015（7）：244-248.

[7] 乔印虎，郑凤菊，陈君君，等."互联网+"机械设计大学生创客实验室规划[J]. 中国现代教育装备，2016（7）：18-19.

[8] 胡星，胡丹，翟颖妮，闫浩，等. 高校创新实验室创客空间的建设模式探究[J]. 实验室研究与探索，2016（7）：266-268，280.

[9] 杨建新，孙宏斌，李双寿，等. 美国高校创新教育实验室和社会创客空间考察[J]. 现代教育技术，2015（5）：27-32.

[10] 玛利亚·蒙台梭利. 蒙台梭利科学教育法[M]. 霍力岩等译. 北京：光明日报出版社，2013.1.

[11] 高建勋，侯庆."实验室+"激发创新活力[N]. 中国教育报，2015-11-16（012）.

[12] 克里斯·安德森，创客：新工业革命[M]. 北京：中信出版社，2012.12.

[13] 孙江山，吴永和，任友群. 3D 打印教育创新：创客空间、创新实验室和 STEAM[J]. 现代远程教育研究，2015（4）：96-103.

[14] A Rogers, B Leduc-Mills, BC O'Connell，et al, Lending a hand: Supporting the maker movement in academic libraries[C]. 122nd ASEE Annual Conference & Exposition, June14-17, 2015, Seattle, WA.

[15] 刘晓敏. 中国大学生参与创客运动的关键驱动因素[J]. 开放教育研究，2016（6）：93-102.

[16] 陈刚，石晋阳. 创客教育的课程观[J]. 中国电化教育，2016，（11）：11-17.

[17] 陈德明，祁金利. 大课程观视野下高校就业指导课程体系的建构[J]. 前沿，2010（5）：132-134.

[18] 赵广元，王文庆，蔡秀梅. 创客教育视野下"计算机网络"课程实验设计[J]. 北京：现代教育技术，2015（9）：116-121.

[19] [美] Doug Johnson，从课堂开始的创客教育：培养每一位学生的创造能力[M]. 北京：中国青年出版社，2016.8.

[20] Chen-Chung Liua, Shu-Yuan Tao,etc, The effects of a Creative Commons approach on collaborative learning[J]. Behaviour & Information Technology, 2013,Vol. 32, No. 1, 37-51.

[21] 西安交通大学工程坊，http://gcf.xjtu.edu.cn/.

[22] [美]David Jonassen, Susan Land 主编，学习环境的理论基础（2 版）[M]，徐世猛等译. 南京：华东师范大学出版社，2015.10：45.

大学生创新能力培养模式探索与实践

马立玲　王军政　赵江波　汪首坤

（北京理工大学，北京 100081）

摘　要：大学生创新能力的培养是高等教育改革和发展的基本出发点。构建一种有助于学生积极主动参与并善于探索的教学模式，是实现这一目标的有效举措。本文结合"信号与系统"课程，以提高大学生的创新创造能力、社会实践能力和就业创业竞争力为目标，探索了将虚拟仿真技术、大学生创新项目、科研项目和课程讲授结合的培养模式。

关键词：创新能力；培养模式；信号与系统

Exploration and Practice of Cultivating Model of College Students' Creative Ability

Liling Ma, Junzheng Wang, Jiangbo Zhao, Shoukun Wang

(Beijing Institute of Technology, Beijing 100081, China)

Abstract：The cultivation of college students' innovation ability is the basic starting point of higher education reform and development. Constructing a teaching model that will help students to participate actively and explore is an effective measure to achieve this goal. Based on the course of "Signal and System", this paper aims to improve the innovation ability, social practice ability and employment entrepreneurial competitiveness of college students, and explore the training mode of virtual simulation technology, college students' innovation project, scientific research project and course teaching.

Key Words：Creative Ability；Cultivation Model；Signals and Systems

引言

随着工业 4.0、"互联网+"等信息科技浪潮的到来，以及中国制造 2025、"一带一路"等国家战略的提出，实践创新型人才具有巨大需求。大学生是大众创业、万众创新的生力军[1]。培养大学生的创新能力是教育改革的核心，本科专业的创新定位是通过新教育模式的运行，努力提高学生的实践能力、自我获取知识的能力、创新能力和创业能力[2]。如何在教学教育过程中鼓励并激发大学生参与创新创业是当前高校面临的重要课题，改革课堂教学模式是培养创新人才的主渠道。

"信号与系统"课程一直是作为我校自动化专业的必修专业基础课程，主要任务是以通信和控制系统的应用为背景来研究信号传输与处理的基本理论和基本分析方法。同时信号与系统课程的地位也比较特殊，它具有承前启后的作用，以电路分析、高等数学和复变函数为基础，又是后续课程自动控制原理的先修课程，其教学内容和教学质量的好坏直接影响到后续课程的教学质量。

结合"信号与系统"课程，以提升自动化专

联系人：马立玲. 第一作者：马立玲（1974—），女，博士，副教授.

业学生的全面质量为核心，以提高大学生的创新创造能力、社会实践能力和就业创业竞争力为目标，本文从三方面探索了建立面向实践的具有创新意识和创新能力的培养模式。

1 虚拟仿真技术和课程讲授结合

从以往的教学情况来看，"信号与系统"课程理论性强，涉及数学知识较多，概念相对抽象，数学推导繁多。长久以来，教学过程基本倾向于理论和公式推导，学生在课堂上被动接受知识。由于该课程涉及范围广泛，学生通常感觉概念抽象，理解和掌握起来有一定难度，产生了厌学、怕学的情绪。这不仅影响了本课程的教学效果而且对后续专业课程的学习和掌握非常不利[3]。

这门课程中的数学概念大都有很强的物理背景和工程意义，我们的教学目标是通过学习这些数学知识，更深入地理解其物理概念，以便将相关的理论更好地应用于工程实际。在教学中通过深入浅出地阐述实际背景，把枯燥的书本理论知识与工程应用结合起来；引导学生从注重理论推导转移到认识基本物理概念，提高分析和解决实际工程问题的能力上来，激发学生的学习兴趣，提高教学质量。

另外，将 MATLAB 和 ADAMS 联合仿真技术引入课堂教学，构建虚拟仿真教学模式。一方面，借助 MATLAB 辅助数学运算功能，学生可以从烦琐的计算中解脱出来，将学习重点放在对课程基本概念、方法和原理的理解和运用上。有利于激发学生的学习兴趣，提高教学质量。另一方面，将虚拟仿真技术引入课堂教学，减少枯燥的理论讲授，帮助同学更好地理解、掌握重要知识点，与实际应用相结合的实验展示，结合启发式教学方法，激发学生学习热情和引导学生更好地理解课程内容，引导学生去思考理论、方法与应用的问题。

图1是建立的液压四足机器人系统联合仿真，展示机器人在不同步态、不同地形时力信号和位移信号的变化，时域和频域信号的处理和显示，通过拉普拉斯变换建立的系统模型，给定不同输入信号时，系统的输出情况。这个联合仿真实例，直观地表现出了课程关键的知识点，同时又把实际应用系统的关键技术介绍给学生。

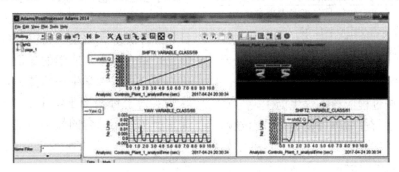

图1 联合仿真实例

2 大学生创新项目和课程讲授结合

以往的课程讲授，由于实验室条件的限制，主要以理论讲授为主，缺乏实验和实践教学环节。由于缺乏通过具体的工程项目来融会信号与系统的知识，学生只能抽象地理解各种知识点，不能理论联系实际，不利于对学生对知识点深入地理解以及动手能力和解决实际问题能力的培养，不利于工程应用型人才的培养。

为了提高学生的学习热情和创新意识，有助于复杂概念和知识点的理解和掌握，本文进行了实践教学环节的研究，将课程讲授和学生实践创新有机结合。本校自动化专业大学生创新项目的立项在大二上学期期中的时间，"信号与系统"课程安排在大二下学期。任课老师及所在教学团队积极参加创新项目的立项和指导工作。

2.1 创新项目题目设计

学生参与科技创新的积极性受到项目新颖性的影响，包括题目、内容及目的是否足够新颖。同时，一个好的创新项目出发点应着力于学生的创新思维开拓，培养学生学会提出问题，并利用学生的兴趣解决自己所提出的问题。

鼓励学生积极申报大学生创新项目，采用教师提供题目和学生自拟题目相结合的方式，结合课程内容选题，让学生提前了解项目背景和技术核心问题。项目驱动，项目和课程结合，进一步培养学生的创新思维和意识，增强他们用"信号与系统"这一课程知识和理论解决实际问题的信心与能力，提高学习理论课程的积极性，加深对知识点的理解，提高对关键技术的掌握。

结合"信号与系统"课程内容和信号分析处理技术，进行了表 1 所示的项目立项。培养目标是提高大学生的创新和实践能力，培养团队精神。

表 1　部分大学生创新项目题目

序号	创 新 题 目
1	智能穿戴
2	智能购物车
3	农业巡视机器人
4	基于双目视觉的智能导盲系统
5	一种帮助盲人理解环境的装置
6	基于红外检测的滴液控制系统
7	基于软件联合平台的轮足式机器人步态仿真
8	全自动环境探测及还原智能车
9	基于双目视觉的手势识别和立体绘制系统

2.2　创新项目指导

创新项目的实施过程应该以学生为主，导师为辅。如前所述，创新性的项目设计虽是由导师提出，但需要充分考虑学生的主体性，包括学生参与度、兴趣及积极性。因此，在这一基础上，学生应是创新项目实施过程的主体作用。

每个项目组成员有 5 个学生，为学生提供大学生创新基地。每个学生都是主角，让学生相互间进行协同、交流，查找资料，确定项目方案，自主制作、调试，中期考核汇报，全部由项目组成员思考讨论后完成。不仅可以提高学生的创新和竞争意识，而且能够培养学生的综合素质和能力。

学生角色的转变，使得老师的主观指导变成了与学生的启发式讨论、交流和建议。将课堂讲授和学生创新活动紧密结合起来，将课程理论知

识在实际项目中进一步的理解和应用。这种指导形式更能树立学生的自信，更有利于启发学生思维，培养其创新能力。更好地实现"教、学、做"一体化，提高学生的综合素质和创新意识。

3　科研项目和课程讲授结合

我校好多任课教师同时担负着科研项目工作。这些科研项目和工程实例为课程讲授提供了丰富教学案例[4]。授课教师将理论知识讲授和实践技能等相关教学内容贯穿并整合到教学环节中。具体内容涉及有关可行性研究、需求分析、系统设计、系统实施与实验验证等关键教学环节。在知识传授的基础上，着力提升学生的组织管理与开发创新综合能力，培养学生提出问题和解决问题的创新能力和创新性思维方式。科研项目所研究的问题是涉及自动化专业的前沿性、未知性问题，能很好地激发学生的科研兴趣和创新热情。另外，科研项目本身具有探索性，不仅需要学生利用课程知识作为基础，还需要学生发现问题、分析问题并解决问题，这样的探索过程能很好地启迪学生创新意识，激发其创新思维。

另外，任课教师利用科研团队承担的科研项目，经过凝练、派生，将多年的科研成果、科研特色，结合课堂上所学的知识，经过再设计，转化为适合本科大学生创新能力培养的实践平台。这些实践平台相当于学生的"第二课堂"，进行课堂和实践相结合的教学模式，为学生提供了科研创新平台，也为学校的创新教育实践提供了资源。

原有一些过程固化的实验，学生仅按部就班、不加思考就能完成操作实验，达不到真正实践能力培养的目的。用科研创新平台代替这些实验，将项目中的创新元素和研究方法经过精心设计，设置为激发大学生创新能力的课题，这是在创新能力培养新途径探索中的有益尝试。图 2～图 4是《信号与系统》任课教师及所在团队结合自身科研项目和课程涵盖的知识，设计的多个创新平台，成为综合、创新、自主型的实践教学基地，在提高大学生实践能力和创新能力方面充分发挥作用。

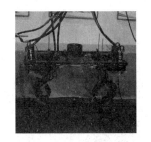

图 2   液压四足机器人

图 3   足轮式机器人

图 4   电动摇摆台

4   实践效果

"信号与系统"课程经过本文探索的教学模式，取得了一些实践效果。图 5 为教改前后学生成绩分布对比图。

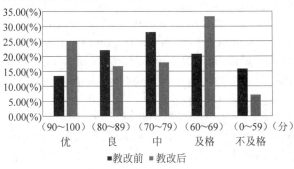

图 5   课程成绩分布对比

本文探索的教学模式除了"信号与系统"课程外，还在"流体控制系统""控制系统仿真"课程中进行了应用，增加了流体控制系统课程设计、电机综合测试课程设计实践教学环节，引导学生联系课程进行实践设计，在接受教学的过程中能够大胆创新。"控制系统仿真"课堂讲授结合了科研项目，引导学生用仿真手段完成由科研项目派生出来的创新能力培养驱动课题。

从图 5 可以看出，教改后学生成绩的优秀率和及格率都大幅度提高。课程之后的调查、学生的成绩、后续创新项目的申报、竞赛获奖等多方面验证了这种教学模式取得了一些效果。

5   结论

加强大学生创新能力和实践的培养，是培养学生成功与否的重要指标之一，也是高等教育改革和发展的基本出发点。调整教学手段、增设实践教学环节、结合课程内容指导大学生大创项目和科研训练是培养大学生创新能力的有效教学模式。该教学模式在多门课程中进行了实践，取得了较好的教学效果，培养了大学生创新能力。

References

[1] 李耀辉. 智能制造背景下大学生工程创新能力培养的研究[J]. 当代教育实践与教学研究, 2017（6）: 228-229.

[2] 刘子青. 浅谈大学生自主创新能力现状及应对措施[J]. 教育教学论坛, 2017（5）: 96-97.

[3] 李敏通, 吴婷婷, 赵继政. 启发讨论式教学法在"信号与系统"课程教学中的应用[J]. 高教学刊, 2015（16）: 69-70.

[4] 吴金星, 王晓, 王保东, 等. 教师科研项目是强化实践教学和培养创新能力的良好平台[J]. 大学教育, 2014（1）: 97-100.

地方高水平大学自动化专业创新创业人才培养闭环控制模式的研究与实践

高国琴　刘国海　张　军　赵文祥　赵德安

（江苏大学，江苏 镇江 212013）

摘　要：针对当前高等学校创新创业人才培养存在社团活动化、项目化、竞技化、忽视第一课堂主导作用的问题，以提升地方高水平大学自动化专业学生的创新创业能力为目标，借鉴闭环反馈自动控制原理，构建闭环反馈式创新创业人才培养控制系统。通过设置"创新创业能力培养课程嵌入式"课程体系、改革"创新创业能力培养课程嵌入式"教学方法、实现创新创业能力培养的闭环控制和持续改进，实践表明，能有效提升学生的创新创业能力。

关键词：创新创业；人才培养；闭环控制

Research and Practice on Closed Loop Control Mode of Cultivating the Innovation and Entrepreneurship Talents of Automation Major in Local High Level University

Guoqin Gao, Guohai Liu, Jun Zhang, Wenxiang Zhao, Dean Zhao

(Jiangsu University, Zhenjiang 212013, Jiangsu Province, China)

Abstract：For the cultivation of the innovative and entrepreneurship abilities in the current higher education, community activity, project, competition and other ways are conventionally adopted. The leading role of the first classroom teaching is ignored. To solve the problem, a closed loop feedback control system of cultivating innovative and entrepreneurship talents is constructed by referring to the principle of closed loop feedback control in order to improve the innovative and entrepreneurship abilities of automation students in local high level university. The practice results show that the students' abilities of innovation and entrepreneurship can be effectively improved by setting the curriculum system of "embedding the innovative and entrepreneurship training into courses", reforming the teaching methods of "embedding the innovative and entrepreneurship training into courses" and implementing the closed control and continuous improvement of the innovative and entrepreneurship training.

Key Words: Innovation and Entrepreneurship；Talent Cultivation；Closed Loop Control

引言

为加快实施国家创新驱动发展战略，迫切需要深入推进高校创新创业教育改革。党中央、国务院高度重视创新创业人才培养。深化高校创新创业教育改革，是加快实施创新驱动发展战略的迫切需要，是推进高等教育综合改革的突破口，是推动高校毕业生更高质量创业就业的重要举措，意义十分重大[1]。地方高水平大学是地方高等教育的先行者与排头兵，以建设全国一流的区域性高水平大学为战略目标，旨在对区域经济及社会发展起引领、推动作用。从本质上而言，地

联系人：高国琴. 第一作者：高国琴（1965—），女，教授，博导，副院长.

基金项目：2015 年江苏省高等教育教改研究项目（2015JSJG143）；江苏大学 2015 年高等教育教研教改研究课题重中之重项目（2015JGZZ001）；2014 年教育部自动化类专业教学指导委员会专业教育教学改革研究课题（2014A22）.

方高水平大学"兼具地方性和高水平两大特点"。因其"地方性"，使其有别于985、211高校，具有引领和推动区域高等教育和区域经济社会发展的重要职责；而因其"高水平"，也有别于为适应高等教育大众化趋势而不断壮大或重新组建的地方一般院校，担负着高水平大学所承载的培养高层次创新创业人才、引领国家自主创新的社会需求[2]。

近年来，随着教育事业的飞速发展和高等教育大众化进程的日益深入，地方高水平大学基础设施和办学条件进一步完善，办学实力与核心竞争力也较以前有了显著提升，在引领和带动区域高等教育协调发展、推进区域科技创新与进步、促进地方经济社会的建设与发展等方面发挥着越来越重要的作用，地方高水平大学已经成为建设创新型国家和高等教育强国不能忽略的强大群体。但目前在创新创业人才培养方面，明显存在社团活动化、项目化和竞技化的问题，忽视了第一课堂培养创新创业能力的主渠道作用，不能使全体学生受益，并且创新创业能力培养未形成闭环反馈评价和持续改进，因此难以紧跟创新创业人才培养的动态社会发展需求，难以有效提升全体学生的创新创业能力。为此开展了地方高水平大学电气信息类创新创业人才培养闭环控制模式的研究与实践，并取得明显成效。

1 创新创业人才培养主要存在的问题

随着教育改革的不断深入，我国本科院校在创新创业人才培养方面作了大量的探索和实践，目前高等院校广泛开展的创新创业实践活动主要有：

（1）参加各级各类大学生创新创业实践项目。

（2）参加由教育主管部门、行业学会（协会）主办或由学校组织的各级各类学科竞赛、专业技能竞赛、创业实践竞赛。

（3）公开发表学术论文（含会议论文）、文艺作品，出版著作等。

（4）获得授权专利（包括发明专利、实用新型专利、外观设计专利），或申请发明专利取得申请号等。

（5）从事社会实践和社会工作并取得相应成效，包括形成有创新意义的社会实践报告，取得有利于提升创业潜质的社会工作经历或专业技能证书等。

（6）注册创办公司，成功实施创业实务。

上述创新创业实践活动的开展，较好地创造了高等院校创新创业氛围，有效提升了参加创新创业实践活动学生的创新创业能力，但从全体学生受益的角度来看，存在以下问题：

（1）创新创业人才培养社团活动化。即把创新创业人才培养，更多交给学生第二课堂的社团活动来进行，忽视了第一课堂的创新创业能力培养的主渠道作用。

（2）创新创业人才培养项目化。即把创新创业人才培养作为一个计划项目来开展，常见的有本科生研究或创业计划。如投入一定资金，让本科生在导师的带领下，进行科研活动，接受科研训练。

（3）创新创业人才培养竞技化。即通过举办各类竞赛活动，以赛促教，以赛促学。

综合上述问题，可以看出，目前高等院校在创新创业能力培养方面，忽视了第一课堂培养创新创业能力的主渠道作用，不能使全体学生受益，并且创新创业能力培养未形成闭环反馈评价和持续改进，因此难以紧跟创新创业人才培养的动态社会发展需求，难以有效提升全体学生的创新创业能力。

2 创新创业人才培养闭环控制系统构建

针对上述问题，提出"创新创业能力培养课程嵌入式"的改革思路，借鉴自动控制中的闭环反馈原理对创新型人才培养模式从输入、控制、输出和反馈四个环节进行系统构建，控制系统如图1所示。

输入单元：通过分析区域经济发展现状、前景和创新创业人才的社会需求，在研究构建适合地方高水平大学发展定位的创新创业人才知识能力素质模型基础上[3]，明确培养目标和标准规格。

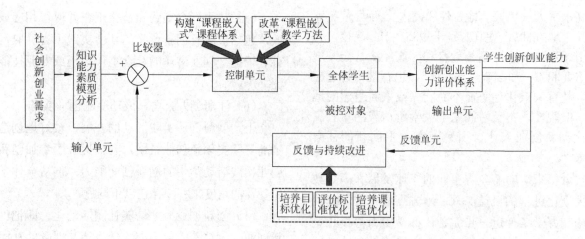

图1　创新创业人才培养闭环控制系统

控制单元：以输入单元创新创业能力培养需求为主线，以"创新创业能力培养课程嵌入式"设计思想，研究控制单元的具体实施策略和方法。该控制单元由"主控单元"和"辅控单元"构成，其中，通过构建"创新创业能力培养课程嵌入式"课程体系设计实现"主控单元"，通过改革"创新创业能力培养课程嵌入式"教学方法设计实现"辅控单元"。

输出单元：以全体学生为对象，构建创新创业能力评价体系。

反馈单元：对照创新创业能力培养需求和学生创新创业能力评价，形成反馈到输入单元，进行持续改进和优化。

3　创新创业人才培养闭环控制系统实现

3.1　设置"创新创业能力培养课程嵌入式"课程体系

为实现创新创业人才培养闭环控制系统，首先需要根据创新创业社会需求，明确培养目标和标准，并依此设置"创新创业能力培养课程嵌入式"课程体系，这分别对应闭环控制模式创新创业能力培养的"输入单元"和"主控单元"。通过以能力培养为主线，依据由浅入深、由易到难的认知规律，形成规范的创新创业能力培养过程，将课程体系分为体现专业技能系统训练与科学研究能力培养相结合的"通识性知识→基础性知识→专业性综合知识→系统性创新知识"四个层次，通过建立知识能力素质模型将社会需求的创新创

业能力分解到若干课程的第一课堂教学，设置"创新创业能力培养课程嵌入式"课程体系。根据面向江苏、辐射全国的地方高水平大学发展定位，该体系分解为以下四个支撑点。

（1）具有创新创业的基本素质与基本知识。

（2）具有创新创业应具备的分析和解决控制工程基础问题的能力。

（3）具有创新创业应具备的分析和解决控制工程复杂问题的能力。

（4）具有创新创业应具备的分析和解决控制工程项目问题的能力。

上述创新创业素质、知识及能力分别通过遴选相关课程，以第一课堂教学形式进行支撑考核。在实践中分别通过"创业人生"课程培养学生具有创新创业的基本素质与基本知识，通过"微型计算机原理和接口技术""单片机原理与应用"、"自动控制原理"等课程培养学生具有分析和解决控制工程基础问题的能力，通过"运动控制技术"等课程培养学生具有分析和解决控制工程复杂问题的能力，通过"计算机控制技术""综合创新创业课程设计"课程等培养学生具有分析和解决控制工程项目问题的能力。实践效果表明，"创新创业能力培养课程嵌入式"课程体系的设置发挥了第一课堂对于创新创业能力的重要培养作用，并能够使全体学生收益。

3.2　改革"创新创业能力培养课程嵌入式"教学方法

为实现创新创业人才培养闭环控制系统，在设置"创新创业能力培养课程嵌入式"课程体系

基础上，需要改革"创新创业能力培养课程嵌入式"教学方法，这是闭环控制模式创新创业能力培养的"辅控单元"。在教学中，各试点课程"以学生为主体"重构教学内容，扩大小班化教学覆盖面，采用启发式、探讨式、基于问题、基于项目的教学方法，并将教师科研成果、科技创新创业成果融入课堂教学，启发学生的创新思维与灵感，提高学生的自主学习意识与能力，激发学生科技创业的兴趣和动力。

通过遴选优秀教师和优秀课程，开展了试点实践，并取得良好效果。在"计算机控制技术"课程教学中，以学生为主体重构教学内容，通过以工程项目为案例，采用基于问题的教学方法，引导和启发学生的思维和互动，有效提高了学生分析问题、解决问题的能力，增强了学生的创新创业意识。对于"运动控制技术"课程，遴选江苏大学首位国家优青教师担任主讲，结合"依托教师科研项目，实践'运动控制'课程工程教育"校教研项目，提出知识传输式与探究式相结合的教学模式，将先进电机设计科研成果融入课堂教学，激发学生创新思维。在"微型计算机原理和接口技术"课程教学中，遴选具有高级工程师背景的教师担任主讲，采用探讨式教学方法，将航天导航及其控制技术与微型计算机的结构、工作原理有机结合，提升了学生的系统设计能力，激发了学生的学习兴趣和创新创业意识。

3.3 实现创新创业能力培养的闭环控制和持续改进

为实现创新创业人才培养闭环控制系统，需要实现创新创业能力培养的闭环控制和持续改进，这是闭环控制模式创新创业能力培养的"输出和反馈单元"。

为加强创新创业能力的评价反馈，需进一步改进课程考核形式。相关的基础课程和专业课程除了综合平时作业、中期考核和课堂表现作为考核项目外，重点将创新创业能力考核以开放题目的形式纳入考试试题，以考核全体学生创新创业能力的培养情况。通过试卷分析，科学评判学生创新创业能力培养的达成度，总结培养情况的经验和不足，将分析后的信息及进一步改进措施及时反馈到课程负责人、分管教学系主任和副院长，以在后续教学过程中加以改进。在此基础上，对

自动化大四学生，试点设置了三个学分的综合创新创业课程设计环节，通过新建霍尼韦尔工业实验室进行创新创业项目实训，并将学生的创新设计成果或创业计划设计作为考核内容，有效检验并提升了学生的创新创业能力。

为更为全面、客观地评价学生创新创业能力的培养情况，在教学督导、学生评教、往届生座谈、往届生问卷调查以及用人单位调查中增加对于学生创新创业能力方面的评价，并将评价结果及时、有效地反馈给任课教师、实践环节指导教师、课程负责人、专业负责人、学院教学院长等相关人员，进而应用于培养目标、毕业要求、课程体系、教学方法、评价标准、支持条件等的持续改进。

4 实践效果及取得成果

4.1 实践效果

通过学生创新创业能力培养闭环控制模式的实施，特别是由于将创新创业能力考核以开放题目形式纳入多门必修课程考试试题，学生创新创业能力得到全面提高。2016年，在"东方红"第一届全国大学生智能农业装备创新大赛中，获全国一等奖13人、二等奖6人、三等奖13人；2016ABB大学生创新大赛，获全国一等奖3人；第三届台达杯高校自动化设计大赛，三等奖3人；第十届全国大学生"飞思卡尔"杯智能汽车竞赛，二等奖1组；第十一届全国大学生"恩智浦"杯智能汽车竞赛，国家级二等奖3人、省部级一等奖2人、二等奖3人；江苏省普通高校第十二届大学生物理与实验科技作品创新竞赛，省部级三等奖2人；"昭昱杯"江苏大学第七届大学生电子设计竞赛，一等奖2人、二等奖5人、三等奖8人；江苏大学第一届大学生数学竞赛，一等奖3人、二等奖6人、三等奖8人；"绿色未来"一科勒动力技术创新大赛，一等奖2人，二等奖2人，三等奖1人，优秀奖1人；江苏省第六届大学生就业创业知识竞赛，获得校级优秀组织奖。

4.2 取得成果

总结自动化专业创新创业人才培养闭环控制模式的研究及实践成果，进一步推广应用于江苏大学电气信息工程学院各专业，项目成果《地方

高水平大学电气信息类创新创业人才培养闭环控制模式的探索与实践》荣获 2017 年江苏大学教学成果一等奖。

5　结论

（1）大学生的创新创业教育是一项系统工程，关系到高等教育培养的人才是否具有创新创业能力，是否能够适应当今社会经济的发展，是否能够承担起实现中华民族伟大复兴的中国梦。

（2）针对当前高等学校创新创业人才培养存在社团活动化、项目化、竞技化、忽视第一课堂主导作用的问题，通过构建闭环反馈式创新创业人才培养控制系统，为提升地方高水平大学自动化专业学生的创新创业能力提供了一种解决方案。

（3）在闭环反馈式创新创业人才培养控制系统中，通过设置"创新创业能力培养课程嵌入式"课程体系、改革"创新创业能力培养课程嵌入式"教学方法、实现创新创业能力培养的闭环控制和持续改进，实践表明，能有效提升全体学生的创新创业能力。

References

[1] 袁贵仁. 教育部《深化高等学校创新创业教育改革》视频会议讲话，北京，2015.

[2] 金保华，王英. 地方高水平大学的发展战略研究[J]. 教育探索，2014（4）：18-20.

[3] 张军，高国琴，等. 基于自动化专业能力素质模型的微机原理课程教学改革[J]. 电气电子教学学报（录用），2017.

基于创新能力培养的"计算机控制技术"课程
教学体系建设方案

林 海 李晓辉 李 杰 龚贤武 闫茂德 汪贵平

（长安大学 电子与控制工程学院，西安 陕西 710064）

摘 要：本文以培养自动化专业本科生的创新能力为目标，结合本科主干专业课之一"计算机控制技术"课程，开展了关于该课程教学体系建设方案的研究。课程设置是自动化专业本科生培养过程中的一个重要环节，对学生创新能力的培养起着至关重要的作用。考虑到目前课程设置存在着一些不合理因素，不利于创新意识、创新精神和创新能力的培养。研究新形势下适应创新人才培养的课程体系是提高本科生教育的质量是一个迫切的问题。本文深入分析了现行的"计算机控制技术"课程设置存在的主要问题，提出了面向创新能力培养的课程设置的建设方案和改革措施。

关键词：创新能力；本科课程；教学体系；教学体系

Construction of Teaching System of "Computer Control Technology" Course Based on the Cultivation of Innovation Ability

Hai Lin, Xiaohui Li, Jie Li, Xianwu Gong, Maode Yan, Guiping Wang

（School of Electronic and Control Engineering, Chang'an University, Xi'an 710064, Shaanxi Province, China）

Abstract：This paper aims to cultivate the innovation ability of the undergraduates of automation specialty, and carry out the research on the construction of the teaching system of the course according to the course of "Computer Control Technology", which is one of the main courses of undergraduate course. The curriculum is an important part of the development of undergraduates in the field of automation, which plays a vital role in the cultivation of students' innovative ability. Taking into account the current curriculum there are some unreasonable factors in current course, it is an urgent problem to improve the quality of undergraduates' education by studying the curriculum system of cultivating innovative talents under the new situation. This paper analyzes the main problems of the existing "computer control technology" curriculum, and puts forward the construction plan and reform measures for the curriculum of innovation ability.

Key Words：Innovation Ability; Undergraduate Course; Teaching System; Teaching System

引言

"计算机控制技术"课程是自动化本科专业开设的一门重要的专业课程。该课程综合了电子技术、自动控制技术、计算机应用技术等多学科基础知识并综合了可编程控制技术、单片机技术和计算机网络技术等多种专业知识。授课内容涉及工业生产的多方面，可以实现生产技术的精密化、生产设备的自动化和机电系统的可控性等内容[1,2]。目前，长安大学电子与控制工程学院设自动化和

联系人：林海. 第一作者：林海（1978—），男，博士，副教授.
基金项目：长安大学 2015 年度教学改革研究项目（110000160054），2015 年长安大学研究生高水平课程建设项目（310632156102）.

电气工程及其自动化两个大类本科专业，其中自动化包涵 5 个分流专业方向：工业自动化、交通信息工程与控制、轨道交通及自动化、自动化卓越工程师、智能仪器；电气工程及其自动化包涵 2 个分流专业方向：建筑电气与电力系统。"计算机控制技术"作为一门专业核心课程，可以将控制理论和计算机紧密结合起来，并利用软件和硬件实现一个复杂控制系统的课程。由于课程本身的特点，通过多年来课程教学实践，课程教学体系中仍然存在着一些不足[3]。主要问题有：在教学内容上，讲授内容陈旧，信息量少，难以和最新的研究成果相结合；在教学方法上，仍然采用传统的教师讲和学生听的授课模式；在教学环节上，缺少培养创新能力和研究能力的实践内容；在考核方式上，缺乏多样化的综合考核手段等[4,5]。因此，本论文针对"计算机控制技术"课程体系设置，分别从教学观念、教学内容、教学方法以及考核方式等方面对以往的课程教学模式进行了反思，从创新能力培养的角度提出课程教学体系改革探索及实践。

1 "计算机控制技术"课程教学体系建设方案

长安大学是教育部直属 211 院校，也是全国较早进行研究生教育的高校之一。自动化专业是国家第一类特色专业建设点，也是学校卓越工程师培养的第一个试点专业。其中，自动化专业本科生的培养是目前学校工作的重点内容之一。本科生创新能力的提高。但是，"计算机控制技术"作为自动化专业的核心专业课程，在课程教学体系建设方面存在三个迫在眉睫的问题：(1)课程教学内容设置不合理。课程教学内容又是提高本科生创新能力的关键所在，所以需要形成一套全面的课程教学内容安排方案。(2)现有的课程体系不适合本专业学生。通过确立新课程体系，调整本科生课程学习中的各个学习环节，以保证本科生创新能力的提高。(3)课程教学的授课模式过于传统、老旧，不利于培养学生的创新能力。通过对现有课程教学的授课模式进行改革，采用先进的课程教学手段、建立新的专业实验平台和灵活多样的教学方法，充分调动学生参与教学的热

情，激发学生的创新潜能，极大地提高学生的学习能力。

1.1 教学体系构建原则

"计算机控制技术"是一门多学科知识综合性课程。在教学中要求对自动化专业学生的基础知识和专业技能进行训练和培养。这里面涉及模电和数电、自动控制原理和计算机应用技术等课程的基础概念，同时也需要单片机编程、可编程技术和计算机网络技术等应用课程知识作为辅助。因此，在教学体系定制中，需要根据自动化专业培养大纲目标和通用标准以及自动化领域的行业标准为基础，以创新能力为目标统筹考虑教学的整体安排。实践教学体系设计应考虑以下要素：

(1)教学内容多样化。教学内容应该将理论教学、实验教学、综合实验、校内工程实训项目和企业工程实践相结合为原则。在实践教学与理论教学这两个方面双管齐下，建立一种结构合理和具有创造性的实践教学体系。

(2)整合课程群。找出大一大二期间所学自动化专业中与"计算机控制技术"相关的课程，并进行内容整合和有效衔接，通过不同的课程设定、不同阶段的课程目标建立起明确高效的实训内容。

(3)强化综合实验。根据课程的内容和授课进度，有针对性地引导学生参与创新实践活动的综合实验。在综合实验中，专门根据学生的具体情况定制具有创新要求的实验课题或者直接参与实验室的科研项目。通过老师积极指导，学生积极思考认真协作往常实验课题。

(4)加强工程实践和校企合作。积极开展校内工程实训项目，让学生进行工程实训，同时衔接学生进入企业参加生产实践的企业实训，以此提高学生的综合能力。

1.2 教学体系建设内容

(1)创新课程教学内容。它主要指改变常规教学中教材固定不变的内容，更新授课的教材，与时俱进，保证授课内容接近学科前沿知识和前沿研究问题。使学生可以及时掌握本学科专业的最新动态、形成启发创新能力的源泉。在近几十年科技与工业发展过程中，自动化专业已经形成了完整的学科专业知识体系。随着产业结构调整

和科学技术的快速发展，新的知识体系不断提出。因此，在课程教学内容创新上，新技术与传统学科知识融合是侧重点。新技术可以进一步使传统知识体系得到创新和再生。

（2）修订现有的自动化专业本科生培养方案。培养方案的制定往往决定了具体掌握哪些自动化专业的基本知识和基本理论。这是培养学生创新能力的基础。因此，在制定培养方案时，要以创新能力为出发点，而构建创新课程培养体系的基本原则是：在学生有效掌握理论基础知识的同时，培养学生的综合能力、思考能力和创新能力。

（3）改进传统的授课模式。改进传统的"满堂灌"式教学模式，综合采用讨论式教学、项目式教学、案例式教学、研究式教学、辩论式教学及各种学术报告与讲座等教学方式。新的授课模式建立的原则是：培养学生创新学习意识。在实际教学中，需要针对学生对于新授课模式的学习效果，不断地对新的授课模式进行调整和改进。同时，进一步改进传统的考核方式，可综合采用课程设计、学习报告、课程论文、网络测试等不同形式。新的考核方式建立的原则是：提高学生发现问题、分析问题和解决问题的能力。

（4）建立新的专业实验平台。理论教学的创新离不开实践环节支持，两者是相辅相成的。因此，新的专业实验平台要紧密结合理论教学的内容和进度，使两者相互渗透，相互转化。新的实验平台建立的原则是：巩固专业基础知识的同时，有效地提高学生的创新能力。

1.3 教学体系建设方案

"计算机控制技术"课程的教学体系主要包括课程设置和课程教学两个方面。在课程设置方面，本科生的课程结构和内容需要充分体现基础知识掌握和创新能力培养的特点;在课程教学方面，课堂授课的组织形式和学习方式应体现自主、合作的主体性学习。具体如下：

（1）根据"计算机控制技术"课程自身特点，在课程设置上建立高效的课程群体系。由于"计算机控制技术"课程涉及了多个课程的专业基础知识，例如，电子技术基础、C 程序设计、自动控制原理、计算机应用技术、计算机接口技术、传感器技术、可编程控制技术、单片机技术和计算机网络技术等。这就需要在大三开展"计算机

控制技术"课程授课前，有效的设置课程群体系。其中，将电子技术基础、微机原理与接口技术、C 程序设计、传感器技术和计算机控制技术划分为专业基础课程群。该课程群主要在大一依据教学大纲安排逐次开展。将单片机技术、嵌入式技术、可编程技术、组态控制技术、计算机接口技术划分为职业技能课程群，该课程群在大二开展。通过大学前两年期间不同时间、不同阶段对于专业基础课程的要求合理安排不同课程的时间和内容，有效配置和衔接不同课程的进度和内容，使学生渐进式的掌握"计算机控制技术"的相关必备基础知识，并通过不同课程交叉融合。既可以掌握基础知识，又可以拓宽学生的知识面和滋生新的知识点。通过这样的课程体系学习，学生具备了基础知识、综合实验实践技能、社会热点科学前沿知识和交叉跨学科知识的综合能力，这样也更有利于激发学生的创新思维，促进创新人才的培养。

（2）课程内容体现实用性和复合性。"计算机控制技术"课程体现了多个专业课程基础知识的综合应用。在课程内容上应该在巩固基础知识的基础上与实践紧密结合，培养学生善于探索发现问题、设计创新研究方案以及解决问题的综合实践能力。在课程内容上，主要学习计算机控制相关技术的基础理论知识、前沿知识、技术方法等复合性知识。其中，复合型知识是多交叉学科新的生长点且不断产生并快速发展，新领域、新知识、新方法、新技术需不断被研究攻克。因此，在课程授课中，课程内容除了基础的知识内容，也需要不断地注入新的知识点，紧跟创新性人才培养的实际需要和专业职业岗位的实际需求。

目前，多数的"计算机控制技术"教材还是存在大量的汇编程序例程。该语言的掌握难度较大，在实际使用过程中编程费时费力，调试起来难度大。这是由于之前的硬件功能简单，可移植性较差带来的问题。随着目前新技术和新硬件功能的完善，可以采用微机实现多数的单片机功能，同时可以采用高级语言，例如 C 语言进行课程代码程序设计和调试。高级语言具有移植性好，简单易学，调试方便等特点。这样就可以通过教学内容的调整改变传统授课内容的不足，大大提高

学生的学习兴趣和计算机控制程序设计能力。

课程内容主要由授课教师紧跟人才培养和社会科学发展步伐，在授课过程中引入前沿的、实用性的内容。可以采用多种方式，例如，讨论式教学、项目式教学、案例式教学、研究式教学、辩论式教学及各种学术报告与讲座等。通过不同的教学方式综合使用，力求在学习过程中，让学生应更注重解决实际问题，课程学习注重体现实用性，把学到的理论知识应用到实践当中去，从实践中发现新的问题，进而研究解决问题，理论学习和实践应用有机融合，提升学生的科学研究创新能力。

另外，在课程内容需加强内容的复合性。随着科技的不断高速发展，不同学科的快速更新以及相互渗透，交叉学科知识、跨学科知识的复合性课程尤为重要。这点也在本课程内容中尤为明显。在课程正常开展过程中，注重并强调跨学科课程的学习，尤其是不同学科中前言知识和研究热点问题。在课程内容上注意多学科的交叉，学生可探索的领域被大大拓宽，便于学生扎实地掌握本课程的基础理论知识。

（3）新的课程教学方法。传统的"计算机控制技术"课程教学方法主要以教师讲述，学生被动接受的方式为主要学习形式。这样，课程学习的角色处于一种被动式完成的状态，并没有很好地与创新能力需求紧密结合，结果造成学生的自主学习的积极性没有充分激发出来，课程的教学成效和学生学习效果并不明显。因此，被动的学习状态不利于创新思维的培养。创新式的教学和学生学习应该是个互动的过程。从培养创新能力角度考虑，教师引入本学科及相关学科的研究热点和前沿论题，结合当前课程内容，把课程学习和科学研究有机地结合起来。在授课中，可以将最新的前沿技术，例如模糊控制，集散技术，现场可编程网络控制和复杂网络技术等内容在平时授课过程中开始介绍和学习。改进教学手段和采用灵活多样、丰富多彩的教学方法，如讨论式教学、项目式教学、案例式教学、研究式教学、辩论式教学及各种学术报告与讲座等教学方式。新教学方式可以有效的让学生培养主动思考和缜密的分析能力，从不同的角度分析问题，主动积极

地探索解决问题。其中，以授课经常采用的板书和 PPT 幻灯片为例，可以采用视频、动画等多媒体手段进行课件展示。对于"计算机控制技术"课程里面经常出现的系统典型环节，PI 控制器设计、调理电路功能、控制器输出的动态电压波形等，常规的图片和文字已经不能清晰表达出来，利用视频或动画的形式可以进一步简化授课内容的难度，增加授课内容信息量，可以让学生快速和有效的理解和掌握这些授课难点和重点内容。这样，学生对研究问题有了深刻的认识，把课堂学习内容延伸到课外实践论题，理论知识能够较好地应用于科学实践中，再从实践中总结提炼上升到理论知识，有效激发创新灵感，这种良性的循环教授与学习有利于学生创新意识和能力的培养。

在课程考核方式上，传统的闭卷考试已经不适用于目前的课程的考核方式。在实际的授课过程中，主要采用开卷考试、闭卷考试和综合实验的综合方式进行。开卷考试、闭卷考试和综合实验的综合各占总分数的三分之一。其中，开卷考试主要考查学生对于基本课程实验内容的掌握，闭卷考试主要考查学生对于基础知识的掌握，而综合实验主要考查学生课程内容创新能力的养成情况。

（4）完善的课程评价体系。建立完善的"计算机控制技术"课程评价体系，使该课程不断发展创新随着社会发展和高等教育人才培养体制的不断改革创新，注重课程教学结果和形式的评价体系已逐步过渡到以人为本、注重过程发展的多元化评价理念，更加重视人才的实际发展，建立发展性课程评价体系是高校课程良性发展的质量保障。课程的教授过程与结果评价相结合，建立本科生综合发展体现、课程授课团队研讨、管理部门监督、社会人才消费单位反馈的课程合力评价体系，以促进学生全面发展为目标，持续给予本科生课程与教学过程指导，使课程不断地改革完善、推陈出新。课程设置体系以研究生的综合能力发展为人才培养主要目标，适应社会对高校人才输出的需求要素。因此，建立合理科学的课程评价体系，卓有生机的创新理念与发展性评价引导机制，促使课程良性健康的发展，是提升学

生创新教育质量的必要保障。

2 总结与思考

本教学体系建设是自动化专业学生掌握"计算机控制技术"课程基础知识并培养创新能力的一次尝试。在课程建设中，必须明确学生的培养目标，在课程体系和教学内容改革中充分体现厚基础、宽口径、强能力和重创新的原则，改革传统的课程内容与教学方法，完善课程知识结构。由于教学质量是"教"与"学"共同合作的结果，因此，在教学体系建设中，我们从教师和学生两个角度进行分析论证提出改革措施。通过近几年的教学改革实践结果，可以看出，经过课程改革，课程教学取得良好的效果，学生对于课程学习的兴趣明显提高，课程内容的学习掌握情况也有效增强。尤其通过教学改革，学生积极参加学科竞赛，多次获得奖励并授权了多项新型实用专利。

学生的创新能力也得到了提高。本次教学改革不仅提高了教学质量和学生的学习能力，更重要的是培养了学生发现问题、分析问题和解决问题的能力。

References

[1] 陆锋. 应用型本科院校"计算机控制技术"课程教学改革实践[J]. 科学创新导报，2011：157-158.

[2] 邢航，张铁民."计算机控制技术"教学改革探索与实践[J]. 实验室研究与探索，2007，12（6）：370-372.

[3] 谢剑英，贾青. 微型计算机控制技术[M]. 北京：国防工业出版社，2001.

[4] 顾德英，马淑华，孙文义.提高"计算机控制技术"课程教学质量的方法研究[J]. 电气电子教学学报，2009，31（6）：106-107.

[5] 于海生. 计算机控制技术[M]. 北京：机械工业出版社，2007.

重创新要素、构创新平台、强培养过程
——自动化专业学生创新能力培养模式探索与实践

王海梅　吴晓蓓　吴益飞

（南京理工大学 自动化学院，江苏 南京 210094）

摘　要：针对自动化专业信息化、智能化程度高，多学科交叉、综合性强的特点，提出了"培养具有高度自觉的创新意识、奋力进取的创新精神、扎实宽广的创新技能等良好创新潜质的自动化专门人才"的学生创新能力培养目标。结合我校自动化专业学科特色，通过着力构建创新实践平台，研究创新教育方法，设计课堂教学内容，优化创新人才培养环境等举措，提高了创新人才培养的质量。

关键词：自动化；人才培养；创新能力；教学方法

Emphasizing Innovation Factors, Constructing Innovation Platform, Strengthen the Training Process
——Exploration and Practice of Innovative Ability Training Mode for Automation majors

Haimei Wang, Xiaobei Wu, Yifei Wu

(Dept. of Automation, Nanjing University of Science and Technology, Nanjing 210094, Jiangsu Province, China)

Abstract：In view of the characteristics of the automation specialty, such as: informationization, high intelligence, multidisciplinary and comprehensive, It puts forward the training target of students' innovative ability, which aims to cultivate innovative consciousness with high self-conscious, entrepreneurial innovative spirit, solid and broad innovative skills and so on. Considering the discipline characteristic of Automation Specialty in our university, we take measures to build innovative practice platform, research innovative education methods, design classroom teaching content, optimize innovative talents training environment and other measures, improve the quality of innovative talents training.

Key Words：Automation；Personnel Training；Innovation Ability；Teaching Method

引言

培养创新人才是教育者责无旁贷的任务。近年来，教育部高等学校自动化教指委通过组织教育教学改革研究、学科竞赛、专业负责人联席会议、专项调研等多项活动，积极推进自动化专业创新人才培养的进程。上述活动取得了一定的成效，但也反映出一些问题，如教师自身的创新能力有待提高，高校创新教育活动缺乏等[1]。要想真正提高自动化专业创新人才培养的成效，还需在观念上形成更宽泛的共识，在行动上更具针对性。

南京理工大学自动化专业 2007 年获批国家级特色专业建设点，2015 年获批江苏省品牌专业

联系人：王海梅. 第一作者：王海梅（1968），女，博士，副教授.

基金项目：自动化类专业教学指导委员会专业教育教学改革研究课题（2014A09）；江苏高校品牌专业建设工程资助项目（PPZY2015A037）.

（A 类）。自 2007 年起，专业就创新人才培养问题，从创新要素、平台构建、培养过程三个方面开展了卓有成效的研究。

1 理清思路、形成共识，做好创新能力提升的顶层设计

教育观念是一切教学行为的灵魂，有什么样的教育观念，就有什么样的教育行为，也就成就什么样的教育效果[2]。专业围绕国家经济社会建设，尤其是工程技术领域对自动化人才创新能力的需求，结合自动化专业多学科交叉、综合性强、应用领域宽的特点和我校学生实际，提出了"培养具有高度自觉的创新意识、奋力进取的创新精神、扎实宽广的创新技能等良好创新潜质的自动化专门人才"的学生创新能力培养目标，并进行了顶层设计。实现了创新意识的养成"时时有"，创新精神的教育"处处在"，创新技能的提升"步步高"的学生创新能力培养思路。

2 聚集资源、多元融合，构建学生综合创新实践平台

通过自主研发、科教融合、校企协同等举措，构建了高层次学生创新实践平台。率先在学校成立了"无限自动"大学生科技俱乐部，组建了"机器人""无人机""智能车""物联网"等多个科技活动团队，通过创新沙龙、走出校园走进社会、跳出课堂取悦课外等各种活动，形成了良好的创新活动环境。

2.1 自制与购买相结合，多渠道开展实验室建设

一方面，利用教师长期从事本行业军民品科技项目的优势，通过将最新技术与成果转化为实验装置，自行开发研制了 10 余种、160 余套高水平、综合型、设计型和创新型实验装置。如利用国防科研成果开发了"高精度数字伺服系统"；结合横向科研课题，针对一类典型控制系统，研制出"组合式过程控制系统"，"多变量组合式过程控制实验系统"2016 年获全国高等学校自制实验仪器三等奖。基于上述设备进行实验，能够使学生在成功案例的分析过程中获取实践经验、扩大认知面，进而激发学生探究解决实际问题的愿望，

培养学生自主学习的能力和主动思维的习惯。将科研成果转化为教学内容，同时也促进了科研项目与科研训练、毕业设计等培养环节的结合，增强了实践教学环节的工程背景，有效提高了学生的创新意识和创新能力。

另一方面，利用自动化省品牌专业建设专项资金与国家修购经费，添置了 100 多台套高水平的实验装置（近 2 年），包括三维姿态采集分析系统、无人机 DIY 设备、多种竞赛机器人、加拿大 Quanser 运动控制平台等，这些设备代表了控制学科的技术前沿，某些设备本身即为典型的复杂控制系统，包含了复杂的控制工程问题，能够为本科生科研训练、毕业设计、课程设计和相关学科竞赛等提供一流的创新实践平台。

2012 年，南京理工大学自动化实验中心被评为"江苏省实验教学示范中心"。2016 年，电气工程及自动化实验中心被评为"国家级虚拟仿真实验教学中心"。

2.2 与国际知名企业合作，建立校企协同创新平台

与西门子数控（南京）有限公司、飞思卡尔半导体（中国）有限公司、罗克韦尔自动化（中国）有限公司、德州仪器公司（TI）等企业建立了联合实验室。校企联合共建实验室，能够为学生提供最先进的、具有明显行业背景的、系统性强的实验平台。基于上述平台，学生可以接触世界领先的工业自动化设备、控制和技术解决方案。所引进的企业设备，都是实际运行的自动化设备，缩小了教学实验与社会实际应用的差距。借此展开各类综合、创新实验项目，极大地增强了学生多学科知识交叉融合与科技创新能力。

2.3 与多个国内知名企业建立了长效合作机制

通过邀请具有丰富工程实践经验的企业高端人才和高级管理人才来校授课讲学，组织学生到优秀企业参观、实训或实习等方式，建立校企合作人才培养机制。自动化专业目前已与南京中电熊猫液晶显示科技有限公司（2014 年被评为"国家级工程实践教育中心"）、江苏银河电子股份有限公司、中国卫星海上测控中心、南京地铁运营有限责任公司等多家企业建立了实训实习基地，充分发挥了企业、行业专家在学生创新能力培养中的引导作用，使学生能够直接学习企业的创新经验，体会原创的历程。

2.4 以科技竞赛为牵引,构建开放式大学生创新实践平台

科技竞赛既能体现学生的专业基础能力,又能极大地发挥学生的创新思维,是提高学生实践创新能力的有效途径。在学校教务处和学院的大力支持下,专业成立了一支由教学、科研一线教师组成的大学生科技竞赛专业指导团队。团队成员实践教学能力强、科技竞赛经验丰富,热心于大学生科技活动事业。由自动化专业创设的全校机器人大赛,已经连续组办12届,学生参与度极高。

组建了"无限自动"科技俱乐部,先后创建了"智能车""机器人""无人机"等5个本科生创新平台,吸引跨专业、跨学科的学生积极参与到课外科技活动中来。俱乐部由学生自己组织、自我管理,可充分展示学生的个性,激发学生的求知欲和探知欲,强化学生自主学习的意识。大学生科技创新平台实验条件优越、经费充足,为学有余力、勤于动手的学生提供了实现自己设想的实践场所,为培育新时代拔尖人才创造了条件。

针对学生层次差异及各科技竞赛对学生能力培养的侧重点不同,大学生创新实践平台设计了由兴趣培养→动手能力培养→主动实践和创新能力培养的三层次能力培养模式:对于大一、大二学生,通过机器人竞赛引导学生实践动手的兴趣和积极性;对于进入专业课程学习的大三学生,通过创新杯、电子设计竞赛和科研训练等,提高学生的实践动手能力;对于大四学生,主要通过参加国家级科技竞赛项目,引导学生主动实践,进而提升其实践创新能力。

3 革新教学方法、设计教学内容,促进创新能力教育的全面提升

3.1 "案例引导、项目驱动"的教育教学方法

为了逐步培养学生的创新意识、创新精神和创新能力,在人才培养方案实施过程中,注重对学生"自主学习能力、分析能力、实践能力、创新能力"四项能力的综合培养,通过"案例引导、项目驱动"为基础的教学方法,将创新意识的激发和创新能力的培养融入人才培养的各个环节中。通过"案例引导"教学,使学生在成功案例的分析过程中获取实践经验、扩大认知面,进而激发学生探究解决实际问题的愿望,培养学生自主学习的能力和主动思维的习惯。通过"项目驱动"教学,让学生在教师的指导下,按照实际工程项目的实施步骤进行信息收集、方案论证、项目设计、评估总结。"案例引导、项目驱动"的教学方式是围绕工程应用组织课程教学的,内容涉及工程案例、工程分析软件等,不仅巩固强化了学生对课程基本理论与相关技术的掌握,还能大大提升学生的创新意识、创新兴趣和创新能力。

3.2 以学生为主的多种教学组织形式

采用"观点碰撞""我上讲台""交换空间"等多种以学生为主的教学组织形式,引导学生勇于开拓、善于创新。除了"学科前沿讲座""新生研讨课""运动控制系统""移动机器人综合实验"等课程中设置了培养学生创新能力的各种有效方式外,在"科研训练"环节,学生须全程参与课题申报、开题、实施、结题等一系列科研过程。在课题申报环节,为了激发学生的创新意识,积极鼓励学生自由申报课题;在课题实施过程中,要求指导教师积极引导学生打破思维惯性,以超常规甚至反常规的方法和视角去思考问题,提出与众不同的解决方案,从而提高学生的创新技能。当学生在课题研究过程中遇到困难时,鼓励学生迎难而上、坚持不懈,使其更好地体会创新精神的内涵。

3.3 精心设计教学内容

科学设置教学内容,重点讲授反馈思想、优化原理、系统设计方法等,夯实自动化核心理论知识。随着科学技术的发展,将先进运控、机器人、复杂过控、人工智能、导航制导等热点知识及时纳入教学内容,剔除不符合时代发展要求的陈旧知识。精心设计课堂教学重点、难点,注重介绍名人大家创新的历程、国际一流企业产品创新的细节,让学生领悟创新中的成功要义。比如在讲根轨迹方法时介绍伊万斯将代数关系"搬"到几何图上的思路,讲伯德图时体会将乘除关系转换为加减关系的数学技巧,使学生体会方法和创新的重要。再如:"新生研讨课"的"交换空间"环节,组织学生就"数学是发明还是发现?""科幻与现实"等主题进行观点交流、思想碰撞。"运动控制系统"以问题为导向进行探究式教学,结

合电动汽车、航天器等应用案例，设计了"控制性能与节能的统一""高精度与快速机动的矛盾"等探索性和开放性问题，引导学生自由探索。

4 结论

为响应教育部关于"加强创新人才培养工作，积极探索研究型大学本科教学模式改革，提高创新、创业人才培养质量"的号召，自 2007 年起，我校自动化专业对学生创新能力培养的模式进行了积极探索与有效实践，取得了良好的效果。改革成果的意义主要体现在以下两个方面：

（1）培养了一大批创新能力强的自动化专业人才，为经济社会建设和国家创新发展提供人才支撑。

（2）探索高等工程教育如何有效培养学生的创新能力，培养学生终身具备的发展潜质，为高等教育的人才培养途径提供借鉴。

References

[1] 张灵. 地方性高校开展创新教育的探索与实践[J]. 广东技术师范学院学报，2006（1）：74-75.

[2] 郝琦蕾. 教师的教学观念与教学行为研究——以综合科学课教师为例[J]. 当代教育与文化，2010（2）：86-89.

地方院校自动化专业创新创业教育探索与实践

刘 涵 弋英民 焦尚彬 刘 军 刘 丁

（西安理工大学 自动化与信息工程学院，陕西 西安 710048

信息与控制工程国家实验教学示范中心，陕西 西安 710048）

摘 要：本文研究了在高等学校开展创新创业教育的背景与意义，分析了地方高校自动化专业开展创新创业教育所面临的困难和问题，提出了在自动化双创人才培养的目标导向、培养机制、第二课堂、师资结构等方面的措施并进行了有意义的探索。

关键词：地方高校；自动化专业；创新创业

Exploration and Practice on Automation Specialty Innovation and Entrepreneurship Education of Local University

Han Liu, Yingmin Yi, Shangbin Jiao, Jun Liu, Ding Liu

(Xi'an University of Technology, Xi'an 710048, Shaanxi Proumce, China;

National Demonstration Center for Experimental Information and Control Engineering Education, Xi'an 710048,

Shaanxi Province, China)

Abstract：In this paper, background and significance of innovation and entrepreneurship education in university is researched. At the same time, the difficulties and problems on automation specialty innovation and entrepreneurship education of local university are proposed, and the measures are carried out and explored, in which include goal orientation, training mechanism, second classroom and teacher structure of innovation and entrepreneurship education.

Key Words：Local University; Automation; Innovation and Entrepreneurship

引言

党中央、国务院做出的建设创新型国家的决策，是事关我国现代化建设全局的重大战略决策。国家确立了到2020年建立健全高校创新创业教育体系、普及创新创业教育的总体目标，明确了"面向全体、分类施教、结合专业、强化实践"的基本原则。2014 年教育部发布了《关于做好 2015年全国普通高等学校毕业生就业创业工作的通知》，要求各高校要将创新创业教育贯穿人才培养的全过程。2015 年全国人大会上，李克强总理在政府工作报告中将大众创业、万众创新列为我国经济增长的"双引擎"之一。2015 年 3 月 11日，国务院办公厅印发《关于发展众创空间推进大众创新创业的指导意见》，其中明确提出鼓励科技人员和大学生创业[1]。当前大学的"双创"教育已经成为"新常态"下经济增长的引擎之一，也成为高校人才培养模式改革的重要抓手和工具。

联系人：刘涵. 第一作者：刘涵（1972—），男，博士，教授.

基金项目：2017 陕西省高等学校教育教学改革研究项目、西安理工大学教育教学改革研究项目（地方院校自动化专业创新创业人才培养模式探索与实践）.

陕西省第十二次党代会也提出，要坚定不移地走创业富民、创新强省之路。这是陕西省委从陕西省正处于全面提升工业化、城市化、市场化、国际化关键时期和全面建设小康社会攻坚阶段的实际出发，为实现全面建设小康社会、继续走在前列的奋斗目标而做出的重大战略抉择。陕西省人民政府于 2016 年 3 月出台了《陕西省人民政府关于大力推进大众创业万众创新工作的实施意见》，要求"在普通高等院校、职业学校、技工学校开设创业创新类课程，并融入专业课程和就业指导课程体系"[2]；2017 年 2 月，陕西省委办公厅、省政府办公厅又联合印发《关于进一步激发人才创新创造创业活力的若干措施》，出台了 36 条措施激发人才创新创造创业活力。

西安理工大学为中央和地方共建高校，自动化专业创办于 1958 年，近 60 年来为国家与地方经济建设培养了大量的高素质应用型人才。自动化专业于 2010 年入选首批教育部卓越工程师计划，2014 年通过工程专业教育认证，并于 2017 年 5 月接受了工程教育认证复审。地方院校自动化专业承担着满足国家与地方经济建设对装备制造业振兴的艰巨任务，自动化也已成为我国"中国制造 2025"战略中非常重要的一个环节，因此对自动化专业本科人才的创新创业教育，以及创新创业型人才培养模式的研究与探索具有重要的战略意义。

1 目前自动化专业创新创业教育所面临的主要问题

1.1 目前部分高校师生对创新创业教育重要性没有充分的认识

创新创业教育目前尚未变成高校师生的共识，其主客观的原因均存在，主要表现在管、教、学三方面尚未达成共识，相应的评价机制缺失。管、教、学三方的积极性不高必然对双创教育的顺利开展产生影响。同时学校目前还缺乏对创新创业教育的协同管理，教务处、实验室处、科技处、研究生院、团委等部门好像都可以成为双创教育的主管部门，造成了双创教育有效管理的缺失。

1.2 自动化"双创型"人才培养模式尚未得到根本性确立

在最新的自动化专业工程教育认证的培养目标和毕业要求中已经对学生的创新创业能力培养提出了明确的要求。但大多高校的自动化专业人才培养方案并没有很好地体现和落实创新创业人才培养的思想，较多的是在传统人才培养模式基础上的局部修正和补充，其形式重于实质，很难在"双创型"人才培养中发挥重要作用。

1.3 自动化专业创新创业教育与专业教育不能有效融合

目前在很多高校自动化专业的培养方案中，创新创业教育与专业教育大多是完全独立的两个环节，创新创业教育主要局限于专业技能技巧层面，缺少非技术能力的培养环节。把创新创业教育更多的归为"第二课堂"实践活动，再加上专业教师对此重视程度不够，而且越来越多的教师是从高校到高校，本身就缺乏丰富的创业实践经验，导致学生的创新创业能力培养流于形式。

1.4 自动化专业"双创型"人才培养缺乏合格师资

目前高校的自动化专业的师资在学历层次上已经有了很大提升。但是在新教师队伍中，大多是从高校到高校的青年博士，由于评价体系和指标的原因，从事控制理论研究的较多，很多没有直接参与过实际产品的研发和改进，更缺乏创业实践的经验，因此难以适应自动化创新创业教育工作。

2 自动化专业创新创业教育的探索与实践

为解决上述自动化专业创新创业教育所面临的困难，近十年我们在地方院校自动化人才培养和双创教育方面也做了一些有益的探索，主要的体会有以下五点。

2.1 优化自动化专业培养目标，明确"双创型"人才的目标和导向

自动化专业培养在控制理论、控制系统、生产过程自动化、人工智能与机器人控制等领域具有宽广理论基础和相关专门知识、具有创新意识和开拓精神的高级工程技术人才。所以，自动化专业"双创型"人才需要在"懂经营、善管理"的基础上具备从事信息及控制系统的研究、设计、集成、开发、制造和应用等方面能力；具有典型的自动化领域创新创业意识和坚忍不拔的精神、

意志；具有敏锐的洞察力、优秀的团队精神、合作能力和社会竞争力等非技术能力。

2.2　优化培养模式，建立自动化"双创型"人才培养机制

根据市场经济发展的需要，特别是陕西地方经济社会发展对多样化、多层次的人才需要，以及学生个性差异而产生的对教育需求的不同，建立由学校培养与学生自我发展相结合、第一课堂与第二课堂相结合的创新创业教育培养模式，充分发挥地方院校在服务地方经济发展的特点和优势，以学生科技竞赛为切入点，积极鼓励自动化专业学生参加全国"互联网+"大赛、挑战杯、全国电子设计大赛、全国研究生电子设计大赛，以竞赛促培养，学生在大赛中得到了充分的锻炼，培养了创新创业实践的意识，将创新学分的考核纳入学生的申请学位条件。

2.3　强化第二课堂，建立自动化"双创型"人才培养第二通道

一是为培养学生的自主创新精神，充分调动学生的科研积极性，自动化专业学生在三年级通过"知行教改班"计划就进入专业指导教师的科研团队，学生通过参与实际的科研课题培养创新意识精神，通过参与具体的项目管理、实施环节培养非技术能力；通过"古都大讲堂"等形式为学生提供更多学术讲座、学术讨论机会。

二是以信息与控制国家级实验教学示范中心为平台，积极推动参与大学生科技竞赛，创造更加多样化的创新创业教育空间。以西安理工大学-粤嵌国家众创空间为平台，集中孵化和展示学生的创新创业成果，科学评价学生的创业能力，通过孵化培育具有自主知识产权的成果，培育创业团队和创业项目，完成学生创业从学校到社会的转化。

三是整合校内教学资源，创建西理自动化创科技有限公司（虚拟），该公司以学生科协为班底，拥有一套完整的市场运营模式，可以让学生科技社团、指导教师、市场实现无缝对接，通过市场化运作社团活动和项目化运作社会实践、大学生勤工助学等活动，作为大学生校内创业的实践载体。

2.4　优化师资结构，通过内培外引建立一支"以专为主、专兼结合"的自动化"双创型"师资队伍

加大对中青年教师培养的力度，逐步形成高学位、高水平、重实践的"两高一重"师资队伍，完善教师进实验室、教师进国有大中型企业锻炼、到国内外知名大学访学进修等相关制度，并将这些制度与教师晋升职称挂钩，完善对创新创业教师的激励政策；充分发挥自动化专业优秀创新创业教师的传、帮、带作用，通过定期论坛、"双创沙龙"等渠道提高青年教师的教学技能和业务水平。

2.5　以卓越工程师计划、工程教育认证和新工科建设为契机，积极推进自动化专业双创教育

在 2015 版工程教育认证标准的 12 条毕业要求中，其中有 9 条涉及解决复杂工程问题的能力要求，自动化专业的创新创业教育是培养学生解决复杂工程问题的能力的重要途径，成为新一轮"卓越工程师培养计划"实施和人才培养模式改革工作的新切入点；新工科建设没有现成的模板，面向自动化专业的新工科建设应重点关注传统专业的升级改造，这将会对现有的教学体系和人才培养模式提出空前的挑战，双创教育必将成为推进新工科建设的重要抓手。

3　结语

地方高校自动化专业的创新创业教育要以更新教育观念为先导，以培养学生的创新精神、提升创业能力为核心，构建适应地方经济社会发展和行业发展需要的创新创业教育体系，不断提高自动化人才培养的质量。西安理工大学自动化专业多年来在创新创业教育及人才培养方面做出了尝试和努力，也涌现出了河南翱翔航空科技有限公司、西安四联智能技术股份有限公司、西安宝德自动化股份有限公司为代表的、一批由自动化专业毕业生创业成功的优秀企业，为国家与地方经济发展做出了突出的贡献。

References

[1]　国务院. 深化高校创新创业教育改革的实施意见[Z].

[2]　陕西省人民政府. 陕西省人民政府关于大力推进大众创业万众创新工作的实施意见[Z]. 2016.

主题 7:

自动化专业实践教学模式的创新与探索

"互联网+"背景下控制学科实践教学模式的探索

朱燕红　史美萍*　吕云霄　谢海斌

（国防科技大学 智能科学学院，湖南 长沙 410073）

摘　要：实践教学作为培养学生创新能力的途径，是研究生教学改革的重要环节，本文引入"互联网+教育"理念，深化控制学科研究生实践教学模式改革。针对传统教学模式单一的教学空间、被动的教学模式，介绍了国防科技大学智能科学学院控制学科研究生创新基地通过引入"互联网+"思维的建设经验。形式上构建互联网概念空间，拓展教学空间，实现翻转课堂；同时加强内涵建设，由传统的被动学习向主动学习过渡，推动控制学科实践教学模式走可持续发展的健康道路。

关键字：实践教学；互联网+；教学空间；翻转课堂；主动学习

Exploration of the Control Subjects Practice Teaching Mode Under the Background of "Internet +"

Yanhong Zhu, Meiping Shi*, Yunxiao LÜ, Haibing Xie

（School of Mechanical and Electrical Engineering and Automation, National University of Defense Technology, Changsha 410073, Hunan, Province, China）

Abstract：As a way of training students' innovative ability, practice teaching is an important part of the graduate students teaching reform. This article introduced "Internet + education" concept, deepen the reform of the control of graduate practice teaching mode. There are disadvantages in traditional teaching model, such as single teaching space, passive teaching mode. Graduate Innovation Base of Institute of Mechanical and Electrical Engineering and Automation of NUDT(National University of Defense Technology) Introduced "Internet +" thinking , This paper introduces the experience . Form building concept of the Internet space to expand teaching space. To realize the Flipped Classroom mode. Strengthening the connotation construction at the same time, to implementation the transition from traditional passive learning to active learning, to promote control practice teaching model on the health road of sustainable development.

Key Words：The Practice Teaching；"Internet +"；Teaching Space；Flipped Classroom;Active Learning

引言

党的十七大报告指出："提高自主创新能力，建设创新型国家是国家发展战略的核心，是提高综合国力的关键"，随着我国经济增长方式的转变，知识要素地位显著提高，社会对高端人才的层次也提出了更高的要求[1]，不仅仅是表现在知识水平上，更表现在创新意识和创新能力上。研究生实践教学作为开展实践、检验课堂的关键环节，他的改革创新得到了国家的高度重视和支持，近年来，各高校纷纷建立实践基地，为实践教学改革做了许多有益的尝试[2]。国防科技大学智能

联系人：史美萍. 第一作者：朱燕红（1985—），女，硕士研究生，实验师.

基金项目：YJSY2012018.

科学学院，在这个大环境提供的肥沃土壤中，基于自动化专业人才在无人作战等领域创新实践能力培养的实际需求，建设了控制学科研究生创新基地，成为研究生实践教学改革的优秀践行者。

2015 年 6 月 14 日举办的 2015 中国"互联网+"创新大会河北峰会上，业界权威专家学者围绕"互联网+"教育这个中心议题，纷纷阐述自己的观点。"互联网+"不会取代传统教育，而会让传统教育焕发出新的活力。与其他许多行业一样，"互联网+"思维对传统教育理念带来了革命性的冲击和挑战。针对传统教育显现出的诸多问题，如何引入"互联网+"思维进行突破和改革，通过探索"互联网+教育"的科学模式[3~5]，促进教育公共服务水平和教育质量的提升，既是深化教育领域综合改革不可回避的问题，也是摆在广大教育工作者面前的现实课题。

1 高校研究生实践教学改革的现状浅析

1.1 创新型人才培养意识提高，实践基地硬件设施已颇具规模

就我国研究生教育而言，加强实践教学模式探索，培养高素质创新人才也已成为当前高等学校教学改革的热点问题[7~9]。一些国家重大教育科技项目相继启动，在实践基地的建设上投入了大量资金。比如"211 工程"，30%以下用在搞基础建设，70%用在学科建设和公共资源建设；又如"985 工程"，它的经费大部分投用在实验室的建设中，另外还有"国家科技基础条件平台建设工程""国家重点实验室建设项目"等大量资金涌入，各种类型的实践基地如雨后春笋般拔地而起，以创新人才培养为目标的实践体系已颇具规模。国内高校高度重视实践教学基地建设，把实践能力和创新能力作为培养中心[10]。

1.2 推动实践教学改革需要正面的问题

（1）单一的教学空间。随着互联网技术的不断发展，网络已渗透到生活的方方面面，手机和电脑成为学习生活的必需品，新时代的主力军进入高速信息时代，实践教学因其对设备和场地的特殊需求，尚未充分利用网络的优势。研究生实践教学以培养创新人才的目标，需要顺应时代的发展，利用新时代的高科技产物拓展单一的学习空间，充分利用现代化的信息技术，挖掘实践教学的效能。

（2）被动的学习模式，课堂学习枯燥乏味，教学效率不高。陈鹤琴老先生曾说"没有教不好的学生，只有不会教的老师"。这充分说明了教师的教学理念和教学方法的重要性。作为新时代的教育者，应当在教学方法上能勇于打破常规，积极探索多手段教学方式，探索秉承能力重于知识，兴趣胜于灌输的教学理念，吸纳各种新元素，激发学生的学习兴趣，从传统的被动学习向主动学习过渡。

2 "互联网+"大背景给实践教学带来的改革契机

教育部于 2005 年开始实施实验教学示范中心建设工程，并指出通过信息化建设来达到优质资源共享的目的。

要借助互联网实现混合空间教学模式，通常基于开发成熟的专业教学平台。例如在国内外广泛采用的 Blackboard 平台，它以课程为核心，具备可独立运行并支持二次开发的模块式结构，为师生提供了施教和学习的网上虚拟环境；由国防科技大学计算机学院研制开发的 Trustie 软件也是一款面向高校创新实践的在线协作平台，高校师生可以在此开展在线协同学习，目前在国内已有200 多所高校采用，包含了超过 2000 个科研和开源项目，以及超过 800 个课程和 2000 个课堂社区，是一种被广泛接纳的实现混合空间教学的"互联网+"思维产物。

高校研究型实践教学应努力探索，建设成以培养创新型、复合型人才目标为导向的高效平台[11,12]。国防科技大学在"十一五"和"十二五"期间，建成的高性能机电与控制系统研究生创新基地，为全校乃至全军相关学科硕士、博士研究生的核心课程教学和研究生自主创新研究提供服务，其中控制学科研究生创新基地以培养学生无人作战能力为基本要求，为研究生应用实践能力和创新能力的培养提供仿真验证、实战演练、创

新设计的环境，把握控制学科内涵拓展的发展趋势，通过引入"互联网+"教育理念，深化控制学科研究生实践教学模式改革，对控制学科研究生实践教学走可持续发展的健康道路有着积极的推动作用。

3 加强形式建设，引入"互联网+"思维，拓展学习空间

时下，互联网已成为研究生学习和生活中不可或缺的重要工具。例如基于局域网的多媒体教学网，在 QQ 群、微信群讨论功课以及上网搜寻资料等。通过网络，既可以方便老师与学生的沟通与交流，又有利于学生之间的相互讨论，相互交流，取长补短，共同学习，共同进步，同时还有助于学生不断增长知识、开阔视野、启迪智慧，更有效地刺激研究生的求知欲和好奇心，养成独立思考、勇于探索的良好行为习惯。

3.1 利用信息化建设加强实践基地开放和共享程度

为适应现代化教学和管理的需要，国防科技大学高性能机电与控制系统研究生创新基地努力在教学资源信息化等方面开展研究和探索。构建了集教学视频、电子课程资料、经典范例程序、历年学生实验数据、标准实验数据库、项目案例库、仿真模型库等在内的实验室优质教学资源一体化管理平台。借助互联网、物联网等信息化手段，建立跨学科、跨学校、跨区域的开放共享平台[13]。

3.2 探索基于混合空间的"互联网+"实践教学模式

构想逐步引入 Trustie 互联网实践平台，建设课程社区、项目社区等互联网概念空间。Trustie 是一个面向高校的在线协作式创新实践平台，是"互联网+"思维在高校科研实践领域的大型探索性平台，能有效地减轻教学负担、提高实践效率，提高学生的实践能力和创新能力，实现"教师主导、学生主动"的社区型学习、实践和创新活动。

3.3 借助互联网实现翻转课堂，达到差异化教学目的

基于互联网的便利性，探索翻转课堂。基本流程为线上实现课前统一讲授的环节，线下按照各自的进度走进课堂动手实验并发现问题，然后线上解决基本问题，线下再走进课堂集中答疑解难。彻底打破传统实验课集中讲授集中实验的模式，从时间和空间两个维度实现碎片化教学。以2017春季学期的控制系统综合实践 dSPACE 拓展模块为例，任课老师课前梳理知识点，把各个知识点录制成微视频，发布到互联网上建立的学生可访问的路径，学生在进入实验室前先观看视频自学，根据自己的进度自主预约实验，实验过程可随时回顾教学视频，在实验中发现的问题通过线上群组、在线咨询老师、查看共享资料库等方式解决，根据学生在互联网上的咨询、留言情况，每周会安排两次课堂集中答疑，可以把线上解决不了的问题带进课堂，通过集体讨论、老师指导的方式攻克难题。这种翻转教学的模式使得学生可以根据自己的时间合理安排学习，通过自主预约进入实验室，实现时间和空间的碎片化。没有基础的同学可以反复观看教学视频来慢慢理解，而基础扎实的同学可能跳过某些已知的知识点，有针对性地学习，最终实现差异化教学。

4 同步内涵建设，探索多手段教学方式，逐步向主动学习过渡

深化教育教学改革，坚持"以学生为主体，以教师为主导，知识、能力、素质协调发展，学习、实践、创新相互促进"的教学理念，为学员"综合实践能力、创新实践能力、科研实践能力"三个能力的显著提升提供机制保证。

4.1 充分发挥高等教育特色，建立层次化课程体系

根据研究生课程的需要，按照课程实验模块、综合实践项目和自主创新实践三个层次开展教学活动。充分培养和锻炼研究生的工程实践能力、综合实践能力和创新实践能力。

（1）依据其学科专业特色承担相应的专业核心课程实验，使学生在实验中更好地巩固理论知识。例如现代控制技术实验室内设 dSPACE、倒立摆、板球系统、智能小车等基础实验设施，为相应的专业课程服务。

（2）综合实践项目的以实践教学为主体，以

学生为主导，开设机械系统综合实践、控制系统综合实践等大型实践课程。

（3）以高水平学科竞赛为载体，鼓励学生进行各种自主创新活动，探索并实践包括创新实践指导团队建设、创新实践项目选题、多模式实践教学方法等方面的创新能力培养新模式。

4.2　研究性导向的教学模式

以"研"兴"教"，以"教"助"研"，具体体现在①产学研相互转化，科研成果转化成实践教学设备，同时在实践教学过程中不断地发现问题，形成新课题，如此循环促使科研成果趋于成熟。②科研项目流程走进实践教学课堂。③重点培养学生搜集信息的能力，现代教学资源是一个开放性体系，在教学过程中应该引导学生围绕教学目标搜集有用资源自行研读。

4.3　多种教学模式相互融合

一方面，通过引入讨论式、案例式、启发式、交互式、探索式等多种教学方法，激发学生的创新意识和创新思维，培养学生勤于思考，勇于质疑，敢于实践的良好习惯，强化学生进行创新的主动意识和参与意识，多方面培养学生的自我学习能力和创新能力。另一方面，针对学生的兴趣、能力与专长差异，通过团队角色分工与轮换进行因材施教的个性化培养，指导他们进行个性化创新实践活动，同时引导思维活跃的优秀学生对探索性、前沿性、实用性的创意大胆实践。

教无定法，根据实践课堂的内容、性质和目的，选择更为适合的教学模式，在培养具有创新精神和实践能力的目标下，可以充分尝试导师组[14]、课程群、学科交叉等多种教学模式，新手段新方法和传统方法有机结合、相互补充，因人因材施教，才能达到效益最大化。

5　结论

实践教学目的是使学生在反复实践中得出真知，实践教学模式的创新之路也是在不断的实践中慢慢摸索出来，每一个实践基地的建设，每一次积极的尝试都功不可没。国防科技大学控制学科研究生创新基地在"十一五"建设和"十二五"建设的期间，建成了硬规模和软条件齐步发展的实践平台，创新基地年平均承担 11 门课程实验和 8 个控制系统综合实践模块，如 2016 年度课堂教学学时为 237 个学时，学生自主预约实验达 610 学时。创新竞赛方面创办了首届国防科技大学"无人作战挑战赛"，主办了一届省级"智能汽车"竞赛和八届校级"智能汽车"竞赛，支撑学员参加各级各类高水平学科竞赛 200 余人，取得了一系列高水平的学科竞赛奖项。

建设"互联网+实践教学"模式，不仅要选择合适的"互联网+创新实践"平台，构建互联网概念空间，拓展教学空间，实现翻转课堂，进行形式上的建设，还要重视与之匹配发展的内涵建设，在实践教学过程中，探索多样化的实践教学方法，使得这种现代化的教学空间得以充分利用，由传统的被动学习向主动学习过渡。相信在互联网思维无处不在的今天，通过充分利用各种先进资源，"互联网+实践教学"新模式必将打着创新的风帆破浪前行。

References

[1] 管平，胡佳秀. 高职院校创新性高技能人才培养体系的构建与实施[J]. 高等教育研究，2013，32（2）：57-59.

[2] 奉莉. 我国研究生创新教育的现状和改革措施[J]. 重庆教育学院学报，2011，24（2）：125-127.

[3] 米传民，马静，陈烨天. 浅析"互联网+"竞赛驱动的实践教学体系构建与模式创新[J]. 实训与实践探索，2016，（4）：80-83.

[4] 夏志业，刘志红."互联网+"背景下高校遥感专业理论与实践教学改革探讨[J].课程教学科技导刊. 2016，06（中）：128-131.

[5] 侯永平."互联网+"模式分析在噪声污染控制教学中的应用[J]. 教育教学论坛. 2015，12（51）：226-228.

[6] 胡尚勤，韦伟，穆明琪，等. 从国外研究生教育看我国研究生能力培养要求的改革[J]. 河南师范大学学报，2007，26（3）：27-31.

[7] 杨征，魏迎梅，蒋杰，等. 面向应用能力培养的实践教学模式探索[J]，高等教育研究学报，2013，36（1）：16-18.

[8] 黄奕勇. 创新意识培养从课堂开始[J]. 高等教育研究，2013，36（1）：33-35.

[9] 杨学军.加强实践动手能力培养 改革创新人才培养模式[J]. 高等教育研究学报，2013，36（1）：4-7.

[10] 左铁镛.高等学校实验室建设的作用与思考[J]. 实验室研究与探索，2011，30(4)：1-5.

[11] 周丽琴，黎明，臧爱云，等.自动化专业实践教学体系的构建[J]. 教育教学论坛，2015，3（11）：169-170.

[12] 赵桂荣，刘军，澹台湛.研究生创新教育改革与实践[J]. 科技创新导报，2011（2）：139-140.

[13] 黄艳彦.现代教育技术促进高职实践教学发展[J]. 教育与职业，2015，4（10）：45-46.

[14] 倪英. 高校研究生导师组构建模式探索[J]. 中国高等教育评估，2015（1）：21-23.

创新能力驱动的 DSP 课程实验教学研究

苗敬利　安宪军

（河北工程大学 信息与电气工程学院，河北 邯郸 056038）

摘　要："DSP 原理及应用"是实践性和应用性很强的课程，本文以强化学生实践能力、提升创新能力培养为目标，对 DSP 实验教学进行改革，对实施过程中存在问题进行了分析并给出了相应对策。通过改进实验教学，促使理论知识的综合应用，激发学生主动学习兴趣，逐步培养学生的综合素质与创新能力。

关键词：实验教学; 实践能力; 综合应用

DSP Course Experimental Teaching Research Based on Innovation Driven

Jingli Miao, Xianjun An

(School of information & electrical engineering, HeBei University of Engineering, Hebei, Province, 056038 China)

Abstract："DSP Technology and Applications" is a comprehensive course with characteristics of wide knowledge，extremely strong application and practicality. With the goal of strengthening the practical ability and the innovation ability of students,the teaching reform is done. The implementation process is analyzed and the corresponding countermeasures are given. Through improving the experimental teaching，the teaching system helps the students combine all of the courses,initiate the learning interest and gradually cultivate the comprehensive ability and innovative ability.

Key Words：Experimental Teaching；Practical Ability；Comprehensive Application

引言

数字信号处理器(DSP)具有灵活、抗干扰能力强、运行速度快、易于升级、扩展性强、外设丰富等优点。DSP 已广泛应用于通信、家用电器、航天设备、工业控制、生物医学工程及军事领域[1]，掌握必要的 DSP 知识是自动化专业人才培养的需要。该课程是门专业性很强的综合性应用课程，要求学生的知识面广，有较好的软硬件知识和理论基础[2]。 但是由于 DSP 课程的学时有限，如何激发学生学习兴趣，提高学生在有限学时内的学习效率，增强学生课程的工程应用能力，成为该课程教学改革所面临的实际问题。为了能培养出合格的本科毕业生，因此需要从创新理念入手，改进 DSP 的教学方式和手段。以提高学生综合运用知识的能力和实践能力，培养学生的科研精神以及工程素质和创新能力。

1　实验教学现状及存在问题

我校自动化专业开设的"DSP 原理及应用"课程安排在大三下学期，总学时为 40 学时，其中理论为 30 学时，实验为 10 学时。

DSP 是一门实践性很强的课程。课本里的知

联系人：苗敬利. 第一作者：苗敬利（1967—），女，博士，教授.
基金项目：河北省高等学校"专业综合改革试点"，〔2012〕53.

识只有通过实验等实践环节才能加深理解和便于掌握，才能够最终使所学的知识运用到 DSP 系统设计和实际工程中。DSP 知识点较多，教师要想在有限的时间内把主要内容教出效果，也不是容易的事，对学生而言，学习这门课的目的是为了更好地应用，怎么提高学生的学习兴趣，增强学生的工程应用能力，是值得深思的问题。因此，必须有效地把理论和实验教学有机地结合起来，实验教学的成功与否，直接影响 DSP 课程的教学效果，也正因如此，实验教学在 DSP 教学改革中是重点考虑的一个环节。

实验教学既能培养学生严谨求实的科学态度，独立动手和探索知识的能力，又能使学生巩固和验证所学到的理论知识，是高等教育提高学生实践综合素养和创新实践能力的重要途径之一[3]。目前开设的课内实验主要有 5 个，分别为 LED 实验、GPIO 实验、CPU 定时器实验、PWM 实验和 eCAP 实验等。仅凭课内的这几个实验，让学生系统掌握 DSP 的应用是远远不够的，为了强化课程的学习效果，不可避免地要对实验教学进行改革。

2　实验教学改革措施

2.1　合理设置和改进实验项目

DSP 原理及应用这门课是一门计算机软件与硬件结合的专业基础课，需要有扎实的硬件基础知识和软件编程能力[4]，考虑到学生在做实验时都要在 CCS 软件开发环境中进行，而 CCS 软件开发环境配置比较复杂，如果占用课堂学时或课内实验学时就会挤掉教授重要知识点的学时，为了尽快让学生掌握 DSP 的应用能力，而 CCS 软件安装及基本操作知识主要是让学生尽快掌握程序建立的方法和熟悉 CCS 软件开发环境。为了有效利用理论学时，对于 CCS 软件安装及基本操作实验，采用多媒体视频教学方式让学生在课下自学，可以给学生直观的认识，从而提高学生的积极主动性。

此外，改进实验项目，将 DSP 实验内容进行模块化分为基础验证性、综合设计型两种类型，不同类型的实验采用不同的实验形式。验证型实验是学生获得基础知识与基本技能的根本，与创新能力的培养有着直接的关系；综合设计型实验对于培养学生的思维能力，动手能力和创新能力具有重要作用[5]。鉴于要进行实验的内容多，课内实验学时少这一现状，我们把学生分成若干实验小组，每组 4~5 人，给每组学生配发一套 DSP28335 控制核心板，把需要学生掌握的 DSP 知识分成若干模块，老师每讲完一个模块知识后，让学生在该 DSP 平台上完成相应的基础验证性实验，目的是让学生熟悉 DSP 实验环境及掌握 DSP 的基本知识和技能。这些基础验证性实验都是围绕需要掌握的基础知识而设置，都有具体的示例，学生只要读懂实验代码，然后稍做修改就可以完成。综合设计型实验主要锻炼学生综合应用 DSP 知识和相关知识的能力，学生在进行完基础验证性实验后，结合实验室的各种相关设备在实验室来完成。

为了提高学生的学习兴趣，增强学习信心，对于综合设计型实验采用渐进式，逐步增加难度的方法。比如，学生在做完 CPU 定时器基础实验、PWM 模块基础实验以及 eCAP 模块等基础实验之后，最终要求学生做无刷直流电机实验，在此之前，先让学生做直流电机调速实验，学生可以利用无刷直流电机控制系统的三相桥式驱动电路，把直流电机(24V 额定电压同无刷直流电机)接在任意两个桥臂之间，根据 H 型驱动电路原理和直流电动机的原理，改变直流电机电枢电流的方向就可以改变电机的转向，改变 DSP 输出的 PWM 信号的占空比，就改变了施加于电机绕组的端电压，从而实现了电机转速的控制。在此基础上，让学生进行无刷直流电机实验，二者使用同样的 DSP28335 的控制核心板，与直流电机实验不同的是，其驱动模块是三相桥式电路，需要用霍尔传感器采集转子位置信息，三相绕组的导通方式采用"二二导通"方式，根据转子位置的不同，三相绕组的通电状态要进行相应的切换，以保证电机的正常运转，与直流电机调速实验类似，调节 DSP 输出的 PWM 信号的占空比，就可以改变无刷直流电机的转速。最后，对于学有余力的同学，要求学生进行无刷直流电机的速度闭环 PID 控制。

这样，通过基础验证性和渐进式的综合设计型实验，不仅提高了学生的兴趣，增强了学习的信心，而且培养了学生的动手能力和创新意识。

2.2　课内实验学时与课外实验学时相结合

为了更好地深化实验教学改革，在实验时间安排上采用课内实验学时与课外学时相结合的模式。对于基础验证性实验，学生在DSP最小系统平台上就可以完成，不用受实验场地和设备的限制，因此，实验任务由各个实验小组利用课外业余时间来完成，而对于综合设计型实验，学生在经过基础验证性实验，掌握了必要的DSP知识和技能后，需要利用实验室的设备和仪器来完成，这些实验主要在课内实验学时内完成，不能在课内实验学时内完成的任务可适当延长。这样，基本课内实验学时与课外实验学时相结合的课程安排，既增加了实验教学的柔性，又体现了教学进度的刚性。

2.3　全过程考核

DSP原理及应用这门课是一门实践性很强的课程，因此实验成绩的评定是至关重要的。课程成绩由考勤、实验成绩及课程成绩三部分组成，其中，实验成绩和课程成绩各占40%，为了切实了解学生掌握这门课的程度，对实验内容作了严格规定，内容包括：实验目的、原理、步骤，实验项目设置的思考题和实验的总结、分析与程序的解释。学生做完实验后要按照规定提交实验报告和源程序。这样，有助于学生加深对实验的理解和对知识的掌握。此外，为了提高学生学习的主动性，在课堂上由每个小组的一位代表进行答辩，小组代表由当场抽签决定，规定该代表的答辩成绩决定了该小组的课程成绩，这样，加强了各小组成员之间协作，促进了小组成员之间的互助和帮扶，增强了学生的责任感意识，促使了学生学习的主动性。充分发挥学生的主观能动性。

2.4　创新实验教学

为进一步提高学生的实践能力和培养学生的创新能力，对于一些学有余力和对科研有极大兴趣的学生进行创新实验教学，鼓励他们参与教师的科研课题或自主选择项目课题进行研究，培养锻炼学生的科研思维，使他们能够应用文献资料和科研成果初步解决实际问题。结合我校承担科研课题和教学项目的实际情况，项目内容设置除了与基础实验衔接外，还必须与科研成果和工程实践相结合。为了能真正地实现师生间的教学与科研的互动，改变传统的以验证为目的的实验模式，鼓励学生自主选题，自主构思，自主完成。在创新型实验项目设计过程中，学生不仅在实验时间、实验内容、实验仪器上能够自主选择，而且在实验方案、实验过程上也是自主设计，老师只是对疑难问题进行指导和答疑。

此外，在学生课程设计与毕业设计题目上也增设了一些DSP应用技术方面的选题，比如，基于DSP的机器人控制[6]、CAN总线网络控制[7]等相关内容，让学生学有所用，让部分学生集中一段时间花在DSP实验上，这样教学效果会更好。以进一步增强学生运用DSP技术解决实际问题的能力，这样，不仅开阔了学生的专业视野，而且还让学生掌握了一些专业知识和以后工作所需要的基本技能，增加了学生就业的砝码。

3　实验教学效果

通过改进DSP课程实验教学，学生都能在规定时间内都能按要求完成基础验证性实验项目和综合设计性实验项目。部分学生选修了创新研究实验项目，创新实验完成的质量总体良好，少数学习兴趣浓厚的同学还同时选修了该实验板块的多个项目。课程执行过程中，传统的单一性教学模式改变为灵活多样的实践教学模式，充分调动了学生做实验的兴趣和主观能动性，使学生的个性得到很好的发挥。学生不再是为了实验而实验，学生实验中热情饱满，不再机械地依赖实验教师指导，学生的动手能力、思考能力、创新能力都得到了很好的锻炼。通过改进实验教学，实践教学也逐渐从理论课的附属地位转变为主动激发地位，形成对理论学习的正能量反馈，学生不但锻炼了动手实践能力，理论学习成绩也得到了大幅提高。实验的兴趣与学习的快乐促使他们积极思考，认真研究，通过各种途径寻求解决问题的方法。学生对此教学改革举措非常认可。通过该教学模式，分阶段渐进培养学生的创新能力和工程实践能力，让学生从学会到会学，从会学到乐于学习。

4　结论

实验教学改革不能是浮空的改革想法，它必须要符合教学实际，能够切实在实验教学中实践，并有效指导实验教学的开展，促进实验教学效果的提升。在传统的课程单元式实验教学模式下，学生很难在实验中将所学的各门理论课程知识充分结合起来，实际操作技能和综合应用所学知识的能力均不理想，更缺乏独立分析问题、解决问题的能力。改进后的创新实验教学法，以系统实验为主线，以促进学生综合实践能力和创新能力培养为目标，充分调动学生学习积极性，构建以基本操作能力、自主设计能力和综合创新能力培养的三级实践教学体系，逐步培养学生成为基础扎实、知识面宽、具有创新能力的高素质人才。实验教学法的改进，充分调动了学生主动参与实验的积极性，有效地促进了理论知识和实践应用的融和，提高了学生发现问题和分析解决问题的能力。

References

[1] 张卿杰，徐友，左楠，等. 手把手教你学 DSP 基于 TMS320F28335[M]. 北京：北京航空航天大学出版社，2015.

[2] 洪波，王秀敏，徐明彪，等. 基于创新理念的 DSP 课程实验教学研究[J]. 实验室研究与探索，2014，33（10）：215-217，311.

[3] 陈琼，程骏路."微机原理与接口技术"综合实验项目的设计及应用[J]. 实验室研究与探索，2013，32（11）：156-159.

[4] 黄杰，钟明辉."DSP 原理及应用"课程教学改革探讨[J]. 中国西部科技，2011，10（24）：87-88.

[5] 陆志才，李欣光，于刚，等. 开放式多功能微机原理与接口实验系统的设计及应用[J]. 南开大学学报(自然科学版)，2011，44（6）：102-104.

[6] 吴成东，赵博宇，肖文，等. 基于 DSP 爬壁机器人控制系统设计[J]. 沈阳建筑大学学报，2011，27（5）：995-999.

[7] 董改花，孙荣川，孙立宁，等. 基于 CAN 总线的移动机器人超声波测距模块标准化设计[J]. 制造业自动化，2016，38（8）：41-44.

从中国智能制造挑战赛谈自动化专业工程教育的缺失

萧德云[1]　张贝克[2]　王　红[1]　张　昕[1]　彭　惠[3]

([1]清华大学 自动化系，北京 100084；[2]北京化工大学 自动化系，北京 100029；
[3]"西门子杯"中国智能制造挑战赛秘书处，北京 100029)

摘　要：本文通过论述自动化专业工程教育的要求和"西门子杯"中国智能制造挑战赛的理念与执行情况，阐述工程教育的重要性，并指出当前自动化专业工程教育存在的缺失。文中还给出深化工程教育改革的一些建议，特别强调鼓励学生参与技术性竞赛，以弥补学校工程教育的不足。

关键词：自动化专业；工程教育；智能制造挑战赛

On Lacks of Engineering Education in Automation Specialty from China Intelligent Manufacturing Challenge

Deyun Xiao[1], Beike Zhang[2], Hong Wang[1], Xin Zhang[1], Hui Peng[3]

([1]Department of Automation, Tsinghua University, 100084；[2]Department of Automation, Beijing University of Chemical Technology, 100029; [3]Secretariat of "SIEMENS Cup" China intelligent manufacturing challenge)

Abstract: In this paper, the requirements for the engineering education of automation specialty are discussed and the concept and implementation of "SIEMENS Cup" China Intelligent Manufacturing Challenge (CIMC) are presented. The importance of the engineering education is expounded and it is pointed out that the lacks of the engineering education in automation specialty at present. In the paper, some suggestions to deepen reform of the engineering education are given and it is especially emphasized to encourage students to participate in competition of technology, in order to make up for deficiencies of the engineering education in school.

Key Words: Automation Specialty; Engineering Education; Intelligent Manufacturing Challenge

引言

"西门子杯"中国智能制造挑战赛（原全国大学生"西门子杯"工业自动化挑战赛，下面简称"挑战赛"）是教育部与西门子公司签订的战略合作框架下国家 A 类赛事，也是目前国内自动化领域规模最大的一项比赛。每年吸引约 300 所院校、近 3000 支参赛队、近 2 万名大学生、分 10 个分赛区参加比赛，许多高校学生响应强烈，学校领导和老师积极支持。挑战赛涉及与工业 4.0 智能制造相关的离散/连续过程智能自动化、智能逻辑控制、智能机器人、智能硬件开发、智能软件应用、智能工业网络、智能创新研发及全生命周期数字化智能设计等技术与应用，以培养自动化、信息化、数字化和智能化卓越工程应用人才为背景，以搭建工业界与教育界交流平台，促进人才培养供需结合，给工程教育改革提供开放式试验田为

联系人：萧德云.

宗旨。截至今年，已连续举办 11 届，届届口碑相传。挑战赛 2010 年起纳入教育部质量工程资助项目，2012 年被中国-欧盟工程教育论坛列为唯一支持的大学生竞赛项目，2015 年成为教育部《2015年产学合作专业综合改革项目和国家大学生创新创业训练计划联合基金》主题项目，2017 年选为"金砖国家技能发展与技术创新大赛"的核心赛事。

本文从自动化专业工程教育的一些基本要求和"西门子杯"中国智能制造挑战赛的理念与执行情况，论述目前自动化专业工程教育存在的缺失，并提出一些深化工程教育改革的建议。

1 自动化专业工程教育的要求

自动化专业是很有意思的一类综合性工科专业，戏称为"万金油专业"，它几乎面向国民经济的所有应用领域。每年有数十万学生入学自动化专业，数百所院校设置自动化专业。就工程教育意义下，自动化专业的人才培养要求很高，尤其对工程实践能力的要求更高。下面概括自动化专业工程教育方面的一些基本要求[1]。

（1）具有能够应用数学、自然科学和工程科学基本原理，识别、表达、并借助文献，探究复杂工程问题的研究能力。

（2）具有能够应用数学、自然科学、工程基础和专业知识与技能，实际解决复杂工程问题的实践能力。

（3）具有能够针对复杂工程问题，设计满足特定需求的系统、单元（部件）或工艺流程，并在设计环节中体现创新意识，考虑与社会、健康、安全、法律、文化及环境保护等相关联的设计能力。

（4）具有能够基于科学原理并采用科学方法对复杂工程问题进行剖析，包括实验设计、现象解释、数据整合，并通过信息综合得到合理结果的分析能力。

（5）具有能够针对复杂工程问题，开发、选择与使用恰当的技术、资源、现代工程工具和信息技术工具，对复杂工程问题预测和模拟，并理解其局限性的开发能力。

（6）具有能够基于工程相关背景知识进行合理综合，评估复杂工程问题的解决方案，对社会、安全、法律、文化和可持续发展的影响，以及应承担的社会责任的评估能力。

（7）具有人文社会科学素养、社会责任感，能够在工程实践中理解并遵守工程职业道德，履行责任的职业规范。

（8）具有能够在多学科背景下承担个体责任、协同合作的团队精神。

（9）具有能够就复杂工程问题与业界同行及社会公众进行沟通和交流，包括撰写报告和设计文稿，并具备一定的国际视野，能够在跨文化背景下进行交流的沟通能力。

（10）具有能够应用工程管理原理与经济决策方法，在多学科环境中组织项目的管理能力。

（11）具有自主学习和终身学习的意识，不断进取和适应发展的学习能力。

在上述这些要求下，就工程教育而论，自动化专业的课程设置应该包括数学与自然科学、工程基础、专业基础、专业知识及实践教学五类课程，其中实践教学类课程应该成为自动化专业的必修课程，包括金工实习、电子工艺实习、课程设计与综合实验、工程认识实习、生产实习、专业实习和毕业综合论文设计，以及社会实践和必要的第二课程教学等。

2 中国智能制造挑战赛

在中国面临从制造业大国向制造业强国转型的历史时期，"中国制造 2025"已成为新的国家发展战略，为了提升大学生的工程技能素养和实践动手能力，教育部高等学校自动化类专业教学指导委员会、中国仿真学会、西门子（中国）有限公司共同创办了"西门子杯"中国智能制造挑战赛。

2.1 挑战赛的主旨

挑战赛立足智能制造技术，以培养优秀的自动化智能技术人才为理念与宗旨，以推广和应用智能制造技术为任务。

就人才培养而言，挑战赛以培养下面三类人才为目标设置赛项[2]。

（1）具有商业头脑、创新意识、扎实技术的创新研发人才。

（2）具备智能系统综合设计、优化能力的设计开发人才。

（3）具备扎实工程技术基础的应用实施人才。

第一类培养的是创造力与研发能力，对应的职位是产品经理、研发工程师；第二类培养的是综合设计与优化能力，对应的职位是系统工程师；第三类培养的是系统应用与实施能力，对应的职位是实施工程师。

2.2　赛项设置[2]

根据当前国内工程教育的现状，挑战赛设置创新研发、设计开发、应用实施三大类赛项。

（1）创新研发类。

创新研发类共分 4 个赛项，包括智能创新研发、智能算法研发、工业硬件研发和工业软件研发赛项，其中智能创新研发赛项为开放型赛项，智能算法研发、工业硬件研发和工业软件研发赛项为征集型赛项。

智能创新研发赛项以智能产品、智能装备、智能服务，或智能工厂、智能车间、智能生产线中某智能设备的研发过程为背景，参赛队以创新创业团队的角色参与竞赛，主要考察参赛选手在产品创意、设计、研发过程中技术与商业的结合能力，综合运用跨学科知识与技术的能力。

智能算法研发赛项以智能制造领域智能算法的研发过程为背景，以赛项专家组指定需要完成的智能算法研发为题目，参赛选手根据题目要求，自由选择开发工具，完成智能算法的研发，主要考察参赛选手研发过程中的创新、技术和工程能力。

工业硬件研发赛项以智能制造领域的智能产品、智能装备、智能服务，或智能工厂、智能车间、智能生产线中某智能设备的研发过程为背景，以赛项专家组指定的相关智能硬件研发为题目，参赛选手根据题目要求，自由选择所需的器件、软件，完成指定的硬件开发，主要考察参赛选手硬件研发过程中的技术水平、工作方法和工程能力。

工业软件研发赛项以智能制造领域的智能产品、智能装备、智能服务，或智能工厂、智能车间、智能生产线中某应用软件的研发过程为背景，以企业专家指定的相关软件研发为题目，参赛选手根据题目要求，自由选择所需的开发语言、设备，完成软件开发，主要考察参赛选手软件研发过程中的设计能力、开发能力和良好的规范习惯。

（2）设计开发类。

设计开发类共分 4 个赛项，包括流程过程设计开发、离散工业设计开发、运动系统设计开发和工业信息设计开发赛项。这类赛项主要考核参赛选手对不同行业复杂系统在多目标优化环境下的综合分析、设计及控制系统的开发、实施与调试能力，强调控制方案及算法的创新性，鼓励参赛选手采用智能控制算法解决复杂优化问题。

连续过程设计开发赛项以智能工厂、智能车间、智能生产线中某连续过程的升级改造为应用背景，参赛队以乙方角色参与连续过程的升级改造，重点考察参赛选手的工艺分析、生产优化、控制系统设计、系统实施、系统调试及异常事故处理能力。

离散工业设计开发赛项以智能工厂、智能车间、智能生产线中某离散行业为应用背景，参赛队以乙方的角色参与离散工业的生产、运行，重点考察参赛选手对离散系统的综合分析、生产优化、智能调度算法开发、控制系统设计、实施及异常事故处理能力，强调工程方法的严谨性和控制系统应用的完整性，在控制优化、调度方面鼓励创新。

运动系统设计开发赛项以智能工厂、智能车间、智能生产线中某运动系统为应用背景，参赛队以项目乙方角色参与竞赛，重点考察参赛选手对运动控制系统的综合分析、智能算法开发、控制方案设计、实施、模块开发及异常事故处理能力，鼓励控制方案及算法的创新。

工业信息设计开发赛项以智能工厂、智能车间、智能生产线中某工业通信网络为应用背景，重点考察参赛选手面向实际工业生产通信网络的需求分析、通讯算法研发、网络结构设计、优化、实施及故障处理能力，鼓励在满足通信需求的条件下网络结构设计与网络功能的创新。

（3）应用实施类。

应用实施类共分 2 个赛项，包括连续过程应用实施和离散工业应用实施赛项。这类赛项主要考察参赛选手对不同行业复杂系统的分析、设计与实施能力，强调工程实施的严谨性、项目执行的可靠性和应对复杂故障的处理能力，同时具备优化意识。

连续过程应用实施赛项以智能工厂、智能车间、智能生产线中某连续过程为应用背景，参赛队以乙方角色参与连续过程的投产运行，重点考察参赛选手的需求分析、控制系统设计、实施及异常事故处理能力。

离散工业应用实施赛项以智能工厂、智能车间、智能生产线中某离散对象为应用背景，参赛队以乙方角色参与离散工业的生产运行，重点考察参赛选手的综合分析、现场实施及事故处理能力，强调工程方法的严谨性，控制系统应用的完整性和知识运用的灵活性。

2.3　挑战赛的执行效果

挑战赛从 2006 年第一届十个赛队发展到 2016 年的 2200 多个赛队，比赛项目也从单一的仿真控制拓展到过程控制、运动控制、逻辑控制、工业网络、硬件研发和工程创新等多个赛项。十几年过去了，挑战赛得到学校和企业的认可，影响步步深入人心，参赛选手逐年增加，学校的关注度节节提升，企业也开始争抢获奖人才。

2016 年的挑战赛历时 6 个月，在全国分 10 个分赛区进行，通过层层选拔，最终从 300 所学校的 2200 多个参赛队伍中脱颖出 136 所学校 300 个赛队进入总决赛。挑战赛为企业、高校和学生三方搭建了互动平台，构成一种"鲜活型"的育人模式，推动理论与实践的有机结合，促进大学生综合工程能力的提高。近年挑战赛难度不断增加，赛项更加接近工程化要求，覆盖的知识点更广。连续过程控制赛项要求选手从系统特性分析入手，自行设计控制系统，包括检测点的确定，执行机构的选择和控制回路的构成，真正像一名设计工程师完成项目设计的全过程。逻辑控制赛项不再是单部电梯的控制，要求对电梯进行群控，无疑给参赛选手增加许多复杂难度。运动控制赛项对参赛选手提出更有压力的精准控制要求，参赛选手倍感比赛不再那么轻松。工程创新赛项采取限定主题，但不限硬件品牌的比拼方式，使得参赛选手的创造力更具有针对性，参赛选手的才智发挥具有更大的空间。硬件研发赛项和工业网

络赛项涉及的知识内容非常广泛，对参赛选手是一种严峻的考验。

每届参赛选手的参赛热情都极为高涨，在激烈的竞争中，碰撞出思想火花，个人的能力得到发挥，个人的意志得到磨炼。参赛选手个个生龙活虎，有模有样，人人颇像历练过的工程师，整个赛场充满活力。许多选手在赛题难度加大的情况下依然能获得高分，在激烈的挑战赛面前表现谈定。从参赛选手身上，看到了自动化、智能化事业的未来。参赛选手的指导教师不再是参赛选手的依靠，而更像一株木棉，作为树的形象，默默地和选手们站在一起，鼓励支持参赛选手独立完成任务。

挑战赛的评审专家阵容强大，有领衔的权威教授、有实力派专家、还有企业一线行家，他们认真尽职的精神、成熟智慧的表现、严格公正的评审、击中要害的点评，使参赛选手心服口服，倍感专业知识的力量和工程经验的光芒，评出来的奖项很有权威性，

然而从挑战赛的情况看，参赛选手的工程思维方式、系统分析能力是一块短板。系统分析、系统设计、系统调试、排除故障的能力还比较差。有些参数选手搞工程项目就像做作业似的或采用反复试凑的方法这是不可取的，应该是依靠扎实的专业知识，通过分析和设计，才是解决工程问题的正确途径。编写的设计文档、答辩报告的水平及答辩的表达能力也有待提高。

3　从挑战赛看自动化专业工程教育的缺失

（1）全局工程思想的缺失[3]。

从挑战赛的整体看，自动化专业的学生全局工程思想是不完整的。自动化是一个工程类专业，工程强调的是全局性。目前自动化专业的学生接受的课程教育，有单片机、PLC、嵌入式系统、测量与控制、电力电子技术、传感器、现场总线等，不过这些课程是分立的，缺乏工程所需的全局教育。比如，一个自动化工程项目涉及控制技术、开机流程、温度调节、张力控制、自动套色、实时通信、运动控制、CAM 技术、HMI 界面设计、诊断技术和能源管理、设备管理、状态监测，以及商业管理（订单、工艺配方）等，还可能涉及

项目开发过程中电机、编码器、传感器选型、工艺仿真、逻辑规划、控制模型等。这些环节学校里没有学过，软件的需求分析、模块划分、仿真测试、进度与质量控制等学校里也没有培养过，这就导致当前培养的自动化专业学生还不能进行项目的全局规划，以至于很难完成一个完整的工程项目。这就是缺失全局工程思想的后果，以至于无法把控项目的全局进程。如何让自动化专业学生具有全局工程思想，而不是只学习一些分立的知识，是一个需要思考的问题。

（2）综合解决问题能力的缺失。

从挑战赛的执行情况看，自动化专业的学生综合解决问题的能力比较弱。如果对自动化所服务的主体对象缺乏了解和相应的知识，那是不可能设计出贴合需求的自动化方案，也不可能设计出符合行业升级要求的整体方案。在中国制造业转型过程中，越来越多的企业从整机进口设备到部分国产化，甚至按照自己的要求研发生产装备。在生产线自动化、智能化改造过程中，也存在大量的定制化要求，这些定制化的要求需要工程师对行业的 Knowhow 要有深厚的积累。从挑战赛的实际情况看，参赛选手因为缺乏行业过程知识，比赛中难以做到工艺、装置、自动化、信息化等多方面的知识综合，也就是缺乏综合解决问题的能力。

（3）复杂工程问题系统化思维能力的缺失。

从挑战赛的过程看，自动化专业的学生缺乏复杂工程问题系统化思维的能力。在当前的高等教育体系中，缺乏对系统层面分析方法的指导和训练，往往认为只要将系统涉及的知识传授给学生，学生就能天然地具有解决系统问题的能力，或者仅仅通过构建一个相对复杂的系统环境就想训练出系统的思维方法。实际上，系统化思维包括对复杂系统的分析、表达和建模，对所学知识的灵活运用（Transfer），以及利用工程思维方法解决系统问题，这些是需要在实践中积累，并通过学习工程方法来达到，并非全凭学生自己去领悟。在当前的教学过程中，对于工程方法缺乏应有的训练，学生毕业时只具备知识，缺乏工程经验。这在挑战赛中表现得很明显，参赛选手往往不能适应复杂工程环境，对复杂工程问题缺乏解决思路、方法和流程。在挑战赛中，有意安排对

系统分析、系统设计、系统执行、系统优化、系统移交等过程进行流程化分析，以及工程文档设计，包括设备选型等，都是基于想弥补系统化思维方面的缺失。

（4）创新能力、实践能力的缺失。

从挑战赛的情况看，参赛选手的创新能力和实践能力还是比较缺失的。虽然创新研发赛项的参赛选手思路活跃，尤其在"攻击"环节中表现出大智大勇。但实际上没有真正"攻击"到项目的痛点，比如应该如何利用自动化技术去解决工程难点，突出自动化技术的创新应用等问题，参赛选手提不出别人意想不到的"攻击"点和解决方法，对此表现出的只能是"无可奈何""束手无策"。在"攻击"和"反攻击"环节中，更觉得参赛选手所掌握的专业知识深度、广度有限。这些都说明，当前的教育模式下，学生的创新能力和实践能力受到限制，这也是因工程教育的缺失所造成的。

（5）软件工程的缺失[3]。

从挑战赛的细节看，参赛选手的软件工程知识差距还比较大。软件是未来自动化行业的竞争核心，不仅包含自动化软件的使用，更为重要的是工艺软件的开发。不同行业的核心工艺是行业竞争力的关键，如果懂得核心工艺，就有可能建立工艺流程的数学模型，那么流程的自动化控制就会迎刃而解。但是，由于自动化专业学生的软件工程学习比较弱，不像计算机专业那样具有良好的软件工程思想，或者像 IT 业那样受过很好的软件工程训练，因此自动化专业的学生如何规划软件模块、设计算法，提高代码重用性，以及代码的质量控制等通常没有应对能力。一般说来，相对于 IT 行业的大型软件开发，自动化软件相对比较简单。然而，到了未来工业 4.0 时代，自动化软件就会变得更为复杂，包括分布式工艺控制单元、信息标签、数据分析、视觉集成、机器人智能算法等，再结合 MES、EMS（能源管理）、PDA 数据采集等自动化软件的应用，那时就必须要有软件工程思想，否则可能难以玩得动自动化软件。随着智能制造、人工智能、企业管理与控制的融合，自动化正在成为一个软件需求旺盛的行业。现今的教学还在介绍汇编语言、梯形图，显然不能满足未来的需要。除了软件应用本身外，还可

能涉及软件管理、软件规范化、标准化封装、软件易用性等问题，这些对自动化专业学生来说问题更大。从挑战赛的情况看，软件问题在自动化专业教学中缺口很大，因此软件工程今后应该成为自动化专业教学的重要内容。

（6）运营管理知识的缺失。

从挑战赛反映出来的问题看，自动化专业的学生比较缺乏运营管理知识。中国制造业正在处于快速升级过程中，大部分企业从手工生产线向半自动、全自动生产线升级，部分优秀的企业开始在自动化、信息化的基础上向智能化探索。但不论是自动化、信息化还是智能化，都是以企业能够更快（速度）、更高（产能）、更灵活（定制）和更敏捷（缩短上市时间）运转为目的的。反映到企业技术领域，至少包括产品研发和产品生产两个方面。对于产品研发来说，涉及研发的全生命周期运营与管理；对于产品生产来说，涉及制造全过程的运营和管理。这两方面的运营管理思想决定以何种技术、何种工具，按什么样的方式组织资源，以达到从工业 2.0 到工业 3.0，甚至工业 4.0 的升级改造。从挑战赛的情况看，由于学校缺乏这方面的教育，造成参赛选手缺乏运营管理知识和能力，对日后的职业生涯是不利的。

（7）商业意识的缺失。

从挑战赛的状况看，自动化专业学生的商业意识是薄弱的，设计的产品或方案很少从产品价值和用户角度考虑。在美国 CDIO 工程教育中，商业意识被提到很高的地位，这是源于这样的一个事实：工程师所有的创新成果都是为了实现价值的创造和转换。如果产品设计工程师不能站在用户的角度为其价值最大化考虑，不能为帮助用户提高竞争力，那么他的工作往往仅仅是完成一个任务，并没有达到用户满意的程度。如果产品研发工程师不能站在市场的角度去分析产品的核心价值，不关心用户使用过程中的体验，那么他所研发的产品市场前景是堪忧的。由于目前的高等教育很少提及产品、方案设计与市场的关系，导致学生进入职业岗位后缺乏商业意识，片面强调技术本身，忽略技术为市场服务的思想，这在挑战赛中有明显的反映。

（8）学的是一些过时的知识[3]。

从挑战赛的结果看，参赛选手还没有学习掌握到一些新的知识，所学知识有些显然已经过时。产业界普遍在使用 PLCopen 编程标准，实时通信技术已迈入以太网时代（POWERLINK、Profinet、Ethernet/IP、SERCOSIII 等），与上位的互联开始采用 OPCUA 接口，芯片技术大量使用 ARM、FPGA、Power PC 等，RT-Linux、VxWorks 等 PLC 技术也已普遍被采用。但目前高校中的自动化专业还在教 CAN 总线、Profibus、C51 单片机，新的芯片技术根本没有学过，PLC 课程还在教过时的硬指令等。由于自动化专业教学与现代技术的脱节，学生学到的是一些过时的知识，这在挑战赛中有所表现，值得注意。

（9）工程素养不足。

从挑战赛的现象看，自动化专业学生的工程素养是欠缺的。优秀的工程师不仅仅技术精通，而且在自我修炼、团队管理方面表现优异。挑战赛组委会在与西门子及其他支持企业的人力资源部门合作下，总结优秀工程师的 6 大特质，包括积极主动、结果导向、以数据说话、客户导向、多向沟通和团队能力。从挑战赛参赛选手的表现看，这 6 方面的工程素养都不够优秀，或者说基本缺失。

4　一些建议

从挑战赛所反映的问题看，加强工程教育是必须的。下面作者就参与挑战赛的真实体验给出一些建议。

（1）鼓励学生参与技术类竞赛。

经历了 11 届"西门子杯"挑战赛，事实告诉我们，这种反传统的方式为培育专业人才另辟一条蹊径，是高等院校专业工程教育的一种有益补充。这种方式体现一种运动的学习模式，在竞争的氛围下、在碰撞的思潮中，通过合作穿插着新奇有趣的环节，依靠个人的魅力，获取专业知识和技能，与课堂教学相比，无不显现出令人叹为观止的效果。因此，应该鼓励学生参与像"西门子杯"挑战赛这样的赛事，它能点燃学习的激情，发挥个性的潜能。

（2）提倡案例教学[3]。

提倡案例教学，以丰富专业工程教育的内容，提高专业工程教育的水平。对于企业而言，工程应用案例非常丰富，如果能将如何考虑项目的着眼点、如何分析项目的难度、如何评估项目的风险、如何进行项目的全局架构设计、如何应用软件平台功能与方法实现工艺封装、如何为提高易用性进行 HMI 界面设计、如何进行仿真分析，引作案例教学，那么专业教学就可以与工程需求结合起来，就可以将自动化的专业知识贯穿起来，这样可以有效地提高专业教学水平。当然，这需要企业与学校共同合作完成，或者请企业的技术人员直接进入教学课堂。

案例教学能有效提高学习兴趣，最大的好处是让学生看到所学的知识是如何被应用到现实工程中。除此之外，还可以让学生了解自己的未来职业发展方向，从而在学习中主动去学习相关知识。由于案例中的工程项目都是需要全局规划的，因此学生从中可以感受到全局工程思维方法放的运用，并知道如何用全局观点去设计系统。

案例教学虽然只能是专业教育的一种辅助手段，但是可以起到事半功倍的效果。受过案例教学的学生就会具备工程师的基本素养，将来能够更好地与企业实际结合，快速融入企业的实际，更有利于人才的成长。

（3）注重培养创新、开放思维的能力。

创新是基于一种可规划的逻辑，开放思维是在不受约束和限制的氛围中接受新知识，这些在教学实践环节中是可以组织的，可以培养的。

（4）注意培养大处着眼、小处着手的能力。

注意培养大处着眼、小处着手，重视规划与设计，始于动手和实践的工程能力。培养这种能力就是培养多维度思考、脚踏实地的人才，懂得工程规划、设计及实践中变量因素的相关性，具有全面思维和实践的能力。

（5）提倡主动式学习。

在企业调研中，所有用人单位都提到快速适应能力的要求，也就是要求能够迅速地适应企业及行业的需求。随着技术、管理、环境的不断发展，具备较强适应能力的人才往往会得到企业更多的重视。快速适应能力的培养靠传统的单向课堂理论教学是不行的，只能让学生处于积极的环境下，以主动参与的方式，从亲身体验中，提升自身的适应能力。这种主动性与体验式的学习（Active and Experiential Learning）称作主动式学

习方法，是德国工程教育中普遍采用的一种学习方法，也是美国 CDIO 工程教育方法的核心内容之一。通过体验来主动学习的方法源于构建主义理论和认知发展论[4]，其基本观点是将新的知识不断整合并入已有的认知结构中，同时认为理论知识是用于解决正确问题的，而实际能力是用来正确解决问题的。从挑战赛的结果看，学生进入专业领域教育后，过早地接触抽象知识，缺乏具体的动手经历，使得学生难以理解抽象背后的物理含义，无法实现将理论应用于实际过程，创新更是无从谈起。

（6）教学计划要适应人才需求的变化。

到工业 4.0 时代，对自动化系统来说，需要考虑关联单元的接口、协议和标准等；对自动化工程师来说，不仅要具备一个环节的开发和运行知识，还需要具备与其他单元工程师协同工作的知识；即使是数据采集层面，也不仅仅是液位、压力、流量这些参数知识，还可能包括设备类型、维护、诊断、配置、累积量统计等信息知识，而且可能需要与其他数据协同封装。可见，自动化技术人才的知识结构会发生很大的变化，有可能要基于商业价值链的体系来构成，包括全生命周期服务、不同层级垂直集成和全局建模的知识。自动化专业的教学计划必须适应这种变化，否则培养的人才会与社会需求脱节。

5　结束语

自动化专业的目标是培养具有深厚理论知识、较强工程实践能力、良好综合素质、富有开创性的高层次工程技术人才。就工程教育的角度而言，这样的专业人才培养是理论教学与实践教学、工程项目、工程训练和社会调研等方面结合的工程教育过程。当然，建立一套完整的工程教育体系，不能离开高水平、有影响力的重大工程的支撑，不能离开产学研的协同合作。只有紧密结合国家战略需要，注重改善教学实践环境和师资结构，注重工程学科的交叉融合，调动工业企业和社会资源的积极参与，才能确实保障工程教育的落实。经历 11 届"西门子杯"中国智能制造挑战赛后，更能体验到这些道理。

References

[1] "西门子杯"中国智能制造挑战赛组委会，工程教育认证标准，http://siemenscup. buct.edu.cn, 2017.

[2] "西门子杯"中国智能制造挑战赛组委会，2017 年西门子杯中国智能制造挑战赛介绍，http://siemenscup. buct. edu.cn, 2017.

[3] 宋华振. 工业 4.0 时代的自动化教学思考，2015.

[4] Edward F. Crawley, Johan Malmqvist, Sören Östlund, Doris R. Brodeur, Kristina Edström, Rethinking Engineering Education The CDIO Approach, 2nd Edition, 2014.

高水平自动控制原理实验平台

袁少强　刘　中

（北京航空航天大学　自动化科学与电气工程学院，北京　100191）

摘　要：基于先进混合仿真技术开发了自动控制原理实验平台。软件采用 MATLAB/Simulink 的图形建模方式，除了满足传统自控原理实验，还可以支持自主设计和创新实验，混合模拟计算机采用了高精度设计方案，使仿真精度大幅提高。该平台可以支持随动系统、丝杠系统和倒立摆等多种高水平实物实验。实际应用表明：实验平台使用方便，教学效果良好，实验效果大幅度改善，受到教师和学生的欢迎。

关键词：混合仿真；图形建模；实物实验；倒立摆；

High Level Experiment Platform of Automatic Control Principle

Shaoqiang Yuan, Zhong Liu

(Automation Science & Electrical Engineering Department of BUAA, Beijing, 100191, China)

Abstract：Experimental platform of automatic control principle is developed based on advanced hybrid simulation technology. The software adopts the graphic modeling method of MATLAB/Simulink, which can support the independent design and innovation experiment. The hybrid analog computer adopts the high precision design scheme, which makes the simulation accuracy greatly improved. Experimental platform can be used for servo system, screw system, inverted pendulum and so on. The practical application shows that the experimental platform is easy to use in teaching and popular with the teachers and students. The experimental effect is greatly improved.

Key Words：Hybrid Simulation；Graphic Modeling；Physical Experiments；Inverted Pendulum

引言

传统的自动控制原理实验设备是基于 50 年代模拟仿真技术组成的，它的缺点是仿真精度差，复杂结构的动态环节无法实现，需要使用示波器、笔录仪等较多辅助设备开设实验，实验效果较差，不能满足日益发展的创新实验的需要。基于数字仿真的方法优点是仿真精度高，可以实现复杂结构的动态环节，显示效果好，缺点是学生无法自己动手搭建系统，仿真结果过于理想化，不适合用于开设自控原理实验。综合两种仿真方法的特点，引进了高级混合仿真技术的概念，提出了利用高级混合仿真技术开发自控原理实验的设想，系统中线性连续模块采用模拟机实现，复杂非线性部分、智能模块部分和离散部分用数字计算机实现，监测和记录部分也由数字计算机完成。这样，既可以发挥模拟仿真的实验优势，又可以发挥数字仿真的计算精度高、显示效果好的优势。

1　混合仿真计算机系统硬件设计

将模拟计算机改造成高级混合模拟计算机，采

联系人：袁少强. 第一作者：袁少强（1960—），男，博士.

基金项目：北京航空航天大学教学研究与实践项目

用国外先进的第四代软件 MATLAB/Simulink/RTW，将模拟计算机和数字计算机通过接口板连接起来，解决了实时代码生成、软硬件接口、同步仿真、实时监测等技术难题，设计了特殊实验模块，组成了实时混合仿真计算机系统。

自动控制原理实验的混合仿真系统主要由三部分组成：数字仿真计算机（数字机）、模拟仿真设备（模拟机）、数模转换设备。数字机采用 Windows7 操作系统、MATLAB2013b 和自动控制原理实验软件等。系统硬件实物如图 1 所示。

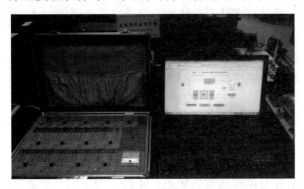

图 1　混合仿真设备实物图

在该混合仿真系统中，数字机主要用于被测设备仿真模型库的建立、控制仿真程序的运行和用户界面程序、仿真结果的分析和判断等；模拟机用来模拟被控对象，即获得控制对象的实际模型，进而运行测试仿真程序；接口设备 A/D 主要用来进行模拟信号采集与转换，D/A 主要用于数字计算机输出指令信号和控制信号到模拟对象的转换。上述应用实验过程也正体现了混合仿真技术的灵活性。

自动控制原理实验采用的混合仿真计算机系统利用了基于 MATLAB/Simulink/RTW 的实时仿真技术，成功开发了混合仿真计算机系统，实现了系统设计、数字仿真和目标实现的无缝连接，直接进入混合仿真阶段；调试中，使用 RTW 的外部模式，可以实时监测系统的动态过程，也可以实时修改参数，减少了仿真成本，提高显示效果。

目前，在北航自动控制实验中心，应用此混合仿真计算机系统开发的实验系统可以完成现有的自动控制原理实验项目，包括：

（1）一、二阶系统电子模拟实验

（2）频率响应测试；

（3）控制系统串联校正；

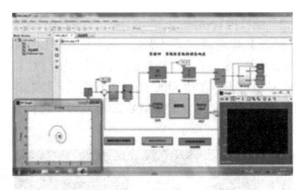

图 2　非线性系统实验模型及实验效果

（4）控制系统数字仿真；

（5）非线性环节对系统动态过程的影响；

（6）采样系统研究；

（7）状态反馈与状态观测器实验；

（8）模糊控制实验；

（9）自主设计与拓展实验。

此外在于计算机控制系统实验中，此系统也得到了很好的应用，如图 2 所示。

2　实物实验系统

实物实验是自动控制原理实验的高级实验部分，精心挑选了三种典型实物控制对象，以实物为控制对象，以计算为实时控制器，使用半实物仿真技术组成了实验系统。

2.1　直流小功率随动系统

随动系统的硬件组成为模拟随动系统、A/D、D/A 接口板和计算机组成，控制软件采用 MATLAB 开发的控制软件，如图 3 所示。计算机控制的随动系统适合刚学完自动控制原理课程的本科生实验，具体内容可以包括：物理元件的性能测试；建立数学模型；连续系统离散化；反馈系统设计；数字仿真；实时控制系统设计；闭环调试等。

图 3　直流小功率随动系统实物图

2.2　丝杠控制系统

丝杠控制系统采用罗克韦尔公司的 PLC850 加变频器 PowerFlex525 组成，上位机采用 PC 机加 MATLAB，使用 OPC 方式进行通讯，控制界面十分友好，只需要掌握 MATLAB 就可以进行全部实验，如图 4 所示。

图 4　丝杠系统实物图

2.3　旋转倒立摆系统

倒立摆被公认为是现代控制理论中的典型实验设备，是控制理论教学和科研中不可多得的典型物理模型，如图 5 所示。作为一个装置，它结构简单。作为一个对象，它又相当复杂，是一个多变量，强耦合,高阶次,不稳定,非线性的快速系统。通过对倒立摆系统的研究可以解决控制理论和实践中的诸多问题。旋转式倒立摆实验系统比传统的轨道式倒立摆系统具有结构简单、价格低廉、体积小、控制难度较大等特点。控制方法可以采用状态空间法，极点配置法，最优控制法，模糊控制法，神经网络法等多种智能控制和现代控制理论方法。旋转倒立摆控制软件采用 MATLAB，参数调整十分简便。

图 5　旋转倒立摆系统实物图

3　系统的应用与效果

教学实验平台开设了自动控制原理实验 7 个，综合性实物实验 3 个。承担了北航全部自控原理试验任务，包括二系、三系、四系、五系、七系、九系、十三系、十四系、十七系、高工、中法工程师 11 个学院的教学需求。每年 3000 余名学生使用。新设备解决自控原理实验技术水平落后，实验精度低、效果差的问题。解决了无法开展自主性、综合性、设计性实验的问题。为学生提供自主性、设计性、综合性实验环境。解决了没有实物实验，无法实现复杂非线性、计算机控制、智能控制等现代控制方法实验问题，实验水平得以提高。

4　结　　论

（1）利用全新的混合仿真技术，综合了数字仿真与模拟仿真的优点，实现了全新的自控原理创新实验系统。实验中系统设计、数字仿真和目标实现的无缝连接，无需编程即可实现控制算法；可以在线实时修改控制器参数；可以实时监测动态过程。适应了自控原理实验自主化、智能化的需求，解决了纯模拟或是纯数字仿真无法解决的仿真实时性问题。

（2）随动系统、丝杠和倒立摆实物实验提高了自控原理实验的真实性，使这套实验系统真正成为高水平实验系统。

整套自控原理教学平台实验软件全部采用 MATLAB 环境，特别适于在大专院校自动控制原理实验课，使用中上手速度快、效率高、成本低、界面十分友好易于操作，是目前较为理想的自控原理实验和仿真系统，有着良好的应用前景。

References

[1] Yuan Shaoqiang, Wang Huihui, Shen gongzhang. Integrated Teaching Platform of Computer Control System Based on MATLAB/RTW. Communications in Computer and Information Science, v 202 CCIS, n PART 2, p 314-320, 2011, Advances in Computer Science and Education Applications - International Conference, CSE 2011,

Proceedings. EI 检索号：20112914164698.

[2]　刘中，袁少强. A Semi-Physical Simulation Experiment System for Automatic Control Education.International Conference on Education Technology.2013.6.IDS 号：BIC47.

[3]　袁少强，张增辉，陈砾，等. 基于 RTW 的混合仿真计算机开发与应用[J]. 系统仿真学报，2009（3）.

[4]　袁少强，张平. 基于 RTW 的控制系统一体化设计平台[J]. 电气电子教学学报，2009（S2）.

[5]　袁少强，陈砾，李行善. 基于 RTW 的半实物仿真环境研究与应用[J]. 仪器仪表学报，2006（S3）.

[6]　陈砾，袁少强，王金英，等. 半实物仿真技术在自动控制原理实验中的应用. 2007 年中国自动化教育学术年会.

[7]　袁少强，刘中，张平，等. 运动控制系列实物教学实验平台[C]. 20 年中国自动化教育学术年会论文集，2011.

高校机器人实践课程教学模式探索

周春琳　熊　蓉　刘　勇　姜　伟　谢依玲

（浙江大学，浙江 杭州 310027）

摘　要：高校机器人技术教学主要以理论课教学为主，实践课教学的配比以及授课模式都存在不足。为进一步发挥实践课对学生动手能力和创新能力的培养作用，浙江大学从 2013 年起开设了全新模式的实践课，课程改变传统的教学为主，实验实践为辅的课堂结构，反之利用先进的教学实验条件，测试了以实践为主、拉动教学需求的新模式。这些课程在 2013 年至 2016 年浙江大学竺可桢学院工程教育高级班学员中展开了 160 人次、超过 800 个学时的测试，相关细节和测试结果在本文中进行报告，以供同行参考。

关键词：机器人；实践；教学模式

A Mode of Practice Education in University Robotics Teaching

Chunlin Zhou, Rong Xiong, Yong Liu, Wei Jiang, Yiling Xie

(Zhejiang University, Hangzhou 310027, Zhejiang Province, China)

Abstract: Lacking of practices and appropriate teaching methods is a common weakness in current robotics teaching in universities of China. In order to develop hands-on skills and innovative spirits of students, a new mode of robotics teaching has been implemented in Zhejiang University (ZJU) since 2013, where practice education plays a key role while the theoretical lectures act as auxiliary ingredients of the course. The teaching philosophy has been tested in more than 800 class hours among over 160 students in the Advanced Honor Class of Engineering Education (ACEE), Chu Kochen Honors College of ZJU from 2013 to 2016. Testing results are reported in this article for the reference of peers.

Key Words: Robotics；Practice Education；Teaching Mode

引言

为进一步发挥实践课对学生动手能力和创新能力的培养作用，浙江大学从 2013 年起开设了全新模式的机器人实践教学课程，改变传统的理论教学为主、实验实践为辅的课堂结构，反之利用先进的教学实验条件，测试了以实践为主拉动教学需求的新模式。本文论述了课程实施的背景、意义，授课方法以及课程的测试结果。

联系人：熊蓉. 第一作者：周春琳（1980—），男，博士，讲师.
基金项目：浙江省高等教育课堂教学改革项目（kg2015006）.

1　背景及现状

随着机器人技术的发展，机器人技术教育与实践也越来越受到各个高校的重视。目前高校机器人教学中普遍采用课堂讲授+课内外实践组合的方式，以此促进学生对理论知识的吸收和锻炼学生对知识的应用能力[1]。课内实践通常以小型项目为手段，项目设计与本门课程的授课内容相关，由 3～5 人的小组来完成，在课程开始时布置，课程结束或学期末提交报告并做演讲。项目的题目由教师给定，或自行组队提出。课外实践的设计形式比较灵活，有阅读报告、就某个问题提出或查询解决方案等，较少采用教材附带的习题作为课外作业。这其中的代表是世界知名的机器人技术研究机构卡耐基梅隆大学（CMU）机器人研究中心，该中心面向本科学生开设了近30门与机器人技术相关的课程，绝大多数课程授课都设置了理论课和实践课环节，为了强化实践课的重要性，理论课考试在期末考试中仅仅占据了25%以下的权重，部分课程甚至没有理论考试环节。

另一家重要研究机构斯坦福大学的机器人课程设计大致遵循2个步骤：首先从某一个论题开设导论课，使学生掌握基本的理论和应用技术，然后进入面向科研或某个前沿的深入学习课程，学生需要掌握基础可以选修第一个环节，感兴趣的话可以修第二个环节。伴随理论课进行的同时开设单独的实践课环节，提供实际的技术资料，使学生掌握实用的实践能力，利用课堂知识设计创新项目，并通过3次左右的汇报完成项目。教师在时间课中的任务是提供技术指导，确定项目的难度和深度，监督项目如期完成并给予评价。

瑞士洛桑联邦理工学院（EPFL）的机器人课程也具有非常鲜明的特色。首先，每一门课程就一个大的论题展开，其中的子论题从全校不同实验室召集教授讲解，教授提供的教学内容往往是其个人当前正在研究的内容，这样保证了学生在课堂阶段直接接触的就是国际学术前沿知识；其次，EPFL的机器人课程很少有明确的参考书，教师会对阅读材料提供一些建议，但不限定，教学内容完全由教师自主决定；最后，课程的考核也基本脱离了笔试的传统，而是依靠数量繁多的实践创新设计来评估。

我国许多高校也开设了机器人技术课程。如浙江大学[2]、清华大学等高校开设专门的"研究型"实践教学基地，提供机器人控制实验、学生科研训练项目培训，以及组织管理国内外机器人竞赛队伍。基地教学人员分布在不同的专业，对机器人技术这一课题的科研教学基于不同专业的特色进行展开，其核心课程主要面向本科生开设，课程内容以传统的机器人学知识为主，与课程直接配套的实践课内容较少，实践部分能力通过教学基地的培训进行。上海交通大学是我国最早从事机器人技术研发的专业机构之一，拥有多个机器人相关研究教学实体，其核心课程面向本科生讲授基础知识，面向研究生的课程在人工智能等方面有所突出，许多课程都配有相应的实验课，但以验证性实验居多。此外，哈尔滨工业大学、国防科技大学、中国科技大学等高校也开设了各具特点的机器人技术课程，根据师资力量和实验资源提供配套的实践课。我国高校机器人实践课程的另外一个特色是与学科竞赛紧密结合[3]，如RoboCup、智能车、IDC RoboCon等大型赛事，学生通过参与这些竞赛进行机器人实践创新能力的培养，但这些实践体系与机器人理论课程融合度不高，难以成为标准的机器人技术理论课配套实践模式。

2 问题分析

当前机器人技术教学中存在的一个普遍问题是实践课程内容落后，并且实践课授课经验不足[4]。这由多种因素导致。首先，机器人技术内容覆盖面广，涉及机械、电子、机器视觉、人工智能等不同方面，这需要具有不同专长的教师团队，对授课到师资力量提出了高要求；其次，机器人技术实践课配套所需的实验条件和实验设备通常较为昂贵，开展实践课的材料消耗也显著，因此造成了硬件资源上的障碍；最后，受传统教学理念的影响，对实践课模式的探索较少，不能充分发挥实践课在人才创新能力培养方面的功能。

沿袭传统的教学经验，当前的机器人技术课程基本采取了理论课程讲授为主、实践课程为辅的模式[5]。这一模式较为成熟稳定，可以有效地传递知识，并让学生在时间课程中更加直观地理解理论课的内容，而且教师可以根据实验条件裁剪实践课的内容，使得机器人技术教学得到更广泛的推广。但是，实践课存在的价值不仅仅在于让学生消化理论课内容，更重要的是培养学生的创新能力和创新思维，这样才能更加符合当前社会与技术发展对人才的要求。为了实现这一目标，传统的实践课授课模式还存在进一步改进之处。

（1）授课模式上基本上延续了理科课程的验证性方式，对创新性实践课的授课方式应用较少，主要处于由教师发现问题，引导学生查阅资料并通过实践解决问题的阶段，对学生发现问题的能力培养和创新思维启发方面尚不够充分。

（2）学生被动参与课程，按照给定任务和教学计划完成作业，缺乏主动探索的动力，因此在培养习的主动性方面存在不足。

（3）实践课内容的设置考核与理论课考核在学生成绩的占比不够合理，学生往往受分数驱动，选择容易获得高分的方式应对课程任务，会忽视对自身能力的训练和培养。

3　解决方案

针对上述问题，浙江大学从 2013 年开始着手进行机器人技术实践课的教学模式探索，并开设测试课程。在课程设计中特别注重传统课堂上所欠缺的实践内容，任课教师从教学内容、授课形式和效果评估等各个方面都做出了创新尝试。测试课程每周 7 学时，每个长学期上课 16 周，全年两个长学期共计上课 224 个学时，面向浙江大学竺可桢学院工程教育高级班学生展开。课程配置差分两轮移动机器人，用以配套春夏长学期轮式移动机器人技术及其强化实践，以及双足仿人移动机器人，配套秋冬学期的足式移动机器人技术及其强化实践课程，平均 3～4 名学生可以分配一台机器人作为上课教具。

和普通班课程相比，该测试课程具有如下特殊的条件。

（1）课程没有既定教学大纲和固有教学模式的限制，针对全新的教学要求，任课教师发挥的空间较大，因此为了增强教学效果，教师有机会大胆地做授课模式的创新。

（2）参加测试课程的竺可桢学院工程教育高级班（简称工高班）学生由浙大各个工科专业中的优秀学生组成，无论从基础知识的掌握水平还是个人自学的主动性来看，都是同年级学生中的佼佼者，因此，教师采用新的教学法时学生的适应程度较高。

（3）课程配备了大量先进的教学实验设备，有条件把理论教学与实践教学充分结合起来，做到对学生能力的全面培养。

传统课堂上实验与实践环节较少，实践课的对培养学生动手能力、创新能力的功能也不能充分的发挥。为了改变这一弊端，在测试课程中改变了传统的理论教学为主的模式，尝试让学生直接参与动手实践，在实践中发现、总结自己在理论知识方面的欠缺，然后教师再根据学生的需求调整理论教学内容。这样的实践课程模式使得学生从被动接受知识变为对知识具有主动的需求，实现以实践拉动教学的新实践课模式，做到了从给定任务实践到学生自主实践的转变。具体操作方法包含如下几个要点。

（1）课程一开始学生直接接触机器人系统，教师对系统软硬件、功能做出必要性的介绍，引导学生认识不同类型的机器人和它们的特点，并动手操作。通常，学生对操作机器人的兴趣远远大于枯燥的课堂理论知识，这样开始课程有助于迅速提高学生的学习积极性。这一过程需要 2 周共 14 个学时的时间。

（2）在学生能够初步使用机器人后，教师开始系统性介绍与该类机器人相关的理论体系整体概况和具有特色的知识要点，并在这时提出学生在机器人系统上需要完成的实践任务。学生通过前两周对机器人的了解、对实践任务要求的理解以及对自身知识水平和能力的评估，可以很迅速发现自己在理论知识方面所欠缺的部分。为了完成课堂指定的实践任务，此时学生具有获取新知识的主观意愿。在这样的形式下，教师根据教学进度安排和学生的知识掌握情况，结合实践内容穿插讲授理论知识点，还可根据学生要求灵活改变授课计划。这一过程持续 6 周时间，每周用 2 个学时讲授理论知识点，5 个学时用来在机器人系统上动手实践，消化吸收理论知识。

（3）完成上述教学过程后，学生基本掌握了围绕该类机器人的主要知识点，并完成了课堂指定的实践任务。此时，学生需要在机器人系统上提出创新性的实践项目的设计方案，并用 7～8 周完成项目，即给自己设计期末考试题目。教师的职责是把握设计方案的创新性、实现的难易程度、知识点配置的合理性以及监督项目进展，并在项目实施过程中根据学生的实际情况补充知识点。这一过程一直持续到长学期的第 15 周。

（4）课程的第 16 周进行考核，学生需要在机器人系统上演示自己设计的创新项目，并进行口头答辩和书面汇报。

4 测试结果

测试课程从 2013 年春夏学期开始在浙江大学竺可桢学院工高班教学中展开。学时安排为每周课内 7 学时，每个学年上课 32 周。目前已经完成了 4 个学年、共计超过 800 个学时的教学工作。课程每学期课程容纳 40 名学生，总计参加测试的学生包含 2011 级至 2014 级四届共 160 名本科生，分布在浙江大学全部工科专业。学生从大学二年级第二个长学期开始参加测试课。

从 2013 年春夏学期开始，测试课程的课业负担逐年加重，但从一项针对"学生课业负担"的调查来看，结果却恰恰相反。浙大竺可桢学院 2011 级工高班学生参加了 2013 年春夏学期的课程，当时的期末创新项目设计时教师指定了部分内容，对学生自行创新的要求较低，期末给分也较为"慷慨"，但调研结果显示学生感觉这门测试课程课业课压力很大，平均每周需要超过 20 小时课外时间。2013 级学生参加 2014 年春夏课程时，教师对期末学生自行创新的要求明显提高，学生需要花费更多的课外时间，但调研显示 70% 以上的学生认为课业负担正常，可以按时完成课程任务，平均课外所需时间减少为 12 小时。导致这一差异的一个重要原因是，2014 年的课程中学生的期末考题几乎全部由自己设计，尽管包含的知识点不比上年课程少，但学生对自己设计的题目更有兴趣，平时即使投入更多时间也不会认为负担过重，后续年级的课程也延续了这个经验。这一结果验证了本文中的课程模式能有效提高学生学习的主动性。

一项针对"测试课程对本专业课学习的辐射作用"的调查显示，全部参加测试课程的学生都认为测试课有效地支持了自己对本专业知识的理解和运用，例如，机械专业的学生尝试改造机器人结构，扩展了机器人的功能；计算机系的学生更擅长运用机器视觉技术进行环境识别；控制系学生对机器人的运动控制更有心得。这些学生共同参加课程时，通过知识共享与实践操作，强化了各自的专业技能。

在针对"测试课程对后续学习的效果"的调研中得到了更为积极的结果。参加测试课程的学生现在已经进入大学四年级的最后一个学期，过去的两年内这些学生在各自的院系学到了不同的专业知识，所有学生都认为机器人实践课上学到的分析问题、发现问题的方法对自己后续学习有很大帮助；课堂上锻炼的动手能力让他们在高年级的专业课学习中获益匪浅。同时，近期在针对学生的追踪调查中，有近 50% 的学生反映测试课开始的时间稍微过早，学生认为如果在他们进入高年级，学习过更多专业知识后再开设测试课，将会在课程上"做出更多更炫的东西"。表面上看，这是测试课程的一个缺陷。但是，与另一项针对普通班（没有参加本测试课程的）高年级学生的调查对比后就会发现有趣的现象。普通班中，有高达 40% 的学生觉得学了专业课后，除了考试就不知道这些知识到底能用在哪里！由此可以看出，在工科低年级学生中开设机器人技术实践课程，能够有效地让学生发现未知的问题，让学生带着问题去面对未来两年的专业课，当学生再回顾从前的课程时，起到融会贯通的效果。

5 结论

（1）浙江大学从 2013 年起进行实践课的授课模式改革，经过四年多的摸索，初步形成了以实践课为主、拉动理论教学的机器人技术实践课模式。通过开设测试课程，证明新的实践课教学模式能够有效地调动学生学习主动性。

（2）对连续四年的学生学习效果的追踪调研显示，新的授课模式能够更加有效地帮助学生消化吸收课堂理论知识、培养学生创新能力与动手实践能力，同时对其他专业课程的学习也起到了明显的辐射作用。

References

[1] 郭永峰，毕波，于海雯. 全日制教育硕士专业学位研究生实践教学的现状研究[J]. 学位与研究生教育，2016（6）：14-19.

[2] 周春琳，姜伟，刘勇，等. 以机器人为教学载体的工程人才培养模式[J]. 文理导航·教育研究与实践，2015（12）.

[3] 于玲，谢依玲，张光新. 大学生科研训练网络化管理平台构建[J]. 中国教育信息化[J]. 高教职教，2014（4）：84-86.

[4] 孙友然，杨淼，江歌. 基于结构方程的高校实践教学满意度模型构建研究[J]. 高教探索，2016，（1）：74-81.

[5] 阎世梁，张华，肖晓萍，等. 高等工程教育中的机器人教育探索与实践[J]. 实验室研究与探索，2013，32（8）：149-152.

高校机器人实践课教学中若干现象分析

周春琳　熊　蓉　刘　勇　姜　伟　谢依玲

（浙江大学，浙江 杭州 310027）

摘　要：为发挥实践课对学生动手能力和创新能力的培养作用，以机器人教学为载体，浙江大学针对竺可桢学院工程教育高级班提出了新的实践课培养模式，从 2013 年起在连续四届学生中开展实践教学模式和方法的测试。本文针对新模式下实践课教学中若干有趣的现象，提出了用于规划授课知识点的"群岛模型"，论述了授课过程中的主客体交融以及教学评价中的师生博弈现象。

关键词：机器人；实践教学；群岛模型；

Special Phenomena in Robotics Practice Education in Universities

Chunlin Zhou, Rong Xiong, Yong Liu, Wei Jiang, Yiling Xie

(Zhejiang University, Hangzhou 310027, Zhejiang Province, China)

Abstract：Zhejiang University proposed a new mode of robotics practice education for students of the Advanced Honor Class of Engineering Education (ACEE), Chu Kochen Honors College in order to develop their hands-on skills and innovative spirits. The teaching philosophy has been implemented since 2013 to now in four-year consecutive classes. Several interesting phenomena in the test are discussed in this article including the islands model for organizing the knowledge points and the interaction and opposing between teachers and students.

Key Words：Robotics；Practice Education；Islands Model

引言

实践在高校工科教学中有着重要作用，但也是当前我国高校教学的短板。基于传统的教学模式，工科课程以理论教学为主，动手实验和实践作为辅助手段，而且实验仅仅是验证性实验，很对学生实际动手能力起到锻炼的作用，更难以体现对学生创造力的培养。浙江大学自 2013 年开始在校内实验班开展以机器人为载体的工程人才培养模式探索[1]，在课堂教学中采用实践教学为主、理论教学为辅的教学理念，取得了良好效果。在新模式的探索中，课堂教学过程出现了一些有趣的现象，本文对这些现象进行了总结和讨论。针对机器人教学知识点繁杂的特点，本文提出了"群岛模型"进行量化描述；针对新型课堂上的师生关系，本文讨论了其中的主、客体交融现象；针对课程成绩评估过程，本文讨论了其中的师生博弈现象。现就有关内容论述如下。

1　课程设计

机器人是多学科交叉知识的集合体。机器人技术的范围涉及控制理论、运动学与动力学、人

联系人：熊蓉. 第一作者：周春琳（1980—），男，博士，讲师.
基金项目：浙江省高等教育课堂教学改革项目（kg2015006）.

工智能、机械设计与制造技术、计算机硬件与软件技术、电力伺服技术、传感器技术等不同科学及技术领域。高校可充分利用机器人知识的辐射作用，把机器人教学作为培养优秀工程人才的有效载体。遵循这一思路，浙江大学开展了以机器人理论与实践教学为核心的工程人才培养模式探索[1,2]。

由于机器人技术对理论知识与实践能力都有较高要求，因此对教学工作带来了一定挑战。特别是其中的实践教学部分，受限于各种条件和基础[3]，一直是我国高校机器人技术相关教学工作中的短板。这主要由如下一些原因导致：首先，机器人技术内容覆盖面广，涉及工程与理学的多个方面，这需要具有不同专长的教师团队，对授课到师资力量的完备性提出了高要求；其次，机器人技术实践课配套所需的实验条件和实验设备通常较为昂贵，开展实践课的材料消耗也显著，因此造成了硬件资源上的障碍；最后，受传统教学理念的影响，对实践课模式的探索较少，不能充分发挥实践课在人才创新能力培养方面的功能。

为此，浙江大学在保障教学硬件条件和师资力量的基础上，开展了机器人技术实践教学方法和模式的探索，以期进一步提升学生学习主动性和培养学生创造力。课程以实验和实践为主，注重实践对理论的需求，通过实践来带动学生对理论知识的主动获取。新的教学理念自 2013 年开始在浙江大学竺可桢学院工程教育高级班（简称工高班）开始实施至今，已经在 4 届学生中进行了探索和测试。该班级是辅修性质的实验班，每年从浙江大学全校理工科专业 5000 余名一年级本科生或五年制二年级本科生中选拔，择优录取 40人组成。工高班的机器人课程本着实践为主导、理论教学为辅助的新理念进行展开。课程包括春夏长学期"轮式移动机器人技术及强化实践"以及秋冬长学期"双足移动机器人技术及强化实践"。两门课程所选择的内容代表目前机器人技术领域的主要知识点和基础。从 2013 年春夏学期开始上课，至今已经完成了连续四届本科生的授课工作。

在轮式移动机器人技术课程中，重点讲授了轮式运动学、路径规划、轨迹规划等核心关键技术中存在的问题、实现方法与原理；在足式机器人课程中，围绕仿人机器人的构造、运动规划、机器视觉、平衡控制以及步态规划等核心关键技术展开。课程均采用实践为主、理论为辅的教学模式。每门课的理论授课部分 16 学时，实践训练部分 96 学时，两门课程全年课内教学总计 224学时。

授课的基本思路是，让学生在给定机器人平台上充分开展实验和操作，逐步发现和探索所缺乏的理论知识点，教师再根据学生对知识的需求提供理论课指导，从而完成先实践后学习的过程。课程基于先进的教学实验工具，让学生参与大量的实践实验训练，使学生在充分理解机器人技术理论知识的基础上，更加重视对知识的运用和实践，锻炼学生自主探索的能力，激发学生创新思维。

和普通班课程相比，该测试课程具有如下特殊的条件。

（1）课程没有既定教学大纲和固有教学模式的限制，针对全新的教学要求，任课教师发挥的空间较大，因此为了增强教学效果，教师有机会大胆地做授课模式的创新。

（2）参加测试课程的竺可桢学院工程教育高级班（简称工高班）学生由浙大各个工科专业中的优秀学生组成，无论从基础知识的掌握水平还是个人自学的主动性来看，都是同年级学生中的佼佼者，因此，教师采用新的教学法时学生的适应程度较高。

（3）课程配备了大量先进的教学实验设备，有条件把理论教学与实践教学充分结合起来，做到对学生能力的全面培养。

2　教学现象分析

机器人课程有着自身独特的内涵，在尝试新的教学模式和方法过程中，出现了若干有趣现象。本节对此作出讨论和分析。

2.1　"群岛模型"

上述实践课授课模式得以成功实施的一个重要前提是合理的规划授课的知识点，即科学的把握课程的"度"与"量"。这里"度"指的是知识点的深度（知识的难度），"量"指的是独立知识点的数目（知识的广度）。常规的课程根据教学大纲，把需要讲授的内容按照有限个知识点进行分配，逐一向学生传授，但机器人技术的实践课有很大不同。机器人技术本身的内容包罗万象，涉及的知识点数量繁多，难以在有限的课堂内全面覆盖。更加重要的是，以实践课为主时，学生的创新实践内容五花八门，需要弥补的知识空缺较大。

以轮式移动机器人的实践课为例，课程重点在讲授机器人的运动学、全局路径规划、动态避障、轨迹规划等核心内容，但落实到实践中，这些课堂知识不足以让学生完成项目。比如有学生把轮式机器人改造为自动垃圾清扫车，需要在机器人上实现最优路径规划、障碍物识别避障，但是机器人的室内自定位问题是教学计划里完全没有涉及的部分，学生需要自行解决；有学生试图让多台移动机器人协调工作，模拟"老鹰捉小鸡"的游戏，利用课内知识进行路径规划是动态避障，但必要的多机实时通信技术是课内理论部分欠缺的内容，学生需要自己解决。

在此，可以用"群岛模型"来描述这一问题。如果把每一个知识点比作一个岛屿，那么一门课程就是有大大小小不同的群岛构成。岛屿的大小（S_i）代表了知识点的"度"，岛屿的数目（N）代表了知识点的"量"，岛屿之间的距离（D_i）代表了知识点之间的跨越难度。在常规的课程中，课程的内容之间有着明显的逻辑关系，即各个岛屿之间是有明确的桥梁连通。但是，在机器人技术的实践课中，由于岛与众多，且彼此差异较大，岛屿之间只有难以通行的海水，课内没有条件讲授连通岛屿的途径，岛屿之间的通行存在难度，把难度系数计为 c_i。用"群岛模型指数"（IS）来描述课程的"度"与"量"，则存在如下定量关系：

$$IS = \alpha \sum_{n=1}^{N} S_i + \beta N + \gamma \sum_{n=1}^{N-1} c_i$$

其中，α、β 和 γ 分别为三项的权重系数。

合理的设置"群岛模型指数"对课程的顺利开展至关重要。如果这一问题处理不好，学生在创新实践中难以把不同知识点综合运用，最终把创新性实践课重新变回传统的验证性实验课。如果把学生的创新实践作业比作是一次"跳岛游"，

那么教师希望学生尽可能地遍历更多岛屿，从而领略更多风光；同时，还希望学生在岛上全面探索，深刻体会这个岛与的独特，即"群岛模型"指数越大意味着对学生的要求越高。但如果岛屿过大，学生会感觉难度太高；岛屿太多，则课程负担过重；岛与岛之间的距离过大，则会严重影响学生创新实践的积极性。因此，"群岛模型"指数事实上代表了课程的整体难度，需要在测试课程中根据学生的学习效果反馈进行摸索确定。

2.2 授课的过程的主客体交融

灵活配置授课内容和授课进度是本课程的另一个明显特色，这得益于授课过程中师生之间的有效交流和及时的信息反馈。常规课程中，上课的主体是教师，学生作为客体接收知识，学生的学习效果反馈作为调节课程安排的一个重要指标。但学生的反馈往往需要等到期末考试之后才能获得，所得到的数据只能用于修正下学期的课程计划。当前高校教学中也存在另一种把学生变为课程主体的方式，即采取"翻转课堂"的模式，教师划定课程内容范围后，学生自行预习，课堂上学生作为主体讲授自学的内容。

测试课程中，没有采用当前应用较多的"翻转课堂"模式。我们认为，学生对一门未知的机器人技术课程缺乏整体性的认识和把握，课程很多内容往往是领域内较为前沿的问题，难以找到合适的教科书让学生有针对性预习；再者，学生没上课之前本身对课程内容、重点等都不熟悉，采用"翻转课堂"可能会让学生沿着错误的方向摸索，反而浪费时间。因此，在本测试课程中采用的主要方式是基于前述"群岛模型"的概念，由教师主导讲授每一个"岛屿"，即主要知识点，要求学生自行学习"跳岛"的方法，并通过小组讨论与课堂汇报的形式与其他同学知识共享，从而提升全班的学习效率。例如在轮式移动机器人课程中，针对机器人室内定位问题，学生自行探索了各种方法之后采用了利用全局机器视觉的方案，全班同学共同努力解决了其中的软件编程与硬件选型和配置，期末实践大作业时大家共享这些技术成果。另外，学生在探索"跳岛"的方法时也会有各种奇思妙想，其中一些措施对教师也深具启发意义。

在期末考试题目的设计时，学生也起到了主导作用。首先由教师指定基础任务，让后让学生为自己设计期末创新实践考试的题目。要求学生仿照项目申报的方式提出自己的设想，教师进行难度和工作量方面的把关，全班同学共同评审，一旦题目确定则必须要在期末考试中实现。这一做法使得学生在整个教学活动中从被动接受变为主动为自己规划教学计划，贯彻了把学生纳入教学环节的理念。

2.3　课程评估中的师生博弈

在高校普遍采用学分制后，学生对课程成绩的追求几乎要重于对知识的追求，因此，合理的课程考核制度对学生的学习态度和学习过程形显明显的成导向作用。传统课程督促学生学习的一个重要手段是进行书面的期末考试，由于试题只有在考场上才能知晓，因此学生为了获得高分，"被迫"全面学习课程的知识点。我们认为，这样的考核方式对培养学生的主动性方面效果不够理想。教师总是期望"群岛指数"越来越高，从而教授更多知识，但学生为了获得较高的分数，则希望指数越低越好。这中间存在一个师生博弈的过程。

为了解决这一矛盾，测试课程中采取了若干策略和方法。首先，为了达到让学生带着问题来上课的目的，学期初始阶段就告诉学生本学期的实践部分的作业内容，甚至是期末实践环节的考题，这些作业与考题包含了整个学期重要知识点，让学生从一开始就不停地思考那些授课内容对自己有用。其次，实践课的授课模式中，学生提出创新实践项目时教师需要制定一个基础群岛指数，即项目的难度要达到一定底线，完成这些基础工作可以得到相应的分数（实际操作中给 80 分），如果想要获得更高的分数，学生必须自己增加项目的难度，不设上限，只要能力允许可以一直加到满分。最后，在项目执行过程中，允许学生根据实际情况与教师进行"讨价还价"，即学生有充分的理由证明自己工作的难度和创新程度比预期要高时，可以要求加分，或者难度过大会导致项目失败时，可以要求更改项目内容，教师则依据专业知识和经验担当裁判。

在 2013—2017 年的教学过程中发现，由于学生深度参与了课程内容和考核的制定，其主动性比传统规定作业和知识点范围的班级有了明显提升。尽管"群岛指数"逐年有所增长，即课程的难度和内容量逐渐增加，但学生并没有普遍反映课业加重。师生共同制定成绩考核标准的做法也避免了片面追求分数而忽视学习质量的弊端。

3　结论

（1）为应对工科课程中知识点繁杂对实践教学带来的困难，本文提出了"群岛模型"进行描述，为授课内容的度量提供了有效的量化工具。

（2）在实践课中实行授课主、客体角色的互换，以及课程考核体系中充分加强学生对考核方法的主导权，有助于提升学习积极性。

References

[1] 周春琳，姜伟，刘勇，等. 以机器人为教学载体的工程人才培养模式[J]. 文理导航·教育研究与实践，2015（12）.

[2] 于玲，谢依玲，张光新. 大学生科研训练网络化管理平台构建[J]. 中国教育信息化[J]. 高教职教，2014，（4）：84-86.

[3] 阎世梁，张华，肖晓萍，等. 高等工程教育中的机器人教育探索与实践[J]. 实验室研究与探索，2013，32（8）：149-152.

工程教育背景下卓越计划对自动化专业实习教学的启迪

张浩琛 [1,2,3]　刘微容 [1,2,3]　刘仲民 [1,2,3]　赵正天 [1,2,3]

（[1] 兰州理工大学　电气工程与信息工程学院，甘肃　兰州　730050；[2] 甘肃省工业过程先进控制重点实验室，甘肃　兰州　730050；[3] 兰州理工大学　电气与控制工程国家级实验教学示范中心，甘肃　兰州　730050）

摘　要：专业实习是自动化专业重要实践环节，传统的专业实习教学模式难以满足工程教育的要求。通过对本专业卓越计划班级实习经验和模式的总结，启发并提出了教师起主要指导作用、注重学生能力培养和拓展多种形式实习教学模式等教学改革方式，以改进现有专业实习教学方式，使专业实习适应工程教育和学生培养的要求。

关键词：专业实习；工程教育；卓越计划；教学模式

Enlightenment of Specialized Practice Teaching in Automation Based on Excellence Program of under Engineering Education

Haochen Zhang[1,2,3], Weirong Liu[1,2,3], Zhongmin Liu[1,2,3], Zhengtian Zhao[1,2,3]

([1]College of Electrical and Information Engineering, Lanzhou University of Technology, Lanzhou 730050, Gansu Province, China;

[2]Key Laboratory of Gansu Advanced Control for Industrial Processes, Lanzhou University of Technology, Lanzhou 730050, Gansu Province, China;

[3]National Demonstration Center for Experimental Electrical and Control Engineering Education, Lanzhou University of Technology, Lanzhou 730050, Gansu Province, China)

Abstract：Specialized practice is an important practice process for automation, the traditional teaching model of specialized practice is difficult to adjust the requirements of engineering education. Through the summary of the experience and model of excellent engineer program, the author has instructed teachers to play a major guiding role, pay attention to the cultivation of students' ability and expand the teaching reform methods of various forms of practice teaching so as to improve the existing professional practice teaching to meet the requirements of engineering education and student training.

Key Words：Specialized Practice; Engineering Education; Excellence Program; Teaching Model

引言

我国正处在工业化、自动化、信息化并存的时代，自动化专业，以其口径宽、面向广和需求多等特色，在国民经济和国防建设的各个领域发挥着重要的作用[1,2]，同时对自动化人才培养质量的要求提出了更高的要求[3~5]。在这种大背景下，兰州理工大学自动化专业秉承"突出工程实践，拓宽知识领域"的原则，倡导"以市场需求引导专业方向，以预备工程师为目标"的学生培养理念。特别是近年来，随着工程教育理念的不断推广和深入人心，专业对学生培养过程进行了调整，紧扣以学生为中心，强调以学生能力培养和目标

联系人：张浩琛. 第一作者：张浩琛（1987—），男，硕士，讲师.

基金项目：自动化类专业教学指导委员会专业教育教学改革研究课题面上项目（2014A32）；兰州理工大学电信学院 2016 年度教学研究项目.

达成为导向，制订了新的培养方案。并将本专业卓越计划实施中一些好的做法和思路逐步引入到普通学生培养过程中。

实习是自动化专业重要教学环节，因此在专业卓越培养计划和普通培养计划中，设置了较丰富的实习教学环节：对于卓越计划下设的"卓工班"，专业实习实践环节有专业认知实习、企业实践一、企业实践二和企业实践三等阶梯式的实习过程；对于普通班有认识实习和毕业实习两个实习环节。实习单位更多选择是国有大型企业或工业园区。

在实习实施中，普通班实习教学与"卓工班"实习教学有很大不同。"卓工班"实习人数少、时间长，因此实习任务多、课程目标更加细化、考核方式也更加多样。而普通班实习，由于人数较多、时间有限，因此不可能有较多的实习任务和更加细致的课程目标，考核上也只能通过实习表现和实习笔记评价，这样实习很容易变成走过场，学生对实习印象停留在一个一个的参观中，难以实现对学生能力的进一步培养，更难以满足工程教育的要求。本专业"卓工班"卓越班实习开展中积累的一系列方法和技巧，更好可以为专业普通班的实习提供很好的借鉴和启发，借助专业工程教育认证，更好地对实习实施过程进行改革，满足工程教育的需要，不断提升实习教学质量。

1 "卓工班"企业实习相关经验总结

"卓工班"企业实习环节主要为三个阶段，企业实践一、企业实践二和企业实践三。企业实践一重点在于使学生熟悉工业现场环境、基本工艺、常见仪表原理及使用、现场控制系统结构概况等；企业实践二着重指导学生学习国家标准，具有初步的图纸阅读与绘制能力，能设计和实现简单的控制系统；企业实践三为毕业设计，要求学生基于企业现有或已经实施的技改项目，进行系统设计工作。在这三个阶段中探索积累的相关经验如下。

（1）教师主导实习过程。一方面，带队教师与实习单位制定具体实习细节时起主导作用，在和实习单位充分协商的基础上，实习教学要依据教学大纲和指导教师要求制定，而不是单纯由实习单位制定；另一方面，教师对学生的实习指导起主导作用，保证实习目标按照实习计划和教学进程实施。

（2）实习中，多种教学方式结合。实习中，除了传统的"师傅讲、学生看"的模式外，还积极借鉴了微课、混合式教学、项目式教学的思想。

例如学生分阶段制作 PPT，向其他学生讲解专业内容，学生成为"微课"的主角和实施者；教师和企业导师分享相关资源，学生自主学习和教师指导相结合；依托实习单位班组项目总结归纳出合适的内容，并指导学生去完成。

（3）强化学生能力和工程意识的培养。企业实习中，教师引导学生培养和增强自己的相关能力，包括学习能力、人际交往的能力、语言表达的能力、发现分析解决问题的能力，培养学生工程与环境、工程与社会关系、工程安全意识等。

（4）强化培养学生团队意识与协作能力。引导学生小组成员以团队的方式完成布置的实习任务，要求小组成员分工协作，小组间分享资料、互帮互助。定期要求小组内、小组间组织交流活动等。

（5）与学生间深入地沟通和交流。企业实习中，师生间的相信是实习顺利进行的重要保证，而实现短时间内师生互信的有效方法就是与学生多沟通多交流。通过交流向学生传递积极的想法，做人做事的原则技巧，引导学生、鼓励学生；及时了解学生实习中的学习和生活情况，身体及心理状态，及时做出调整解决存在的问题。

（6）考核方式。"卓工班"企业实习以答辩与平时表现相结合的方式进行考核。再具体实施中，要求学生针对自己实习过程制作答辩材料，通过评委教师评定答辩成绩，再结合实习中学生表现，最后综合评定学生实习成绩。

实践表明，上述教学内容和方法的实施取得了良好的培养效果。然而相对于"卓工班"人数少，普通班的专业实习人数较多，综合考虑实习安全、指导教师配备数量和指导教师精力，上述部分教学内容和方法的实施可操作性较弱。但是，"卓工班"企业实习中相关措施仍可借鉴到普通班专业实习，对工程教育背景下的专业实习教学改革起到积极的促进作用。

2 教师起重要的指导作用

传统实习教学中，学生更多以"看"为主，由实习单位工程师为学生作讲解或介绍，教师仅仅是带队者和学生管理者角色[6]。但是，学生可能第一次到大型工业现场、第一次接触到相关设备，不知道怎样在实习中学习，学生只能以被动的方式接收实习中传递的大量信息，而不能将这些信息和知识点进行很好的加工、理解和消化。因此，借鉴"卓工班"实习中指导教师的做法，带队教师要肩负起在实习中对学生的指导任务，利用集体指导和宣讲，向学生介绍专业实习任务、目的、学习方法，引导学生如何去做，如何去思考并尝试理论与实践、课本与应用的联系、如何将实际应用和理论对应，并及时了解实习中学生动态，对存在的问题做出及时调整[7]。

例如在实习中，指导教师可以安排专题的讲座，结合自己的工程实践经验和实习企业工业环境，向学生讲授工程项目组织、实施和管理等内容；可以讲授工程图纸的看图与设计、控制系统设计中的注意事项、实践中碰到的复杂工程问题及解决过程；工程中的相关设备、元器件；施工技术细节；工程安全意识等内容。通过讲授与现场参观相结合，加深学生对相关工程问题的理解。

3 注重培养学生的多种能力

传统的实习只要求和引导学生关注与专业相关内容，这种模式显然不符合工程教育的有关要求。结合"卓工班"的方法和经验，专业实习除了培养学生专业知识、专业能力外，还需要去强化培养学生沟通交流能力、自主学习能力；利用企业实习背景，引导学生多看、多查、多想、多交流，培养安全意识，了解和学习国家和行业相关标准、政策和法律法规，帮助学生理解工程、社会与环境三者之间的关系，引导学生在后续学习、工作中充分考虑技术、社会和环境三者间的

关系。

4 拓展多种形式的实习教学模式

专业实习教学不应简单局限于"师傅讲、学生看"的模式，结合"卓工班"的方法和经验，在普通班的专业实习中，可采取多样的实习教学模式。

（1）学生讲述模式。在实习中，将学生划分为多个小组，每小组制作总结 PPT，并在实习进行中，定期利用 PPT 向其他同学分享本组中所见所闻、讲解本组在实习中接触到的相关专业内容。

需要注意的是，指导教师需要预先预设讲述内容但不仅限于设定内容。设定内容可以包括工艺介绍、所见到或了解到的传感器、测量仪表、执行装置、控制器、控制算法等。在分组讲授中，需要引导和要求小组成员全部参与到讲述环节，并作为成绩评定依据之一。此外，指导教师可以引导学生在实习中与师傅多沟通，在小组内和小组间多交流，并记录相关内容，写入到实习报告中，作为成绩评定依据之一。

（2）混合教学模式。针对实习参观中学生所见，教师及时引导学生利用网络、图书馆去查阅学习相关技术资料，并将查阅内容、所学所想反映在总结 PPT、实习报告中，作为成绩评定依据之一。此外，教师根据学生查阅资料情况，有针对性地对学生实习过程和设计的相关内容进行指导。

例如实习中，针对工业现场的控制系统，指导教师可以先向学生提出一系列相关问题，引导学生先自己查阅资料去解决，教师检查学生对问题的解决情况，向学生讲授问题解决思路和方法，并对其中一些重要问题的解决做出讲解，引导学生按照解决工程问题的思路和方法解决剩余问题，对解决问题过程进行总结，并将相关内容写入到实习报告中。

5 总结

专业实习是自动化专业重要的实践环节，本文对专业卓越计划下的"卓工班"企业实习教学

模式和经验进行了总结，提出了对专业普通班实习中教学模式的启发和改进措施，使专业实习教学的实施满足工程教育的要求，更期望专业实习教学的开展能够以学生为中心，更好地实现对学生相关能力培养。

References

[1] 鄢晓. 创新人才培养研究综述及展望[J]. 现代教育管理，2013（2）：78-82.

[2] 金翠云，汪晓男，李大字，等. 自动化专业卓越工程师培养的探索与实践[J]. 化工高等教育，2011，135（1）：17-20.

[3] 刘政，赵振华，李云. 基于工程教育的自动化类应用型人才培养模式探索[J]. 黑龙江教育：高教研究与评估版，2015（9），80-81.

[4] 刘宝，任涛，李贞刚. 面向工程教育专业认证的自动化国家特色专业改革与建设[J]. 高等工程教育研究，2016（6）：48-52.

[5] 徐今强. 自动化专业创新型人才培养模式探索与实践[J]. 当代教育理论与实践，2017，9（1）：45-47.

[6] 付兴建，侯明，柏森. 自动化专业生产实习的现状与思考[J]. 中国现代教育装备，2011（19）：39-40.

[7] 付兴建，柏森，侯明. 应用型人才培养模式下自动化专业生产实习改革探讨[J]. 教育教学论坛，2016（12）：134-135.

构建以控制为特色的跨学科创新性实验教学平台

韩　涛　张建良　吴　越　姚　维

（浙江大学 电气工程学院，浙江 杭州 310027）

摘　要：针对建工领域实验装置存在的问题，利用自动控制理论知识和专业工具，通过构建跨学科交叉的创新性实验平台，不仅巩固和扩展自动控制理论专业知识，为自动化学科学生提供一个知识应用和创新实践的操作平台，而且解决建工领域在实际工程应用中的专业问题，为建工专业实验教学和科学研究提供良好的设备支撑和理论积累，进一步推动控制和建工跨学科交叉融合和创新性实验教学改革的进一步发展。

关键词：跨学科；自动控制系统；建筑工程；创新性实验

Construction of Innovative Experimental Platform of Discipline Integration of Automatic Control

Tao Han, Jianliang Zhang, Yue Wu, Wei Yao

(College of Electrical Engineering, Zhejiang University, Hangzhou 310027, Zhejiang Province, China)

Abstract：According to the problems in experimental device in the field of civil engineering, by using the knowledge and tools in the subject of control theory to build interdisciplinary comprehensive experimental platform. The comprehensive experimental platform not only provides the students in Automation with the practical platform for knowledge application and innovation practice by consolidating and expanding expertise in automatic control theory, and provides good equipment support and theory accumulation for experimental teaching and scientific research in the field of civil engineering, and gives solution to the problems of practical engineering applications in the field of civil engineering, furthermore promotes the development of discipline integration of automatic control and civil engineering and the reform of innovation experimental teaching.

Key Words：Discipline Integration; Automatic Control System; Civil Engineering; Innovative Experiment

引言

伴随着中国"海洋强国战略"的推进，海洋资源的战略地位日益突出，尤其在浙江省，以"海洋能源"为主线的海洋基础建设近年来得到了大力发展。然而，海洋特殊环境下的侵蚀现象非常严重，严重威胁了建筑于海洋环境中桥梁、钻井平台、风电平台等混凝土结构的耐久性能，造成了严重的安全隐患和经济损失。近年来，浙江大学建筑工程学院在海洋环境下混凝土结构耐久性试验方面展开了相关研究，并取得了一系列研究成果。然而，现有的试验方法和试验装置仍存在不足之处，主要表现在：试验装置的试验周期长且重现性差、需要大量手动操作等人为参与方式、试验过程没有考虑到工序间的协调关系和环境参数间的耦合特性，很难实现潮汐过程中温湿度等参数的精确控制和试验加速等[1~5]。自动控制专业的知识和技术为这些问题的解决提供了一个新的有效途径。

联系人：韩涛. 第一作者：韩涛（1980—），男，研究生，工程师.

针对上述问题，经过电气学院自动化专业教师与建工学院教师的沟通和合作，综合建工试验应用背景和自动控制的专业知识，通过对现有试验装置的缺陷和试验过程进行深入的特点分析和性能研究，提出基于跨学科协作的思想，开发人工海洋环境试验装置自动控制系统，研制一种在干湿循环条件下，实现新型全自动加速综合性实验平台，不但达到优化建工试验效果的目的，同时为自动化专业和建工专业师生提供了一个进一步开展跨学科创新性实验的学习和实践平台，探索实验教学在高校创新实践教学中的实现途径。

1　创新实验平台的设计思路

培养具有创新意识、创新能力、创新思维的创新型人才，在创新型社会发展中的作用日益重要。然而以往各大学科独自发展和各自为战的研究现状已经不能够适应当今学科交叉创新发展的需要。同时，跨学科的交叉培养不但能拓宽学生的思维及视野，激励教师的创新意识和动力，而且有助于当今高水平大学的学科协同发展和完善创新人才培养机制[6~9]。

浙江大学近年来在推进"双一流"建设中，特别重视学科交叉研究和知识创新体系构建。电气学院在培养和推动创新型人才培养方面，以多样化的创新研究平台与学生成效激励政策相结合，基于系统观点整合关联课程，构建内核宽泛精练、外延交叉的课程体系，建立以探索性实验为特色实验教学体系，形成创新性项目研究为主体的创新实践与创新能力培养机制。电气学院系统科学与工程学系实验室和电机系实验室长期致力于工业自动化领域的实验研究，在自动控制领域理论知识扎实、工程实践经验丰富，在复杂工业系统控制上具有独特的优势，教学和科研处于国内高校一流行列。同时，建工学院土木水利实验中心在国内率先开展人工海洋环境下耐久性的理论研究和工程实践，在环境试验领域具有扎实的理论和工程技术背景，已形成基本实验装置应用平台和经验丰富的设备维护人员相结合的软、硬件基础。

针对现有大型海洋环境试验平台设计上的不足，借助跨学科协作的强大硬件条件和技术力量，

通过学科强强联合和交叉，构建综合控制与建工专业的跨学科综合性实验平台，不但为相关学科学生和实验教学人员提供一个沟通和学习的平台，而且有望解决在人工海洋环境试验设备研制方面的科研难题，促进跨学科教学科研仪器平台的研制过程，推动创新性和综合性实验教学在创新型人才培养中实施和应用。

2　创新实验平台的具体实现

2.1　平台总体架构

通过广泛调研以及查阅资料，掌握国内外人工海洋环境试验装置的研究现状，通过横向对比分析各种装置的优缺点，吸取各种装置的优良性能。同时组织建工和电气学科师生针对各自学科的优势和存在问题进行需求分析，以此为标准制定装置的研发目标。基于交叉学科中各自专业特长，发挥各自学科的优势，进行研究内容和实施形式的深入的探讨，并根据研发目标，依据各学科研究重点的不同，统筹制定试验装置的总体设计框架。

根据试验装置中控制对象和控制作用划分，所设计的试验装置控制系统包括底层控制单元和高层控制单元两个部分。在底层控制单元的设计中，利用工业控制系统中控制性能稳定并且实现简便的 PLC 系统，开发温湿度控制子系统、通风控制子系统、红外灯控制子系统、潮汐控制子系统等控制模块。在高层控制单元的设计中，通过在工控机上开发系统级控制程序，一方面实现耐久性试验中各个工序之间的自动和有效衔接，优化工序的执行顺序，达到加速试验的目的；另一方面，高层控制单元利用工控机提供人机交互界面，并设计相应的工序协调程序，实现对各个子系统 PLC 采集到的相关物理量信息进行实时分析，基于各个子系统之间信息量的耦合特性，实现子系统间操动机构的协调反应，从而提高试验中参数控制的精度，保证试验的可信性和重现性。

2.2　平台开发流程

具体的，该实验平台的具体开发流程如下。

（1）基于自动控制理论，梳理建工专业对试验装置的控制需求，利用 PLC 实现温湿度控制子系统、通风控制子系统、潮汐控制子系统、红外

灯控制子系统等底层控制单元的设计和开发，分别实现蒸发器、空调器、鼓风机、水泵和红外灯光照强度控制器等操动机构的合理工作状态，保证对于温湿度信息、风速信息、水位信息、光照强度的实时测量和反馈控制。在各个子系统控制策略中，考虑到子系统面临着外界环境干扰的不确定性，控制器的参数设置和反馈回路需要精心设计，保证各个模块功能实现的鲁棒性。针对子系统的设计和调试过程中发现的问题，联合建工与自动控制专业师生进行会商，修改完善前期设计，并反馈到相应的模块开发过程，进行修正改进。

（2）研究和分析建工试验的用户习惯和实验流程，利用性能稳定的工控机开发符合建工师生操作习惯的系统级用户监控界面，并考虑试验流程和要求，设计高层控制单元，并通过工业现场总线与各个子系统控制单元进行环境参数传感器数据的传输，以协调工序控制信号的反馈，实现对各个子系统工序的协同和优化。考虑到温湿度参数受红外灯、温湿度和通风等子系统中的耦合影响，在高层控制单元中设计相应的环境参数自适应控制策略，实现风速、温湿度、光照强度等参数的自动补偿控制，并通过工序协调和人工环境参数的优化控制，实现耐久性加速试验，达到缩短试验周期和提高试验控制精度的目的。

（3）综合各个子系统模块进行系统联调，组成一套完整的试验装置，进一步发现和解决前期设计中的相关问题，并反馈到相应的模块开发过程，进行修正改进。进而试验平台上进行试验装置的相关试验项目，以此验证该装置的设计正确性和运行可靠性。整个平台开发流程如图1所示。

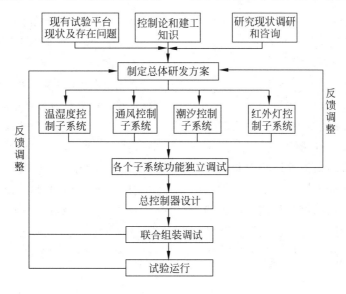

图1 平台开发流程图

3 实验平台的应用前景

跨学科创新性实验平台因其具有多学科交叉的优势，其应用领域具有辐射面广、扩展性强和要求性高的特点。首先，在实验教学方面，考虑到跨学科实验教学开展历史短，知识面广和教学体系不完善的现状，必须对现有的实验教学体系进行适当的改革和创新：在实验对象上，以学生为中心，允许自由选题和组团参与，并根据实验难度和学生水平进行层次化分类；在实验内容的设计上，以基本实验知识、实验技能、逻辑思维、创新科学思维的培养为立足点，面向不同专业和不同兴趣特点的学生，独立开出不同的实验课程，既要顾及常规基础性项目，也要面向学有余力的高年级学生，开设创新型人才培养的综合性和探究性项目；在实验组织形式上，寻找符合知识交叉和创新探索规律的开展形式，目前主要采用科研兴趣小组的方式，以课题为导向，以学生自主性探索为主导的实验形式；在实验考核方式上，区别对待基础性实验和综合性、创新性实验的考核要求，形成符合鼓励基础掌握和激励探索未知的层次化考核机制[10~15]。其次，在实验平台的科研辅助服务方面，根据学科发展需求和人才培养需要，开展如研究生科研实践课程、学科交叉综合科研平台等基础性科研活动；通过利用实验平台开展社会实践服务，加强与企事业单位的合作，考虑用实验平台先进的设备和实验技术建立建筑工程材料检测检验中心，开展与相关单位实验合作业务，增大实验平台在社会科研服务中的辐射面，扩大跨学科实验平台的重要作用和影响力。

浙江大学电气学院和建工学院的跨学科实验平台研发案例的成功，将对其他院系以及国内其他高校不同学科的交叉融合具有良好示范作用。实验平台的建设完成，将对建工学院在混凝土耐久性试验技术层面上有比较大的提高，解决了以往试验方法费时费力的问题，降低了人工成本，提高了试验精度，同时可为电气学院、建工学院以及相关学科高年级本科生和研究生提供一个良好的学习和实验平台，同时为学校的科研实验活动向社会服务领域开放提供了可能性。

4　结语

通过整合和优化控制学科和建工学科的现有实验室资源，构建跨学科创新性实验平台，不但解决传统建工学科实验的精确模拟和控制问题，而且为电气和建工学院师生提供一个知识综合应用和实践的机会，推动自动控制和建筑工程的跨学科实验教学实践的发展，提高了高校在教学、科研以及社会实践服务方面的创造力和影响力。

References

[1] 金伟良，袁迎曙，卫军，等. 氯盐环境下混凝土结构耐久性理论与设计方法[M]. 北京：科学出版社，2011.

[2] 金伟良，金立兵，延永东，等. 海水干湿交替区氯离子对混凝土侵入作用的现场检测和分析[J]. 水利学报，2009，40（3）：364-371.

[3] 李春秋，李克非. 干湿交替下表层混凝土中氯离子传输：原理、试验和模拟[J]. 硅酸盐学报，2010，38（4）：581-589.

[4] 张庆章，黄庆华，张伟平，等. 潮汐区海水侵蚀混凝土结构加速模拟试验装置[J]. 实验室研究与探索，2011，30（8）：4-7.

[5] 王受和，江鲁，王俊，等. 海洋环境腐蚀模拟试验装置的优化设计与研制[J]. 环境技术，2014（1）：55-59.

[6] 伍旦初，陈晓远，郝宁生，等. 构建跨学科实验大平台[J]. 中国职业技术教育，2006（24）：40-41.

[7] 王晓岗，赵超，许新华，等. 分层次、跨学科开放实验教学实践[J]. 实验室研究与探索，2013，32（9）：160-163.

[8] 钱国英. 研究性实验的内容设计与实践——以生化实验技术课程为例[J]. 实验室研究与探索，2010，29（10）：1-3.

[9] 易昆南，于菲菲. 在综合性、设计性实验中培养学生的创新能力[J]. 实验技术与管理，2007，24（8）：8-9.

[10] 陈灵，彭成红. 加强研究性实验教学提高学生的创新能力[J]. 实验室研究与探索，2010，29（8）：202-204.

[11] 蒋学军，税永红. 实验教学改革和学生创新能力培养[J]. 实验科学与技术，2006，4（2）：79-81.

[12] 孙盾，姚缥英. 开设自主实验的实践与思考[J]. 实验技术与管理，2009，26(5)：21-23.

[13] 李琰，吴建强，齐凤艳. 开放与自主学习模式下的实验教学体系[J]. 实验室研究与探索，2012，31（1）：134-137.

[14] 龚沛曾，杨志强，袁科萍，等. 实施 12 字培养目标，提升大学生实践创新能力[J]. 计算机教育，2011(21)：11-16.

[15] 窦娟. 高校实验室跨学科科研团队建设[J]. 西安建筑科技大学学报：社会科学版，2010，29（4）：93-96.

基于 CDIO 理念的项目驱动式教学方法研究与实践

于微波　张秀梅　刘克平　邱　东

（长春工业大学 电气与电子工程学院，吉林 长春 130012）

摘　要：教学方法改革是教学活动中的一个重要环节，是培养高质量学生的重要保证。本文结合 CDIO 工程教育理念和项目驱动式学习方法，将其应用于"单片机原理及应用"课程的实际教学环节中，并对教学模式的构建、教学内容设计以及项目的构思、设计、实施与运作过程进行了深入的研究与探讨。实践证明，基于 CDIO 理念的项目驱动式教学方法，对培养学生的学习能力和创新能力效果显著。

关键词：CDIO；项目驱动式；教学方法

Research and Practice on the Project Driven Teaching Method based on CDIO Conception

Weibo Yu, Xiumei Zhang, Keping Liu, Dong Qiu

（College of Electrical and Electronic Engineering Department of Automation，Changchun University of Technology，Changchun 130012, Jilin Province,China）

Abstract：The reform of teaching methods is an important part of teaching activities and it is also the vital guarantee for developing high-quality students. In this paper, combine the concept of CDIO engineering education and the project driven learning method, and apply it to the actual teaching of "Microcomputer Principle and its application" curriculum. The construction of the teaching mode, the design of teaching content, the conception, design, implementation and the operation process of the project are deeply studied and discussed. The practice has proved that the project driven teaching method base on CDIO has a significant effect on training students' learning ability and creativity.

Key Words：CDIO, Project Driven, Teaching Method

引言

随着我国工业化进程的不断加快，工业智能化的大趋势下，对大学毕业生的创新能力和实践能力均提出了更高的要求。但本科毕业生的综合素质和能力还远不能满足社会需求，毕业生在全面发展与个性发展方面还有很大的提升空间。通过调查发现，很多企业认为成绩不是验证毕业生综合能力的指标，企业更倾向于具有动手实践能力和创新精神的优秀毕业生[1]。

现阶段，高等工程教育的重要任务是怎样打破我国科技人才数量现状，努力提高我国工程科技人才的综合质量。为此，我国发展高等工程教育积极总结人才培养方法的不足，参考国外优秀教育方法，积极探索适合我国国情的人才培养方案，优化教学结构，提高人才培养的综合能力和

联系人：于微波. 第一作者：于微波（1970—），女，硕士研究生，教授.

基金项目：2015 年度吉林省高教学会高教科研课题(JGJX2015D67)；2015 年教育部自动化专业教指委教育教学改革研究课题(2015A10)；2015 年度吉林省高教学会高教科研课题(JGJX2015C27).

创新能力。

CDIO 工程教育理念是近年来国际工程教学改革的最新成果，是国际工程教育与人才培养的创新模式[2]。CDIO 是指构思(Conceive)、设计(Design)、实现(Implement)和运作(Operate)。它以构建主义为理论基础，工程项目为载体，倡导问题驱动，由教师发起并维持，引导学生提出问题，探讨发现答案，建立健全新型现代化多样化的学习方式。通过完成项目任务的方式，将科研成果引入到教学内容，实现意义建构，不仅强化学生对知识的掌握，还提高了学生的综合能力[3]。

CDIO 工程教育模式打破传统以教师、教材和课堂为中心的教育模式，教师将科研成果与教材知识融入项目的每个角落，通过实践教学，启发学生积极探索发现知识。CDIO 工程教育理念与项目驱动式教学的主旨相一致，是一种以学生、学习和学习效果为中心的开放式教学模式。

1　项目驱动式教学法的内涵

项目驱动式教学法是一种基于建构主义学习理论基础上的教学法[4]。建构主义学习理论强调：本科大学生的培养方式必须与项目任务或当地实际问题相结合，启发学生积极探索问题，充分调动学习者的学习兴趣和动机。本科学生的学习不再是单一的接受教材内容和知识，而是通过完成项目任务，积极探索发现新知识，充实自己，提高自身综合能力，主动积累属于自己的知识经验[5]。

本科学生的学习应该是教师启发学生主动探索发现知识，美国著名教育家和哲学家杜威曾说过："人不能通过消极被动地听讲或看书来获得知识，应该在'做中学'。"他认为，学生的学习不能只简简单单通过听教师授课或者教材书籍来获取知识，应该明白为什么学，通过问题和任务来学习，鼓励学生主动积累学习经验[6]。

目前，项目驱动式教学在一些发达国家普遍流行，是国外常用的教学模式。它能够极大地调动本科学生的学习求知欲和积极性，使学生充分体会到通过自己努力完成项目任务的成就感和喜悦感。因此，在德国、日本等国家得到了广泛的应用[7]。项目驱动式教学法可以让学生"在学中做，在做中学"，提高实践动手能力。而且基本上大多数项目任务需要以团队小组的形式来完成，潜移默化地培养了学生积极性主动性以及团结合作的能力。

2　项目驱动式教学法的关键问题

项目驱动式教学最大的优势在于"以项目为主线、教师为引导、学生为主体"，改变以往传统的"填鸭式"被动教学模式。启发学生积极参与学习的每一环节，与其他同学一起协作探索发现知识。这种教学模式，打破传统枯燥的教学模式，可以激发学生的求知欲和积极性。因此，要想在教学过程中取得良好的教学效果，必须注意以下两个关键问题。

2.1　项目的选择与设计

在教学过程中，项目的选取与设计是新教学法中最为关键的环节。在选择项目的时候，要考虑到是否与教材知识体系相结合，让本科学生既能轻轻松松学会所学知识，还能让学生发挥各自想象，培养学生自身创新精神。项目不能一味地要求难度，也不能一味要求趣味性，要有机结合两者，这样不仅可以促使本科学生积极运用所学知识，还能培养学生解决实际问题的能力。

项目设计时主要遵循的原则有以下 3 个方面。

（1）项目设计的综合性。项目设计应体现出知识的系统性和整合性。如在"计算机控制系统"课程中，选择两轮自平衡机器人平衡控制系统设计项目，可以综合自动化专业的自动控制理论、嵌入式控制系统以及运动控制系统等主要核心知识。综合性项目可以帮助学生把已经学会的知识和将要学习的知识融合在一起，有利于培养学生综合运用知识解决实际问题的能力。

（2）项目设计的实用性。在新式教学过程中，教师应根据实际情况把教学内容进行分解并融入具体项目中。项目要包含教学规定的所有知识点，并且要符合实际情况，能够将教材理论性知识与实践教学技能相结合。例如，"单片机原理及应用"课程中的多模式霓虹灯控制系统设计项目，包含了单片机 I/O 口控制、定时器及中断系统设置等教学要求的所有知识点。通常可以选择教师的科研课题、各种大学生科技竞赛题目和大学生创新训练项目。

（3）项目设计的可行性。项目的难易程度要适中，若设计的项目太难，大部分学生都会跟不上学习进度，严重时会影响学生的学习积极性。项目驱动式教学侧重于让大部分一般学生，特别是那些实践动手能力稍微不足的学生，在老师的鼓励下，通过自己的努力完成实践教学任务，品尝到成功的喜悦，更大的激发学生的内动力。当然，项目设计的也不能过于简单，否则就达不到教育的目标，没法提高学生的综合能力。

2.2 教师的主导作用

项目驱动式教学法改变以往教学模式，以学生为中心，更侧重于培养学生的综合能力。学生独立完成整个项目过程中，教师的工作除了教授知识的同时，还应重视对学生的引导工作。

在学生进行项目前，教师应该对即将讲授的知识点进行分析讲解。在讲解过程中，教师要以问题为纽带启发学生思考问题，使学生更容易理解并参与项目的实施。例如，在基于 PWM 可调光台灯设计项目中以如何解决出现的"低电压闪烁"问题为纽带，引导学生对电力电子技术课程所学知识的更深刻理解。

在学生完成项目的过程中，针对学生遇到的问题和阻力，组织学生讨论，然后总结指导。不仅使学生记忆深刻，还能锻炼学生的发散思维，培养其创新能力。

3 基于 CDIO 理念的项目驱动式教学法的实施

3.1 基于 CDIO 的项目教学过程

CDIO 是一种倡导"做中学(Learning-by-doing)"的新型工程教育教学模式。学生是教学活动中的积极参与者，教师是学生学习活动中的协助者[8]。在实施中让学生以工程项目为基础的学习方法(Projected-Based Learning，PBL) 进行学习，在培养方式上则以实践性或创新性的项目为载体。基于CDIO理念的项目驱动教学法全面诠释了 CDIO 的构思、设计、实现和运作 4 个过程，并依据项目目标划分为 5 个阶段：发现项目(Finding)、澄清项目需求(Clarifying)、项目分解(Decomposition)、项目实现(Implementing)、项目评价与改进(Evaluation and Improvement)，如表 1所示。

表 1 基于 CDIO 的项目教学过程

CDIO	各阶段名称	教师角色	学生能力培养目标
Conceiving	Finding（发现项目）	启发学生善于发现生活中工程项目，引起学习积极性	善于发现问题能力
	Clarifying（澄清项目需求）	引导学生把项目需求进行规范化表达	理解能力、查阅资料能力、语言表达能力
Designing	Decomposition（项目分解）	指导学生把大项目具体化及分解成一个个小模块，完成电路图	电路设计、仿真分析能力、查阅中外文文献、解决问题能力、团队协作能力
Implementing	Implementing（项目实现）	项目中出现的问题及时指导	动手能力、差错、排错能力
Operating	Evaluation and Improvement（项目评价改进）	对项目做出评价，鼓励学生大胆创新	文字与语言表达能力、创新能力

3.2 项目驱动式教学法的实施思路

现代化新式"项目驱动法"教学模式的特点，通过选择设计项目来承载传统教材知识内容和最新科研成果。通过给本科学生合理分配项目任务来引导学生自主学习，培养学生顺利完成项目任务的成就感和喜悦感，提高学生实践动手能力。新模式下的教育让学生带着项目任务去学习，从而促使他们主动学习与项目相关的理论，并运用到项目设计中，加深了学生对所学的知识的理解。项目驱动教学法的实施思路如图 1 所示。

（1）构思（Conceive）阶段。从实际生活或科研中发现适合的工程项目，将其引入教学作为配套项目。例如，"单片机原理及应用"课程中，选择红外感应式垃圾桶、基于 PWM 可调光台灯、密码锁等项目，兼具趣味性与知识性，并具有完全的开放性和自主实践性。教师在每个项目实施时，首先介绍项目，讲解一些本项目涉及的关键知识点。学生通过调研与资料搜集，明确项目的需求，找出问题的本质，并把问题逐一规范化，最终写出项目的具体功能。

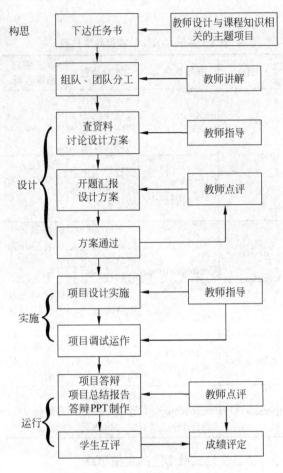

图1　项目驱动教学法的实施思路

（2）设计（Design）阶段。首先，根据需要将学生分为3~4人的项目小组，选出组长，由组长负责组织小组成员做好项目的调研、资料查阅等工作，并负责项目的进度控制和沟通交流。然后，根据项目的具体设计要求，把问题层层分解，将大项目分解为一个个层次分明的子模块，实现对各模块的描述以及明确各模块之间的交互关系，形成设计方案。

（3）实施（Implement）阶段。学生依据设计方案实现硬件电路制作和软件程序编写。期间，教师只是一个"咨询师"，对个别有困难的学生起到指导作用。

（4）运行（Operate）阶段。此阶段学生总结项目各个阶段的情况，书写相关报告，聘请相关专家和教师，组织学生进行项目答辩，现场演示项目成果。通过这个环节，帮助引导学生实现从"听

明白"到"想明白"再到"说明白"的飞跃，巩固对理论知识的理解和运用[9]。

3.3　实施效果

长春工业大学电气与电子工程学院自动化专业于2013年6月被教育部批准为第一批本科专业综合改革试点专业。为此，对2013级本科生选择了"单片机原理及应用"课程实施"项目驱动式教学"。为了了解学生对此教学模式的学习感受和想法，分别从5个方面进行了问卷调查，共发出调查问卷152份，收回148份，调查结果如表2所示。

表2　调查问卷结果

问　　题	选　项	比例（%）
1. 你对"项目式教学"教学感兴趣吗？	A．很有兴趣	82
	B．一般	17
	C．没有兴趣	1
2. 在教学过程中，你喜欢用哪种形式完成？	A．小组合作完成	87
	B．独自完成	9
	C．全班共同完成	4
3. 你觉得这种教学模式对你的成长有帮助吗？	A．帮助很大	80
	B．一般	13
	C．没有帮助	7
4. 你认为这种教学模式对实践能力是否有提高	A．有明显提高	75
	B．有一定的提高	19
	C．没有提高	6
5. 你对此次教学模式的改革感觉如何	A．满意	78
	B．较满意	15
	C．一般	7
	D．不满意	0

通过调查问卷结果可以知道，大部分学生喜欢这种"项目驱动式教学模式"，这种教学方法可以充分提高学生的求知欲和动力，极大地增加了学生学习的兴趣。

4　结论

将CDIO教育理念引入项目驱动式教学模式，以项目为依托，以任务为导向进行教学活动。在教学过程中，实现了教师团队由传统的以教师为主导的教学模式转变为以教师为引导的教学模式，学生由传统的"被动听讲"转变为现在的"主动参与"。这种教学模式激发了学生的学习求知

欲，提高了学生实践动手的能力，培养学生主动学习和团结合作的精神。

References

[1] 顾佩华，沈民奋，陆小华译. 重新认识工程教育：国际 CDIO 培养模式与方法[M]. 北京：人民邮电出版社，2013.

[2] 顾佩华，包能胜，康全礼，等. CDIO 在中国（上、下）[J]. 高等工程教育研究，2012（3）：24-40.

[3] 林佳一. 基于项目驱动的《网络数据库》课程教学研究[J]. 职业教育研究，2008（9）：84-85.

[4] 何克抗，李文光. 教育技术学[M]. 北京：北京师范大学出版社，2005.

[5] 张琳. 浅析建构主义理论指导下的合作学习模式[J]. 科技创新导报，2008（35）：141.

[6] 栾玖华. 项目教学法在技能训练中的实践与思考[J]. Vocational technology，2008，90（2）：42.

[7] 林江涌，魏农建，段明明. 项目教学：应用型教学模式的选择[J]. 中国大学教学，2010，29(10)：33-35.

[8] 蔡丽萍，李汪彪，金彪，等. 软件工程专业的数字电路 CDIO 实验教学设计[J]. 计算机教育，2013（6）：17-20.

[9] 曹海平，管图华. 基于 CDIO 理念的电工电子实训教学改革与实践[J]. 实验室研究与探索，2013（32）：140-142.

基于 CDIO 模式的《程序设计》课程教学改革研究

杨其宇[1] 张 霞[2] 杨正飞[3] 李 明[1] 陈 玮[1]

（[1]广东工业大学，广东 广州 510006；[2]华南农业大学，广东 广州 510642；[3]中山大学，广东 广州 510006）

摘 要：在《程序设计》课程教学中引入 CDIO 工程教育模式，引导学生在问题中应用已有的知识来寻找解决方法，并在解决问题中学习新知识。改变考核方式，综合程序设计思维能力、解决实际问题能力及理论知识测试等方面，进行综合考评。从而培养学生程序设计思维能力和提高教学效果。

关键词：CDIO 模式；程序设计；教学改革

Research and Reform of Program Design Based on CDIO Mode

Qiyu[1] Yang, Xia[2] Zhang, Zhengfei[3] Yang, Ming[1] Li, Wei[1] Chen

（[1]Guangdong University of Technology, Guangzhou 510006, Guangdong Province, China;

[2]South China Agricultural University, Guangzhou 510006, Guangdong Province, China;

[3]Sun Yat-sen University, Guangzhou 510006, Guangdong Province, China）

Abstract：In the Program Design course，using CDIO education model, guide students to apply the existing knowledge in the problem to find a solution, and to solve the problem with learning new knowledge. Change the assessment methods, to evaluate students with integrated program design thinking ability, to solve practical problems and theoretical knowledge test, etc., to cultivate students study ability and improve teaching effect.

Key Words：CDIO Education Model；Program Design；Teaching Reform

引言

"程序设计"课程是一门专业基础课，其教学目的在于培养学生利用计算机编程手段来分析和解决问题的基本能力，其教学质量影响到后续专业课程的学习效果，也影响到学生解决工程问题能力的培养。目前其课程教学存在一些不足：

（1）课程培养目标偏移，忽视编程思路培养。

目前课程教学基本上是以高级语言自身的体系为脉络展开，过于注重语句、语法和一些细节，对逻辑设计与编程解题思路的重视不够。

（2）实验趋向理论验证，实际应用不足。

教学实验一般一次实验验证一两个知识点，验证性实验往往也是根据课堂内容及教材上公式定律的需要设计，各个实验之间联系不强，实验案例也是脱离生活实际场景。

（3）考核内容选取不足，考核方式相对单一。

目前课程考核在内容选取及方式过于单一。大多以期末的笔试成绩作为评定标准，使得学生知识的掌握只是依靠死记硬背，使其认为语法知识的学习比算法的设计更重要。

联系人：杨其宇. 第一作者：杨其宇（1977—），男，博士，讲师.

基金项目：广东省 2015 年度省高等教育教学改革项目（本科类）（粤教高函〔2015〕173 号）；中央财政支持地方高校发展专项资金项目，自动化专业主干课程教学团队（粤教高函〔2014〕97 号）；中山大学 2016 年本科教学改革与教学质量工程项目.

在"程序设计"课程中开展基于 CDIO 模式的教学，探索有效的教育激励机制，将有助于实现"教"与"学"两个过程的优化，激发学生学习动机和提高学习绩效，在最大程度上解决课程中存在问题，培养学生程序设计思维能力。

1　CDIO 模式教学

CDIO 代表了近年来国际工程教育改革的成果，2005 年汕头大学率先实施 CDIO 工程教育改革[1,2,3]；成都信息工程学院提出了建立自然分层、因材施教的 CDIO 培养模式[4]。在基于 CDIO 教学模式下，在工科、非工科课程中实施基于项目等的教学方法，探寻主动教与学：任小燕等的 Visual Basic 开篇教学中结合学生的专业大背景、个人关注抛出相应的小"项目"，预设一个较好的学习情境后快速调动学生学习积极性[5]，邹龙庆等针对传统的项目考核方式在能力考核方面存在的问题，如对学生协作能力、创新能力、组织表达能力、信息获取能力、社会活动能力以及沟通表达能力等方面考核的不足，设计了一种多元课程考核方法[6]。

2　教育激励理论相关研究

以激励理论为基础，建立高等教育激励机制的模式，不仅是有序管理的需要，同时也是应对当前学生管理问题的重要手段。教育激励的工程，就是教育者为了满足学生的需要而创设各种激发学生动机的条件，调动其积极性和创造性，使其朝着所期望的目标努力前进的过程[8]。孙彤认为，激励是激发人的动机，诱导人的行为，使其发挥内在潜力，为实现所追求目标努力的过程[7]。衣庆泳等提出，除了思想激励外，还应当有目标激励、榜样激励、奖惩激励，最大限度发挥教育激励的积极效应[9]。崔宪波、李燕军、刘国凤等人在思想政治教育教学中进行探讨[10-12]；方雪晴在英语课堂动机策略中谈到大学英语教师应充分考虑高低水平学生的不同心理特征和学习需求，有的放矢地采用相应的动机策略激发、维持和增强其英语学习动机[13]。郭景茹等针对动物医学专业，通过在创新创业教育的进程中，合理设定、构建并运行激励机制，以期提高学生的实践能力、创新能力和创业能力[14]。

3　基于激励理论与 CDIO 的教学改革

针对本课程以往教学模式中"过于注重语句、语法和一些细节；没有把逻辑与编程思路放在主体地位；对分析问题和解决问题的方法和手段讲授不到位；对学生的编程能力和上机操作能力训练不够；学过之后不能用来解决实际的问题"等问题，本项目对"程序设计"课程的教学内容设计、实践教学设计、考核机制及专业案例设计等方面开展探索和研究。

3.1　重构和整合课程教学内容

在课堂讲授和实验环节中，理顺程序设计基础知识和综合项目的教学内容设置和进度安排，加入经典算法的验证型实验和小规模设计型实验训练模块，提高学生创新能力。

3.2　基于工程项目改进实践教学

基于实际的工程项目和全国大学生挑战杯、创新创业大赛等比赛平台推动实践教学内容与考核方式的改革与创新，开辟第二课堂，让学生接触前沿学科知识和积累工程项目经验，培养学生的科研究精神和探索能力。

工程教育要求结合专业定位和课程教学开展工程实践项目，集中培养学生的工程实践能力，积极引导企业参与学生培养并提供实际的工程应用实践项目。积极探索在现有的条件下如何开展学生的工程实践活动；如何设置工程实践项目更有利于学生能力的培养；如何对工程实践中学生的能力进行评估等问题。

推进大学生科研训练和学科竞赛。通过学校、学生和社会的积极参与，使我校大学生研究性、探索性学习得到全面展开。让学生参与并设计与学科前沿研究相结合的大项目，进行规模型和综合型实践训练；给学生布置的作业题和实习题应融合当前最新理论和技术。

开辟第二课堂，使学生尽早接触工程实际问题。学生在学习新知识的同时保持和发扬已有的知识，使新、旧知识充分互动，交叉创新。压缩理论课时增加实践课时；摆脱实验台约束，增加实践性实验；通过小组合作实验、项目答辩、撰写小论文和报告，锻炼学生项目管理与团队协作等综合能力。

3.3　基于激励模型创新考核机制

基于激励模型，探索课程教学和实践环节中提高学生学习动机的有效机制（物质和精神两个方面）。改革课程的考核方式，将理论笔试、上机实践、项目绩效、团队协作评价等要素纳入综合评价范围。

从行为的产生机制模式来看，教师和学生的需要是产生相关行为的前提。物质需要和精神需要的满足在既定的情境中更能刺激产生更多的投入及行为。教师及学生也只有满足了物质需要及情感的需要才有可能在课堂教学环节中产生学习行为。如果"教"与"学"行为所投入与回报不成正比，那么此行为就得不到强化，如果不具备公平与自由的行为环境，那么行为也无法正常延续。学生的基本物质保障和情感归属、安全等如果处于未满足状态，那么主观上的心理预期也会促使无意愿投入行为增加。

充分研究"教"与"学"两个主要要素的需求，研究刺激、反应等行为，形成一套反映学生课程学习和教师授课效果的跟踪评价体系。行为激励模型见图1。

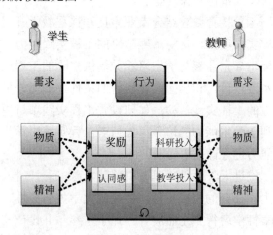

图1　行为激励模型

3.4　基于专业案例创设教学环境

创建面向专业课程匹配的项目案例库，基于网络教学平台实现在线学习及在线评测。在案例设计和收集时要充分体现自动化学科的交叉特性，比如采用利用程序设计来求解概率，线性代数等问题培养学生的程序设计思维，使得学生能够建立解决实际问题的程序设计思维，为专业学习打下良好的基础和铺垫，以及养成良好的自主学习习惯。在开展项目化的程序设计教学的过程中，重视利用案例构建良好的课堂情境，通过实际项目中问题求解的情境创设，提高学生解决问题能力的可迁移性。

4　结论

通过开展教学改革，引入 CDIO 教学模式，探索《程序设计》教学体系，构建教学激励模型，促使学生夯实程序基础知识，提高学生解决问题的程序设计能力和团队协作能力。

References

[1] 梁海龙. 高校课堂教学激励模型构建[J]. 吉林省教育学院学报（上旬），2012（11）：81-82.

[2] 顾佩华，包能胜，康全礼，等. CDIO 在中国[J]. 高等工程教育研究，2012（3）：24-40.

[3] 顾佩华，沈民奋，李升平，等. 从CDIO到EIP-CDIO——汕头打下工程教育与人才培养模式探索[J]. 高等工程教育研究，2008（1）：12-20.

[4] 王天宝，程卫东.基于 CDIO 的创新型工程人才培养模式研究与实践[J]. 高等工程教育研究，2010（1）：25-31.

[5] 任小燕，付云侠.基于 CDIO 的 VisualBasic 开篇教学研究[J]. 中国教育技术装备，2014（14）：92-93.

[6] 邹龙庆，贾光政，王金东. 石油特色高校机电类 CDIO 工程教育模式探索[J]. 中国电力教育，2012（10）：48-49.

[7] 孙彤. 组织行为学教程[M]. 北京：高等教育出版社，1990：221.

[8] 李祖超. 教育激励刍议[J]. 中国教育学刊，2003（5）：6-10.

[9] 衣庆泳，郭旭. 试论大学生激励教育的实施途径[J]. 辽宁行政学院学报，2007（8）：159-160.

[10] 崔宪波. 论激励教育在思想政治课教学中的运用问题[D]. 东北师范大学，2005.

[11] 李燕军，韩捷敏.思想政治教育中激励教育的机理与方法探讨[J]. 思想政治教育研究，2005（4）：37-38.

[12] 刘国凤. 当代思想政治教育专业本科生[D]. 东北师范大学，2006.

[13] 方雪晴. 大学英语教师课堂动机策略研究[D]. 上海外国语大学，2012.

[14] 郭景茹，赵铁丰，计红，等. 激励机制在大学生创新创业教育中的应用及效能分析[J]. 畜牧与饲料科学，2014，35（2）：22-23.

基于工程对象的创新型工程实训教学研究

彭 刚[1] 何顶新[1] 周纯杰[1] 周凯波[1] 秦肖臻[1] 姚 昱[2] 秦志强[3]

（[1]华中科技大学 自动化学院，湖北 武汉 430074

[2]武汉大学 计算机学院，湖北 武汉 430072

[3]深圳市中科鸥鹏智能科技有限公司，广东 深圳 518067）

摘 要：提高本科工程教育质量以满足社会经济技术发展对工程人才的需求，是本科工程教育的一个重要问题。文章结合本科工程教育的发展规律，探讨基于工程对象法的创新型实训教学方法，提出创新型工程实训平台的构建原则、方法，具体说明基于工程对象法的实训教学内容的选取方法、组成形式，并介绍工程实训平台教学内容的编排形式，说明创新型实训平台所取得的教学成效。

关键词：创新型工程实训平台；工程对象教学法；智能机器人教学

Teaching Research on Innovative Engineering Practice Based on Engineering Object

Gang Peng[1], Dingxin He[1], Chunjie Zhou[1], Kaibo Zhou[1], Xiaozhen Qin[1], Yu Yao[2], Zhiqiang Qin[3]

（[1]School of Automation, Huazhong University of Science and Technology, Wuhan 430074, Hubei Province, China;

[2]School of Conputer, Wuhan University, Wuhan 430074, Hubei Province, China;

[3] Zhongke Open Intelligent Technology Co. Shenzhen 518067, Guangdong Province, China)

Abstract：It is an important problem of undergraduate engineering education to improve the quality of engineering education in order to meet the demand of social and economic development of engineering talents. According to development law of undergraduate engineering education, innovative practice teaching methods is discussed based on engineering object, construction principle and method of innovative engineering training platform is put forward. Aiming at the construction of engineering training platform, the selection of teaching content , content, teaching effect also are introduced.

Key Words：Innovative Engineering Training Platform; Engineering Object Teaching Method; Intelligent Robot teaching

引言

随着社会的发展，企业的技术革新速度越来越快，高等院校本科工程教育的人才培养、教学内容迫切需要进一步适应创新型企业技术进步的要求。而目前高等院校本科的课程设置、教学内容却很大程度上经久不变，在一定意义上造成了本科教育对学生的培养与企业的实际需求严重不符的现象，本科工程（素质）教育所培养的人才与社会实际岗位需求差距明显[1]，其主要原因在于：教学方式与评价手段较为单一，难以考核学生的工程实践能力；实践教学条件不够完善，教

联系人：彭刚. 第一作者：彭刚（1973—），男，博士，副教授.

基金项目：华中科技大学教学研究基金项目，教育部高等学校自动化类专业教学指导委员会专业教育教学改革研究课题（2015A25）.

学内容与企业需求有偏差；工程实践和创新氛围不浓，跟不上创新型企业的技术进步。因此，本科教学方法需改进教育教学过程，重视实践教学、项目教学和团队学习，强化学生的工程实践能力培养，提高学生学习的积极性和主动性。

工程对象教学法是一种基于典型工程对象，将理论讲解、实验教学、实践教学与创新活动等融为一体的创新型工程教学方法[2]。现在的"项目教学法""案例教学法""基于问题的教学法"都是工程对象教学法的具体表现形式。为了培养出高素质的工程技术人才，构建创新型工程实训平台显得尤为必要[3, 4]。依托工程实训平台，基于工程对象法的创新型工程实训教学可以完善实践教学的体系，强化实践教学的理念；促进认知实践与理论学习的融合，强化应用能力培养；有利于建立以学生为中心人才培养体制机制，对提高教学质量有着重要的作用和意义。

1　工程实训平台的构建内容

工程实践能力和科技创新精神的培养重点不仅在于"制物"的过程，也要重视培养的目标——"励心"。因此，针对创新型工程实训平台构建原则和人才培养的要求，工程实训平台的构建内容主要包括教学方法、教师队伍、教学内容、工程实训条件、评价体系等的一系列相关的教学要素的有机结合。

1.1　教学方法

工程对象教学法的指导思想是提高学生的实践能力、创新能力和工程素质，培养具有较高工程素质的、符合现代工程系统应用需求的综合型工程技术人才[2]。其核心是培养学生的系统的工程世界观与方法论，即培养学生掌握按照现代系统论的世界观与方法论分析工程问题、解决工程问题的基本方法。图1概况地反映了工程对象教学法的主要内容和各个环节的关系。

针对本科工程教育的现状及特点，传统的教学方法不能较好地达到现代工程教育的培养目标，因此新的教学方法必须要将理论讲解、实验教学、实践教学与创新活动等融为一体。典型工程对象和配套实训教材是教学法的两大基础；应用方案包括课程教学、工程训练、学生课外科技

创新活动、学生的综合设计如课程设计、毕业设计等，它们是分模块、多层次、系列化的。图2是基于工程对象教学法的工程能力与素质培养体系架构。培养对象是自动化、机电一体化、计算机、电信、电子、电力等专业的本科生，在整个大学学习过程中，有效地将工程对象体现在各个教学实践环节中。

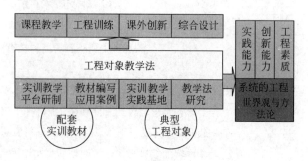

图1　工程对象教学法示意图

基于工程对象教学法的创新型工程实训教学选用相关专业的典型工程对象作为整个教学环节的核心平台对象。智能机器人是典型的机电一体化系统，融合了控制、传感器、计算机、人工智能、电子、机械等众多的先进技术，是高等学校开展工程训练、课外科技创新活动理想的教学实验平台。

1.2　教师队伍

采用工程对象教学法组织教学，要求教师有较高的理论水平，具备专业实践经验，了解相关专业及相关行业的发展趋势，同时，也要具有运用新知识和新技术开展教学及教研的能力。由此采用工程对象教学法的教师要不断提高和更新自己，既要通过参加学术会议，与相关专家学者交流掌握工程教育理念，又要不断提高自身的专业理论水平和自身的实践创新能力。

1.3　教学内容构建

基于工程对象法的创新型工程实训教学内容是对教学目标、活动方式的规划和设计；是教学大纲、教学计划及其实施过程的总和；是学生获取知识、工程实践能力，提高综合素质的载体。对于一个具体的专业，其教学内容的表现形式是在专业领域知识的框架下，针对一个专业的典型工作任务，结合工程要求、技术特点、持续发展等方面确定的教学内容。一般由若干能具体实施

的学习情境组成，包括"情形"和"环境"，一般是综合性的学习任务，能融入具体的知识和技能，

能将理论教学和实践学习结合成一体。

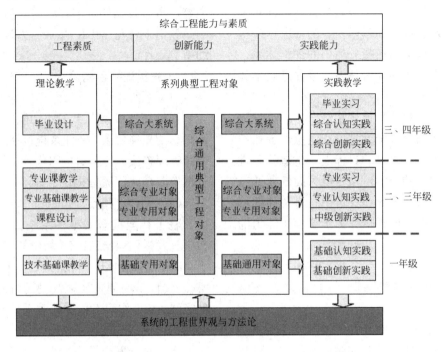

图2 基于工程对象教学法的工程能力与素质培养体系架构

（1）学习情境构建模式。

创新型工程实训教学内容构建方法有直线式和螺旋式两种。直线式就是把学习内容组织成一条在逻辑上前后联系的直线，前后内容基本上不重复，要求逻辑思维，注重构成整体的部分和细节。螺旋式（又称圆周式）是在不同学习情境中相关知识重复出现，但逐渐扩大范围和加深程度，螺旋式地反复逐渐提高，从而使学生全面、扎实地掌握相关知识和技能。

（2）知识与技能编排准则。

知识与技能编排包括连续性、顺序性和整合性三个基本准则。连续性是指直线式地编排教学内容；顺序性是强调后继内容的编排以前面的内容为基础，并对有关内容逐渐深入、广泛地展开；整合性是指各种教学内容之间横向联系编排，有助于学生获得统一的知识与技能。

1.4 工程实训条件的构建

工程实训教学条件的构建包括教室构建和工程实训平台构建两个部分，教室为具体的学习情境或岗位要求设置，融入了工程元素，把工程实现过程通过教学过程来体现；工程实训平台为实

施教学做一体而构建，分解了具体知识和任务，操作设计过程就是学习过程。工程实训的条件要求有足够的实训平台、配套的教学设置、体现工程实践特点的氛围等。当然不同的学习领域、不同的学习情境、不同的训练任务要具有不同的设备和环境。

（1）教室建设模式。

工程实训教室的构建要尽量与当前工程技术的实际情况相符合，工作环境的布置、空间的划分、设备的规格型号、布局方式等要尽量满足工程实训的要求。针对不同类型的课程教学需要，可以采取"学做一体""做学交替"等不同侧重点的教室建设模式。

（2）工程实训平台构建。

创新型工程实训平台是为教学内容的实践操作和训练而构建的，学生能在"做中学，学中做"感知和体会，从而获得相应的工程技术能力。通过进一步的实践效果分析，提升解决实际问题的能力。创新型工程实训平台一般有虚拟教学平台和真实教学平台，其中虚拟教学平台可以对所讲授的知识通过仿真来实现。

1.5 评价体系构建

创新型工程实训平台的特点是理论与实践同时进行，教师教学、学生实践同时进行。针对本科学生特点以及工程实训教学内容的要求，应构建教师、学生、社会"三位一体"的评价体系，知识和工程技术能力的评价体系，以促进教学改革，提高教学质量。

评价形式采取自评和他评相结合、过程性评价和定期评价相结合、定性评价和定量评价相结合等方案。学校人才培养的目标之一是造就一批适应社会发展需要的人才，学生能力高低要通过用人单位进行检验，因此在评价中，有条件的可以考虑将行业、企业的评价作为衡量学生能力的一个重要指标。

2 工程实训平台构建实例

基于 STM32 单片机的智能机器人小车工程实训平台，是在工程实训平台的构建原则、内容和方法的基础上，面向自动化、机电一体化、计算机、电信、电子、电力等专业的创新型工程实训平台。

2.1 教学内容与教学条件

基于 STM32 单片机的创新型智能机器人小车工程实训平台教学内容主要包括智能机器人小车软硬件系统、基本运动控制、中断编程与触觉系统导航、接口设计与红外导航、定时器编程与距离检测、串行通信系统设计、LCD 显示接口编程、光感测系统的制作与调试、模数转换模块的设计与编程、DMA 编程与应用、实时时钟编程与应用、看门狗编程与应用。

在基于智能机器人小车工程实训平台的教学

过程中，需要满足的教学条件包括：要具备万用表、智能小车组装套件和模块、导线、常用电阻、电容、电感等器件，配套教材，智能机器人小车实践教学平台及 MDK 集成开发环境、串口调试助手等软件。

2.2 工程实训平台构建

（1）系统结构。

根据智能机器人小车的功能原理要求及单片机知识的拓展要求，硬件系统包括最小系统模块、电源管理模块、传感器电路模块、信号处理模块、电机控制模块、通信模块、显示模块等。

（2）硬件电路设计。

整个智能机器人小车系统基于 STM32F103 教学开发板，STM32F103 教学开发板是推出的基于 ARM Cortext-M3 内核的 32 位单片机教学开发实验平台，充分考虑了多种使用目的和应用需求，功能强大，可作为工程实训教学平台和开发平台，如图 3 所示。

将教学开发板接上机器人小车，并加上面包板，可以作为典型的工程对象，引导学生学习 STM32 系列微控制器单片机原理与应用开发，通过亲身动手搭建传感器以探测周边环境，控制电机运动，完成一个智能机器人小车所需具备的基本能力；也可通过红外进行遥控，或通过麦克风语音控制；AD 接口可以应用于数据采集领域；大容量的 Flash 芯片可以作为数据存储器、中文字库，也可以存储音乐应用于多媒体；外接 SD 卡或 U 盘可以将存放的图片在触摸液晶屏上显示；板载的 RS485、CAN、以太网接口满足各类通信的需要；加上无线通信模块还可以作为无线传感器网络接口，用于物联网领域。

（a）工程实训教学板　　　　　　　（b）安装好胡须的机器人小车　　　　　　（c）安装好红外探头的机器人小车

图 3　基于 ARM Cortex-M3 的 32 位单片机工程实训教学实验平台

（3）情景任务设计与实现。

基于 STM32 单片机的智能机器人小车工程实训平台可以为学生提供丰富的情景设计任务，典型的情景任务设计。比如基于触须的机器人触觉导航、基于红外传感器的机器人避障设计、基于距离检测的机器人跟踪条纹带设计等。

2.3 知识技能编排

将学习情境包含的内容和技能，按照逻辑顺序梳理、组合，形成知识技能网络体系，便于记忆、理解和运用。针对基于 STM32 的智能机器人小车工程实训平台，编制了由浅入深、循序渐进的知识体系，其部分目录如下：

项目 1：ARM Cortex-M3 处理器编程环境与嵌入式系统。

任务序列：获得并安装软件、硬件连接、创建工程并下载可执行文件到教学开发板，用串口调试软件查看单片机输出信息。

项目 2：STM32 单片机 IO 端口与伺服电机控制。

任务序列：单灯闪烁控制、流水灯、机器人伺服电机控制信号、控制机器人运动。

项目 3：STM32 单片机中断编程与机器人触觉导航。

任务序列：安装并测试机器人的触觉——胡须、基于胡须的机器人触觉导航、机器人进入死区后的人工智能决策。如图 3(b)所示。

项目 4：STM32 单片机输入/输出接口综合应用与红外导航。

任务序列：搭建电路并测试红外发射和接收、高性能的红外导航。如图 3(c)所示。

项目 5：STM32 单片机定时器编程与机器人的距离检测。

任务序列：距离探测与尾随小车、条纹带跟踪设计。

3 教学实践

3.1 教学方法与手段

实际教学过程采用理论教学与实践操作结合，在各工作任务学习过程中，采取边学习、边实践，对于抽象的概念和原理，一般先要求学生利用实践平台进行测试或者仿真，老师根据学生记录的数据或者现象进行分析、讲解，然后再测试再总结，如单片机语言的学习，老师先进行知识讲解，接着学生对其验证和训练，使理论教学与实践操作有机结合，提高学生的学习积极性。

针对具体知识，采取了虚拟仿真与实际验证相结合的教学方法，如针对高级定时器输出 PWM 的编程，知识讲解后，利用集成开发环境自带仿真工具进行模拟仿真，接着学生用示波器测量观察输出的 PWM 波形，将其结果与模拟仿真的进行对比分析，从而达巩固和理解的作用；如控制语言的学习，老师先要对语法结构、程序设计思路以及程序的分析进行详细讲解，接着要求学生利用相应软件对程序实现功能进行仿真，接着将程序或模块电路下载到控制芯片中，最后利用工程实训平台搭建电路并测试。虚实结合，减少了不必要的消耗，降低了教学成本，增强了学生创新意识。

课内学习与课外训练有机结合，增加了创新型工程实训平台的利用价值，巩固了知识和技能、拓展了专业知识面。课堂上老师要对教学内容进行分析、讲解、演示操作，学生要将学习的内容进行消化、测试和验证；课外要按照老师布置的任务，收集资料、自行学习、利用好工程实训平台提供的资源，进行训练。

3.2 教学模式

通过项目导向、任务驱动的模式全面推行"做中学、学中做、学做合一"。根据本科工程教育的特点，创新教学形态，改革教学方式方法，倡导现场教学、仿真教学、虚拟情境教学等教学方式，采用任务实操法、角色扮演法、合作学习法等教学方法。通过改革，突出了教学过程的实践性、开放性和工程性，促进学生能力和素质的提升。

3.3 教学反馈和教学效果

根据评价体系构建的内容，教学反馈包括教师评价、学生评价、社会评价。教师评价即学生成绩评定；学生评价主要体现为学生的自我评价和学生对教师的评价；社会评价主要是相关社会合作人员对教学内容、培养方式、教学效果等内容的评价。

通过创新型工程实训平台的应用，学生的学习积极性发生了很大的变化，学习能力、创新能力得到了提高，主要表现在以下几个方面。

（1）学生学习热情明显提高。

对于学生而言，如果只是纯粹理论知识、逻辑推导、公式运用的讲解，他们的学习激情不高，但喜欢在玩中学，在操作的过程中学习，工程实训平台恰好符合学生的心理，可以满足学生边做边学的要求，另外学生还可以参与自身技术知识和技能评价。因此在教学过程中，学生很乐意去完成老师布置的各项任务，都主动地去查阅资料、认真实践，专心学习，学习热情明显提高。

（2）学生实践能力明显增强。

创新型工程实训平台在实施教学的过程中，学生通过"制物"的过程，也磨砺了"心智"。通过实际下载并运行程序，掌握了相关理论知识和工作原理；通过具体的情景任务设计，拓展了专业知识面。无论是仿真、测试、验证、还是设计，学生均要参与到实际操作之中，增加了学生自主学习和训练的机会，让他们在实践中掌握了各种知识，提高了解决问题的能力和韧性。

（3）促进教学改革，提高教学质量。

教学组织模式体现了做中学、学中做的思想，教师除了会教之外，还要能动手实际操作，这样一来，教师要不断地学习，经常参与企业的产品生产、研发，提升工程实践能力，才能应对学生在实践中可能碰到的各种问题；另外教师在教学过程中，与学生一起参与实践，进一步了解了学生知识和技能的掌握情况，有利于改进教学方法、更新教学观念、提高教学质量。

4　结论

制物励心，本文围绕本科工程教育发展规律、学生特点以及综合应用能力的培养需求，从教学内容入手，根据当前本科工程教育所面临的各种问题出发，提出了工程实训平台的构建原则，构建了面向自动化、机电一体化、计算机、电信、电子、电力等专业的创新型工程实训平台，以机器人嵌入式系统专业为例，详细介绍了工程实训平台的构建过程，并在具体教学中进行实践、总结。通过实践证明了该平台的实用性和有效性，也形成了相关的教学理念，指导其他专业学习活动的设计，具有较好的推广价值。

References

[1] 陈劲，胡建雄. 面向创新型国家的工程教育改革研究[M]. 北京:中国人民大学出版社，2006.12.

[2] 秦志强. 论工程教育的科学主导与工程回归[J]. 高等工程教育研究，2005（05）：87-90.

[3] 王沛民，顾建民，刘伟民. 工程教育基础：工程教育理念和实践的研究[M]. 北京:高等教育出版社，2015.1.

[4] 张宏伟，阎有运，王新. 单片机实践教学改革的探索与实践[J]. 实验室研究与探索，2009，28（4）：206-208.

基于培养学生能力为目标的实验教学研究与实践——以电气传动课程设计为例

张 婷 刘瑞静 吴美杰

（北京理工大学 自动化学院，北京 100081）

摘 要： 为了提高学生的创新应用能力，强化学生的实践操作能力，基于培养学生能力的目标为出发点，以工程教育认证为契机，进行实验教学研究，从课程设计的教学目标、教学内容、教学方法和课程考核等方面进行详细阐述，研究与实践如何以学生能力为目标切实有效地改革课程的教学模式。

关键词： 实验教学；以学生为中心；教学方法；电气传动

Research and Practice of Experimental Teaching Based on the Cultivation of Students' Ability—A case Study of Electrical Drive Course Design

Ting Zhang, Ruijing Liu, Meijie Wu

（School of Automation，Beijing institute of technology，Beijing 100081，China）

Abstract: Based on the target of cultivating students' ability, take the engineering education certification as an opportunity to carry out experimental teaching research, In order to improve the students' ability of innovation and application, and strengthen the students' practice ability. Based on the teaching goals, teaching contents, teaching methods and evaluation of course design, elaborate in details to research and practice that how to effectively reform course teaching mode aiming at students' abilities.

Key Words: Experimental Teaching；Student-centered；Teaching Method；Electrical Drive

引言

实验教学是实现创新人才目标和素质教育的主要教学环节，是实施科学素质教育的重要途径。实验教学是课堂理论教学的延伸、强化与补充，通过实验教学，培养学生的研究能力、实践操作能力、团队沟通与协作能力、实际项目的管理能力，"电气传动课程设计"是电气工程及其自动化的一门专业课程，是综合性实验。本课程主要内容是设计与调试典型的转速、电流双闭环直流调速系统，合理、科学地开展实验课程的教学，可帮助学生将理论知识在实践环节中加以综合运用并得到进一步巩固和提高。

1 根据毕业要求指标点构建培养学生能力的课程目标

近年来，中国的高等教育事业得到了长足的发展，为各行业提供了各级各类人才，在人才全球化的今天，各国之间的专业资格互认也显得至关重要。基于此背景，根据《工程教育认证》中

联系人：刘瑞静. 第一作者：张婷（1970—），女，博士，高级实验师.

基金项目：本文系"2017 年教育部高等学校电气类专业委员会教育教学改革研究课题"成果.

的电气工程及其自动化专业本科生培养目标及毕业要求指标点，结合课程的教学目标，学生的学习特点，构建以培养学生能力为中心的实验教学目标，充分调动学生学习的主动性和积极性，该课程设计毕业要求指标点与课程目标对应关系如表1所示，课程培养目标如下。

（1）培养学生设计能力。根据课程设计任务书，按照工程设计方法设计转速、电流双闭环直流调速系统，实现系统稳态无静差、起动性能良好、具有抗干扰性能。

（2）培养学生检测与调试能力。掌握双闭环直流调速系统中给定、控制、驱动、检测反馈各环节和整个系统的调试方法。

（3）总结参数变化对系统性能影响的规律，培养学生实验数据的分析与处理能力，培养分析问题、解决问题的能力。

（4）培养学生对系统方案设计过程中遇到的特殊问题进行深入交流和探讨的能力。

（5）通过小组任务分工，培养学生团队协作能力和项目管理能力。

（6）培养学生撰写专业技术实验报告的能力。

表1　毕业要求指标点与课程目标对应关系

毕业要求指标点	课程目标
1.能够根据实验目的确定需要的数据，并能够通过合适的手段收集数据	（1）、（2）
2.能够理解一个多角色团队中每个角色的作用，并能在团队中做好自己承担的角色	（4）、（5）
3.能与团队其他成员有效沟通、听取反馈，综合团队成员的意见，并进行合理决策	（4）、（5）
4.促进团队建设，组织团队开展工作	（1）、（3）、（4）、（5）
5.能够针对复杂工程问题通过口头或书面方式表达自己的想法	（4）、（6）
6.在多学科工程实践中，具有项目管理的基本能力	（1）、（5）

2　优化实验教学内容，科学组织实施方案

结合人才培养目标与课程教学要求，实验项目要符合基本课程教学要求，同时要能结合知识的实际应用，与工程实践项目接轨，为学生实际工作打好基础。在实验教学内容的选择上以能力培养为目标，注重理论与实践的结合，我院开设的《电气传动课程设计》的设计内容及指标要求

为：针对现有平台，设计内环为电流环、外环为转速环的双闭环结构调节器的直流调速系统。受控对象为直流电动机-发电机组，控制系统操作台为 DS-III 型电气控制系统综合实验台。稳态指标为无静差；动态指标要求，在启动时电流超调小于5%；空载启动到额定转速时的转速超调量小于10%；并且系统具有良好的抗干扰性能。

在设计开始时，由指导教师向学生下达课程设计任务，任务规定了设计题目及技术要求，指出要解决的主要问题和应完成的设计任务等。在课程设计期间，指导教师按时到实验室进行指导，主要任务为检查学生每阶段内容完成情况、实验操作讲解、指导答疑并对下一步需要完成的内容进行布置。课程设计实践学时为16学时，教学任务分配如表2所示。

表2　教学任务分配表

学时	实验内容	作　业
3学时	课程设计总体概述；认识控制系统实验台；掌握课程设计任务书；注意事项；小组分组和任务分工。测试开环机械特性	估算电机参数，设计测试参数步骤，机械特性仿真，撰写电气传动技术读书笔记
2学时	测试系统的总电阻、电枢电阻、平波电抗的电阻和电源电阻；测试电机的飞轮力矩、空载功率、电磁时间常数和机电时间常数；测试电流反馈系数、转速反馈系数和整流放大倍数	根据测试的参数，运用工程设计法进行转速环和电流环的设计，并在仿真平台上进行仿真调试
4学时	测试调节器的比例、积分、限幅等功能；测试转速反馈和电流反馈信号的极性；调试内环电流环，使系统在启动时，电流超调低于10%；系统在静态时稳定	根据实际电流环测试的结果，重新进行转速环和电流环的设计
4学时	调试双闭环，使系统在启动时，转速超调低于10%，电流超调低于5%；系统在静态时稳定；测试系统双闭环机械特性；测试系统抗干扰能力	根据实际电流环、转速环测试的结果，分析理论计算和仿真结果的误差，并分析原因
3学时	实际操作考试；总结实验步骤和注意事项；分析实验结果；小组答辩总结，组间互评分	撰写总结报告

3　实施以培养学生能力为目标的多元化实验教学过程

由于"电气传动课程设计"的理论性和实践

性都非常强，课程设计的教学难度较大，学生理解和接受知识困难多，不能很好地掌握和进行实际系统的设计，因此，结合实际教学情况及实验要求，从培养学生能力的角度出发，达到学以致用解决实际问题的目的。在实验课程教学过程中我们主要采用分组实验、小组讨论、交叉评论、实验测试等方法。下面以双闭环直流调速系统设计—电机参数的测试的实施过程来分析实验教学方法。在本次实验项目中，要求学生通过实验测试电机的相关参数，并根据相关参数利用工程设计法进行转速、电流双闭环直流调速系统的设计，并在仿真平台上进行仿真调试。实验教学过程主要包括以下几个过程：作业演示、任务讲解、分组实验、交叉讨论、效果评估、实验仿真。

3.1 作业演示

为了增强学生针对复杂工程问题进行口头或书面的表达能力。在教师讲解前，首先由学生分组对上次实验的作业进行演示，包括 PPT 演示电机的机械特性曲线和读书笔记；然后由教师对学生在演示过程中出现的问题进行总结点评，例如，PPT 的色彩搭配问题、表达的语速、如何增强自信心、团队意识等，以利于学生在下次的演示过程中更加完美。

3.2 任务讲解

为了提高学生能够根据实验目的确定需要的数据，并能够通过合适的手段收集数据的能力，同时为了保证测试相关参数的准确性，教师首先提问"利用工程设计法进行双闭环直流调速系统的设计，学生要对哪些参数进行测试，以及如何对这些参数进行估算、测试"，为了提高其项目管理的能力及团队合作能力，要求学生分组讨论，最终根据每组学生的讨论结果进行点评，讨论过程中教师要注意启发引导学生，解释难点，补充要点，深化概念。这样教师才能很好地把握学生对理论知识的掌握情况，对存在的问题和学生提出的疑问进行及时指导，使学生在一种轻松、自由的环境中学习，充分体现学生学习的自主性。此外，教师还应对学生开展实验室安全教育，防止出现电机飞车等教学事故。

3.3 实验操作

此环节是实验教学的核心，也是学生课堂活动的主体。根据实验要求，小组成员自行学习、设计、验证实验，教师分步骤的检查各小组的完成情况。学生对于实际参数的测试方法的学习的

积极性都比较高，对于电机的应用比较感兴趣，教师在教学过程中可根据学生的学习兴趣拓展教学内容，使学生了解双闭环直流调速的具体的应用，以及在实际应用过程中的一些突发情况该如何处理。单纯一个人的力量是完不成很大的工作的，每个任务的完成，都体现了小组中每个成员与团队中其他成员的有效沟通、积极配合，为了一个共同的目标合理决策，努力完成，使学生更深刻地理解团队中每个角色的作用，并努力承担好自己的角色，使每一位学生均能参与所有的学习环节，这样可培养学生的团队意识和合作能力，全面深化他们对学习内容的认识理解，激发创新思维。

3.4 讨论评估

实验完成后，各组选择一名学生对自己小组完成的情况及存在的问题进行总结，并要求各组之间进行相互点评。让学生充当教师的角色，评估、考核其他组实验完成的情况，在相互的讨论与评估中去发现问题，解决问题；同时，提高自己对实验内容的理解，更好地去改进实验。此方法在教学过程中能充分调动学生的积极性。最后，教师对学生完成情况进行综合性的评估，同时给出此实验项目各学生的考核成绩，并对学生存在的普遍问题，未发现的问题及实际应用作综合性的讲解，以帮助学生全面的掌握实验内容，并对下一步的工作进行布置。课后学生需对相关理论、实验操作进行巩固学习，强化学习效果，并对学生进行实验室的开放等，提高学生的积极性和参与度，让他们在巩固学习中消除疑惑、改正错误，加强他们对知识的消化和吸收。

3.5 实验仿真

近年来，随着仿真技术的发展，出现了一些专用电气的或包含电气模块的仿真软件，这些软件既可以用于研发产品、设计产品，也可以用于实验学习，其中比较常用的有 MATLAB/Simulink、Saber 及 Psim 等，把现代仿真技术引入"电气传动课程设计"课程，一方面可以通过仿真把抽象的实验操作变成感性认知过程。另一方面也使学生在掌握知识的同时学会一门软件，不断增强学生的学习兴趣以及探索新知识的动力，通过引入仿真技术，除了对实验原理进行验证外，学生也可以根据自己的兴趣和掌握的知识进行探索性仿真实验，例如转速、电流、电流变化率三闭环直

流调速系统、转速电流双闭环控制的 PWM 直流调速系统设计，这样我们既培养学生兴趣，提高了实验效果，又降低了教学成本和实验风险。

4　以毕业要求指标点改革考核方式

基于培养学生能力为目标的实验教学，应注重学生的实验过程，学生的参与情况、团体合作情况及学生的项目管理能力，同时也应考虑学生之间的差异性，因此，为了对学生掌握的情况做出合理、科学的评价，课程的考核方式根据毕业要求指标点进行改革，主要包括课堂考勤、实验准备、实验操作过程、实验完成情况、课堂参与情况、课堂提问、作业演示、课程设计总结报告等环节，学生成绩不再是单一由教师决定，而是依照学生在整个学习过程中的表现，按多元评价原则进行评价。对于实验成绩的考核方式与各模块的成绩分配在学生实验前作出相应的说明，做到透明化，成绩采用百分制，各项目成绩的考核分配为:总结报告（40 分）+现场调试（30 分）+考试（30 分），"电气传动课程设计"考核表如表 3 所示。

表 3　"电气传动课程设计"考核表

毕业要求指标点	考核形式	考核得分点
1.能够根据实验目的确定需要的数据，并能够通过合适的手段收集数据	总结报告	参数测试准确（5 分）、仿真调试正确（5 分）、现场调试正确（5 分）、课题调研合理（5 分）、设计方案合理（5 分）、结论分析准确（5 分）
	考试	作业：参数的估算、计算，利用工程设计法设计调节器（10 分）
	现场调试	电机参数测试方法正确，数据准确，完成实验过程记录（10 分）
2.能够理解一个多角色团队中每个角色的作用，并能在团队中做好自己承担的角色	现场调试	开环机械特性曲线测试结果正确，完成实验过程记录（5 分）
	考试	PPT 展示开环机械特性曲线、电气传动发展技术读书笔记（5 分）
3.能与团队其他成员有效沟通、听取反馈，综合团队成员的意见，并进行合理决策	现场调试	完成极性、限幅值的测试和调节、电流环调试、实验过程记录（5 分）
	考试	PPT 展示双闭环调速系统的仿真与调试、实验过程中可能遇到的问题及解决办法（5 分）
4.促进团队建设，组织团队开展工作	现场调试	完成电流-转速双闭环调试及抗干扰测试、实验过程记录（5 分）
	考试	考试记录单、同学之间互评分表、提问问题记录表（5 分）
5.能够针对复杂工程问题通过口头或书面方式表达自己的想法	总结报告	课题目标明确（3 分）、图表公式准确（5 分）、注意事项（2 分）
	考试	PPT 成果展示、师生提问（5 分）
6.在多学科工程实践中，具有项目管理的基本能力	现场调试	现场测试考试（5 分）

以毕业要求指标点进行考核方式的改革充分体现了学生的学习自主性，充分做到了以培养学生能力为目标的实验教学。

5　结束语

《电气传动课程设计》的知识量大、应用性强，是综合性实验，以学生能力培养为目标贯穿于整个教学过程中，根据毕业要求指标点构建课程目标，根据课程目标设计教学任务，在科学组织实验的过程中，实施多元化的教学方法充分调动了学生学习的积极性、主动性。通过设计与调试典型的转速、电流双闭环直流调速系统，使学生掌握了各环节和整个系统的调试步骤与方法，掌握了参数变化对系统性能影响的规律以及实验数据分析与处理的能力，增强了团队合作能力和项目管理能力；培养了灵活运用所学理论解决控制系统中各种实际问题的能力和独立分析问题、解决问题的能力，提高了书面和口头表达能力，以最简单实用的教学方法达到了最优的教学效果。

References

[1] 汤海林. 以学生为中心的计算机网络实验教学研究[J]. 实验科学与技术，2015，13（4）：3-16.

[2] 张震宇，郑玉珍，王子辉. 以专业认证为导向的课程教学模式改革——以电子技术课程设计为例[J]. 浙江科技学院学报，2016，28（3）：244-248.

[3] 李光提，侯加林，张业民，等. 以学生为中心提高实验教学质量的实践与探索[J]. 实验室科学，2012，15（4）：3-16.

基于项目驱动的自动化专业课程一体化实践教学模式的探索与实践

马 然　齐咏生　张健欣　魏 江

（内蒙古工业大学 电力学院，内蒙古 呼和浩特 010080）

摘　要：自动化专业课程普遍具有实践性和应用性强的特点，本文针对其实践教学环节存在的不足，从强化学生的系统观和工程意识，加强实践动手能力的角度出发，探讨了基于项目驱动的一体化实践教学模式。首先从专业课实践环节和毕业设计两个方面详述了教学改革的思路和具体措施；然后以大学生创新实验计划项目为例，详细介绍了结合专业课程将项目任务分解为个人项目和小组项目的过程。

关键词：实践教学；教学模式；项目驱动；一体化

Exploration and Practice on Project-based Integrated Practical Teaching Mode towards Specialized Courses of Automation

Ran Ma, Yongsheng Qi, Jianxin Zhang, Jiang Wei

(Electric Power College, Inner Mongolia University of Technology, Huhhot 010080, China)

Abstract：Aiming at the shortcomings of practical teaching towards specialized courses of automation which are of strong practical characteristics, an integrated practical teaching mode based on project is discussed in this paper in order to enhance students' engineering consciousness and cultivate their systematic viewpoint. First, thinking and methods of teaching reform were discussed from two aspects, which are practical teaching of specialized courses and graduation project. Then, taking the innovative experimental project for example, the task was disintegrated into the individual projects and the group ones, and the decomposition process was explained in detail.

Key Words：Practical Teaching; Teaching Mode; Project-based Teaching Method; Integrated Method

引言

　　我院自动化专业以内蒙古自治区能源、电力等特色行业的自动控制为背景，主要面向运动控制、工业过程控制、电力电子技术、检测技术、火电厂热工过程控制、新能源控制技术、电子与计算机技术等领域，具有强弱电并重、软硬件兼顾、行业特色突出等专业特点。2016 新版自动化专业培养方案更加强调专业课程群的实效性，强化工程意识，加强实践性教学环节，着力提高学生的应用能力和创新意识。

　　主干专业课程（含专业基础课和专业课）通常理论性、实践性和应用性都很强，在培养高素质综合能力人才方面，相应实践环节的教学模式和教学方法还有种种不足，其改革势在必行。本文从培养学生的系统观和项目工程意识，锻炼学生提出、分析和解决实际工程问题的角度出发，

联系人：马然. 第一作者：马然（1982—），女，硕士，讲师.

基金项目：内蒙古工业大学 2015 年度"大学生创新实验计划".

对基于项目驱动的一体化实践教学模式进行了探讨，以期提高专业课程的实践教学质量。

1　存在的问题与实践教学模式的改革思路

1.1　存在的问题

专业课程的实践环节主要包括课程基础实验、课程设计、毕业设计、认识实习和专业实习，本文主要针对前三项进行探讨。课程基础实验主要针对专业基础课开设，存在实验内容单一、实验模块开放性差、实验成绩占比小等问题，不足以培养学生的系统观和整体观，激发其兴趣、主动性和工程意识，无法对学生进行全面合理的综合评价。课程设计主要针对专业课开设，存在题目数量少、内容陈旧、实验设备台套数少等问题，学生存在浑水摸鱼的情况，缺乏提出问题和解决问题的积极主动性。毕业设计的时间由于与找工作相重合（在第 8 学期进行）导致学生的有效利用时间减少；其次，选题方式虽然是学生与老师的双向选择，但往往出现学生选老师而忽视题目的情况；同时还存在题目每年重复率高、常规型题目多、缺乏创新性等问题。考核结果在一定程度上偏离了任务要求的初衷。

1.2　实践教学模式改革的指导思想与改革方案

实践教学模式改革的指导思想是建立基于项目驱动的专业课程一体化实践教学模式，以真实的工作任务、产品或工艺流程为载体构建实践教学内容体系，采用以学生为主体、项目为对象、教师为主导的教学模式开展教学，教学实施过程考核与综合评价[1-3]。

基于此指导思想，结合前述实践教学环节的不足和新版培养方案对课程体系的改革，提出如下改革方案，实践教学模式改革的架构如图 1 所示。

（1）增设小组项目与个人项目。

小组项目的题目强调项目的综合性与完整性，学生根据自己的兴趣、能力以及题目的难易自主选择，自由分组。组员自行分解任务，制定方案，选择实验元器件、模块及其他项目资料，设计实验或项目步骤，设计电路图、结构图，进行仿真或实物调试。小组项目有利于激发学生的工程意识、对系统整体把握、促进同学间交流讨

论，以及锻炼团队协作能力。个人项目主要针对理论知识掌握较好、知识接受能力强的学生设置，强调其理论研究的深度或专业技能的广度，要求利用较新的专业技术对项目内容进行拓展和延伸，以此提升个人的工程实践能力与创新能力。

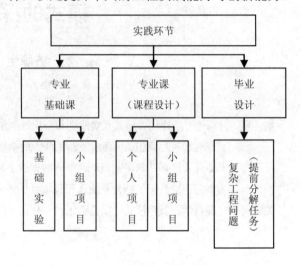

图 1　实践教学模式架构

小组项目应根据学生的自我评价、同伴评价、口头测试、自己负责部分的完成情况及整个产品的完成情况等综合评价；个人项目则主要根据学生的设计方案、独立分析和解决问题的能力、项目测试完成情况、研究论文独立发表情况等方面评价[2]。

（2）重新设置专业基础课和专业课的实践环节。

专业基础课要求学生除参与课堂教学、完成个人作业和基础实验外，在开课初选择小组项目，教师结合课程进展分配一定课堂教学学时用于小组项目阶段汇报，并开展课堂讨论。针对专业课开设的课程设计则拆分为小组项目和个人项目，小组项目可以在原课程设计大纲的基础上进一步丰富设计题目，在理论教学内容结束后集中 1～2 周完成；个人项目的题目可以通过结合课程大纲要求，在小组项目题目的基础上对理论算法、实现方案与技术指标要求进行细化来确定，在开课初布置，学生自选，以学期为单位进行阶段考核。个人项目与小组项目均要求完成完整的产品项目，并进行实验室测试验收和答辩。

（3）关于毕业设计改革的思考。

毕业设计属于复杂工程问题，而小组项目和个人项目实则可以认为是对复杂工程问题的任务

分解，学生只有经过基于项目驱动的一体化实践环节的充分锻炼，才能结合个人兴趣和能力正确选择毕业设计题目，和教师形成真正的双向互动，保证高质量完成这项综合考核。笔者认为毕业设计任务应当尽早下达。实际上，在第 5 学期学生已经对本专业的培养目标和课程体系有了比较明确的认识，如果此时每位指导老师就提供若干题目，给出任务要求和必备课程知识体系结构，对于综合能力较强的学生便可以结合参与的个人项目和小组项目提前进入毕业设计准备阶段。毕业设计任务书可以结合专业课的开展进程分阶段明确项目要求，由学生以学期为单位提交当前阶段的个人项目完成情况报告，老师根据每阶段学生的进展适当修改任务要求与阶段计划，师生双方可以进行及时、充分地沟通。相信该方式对于教师改进教学方式、提高科研能力同样是有帮助的。

2　实践教学改革的具体实践

2.1　专业课实践环节的改革

改革措施从优化教学内容和更新教学方法两方面，以检测类课程为例说明如下。

（1）优化教学内容。

首先，应完善和丰富常规验证型实验项目，做到每次课程开展的实验项目不重复，学生可以自主或随机选择，从而提高学生的积极主动性，避免抄袭实验结果的现象。其次，根据课程的侧重点不同设置相对应的个人项目与小组项目，如开发综合型实验项目作为小组项目（如转速控制系统和温度控制系统），开发设计型实验项目作为个人项目（如电子秤和多点测温系统）[1]。学生自主设计方案，绘制电路图或结构图，选择实验模块或购买元器件，完成系统搭建与实物调试，进行精度分析。

以某转速控制系统为例[1]，原理图如图 2 所示。学生利用现有实验模块设计、搭建一转速控制系统，实现信号的检测、处理、转换、控制与显示等功能，要求选择合适的速度传感器，建立转动源（直流电机）的数学模型，分析系统的动态和稳态性能。该项目涉及自动控制原理、检测技术与仪表、电机与拖动、过程控制系统及运动控制系统等多门课程，后两门课程虽然当学期未

开设，但其知识点是自控在过程控制和运动控制两门课的应用，这恰好是锻炼学生查阅资料、独立学习新知识以及对所学融会贯通的好机会。

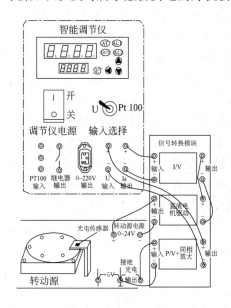

图 2　转速控制系统

（2）更新教学方法。

首先，教师在实验指导过程中应注意引导，开展故障分析教学，鼓励学生自己动手分析故障原因并加以排除，学生表现应在考核结果中体现[1]。其次，编写具有系统性和工程意义的指导说明书。教材问题是实施一体化教学的关键，应当打破诸如传统实验指导书的编写形式，以问题和项目为导向，以工程任务的形式提出需求，贯穿系统的概念，弱化基本原理的介绍，强调学生自主查找资料、设计方案并具体实现，逐步培养学生提出、分析和解决问题的能力。

2.2　大学生创新实验计划项目实例

以本人指导的一项校级大学生创新实验计划项目为例说明项目任务的分解方法。项目信息：基于 PLC 控制的八层电梯系统的设计，起止时间：2015.9-2017.5，成员为 5 名自动化 2013 级本科生。该项目要求学生自主设计一套电梯控制系统，作为实验室开展专业基础课——检测技术与仪表和专业课——可编程序控制器（PLC）、工业通信与接口、运动控制系统等课程实践教学环节的公共实验平台。从总体方案的制定、元器件的选取，到信号处理及电气控制系统的设计与调试均由学生自己动手完成，要求考虑实际电梯系统的机械

结构，完成电气控制，具有电梯的基本功能，保证电梯模型在 PLC 控制下稳定、协调、有序、可靠地运行。

为保证项目按期完成，本人结合相关专业课的开设进程和毕业设计任务（项目结题要求至少有一名同学的毕业设计题目应当以该项目为核心），以个人项目和小组项目的形式，将项目的具体任务分解到各专业课程的实践教学环节中[4]。任务分解见表 1，电梯系统实物图如图 3 所示。其中，项目组成员可能有 2～3 名同学同时做同一个个人项目，在独立完成方案设计后，进行小组讨论，选择最优方案，最终协同完成实物调试；保证每名成员各自负责完成一项个人项目。项目负责人负责项目进程的整体把关，并最终完成个人的毕业设计题目。目前，该项目已顺利结题，项

目负责人进行了毕业设计论文公开答辩，取得了较好成绩。

图 3　电梯模型实物图

表 1　项目任务分解表

项目形式	项目题目	任务简述	相关课程
小组项目	电梯模型硬件实物搭建	查找实际电梯的相关资料；针对实验室已有的电梯模型（元器件不完整且部分有损坏），完成全部电气信号的检查	检测技术与仪表
小组项目	内外呼电路设计与制作	设计内外呼电路，画出原理图，设计印刷电路板，购买元器件，完成电路板元器件的焊接与调试	检测技术与仪表
小组项目	电梯平层控制（一）	传感器选择霍尔传感器或光电位置传感器，设计平层方案；购买元器件，并设计相应电路，完成调试	检测技术与仪表
小组项目	电梯平层控制（二）	传感器选择光电编码盘，设计平层方案；用实验室提供的光电编码盘实现对电梯转速的测量，设计脉冲计数电路，完成调试	检测技术与仪表
个人项目	电梯电气系统设计	进行系统 I/O 点分配，完成 PLC 选型；设计系统的电气原理图	可编程序控制器
个人项目	电梯拖动系统设计（一）	采用直流电机作为拖动电机，设计拖动系统，包括调速方案	运动控制系统
个人项目	电梯拖动系统设计（二）	采用单相交流电机作为拖动电机，设计拖动系统，包括调速方案	运动控制系统
个人项目	电梯监控系统设计	选择组态软件，设计电梯的监控系统	可编程序控制器
个人项目	轿厢内触摸屏软件开发	选择触摸屏，设计触摸屏的监控软件	可编程序控制器
个人项目	电梯 PLC 控制程序开发	编写梯形图，进行软件调试	可编程序控制器
小组项目	电梯系统硬件联调	小组讨论确定控制方案，在搭建好硬件平台的基础上，进行系统联调，保证硬件电路信号的正确性	
小组项目	电梯系统联调	软硬件系统联调	
毕业设计	基于西门子 1200 系列 PLC 的电梯模型控制系统设计	在创新实验计划项目的基础上，拖动系统实现基于单相交流电机的变频控制，采用光电编码盘实现基于 PLC 的精确平层控制，完善基于触摸屏和组态软件的监控功能，实现基于现场总线的网络控制，完成系统的集成与联调	

3　结论

本文从专业课实践环节和毕业设计两方面，探讨了自动化专业实践教学的改革思路，并以实例介绍了个人项目和小组项目的开展方式。以笔者指导的一项大学生创新实验计划项目为例，结合专业课程和毕业设计，详细介绍了项目任务的分解方法，该项目是对基于项目驱动的专业课程一体化实践教学模式的一次具体尝试，项目顺利结题的同时开展了相关实践教学内容，学生受益良多，取得了较好的教学效果。关于专业课程的实践环节进行整合后如何重新制定学时及考核要求，以及个人项目和小组项目在课程考核中如何占比的问题今后仍需进一步探讨。

References

[1] 马然，张健欣，萧贵玲．"检测技术与仪表"实践环节教学改革探讨[J]. 2015 年全国自动化教育学术年会，2015.

[2] 李新德，郝立，包金明．"运动控制系统"课程的 CDIO 教学改革[J]. 电气电子教学学报，2014，36（5）：27-29.

[3] 吴启红. 自动化类专业一体化课程教学模式探索与研究[J]. 职业，2016（1）：74-75.

[4] 杨福广，肖海荣，王旭光.基于项目驱动的应用型本科自动化专业课程设计[J]. 中国电力教育，2014（8）：180-181.

基于应用实例的"微机原理与接口技术"课程教学方法探讨

摘　要：针对"微机原理与接口技术"课程存在的课时少、内容多、概念分散以及设计应用灵活、程序执行过程抽象等特点，提出了一种基于车载冰箱的温度控制系统，伴随着课堂内容的进行，边授课边设计，理论联系实际，最终将该课程的所有主要知识点在该系统上加以应用，同时减少课程验证性实验，增加综合性设计实验，对提高学生学习兴趣，改进课程教学质量具有重要意义。

关键词：微处理器；总线；算法；并行接口；串行接口

Teaching Method Research for Course of Microcomputer Principle and Interface Design Based on Practical Design

Fenxi Yao

(Beijing Institute of Technology, Beijing 100081, China)

Abstract：According to the course's characteristics such as too many concepts, application flexibility, lack of practice, difficulty in understanding the process of program execution, a car-used refrigerator temperature control system is proposed. The control system design will be completed step by step during the lecture with the knowledge introduced to students. At same time, the simple and replication experiments are upgraded to comprehensive experiments. It is of great importance to improve students' interest in learning and the effectiveness of course teaching.

Key Words：Microcomputer; Bus; Algorithm; Parallel Interface; Serial Interface

引言

"微机原理与接口技术"课程是工科院校的重要课程，更是工业自动化、电气工程及其自动化专业的核心课程。北京理工大学自动化学院设置的计算机类课程有计算机基础、C 语言程序设计、数据结构、微机原理与接口技术、嵌入式控制器设计、计算机网络等。微机原理课程安排在计算机基础、C 语言程序设计后面，可以说起到了承上启下的作用，与其紧密联系的还有其他专业课程如计算机控制系统、检测技术、传感器技术、控制算法等。因此掌握扎实的微机原理基本概念和微机控制系统的整体设计思想，提高实践动手能力对自动化类专业学生具有非常重要的意义。

1　课程特点

由于学院整个课程体系调整，本课程学时数不断压缩。从最多时的 96 学时减少到目前 64 学时（其中包括 10 学时的实验），并且增加了单片机内容。内容多、课时少是本课程的典型特征。大家公认的微机原理课程的其他特点还有[1]：

联系人：姚分喜. 第一作者：姚分喜（1964—），男，研究生，副教授.

（1）概念多、零散，使用灵活；

（2）芯片内部结构以及程序的执行过程既看不见又摸不着，理解困难，从而使得课堂教学单调无味，部分同学学习起来比较困难，甚至一些基础较差的学生干脆放弃了学习；

（3）理论与实际脱节，所学的内容不知道有什么用，怎么用，什么时候用。

针对以上问题，本文提出了一种结合实际工程实例的方法，以车载冰箱温度控制系统为设计目标，边学习边设计，同时改进传统的验证性实验，取得了较好的效果。

2 课程内容

本课程以 8088 CPU 为主，主要内容包括微机基础知识、CPU 内部结构、汇编指令与汇编语言程序设计、存储器设计、接口设计（包含中断控制器、定时计数器、并行接口、串行接口、AD 和 DA 转换电路等）五大部分[2]。后面四个部分为重点，课堂讲授的顺序也如上所述。

CPU 内部结构是课程的重点，也是难点。重点是 CPU 内部寄存器结构，同时又有诸如流水线技术、逻辑地址与物理地址、启动与复位、标志位、总线与时序等许多概念。其中，地址总线、数据总线和控制总线组成的三总线概念极为重要。因为三总线是后续存储器设计、接口设计的基础。

汇编语言应用程序设计与硬件结构密切相关，只有熟练掌握常用汇编指令及典型应用程序设计方法才能够使系统硬件正常工作。

3 车载冰箱温度控制系统设计

温度控制是典型的工业自动化应用系统，同时也广泛应用于我们的家庭日常生活中，如家用热水器等。车载冰箱采用半导体制冷片控制，具有体积小、控制简单、安全方便等特点。它采用直流 12V 供电，改变电源的极性可以使制冷片加热或者制冷[3]。本文所选车载冰箱容积为 1.5 升，制冷片型号为 12703，电流为 3A，可控的温度范围为制冷时可比室温低 15 度，加热时可高于室温 25 度左右。本系统使用两路温度传感器，一路测量室温，一路测量箱内温度。如果温度设定值低于室温，采用制冷方式，而温度设定值高于室温时，则采用加热方式，因此需要设计继电器电路进行电源极性的切换。电源通电时间的控制采用 PWM 方式，直接用数字量高低电平控制占空比即可实现。如果采用模拟量控制，则首先要将电压转换为 PWM 占空比信号，然后再驱动输出。如图 1 所示。

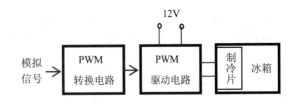

图 1　制冷片模拟信号控制电路

3.1　系统设计目标与思路

车载冰箱温度控制系统的设计目标为：

（1）能够通过键盘电路输入设定的温度值，通过相应控制算法快速达到所要求的温度值，稳态误差小于 1 度；

（2）在数码管上实时显示温度值，两位整数，1 位小数；

（3）温度传感器选用 Pt100 铂电阻变送器，其测量范围为 0~80 度，对应输出为 4~20mA 电流；

（4）采样周期为 10 秒，保存 24 小时的温度值；

（5）按动某个按键后可以打印输出最近 1 小时的温度值；按动某个按键后在数码管上交替显示最近 24 小时内的最高及最低温度值；按动某个按键后将最近 24 小时内的温度值传送到上位机。

根据控制系统设计的一般过程，首先选择微处理器。为了结合本课程教学内容，选择 8088 CPU，并工作在最小模式下。系统若要正常工作，必须具有 ROM 存储器。同时需要保存采集的数据，需要堆栈区等，因此要有 RAM 存储器。继电器电路、键盘电路、数码管显示和打印机输出电路是典型的并行接口电路的扩展应用。本实例中采用 4×4 键盘矩阵，3 位数码管。对温度的采集当然要用到 AD 转换电路（首先将电流转换为电压信号），控制信号可采用 PWM 或者模拟量两种方式。若采用模拟量控制，则要使用 DA 转换电路。采样周期的控制必然要用到定时电路，可采用定时中断方式。综上所述可以总结出控制的过程为：当采样时刻来到后，启动 AD 转换，进行采样，然后根据给定值与采样值之间的误差进行算法运算（如采用传统 PID 控制算法[4]），从而得出控制量，控制量通过驱动电路后控制制冷片电源的通断时间，从而实现对温度的调节控制，该闭环控制系统如图 2 所示。可以看出，该系统需要用到本课程几乎所有知识点。

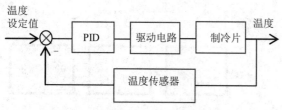

图 2 闭环温度控制系统示意图

3.2 系统设计实现过程

随着课堂讲授内容的进行，该系统的软、硬件设计将逐步展开。以存储器设计为例。因为 8088 CPU 的启动地址为 0FFFF0H，所以 ROM 存储器地址空间一定位于高地址，例如若使用 EPROM 2764 芯片，则地址范围应设计在 0FE000H～0FFFFFH。由于系统采用中断方式，而中断向量表位于最低地址 0000H～003FFH，因此 RAM 空间应该位于低地址端，如使用 SRAM 6264 芯片，则地址范围应设计在 00000H~01FFFH。地址 00400H~01FFFH 的 RAM 空间可根据需要合理安排为堆栈区与数据区。如 00400～0047FH 设置为堆栈区，00480～01FFFH 设置为数据区，即（SS）=40H，（DS）=48H。又比如讲到定时/计数器 8253 在温度控制系统应用时，根据时钟计算出定时常数后，若采用上升沿触发 8259A 中断，则可选择方式 1 或方式 3。

以此类推，其他的设计内容按照课堂逐步进行，当课程将要结束时，温度系统设计完毕，硬件电路如图 3 所示。

汇编语言程序是伴随着硬件设计而同步进行的，在此系统中具体体现在以下 3 个方面.

（1）初始化程序：定时器 8253、中断控制器 8259A、并口 8255A 和串口 8250 的初始化；

（2）定时中断服务程序：包括数据采集（AD

转换），PID 控制算法运算，控制量输出（DA 转换）；

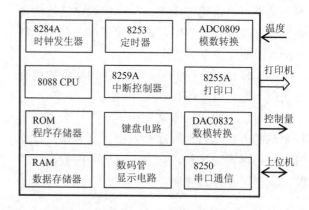

图 3 车载冰箱温度控制系统电路示意图

（3）键盘扫描程序，数码管显示程序；

（4）串行通信程序等。

在 AD 转换数据采集程序中，可将排序程序加以应用。如到采样时刻时，连续采集 20 个数据。将此 20 个数据从小到大进行排序，去掉两个最大值与两个最小值，剩下的 16 个数据再求均值，从而使学生深入了解排序程序的用法。

从上可以看出，设计过程逐步深入，覆盖面广，综合性强，易于理解，便于记忆。

4 课程实验环节的改进

"微机原理与接口技术"课程内的实验还是采用实验箱，以前以验证性实验为主。由于有实验指导说明书，学生不加理解与思考，因此效果较差。为了解决这个问题，我们将验证性实验减为 4 学时，其余 6 学时用于综合性应用设计实验。

综合性应用设计实验的题目是将原来独立的验证性实验加以组合[5]，例如某题目要求每 1 秒钟进行一次采样，并将数据显示到数码管上。如果采用中断方式的话需要用到定时/计数器 8253、中断控制器 8259A、采样电路 ADC0809 以及并口 8255A 扩展实现的数码管显示等。按照这种方法，可以组合出很多题目。如果 6 个学时不足，要求学生利用课后时间完成规定内容。当然如果能够将此温度箱作为综合实验的控制对象，与课堂讲授互相配合必将起到更好的作用。

5 结论

经过课堂讲授内容与车载冰箱温度控制系统设计过程相结合，大家普遍反映课程内容条理清楚了，概念理解也不那么抽象了，理解了所讲的每一部分内容有什么用处，如何使用。而且只要一想到课堂上所讲的车载冰箱控制系统，马上就联想到该系统的每一部分是如何设计实现的、如何控制的，即便是多年以后也不会忘记。可以说该系统针对性强，主线突出，起到了提纲挈领的作用。再也不用死记硬背，学习也不那么枯燥无味了，而是件简单快乐的事情。

References

[1] 张金花，余勃，过威克. 微机原理及应用课程基于项目教学改革探究[J]. 实验科学与技术，2016，14（3）：144-145.

[2] 冯博琴，吴宁. 微型计算机原理与接口技术（第 3 版）[M]. 北京：清华大学出版社，2011.

[3] 于为雄，戴景民. 基于半导体制冷器件的温度控制系统[J]. 仪器仪表与检测技术，2013，32（10）：60-64.

[4] 吴金华. 基于 PID 算法的半导体温度控制系统的设计[J]. 机电技术，2016（6）：9-13.

[5] 赵元黎，刘爱玲，杨海彬. 在"微机原理"实验中应用研究型教学模式[J]. 实验科学与技术，2014，12（1）：63-65.

面向复杂工程问题，推进实验教学改革

彭熙伟　郭玉洁　张　婷　王向周　郑戍华　汪湛清

（北京理工大学　自动化学院，北京　100081）

摘　要：工程教育专业认证以先进的教育理念引导专业建设与教学改革，对于提高人才培养质量产生了积极的影响。解决"复杂工程问题"的能力是毕业要求的核心内容，本文聚焦解决"复杂工程问题"，剖析了传统实验教学存在的一些主要问题，基于"复杂工程问题"所具有的特征，探索专业实验教学改革与创新，有针对性地提出突出工程特色、强化工程设计、注重综合集成以及改革考核评价等实验教学改革思路。

关键词：专业建设；专业认证；成果导向；实验教学

Focusing on Complex Engineering Problems and Promoting Experimental Teaching Reform

Peng Xi wei, Guo Yu jie, Zhang Ting, Wang Xiang zhou, Zheng Shu hua, Wang Zhan-qing

(School of Automation, Beijing Institute of Technology, Beijing 100081)

Abstract：Engineering education program accreditation with advanced educational philosophy guides the program construction and teaching reform, which has a positive impact on improving the quality of personnel training. The ability to solve "complex engineering problems" is the core of program-outcome. In this paper, solving "complex engineering problems" is focused, and some main problems existing in traditional experimental teaching are analyzes. Based on the characteristics of "complex engineering problems", the reform and innovation of program experiment teaching is explored, and the experimental teaching reform ideas are put forward from the following aspects: highlighting the engineering characteristics, strengthen the engineering design, focusing on integrated integration and reforming assessment evaluation.

Key Words：Program Construction；Program Accreditation；Outcome-oriented；Experimental Teaching

引言

2016年6月2日我国正式加入《华盛顿协议》，标志着我国高等教育对外开放向前迈出了一大步，我国工程教育质量标准实现了国际实质等效，工程教育质量保障体系得到了国际认可。我国工程教育专业认证工作的全面展开，引入了先进的教育理念，即以学生为中心、成果导向和持续改进。这对于引导工程教育专业建设与教学改革、全面提高工程教育人才培养质量，意义重大。

在 2015 版中国工程教育专业认证通用标准中，毕业要求有 12 条，从 12 个方面对毕业生的能力提出了非常具体的要求，其中有 8 个方面都提到了解决"复杂工程问题"的能力[1]。解决"复杂工程问题"的能力是毕业要求的核心内容，着力于工程应用的能力，涉及运用数学、自然科学

联系人：彭熙伟. 第一作者：彭熙伟（1966—），男，博士，教授.

基金项目：北京市高等学校教育教学改革立项"基于成果导向教育的课程目标达成度的质量评价及保障体系的研究与实践"（2015-ms027）、北京市教育科学"十二五"规划重点课题"加强工程科技人才培养实验教学研究与实践"（ADA13086）.

和工程基础知识的能力，问题分析、方案设计和研究的能力，以及应具备的工程素质。"复杂"两字是指在工程应用中除技术、专业知识外，还要考虑许多非技术的因素，要考虑技术开放环节之外的许多其他环节的因素。"工程问题"四个字强调工程应用，需要实践环节支撑。显然，要达到解决"复杂工程问题"的能力，工程教育中传统的实践教学模式、内容、方法、考核评价等都面临挑战，必须进行改革与创新。

本文建立在我校自动化专业工程教育专业认证和实践教学改革的基础之上，基于成果导向的教育理念探索自动化专业实践教学的改革与创新。

1 复杂工程问题的特征

"复杂工程问题"是本科毕业生在实际职业岗位中所面对的既要考虑内外部制约因素、又要满足内外部需求的技术工作问题。有以下几方面的特征[2]。

（1）必须运用深入的工程原理，经过分析才可能得到解决。

（2）问题本身是多方面的,涉及技术、专业和其他因素，并可能相互有一定冲突。

（3）是一个实际的问题，没有显而易见的解决方法。

（4）问题具有综合性，需要创新应用专业知识及最新研究成果才可解决的问题。

（5）需要考虑多方的限制，如成本、材料、技术、设备等。

（6）问题本身可能对社会及环境有影响。

"复杂工程问题"上述 6 个方面的特征，说明解决"复杂工程问题"不只是纯技术、理论问题，其同时还融入了大量非技术性的社会、经济、健康、安全、环境、工程伦理、团队合作、责任意识等制约因素，往往是系统性的问题，无法用单一或多门的技术课、专业课知识来解决。因此，解决"复杂工程问题"的能力培养是一个循序渐进、螺旋递进的实现过程，综合集成，贯穿于人才培养的全过程。

2 实验教学存在的主要问题

长期以来，实验教学依附于理论教学，实验教学在工程人才培养中的地位没有得到足够重视、作用没有得到充分发挥，影响了人才培养质量[3]。

2.1 工程性薄弱

经过"985 工程""211 工程"及其他专项建设，实验教学平台建设得到加强，实验室面积扩大、设备更新、台套增加，但是实验装置工程性薄弱问题没有解决，难以支撑工程性实验教学，特别是面向解决复杂工程问题的设计性和综合性实验。以自动化专业为例，电路、电子技术、微机原理、单片机技术、嵌入式系统、自动控制理论等专业基础课程的实验教学，国内高校基本上都是依托于各类电路实验箱，通过电路验证科学原理的正确性。

例如，单片机技术实验，传统实验是在实验箱上通过指示灯、点阵显示、液晶显示等完成通信、A/D、D/A 等实验，基本上是局限于验证单片机的各项功能，并没有把单片机应用于工程实际项目，没有达到分析、解决工程实际问题的目的。这样，实验内容与工程实际脱节，不利于培养学生的工程感性认识、工程意识和工程素养，也难以把工程基础知识应用于工程实际问题中。

2.2 设计性实验内容少

在自动化专业课程的实验教学中，很多专业的实验装置齐全，如直流调速实验平台、电力电子技术实验平台、电机及自动控制实验装置等，虽然这些实验装置可以对学生进行操作实训，但实验教学内容局限于验证检验，教师主导、统一要求，实验步骤操作、方法相同，结果可预知、一致。

例如，自动控制理论实验，传统实验是在实验箱上通过单元电路、温度控制单元、直流电机单元等完成控制实验，只是局限于验证控制原理，并没有把控制应用于实际系统，学生对工程实际控制系统中的被控对象、传感与检测、A/D、D/A、功率放大器、计算机控制器等组成结构缺乏基本的感性认识和了解，也没有搭建实际的控制系统，难以感受工程实际系统中稳定性、快速性、控制精度等控制问题，无法体会各种扰动、非线性因素等对控制的影响问题。这样，实验内容没有针对工程实际问题，缺乏方案设计、问题分析、独立思考、独立操作，使学生处于被动学习的状况，独立思维受到压抑。

2.3 综合性实验内容欠缺

在以往的专业课程实验教学中，一般都是单门课程的实验，例如水箱液位控制实验、控制理论实验、单片机技术实验、传感器技术实验等，其实验内容局限于单门课程的专业知识方面。

例如，工程测试技术实验，通常是通过传感器测量电路等完成测试实验，局限于验证传感检测原理，并没有把测试项目应用于实际系统，学生对工程实际测试系统缺乏感认知与实际设计项目训练，难以体会传感器、信号调理电路、数据采集、数据分析与处理等各环节对测试精度、动态特性的影响。实验内容缺乏整合运用多方面专业知识的系统性实验，难以培养学生综合分析问题、解决问题及多学科专业知识交叉复合应用能力，难以培养学生系统性思维、研究与创新能力，同时也难以培养学生在解决复杂工程问题中的自学能力、现代工具使用、信息综合、团队合作、沟通与交流等综合能力。

2.4 实验教学考核评价单一

通常高校实验教学考核评价方式单一，主要依据实验报告和实验结果。导致学生看重分数、抄袭报告，不重视实验设计、操作、过程分析、研究探索等，教学效果受到很大影响，难以培养学生解决复杂工程问题的专业能力和各方面的综合素质。

3 实验教学改革创新

工程是一种创造性的实践活动。在实验教学中，通过方案设计、制作、操作、实验、分析、研究、思考等使学生获得知识、发展能力以及培养团队合作、沟通与交流、自学能力等综合素质，对于解决复杂工程问题具有重要的支撑和基础作用。因此，按照工程教育专业认证标准的要求，聚焦解决复杂工程问题，传统的实验教学需要改革创新。

3.1 突出工程特色

培养工程人才需要遵循教育规律和工程人才

成长规律，实验教学装置应从偏向科学原理验证向注重工程实践转变，突出工程实际应用。

例如，在单片机技术的实验中（如图1所示），以单片机最小系统为基础，学生设计、搭建扩展电路，采集压力、湿度、温度等参数，增加双容水箱、云台、电风扇、电机/丝杠模组等控制对象装置，使单片机的应用贴近于工程实际。这样，实验装置工程化，把实验内容与工程实际结合，增强感性认识，培养学生的工程意识、工程思想和工程素养，为解决复杂工程问题奠定了基本的工程平台基础。

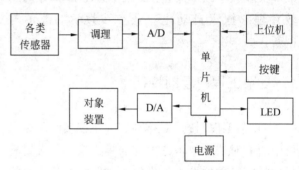

图1　单片机技术实验结构原理

3.2 强化工程训练、工程设计

实践能力、设计能力是工程人才应具备的两个基本能力。因此，面向解决复杂工程问题，实验装置应着力于工程训练、工程设计，培养学生分析问题和工程设计能力。要把操作程序统一的实训装置向贴近工程实际的自主工程训练、工程设计转变。

例如，控制理论实验立足于工程实际的控制系统，如图2所示比例阀控液压缸。这样，学生对实际控制系统有基本的认识了解，对传感与检测、数据采集的精度以及被控对象的死区、摩擦、饱和、滞回、非线性等实际问题进行分析，确定采样频率，制定控制方案，C语言编写控制算法，让学生独立思考、识别、表达、建模仿真、分析复杂工程问题，能够基于科学原理并采用科学方法对复杂工程问题进行研究，体现数学和自然科学在本专业应用能力培养。这样，实验步骤、实验方法、控制设计不相同，实验结果不同、不可预知，达到强化工程训练、工程设计的目的，有效培养学生分析问题、解决问题的能力，同时实验内容的设计性、自主性、开放性调动了学生的积极性和主动性。这为解决复杂工程问题奠定了基本的工程设计能力基础。

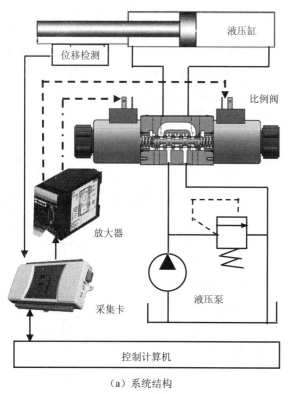

（a）系统结构

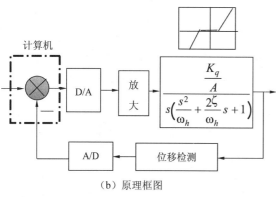

（b）原理框图

图 2　比例阀控液压缸

3.3　注重综合集成

面向解决复杂工程问题，培养学生应对复杂任务、复杂系统和多学科知识交叉应用的能力，实验装置应综合集成，有利于多门专业知识的整合运用，也有利于培养学生的研究能力和创新能力。

例如，工程测试技术实验，如图 3 所示，采用项目牵引、小组团队、开放式研究型教学形式，以工程参量实际测量为项目。依托流体传动与控制实验教学平台，把液压传动系统中的油液温度、

流量、压力，执行元件位移、转速、加速度、力以及驱动液压泵的交流电机电流、电压等参量作为测试项目，学生需要完成问题分析，方案设计，电路仿真，了解传感器电气特性和指标，对传感器的输出信号进行电路调理，搭建测试系统，学会使用采集板卡，采用虚拟仪器进行数据分析与处理等，这样把传感器技术、电路与电子技术，计算机接口技术等相关专业知识整合集成应用于实际测试系统中，并学习测试技术、虚拟仪器技术等新知识。实验教学使学生经历了完整的工程测试系统设计、分析、选型、制作、搭建、仿真、操作、测试和数据分析与处理等，应对多学科知识交叉复合应用的工程实践能力、工程设计能力和工程创新能力得到培养，工程素养得到提升。

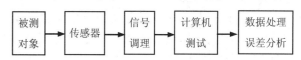

图 3　工程测试系统组成

同时，在方案设计、元件选型需要查阅资料，进行经济性分析，潜移默化地培养学生在设计中考虑经济、条件等制约因素，启发学生系统性思维和创新意识；借助 EDA 仿真工具进行电路分析，探索事物内在关系和变化规律；自学虚拟仪器技术，培养自学能力；合作与交流，既实现学生个人价值，又培养学生协作精神；通过课程报告、答辩、项目作品验收增强学生自信心和成就感。这样的实际测试项目可支撑毕业要求中解决复杂工程问题相关能力指标点，体现能力导向的价值取向。

3.4　考核评价改革

面向解决复杂工程问题，考核评价改革的核心思想是把关注实验报告成绩转向毕业要求能力指标、综合素质的考核，发挥评价的导向、改进、激励和发展等作用，课程目标质量评价体系和评价方法设计致力于促进学生获取知识、培养能力、和提高素质，促进学生的全面发展。

根据实验教学的内容，考核评价包括：学生自评与互评、平时讨论、设计项目的复杂性与创新性、作品验收、PPT 答辩、课程报告和考试，各项考核指标的权重如表 1 所示。其中 PPT 答辩由 3～5 人教学团队考核，项目作品由 2～3 人教学团队验收，这就把量化评价与质性评价、终结

评价与形成评价相结合，并实现评价主体和评价内容的多元化。评价方式的多样化，激发学生的内在发展动力，促进学生知识、能力、素质的全面发展。

表 1 考核评价指标（%）

讨论	自评	互评	设计复杂与创新性	答辩	考试	课程报告
10	5	5	20	10	20	30

4 结束语

遵循工程教育专业认证标准，面向解决复杂工程问题，传统的实践教学模式、内容、方法、考核评价等都面临挑战。基于复杂工程问题的特征，在 剖析传统实验教学存在的突出问题基础上，按照以学生为中心、成果导向的教育理念对专业实验教学平台建设、教学内容、教学模式、教学方法和考核评价进行改革探索与实践，突出工程特色，强化工程实践和工程设计，培养创新

意识，在设计中考虑经济、环境等制约因素，把现代工具使用、自学能力、合作与交流、沟通与表达等非技术因素内容整合到实验内容中，从知识、能力、素质三方面促进学生全面发展。这些改革实践取得了成效，提升学生工程素养，提高学生的工程实践能力和工程设计能力，综合素质提高，并为我校自动化专业 2014 年通过工程教育专业认证提供了有利支撑作用。

References

[1] 中国工程教育专业认证协会. 专业认证通用标准 [EB/OL]. http://www.ceeaa.org.cn/main!mainPage.w.

[2] 林建. 如何理解和解决复杂工程问题——基于《华盛顿协议》的界定和要求[J]. 高等工程教育研究，2016（5）：17-26.

[3] 教育部高等教育教学评估中心. 中国工程教育质量报告（2013 年度）[EB/OL]. http://jwcad.ahut.edu. cn/xz2/zggcjyzlbg13.pdf.

面向工程实践理念的数字信号处理课程教学方法

王秋生　张军香　董韶鹏

（北京航空航天大学，北京　100191）

摘　要：数字信号处理技术的迅速发展和广泛应用，使数字信号处理课程成为高等工科教育中最重要课程之一。本文系统地分析了在自动化专业开设该课程面临的实际问题，提出了面向工程实践教学理念的教学方法，从内容设置、课堂教学、实践教学等多个层面阐述了它的具体实施策略，并给出了实施该方法取得的实际效果。本文提出的面向工程实践理念的教学方法并不局限于数字信号处理课程，也可以为跨学科开设其他课程及其建设与改革提供有益的参考。

关键词：教学方法；工程实践；实践教学

Engineering Practical Concept Oriented Teaching Approaches of Digital Signal Processing

Qiusheng Wang, Junxiang Zhang, Shaopeng Dong

(Beihang University, Beijing 100191, China)

Abstract：Digital signal processing has been rapidly developed and widely applied in many engineering fields. It makes it become one of the most important courses in higher technological education. In this paper, the real problems of the course opened in the major of automation science are analyzed systematically and proposes the teaching approach which is based on the engineering experience concept. The detailed operating strategies are deeply discussed from teaching content setting, classroom teaching to practical teaching. The effectiveness of the presented teaching approach is also given in this paper. The proposed teaching method is not limit only to the course of digital signal processing. It will be a beneficial reference for the curricula construction and teaching reform of the other interdisciplinary courses.

Key Words：Teaching Approach；Engineering Practice；Practical Teaching

引言

微电子技术、计算机技术和网络技术的快速发展，数字信号处理理论研究日趋深入、工程应用日益普及。数字信号处理技术已经广泛应用于通信电子、媒体网络、智能控制、生物医学、航空航天、交通运输、经济金融等诸多领域，并成为影响社会和经济发展的最关键技术之一。国内外很多理工科院校将数字信号处理技术设置为专业课程或选修课程。作为理论和实践紧密结合的基础课程，数字信号处理受到了国内高等院校的普遍重视，并开展一系列教学内容、教学方法和教学实践的改革，对课堂教学、实践教学和辅助

联系人：王秋生. 第一作者：王秋生（1971—），男，博士，副教授.

基金项目：教育部高等学校自动化类专业教学指导委员会专业教育教学改革研究课题（2015A26）.

教学等教学方法和实践研究[1~9]，推动了数字信号处理课程的日益普及和教学水平的不断提高。

目前，数字信号处理课程的教学方法和教学实践主要针对电子和通信领域。本文将针对自动化专业开设该课程存在的实际问题，重点论述面向工程实践教学理念的教学方法，并给出具体实施过程和取得的实际教学效果。

1　数字信号处理课程存在问题分析

数字信号处理技术根植于通信与电子工程，使得在自动化专业开设该课程面临着诸多问题，具体表现如下。

（1）课程内容抽象：数字信号处理课程内容来源于工程实践，却采用抽象的数学符号对其进行描述。国外学者用 "幽灵" 来形容该技术，也从侧面说明课程内容的抽象性。在自动化专业开设该课程，由于缺少先修课程——信号与系统的知识基础（仅用自动控制原理替代）。如在讲授采样过程时，基本不对 $\delta(t)$ 函数性质进行展开，而直接应用 $\delta(t)$ 函数的筛选性质，这些性质在自动控制原理课程中鲜有论述，而在信号与系统课程中讨论的比较深入。自动化专业学生缺少先修课程知识，不仅给任课教师带来授课困难，也使得部分学生对数字信号处理课程产生畏难情绪。

（2）课程内容受限：数字信号处理技术最早起源于通信电子工程领域，传统教学内容和实例都与通信技术密切相关。经典的数字信号处理教材，如 A.V. Oppenheim 著的离散时间信号处理、Sanjit K. Mitra 著的数字信号处理——基于计算机的方法，John G. Proakis 著的数字信号处理——原理、算法与应用等，授课背景和工程实例都以通信和电子工程为背景，很少涉及与自动控制相关的内容。由于与控制有关内容与素材比较匮乏，既给教学活动带来不便，又使部分学生失去了兴趣，特别是降低了学科归属感。如何降低课程背景的负面影响，也是课程建设和改革面临的实际问题。

（3）重理论轻实践：数字信号处理课程内容的抽象性使部分学生忽视了工程实践形式，而传统应试教育中根深蒂固的重视基础理论学习、重视考试分数、忽视工程实践锻炼的陈旧观念，也使部分学生轻视课程实践环节。与此同时，以往的课程实验主要集中在概念和原理验证型实验，如给定两个时间序列计算线性卷积，或采用傅里叶变换方法在频域计算它们的线性卷积，而没有充分考虑到工程领域对这些内容在速度、精度上的需求。从总体上讲，数字信号处理课程的实践教学滞后于理论教学，因此加强实践教学内容势在必行。

（4）实践学时较少：受教学条件和学时总数的客观限制，目前理论教学为 32 学时、实践教学为 12 学时，授课学时和实践学时远低于麻省理工学院、加州大学圣芭芭拉分校、多伦多大学等国外名校。实践学时相对不足使学生没有充足时间接受系统性的实践锻炼，特别是涉及 DSP 硬件操作的内容更是如此。如利用 DSP 处理器采集语音信号实验，由于涉及 DSP 硬件知识和 CCS 软件编程问题，导致无法再为其他实验提供实践学时（根据前些年经验，大部分学生感觉实验时间不足），减少了理论与实践相结合机会，也为数字信号处理课程的全面、系统的教学活动带来了挑战。

（5）授课时间特殊：数字信号处理课程开设在大学四年级上学期，部分学生面临着研究生入学的考试压力，对课程学习和实践环节采取消极或漠视态度，不仅无法保证课后作业与课程实验的质量，而且出现抄袭作业和剽窃仿真实验代码的情况。虽然采取了必要的预警措施和惩罚措施，但仿真实践环节出现雷同现象并没有根本性的好转。授课时间的特殊性给教学工作带来了不利的影响，实践教学环节所受影响更为明显。

数字信号处理课程存在的上述问题，致使理论与实践脱节，使学生产生消极抵触心里，不利于培养宽口径、复合型的专业技术人才。因此，需要在教学工作中突出面向工程实践的教学理念，以此带动数字信号处理课程教学的健康发展。

2　面向工程实践教学理念及其内涵

在数字信号处理课程中引入面向工程实践的教学理念，其内涵是在课程内容、课堂教学、实践教学中增强工程实践背景，提高相关知识的实践性，以此激发学习兴趣和工程实践意识，最终显著提升课程教学质量。数字信号处理课程的面向工程实践理念教学方法的逻辑结构如图1所示。

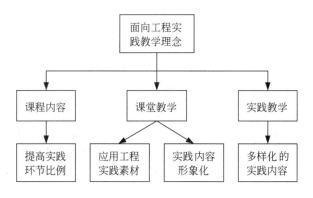

图1   面向工程实践理念教学方法的逻辑结构

2.1 通过课程内容优化提高实践环节比例

数字信号处理课程内容来源于通讯领域、部分内容难以适应自动化专业教学要求。在保持课程概念体系和知识结构完整前提下，尽可能摒弃仅用于通讯领域的部分内容，而用控制学科的典型实例进行替代，特别是提高反映控制学科的实践性内容比例，以降低缺乏背景知识或缺少先修课程知识（信号与系统）带来的负面影响，增强数字信号处理课程的学科归属感，以此提高学习主动性。例如，关于数字滤波器的应用部分采用了对机械振动信号滤波的具体实例，而没有选用传统教材中对雷达信号或声呐信号滤波的实例。

与此同时，针对数字信号处理授课学时数偏少（仅32个学时）、特别是实践环节学时不足（仅12个学时）的实际问题，除了在授课过程中引入带有工程实践背景的实例之外，还在课后作业中增加了有工程实践背景的仿真作业，让学生利用课外时间通过仿真实验方式弥补实践环节学时不足的瑕疵，这在数字信号的傅里叶分析、数字滤波器应用等章节的作用尤为明显。

通过合理取舍数字信号处理课程教学内容和安排实践型课后仿真作业，既突出了控制学科的固有特点，又在一定程度上提高了实践型内容所占的比例，对于提高学习兴趣、增强学科认同感是非常有益的。经过了几年的努力，学生对数字信号处理课程的认可度有了明显的提高。

2.2 利用工程实践素材提高学生学习兴趣

传统数字信号处理教学过程侧重于基础理论教学，强调概念体系和知识体系的系统性与完整性，而忽视课程内容的直观性与实践性。虽然授课过程看似无懈可击，但是使得部分学生失去兴趣，对基础知识欠佳的学生更是如此。为了提高

授课内容的直观性与实践性，增强了数字信号处理前沿发展与工程应用介绍部分，以此拓宽学生的知识视野和实践意识。例如，在授课过程中介绍了根据太阳黑子数目的实测数据，利用傅里叶变换计算太阳活动周期的实例。与此同时，采用启发式教学方法，引导学生逐步从基础理论空间进行入到虚拟实践空间，通过梯次有序的启发式引导，使学生建立起从理论到工程实践的思考意识，从而充分领悟数字信号处理课程内容的实用性。

虽然数字信号处理的授课对象是备考硕士研究生的大学四年级学生，但是在授课过程中引入工程实践素材、增加工程实践范例，既提高了课程内容的实践意识，又激发学生的学习兴趣和热情，不仅使更多学生回归课堂，明显地提高了出勤率，而且改变了部分学生的"唯分数论"观念，这对培养高素质的实践型工程师尤为重要。

2.3 利用多媒体技术使工程实践形象化

用数学符号方式描述数字信号分析和处理过程，是数字信号处理课程内容抽象性的外在表现，也是部分学生将其误认为纯理论课程的重要原因。如何提高授课内容的可理解性、降低学习难度是课堂教学亟待解决的问题。为此，在课堂教学过程中采取了板书教学和多媒体教学相结合的策略：既利用板书教学描述概念清晰、控制授课节奏容易的优点，又利用多媒体教学展示方法多样、提供信息丰富的优点，即通过声音、图形、图像、视频、动画等形式展示数字信号分析与处理过程，或展现该领域国内外的最新工程实践成果，使抽象概念形象化、理论符号具体化、分析过程直观化，让学生在较短时间内获得清晰的分析与处理图景。例如，讲授基于离散傅里叶变换的振动信号分析时，就采用了声音和动画相结合的多媒体方式。

将多媒体技术用于课堂教学，特别是用于工程实践性强的授课内容，不仅提高了数字信号分析与处理过程的直观性、降低了理解难度，而且使学生对"遥不可及"实践内容产生了直观概念或图景，有效地拓宽了学生的知识与学术视野，最终调动了学习积极性和参与实践意识。

2.4 多样化实践内容以满足多元化需求

课程实验是体现数字信号处理课程的工程实践教学特色的重要方面，也是提高学生工程实践

能力的重要途径。处于信息时代的学生，学习目差异大且追求多元化，必然使实验教学必须走向多样化。传统的"一刀切"式的实践教学没有给学生选择实验内容的任何余地，已经无法满足学生培养的个性化需求，因此，实验教学向着多样化、个性化发展势在必行。为此，在数字信号处理实验教学中采用了课程实验分级设置和规范化考核方法：将所有实验划分为概念原理型实验、知识应用型实验和工程实践型实验三个级别，学生可以在每个级别中任选若干个实验，并根据统一评分标准评定实验成绩。课程实验的分层结构如图 2 所示。

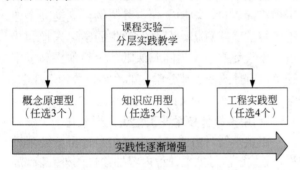

图 2　课程实验中的分层实验方法

概念原理型实验主要对基本概念与基本原理进行验证与分析；知识应用型实验主要对信号分析和典型应用进行再现与分析；工程实践型实验主要对有工程背景的数字信号进行分析与处理。迄今为止，共开发出概念原理型实验 8 个（任选 3 个），知识应用型实验 8 个（任选 3 个）、工程实践型实验 10 个（任选 4 个），并用于数字信号处理课程的实验教学，其中开发出的 10 个工程实践型实验如表 1 所示。

表 1　实验教学中的工程实践型实验

编号	实验名称（任选 4 个）
1	含噪声心电（ECG）信号时域陷波
2	胎儿心电（ECG）信号的有效分离
3	脑电信号的频谱分析及降噪
4	齿轮箱监测信号的频谱分析
5	改变语音信号的采样率及频谱变化规律
6	复杂噪声背景下有效信号的提取方法
7	基于互相关方法的电晕电流功率频谱分析
8	从特高压电晕电流信号中提取 AM 信号
9	利用傅里叶分析方法计算太阳黑子周期性
10	地震信号的时域分析和频谱分析

图 2 所示的课程实验分级管理和表 1 所示的个性化选择模式，满足了学生对课程实验环节的性化要求，受到了学生们的普遍欢迎。

综上所述的面向工程实践理念的实施策略，第一项属于教学内容层面，第二项与第三项属于课堂教学层面，第四项属于实验教学层面。它们各有侧重、相辅相成，共同体现了面向工程实践理念的教学方法，具有很强的系统性和可操作性。

3　面向工程实践教学理念的具体实施

针对自动化专业的大学四年级学生，已经连续三年实施了面向工程实践理念的教学方法。在教学过程中，引入了有工程实践背景的大量教学素材，提高了工程实践内容所占的比例，并运用多媒体技术展示了国内外工程实践的最新成果，实现了实验教学的多样化设计与分层次管理，符合学生的个性化、多元化发展的实际情况，初步建立了体现工程实践特点的数字信号处理课程的教学体系。一方面，增大了课程内容的吸引力，提高了学生的积极性，使学生能够主动回归课堂，让他们体会到数字信号处理在工程实践中的独特魅力；另一方面，巩固了数字信号处理课程的基础知识，扩展了知识视野和实践意识；满足了个性化培养学生的客观需求，提高了实验教学的灵活性；同时解决了课程内容抽象、实验学时偏少问题。面向工程实践教学理念的探索和实施，不仅受到了广大学生的普遍欢迎，而且得到了督学专家的肯定与好评。

4　结论

本文针对数字信号处理课程的教学方法问题，提出了面向工程实践理念的课程教学方法。

（1）系统地分析和归纳了在自动化专业开设数字信号处理课程存在的实际问题，为教学方法研究阐明了清晰的背景。

（2）系统地阐述了面向工程实践理念教学方法的基本思想，并从内容设置、课堂教学、实践教学等多个层面阐述了它的内涵。

（3）简要地给出面向工程实践理念教学方法在自动化专业的数字信号处理教学中的具体实施

以及取得的良好教学效果。

将工程实践理念渗透到课堂教学、实践教学和辅助教学等环节是高等理工科教学改革的重要内容，是培养高素质、创新型、实践型人才的客观要求，必将体现于更多课程的改革与建设。

本文对数字信号处理课程教学方法的探索与研究，受到教育部高等学校自动化类专业教学指导委员会和北京航空航天大学教学改革的项目资助，特此表示感谢。

References

[1] 杨智明，彭喜元，俞洋. 数字信号处理课程实践型教学方法研究[J]. 实验室研究与探索，2014，33（9）：180-183.

[2] 宁更新，李建中，方学阳，等. DSP实验多元化教学方法的探索[J]. 实验室研究与探索，2011，30（7）：121-122.

[3] 王秋生，袁海文. "数字信号处理"课程的分层实验教学方法[J]. 北京航空航天大学学报（社会科学版），2011，24（5）：109-112.

[4] 殷海双，王永安. "数字信号处理"课程教学改革与探索[J]. 中国电力教育[J]，2011（7）：75-76.

[5] 翟懿奎，马慧，曾军英. 数字信号处理课程教学改革研究[J]，计算机教育. 2017（1）：70-72.

[6] 王典，刘财，刘洋，等. 数字信号处理课程分类和分层教学模式探索[J]. 实验技术与管理，2013，30（2）：31-35.

[7] 王艳芬，王刚，张晓光，等. "数字信号处理"精品课程建设探索[J]. 电气电子教学学报，2011，33（2）：22-24.

[8] 万永菁，张淑艳，王海军. 基于微课的数字信号处理课程教学改革与探索[J]. 化工高等教育，2017（1）：4.

[9] 杨秋菊，马骁. 数字信号处理课程教学探索[J]. 大学教育，2006（6）：163-165.

面向工业 4.0 的自动化专业实践教学改革初探

陈 薇 郑 涛 唐 昊 李 鑫

（合肥工业大学 电气与自动化工程学院，安徽 合肥 230009）

摘 要： 工业 4.0 是以智能制造为主的第四次工业革命，自动化专业教学需要进一步优化，及时反映工业 4.0 中的新技术。本文探讨了面向工业 4.0 的自动化专业实践教学的改革。针对工业 4.0 对实践教学新的要求，从教学内容和教学方法上进行了改进措施。教学结果表明这些改进措施有利于提高学生学习的兴趣，增强学生分析问题与解决问题的能力，而且鼓励学生个性化发展，拓宽学生知识面，培养学生成为一专多能的复合型人才。

关键词： 工业 4.0；自动化专业；实践教学

Practical Teaching Reform of Automation Specialty for Industry 4.0

Wei Chen, Tao Zheng, Hao Tang, Xin Li

(Hefei University of Technology, the Institute of Electrical Engineering and Automation, Hefei 230009, Anhui Province,China)

Abstract: Industry 4.0 is the fourth industrial revolution based on intelligent manufacturing as the leading factor. Automation specialty teaching needs further optimization and new technology. The practical teaching reform of automation specialty for industry 4.0 is discussed in the paper. According to the higher goal of the practical teaching, the improvement of teaching content and teaching method is proposed in the paper. Teaching practices show that students' learning interest is greatly improved, the students' ability of analyzing and solving problems is enhanced. And the measures encourage students to have personalized development, broaden the students' knowledge, and train students to become expert in compound talents.

Key Words: Industry 4.0; Automation specialty; Practical teaching

引言

工业 4.0 是以信息物理融合系统为基础，构建一个人、设备与产品实时联通系统，高度灵活的个性化和数字化的智能制造模式。工业 4.0 是第四次工业革命的核心产物，是制造业转型升级的大方向，也是工业自动化行业一个前所未有的发展机遇。这些都是智能化自动控制系统、制造业、工业自动化、工业机器人等领域都急需大量精通自动控制的高技术人才。

工业 4.0 迅猛发展，将加剧教育环境的改变，高等教育必须与之相适应。工业 4.0 给自动化专业实践教学带来了新的挑战，在教学过程中需要教学工作者思考、探讨和研究。本文对自动化专业实践教学，在教学内容、教学方法和考核方式上进行了尝试与探讨，将学生的学习兴趣、探索解决问题的能力和团队合作精神的培养融入实践课程中，构建一个学生、教师、学校与企业各方共同打造全新的互动协作平台。

1 自动化专业实践教学中的现状

工业 4.0 有两大主题：一是智能工厂，研究智能化生产系统、过程控制技术以及网络化分布

联系人：陈薇. 第一作者：陈薇（1981—），女，博士，副教授.

基金项目：安徽省教学改革与质量提升计划重大教学改革研究项目"工科专业控制理论课程体系的建设研究与实践"（2013zdjy012）.

式生产设备；二是智能生产，研究整个企业的生产物流管理、人机互动等技术。工业 4.0 给自动化专业带来了新的发展趋势，向含通信网络的大系统、复杂系统的方向发展。目前，我们学校的自动化专业教学目标以专业发展为导向，而弱化了人才培养中工程实践应用能力培养要求，难以培养出能够驾驭智能制造的优秀自动化人才。

基于工业 4.0 的发展需要，在自动化专业实践教学中，存在一些问题：

（1）自动化专业实践课程的内容需要增强。现有的实践课程主要是针对低压电器，如继电器、接触器、时间继电器、变频器、软启动等方面知识的训练，主要实验包括：双电源切换、电机星-三角启动、变频器调速控制等，实验内容上需要增强。

（2）自动化专业实践课程的系统性偏弱。学生系统设计能力、分析综合能力、实践创新能力需要在实践课程中得到全面的训练和提升。因此需要在实践中增加系统性的训练环节，如生产线自动控制等。

（3）自动化专业实践课程不能反映工业 4.0 中的技术。工业机器人、伺服焊接机构，多机协调装配、通信网络等技术在智能制造中大量使用，但是现有的实践课程不包括这些内容。

2 面向工业 4.0 的自动化专业实践教学内容的组织

工业 4.0 要求自动化专业教学具有系统性和实用性，能够体现工业 4.0 的新技术、新理论，培养学生具有设计、运行复杂自动化系统的能力。实践教学是工程人才培养中非常重要的组成部分，教学内容由浅入深，针对不同年级，在本科阶段的各个教学环节中逐步培养学生的工程实践能力，其具体的实践教学内容如表 1 所示。

实践教学内容包括基础实验室培训、专业实验室培训、共建实验室培训和系统设计。基础实验室培训和专业实验室培训可以通过基础实验平台和专业实验平台来完成，而共建实验室培训可以通过校企合作实验平台来完成，系统设计则可以借助工业 4.0 智能制造综合实验平台。

表 1　实践教学内容

学期	实践教学形式	实践教学内容
第一学期	讲座，参观	专业认知，体验
第二学期	讲座，校内比赛	创新创意
第三学期	基础实验室培训，校内比赛	电子设计，机器人比赛
第四学期	专业实验室培训　创新实践基地培训	Ican 物联网比赛　TI DSP 大赛　西门子大赛
第五学期	专业实验室培训　共建实验室培训	Ican 物联网比赛　挑战杯竞赛
第六学期	专业实验室培训　共建实验室培训	智能车竞赛　专业设计竞赛
第七学期	共建实验室培训	伺服系统综合实践　过程控制综合实践　PLC 综合实践　数据通信综合实践　工业控制网络综合实践　数字信号处理综合实践　复杂系统仿真综合实践　大型 DCS 综合实践
第八学期	系统设计	企业提出问题，学生在企业导师和校内导师共同指导下完成系统设计及论文，并演示和答辩；指导教师提出问题，学生在指导教师和企业导师共同指导下完成系统设计及论文，并演示和答辩；学生自拟提出问题，由指导教师指导下完成系统设计，并演示和答辩

2.1 基于工业 4.0 的校企合作实验平台的实践教学

开展"企业家进课堂"实践教学，每年暑假邀请企业的技术专家、人事部经理、企业董事长、总经理走进课堂。让学生初步了解自动化行业发展趋势、人才需求，对技术人员的能力要求，同时加强了企业对本本专业人才培养过程的参与度，提升了企业对学校的了解。

建立了合肥工业大学-美国德州仪器数字信号处理方案实验室、合肥工业大学-美国罗克韦尔自动化实验室、合肥工业大学-美国飞思卡尔嵌入式系统实验室、合肥工业大学-美国休斯顿大学智能传感器网络联合研究实验室、合肥工业大学-德国西门子自动化驱动控制实验室、合肥工业大学-英国 WONDWEAR 工业网络控制与管理软件实验室、合肥工业大学-microchip 数据通信实验室、合肥工业大学-unitronics 工业通信网络实验室、合肥工业大学-TI 实验室、合肥工业大学-台达集团中达电通实验室、合肥工业大学-安徽鑫龙自动化培养基地等国内外企业联合实验室，开展检测技术、嵌入式系统、运动控制、网络控制等技能的人才培养，培养学生的创新能力、实践能力，建立校企合作的运行机制。同时，结合学科发展，自制实验系统，进一步提高教师自身的实验技术水平。

2.2 基于工业 4.0 智能制造综合实验平台的实践教学

以培养现场应用型自动化工程师为目标，按照模拟工厂的思路进行建设，将整个实践基地看作一个准工厂，由小型控制系统组成的实验装置就是生产装置，整个系统采用网络控制的方式，建立由被控对象、控制网和管理网组成的工业 4.0 智能制造综合实验平台，如图 1 所示。

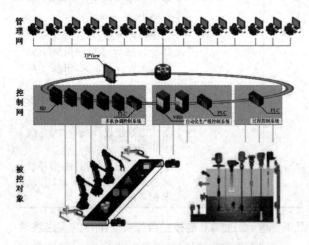

图 1 工业 4.0 智能制造综合实验平台

工业 4.0 教学平台实验平台反映自动化技术及控制理论专业发展方向，体现工业 4.0 中存在的新技术。为学生提供了生动形象的教学实践平台，激发学生学习和从事科学研究的兴趣，培养学生的实践动手能力与创新能力，增强学生实际工作的适应能力，同时也为培养青年教师和实验队伍提供训练平台。

3 面向工业 4.0 的自动化专业实践教学方法的改革

3.1 基于项目的实践教学方法改革

将一个相对独立的项目交由学生团队处理，信息的收集、方案的设计、项目实施及最终评价，都由学生自己负责。通过该项目的进行，了解并把握整个过程及每一个环节中的基本要求。教师可以分阶段对学生进行教育指导。在信息收集阶段鼓励学生利用多种资源（例如图书馆、网络）去查阅文献及调研，有条理地分析整理各类信息。在方案设计阶段，让学生自由发挥，使学生了解各个设计方案的优缺点，并安排好项目实施的人员分配及时间点。在项目实施阶段，进行阶段性检查，保证项目及时完成。

每个项目都需要项目组内成员关系和谐，组长做好组织、分工等工作，有的学生动手能力强、有的学生表达能力强，在团队中发挥各自的特长。同时也增加了学生之间相互了解、相互沟通的机会，培养了学生的人际交往。

例如在数字信号处理综合实践教学中，要求学生以 MSP430 超低功耗单片机最小系统为核心，设计和研制数据采集、信号处理、电机控制和电源管理应用系统。帮助本科生整合和应用基础知识，训练应用系统设计和实践动手能力，培养团队合作精神，激发综合应用知识的欲望和创新思维。

3.2 基于竞赛的实践教学方法改革

竞赛要求学生完成一个完整的任务式的实践活动，在竞赛实施过程中体现学生提出问题、分析问题和解决问题的能力，对专业技能水平、专业素养等提出了更高的要求。竞赛实践环节促进了实践教学环节符合实际生产实践，向工业 4.0 靠拢。

鼓励学生利用课余时间，主动去了解工业 4.0 中实际工程的设计思想、组织和实施过程、分析方法等，提高综合素质，激发学生潜在的探索和创新意识。让学生去参加自动化类、工业 4.0 类的创新创业竞赛，例如全国智能制造（工业 4.0）创新创业大赛、台达杯高校自动化设计大赛、全国大学生西门子杯工业自动化挑战赛、美新杯中国大学生物联网创新创业大赛、安徽省 MSP430 低功耗单片机应用设计大赛等，增强学生解决实际问题的能力。在竞赛中，一般以团队合作方式完成，评分标准包括现场操作、作品实物演示、PPT 答辩等方式，培养了学生创新创意能力、团队协作能力和系统设计的能力。评委老师们分别从作品实物完成情况和现场报告答辩情况对各组参赛作品进行评定。同时，教师建立了一个长期稳定的"大学生创新与实践基地"，组织学生参加校内、全国及国际各类科技竞赛活动。

4　结论

工业 4.0 的发展是自动化专业呈现多学科交叉和融合的特征，对通信网络、控制、优化管理等方面提出了更高的要求，对自动化专业的实践教学也提出了新的目标。面向工业 4.0 的自动化专业实践教学改革中，增加了教学内容，改革了教学方法，培养学生的创新能力，激发学生的学习兴趣，有效地提高了教学质量。鼓励学生个性化发展，拓宽学生知识面，培养学生成为一专多能的复合型人才。

References

[1] 裴长洪，于燕. 德国"工业 4.0"与中德制造业合作新发展[J]. 财经问题研究, 2014（10）：27-33.

[2] 鲁照权，方敏，陈梅，等. 自动化专业教学计划的改革探讨[J]. 合肥工业大学学报（社会科学版），2010，24（1）：82-85.

[3] 秦海鸿，黄文新，曹志亮，等. 电气工程与自动化实践教学体系的优化建设[J]. 实验室研究与探索，2015，34（2）：148-150,166.

[4] 艾矫燕，韦善革. 自动化专业信息类课程群教学改革与实践[J]. 理工高教研究, 2009,28（3）：132-134.

面向自动化专业的移动机器人综合实验平台

徐 明 肖军浩 李治斌 薛小波 卢惠民 徐晓红

（国防科技大学，湖南 长沙 410073）

摘 要：实验平台建设是实验室建设的重要组成部分，提升实验平台的建设水平对提高教学效果和人才培养质量有着重要的意义。针对我校面向自动化专业的移动机器人综合实验平台，从平台建设思路、构成、特点和支持实验项目等几个方面阐述了该实验平台对创新型人才培养所起的积极作用。

关键词：自动化专业；机器人；综合实验平台

A Comprehensive Experimental Platform Based on Mobile Robot for Automation

Ming Xu, Junhao Xiao, Zhibin Li, Xiaobo Xue, Huimin Lu, Xiaohong Xu

(National University of Defense Technology, Changsha 410073, Hunan Province, China)

Abstract：Constructing the experiment platform is an important part of laboratory construction，enhancing the experiment platform construction has much to do with the improvement of the quality of talent training．This paper combines the reality of a comprehensive experimental platform based on mobile robot for automation in NUDT，focuses on the construction idea, composition, characteristics and support experiment project of the experiment platform，expounds the active impact of platform construction to innovative talent training．

Key Words：Automation Major；Robot；Comprehensive Experimental Platform

引言

实践教学环节对于巩固课堂教学效果，促进学生对知识的消化、吸收、巩固和提高，培养其动手能力，调动其主动性和创造性，具有不可替代的作用[1~3]。而实验平台作为实践教学手段中的重要组成部分，对教学效果起着举足轻重的作用，特别是针对操作性、应用性强的自动化专业，实验平台的优劣，将显著影响实践教学效果[4,5]。而当前针对自动化专业的实验平台普遍存在以下 3 个问题。

（1）实验平台综合性不强，功能相对单一。一个实验平台往往只支持少数几个知识点。为了使学生构建完成的知识体系，往往需要众多不同实验平台，而学生需要花费大量时间熟悉不同平台的基本操作，导致学习效率低下[6,7]。

（2）很多实验平台开放性不强，扩展性弱。平台难以根据未来的需求进行功能扩展，同时也限制了学生的创新空间[8]。

（3）有些实验平台虽然经典，但也缺乏时代性。没有紧跟当前社会发展、科技进步对人才培养的新要求。

联系人：徐明. 第一作者：徐明（1982—），男，博士，讲师.
基金项目：2012 年度湖南省自动化专业综合改革试点项目.

1 平台设计思路

为了尽可能克服上述问题，本论文介绍一款我们自主开发并经过多年实践教学检验的面向自动化专业的移动机器人综合实验平台。该平台为我校自动化专业的人才培养起到了积极的作用。

实验平台在设计思路上具有紧贴社会发展的时代性——符合工业 4.0 国家发展战略对人才培养的迫切需求，紧跟机器人技术发展的大趋势；具有满足不同教学对象的综合性——涵盖基础性实验和综合性实验，满足高、中、低不同年级学生，不同能力水平，不同培养目标的要求；具有根据未来实验教学要求自由增减功能的开放性——实验平台预留了各类标准化接口，可以根据实验内容选配或扩展特定功能，具有很强的自主性和灵活性，也给学生预留了创造空间。

2 平台构成

实验平台采用模块化设计，由控制组件、执行组件和传感组件组成。

2.1 控制组件

控制组件包括底层控制板、上层决策控制和人机交互模块两个部分，如图 1 所示。两者根据实验需求，可在功能上构成主从关系。作为从机的底层控制板可实现电机控制、传感器数据采集以及接受并执行来自主机的指令等功能。作为主机的上层决策控制和人机交互模块，既可根据从机反馈的传感器数据并结合控制目标生成顶层控制策略，将其分解成单个控制指令发送给从机；也可实现人机交互，接收外部输入指令。

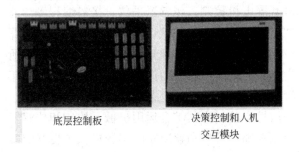

底层控制板　　　　决策控制和人机
　　　　　　　　　交互模块

图 1　控制组件

2.2 执行组件

执行组件由 3 个全向轮系和驱动器组成的全向移动底盘，以及多自由度机械臂组成，如图 2 所示。每个轮系由可以独立控制的直流电机、驱动电路、编码器、减速箱和全向轮构成，能使机器人在平动的同时转动，即实现全向运动。这种设计相对于传统的差动移动平台在控制上更具灵活性。多自由度机械臂有 4 组舵机构成，配合控制算法，可以实现物体的夹取、放置等功能。

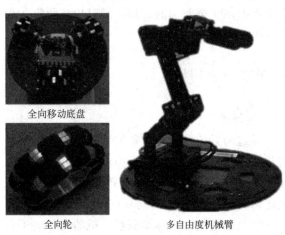

全向移动底盘

全向轮　　　　　　多自由度机械臂

图 2　执行组件

2.3 传感组件

传感器组件包括 1 组 QTI 传感器、6 个超声波测距传感器、6 个红外反射传感器、1 个色标传感器和 1 个视觉摄像头，如图 3 所示。

图 3　传感器组件

利用 QTI 传感器可检测地面的黑线，开展机器人巡线实验；红外反射传感器可以在较近的距离内检测障碍物，为机器人提供避障所需的信息；超声波测距传感器可以使机器人在较远的距离上，在 360 度范围内全方位获取周边障碍物信息，可为路径规划提供环境信息；色标传感器可以检测指定颜色物体，能够以非常简单的方式开展颜色识别实验；视觉摄像头采集图像后，结合相应的图像处理算法，可以用于识别特定形状或颜色的物体，融合超声波测距传感器和红外反射传感器信息后，可以为机器人提供更丰富的环境感知信息。

本实验平台在多年的使用过程中，积累了丰富的素材，具有详细的设计图、说明书、实验指导书、实验项目、案例程序和数据手册等，为教学工作提供了强有力的支撑，同时也方便学生少走弯路，快速上手。

3 实验平台特性

3.1 创新性

经过巧妙的构思、新颖的设计，平台本身、实验方式和内容都体现出当前国家发展战略和工业 4.0 对人才培养的新趋势和新要求。其创新性表现在以下三个方面。

（1）独特的全向移动底盘。机器人移动平台采用了具有自主知识产权的 3 个全向轮系（已获得国家发明专利授权），每个轮系可独立控制，实现平台全向运动。在控制上这种设计相对于传统的差动移动平台更具灵活性，有利于自动化专业学生发挥其控制的优势。

（2）综合性的实验平台。有别于单一功能的实验设备，本平台跨多个知识领域，可从多方面、多层次满足课堂教学和实验教学的需求，是一个综合性的实验平台。它不仅可用于嵌入式系统开发、传感器技术、电机控制、运动控制、机械臂控制等基础功能实验，也可完成走迷宫、路径规划与跟踪控制、物体抓取运输、特定物体跟踪等复杂综合性实验。这些实验从基础到综合、从简单到复杂，全面覆盖不同能力层次学生的训练需求。

（3）开放性的设计思路。平台集成了诸多传感器，通过各种标准接口与底层控制板相连，学生可以根据需要选配。同时，底层控制板还预留了多个接口，可以扩展其他传感器模块。

3.2 趣味性

以移动机器人平台为主体，互动性强，本身具有良好的展示度和趣味性。实验过程中，以小组为单位进行分工合作，可强化学生的团队交流

和相互协作意识，培养团队精神。同时，在调试过程中，平台能给予及时、直观的结果反馈，使学生快速发现问题，并乐于改进设计，提升实验效果，提高学生学习的成就感。能够让机器人按照学生自己的想法和设计运行，是学生的兴趣所在。这种寓学于乐的学习方式，对于提高学生的学习积极性，激发学习兴趣和培养独立思考能力，具有很好的效果。

3.3 实用性

实验平台采用模块化设计，易于扩展，性能稳定，通用性好。利用该平台，学生可以从移动机器人最基本的组成入手，了解机器人的各个模块及其功能；随着学习的深入，学生在掌握一定知识以后，可以开展基础功能的实验，最后可以综合应用所学知识开展复杂的综合性、探索性实验。这种在同一平台上采用由简至难、循序渐进的教学方法，集认知性、启发性、综合性于一体，既有利于提升学生学习过程中的自信心，也可以避免学生因为实验平台频繁更换而浪费大量时间和精力的问题，从而可以大大提高教学效率和质量。

4 平台支持实验项目

本实验平台涉及自动控制原理、计算机控制、嵌入式开发、传感器应用、计算机视觉等诸多知识领域，可根据实际需求开展验证性、综合性或者探索性实验，可作为不同难度系数要求的课堂教学和实验教学的一个统一平台，也可为不同能力层次的学生提供量体裁衣式的能力培养，做到因材施教。对于新生，可以作为学生认识、了解机器人基本概念和知识的一个良好演示平台，有助于其开阔视野、培养兴趣；对于低年级学生，可开展电机控制、传感器采集、接口编程等功能独立、任务明确的基础性实验，使其加深对计算机硬件、自动控制原理知识的理解，为其巩固所学知识、提高应用能力提供有益帮助；对于高年级学生，可开展功能复杂、难度较大的综合性、开放性实验，为其综合运用机械、控制和传感器等相关知识分析和解决实际问题提供了良好的实践平台。从 2011 年至今，平台共支持 24 门次课程，为共计 1113 名学生提供实验条件。其可提供

的主要实验项目如表 1 所示。该平台激发了学生参加创新实践活动的兴趣，提高了学生的实践创新能力，为参加全国机器人电视大赛，国际地面无人系统创新挑战赛，机器人世界杯比赛等高水平机器人学科竞赛奠定了坚实基础。

表 1 平台可提供的主要实验项目

序号	实 验 项 目
1	电机闭环控制实验
2	超声波测距实验
3	CAN 通信实验
4	RS232 通信实验
5	Zigbee 通信实验
6	色彩识别实验
7	物体识别实验
8	物体跟踪实验
9	穿越迷宫实验
10	巡线实验
11	物体抓取实验
12	轨迹规划实验
13	机器人姿态控制实验
14	舵机控制实验
15	机械臂控制实验

5 结论

本实验平台是涵盖控制、嵌入式、传感器等诸多知识单元的机电一体化综合性实验平台。平台采用模块化设计思路，由控制组件、执行组件和传感组件三大部分组成，可为自动化专业本科学生深入学习自动控制原理，掌握控制系统设计开发，提供多层次、全方位的综合实践训练。利用该平台，可以从控制方法实践、嵌入式开发、传感器应用和综合设计等多个方面提高学生的实践能力和综合素质。多年的实验教学经验和取得的效果也充分验证了平台的科学性。

References

[1] 杨宇科，杨开明. 加强高校实验室建设与管理的思考[J]. 实验技术与管理，2012（10）：204-206.

[2] 侯震，杨婷婷，刘文泉，等. 自动化专业实验设备的自主研制与二次开发[J]. 实验技术与管理，2014（10）：262-263.

[3] 杨清宇，林岩，蔡远利，等 研究型大学自动化专业实验室建设探讨[J]. 实验室研究与探索，2010（06）：163-165.

[4] 王峻，杨耕，张长水. 自动化学科本科实验教学体系与实验室管理模式的探索[J]. 实验室研究与探索，2008（7）：5-7.

[5] 王莹，袁园，刘俊秀. 高校实验室建设与管理的思考[J]. 实验技术与管理，2017（03）：246-248.

[6] 张建良，卢慧芬，赵建勇，等. 跨学科综合性实验平台的探索与设计[J]. 实验技术与管理，2017（01）：194-197.

[7] 王茜. 自动化专业综合性实验平台的建设模式[J]. 实验室研究与探索，2009（10）：96-98.

[8] 张莉. 高校开放性实验教学平台建设研究——开放性实验室的使用效益分析[J]. 山西财经大学学报，2015（S2）：87.

实验教学模式创新与探索

姜增如　许泽昊

(北京理工大学　自动化学院，北京　100081)

摘　要：理论验证实验是自动控制理论中常规实验，将原有验证性实验添加设计思想是学校一贯倡导的原则，本文以频域法校正和时域数字 PID 实验为例，研究从验证性到设计性实验的一种转变方法，将原来固定被控对象和确定控制参数的验证性实验转换为自行选定被控对象到设计控制参数的设计性实验。文中以一个二阶系统为案例，说明了使用 LabVIEW 软件及 Mydaq 设计的模拟-数字混合超前校正实验完成的交互界面及参数显示。参加实验的学生可以针对不同控制指标及控制模型，能自行设计控制器并进行验证。这样不仅对学生实验设计起到了一定的帮助作用，更重要的是提高他们的创新意识。

关键词：实验创新；时域 PID；频域法校正；设计性实验

Innovation and Exploration of Experimental Teaching Mode

Zengru Jiang, Zehao Xu

（School of automation, Beijing Institute of Technology, Beijing 10081）

Abstract：The theoretical verification experiment is a routine experiment in the theory of automatic control. The idea of adding the original verification experiment is the principle that the school has always advocated. In this paper, the frequency domain method and the time domain digital PID experiment are taken as examples to study the process transforming the verification into the design experiment，which transforms a modified experiment with the original fixed object and the determination of the control parameters into a design experiment including the design of a self-selected controlled object and the control parameters. In this paper, a second - order system is used as an example to illustrate the interaction interface and parameter display of the analog - digital hybrid calibration experiment using LabVIEW software and Mydaq design. Students who participate in the experiment can design and control the controller for different control indicators and control models. This is not only the student experimental design played a certain role in helping, more importantly, to improve their sense of innovation.

Key Words: Experimental Innovation; Time Domain PID; Frequency Domain Correction; Designing experiment

1　概述

自动控制理论常规实验主要是理解课程原理、以物理和仿真为主的操作，多数为验证课堂教学公式的基础实验。通过综合分析实验结果撰写出报告，这也是继承和接受前人知识、技能的一个过程。设计性实验需要学生们根据实验任务充分查阅相关资料，自行推证有关理论，确定实验方法、设计控制参数，最终根据实验步骤得到结果。其目的不仅是帮助他们理解课堂理论，更重要的是培养他们的创新意识和创新精神，提高

联系人：姜增如. 第一作者：姜增如(1961—)，女，硕士，副教授.

理工科学生分析问题和解决实际问题的能力。本文以频率法校正和数字 PID 控制实验为例，说明时域法校正和频域法校正原理，自行设计控制参数并验证结果的方法。

时域分析与频域分析是自动控制理论中的主要分析手段，PID 控制属于典型的时域分析，它以时间轴为横坐标表示动态特性变化。时域的表示较为形象与直观，可快速观测系统的稳定性及稳态指标。频域法校正属于频域分析，它是针对不同频率正弦信号输入响应进行的，频域分析则更为简练，剖析问题更为深刻和方便，频率法分析不仅反映系统的稳态性能，而且可以用来研究系统的暂态性能，自动控制理论实验围绕着时域和频域两大域展开。

PID 控制实验是根据系统的误差，利用比例、积分和微分计算出控制量进行控制的。改变不同的 PID 参数可以达到改变系统的超调量稳态时间的目的，从而改变系统的动态特性。频域法超前校正利用超前校正网络的相位超前特性来增大系统的相位裕量使得系统相位裕度增大，以达到改变系统的开环频率特性目的。串联滞后校正是利用滞后校正网络其高频幅值衰减的特性，以降低系统的开环截止频率，通过加入滞后校正环节，使系统的开环增益有较大幅度增加，从而获得足够的相角裕度。即超前-滞后校正利用校正装置的超前部分来增大系统的相位裕度，以改善其动态性能；利用滞后部分来改善系统的静态性能，两者相辅相成，在自动控制理论频域法校正实验法中，原理方法是在测量被控对象开环对数幅频特性基础上，根据给定的相位裕度或截止频率进行设计。[1]

实验设计由原来的固定对象和固定参数验证实验，到自行设计被控对象，动态计算控制参数，体现了实验创新特点。频域校正实验根据得到的 Bode 图计算相位裕度、截止频率。再由给定的相位裕度或截止频率指标自动计算校正参数，完成控制器参数设计。最后再匹配电路参数加入到被控对象中，画出系统校正后的时域响应和 Bode 图，分析校正前后系统动态和静态特性参数。实验中，可从根据目标相位裕度确定校正网络参数，设计校正环节。时域中的 PID 控制，要求学生根据工程整定法设计控制参数，在实验中得到阶跃响应曲线，计算超调量和稳态时间。

2 实验方法设计

2.1 频域校正实验原理

频域法校正实验是研究对于被控对象，在给定相位裕度情况下，设计一个能够满足预定的静态与动态性能指标要求的控制器。频率特性是对正弦输入信号的稳态响应，其物理意义是研究频率响应与正弦输入信号之间的关系，对于稳定系统，设：

输入信号为

$$A_1(\omega_i)=A_{m1}\sin(\omega_i t+\varphi_1)$$

输出信号

$$A_2(\omega_i)=A_{m2}\sin(\omega_i t+\varphi_2) \tag{2-1}$$

在一定频率范围内，测量频率 ω_i 的输入与输出信号幅值比 A_{m1}/A_{m2} 与相位差 $\varphi_1-\varphi_2$ 作为幅频与相频特性的值，从起始频率到终止频率可测得一组幅值和相位参数画出 BODE 图。在该图中可看出系统的稳定性、得到相位裕度、幅值裕度及截止频率等参数用于分析系统动态及静态特征。[2]

2.2 PID 实验原理

PID 控制由比例(P)、积分(I)和微分(D)组成。其传递函数为：

$$G(s) = \frac{U(s)}{E(s)} = K_p\left(1+\frac{1}{T_i s}+T_d s\right) \tag{2-2}$$

其中，K_p 为比例系数，T_i 为积分时间常数，T_d 为微分时间常数。通过调整三个参数，可构成比例控制器；比例微分控制器；比例积分控制器；比例积分微分控制器。

实验的关键是如何确定这三个参数，原有实验是给定一个确定对象，并给定 PID 初始值，由试凑法调整控制参数以达到给定控制指标。目前是学生自行选定被控对象，根据仿真和实验得到的阶跃响应曲线等价为一阶惯性加延迟的环节，即：

$$G_0(s) = K_0 \times \frac{1}{T_0 S+1}e^{-\tau s} \tag{2-3}$$

再根据科恩-库恩公式：[3]

$$K_p = \frac{1}{K_0}\left[1.35(\tau/T_0)^{-1}+0.27\right]$$

$$T_i = T_0 \times \frac{2.5(\tau/T_0) + 0.5(\tau/T_0)^2}{1 + 0.6(\tau/T_0)}$$

$$T_d = T_0 \frac{0.37(\tau/T_0)}{1 + 0.2(\tau/T_0)} \qquad (2\text{-}4)$$

计算得到和 T_d，并以此作为控制器初始参数进行调整，若不满足给定指标，再使用微调直到达到控制指标。

2.3 实验硬件结构

实验系统通过 D/A 转换将计算机生产的正弦信号输入到模拟对象，再 A/D 转换将被控对象输出数据采集到计算机进行数据处理，形成一个数字模拟混合的实验系统。如图 1 所示。

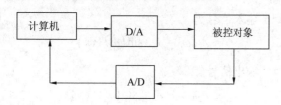

图 1　实验系统

其中：A/D 和 D/A 部分使用 NI 公司的 Mydaq 模块，被控对象使用模拟实验箱搭接而成。校正实验的闭环电路框图如图 2 所示。

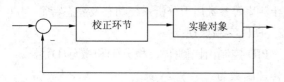

图 2　校正系统框图

其中，校正环节在频域是超前或滞后校正控制器，在时域是使用 PID 控制器。

2.4 实验软件设计

软件设计采用了 LabVIEW 工具。输入的方波信号和正弦信号由软件的波形发生器产生，正弦信号通过 Function Generator 模块的接入频率、直流偏移、幅值及占空比即可设置输入信号，使用频率数组生成器的起始频率、终止频率及频率点数目设置不同角频率的输入信号，以完成一组幅值比与相位差画出 BODE 图,计算系统相位裕量、截止频率，结合给定的校正相位裕度，计算超前相角和开环增益。从而确定超前、滞后网络传递函数的时间常数，最后匹配校正网络的电路参数。计算流程如图 3 所示。

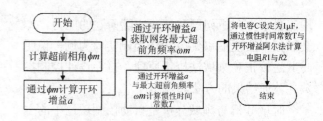

图 3　确定校正电路参数流程

3　实验测试

3.1　实验对象性能指标

实验中的被控对象开环和闭环传递函数如式 (3-1)、式(3-2)所示：

$$G_0 ysy = \frac{10}{0.1sY0.1s+1Y} \qquad (3\text{-}1)$$

$$G_1(s) = 2000 + 10s + 1000 \qquad (3\text{-}2)$$

实验的输入信号由计算机产生，对于不同被控对象，信号频率范围和输入幅值会有区别，实验时需要输入采样点数、起始频率、终止频率及包含起始频率与终止频率在内的频率点数目，其界面如图 4 所示。

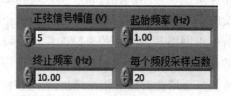

图 4　输入界面图

由于最小相位系统的大多对象会随着频率升高，输出幅值大幅下降，系统设计了当频率超过截止频率时，输入幅值放到 2 倍的功能使得采集更加精确。实验中每个频率下可实时观察系统的输入与输出对比波形，如图 5 所示。

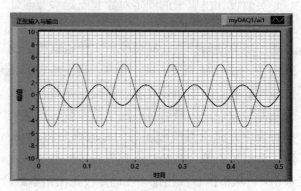

图 5　输入输出曲线

在其下方可实时显示当前频率、幅值比及相位差。如图 6 所示。

图 6　当前参数显示界面

采集结束可显示整个系统的频率特性参数值，如图 7 所示。

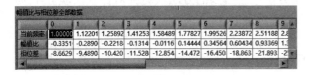

图 7　显示界面

根据采集的实验结果，画出未加校正前的 BODE 图，如图 8 所示。

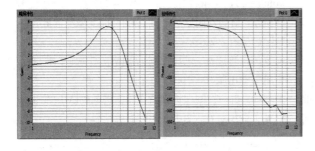

图 8　校正前 BODE 图

从图中测得的截止频率为 7.03Hz，相位裕度 27.85°。

3.2　校正环节及性能指标

在设计超前校正网络时，应使最大超前相位角尽可能出现在校正后的系统的幅值截止频率处。若给定了校正后相位裕度 γ'，根据测定未校正前相位裕度 γ 即可计算该网络的最大超前相位角 φ_m，即

$$\varphi_m = y' - y + \Delta \qquad (3-3)$$

其中，Δ 一般取(5~10°)补偿校正后系统增益剪切频率。对于超前校正环节传递函数的衰减由放大器增益 a 补偿，即

$$G_c(s) = \frac{1}{a} \times \frac{1+aTs}{1+Ts} \qquad (3-4)$$

其中，∂ 值越大，则超前网络的微分效应越强计。

正确地选择参数 a 和 T 交转换频率设定到待校正系统截止频率的两旁，使校正系统的截止频率和相位裕度满足性能指标的要求。其中 a 与最大超前相位的关系[4]可由下式决定。

$$a = \frac{1+\sin\varphi_m}{1-\sin\varphi_m} \qquad (3-5)$$

将超前校正网络的最大超前角频率 $\omega_m = \omega_c$ 正好位于校正后系统的截止频率处，计算校正参数 T 即：

$$T = \frac{1}{\omega_m \sqrt{a}} \qquad (3-6)$$

由未校正系统的截止频率、相位裕度、校正后相位裕度及超前校正网络电容 C 的值，再根据式（3-3）到式（3-5）计算机自动计算校正网络电路参数如图 9 所示。

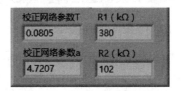

图 9　校正参数显示结果

按照参数搭接校正环节，由 C、R1 和 R2 的值确定的电路如图 10 所示。

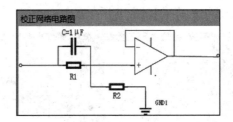

图 10　校正环节

其校正后的 BODE 图如图 11 所示。

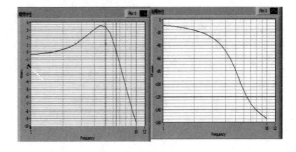

图 11　校正后 BODE 图

相位超前特性改变了系统的开环频率特性。使校正环节的最大相位超前角出现在系统新的截

止频率点。从图上测得的相位裕度为 59.365°。截止频率为 6.457Hz。满足了给定指标,相位裕度显示结果如图 12 所示。

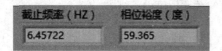

截止频率（HZ）	相位裕度（度）
6.45722	59.365

图 12　校正后参数显示

校正前后的时域阶跃响应曲线如图 13 所示。

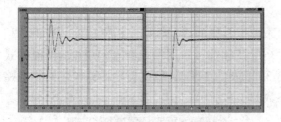

图 13　校正前后时域响应曲线

3.3　校正实验方法选择

对于某个系统对象根据相位裕度 γ 选择超前和滞后校正,一般 $\gamma > 10°$ 的时候,选用超前校正比较好,$-10° < \gamma < 10°$ 的时候,选用滞后校正,$\gamma < 10$ 也可选用滞后超前校正。频域法的超前作用相当于时域法的 PD 控制,滞后作用相当于 PI 控制。频域法校正的界面如图 14 所示。

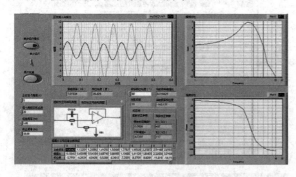

图 14　校正实验界面

以上是频率法超前校正的实验结果,其滞后校正设计方法和 PID 控制设计思想与上述基本相同,这里不再累述。

4　结论

我们实验室在具有相同的实验条件下,改革旧的实验教学方法和实验手段,减少验证性实验,增开综合性、设计性实验,不断创新探索实验模式并予以实施,希望在讨论会上对设计性实验的内涵与特征进行讨论,进而对增加综合性、设计性实验找出更多的方法,这样对提高实验教学质量有一定的实际意义。

References

[1] B. Taylor, P. Eastwood, B. Ll. Jones. Development of a low-cost, portable hardware platform for teaching control and systems theory [J]. IFAC Proceedings Volumes, 2013, 46(17).

[2] 胡寿松. 自动控制原理基础教程[M]（3 版）. 北京: 科学出版社，2013.

[3] 俞金涛, 蒋慰孙. 过程控制工程[M]（3 版）. 北京: 电子工业出版社，2007.

[4] 姜增如. 自动控制理论创新实验案例教程[M]. 北京: 机械工业出版社，2015：104-119.

适应工业 4.0 体系的自动化专业实验系统设计与实现

王　林　徐志涛　张嘉英　王旭东　贾美美

（内蒙古工业大学 自动化系，内蒙古 呼和浩特 010080）

摘　要： 在工业 4.0 体系框架中，对利用物理网络系统，提高生产过程自动化水平提出了更高的要求。与之相对应，在实验教学中强化网络应用，是适应工业 4.0 体系的有效方法。本课题依托过程控制系统实验教学装置，设计了一种无线远程控制系统。系统结构采用双上位机单下位机模式，即将和控制对象相联的嵌入式工控机以及数据传输单元 DTU 均作为上位机，将基于单片机的数据存储和收发单元作为下位机，上位机与下位机通过 MODBUS-RTU 进行 485 通讯。就地设备控制系统的给定值可以通过远端无线设备任意设置，并能实时传送控制系统输出值到远端无线设备。为了验证系统结构的可靠性和系统功能的实用性，将该系统应用于实验室规模的水箱液位控制系统，实验结果验证了该系统功能可靠、操作方便，拓展了网络应用在实验教学中的作用。

关键词： 工业 4.0；自动化专业实验；无线远程控制系统

Design and application of an experiment system of process control based on Industry 4.0 framework

Lin Wang, Zhitao Xu, Jiaying Zhang, Xudong Wang, Meimei Jia

(Department of Control Science and Engineering, Inner Mongolia University of Technology, Huhhot

010080, Inner Mongolia, China)

Abstract: With the development Industry 4.0, cyber-physical system plays an increasingly important role in process control. In the study, a wireless remote control system is designed. The system structure adopts the double master unit-one slave unit mode, that is, the embedded industrial computer, which connected the object, and the wireless data transfer unit (DTU) are set to be two master unit. The slave unit is used as data storage and transferring based on microcontrollers. The communication protocol is RS485 and MODBUS-RTU. The set-point of the control system can be arbitrarily set by the remote wireless device. Meanwhile the output of control system can be transferred to the remote wireless device in real time. Finally, the system is applied to the tank level control in laboratory. The experimental results verify that the system is reliable, accurate and easy to operate.

Key Words: Industry 4.0; Experiment System of Process Control; Wireless Remote Control System

引言

随着工业 4.0 理念的不断深入，世界制造业整体从生产密集型转向技术密集型，生产方式也从按市场需求生产转向面向消费者定制生产[1~3]。在图 1 所示的工业 4.0 价值链中，在有效资产利用和节约劳动力两个环节，都阐明了远程监控和控制的重要性 [4]。将自动化系统与互联网相关联，从远程监控逐步过渡到远程控制，是实现生产设

联系人：王林. 第一作者：王林 (1973—). 男，博士，教授.

基金项目：内蒙古工业大学精品课程建设项目.

备共享，节约人力成本，在线监控产品质量，实时反映设备工况等诸多功能的必要手段[5]。在自动化专业教育中，逐步拓展基于互联网的控制思想和控制方法，是专业发展的必然之路。围绕图 1 的 8 大类 26 个小类结构，在教学内容上，特别是实验系统中，应该首先使学生在应用层面产生对工业 4.0 的认识，产生对实验设备共享和节约人力成本的认识。

本课题围绕上述实验理念设计了一种远程控制系统。系统采用嵌入式工控机进行实时控制和数据采集；采用单片机存储和转发各种数据，形成数据控制中心；采用数据传输单元 DTU，通过 GPRS 无线进行数据传输，上传到云平台。学生可以通过联网电脑或手机 APP 对现场数据进行无线远程控制和过程监测。

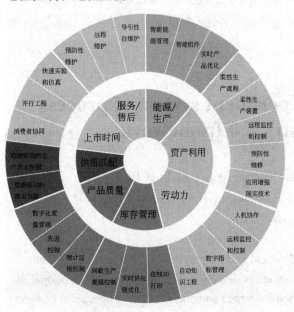

图 1　工业 4.0 的价值驱动因素和手段[4]

1　系统总体设计

该远程控制系统总体结构及其组成如图 2 所示。包括：与被控对象相连接的各传感器及执行机构(为描述方便，将该设备命名为 S_1)、嵌入式工控机(北京康拓公司，S_2)、数据池(S_3)、DTU(S_4)、云平台(S_5)、远端的电脑/手机用户(S_6)。

系统中 S_2 与 S_4 都做 MODBUS-RTU 主站，S_3 做从站，负责连接两个主站，结构形式为主-从-主。这种新改进的控制系统结构形式与主-从式的

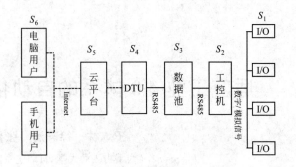

图 2　系统结构及其组成

结构形式相比：1) 通过 S_3 的设定，有助于提高系统的安全性，便于保护数据的完整性。用户可以根据自己的使用需求将数据存储到数据池或显示到上位机。2) S_2 与 S_4 各自独立，保证数据流的流向单一，同时将控制系统和数据传输系统分开，保障控制系统功能独立，结构精简。3) 两个主站均可自主设置采样时间。用户可根据自己的使用需求设置相应的采样频率。既能满足用户对实时控制和实时监控的要求，又能节省移动数据传输流量。

1.1　嵌入式工控机

工控机(Industrial Personal Computer，IPC)是一种采用总线结构，对生产过程及机电设备、工艺装备进行检测与控制的设备总称。

本系统采用的嵌入式工控机是基于 POWER PC 处理器的控制模块，配有液晶屏和按键，可实现人机交互。通信接口包括 4 路 RS485。I/O 端口包括 6 通道数字量输出，8 通道数字量输入，8 通道模拟输入和 4 路通道模拟输出，3 路 USB 接口，SD 卡接口可支持 16GB 存储，可满足大部分 PLC 现场应用需要。

S_2 采用通用 PLC 编程系统 MULTIPROG 软件进行编程[6]。通过模拟量/数字量输入输出端口采集传感器信号，为控制系统设置最优给定值，调节控制参数，并将系统输出通过 RS485 传递给 S_3。

1.2　数据池

S_3 是采用单片机 STC12C5A60S2 设计信息控制中心。它负责将 S_2 采集的数据暂存起来，按照 S_4 设定的采样频率，定时上传给无线用户。其程序流程图如图 3 所示。S_4 也可以将控制指令传给 S_3，按照 S_2 设定的数据读取方式，将控制指令应用于被控对象。S_3 可以同时满足 10 个浮点数据的

接收，数据更新频率可以达到 100 Hz 以上。主-从-主设备间的通信参数如表 1 所示。

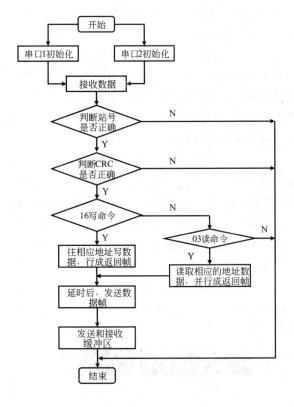

图 3　程序流程图

表 1　主-从-主设备间的通信参数

S_3	S_2串口 1	S_4串口 2
起始位	1 位	1 位
数据位	8 位	8 位
校验方式	无校验	无校验
停止位	1 位	1 位
波特率	9600bps	9600bps
通信协议	Modbus-RTU	Modbus-RTU
从站地址	1	2
物理层	RS485	RS485
单片机引脚	P3.0、3.1	P1.2、1.3

1.3　DTU 与云平台

DTU 是用于物联网云平台连接下位设备所用的 GPRS 网关，DTU 利用 GPRS 网络实现 MODBU 数据自动采集和传输，配置参数灵活，运行安全稳定适合于恶劣的工业现场。利用 DTU 作为 MODBUS 主站，可以实现≤4 个 MODBUS 子设备的接入，适用于 MODBUS IO 模块、PLC、MODBUS 仪表或串口设备的远程联网与控制。

设备云平台网络侧采用相对成熟的阿里服务器集群组成数据收发，数据存储，平台展示等专属服务器。系统架构分为下位设备、数据传输设备、服务器云平台。平台可实现跨行业跨设备的无缝接入功能，是一种以机器终端交互为核心、网络化的应用服务。本系统没有架设专属云平台，利用该成熟技术实现 S_4 与 S_6 之间的数据传输。S_6 上的应用 APP 也采用和云平台配套的成熟 APP。

2　系统应用

上述系统应用于一个实验室规模的水箱液位控制，系统的整体结构图如图 4 所示。S_2 计算实际液位和设定液位的偏差，通过 PID 控制策略，为电动调节阀提供驱动信号。整个系统的应用流程如下：

首先，用 MULTIPROG 软件编写一个 PID 功能块的液位控制程序下装到工控机里面，程序如图 5 所示，所采用的编程语言为功能块图语言。在该功能模块中主要集成了以下功能。

（1）液位和电流信号的对应数值关系，受实验设备的制约，该数值关系为非线性特性。模块设计了查询表模式，并为非表中数据的电流液位关系设置了插值算法。

（2）量程设置功能，主要是定义了电动调节阀驱动信号的上下限，也是控制器输出的上下限。该限值主要取决于电动调节阀的开度。

（3）为 PID 参数设置了可变窗口，为远程设定 PID 参数，获得最佳控制效果提供支持。

然后，按照图 2 的工作原理，将各功能组件集成到一个平台上，形成如图 6 所示的无线远程控制系统。在系统调试前，需要首先确定各模块的采样时间：过程对象的慢变特性，使得对数据传输的实时性要求不是很高。S_3 的采样时间设定为 6 ms，特殊情况不超过 20 ms，数据类型为 10 位浮点数，每个浮点数占两位寄存器，可以同时接收 10 个数据，可以精确到小数。接收数据时判断站地址、CRC 校验、功能码等是否正确，正确后把之前的数清零换上新数据[8, 9]。S_4 的采样时间是 1 s（最大可设置 40 s），主要是考虑了 GPRS 网络流量的更新速率。作为嵌入式设备，S_2 的采样时间可以非常小，考虑到研究对象的慢变特征，本系统将写入从站和读取液位设定值得两个采样时间均设定为 100 ms。

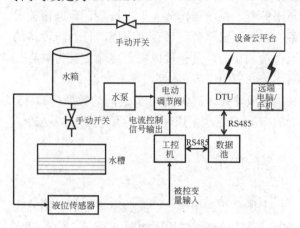

图 4　液位控制系统

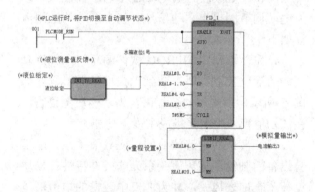

图 5　PID 控制策略在 MULTIPROG 中的实现

图 6　无线远传控制系统平台

系统的调试过程如下：

第一步，验证从 $S_1 \rightarrow S_6$ 的数据传输，即液位控制曲线在 S_6 的实时显示。S_1 将检测到的水箱液位信号转换位电流信号，传给 S_2，在 S_2 中将电信号转换为水箱液位值。

第二步，将实际水箱液位值与设定值比较，经 PID 控制系统运算，输出信号来控制电动调节阀开度，实现水箱液位定值。

第三步，将 S_2 采集到的水箱液位值通过 485 口采用 MODBUS-RTU 协议传递给 S_3，S_4 按照定时轮询方式，将 S_3 存储的数据上传到 S_5，远端的无线设备 S_6 就能够读取到水箱的液位值。该流程的检测结果如图 7 所示。

第四步，验证从 $S_6 \rightarrow S_2$ 的数据传输，即远程液位设定值在 S_2 显示屏的显示，这也同时表明，控制系统的给定值实时可变。通过无线终端 S_6 设定一个液位值，S_4 通过 S_5 读取该值，并将其传送到 S_3，S_2 也按照定时轮询方式从 S_3 中读取该值。

第五步，在 MULTIPROG 平台中自动更新液位设定值，按照 PID 调节模式，控制电动调节阀开度对水箱液位值做出调节。该流程的检测结果如图 8 所示。

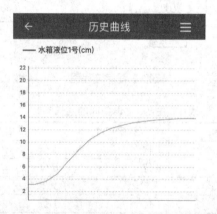

图 7　水箱液位曲线在无线终端上的显示

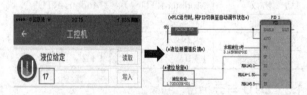

图 8　无线端液位给定值设定

在图 8 中用手机端 APP 设定一个液位值 17（图中方框所示），在 MULTIPROG 的 PID 控制算法界面中，可以看到该值的实时显示。图 7 和图 8 的测试结果表明，水箱系统的液位值可以在无线终端显示，同时无线终端的不同液位给定值也可以驱动水箱系统的液位变化。

实验室原有实验设备 6 套，平均每学期学生人数在 140 人左右。采用远程控制系统后，学生实验时间机动灵活，单套实验设备可以在一周时间内满足 24 人的实验学时。同时减少了指导教师的工作压力，实验曲线和实验数据可以同步云端监控。本实验系统，在设备共享和节约人力成本两个方面，都体现了工业 4.0 框架下远程监控和控制的优越性。

本实验系统的设计，在学生能力培养方面有以下几个方面的优点：① 提高了完成实验全过程的能力。原有实验系统，受制于时间约束，实验过程通常以时间结束为结点，引入远程控制系统之后，实验过程以质量合格为结点，学生可以反复调试实验过程，保证了实验效果。② 提高了学生独立完成实验的能力，在远程控制系统中，每个学生都可以在自己选择的合理时间范围内完成实验工作，避免了因台套数不足导致的"一人做，多人看"的不良状况。③ 提高了对工业 4.0 的认识，了解了远程控制和设备共享的工业生产远景，适应因需开放的新实验体系，强化理论与实践能力的结合。

3 结论

在自动化专业教学中，特别是实验系统中应用工业 4.0 框架中约定的各项技术，既增强了学生对互联网技术和自动化技术相互融合的认识，又在应用层面解决了实验室设备台套数少，实验人员少的缺陷。

本课题设计的无线远程控制系统通过数据池的设定，保证了 DTU 和工控机的双独立上位机特性，既能满足实时控制的目的，又能满足移动端用户的需求。在应用效果上，分散了设备的运行时间和运行负荷，以共享模式，减少设备投资。对学生而言，可以有效减少设备使用时间制约，保证实验效果。

本课题的下一步工作是扩展远程控制应用范围，在 PLC 组态软件等软硬件平台上，实现多重控制手段的集成，力争在参数响应实时性和实际控制效果方面实现全面的远程控制能力。

References

[1] 魏星. 工业远程控制与物联网技术[D]. 内蒙古科技大学，2012.

[2] 王东. 工业 CT 平台运动控制与数据采集的研究与实现[D]. 兰州大学，2015.

[3] 程城远. 支持农业虫害自动监测的数据采集与远程控制技术的研究[D]. 浙江工业大学，2012.

[4] Baur, C. and Wee, D., Manufacturing's next act [EB/OL]. http://www.mckinsey.com/business-functions/operations/our-insights /manufacturings-next-act. 2015.

[5] 付强松. 基于无线移动通信网络和 Internet 网络的远程数据采集与控制系统的设计[D]. 中国工程物理研究院，2007.

[6] 魏东，潘瑞锋，王克成. 单片机总线技术结合 Modbus-RTU 协议的智能仪表通讯[J]. 辽宁科技大学学报，2015（1）：32-35.

[7] 孟祥剑，黎向阳. 基于 MODBUS 协议的人机界面和单片机串行通信[J]. 重庆理工大学学报：自然科学版，2014（9）：87-91.

[8] 张云鹤. 基于 Internet 温室环境远程智能控制系统研究[D]. 吉林大学，2004.

[9] 亓涛. 基于 RS485 网络的远程集中抄表系统设计与实现[D]. 山东科技大学，2004.

微视频在翻转实验课堂的应用

张　婷　刘瑞静　吴美杰

（北京理工大学　自动化学院，北京　100081）

摘　要： 本文针对传统的基础实验课堂中实验课时数少、任务重、实验效果差等问题，研究翻转课堂模式在实验课堂的应用，以自动控制元件实验课为例，重点阐述了实验课前预习、课堂教学以及课后交流的实验全过程各个环节，并研究了微视频制作预习课件的方法。实践证明，翻转课堂有利于提高学生实践能力的培养，实验教学水平得到了明显提升。

关键词： 翻转课堂；实验教学；微视频

Application of Micro Video in Flip Experiment Class

Ting Zhang, Ruijing Liu, Meijie Wu

(School of Automation, Beijing Institute of Technology, Beijing 100081, China)

Abstract: This paper introduces the teaching practice method of the flip classroom mode to deal with such problems as hours less time, heavy task, poor experimental results in the traditional experimental, and takes the example of the automatic control component experiment as an example. The paper focuses on all aspects of the experiment including the pre-test, classroom teaching and after-school exchange, and studies the micro-video courseware production approach. Practice has proved that flip the classroom is conducive to improving the ability of students to develop, experimental teaching level has been significantly improved.

Key Words: Flip Classroom; Experimental Teaching; Micro Video

1　引言

在翻转课堂教学过程中，教师将传道授业提到了课前，把解惑和知识内化的过程放在课内，使"填鸭式"教育变成了自我探究式学习的教学模式，激发了学生的自主学习能力。微视频是以学习或教学为目的，以短小精悍的在线视频为表现形式，以阐释某一知识点为目标的教学视频。相较于传统视频，微视频占用容量小、播放时间短，方便学生利用手机、电脑、平板电脑等进行观看，在实际应用中灵活性强。翻转实验课堂就是在实验课前，学生自主学习实验设备的操作、实验步骤以及实验原理等，微视频是翻转实验课堂的重要手段[1,2]。

2　翻转实验课堂中"微视频"的特点

与传统视频制作相比，翻转课堂中"微视频"的制作具有以下4个特点[3,4]。

（1）视频体现微型和短小精悍，视频的制作和设计必须抓住重点，内容简明扼要，主题明确，这样才能激发学生观看视频的兴趣，从而提高学习效率。

（2）利用"微视频"可以实现碎片化学习，

联系人：张婷　第一作者：张婷（1970—），女，博士，高级实验师.

基金项目：本文系"2017年教育部高等学校电气类专业委员会教育教学改革研究课题"成果.

"微视频"的观看可以随时随地进行，学生可以根据自己的需求来观看视频。

（3）"微视频"可以让学生自主把握进度和选择知识点，学生可以自主选择，按照自己的计划和步骤进行，有重点、有选择地观看教学"微视频"，体现了学生自主选择学习的特点。

（4）实验课程"微视频"要结合真正的实验操作进行说明，也可以录制在实验课堂上无法实施的实验内容，例如做一些故障性实验或者前沿性演示实验，既充实了课堂教学，也开阔了学生的眼界。

3 翻转实验课堂教学模式

课前学习是翻转课堂的重要环节，学生在课前充分预习，做到心中有数，有计划有目的地实施操作，课前预习不仅能提高实验课的效率，还能加深学生对理论课内容的理解，增强学生们实验积极性，锻炼学生自学能力，在培养学生探究能力和创新能力等方面发挥着重要作用[5]。

课前学习如此重要，然而在传统教学中，学生的预习报告参考材料只有实验讲义，而实验讲义文字描述往往和实际的实验设备有很大差异，学生并不乐意花费大量的时间做预习报告，出现很多同学抄袭一遍实验讲义，没有真正思考和研究实验内容和方法。

微视频指相对较短的、具有连续画面的视频片段，可通过 PC、手机、摄像头等多种视频终端摄录或播放。微视频教学资源一般是指依据教学规律将课程教学内容划分为小的教学知识单元或知识点，录制时长为 4～5 分钟的视频片段。

微视频内容不宜过多，应突出重点，围绕基础实验特点，下面以单相变压器实验说明。

（1）凝练必备知识。

单相变压器实验必备知识主要包括实验原理、实验方法和实验设备。实验台是学生主要研究对象和实施平台，介绍实验台是在实验前必须讲解的环节，事先做好录像，介绍实验台基本功能、操作方法、注意事项等，既不占用课堂时间讲解，真实情节视频也能让学生们在预习时了解实验台，预习时有一定的针对性。

（2）突出重点。

单相变压器实验中测试空载特性曲线时，操作过程要求严格的单一方向性，这是理论知识重点，在实验操作过程中必须严格遵循。然而，学生在操作过程中依旧容易忽视。采用微视频，录制实验过程中违反了单一方向性原则，数据会导致很大偏差。微视频用于教育教学独具特色，通过直观的教育教学的案例展示，使学生更容易感受到实际教学中的氛围，对于学生实践能力提高很有帮助。

（3）详解难点。

单相变压器短路特性测试是最难的，也是最危险的实验项目，在短路瞬间，短路电流会迅速加大，要求学生必须在几秒之内准确读数，如果时间过长，变压器会因为短路时间长过热而烧毁，因此需要学生操作娴熟，团队分工明确，通过微视频将实验过程录制，学生可以反复浏览，做到心中有数，通过动画、仿真的形式展示实验时间过长，变压器升温过程，加深学生对实验操作规范的理解。

（4）拓展训练。

实验课程不仅要求学生掌握实验操作方法、分析实验数据、加深理论基础知识点理解，更要提高学生的全方面素质培养。例如变压器实验过程中测试仪表较多，操作步骤比较烦琐，需要学生团队充分合作有明确分工，因此可以通过微视频强调实验过程中每个同学角色分工的重要性，明确安全员、接线员、操作员、查表员的职责，增强学生的团队合作意识。

根据以上分析，制作了单相变压器实验微视频如表 1 所示，共含有 8 个模块，每个模块 2～3 分钟。

表 1 单相变压器实验微视频模块

模块	内　容	重　点	时间（分）
1	变压器实验原理简介	变压器的重要参数指标	2
2	实验设备介绍	变压器铭牌，仪表使用方法和量程选择	3
3	空载实验	空载实验前提条件	3
4	负载实验	保障操作单向性	3
5	短路实验	保障操作的快速	3
6	误操作演示	增强学生安全意识	3
7	实验设备市场价格	培养学生了解实验设备的市场行情	2
8	团队分工、角色职责	培养学生的团队合作意识	2

4　结语

通过采用翻转课堂实验教学模式，实验教学效果得到了明显提升，学生做实验更加积极主动，主要体现在以下几个方面：

课前预习效果好。由于有了微视频的简介，学生在课前对实验设备、实验环境都已经了解，没有了畏难心理。微视频制作时注重了学生需求，引入了大量的实践案例，也激发了学生强烈好奇心和挑战的欲望。

课堂学习效率高。经过实验，目前 95%以上的学生可以在实验课堂上完成所有实验，而以往只有 60%左右学生能够顺利完成实验。在实验过程中，学生能够主动提出新的实验方案，是自己主动学、主动做，而不再是跟着老师做实验。

实验报告水平有很明显的提升。以往学生的实验报告可以说是实验的总结性报告，只有实验数据和分析，经过课后交流的这一环节，学生能够正确地分析实验数据，而且能够非常清晰地理解在实验过程中各个环节的重要性，真正地实现了理论联系实际，达到了基础性实验教学的　目标。

总之，翻转课堂的教学模式在实验课堂实践中取得了效果显著，应该得到大力的推广。

References

[1] 黄阳，刘见阳，印培培，等. "翻转课堂"教学模式设计的几点思考[J]. 现代教育技术，2014（12）：100-106.

[2] 陈明选，陈舒. 围绕理解的翻转课堂设计及其实施[J]. 高等教育研究，2014（12）：63-67.

[3] 郝林晓，折延东. 翻转课堂理念及其对我国课堂教学改革的启示[J]. 比较教育研究，2015（5）：80-86.

[4] 刘锐，王海燕. 基于微课的"翻转课堂"教学模式设计和实践[J]. 现代教育技术，2014（5）：26-32.

[5] 孟庆博，罗文华. 从微课大赛作品看翻转课堂教学创新实践[J]. 教育科学，2015（5）：47-51.

虚拟仪器在单片机课程设计中的应用

郭玉洁　郑戍华　汪湛清　彭熙伟

（北京理工大学，北京　100081）

摘　要：本文介绍了单片机课程设计的改革情况和虚拟仪器的特点，以单片机控制双容水箱液位为例，说明课程设计项目的过程，学生完成方案设计后设计硬件电路和控制程序，以 LabVIEW 为开发平台，设计人机交互界面。实验教学的改进提高了学生实践创新能力。

关键词：虚拟仪器；单片机；实验教学

Application of Virtual Instruments in the Curriculum Design of MCU

Guo Yu jie, Zheng Shu hua, Wang Zhan qing, Peng Xi wei

(Beijing Institute of Technology, Beijing 100081, China)

Abstract：This paper introduces the reform of MCU curriculum design and the characteristics of virtual instruments. The process of the curriculum project is illustrated by the case of MCU control of the double-tank level. The students design the project, the hardware circuit, the control program and the man-machine interface using LabVIEW as the development platform. The improvement of experimental teaching has improved the students' ability of practice and innovation.

Key Words：Virtual Instruments；MCU；Experimental Teaching

引言

单片机在工业生产和社会生活中应用十分广泛，因此，国内各工科院校基本都开设了单片机的相关课程。单片机课程设计是北京理工大学自动化专业、电气工程及其自动化专业的实践类课程，课程的任务是使学生获得单片机应用系统设计的基础理论，综合运用电子技术、单片机技术、传感器技术等知识解决问题，完成单片机应用系统的方案分析、硬件和软件设计、综合调试，呈现项目作品，撰写课程设计报告，培养学生设计项目解决方案、应用综合技术、团队合作、沟通表达、项目管理等方面的能力。通过设计过程，学生实现由学习知识到应用知识的过渡。

在单片机课程设计的实验教学中，我们不断改进教学方法、教学内容、考核标准，教学方法从课堂授课、实验室实验教学，转变为实验室集中实践；教学内容从传统的实验箱验证实验，转变为学生团队完成项目任务；考核标准从单一评价实验报告，转变为实验过程多方面考核。实验教学的持续改进，结合了任课教师与实验指导教师多年的教学经验和反复研究，是教学工作的凝练。

近年来，我们发现纯硬件的单片机应用系统设计限制了学生的实践开发能力、创新精神的提高，很多学生的视野局限在课程中自己需要完成

联系人：郭玉洁. 第一作者：郭玉洁（1979— ），女，硕士，实验师.

项目，而没有发散性地思考该项目在实际工业生产、社会生活中有何应用与发展。因此，为进一步提高学生的实践创新能力，我们在实验项目中引入虚拟仪器，提出了构建完整工程项目，学生不仅需要完成单片机应用系统的硬件设计、控制程序设计，还需要开发人机交互软件，使得实验项目难度增大。

1　虚拟仪器

所谓虚拟仪器，就是在通用计算机平台上，用户根据自己的需求定义和设计仪器的测试功能，其实质是将传统仪器硬件和最新计算机软件技术充分结合起来，以实现并扩展传统仪器的功能[1]。

目前，美国 NI 公司的 LabVIEW 是较为流行的虚拟仪器开发平台，它是一种图形化编程软件，广泛应用于航空、航天、通信、汽车、电子和生物等各领域，不同领域的科学家和工程师都可以借助这个易学易用的软件来解决问题。采用 LabVIEW 开发单片机和微机的通信程序，能够充分利用 LabVIEW 的图形化编程语言的优势，通过对串行口通信功能模块的设置和连接组合完成程序设计，并在此基础上可以很容易地构建自己的虚拟仪器测控系统[2]。

在单片机课程设计中引入 LabVIEW 虚拟仪器，学生可以较快掌握与单片机应用系统相关的通信模块，完成人机交互软件的开发，实现数据监测、参数设置等功能。

2　单片机课程设计项目实施

单片机课程设计的项目实施是每个项目小组分别完成不同项目，两至三位学生组成一个项目小组，每组一块实验板，采用从题库选题方式选择课程设计的内容。项目的内容包括数字温度计、步进电机控制、计算器、智能风扇、简易示波器、双容水箱液位控制等，文章以其中一个项目单片机控制双容水箱液位为例，介绍单片机课程设计的项目实施过程与虚拟仪器的应用。

该实验项目要求学生设计单片机控制电路、信号采集与调理电路，设计驱动程序使双容水箱的液位平衡设定值处，并设计人机交互软件实现与单片机串口通信，可通过上位机监测液位情况、设置液位。实验目的是培养学生从查阅资料到掌握各类电子元件的开发应用和实际动手能力。

2.1　方案设计

单片机对双容水箱液位控制系统主要包括：双容水箱液位装置、下位机、上位机，如图 1 所示。图中双容水箱液位装置已包含压力变送器、I/V 转换电路、水泵及驱动电路，压力变送器采集水箱液位信息经过 I/V 转换电路和 A/D 转换电路传送给单片机，单片机通过控制算法程序运算，将控制信号经过 D/A 转换电路和驱动电路控制水泵的运转，从而形成闭环控制；单片机通过串口通信将液位信息传送至上位机，上位机对数据进行处理，绘制实时曲线。

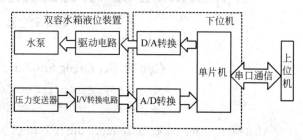

图 1　双容水箱液位控制系统的组成

2.2　数学模型

双容水箱液位装置属于典型的过程控制，需要通过实验法进行动态特性测试。双容水箱数学模型是两个单容水箱数学模型的乘积，即双容水箱的数学模型可用一个二阶惯性环节来描述：

$$G(s)=G_1(s)G_2(s)=\frac{k_1}{T_1s+1}\times\frac{k_2}{T_2s+1}=\frac{K}{(T_1s+1)(T_2s+1)}\ (1)$$

式中 $K=k_1k_2$，为双容水箱的放大系数，T_1、T_2 分别为两个水箱的时间常数。通过工程实验法进行 PID 参数整定。

2.3　下位机设计

2.3.1　硬件设计

下位机硬件结构包括单片机、AD 转换、DA 转换以及串口通信，单片机控制器选用 STC89C52。STC89C52 是 STC 公司生产的一种低功耗、高性能 CMOS8 位微控制器，具有 8K 的系统可编程 Flash 存储器，有 40 个引脚。图 2 为单片机最小系统。

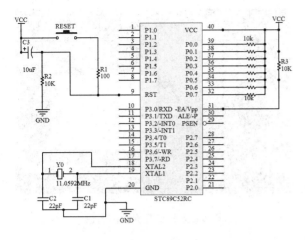

图 2　STC89C52 最小系统

AD 转换选用 TLC1549。TLC1549 是一个具有串行控制、连续逐渐逼近型的模数转换器，分辨率为 10 位，电源电压范围-0.5V 至 6V，输出电压范围-0.3V 至 VCC+0.3V。由于分别有两路输入模拟信号，所以需要两片 TLC1549 芯片，分别采用不同的时钟信号、数据输入输出和使能信号。AD 转换模块电路如图 3 所示。

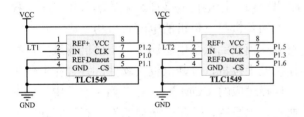

图 3　AD 转换电路

DA 转换选用 TLC5615。TLC5615 是一个串行 10 位 DAC 芯片，串行控制，单 5V 电源工作，高阻抗基准输入端，输出的最大电压为 2 倍的基准输入电压。DA 转换模块电路如图 4 所示。

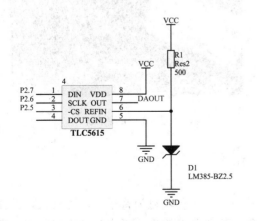

图 4　DA 转换电路

单片机与上位机是通过串口通信来实现的。由于单片机串口使用的是正逻辑的 TTL 电平，而上位机的串口使用的是负逻辑的 232 电平，需使用电平转换芯片 MAX232，其连接方式如图 5 所示。

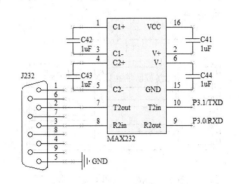

图 5　串口通信电路

2.3.2　软件设计

下位机软件设计程序采用 C51 语言，在 Keil 环境下编写实现。主程序的初始化需要设定 PID 控制的参数值，以及设定波特率、定时器工作模式、开中断等工作。在主程序初始化之后，调用 AD 转换子程序，分别调用两个通道的模数转化，读取并计算出两个水箱的液位值，分别存入预设的对应数组。判断上位机接受的液位设定值是否符合规定范围，若符合，则调整设定液位值。然后进入 PID 控制算法，调用 DA 转换输出函数，将控制算法计算得到的控制信号，经数模转换，输出给驱动模块，以控制直流微型水泵。最后，将所测得的两个水箱的液位值，经过串口通信，发送给上位机。主程序流程图如图 6 所示。

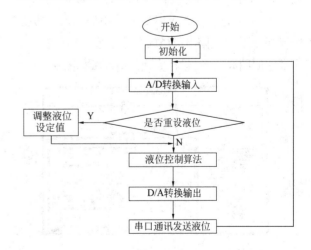

图 6　主程序流程图

2.4　上位机设计

为了实现整体性能，便于实验结果的监测和分析，设计上位机的主要功能是分别绘制左、右水箱液位-时间图像、存储数据、实时显示液位，并且可以对下位机进行液位设置。上位机功能结构如图7所示。

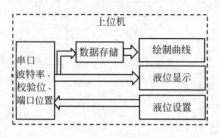

图7　上位机软件功能结构

虚拟仪器 LabVIEW 开发上位机人机交互软件，首先进行串口初始化。采用 VISA 配置串口函数[3~5]，配置 4 个数值常量，它们的值分别为9600（波特率）、8（数据位）、0（校验位，无）、1（停止位），定义串口协议。再构建 while 循环结构，时钟函数能够使得上位机系统能够以一定的周期监测串口接收缓冲区的数据，VISA 串口字节数函数用于分辨输入的字节数，读取并显示输入数据。然后使用两个条件结构，分别用于发送数据和接收数据。VISA 串口写入函数将数据发送，用于设置液位。VISA 串口读取函数将数据读取，然后将数据转换为数组的形式，并对数组的各位进行分离，分别计算左右水箱液位值，实现对读取数据的存储，再进行液位值显示和波形图的绘制。最后，使用两个 VISA 关闭串口函数，根据控制指令及时关闭串口释放系统资源。人机交互程序框图如图8所示。设计完成的前面板如图9所示。

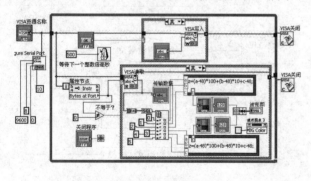

图8　人机交互程序框图

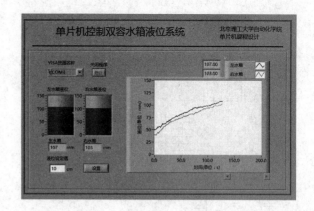

图9　人机交互界面前面板

2.5　实验结果

把双容水箱液位控制模型作为单片机实际被控对象引入课程设计中，组成完整的闭环控制系统，使实验现象更为具体化，更贴近工业生产，激发学生学习单片机的热情，利于学生进行工程项目的创新性实验。实验中，连接好相关电路。将两个水箱的压力变送器输出电压分别连接至下位机的两个 AD 模块的输入接口。将下位机的 DA 输出接口连接至直流微型水泵的输入接口。将各输入的负极与下位机的电源负极相连进行共地。将驱动模块的水泵电源连接。下位机通过串口线连接至上位机，打开上位机软件，并且在上位机中选择对应的 COM 口。打开两个水箱中间的联通阀、水泵阀，关闭右水箱的泄水阀，打开左水箱的泄水阀至较小开度，确保出水量小于水泵最大进水量。系统整体运行状况如图10所示。

图10　实验系统

3　结论

（1）以工程项目为背景的单片机课程设计，使得项目工作量饱满，学生项目小组需要合理分工、发挥团队合作共同完成项目，培养了他们的团队精神。

（2）将虚拟仪器引入单片机课程设计项目中，促使学生发挥主观能动性，通过学习发展自身的能力，使用新技术完成项目任务。

References

[1] 陈敏,汤晓安. 虚拟仪器软件 LabVIEW 与数据采集[J]. 小型微型计算机系统，2001，22（4）：501-503.

[2] 彭庆华. 虚拟仪器软件 LabVIEW 的串行口通信编程[J]. 自动化仪表，2002，23（3）：31-33.

[3] 陈飞，谢启. LabVIEW 与单片机实验仪通信的实现及教学应用[J]. 常熟理工学院学报：自然科学版，2007，21（10）：99-101.

[4] 杨洋，隋成华，童建平，等. LABVIEW 虚拟仪器串行通信的研究[C]. 第三届全国虚拟仪器学术交流大会论文集. 2009：292-295.

[5] 郑对元，等. 精通 LabVIEW 虚拟仪器程序设计[M]. 北京：清华大学出版社，2012.

学科交融背景下课程设计的教学研究与实践

王　田　骆　滢　乔美娜

（北京航空航天大学，北京　100191）

摘　要： 随着数字化、信息化时代的来临，学科交融背景下的教育领域的创新显得尤为重要。本文将多学科知识引入课堂教学中，探索新的课程设计的教学方法。指导学生将 Kinect 设备与 Arduino 电路结合起来，综合模式识别、控制理论、智能制造等学科的特点，展示了 Kinect 培养学生实验能力的优势，给课程设计教育提供了新思路。

关键词： 学科交融；课程设计；教学研究

The Teaching Research and Practice of Course Design under the Background of Integration of Disciplines

Tian Wang, Ying Luo , Meina Qiao

(Beihang University, Beijing 100191 China)

Abstract: With the advent of digitization and informatization, the innovation of education in the field of interdisciplinary integration is more and more important now. This paper explores the teaching methods of new curriculum design by introducing multidisciplinary knowledge into classroom teaching, which guides students to combine Kinect device and the Arduino circuit, combines the characteristic of the subjects such as pattern recognition, control theory, and the intelligent manufacturing, and shows the advantage of training students' experimental ability. This paper will provides a new way of thinking for the design of curriculum education.

Key Words: Subject Blend; Curriculum Design; Teaching and Research

引言

面向工程教育的本科生教育改革是培养优秀人才的一个新的重要途径，通过该体制模式进行深入研究，可建立一种较为完善的本科生拔尖人才培养模式，从而对推进这一制度的深入实施具有重要意义。而在实际教学中，培养本科生科研创新的思想和能力显得尤为重要。本文从 Kinect 设备在本科生教育中的应用出发，培养学生的实际操作能力和创新思考的方式，探索教育改革的新思路。

1　学科交融背景下的课程设计教学研究

工程教育认证贯彻"以人为本"教育理念，以"成果导向教育(Outcome based education, OBE)"为指导思想，以"工程专业执业"为目标，"以学生为中心"制订。该体系以"学生"为中心，以"培养目标"与"毕业要求"为导向，通过"课程体系""师资队伍"与"支持条件"支撑"毕业要求"达成，进而支撑"培养目标"达成，实施内/外部评价反馈的"持续改进"体系。做到有明

联系人：王田. 第一作者：王田（1987—），男，博士，讲师.

基金项目：中央高校基本科研业务费专项资金（YWF-14-RSC-102），国家自然科学基金（61503017），北京航空航天大学教改基金（4003054），航空科学基金（2016ZC51022）.

确出口要求并完整覆盖，有教学环节支撑并落实到位，有考核评价制度并反馈改进。标准中明确提出了培养学生解决问题的能力与创新性等，要用到交叉学科知识，需要能将多学科知识融会贯通，具备在交叉学科团队中合作、沟通的能力，才能达到解决复杂工程问题的目标。表明创新人才需要多学科知识。只有综合运用多学科的知识才能对复杂工程问题进行综合的分析、分解，才能得到符合社会安全、道德标准的方案。标准中同时也强调，学生需要在社会与团体中具有承担责任的能力，具备沟通能力。例如，标准中要求具有人文社会科学素养、社会责任感，能够在工程实践中理解并遵守工程职业道德和规范，履行责任；能够在多学科背景下的团队中承担个体、团队成员以及负责人的角色；并具备一定的国际视野，能够在跨文化背景下进行沟通和交流。

在成果导向教育的指导思想下，出于兴趣与爱好，努力把各种创意转变为现实的人。基于学生兴趣，以项目学习的方式，使用数字化工具，倡导造物，鼓励分享，培养跨学科解决问题能力、团队协作能力和创新能力的一种素质教育。随着经济的发展和时代的进步，具有互联网和信息技术高速发展的时代特征的创客教育模式越来越受到教育者的重视，各种新型教育设备也逐渐被引入到实际教学中，以开拓学生眼界、启发学生思考，提升学生的综合素质。本文研究面向工程教育的学科交融背景下课程设计的教学研究与实践。

2　学科交融背景下的课程设计

2.1　融合计算机视觉与模式识别学科的课程设计

基于计算机视觉和模式识别的基本原理，让学生利用 Kinect 工具，研究基于图像、视频的人体动作识别问题[1]。微软推出的 Kinect 传感器最初是为游戏设备 Xbox360 设计的，于 2010 年 11 月面世，是载入吉尼斯世界纪录的"史上销售速度最快的消费类电子产品"。它也是第一个商业化的、允许用户通过自然用户界面（使用手势和语音命令，而非游戏控制器）与控制台交互的感应器，是骨骼追踪和人体动作识别领域的一项革命性技术，并且连接一个开放性的 USB 端口——这

个端口使设备有可能连接到 PC 端并进行开源驱动程序的设计[2]。换言之，这个设计使得人们可以最大限度地探索。Kinect 编程和相关应用。Kinect 传感器如图 1 所示。

图 1　Kinect 传感器

微软并没有公布 PC 设备上的任何驱动程序，但为了有效利用 Kinect 的开放 USB 连接，微软于 2011 年推出了 Kinect SDK（软件开发套件），并正式发布了用于研究的 Kinect 版本。至此，人们终于可以将设备运用到实际教学中，以项目学习的方式开展一种基于学生兴趣的、既可以启发学生思维，又可以解决实验困难的、培养跨学科解决问题能力、团队协作能力和创新能力的教育模式。这是 Kinect 在培养学生解决复杂工程问题、培养学生创新性与各项能力进行了细致的描述中应用的最大优势。

2.2　基于模式识别原理的动作行为识别

Kinect 感应器带有一个 RGB 摄像机、一个红外激光投射器和红外 CMOS 传感器组成的深度传感器。此外，它还又一个带有声源定位和环境噪声抑制的话筒阵列、一个 LED 光源、一个三轴加速度计和一个控制设备倾斜角度的小型舵机[3,4]。其中起决定性作用的器件就是与 RGB 摄像头（分辨率为 8bit，640 像素×480 像素）完全独立的深度传感器，它经过芯片处理，能够实时捕捉并重建感应器前面的 3D 工作场景，深度为 11bit，灵敏度级别为 2048。Kinect 的硬件构成如图 2 所示，这些传感器为人体骨骼与动作识别提供了数据源。

我们可以通过不同的中间件探索 Kinect 的其他应用[5]。本文采用 OpenNI 和 NITE 中间件，他们通过 PC 连接到单片机编程软件后可以访问和显示深度图，可以把 Kinect 得到的灰度图像转化为实际尺寸，从而将 Kinect 用于其他系统的控制

中，把手势或动作指令转化为计算机或者单片机语言，进行跟随控制。更进一步，在 PC 端安装 Proteus 等仿真软件后，可将全部操作在 PC 中实现，这给教学研究提供了便利。

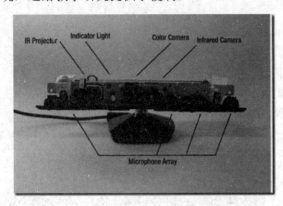

图 2　Kinect 硬件构成

3　面向无人车控制的多学科综合与实践

3.1　仪器设备要求（见表 1）

表 1　材料清单

材　料	说　明
一块 Arduino 电路板	能正常使用，与 IDE 通信正常
一辆遥控汽车	车辆尺寸要能容纳 Arduino 电路板，并带有两个电机
2 个 XBee 模块	选用的型号是 XBee 1mW Chip Antenna-Series 1
XBee Explorer 模块	带有 USB 接口和电缆
1 块扩展开发板	用于编写传感器等其他程序
1 个电机驱动模块	双 H 桥或其他类似产品
Kinect 设备	Kinect for windows 系列

3.2　实验综合方案设计与实践

　　基于计算机视觉与模式识别的基本原理，以 Kinect 作为传感器采集人体数据，从而分析人体的动作行为。结合控制理论与智能制造的原理，将此作为小车的控制的输入，指挥小车的动作行为。Kinect 作为传感器，主要的功能是将人体的手势、动作转化成 PC 可以识别的命令，如向前、向后与停止等。PC 接收到这些指令后，要通过与单片机进行串行通信，将指令传输给单片机，然后通过单片机上安装的遥控器控制单片机的动作。本文使用 Arduino 单片机控制的小车进行实验，使控制结果更加直观。实际教学中也可采用其他由 Arduino 单片机控制的电路进行讲解，比

如简单的 LED 灯的开、关控制电路等。这些有代表性的电路能帮助学生更好地理解 Kinect 对 Arduino 的控制过程。

3.3　多学科交融的实践过程

3.3.1　搭建小车及电路

　　首先使用 Arduino 电路板并将它连接到一个 H 桥控制电路，用两个电机控制小车的运动，前者控制转向，后者控制牵引。安装好其他部件后，在 Arduino IDE 中编写代码程序,通过发送串行数值实现鼠标对小车的初步控制，如图 3 所示。本文实现的途径是先通过 PVector 定义函数，确定各个向量的坐标，描述小车的前行、后退和旋转；随后用 myPort.write()定义 sendSeral()函数，识别前先发送一个字符，可以防止数据丢失；发送四个串行数值，一个驱动电机，一个控制前面部分的电机，一个定义方向，最后一个定义速度，实现控制过程。最后进行小车其他部分的编程，最终在屏幕上移动鼠标时，小车应该能跟随鼠标行驶和改变方向。

图 3　Arduino 小车实例

3.3.2　添加无线模块

　　本文采用 Arduino XBee 模块进行无线通信和遥控的功能。

　　将 Arduino XBee 扩展板连接到 Arduino 母板上，然后将 Arduino XBee 扩展板上的两个跳线置于 USB 一端，这样 X-CTU 才能通过 Arduino 的 USB 接口对 XBee 模块进行配置。本文采用 XBee Explorer 焊接导线连接的方法，使电路尽量紧凑。引脚对应关系如表 2 所示。

　　安装好以后，运行 Arduino IDE 检验，确保数据到达单片机。正常情况下单片机的 LED 灯会不断闪烁，此时鼠标也能正常控制小车。

表 2　XBee Explorer 与 Arduino 的连接

XBee Explorer Regulated 引脚	Arduino 引脚
XBee 3.3V	Arduino 3.3v
XBee GND	Arduino GND
XBee DIN	Arduino TX（数字 1 脚）
XBee DOUT	Arduino RX（数字 0 脚）
XBee DIO3	RESET

3.3.3　基于视频动作分析与理解的遥控小车

接下来需要连接 Kinect 和 XBee USB Explorer 设备，用到的 Kinect 中间件是 NITE 会话管理器。这是 PrimeSense 公司开发的商业性高级算法集，可以分析 OpenNI 提供的数据并从中筛选有效信息，执行手部和骨骼的追踪与手势识别，如图 4 所示。打开摄像头和 Kinect Studio 工具，首先给 NITE 管理器添加监听器，设置好 NITE 手点控制和圆形探测代码，初始化串行通信后就可以编辑程序进行手部描绘和信息回调，最终实现 Kinect 经由 PC 与单片机的通讯。

现在运行新的程序，就能实现用手势控制小车的目标。可以打开 Kinect Explorer 工具观察用户手势的捕捉过程，进一步加深理解。

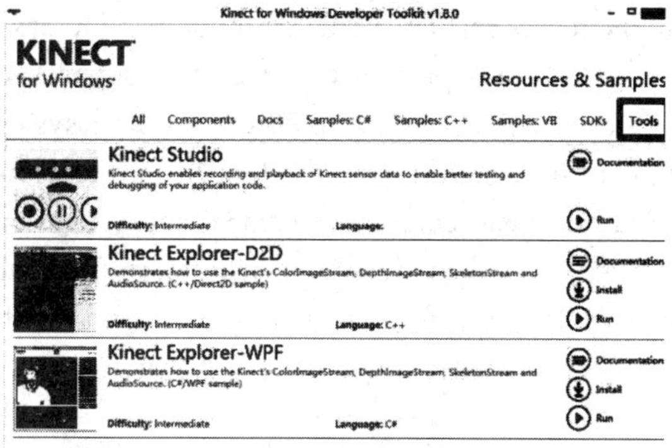

图 4　Kinect Studio 与 Kinect Explorer 工具页面

3.4　课程设计教学建议

本文使用的例子是基于机器视觉与模式识别的基本原理，结合控制理论与智能制造学科的特点，采用 Kinect 对图像和视频进行采集，对采集的数据分析人物动作，从而控制 Arduino 小车。希望通过实验增加学生对 Kinect 工作原理的理解并启发学生思维，开发出新的控制代码或方式，优化实验细节。在实际使用中，完全可以将小车替换为其他的 Arduino 电路，例如 Arduino 控制的 LED 灯、舵机，等等，也可以升级成为快艇、航模或者机械臂，进一步增强学生的动手能力。本实验中也可以使用仿真软件，将 Arduino 电路绘制在软件中，利用 PC 对其的控制，其他通讯代码不变。这样，Kinect 控制实验将能够在电脑上完成所有步骤。这使得实验地点的选择更多样化。

4　结论

本文介绍了学科交融背景下的以计算机视觉和模式识别为基础的，辅以控制理论与智能制造学科的课程设计实验。Kinect 作为视频采集设备，获取人物的动作信息，而后介绍了 Kinect 控制 Arduino 小车的实验过程。将 Kinect 用于课堂教学和人才培养中，结合 Arduino 小车展示了其培养学生做实验、做研究的能力，提出了将 Kinect 设备应用在教学中的新思路。Kinect 作为一种革命性的人机交互设备，突破了传统教学中纸张、笔、鼠标和键盘的局限，将学生作为教学主体，寓教于乐，以"成果导向教育(Outcome based education, OBE)"为指导思想，能够更好地启发学生对于互动式媒体设备的思考，激发学生的学习兴趣。随着数字化、信息化时代的发展，Kinect 辅助教学的优势将更为明显，同时 Kinect 将更好地推广多学科交融的教学模式，提升教学质量。

References

[1] 但婕，张战杰. Kinect 体感技术在教育领域的应用分析研究[J]. 科技展望，2016（14）：181.

[2] 钱鹤庆. 应用 Kinect 与手势识别的增强现实教育辅助系统[D]. 上海交通大学，2011.

[3] Vaz F A, Silva J L D S, Santos R S D. KinardCar: Auxiliary Game in Formation of Young Drivers, Utilizing Kinect and Arduino Integration [C]. Virtual and Augmented Reality. IEEE, 2014:139-142.

[4] You Y, Tang T, Wang Y. When Arduino Meets Kinect: An Intelligent Ambient Home Entertainment Environment [C]. Sixth International Conference on Intelligent Human-Machine Systems and Cybernetics. IEEE, 2014:150-153.

[5] Melgar E R, Diez C C. Arduino and Kinect Projects: Design, Build, Blow Their Minds [M]. Apress, 2012.

一种基于物联网的实验室智能控制系统

汪湛清　彭熙伟　郭玉洁

（北京理工大学 自动化学院，北京 100081）

摘　要：实验室是高校教学和科研的重要场所，传统的人工管理实验室的方式既增加管理成本，又增加了管理人员的负担。物联网技术的发展，为高校实验室智能化管理提供了技术支持。本文提出一种基于物联网的实验室智能控制系统。整个实验室智能控制系统主要分为教学演示子系统、视频监控子系统、实验室基本设备控制子系统以及实验室安防子系统，该实验室智能系统能够实现对实验室教学设备和环境控制的智能操作以及实验室安全的监控，可以大大地提高整个教学质量，并能更好地确保实验室安全。

关键词：物联网；智能实验室；智能管理

A Laboratory Intelligent Control System Based on IOT

Zhanqing Wang, Xiwei Peng, Yujie Guo

(Beijing Institute of Technology, School of Automation, Beijing 100081, China)

Abstract：Laboratory is an important place for teaching and research in colleges and universities. The traditional way of manual management of laboratories not only increases management costs, but also increases the burden on managers. The development of Internet of things technology provides the technical support for the university laboratory intelligent management. This paper presents a laboratory intelligent control system based on Internet of Things. The entire laboratory intelligent control system is mainly divided into teaching demonstration subsystem, video surveillance subsystem, laboratory basic equipment control subsystem and laboratory security subsystem. The laboratory intelligent system can achieve the laboratory teaching equipment and environmental control intelligence operation and laboratory safety monitoring. Furthermore, the laboratory intelligent system can greatly improve the quality of teaching and better ensure laboratory safety.

Key Words：Internet of Things；Intelligent Laboratory；Intelligent Management

引　言

随着传感技术、现代网络技术和人工智能等技术的发展和应用，物联网技术被誉为信息产业的第三次创新[1]。物联网技术具有十分宽广的技术范畴和应用领域，它一方面利用了诸多现有技术，包括半导体技术、计算机技术、现代通信网络技术、甚至纳米技术、生物技术等各种高新技术、交叉技术；另一方面又具有自身独有的特点，能对物理世界进行信息获取、传输和处理，并将处理结果以服务的形式发布给用户。

目前，在国内较为多见的"物联网"定义为：物联网是指利用各种信息传感设备，如射频识别装置、红外传感器、全球定位系统、激光扫描等种种装置与互联网结合起来而形成了一个巨大网络[2]，其目的就是使所有物品都与网络连接在一起，使得识别和管理更加方便。物联网把网络所实现的人与人之间的互联通过技术扩大到了所有事物之间的连通，不但使得现实世界的物品互为连通，而且实现了现实世界（物理空间）与虚拟

联系人：汪湛清. 第一作者：汪湛清（1968—），女，硕士，副教授.

世界（数字化信息空间）的互联[3]，从而有效地支持人机交互、人与物品之间的交互、人与人之间的社会性交互。总之，物联网是一个物物相连的互联网，从而成为新一代信息技术的重要组成部分。

目前的物联网主要应用于生活家居、智能交通等方面，然而其在实验教学方面应用却很少[4]，基于此现状我们运用物联网技术以期提高实验教学质量并更好地确保实验室安全。除此之外我们还将物联网技术与自动化实验室教学相结合，更好的提高了实验室教学质量。

1 智能实验室系统概述

基于物联网的智能实验室管理系统，主要由三个层次构成——应用层、网络层、感知层[5]。总体框图如图 1 所示：

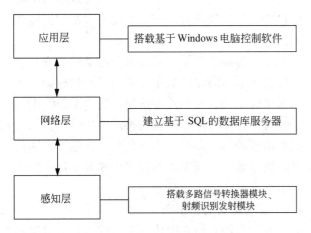

图 1 智能实验室系统总体框图

应用层主要用来搭载 Web 浏览器的各类用户终端。本课题的终端控制器为一款基于 Windows 的平板电脑。通过该平板电脑连接实验室管理服务器，之后服务器通过与感知层进行 TCP/IP 通信，将感知层获取的实时状态数据写入 SQL 数据服务器中，基于 Web 平台的用户端可以实时地显示实验室中传感器的状态并且通过感知层中的射频识别发射模块实现对实验室设备的控制。

网络层对于整个实验室的控制起着承上启下的作用。网络层主要是用于搭建数据库服务器，一方面将数据库中存储的信息展示给远程用户，另一方面将远程用户的控制命令写入数据库的控制决策表[6]，通过与感知层通信，借助多路信号

转换器、射频识别发射模块实现对实验室设备的控制。

感知层作为物联网技术模块的最底层，在智能实验室控制系统设计中，它的主要用途是搭建无线传感器网络。智能实验室的感知层主要由多路信号转换器、射频识别发射器等模块组成。感知层与底层无线传感器采用基于调度算法的MAC 协议，传感器节点可发送数据的时间通过一个调度算法来决定，这样多个传感器节点就可以同时、没有冲突的在无线通道发送数据。在此基础上应用层传递的控制信号才能通过多路信号来完成对实验室基本设备的控制。

2 智能实验室系统结构设计

本实验室智能控制系统的硬件原理设计框图如图 2 所示。主要由自动化教学演示子系统、视频监控子系统、实验室基本设备控制子系统以及实验室安防子系统四部分构成，下文将分别介绍其实现原理。

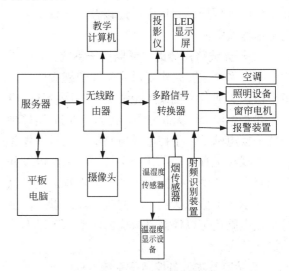

图 2 智能实验室系统硬件结构图

2.1 自动化实验教学演示子系统

自动化实验教学主要分为普通教学和实验教学。普通教学主要是基于实验课理论及原理的讲解。其演示子系统主要包括投影仪和教学计算机。利用遥控器红外控制的原理，手持平板电脑通过访问无线路由器向多路信号器发送投影仪的打开或关闭的控制信号，经过多路信号器转换为红外

信号发送给投影仪，从而实现对投影仪的打开或关闭的控制；之后手持平板电脑通过无线路由器远程控制教学计算机，老师在上课的过程中在任何位置都可以通过手持平板电脑控制教学计算机，给学生播放 PPT、教学演示等。除此之外，老师可以控制平台调用摄像头来进行教学录像，将录像的视频传送给实验室服务器。学生可以通过访问服务器进行查看相应的教学视频，从而实现远程网络实验教学。

自动化实验教学主要是对实践部分的应用。其演示子系统主要将实验室目前已有的基于单片机 ARM 嵌入式系统等微控制器和微处理器的控制系统，以及被控对象—小型双容水箱、云台控制平台等通过物联网纳入该智能实验室系统中。首先将实验室 PC 机的被控制命令建立在感知层的数据服务器中，其次在实验室 PC 上位机端采用 LabVIEW 设计虚拟仪器，用微控制器作为被控水箱和云台的下位机。学生可以通过访问实验室数据服务器实现对实验室 PC 机的控制，最后，通过事先在 PC 级建立好的虚拟仪器实现对小型水箱和云台的远程控制。这样通过该教学子系统可以实现远程教学。

2.2　基于无线路由器的视频监控子系统

本子系统主要是实现对实验室的视频监控。多个摄像头通过网线或者无线路由器连接到固定的无线路由器上，无线路由器通过 Wi-Fi 连接到手持平板电脑上，手持平板电脑实时显示摄像头拍下的视频进行监控；并且手持平板电脑可以任意选择显示其中一个摄像头拍下的视频，也可以同时显示多个摄像头拍下的视频。除此以外，手持平板电脑还可以控制摄像头的转动，可以调节拍摄的角度。

2.3　实验室基本设备控制子系统

主要实现实验室基本设备的实时监测并进行相应的控制。主要包括传感单元与执行单元两大部分。这两部分均通过多路信号转换器模块连接。该子系统主要实现对 LED 显示、照明控制、空调、窗帘、温湿度等设备的控制。

（1）LED 显示控制。手持平板电脑可以设置需要显示的内容，主要包括：课程名称、上课老师、上课时间等。手持平板电脑通过无线路由器，

将需要显示的内容，经过多路信号转换器转换为红外信号发送给 LED 显示设备实时显示。

（2）照明设备控制。手持平板电脑选择其中一个或多个照明设备的关闭或打开。手持平板电脑通过无线路由器将关闭或打开的控制信号，经过多路信号转换器转换为红外信号发送给照明设备，从而进行照明设备的开关控制；

（3）空调控制。手持平板电脑控制空调的工作模式，包括打开或关闭、制热或制冷、温度设置等方面。手持平板电脑通过无线路由器，将这些控制信号经过多路信号转换器转换为红外信号发送给空调进行相应工作模式的调控；

（4）窗帘控制。每个窗帘上都安装有驱动电机，驱动电机正转时打开窗帘，反转时关闭窗帘，驱动电机上安装有信号接收装置；手持平板电脑通过无线路由器，将电机的正转或反转控制信号经过多路信号转换器转换为红外信号发送给驱动电机的信号接收装置，从而实现对窗帘的打开或关闭；

（5）温湿度显示。在实验室的墙壁上安装温湿度传感器和温湿度显示设备，温湿度传感器将当前实验室的温度和湿度信息，发送给温湿度显示设备进行实时显示；同时将温度和湿度信息以红外信号的方式发送给多路信号转换器，多路信号转换器通过无线路由器将温度和湿度信息发送给手持平板电脑进行监测。

2.4　实验室安防子系统

实验室的安防现阶段主要考虑到烟雾报警和在布防状态下有人进入的报警。

（1）烟雾报警。在实验室墙顶安装烟雾报警器，在烟雾报警器检测到一定浓度的烟味，会发出报警声，并且将烟雾浓度信息以红外信号的方式发送给多路信号转换器，然后通过无线路由器发送到手持平板电脑进行火灾判断，如果确定发生火灾及时采取灭火措施，如果没有发生火灾关闭报警声。

（2）布防设置。利用无线射频技术，在每个窗户安装射频识别装置，同时将实验室设定为布防状态或非布防状态。在实验室布防状态下，当窗户被打开时，会发出射频信号。当实验室没有工作时，所有窗户处于关闭状态，整个实验室智

能控制系统开启布防模式。如果有人打开窗户，射频信号发送给多路信号转换器，再经过无线路由器发送到手持平板电脑上；手持平板电脑接收到射频信号时，判断当前系统是否为布防模式，如果不是布防模式，不进行操作；如果是布防模式，则立即开启报警模式，通过无线路由器和多路信号转换器，将警报信号发送给报警装置，将照明设备打开信号发送给所有照明设备。

3　系统的软件设计

本系统的软件部分包括：控制终端软件设计、多路信号转换器部分软件设计。

3.1　终端软件设计

控制终端软件流程如图 3 所示。控制终端为平板电脑。平板电脑上开发了一款基于 Windows 操作系统的软件。目前大多数电脑系统和移动设备都是基于 Windows 操作系统。因此开发的实验室系统软件可以很好地被大多数移动 PC 安装。

首先通过平板电脑完成对整个实验室系统的初始化，其次通过多路信号转换器获取各个设备的环境参数，之后通过 TCP 协议将实验室设备的信息发送给服务器，同时平板电脑可以通过访问服务器来向多路信号转换器传送控制命令[7]。

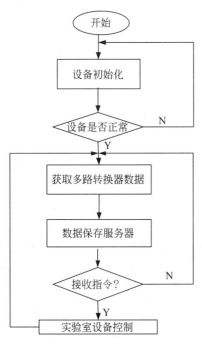

图 3　控制终端流程图

3.2　多路信号转换器软件设计

多路信号转换器软件设计主要实现对实验室基本设备的数据采集和控制功能。首先对实验室的基本设备进行初始化，然后基本设备通过射频模块向多路信号转换器发送对应的状态信息，之后通过无线路由器传送给服务器主机。最后终端层通过访问服务器得到设备的状态信息，实现对实验室设备的监控。服务器发出控制指令时，多路信号转换器根据终端信息做出相应的动作。

4　结论

我们所提出的基于物联网的实验室智能控制系统，基于我校自动化学院的计算机技术实验室的建设项目而设计并实现，在考虑到针对计算机技术相关课程实验教学的同时，还需要兼顾自动化教学的特色，引入了小型双容水箱、云台等被控对象，以便进行基本的控制理论与实践教学。总而言之，该系统实现了以下功能。

（1）本系统基于实验室教学和实验室管理需要，运用物联网技术，设计了一套完整的智能控制系统，实现对实验室教学设备和环境控制的智能操作以及实验室安全的监控。

（2）基于物联网的实验室智能控制系统，提高了实验室的管理水平，减轻了实验室管理人员的工作负担。除此之外，应用该系统的教学演示模块可以减轻老师的上课负担，增加了教学的灵活性。同时通过实现对实验室设备的智能控制，增加了学生上实验课的兴趣，为学生营造了一个良好的学习环境，提高了学生的课堂学习效率[8]。

（3）此外，本课题的实验室智能系统为智能教室、实验室的建设提供了一个良好模型[9]，学生可以通过访问服务器找到老师讲授的教学视频，为学生复习和答疑提供了一个良好的平台。其次增加对实验室内的双容水箱、云台等过程控制、运动控制等被控对象的控制，让存在于实验室内的传统教学仪器设备变得更加智能化。这样学生就可以在诸如宿舍、图书馆等实验室以外的环境场所，利用自己的笔记本实现对放置在实验室内的双容水箱、云台等设备的控制，这样极大地提高实验室设备的利用率以及学生学习的兴趣。

References

[1] 由高潮. 浅谈物联网技术及应用[J]. 科技成果纵横，2010（4）：55-57.

[2] 陈明选，徐旸. 基于物联网的智慧校园建设与发展研究[J]. 远程教育杂志，2012（4）：61-65.

[3] 刘云浩. 物联网导论[M]. 北京：科学出版社，2011.

[4] 汪湛清，阮广凯，郭玉洁，等. 一种基于物联网的实验室智能控制系统[P]. 北京：CN204695054U，2015-10-07.

[5] 仲明瑶，文燕. 基于物联网的智能计算机实验室管理系统设计[J]. 无线互联科技，2016（18）：129-130.

[6] 秦琳琳，陆林箭，石春，等. 基于物联网的温室智能监控系统设计[J]. 农业机械学报，2015（3）：261-267.

[7] 王慧渊. 基于物联网技术的智能实验室的研究与实现[D]. 杭州电子科技大学，2014.

[8] 吴蓬勃，李学海，杨斐，等. 基于物联网的智能实验室研究与实践[J]. 实验室研究与探索，2015（3）：78-85.

[9] 崔贯勋. 基于物联网的实验室智能化综合管理系统设计与实现[J]. 实验室研究与探索，2015（11）：217-220，266.

以能力为导向的卓越计划实践教学体系的改革

张　毅　黄云志[*]

（合肥工业大学 电气与自动化工程学院，安徽 合肥 230009）

摘　要："卓越计划"是以工程人才培养理念为核心，重点培养学生的创新意识和实际动手能力。卓越计划教学改革的重点是重新定位理论教学和实践教学，以实践教学驱动理论重构。本文介绍我校在以能力为导向一体化教学体系指导下的实践教学改革，建立了包含基础认识、综合应用和研究创新三个层次的实践教学体系，密切实践教学目标与培养目标之间的联系，完善实践教学过程评价，递进培养学生创新意识和工程实践能力。

关键词：卓越计划；能力导向；实践教学

Reforms in Ability-Oriented "Excellence Program" Practice Teaching System

Yi Zhang, Yunzhi Huang

(School of Electrical and Automation Engineering, Hefei University of Technology, Hefei　230009, Anhui Province, China)

Abstract："Excellence Program" is based on the idea of engineering talent training, and focuses on students' innovation and practical ability. The key point of "Excellence Program" teaching reform is the reposition of theory and practical teaching. It is an effectual way to drive the theoretical reorganization by the practical teaching. In this paper, the practical teaching is reformed based on the ability-orientated integration teaching system. The system includes the fundamental part, integrated application and innovation. The practical teaching objective is closely link with the developing objective. The practical evaluation is improved during the teaching process. The students' practical ability is developed progressively.

Key Words：Excellence Program；Ability-oriented；Practical Teaching

引言

"卓越计划"是高等工程教育领域重要的改革之一，是面向工业界、面向世界、面向未来，培养造就一大批创新能力强、适应经济社会发展需要的高质量工程技术人才，以此促进我国由工程教育大国迈向工程教育强国的重大举措[1,2]。"卓越计划"工程人才培养理念是面向行业企业，围绕实际工程问题，按照后备工程师的成长规律，构建工程知识、培育工程素养、培养工程能力，使学生能够具有从事工程师职业所必备的基本能力素质。在卓越计划的实施过程中，最为关键的就是实践教学体系的改革。自动化专业是我校"卓越计划"的试点专业，按照卓越计划培养要求及工程教育专业认证的标准，结合控制学科的特点，制定了以能力为导向的卓越计划的培养方案，创建了注重学生工程实践创新能力培养的实践教学体系。

联系人：黄云志.第一作者：张毅（1980—），女，硕士，讲师.

基金项目：安徽省重大教学研究项目（2015zdjy012）.

1　以能力为导向

我校于2015提出实施"以能力为导向的一体化"教学体系建设，核心内容包括培养具有什么能力的人才；怎样培养出与目标一致的人才；如何通过不断改进教学内容、方法和手段，不断提高学生的培养质量。这里的"一体化"体现了理论与实践、知识、能力、素质的深度融合。

在一体化教学体系建设原则的指导下，结合自动化专业的特点，确定了八项基本能力：（1）获取知识的能力；（2）综合运用技术、技能和工具解决工程问题的能力；（3）设计和实施实验并探寻知识的能力；（4）创新性和系统性思维的能力；（5）对终身学习的正确认识和学习的能力；（6）团队组织、协调、融合的能力；（7）有效的交流、竞争与合作能力；（8）国际化视野。

通过对学科专业分析、行业分析等，在基本能力基础上进一步确定专业的能力培养，包括（1）数学、自然科学和工程学知识应用的能力；（2）控制系统建模仿真分析的能力；（3）工业控制计算机编程能力；（4）控制系统设计实现及系统集成的能力；（5）系统安装调试运行维护的能力。将能力培养贯穿整个实践教学体系的设计。

2　构建实践教学体系

实践教学是培养学生创新能力和综合能力必不可少的条件，是提升工程教育质量的关键。实践教学也是科学研究的重要基础环节，保证研究的顺利进展，同时，良好的科学研究反过来会促进实践教学，提升实践教学质量。

在能力导向条件下，将我校自动化专业实践教学体系设计成三个层次，分别是基础认识、综合应用和研究创新等实践阶段。具体内容包含认识实习、专业社会实践、课程设计、综合实验、实习实训、毕业设计和课外科技活动等环节。明确不同阶段各环节教学目标和培养目标的关系，设计教学内容。

实践环节的教学活动、教学环节、教学目标与培养目标的对应关系如图1所示。

基础层次涵盖物理综合实验、电路理论、电子技术等基础课程实验、基础课程设计和基础综合实验，以及工程训练、电子实习、EDA与数字系统课程设计、认识实习等实践教学环节，侧重于基本实验法、操作技能和初步工程概念培养。

综合应用层次通过专业课程和综合实验/设计、专业课程设计等教学环节实现，具体包含检测技术综合实验、微机系统与控制综合实验、电器与PLC控制综合实验、控制系统仿真与实践、控制理论综合实验、过程控制综合实验、伺服控制系统综合实验、网络控制系统综合实验、速度同步控制系统综合实验以及交直流系统综合实验等课程，着力培养学生的综合专业技能和初步工程实践能力。

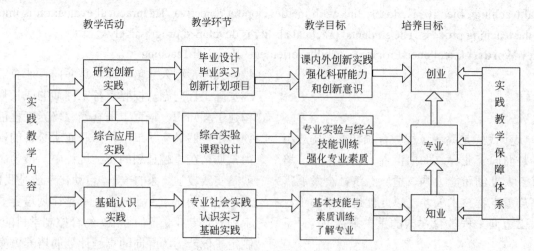

图1　实践教学体系

研究创新层次通过毕业实习、毕业设计，创新计划项目、创新创业大赛等系列创新实践活动实现，主要加强学生工程实践能力、创新能力和创业意识的培养。

"三层次"的实践教学体系，包含了由相互独立到科学融合，由相对简单的工程问题到复杂工程问题的实践教学体系，使学生对工程问题的解决能力培养分层递进，即基本技能与素质训练、解决简单工程问题→综合能力训练、初步设计能力培养，解决较复杂工程问题→创新意识与工程实践能力，解决复杂工程问题。"三层次"的实践教学体系，分模块、分层次、由浅入深地进行工程实践教学训练，形成了"理论到实践－再理论到再实践"递进式的实践教学新模式。注重将教学实验室、校内实习基地、大学生科技创新基地、校外实习基地和大学生社会实践基地进行统筹规划与建设，递进式培养学生的能力。

3　基于工程问题设计实践内容

为了培养学生工程实践能力，立足于自动化专业传统优势——PLC 控制技术和嵌入式控制技术，以伺服运动控制、过程控制与检测技术为主要方向，建设了校内实践基地，设计实践内容。例如西门子卓越工程师实践基地，包括伺服系统多闭环控制训练台、多轴伺服系统训练台、多机协调系统训练台、数据通信训练台等。

结合专业教师反映学科发展方向的科研成果，从工程中提炼问题，自行研制实验设备，创新性地在校内自主设计并建立了集散控制系统实习基地。该基地以应用 DCS 系统解决实际工程问题的一系列企业合作项目为背景，以专业能力培养为导向设计 8 个单元的实践内容，主要包括：① 交流变频器的基本操作与运行；② 基于 MPI 通信的 S7-300PLC 的组态与编程；③ 交流变频器的端子控制与速度联动；④ 基于以太网通信的 S7-300PLC 的组态与编程；⑤ S7-300PLC 的输入输出模块的使用；⑥ S7-300PLC 与交流变频器的 PROFIBUS 通信；⑦ 两层通信网络的集散控制系统；⑧ 基于 PROFIBUS 的速度同步控制系统等。从内容上把复杂的 DCS 系统分成若干个环节，从学生较为熟悉的变频器入手，到端子控制；从 PLC

组态、输入输出模块到网络通信；从控制器到控制系统的设计。每个单元设计以工程项目为载体，突出工程应用中的关键点。例如在两层通信网络的设计中，着重分析 PLC 主从站之间和 PLC 与变频器之间的通信参数配置，结合 PPO1 数据传输类型重点结果通信过程及程序设计。从工程应用入手很好地吸引了学生的学习兴趣，通过对知识点分解和重点难点的提取，形成模块化实例，配合教师针对性地讲解和学生分组研讨，有效建立起学生对 DCS 系统各环节的理解和掌握，最终形成集散系统设计的思想，培养学生解决工程问题的能力。

在实习实训中以准工厂、准工程模式，对每个学生进行工程实际训练，形成了课程实验与工程能力训练相结合、基础教学与科技创新相结合、工程能力训练与工程素质培养相结合、个人能力培养与团队协作精神相结合的"四结合"实践教学方式，有效促进了学生对课本知识的理解和对学科发展前沿知识的认识，激发了学生的学习热情，对培养学生的工程实践能力和创新能力起到了明显的作用。

同时与国外大公司大学计划以及与国内著名企业（西门子、三菱、微芯等）合作，争取公司的支持，加强创新实践基地建设，培养学生创新实践能力。尤其是和 TI 大学计划的合作，建立 DSP/MCU 创新实践基地。大学计划使先进的设备和技术进入高校，为学生创新实践提供丰富的平台，开阔了创新思路。在合作中，我们和公司在共同目标的指引下，互利合作，实现了学校、企业和学生的共赢。

4　加强质量监控完善过程评价

实践教学质量监控主要包括教学计划与实施方案、教学实施过程、考核方法。

教学计划与实施方案主要内容包括建立实践教学环节的规章制度，每学期初提交本学期实验、实习和课程设计详细的教学日历，有学院教学督导委员会审查。

实践教学实施过程监控主要面向课程设计、实习实训、毕业设计三大实践教学环节。课程设计分三个阶段，第一阶段是分配选题，第二阶段是中期检查，第三阶段是后期答辩及设计报告检查。实习实训的质量监控分四个方面：实习动员情况、实习基地建设、集中实习的管理、实习报告及成绩。毕业设计过程质量监控分四个方面：前期检查、中期检查、答辩环节和指导过程。学院设计了毕业设计工作记录手册，按周记录毕业设计工作内容和指导情况，将毕业设计指导老师和学生均纳入质量监控体系中。前期检查包含教师上报选题、学院督导组审查选题是否符合更新率及一人一题的要求；教师下发任务书及学生提交开题报告，学院督导组审查是否符合要求；中期检查学生完成进度，学院督导组召开学生座谈会，了解指导教师指导情况。答辩环节主要完成论文格式审查、论文内容重复率检查、院级答辩、校级答辩。

考核方法实施情况监控：课程设计成绩由平时成绩与答辩成绩两部分构成。平时成绩由指导老师根据学生的平时表现、学习情况给出；答辩成绩由每组指导教师根据小组答辩情况给出。毕业设计成绩由平时成绩与答辩成绩两部分构成，平时成绩由指导教师根据学生毕业设计各阶段的表现给出，答辩成绩由答辩小组根据学生陈述和回答问题情况给出。实习实训环节成绩由指导教师根据学生不同阶段表现综合给出。

从专业基础课课程设计及课内外实训项目入手，例如电子技术基础的课程设计，采取精细化管理，按照多教师、小分组、一人一题，小组答辩的方式，督促学生改变过去课程设计相互抄袭、蒙混过关的现象。

在综合实践环节发挥科研的优势，将科研中的问题抽取出来，作为设计性的实验。如"自动控制原理"中磁悬浮系统和倒立摆系统的设计；"工程基础训练"中基于 PROFIBUS 的速度同步控制等。为确保综合实验环节实施的有效性，完善了过程评价。综合实践不单只看最终设计结果，更要注重实施过程中学生基本技能的掌握及分析、解决工程实际问题的能力。同时，从工程实际出发，提高学生的工程素质。对本环节中出现的各种工程问题，指导老师应及时引导学生深入运用所学的专业知识来分析、解决，更好地培养学生解决复杂工程问题的能力。

在考核中采用可量化的评价指标，突出能力的培养，注重实施过程，建立了分模块的评价制度。以"工程基础训练"中 DCS 系统实践为例，将 8 个实践内容分成四个模块，每模块均采用五级评分制；四个模块平均评价成绩为本实践环节的总成绩。将实训过程中的能力培养和素质提高与考核评价相结合，在实践过程中即使设计出现了问题同样可以评为优，只要学生能够运用所学的知识解决或部分解决所出现的工程技术问题，并在说明书中能对其处理过程进行详细分析即可。

5　小结

本文介绍了以能力为导向一体化教学体系中的实践体系的改革，面向实践教学全过程，介绍了实践体系的组成、实践条件的保证，并解决了传统工程教育实践教学环节评价难的问题。切实促进学生理论学习与实践学习相结合，学生创新意识和工程实践创新能力得到了很大的提升。近三年自动化专业的毕业设计中，结合科研选题占总选题数的 53.2%；结合生产选题占 33.3%；毕业设计优秀和良好率分别占 11.5%、41.7%。学生参加科技竞赛多次获得国家级、省级奖励。在国际大学生 iCAN 创新创业大赛中国总决赛连续三年获得 6 项一等奖。专业毕业生就业率 96%以上。

References

[1] 张智钧. 试析高等学校卓越工程师的培养模式[J]. 黑龙江高教研究, 2010（12）: 139-141.

[2] 刘国繁，曾永卫. 卓越工程师培养计划下教学质量保障和评价探析[J]. 中国高等教育, 2011（21）: 80-82.

以整体工程观为指导的自动化专业课程
教学模式改革与实践

张光新　谢依玲　黄平捷　侯迪波　戴连奎

（浙江大学 控制科学与工程学院，浙江 杭州 310027）

摘　要：在"大众创业、万众创新"的时代背景下，高等学校工科专业课程被赋予了更丰富的工程情境和实践内涵；如何在夯实理论基础的前提下，进一步培养大学生的创新能力、实践能力和工程职业素养，是各类高等工程教育学科在制订培养方案时关注的问题。与回归工程实践的浪潮相呼应，本文引入高等工程教育"整体工程观"为指导理念，结合自动化专业课程以及卓越工程师专业培养方案的制订与落实，介绍了关于改革专业课程教学方法、创新专业课程教学模式所进行的思考、采取的措施和取得的初步成效。

关键词：整体工程观；教学模式改革；自动化专业课程

Exploration and Practice of Automation Specialized Courses Teaching Model based on Holistic Engineering Concept

Guangxin Zhang, Yiling Xie, Pingjie Huang, Dibo Hou, Liankui Dai

(College of Control Science and Engineering, Zhejiang University,Hangzhou 310027,Zhejiang Province, China)

Abstract：In the context of mass entrepreneurship and innovation, engineering specialized courses in college and university have been endowed with more profound engineering circumstances and practice intension. In the premise of laying a solid theoretical foundation, the promotion of college students' innovation and practice abilities and engineering career competence has been a focus during the design of teaching and training schemes for various disciplines of higher engineering education. In accordance with the returning waves of engineering practice concept, the reform of specialized course teaching methods and models is introduced. The consideration, measured taken and initial results are discussed following the holistic engineering concept and taking the design and implementation of automation specialized course teaching scheme and excellent engineer cultivation plan as examples.

Key Words：Holistic Engineering Concept；Teaching Model Reform；Automation Specialized Courses

引言

2010 年，教育部启动了"卓越工程师教育培养计划"。作为落实《国家中长期发展规划纲要》和《国家中长期教育改革和发展规划纲要》（2010-2020 年）的重大改革项目，"卓越计划"主要目标是"面向工业界、面向世界、面向未来，培养造就一大批创新能力强、适应经济社会发展需要的高质量各类型工程技术人才"；预期至 2020 年，参与计划的全日制工科本科生将占当年毕业生总数的 10%，全日制工科研究生将占当年毕业生总数的 50%。

浙江大学控制科学与工程学院自动化专业（控制工程）作为首批实施的卓越工程师（本科生）专业之一，受到了各级教育部门和学校、院系的

联系人：黄平捷. 第一作者：张光新（1969—），男，博士，教授.

高度重视。为适应"卓越计划"应用型工程师的培养目标与要求，控制学院面向国家战略需求和区域经济社会发展需求，结合自身学科优势与特色，制订了"浙江大学卓越工程师教育培养计划自动化专业应用型卓越工程师（本科生）专业培养方案"，从总体要求与专业特征目标、培养标准、培养方案、实习与实践课程教学计划、培养模式和学生来源、联合培养单位优选、配套政策等各方面进行规范、改革与完善。该专业卓越计划自实施以来，进展顺利，遵循了"让高等工程教育回归工程"的教育理念，推进了工程教育人才培养模式的变革。

在近五年的自动化（控制工程）卓越计划教学实践中，笔者所在教学团队主要负责专业课程模块中《可编程控制基础及应用》与《过程控制综合设计与实践》（DCS 和 PLC）课程的教学实践组织实施工作，以"整体工程教育理念"为指导，以"集成性、实践性与创造性"为主体，在课程教学思想与教学内容、教学模式、教学考核、师资配备、资源配置等方面进行了改革实践和探索。

本文即主要结合卓越计划专业培养方案制订以及专业课程教学模式改革等方面，介绍我们的主要思考、采取的措施以及教学方法改革的实践与实施效果，以期与兄弟院校相似专业建设进行交流、提供实践案例。

1　卓越工程师专业课程教学改革需求分析和总体思路

1.1　卓越工程师专业课程教学方法改革需求分析

创新创业是时代主题。党的十八届五中全会指出："坚持创新发展，必须把创新摆在国家发展全局的核心位置，不断推进理论创新、制度创新、科技创新、文化创新等各方面创新，让创新贯穿党和国家一切工作，让创新在全社会蔚然成风。"创新，既是经济社会发展的基石，更是教育和科技工作的着眼点。

面向国家创新创业战略要求，高等工程教育，尤其是"卓越工程师培养计划"，需进一步加强对创新性复合型工程人才的培养，提升工程人才的综合素质能力，为建设创新型国家、实现工业化

和现代化奠定坚实的人力资源优势，增强我国的核心竞争力和综合国力。要达到该宏伟的目标要求，必须在"卓越工程师培养计划"实施方案制订以及卓越计划课程教学组织和实践过程中，高度重视工程性、实践性与创造性，全程聚焦于工程的实践本质。

（1）满足人类社会的各种需要是开展工程实践活动的根本目的，它体现出实践活动的有意识性与目的性。

（2）科学、技术、社会、人文、情境等多种知识经验在整体工程活动中的综合集成与创造，反映了实践活动的探索性、创造性，反映了理论与实践相统一的原则。

（3）工程活动过程中的场域性、情境性、创新性、不确定性和风险性，生动地体现了实践的时间性、时间性、鲜活性、探索性与创造性。

（4）整个工程活动的有计划、有阶段、有组织性，深刻地反映了实践获得有意识性、组织性与社会性。

（5）工程活动的成果——某一特定人工物（系统）的建造，则体现了生产实践活动改造自然的物质性与社会性。显然，以理论与实践脱节、重基础不重应用、重课堂讲授轻课外自学等为特点的课程教学模式已难以满足聚焦于工程实践本质的现代高等工程教育需求。

为此，在回归工程实践的浪潮中，我们提出了卓越计划专业课程教学实践的改革和完善思路，即：以工程教育"整体工程观"为指导，进行教学理念、教学组织、教学模式等方面的革新与完善，让"创新"与"实践"成为贯穿其中的主线。

1.2　以"整体工程观"为指导，进行卓越计划专业课程教学方法改革的基本原则

从工程方法论的角度来分析，进行卓越计划专业课程教学方法改革需考量以下基本原则。

（1）整体性原则，即需基于系统整体性原则来组织专业课程的教学内容和教学模式改革和完善。

（2）层次性原则，整体工程观的系统方法要求采取层次结构的形式来建构复杂的工程系统，课程知识矩阵和能力要求矩阵应具有层次性、递进性。

（3）动态性原则，工程的系统方法强调在运动和变化的过程中把握事物，这就要求我们在进行教学实践、教学成果评价过程中，需充分获取和利用各类信息，进行及时调整优化。

（4）协调优化原则，即需要在教学实践过程中，教学方案、教学模式、教学资源等方面进行统筹兼顾，大力协同，多中选优，在限定的条件下达到最优效果；

（5）综合集成原则，即整体工程中处处体现了综合集成的特性，如目标系统与环境的综合、

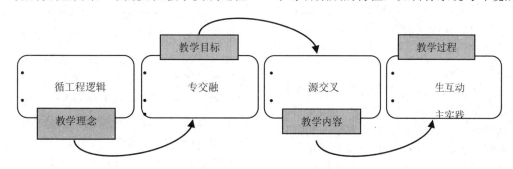

图1　整体工程观指导下的卓越计划专业课程教学模式改革策略

多种技术的综合集成、工程组织管理集成等；卓越计划专业课程绝非单一理论或技术的讲授，它们将必然是宽专交融的知识体。

1.3 以"整体工程观"为指导，进行卓越计划专业课程教学方法改革的主要措施

以整体工程观为指导的卓越计划专业课程教学模式改革的主要思路与措施结构如图1所示。

（1）教学理念：遵循集成性、实践性与创造性为一体的工程逻辑；遵循学生认知规律。

正如德国哲学家费希特所说："教育必须培育人的自我决定能力，不是首先传授知识和技能，而是要去'唤醒'学生的力量。"文献[5]也提出，我们需要在本科生中培育创新土壤，"学生的大脑不是一个用来填充知识的容器，而是一个需要被点燃的火把。"

为此，卓越工程师计划专业课程在教学理念方面，要变重传授知识为重提升知识技能和思维能力；要变教师单向传递信息为学生主动获取信息、让学生为学习主体的传授方式；要变理论灌输为多方位启发教学方式；在教学内容组织中，强调和突出课程知识点的系统性、科学与技术的集成性、工程教育的情境性和实践性，着力培养学生作为未来行业领域专业设计、研发、实施、咨询人员的专业能力与素养。

（2）教学目标：培养（宽专交融）与（知行合一）的工程人才。

从知识体上来说，强调宽专交融，重视学科

基础的学习，同时，重视专业技术知识的专业性和深入性，强调培养工程人才的思维系统性；从能力体上来说，讲求工程人才的"知行合一"，突出培养学生将理论知识应用于工程实践的能力，从而提升分析、解决问题的能力。

（3）教学内容：综合即多源，但突出培养工程领导者。

对于"应用型卓越工程师"培养计划的目标定位，即需在扎实的基础工程实践和科学知识学习的基础上，加强多学科、多领域知识的综合集成能力的培养。

基于上述原则，浙江大学控制学院在制订自动化专业卓越工程师"培养标准和培养方案"时，着力体现了"课程设置模块化、课题体系矩阵化、知识体系复合化"的思路，重构课程体系、优化课程教学内容，在大类培养和专业课程模块重点夯实学生的科学与工程基础，强化学生工程实践、工程设计与工程创新能力培养；在实习和实践训练模块、毕业设计和第二课堂中，重点面向自动化领域行业和企业需求，开展认识实习、生产实习、生产实践、科研训练等多层次、综合型工程实习与实践训练活动，尽可能让学生有机会承担或参与来自实际需求的工程技术创新和工程开发工作，从而培养和提升学生的自动化专业职业素养、职业精神和职业道德。

（4）教学过程：构建以自主实践为主线的培养模式。

在夯实学科理论知识的基础上，进一步面向

国家战略与社会经济需求，以自动化领域工程实际为背景，以控制工程技术为主线，把社会能力、设计能力和工程实践能力融入专业能力的培养过程之中。设置贯穿或综合专业课程知识体系的综合性工程案例，突破理论知识点"孤岛"进行教学内容的融会贯通；改进教学模式，以师生互动研讨式、学生自主实践式教学方法为主，使学生尽早学会使用综合、全局、动态的思维方法去发现、分析和解决问题。

可见，与传统教学模式相比而言，卓越工程师计划课程教学更加突出"三个面向"的宗旨，呼应"大众创业、万众创新"国家战略，加强自主实践式教学时数，培育有利于大学生创新与创业的新土壤，培养创新创业能力，构建创新创业生态体系，为大学生今后协同创新创业打下坚实基础。

2 教学方法改革实践案例与实施效果

以"整体工程观"为指导，面向应用型卓越工程师培养计划的目标，笔者所在教学团队负责讲授的专业课程模块"可编程控制基础及应用"课程，进行了自主实践式教学模式的改革与探索。下面将以该课程为案例，较详细介绍教学思想与课程目标、教学内容、教学安排、考核形式、教

学团队配备、教学资源整合与保障等方面所开展的综合改革与实践。

2.1 课程教学模式改革与实践

2.1.1 教学思想与课程总体目标

"可编程控制基础及应用"课程为控制系自动化（控制工程）"卓越工程师计划"必选课程模块中的一门专业课程，目标是通过课程的学习，学生能够掌握计算机控制系统、可编程序控制器、现场总线系统和工业以太网等基本知识，具备计算机和综合自动化控制系统分析、设计、部署、调试、投运等设计与开发能力和分析解决控制系统工程应用问题的能力。

为满足卓越工程师计划"培养学生具有自动化专业分析问题与解决问题的能力，并掌握与本专业相关的个人能力和专业能力"的要求与目标，课程教学团队引入"整体工程观"的教学理念，整门课程以紧密联系应用实际的计算机控制系统开发课程设计为贯穿始终的轴线，通过很少的课堂教学、大幅增加的自主合作实践，使学生真正掌握计算机控制系统的设计、开发、安装、调试、投运、现场维护等完整过程所需具备的知识和能力，着重培养和提升学生自主学习、分析和解决实际问题的能力。总体教学思想与教学目标如图2所示。

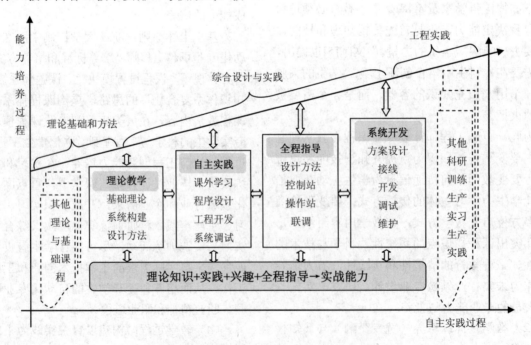

图2　突出整体工程观与和自主实践的教学模式

从图 2 可以看出，我们的出发点是在自动化专业课程中融入"整体工程观"和提升学生自主实践能力的理念。在培养学生自主实践能力和工程素养方面，该门课程（或该类课程）实际上起到了承上启下的作用。对于其他基础理论和方法学课程，该课程是进一步深化和提升实践能力的纽带和钥匙；对于其他科研训练以及工程实习和后续的生产实习而言，该课程是前期准备和实战能力积累的过程，综合体现了自主实践和能力培养维度的有机集成。通过该门（类）课程的设置，可将理论与实践、校内与校外、感性认识和理性认识等环节链接起来。

2.1.2 教学内容与教学安排

遵循"重视理论、强化实践、重在应用、倡导创新"的教学理念，教学团队完善了教学文件，强化课程教学的系统性和工程应用性，在学生已有先修课程如"控制原理""控制工程""控制仪表与计算机控制装置"等知识的基础上，减少理论教学的课时数，鼓励和要求学生对已有基础的和针对性较强的内容进行课外自学，大幅度增加课堂研讨和学生自主合作实践的课时数，以完成密切结合工程实际应用的课程设计（"小型研发课题"）为贯穿整个课程教学、研讨、互动与实践的主线，完成本门课程的教学实践工作。

课时安排进行了较大胆的改革，课时安排比例约为：理论教学课时占 15%，方案设计课时约占 15%，课堂研讨课时约 10%，自主合作式实践课时约占 60%。整体教学内容与安排如图 3 所示。

（1）理论教学。

老师利用几次课左右的时间讲授工程设计与开发中学生比较难以掌握、实际控制系统中应用又很广泛的知识，例如，可编程控制器系统配置、指令系统、可编程控制器通信网络与组网技术、PLC 控制系统设计与开发等内容，把控制系统研发所需的核心知识讲透。

（2）方案设计。

利用一到两次课的时间，讲授 PLC 系统的设计原则和主要设计方法，并布置和讲解课程设计题目。设计题目既要紧扣工程应用实践、尽可能包含更丰富的自动控制要素，又要适当精简，让学生既兴趣盎然又有成就感。

我们的做法是：老师结合工业应用领域自动控制系统开发的实际案例，提供 2～3 道控制系统开发课程设计题目，供学生分组后选取、分组合作完成设计与开发工作。例如，课程设计中要求学生设计出满足控制任务需求的 PLC 控制系统，并完成系统开发、安装、调试与运行（本课程与学院自动化实验中心合作，给学生提供 PLC 模块、元器件和可借助来完成控制要求的管路和控制回路装置，要求学生利用这些检测元件、执行器、PLC 模块、管路系统等，完成计算机控制系统构建、开发、安装、调试等任务）。

课程设计主要包括三部分工作内容：控制系统方案设计，学生提交控制系统设计方案（硬件部分）；控制站、操作站软件开发，学生提交控制系统设计方案（软件部分）、开发的软件包（源程序）；系统的安装调试运行，学生提交系统使用说明书。

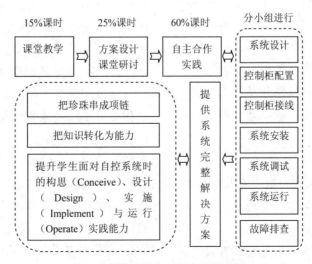

图 3 课程内容和课程安排示意图

在布置课程设计任务后，根据自由组合原则组成的小组各组将利用 1 周的时间，进行控制系统任务要求的分析、拟定可编程系统的控制功能和设计目标，细化控制系统的技术要求，进行系统和模块选型，编制 I/O 分配表和系统及其仪表的接线图，编制软件规格说明书，完成"控制系统开发任务设计书"。

（3）课堂研讨。

利用 1 次课时间，就各组提交的"控制系统开发任务设计书"进行研讨，其他同学和老师进行点评和讨论。

具体做法是：各组汇报设计思路、I/O 统计情况、模块选取、控制柜配置、控制柜接线图设计与编制情况，其他同学提出疑问、意见和建议，该组同学回答解释，老师和同学重点就方案设计的合理性、规范性和正确性进行讨论和论证，尤其是控制柜接线图设计的正确性与规范性是重点讨论内容。

各组根据研讨的意见建议，课后修改完善任务设计书。

（4）自主合作实践。

各组的"控制系统开发任务设计书"经老师确认后，即可分组进入控制学院自动化实验中心和自动化实习实践基地，进行开发实施。在比期间，老师会全程给予指导，此外，每个学习小组还配备开发经验丰富的研究生学长，给予随时指导与交流。

自主合作实践阶段，总体上是根据控制系统项目开发的流程来要求学生的，每组同学内部分为组长、方案设计员、接线和安装调试员、控制站开发员、操作站开发员等，既分工又合作。

期间，老师会就控制站软件开发技术、操作站软件开发技术等进行分组讲解；老师和学长随时答疑和交流。

2.1.3　考核形式

改变以往偏重于"一考定分数"的考核方法，加强过程考核，重点关注学生理论联系实际、分析和解决实际问题的能力。

学生总评成绩主要侧重于自主实践方面的表现，计算方法为：小组成绩 60%（体现团队合作能力）+个人成绩 40%（根据工作量和完成质量来评价），如表 1 所示。

表 1　课程设计成绩的评分标准表

a）小组成绩（60%）	分值比例	b）个人成绩（40%）	分值比例
• 方案设计合理性和规范性	20%	• 工作量	30%
• 控制柜接线合理性和规范性	15%	• 完成质量	40%
• 控制站系统功能和编程质量	20%	• 协调能力	10%
• 操作站系统功能和编程质量	20%	• 组内互评	10%
• 系统总体运行情况	10%		
• 小组的查错和排错能力	15%		

2.1.4　教学团队配备

学校和学院十分重视本科生教学和卓越培养计划教学团队的建设，在学院层面上建立了以课程模块为核心的"基层教学组织"（小组），负责课程模块的教学改革、完善与实施等工作。以本教学团队为例，为本课程配备了两名教授、两名副教授，且自动化实验中心给予全力配合，团队成员形成了教学研究合作梯队。除了本课程的讲授，在团队核心教授的带领下，近年来先后主持了包括"浙江省新世纪高等教育教学改革项目"在内的多项教学研究项目，经验丰富；团队成员均承担了多年的相关专业课程授课和实验指导任务，承担和主持了多项计算机控制系统和综合自动化科研项目，工程应用积累良好。此外，教学团队还可挑选计算机控制系统开发实践经验丰富的研究生作为指导组成员。

2.1.5　教学资源整合与保障

学校和学院、控制学院自动化实验中心和自动化实习实践基地等均给予本课程大力支持。学院实验中心特地整合、增添了多台套计算机控制系统相关仪表与设备，依托这些条件，老师可设计接近于实际工程应用项目的被控对象和被控环境，设置若干个计算机控制系统开发课题（课程设计题目），供学生实践之用。

2.2　课程教学改革的实施进展与成果

该门课程在 2013 年春夏学期进行了教学方

法改革后的第一轮上课；随后根据学生反馈情况，陆续进行了课程教学内容的充实与完善，进一步整合了计算机控制系统和实验系统资源，优化了课程设计题目；在 2014 年春学期面向 2010 级自动化卓越班学生开展了第二轮教学实践，学生的自主实践成果——结合小型研发课题开发了计算机控制系统，系统开发的规范性、完成控制功能的质量等均比上一级学生开发的系统有所提升；在 2016 年秋冬学期扩展到面向全学院本科生开展了第三轮教学实践，课程也充实成为实践环节课程"过程控制综合设计与实践"（包含 PLC 和 DCS 控制系统设计与开发两部分）。

（1）从教学实践的反馈来看，学生们都觉得通过这门课的学习，收获很大，例如，2013 级第二小组同学反馈：课程实践"很好地提高了动手能力，相比于普通的理论课程能够亲自将设计文档付诸实践，进行硬件系统连接，并且通过编写程序实际地控制设备，而不是简单地仿真看看结果，既有趣又有成就感。通过这门课我们能够更加深入地了解自动化控制学科的工程应用背景，通过完成这门小小的课程让我们更有自信去完成更加复杂的实际工程控制任务"；2014 级同学在上完课后似乎觉得意犹未尽："建议将更多的检测与控制变量交由学生来完成；建议在其他条件具备的课程中加以借鉴和实施。"

（2）借鉴本课程改革经验与思路，结合"重在实践"的教学模式和改革方向，控制学院的另一门卓越班课程"过程控制综合设计与实践"（侧重于 DCS 设计与开发）于 2013 年冬学期顺利开展了教学实践，同学们反响很好；在此基础上，经过进一步整合充实，形成了自动化本科生综合设计实践必修课程"过程控制综合设计与实践"（PLC 和 DCS 部分），并于 2016 年秋冬学期进行教学实践。

（3）结合本课程实践，从本课程的学生中选拔佼佼者作为中坚力量参加各类大学生自动化学科竞赛，比如组队参加由教育部高等学校自动化类专业教学指导分委员会组织举办的 2014 年全国大学生"西门子杯"工业自动化挑战赛，2015 年"第六届菲尼克斯电气全球自动化大奖赛"等竞赛均获得佳绩。

3　结　语

创新创业是时代的主题，当前，我国正处于"深入实施创新驱动发展战略，发挥科技创新在全面创新中的引领作用"的关键时期。自动化专业学科与其他学科相比，作为跟信息化与工业化融合（"两化融合"）战略尤为密切相关的学科，更迫切地需要"从全球化的新形势，工业化的新需求和工业信息化和理论的新趋势来不断地调整和明确专业的教学、科研和社会服务"，更好地为国家提供更适用的人才、更多的科研成果。本文结合高等工程教育回归工程实践的时代浪潮，以整体工程观为指导，分析了面向卓越工程师培养计划和培养目标的自动化专业课程教学模式改革需求，提出了以整体工程观为指导的卓越计划专业课程教学模式改革策略，并以笔者所在教学团队负责讲授的自动化专业卓越计划课程为例，介绍了自主实践式教学改革探索情况与实施效果，重点分析了教学思想、教学内容、教学安排、考核模式、师资配置、资源整合与保障等方面的做法，以期对相关系列课程的教学改革有所帮助。

References

[1] 中国共产党第十八届中央委员会第五次全体会议文件汇编. 北京：人民出版社，2015.

[2] 邹晓东，翁默斯，姚威. 基于大 E 理念与整体观的综合工程教育理念构建[J]. 高等工程教育研究，2015（6）：11-16.

[3] 吴澄. "两化融合"与自动化学科的发展——积极实践"两化融合"，促进自动化学科的发展[J]. 自动化博览，2010（1）：38-41.

[4] 林健. 谈实施"卓越工程师培养计划"引发的若干变革[J]. 中国高等教育，2010（17）：30-32.

[5] 钟华. 增强本科生实践式教学模式，构建创新、创业生态体系[N]. 中国科学报，http://www.news.zju.edu.cn/news.php?id=42619. 2015.11.19.

[6] 徐世军，范伟，黄贤英. 面向卓越工程师培养的专业课程教学实践[J]. 计算机教育，2013（13）：22-25.

应用型本科自动化专业校企合作实践教学模式初探

郑 英　王迷迷　张立珍　辛海燕　陈慧琴

（东南大学 成贤学院，江苏 南京 210088）

摘 要：本文分析了高校自动化专业实践教学存在的问题，构建"认知、求证、探索、创新"多元校企合作实践教学模式，并从校企产学研一体化的实践平台，实践教学考核制度，创新实践教学培养体制等方面进行阐述，最后探讨了校企合作实践教学模式的保障措施。为校企合作共建实践教学环境，培养应用型人才指明了方向。

关键词：应用型本科；校企合作；实践教学模式

Exploration of Practical Teaching Mode of College Enterprise Cooperation in Application Oriented Undergraduate Automation University

Ying Zheng, Mimi Wang, Lizhen Zhang, Haiyan Xin, Huiqin Chen

(Southeast University Chengxian College, Nanjing 210088, Jiangsu Province, China)

Abstract: This paper analyzes the problems existing in the practice teaching of Automation Specialty in Universities, Construction of "cognition, verification, exploration and innovation" practice model of multi school enterprise cooperation. And explained from the practice platform of college enterprise cooperation, practice teaching assessment system, innovation practice teaching system and so on. Finally, the paper discusses the guarantee measures of the practice teaching model of college enterprise cooperation. It points out the direction for the cooperation between college and enterprises to build a practical teaching environment and train applied talents.

Key Words: Application-oriented University; Cooperation Between School and Enterprise; Teaching Model

引言

2014 年国务院召开常务会议，部署加快发展现代职业教育，其中特别提到"引导一批普通本科高校向应用技术型高校转型"[1]。随着我国社会经济的发展状况和市场人才需求状态的改变，人才的培养也面临着新的机遇和挑战，学校培养的人才与企业对人才的需求严重脱节。为适应社会需求，"应用型人才"应运而生。应用型人才不仅要掌握坚实的理论知识，同事还要具备熟练的实践能力。自动化专业是一个对实践技能要求比较高的专业，如何培养学生的实践动手能力和解决实际问题的能力，采用什么样的方法手段来培养学生实践能力是自动化专业教师值得思考的一个重要课题。

1 应用型本科院校自动化专业实践教学中的问题

自动化专业是应用科学，自动化专业的发展离不开实践，但在传统高校实践教学过程中，学

联系人：郑英. 第一作者：郑英（1974—），女，硕士，副教授.

生很大程度上作为被动的"灌输"对象来进行培养，教师过多强调学生接受性而忽视其能动性，很大程度上限制了学生的自主意识和创造空间，所以当前高校纷纷开展了各具特色的创新性实践教学模式的改革和探索[2]。现实中应用型本科院校自动化专业的实践教学确存在着诸多问题。

1.1 重视理论学习，忽视实践训练

长期以来，自动化的教学工作往往重视理论教学，忽视实验、实践训练，学生只知道理论知识，不知其是何物。

1.2 实验设备陈旧，跟不上时代发展

许多院校的自动化实验设备陈旧，几十年不更新，或者无法更新，设备生产方不能及时维护，造成设备修修补补，无法跟上时代的步伐。

1.3 实验设备箱体式比较多，影响学生探究学习

很多实验设备制作成了箱体式，学生面对的设备成品，不了解实际电路是什么，不知道硬件连接原理，无法根据实际的硬件来龙去脉完成实验，机械地根据老师的要求去做实验，学生发现不了学习的问题，更谈不上解决问题。

1.4 课外实习基地数量多，质量无法深入

许多院校签约的实践基地数量很多，能够达到自动化专业实践教学需要的却不多，校外实习流于形式，很多实习变成校外参观。

1.5 重视实践教学的形式，忽视实践教学效果

自动化专业实践教学包括课程实验，课程设计，毕业实习和毕业设计等多种形式，但最终的实习报告中可以看出实践效果并不理想，学生没有学到真正的实践知识。

2 构建"认知、求证、探索、创新"多元校企合作实践教学模式

从自动化专业人才培养目标来看，自动化专业的学生要掌握基本的理论知识，学会基本技能，具有很强的工程实践能力。能够在自动化领域从事自动化专业的高级工程技术应用型人才。为了满足社会对自动化专业人才的需求，以实验课程体系和教学方法入手，构建融理论教学与实践教学为一体实践教学体系。

一方面，实验室建设往往投入比较大，学院

购买设备投入比较多，需要外部力量。另一方面，只有和相关企业单位联合开发实验和实践项目，才能充分锻炼学生能力，用实战项目接轨就业需求。根据企业项目制定毕设课题，在企业工程师和校内老师联合指导下完成实践教学，实施"双师型"培养模式，提高毕设质量，提升学生竞争力。

2.1 构建多元实践教学体系课程框架

（1）自动化专业基础平台——专业概论课，认识自动化专业。

（2）自动化专业理论平台——专业基础课实验和课程设计运动控制系统实验和过程控制系统实验。

（3）自动化专业实践平台——综合类课程设计，毕业设计，大学生创新项目，校企合作项目，竞赛项目等。

改革教学方法，实行必做实验与选做实验相结合，课程实验与独立综合实验相结合，开放实验教学与课外科技活动相结合，推进实践教学的改革和创新。

自动化专业校企合作实践教学体系如图 1 所示，以该平台为中心开展大学生创新实践活动，孵化优秀课题，参加省级和国家级的学科竞赛活动。提升学生的综合能力。

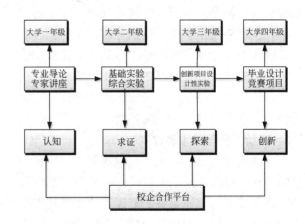

图 1　自动化专业校企合作实践教学体系

大学一年级开设自动化导论课程，增加参观实习。企业和专业教师制定联合参观实习计划、目标，并对学生进行交流访谈，做出反馈。逐步完善企业参观的效果。邀请国内外自动化领域专家做专题报告。

大学二年级，专业基础课程开设半开放实验，

放弃试验箱，充分让学生了解硬件资源，进而完成自动控制的任务。实验不限制实验次数，只要最终实验结果学生满意为止。开展探究性学习模式，开展大学生创新实践项目。

大学三年级的专业方向课，尽可能多地开展综合性设计性实践项目，让学生完成部分企业提供的小项目，比如机械手的运动控制，过程控制等，让学生学会探究学习。

大学四年级学生，要做毕业设计，设课题来源于企业，根据企业项目申报课题，确保学生课题的实用性，利用企业搭建的平台，企业项目工程师和学院有实践经验的老师共同指导，使学生的毕设有内容，有深度，满足工程需要。

2.2　基于校企合作搭建适合产学研一体化的实践平台

选择能够实现学生综合实践能力培养的企业进行校企合作，搭建综合性校企合作实践平台，在这个平台上学生可以做开放性实践活动，教师根据平台完成进行科学研究，每年进行研究成果评估，把适合做成果转化的项目反馈到实践教学平台，走"产，学，研"一体化的道路，师生共同受益。

2.3　完善校企合作实践教学考核制度

依据实践模式的改革和创新，进一步完善实践教学考核机制，按照学生兴趣划分小组，选择一个开发性课题给学生，然后分组讨论讨论，自行完成课题，最后通过小组答辩的方式完成综合实践的考核制度。把实习单位对学生综合技能的评价，校内教师对学生实习报告的考核综合起来考评，更能说明学生的真实能力。

2.4　创新实践教学培养体制

自动化专业培养方式不仅仅局限在校园四年教学活动。可以考虑学生进行 3+1 模式，压缩四年的课程设置，空出足够的时间完成实践环节的学习和培训。学生根据自身情况选择合适的网络资源进行学习，培养学生的主动性和解决问题的能力。此外，还可以根据企业需求开展订单式定向培养方式。

3　多元校企合作实践教学模式的保障措施

多样化的实践教学体系需要多方面的配合全

力保障实践教学体系的开展。（1）筛选符合提高学生综合应用能力的校企合作企业，保证合作顺畅，共同开展工作。（2）学院配备有经验丰富的教师和企业工程师联手开发培养模式，共同开发实践环节和考核机制。（3）共同开发适合本专业的有特色的综合实践内容，编订相关讲义。保证综合实践有的放矢。（4）学院和企业都有相关政策予以保障和支持，保证校企合作模式高效有序地进行。

4　校企合作实践教学模式实施成效

经学院领导前期工作，我院已经跟南京依维柯发动机有限公司建立了合作关系，学生到公司进行参观学习，了解发动机的工作原理，生产过程以及质量管理。在学生竞赛方面，借助菲尼克斯自动化大奖赛的契机，与菲尼克斯公司合作，拓展学生对 PLC 控制器的学习与应用，学生参加比赛的项目有"基于 PLC 的智能养殖系统设计与实现""基于菲尼克斯 PLC 的智能公交站台设计"等均取得了优异成绩。近两年来，学生的毕业设计也积极与企业合作，做到毕设课题来源于企业，毕设调试的硬件设备来源于企业，由指导老师和企业工程师联合指导，来自吉目希公司的毕业设计课题"基于 PLC 和 HMI 的净水机控制系统设计与实现"和"基于 PLC 的工业机器人工作站控制系统设计与实现"取得了毕设优秀论文。学院还与达内公司和网博公司建立了 3+1 的联合培养模式，3 年在学校，第 4 年到公司进行实习，做毕业设计，拓宽了校企合作的模式。此外，学院还积极与企业机器人本体公司积极合作，开展基于机器人科学的科研教学平台的建设。这些成果的取得都是基于企业硬件平台和实际的企业项目，提高了学生的综合实践能力，为应用型本科院校自动化专业的实践教学提供了广阔的平台。

5　小结

多元实践教学模式是以学生为主体，将理论知识和实践活动相结合，培养学生的动手实践能力和创新意识。实践教学是保证应用型本科培养目标的重要环节，合理完善的实践教学模式，对提高自动化专业教育质量有着重要意义。通过全方位的实践环节的训练，让学生成为具有实践能力和创新能力的高级工程技术人才。

References

[1] 杨金玲，曲建光，曹先革，等. 基于应用技术型大学战略转型的 GIS 实践教学体系构建[J]. 测绘工程，2015，24（2）：78-80.

[2] 张守魁. 开放性、创新性实践教学的研究及实践[J]. 高校实验室工作研究，2007（4）：47-48.

[3] 郭栋才，蔡炳新，张正奇，等. 实验教学与科学研究互动模式的探索与实践[J]. 实验室研究与探索，2007，26（12）：83-85.

[4] 黄新，许川佩，殷贤华. 测控专业"卓越计划"课程体系改革与实践[J]. 实验科学与技术，2015，13（1）：83-85.

[5] 张文生，宋克茹. "回归工程"教育理念下实施"卓越工程师教育培养计划"的思考[J]. 西北工业大学学报：社会科学版，2011，3（1）.

[6] 薄翠梅，张广明，李俊. 基于兴趣驱动与问题探索的自动化专业工程实践教学方法[J]. 中国冶金教育，2010（4）：14-16.

[7] 花向红，邹进贵，向东.多元化实践教学模式的理论研究与实践探索[J]. 实验室研究与探索，2008，27（7）：114-116.

自动化"卓越工程师计划"企业实践课程中教师角色探究

张浩琛　刘微容　赵正天　祝超群

(¹兰州理工大学 电气工程与信息工程学院，甘肃省兰州 730050；²甘肃省工业过程先进控制重点实验室，甘肃省兰州 730050；³兰州理工大学 电气与控制工程国家级实验教学示范中心 甘肃兰州，730050)

摘　要：企业实践课程是兰州理工大学自动化专业"卓越工程师计划"培养的重要一环。实践实施中，结合两年来企业实践中学生指导情况，提出了带队教师应充当协调角色和控制角色，并详细描述了教师充当这两种角色时的指导方式和方法。在实践中，带队教师协调角色和控制角色能够更好地把握实习进行过程和实习的实施质量，保证企业实践能够按照培养计划规定的目标完成。

关键词：卓越工程师计划；指导教师；协调角色；控制角色

Research on the Role of Teachers in Enterprise Practice Course for "Excellent Engineer Program" Training

Haochen[1,2,3] Zhang, Weirong[1,2,3] Liu, Zhengtian[1,2,3] Zhao, Chaoqun[1,2,3] Zhu

(¹College of Electrical and Information Engineering, Lanzhou University of Technology, Lanzhou Gansu 730050, Province, China;

²Key Laboratory of Gansu Advanced Control for Industrial Processes, Lanzhou University of Technology, Lanzhou 730050, Gamsu Province, China;

³National Demonstration Center for Experimental Electrical and Control Engineering Education, Lanzhou University of Technology, Lanzhou 730050, Gamsu Province, China)

Abstract：Enterprise practice course is the important part of "Excellent Engineer Program" training for automation specialty of Lanzhou University of Technology. Based on the process of student's guidance in past two years, it forward that the teachers should act as the coordinating and controlling roles, and describe in detail the ways and means for the teachers to act as the two roles. In practice, through these two roles, teachers can better grasp the implementation process and the quality of practice to ensure that enterprise practice can be completed in accordance with the objectives of the training program.

Key Words：Excellent Engineer Program; Teachers in Enterprise Practice Course; Coordinating Roles; Controlling Roles

引言

兰州理工大学自动化专业（以下简称专业）入选我国第二批卓越工程师教育培养试点专业，从 2012 年开始招生，每届 32 到 35 人。专业围绕"夯实基础理论，重视工程能力培养，提高综合素质"的培养目标，探索符合"卓越工程师"培养要求的工程创新型人才培养新模式。在制定和实施培养计划中，着重加强对学生实践能力的培养，包括聘用工程实践经验丰富的老师进行理论课程的讲授、增加社会实践环节、增加校内专业实践

联系人：张浩琛. 第一作者：张浩琛（1987—），男，硕士，讲师.

基金项目：自动化类专业教学指导委员会专业教育教学改革研究课题面上项目（2014A32），兰州理工大学电信学院 2016 年度教学研究项目.

环节[1~3]、企业实践环节。在实践培养环节中，企业实践环节是最重要的组成部分。在该环节中学生可以零距离接触工业现场环境和有关自动化技术，能够体验并参与企业的工程项目。为了更好地实施这种培养模式，实习学生按照实习基地分为两组，每组由2~3名教师作为指导教师带队。本专业第一届"卓越工程师计划"学生已顺利毕业，回顾两年的指导过程，将企业实践中教师的指导方式进行梳理和总结。

1 本专业的企业实践教学环节

企业实践环节共分三个阶段，企业实践一、企业实践二和企业实践三。其中前两个环节为6周（后期调整为5周），企业实践三为15周，均在企业进行。每阶段的企业实践内容和要求均不同：

企业实践一重点在于使学生熟悉工业现场环境、基本工艺、常见仪表原理及使用、现场控制系统结构概况等；企业实践二着重于引导学生学习自动化行业有关国家标准、图纸阅读与绘制、并能设计和实现简单的控制系统；企业实践三为毕业设计，要求学生利用所学课程，针对企业导师提出的企业现有或已经实施的技改项目，进行系统设计工作。

同时，在实施过程中相关问题伴随在企业实践教学中，需要考虑并合理解决[4,5]。

（1）企业实践教学时间过长。企业实践教学共有27周，学生脱离了学校的约束，需要有相应措施保证实践期间学生安全和学习效果。

（2）企业中的工程技术人员有繁重的生产任务，需要有相关对策在保证学生培养质量前提下，不过分增加企业技术人员负担，使实践教学在企业层面具有可持续性。

（3）企业实践教学实施经验不足。企业实践不同于以往的实习教学，并且是第一次实施，包括学校带队教师和企业导师缺乏相关经验。这需企业实践实施中不断持续改进，保证教学效果[6]。

2 带队教师的协调和控制角色

企业实践不同于传统的实习教学。传统的实习教学受制于多方面制约，其教学目标仅仅是让学生具有感性认识[7,8]，而企业实践有明确培养目标，且实习时间更长，比普通实习存在更多的问题。教师、实习单位和学生是企业实践中的三个主体[9, 10]，在本专业的企业实践中，三者间相互关系总结如图1所示。

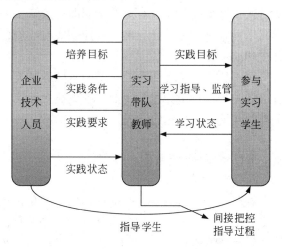

图1 本专业企业实践涉及各主体间的关系描述

（1）带队教师和企业技术人员关系上：带队教师需要向相关实习企业负责人、技术人员说明企业实践的培养目标、实践要求目的、联系协调实习场地、与实习单位商议实习组织的形式、确认实习单位能提供的实践条件等；在实践进行中，需要带队教师向企业导师及相关技术人员了解学生实习状态；同时带队教师会根据学生的学习状态和企业技术人员沟通，间接调控企业技术人员的指导过程，使实习指导过程按照设定的培养目标和计划方案进行。

（2）带队教师和学生关系上：带队教师需要向学生明确实践目的、要求，在实践进行中对学生的实践过程进行指导、监督和管理，在实践进行过程中及时掌握和评价学生的学习状态。

（3）企业技术人员和学生关系上：企业技术人员负责在实习单位内对学生的指导。同时需要考虑企业实践可持续性的开展[11]，企业技术人员除了对学生指导外，学生也需要辅助企业技术人员的工作，如现场辅助维护、整理图纸、翻译技术资料和撰写技术文档等。

企业实践中带队教师不仅要作为中间协调角色，还需要对实习实施过程及质量进行控制。在本专业传统实习中，带队教师更多充当协调角色，没有对企业实习指导和学生实习学习过程的实施及质量进行控制。究其原因，一方面是传统实习学生人数过多；另一方面原因是在"卓越工程师计划"和"专业工程教育"未施行前，带队教师对实习教学中培养理念的"简单化"[12~14]，认为实习仅仅需要让学生持有感性认识即可，缺少明确的培养目标和要求，自然不能控制实习实施的过程和质量。

综上所述，本专业企业实践中带队教师充当着协调角色和控制角色，下面详细论述企业实践中教师实现两种角色的方式。

3　带队教师协调角色的实现

在学生专业实习中，带队教师的协调角色都是必要的[15]。传统实习中，带队教师的协调角色更多体现在实习前期，即联系实习单位，确认实习实施方式；而在实习进行中和实习结束后，带队教师很少与企业技术人员和实习学生交流，带队教师不能很好了解和掌握实习进行的过程和质量。在企业实践中，采取了下面的方法拓展带队教师协调角色，并为后续实施控制角色做准备。

（1）强化前期协调过程，带队教师需提前制定实践实施方案。在实践开始前，由指导教师首先拟定实践实施方案和计划，并提供给实习单位。实习单位再根据自身计划进行适当调整，这种方案制定的方式能够保证后续实践的顺利、保质进行。分析其原因一方面企业作为生产运营单位，缺乏对学生培养经验，故企业不善于也不愿意为学生制定专门的实践实施方案；另一方面，即使企业为学生制定了实践实施方案，但是缺少实施细节，并且会和卓工培养目标发生偏离。因为教师更熟悉培养目标，由带队教师制定的实践实施方案会更具体、更明确。企业拿到方案后，根据生产计划和安排进行个别调整，这样不仅减轻了企业负担，也使企业实践实施能够按照培养计划制定的方向和框架进行。

（2）实践进行中，带队教师需要继续保持与企业技术人员和学生的沟通交流。首先，带队教师需要和企业技术人员保持沟通和交流，包括实践实施计划细节、培养目标、企业生产情况、培养模式、学生学习情况等。其次，需要向指导学生实践的企业技术人员介绍"卓越计划"培养理念、计划和要求，使企业技术人员的指导工作潜移默化的按照规定的培养模式实施；其次，增进企业技术人员和指导教师间了解和信任，使实践工作顺利进行；最后，带队教师可以从企业人员和学生了解实习状态，及时在后续实践进行中做出调整。

4　带队教师控制角色的实现

企业实践教学虽然在企业实施，有企业技术人员指导，但是带队教师的指导不可或缺，并且应该起核心作用，如果学生在企业外时间缺乏带队教师的指导，同样容易偏离企业实践的培养要求[16]。需要带队教师的控制角色保证实践教学按照培养计划保质保量地完成。对实践过程实施的控制不仅需要对学生实习学习过程进行控制，还需要对企业技术人员的指导过程进行间接"控制"。在实施中，采取了下面的方法。

（1）增加带队教师对学生的指导力度，增加对实践过程控制的主动权。

首先，需要带队教师增加对学生的指导频率。带队教师每周在晚上会安排至少三次的集体指导；每天会去实习企业班组查看学生实习情况，并在班组中适当对学生进行指导。

其次，带队教师需要根据培养要求，主动挖掘工业现场可对学生指导的内容。如指导学生将现场控制系统抽象成原理框图并作对应、工艺与控制系统、自控类图纸的阅读与绘制、国标的学习、文档的书写和编辑、现场仪表测量、控制系统设计、工程项目造价、工程项目运营管理等内容。

最后，除了知识的指导，带队教师还需要及时调整学生实习中存在的误区，引导学生的实习进行过程沿着培养方案设定的方向进行。

（2）针对学生制定详细的实习任务和考核要求，强化对学生的考核力度，把控实习质量。须向学生明确企业实践的目标要求，设定详细的实践任务目标和考核要求，督促学生的实践过程。如规定学生在一定时间内能完全熟悉所在班组工艺流程、完成相关图纸绘制的任务等。针对未能完成设定任务目标的学生，一方面督促其完成，另一方面需要在平时加强对其的指导，保证每名同学均能达到实习任务要求。

实践过程中，需要定期对学生实习情况和实习任务完成情况进行检查与评价。通过采用集体讨论模式、单独检查模式交替进行。集体讨论模式，即要求学生准备 PPT、图纸或其他演示材料，在大家面前讲述实习所学的相关内容。教师可从学生讲述内容中提炼问题作为集体讨论的话题，引导学生针对现场工程问题去积极思考，主动查阅资料解决。通常集体讨论模式可与教师集体指导相结合。

单独检查模式即教师与学生个人对个人的检查。例如图纸的绘制上，要求学生每人上交自己绘制的相关图纸，教师针对每名学生图纸中存在的问题进行批注，在返还学生。这样可以发现不同学生存在的不足，针对学生个体进行有针对性的指导。

（3）通过与企业技术人员的交流，间接实现对其指导过程的转变和调控。企业技术人员不熟悉学校培养目标、缺乏学生培养经验，因此在对学生进行指导时难免面会出现偏差。而此时，教师的作用是对出现偏差的企业指导过程进行调整。在实际实施中，首先可以通过与企业技术人员不定时交流，向其说明介绍学生培养过程和目标；其次，可以把培养方案涉及的内容规定化，明确向企业人员说明需要学生去完成；最后，充分利用教师的指导角色，减轻企业人员指导压力，确保企业人员最大限度支持学生实习指导工作，这样才能更好实现对指导过程的把控。

5 结论

在"卓工计划"的企业实践中，带队教师所处的角色和起到的作用不再类似于传统的企业实习，通过采取的相应措施促成相关指导方式的转变，使教师能够更主动地对学生指导过程进行把控，使企业实践的实施过程满足培养目标的要求，提升学生的实习质量。通过对同级本专业学生毕业设计材料的统计，"卓越班"学生设计工作量是普通班学生的 2~3 倍，平均设计的图纸量为 20~23 张，设计内容涵盖工程实施的主要部分。"卓越班"学生设计的图纸更加规范，设计细节考虑更加周到且更符合工程实践要求。在毕业设计答辩中，"卓越班"学生在文档编写、语言表达能力强于普通班学生。

References

[1] 崔传金，杜学强，钱俊磊，等．"卓越工程师计划"企业实践环节教学改革探讨[J]．大学教育，2015（11）：16-17．

[2] 张慧平，戴波，刘建东，等．自动化专业卓越工程师培养计划的思索与实践[J]．实验室研究与探索，2011，30（10）：268-271．

[3] 景新幸，高原．地方院校"卓越工程师教育培养计划"实践教学环节改革的构建和实施[J]．实验室研究与探索，2014，31（6）：24-26．

[4] 孙珺，陈国金．校企合作实施"卓越计划"的现实困难与对策[J]．吉林省教育学院学报，2015，31（6）：38-39．

[5] 付成程，满阳，王超等．学校与企业对"卓越工程师"定位差异的调查分析[J]．企业改革与管理，2016（3）：208．

[6] 林健．胜任卓越工程师培养的工科教师队伍建设[J]．高等工程教育研究，2012（1）：1-14．

[7] 袁玲，邓晓燕，冯太合．自动化专业毕业实习模式的实践与探索[J]．实验室研究与探索，2012，31（8）：374-376．

[8] 付求涯．工程教学模式生产实习的实践[J]．中国冶金教育，2011（2）：40-42．

[9] 邱洪波，孔汉，金楠．基于卓越计划的企业实践管理机制探索与实践[J]．黑龙江教育(高教研究与评估)，2016（8）：73-75．

[10] 施晓蓉，曾永卫，彭晓．应用型卓越工程师教育培养的案例研究[J]．电气电子教学学报，2016，38（2）：21-24．

[11] 张和平，吴华春，吴超群．浅论卓越工程师人才培养企业实践的可持续性发展[J]．2016（9）：174-175．

[12] 郭晓华，田作华．影响自动化专业教育教学的若干因素[J]．电气电子教学学报，2012，34（4）：4-7．

[13] 王琦，白建云，孙竹梅，等．自动化专业工程应用能力培养的探索[J]．电气电子教学学报，2013，35（6）：98-100．

[14] 徐林，王建辉，方晓柯，等．自动化专业生产实习改革的探索[J]．实验室研究与探索，2005，24（增刊）：399-401．

[15] 赵正天，李炜，刘微容，等．自动化专业认识实习的问题与对策[J]．电气电子教学学报，2015，Vol.37（06），94-96．

[16] 杨志刚，钱俊磊．自动化专业卓越工程师培养计划实践教学体系建设[J]．科教导刊，2015（11）：27-28．

自动化类专业课内课外一体化的多层次实践平台的建设与实践[*]

周凯波　何顶新　周纯杰　彭　刚　王燕舞

（华中科技大学 自动化学院，湖北 武汉 430074）

摘　要：随着《中国制造 2025》国家战略的提出，过去的自动化类专业专注于课内的实践教育平台已不能适用于现如今的高校人才培养的要求。为了培养人格完善、专业优秀的全面素质自动化类人才，本文提出了一种自动化类专业课内课外一体化的实践教育平台，并用于实践，该平台将课内课程学习内容与课堂外实践相结合，面向不同学生提供从浅到深的多个层次的实践环节，可用于全方面培养学生的创新能力。

关键词：实践教育平台；人才培养；课内课外一体化；自动化类专业

Practice of Multi - level Practice Platform Integrated Curricular with Extracurricular Education for Automatic Speciality

Kaibo Zhou, Dingxing He, Chunjie Zhou, Gang Peng, Yanwu Wang

(School of Automation, Huazhong University of Science and Technology, Wuhan 430074, Hubei Province, China)

Abstract：With the "Made in China 2025" national strategy proposed, Past practice education platform for Automation Specialty which is focused on class does not apply to personnel training in college now. In order to train all-round automation talents with perfect personality and excellent professional achievements, This paper puts forward the practice education platform for the integration of curricular and extracurricular in the field of automation specialty, and applies it to practice. The platform combines the contents of the course study with the practice outside the classroom, and provides different levels of training mode for students from different levels to cultivate the students' innovative ability.

Key Words：Practice Education Platform；Talents Training；Integration of Curricular and Extracurricular；Automation Speciality

引言

为实现我国制造业从中国制造到中国智造的发展，国家提出了"工业 4.0"和《中国制造 2025》的发展战略，驱动中国传统制造业向更高层次发展。无论是"工业 4.0"还是《中国制造 2025》，其本质都是要实现"互联网+制造业"的智能生产，形成开放的全球化的工业网络[1~3]。几十年来中国制造业的发展，有力地推动了控制科学与工程学科的全方位发展。随着《中国制造 2025》的提出，制造业必将需要更多具有更高层次的创新型人才，这对高校的人才培养提出了更高的要求。

高等教育培养人才的结构必须和社会发展对

联系人：何顶新，周纯杰．第一作者：周凯波（1972—），男，博士，副教授．

基金项目：教育部高等学校自动化类专业教学指导委员会专业教育教学改革研究课题(2015A25)．

人才需求的结构相同，为了使高校的人才培养满足社会需求，为研究和制定适合于华中科技大学自动化类专业基于"人格塑造和专业教育融合"创新型人才培养的教学模式，本文提出了一种自动化类专业课内课外一体化的实践教育平台，并用于实践，该平台将课内课程学习内容与课堂外实践相结合，面向不同学生提供从浅到深的多个层次的实践环节，可用于全方面培养学生的创新能力[4~6]。

1 自动化类专业实践教学现状分析

几十年来美国大学不断进行教育创新，坚持一个"中心"、三个"结合"，即以学生为中心，课内与课外相结合，科学与人文相结合，教学与研究相结合，逐渐形成了独具特色的创新人才培养模式[7]。创新能力主要体现在学生自主解决问题的方法和算法上，实践体现在学生解决实际问题的能力[8~13]。在国内，精英高等教育阶段，传统大学对人才培养是单一化的，都是培养拔尖创新人才，以追求高深理论作为它的培养方向，而行业和社会对工程人才的需求是各式各样、不断变化的，高校人才培养模式不能紧跟社会需求的发展[14]。

在进行自动化专业人才实践创新培养过程中存在以下几方面问题：课内理论学习与课外的实践能力培养相互脱节；过度强调实践或比赛的结果，缺乏对实践过程的重视；不重视科研方法和科研规范的学习，缺乏应用过程的历练；时间和空间的限制使许多面向复杂应用的实践特别是创新创业，难以开展。

学生之间在学习能力和知识水平上参差不齐。同样的教学内容必然导致部分学生"吃不饱"和"吃不了"的现象，严重阻碍了创新人才的培养，同时我们在注重少数拔尖创新人才培养，往往忽视了大多数学生创新能力的培养。而且随着数字化、网络化和智能化的发展，自动化类专业的人才培养只靠单一的课堂教学（含实验课程）难以满足社会对人才培养能力的需求，如何拓展教学的互动空间，加强实践创新能力的培养，成为教学过程中急需解决的问题。"大众创业、万众创新"成为中国的国家战略之后，在全国范围内掀起了一股创业创新的风潮，高校和大学生是创新创业的主力军，而对于缺少历练的大学生来说，如何让他们的创新创业的道路走得更加扎实，让他们在这个热潮中发挥自己的主导和核心作用是

自动化专业人才培养中面临的新的问题。

2 多层次创新人才实践教育平台的研究与实践

2.1 研究目的和思路

进行多层次创新人才培养教学模式改革主要目的在于培养大多数学生的创新能力，将人才培养从单一的课堂教学扩展到课内课外相结合，拓展教学的互动空间，加强实践创新能力的培养。

针对教学改革中出现的问题，分别从以下三个方面对创新人才培养进行研究。

（1）自动化类专业创新人才培养理念及模式在人才培养过程中，用多维视角来审视各类学生，系统地将学生分为三大类：大众素质型、技术开发型、创新创业拔尖型，进行有针对性地培养，而且在这个过程中，加强各类学生的互动，做好传帮带，使之协同发展，各类学生也可视其发展趋势，进行不同类学生之间的转换。

（2）课内课外一体化实践教学体系的设计改革课程内容，对自动化类主要核心课程（C语言、计算机网络、自控原理及控制系统等），以大作业和课程设计为主线贯穿始终，将方向性课程知识串联，极大地培养学生能力；根据自动化类专业发展的特点，以实验改革为抓手，对自动化类专业实践教学进行了整体设计，突破原有的时间和空间的限制，充分利用互联网和宿舍，极大地拓展了实验和实践空间，形成了互联网实验室和宿舍实验室；考虑到大学生和自动化专业的特点，为了使学习具有趣味性和竞争性，设立各种设计大赛引导学生实践和应用知识。但存在将课程学习和设计大赛孤立或对立起来，且过分强调最后的结果，忽视设计过程的问题。为将课堂传授知识和设计大赛有机结合起来，将大赛引入课堂，作为课内一部分，以大赛作为引导，形成赛课结合的课程教学方式，比如C语言、嵌入式系统以及过程控制系统和运动控制系统等。形成"课程实验＋课程设计及综合实验＋创新实验（包括设计大赛及二课科研）"课内课外一体化实践教学模式，该模式既能满足各个层次学生要求，又适于学生创新能力培养的实践教学体系。

（3）建立创新创业型人才培养平台。从创业的基础训练、课外创新创业项目（学校和全国大创项目，以及自主创业项目）的创业启蒙、创业孵化到经营企业的创业一套系统完整的训练和实

践环节，建立起一套完整的选拔培养制度，让学生可以根据自身情况在三个不同层次目标上学习创业：第一层是通过学习了解创业；第二层是通过学习成为具有创业品质、精神和能力的人；第三层是通过学习成为经营企业的创业家。

2.2 多层次实践教育平台的建设与实践

2.2.1 多层次创新人才的协调培养及发展

自动化类专业的学生基础普遍较好，但由于地域和兴趣的不同，导致学生必然存在差异性。为此，将学生科学地分门别类，把学生分成水平相近的三个层次：大众素质型、相当部分的技术开发型、少数创新创业拔尖型，对不同类别的学生有区别地进行教学和指导，并结合不同层次的客观实际，制定不同的教学目标，运用不同的教学方法，以便使不同层次的学生都得到最优效果的发展。

对于素质型人才，主要抓住课程学习和实验或实践能力的培养，抓实基础，对于其中的实践能力，尤其抓住大作业或课程设计（或综合设计）；对于技术开发型人才培养，在素质型人才培养的基础上，加大创新实验的培养力度，鼓励参加基于各种创新平台的开发：嵌入式系统平台、智能车平台、物联网平台等，在这个过程中，根据学生的能力按照基础入门、进阶学习、拔高学习以及专业平台逐步递进的过程学习，鼓励参加各类课内课外结合的大赛；对于创新创业人才的培养，少数有志于学术研究基础突出的，在打牢数学基础的基础上，加大专业基础课的学习，引导参与国防重点实验室或教育部重点实验室国家级课题的研究，甚至国际交流培养；少数有志于创业的人才，按照一套完整的选拔培养制度，培养创业人才，从创业的基础训练、课外创新创业项目（学校和全国大创项目，以及自主创业项目）的创业启蒙、创业孵化到经营企业的创业一套系统完整的训练和实践环节，让学生可以根据自身情况在三个不同层次目标上学习创业：第一层是通过学习了解创业；第二层是通过学习成为具有创业品质、精神和能力的人；第三层是通过学习成为经营企业的创业家，鼓励参加各类创业大赛，学习创业的历程。

2.2.2 面向课内课外一体化的课程体系改革

针对自动化类专业的社会需求和技术发展特点，单一的课堂教学（含课堂实验课）难以满足要求，根据自动化类专业的特点，对主要核心课程体系进行了改革，以程序设计、电路电子技术、计算机网络、自控原理、控制系统为若干条主线，将所有课程分成不同的功能块课程，将方向性的知识进行串联，将理论学习和实验或实践进行整合，以大作业或课程设计（或综合设计）作为考核的主要指标，将课外学习纳入课程学习的范畴。

2.2.3 多层次创新人才培养的实验改革

实验及实践环节的改革是课内课外一体化多层次创新人才培养的关键和核心环节，我们以此为抓手，将整个实验及实践环节进行了整体设计，分为三个层次：课程实验，专业方向实验，以及创新实验，三个层次的实验及实践体系，即能满足各个层次创新人才培养的关键和核心环节，我们以此为抓手，将整个实验及实践环节进行了整体设计，分为三个层次：课程实验，专业方向实验，以及创新实验，三个层次的实验及实践体系，既能满足各个层次学生要求，又能选拔出优秀人才。在此基础上，对我院实验室的管理也进行了同步改革，实验室人员实行值班制度和打卡制度，对教师的实验指导在形式上和过程上均做了规范的制度规定。

对于创新实验这个层次，采取了如图2形式的递阶式地学习来培养创新人才，目前，已建立起相对完善的创新平台。

实践教学立足于实际应用，课程设计实践教学环节的所有课题，都来源于实际，例如交通路口模拟控制系统、智能双电梯仿真系统等。不仅如此，二课科研实践环节中，学生利用C语言从事智能小车控制系统开发、液位控制系统开发，都是具体的实际应用。另外，加强与国际一流的自动化以及相关企业联系，争取国际优势资源，联合建立教学实验室。由于国际大公司所提供的实验设备大都是面向市场的最新信息技术产品，让学生在学习期间就能直接接触最先进的信息技术装置与器件，跟踪国外最新技术。在共建实验室同时，根据课程体系，积极进行实验教学改革，开发新的实验和课程设计，直接为培养创新人才服务。如与日本RENESAS公司合作建立的RENESAS联合实验室，为控制系自动化等专业开设"RENESAS嵌入式系统"课程，在此基础上，与前期课程C语言程序设计、计算机网络等课程提供了实践平台，举行华中科技大学智能小车大赛，组队参加RENESAS超级MCU小车大赛。

2.2.4 建立有利于人才培养的创新创业平台及环境

大学生一般都具有创新和创造的潜能，如果

能通过创新创业教育进行有效开发，将会更好地帮助大学生实现就业和创业[15,16]。为了创新人才培养的健康可持续发展，我们建立了创新人才培养的必要软硬件环境，完善控制学科拔尖人才的培养体系，对于理论基础好、有志于学术研究的基地学生，开辟了从创新基地到国防重点实验室和教育部重点实验室的绿色通道，根据学生的兴趣和爱好，积极推荐学院长江学者、国家杰出青年基金获得者、千人计划等优秀导师，将他们带入科研殿堂，直接参与国家级项目的研究。

同时在课程建设、实践教学改革的基础上，建立了一个面向本科生多层次的科技创新基地建设，科技创新基地分为三个层次：第一层：面向进入基地的全体学生进行软硬件系统的开发培训；第二层：为有兴趣继续学习的学生提供应用的机会；第三层：通过选拔，让部分优秀的学生进入教师的科研项目组，特别是进入全国和国际大赛的竞赛团队，如图 1 所示。基地结合课内教学制订了较为完善的人才培养计划，建立了创新人才培养和选拔的规范化的制度，塑造了"制物，砺心，塑人"的基地核心价值观，来依托和构造拔尖创新人才培养的平台，培养杰出人才持之以恒的坚持精神、精益求精的认真精神、敢于承担的团队精神和不断超越的创新精神。

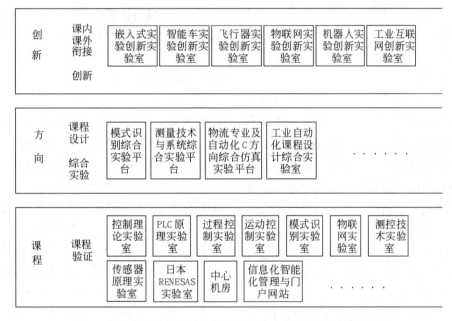

图 1　华中科技大学自动化学院三层次实验及实践体系示意图

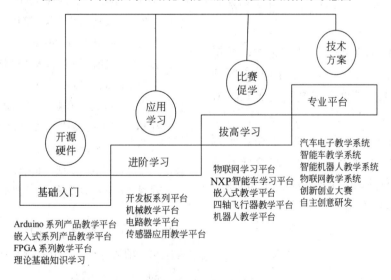

图 2　递阶式创新人才培养示意图

3 建设与实践成果

经过多年的建设与实践，在多方面取得重要成果。

在实验室建设上，5 年来华中科技大学和自动化学院投资约 700 万元，建设了"模式识别""测控""物流"和"工业自动化"四个专业实验室，建设了专门用于学生课外创新的综合实验室自 2014 年 9 月开始实验室实行严格的每周七天每天十五小时（7:30～22:30）的开放制度，学生自由刷卡进入实验中心，2014 年获得教育部本科评估专家的点名表扬，2016 年获得华中科技大学优秀实验中心一等奖，本科实验中心成为大学生进行课内课外实践的乐园。

在基地建设上，2007 年成立了华中科技大学控制科技创新基地(智能机器人及智能系统仿真基地)，该基地以智能汽车、移动机器人、智能系统设备、系统建模仿真为研究对象，以培养具有创新精神、执着精神和团队精神的复合型人才为目的，为华中科技大学自动化类专业大学生提供一个提高自身素质的创新平台。该基地已进驻华中科技大学启明学院多年，党和国家领导人以及兄弟院校的领导多次莅临基地参观并指导工作。

近年来取得的主要成果如下。

（1）获得全国智能车类大赛特等奖 35 人次，一等奖 61 人次，6 项冠军。实力始终处于智能车比赛全国第一梯队。

（2）获得 OPENHW 嵌入式大赛冠军，并特邀参加 Xilinx30 周年庆，与 MIT 等全球 11 所顶级高校学生同台竞技，学生作品被收录 Xilinx 博物馆。

（3）指导基地学生程小科创业，获得近千万风投资金，创办领普科技有限公司，2012 年获洪山区创业之星。指导基地学生孙兆沛获得 300 多万天使轮创业资金，创办拓扑图智能科技有限公司。

4 结论

通过自动化类专业课内课外一体化的多层次实践教育平台的建设与实践，我们认为无论从形式上还是从结果看都是符合教育规律的，可以在其他高校以及其他学科推广应用。

华中科技大学自动化类专业创新人才培养的实践性教学环节以及创新创业实践的较为完整的改革思路和做法与实际效果，对自动化类专业及其他专业的创新教育有较好的推广价值。

虽然本成果取得较好的成绩，但是对于高校自动化类专业创新人才培养来说，仍有很大的改革空间，如需要系统地探索定性与定量相结合的自动化类专业学生各类创新创业人才评价体系，同时进行自动化类专业毕业学生发展状况跟踪调查研究，从而不断完善在校学生的培养体系及措施。

References

[1] 吴晓蓓. 《中国制造 2025》与自动化专业人才培养[J]. 中国大学教学，2015，37（8）：9-11.

[2] 周济. 智能制造——"中国制造 2025"的主攻方向[J]. 中国机械工程，2015，26（9）：2273-2284.

[3] 胡明旺. "中国制造 2025"支撑中华民族伟人复兴[J]. 装备制造，2015（9）：55-63.

[4] 王硕旺，洪成文. CDIO：美国麻省理工学院工程教育的经典模式——基于对 CDIO 课程大纲的解读[J]. 理工高教研究，2009（4）：116-119.

[5] 徐理勤，顾建民. 应用型本科人才培养模式及其运行条件探讨[J]. 高教探索，2007（2）：57-60.

[6] 潘懋元. 我看应用型本科院校定位问题[J]. 教育发展研究，2007（Z1）：34-36.

[7] 张晓鹏. 美国大学创新人才培养模式探析[J]. 中国大学教学，2006（3）：7-11.

[8] 葛宏伟，孙亮，丁琦. 面向实践与创新能力培养的程序语言多元化教学模式探索[J]. 教育教学论坛，2014，6（15）：210-211.

[9] 田琳琳，刘斌，于红. 面向应用型创新人才培养的程序设计语言实验教学[J]. 计算机教育，2016，14（3）：12-15.

[10] 邱东，白文峰，李岩. 工科高校大学生科技创新能力培养的认识与思考[J]. 实验室研究与探索，2011，30（10）：238-241.

[11] 郭伟业，庞英智. 面向创新能力培养的程序设计类课

程教学改革[J]. 吉林省经济管理干部学院学报，2015，30（4）：110-112.

[12] 程磊，戚静云，兰婷，等. 基于"学科竞赛群"的自动化卓越工程师创新教育体系[J]. 实验室研究与探索，2016，35（6）：152-156.

[13] 施晓秋，刘军. "三位一体"课堂教学模式改革实践[J]. 中国大学教学，2015，37（8）：34-39.

[14] 林健. "卓越工程师教育培养计划"专业培养方案研究[J]. 清华大学教育研究，2011（2）：47-55.

[15] 李家华，卢旭东. 把创新创业教育融入高校人才培养体系[J]. 中国高等教育，2010（12）：9-11.

[16] 冷余生. 论创新人才培养的意义与条件[J]. 高等教育研究，2000（01）：50-55.

自动化专业"三电"实验课程教学探索与实践

徐 伟 陈 勇 艾伟清 吕 庭 徐惠钢

（常熟理工学院 电气与自动化工程学院，江苏 常熟 215500）

摘 要："三电"实验课程是自动化专业重要的基础实践课程。在分析了目前"三电"实验课程教学存在的不足基础上，以常熟理工学院电气与自动化工程学院自动化专业"三电"实验课程教学为例，从实验内容安排、实验过程管理、实验教学模式和实验成绩评定方式等几方面开展教学探索与实践。

关键词：三电实验；自动化专业；实验课程

Research and Practice of Three Electric Experimental Courses Teaching for Automation

Wei Xu, Yong Chen, Weiqing Ai, Ting lü, Huigang Xu

(School of Electrical and Automation Engineering, Changshu Institute of Technology, Changshu 215500, Jiangsu Province, China)

Abstract：The "three electric" experimental course is an important basic practice course for automation. On the basis of analyzing the shortcomings for the current "three electric" experimental course teaching, taking the "three electric" experimental course teaching for automation of School of Electrical and Automation Engineering, Changshu Institute of Technology as an example to explore and practice from the experimental content arrangement, the experimental process management, the experimental teaching mode and experimental evaluation methods and other aspects of "three electric" experimental course teaching.

Key Words：Three Electric Experimental；Automation；Experimental Courses

引言

实验教学环节是自动化专业本科教学工作中不可缺少的一部分，它有利于提高学生的知识掌握能力和实践应用能力[1,2]。自动化系统一般都会包含复杂的电子电路系统。因此，电子电路的综合分析设计能力是自动化专业学生必须具备的基础能力之一，也是后期培养解决复杂工程问题能力的必要条件。"三电"实验课程是电路、模拟电子技术和数字电子技术实验课程的总称，是自动化专业重要的学科基础课程，不仅能够促进学生对电路电子理论知识的掌握，而且能够锻炼学生的实践动手能力，为后续专业课程的学习打下良好的基础，最终达到培养学生解决自动化控制领域复杂工程问题能力的目的。

因此，"三电"实验课程在自动化专业课程体系中应当占有十分重要位置。但是目前在实验设备、实验内容安排、实验学时及实验教学方法上，都存在明显不足[3,4]。因此，开展自动化专业"三电"实验课程教学改革势在必行。本文以常熟理工学院电气与自动化工程学院自动化专业"三电"实验课程教学为例，从实验内容安排、实验过程管理、实验教学模式和实验成绩评定方式等

联系人：徐伟. 第一作者：徐伟（1985—），男，工学硕士，实验师.
基金项目：教育部专业综合改革项目(项目编号：ZG0191)；江苏高校品牌专业建设工程资助项目(项目编号：PPZY2015C215).

几方面开展教学探索与实践。

1　目前"三电"实验课程教学存在的不足

面对 21 世纪科技快速发展，信息社会不仅需要坚实的理论知识，而且需要先进的技术实现的手段。"三电"实验课程作为自动化专业重要的基础实践环节，其教学效果的好坏会直接影响学生工程实践能力、工程素质和创新意识的培养[5,6]。但是目前的"三电"实验课程普遍存在以下缺点和不足。

（1）理论实验课程标准不一。重视学生理论课程教学，忽视实验实践教学，导致学生实践动手能力、分析实际问题、解决实际问题的能力方面普遍较差。理论课时与实验课时安排不够合理，实验课时太少，只够完成基础性验证实验，没时间开展提高性实验。

（2）实验教学内容过于简单。只为了完成对于理论教学内容的实验验证，大部分都是相关电子电路理论或定律的验证，缺少综合性、设计性实验项目。

（3）教学方法单一。学生只需要按照实验要求完成既定实验项目就好，缺少自主实验部分，更缺乏创新型设计性实验内容。

（4）实验课程考核办法需要进一步完善。仅用平时的实验成绩求平均来评定整个课程的成绩，成绩的可信度不够。

（5）学生自主学习能力薄弱，学习积极性差。实验课学生事先不做预习，只是按照老师要求进行操作，没能深入领会该实验验证知识点的真正内涵。由于理论课程可能难度较大，导致学生学习积极性差，不利于培养学生的创新能力与科学素质。

2　自动化专业"三电"实验课程教学实践

2.1　调整实验内容安排，采用难度递进式和整体—单元结构形式展开，增加综合性，设计性和自主实验项目

"三电"实验内容比较丰富，其中电路实验部分主要是一些基本电路定理和定律的验证，模拟电路部分主要是针对具有电流、电压、功率放大

功能的电路研究，数字电路部分主要分成组合逻辑和时序电路实验两部分。其中部分实验有一定难度，部分实验前后关联性较强，而且实验过程也比较枯燥，往往会导致学生失去学习兴趣，导致实验效果差。因此，如何合理安排实验内容就变得尤为重要。

2.1.1　难度递进式实验内容安排

在实际教学过程中，根据学生的认知规律，应该从简单实验开始逐步加大难度，因此采用难度递进式实验安排，即首先安排基础性实验，教授基本实验技能；然后安排中等难度实验，验证电路基本工作原理和规律，加深对相关电路的认识；最终安排能力提高部分实验，重点考核学生的知识综合运用能力和自主实验能力。其教学环节示意图如图 1 所示。

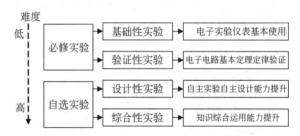

图 1　难度递进式实验内容安排示意图

2.1.2　整体—单元结构实验内容安排

"三电"实验各个实验电路之间都具有一定的联系，综合运用各单元电路可以实现具有特定功能的综合电路。如果将各部分电路实验孤立开来进行实验，那么学生将无法了解电路之间的联系和真正用途，因此，采用整体到局部再整体的实验内容安排方式，能够让学生更好地理解电路之间的关系，真正认识电路的作用，能够为后续应用打下坚实基础。下面以数电实验内容安排为例进行说明。首先给出以时钟电路为例的整体电路，然后将其拆分成，组合逻辑、译码、编码、触发和定时电路等单元电路分别进行实验，最终再将这些单元电路有机结合再现时钟这一整体电路，通过这种安排方式不仅能够提升实验效率，而且能有效激发学生学习兴趣。整体—单元结构实验教学内容安排示意图如图 2 所示。

2.2　加强实验过程管理与考核，明确管理流程和考核内容

对于实验过程的管理和考核是提升学生实验

质量的重要途径，因此，需要明确实验管理流程和实验各阶段的考核内容。

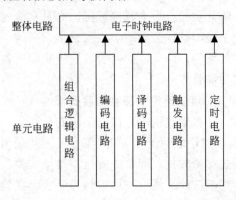

图2　整体—单元结构实验内容安排示意图

2.2.1　实验过程管理

"三电"实验过程管理包括实验预习、实验操作和实验总结三个阶段。其流程如图 3 所示。实验预习阶段需要完成以下几步。

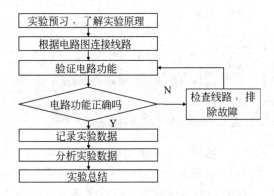

图3　实验过程管理流程图

（1）明确实验目的，理解实验原理，了解实验步骤。

（2）根据理论知识完成实验参数计算，以供后续比对。

（3）分析实验电路，明确实验接线方案。

实验操作阶段需要完成以下几步：

① 根据实验电路图在实现箱上正确连接电路；

② 验证电路的功能；

③ 电路功能正确则记录实验数据，否则需排除故障后重新验证。

实验总结阶段需要完成以下几步：

① 实验数据分析；

② 总结实验过程中出现的问题，说明问题的解决办法；

③ 撰写实验报告。

2.2.2　实验过程考核

实验过程考核分为实验前、实验中实验后考核三个阶段。实验前考核实验预习完整性，理论参数计算准确性和接线方案的合理性。实验中考核：

（1）实验质量：电路连接和布局的合理性。

（2）操作效率：实验仪器使用的熟练性，实验所用时间。

（3）实验数据：测试数据记录的规范性和数据处理的正确性。实验后考核实验报告的规范性、完整性与实验总结深刻性。

2.3　更新实验教学模式，尝试采用自主开放实验　　模式，增加自选实验项目

原有实验运行模式普遍采用固定时间老师演示，学生跟着做的教学模式，整个实验过程指导教师疲于指导，导致实验过程管理考核质量下降，学生的自主实验能力也无法得到训练。在实践过程中将实验分成必修实验和选做实验两种类型，必修实验是每位同学都必须完成的验证性实验项目，还是采用原有实验教学模式。自选实验项目尝试采用自主开放实验教学模式。开放实验指的是实验室对学生开放，在任何时间学生都可以进实验是开展实验，能够有效提升实验室的使用效率。自主实验指由学生从给定的实验项目中自主选择实验内容，自主制定实验方案，自主开展实验验证，自主完成实验报告的教学模式，如此一来不仅能够培养学生的自主实验能力，而且也能有效减轻实验指导教师工作压力。

2.4　改革实验成绩评定方法，采用多方面综合评　　定方式，提升成绩评定的合理性

实验成绩需要根据必修实验成绩、自选实验成绩、仿真实验成绩和实验考试成绩等多方面综合评定。力争实现对学生的全方位考核，避免成绩评定的局限性，能够有效提升成绩评定的合理性。总成绩评定表如表 1 所示。其中每个必修实验和自选实验成绩又由实验的预习、操作和报告三部分组成，其中预习占 20%，操作占 60%，实验报告也占 20%。必修实验成绩由多个成绩取平均获得。

表 1　"三电"实验课程总成绩评定表

评定内容	必修实验	自选实验	仿真实验	实验考试
占比	40%	20%	10%	30%

3　结论

本文通过在自动化专业"三电"实验课程的教学内容调整、实验教学过程管理与考核，实验教学模式的革新和实验成绩评定方式的改革等几个方面开展教学研究与探索。进行教学改革后不仅能提高实验教学质量，提升学生的自主实验能力，而且取得如下成效：① 我院自动化专业已经通过工程教育认证，电子电路实验教学环节是专家进校必查环节，我们在实验教学方面的改革尝试得到专家肯定；② 每年都有学生在电子设计竞赛中取得优异成绩。

References

[1] 房晔，徐健，康涛. "三电"实验教学改革的初探[J]. 教育教学论坛，2011（12）：41.

[2] 吴霞，沈小丽，李敏，等. 电工电子实验教学体系的建立和实验开放模式初探[J]. 中国电力教育，2007（13）：125-127.

[3] 李玉东. "三电"基础课实践教学体系的研究与实践[J]. 实验室研究与探索，2008，27（6）：128-130.

[4] 韩素敏，艾永乐. 分层互联—同心互联、项目驱动的"三电"基础课程体系建设[J]. 中国电力教育，2013（5）：52-54.

[5] 陈棣湘，潘孟春，孟祥贵. 电工自主实验平台的实验指导体系[J]. 电气电子教学学报，2011，33（4）：61-62.

[6] 朱艳萍，梁宇，易超，等. 改革实验教学提高学生实验技能——开放实验教学模式初探[J]. 计算机教学，2007（11）：40-41.

自动化专业课堂教学与创新实践一体化的探索与实践

邬　晶　李少远　周　越　袁景淇

（上海交通大学　自动化系，上海　200240）

摘　要：培养工科学生具备解决复杂工程问题的能力是中国工程教育的基本要求，培养大学生从复杂工程应用中提炼问题、综合应用所学知识分析和解决问题的能力已成为自动化专业创新性人才培养的重要目标。为应对现代制造业信息化、智能化的发展对自动化领域人才提出的新挑战，本文对自动化专业课堂教学与创新实践一体化模式进行了探索，建立了"以信息为基础，控制为核心，系统为立足点"的培养知识结构，确立了"问题导向、工程应用、创新驱动"的人才培养方式，并探索出了一系列具有自动化专业工程教育特色的举措，从问题意识、创新意识、创新技能三个方面提升学生的创新能力，全面提升了自动化专业学生参与创新型国家建设的使命感、解决复杂工程问题的综合创新能力和人才市场竞争力。

关键词：自动化专业；工程教育；创新实践；人才培养；复杂工程问题

Exploration and Practice of the Integration of Teaching and Innovative Practicing in Automation Specialty

Jing Wu, Shaoyuan Li, Yue Zhou, Jingqi Yuan

(Department of Automation, Shanghai Jiao Tong University, Shanghai 200240, China)

Abstract：The engineering students' ability of solving complex engineering problems is the basic requirement of engineering education in China. Training students to refine, analyze and solve the problem raising from the comprehensive engineering industries has become an important goal in Automation Specialty. In order to cope with the new challenges in the development of modern manufacturing industry, this paper explores an innovative method to improve the deep integration of teaching and practice, formulates "information, control, systems" based specialty knowledge structure, and establishes the student cultivation mode in "problem oriented, engineering application and innovation driven". Moreover, a series of detail actions with the characteristics of professional engineering have been implemented, which enhance student's innovation ability from three aspects of problem definition, creative consciousness, and initiative skills. It helps energize more students to participate in the construction of an innovative country mission and improve the complex problem solving ability and employment competence in job market competition.

Key Words：Automation Specialty；Engineering Education；Innovative Practice；Personnel Training；Complex Engineering Problem

引言

随着社会的变革、经济可持续的发展、科技的高速进步以及国际化进程的加快，自动化专业发展面临极大的机遇与挑战[1]。如何深化对自动化专业内涵的认识、培养创新型的自动化专业人才是自动化教育工作者面临的一项重大课题。

1　自动化专业特点分析及现状

自动化专业是计算机硬件与软件结合、机械与电子结合、元件与系统结合、运行与制造结合，

联系人：邬晶．第一作者：邬晶（1979—），女，博士，副教授．

集控制科学、计算机技术、电子技术、机械工程为一体的综合性学科专业。虽然自动化专业覆盖面非常广，层次跨度非常大，但其理论基础主要是控制论、系统论、信息论。其中系统和控制既是自动化学科专业的核心，又是自动化学科专业区别于其它学科的最大特点，更是自动化学科专业对其他多个学科技术发展所作的重要贡献所在。因此，培养自动化学科专业的学生，关键是要培养学生系统的观念、系统的方法，及控制的思想。

创新是一个民族的灵魂，是一个国家兴旺发达的不竭动力。在知识经济时代，能对社会进步起到决定作用的只能是创新型人才。创新型人才不仅指那些能搞发明创造的名家、巨匠，更重要的是指那些具有创新意识，创新能力和创新人格的人。创新型人才的培养需要创新教育，包括激发受教育者的创新意识，训练每一个受教育者的创新才能，提高其创造思维和创造实践能力，培养受教育者的创造个性等[2]。因此，如何培养创新型的自动化专业人才成为当前我国高校自动化专业面临的首要问题。

然而，长期以来，教学观念和方式以及实验教学模式比较落后。传统的课程体系主要以知识传授、知识培养为驱动，而非以能力培养为驱动。绝大多数教学/实验模式倾向于以"教师为中心"，重视课堂教学，轻视双向交流和面向问题的研讨。课堂上经常是"教师一言堂，学生无言听"的局面[3]。实验课程严重依附于理论教学，学生在教师规定的框架中，沿着既定的路线去完成实践验证任务。这种"重知识、重形式、重验证"的方式严重束缚了学生的创新意识和创新能力。值得庆幸的是，许多教育工作者已经意识到上述问题，开始在课堂或者实践上尝试新的模式，如课堂上鼓励学生积极提问，作业个性化，实践层次化等。然而，在传统教学的影响下，学生已经习惯于解决教师或教材提出的问题，而不习惯也没有机会自己发现问题、提出问题，尤其缺乏问题意识。可见传统课程体系及实践方式难以适应时代对创新型拔尖人才培养的要求，亟须提出新的教学实践一体化方法。

2 自动化专业教学及创新实践一体化探索

为改善上述提出的问题，上海交通大学自动化专业根据学校"研究型、综合性、国际化"的办学定位和工程技术领域对自动化人才创新能力的需求，从顶层设计和培养过程方面开展研究，全面改革自动化专业课程体系和教学方法。坚持"以信息为基础，控制为核心，系统为立足点"的培养知识结构，"问题导向、工程应用、创新驱动"的人才培养方式，激发学生更多的主动性，引导学生发现问题，解决问题的能力，培养学生的创新能力，从问题意识、创新意识、创新技能三个方面提升学生的创新能力。

2.1 问题引导、深度交流，激发学习兴趣

传统的教学-实验体系以知识传授为主，部分专业课程内容相对枯燥，导致学生缺乏学习的主动性。针对学生认为理论课程枯燥乏味、内容艰深、与工程实践差距远、普遍兴趣不高的问题，主动了解学生心理需求，配合人才市场需求及行业技术发展趋势，将专业课程主要知识点与现代制造业、现代服务业核心技术的本质特征相结合，激发学生学习主动性。具体措施包括：

（1）从问题意识、创新意识、创新技能三个方面提升学生创新能力的培养效果。通过课堂具体工程案例分析，问题导向，有奖竞答等多种形式的激励措施，鼓励学生参与课堂互动，活跃了课堂气氛，促进了课堂交流，激发了学习兴趣，使学生学习的方法从"被动地听"向"主动地做"转变。

（2）将传统课堂教学和现代化网络教学手段有机融合，培养学生自主学习的能力。如通过建立微信群、飞信群、邮件群等不同种类的在线交流平台，拉近师生关系并及时收集教学反馈；通过安排每周固定的答疑时间，组织学生与上课教师或助教进行课程内容研讨、答疑，鼓励学生个性化表达自我，营造主动交流氛围，提供经验共享园地，提高学生的参与能力，激发学生学习的兴趣和主动性。

（3）对课程中涉及的抽象内容进行具体化、形象化讲解，通过多媒体教学、板书、作业、课堂测试、课堂报告等多种方式对学生进行重复训练，并提供学生进一步理解课程内容的素材。

2.2　精心设计、持续改进，完善适应时代需求的课堂教学与创新实践体系

本专业学生培养的知识结构坚持"以信息为基础，控制为核心，系统为立足点"。并根据工业时代背景、社会人才需求，及时调整教学大纲。确保将自动化及相关学科的新理论、新技术及时融入教学与实践。具体措施包括：

（1）不断梳理本专业知识体系中的重点和难点，科学设置教学内容。如在夯实自动化核心理论知识（反馈思想、优化原理、系统设计方法等）的前提下，将信息化、智能化程度高的典型案例（火力电站、智能工厂等）、机器人、智能车、图像处理等热点知识及时纳入教学内容，帮助学生理解专业知识点。

（2）创建了机器人、智能车学生创新实践基地和专业生产实习基地，为提高学生的竞争意识、实践能力和创新能力提供坚实的平台和条件。

（3）在综合创新能力培养方面，组织学生参与 PRP 课程设计、本科生大创和各类学科竞赛，坚持 80%以上的毕业设计选题必须有明确的工程背景，要求学生通过深入运用工程原理分析提出控制目标，然后综合应用所学专业知识制定解决方案。多管齐下，引导学生勇于开拓、善于创新，培养工程实践认知与方案实现能力。

2.3　开拓学生视野，增强团队合作，教书育人并重

按照认知规律和自动化专业规范要求，整合包括课程、课程设计、学科竞赛等课内外资源，构建多层次教学平台，为学生营造研究复杂工程问题的环境，增强实际复杂工程问题的分析与解决能力。具体措施包括：

（1）积极开展全英文课程建设，并定期邀请国内外专家及学者做系列讲座，提高学生专业英语水平和国际化水平。

（2）通过人才引进优化学科建设方向，为学生提供更完备的行业背景，开拓学生视野；实施本科生导师制，最大限度地使学生融入导师的科研团队。

（3）课堂报告引入竞赛机制，采用了"自主+合作+竞争"学习方式。通过引导学生自主研发和改进教学实验平台，突破创新实践能力培养时空限制，同时使学生意识到团队协作的重要性。

（4）教学过程中，将自动化在国防建设和提升国家竞争力的重要领域中的作用融入教学全过程，推导重要的先进控制算法（如动态矩阵控制方法），使学生破除西方技术总是先进的这一近乎迷信的观念，同时直面差距，激发以急起直追为己任的学习热情，立志参与中国的经济和国防建设，奋发图强。

2.4　建立人才培养质量评价体系

引入就业单位反馈、杰出人才（校友）贡献等指标进行专业人才培养评价体系改革，改进培养目标、优化培养大纲，人才培养品质监控接轨国际标准。具体措施包括：

（1）设计人才培养质量满意度问卷，统计在校生、毕业五年学生、学生就业单位调研结果，据此调整了专业培养大纲；设计了评价体系的滚动更新机制，以利持续改进。

（2）完成控制理论与控制工程学科的国际评估，通过对标，确定了人才培养品质接轨国际标准的具体方案。

上述举措明显提升了自动化专业学生参与创新型国家建设的使命感、解决复杂工程问题的综合创新能力和人才市场竞争力。据统计，专业每年培养 90 名左右的学生，近五年来本专业本科毕业生继续攻读硕士学位和出国深造的比例始终保持在 55%以上，研究生培养单位（如北京大学、浙江大学、中国科学院等）对本专业毕业生的评价很高，尤其对推荐免试到外校深造的本专业毕业生能力和素质非常认可。22%到国外著名大学如美国普林斯顿大学、卡内基梅隆大学、南加州大学、德国锡根大学、亚琛工业大学、法国巴黎综合理工学校、英国曼彻斯特大学、杜伦大学、柏林工大等世界知名大学继续攻读硕士、博士学位。此外，多名本科生在全国大学生自动化设计及应用竞赛中获奖，近五年来 18 人次获国际级奖项，56 人次获国家级奖项，14 人获省市级奖项，43 人获校级奖项。用人单位的反馈信息表明，本专业毕业生基础和专业知识扎实，工作严谨认真、态度端正，有较强的分析问题和解决问题的能力、较强的动手能力和创新精神，能够胜任与专业相关的技术和管理工作。许多校友已经在一些国家重点企事业单位成长为优秀干部或业务骨干。人才培养方面的明显效果，科技竞赛方面的优异成绩以及教师科研教学水平的提升都充分表明所提

自动化专业课堂教学与创新实践一体化方案有效。

3 结论

根据学校的办学定位和工程技术领域对自动化人才创新能力的需求，自动化专业对课堂教学与创新实践一体化进行了探索，构建了"以信息为基础，控制为核心，系统为立足点"的培养知识体系，"问题导向、工程应用、创新驱动"的人才培养方式，创建了多个教学实验平台和创新实践基地，从教学团队、教学平台、教学方式、精品课程、主干课程群、重点课程群、质量保障机制、质量评价体系等诸多方面进行了研究和实践，探索出了一系列具有我校自动化专业工程教育特色的举措。专业每年培养 90 名左右的学生参加各类科技活动和竞赛表现优异、成绩斐然。毕业生

跟踪调查表明自动化专业培养的学生都能表现出扎实的专业功底、自觉的创新意识、良好的团队合作能力，奋发有为的职业精神，充分表明自动化专业课堂教学与创新实践一体化的人才培养方法卓有成效。

References

[1] 张弛，罗怀略，畅文波. 大数据时代背景下自动化面临的机遇与挑战[J]. 科技与创新，2016（13）：21.

[2] 廖晓钟，冬雷，高岩. 用系统的观点构筑和实施自动化学科专业本硕博一体化的创新实践课群，2005（24）：5-7，15.

[3] 李少远，邬晶，龙承念，等. 加强学生复杂工程问题分析能力的教学/实验模式探索与尝试，中国高等工程教育峰会，2016：480-482.

自动化专业实验实践教学体系和教学模式改革与探索

张莉君　陈　鑫　张晶晶　王广君

（中国地质大学（武汉）自动化学院，湖北　武汉　430074）

摘　要： 具有明确应用背景的实验实践教学体系是高质量应用型人才培养的保障。中国地质大学（武汉）自动化专业在专业建设过程中，在专业培养定位、创新实践教学体系构建、实践教学平台和相关教学案例建设、实践教学模式和实践能力评价等方面进行了一系列改革和探索，对相关专业建设的推进具有一定借鉴意义。

关键词： 自动化专业；实验实践教学体系；教学模式；改革

Innovation and Investigation on Practical Teaching System and Teaching Mode for Automation Discipline

Lijun Zhang, Xin Chen, Jingjing Zhang, Guangjun Wang

(School of Automation, China University of Geosciences, Wuhan 430074, Hubei Province China)

Abstract: A definite practical teaching system is the guarantee for the cultivation of high-quality practical talents. With the development of Automation discipline at China University of Geosciences (Wuhan), we innovated and investigated much for major cultivation location, development of innovative practical teaching system, development of practical teaching platforms and cases, practical teaching mode, and the assessment of practical abilities. These teaching ideas and methods has certain referential significance for the education of relative disciplines.

Key Words: Automation; Practical Teaching System; Teaching Mode; Innovation

引言

当前，新一轮科技革命和产业变革与我国加快转变经济发展方式形成历史性交汇，新一代信息技术与制造业深度融合，正在引发影响深远的产业变革。国家层面国务院去年出台了《中国制造 2025》，力争在新一代信息技术产业、高档数控机床和机器人、航空航天设备等多个领域取得突破。这些领域与我校自动化专业的应用方向高度重叠；学校层面多个专业已经实施了"学术卓越计划"，工程专业认证和新工科专业建设等也正提上工作日程。所有这些，都为自动化专业的学科发展和技术成果应用提供了极好的政策支持。如何利用现有资源，将我院本科生"实践-创新-国际化"的能力培养模式落到实处，进一步深化教学改革，强化实践教学环节，提高教学质量，培养出更多国际互认的、具有创新创业意识、基础扎实的、满足工程应用和研发应用需求的高质量应用型自动化专业技术人才，参与到中国制造 2025

联系人：张莉君. 第一作者：张莉君（1965—），女，博士，副教授.

基金项目：自动化类教指委专项教学改革课题——面向制造业智能化和网络化发展需求的自动化专业课程体系改革与建设（2016A02）；2016 年中国地质大学本科教学工程项目——面向制造业自动化人才需要的专业培养改革与建设（ZL201608）；2016 年中国地质大学本科教学工程项目——自动化学院可编程技术课程群教学团队建设；2017 年中国地质大学本科教学工程项目——卓越计划导向的自动化专业应用型人才培养改革与实践（ZL201746）.

的实践中去，为后续自动化专业的工程专业认证做准备，是摆在我们自动化专业面前的急迫任务。

1 现状及存在的主要问题

自动化专业是理论性和实践性都很强的工科专业，根据行业需求，以行业为导向，培养大量的具有一定的理论基础，工程意识强，具有良好的综合能力、动手能力和解决问题能力为主要特征的新型本科工程应用型人才，是经济发展的要求。目前，一方面企业和社会需要大量有项目经验的各类工程技术人才，而高校的课程学习很难让学生达到用人单位需求。这其中实训不够应是主要原因之一。反映在实践教学上，主要体现在以下几个方面。

（1）教学组织没有明确和具体的行业背景。各教学模块讲授的知识缺乏确定性应用目标，以原理知识为主，难以形成面向应用领域的技术链条的整体认知；大部分实验课教学理念相对陈旧，几乎是针对某一门理论教学的知识性检验，缺少相关课程之间的联系与印证，使学生无法建立系统的观点。

（2）缺乏结合具体行业应用背景的综合型和设计型实验实践教学案例。实践环节难以从系统角度综合应用计算机、器件、工业控制系统等相关技术解决工程问题，学生们难以形成对自动化应用系统结构、主流技术和工具、行业背景下的设计过程等的完整性认知，课程实验可利用的资源少，大多为独立知识点验证性实验，综合大作业也相对简化，以流程认知为主，学生缺乏在真实应用背景下进行系统开发的实际操控训练，无项目实训，综合设计能力训练欠缺，项目经验更是无从谈起。

（3）实验教学方式方法单一，难以适应不断缩短的课上实验教学时间的大趋势。不能真正调动学生的主动性和创造性，很难真正培养学生的动手能力。

（4）缺乏学生实践动手能力评价手段。缺乏具体化、指标化的要求，实践能力的培养缺乏规范及系统管理。

此外，总体观念上重科研、轻教学，重课堂教学、轻实践环节，也导致学生高分低能、实践动手能力不强。因此，必须转变人才培养观念，建立创新实验实践教学体系，探索实验实践教学模式，切实培养学生的系统观、控制观和工程实践应用能力，以适应时代发展的要求。

2 改革思路及目标

依据自动化专业的培养目标(2010 年自动化专业规范)、自动化专业教学质量国家标准及教学知识结构基本要求、卓越计划工程能力和创新能力培养要求和自动化专业认证标准中的工程能力等毕业要求[1]，依托自动化学院控制科学与工程学科优势和特色，结合我校地学与地质工程等优势学科对自动化人才的需求，考虑湖北省流程工业和装备制造业是支柱产业的实际情况，针对目前实训不足问题，我们从以下几个方面，进行实验教学体系和教学模式的改革。

（1）进一步明确专业培养定位。将培养目标定位在从自动化专业素养、专业知识和专业能力三个方面，进行制造业自动化专业人才的培养。面向制造业智能化和网络化需求构建自动化专业课程体系和实验实践教学体系，以地学地质工程控制系统、地学智能仪器设计为人才培养特色，重点培养学生对数字化、智能化、网络化控制系统的设计能力和工程应用能力。

（2）构建创新实践教学体系。以实践促创新，以"重视基础理论、突出具体应用、强化工程实践"为主线，构建立体化实验实践教学体系。

（3）实践教学平台建设。建设过程中充分考虑适应自动化技术的发展，并能够充分体现数字化、智能化、网络化的特点。

（4）研究实践教学模式和评价方法。规范实践教学管理。

通过上述措施，实现如下目标：面向制造业数字化、智能化和网络化的发展需求，构建体现数字化、网络化、智能化特点的自动化专业实验实践课程体系，搭建自动化专业能力培养实践平台，利用模块化的教学方式，培养先进制造行业导向的具有显著工程实践能力的自动化专业应用型人才。通过上述实践平台和实践环节，要能使我们的学生对自动化系统结构、对主流技术和工具和对行业背景下的设计过程建立完整性认知，达到知识点成体系，知识点对应的工具成体系，特定应用环境的设计技术成体系的目标。

3 实施方案

自动化专业是理论性和实践性都很强的工科专业，根据行业需求，以行业为导向，培养大量的具有一定的理论基础，工程意识强，具有良好的综合能力、动手能力和解决问题能力为主要特征的新型本科工程应用型人才，是经济发展的要求。同时，把一部分有潜质的人才培养成为具有一定基础理论知识、能力强、能够继续深造的专业技术研究人才，不仅能够使应用型人才能满足经济发展就业的需求，也能满足研究开发应用的要求。这种本科复合型人才的培养模式是主动适应时代发展的要求，也是面向高新技术发展的迫切需要[2~3]。本着"重视基础理论、突出具体应用、强化工程实践"的理念，在具体实施方案的设计中，主要考虑结合制造业自动化专业人才培养的目标，在课程内容和相关实践环节的设计上，体现自动化理论、方法、技术、系统的主流发展和网络化、智能化特点。

3.1 实验实践教学体系、实践平台及教学案例建设

建设与面向制造业智能化和网络化的自动化专业课程体系配套的自动化专业实验实践教学体系。建设各课程群实验实践综合实训平台，进行体现主流技术和智能化网络化特色的综合实验实践案例建设，服务于学生综合实践能力和创新能力的培养。

3.1.1 多层次创新实验实践教学体系建设

开展多层次实践教学，建立学生科研训练机制，培养学生工程创新能力。创建了"本科专业科研训练+开放实验+学科竞赛+实物毕业设计+企业实习"多层次创新实践体系，其框架如图 1 所示。

该体系包括以验证性实验为主的专业基础实验，以过程控制、运动控制和数字化控制技术三个方向为主的具有真实明确应用背景的专业科研训练，以开放性实验、各种校内外学科竞赛、校内外实习和实物毕业设计组成的实训和创新实验三个组成部分。体系中所设置的基础实验、扩展实验和探索实验等都具有明确具体的目标[2]，具有突出具体应用，强化工程实践的特点。

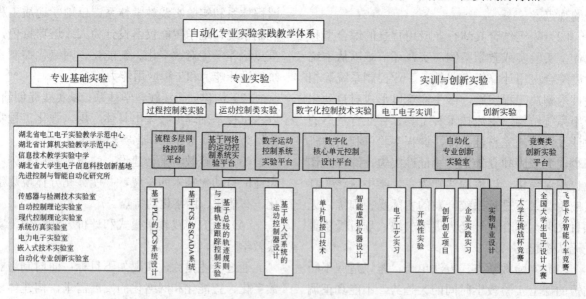

图 1 自动化专业实验实践教学体系框架

3.1.2 实训平台及教学案例建设

针对流程工业和制造业、地质工程装备与检测仪器设计领域中，网络化过程监控、数控加工及智能机器人等典型先进应用，对生产过程优化控制技术和数字伺服控制技术的需求，结合自动

化专业内涵，从检测技术、建模方法、控制设计和系统集成几个方面确定知识框架，设计实验实训平台和相关模块化教学案例。

在上述思想指导下，结合现有实验室资源，进行了以下实训平台的建设。依托地大-台达共建

实验室，开展多层网络控制系统过程控制实训平台的建设；以主流工业网络控制和编程技术为主线，以现场智能检测设备、智能控制设备为研究对象，开展可编程技术课程群实验室建设和基于网络的运动控制系统实训平台和数字运动控制系统实验平台的建设；依托地大-NI 共建实验室，开展数字化地学仪器核心单元控制设计平台建设。具体建设过程中，自主创新研发流程工业和装备制造业自动化应用系统教学案例。鼓励教师将在科学研究和工程应用中为解决重点问题、热点问题、新问题而创新开发的自动化应用系统引入到实验教学中，使学生通过学习并体验教师的创新开发成果而借鉴培养自身的创新思维和创新能力。结合教师科研成果转化，以多轴数控加工、数字伺服控制和智能地学装备为应用背景，进行体现主流技术和智能化网络化特色的综合实验实践案例建设，打造"网络化智能装备和系统"专业培养特色。服务于科研的同时，也为学生提供开放真实工程实践环境。既利于学生综合实践能力和创新能力的培养，同时有利于教师队伍的建设。

3.2 在教学和实验中开展工程案例教学法

实践意识的教育不应仅仅局限在实践教学环节，而应该在整个学习与教育过程中充满实践意识，在理论课教学中引导学生观察、思考实际问题。通过设计系统化、模块化、积木化、实用化的工程案例，在教学和实验学时不变的情况下，在理论教学时合理使用教学案例，就可以完成项目综合实训练习，使学生获得项目经验，获得工程实践能力和自主创新能力的提升。

具体方法是在课堂讲授中将基本原理在项目中的实际应用作为课堂举例，由于具有具体应用背景，讲者生动有趣，学生也有兴趣学，理解快，掌握得好，就可省去部分验证性实验，将省出的实验学时用于开展项目的综合设计实验。虽然项目比较复杂，似乎很难短时间内实现，但涉及的很多难点或重点在课堂举例时已经消化了，因此，课上实验学时+课外大作业时间+配套详细资料+教师指导，完全可以实现项目设计的综合实验。相当于将具体工程项目合理拆分成若干分模块，贯穿于整个课堂教学和实验教学中。课堂上分模块讲解项目，实验课学生加以实践操作，整个课程实际上就是老师一步一步带领同学共同做项目研发。这样一来，理论教学和实验教学的学时没变，却增加了项目实训。学生通过学习，就可获得项目开发的经验，非常有利于学生找工作。

与此同时，还可采用探索启发式、探究式、讨论式等多元化教学模式，请校外名师和企业导师授课，辅以导师制和实验室全面开放等措施[3]，提进一步高学生了解、参与、参加专业实践的机会。

3.3 实践动手能力评价

学生从入学到毕业的 4 年大学时光中，会经历各种理论教学、实验教学、实践教学、设计和实训，结合专业学科课题、创新设计课题和企业项目，各种校内外竞赛，以及毕业实习与毕业设计。这种分层次、多阶段开展的实践创新教育，会始终不间断持续在各个学期期间展开，并且在这个过程中，实践教师会非常注意强调强化控制学科的数学基础和实验报告写作训练。报告不但要求内容具有正确性、创新性，而且要求文章具有完整性、清晰性和可读性。因此待到学生毕业时，应能够利用所学的检测技术、建模方法、控制设计方法和系统集成技术，完成对某类过程或装置的控制系统的工程设计和调试测试，真正实现对自动化系统结构、对主流技术和工具和对行业背景下的应用系统设计过程建立完整性认知，达到知识点成体系，知识点对应的工具成体系，特定应用环境的设计技术成体系的目标，以满足专业能力实践培养的基本要求。

4 课程案例建设及其在实验实践教学中的应用

以本科生"嵌入式系统设计"课程的实验实践教学为例，具体介绍课程案例的建设及其应用。

高校嵌入式相关课程的教学虽各具特色[5]，但之前我校的嵌入式课程教学，与目前国内大部分高校嵌入式相关课程的教学相似，对构建完整嵌入式系统所涉及的基本要素（平台开发板硬件软件资源、操作系统构建、驱动程序设计及应用软件开发等）均有相关的实验装置进行实验教学。但是，在进行嵌入式系统综合设计的教学时，只介绍通用流程和方法，并通过简单的大作业进行了体验，对于结合真实行业背景和具体需求的实际嵌入式应用系统的设计，由于缺乏相关的教学实验装置，未能全面展开，只有少量同学在毕业设计时选择相关题目时，对这方面有所接触，因此大部分学生对嵌入式应用系统设计缺乏直观的认识和掌握。

为此，我们进行了实践案例的建设（如图 2 所示）和实验教学方法的改革，设计的案例一方面用于模块化课堂讲授，另一方面作为实验项目提供给学生进行项目设计实训。

图 2 "嵌入式系统设计"课程教学案例及实验项目

具体措施如下：

（1）课程实验除验证性实验外，还提供若干实验项目以供课余时间完成，学生在一定范围内也可自拟项目。参照竞赛题目的要求，每个项目包括基本部分和提高部分。教师在课程开始时提供实验项目任务要求，及与实验项目相关的思考题，要求最多 3 名同学为一组共同协作，并对布置的内容设置完成任务时间表，在上课学期内利用课余时间完成实验项目，按照实物验收情况和项目报告情况取得实验成绩。

（2）学生为了完成设计任务，首先要完成思考题，学生根据综合实验的要求，自行设计实验方案。教师根据学生的设计方案，并且加以引导，最后确定设计方案。

（3）各组对最后确定的设计方案进行实施，包括软硬件部分的实现，综合调试和实验等，根据实验结果写出项目设计报告并制作项目 PPT，集中进行项目汇报。

通过上述实验过程，学生由原来的被动实验变成了主动参与，实验室成为实践锻炼的场所。

5　预期结果

通过上述理论教学、实验教学、实践教学、设计和实训，结合专业学科课题、创新设计课题和企业项目，以及毕业实习与毕业设计，使学生在本科学习的 4 年中，不断接受分层次、多阶段、不间断的各种实践创新训练，必将达到如下效果。

（1）学生工程能力和创新能力的培养和提高。

以多轴数控加工、数字伺服控制和智能装备为应用背景，为学生提供真实工程实践环境，培养控制系统设计和工程应用能力，打造"网络化智能装备和系统"培养特色。待到学生毕业时，至少能够利用 PC、PLC、嵌入式控制器或其他工控机中的一种及以上作为控制器，完成对一类简单对象（过程或装置）的控制系统的工程设计与调试，达到实践能力培养的基本要求。

（2）教师实验科研能力提升。

建设优质特色教学资源，加强教学案例、教材、多媒体课件和网络教学资源的建设和有机结合，结合最新科研成果进一步优化现有教材及其授课内容，不断创新和改革，适应教育部卓越计划和工程认证对工程人才和创新人才的培养要求。教师在这一过程中，既培养了学生，又提升了自身服务社会的能力。

6　结论

本次实验实践教学体系和教学模式的改革和探索，虽然具体举措的建立过程中，广泛听取了一线教学教师和广大学生的意见和建议，但不可避免地存在各种各样预想不到的问题，在后续的实施过程中，我们还应注意全面收集教和学各方的意见，并加以归纳总结，以期不断完善提高。

我校自动化专业具有多年的教学经验，经过多年的发展，在学科建设方面取得了长足的发展，具有省级实验教学中心和湖北省复杂系统先进控制技术重点实验室，以及若干个校内外实习实训基地，与多家大型企业和科研院所建立了良好的合作关系，同时具有一支德才兼备、结构合理的教师队伍和较好的专业教学基础，近年来培养、引进了一批高素质的师资，优化了人才结构，形成了一支学术造诣较高，教学经验比较丰富的师资梯队。所有这些条件为培养面向第一线的研究应用型和工程应用型人才提供了有力的支持。只要我们围绕我们的培养定位，利用好我们的实训平台，并不断丰富充实具有数字化智能化网络化特点的实践教学案例，坚持多层次实践教学，一定能使我们培养的学生满足社会对自动化专业应用型人才的需求。

References

[1] 全国工程教育专业认证标准（通用标准和专业补充标准）. 中国工程教育专业认证协会网站 http://www.ceeaa.org.cn/main!newsList4Top.w?menuID=01010702.

[2] 曹荣敏，吴迎年，陈雯柏. 自动化专业卓越工程师培养的创新探索[J]. 中国电力教育，2014（36）：55-56.

[3] 陈以，杨青，王改云. 自动化学科专业人才培养实践创新体系的建设[J]. 实验室研究与探索，2014，31（4）：16-20.

[4] 李培根. 未来工程教育中的实践意识［J］. 高等工程教育研究，2010（6）：15-18.

[5] 杨卫军，罗积军，樊莉，等. 伯克利嵌入式系统课程教学的特色与启示[J]. 实验室研究与探索，2012，31（5）：147-149.

电机及运动控制虚拟仿真与快速原型实验平台

龚贤武　黑文洁　岳靖斐　汪贵平　闫茂德

（长安大学 电子与控制工程学院，陕西 西安 710064）

摘　要：使用 TI 公司的 TMS320F2812 芯片为核心控制器，结合 Embedded Coder 工具箱和 MATLAB 设计了一种电机及运动控制虚拟仿真及快速原型实验平台。该平台实现了对于多种电机运动控制系统的设计实验，验证了运用基于模型的开发方法构建快速控制原型实验平台实现电机调速控制的可行性、有效性。测试结果表明，采用快速原型的设计方法能实现虚拟仿真与硬件测试的有效衔接，为实验教学提供了一种新的途径。

关键词：电机及运动控制；快速控制原型；实验平台；MATLAB

Title Virtual Simulation and Rapid Prototyping Experiment Platform of Motor and Motion Control

Xianwu Gong, Wenjie Hei, Jingfei Yue, Guipin Wang, Maode Yan

(College of Electronic and Control Engineering, Chang'an University, Xi'an 710064, Shaanxi Province, China)

Abstract：Using TMS320F2812 chip of TI Company as the core controller, combined with the Embedded Coder toolbox and MATLAB to design one kind experiment platform of motor and motion control using virtual simulation and rapid prototyping. The experimental platform design for motion control system of a variety of motors, is verified that using development method based on the model construction of rapid control prototyping experiment platform to realize the motor speed control is feasible and effective. The test results show that the design method of using rapid prototyping can realize the effective connection of virtual simulation and hardware test, which provides a new way for experiment teaching.

Key Words：Motor and Motion；Rapid Control Prototyping；Experiment Platform；MATLAB

引言

"电机及运动控制"是电气类和自动化类专业的主干课程群，课程内容以电力电子技术、电机拖动、DSP 原理及应用等专业课程为基础，紧密结合工程实际，是一门理论性、应用性、实践性和综合性都很强的课程。随着中国制造 2025 的提出以及推进，创新型教学实验平台的研究受到了广泛的关注。现有教学平台中，有的使用 MATLAB 图形用户界面开发工具和仿真工具箱搭建实验平台，实现了软件仿真功能[1~3]；有的研发了基于 DSP 的多种电机调速模块控制的硬件实验平台[4]；有的使用 C++实现人机界面设计，可实现参数的设计功能[5]。从现有的研究可以看出，所设计的实验平台大多专注于硬件或者软件中的一个方面，没有很好地将硬件软件有机结合联系起来，缺乏开发的效率，具有时间成本高，错误排查难等问题[6~8]。

本文引入基于模型设计的思想，使用 TI 公司和 MathWorks 公司联合开发的 Embedded Coder 工具箱，把电机及运动控制仿真平台和实时实验

联系人：龚贤武. 第一作者：龚贤武（1978—），男，博士，副教授.

平台联系起来。设计的"电机及运动控制虚拟仿真及快速原型实验平台"以多种电机运动控制系统为实验对象，选取 DSP-TMS320F2812 作为系统的控制器，运用基于模型的开发方法设计快速控制原型（RCP）实验，基于 MATLAB 构建出离线仿真实验与实时控制统一的实验平台。

1 实验平台硬件设计

实验平台的硬件设计主要由计算机、电机驱动器、控制器、电机和直流电源等组成，以永磁同步电机（PMSM）的运动控制实验为例，其硬件总体结构设计如图 1 所示。实验平台的主要工作原理及实验步骤为：首先使用计算机中的 MATLAB 软件进行电机运动控制系统的仿真设计，并采用基于模型设计的方法自动生成可以执行使用的 C 代码；然后通过 JTAG 接口实现计算机与 DSP 控制器系统之间的通信，将生成的 C 代码直接下载到 DSP 中运行，最终实现对于电机的控制。同时电机驱动器可以测量电机运行时的各个参数，并在计算机监控界面上进行波形和数据的显示，便于实时监测和观察电机运行状态。

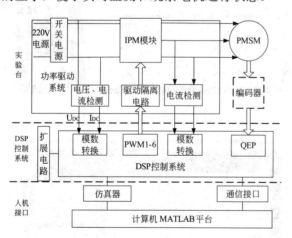

图 1　硬件平台结构设计图

2 实验平台软件设计

2.1 功能结构设计

实验平台软件设计分为两部分，一部分是虚拟仿真实验，用于对自行设计的仿真模型进行仿真验证性实验；第二部分是基于快速控制原型的硬件在环实验，通过搭建硬件试验平台对仿真验证好的模型进行快速控制原型实验。在这两种功能类型实验下又分别下设了三种电机类型的实验，分别为直流电机、异步电机和永磁同步电机。在前两个电机类型下设计了三种实验，分别是电机的启动、制动以及调速实验。针对永磁同步电机，则设计了一种具有递进式教学理念的案例实验，即依次完成空间矢量算法设计、开环控制设计、电流环控制设计、速度测量环节设计和速度电流双闭环控制设计这五个实验，通过完成逐步叠加且加深的设计内容，递进式地搭建出一个完整的转速电流双闭环空间矢量控制系统。具体的软件功能如图 2 所示。

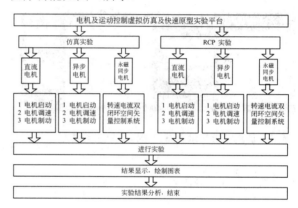

图 2　系统软件功能设计图

2.2 人机界面设计

实验平台的人机界面设计是在 MATLAB/GUI 环境下进行开发的，与系统软件功能设计图相对应，由虚拟仿真实验界面和基于快速控制原型的硬件实验界面两部分组成，可以为发现错误、监控运行状态提供实时而直观的表达形式，提高 DSP 软件调试的效率。

图 3 为实验类型选择界面图，分为虚拟仿真和快速控制原型实验，在该界面下可以选择实验的类型以及实验电机类型。图 4 则为永磁同步电机 Level 1 实验界面，在该界面下可进行 MATLAB/Simulink 的模型仿真实验，点击界面右上方按钮可打开、关闭实验模型，还可以直接在界面上对实验中的参数进行设计，在设计完成后点击运行按钮将直接运行整个修改后的设计模型。

图3 实验类型选择 图4 永磁同步电机实验界面

图 5 为虚拟仿真结果显示界面图，在该界面中可以直接将 Simulink 模型的仿真波形图显示出来，通过右侧的绘图控制框可选择想要显示参数的波形。如图 6 所示为快速控制原型实验结果显示界面图，在该界面中可以输入控制的目标参数，点击执行按钮，将在该界面内实时显示参数的输出波形，以此验证控制方案的控制效果。

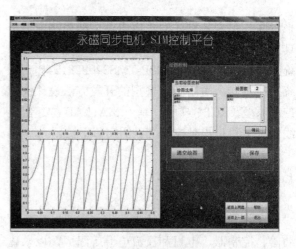

图8 实验仿真波形图

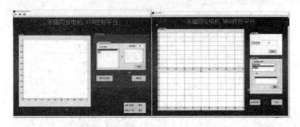

图5 仿真结果显示界面 图6 RCP 结果显示界面

3 实验测试及结果

本文以一台额定电压为 24V，额定电流为 4.0A，额定转矩为 0.2Nm，额定转速为 3000r/min，定子绕组极对数为 4 的小功率永磁同步电机进行实验平台的验证性实验。选择永磁同步电机 Level5SIM 实验，即 PMSM 速度电流双闭环控制算法实验，将转速设定为 0.1。参数设置界面如图 7 所示，仿真结果如图 8 所示。

永磁同步电机 Level 5 的 RCP 实验界面如图 9 所示。点击继续下一层，进入 RCP 实验结果显示界面，输入目标转速为 450r/min，点击执行按钮，即可动态的显示出波形图，如图 10 所示为 RCP 实验结果显示界面。

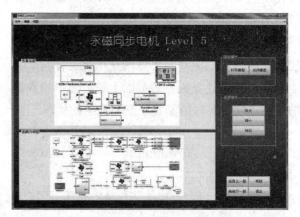

图9 RCP 实验显示界面

图7 实验参数设置

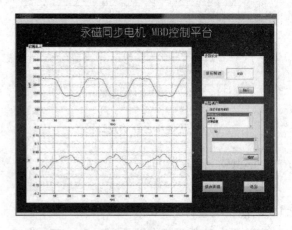

图10 RCP 实验结果显示界面

图 11 和图 12 所示为使用示波器进行测量所

得到的波形图，可以直观地看到图 10 RCP 实验结果界面中所显示的波形与实际中用示波器所获取的波形是完全相同的，验证了该实验平台的有效性。

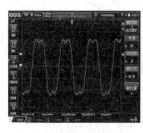 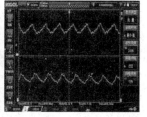

图 11　示波器观测波形图　图 12　RCP 实验结果显示界面

4　结　论

（1）采用基于模型的设计方法让仿真实验和硬件测试实验有机结合在一起，便于学生更直观地理解控制系统的实现过程。一方面，可利用仿真实验寻求控制系统的理想参数，防止在参数不合理的情况下对硬件所造成的损害；另一方面可利用硬件测试实验来验证控制算法是否可行，有效优化控制参数。

（2）该系统可以由浅入深地为学生提供多种类型的电机原理及运动控制实验，方便学生熟悉并掌握电机和运动控制相关技术。基于此实验平台，部分四年级的本科生完成了专业综合实验及毕业设计，通过采用基于模型的方法构建快速控制原型实验，在达到良好的控制效果的同时有效缩短了实验开发周期，在教学实践中取得了较好的应用效果。

References

[1] 李正，杨文焕. "电机与拖动基础"虚拟实验的教学研究[J]. 中国电力教育，2008（124）：147-148.

[2] 孙新柱，张浩，陈跃东. "电力拖动控制系统"虚拟实验平台的开发[J]. 淮北师范大学学报，2013，34（3）：62-65.

[3] 朱秋琴，王海伦. "运动控制系统"课程虚拟实验的设计[J]. 信息技术教学与研究，2011（12）：142-143.

[4] 卢慧芬，林斌，孙丹，等. DSP 电机控制综合实验平台研制[J]. 实验技术与管理，2014，31（10）：97-102.

[5] 邹见效，凡时财. 电机控制系统综合实验平台的设计[J]. 实验科学与技术，2012，10（1）：20-21,42.

[6] 李兴春，李兴高. 电机与拖动虚拟实验平台搭建及实验项目建模的实现[J]. 实验室科学，2011，14（4）：156-159.

[7] 刘天武，李明才，吴继雄，等. 基于 DSP 的数字化电机控制系统开发与实验平台设计[J]. 电工技术杂志，2003（9）：88-90，95.

[8] 尚丽，淮文军. 基于 MATLAB/Simulink 和 GUI 的运动控制系统虚拟实验平台设计[J]. 实验室研究与探索，2010，29（6）：66-67.

工程教育背景下自动化专业实践教学体系改革

王新环　张宏伟　乔美英

（河南理工大学 电气工程与自动化学院，河南 焦作 454000）

摘　要：针对我校自动化专业对工程素质人才的培养需求，以卓越工程师培养教育为理念，分析了我校自动化专业原有实践教学体系存在的主要问题，并从优化实践教学培养方案、开展多层次、多渠道的实践教学体系改革、加强校内外实习基地建设及师资队伍建设四个方面进行工程教育改革与实践探索。实践证明，该实践体系改革取得了良好的教学效果，为工程教育改革积累了经验。

关键词：自动化专业；工程素质；实践教学改革；卓越工程师培养

Reform of Practical Teaching System for Automation Specialty Based on Engineering Education Background

Xinhuan Wang, Hongwei Zhang, Meiying Qiao

(School of Electrical Engineering & Automation, Henan Polytechnic University, Jiaozuo,454000, Henan Province, China)

Abstract：According to the cultivation demand of engineering quality talent for Automation Specialty in our school and with the excellent engineer training as thought idea, the existing main problems of original practice teaching system for Automation Specialty in our school was analyzed ,also the engineering education reform was explored from the following aspects: optimizing practical teaching training program, developing multi-level, multi-channel practice teaching system reform, strengthening the construction of campus internship and externship and teaching staff. Experience had proved that the practical system reform had achieved good teaching effect and accumulated experience for engineering education reform.

Key Words：Automation Specialty；Engineering Quality；Practical Teaching Reform；Excellent Engineer Training

引言

教育部"卓越工程师教育培养计划"（简称"卓越计划"），是贯彻落实《国家中长期教育改革和发展规划纲要(2010—2020 年)》的重大改革项目，目标是面向工业界、面向世界、面向未来，培养造就一大批创新能力强、适应经济社会发展需要的各类高质量工程技术人才[1]。

良好的实践教学体系是"卓越计划"的重要教学环节，对于培养学生的创新精神和实践能力有着特殊的作用。河南理工大学自动化专业是第三批（2013 年）获批的"卓越计划"本科学科专业[2]，目的在于通过对"卓越计划"的实施，促进学校工程教育改革创新和人才培养质量的提升，将学校打造成为卓越工程师后备人才培养的重要基地。因此，如何按照"卓越计划"的基本要求，以实践教学改革为突破口，形成面向卓越工程师培养体系的实践教学体系是值得研究的重

联系人：王新环. 第一作者：王新环（1979—），女，硕士，副教授.
基金项目：河南理工大学教改项目（2015JG072）.

要内容。

1　原实践教学体系存在的问题

工程教育的基本特点之一是实践教育，为突出应用，加强学生工程意识、背景和能力的培养，实践教育如课程实验、各类实习、课程设计和课外科技创新活动等方面在应用型本科教育中更为举足轻重。自"卓越计划"实施以来，在完善人才培养方案、整合课程体系等方面已初见成效，但也存在不少问题。我校自动化专业原有的实践教学体系存在的主要问题是：

（1）没有建立起系统的实践教学体系。

"卓越计划"的培养要求是以社会需求为导向，结合学校专业特色，确定卓越工程师培养目标并修订课程体系。原有的实践教学体系缺乏系统的实践教学计划，对学生实践能力的培养没有具体的细化目标；同时工程实践类教材相对较少，缺少整体结构的优化，导致学生专业口径窄、工程训练不足，动手能力和创新能力差。

（2）课程实验内容、实验手段及实验环境陈旧。

原有的实验教学体系中，存在实验室实验场所、设备不足，实验技术手段落后，实验内容重复性、验证性、演示性实验多，限制了学生动手能力和创新能力的培养，严重影响了实践教学质量。

（3）集中实践教学环节流于形式。

集中实践教学环节如：认识实习、生产实习和毕业实习是高等学校教学计划的重要组成部分和重要的教学环节，也是学生了解社会、认识社会的重要途径，是实现"卓越计划"培养目标的关键性教学环节。但由于社会经济环境的变化，企业积极性不高，加之学生人数过多，多数企业都难以安排学生直接上岗实训，使教学实习成为流于形式的现场参观。

（4）教师的工程实践不足，调动不了学生的积极性。

实习指导教师的工程素质对于实习质量也有很大影响。部分实习教师对企业生产了解不多，缺乏实际工程经验，不能将课程的实践教学内容有机融入理论教学体系中。学生所学理论与现场的实际生产过程和生产工艺相脱节，产生不了浓厚的兴趣，学习主动性差。

因此，为适应我校自动化专业对"卓越计划"的培养要求，应优化实践教学体系，改革实践教学手段和方法，切实增强学生分析问题、解决问题的能力，达到提高学生工程意识、工程素质和工程实践能力的目的。现就我校的一些做法及成效与大家分享。

2　"卓越计划"实践改革内容

2.1　优化实践教学培养方案，加强实践教材建设

根据学校坚持服务煤炭工业的办学方向和我校自动化卓越计划的培养定位，我校自动化专业卓越计划的培养目标是按照自动化类卓越工程师的行业标准，体现河南理工大学自动化学科特色，培养高层次、高素质、设计型、研究型自动化卓越工程科技人才[2]。因而我校自动化系依据新的培养理念和培养目标，借鉴国内外成功经验，结合学校工矿自动化的办学特色，以"卓越计划"为核心，整合教学内容，精练核心课程，强化实践环节（尤其是企业实践），加强了软件设计、运动控制和过程控制技术、工程设计、工程伦理等方面的课程，使学生在掌握扎实的基础课程和通识教育的基础上，兼具较强的专业知识和应用能力。同时，对实践教学环节进行精心梳理和研究，明确规定实践教学环节的目标、任务，并按照实践项目分层次地规定出实践教学内容、形式、操作程序、要求、考核办法及新的实践教学大纲等，使各个实践环节和相应课堂理论教学密切衔接。如在保证专业基础课的基础上，增加以工程实践创新设计为主的实验实训环节，尤其是独立实验、综合性实验，实践初步（分Ⅰ、Ⅱ）、专业实习、企业专家的系列讲座、长学期企业实训等，激发学生的实践基础与兴趣。

在明确实践教学培养方案的基础上，修订实践教学计划与大纲，针对实践教学新内容和新体系，编写与本专业教学安排相适配的、具有一定特色和较高水平的实习实践教材。如近几年我校自动化专业主编的《电力电子技术》及《电工与电子技术实训》等。

2.2　开展多层次、多渠道的实践教学体系改革

作为理论教学的扩展和延伸，实践教学集设计、制作、工程实践操作、工程应用等能力培养为一体，实践内容来源于教学、科研和生产实际，注重工程设计能力的传授，以动手能力、工程实践能力为培养主线，培养学生独立分析和解决实际问题的能力，使理论课程与实践课程有机地融合在一起。

在重视实践的同时，抓住学校工矿自动化的办学特色，整合课程实验、课程设计、专业实习、工程实践、毕业实习、毕业设计等环节，从激发兴趣，提高能力入手，制定"基础验证、仿真、设计、竞赛"四位一体，课内与课外、实验与竞赛相结合的实践模式，探索如图1所示的"做中学"的能力本位实践教学体系。

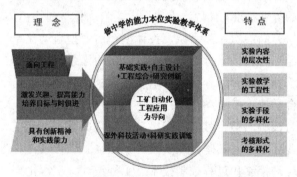

图1　"做中学"的能力本位实践教学体系示意图

即以工矿自动化工程应用为导向，以实验技能属性分类为主线，建立基础实践性、自主设计

性、工程综合性和创新性研究实验四个层次的课程实验体系。结合课外科技活动、大学生电子设计竞赛、创新实践、实习、课程设计和毕业设计等环节，培养学生的设计能力和创新能力，为工程设计和工程应用奠定基础，达到学以致用的目的[3]。

以自动化专业重要的技术基础课——电力电子技术为例，其实验项目设置就分：三相全控桥式整流电路实验（基础性）、直流-直流斩波电路（自主设计性）、开关电源设计（工程综合性）、车载逆变电源设计（创新研究性）四个层次，实验层次从低到高、循序渐进，使实验课真正培养和锻炼学生的实验、实践和团队合作能力[4]。同时实施"项目驱动式"教学方法，将设计型实验的比例提高到50%，鼓励学生参与的积极性，为提升实验效果打下基础。

2.3　加强校内外实习基地建设

实践基地是实践教学的硬件，是培养高级工程技术人才的必备物质条件[5]。通过认真学习领会"卓越计划"的内涵，结合我校的办学特点，目前我校实践基地建设主要采取两种方案，一是依托工厂、矿山、研究所合作建立校外的实践基地；二是在校内建立实践基地。加强校企合作实习基地和校内实习基地的建设是提高集中实践教学环节质量的重要措施，二者相互促进、相得益彰。自动化专业综合实习基地、实践基地构成如图2所示。

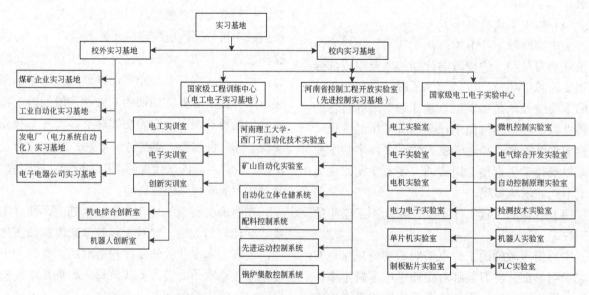

图2　实践基地组成结构图

校外实践教学活动，使学生将所学理论知识与生产实践有机地结合起来。校外实习基地利用"产、学、研"相结合的方式，创建高校和企业之间"双赢"的合作模式，提高企业参与的积极性，使企业乐意接受和重视学生的集中实习环节，促进实践教学质量的提高[6]。如凭借学校所在地区的产业背景，与中平能化集团、山西潞安集团、河南煤化集团、焦作华飞电器、济源矿用电器设备、郑州光力科技、焦作电缆厂、好友轮胎等10余家单位建立了稳固的校外实习基地，拓展了学生理论联系实际的训练空间，确保实习效果。

校内实习基地是工科专业赖以生存和发展的必备条件，通过建设课程实验平台及充分发挥电工电子示范中心、工程训练中心等国家实验教学示范中心和河南省控制工程开放实验室的人才培养基地作用，不断完善工程实践条件，积极拓展工程训练内涵，建立起分阶段、多层次、开放式的工程训练教学模式，完成传统实习方式向全面工程训练的转换，实现"工程训练四年不断线"。同时鼓励学生积极投身各类科技创新大赛，通过全方位开放各类实验室、建立创新实践基地等形式，不断提高其综合能力和创新精神。

2.4 加强师资队伍建设

要提高实践教学质量，需要有一支在理论和实践方面具有专长的师资队伍。高校扩招后，学校每年都新进青年教师，针对新进教师工程实践经验欠缺的现象，采取"走出去、请进来"的方式，加大中青年教师的培养力度，逐渐形成一支结构合理、素质较高的实践教学队伍，即聘请工矿企业和科研院所具有较强工程和科研经验的高级技术人员担任兼职教师，通过到学校兼职授课、报告讲座以及现场指导等形式指导学生的工程实践教学。同时，鼓励青年教师深入企业参加工程实践锻炼，做到面向工程搞研究，进入企业做学问，解决企业的一些技术难题，在满足企业对人才技术需求的同时，提高自身的实践能力。目前，我校已与霍州煤电集团公司、义马煤业集团等单位开展了青年教师挂职锻炼活动，主要目的是推进校企合作，促进产学研结合，达到资源共享、优势互补、互利多赢的局面。

3 效果和成效

自"卓越计划"工程教育改革实施以来，通过不断的教学改革和教学质量不断提高，自动化专业在以下方面取得了一定成效。

（1）青年教师的工程实践能力明显提升。

近年来，自动化专业注重青年教师的工程实践能力和教学水平提升，多名教师参加"全国工程训练青年教师教学比赛""河南省教育教学技能大赛"等教学竞赛并获奖。

（2）学生创新精神和实践能力明显提高。

在专业教师的精心指导下，学生的创新精神和实践能力明显提高，参与课外科技创新活动的情绪高涨，先后参加"挑战杯"大学生创业计划竞赛、全国大学生电子设计竞赛、I can物联网创新创业大赛、飞思卡尔智能汽车大赛、西门子杯自动化挑战赛、中国机器人大赛、"蓝桥杯"等活动，参赛人数逐年上升，比赛成绩逐年提高。近三年来，我校自动化专业学生共获得70多项省级以上奖励，其中国家奖6项。

（3）学生就业和发展情况良好，社会评价高。

通过不断的教学改革与研究，自动化专业课程结构更趋合理，知识得到了更新和充实，毕业生质量逐年上升、近3年就业率平均为96.470%；同时学生工程应用能力的提高，增强了我校自动化专业毕业生的就业竞争能力，学生能较快适应工作并取得成果，受到用人单位的好评。

4 结论

针对我校自动化专业对工程素质人才的培养需求，以"卓越计划"改革为契机，从优化实践教学培养方案、开展多层次、多渠道的实践教学体系改革、加强校内外实习基地建设及师资队伍建设四个方面进行工程教育改革与实践探索。实践证明，该实践体系改革取得了良好的教学效果，为工程教育改革积累了经验。

References

[1] 程磊，戚静云，等. 基于"学科竞赛群"的自动化卓越工程师创新教育体系[J]. 实验室研究与探索，

2016，35（6）：152-156.

[2] 陶慧，郑征，乔美英. 矿业类高校自动化特色专业的建设和实践[J]. 中国电力教育，2012（34）：46-47.

[3] 王新环，郑征，余发山. 工程应用型自动化专业电力电子技术实验改革与实践[J]. 实验室科学，2014，17（3）：123-126.

[4] 王新环，崔志恒，郑征，等. 提高自动化专业学生工程素质——以电力电子实验为例[J]. 实验室研究与探索，2013，32（11）：377-380.

[5] 张宏伟，张英琦，王新环. 自动化专业校内外实践基地建设与实践教学改革[J]. 实验室研究与探索，2013，32（11）：448-451.

[6] 郑征，李伟伟，等. 创新实践教学体系提升工科大学生创新能力[J]. 实验技术与管理，2015，34（7）：195-198.

基于"混合教学"（Blended Learning）模式，培养学生工程实践能力和创新精神的实验教学改革

耿玉茹 霍 平

（成都工业学院，四川 成都 611370）

摘 要：以成都工业学院电气工程学院开放实验室为例，通过改革传统的实验教学，采用混合教学模式，激发学生学习兴趣，培养学生工程实践能力和创新精神。

关键词：实验教学；工程实践能力；创新能力；混合教学模式

Based on Blended Learning Model, Training Students' Engineering Practice Ability and Innovative Spirit of the Experimental Teaching Reform

Yu ru Geng, Ping Huo

(ChengduTechnological University, Chengdu 611370, Sichuan Province, China)

Abstract：In Chengdu Technological University electrical engineering as an example, the open laboratory of the college by reforming the traditional experimental teaching, a hybrid teaching mode, stimulate students interest in learning, training students' engineering practice ability and innovative spirit.

Key Words：Experimental Teaching; Engineering Practice; Innovative Ability; Blended Learning

引言

经济社会信息化、全球化的迅猛发展，世界范围内"回归工程"和"创新"的呼声引起了教育界的广泛关注，工程实践教育和创新教育已逐渐成为工科类本科专业的一种教育模式。中共中央、国务院《关于深化教育改革全面推进素质教育的决定》中明确指出：实行素质教育要以培养学生的创新精神和实践能力为重点，高等教育要重视培养大学生的创新能力、实践能力和创业能力，并要求重视实验课教学，培养学生的实际操作能力。成都工业学院地处四川省成都市，成都市政府"十三五"规划明确提出"把成都市建设成中西部先进制造业领军城市，地方经济发展方式的转变和产业结构的调整必将需求大量实践能力强，具有创新意识的高级应用型专门人才，我校作为地方本科高校正应当承担这样的培养任务。实验教学是我校电类教学的关键环节，通过实验教学的改革，提高学生对课程的学习效果，促进学生发现问题、解决问题的基本素质的形成，在培养电类学生动手能力和创新能力的同时引导他们养成科学求真的态度、严谨周密的作风和团结协作的精神。[1]

1 实验教学存在的问题和对策

实验教学是高等教育体系中必不可少的重要环节，是实现工程实践教育和创新教育的基本途

联系人：耿玉茹. 第一作者：耿玉茹（1979—），女，副教授.

径之一。但是，传统的实验教学模式让学生做实验的时候"高不成低不就的心态"突出，学生对验证性的实验提不起兴趣，综合性的实验难度较大，学生碰到"瓶颈"处容易放弃。虽然不少高校进行了有益的尝试，但仍然存在实验缺乏层次性和可扩展性的不足，不能满足不同学生的不同需求。传统实验教学，学生学习行为和教师教学行为主要在指定实验室、固定时间完成，实验教学学习模式单一，不能有效激发学生有效学习行为。然而在互联网背景下，教师的教学行为可以发生在课前（引导学生利用教师智慧教学工具推送的学习资源自学）、课上（引导学生和学生之间、学生和老师之间在课堂上讨论）和课后（激励学生参与社区讨论利用开放实验室完成难度更高的综合性实验）。[2]这种将线上-线下教学进行混合的"混合式"教学（Blended Learning）模式，有助于更新和整合实验教学内容，改进实验教学方法和手段，激发学生的学习兴趣，培养学生的工程实践能力和创新精神。

2　基于"混合式"教学模式的实验教学改革

基于"混合式"教学模式，使用智慧教学工具（如雨课堂、易班）照顾不同学生进度，满足不同学生的需求，激发学生学习兴趣；设计综合性实验，引导学生将前序课程专业知识串珠成线，使分散的知识点成为一个有机的整体，实验难度依次递增，实验内容可扩展，从而培养电类学生综合运用所学知识解决实际控制工程问题的能力，拓宽学生视野。具体实施时化整为零，将综合实验项目分成数个单元，每个单元含有若干任务，学生掌握某每部分教学内容后都可以用这些知识完成某个任务，进而完成项目的某个单元，直至最终完成这个复杂项目。[3]教师在引导学生完成实验任务时候，可以将每一个任务按照任务导入-相关知识-任务实施-分组训练-交流-点评总结的进程实施。整个实施过程具有层次性以及可扩展性，理论知识循序渐进，实践能力逐步提高。智慧教学工具覆盖每一个教学环节，为师生提供完整立体的数据支持，让教与学更明了。

3　结论

成都工业学院电气工程学院已开设开放实验室，为学生提供综合性实验指导，实验教学取得一定成果，经实验室培养的学生申报省级和校级大学生"双创"项目 3 项，学科竞赛取得一定成绩。

References

[1] 冯其红，胡伟王，增宝. 改革实验教学模式培养大学生的工程实践能力[J]. 实验室研究与探索，2013（2）：130-134.

[2] 孙文彬. 开放性创新实验教学改革与实践[J]. 实验室研究与探索，2006（2）：148-152.

[3] 华驰，顾晓燕. "互联网＋"背景下的实验实训教学体系设计[J]. 实验技术与管理，2013（2）：1172-1174.

基于机器人竞赛的自动化专业实践创新教育模式探索

冯 钧 张永春 王 刚 周 军

（南京理工大学 泰州科技学院，江苏 泰州 225300）

摘 要：针对目前高校自动化专业教育存在目标定位不准、教育理念不明确、实践教育存在着重要性认识不足等问题，我院探索出一条以机器人学科竞赛为载体，提高大学生实践创新能力的自动化专业实践教学新模式，实现学科竞赛和实践教学的有机统一，效果显著。

关键词：机器人竞赛；实践创新；教学模式

Exploration of Practice Innovation Education Mode of Automation Specialty Based on Robot Competition

Jun Feng, YongChun Zhang, Gang Wang, Jun Zhou

(Taizhou College of science and technology, Nanjing University of Science and Technology；Taizhou 225300, Jiangsu Province China)

Abstract：Aiming at the current education of College automation professional target positioning, education philosophy is not clear, practice education exists problems such as inadequate understanding of the importance of our hospital, to explore a robotics competition as the carrier, a new model to improve the automation of professional practice teaching practice and innovation capability of college students, To achieve the organic unity of discipline competition and practice teaching.Practice shows that these modes have significant effect on practice innovation teaching.

Key Words：Robot Competition；Practice Innovation；Teaching mode

引言

在强调工程实践教育"回归工程，服务社会"的背景下，如何培养高素质的、具有现代工程观的现场工程师是自动化专业工程教育的主要目标。在传统的自动化专业实践教学中，实践类型单一、实践内容枯燥、缺乏学科间的交叉融合等现实因素导致自动化专业学生缺乏兴趣，实践教学效果不明显，极大制约了学生综合应用能力的提升与创新意识的培养[1]。因此，南京理工大学泰州科技学院积极寻求一种具有吸引力的高度综合的实践教学模式，开创性地探索出一条以智能机器人竞赛为载体的自动化专业实践教学新模式，对于提升自动化专业学生的工程能力和协同创新意识具有显著效果。

1 机器人特色的自动化专业教育

随着"工业4.0""中国制造2025"和"一带一路"等国家战略的实施，作为厚基础、宽口径的自动化专业应紧跟国家新兴战略性产业的发展步伐，设置符合时代发展的专业定位和目标，以

联系人：冯钧. 第一作者：冯钧（1983—），男，硕士，讲师.

基金项目：教育部高等学校自动化类专业教学指导委员会教育教学改革面上项目"具有工业机器人特色的自动化类工程人才培养体系的研究与实践"(2015A06);江苏省高校青蓝工程项目(苏教师(2014)1号).

适应国家智能制造强国的战略前景。机器人教育作为一个多学科交叉的综合载体，涵盖了机械、电子、软件、控制与测试等诸多大类学科[2]。其中，自动化控制、传感与检测是工业机器人操作的核心要素，因而自动化专业应重视机器人教育的开展，并且把机器人教育作为自动化大类学生进行实践教学和科协协同创新的一个良好载体和平台。

2　工程背景下的自动化专业教育与机器人科技竞赛相结合

教学过程如何与学科竞赛、科技活动相结合已有大量文献进行过讨论，但需要指出的是，科技竞赛不应仅仅用技术指标作为衡量依据。现代高等工程教育要求融合人文科学和自然科学，以培养工程应用型人才为目标，着力培养学生的工程意识、工程素质以及工程实践能力，如图1所示。

图1　教师现场指导中国机器人大赛

我们提倡在自动化专业教育中用机器人竞赛的形式来激发学生的实践热情和锻炼学生的实践能力[3]。在现代工程教育观中，我们强调无论是课内还是课外竞赛，学生制作的机器人除了预期的技术指标外，还必须包括意义和社会价值、团队协作与成员分工、成本预算与风险控制、工业设计构思、文档管理规范、效果自我评估和自我

表达能力等，更重要的一点是自动化专业的机器人教育与科技竞赛相结合的产物应当体现部分原创性，一味地重复和模仿，不思考、不发挥想象力，对于任何科技竞赛而言都是没有价值的。

自动化专业开展机器人教育的目的之一就是借助机器人技术的发展动力来推进自动化教育教学工作的优化和发展，开展科技竞赛的目的是提高学生的实践能力和工程素质，将机器人技术的发展动力和开展科技竞赛的活力有效结合，以创新能力的激发和现代工程素质的培养为目标，充分发挥自动化专业工程教育背景下机器人竞赛的生命力[4]。

3　学科竞赛体系与实践教学体系的有机统一

3.1　构建学科竞赛长效机制

在传统学科竞赛的基础上，结合专业人才培养目标，改革学科竞赛模式，设立学科竞赛领导小组，全面组织协调学生在"工学交替"、学科竞赛等过程中的管理与考核，确保学科竞赛教学体系的有效实施[5]。

3.2　扩大学科竞赛覆盖面

为扩大中国机器人学科竞赛的辐射面和影响力，对参加中国机器人学科竞赛的学生进行相应课程置换和学分认定，即参加大赛并获得相应奖项可以申请置换相应学分的课程。通过这些手段鼓励更多学生参与到中国机器人大赛中来，形成人人参与的局面，力争学科竞赛覆盖率达100%。

3.3　将学科竞赛有效纳入教学体系

教师通过不断探讨研究机器人竞赛与自动化类专业课程的深度融合，可将机器人技术最新的科研成果运用到日常教学当中。

按照工学结合、产学结合的原则，重视和加强学科竞赛的组织体系设计，深化学科竞赛项目改革，创新性地将学科竞赛作为专业教学的核心环节纳入课程体系，把实验、基本技能实训、认识或生产实习、课程设计、毕业设计、学科竞赛等纳入课程体系的整体构思中。

3.4　通过竞赛推进相关课程学习

以自动化类专业为例，可以将一些控制算法直接在机器人平台上进行验证，这种直观形象地演示有别于传统的课堂教学模式，可以很好地提高学生学习兴趣。在我校智能制造学院，以智能制造与机器人技术实践创新训练技术中心为依托，为学生参加竞赛进行指导，并采用如上方法对学生实践能力进行培养。实践结果表明，这种举措有效地提升了学生的实践创新能力、团队协作能力以及应用专业知识解决实际问题的能力。

3.5 健全学科竞赛管理制度

不断规范、完善学科竞赛管理制度和健全学科竞赛管理机构，保障专业学科竞赛有序进行。学院先后出台了《学科竞赛实施意见（试行）》《学科竞赛专项经费使用与管理办法》《学科竞赛耗材管理办法》等一系列管理文件。由教务处负责资源配置，评估督导办公室负责全院学科竞赛的质量监控体系的建设与管理，如图2所示。

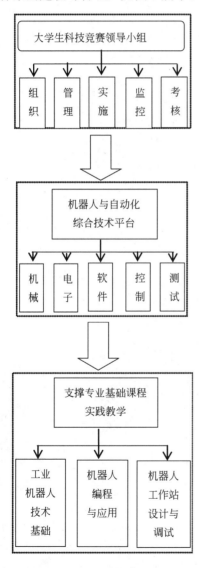

图2 学科竞赛与实践教学体系图

3.6 推行双证书制度

在学科竞赛教学体系建设的基础上，学院创造性地推行双证书制度，注重"毕业证书""学位证书"与"竞赛获奖证书"的紧密结合，将学科竞赛要求融入毕业要求和学位授予条件中，专业人才培养方案中规定所有毕业生在校学习期间必须获得至少一张中国机器人大赛的参赛获奖证书，从而逐步形成"竞赛-毕业-学位"三位一体阶梯方式。

4 实施效果初步展现

我院近年来在如何落实培养具有较高实践能力和协作创新精神的自动化专业现场工程师方面进行了有益的尝试和探索，充分基于学院挂靠的泰州市机器人学会和机器人行业学院等硬件平台，倡导"实践教育与学科竞赛相结合"，取得了如下成果：

4.1 机器人竞赛获奖成绩

在学院"教育与竞赛相结合"理念的指导下，在学校大力支持下，组织学生在机器人科技竞赛中取得了骄人业绩，2015—2017年指导学生参加中国机器人大赛累计共获得冠军2项、特等奖1项、一等奖7项、二等奖8项；江苏省大学生机器人大赛冠军1项、一、二、三等奖各1项。

4.2 自动化学生实践创新和项目研究能力明显提高

通过整合各类优质实践教学资源、形成了培养大学生协同创新能力的良好局面、通过各类机器人学科竞赛和科研项目的训练、使得学生的实践创新能力得到明显提升。学院每年约有200多名学生开展大学生创新训练计划项目、约有近500名学生参加国家级和省部级机器人大赛，每届约有10队参加机械创新设计大赛，每届约有150名学生参加自动化跨专业研究项目，每年约有300名学生参加自动化专业教师科研项目的研究。

5 结语

机器人教育是我国转型升级的重要途径，"智能制造与机器人行业"更需要大量的自动化行业精英。大量的教学实践证明："以机器人学科竞赛为抓手、促进大学生实践创新能力提高，推动自动化专业实践教学新模式"的改革思路和建设举措是当前自动化专业实践创新人才新途径的一次有益尝试和探索，它能有效实现"学做高度融合"，真正促进理论和实践的有机统一，对于培养自动化行业精英和现场工程师能够发挥积极的效果和作用。

References

[1] 阎世梁，张华，肖晓萍，等. 高等工程教育中的机器人教育探索与实践[J]. 实验室研究与探索，2013（32）.

[2] 董爱梅. 以机器人为平台大学生实践创新能力培养体系的研究与实践[J]. 中外教育研究，2013（5）：80-81.

[3] 张云洲，刘建昌. 基于机器人竞赛的自动化专业学生创新能力培养模式研究与实践[C]//2007 年中国自动化教育学术年会.

[4] 陈国金，姜周曙，苏少辉，等. 智能制造技术人才培养体系的实验教学体系研究[J]. 实验室研究与探索，2016（35）.

[5] 沈张果. 以学科竞赛为平台培养大学生的创新实践能力[J]. 教育教学论坛，2016（16）：75-76.

解析"自动化仪表"课程的系统化教学模式

陈荣保　肖本贤　朱敏

（合肥工业大学 电气与自动化工程学院，安徽 合肥 230009）

摘　要：介绍了"自动化仪表"成为系统化课程教学的条件和机遇,可以作为具有综合专业知识的核心课程。课程融入嵌入式知识、虚拟与软件知识通行与网络知识。以饮水机为基础单容水箱控制为授课案例覆盖教学全过程，够作成具有检测、实施显示、信号处理、控制算法、灵活控制、远程监控的系统化专业知识。

关键词：自动化仪表；系统化教学；综合专业知识；饮水机

Analysis the Systematic Teaching Model of "Automatic Instrument" Course

Rongbao Chen, Benxian Xiao, Min Zhu

(School of Electrical Engineering and Automation, Hefei University of Technology, Hefei 230009, Anhui Province, China)

Abstract：This paper introduces the condition and opportunity of "automatic instrument" in the course of systematic teaching. This course serves as a core course with comprehensive expertise .Courses incorporate embedded knowledge, virtual and software knowledge, access and network knowledge. The course is based on a water dispenser and takes a single tank as a teaching case. It covers the whole process of teaching. Enough to be specialized systematic professional knowledge with the detection, implementation, display, signal processing, control algorithms, flexible control, remote monitoring.

Key Words：Automatic Instrument; Systematic Teaching; Comprehensive Professional Knowledge; Water dispenser

引言

"自动化"本科中有一门课程，"自动化仪表"或"自动化仪表与过程控制"课程一般设置在第七学期。这门课程从最早的设置意义上理解，就是具有应用要求的专业知识综合性课程。

按照传统的"自动化仪表"的设置意义和课程内容，自动化仪表定义为检测仪表、显示仪表、控制仪表和执行器的总称[1]；随着科技发展所涉及的相关知识更新，自动化仪表的传统定义也稍有完善，自动化仪表定义为检测仪表、显示仪表、控制仪表、执行器及其辅助设备的总称。

有定义理解课程的讲授范畴还是基本覆盖工业领域的应用范畴，检测仪表包括了传感器的各种测量技术，显示仪表包括了指针指示、数码显示和平板显示技术，控制仪表可包含的内容很多，名称上也有称为智能仪表、网络仪表、测控仪表等，执行器包括了所有电/气/液动执行器件器材和过程控制中的各类阀门[2]。

几十年来，围绕"自动化仪表"课程的教学和教材，变化极其微小；而"自动化仪表与过程控制"课程的设立，更把授课老师和选课学生对

联系人：陈荣保. 第一作者：陈荣保（1960—），男，博士，副教授.

"自动化仪表"的知识范畴局限在"调节阀"范围，本科生面临电厂"热工仪表"的就业机会，居然认为没有学过而放弃。

自动化仪表是一门最反映当今科学技术的课程，是一门最能够与时俱进的课程，但目前国内在"自动化仪表"课程的知识更新和教材更新，举步维艰，蹒跚挪移。问题的症结在哪里？就是因为学科的把握者就是认为自动化仪表就是一个仪表，或一种实体仪表，或就认为是"调节阀"！趋之若鹜者也就鹦鹉学舌，没有丝毫的创新。

"过程控制与自动化仪表"课程内容实质上与"化工仪表及其自动化"差异不大，介绍了自动化仪表中关于"执行器"中的调节阀后，就回归到"过程控制"。如果是应用型课程，基于现在全新的计算机技术、通信技术和智能技术，"过程控制"应该涉及的内容，不再是过程系统的控制流程和结构，而是灵活的控制结构变化和丰富的控制策略介绍；课程内容实际上是"智能控制系统"。真正意义的"过程控制"课程，则就是把握现代的"自动化仪表"课程内容，而传统的面向控制系统结构的过程控制必然彻底淡化了。

1 现代形势下的自动化仪表

"自动化仪表"的课程名字是数十年前还没有引进计算机（单片机）的时代下，完全依据我们国家种类极其全面的过程仪表现状而定义的，一直沿用到现在。期间，计算机（单片机）从"零"开始的发展，不断丰富着"自动化仪表"的内容，但人们始终把"自动化仪表"的"自动化"看作是数十年前的知识，于是"智能仪表"应运而生，却始终不被认为隶属于自动化仪表；随着单片机技术的发展，传感器智能化了，出现了"传感器与智能仪表"；显示仪表智能化了，慢慢形成了平面显示技术，并不断地开展三维显示的努力；"智能仪表"（控制与调节仪表）也越来越注重控制算法和功能算法了，逐渐的趋于"嵌入式"模式。

由于计算机（单片机）的应用越来越普及和在各行业的渗透，信息共享和远程监控在基于通信模式的网络平台下成为事实，通信技术成为智能化技术的标准配置，而网络化也成为控制系统的常规手段，如此，原"自动化仪表"中，似乎

只剩下发展稍许缓慢的"执行器"了。

在过程控制中，"执行器"就只有调节阀了。

现代形势下的自动化仪表中，难道就是"调节阀"吗？对于自动化专业的学生来说，似乎更容易接受电动。化工仪表还有比较清晰的气动仪表和隔爆防爆知识，自动化本科专业的学生，对于调节阀的理解是极为肤浅的。这就形成了自动化仪表就是调节阀，而调节阀能自动调节，就是实现自动化了。如此的课程设置和内容设置怎么能够代表现代形势下的"自动化仪表"？这使得有些学校不再开设"自动化仪表"课程了。

迄今把自动化仪表定义为所有仪表的总称是最合适的，笔者1979年就读于"自动化仪表"，导师说这是全中国大学中最先进的学科；如今自动化仪表（仍然是最先进的学科）与时俱进，更得到了本行业诸多同行的关注。自动化仪表已经可以成为高校"自动化"本科专业最后一门课堂课程，能将自动化本科专业的学生在校所学的专业课程知识有机地连接在一起，形成系统化教学模式，在卓越工程师培养模式时尤为重要[3][4]。

2 自动化仪表的系统化教学

"自动化仪表"或"自动化仪表与过程控制"课程在教学过程中，需要尽可能体现出综合的"应用型"特点，包括"成果性"[5]教学、实践性[6]教学、"任务引领、教、学、做一体"的理实一体化教学[7]等，均需要与时俱进，知识更新。

2.1 系统化教学之一：新型定义

自动化仪表是一门与时俱进的课程，"仪表"已经不再仅仅局限于一种实体，如体温表、万用表……更重要的是一种理念。仪表的真实定义就是"准则、规范的表现"，换个领域，人们均知道人类的"仪表"，就是该人将他（她）的内涵、特性或品行在公众场合下的表现，人们通过该人的言语行止及其外观而知该人的某一种"内在素质"。如果通过技术手段把指定的"准则（某种人们认可的功能）"通过实体表现出来，也是实体性仪表。

如指针式钟表，人们均能够通过表盘显现的内容确定这是钟表；同样指针旋转，就不可能全是钟表。更换到数字式显示仪表，由于显示的内

容不同，数字式显示仪表的功能名称无法固化。指针式表盘，更换机芯就是换了功能；数字显示仪表，通过软件更换，也换了功能；于是原固化的功能仪表，通过结构不变的某种内在"元素"更换就换了功能，这就是自动化仪表目前所呈现的现状。

特别是平面显示仪表，原先的阴极射线管显示器（简称 CRT），由于显示原理较为单一，CRT 变成为当时公认的平面显示器。现今，CRT 基本淘汰，显示方式越来越多，越来越灵活。人们早就没有了对"显示仪表"必须是显示实体的传统观念，现在虚拟显示、全息显示都突破了"实体"界限。

仪表是某一功能的显现方式，不再是限制于某一种固化式的"仪表"，现在能实现"功能"的，可以是集成电路、集成模块、功能归类型板卡；也可以把"仪表"放大到装置、系统；更可以是某功能软件。可编程控制器（PLC）是一种类型的智能仪表，机器人则是更新型的智能仪表。

因此，现代的自动化仪表是基于嵌入式技术、网络与通信技术、软件与虚拟技术及其辅助载体（如电源）下的检测仪表、显示仪表、控制与调节仪表、执行器的总称。

2.2 系统化教学之二：新型信号制

传统的信号制就是国际电工委员会颁布的单个仪表或设备之间的信号传递模式必须是直流电流，可以是 0~10mA 模式（DDZ-II）或 4~20mA（DDZ-III）。这个信号制非常有用，在现今的自动化技术领域，已经越来越呈现出两个不足。

第一，信号传输的有线性。在一个规模不太大的自动化控制系统中，不一定显现出来其缺点，如果在石化系统，不采用现在技术构成的庞大仪表体系就会形成规模不亚于石化管道的线路桥架。一旦涉及线路维护，工程量极其巨大。

第二，有线信号传输距离的有限性。理论上，只要构成有线回路，电流就能流动，没有距离的限制；但在实际工程中，线路的线阻、线路上的负载以及信号的接口等均会削弱信号电流的强度。如果用有线方式够作规模较大的 DCS，保证信号畅通的线路处理技术也是一个巨大工程。

现代的自动化控制系统，学生已经全面涉及了通信技术和网络平台，手机的发展更使学生了解了无线的优越，单片机技术又体现出嵌入式的应用前景，无线通信体系必然取代传统的信号制[8]。由通信够作的信号连接就是一种指定代码。

通信式信号制的代码模式，种类繁多，仅仅底层的现场总线就已经百家争鸣。只要无线通信网络的规模多大，自动化控制系统的规模也就有多大。

2.3 系统化教学之三：新型控制回路和知识点连接

在"自动化仪表与过程控制"课程中，还在讲述基于最原始的仪表自动化时代的前馈控制、串级控制、比值控制、均匀控制、选择控制和分程控制；还在介绍解耦控制、分时控制以及增加的模糊控制；然后介绍 DCS。

当今，基于网络平台的 DCS，已经使控制系统的结构发生了很大的变化。以一个单回路控制系统（如图 1 所示）为基本闭环架构，通过无线模式连接，可以展现出非常多的控制系统拓扑结构。

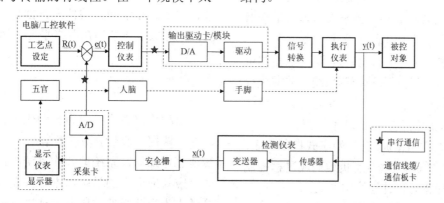

图 1　单回路控制系统结构图

图 1 展示的还不仅仅"单回路控制系统"的　　　结构，它同时还是最基本的现代控制系统（如分

布式控制系统 DCS、现场总线型 DCS 等)和网络化控制系统(如现场总线型 DCS 等)的最小单元或环节。也就是说，讲图 1 中的虚线框内的内容"集成"起来，以智能核心芯片(如单片机)构成的智能化仪表(或控制系统)，必然包括网络控制，也涵盖"集中控制系统""集散控制系统""现场总线控制系统"等。

在"智能"条件下，既可以完成单输入单输出模式，也可以灵活地构成多输入单输出、或多输入多输出等模式，也可以根据一个关键节点的参数变化，形成单输入多输出模式。

依据图 1，将本科所学课程做一个归纳：

(1) 5 门基础课程：电路理论、模电&数电、电机学、自动化专业导论和 C 语言程序设计。

(2) 5 门专业必选课程：传感器原理及其应用、自动控制原理、信号分析与处理、微机原理及应用、电力电子技术。

(3) 5 门专业选修课程：单片机原理及其应用、微机控制技术、电器与可编程控制器、电气测量技术、交、直流调速控制系统。

围绕图 1：

(1) 使学生基于"传感器原理及其应用""电气测量技术""信号分析与处理"掌握自动化仪表－检测仪表的组成、基本原理、性能指标、设计过程和选用。

(2) 使学生基于"微机原理及其应用""单片机原理及其应用"和"微机控制技术"掌握调节仪表和显示仪表的组成、基本原理、性能指标、设计过程和选用。

(3) 使学生基于"自动控制原理"以及上述第 2 点，掌握常规控制规律的全部内容，学会对常规控制规律数字化及其程序设计方法。

(4) 使学生基于"电力电子技术""电器与可编程控制器""交、直流调速控制系统"掌握执行器(仪表)的组成、基本原理、性能指标、设计过程和选用；掌握仪表防爆的基本知识。

(5) 本课程把"电动仪表""数字式控制仪表"(智能仪表)和"气动仪表"有机地构成过程控制系统，掌握过程建模和过程控制方法。

2.4 系统化教学之四：案例覆盖教学全程

按照上述的课程设置，还应配置相应的实验。与现代的自动化仪表课程配套的实验装置分为两部分：实验训练和实体训练。实体训练的核心内容就是饮水机，如图 2 所示的就是实验训练内容：单容水箱智能控制平台[9]。

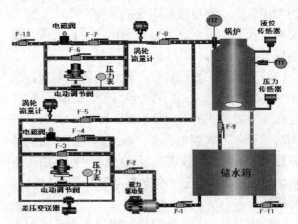

图 2　单容水箱智能控制平台结构图

饮水机的功能实现，对于任何单片机来说，看似都能胜任；许多高校的公共场合(如教学大楼、图书馆等)配置的饮水机，在使用时间段，基本上是全负荷连续供水，在非使用时间段(晚上)直接关机即可。

分析应用类型，就是烧水至可饮用温度点。如果将温度范围拓宽，饮水机就成为热水器。图 2 是基于饮水机原理拓展到单容水箱的一个应用平台，这个平台依照饮水机原理，是一台自动温度控制的装置，扩展可以引申到多容水箱以及复杂多容生产过程，包括化工生产、保温系统、制冷制热装置等。如何按照不同功能的实现，就取决于嵌入的智能芯片。

按照自动化仪表的授课内容，图 2 内容就可以覆盖到全程授课范围。我校具有本校区、北校区、翡翠湖校区和宣城校区，试将饮水机联网监控，就形成了典型的在网络平台下的 DCS 模式。

3　结论

自动化仪表安排成为自动化本科学生最后一门课堂课程(第七学期后半学期)，让学生学会系统地够作知识，系统地够作系统，系统地完成专业"应知应会"的学习。本课程在学习过程中，给学生为第八学期的毕业设计选题提供指导，课程之后紧接着对口的毕业实习，进一步地加深学生对本专业知识的掌握和消化，同时在一定程度上得到了专业知识的系统化应用锻炼。

作为专业最后一门课堂课程，也并非自动化仪表一门课程胜任。从专业内容来说，智能家居&楼宇自动化也是很好的选择。

References

[1] 陈荣保. 工业自动化仪表[M]. 北京：中国电力出版社，2011.

[2] 工业自动化仪表与系统手册编辑委员会. 工业自动化仪表与系统手册[M]. 北京：中国电力出版社，2008.

[3] 陈荣保，方敏. 自动化专业综合课程教学研究[C]. 2009年全国自动化教育学术年会论文集. 北京：科学出版社，2009：721-726.

[4] 陈荣保，李刚，方敏. 自动化学科综合性课程的研究与设置[J]. 合肥工业大学学报：社会科学版，2011（1）：136-139.

[5] 周林成，李向丽. 成果导向的过程控制与自动化仪表课程教学设计[J]. 科技创新导报，2016（12）：121-122.

[6] 于成业. 自动化仪表与过程控制——课程教学改革与实践[J]. 中国培训，2016（9）：153-154.

[7] 乔玉丰，刘秀冬. 理实一体化教学模式的实践与探索——工业自动化仪表及应用专业典型案例[J]. 职业，2015（3）：10-11.

[8] 陈荣保，肖本贤，平兆武，等. 自动化仪表及装置的网络通信嵌入式技术研究[J]. 仪表技术，2017（5）：8-12.

[9] 陈荣保，肖本贤，平兆武，等. 自动化仪表及装置的智能化嵌入式技术研究[J]. 仪表技术，2016（10）：10-13.

开放式的暑期学校特色专业教育研究

戚国庆[1]　张一戎[2]　李银伢[1]　盛安冬[1]

（[1]南京理工大学 自动化学院；[2]南京理工大学 教育实验学院，江苏 南京 210094）

摘　要：学生跨专业参加暑期学校学习，可以充分利用暑期课余时间，接受与自身专业相关的理论及技术教育，对拓展学生知识领域，提高学生动手能力，培养创新意识有重要的作用。在本专业开展的开放式暑期学校教学中，以"无人机控制基础"课程为研究案例，将控制理论、系统建模、控制器调节、系统仿真及硬件搭建和软件程序设计相串接，把复杂的控制理论和建模方法"落地"实际工程，增强了课程内容的多样性，提高了学习过程的趣味性，强化了学习内容的特色性。通过实际教学和追踪，取得了良好的学习效果，显著提高了学生的能力。

关键词：开放式；暑期学校；特色教育；动手能力；创新意识

A Survey on Distinctive Professional Education of Opening Summer School

Guoqing Qi [1], Yirong Zhang[2], Yinya Li[1], Andong Sheng[1]

([1]Automatic School, Nanjing University of Science and Technology;

[2]College of Elite Education, Nanjing University of Science and Technology

Nanjing University of Science and Technology, Nanjing 210094, Jiangsu Province, China)

Abstract：University students take part in cross-discipline summer school and receive relevant theory and technique training, using summer spare time, is a good way to expand their knowledge field, increase practice ability and cultivate innovative consciousness. Taking "Unmanned aircraft vehicle(UAV) controlling fundamental" course as the case, an open summer school instruction, developed in our college, is introduced in this paper. In this course, the control theory, system modelling, controller regulating, UAV DIY and control software programming are integrated, such that the control theory and system modelling method are connected with practical engineering. By this way, the diversity, interest and the distinction of the course is reinforced. By teaching practice and learning tracking, summer school achieved good teaching effect, and the students' ability have significant promotion.

Key Words：Opening；Summer School；Distinctive Education；Practical Ability；Innovation Consciousness

引言

暑期学校是利用暑假时间，学生没有课业要求的情况下，在高校相关学院或专业开设的开放性的专业理论及技术教育课程。目的在于使接受课程教育的学生拓展知识面，提高理论研究层次和专业技术水平，进而培养创新意识和能力。哈佛大学作为世界上最早的开设暑期学校的机构[1]，已经积累了 140 多年的经验，形成了其课程形式多样、学习对象广泛、开放程度高、国际性强等特点，甚至学生选修的学分能够被其他学校认可，做到了学分互认，这都给我们非常大的

联系人：戚国庆. 第一作者：戚国庆（1977—），男，博士，副研究员.

基金项目：江苏高校品牌专业建设工程资助项目(PPZY2015A037).

教学启发。

在我国，许多高校为扩展学生的国际视野和促进高校优质教育资源的流动，陆续展开了各有特色的暑期学校工作，主要集中于 985、211 院校，如北京大学、山东大学、清华大学、南京大学、复旦大学、中国人民大学等高校[2,3]。国内高校开办的暑期学校如雨后春笋，蓬勃发展，但相比国外高校的暑期学校，国内高校更多以借鉴国外高校的成功经验为导引，大多处于探索实验阶段，如何走出一条具有学校特色、专业特色的暑期学校办学道路，值得大家的深思[4]。

本文就作者所在学校成功举办的暑期学校为例，对办学的课程设置、教学过程的实施以及相关经验进行了探讨和分析，阐明了学校所确定的提高学生跨学科知识的掌握、实际动手能力和学术钻研能力的办学目标，以及办学的开放性、课程内容的特色性。另外通过对校内选课学生的学业跟踪，从一个侧面说明了暑期学校的积极因素。

1 暑期学校课程设置

南京理工大学自动化学院自动化系联合南京理工大学教育实验学院、计算机科学与技术学院、电光学院等分院于 2014 年、2015 年暑假期间开办了两期面向内地及港澳台地区的本科生暑期学校，旨在增进港澳台地区和内地学生的学术、学习交流，拓展学生的专业知识和国际视野，提高专业理论水平和动手能力，进而增强学生的创新意识。暑期学校的招生由教育实验学院负责组织，面向南京理工大学校内电子、电气及控制类专业的二年级学生以及港澳台部分大学相关专业的二年级学生招生。招生过程本着开发性的原则，接收所有志愿参加暑期学校的在校学生。

南京理工大学自动化学院自动化系开设了"无人机控制基础"一门课程，由本文作者作为主讲教师。课程内容分为基础理论教学和实验两大部分，其中基础理论课又包括无人机发展概述、自动控制原理、无人飞行器基本建模方法、四旋翼无人飞行器建模方法、四旋翼无人飞行器控制策略设计方法以及控制系统计算机仿真等；实验包括了四旋翼无人飞行器控制系统数字仿真、三自由度直升机仿真系统实验、四旋翼飞行器 DIY

实验三个部分。课程为期两周，周一至周五开课，课程时间为上午 9:00~12:00，下午 2:30~5:30。其中第一周为基础理论部分的讲授，第二周为实验部分。课程讲师包括 1 位主讲教师，3 名助教。主讲教师负责理论课程的讲解以及主要实验过程的讲解；3 名助教负责实验过程的指导、维护及安全保障等工作。从课程设置上讲，本次课程相当于一个 2 学分的课程内容。

2 教学实施

由于参加暑期学校的学生主要为大学二年级学生，而"无人机控制基础"又是一门专业性强、理论内容较为综合的课程。因此在课程内容的设置上，结合学生在大学前两年学习的基础知识，如高等数学、积分变换、高等物理等，分步展开理论知识的讲解。

首先，以基础控制理论为背景，深入浅出地分析控制系统的一般组成，由此结合飞行器对象特征，分析飞行控制系统的结构组成。

在此基础上，结合学生所具有的高等物理学等基础知识，分析一般飞行器的动力学模型，阐述飞行器姿态旋转运动和质心运动过程，并了解以非线性微分方程所表征的动力学模型数值解法，进而重点分析四旋翼无人飞行器的动力学模型。

在了解系统模型基础上，初步阐述经典的 PID 控制策略，了解 PID 控制的数学原理，掌握 PID 控制参数的设计原则和方法。

为顺利实现对四旋翼飞行器控制系统的仿真，首先学习了控制系统计算机仿真知识，即 MATLAB 软件的相关应用技能，掌握了一般控制系统仿真的指令语句，并学习利用 Simulink 工具箱搭建飞行器控制仿真程序。

上述基础理论部分需要通过一周时间完成学习，第二周则进入到实验部分。首先开展的实验是利用 Simulink 搭建飞行器控制系统仿真程序，学习姿态控制环及飞行器位置控制环的 PID 控制参数整定方法。通过该实验，从直观上了解无人飞行器内部信号的传递过程，并直观地掌握了控制策略的设计原则以及控制指标的具体表现。

第二个实验是利用南京理工大学自动化学院

购入的固高三自由度直升机仿真系统，进行半实物仿真实验。该实验有专门的实验指导书提供给学生，学生根据实验指导书首先学习的是三自由度直升机系统的动力学建模理论。然后，通过指导书可了解到仿真系统在俯仰、横滚、偏航三个通道下的 PID 控制策略设计方法，指导书同时给出了 PID 参数的设计范围，学生可自行调整测试，根据输出曲线对比不同的控制策略下直升机姿态的响应结果。通过本实验，使学生更加直观地了解到控制系统的结构组成，增强了不同的控制器对仿真器实物姿态响应结果的影响。

第三个实验是利用四旋翼 DIY 元器件，在老师指导下，学生自己组装四旋翼飞行器。实验过程包括电子器件接插件的焊接、四旋翼机架的组装、飞行控制器的电气连接、飞行器电气调试、飞行控制器调试、飞行控制器控制参数调试、飞行测试几个部分。本项实验按照 3 人一组协作开展，在回顾控制理论知识的同时，既有较高的趣味性，又可锻炼学生的团队协作精神，本实验科目的开展受到了参加暑期学校学生的普遍好评。

在每次课程结束后，每位学生均要求撰写一份详细的课程学习报告，主讲教师会根据学习报告和每一位学生在学习过程中的表现，对学生给出成绩评定。暑期学校结束后，由南京理工大学教育实验学院为每一位学生出具暑期学校毕业证书，保证了暑期学校开办的严谨性。

3 学习效果分析

为保障课程的顺利开展，以及保证每一位选修课程的学生得到知识和能力的提升，主讲教师整合了平时专业教学过程中教学课件内容，力求做到课程知识层次上深入浅出，从知识内容上将经典理论和相关学术最新概念相结合，既保证了学生能够掌握好基础的自动控制理论，又能使学生了解无人飞行器相关的前沿发展动态。在实验保障方面，利用自动化专业建设过程中购入的高层次实验设备，使学生能够亲自动手调试控制参数、搭建无人飞行器，通过切身的动手过程，深刻理解了自动控制的基本概念、自动控制系统的组成结构、无人飞行器的控制策略设计方法。

在教学过程，选修课程的学生也表现出了浓厚的学习热情。以 2015 年暑期学校为例，表 1 为本该年度选修"飞行器控制基础"课程的学生名单。

从该名单可见，选修课程的台湾学生占到了学生总数的 40%。而本校学生中，专业方向也较为广泛。

表 1　2015 年暑期学校"无人及控制基础"课程选修学生名单

序号	学生姓名	学生学校	专业
1	刘婷婷	南京理工大学	通信工程
2	陈昊	南京理工大学	通信工程
3	成崔颖	南京理工大学	自动化
4	顾周彤	南京理工大学	自动化
5	杨晶	南京理工大学	电气工程及自动化
6	钱燕	南京理工大学	电子科学与技术
7	王诗卉	南京理工大学	通信工程
8	张景怡	南京理工大学	通信工程
9	朱文杰	南京理工大学	计算机科学与技术
10	谭凯声	台湾长庚大学	电机工程
11	王泰昂	台湾长庚大学	电机工程
12	吴佳骏	台湾长庚大学	电机工程
13	林圣杰	台湾长庚大学	电机工程
14	郑安廷	台湾长庚大学	电机工程
15	顾庭安	台湾长庚大学	电机工程

图 1 为台湾长庚大学王泰昂同学的课堂笔记。

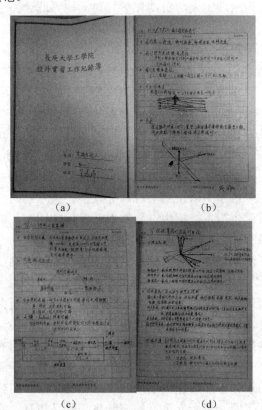

(a)　　　　　　　　(b)

(c)　　　　　　　　(d)

图 1　学生课堂笔记

图2和图3为学生进行三自由度直升机仿真实验和四旋翼无人飞行器组装实验的场景。

图2 三自由度直升机仿真实验场景

图3 四旋翼飞行器 DIY 组装场景

2015年参加暑期课程学生为2013级本科生，2017年正值该批学生毕业，作者收集了参加本课程学习的部分学生学习成绩、科研训练和毕业设计情况，如表2所示。

从表中可见，多数非自动化专业的学生在各方面都取得了较好的成绩，作者认为，暑期学校从一个方面加强了学生的学习和动手能力，为提高学生的学术严谨性打下了一定的基础。

表2 相关学生学业成绩情况

序号	学生姓名	学分绩点	科研训练	毕业设计成绩
1	刘婷婷	2.84	85.41	良
2	陈昊	3.1	85.99	优
3	杨晶	3.37	87	良
4	钱燕	3.39	84	良
5	王诗卉	3.43	86.2	良
6	张景怡	3.13	87.65	良

4 结论

本文就南京理工大学自动化学院与兄弟学院开展的暑期学校相关情况进行了讨论，说明了暑期学校的开展方式及过程，课程的开展体现了开放性、基础性和创新性几个方面，并利用采集的数据阐明了暑期学校对学生在能力培养方面的积极作用。当然作者在暑期学校的开展的课程还存在诸多需要改进的地方，相信通过加强建设，最终能够将暑期学校逐步完善、逐步提高，得到更多学生和学校的认可。

References

[1] 阙芳. 哈佛大学暑期学校现状研究及特点分析[J]. 教育现代化，2017（8）：177-178.

[2] 林殿芳. 基于暑期学校的创新人才培养模式的省略——山东大学暑期学校的实践与发展为例[J]. 国网技术学院学报，2015，18（1）：66-69.

[3] 徐佳. 暑期学校项目在提升高校人才培养模式国际性方面的探析[J]. 中国校外教育，2012（4）：54-55.

[4] 谢丹，马永红，郭广生. 我国研究生暑期学校举办特征与实施效果研究[J]. 学位与研究生教育，2013（8）：45-50.

面向工程实践，构建信息类创新人才培养模式

王 悦 杨世凤 刘振全 李建良

（天津科技大学 电子信息与自动化学院，天津 300222）

摘 要：针对高校信息类人才培养的现状，探讨了教、学、研融合，构建创新型人才培养基地，实践性实训基地，引进国外办学模式，培养国际化人才，建立虚拟研发联盟模式等人才培养模式，提高了信息类大学生的综合技术及适应社会的能力，取得了较好的效果。

关键词：培养模式； 教学研结合；虚拟研发联盟；机制

Construction of Information-based Innovative Talent Training Mode for Engineering Practice

Yue Wang, Shifeng Yang, Zhenquan Liu, Jianliang Li

(Tianjin University of Science and Technology, Tianjin 300222, China)

Abstract：Aiming at the current situation of information-based talent training in universities, this paper probes into the combination of teaching, learning and research, constructing an innovative talent training base and a practical training base, introducing foreign school-running mode, training internationalized talents, constructing talent training mode, such as virtual research and development alliance mode, etc., to improve the comprehensive skills and the ability of adapting to the society of the information-based college students and achieve better results.

Key Words：Training Mode; Combination of Teaching, Learning and Research; Virtual Research and Development Alliance; Mechanism

引言

随着科学技术与社会经济的飞速发展，人类社会迅速从工业时代进入信息化时代，以高新技术为核心的知识经济已经占据主要地位，促使高等教育的发展步伐空前加快，从而使社会对高校培养的人才提出了更高的要求。然而，目前高等学校的人才培养是在一种相对封闭的状态下进行的、学校教育远离社会实际，脱离社会需要，造成教育供给与社会需求的矛盾[1]。学生缺乏实践训练和创造性，造成知识能力上存在严重缺陷，不能满足社会经济发展对人才需求。所以，培养拔尖创新人才、高新技术人才和高技能人才适应现代社会经济发展的需要，只靠学校自身的力量，采用传统的教育模式和教学方法与手段，已经难以实现，寻求培养拔尖创新人才、高新技术人才和高技能人才的新模式，探讨和深化产学研结合机制教育新模式的理论与实践已成为国内外教育界研究的热点问题[2,3]。该形式与现阶段人才培养的实际情况相比，被关注的程度还远远不够，存在着"三大"体制和培养模式问题：一是科教分

联系人：杨世凤. 第一作者：王悦（1987—），男，工学硕士，研究实习员（教管）.

基金项目："天津市十三五综投"天津科技大学测控技术教学团队资助项目（000020206）.

割问题还没有得到很好的解决，教学与科研、学科与实验室之间不能统筹协调，不能整合学科优势进行联合攻关。二是受管理体制、运行机制、政策法规等因素限制，产学研合作三方的积极性没有调动起来，高校与企业的合作研究尚未形成主流，产学研合作发展很不平衡。三是高校科技评价和激励制度有待改革[4]。当前高等教育面临在新形势下，相关管理机构应该采取更为积极有力的政策措施，探索培养拔尖、创新、高技术和高技能人才的新模式。

深化产学研人才培养模式，将理论学习与实践训练相结合，培养学生实践能力和创新精神，全面提高学生素质的一种新型的教育模式。它符合当前经济、技术发展规律，是世界高等教育改革与发展的共同趋势。积极探索新形式下产学研结合机制的新模式，成为高等教育改革的当务之急，对新型人才的培养具有十分重要的现实意义。

就我国目前高校发展情况而言，这种教育模式突破单一的人才培养模式，是当前高等教育改革必须面对的问题。由于历史、社会的原因及学校和企业的现状，我国产学研结合机制缺乏有效的管理和保证，与经济发达国家的状况相比存在较大的差距。积极探索新形式下产学研结合机制的人才培养新模式，已成为高校教育教学改革的当务之急。

通过对产学研教育的系统化理论研究，结合天津市滨海新区建设的具体情况，特别是天津科技大学电子信息与自动化学院先期产学研结合教育的实践，探索了一条拔尖创新人才、高新技术人才和高技能人才培养的新模式。

1　构建创新型基地和团队，培养创新型人才

天津市滨海新区集聚了世界 500 强中的 114 家高新技术企业，信息产业是天津市的重要支柱产业，天津科技大学是唯一整建制在滨海新区的高等学校，具有天时地利人和的独特优势，制定区域性发展规划，学校与摩托罗拉、三星电子、达尔泰、西迪斯等国外合资公司建立教学实习—毕业实习—毕业设计—企业优先就业一体化基地，与高新技术企业组建若干技术合作团队，将最后半年的毕业设计在学校与高新技术企业双方

导师的共同指导下在高新技术企业完成毕业设计，完成学校理论知识与现代企业科技无缝连接和融合，结合企业研究项目国际发展前沿进行创新性研究和开发，利于"学区"互促，地方经济和高校科技的整合，完成高新技术企业产业结构调整和技术进步[5]。表 1 列举了部分校企团队。

表 1　近年来产学研实践团队

合作企业	研究生/本科生产学研实践团队
天津赛象科技股份有限公司	基于虚拟仪器的橡胶轮胎成型机缺料诊断及手动操作系统研究团队
天津安吉奥特科技有限公司	LNG 加气站远程监控系统的研究团队
浙江中德可再生能源应用技术中心	太阳能热水器能量监控系统研制
天津市激光技术研究所	分拣组装机器人研究团队
中国船舶重工集团公司第七一八研究所天津分部	基于新一代手指静脉识别技术的高安全身份认证系统研制团队

研究和探索产学研教育的长期性和效率性问题，更好地促进学校面向市场办学，充分利用社会资源培养学生的能力与综合素质，满足经济与社会发展对高素质创新人才的需求，密切学校与合作企业的联系，使校企双方形成合作办学的利益共同体，利用高校的人才科技优势，利用企业的设备资源与环境，探索一条高校与企业合作进行高等教育，培养科研、应用型高级专门人才的高等教育模式，构建校企联合办学实体[6]。从改变国内一般高校的产学研教育停留在争取企业的经费支持、在企业建设大学生实习基地及争取企业接收毕业生就业等方面存在的教育片面化、低端竞争的误区。

2　教、学、研融合，提升学生科研创新能力

传统的教学模式是老师教学生学，学生很难有机会参与教师承担的自然基金项目、科技项目的研究和开发，建立新型的教学科研基层组织，以学科带头人为核心，集教学、科研、学科建设为一体，突出以学术、技术的前沿研究为先导，以高水平的研究成果保证教育质量，以高质量的教学巩固和发展研究成果，使教学与科研紧密结合，构成推动学校不断发展的有效机制。新型产

学研结合机制的建立，使学生的研究能力和创新精神得到良好的培养。企业将新产品设计思路，教师将学术、技术的前沿研究成果融入教学之中，保证了教育教学质量，促进企业竞争能力地提高[7,8]。

3　构建学生实践性实训基地，培养高新技术和高技能人才

加强实践性教学环节，是一个永恒的课题，是培养高新技术和高技能人才的关键，根据电气类各专业的共性和个性构建电子工艺实习基地、传感与检测技术实习基地、信息科学与通信技术实习基地、计算机技术（单片机、PLC、计算机系统集成、入式系统）综合实习基地等，通过紧连假期的课程实习、教学实习、生产实习、课程设计训练学生的动手实践能力，并利用假期自愿地进行新品的开发与制作，参与每两年一次的全国电子竞赛，实际锻炼学生的创新实践能力。使学生学有所成，学有所用，掌握高新技术和新技能，适应社会和高新技术企业的需要[9]，如表2所示。

表2　近年来本科生、研究生获项

获奖名称	获奖等级/数量
全国大学生电子设计竞赛	国家二等奖三项
	天津市一等奖四项
	天津市二等奖三项
	天津市三等奖八项
	优秀组织奖一项
飞思卡尔杯大学生智能车竞赛	六支队伍全部获奖，其中三个组别分获赛区二等奖
华北五省（市）大学生机器人大赛	一等奖六项
	二等奖十三项
	三等奖二十五项
	获"优秀指导教师"一项
全国大学生机器人竞赛	一等奖五项
	二等奖八项
	三等奖四项
中国研究生电子设计竞赛	全国总决赛团体二等奖
	华北赛区三等奖
全国虚拟仪器竞赛	全国三等奖一项

4　引进国外办学模式，培养国际化人才

在教学研究上，聘请有过国外留学经历的技术、管理、生产、营销、设计等高级专门人才担任兼职教师，并且邀请境外专家讲学，促进国外企业与学院进行学术交流，并组织学生参与，拓宽学生视野，拓展能力培养。加强学生计算机和外语的运用水平，与世界高新技术的掌握与运用接轨，把学生培养具有国际水准的高科技人才。

5　探讨建立虚拟研发联盟模式

虚拟研发联盟是基于信息和通信技术上的知识的互动，是由许多企业为了一个特定的机会，利用现代信息和通信技术，迅速组织起来的研发网络。它突破了企业、行业、地域的界限，从而最大限度地实现了跨地域的信息、技术人才等资源的共享[10]。与其他形式的合作方式相比，虚拟研发联盟的最显著特点是充分利用现代信息和通信技术，整合学校的智力资源，且不需要大量的固定资金投入，可根据需要适时地筛选联盟伙伴，是一种动态的联盟，且学校和企业处在虚拟的组织之中。在此模式运行过程中，必须明确并细分所需要的外部资源，选择合适的联盟伙伴，制定好联盟的协议，建立中央信息平台，加强成员间的沟通和交流，建立互相信任的关系[11]。

6　结论

采用实践和理论分析计算相结合和软、硬件系统相结合的研究思路和研究方法，依靠天津市的地方优势，构建创新型基地，加强与本地区大中型企业的联系。学院与达尔泰通信公司、三星电子、西迪斯、大港仪表有限公司等科研型企业建立了长期稳定的学生校外实践基地，学生毕业实习和毕业设计积极与企业合作，承担企业的实际课题，学生的毕业设计有许多为企业所采用，既锻炼了学生的实践能力，又为企业带来了经济效益，提高了学校的知名度。同时，学院努力争取企业的支持，进行校企共建。探索学生教学实习—生产实习—毕业设计—就业一体化基地建设的新方法和新体制。

学院的各个科室，应拿出切实可行的办法，与滨海新区高新技术企业构建创新型基地，激励广大教师带领学生在教学与科研的结合中开发高水平的科研成果，培养出创新型人才，并迅速转化为生产力的管理机制，摆正教学、科研、开发

三者之间的关系，使教、学、研融合为一体，逐步探讨培养创新和高新技术人才的有效机制。

References

[1] 管庆智. 我国高校进行产学研合作教育的实效[J]. 教育发展研究，2006（3）.

[2] 刘常云. 产学研合作教育的实践与思考[J]. 包装工程，2002（4）.

[3] 秦旭. 产学研合作教育的动力机制与政府行为研究[J]. 软科学，2002（2）.

[4] 顾伟忠. 我国产学研合作存在的问题及其政策研究[J]. 北京机械工业学院学报，2006（1）.

[5] 杨栩. 基于技术创新的产学研合作运行机制与模式研究[J]. 商业研究，2006（1）.

[6] 陶艺音. 在支柱产业中构建产学研平台[N]. 上海科技报，2006-3-10.

[7] 林卉. 产学研合作培养创新人才的实践与思考[J]. 职业教育研究，2006（2）.

[8] 马宁. 产学研创新体系中的核心企业研发配套模式分析[J]. 科技与经济，2006（1）.

[9] 李莉. 高等工科工程教育产学研合作探讨[C]. 制冷空调学科教学研究进展，2006.

[10] 郝继明. 构建以企业为主体 产学研紧密结合的自主创新体系[J]. 中国集体经济，2006（1）.

[11] L.Okushima. Progress in education system VII. The Japanese Society for NDI.1994, 131-135.

自动化专业课程教学模式改革与实践

胡红林　赵喜梅

（邢台学院，河北 邢台 054001）

摘　要：尝试新的课程教学模式，改进教学方式，以适应市场经济发展新形势下对人才培养的要求，为经济发展培养高素质的人才，一直是教育教学改革的热点研究课题。本文分别对仿真软件辅助理论课教学、理论课教学与实践课融合为一体、注重实践教学和重视学科竞赛四个方面开展教学模式改革与实践进行论述。通过这些教学模式改革与实践，教学方式更加新颖，教学手段更加先进，有利于激发了学生的学习热情，提高了教学效果，实现应用型人才培养的目标。

关键词：教学模式改革；仿真软件辅助课程教学；实践教学改革

Automation Professional Education Teaching Reform and Practice

Honglin Hu, Ximei Zhao

(Xingtai University , Xingtai 054001, Hebei Province, China)

Abstract：Try new models of teaching, improving teaching methods, to adapt to the development of market economy under the new situation to the requirement of talent training, training high quality talents for economic development, has always been a hot research topic in the education teaching reform.This article respectively to the simulation software of auxiliary theory lesson teaching, theory teaching and practice of integration as a whole, pay attention to practice teaching, and attaches great importance to the discipline of competition from four aspects to carry out the teaching mode reform and practice was discussed.Through the teaching model reform and practice, more novel teaching method, teaching means more advanced, to arouse the students' learning enthusiasm, improve the teaching effect, achieve the goal of applied talents training.

Key Words：Education Teaching Reform；Simulation Software Assistant Course Teaching；Practical Teaching Reform

引言

目前自动化专业是热门专业之一，是培养应用型人才的专业，各个学校都非常重视自动化专业的建设。自动化专业建设中首先要根据各个院校情况制定好人才培养方案，制定好教学大纲、教学计划。如何开展教学才能获得最好的教学效果，培养出高素质的人才，一直是自动化专业教育教学改革的研究课题。在教学实施过程中，既要重视理论教学，更要重视实践教学，并且要在教学模式上进行改革，下边介绍一下邢台学院自动化专业的具体做法。

1　仿真软件辅助理论课教学

1.1　理论课程+仿真软件

倡导教师充分利用仿真软件辅助课程教学，

联系人：胡红林. 第一作者：胡红林（1965—），男，学士学位，副教授.

现在自动化专业课程体系里几乎所有的课程都在使用相应的软件来辅助教学。仿真软件的使用改变了以前单纯理论传授出现的枯燥、刻板状况，使教学具有趣味性、可操作性，可快速看到电路或系统的功能、参数等，提高了教学效果。经过多年不懈努力，在教师和学生中间广泛学习各种软件使用方法，使用软件进行设计与仿真的活动已蔚然成风，成为自然而然的事情。

利用仿真软件辅助课程教学早已开始，只是近些年应用开始普及，大部分教材中介绍了相关的软件。但在理论教学中仿真软件的使用要合理，起到辅助教学的作用，不能过多使用。教师要主动引导学生如何使用仿真软件，使学生感兴趣之后，仿真软件更多的使用和应用方法要求学生自己去深入学习。

1.2　实验课程+仿真软件

有些电子技术实验课程在步骤上也可以加入仿真内容，先使用软件设计和仿真，然后再使用仪器设备进行硬件连接实验，这样使学生在软件仿真与硬件两方面都得到训练。如单片机原理及接口技术实验、EDA 技术实验、PLC 原理及应用实验、DSP 技术实验等。

有些实验课程因未配备电脑只能在完成实验之后，作为作业要求学生课后使用软件完成仿真。如电路分析实验、模拟电子技术实验、数字电子技术实验等，这些做法已经收到很好的效果。

2　理论课教学与实践课融合为一体

理论课教学与实践课融合为一体是邢台学院自动化专业教育教学改革与实践的一个重要项目。在自动化专业课程体系里有一些课程实践性非常强，但理论课与实践课教学是独立分开的，通常由不同教师担任，其教学效果往往不好。例如，单片机原理与接口技术、PLC 原理及应用、EDA 技术、DSP 技术等课程。这样设置就会出现理论与实验教学不同步，各进行各的，互不联系，教学效果不佳的情况。这样的教学方式不利于学生创新能力、实践应用能力的培养[1]。

为什么出现这种情况呢？其一教学方法不够灵活。在理论教学中，"满堂灌"仍是课堂教学的基本格局，在实践教学中，各门课程的实验相

应独立[2]。其二没有根据课程的独特情况合理配置教学模式，没有把理论课教学与实践课融合为一体。好些应用类课程学生考试成绩很好，但是在实践中运用知识能力差，大多是教学模式有问题。

2.1　如何把理论课教学与实践课教学融合为一体，使教学效果事半功倍

拿 PLC 原理及应用这门课来说吧，那怎么才能把 PLC 原理及应用理论课与实验课融合为一体进行教学呢？方法一：尽可能地把 PLC 原理及应用理论课与实验课安排为同一位教师，备课时能将课程的实践教学内容有机地融入到理论教学体系中；方法二：PLC 原理及应用理论课与实验课虽是不同的教师担任，但要求两位教师要及时沟通，实验课要与理论课同步。

理论课教学与实践课融合为一体，必须在教学过程中实时进行。还拿 PLC 原理及应用这门课来说吧，理论课讲完基本指令后，随后就安排学生到实验室进行基本指令使用练习；讲完定时器、计数器后，马上安排学生到实验室进行定时器、计数器指令使用练习；讲完顺序功能图及编程方法后，紧接着安排学生到实验室用四级物料传输送带实例进行编程练习，要"趁热打铁"，学生理解快，记得牢，教学效率高，效果必然好。

理论课教学中使用软件实时进行练习和仿真，效果也是很好的，总之对于实践性强的课程，不能一味说教而忽视与实验课的融合，理论教学与实践教学过程要相得益彰，才得到做到事半功倍的效果。

2.2　"教、学、做"教学模式在自动化专业教学中的推广

教、学、做三个步骤可以同时进行的一种教学模式，效率高，教室和实验室合二为一，是更为先进一种的教学模式，适用于应用型较强的课程教学，但是这种教学模式对实验室条件要求较高，有些学校难以做到。在条件允许的情况下应开展"教、学、做"教学模式，可以更好地提高教学效果。

创造条件开展"教、学、做"模式教学，例如单片机原理与接口技术这门课就是这样做的。在模拟电子技术和数字电子技术完成教学任务之后，通过电子工艺实训，让学生自己动手设计单

片机最小系统，画 PCB 印刷电路板，焊接元件，最终完成单片机最小系统电路板设计与制作。这样学生在课上或课下随时利用自己制作电路板进行一些小实验。

有些课程在授课过程中，可以使用软件进行仿真，也是不错的训练方式。现在条件好了，几乎所有学生都有笔记本电脑，C 语言课的程序练习也可以在手机上实时练习，这种边讲边练，也是很好的教学模式。

3　注重实践教学

3.1　重视实验教学，培养学生的实践能力

在自动化专业课程体系里几乎所有课程都有相对应的实验课程，是理论知识的运用与检验，是培养动手能力和实践能力的基本环节。

之前有一段时间理论课被高度重视，而实验教学不被重视。实验内容以验证理论为主，难度较低，指导书过于详尽，学生过于依赖教师，缺乏独立分析问题、解决问题能力[2]。学校、学院各级领导已认识到这一点，加之在学校要求建应用型专业、办特色专业的形势下，要求各专业改变这种状况，要重视实践教学，提高实践教学质量。基础实验室和专业实验室建设与教学改革是非常重要的，具体措施：（1）教师要认真负责，对学生出勤进行考核。（2）杜绝不做实验、旁边看实验等混实验现象。（3）学生操作时，老师要不断检查，针对实验内容和实验现象进行随机提问，并记录学生的实验熟练程度和动手能力，当场打分数[3]。有的教师在实验结束前，进行实验课考试，学生随机抽取测评的实验。（4）为了提高实验教学质量和水平，现在要求教师适当增加综合性实验，相应减少验证性实验。（5）每学期多选择实验课进行教师间听课与评课活动，提高实践教学质量。

3.2　专业实训、专业实习教学改革

专业实训主要训练学生某一方面实践能力，如工程图学实训、电子工艺实训等。我们在实训内容方面进行了教学改革，如工程图学实训要与自动化专业紧密联系，除之前的机械工程图学实训，又增加了电气工程图学实训。

专业实习、生产实习是全面训练学生工程实践方面的能力。但是专业实习安排到工厂、公司去进行现在有一定的困难：（1）由于种种原因大部分实习单位并不积极配合。（2）即使能够前去实习，实习单位忙于完成生产订单，实习中学生学到的实用技术很少，实习效果不佳。（3）找到与专业知识关联度高的实习单位较难。总之如此下来，生产实习的象征意义大于实际意义。

由于上述原因邢台学院自动化专业计划把专业实习安排到大型的实训室进行。近两年建设了一些大型实训室，用于专业实训和生产实习。

3.3　改进课程设计、毕业设计

课程设计、毕业设计是训练学生运用知识能力，增强实践方面能力的重要环节，应该重视这两个环节。

课程设计主要运用某一课程的知识进行项目设计，要选择应用性、实践强的课程开展。

毕业设计高于课程设计，可以运用四年所学的所有知识和技术，培养学生工程系统设计能力和工程实践能力。要求教师多出一些设计类的题目，少出论述类的题目。要用软件设计与仿真，最好用硬件来完成设计。这些年来，邢台学院自动化专业毕业论文题目中设计类的能达到 80%以上。

4　重视学科竞赛

成立科技竞赛小组，从学生中选出成绩好、动手能力强的学生参与，通过科技竞赛活动来活跃学习氛围，起到以点带面的作用，使更多的学生在课余时间主动学习专业知识和技术，提高自己在系统设计、电路设计与制作等方面的能力。

自动化专业选派有经验的教师对科技竞赛小组进行指导，电子工艺实验室对竞赛小组开放，为竞赛小组提供较好的条件。近三年自动化学生参加了多种类型的科技竞赛，并取得优异的成绩。2014 年第九届全国信息技术应用水平大赛中二等奖、三等奖各两个；2015 年全国电子设计竞赛（河北赛区）三等奖三个。还有其他竞赛成果，不再一一列举。

5　结论

（1）邢台学院自动化专业的发展才刚刚几年，我们根据自己的条件不断完善硬件建设的同时，

积极开展软件方面的建设，积极开展专业教育教学改革与实践方面的探索，努力提高教学质量，办出特色。

（2）自动化专业教研室定期开展活动，经常讨论教育教学改革与实践方面的问题，上述文中阐述的教学改革就是教研活动中讨论的结果，并在教学中不断实践。这种在教研室讨论，达成共识，最后在教学中实施，教师会能动地执行，效果较好。

（3）随着时间的发展，随着条件改善，自动化专业教育教学改革与实践方面的探索不能停步，要不断尝试新的教学模式，不断提高教学质量。

References

[1] 汪弦. 《虚拟测试技术》课程的教学定位与教学改革[J]. 教育教学论坛，2014（2）：50-51.

[2] 杨友平，翁惠光. 电气工程及其自动化人才培养模式改革与实践[J]. 考试周刊，2016（103）：4-5.

[3] 胡艳丽，贾群，刘团结. 应用型大学《电气控制与PLC》课程教学改革研究[J]. 科技视界，2015（19）：25-85.

构建轨道交通特色的多层次实验教学新体系

王小敏　王　茜　张翠芳　邬芝权

（西南交通大学 信息科学与技术学院，四川 成都 610031）

（西南交通大学，轨道交通信息工程与技术国家级实验教学示范中心）

摘　要： 针对西南交通大学轨道交通工程人才新培养方案的指导思想，以知识、能力和素质为主线，将实验教学、工程能力培养、科研训练与创新素养进行有机结合，构建了具有轨道交通特色的信息类多层次多模块实验教学新体系。以提高学生工程实践能力和科技创新能力为实验教学改革目标，介绍了轨道交通信息类创新人才培养在实验教学内容、方法、手段等方面做出的一些改革措施。

关键词： 轨道交通；多层次；实验教学；改革；创新

Construction of Multi-level Experimental Teaching System with Rail Traffic Characteristics

Xiaomin Wang, Qian Wang, Cuifang Zhang, Zhiquan Wu

(School of Information Science and Technology, Southwest Jiaotong University, Chengdu 610031, Sichuan Province, China)

(National Experimental Teaching Demonstration Center of Information Engineering and Technology for Rail Transportation, Southwest Jiaotong University)

Abstract: According to the talent cultivation program of the rail transportation engineering in Southwest Jiaotong University, a multi-level experimental teaching system with rail traffic characteristics was constructed. This new experimental system integrates practical teaching, engineering capability, research training and innovation consciousness based on the main line of knowledge, ability and accomplishment. To demonstrate the aim of experimental teaching reform for improving students' engineering practice and technology innovation ability, this paper introduces the reform measures of the experimental teaching contents and approaches for the innovative talent training in the field of rail traffic information engineering.

Key Words: Rail Traffic; Multi-level; Experimental Teaching; Reform; Innovation

引言

创新驱动国家战略对信息类专业交叉和工程创新人才需求明显增强。如何实现大类专业的共性和差异化实践能力培养，是目前高校面临的普遍问题。我们按照行业应用牵引，强化工程的思路，经过 5 年的实践，探索出了一套信息大类实践教学体系，对解决专业共性与差异化实践能力培养难题，有一定的借鉴作用。

根据西南交通大学"具有交通特色的多学科协调发展高水平研究型大学"的发展目标，突破本科教育与研究生教育、学生能力培养与教师科学研究、不同学科和不同专业之间界限，按照"行业牵引、强化工程、学科交叉、通专结合"的建

联系人：王茜. 第一作者：王小敏（1974—）男，博士，教授.

基金项目：西南交通大学重点教改课题（资助号：1502033）.

设思路，整合资源，形成了富有特色、多层次开放、学习与研究相结合的横向五平台、纵向五层次的 5+5 实验教学新体系，有效提升学生的综合素质和实践动手能力[2]。

1 轨道交通特色的实验教学平台建设

交通信息工程及控制学科是典型的交叉学科，是研究交通信息的采集、传输、处理与控制的基本理论和电子、通信、信息与控制技术在交通运输工程中的应用。以轨道交通工程应用为牵引，根据信息类专业内涵，围绕交通信息"采集"、"传输""处理"及"控制"全过程，融合虚拟仿真资源，构建了具有轨道交通特色的 5 个综合实验平台，为信息大类提供实践教学。

（1）信息获取综合实验平台。

信息获取或数据采集是面向轨道交通信息采集领域的应用，支撑学生完成与交通信息采集相关的课内外实验教学、校内实习、毕业设计及科研实践项目。

（2）信息传输综合实验平台。

信息传输和信息安全面向交通信息传输与安全领域的应用，支撑学生完成与铁路无线通信、信号安全数据网络、铁路光纤通信、总线与串口通信、信息安全相关的课内外实验教学、校内实习、毕业设计及科研实践项目。

（3）信息处理综合实验平台。

信号与信息处理面向交通信息处理领域的应用，支撑学生完成与交通信息处理相关的课内外实验教学、校内实习、毕业设计及科研实践项目。

（4）信息控制综合实验平台

信号控制面向交通信号控制领域的应用，承担与轨道交通、城铁等领域相关的课内外实验教学、实习、毕业设计和科技实践项目。

（5）虚拟仿真综合实验平台。

在实验室通过搭建虚拟实验环境，展现系统各部分的有机结合与相互作用，从而实现工程现场在实验室的再现，为学生提供了解操作实际系统，进行相关技术验证并实现二次开发的实验环境。中心以现有科研与教学平台为载体，以科研成果为基础，结合当前最新发展方向，突出轨道

交通信息控制"全过程、全系统"的生产实际，建设了虚拟仿真实验教学平台。

2 "五层次"贯通式培养实验教学新体系的构建

"五平台、五层次"的多学科融合实验教学新体系如图 1 所示。

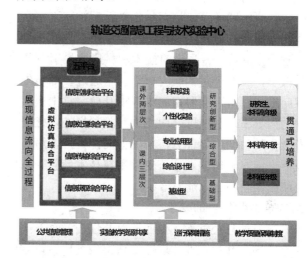

图 1 横向五平台、纵向五层次多学科融合实验教学体系

2.1 五个实验教学层次的探索

1. 课内三层次：基础实验层，综合设计层和专业应用层。

基础实验层主要目的是了解专业特点，初步掌握专业的基本应用理论与技术。学生的实验动手能力的培养、综合实验技能的培养功能明确，既可以在各专业实验室内完成，也可以按照能力培养目标设置实验分室，如所有程序设计类课程均在多媒体机房授课，边学边做，有利于实验场地和实验教学内容的开放。

综合设计层主要面向整个专业知识体系设立，其目的是帮助学生建立系统的概念并进而培养专业领域综合能力，做到理论教学与实验教学的有机融合，提高学生灵活应用知识的能力以及方案设计与实施的能力，为学生参加各种科创实践与学科竞赛打下坚实基础。

专业应用层要求学生深入了解本专业各种应用技术，加强多门课程交叉的综合应用，构建从知识点、独立课程的小系统设计训练逐步过渡到大系统设计的思维和能力锻炼的流程。

2. 课外两层次：个性化实验层和科研实践层。

个性化实验环节主要自主解决实践中遇到的综合性专业技术问题。学生在老师指导下以课题形式进行，完成从资料收集整理、系统设计到方案实施、结果测试、技术文档撰写等完整过程。学生根据兴趣爱好自由组队选题，实验室面向学生全天候开放，有利于调动学生自主学习的热情，激发学生的求知欲和创造欲。

科研实践环节以培养学生创新精神和工程实践能力为目标，将实验教学与科学研究进行了有机融合[3]。教师将先进的技术和科研成果引入实验教学，具有一定的研究探索性。通过教师学生双向选择，重点实验室向本科生开放，学生在教师的指导下，和教师一同完成实验项目，以此提升学生的科研创新能力，帮助他们把握技术最新发展方向。科研实践环节更着重在技术创新、系统应用创新和创业能力培养。

2.2 实验教学目的改革

交通信息类学科各专业既有共性，又存在明显差异性。共性主要体现在交通特色突出、以软硬件开发能力为基础、学科间联系紧密并部分重叠、理论基础与实践能力并重、知识体系庞大、发展更新快等方面；而差异性则主要体现在不同学科专业的技术内涵和知识内容不同。在实验教学改革上，我们始终把实验放在课程体系的重要位置，紧抓学科引领、专业构建、课程设计、实验拓展、方法更新。从学科特点和工程应用实际问题出发，在理论教学中密切与实验室教师合作，结合理论课程与实验课程内容，重新制订实验教学计划，使理论教学与实验教学相互融合相互促进；以信息类多学科多专业为支撑，努力做到将先进的技术和科研成果引入实验教学，进一步统筹教学与科研实验资源，实现二者的融合与相互补充。通过上述措施拓展"以学生为本"实验教学改革的深度，拓宽国家级实验教学示范中心建设的覆盖面与受益面，全面提升实验教学的质量和水平。

2.3 实验教学内容的创新

为了达到培养学生的实验技能、思维能力、求实精神、创新能力和创业精神的目的，我们组织各专业课程教授根据本专业培养目标，按照实验教学目的不同从实验平台中选择实验课程。组织相关责任教师针对已选定的实验课程精心组织基础实验项目，优化实验教学内容；认真审定综合设计实验项目，强化综合应用实验教学内容；科学论证研究创新实验项目，支持和鼓励学生开展创新研究。目前基于国家级实验教学综合平台，完善了既有的实验项目，并规划了新增实验项目计划，包括完成了新增实验项目 25 项，规划开发25 项。

以信息控制综合实验平台为例，2016 年新增实验室五个（含整合原有的铁路信号系统实验室、城轨交通系统实验室），形成了城轨管控一体化实验室、列控技术实验室、轨道交通信号软件可靠性实验室、CTC 实验室、铁路信号大数据实验室，给学生了提供高水平的、行业前沿的实验环境。同时新增列车运行控制实验、列车调度指挥实验课程 2 项，目前这一系列实验室的实验项目开发还在进展中，已开发出的实验列表如表 1 所列。

表 1 信息控制综合实验平台新增部分实验内容表

实验课程	实 验 项 目	实验类型
列车运行控制实验	列控车载模拟系统接口柜设计实验	科研实践
	列控车载模拟系统地面数据编制实验	科研实践
列车调度指挥实验	CTC 基本运行图编制实验	综合设计型
	CTC 与联锁系统接口实验	科研实践
	CTC 与 RBC 系统接口实验	科研实践
	CTC 与列控中心接口实验	科研实践

2.4 实验教学方法和手段的改进

为了给创新人才的培养创设一个丰富多元的实践训练场所，我们建设了虚拟仿真实验平台，采用虚拟仿真实验技术辅助实验教学[4]。通过虚拟仿真、半实物仿真等多种仿真实验方式，丰富了层次化的专业实验教学项目，全面提升学生的实践能力和创新精神。

基于高铁及城轨列控系统的半实物仿真与工程验证平台，学生可以进行信号工程设计与验证实验。一方面可以根据设计图纸，通过搭建控制电路、编制仿真程序，开展车站信号控制（接发车进路的建立与解锁）、区间信号控制（区间信号点灯与轨道电路发码）等实验；另一方面可以根据设计数据，对半实物仿真与工程验证平台进行配置，开展列车运行控制仿真实验（单车运行、多车追踪、进路控制、临时限速、故障设置等）。通过实验数据分析，可以验证信号工程设计的正确性，为设计的调整与优化提供科学依据。

建设的城市轨道交通动态仿真沙盘，全面展现城市轨道交通的各个站段、线路、信号设备以及仿真机车，既可按城市轨道交通现场车站布局构建虚拟车站，提供机电设备检修维护及信号设备实训平台，也可构建虚拟的城市轨道交通控制中心、车控室、车辆段，提供行车相关实训功能，还可以开展列车运行控制和计算机联锁的集中实践，并将沙盘、虚拟车辆段和虚拟车控室的设备与城市轨道交通通信实训设备共用构建一个城市轨道交通通信的实训平台，为交通信息类人才培养与科学研究提供了有力支撑。

3 取得成果

3.1 人才培养质量持续提升

通过建设功能集约、资源优化、充分开放、高效运作，具有轨道交通特色的实验教学综合平台，积极推进实验课程建设和实验项目改革。通过加强综合类实验教学，适当将前沿科技项目和成果提炼转化为适合本科生创新能力发展的多学科交叉实验教学内容等措施，实现了工程创新人才培养与轨道交通行业需求的紧密对接，取得了显著效果。目前已开设实验课程 40 门，完成基础型、综合设计型、专业应用型实验项目 253 个，个性化实验 144 项以及重点实验室开放项目 60 项，为学生实验、实践教学和培训提供贵重设备机时累积 2000 余小时（年均约 500 小时）。自动化专业的本科毕业生一次性就业率一直在 95%以上，2016 年达到 99.5%。

3.2 学生工程素质与创新能力不断提高

通过对实验教学环节的改革，融合各学科专业和学生，推广以多学科交叉和融合模式开展实验竞赛月、科创培训、科技竞赛等活动，已形成"学生参与面广，成果逐年上升"的良好趋势。2013—2016 年每年参加竞赛均超过 1000 人次，共

计荣获国家级特等奖/金奖 5 人次，国家级一等奖 48 人次，国家级二、三等奖 149 人次，省部级特、一、二奖项 141 人次。

4 结语

实验对培养学生实践创新能力具有重要作用。实验教学要重视实验过程，要和培养综合能力、探究能力联系在一起。实验教学改革要以学生为主体，满足不同层次学生掌握知识的需求[5]。在"轨道交通信息工程与技术实验中心"的建设中，我们以知识、能力和素质为主线，贯穿于实验教学改革的整个过程，将实验教学、工程能力培养、科研训练与创新素养进行有机结合[6]，构建了轨道交通特色多层次多模块实验教学新体系，拓宽了学生视野，强化了学生的工程意识、系统意识和创新意识，使学生的学习兴趣从课堂延伸到实际，实现了能力的贯通式递进培养。

References

[1] 杨燕，李天瑞，张翠芳，等. 轨道交通专业计算机创新人才培养探索[J]. 实验科学与技术，2015，13（2）：154-156.

[2] 王国强，傅承新. 研究型大学创新实验教学体系的构建[J]. 高等工程教育研究，2006（1）：125-128.

[3] 傅丽凌，杨平，骆德洲，等. 探索工程训练新模式，实施大学生个性化层次化培养[J]. 实验室研究与探索，2013，32（1）：85-87，154.

[4] 崔媛，武艳君，孙萌萌，等. 依托虚拟仿真实验教学中心，培养工程实践能力[J]. 实验科学与技术，2015，13（2）：142-144.

[5] 李进. 实验教学重在过程[J]. 实验室研究与探索，2009，28（10）：1-4.

[6] 沈剑敏，陈强，管利萍. 培养大学生创新实践能力的探索与思考[J]. 实验室研究与探索，2009，28（10）：103-105，152.

一种虚实结合的便携式运动控制实验系统的研发

郭　毓[1]　吴益飞[1]　王海梅[1]　丁福文[2]

（[1]南京理工大学，江苏 南京 210094；[2]烽火通信科技股份有限公司，湖北 武汉 430073）

摘　要：本文设计了一种基于 LabVIEW 的虚拟和实物相结合的运动控制实验系统。给出了系统的总体设计框架和基于单片机的下位机实验系统结构，基于 LabVIEW 开发了运动控制实验软件，包括学生和教师用户的实验及管理软件。该实验系统可便携且开放性好，可有效提高学生的学习兴趣，为学生进行个性化实验提供了良好的平台。

关键词：运动控制系统；实验设备；便携式；自主实验

Development of a Portable Experimental Motion Control System for Virtual and Physical Environment

Yu Guo[1], Yifei Wu[1], Haimei Wang[1], Fuwen Ding[2]

（[1]Nanjing University of Science and Technology, Nanjing 210094, Jiangsu Province, China;

[2]Fiberhome Telecommunication Technologies Co., Ltd., Wuhan 430073, Hubei Province, China)

Abstract：This paper describes the design of a motion control experiment system for virtual and physical environment based on LabVIEW. The overall design framework of the system as well as the scheme of the experimental system based on MCU are given. Based on LabVIEW the experiment software for the motion control system is developed, which includes the experiment and management software for student and instructor users. The experiment system is portable and of good opening, which can effectively improve the students' interest in learning, and provide a good platform for students to perform personalized experiments.

Key Words：Motion Control Systems；Experimental Apparatus；Portable；Self –designed Experiment

引言

增强自主创新能力，建设创新型国家，是党中央、国务院在新时期做出的重大决策。理工科高校担负着培养具有创新精神和工程实践能力的高素质人才的重任。显然，实践教学的创新和改革格外重要[1,2]。为有效激发学生的学习热情，满足学生自主实验的需要，提升学生的创新能力和工程实践能力，我们自行研发了一种虚实结合的便携式运动控制系统实验教学设备。本文主要介绍该实验系统总体结构和主要功能模块软件的设计。

1　便携式实验系统研发目的

"运动控制系统"作为一门专业核心课程，在自动化专业人才培养中占有非常重要的地位。该课程涉及的知识面宽，信息量大，综合性强[3,4]，必须采用理论和实践相结合的实验教学，以增强

联系人：郭毓. 第一作者：郭毓（1964—），女，博士，教授.

基金项目：江苏高校品牌专业建设工程资助项目(PPZY2015A037)；自动化类专业教学指导委员会专业教育教学改革研究课题(2014A09).

学生对运动控制系统的感性认识，强化工程实践能力。

运动控制系统实验装置涉及交/直流电动机、电力电子设备、传感器、控制器等复杂设备。长期以来，运动控制实验教学存在模式较单一、维护困难、资源受限等问题。实验设备体积大，几乎所有实验只能在特定的实验室环境下完成，而且大多为验证性实验项目，设计型、开放型实验项目少，缺乏灵活性，难以调动学生进行实验研究的主动性和创造性，在很大程度上制约了学生自主探索和创新实践能力的发展。

近些年来，嵌入式技术、网络技术的发展为设计便携式小型化实验设备创造了良好的条件。而虚拟仪器技术将计算机与电子仪器技术相结合，构建了以计算机为基础的集成化测试平台，打破了传统仪器在数据处理、显示等方面的限制，代表了测控与仪器仪表领域技术的发展方向，在教育、科研等领域中具有广阔的应用前景。将嵌入式技术和虚拟仪器技术应用于运动控制实验教学设备开发，具有体积小、成本低、可扩展性好、开发周期短以及集成能力强等诸多优点[5,6]。本文针对传统的运动控制系统实验设备存在的问题，综合应用嵌入式技术和虚拟仪器技术，设计了一种虚拟与实物相结合的便携式运动控制实验系统。

2 虚实结合实验系统设计方案

针对传统实验设备存在的问题，根据运动控制系统实验的功能要求，按照"便携性、开放性、网络化、模块化、可视化"的设计原则，设计虚实结合的便携式运动控制实验系统总体方案如图 1 所示。

该系统主要由下位机实验系统和基于 LabVIEW 的上位机实验/管理软件系统两部分组成，其中下位机系统是以 4 片 MSP430 微控制器为核心的运动控制单元，实现运动控制、信号检测、通信及人机交互等功能。基于 LabVIEW 的上位机软件系统由实验管理子系统、虚拟实验子系统和上位机监控子系统等三部分组成。下位机系统和 LabVIEW 软件系统通过无线通信连接。

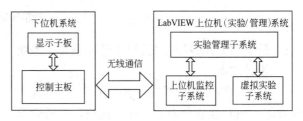

图 1 虚/实结合便携式运动控制实验系统总体方案

2.1 基于单片机的下位机实验系统结构

下位机实验系统是以 MSP430 单片机及 CPLD 逻辑处理芯片为核心组成的嵌入式运动控制系统。采用多处理器工作模式，包括控制单片机、通信单片机、检测单片机、显示输入单片机及逻辑处理芯片，图 2 为其功能结构示意图，图 3 为实验箱和运动控制主板实物照片，实验箱长宽高尺寸为 23 cm×20 cm×13cm。

下位机采集位置、速度和电流等反馈信号，并具有故障自动检测与保护功能，控制功能通过软件编程实现，电机运行状态可通过上位机可视化界面或下位机 LCD 模块显示。控制命令可通过上位机控制软件或者下位机键盘输入。运行过程中，可修改控制器参数，观察电机的响应曲线。利用该实验系统，可以完成直流电机转速开环控制、转速单闭环控制、转速/电流双闭环控制，以及直流电机位置/转速/电流三闭环控制实验。

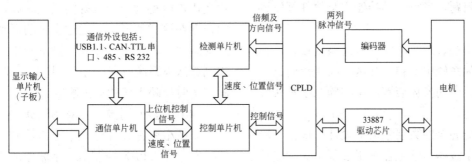

图 2 基于单片机的下位机实验系统结构示意图

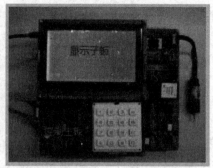

图3　实验箱和运动控制主板照片

2.2　基于 LabVIEW 的上位机（实验/管理）系统设计方案

上位机实验/管理系统软件是基于 LabVIEW 开发的。按功能划分为三个核心模块，即实验管理子系统、虚拟实验子系统和上位机监控子系统，如图 4 所示。实现的主要功能有：用户登录、用户管理、实验选择、上位机实验监控、虚拟实验操作、模拟实验场景动画显示、虚拟示波器数据测量、软件仿真、虚拟实验参数修改等。

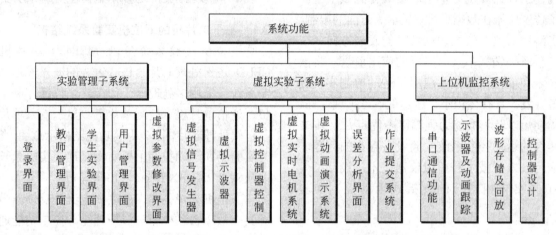

图4　基于 LabVIEW 的上位机软件结构图

2.3　虚拟运动控制实验设计

虚拟运动控制实验，提供了一种新的实验教学方法。其核心思想是通过具有挑战性的实验研究来激励学生，为学生提供一种非常接近实际的系统以验证自己的想法，反映实际控制系统设计可能遇到的问题。虚拟运动控制实验软件开发遵循以下原则。

（1）尽量接近现实的实时系统仿真设计。充分考虑到实际系统中饱和、死区、噪声等问题，使学生在实验中切身体会到虚拟实验系统与实际系统的相似性。

（2）功能齐全的数字示波器设计。虚拟实验系统中数字示波器是学生在使用过程中进行波形观察、参数辨识的重要工具，因此必须具备完善的示波器功能且易于操作，并支持多通道数据波形显示、测量对象的自由切换、量程切换及修改、数据存储及波形回放等功能。

（3）贴切、灵活的仿真动画设计。在现实的实验过程中，学生通过观察实际电机的转速、位置变化，能得到一个很好的反馈。虚拟实验系统同样存在这样的要求，通过实时的运动控制实验的动画演示，学生可以观察到不同信号源、不同控制算法下系统响应的差别，基于 LabVIEW 的动画需实时反映系统的输出响应。

（4）完善的用户交互对话设计。虚拟实验界面的系统框图在设计过程中非常重要，其中包括信号发生器、PID 控制器、示波器通道选择、两个反馈环节和二阶模型等，这些都是以对话框设计的情况给出，学生根据自主实验要求进行选择和设计，完成规定的实验或自主实验任务。

（5）合理的实验探索方案设计。需要设计较好的虚拟实验教学方案及步骤，供学生循序渐进地理解运动控制系统，从系统参数辨识到控制器设计，体会到工程设计的流程。

3　实验管理系统设计

实验管理系统为教师和学生用户提供登录、实验管理、人机交互等功能。LabVIEW 软件平台为构建实验平台提供了高效编程的环境和强大的项目管理功能。本实验系统设计了用户权限分级和安全模块。用户权限分级模块可对教师用户和学生用户的权限进行分级管理，学生仅能进行实验及设计，而教师则可方便地管理及配置实验环境。安全模块可将实验系统参数、用户名和密码存入数据库，还可保护用户信息。教师用户借助实验管理系统，可以灵活地修改学生的虚拟实验系统的功率放大元件、电机或负载的参数，使每个学生面向参数不同的虚拟运动控制对象，必须自行设计相应的控制器参数。差别化的实验教学系统，使学生能够更好地体会系统建模、控制器设计的全过程，从根本上杜绝了实验抄袭现象，更好地培养学生的工程设计能力和创新能力。此外，实验管理子系统，还具有可拓展性，支持添加新的实验方案，包括对于新硬件的支持，以及增加结构更为复杂的虚拟实验系统等。

3.1　人机交互系统设计

实验及管理系统的人机交互主要包括学生用户登录界面、教师用户管理系统界面、虚拟实验系统人机交互界面、学生用户端监控界面四个模块。

学生用户登录界面的设计较为简洁，主要包括学号和密码输入栏，以及登录退出按钮，界面如图 5 所示。

教师用户管理系统界面主要包括上位机监控、用户权限管理、虚拟实验、虚拟系统参数配置、帮助和系统退出 6 个模块，在人机交互界面上以图形化的按钮显示。点击不同的按钮，即可进入不同的功能界面。教师用户管理系统界面的设计如图 6 所示。

图 5　学生用户登录界面

图 6　教师管理系统界面

此外，还设计了账户管理模块，为管理人员提供用户名、密码、用户类型以及用户统计结果的显示，包括管理员、普通用户及总人数统计等。

3.2　虚拟实验系统人机交互界面

虚拟实验系统人机交互界面大致分为上下左右四个区域，如图 7 所示。左上区域为系统结构示意图，包括信号发生器、PID 控制器，功率放大器、电动机、负载盘和两个反馈模块（Gp 表示位置反馈，Gt 表示转速反馈）。右侧配有实际系统中刻度盘的实物照片，刻度盘可以动画形式按实验系统数据实时旋转，为实验者提供更为直观的感受。

右上区域为系统设置区，包括系统关闭回到主管理界面、操作信息帮助、系统设置、波形数据实时保存、波形回放、动画显示界面等的相关操作及显示信息。

左下区域为虚拟示波器显示区域。虚拟示波

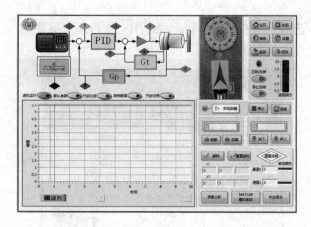

图 7　虚拟实验界面

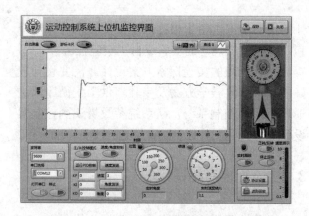

图 8　用户端实时监控界面

器由图表区、设置区和文本区三个部分组成。带有网格线部分为实验结果波形显示区域，支持多组实验数据同时实时显示及跟踪。波形显示区的下方为波形图的操作工具，包括放大、缩小量程、全局显示等。

右下区域为虚拟示波器设置区域，包括示波器的开关、波形图表自动测量开关、波形显示区域的 x 轴和 y 轴量程设置、数据跟踪通道的选择、辅助测量的游标设置等。文本区域的信息包括示波器波形图中不同通道曲线颜色的指示，实时数据显示等。软件界面右下方还设置了误差分析、MATLAB 仿真系统入口以及作业提交三个按钮。

该系统可以实时地显示转盘的位置，通过动画和示波器数据显示相结合的方式，使用户能够方便地观察控制系统是否达到预期的性能指标。

3.3　用户端实时监控系统界面设计

学生用户端的监控系统界面主要用于监控实际硬件平台上运动控制实验系统的速度及位置信息。操作按钮主要包括通信端口设置、硬件系统工作模式选择、运动控制实验系统中 PID 控制器参数输入、实时速度及位置信号波形显示、历史数据保存及回放、动态跟踪等功能，如图 8 所示。

目前该实验系统管理软件还在进一步调试完善中，包括作业提交等功能等。初步测试结果表明，该虚实结合的运动控制实验系统可为学生自主实验创造良好的条件。

4　结论

本文设计了一种基于 LabVIEW 的虚实结合的运动控制实验及管理系统，给出了系统的总体设计框架，介绍了基于单片机的嵌入式实验系统结构，以及基于 LabVIEW 的用户端（实验/管理）应用软件设计和运动控制虚拟实验系统设计。该系统具有体积小，便携式的突出特点；所设计的虚拟实验系统，具有多功能虚拟示波器以及动画显示等功能，具有友好的人机界面，开放性好，可为学生进行个性化运动控制系统虚拟实验提供良好的软件平台。

References

[1] 田宜灵，朱荣娇，杨秋华，等. 基础实验教学中的创新教育[J]. 中国大学教学，2012（2）：74-76.

[2] 肖玉巍，高智琛. 高校实验室管理体制改革的实践[J]. 实验技术与管理，2011，28（8）：118-121.

[3] 林立，唐杰，邱雄迩. "电力电子及运动控制"教学方法探讨[J]. 电气电子教学学报，2012，34（4）：114-115.

[4] 李新德，孙家明. "运动控制系统"课程网络化教学的探讨[J]. 电气电子教学学报，2011，33（6）：117-119.

[5] 唐求，高云鹏，曹琳琳. 虚拟仪器课程教学与实践教学环节的建设实施[J]. 实验技术与管理，2012，29（4）：278-279.

[6] 刘瑞歌，宋锋. 基于虚拟仪器技术的自动控制原理教学实验平台[J]. 自动化与仪器仪表，2011（4）：171-173.

依托实验室培养卓越工程师模式的探索

申建军　喻　薇

（重庆大学 自动化学院，重庆 400044）

摘　要： 根据"卓越工程师教育培养计划"的培养目标，重庆大学自动化学院实验室的建设情况，从树立新的实验教学理念、改革实验室运作与管理机制、加强实验室开放、深化校企合作等方面，探讨自动化实验室的建设思路。

关键词： 自动化；卓越计划；实验室开放；校企合作

Exploration of Outstanding Engineers Cultivate Mode Relying on Laboratory

Jianjun Shen, Wei Yu

(College of Automation, Chongqing University, Chongqing 400044, China)

Abstract: According to the cultivation goal of "the Plan for Educating and Training Outstanding Engineers (PETOE)", and the construction of laboratory in College of Automation, Chongqing University, we should establish the new experimental teaching ideas, reform the operation and management mechanism, strengthen laboratory opening, and deepen college-enterprise cooperation. And the building ideas of automated laboratory are discussed.

Key Words: Automation; PETOE; Laboratory Opening; College-enterprise Cooperation

引言

2010 年 6 月，教育部启动了"卓越工程师教育培养计划"（以下简称"卓越计划"），该计划旨在为未来各行各业培养各种类型的、优秀的工程师后备军。它要求高校转变办学理念、调整人才培养目标定位以及改革人才培养模式[1]。实施"卓越工程师教育培养计划"，应结合我国高等教育的实际，鼓励与促进大学生开展创新实践活动，开发其创新性思维，启发出大学生的创新能力，实验室是高等教育培养创新性人才、实现素质教育目标的重要途径[2]。在实现素质教育目标、培养创新型人才，提高学生科研能力、自我管理能力和团结协作能力等方面都起着积极的作用。

1 "卓越计划"下本学院实验教学模式探索的内容

1.1 多元化定位不同实验室的建设

高校实验室基本分为基础教学实验室、专业教学实验室和科研重点实验室，服务于不同年级和课程的实验教学任务，实验室的规模、仪器设备套数和功能、作用都不一样[3]。采用多元化的实验室教学定位思路，根据每类实验室承担的教学任务、已有的实验室条件和实验课程的具体要求，按照时间、人员和实验内容的方式，定位不同实验室的实验教学形式，达到实验室教学的最

联系人：申建军. 第一作者：申建军(1970—)，女，硕士，工程师.
基金项目：2013 年重庆市重点教改项目(132020)；2013 年重庆大学教改项目(2013Y18).

佳效果[4]。

1.2 设置层次化的实验课程内容，创新实验教学方法

实验教学课程的内容设置也需要具备循序渐进、层次分明的特点[5]。根据课程内容的先后顺序及相互间的衔接关系来划分实验课程、确定实验内容。实验教学以学生为主体，教师为引导的思路进行，教师只需给予学生少量提示，学生思路不受任课教师的思维、课本、大纲的限制，鼓励学生主动挑战、自主研究、大胆创新充分发挥每一位学生的创造潜能。每次可以安排一到两名学生将上次的实验方案原理、实验结果做成演示文档向其他学生进行讲解，并提出实验中存在的问题，共同探讨。这种角色的转变，可以提高学生的语言表达及综合思维能力。

1.3 设计实验课程的考核内容与形式

合理的考核方式，可以考查学生知识和能力的不同方面，对学生起着重要的引导作用，同时也是对教学效果的信息反馈，可以促进教学工作的改善。根据实验课程的内容可以有开卷、闭卷、笔试、实际操作考试、实际制作、课题研究、撰写论文及其组合等多种考核形式。而实验教学的考核内容绝不能仅仅根据最后的实验报告或结果来简单判断，可以尝试全程式的实验考核方式，分为实验前、实验中、实验后的综合考核。

2 加强实验室开放

为了进一步实施"卓越计划"，实验室对学生开放势在必行。在实验室开放过程中，应充分发挥学生的个性，给学生实验时间和实验内容的自由，培养学生独立提出问题、设计实验方案和完成实验的能力，从而充分调动学生学习的主动性、积极性和创造性，培养学生发现问题、分析问题和解决问题的能力，使学生养成从事研究探索的兴趣和习惯，使实践教学在一种学术研究和创新的氛围中进行。

为确保开放实验室的正常运行，建立开放实验室的运行管理制度，包括实验的安全管理制度、实验项目管理制度、仪器设备使用及维护管理制度等。充分利用现有的硬件仪器资源，确保课程的顺利进行。为了更好地分配资源，拟采用计划安排、集体预约和学生预约的模式。对于大部分的基础性实验采用计划安排的方式，对于提高性实验采用半级或集体预约的方式，对于前沿性实验和创新性实验采用学生个人预约的方式。

2.1 课程开放

开放实验室可以针对具体课程，也可以综合自动化专业的课程知识。本科生可以构成一些功能相对独立的子系统，又可以综合知识构建相对复杂的综合系统，提高学生综合应用所学知识的能力。

2.2 实验教学方法

实验教学方法是提升实验教学效果的重要手段，可以通过压缩课内总学时，增加课外学时，给予学生更多的自主时间，提供学生主动实践的可能性；可以通过给出需要思考的后续理论问题或学分、课程成绩等激励措施，调动学生学习的积极性和主动性。

2.3 仪器设备优化

仪器设备的优化配置是建立开放实验室的物质基础。实验仪器作为主要的实验资源，承载着实验教学任务，是顺利开展实验教学的重要工具。实验仪器的优化配置，可以使投入的技术装置最大程度地发挥作用，以最少的投入，取得最大的效益。实验室的开放，可以有效解决实验人数多，仪器设备不足的问题，对提高实验室的利用率是一个有效的措施。

2.4 实验室管理机制

实验室的管理机制上，加强实验室设备课余使用的安全性教育。制定严格的规章制度来约束实验设备的使用，确定第一责任人；加强实验室开放管理的时空性，同教务部门进行协调，将学生的课程安排整齐划一，以方便安排完整的时间段来进行课外练习。配备专人课余时段管理，也可设立勤工助学岗位，对此项工作有兴趣的同学来帮助组织。通过与主管学生的教务部门及授课教师紧密联系，实时掌握学生的学习进度，以便

合理安排实验设备的使用。

3　与各种实践创新活动相结合、加强卓越工程师的培养

鼓励学生开展各类自主学习和创新实践活动、参加各类学科竞赛，加强校内外实践基地训练，培养学生的实践能力和创新能力。鼓励学生参加"全国大学生电子设计竞赛""全国大学生机器人电视大赛""国家大学生创新性计划""大学生科研训练计划（SRTP）""全国大学生智能汽车竞赛""挑战杯大赛""数学建模竞赛"等重点学科竞赛，"大学生创新创业计划"，以及学校"大学生科技创新基金"等项目，借助于创新教育学分的设置，完善并落实了面向本科生的项目竞争、自动化学院根据机器人学科特色，建立了机器人创新实验班，其主要形式为：在全校大一范围内召集机器人的爱好者，通过笔试、专家组面试双向选择的方式成立机器人创新实验班，参与机器人的软、硬件设计与制作以及系统的构建和算法的设计，按照兴趣的不同分为若干个小组，由学院老师带领各小组开展活动，每周进行工作量检查、进度检查和研讨会（因此这种模式被称为研讨班模式），优秀的本科生将被选拔参加全国性的机器人竞赛。到目前为止，该机制已经进入了良性循环，逐步构建了一种跨学科合作、本科生与研究生混合编队的团队创新实践教育模式。目前有微型足球机器人、中型足球机器人和人形足球机器人研讨班。多次组队参加了 CCTV 机器人大赛、全国机器人大赛等活动，先后获得了十多项奖牌。在 2013 中国机器人大赛暨 RoboCup 公开赛中，篮球机器人自主传球、投篮比赛中，分别获得全国二等奖的好成绩，在 2014 年的"尚和杯"机器人大赛暨 RoboCup 公开赛分项赛中，荣获篮球机器人自主传球和自主投篮一等奖。并在 2014 机器人大赛暨 RoboCup 公开赛中荣获篮球机器项目比赛特等奖。通过多年不懈努力，自动化学院已经建立了颇有实力的机器人研究团队，在智能机器人领域有了一定的影响力，在探索机器人教

学模式上积累了丰富的经验，从机械、传感、控制到智能系统等多方面都建立了较完整的开发体系。

4　深化校企合作

自动化学院作为重庆大学的教学科研型学院之一，在数十年的办学实践中，走出了一条行之有效的产学研合作办学之路，已与十余家企业建立了长期、友好的合作办学关系：在与西昌卫星发射中心十余年的合作关系中，已形成了基地提供实验产地支持学校，学校把教学、科研团队设在基地，双方相互依托联合提升技术骨干综合素质的产学研合作人才培养模式；学院与重庆川仪公司以及中国煤炭科学院重庆分院等联合共建"学生创新实验室"和"学生企业联合培养基地"（学生企业工作站），依托企业的工程项目和工程环境，培养学生的技术创新能力，实现校企共同打造拔尖创新人才；同时，德国 Siemens、美国 Rockwell 自动化两大世界知名企业在我院设立了实验室和培训中心，聘请我院教师担任他们的培训教师并定期给予指导，此举既满足了帮助他们培训客户的需求同时也有助于我们的教师实现结合实际培养工程技术人才的目的。且为积极推进该项目，我院已与德国 Siemens 就指定工程师到学校为毕业班学生教授特制专业课并与学院教师共同指导设计项目达成一致意见。自动化学院产学研合作经验丰富，优势明显，成果突出，国际化办学成效初显，已经具备承担重庆大学推进"卓越工程师教育培养计划"试点改革的优越条件和承担该教改项目的相关要求。

5　结论

实施"卓越工程师教育培养计划"是一项系统工程。自动化学院实验室在建设过程中，以"卓越计划"为培养目标，树立了新的实验教学理念，通过改革实验室运作与管理体制，形成了科学的实验教学体系；通过加强实验室开放以及深化校

企合作，提升了实验和实践环节的教学质量，并且使学生的动手能力和创新意识得到了明显的提高。实验室建设是一项长期而系统的工程，还需要进行不断地探索和研究。

References

[1] 彭磊，谢卫才，黄绍平. 基于"卓越计划"的电气工程实验室建设探讨[J]. 湖南工程学院学报，2012，22（6）：115-117.

[2] 余嘉，李楠，柴毅，等. 对卓越工程师产学研合作培养模式的探讨[J]. 长春工业大学学报：高教研究版，2011，32（3）：10-12.

[3] 郭成操，李刚俊，杜涛. 创新实验室建设模式　培养创新型专门人才[J]. 实验室研究与探索，2010，29（6）：195-197.

[4] 唐勇奇，黄绍平，刘国繁，等. 校企合作培养"卓越工程师"——以湖南工程学院实施"卓越工程师教育培养计划"为例[J]. 教育探索，2010（12）：73-76.

[5] 段志伟，刘小斌，路敬祎. 依托电子创新实验室培养卓越工程师模式的探索[J]. 中国电力教育，2013（5）：29-30.

自动化专业开放实验室信息化建设与探索

谭 飞 范 焘 曾慧敏 陈再秀 陈玉梅

（四川理工学院，四川 自贡 643000）

摘 要：高等教育的基础目标之一即对学生创新创业能力的培养。随着信息技术的高速发展，高等教育既面临诸多新的发展机遇，也面临许多新的挑战。文章就信息化开放实验室建设的目标、思路、管理方案以及在自动化专业实验室中的试点等进行了探讨和总结，并对进一步发展提出了展望。

关键词：开放实验室；信息化建设；创新人才培养

Informatization Construction and Exploration of Open Laboratory for Automation Specialty

Fei Tan, Tao Fan, Huimin Zeng, Zaixiu Chen, Yumei Chen

(Sichuan University of Science and Technology, Zigong 643000, Sichuan Province, China)

Abstract：Cultivating students' creative spirit and creative ability is the primary goal of modern education. With the development of information technology, the development of higher education is faced with many new opportunities and challenges. This paper mainly discusses and summarizes the goals, thoughts, management plans and the practices of open laboratory construction for automation specialty, and puts forward the prospect for further development.

Key Words：Open Laboratory；Informatization Construction；Innovative Talent Cultivation

引言

随着我国对创新人才培养的全面、优质、可持续发展要求，实践能力和创新能力培养越来越受到重视[1]。在 2011 年，教育部"卓越工程师计划"提出培养具有创新、创业、创造能力的人才，对工程教学和动手实践能力提出了更高更具体的要求。我校自动化专业作为第一批教育部"卓越工程师计划"实施专业及国家级特色建设专业，对实验室的建设提出了与时俱进的新要求。为适应新形势下社会和企业对自动化人才的各方面需求，突破人力财力有限的困境，需进一步加强专业实验室的开放管理和建设，以促进学生工程设计及创新能力的培养。自动化系在学校和学院的支持下，建设和管理好开放实验室，为完成高质量的实践教学进行了积极深入的研究和探索，尤其在利用信息技术加强开放实验室的建设和管理方面完成了一系列的工作，并取得了良好效果。这里就自动化专业开放实验室建设的目标、思路、管理方案等进行讨论，以期望能得到改进和完善，能够更好地为学生实践能力、创新能力的培养提供软硬件环境和保障。

1 开放实验室信息化建设方法

开放实验室是指在完成正常教学任务前提下，利用现有仪器、设备和环境条件等软硬件资

联系人：范焘. 第一作者：谭飞（1972—），男，硕士，副教授.
基金项目：四川理工学院教学改革项目（JG-1712，JG-1624）.

源，面向广大学生开放使用的各类实验室[2]。传统实验室相对封闭，每学期只需完成固定的教学安排。仪器设备往往闲置一学期，甚至更长的时间。为提高实验室的利用率，要求改革实验教学方式，提高学生的动手能力和创造能力[3]，这就必须让学生走进实验室，充分有效地发挥他们的主观能动性，培养他们的自主意识和创新意识[4]。因此，实验室管理方面必需改变传统故步自封的模式，建设开放实验室。实验室要开放需进一步改进管理，积极创造条件，改变传统的验证为主的实验教学模式，增设自主实验，实现自主学习和因材施教[2]。此外，应该逐步提高面向相关学生的开放实验比率，尽可能地开设不同课程的研究性、综合性、设计性实验项目，引导学生利用周末或假期等课余时间到实验室进行实验及创新创造活动，培养学生的动手能力和创新实践能力[5]。

实验室开放建设需要增加投入，由于人力和财力的限制，对现有硬件条件和管理模式提出了挑战，但随着信息技术的发展，给实验室信息化建设提供了实现条件和机遇。

开放实验室信息化建设包括实验室管理和实验内容信息化，就是将实验室的建设、管理、运行等信息资料进行采集，并进行信息资料储存、加工、发布等应用[2]。实验室管理信息化主要包括：实验室制度与管理方面的资料；教学改革计划的信息资料；并将这些信息存储、发布，使资源共享，更好地服务于广大师生[3]。实验内容信息化主要包括：实验设备方面的资料；实验讲义和教学方面的资料；制作实验相关课程的影像视频音频，并进行归类发布，制作网络测评系统等。

新建实验室要配置交换机和服务器，建立局域网和连接校园网。使得实验室常规工作信息化、规范化，促进软硬件资源的共享是实验室建设工作中的一项重要内容[4]。学生进入实验室前便可学习和了解实验相关的全部内容，从而顺利进行实验。这样既降低了实验室教师的工作强度，又使学生能灵活自主地进行实验，甚至可以在某种程度上实现无人值守实验室。

2 开放式实验室建设目标及思路

自动化专业开放式实验室建设目标应该与自动化专业人才的培养目标定位相一致，总的目标是结合企业及社会对自动化专业人才的知识和能力需求，实施专业课程的实验教学计划，定制开放式的实验环节和设计环节，设计和进行与知识和能力需求密切相关的实践性技能训练及创新创造实验，让学生得到专业知识与创新能力的锻炼和培养[6]。此外，根据高等学校教学规律及人才培养特点，从发展的角度和层次化的视角考虑，自动化专业开放实验室建设目标可进一步细分为两个层次：

第一层次主要服务于专业核心课程教学，为自动控制原理、传感器与检测技术、微控制器原理与技术、可编程控制器原理与技术、控制装置、控制工程、计算机控制等课程的教学实验提供支撑外，还应满足学生自主知识学习、拓展和综合的需求。也就是说，实验室的建设不仅能验证课堂教学的结论，还要满足学有余力的同学自主学习新知识、新技术的需求。应着眼于学生的能力培养，着眼于技术的发展，着眼于建设投资的效益[7]。尽力避免以往设备功能单一，综合配套能力差，难以完成学生综合能力培养需求的窘况。

第二层次则服务于学生创新创造能力的培养。拓宽学生知识面，能跟踪自动化技术的前沿发展，掌握综合系统的设计和实现能力，为学生的创新思维何能力的培养创造必要的物质基础和管理条件[8]。

相应的建设思路是：首先，应将传统的按各门课程进行设置和划分的实验资源进行整理融合，既保证基础门课程实验知识点的独立性，又要考虑专业课程实验内容的融合性。对专业课程来说，仅从孤立的一门课程或独立的知识点来设计实验，往往只关注一门课程的知识点，而忽略了与基础课程和其他专业课程的相互联系，设计出的实验独立性、验证性强，而综合性、设计性差[9]。学生即使经过若干独立知识点的实验也难以形成完整的专业综合能力。其次，应打破不重视实验教学，认为实验教学难以考核，因而降低实验教学地位的认识误区，应该让实验教学和理论教学具有同等重要的地位。实验教学的内容也不能强求必须与课堂同步，应允许并提倡适当地超越课堂教学内容。只有这样才能激发实验室的活力，发挥其在人才培养上的作用。

在完成第一层次培养目标的训练之后，学生掌握了必要的专业知识和技能就可进入第二层次的综合能力和创新能力的培养。这个层次的实验内容要综合多个课程知识，并带有超越课程内容体现本专业新技术发展方向的特点，在目前应反映综合自动化技术与系统、工业自动化网络集成技术与应用、CIMS 相关控制问题研究、工业系统信息综合利用与集成等。实验的方式最好以课题形式，采用开放实验来进行。学生完成第二层次的实验可考虑整合部分验证性为主的实验及课程设计的时间来完成。

3 开放式实验室实验内容的确定

开放式实验室通过开设设定实验和自主实验来提高加强学生的实验方法和技能，通过各类实验来培养学生理论联系实际的学风和严谨的科学态度，培养学生分析问题、解决问题及创新的能力[7]。开放实验室开设实验应包括公共基础课、专业基础课和专业课程的实验大纲要求列出的验证性实验；还包括学生自选实验；自主设计的实验；大学生创新竞赛；机器人大赛；电子设计竞赛等课题；开放实验室也应能为教师的科研项目提供实验条件和场地[7]。

3.1 用于专业课程教学的开放

在完成教学大纲所要求的基本教学任务的前提下，专业开放实验室可以在时间、内容、对象上灵活地开放。在时间方面，可以采用预约实验方式，学生可申请进行实验的时间，在管理网站上进行预约，管理软件能自动避开冲突的时间，学生可以灵活自主地安排实验时间。在内容上，保证教学大纲要求的实验之后，学生可根据自身学习情况和兴趣选择扩展实验或者自主设计实验，在网站预约实验器材和时间。在对象方面，专业课程的实验不仅对本专业学生开放，也可在空余时间对院系或学校其他的相关专业学生开放，当然前提是通过管理网站预约或者通过网站公布开放时间和形式。

3.2 用于课程设计、毕业设计、各类竞赛的开放

课程设计、毕业设计和各类竞赛通常需要的实验周期较长。因而完成这类实验的场地方面可能需求较大，但是实验器材方面可充分发挥学生

的主观能动性，学生自主购买部分实验元件，不需要过多的干预。另一方面，上一届学生所用的元器件可以为下一届学生使用，这样经过一两年的积累，就可以较好地满足这类耗时长、器件种类多的开发实验要求。

3.3 用于教师、学生参与科研项目的开放

开放式实验室一般有丰富的实验仪器和元器件。教师可以将自身的科研项目以子课题招标的方式放到开放实验室中，感兴趣的学生可以主动申请参与教师的科研项目，可对完成课题的学生以学分或者其他的奖励，从而将教师的科研项目和学生自身创新能力的培养有机地结合，使得教学和科研相辅相成，让科研型教师也不再忽视教学。开发实验室为学生参与科研活动提供了便利，学生在参与完成科研项目的过程中理解、学习和掌握科学研究的过程和方法，深入体会科研工作带来的成就感，激发学生学习热情和创新欲望。

4 开放实验室的信息化建设方法

开发实验室的信息化建设是利用计算机技术、网络技术等手段来实现对实验室软硬件资源的管理及学生学习情况、学习效果的信息化管理，是实现实验室完全开放的必不可少的重要技术手段。开放实验室信息化建设的具体方法包括三方面。

4.1 建立实验室硬件的电子数据库

大到示波器、电源等实验设备，小到电阻电容等电子元器件，不同类型的实验室硬件都可以建立对应的电子数据库，便于实时地检查实验器材的状态和数量。尤其是对电类基础实验的来说，实验器材数量和种类繁多，易耗品也较多，元件芯片等容易损坏。电子数据库建成后，管理员可及时查阅器件使用情况，便于实时补充消耗和损坏的实验器材。

4.2 建立便捷的开放实验室使用制度

在这方面，可以使用门禁系统来管理实验室。教师、学生、管理员均可持有效的门禁卡进入实验室。实验器材的使用权限也可采用门禁进行管理。在实验室内安装具有门禁的器件保管箱，对

不同的持卡人，授予不同的权限，比如规定哪些学生有权限使用哪些器材，他们就可刷卡使用；有些器材需在管理人员的指导下使用，则需要管理员的权限；有些器材需要共同使用的，可以规定两人以上共同刷卡才可取用。除了门禁系统外，可使用视频监控系统来加强监管，进一步提高实验室安全性。这些信息化技术手段的采用，使得学生可随时进入实验室，提高了实验室的使用效率，降低了工作人员的劳动强度。

4.3　建立创新实验项目申报机制

各个开放实验室应建立相应的实验项目申报机制。特别是创新实验室和专业实验室，应定期组织项目申报。由各实验室教师或管理员根据实验室条件设计切实可行、具有综合创新性的实验课题，经院系审核批准后，将项目列表发布在网络上，供学生申请。申请到课题的学生则授予进入实验室使用相应设备的权限。此外，每个课也建立相应的项目情况表，记录项目参与人员、指导教师和项目进度。指定项目进度表，由指导教师或管理员定期地检查课题进展情况，并根据学生的完成情况提供实时的指导。创新课题完结后，指导教师指导学生完成结题工作，撰写报告，之后给出实验成绩。为鼓励学生的参与，学生完成开放实验室的课题的成绩可以纳入选修课程，计入总学分。

5　开放实验室建设尚需解决的问题

5.1　设置层次化的实验课程内容

根据培养目标的层次划分来设计层次分明的实验课程内容是构建实验教学体系的重要环节。总体来说，实验内容的设计可以参照专业的培养目标、教学计划、教学大纲、细分知识点以及专业核心课程内容的先后顺序及相互间的衔接关系来划分实验课程、确定实验内容。还应确定验证性实验和设计性实验的内容，以满足不同个性、不同水平学生的需求。

5.2　创新多元化的实验教学方法

传统的实验教学方法单一，学生处于填鸭式地被动学习模式，老师操作一步，学生做一步，这种方法看起来实验效果不错，但实际往往是学生知其然，不知其所以然，学生没有将理论和实际操作结合起来，并没有达到理想的学习效果。创新多元化的实验教学方法是改善实验教学效果的重要手段。可充分利用信息化技术手段在时间、内容等方面来进行多元化的实验创新。目前可利用网上实验预习和预约来改善传统实验部分流于形式的弊端，切实要求学生预习测验通过之后才能进入实验室开展实验，这样可以保证实验开展的效果，让理论教学和实践教学有机结合，让学生学有所成，提高学习积极性，形成良性循环。

5.3　实验课程考核内容与形式

合理的实验课程考核内容与考核形式是获得和反馈实验教学效果的有效途径。对实验的全过程跟踪，可以分为实验前、实验中、实验后的考核，实验前考核可以通过网上预习测试、查阅预习报告等来检查实验预习准备情况；实验中考核可以通过过程和中间结果的跟踪来检查实验进行情况；实验后的考核可以通过最终结果和实验报告的批改来检查实验完成与理解掌握情况。

6　结语

开放实验室的信息化建设不但可以提高实验场地、实验器材的利用率，减轻教师工作量，而且也是培养学生实践能力和创新能力的重要举措。我校自动化专业为响应政策号召，适应社会需求，在专业开放实验室的建设及管理上进行了丰富的探索，目前已经将自动化创新实验室、控制仪表与装置实验室、DCS及FCS工业总线控制实验室等三个专业实验室进行了信息化建设。经过较长时间的运行及维护改进后，取得了良好效果：学生学习兴趣变浓，学习积极性大幅提高，动手能力也显著增强，以往玩游戏的时间也用来泡实验室，形成了良性循环，而老师的工作量并没有显著的增加。总之，开放式实验室的信息化建设不仅有利于自动化专业创新性人才的培养，同时有利于物尽其用，充分提高实验场地和设备的利用率。当然，建立完善的开放实验室管理制度在一定程度上能更有效地促进开放实验室的健康运行，保证设备正常，客观评价学生的学习状况，还需要进一步探索和拓展。

References

[1] 于鑫，孙向阳. 研究生参与开放实验室管理与建设探讨[J]. 实验科学与技术，2013，11（3）：113-115.

[2] 梅彬运，曾进辉. 开放实验室教学信息管理系统的研究与实践[J]. 实验室科学，2008（3）：95-97.

[3] 曹慧丽，张维. 用信息化手段提高实验室资源利用率[J]. 实验室科学，2006（5）：86-87.

[4] 苏继来. 高等院校实验室建设与管理[J]. 中国教育技术装备，2009（9）：100-101.

[5] 杨一军，陈得宝，方振国，等. 电子信息类专业综合改革下的实践教学模式构建、实施与仿真研究[J]. 淮北师范大学学报：自然科学版，2015（1）：87-89.

[6] 王科飞. 基于应用型人才培养的高校开放式实验室建设[J]. 长春金融高等专科学校学报，2010，32（2）：70-72.

[7] 申建军，李楠. 加强开放式实验中心建设培养自动化创新人才[J]. 实验室研究与探索，2013（11）：333-335.

[8] 王云平. 国外大学实验室管理及其对国内开放实验室的启示[J]. 实验技术与管理，2010（3）：149-151.

[9] 李焕峰. 高等院校信息实验室资源与管理研究[D]. 天津工业大学，2010.

主题 8：

自动化专业工程教育认证

《过程控制综合训练》对毕业要求指标点的达成实践

曹慧超 [1,2,3]　李　炜 [1,2,3]　赵小强 [1,2,3]　鲁春燕 [1,2,3]　赵正天 [1,2,3]　蒋红梅 [1,2,3]

（[1] 兰州理工大学 电气工程与信息工程学院，甘肃 兰州 730050；

[2] 甘肃省工业过程先进控制重点实验室，甘肃 兰州 730050；

[3] 兰州理工大学 电气与控制工程国家级实验教学示范中心，甘肃 兰州 730050）

摘　要： 考虑到工程教育专业认证以目标导向、学生中心及持续改进的理念，本文以过程控制综合训练这一本科教学中重要的实践教学环节为例，从毕业要求的具体描述及毕业要求指标点的分解确定，教学大纲和教学任务书的重新制定，毕业要求达成评价以及持续改进四方面，对其如何达成毕业要求指标点的实践过程进行了探讨，以期提高工程教育专业的教学质量。

关键词： 过程控制综合训练；专业认证；毕业要求；指标点

A Study on the Practice Process of the Achievement for Graduation Requirements Index Point of the Process Control Synthesis Training

Huichao Cao [1,2,3], Wei Li [1,2,3], Xiaoqiang Zhao [1,2,3], Chunyan Lu [1,2,3], Zhengtian Zhao [1,2,3], Hongmei Jiang [1,2,3]

([1] College of Electrical and Information Engineering，Lanzhou University of technology, Lanzhou 730050, Gansu Province, China;

[2] Key Laboratory of Gansu Advanced Control for Industrial Processes, Lanzhou University of Technology, Lanzhou 730050, Gansu Province, China; [3] National Experimental Teaching Center of Electrical and Control Engineering, Lanzhou University of Technology, Lanzhou 730050, Gansu Province, China)

Abstract： Considering the goal-oriented, student-centered and keep-improving ideas of the engineering education accreditation, the process control synthesis training which is an important practical teaching link within undergraduate teaching, was treated as a case study. And how to achieve the practice process of the graduation requirements index point for the process control synthesis training was discussed on this paper. The practice process includes four aspects: that is, the detailed description of the graduation requirements and the decomposition of the graduation requirements index point, the reorganization of the syllabus and teaching task schedule, the achievement evaluation of the graduation requirements and the continuous improvement. The ultimate goal is to improve the quality of education for engineering education.

Key Words： Process Control Synthesis Training; Engineering Education Accreditation; Graduation Requirements; Index Point

引言

近年来，工程教育专业认证在国际上得到了越来越多国家的重视。我国也于 2006 年开始工程教育认证工作，2013 年 6 月 19 日，成为《华盛顿协议》签约预备会员，使得我国的工程教育认证体系初步具备了与国际认证的"实质等效"性。我国 2015 版的《工程教育认证标准》共有 7 项，依次是学生、培养目标、毕业要求、持续改进、课程体系、师资队伍和支持条件，其设置充分体

联系人：曹慧超. 第一作者：曹慧超（1986—），女，博士，讲师.

基金项目：2014 年自动化类专业教学指导委员会专业教育教学改革研究课题面上项目资助（2014A32）.

现了以学生为中心、以产出为导向的理念，学生是中心项，其他项都是围绕着使学生达到毕业要求、进而达成培养目标设置的[1]。

课程（包括所有教学环节）是专业教育的基本载体，专业教育目标的达成，主要是靠课程教学目标的达成而实现的[2]。过程控制课程是自动化专业一门实践性较强的核心专业课程。目的是使学生运用自动控制原理，结合生产过程机理，利用自动化仪表及装置去从事生产过程的分析、设计、运行与开发研究工作。要真正掌握该课程，在开展好理论教学的同时，必须重视课程综合训练这一实验教学环节。以往传统"过程控制综合训练"教学多重视投入，是一种关注名师与拔尖学生的精英教育，与工程教育专业认证重视产出，研究成果面向全体毕业生的理念不同。

而目前，我国按照《华盛顿协议》所建立的专业认证标准中明确提出了 12 条毕业要求，作为毕业生能力结构框架。专业要根据自己的培养目标和认证通用的毕业要求，制定出自己的毕业要求，通过指标点的具体化分解来进行学生学习成果的评价[3]。实践教学环节是本科教学的重要组成部分，对支持学生的毕业要求有着重要作用，因此，本文选取自动化专业实践类课程"过程控制综合训练"，从过程控制综合训练毕业要求及其指标点的确定、教学大纲及任务书的制定、毕业要求达成评价及持续改进四方面讨论其毕业要求指标点达成的实践过程。

1　毕业要求及指标点

毕业要求是对学生毕业时所应该掌握的知识和能力的具体描述，是所有教学环节达成度评价的关键。自动化专业结合自身的培养定位和培养目标，并参考学生毕业后所从事的行业做出具体描述，将认证通用毕业要求转化为可评价学习产出的本专业毕业要求。表 1 中列出了自动化专业毕业要求的具体描述中，"过程控制综合训练"所支撑的毕业要求及指标点。

表 1 中在对"过程控制综合训练"所支撑的每一项毕业要求进行指标点分解时，遵循 3 个基本原则：一是要考虑专业背景、考虑未来岗位对工程师候选人的需要；二是要能够反映相应毕业

要求的"本质"；三是每一个指标点以对应到 3～4门课程为宜，以便于达成度计算时权值的合理分配。指标点的表述应采用更具体、明确、可评价的方式。表中仅罗列出支撑"过程控制综合训练"毕业要求的指标点。

表 1　"过程控制综合训练"毕业要求及指标点

自动化专业毕业要求	分解后的毕业要求指标点
3.设计/开发解决方案：在充分理解复杂系统工艺流程及控制要求基础上，能够拟定控制方案，设计满足特定需求的单元（电路）、控制流程及控制系统，并能够在设计环节中体现创新意识，考虑社会、健康、安全、法律、文化以及环境等因素	指标点 3.1 能够理解复杂工程中的工艺流程、设备装置和控制指标，并确定系统的设计目标
4.研究：能够基于科学原理并采用科学方法对复杂控制工程问题进行研究，包括确定研究目标、设计实验、分析与解释数据、并通过信息综合得到合理有效的结论	指标点 4.2 能够运用科学原理，结合工程实际，设计实验方案，构建实验系统，进行实验
5.使用现代工具：能够针对复杂控制工程问题，开发、选择与使用恰当的技术、资源、现代工程工具和信息技术工具，包括对复杂控制工程问题的预测与模拟，并能够理解其局限性	指标点 5.3 能恰当应用计算机软件、硬件技术及仿真工具，完成控制工程项目的预测、模拟与仿真分析，并理解其局限性
9.个人和团队：能够在多学科背景下的团队中承担个体、团队成员以及负责人的角色	指标点 9.2 能够处理好个体与团队的关系，与其他成员共享信息，完成所承担角色的任务

2　教学大纲及任务书的制定

教学大纲是根据学科内容及其体系和教学计划的要求编写的教学指导文件，是自动化专业毕业要求指标点达成实施的关键。而针对综合训练这一实践课程环节，任务书的制定明确分配训练任务，与教学大纲中的教学内容相辅相成。

2.1　综合训练教学大纲

教学大纲应当体现本课程或教学环节在人才培养中的地位和任务，体现与其他相关课程或教学环节的内在联系，同时，围绕毕业要求达成的原则

进行制定。结合表1中确定的毕业要求及指标点，所制定的"过程控制综合训练"新教学大纲应该明确教学目标及其与所支撑的毕业要求分解指标点之间的关系，教学内容、方式与教学目标是否匹配，考核形式是否合理等内容。

2.1.1 教学目标

由于本校自动化专业"过程控制综合训练"的开展是基于北京华晟高科教学仪器有限公司A3000过程控制实验平台的，因此，教学目标的确定从熟悉该平台开始，下面给出通过该综合训练实现的教学目标，也即使学生具备的能力：

教学目标1.学习认识A3000过程控制训练平台设备、工艺流程。

教学目标2.能够运用过程控制系统设计方法，设计简单和复杂过程控制系统。

教学目标3.能运用相关软件及软硬件系统的调试方法，对建立的过程控制系统进行方案分析、控制器参数整定及控制结果分析。

教学目标4.团队成员相互配合共同完成综合训练任务，能够共同解决综合训练中的问题。

2.1.2 教学目标与毕业要求指标点的支撑关系

毕业要求指标点的确定是毕业要求达成度实施的前提，而课程指标点的评价是指标点评价的基础，因此，明确《过程控制综合训练》教学目标与毕业要求指标点之间的支撑关系以及支撑权重的分配，是该综合训练指标点达成度评价计算的关键，表2中给出了此支撑关系。

表2 "过程控制综合训练"教学目标与毕业要求指标点支撑关系

毕业要求指标点	教学目标1	教学目标2	教学目标3	教学目标4
指标点3.1	0.1	0	0	0
指标点4.2	0	0.1	0	0
指标点5.3	0	0	0.1	0
指标点9.2	0	0	0	0.1

表2中的支撑权重系数是由过程控制课程组所有成员及其他课程组组长，根据自动化专业培养目标及毕业要求，集体讨论确定。

2.1.3 教学内容的确定

教学内容的选择与组织和教学过程的设计，要围绕有效落实教学目标进行，而一切的教学行为都是从教学目标开始的，围绕教学目标选择教学内容，并通过适当的方法、过程进行教学。同时依据工程教育专业认证中以学生为中心的主线给出"过程控制综合训练"教学内容、方式及目标关系图如表3所示。

表3 "过程控制综合训练"教学内容、方式及目标关系

教 学 内 容	教学方式	对应教学目标
按照设计任务书的要求，学习认识A3000训练平台	教师指导及分组讨论	教学目标1
利用理论知识，分别建立简单、串级、前馈反馈过程控制系统	教师指导及分组讨论	教学目标2、4
利用各种参数整定的方法对各过程控制系统进行参数整定，分析控制效果	教师指导及分组讨论	教学目标3、4

2.1.4 考核与成绩评定

通过课堂教学评价及考核检测教学效果，根据检测情况采取下一步的教学措施。表4设置了合理的考核形式及成绩评定方式。

表4 "过程控制综合训练"考核方式

成绩组成	考核/评价环节	分值	对应教学目标
平时成绩	设计态度、独立性及出勤率	10	
	各阶段工作完成情况	20	教学目标1、2、3
	说明书质量	40	教学目标1、2、3
期末成绩	答辩	30	教学目标1、2、3、4
合计		100	

依据自动化专业对毕业生的培养目标及毕业要求，对于各环节考核/评价的评分细则，可进一步做出详细描述。本综合训练最终成绩按优秀、良好、中等、及格、不及格五级分制换算后计分。

2.2 综合训练任务书

"过程控制综合训练"是过程控制理论学习研究与实际应用相结合的重要环节。训练过程让学生先从简单控制系统到复杂控制系统，从系统的特性测试开始到组成闭环控制，分别通过实验对控制系统设计、对象的模型建立、控制器参数整定、过程动态特性分析、不同参量设计不同系统后控制效果对比分析，用工程的方法、对系统进行反复调试，达到控制要求。本校自动化专业《过程控制综合训练》任务书中制定了4个题目，题目 1 是 A3000 过程控制实验系统平台的熟悉及上位系统调试；题目 2 是自选被控变量的 PID 单回路控制，其中设定了 9 个小题目，学生可任选；题目 3 是液位和进口流量串级控制系统题目 4 是流量和液位前馈反馈控制系统。各题目的具体内容此处不再赘述。

3　毕业要求达成评价

根据课程性质特点和实际考核方式的不同，课程的指标点评价值有两种计算方法：一种是课程考核成绩分析法；另一种是评分表分析法。考试类课程采用前者，实践类课程采用后者。下面根据评分表分析法进行"过程控制综合训练"毕业要求指标点达成的评价。

3.1　制定评估表

从四方面诊断评价依据的合理性，并给出评断结果，填写课程落实毕业要求情况评估表，如表 5 所示。

表 5　课程落实毕业要求情况评估表

课程名称："过程控制综合训练"				
诊断方面	指标点 3.1	指标点 4.2	指标点 5.3	指标点 9.2
课程内容是否反映该指标点	是	是	是	是
指标点是否易于考核和评价	是	是	是	是
各种考核是否反映了该指标点	是	是	是	是
达成度评价的过程数据和结果是否用于改进				

3.2　制定评分表

评分表主要由"评分点""量化的评分层级"和"各评分点评分层级的情况描述"三部分组成，给出了所支撑毕业要求指标点的评分细则。每个评分点有"非常不满意""不满意""满意"和"非常满意" 4 个评分层级。针对每个评分点的评分层级给出了详细的评分依据。表 6 中给出了毕业要求指标点 4.2 的评分表。

3.3　制定评价结果表

依据评分表，实施评价，汇总评价结果。表 7 中给出了毕业要求指标点 4.2 的评价结果表。

表 6　"过程控制综合训练"评分表

指标点 4.2 能够运用科学原理，结合工程实际，设计实验方案，构建实验系统，进行实验。

课程名称："过程控制综合训练"

评分点	评价层级			
	非常不满意	不满意	满意	非常满意
能够利用实验平台进行系统设计	不能完成设计	能够完成部分设计	能够完成设计	能够独立完成设计

表 7　"过程控制综合训练"评价结果表

指标点 4.2 能够运用科学原理，结合工程实际，设计实验方案，构建实验系统，进行实验。

课程名称："过程控制综合训练"

评分点	能够利用实验平台进行系统设计
0.25-非常不满意; 0.5-不满意; 0.75-满意; 1-非常满意	
黄 XX	0.5
李 XX	0.75
…	…
段 XX	0.5
各评分点平均值	0.71
评价结果值	0.071

评价结果值计算方法：课程"过程控制综合训练"毕业要求指标点 4.2 评价值=取以上 4 部分"评分点平均值"的平均值×课程"过程控制综合训练"毕业要求指标点 4.2 权重 0.1

3.4　毕业要求达成度评价表

根据评价结果，以及"过程控制综合训练"对毕业要求的支撑权重，计算最终的评价值。依据评价值，可以衡量该课程是否达到了教学目标。表 8 中给出了毕业要求达成度的评价表，其中达成目标值，其数值的选取首先需确定支撑该指标点的教学环节，然后依据课程需求，对各个教学环节支撑指标点的权重进行划分，同时保证多个教学环节权重相加值为 1。

表 8 "过程控制综合训练"对毕业要求达成度评价表

毕业要求指标点	达成目标值（课程权重）	评价值			课程教学目标、达成途径、评价依据及评价方式
		201X~201X 学年	201X~201X 学年	最终结果	
指标点 3.1	0.2	×××	×××	×××	教学目标、达成途径、评价依据、评价方式
指标点 4.2	0.3	×××	×××	×××	教学目标：能够运用过程控制系统设计方法，设计简单和复杂过程控制系统。 达成途径：复习相关课程内容，查阅技术资料，利用理论知识，分别建立简单、串级、前馈反馈过程控制系统，学生自行完成系统设计并进行调试。 评价依据：设计说明书、答疑讨论参与情况和考勤等平时表现。 评价方式：说明书质量+答疑讨论参与情况+答辩表现。
指标点 5.3	0.1	×××	×××	×××	教学目标、达成途径、评价依据、评价方式
指标点 9.2	0.1	×××	×××	×××	教学目标、达成途径、评价依据、评价方式

4 持续改进

持续改进是工程教育专业认证的基本理念之一，对课程达成评价，其目的是为了对课程体系设计和课程教学进行持续改进。

由于"过程控制综合训练"设计性实验延续时间较长，耗时耗力，必须精心组织，才能收到应有的教学效果。为此，每次综合设计性实验开始之前，指导老师需把设备调试到最佳状态。由于实验复杂，任务较重，单个学生可能难以完成，同时为了养成学生的团队协作精神和便于讨论解决问题，学生按五人一组参与该实验，但是要求每个学生都要参加实验各环节。另外，健全的实验师资队伍，完备的实验室硬件条件及高效的管理也是保障学生实践能力达到最终效果。对于本校自动化专业学生"过程控制综合训练"从三方面进行持续改进：采用定期做出适当的记录，以便评估学生能力的取得程度；评估的结果被系统地加入项目持续改进中；同时利用其他可用的协助持续改进的资源。

5 结论

工程教育专业认证核是以学生的培养为中心，所有教学环节体现出强烈的出口导向思路，因此，本文按照其教学思想理念，以自动化专业过程控制综合训练这门实践教学课为例，制定出该专业具体的毕业生要求，并将这些毕业要求通过分解指标点落实到该综合训练教学大纲及任务书的制定、毕业要求指标点达成评价、后续持续改进各个培养环节中，最终以全体毕业生产出结果来证明教学是否达到专业原来预设的培养目标，从而提高教学质量。

References

[1] 中国工程教育专业认证协会. 中国工程教育专业认证标准（2015 版）[EB/OL] http://www.ceeaa.org.cn, 2015-03.

[2] 李志义. 对我国工程教育专业认证十年的回顾与反思之二：我们应该防止和摒弃什么[J]. 中国大学教学，2017（1）：8-14.

[3] 王世勇，董玮，郑俊生，刘龙. 基于工程教育专业认证标准的毕业生毕业要求达成度评估方法研究与实践[J]. 工业和信息化教育，2016（3）：15-22.

"自动控制原理"课程达成度的计算与持续改进

申富媛 [1,2,3]　李　炜 [1,2,3]　毛海杰 [1,2,3]　鲁春燕 [1,2,3]　蒋栋年 [1,2,3]　刘微容 [1,2,3]　李二超 [1,2,3]　赵正天 [1,2,3]

（[1] 兰州理工大学 电气工程与信息工程学院，甘肃 兰州 730050；[2] 甘肃省工业过程先进控制重点实验室，
甘肃 兰州 730050；[3] 兰州理工大学 电气与控制工程国家级实验教学示范中心，甘肃 兰州 730050）

摘　要： 文章以我校"自动控制原理"课程为例，从培养目标及毕业要求出发，深入分析并确定了课程教学内容对毕业要求指标点的支撑及各教学环节分值分配，计算了课程教学目标达成度与课程达成度。通过对近两年课程达成度的分析透析出了教学中存在的不足之处，并针对达成度不足问题进行持续改进。

关键词： 自动控制原理 ；课程达成度；持续改进

The Calculation and Continual Improvement of the Achievement Degree of "Automatic Control Principle"

Fuyuan Shen[1,2,3], Wei Li[1,2,3], Haijie Mao[1,2,3], Chunyan Lu[1,2,3], Dongnian Jiang[1,2,3], Weirong Liu[1,2,3], Erchao Li[1,2,3], Zhengtian Zhao[1,2,3]

（[1] College of Electrical and Information Engineering,Lanzhou Univeristy of Technology, Lanzhou ,730050, Gansu Province, China; [2] Key Laboratory of Gansu Advanced Control for Industrial Processes, Lanzhou 730050, Gansu Province China; [3] National Demonstration Center for Experimental Electrical and Control Engineering Education, Lanzhou University of Technology, Lanzhou 730050, Gansu Province China.　）

Abstract: This paper taking the course of "automatic control principle" as an example, starting from the training objectives and graduation requirements, analyzes and determines the support of the teaching content about the course and the distribution for the teaching points, and calculates the achievements about teaching objective and the course. Through the analysis of the degree of curriculum achievement in the past two years, the shortcomings of teaching are analyzed and the continuous improvement is made to the problem of lack of achievement.

Key Words: Automatic Control Principle; Curriculum Achievement; Continual Improvement.

引言

2006 年，我国开始了工程教育专业认证的试点工作，历经 10 年的探索与实践，2016 年 6 月，正式成为《华盛顿协议》会员，这标志着我国工程教育又迈出了重大步伐。目前，普通高等学校本科工程教育专业认证正在全面如火如荼地展开，其认证的根本是对相关专业工程教育培养目标和毕业要求的达成进行评估，为实施成果导向教育（Outcomed based education，OBE）提供重要的证据支持。

作为专业教育的各个教学环节，尤其是理论课，课程教学目标的达成则是支撑二者达成的基础环节[1~3]。课程教学是高等教育教学活动中最基本、最重要的环节，其中教学目标是所有课程教

学活动的出发点，而教学目标达成度是评价课堂教学质量、为教师提供教学反馈信息的手段[4,5]。所谓教学目标达成度是指教师根据教学内容设计后在教学实施中所能达到的教学目标的程度[6]。教学目标达成度是教育评价的一部分，教育评价对于教师而言可以成为其教学行为达到何种效率的一种最基本反馈[7]。

毕业要求达成度评价是围绕工程教育专业认证"能力为导向，学生为中心，持续改进"的理念，对学生达到毕业要求、达成人才培养目标的程度开展评价。而支撑毕业要求的课程体系以及每一项毕业要求与相关支撑课程的对应关系及其权重的确定是实现定量评价的基础。

本论文以我校自动化专业"自动控制原理"课程为例，从培养目标及毕业要求出发，深入分析并确定课程教学内容对毕业要求指标点支撑及各教学环节分值分配，进行课程教学目标达成度计算分析与持续改进。

1 课程教学目标与毕业要求指标点支撑关系

理论课教学在专业培养中是最为基础又是工作量最大的环节，因此，只有课程目标的达成方可支撑毕业要求及培养目标的达成。每项毕业要求由不同的课程或实践教学环节来支撑，而科学、合理和真实的课程评价方式才能反映毕业要求是否达成，才能反馈教学中存在的问题，为教学内容、教学方法的持续改进提供依据。

由于各类课程对毕业要求各指标点的支撑各有侧重，因此需要从教师、毕业生等多个层面，通过问卷调查等方式，确定课程教学对毕业要求应支撑和可以支撑的指标点，原则上按每学分支撑 1 个二级指标点来确定。根据我校自动化专业学分及教学大纲，考虑课程对已确定毕业要求指标点支撑的侧重点不同，深入分析课程教学内容对相关指标点支撑的分配比例，由课程组组长定期召开并组织课程组所有老师集体讨论确定了五个课程目标及"支撑权重系数"，如表 1 所示。

表 1 课程目标与毕业要求指标点支撑关系

毕 业 要 求	课程教学目标 1	课程教学目标 2	课程教学目标 3	课程教学目标 4	课程教学目标 5
1.2 能够运用自动化工程专门知识，跟踪自动化前沿技术，为自动化工程实践提供理论框架和知识体系；	1.0				
1.3 能够运用数学、自然科学和自动化专业知识，对复杂对象/过程建立满足工程精度要求的数学模型；		1.0			
2.1 能够运用数学、自然科学和控制科学的基本原理，发现复杂工程中控制的关键问题，并进行合理表达；			1.0		
2.2 能够运用控制工程科学知识，并考虑工程实际，对复杂工程问题进行初步分析；				1.0	
3.4 能够针对系统存在的时变、非线性、多变量耦合等复杂特性，合理地设计控制器或控制算法，并进行仿真及参数优化。					1.0

2 课程考核成绩构成及课程教学目标达成情况

理论课程教学目标达成度评价的重要依据是试卷，而试卷的内容只有对毕业要求指标点的支撑科学、合理的分值分配，方可借助于试卷来测试对课程教学目标的达成情况，进而分析教学中存在的问题，了解教学质量及学生对知识的掌握

程度，及时提供反馈并加以改进。因此，需认真分析课程内容、题目特点，并对毕业要求支撑点的分值分配。

大多数理论课程均辅以 10%～20% 的实践教学内容，而课程最终的评定除试卷外，还包括了实践教学及作业等平时成绩的考核。就"自动控制原理"课程而言，课程成绩=试卷成绩*65%+模拟实验*10%+仿真实验*10%+平时*15%。后 3 项中，对已确定毕业要求指标点的各项分值比例，

亦需根据各环节的特点合理进行分配。

确定成绩构成后，最终在课程考试后进行课程达成度的计算与分析。根据对我校自动化专业 218 名学生 2016—2017 学年度"自动控制原理"课程的成绩统计分析，得到了每一个课程目标的总分、得分及目标达成度，如表 2 所示。

表 2　课程目标的总分、得分及达成度数据表

考核方法	课程目标	课程目标 1	课程目标 2	课程目标 3	课程目标 4	课程目标 5
结课试卷 （65%）	题目分布	第一题	第三、六题	第二题	第四、五、六、七、八题	第四、六、七题
	卷面总分	100.0				
	各课程目标总分	10.0	15.0	10.0	40.0	25.0
	各课程目标得分	8.28	9.13	7.49	26.85	16.51
平时成绩 （15%）	平时成绩总分	15.0				
	各课程目标总分	3.0	3.0	3.0	3.0	3.0
	各课程目标得分	2.80	2.80	2.80	2.80	2.80
仿真实验 （10%）	实验总分	10.0				
	各课程目标总分	0.0	0.0	2.0	4.0	4.0
	各课程目标得分	0.0	0.0	1.72	3.43	3.43
模拟实验 （10%）	实验总分	10.0				
	各课程目标总分	0.0	0.0	0.0	5.0	5.0
	各课程目标得分	0.0	0.0	0.0	3.89	3.89
课程目标总分		9.5	12.75	11.50	38.00	28.25
课程目标得分		8.187	8.738	9.388	27.579	20.858
课程目标达成度		0.8617	0.6853	0.8163	0.7258	0.7383

表 2 中，"结课试卷"和"平时成绩"对五个课程教学目标均有支撑，"仿真实验"支撑了课程教学目标 3，4，5，而"模拟实验"只支撑了课程教学目标 4, 5。对于每一个课程教学目标而言"课程目标总分"是由结课试卷、平时成绩、仿真实验、模拟实验四部分按照其所占比例折合相加，"课程目标总分"是对以上四部分根据学生的具体得分折合得到，最终"课程目标达成度"根据课程目标得分除以课程目标总分得到。

根据课程目标达成度数据，得到 2015—2016 学年及 2016—2017 学年的课程目标达成柱状图，如图 1 所示。

3　毕业要求指标点的达成度

由于该课程的课程目标与所支撑的毕业要求指标点之间呈一一对应的关系，所以每一个"课程目标达成度评价值"就是其对应的"毕业要求指标点"当学年的"达成数据"。

确定了"毕业要求指标点的达成数据"后，便可计算出该门课程当学年的"毕业要求指标点的达成度"（=课程教学目标达成度*达成度评价目标值），其中课程目标达成度是由自动化课程组全体教师根据课程的内容与对指标点的支撑确定

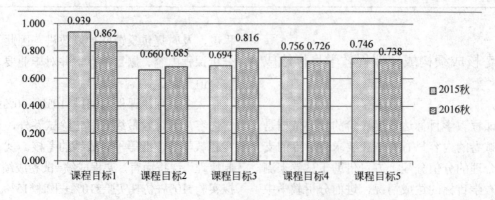

图 1　近两年课程目标达成度对比图

的。表 3 所示是"自动控制原理"课程支撑的毕业要求指标点在一个评价周期内（2015—2016 学年，2016—2017 学年）的达成度，最终结果取评价周期内的最小值。对于每一个指标点，最终几门课程达成度的和为 1，而这门课程的总的达成度目标值的和可能不为 1。

表 3   "自动控制原理"课程对毕业要求的达成度

毕 业 要 求	达成度评价的目标值	达成度评价值		
		2015—2016 学年	2016—2017 学年	最终结果
1.2 能够运用自动化工程专门知识，跟踪自动化前沿技术，为自动化工程实践提供理论框架和知识体系；	0.3	0.282	0.259	0.259
1.3 能够运用数学、自然科学和自动化专业知识，对复杂对象/过程建立满足工程精度要求的数学模型；	0.3	0.198	0.206	0.198
2.1 能够运用数学、自然科学和控制科学的基本原理，发现复杂工程中控制的关键问题，并进行合理表达；	0.3	0.208	0.245	0.208
2.2 能够运用控制工程科学知识，并考虑工程实际，对复杂工程问题进行初步分析；	0.15	0.113	0.109	0.109
3.4 能够针对系统存在的时变、非线性、多变量耦合等复杂特性，合理地设计控制器或控制算法，并进行仿真及参数优化。	0.20	0.149	0.148	0.148

4   持续改进

结合表 1 和表 3，通过对 2015 年秋课程达成度的分析，发现学生的控制系统建模、求解能力（1.3）及对复杂工程中的控制问题进行合理表达能力（2.1）相对薄弱，因此，在 2016 年的教学中，针对性地加强了这两方面能力的训练，从 2016 年课程达成度结果可以看出，1.3 和 2.1 对应的能力有了明显的改善。

深入分析课程教学目标（指标点）达成度及课程整体达成度的计算，透析出学生对记忆性的基础知识掌握较好，但对知识的灵活与综合应用能力欠佳。究其原因，它既反映了学生在知识获取、能力提升、素质形成过程中从易到难的客观规律，也反映出我们对学生在平时作业、实验及仿真训练中的应付与抄袭现象仍缺乏有效的应对措施，使之与预期目标仍有一定偏差。

在今后的教学中，应更为关注教学过程中各个环节对相应教学目标（指标点）的支撑关系及应获得能力的达成，加强过程的实时监控、发现偏差与问题所在，并采取更为合理有效的措施，及时进行纠偏和修正，在各个教学环节的有效支撑下，使教学目标（指标点）的能力达成更为满意。具体而言，针对指标点 1.3、2.2 及 3.4 达成度不足的问题，后续教学过程中必须加强授课与实验、课内与课外等环节相关内容的训练与过程监督，切实提高学生对实际复杂工程系统的合理表达与建模、分析与综合等方面的能力。同时在教学过程中要不断引入新的教学手段，并加强实验及仿真环节的教学，更好地将理论教学与工程实践相结合，提高学生解决复杂工程问题的能力。

References

[1] 雷庆. 我国工程教育专业认证的现状及若干建议[J]. 大学（研究与评价），2008（1）：90-92.

[2] 姚韬，王红，佘元冠. 我国高等工程教育专业认证问题的探究[J]. 大学教育科学，2014（4）：28-32.

[3] 王玲，雷环. 华盛顿协议签约成员的工程教育认证特点及其对我国的启示[J]. 清华大学教育研究，2008（2）：88-89.

[4] Angelo, T. A. Imporving Classorom Assessment to Improve Learning: Guideline from Research and Practice[J]. Assessment Update, 1995（6）：12-13.

[5] 李茂国. 中国工程教育全球战略研究[J]. 高等工程教育研究，2008（6）：1-12.

[6] 包斌，吴文惠，张朝燕，等. 课程教学基础目标达成度评价体系的建立[J]. 大学教育，2014（10）：53-55

[7] 林健. 工程教育认证与工程教育改革和发展[J]. 高等工程教育研究，2015（2）：10-19.

[8] Hu Hanrahan. The Washington Accord- Past,Present and Future. International Engineering Alliance, IEET Accreditation Training,2011 Sep.

毕业要求达成度量化评价机制与方法——以南京理工大学自动化专业为例

李银伢　戚国庆　徐大波　盛安冬　徐胜元

（南京理工大学，江苏　南京　210094）

摘　要：工程教育认证对推进中国教育改革及提升工程教育质量等，具有极其重要的现实意义。2016 年中国正式加入《华盛顿协议》，标志着中国工程教育标准实现了国际实质等效。本文就工程教育认证通用标准中的毕业要求达成度评价问题进行了研究和探索，以南京理工大学自动化专业为例，首先给出了专业毕业要求的界定方法及示例，然后讨论了毕业要求指标点的分解规则，最后探讨了毕业要求达成度的量化评价机制和相应的达成度评价方法。文章的研究结果可为即将或准备认证的专业在毕业要求达成度评价方面提供有益参考。

关键词：工程教育认证；毕业要求；达成度评价

Quantitative Evaluation Mechanism and Method of Graduation Requirements Achievement Scale——Taking the Automation Major of Nanjing University of Science and Technology as An Example

Yinya Li, Guoqing Qi, Dabo Xu, Andong Sheng, Shengyuan Xu

(Nanjing University of Science and Technology, Nanjing 210094, Jiangsu Province, China)

Abstract: Engineering education accreditation possesses extremely important practical significance in the aspect of promoting the reformation of chinese education and improving the quality of engineering education. In 2016, China officially joined the "Washington accord", which marks the chinese engineering education criterions have achieved the international equivalent ones in nature. In this paper, the evaluation problem of the graduation requirements of engineering education accreditation criterions is considered. Taking the auotmation major of Nanjing University of Science and Technology as an example, first, the determination approach of graduation requirements and the corresponding instance are proposed. Then the decomposition rules of the index points of graduation requirements are discussed. Finally, the quantitative evaluation mechanism and method of graduation requirements are investigated. The research results can provide beneficial references for

联系人：李银伢. 第一作者：李银伢（1976—），男，博士，副研究员.

基金项目：江苏高校品牌专业建设工程资助项目（PPZY2015A037）；

自动化类专业教学指导委员会专业教育教学改革研究课题（2014A09）.

the graduation requirements achievement scale evaluation of the upcoming or intended engineering education accreditation majors.

Key Words：Engineering Education Accreditation；Graduation Requirements；Achievement Scale Evaluation

引言

2016 年 6 月，中国正式加入了《华盛顿协议》，标志着中国工程教育质量得到了国际认可。工程教育专业认证对推进中国教育改革，提升工程教育质量，促进工程教育与企业界的联系，增强工程教育人才培养对产业发展的适应性，提升国际竞争力，具有极其重要的现实意义[1]。

毕业要求是工程认证标准中的通用标准之一，指的是对学生毕业时应该掌握的知识和能力的具体描述，包括学生通过本专业学习所掌握的知识、技能和素养[2]。标准明确指出，专业制定的毕业要求应覆盖标准中 12 个方面的能力要求。

在 2015 版认证标准中的毕业要求必须支撑培养目标的达成。因此，毕业要求达成度评价是最终保证专业毕业要求的达成，乃至培养目标达成不可或缺的重要环节。毕业要求达成度评价是指由所有教师及相应管理人员通过采用不同的评估方法评估自己负责的毕业要求达成情况（评估），再由专业经过对所有评估的数据的分析、比较和综合，最后得出毕业要求的达成情况（评价）[3]。在具体实施过程中，毕业要求达成度评价一般包括以下基本过程：①确定毕业要求及其分解指标点；②开设教学环节支撑各指标点；③针对毕业要求，实施如下一系列活动：教学、制定评价计划、选择评价方法、收集数据实施评估、评价结果及分析、将评价结果用于持续改进等[3]。

在工程教育认证中，毕业要求达成度评价是认证专业和评审专家重点关注的难点和重点之一。如何合理高效地执行毕业要求达成度评价，是认证专业必须解决的问题。本文以南京理工大学自动化专业为例，针对目前修订的 2015 版认证标准，就专业认证中毕业要求达成度评价机制和方法，开展相应研究和实践，以期为即将或准备认证的专业在毕业要求达成度评价方面提供有益参考。

1 专业毕业要求

依据工程教育专业认证标准，结合专业人才培养目标，确定专业毕业生必须达到的毕业要求，相应的毕业要求必须完全覆盖中国工程教育认证通用标准中所列的 12 项要求，并对专业培养目标形成有效支撑关系。专业各项毕业要求通过本专业学制年限内（一般四年）的全部教学活动，包括制订培养计划和课程教学大纲，各类考核考试、多种实践教学以及毕业设计（论文）等一系列教学环节而得以实现，并设有对应的一系列完整的规章制度给予保障。

如南京理工大学自动化专业的毕业要求如下。

（1）工程知识：能够将数学、自然科学、工程基础和专业知识用于解决自动化领域复杂工程问题。

（2）问题分析：能够应用数学、自然科学基本原理，并通过文献研究，识别、表达、分析自动化领域复杂工程问题，以获得有效结论。

（3）设计/开发解决方案：能够设计针对自动化领域复杂工程问题的解决方案，设计满足特定需求的系统、单元（部件）或工艺流程，并能够在设计环节中体现创新意识，考虑法律、健康、安全、文化、社会以及环境等因素。

（4）研究：能够基于科学原理并采用科学方法对自动化领域复杂工程问题进行研究，包括设计实验、分析与解释数据并通过信息综合得到合理有效的结论。

（5）使用现代工具：能够针对自动化领域复杂工程问题，开发、选择与使用恰当的技术、资源、现代工程工具和信息技术工具，包括对自动化领域复杂工程问题的预测与模拟，并能够理解其局限性。

（6）工程与社会：能够基于自动化工程相关背景知识进行合理分析，评价自动化专业工程实践和复杂工程问题解决方案对社会、健康、安全、法律及文化的影响，并理解应承担的责任。

（7）环境和可持续发展：能够理解和评价针对自动化领域复杂工程问题的工程实践对环境、社会可持续发展的影响。

（8）职业规范：具有人文社会科学素养、社会责任感，能够在自动化工程实践中理解并遵守工程职业道德和规范，履行责任。

（9）个人和团队：能够在多学科背景下的团队中承担个体、团队成员以及负责人的角色。

（10）沟通：能够就自动化领域复杂工程问题与业界同行及社会公众进行有效沟通和交流，包括撰写报告和设计文稿、陈述发言、清晰表达或回应指令，并具备一定的国际视野，能够在跨文化背景下进行沟通和交流。

（11）项目管理：理解并掌握自动化工程管理原理与经济决策方法，并能在多学科环境中应用。

（12）终身学习：具有自主学习和终身学习的意识，有不断学习和适应发展的能力。

2 毕业要求指标点分解

每条专业毕业要求对应一级指标点，其要求和内涵通常涉及面比较广，不容易与具体教学活动（课程）形成有效的支撑关系。因此，首先一般需要将毕业要求一级指标点进行分解，形成若干条二级指标点。不同专业二级指标点的分解细节不尽相同，但总体指导思路均以认证标准中的12 要求为基准，对照专业所列的毕业要求一级指标点，每一条一级指标点可以分解为 2～4 条二级指标点。然后，确定每一二级指标点达成的评价内容和过程，即对应的相关教学活动（支撑课程），以及相应的考核方式、最近的评价结果及形成的记录文档等。

如南京理工大学自动化专业第 9 条毕业要求一级指标点及其分解如下。

毕业要求 9——个人和团队：能够在多学科背景下的团队中承担个体、团队成员以及负责人的角色。

指标点 9.1：能够在多学科背景下通过口头或书面方式与团队成员交流，准确表达自己的想法；

指标点 9.2：能在多学科背景下的团队中做好自己承担的角色，且能以负责人的角色综合团队成员的意见并进行合理决策；

指标点 9.3：能够理解一个多学科背景下的多角色团队中每个角色对于整个团队环境和目标的意义。

其中，指标点 9.1 支撑课程有"大学英语"、"毕业实习"和"控制系统综合课程设计"；指标点 9.2 支撑课程有"经济学原理""体育""科研训练"和"毕业设计"；指标点 9.3 支撑课程有"军事理论""军事训练"和"科研训练"。考核方式因支撑的具体课程而异，一般涉及考勤、平时表现、口头考试与笔试、报告、说明书、答辩、作业、小论文等。相应的评价结果与记录文档涉及课程学习考试试卷、考评记录、成绩分析表、设计或实习报告、实验报告、答辩记录、毕业生成绩单及成绩分布，以及相关课程教学大纲、任课教师名单等。

3 毕业要求达成度评价机制

毕业要求达成度评价有多种方法，如课程考核成绩分析法[4]、评分表分析法[5]和问卷调查法[6]等，不同方法没有优劣之分，只有适合与否之分。因此，在选取评价方法时，要确保选取的评价数据与毕业要求达成有足够的关联度。高校大多数专业目前考核方式以课程考核方式为主，故本节的毕业要求达成度评价机制主要以课程考核成绩分析法为例，采取定量评价方式，介绍毕业要求达成度评价机制。

3.1 课程考核成绩分析法

课程考核成绩分析法通过计算某项毕业要求指标点在不同课程中相应试题的平均得分比例，赋予本门课程贡献度权重，计算得出该项毕业要求的达成度评价结果[3]。该方法的关键是要确保课程教学活动能够支撑毕业要求，课程考核内容和评分要求也能反映该项毕业要求指标点的考查。

3.2 达成度评价机制

专业毕业要求达成度评价机制对有效执行专业毕业要求达成度评价，具有重要的指导性意义。各个专业在进行毕业要求达成度评价之前，都应该组织和构建可操作性的达成度评价机制，即针对毕业要求达成度评价制定一套规范的处理流程，主要内容包含以下几个方面。

3.2.1 评价对象

首先，根据专业学生的规模，考虑评价的准确客观性，确定毕业要求达成度的评价对象。由于工程教育专业认证面向的是全体学生，因此，一般取专业每一届全体学生作为评价对象。

3.2.2 评价依据

专业可从以下四个方面对学生毕业要求达成情况进行评价。

① 专业应成立相应的专业建设委员会或教学委员会，对毕业要求达成的各个环节进行评价。如专业建设委员会或教学委员会应定期对教师的课程教学考核等重要环节进行评价。专业建设委员会或教学委员会通过对教师的试卷考点与本专业毕业要求中对学生工程能力培养要求的吻合性、考试成绩分布的合理性、试题考核难易程度、知识点和能力考查符合培养要求程度、试卷抽样分析、具体课程的考试改革内容等进行分析与评价，及时发现教学活动中存在的问题，与相关老师沟通，及时改进，以提高教学质量等。

② 毕业生毕业要求达成度的自我评价。向专业毕业生发放调查问卷，通过调查问卷分析毕业生对学校在毕业要求达成方面进行评价。

③ 用人单位对毕业要求达成度评价。专业可采用毕业生能力达成度调查表定向跟踪毕业生在各自岗位上取得的成就，通过用人单位调查反馈表跟踪用人单位对毕业生的评价。

④ 专业对毕业生毕业要求达成度评价。专业根据具体毕业要求，将其进一步细化为若干二级指标点（即第 2 节毕业要求指标点分解），列出支持每一二级指标点的课程及其目标值，计算每一门支撑课程的达成度以及毕业要求达成度，对专业学生毕业要求达成进行量化评价。

3.2.3 评价机构人员

专业学生毕业要求达成度评价由专业所成立的专业建设委员会或教学委员会组织协调实施，以会议形式或指定专业教师负责全体教师参与的方式进行达成度评价。

3.2.4 评价周期

专业应起草并实施相应毕业要求达成度评价实施办法。一般可每两年对各支撑毕业要求指标点的课程进行课程达成度评价。

在学生学满四年毕业时，完成各项毕业要求指标的达成度评价，根据各项毕业要求达成度评价值，判定本届学生对于毕业要求的达成情况。

3.2.5 评价结果记录

评价形成的结果记录包括两方面的内容。

① 支撑课程对于毕业要求的达成度评价表。根据课程两年的评价结果，提出该课程的持续改进措施。

② 各项毕业要求达成度评价结果表。根据各项毕业要求达成度评价值，由此判定本届学生对于毕业要求的达成情况。

3.2.6 达成标准

毕业生在专业领域的表现是学校人才培养效果的真正体现，是对毕业生是否达到毕业要求的最好评价。目前，国内高校一般对学生在校的学习实行学分制管理，学习效果采用百分制成绩和成绩等级方式进行考评，所有课程通过折算的方式再分别转化为绩点。

各高校专业可根据本校授予学士学位的相关规定，确定毕业要求达成的目标值。以南京理工大学自动化专业为例，根据《南京理工大学授予学士学位的规定》，学生被授予学士学位的必要条件之一是学生"修满本专业指导性培养计划规定的学分，学位课程平均学分绩点≥2.0"。因为南京理工大学的 2.0 绩点对应于百分制成绩的 68~71.5，即相当于 68%及以上的满足度，因此将学生毕业要求达成目标值规定为 0.68，视为本项指标完成。

4 毕业要求达成度评价方法

毕业要求达成度评价涉及课程达成度和毕业要求达成度评价两个方面，本节主要依据第 3 节给出的毕业要求达成度评价机制，基于课程考核成绩分析法，详细描述毕业要求达成度量化评价方法。该方法主要由以下环节构成。

4.1 赋权重值

首先，由专业建设委员会或教学委员会及本专业授课教师通过详细的研讨，对每项毕业要求进行二级指标点分解，并列出支撑每条指标点的若干门课程，一般每个二级指标点的支撑课程为 2~4 门。然后，对每门课程的支撑强度赋值（目标值），每一二级指标点的支撑权重值之和为 1。

以南京理工大学自动化专业毕业要求 9 为例，相关支撑课程及对应的目标值如表 1 所示。

表1　毕业要求指标9支撑课程及对应的目标值

毕业要求	指标点	支撑课程	目标值
9	9.1	大学英语	0.3
		毕业实习	0.3
		控制系统综合课程设计	0.4
	9.2	科研训练	0.4
		体育	0.3
		毕业设计	0.1
		经济学原理	0.2
	9.3	军事理论	0.3
		军事训练	0.4
		科研训练	0.3

4.2　确认评价依据合理性

在开展课程达成度评价前，由专业建设委员会或教学委员会指定熟悉该门课程的委员及专家对评价依据（主要是对学生的考核结果，包括试卷、大作业、报告、设计等）合理性进行确认。内容包括以下三点。

① 考核内容是否完整。即所考核的内容是否完整体现了对相应毕业要求指标点的考核。

② 考核形式是否合理。如除了期末考试外，是否还采用大设计或大作业的形式考核学生是否获取该条指标点所列能力。

③ 结果判定是否严格。如是否存在试卷、大设计或大作业很难或得分很高的现象。

在对近四年学生的考核结果审核后，专业建设委员会或教学委员会判定评价依据合理，学生试卷或报告等能够作为达成度的评价依据。

4.3　课程达成度评价

依据对学生的考核结果，对支撑每一指标点的课程进行达成度评价。高校专业班级一般按行政班级进行排班，但课程学习则以选课方式组织教学班级进行统一授课。为解决上述问题，同一专业同一学年同一大纲编号的课程应统一进行课程达成度评价。依据课程人数的规模，可采取抽样或全部统计的方法进行课程达成度评价。

针对某门课程，如果专业学生数≤50，按全样本统计；如果专业学生数>50，抽取不少于30人作为评价样本。在抽样时，为了体现抽样的覆盖面和公平性，一般要求样本中好、中、差的比例基本均等。相应课程对应支撑的指标点评价值计

算方法为

$$评价值=目标值 \times \frac{样本中与该毕业要求指标点相关试题的平均得分}{样本中与该毕业要求指标点相关试题的总分}$$

现以南京理工大学自动化专业主干课程"控制工程基础"为例，计算该课程对某条毕业要求指标点达成度的评价值。2014届的自动化专业毕业生人数为142人，故采取抽样方式计算达成度评价值。该课程对毕业要求2（工程问题分析：能够应用数学、自然科学基本原理，并通过文献研究，识别、表达、分析自动化领域复杂工程问题，以获得有效结论）中指标点2.2（识别自动化领域中的复杂工程问题，正确选择数学模型）达成的权重为0.2，课程试卷总分为100分，其中支持毕业要求指标点2.2的试题总分为30分，样本学生相关考题平均得分21.3分。则"控制工程基础"对毕业要求2指标点2.2达成度的评价值为：

$$评价值= 0.2 \times (21.3/30)= 0.142$$

在连续两年对某一课程进行达成度评价时，首先分别计算每一届学生该课程对支撑相应指标点的达成度评价值，再取其中的最小值，作为连续两届学生该课程支撑相应指标点的达成度评价值。如南京理工大学自动化专业在对2014—2015届学生"控制工程基础"课程达成度评价中，该课程支撑了其中的毕业要求指标点2.2，经评价计算得到2014届的达成度评价值为0.148，2015届为0.142，故2014—2015届学生"控制工程基础"课程对指标点2.2的达成度评价结果为0.142。

4.4　毕业要求达成度评价

计算支撑任一毕业要求指标点的各门课程的评价结果，加和求出该指标点的达成度数值，再取该项毕业要求各指标点达成度的最小值，作为该项毕业要求达成度评价值。

在实际操作过程中，一般以本专业一届或连续两届学生作为一个评价单元进行毕业要求达成度评价，时间可选定在毕业生完成毕业答辩后期，计算专业本届或连续两届毕业生的毕业要求达成度评价值。

以南京理工大学自动化专业毕业要求9为例，该指标有3个二级指标点，相应的2014—2015届毕业生对应该指标点的达成度评价结果如表2所示。

表2　2014-2015届毕业生毕业要求9达成度评价结果表

毕业要求	指标点	支撑课程	课程达成度	评价结果（∑）
9	9.1	大学英语	0.204	0.759
		毕业实习	0.231	
		控制系统综合课程设计	0.324	
	9.2	科研训练	0.332	0.794
		体育	0.243	
		毕业设计	0.073	
		经济学原理	0.146	
	9.3	军事理论	0.225	0.804
		军事训练	0.336	
		科研训练	0.243	
	毕业要求9达成度评价结果			0.759

4.5　毕业要求达成度评价结果

毕业要求达成度评价结果有两种形式。

一是以一届毕业生作为一个评价周期，计算该届毕业生所有毕业要求达成度评价值中的最小值，作为本届毕业生毕业要求的达成度评价值。

二是以连续两届毕业生作为一个评价周期，相应的课程达成度评价也必须以连续两届毕业生作为一个评价周期，取连续两届中该课程对某条毕业要求指标点的达成度评价值的最小值作为支撑该条毕业要求指标点的达成度评价值，再按4.4节方法计算毕业要求的达成度评价值。

依据方式一或方式二计算的毕业要求的达成度评价值，对照达成标准，判定本届或连续两届毕业生毕业要求的达成情况。

如南京理工大学自动化专业毕业要求达成度评价结果采取第二种方式。表3给出了本专业2014—2015届毕业生对应的12项毕业要求达成度评价结果，其中毕业要求指标1达成度评价值最小，为0.704，因此，依据毕业要求达成度评价方法，确定2014—2015届本专业毕业生的达成度评价值为0.704。再依据《南京理工大学自动化专业毕业要求达成度评价实施办法》中的达成标准规定，本专业的合格标准为达成度评价值不小于0.68。由此可见，本专业对2014届与2015届学生的培养，其毕业要求已经"达成"。

表3　2014-2015届毕业生毕业要求达成度评价结果汇总表

序号	毕业要求	评价结果
1	毕业要求1：工程知识	0.704
2	毕业要求2：工程问题分析	0.718
3	毕业要求3：设计/开发解决方案	0.723
4	毕业要求4：研究	0.734
5	毕业要求5：使用现代工具	0.722
6	毕业要求6：工程与社会	0.771
7	毕业要求7：环境和可持续发展	0.760
8	毕业要求8：规范	0.780
9	毕业要求9：个人和团队	0.759
10	毕业要求10：沟通	0.737
11	毕业要求11：项目管理	0.754
12	毕业要求12：终身学习	0.753

5　结论

毕业要求达成度评价是工程教育认证考查的重要内容之一，通过系统、形成性和合理性的评价，为专业教育提供持续的改进依据，最终保证专业毕业要求的达成。本文以南京理工大学自动化专业为例，详细论述了毕业要求达成度的量化评价机制及评价方法，重点给出了基于课程考核成绩分析法的课程达成度和毕业要求达成度的评价方法。2016年南京理工大学自动化专业高质量通过了中国工程教育认证（2015版新认证标准），本文给出的毕业要求达成度评价方法仅是其中直接评价的部分，相应的间接评价诸如问卷调查、访谈等，可以作为直接评价的重要补充，在此由于篇幅限制未涉及。

总体而言，在对毕业要求达成度评价时，首先要明确教师的责任，推动落实教师责任是评价最为重要的目的。其次，要明晰学生的学习要求，学生应清楚自己毕业时应具备的知识、能力和素养。最后，要积极持续改进各项工作，依据评价结果，实现培养环节的全闭环反馈。人才培养是一个系统工程，也是一个时变动态过程，要时时反馈，不断修正，才能达到预期的人才培养目标。

References

[1] 邵辉,郭秀坤,毕海普,等. 工程教育认证在专业建设中的引领和改革思考[J]. 常州大学学报(社会科学

版), 2014, 15 (1): 104-107.

[2] 中国工程教育专业认证协会秘书处. 工程教育认证工作指南（2016 版）[M]. 北京：中国工程教育专业认证协会秘书处编印, 2016.

[3] 中国工程教育专业认证协会秘书处. 工程教育认证毕业要求达成度评价指导手册（试行）[M]. 北京：中国工程教育专业认证协会秘书处编印, 2016.

[4] 王世勇，董玮，郑俊生，等. 基于工程教育专业认证标准的毕业生毕业要求达成度评估方法研究与实践[J]. 工业和信息化教育, 2016 (3): 155-22.

[5] 付会龙，刘辉，张智超. 基于综合评分法的课程毕业要求达成度评价[J]. 教育现代化, 2016 (40): 159-160.

[6] 陈芳，郭娜. 民航安全工程专业毕业要求达成度改进建议[J]. 劳动保障世界, 2017 (11): 33.

基于课程教学考核的毕业要求达成度评价方法

戴 波 蓝 波 徐文星 刘建东 纪文刚

（北京石油化工学院 信息工程学院，北京 102617）

摘 要：课程体系的设计、实施、评价、改进构建了一个闭环控制系统，通过持续改进可以逐步实现专业毕业要求，当前这个实现过程中最薄弱的环节是评价，评价中采用定性评价的多、定量评价少；评价与目标的关联性较弱；源自课程体系和课程自身要素的评价少，整体的、模糊的评价多；评价主体往往不是学生而是教师或专家。为此文章制定了毕业要求，对毕业要求达成度计算与课程考核的关系进行了清晰的分析，提出了基于课程教学考核的毕业要求达成度评价方法，构建了毕业要求达成度评价体系，在自动化专业探索实践了毕业要求达成度评价，取得了很好的结果。

关键词：毕业要求；评价；达成；课程教学考核

The Evaluation Method of The Graduation Standards Achievements Based on the Course Teaching Assessment

Daibo, Lanbo , Xuwenxing, Liujiandong, Jiwengang

(College of Information Engineering, Beijing Institute of Petrochemical Engineering, Beijing 102617, China)

Abstract：The curriculum system's design, implementation, evaluation and improvement and other links can constitute a closed-loop control system, which adjusted by constantly improvement can gradually achieve the professional graduation standard. Now the weakest link to implement this process is evaluation, which usually includes more qualitative evaluation, less quantitative evaluation, and weak correlation between the target and evaluation, or less result for curriculum system and courses, and more overall and fuzzy evaluation, or taking teachers or experts as evaluation subjects but not the students. So, in this paper the graduation standards have been formulated, evaluation method for graduation requirement achievements based on course teaching assessment has been proposed, evaluation system for graduation requirement achievement has been constructed, and the whole evaluation for graduation requirement achievement has been explored and practiced in automation specialty, which have achieved excellent results.

Key Words：Graduation Standards; Evaluation; Achievements; Course Teaching Assessment

引言

成果导向教育（Outcome Based Education，OBE）由 Spady 等人[1]于 1981 年首次提出后，逐渐成为美国、英国、加拿大等国家教育改革的主流理念并被美国工程与技术教育认证协会（ABET）用于工程教育认证标准[2]。近年来各国高校对基于 OBE 理念的课程体系改革和评估体系构建做了大量工作，但是对教学成果的评价方法和达成度计算方法，在理论和实践等方面还存在很多不足。

Vijayalakshmi M. 等[3]使用评估准则和矩阵实现了基于产出的毕业要求教学性能评价。他们首先对每个毕业设计相关的课程制定课程学习目标，并将所有课程学习目标和毕业设计目标对应；然后对每一教学实施阶段设计评估准则，基于评

联系人：戴波. 第一作者：戴波（1962—），男，硕士，教授.

基金项目：北京高等学校教育教学改革项目（2014-ms157）.

估准则建立覆盖每个教学阶段所有属性/参数的评估矩阵，由评估团队和教师使用评估矩阵计算每一个目标的达成比例。Murray V.等[4]尝试训练本科生做科研提升训练并取得了成效。他们通过展示学生的工程项目解决方案或商业计划创建技术企业等成果验证了其科研提升训练方法的优越性。郭士清等[5]基于课程地图概念提出了成果导向课程规划模式。Makinda J.等提出了课程和培养方案产出矩阵分析方法[6]，该方法应用于马来西亚沙巴大学土木工程专业成果达成度评估，经过对不同批次学生的多轮评估验证了方法的有效性。马来西亚信息技术学院（MIIT）开发了计算机评估系统来关联和简化课程和培养方案产出评估过程，促进持续质量改进[7,8]。

我国在工程教育专业认证过程中各学校了探索实践了多种方法。李志义[9]在论述反向设计应遵循原则的基础上，构建了反向设计过程及主要环节图，提出了反向设计的思路、策略与要点，重点对怎样确定培养目标、毕业要求、指标点、怎样构建课程体系、怎样编写教学大纲等反向设计所涉及的几个关键问题进行了深入探讨，并给出示例。Zhou, Wei 等人[10]在探讨了机械工程专业学生毕业时所需的知识和能力的基础上，改进了教学过程和考核方式，并提出基于学校和社会评价的毕业要求达成度评价。邵辉等人[11]探索了毕业要求达成度定量评估机制和程序，并对安全工程专业的毕业要求达成度进行了评估实践。欧红香等人[12]在构建与组织实施毕业要求达成度评价体系的基础上，探索了毕业要求达成度定量评价，其以常州大学安全工程专业为例，从培养目标及毕业要求确定、评价机构与人员组建、课程体系与毕业要求对应关系以及大成都评价的实施等方面、分析了专业认证过程中达成度评价的实施要

点。但是在毕业要求达成度计算方面，还存在以下问题。

（1）对毕业要求达成度计算与课程考核的关系没有厘清，在概念和方法等方面还存在混淆，部分学校直接采用相关课程考核的平均得分推算达成度，没有体现达成度计算的意义和作用。

（2）对毕业生毕业要求达成度计算和课程毕业要求达成度计算的关系没有厘清，部分学校没有分清这两个达成度计算方法和作用的不同，达成度计算对课程、课程体系、毕业要求的持续改进的作用不明确。

（3）毕业要求达成度计算方法不完善，部分学校只考虑课程成绩或试卷上和指标点对应考题的得分情况，尚无基于课程所有考核方式的达成度计算方法。

为此我们探索实践了基于课程教学考核的毕业要求达成度评价方法。

1　毕业要求达成度评价的计算方法

达成度评价的标准是本专业毕业要求。达成度评价的基础数据来源于最基础教学活动的考核数据，即课程教学考核环节中对教学要点的考核数据，即考核得分点。达成度评价的对象是本科毕业生，是对毕业生经过培养方案规定的教学活动的学习产出进行评价，即毕业生的课程体系、课程、教学环节的学习产出的评价。

达成度评价的计算方法与课程考核成绩的计算方法，既不相同又密切相关。密切相关之处是两个方法都是从课程考核的得分点出发进行计算，不同之处在于计算的途径不相同，如图1所示。

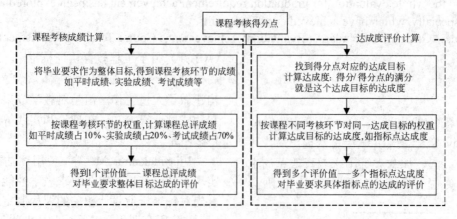

图1　达成度计算与课程考核成绩的关系

课程考核成绩的计算是将毕业要求作为一个整体目标进行计算，从课程考核的得分点先得到考核环节的成绩，再得到课程的总评成绩，整个过程均是对毕业要求整体目标的考核，没有明确区分具体指标点的达成，一门课对一个学生就一个评价值——总评成绩。

而达成度评价计算是对不同指标点分别计算，从考核的得分点开始就按不同的相关达成目标分别计算，一个考核环节可以得到多个相关指标点的达成度，一门课对一个学生可以得到多个评价值——不同指标点的达成度。

如果从课程考核总评成绩出发，先向下分解出指标点达成度，再反过来向上计算课程和课程体系的毕业要求指标点达成度，那么计算的结果只是用课程考核总评成绩对毕业要求指标点达成度进行了主观分解，不是对毕业要求指标点达成度进行的正确计算。

毕业要求指标点达成度计算的正确方法应该是从课程考核过程中的得分点出发，先计算得分点对应的达成目标的达成度，即得分除以得分点的满分，再按课程不同考核环节对同一达成目标的权重，加权累加计算课程的达成目标的达成度，如课程指标点达成度，进而再加权累加计算课程体系的指标点达成度。特别要注意的是，得分点应该是对课程教学要点的考核，课程的教学要点应该是对毕业要求指标点的分解，所以得分点计算的达成度应是教学要点达成度，这样设计的课程教学过程、课程、课程体系就能有效地实现对毕业要求的达成。所以计算毕业要求指标点达成度首先要分解毕业要求到指标点，再分解到教学要点，计算毕业要求指标点达成度就从课程考核得分点出发，先计算教学要点达成度、再计算指标点达成度，进而计算毕业要求达成度，如图 2 所示。

本专业毕业要求达成度计算方法如下：

第一步：制定毕业要求指标体系

将 12 项毕业要求分解成毕业要求、指标点、教学要点三级指标体系，分别作为课程体系、课程、教学环节三层次教学活动的教学目标。

第二步：建立教学目标与教学活动的关联关系，并设置合理的权重矩阵。

① 建立毕业要求与课程体系的关联关系，以强关联、一般关联、弱关联构建关联矩阵。设有 n 门课程支撑第 i 项毕业要求的达成。

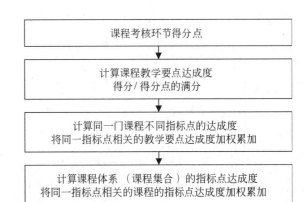

图 2　毕业要求达成度计算方法

② 建立指标点与课程体系的关联关系，以权重构建关联矩阵。设第 i 项毕业要求有 m 项指标点，课程 k 支撑第 i 项毕业要求的第 j 项指标点（下文简称为"指标点 i.j"）的达成，权重为 $W_{i,j,k}$。

③ 建立指标点与课程教学环节的关联关系，以权重构建关联矩阵。设课程 k 的第 p 项教学环节支撑"指标点 i.j"的达成，权重为 $F_{i,j,k,p}$。

④ 建立教学要点与课程教学环节的关联关系，以权重构建关联矩阵。设课程 k 的第 p 项教学环节支撑"指标点 i.j"的第 r 项教学要点的达成，权重为 $R_{i,j,r,k,p}$。

第三步：以教学要点实现为目标，制定教学环节考核评分标准，计算样本学生的教学要点达成度以教学要点的实现程度制定教学环节考核的考核评分标准，得到样本学生在教学环节中对教学要点的考核成绩与满分的比值。设课程 k 的第 p 项教学环节对"指标点 i.j"的第 r 项教学要点的考核成绩与满分的比值为 $S_{i,j,r,k,p}$，即为样本学生的教学要点达成度。

第四步：以指标点为目标，计算样本学生课程的指标点达成度

从课程教学环节中的教学要点达成度出发，根据教学要点与课程教学环节的关联关系，指标点与课程教学环节的关联关系，以及相应的权重系数，计算样本学生课程的指标点达成度。

① 计算教学及考核环节的指标点达成度

设样本学生课程 k 的第 p 项教学环节对"指标点 i.j"的第 r 项教学要点的考核成绩与满分的

比值为 $S_{i.j.r.k.p}$，加权累加第 p 项教学环节对"指标点 i.j"的所有教学要点的考核成绩与满分的比值，则样本学生第 p 项教学环节对"指标点 i.j"的达成度为 $H_{i.j.k.p}$，计算如式 1 所示。

$$H_{i.j.k.p} = \sum_r \left(R_{i.j.r.k.p} \cdot S_{i.j.r.k.p} \right) \quad (1)$$

② 计算课程的指标点达成度

加权累加课程 k 的所有教学及考核环节对"指标点 i.j"的达成度，则得到样本学生课程 k 对"指标点 i.j"的达成度为 $C_{i.j.k}$，计算如式 2 所示。

$$C_{i.j.k} = \sum_p \left(F_{i.j.k.p} \cdot H_{i.j.k.p} \right) \quad (2)$$

第五步：以指标点为目标，计算样本学生课程体系的指标点达成度

加权累加支撑"指标点 i.j"的所有课程的达成度 $C_{i.j.k}$，则得到样本学生课程体系的"指标点 i.j"的达成度 $I_{i.j}$，计算如式 3 所示。

$$I_{i.j} = \sum_k \left(W_{i.j.k} \cdot C_{i.j.k} \right) \quad (3)$$

第六步：以毕业要求为目标，计算样本学生课程体系的毕业要求达成度取第 i 项毕业要求的所有指标点达成度中最小值为第 i 项毕业要求的达成度 A_i，则样本学生毕业要求达成度为 A_i，计算如式 4 所示。

$$A_i = \underset{j}{\text{Min}} \left(I_{i.j} \right) \quad (4)$$

因为本专业毕业要求达成度的计算方法，是基于课程教学环节考核成绩，以毕业要求指标体系为目标，计算得出；而学生课程考核成绩也是基于课程教学环节考核成绩计算得出。我校《本科学生学习管理规定》中规定学生毕业时累计学分绩（GPA）达到 70 分，授予学士学位，所以本专业毕业要求达成度评价指标的"达成"标准，确定为每项毕业要求的评价目标值不低于 0.70。

2 毕业要求达成度评价过程

本专业毕业要求达成度评价过程包括分解毕业要求、设计教学活动、计算教学活动的达成度、持续改进教学活动、评价机制自我评估等环节，整个评价过程及体系如图 3 所示。

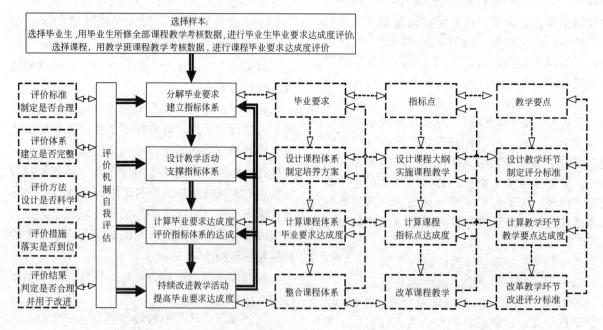

图 3 毕业要求达成度评价过程及体系

达成度评价首先要明确评价对象，评价对象有两类：毕业生和课程。如果对象是本科毕业生，则评价是对毕业生经过培养方案规定的教学活动的学习产出进行评价，即毕业生的课程体系、课程、教学环节的学习产出的评价，目的是评价毕业生毕业要求的达成度。如果对象是课程，则评价是依据毕业要求对课程教学效果进行评价，目的是评价课程教学的达成度。

本专业将毕业要求分解成毕业要求、指标点、教学要点三级指标体系，分别作为课程体系、课

程、教学环节三层次教学活动的教学目标；三层次教学活动的设计结果分别是专业培养计划（课程体系）、课程大纲、教学环节及考核评分标准；毕业要求达成度计算从教学环节对教学要点实现程度的考核数据开始，依次递推计算；根据计算过程数据，持续改进工作就落实在课程体系整合、课程教学改革、教学及考核环节改进等三方面。评价机制的自我评估从评价标准制定是否合理、体系建立是否完整、方法设计是否科学、措施落实是否到位、结果判定是否合理、是否用于持续改进等方面进行。

2.1 毕业要求达成度评价机制自我评估

（1）建立了利益相关方参与的评价机制

利益相关方包括企业等用人单位、学生、教师、专家、教育管理部门等，为建立合理的毕业要求达成度评价机制，本专业建立了利益相关方参与的评价机制。

（2）构建了结构完整合理的评价体系

评价体系的主线是从毕业要求出发，分解毕业要求、设计教学活动、计算教学活动的达成度、持续改进教学活动，使教学活动的产出达到毕业要求的标准，同时经过评价机制的自我评估保证评价体系的合理性。

（3）设计了科学合理的评价方法

本专业根据评价对象、内容、目的的不同，分别采用课程考核分析、评分表分析、问卷调查等方法进行评价。对毕业要求达成度计算采用课程考核分析法。对学生课程学习完成后学习产出的自我评价采用评分表分析法。对毕业生和用人单位采用问卷调查方式进行评价。

（4）实施了措施落实到位的评价过程

本专业将评价工作分层次、分解落实到责任人，并制定了具体的工作步骤、工作内容和工作方法，整个评价过程的各项措施落实到位。

（5）制定了评价判定的合理标准，并用于持续改进

2.2 分解毕业要求建立指标体系

本专业将这 12 条毕业要求作为 1 级指标，进一步分解产生了 2 级指标和 3 级指标，建立了由毕业要求、指标点、教学要点组成的毕业要求三级指标体系，如表 1 所示。1 级指标（毕业要求）重点用于反向设计课程体系，明确课程的教学目标，评价课程体系的实施效果，实施成果导向的培养模式改革、课程体系整合等教学改革；2 级指标（指标点）是对一级指标的分解，重点用于反向设计课程教学大纲，明确教学环节的教学目标，评价课程教学效果，实施成果导向的课程教学内容、教学方法以及考核方式等课程教学改革；3 级指标（教学要点）是对 2 级指标的分解，是在课程中落实 2 级指标的教学要点，重点用于理解、落实 2 级指标，明确教学考核标准，3 级指标往往更接近教学内容、知识要点、教学方法和具体教学要求，便于毕业要求指标体系的实施和落实。

表 1　毕业要求三级指标体系（部分）

毕业要求（1 级指标）	指标点（2 级指标）	教学要点（3 级指标）
…………	…………	…………
2.问题分析：具有运用相关知识对自动化系统工程设计、产品集成、运行维护、技术服务复杂工程问题进行识别和提炼、定义和表达、分析和实证及文献研究的能力，并能获得有效结论	2.1 自动控制系统对象、各环节及系统的数学描述、分析、建模能力；	①物理、化学系统的数学描述、建模、分析、求解及实验验证能力；②机电系统、化工及流程工业系统的数学描述、建模、分析、求解及工程实践能力；③自动控制系统机理建模方法及能力；④自动控制系统实验建模方法及能力；⑤时域、复域、频域等各类数学模型的表达和转换。
	2.2 电子类自动化产品功能、结构、系统分析能力；	①模拟、数字电路分析；②接口及相关外围设备的软硬件分析；③电子电路仿真软件分析；④电子系统功能与指标、结构与规模、开发成本与时间分析。
	2.3 自动控制系统原理、结构、系统和工程分析能力；	①线性连续系统的时域分析、根轨迹分析、频域分析和状态空间分析；②线性离散系统分析；③非线性控制系统分析；④多变量控制系统分析；⑤典型工业过程控制系统分析；⑥先进控制系统分析。
	2.4 自动化产品和自动化系统工程的文献整理和研究能力。	①自动化产品和自动化系统工程的相关文献、技术资料、数据库及常用信息来源；②技术文献、资料、各类信息的整理、分类、研究，并能获得有效结论。
……	……	……

2.3　设计教学活动支撑指标体系实现

（1）以毕业要求为目标反向设计课程体系。

本专业毕业要求达成是通过反向设计合理的课程体系实现的，课程体系对毕业要求的支撑是通过每门课程来落实。通过将课程与毕业要求指标点关联，实现对毕业要求的达成。将毕业要求按指标点展开，利用矩阵形式建立毕业要求指标点与课程的关联关系，关联程度采用权重系数 $W_{i,j,k}$ 表达，对强关联设置大于 0.5 的权重系数，对一般关联设置 0.2～0.4 的权重系数，对弱关联设置 0.1 的权重系数，要求每项毕业要求指标点所对应的所有支撑课程的权重系数累加和为 1。

（2）以指标点为目标合理设计课程教学大纲。

细化课程教学，设计课程教学环节，建立指标点与课程教学环节的关联关系。对每门课程细化课程教学及考核环节，设计课程教学内容、教学方式、考核方式，制定以毕业要求指标点达成为目标的课程教学大纲，利用矩阵形式建立毕业要求指标点与课程教学及考核环节的关联关系，关联程度采用权重系数 $F_{i,j,k,p}$ 表达，强关联度的设置大于 0.5 的权重系数，一般关联的设置 0.2～0.4 的权重系数，弱关联的设置 0.1 的权重系数，每项毕业要求指标点所对应的所有教学及考核环节的权重系数累加和为 1。例如课程"电子工程设计"的毕业要求指标点与课程教学及考核环节的关联关系如表 2 所示。

表 2　"电子工程设计"毕业要求指标点与课程教学及考核环节的关联关系

课　程		"电子工程设计"								
毕业要求	指标点	1.5 电子类产品自动化设计、制造、维修、服务等所需的系统工程知识及能力	2.2 电子类自动化产品功能、结构、系统分析能力	3.2 具有健康、安全、环境意识的电子类自动化产品设计能力	5.1 常用电子仪器仪表使用及电子类自动化产品制作、调试与测试能力	9.1 多学科背景环境下正确理解个人与团队的关系，组建有效的团队	9.3 理解团队成员与负责人的角色，具备一定的团队领导能力	10.2 能够就自动化领域复杂工程问题与业界同行及社会公众进行有效的书面和图表交流、口头表达和人际交流、电子及多媒体交流	11.1 理解并把握工程项目管理、经济决策的整体架构	11.2 理解工程项目的时间及成本管理、质量及风险管理、以及人力资源管理，并应用于多学科环境的工程实践中	Σ
	课程对指标点的权重系数	0.1	0.2	0.3	0.3	0.1	0.1	0.2	0.1	0.1	1.5
教学及考核环节		教学及考核环节对指标点的权重系数									课程成绩
方式	权重										
常用电子仪器设备使用和基础实验操作	0.05				1						1
软硬件验收	0.6		0.1	0.6	0.2				0.1		1
答辩	0.1				0.4			0.6			1
考试	0.1	0.1		0.5	0.2		0.1			0.1	1
报告撰写	0.1				0.2			0.8			1
团队合作考核	0.05					0.6	0.4				1
权重Σ		1	0.1	0.1	1.1	2	0.6	0.5	1.4	0.1	0.1
指标点达成度											

（3）以教学要点为目标，合理设计教学环节的考核标准。

课程教学环节就是根据相关指标点的相关教学要点实施教学，教学要点的实现程度就决定了相关教学环节的教学质量，所以本专业以每门课程相关的指标点的教学要点合理设计教学环节，以教学要点的实现程度考核教学环节，制定了以教学要点达成度为考核目标的教学环节考核评分标准，教学要点考核得分除以设定满分即为教学要点达成度。

例如课程"电子工程设计"的"软硬件验收"教学及考核环节的考核评分标准如表 3 所示。

表 3　课程"电子工程设计"的"软硬件验收"教学及考核环节的考核评分标准

教学及考核环节			软硬件验收							
				完成情况						教学要点达成度
序号	教学要点	权重	评分标准（五分制）	很好	较好	中等	一般	较差	得分	
1	2.2-③电子电路仿真软件分析；	8%	1）熟练使用 Multisim：a.绘制原理图，b.会利用各种虚拟仪器仪表对电路进行仿真，c.能进行数据分析，并据此改进电路；	5	4	3	2	1		得分/满分
2	2.2-④电子系统功能与指标、结构与规模、开发成本与时间分析	2%	2）了解系统的总体功能、各单元模块功能以及各项设计指标；	5	4	3	2	1		得分/满分
3	3.2-①电子系统结构设计；	10%	1）稳压电源电路输出电压误差小于三端稳压器标称电压值±5%； 2）信号调理电路输出值误差±5%以内； 3）控制驱动电路需满足温度在设定值的±2℃以内； 4）ADC 可采集随温度成比例变化的数据，从10℃～90℃，按照 10℃步进，误差在 2℃内合格；	5	4	3	2	1		得分/满分
4	3.2-②模拟、数字电路模块软硬件设计	50%	5）DAC 波形幅度小于±9V，无双向削顶或偏向一侧等畸变现象； 6）单片机可输出片选信号和地址信号； 7）显示和键盘可正常点亮显示数字并正确识别所按按键的行列值。	5	4	3	2	1		得分/满分
5	5.1-②电路板设计、制作、焊接与调试；	14%	1）熟练使用 PROTEL 软件：a.绘制原理图，b.绘制手动布线图，c.绘制自动布线图； 2）布局、走线与焊接质量：布局合理，走线规范，无漏焊、虚焊、偏焊、焊点过大等；	5	4	3	2	1		得分/满分
6	5.1-③PROTEL 等常用工程软件使用；	3%	3）温度测量系统：温度设定为 50℃，连续测试 3 次，温度变化范围在 1℃内为优秀，在 1℃～2℃之间为良好，在 2℃～3℃之间合格，超过 3℃为不合格； 4）开环温度控制系统：a）运行程序，温度随按键动作变化，范围在 10℃～90℃，b）温度显示，控温的同时显示当前温度，误差在±2℃，每增加 1℃下调一档，c）数据显示，控温同时显示与温度变化趋势相同的 DAC 数据；	5	4	3	2	1		得分/满分
7	5.1-④系统软硬件联调和测试	3%	5）闭环温度控制系统：a）运行程序，可实现5℃～90℃范围内任意温度控制，每差 2℃每下调一档，b）超时，目标温差不小于 10℃，稳定期在 90 秒内，每超时 15 秒下调一档，c）温度显示，温度显示，控温的同时显示当前温度，误差在±2℃，每增加 1℃下调一档。	5	4	3	2	1		得分/满分
8	11.1-①分析、确定系统目标、功能、结构；	5%	1）从项目管理的角度，分析、明确系统的目标、功能和结构；	5	4	3	2	1		得分/满分
9	11.1-②分析、确定合理的系统技术性能指标	5%	2）从项目管理的角度，分析、明确系统的各项性能指标。	5	4	3	2	1		得分/满分
总评										

2.4　计算毕业要求达成度

计算毕业生毕业要求达成度，从毕业生所修全部课程的教学环节考核数据开始计算，根据教学环节与教学要点、课程与指标点、课程体系与指标点、课程体系与毕业要求的关联关系，分层次、分步骤地计算毕业生毕业要求达成度，计算步骤如图 4 所示。

（1）计算毕业生所修课程教学环节的教学要点达成度。

教学环节的教学要点达成度计算包括教学要点达成度计算和指标点达成度计算。利用教学环节考核评分标准，对教学要点进行考核，考核得分除以满分即为教学要点达成度。对该教学环节中，某项指标点涉及的全部教学要点进行教学要点达成度计算，然后利用其权重系数 $R_{i,j,r,k,p}$，加权累加，计算该教学环节的某项指标点达成度。

（2）计算毕业生所修课程的指标点达成度。

在完成某门课程所有教学环节的指标点达成度计算的基础上，利用该课程毕业要求指标点与课程教学及考核环节关联关系的权重系数 $F_{i,j,k,p}$，加权累加，计算毕业生课程的指标点达成度，计算过程中要注意对每列教学及考核环节对指标点

的权重系数 $F_{i,j,k,p}$ 进行归一化处理。计算每个毕业生"电子工程设计"课程的指标点达成度。课程的指标点平均达成度也可直接计算。

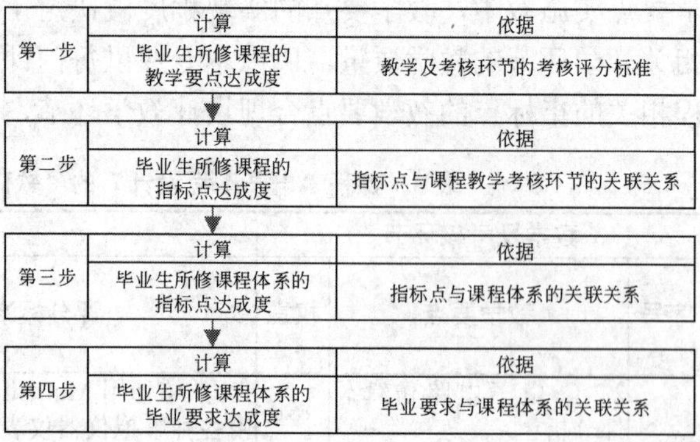

	计算	依据
第一步	毕业生所修课程的教学要点达成度	教学及考核环节的考核评分标准
第二步	毕业生所修课程的指标点达成度	指标点与课程教学考核环节的关联关系
第三步	毕业生所修课程体系的指标点达成度	指标点与课程体系的关联关系
第四步	毕业生所修课程体系的毕业要求达成度	毕业要求与课程体系的关联关系

图 4　教学活动的毕业要求达成度计算步骤

（3）计算毕业生所修课程体系的指标点达成度。

在完成毕业生某项指标点所有支撑课程的指标点达成度计算的基础上，利用指标点与课程体系关联关系的权重系数 $W_{i,j,k}$，加权累加，计算得到每个毕业生所修课程体系的指标点达成度，如表 4 所示。

表 4　指标点 3.3 的达成度计算表

序号	指标点 i.j 课程 $W_{i,j,k}$	3.3 PLC、DCS、FCS 控制系统组态、软件设计与调试能力		课程体系指标点达成度
		DCS/PLC/FCS 原理与应用 A	DCS/PLC/FCS 原理与应用 B	
		0.5	0.5	
...	...	...	...	...
12	王××	0.56	1.00	0.78
13	张×	0.78	1.00	0.89
14	李××	0.74	1.00	0.87
15	梁××	0.53	1.00	0.76
16	张××	0.69	1.00	0.85
17	洪××	0.89	1.00	0.94
18	汪××	0.70	1.00	0.85
19	刘××	0.64	1.00	0.82
20	王××	0.84	1.00	0.92
21	张××	0.64	1.00	0.82
22	张×	0.69	1.00	0.84
...	...	...	...	...
2015 届平均		0.71	0.85	0.78

（4）计算毕业生所修课程体系的毕业要求达成度。

经过毕业生所修课程体系的指标点达成度计算，得到第 i 项毕业要求的全部指标点的达成度 $I_{i,j}$，则第 i 项毕业要求达成度 A_i。就取其全部指标点评价值的最小值。

2.5　分析毕业要求达成度评价结果

对本专业最近一届（2015 届）毕业生进行毕业要求达成度计算，课程体系中的课程只计算毕业生共同的必修课程，课程与指标点的权重系数不变，当权重系数累加不为 1，做归一化处理。

2.6　持续改进教学活动提高毕业要求达成度

毕业要求达成度计算是对学生教学活动的学习产出是否达到毕业要求进行的定量评价，评价的目的是持续改进学生教学活动。为此，本专业根据毕业要求达成度计算结果，在毕业要求指标体系制定、课程体系整合、课程教学改革等三个方面，对专业教学活动进行了持续改进。

3　结论

本文探索实践的毕业要求达成度评价方法，用于本科毕业学生，可评价专业毕业生是否达到本专业毕业要求规定的质量标准，分析并找到本专业毕业生达到本专业毕业要求规定的质量标准的薄弱项，据此推动本专业教学活动的持续改进，以保证所培养的毕业生达到本专业制定的毕业要求；用于课程，可评价课程教学对毕业要求的达成度，分析并找到课程教学达到本专业毕业要求规定的质量标准的薄弱项，据此推动课程教学活动的持续改进。该方法用于我校自动化专业工程教育专业认证取得了很好的效果。

References

[1] Spady W. Choosing Outcomes of Significance[J]. Educational Leadership，1994，51(6): 18‐22.

[2] Husna Z. A., Norlaila O., Hadzli H., Mohd F. A. L., Muhammad M. O., Outcome Based Education Performance Evaluation on Electrical Engineering laboratory module", 2009 International Conference on Engineering Education (ICEED 2009), Kuala Lumpur, Malaysia December 7-8, 2009: 153-158.

[3] Vijayalakshmi M., Desai P. D., G. H. Joshi. Outcome based education performance evaluation of capstone project using assessment rubrics and matrix, 2013 IEEE International Conference in MOOC Innovation and Technology in Education (MITE), 2013: 6-10.

[4] Murray V., Matsuno C., Montes H., Bejarano A.. Proceedings from research as a new learning outcome in undergrad engineering programs, 2015 IEEE 7th International Conference on Engineering Education (ICEED), Kanazawa, 17-18 Nov. 2015: 73-78.

[5] 郭士清，庄宇，颜兵兵. 基于成果导向与课程地图理念的高校课程规划探究[J], 高教论坛, 2016 (1)：60-63.

[6] Makinda J.,Bolong N., Mirasa A.K and Ayog J.L., Assessing the Achievement of Program Outcome on Environment and Sustainability: A Case Study in Engineering Education, 2nd Regional Conference on Campus Sustainability: Capacity Building in Enhancing Campus Sustainability. Universiti Malaysia Sabah, Kota Kinabalu, Malaysia. 7th-8th April 2015: 47-56

[7] Zulfadli. OBE Measurement System in Malaysian Institute of Information Technology Universiti, Kuala Lumpur, 2014 5th International Conference on Intelligent Systems, Modelling and Simulation, Langkawi, 27-29 Jan. 2014: 12-17.

[8] Dai B., Liu J., Ji W., Han Z., Liu H.，et al., Exploration and practice of the CDIO engineering education reform control system, Proceedings of the 10th International CDIO Conference, Universitat Politecnica de Catalunya, Barcelona, Spain, June 16-19, 2014.

[9] 李志义. 成果导向的教学设计[J], 中国大学教学, 2015（3）：32-39.

[10] Zhou Wei, Yan Xing-chun, Lin Li-hong. The Formulation, Implementation and Evaluation of Mechanical Engineering Students Graduation Requirements Based on Engineering Education Accreditation-Taking Chongqing University as an example, International Conference on Advanced Education Technology and Management Science (AETMS), Hong Kong, PEOPLES R CHINA, 01-02 Dec,2013: 352-358.

[11] 邵辉，陈群，徐守坤，等. 安全工程专业毕业要求达成度定量评估——基于跟进式教育理念的视角[J]. 常州大学学报社会科学版, 2015, 16（3）：114-117.

[12] 欧红香，葛秀坤，邢志祥. 毕业要求达成度评价体系探究——以安全工程专业认证为例[J]. 黑龙江教育（高教研究与评估）, 2015（10）：4-5.

面向工程教育专业认证的电力电子课程
综合改革研究与实践

张凯锋　吴晓梅　包金明　魏海坤

（东南大学 自动化学院，江苏 南京 210096）

摘　要：基于工程教育专业认证理念，特别是产出导向，面向行业需求，并结合研究型大学、自动化专业的特点，分析自动化专业《电力电子技术》课程传统教学模式存在的问题。同时，针对分析出的问题，从教学内容、实验方式、作业方式、考核方式 4 个方面提出相关改革措施。近两年的实践效果初步表明，有关改革思路和措施可有效提高教学效果，特别是增强学生解决复杂工程问题的能力。

关键词：工程教育专业认证；电力电子技术；教学改革

Engineering Education Certification-Oriented Teaching Reform and Practice of Power Electronics

Kaifeng Zhang, Xiaomei Wu, Jinming Bao, Haikun Wei

(School of Automation, Southeast University, Nanjing 210096, Jiangsu Province, China)

Abstract：Based on the ideas of engineering education certification, especially the ideas of OBE (Outcome Based Education) and meeting the requirements of engineering, the shortcomings of traditional teaching mode of power electronics technology are analyzed. Meanwhile, the characteristics of researching university and automation specialty are considered. Then, aiming at the shortcomings, some reforms are proposed from the respects of teaching material, experiment design, homework design and scoring mode. The practice of recent two years reveals that the validity of above ideas and methods, which can get satisfactory teaching results and can improve students' ability of solving complex engineering problems.

Key Words：Engineering Education Certification；Power Electronics Technology；Teaching Reform

引言

中国开始工程教育专业认证工作已经超过十年。2016 年 6 月在马来西亚吉隆坡市举行的国际工程联盟年会上，我国成为《华盛顿协议》第 18 个正式成员，这表明我国的工程教育专业认证工作已经得到了国际社会的认可，同时也说明工程教育专业认证工作的开展对于提高我国工程教育人才培养的质量，促进工程教育创新与改革，已经发挥了重要作用[1]。

近年来随着国内工程教育专业认证工作的开展，面向认证要求的课程综合改革受到了很大重视[2~5]。笔者所在东南大学自动化专业于 2016 年提出工程教育专业认证申请，专家于 2017 年 6 月进校考查。笔者一直以来承担自动化专业"电力电子技术"课程的教学工作。在接触工程教育专业认证理念、面对工程教育专业认证考查的过程中，认识到"电力电子技术"课程传统的教学模式与工程教育专业认证的理念和标准相比存在明

联系人：张凯锋. 第一作者：张凯锋（1977—），男，博士，教授.
基金项目：自动化类教指委高等教育教学改革研究课题（2015）；东南大学教学改革研究项目（2015-45）.

显的差距。在前期工作中，针对存在的问题，笔者开展了一些改革和实践工作，本文对此进行介绍和讨论。

1　工程教育专业认证对"电力电子技术"课程的改革要求

工程教育专业认证最核心的理念有：以学生为中心的教育理念，即把全体学生学习效果作为关注的焦点；产出导向（Outcome-based Education, OBE）的教育取向，即教学设计和实施目标是保证学生取得特定学习效果；持续改进的质量文化，即建立"评价、反馈、改进"闭环，形成持续改进机制[6]。

比照工程教育专业认证的理念和要求，对每一门课程，包括《电力电子技术》，就需要提出以下典型要求：是否明确了教学目的，即对哪些毕业要求形成达成度？可以进行达成度评价吗？如何进行达成度评价？是否通过教学活动为培养学生具备解决"复杂工程问题"的能力做出了贡献？

东南大学自动化专业结合工程教育专业认证的要求制定了培养目标和毕业要求，其中"电力电子技术"对应的指标点有2点，分别为：

① 工程知识：具有从事自动化工程所需的数学、自然科学、工程基础和专业知识，并能够综合应用这些知识解决自动化工程领域复杂工程问题。

指标点1.3：掌握反馈控制等专业基础知识，能针对自动化工程问题进行软硬件分析与设计。

② 问题分析：能够应用自动化工程相关的数学、自然科学和工程科学的基本知识，并通过文献及调研，对自动化工程领域的复杂工程问题进行建模与分析，掌握对象特性。

指标点2.2：能够应用专业基础知识，建立自动化工程对象的简单模型，并分析对象特性。

对应的权重分别为：0.1 和 0.15。

基于此，便可明确工程教育专业认证对"电力电子技术"课程的要求。

2　"电力电子技术"课程传统的教学模式存在的问题

2.1　存在的具体问题

毋庸置疑，在未接触工程教育专业认证理念之前，"电力电子技术"的教学工作是基于传统的理念。对照工程教育专业认证，"电力电子技术"课程传统的教学模式存在以下问题和不足。

（1）在教学内容和考核方面，过于重视细节，对电力电子系统整体性的重视不够。

电力电子技术是电子、电工和控制三门学科的综合，"电力电子技术"课程是一门综合性、应用性、实践性很强的课程。但是在以前的教学过程中，过于重视一些技术细节，例如电力电子器件、四种基本电路原理与分析、触发器等。相比之下，对于电力电子系统整体性的重视不够。实际上，我们分析国内大部分教材，感觉这也是国内普遍存在的教学情况。

例如，在自动化专业开设"电力电子技术"课程的重要目的是让学生掌握电力电子技术在整个控制框架中的作用，但是这一点却没有很好地反映在教学内容和考核上。就典型的整流电路而言，基本没有教学内容和教材涉及考虑控制器（即便是简单的 PID 控制器）的整流电路设计与分析。这样一来，即便学生学习了电力电子技术，也很难直观和深入地理解电力电子技术在实际工程中到底有何用？如何用？

（2）在实验方面，对硬件动手能力的重视不够

在以前的实验方案设计中，大部分的实验操作是重复性的实验，学生缺乏实际动手能力的培训（例如亲手从底层元件开始焊接一个电力电子电路）。其实，从国内典型实验仪器的产品来看，这种情况也比较普遍。

（3）在作业方面，对分析、设计的重视不够

从知识点的难度看，基本知识点（如电力电子器件特性、四种基本电路原理与分析、触发器等）比较简单，但是对电力电子电路进行整体性的设计和分析则相对较难。以前的书面作业没有重视此方面的训练。当然，这也是由于传统的纸面作业很难对学生这方面的能力进行培训。

2.2　问题小结

工程教育专业认证要求通过"电力电子技术"课程，培养学生的软硬件分析与设计能力（指标点1.3）、建模和分析对象特性的能力（指标点2.2）。但是，原先教学中却没有对这些方面给予明显和足够的重视。

在此需要说明的是，上述问题并不是全盘否定了原先的教学内容（如电力电子器件特性、四种基本电路原理与分析、触发器等），原先这些内容仍然是基础的、重要的。这里想纠正的是不能过于强调这些基础知识和训练，而忽视更高的要求（即软硬件分析与设计能力、建模能力等）。而这些更高的要求恰恰也是工程教育专业认证强调的。

3 面向工程教育专业认证的综合改革内容

3.1 在教学内容方面，重视对电力电子系统整体性的培训

一些原有的教学内容，由于是一些旧的技术，现在已经不大使用，或者不合适自动化专业的学生，被精简或删除，例如：复杂的强迫换流电路分析、传统基于分立元件的触发电路详细分析、基于交流变换的变频电路等。

与此同时，一些新的技术和应用被加入进来。例如：风力发电机和太阳能光伏发电中的电力电子电路、SVC 中的电力电子技术、HVDC 中的电力电子技术等。同时，在课堂上还添加了有关基于 MATLAB/SimPowerSystems 软件的仿真培训。

为平衡课时，在教学过程中还加大了对学生课后自学和复习的要求。

3.2 在实验方面，重视对学生硬件动手能力的培训

首先在前些年，针对厂家仪器设备的不足（可视化不够，只能进行简单实验等），实验员和教师就已经结合综合课程设计、本科毕业设计等，开发了一些设备，例如模拟触发器、可控硅整流桥、PWM 调光模块等。其中可控硅整流桥实验装置如图 1 所示。

图 1 自主设计的可控硅整流桥实验装置

所开发的上述设备可很好地满足可视化的要求。在此基础上，结合工程认证的要求（培养学生的软硬件分析与设计能力），任课教师和实验员开始着手进行实验改革，具体措施和要求包括：

（1）除了基本实验外，要求学生分组进行硬件设计；

（2）每组学生只进行一个硬件设计；

（3）硬件设计课题分难度，并可以基于前期工作（主要是本科毕设）提供的设计资料；

（4）每组学生完成从整体设计、购买元器件、设计电路板、焊接、测试等一系列工作。

教学实践表明，上述措施极大地提高了学生的动手能力和学习兴趣。

3.3 在作业方面，重视基于 MATLAB 的仿真作业

考虑到传统的纸面作业难以训练学生对电力电子电路进行整体性设计和分析的能力，为此特别重视了基于 MATLAB/SimPowerSystems 软件的仿真作业。仿真作业包括：

（1）MATLAB 学习报告

（2）单相全控桥式整流电路仿真

（3）三相全控桥式整流电路仿真

（4）三相全控桥式整流电路仿真进阶

（5）单相交流调压电路仿真

（6）单相交流调压电路仿真进阶

（7）直流变换器的基本电路

（8）各种电力电子器件性能比较

（9）PWM 整流逆变电路仿真

可见，仿真作业涵盖了基本的四种电力电子电路。同时在安排作业的过程中，也针对了不同学生水平进行了针对性的安排。例如：可以基于 MATLAB 的一些示例电路分析，或做简单修改，或重新搭建电路；可以根据水平设计简单控制器，或设计复杂控制器。

典型的包括闭环控制器的仿真图形如图 2 所示。

教学实践显示，基于 MATLAB/SimPower Systems 软件的仿真培训可以方便地让学生掌握分析和设计电力电子电路的能力，有利于提高学生的学习兴趣，有利于学生对电力电子系统有整体性的把控，也有利于学生更深入地理解和掌握电力电子技术基本知识。

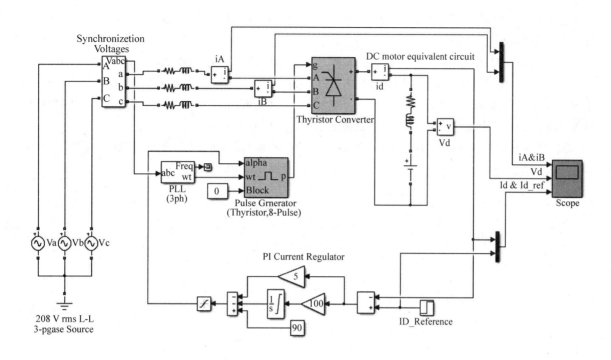

图 2　典型的带闭环控制器的电力电子仿真电路

3.4　在考核方面，重视结合认证要求指标点进行综合考核

随着教学环节的改变（重视仿真作业、重视硬件实验），教学目标的改变（重视分析与设计、重视建模），考核要求就需要进行对应的改变。原先"电力电子技术"课程的考核成绩构成是期末测试占 70%，实验占 20%，平时占 10%。特别是，原先的期末测试过多地重视了基础知识的测试，原先的实验过多地重视重复性的验证性实验，原先的平时成绩过多地重视考勤和简单的书面作业。这样的考核显然难以适应工程教育专业认证的要求。

改革后的考核成绩组成是：期末考试成绩占50%，实验占 30%，平时随堂测试、课堂表现和作业（包括仿真作业）占 20%。显然，综合考核方案更能全面、客观评价学生的达成度。

4　结论和展望

东南大学自动化专业关注工程教育专业认证理念，进行相关改革工作已经有近两年的时间。两年来结合"电力电子技术"课程的改革与实践工作表明：

（1）所做工作可有效提高学生的工程能力，特别是可增强学生解决复杂工程问题的能力。这在后续的综合课程设计及毕业设计中有所体现。

（2）有关改革工作可有效提高学生的学习兴趣。这主要是因为一些内容可以让学生切实体会到，所学内容，所受的培训是和实际工程相关的，对将来从事实际工程工作是有益的。

同时，笔者也认识到了探索过程中发现的一些问题和不足，应该在后续工作中持续改进，主要包括：

（1）对硬件设计实验的强调依然不够。如何进一步通过优化课程，优化学生的课堂课余时间，来更大力地培训学生的动手能力、硬件实践能力，需要更好的措施。

（2）如何针对不同水平的学生，设计不同难度的硬件设计实验，并确保最低程度的达成，需要探索。

（3）如何将更为深入的控制知识引入电力电子电路的仿真设计与分析中，需要探索。

References

[1]　栗俊广，白艳红，张华. 工程教育专业认证背景下食

品工艺学实习课程教学改革的探索[J]. 轻工科技，2017（5）：140-141.

[2] 刘桂香，曹林洪，温建武，等. 工程教育专业认证背景下功能材料专业实验教学内容改革初探[J]. 大学教育，2017（3）：36-37.

[3] 陈振学，刘成云，常发亮. 工程教育背景下"检测技术"教学改革探讨[J]. 电气电子教学学报，2013，35（1）：36-37.

[4] 贾鹤鸣，戴天虹，吴迪. 工程教育专业认证体系下自动化专业人才培养模式的探索与思考——以东北林业大学为例[J]. 教改教法，2016（1）：48-49.

[5] 刘宝，任涛，李贞刚. 面向工程教育专业认证的自动化国家特色专业改革与建设[J]. 高等工程教育研究，2016（6）：48-52.

[6] 中国工程教育专业认证协会秘书处. 工程教育专业认证工作指南（2016 版）.

基于专业认证的地方高校自动化专业人才培养模式构建

李澄非，梁淑芬，陈鹏，李华嵩

（五邑大学，广东 江门 529020）

摘　要： 本文以地方高校自动化专业人才培养为研究对象，针对五邑大学提出 "发展高水平应用型工科大学，服务实体经济" 的建设目标，结合当前的专业认证工作，探讨了人才培养方案的制订，确定人才培养目标、毕业要求、课程体系等相关内容。

关键词： 地方特色；自动化专业；工程教育认证；人才培养方案

Exploration on the Talent Cultivation Mode of Animation Specialty in Local University under the System of Engineering Education Certification

Chengfei Li, Shufen Liang, Peng Chen, Huasong Li

(Wuyi University, jiangmen 529020, Guang Province, China)

Abstract: The development goal in Wuyi University is to construct high level application-oriented engineering university and serve the local real economy, so this paper explored automation major talent cultivation mechanism based on engineering education certification. Training objectives, training plan and implementation oriented to local industry economy development are determined.

Key Words: Local Characteristic; Automation Major; Engineering Education Certification; Talent Cultivation mode

引言

2016 年 6 月中国正式成为 "华盛顿协议" 的会员国，各个高校对专业认证的工作更加重视。五邑大学地处侨乡，周边有地方引进南方教育装备创新产业城。又有 "珠西智谷" 作为教育装备产业平台。珠西智谷又是广东省珠西战略重要载体之一。而依据五邑大学建设广东省高水平应用型大学及服务地方实体经济的发展目标及 "十三五规划"，结合广东产业规划-珠江西岸区域重点发展先进制造业战略布局和江门 "十三五" 发展规划，急需工程型复合人才。"华盛顿协议" 是最有影响力的工程教育认证联盟，通过此协议认证，

是工程教育专业合格的标准及规范。因此专业认证是人才培养质量的需求，是从事工程工作，成为工程师的需求，同时也是国际人才流动，互认学位质量，学生出国就业的需求[1~3]。专业认证的核心理念是产出导向，学生为中心，持续改进的机制[4]，所以针对专业认证工作的实施，重构人才培养方案是当前首要问题。

1　专业认证下重构人才培养方案及改革措施

1.1　专业认证下，重构特色鲜明、服务地方产业的人才培养方案

在重构人才培养方案工作中，针对学校提出的 "应用型人才培养特色鲜明、服务地方产业发

展能力突出的广东高水平工科大学"的发展目标，构建支撑地方发展的学科专业体系，建立支撑产业发展需求的科技创新体系，提升应用型人才培养质量。在人才培养方案制订中，结合专业认证，根据本专业的定位、特点、发展和未来需求，以及学生在社会中的职责和角色，制定培养目标；并根据学生应具备的全部知识、能力和素质要求制定毕业要求（依据工程教育通用标准 12 条毕业要求）；根据学生毕业要求，并引入校政行企参与制定人才培养质量标准；并将创新创业能力作为评价人才培养质量的重要指标。

1.2　重构人才培养方案，改革课程体系

根据学校的要求，人才培养方案课程体系按照"理顺公共课程、规范基础课程、整合大类专业平台课程、创新专业模块课程、强化专业实践课程、改革公选与通识课程、构建创新创业教育课程、打通跨专业交叉课程"等八大课程体系构建，融入与应用型人才培养相适应的扁平化课程设计理念，建立以提高学生综合实践能力和创新创业能力为主导的满足学生毕业要求的课程体系。通过一体化课程计划设计，建立与培养标准的匹配矩阵。

设置创新创业教育模块，开设面向全体学生的创新性思维与研究方法、学科前沿、创业基础、就业创业指导等方面的必修课和选修课。

增加创新创业实践学分要求，在培养方案中设置 5～6 个相关创新创业实践必修与选修学分，将学生参与课题研究、项目实验、学科及科技竞赛、创新创业训练项目、发表论文、申请专利等予以量化评价并转换成相应学分。

2　专业认证下的人才培养改革内容

专业认证背景下，人才培养方案的重构主要体现在培养目标、毕业要求、课程体系改革，重点体现在进一步加大实践环节。

2.1　人才培养方案培养目标及对应毕业要求

根据自动化专业规范要求，在认证背景下，提出的人才培养目标顺应地方院校及地方行业企业的需求，并涉及毕业基本需求及毕业未来五年的培养目标。培养目标如下：培养具有国际视野、具有社会责任感，以及扎实的工程科学基础知识、

较强的工程应用及创新能力、良好的工程师职业素养，服务现代制造业的应用型高级工程人才。具体可细化为 6 个方面。

（1）具有良好的工程职业道德和社会责任感，在工程实践中能综合考虑法律、环境、安全与可持续发展等因素；

（2）具备健康的身心和良好的工程师职业素养，具有团队精神、有效沟通和项目管理的能力；

（3）具有国际视野，拥有自主的、终身的学习习惯和能力。

（4）能够适应自动化及相关技术发展，综合应用工程基础理论和基本知识，从事产品研发、技术改造、系统运行维护等工作。

（5）具备一定的工程创新能力，能够掌握自动化工程及相关领域的前沿技术，并能对复杂工程问题提供系统的解决方案。

（6）能开展跨学科学习，掌握新的知识和技能，拓展新的职业发展机会。

专业认证下的对应培养目标，提出的毕业要求如下。

（1）应用工程知识：掌握本专业必需的数学、自然科学、工程基础和专业知识，能够运用所学习的应用数学、自然科学、工程基础和专业知识等领域的基础理论与方法，结合自动化技术等相关领域的专业知识、技能与工具，能（分析）解决面向智能控制产品制造、过程控制系统集成、运动控制等领域的复杂工程问题的软硬件分析设计、控制系统方案设计、建模、算法设计等。

（2）分析工程问题：能够应用所学数学、自然科学和工程科学的基本原理，通过文献研究，针对控制产品设计、控制系统集成或维护阶段出现的工程问题，加以分解、识别、表达、分析、归纳、对比、推理，以期获得复杂问题的恰当表述、有效结论或合理的控制模型。

（3）设计/开发解决方案：能够针对控制设计或控制系统运行出现的复杂工程问题寻求合理或最优化的解决方案，设计满足特定需求的控制系统、控制部件或控制工艺流程，并能够在设计环节中体现创新意识，考虑社会、健康、安全、法律、文化以及环境等因素。

（4）研究工程问题：能够应用数学、自然科学、控制工程等领域的科学原理，采用系统分析、

过程建模、工程实现等工程方法，对控制产品设计、控制系统集成或维护阶段的复杂工程问题进行分析，数据采集、模型构建、工程运行与测试等实验，从而得到合理有效的结论与解决方案。

（5）使用现代工具：能够针对控制产品设计、控制系统集成或维护阶段的复杂工程问题，通过现代信息手段查找相关技术前沿或工程最优解决方案。能开发、选择与使用恰当的技术、资源、现代自动化工程工具和信息技术工具，并理解当前信息技术与工程工具的局限性，开展智能控制产品制造、过程控制系统、运动控制等领域的设计或系统集成，包括对复杂自动化工程问题的预测与模拟。

（6）评价工程与社会：能够基于自动化工程等领域的相关背景知识，评价自动化专业工程实践和复杂工程问题解决方案对社会、健康、安全、法律以及文化的影响，进行解决方案的合理分析，并理解工程师应承担的责任与义务。

（7）理解环境和可持续发展：熟悉环境保护的相关法律法规，能够基于自动化工程等领域的相关背景知识，理解和评价针对自动化系统的复杂工程问题及自动化工程对环境、社会可持续发展的影响。理解自动化系统的可持续运行措施，能针对实际自动化工程项目，评价其投入使用后对经济和社会可持续发展的影响，并给出合理化改进的建议。

（8）遵守职业道德与规范：具有人文社会科学素养、社会责任感，能够在工程实践中理解并遵守工程职业道德和规范，履行责任。理解工程伦理的核心理念，了解自动化及其相关领域工程师的职业性质和责任，在工程实践中能自觉遵守职业道德和规范，具有法律意识。

（9）开展个人和团队工作：能够在多学科背景下的项目团队中，主动与其他学科的成员合作开展工作，胜任团队成员的角色与责任；能较好地组织团队成员开展工作。

（10）进行有效沟通与交流：能够就自动化系统的复杂工程问题与业界同行及社会公众进行有效沟通和交流，具有一定的写作能力、表达能力和人际交往能力；掌握一门外语，具备一定的国际视野，能够在跨文化背景下进行沟通和交流。

（11）应用项目管理：理解并掌握从事自动化系统设计/集成工作所需的工程管理原理与经济决策方法。具有一定的技术管理和经济分析能力，并在多学科环境中应用，并能够通过工程管理等方法控制自动化系统设计与应用中的成本。

（12）实践终身学习：能够在大学学习的全周期中，应用现代网络与电子数据库等环境，理解与实践自主学习和终身学习的意识与行动，使用学习工具、发现技术方案以及判断新技术等工作，不断自主学习和适应自动化工程领域快速发展。以上提出的毕业要求，完全覆盖了专业认证的毕业要求的十二条原则。

2.2　人才培养方案课程体系构建

本专业课程体系设计的依据是毕业要求指标体系，目的是通过课程体系的实施实现毕业要求的达成，进而实现培养目标的达成。12项毕业要求完全覆盖工程教育专业认证标准的12项毕业要求，其中(1)、(2)、(3)、(4)、(5)、(6)、(7)、(10)八项毕业要求涉及解决智能制造产品研发、过程控制系统集成、运动控制系统开发中的复杂工程问题。

所以，本专业课程体系设计的思路就是从培养解决智能制造产品研发、过程控制系统集成、运动控制系统开发的复杂工程问题需要的工程能力出发，设计所需的课程模块，再采用毕业要求指标与课程模块的关联关系详细设计课程体系。

课程体系设计分两步，第一步，根据对智能制造产品研发、过程控制系统集成、运动控制系统开发中的解决复杂工程问题能力的分析，设计课程模块，构建课程体系框架；第二步，采用关联矩阵方法，详细设计课程模块中的课程，构建课程体系。

2.2.1　设计课程模块

解决智能制造产品研发、过程控制系统集成、运动控制系统开发中的复杂工程问题，重点需要培养以下五项专业工程能力：智能制造产品研发、过程控制系统集成、运动控制系统开发工程原理分析能力；计算机应用能力；智能制造产品研发、过程控制系统集成、运动控制系统开发设计和编程能力；智能制造产品研发、过程控制系统、运动控制系统集成应用能力；工程实践能力。

为培养这五项工程能力，需要设计相应的课程模块。

（1）培养自动化系统工程原理分析能力需要扎实的数理基础及相关学科基础、良好的外语能力和专业基础知识。

（2）培养计算机应用能力需要计算机应用技术课程模块。

（3）培养智能制造产品研发、过程控制系统集成、运动控制系统开发设计和编程能力需要控制理论与信号处理课程模块和测控技术课程模块。

（4）培养智能制造产品研发、过程控制系统集成、运动控制系统开发应用能力需要电类基础课程模块和控制应用技术和控制对象课程模块。

（5）培养工程实践能力需要工程实践及项目管理类课程和哲学、人文社会科学课程模块。

根据其毕业要求提出的培养要求所对应的课程设置如表 1 所示

表 1　培养目标所对应课程的设置

培养要求		实现途径
基本知识	外语	大学英语四级、专业英语
	思政与法律	学校统一的系列课程
	其他	人文、艺术、经管和信息
专业基础知识	数理基础	高等数学、线性代数、复变函数、概率论、大学物理
	计算机基础	计算机文化基础、程序设计基础、工程制图(Solidworks)
知识	电子线路知识	电路分析基础、模拟电子技术基础、数字电路与逻辑设计
	信号处理知识	信号与系统、数字信号处理、控制系统建模与仿真
	控制理论知识	自动控制原理、现代控制理论、过程控制及仪表、智能控制基础
专业知识	传感与数据采集知识	传感器与检测技术、虚拟仪器与计算机控制、数字图像处理、电力电子技术
	控制应用技术知识	伺服电机与运动控制、计算机控制技术、工业自动化网络
	控制对象知识	机器人技术基础（工程力学，电机、伺服系统等常用执行机构）
	电类知识	供配电技术

续表

培养要求		实现途径
能力	基本能力	自主学习能力	课程学习、专业综合设计、毕业设计、学科竞赛、科研实践、项目训练、企业学习
		交流及团队协作能力	课堂讨论、学科竞赛、科研实践、企业学习、国外交流
		工程管理能力	工程伦理
		科学思维能力	专业课程学习，思维导论
	专业能力	专业表述能力	内涵：写技术现状概述、原理描述、方案设计、软硬件说明、调试记录分析、总结报告；途径：专业综合设计、毕业设计、学科竞赛、科研实践、项目训练、企业学习
		电子电工技能	信息工程基础训练、电工与电子工艺实训
		应用程序开发技能	移动智能终端编程技术、单片机与PLC控制、嵌入式系统及应用
		控制系统设计与实现能力	自动控制系统综合设计、毕业设计、学科竞赛、科研实践、企业学习
		产品开发与创新能力	学科竞赛、科研实践、企业学习

培养要求		实现途径
素质	基本素质	诚信、求实、勤奋、敬业、守纪
	专业素质	学习并掌握新技术；发现、分析并解决问题；分析事物规律并运用规律解决问题；获取、评估和分析信息，考虑各项因素以做出最佳决策。途径：专业综合设计、毕业设计、学科竞赛、科研实践、企业学习
	创新素质	行业前沿讲座、学生创新活动、企业学习

此课程体系的设置完全覆盖了专业认证毕业要求的十二条标准。

2.2.2　毕业要求与课程的关联矩阵

采用关联矩阵方法，详细设计课程模块中的课程，构建课程体系。如表 2 所示部分课程，采用毕业要求指标关联矩阵法设计课程体系关联矩阵是以毕业要求为列，课程模块和课程为行，矩阵的元素值代表毕业要求与支撑课程的关联度，关联度用字母 H、M、L 分别表示强关联、关联、弱关联，矩阵最右一列为该课程的学分。

表 2　毕业要求与部分课程及教学活动关联矩阵表

类别	课程名称	毕业要求1	毕业要求2	毕业要求3	毕业要求4	毕业要求5	毕业要求6	毕业要求7	毕业要求8	毕业要求9	毕业要求10	毕业要求11	毕业要求12	学分
专业基础类	传感器原理与检测技术	L	M	L	H									2
	自动控制原理	H	M											3
	电力电子技术	M	H	L	M									2
	现代控制理论	H	M											2
	过程控制及仪表	L	M	L	L				H					3
	伺服电机与运动控制	L	M	L	L				H					3
专业课	机器人技术基础	L	H	M	H		M			M				2
	工程伦理					L	M				H			2
	数字信号处理	L			M	M						H		2
	单片机与PLC控制	L	M	H	L				M			L		3
	虚拟仪器与计算机控制	L	L	H		H								2

续表

类别	课程名称	毕业要求1	毕业要求2	毕业要求3	毕业要求4	毕业要求5	毕业要求6	毕业要求7	毕业要求8	毕业要求9	毕业要求10	毕业要求11	毕业要求12	学分
专业课	控制系统设计与仿真	L				M								2
	供配电技术	L	M	M	H		L							2
	工业自动化网络	L	M	M	H		L							2
	数字图像处理与机器视觉	L	H	H	H		M				L			2
	智能控制基础	L	L			L					H			2
	金工实习	M												2
	专业认识实习						L	M	L			H		1
	电工与电子工艺实训	L	L			L	M		L			H		2
	控制系统综合设计与仿真			M	H	L		H	H	L	M	H		2
	毕业设计（论文）			L	H	L		H	H		H			16

2.2.3　实践环节构建

重构培养方案，其中加强实践环节是重要内容。学生在不同的学习阶段对综合能力和创新能力提出不同的要求。人才培养的不同阶段与相应的实践教学内容相搭配，逐步培养学生的综合实践能力，最终使学生达到企业对高层次人才的能力目标要求[5]。

从表 3 可看出，重构人才培养方案，进一步加强了实践环节，实践课时达到专业教学总时数的 40%以上。以满足学生综合能力及创新能力培养的需求。

表 3　专业认证背景下课程体系中实践环节设置

课程类别			课程门数（周数）	学分	学分/总学分×100%
专项实践环节	必修环节	军事训练	2 周	1	24.40%
		信息工程基础训练	2 周	2	
		金工实习	2 周	2	
		电工与电子工艺实训	2 周	2	
		信号处理与控制综合训练	2 周	2	
		控制系统综合设计与仿真	2 周	2	
		嵌入式系统及应用	**2 周**	**2**	
		机器人控制实训	2 周	2	
		毕业设计	16 周	16	
	选修环节	自动控制系统综合设计	5 周	5	
		创新创业项目训练	5 周	5	
		实践成果	5 周	5	
		专业实训	10 周	10	
		企业学习	10 周	10	
实践环节合计			67 周	66	
通识课程	校级三类公共选修课程			4	2.38%
应修实践总学分占应修总学分比例（%）44.32%					

3　结论

本文围绕专业认证下的地方高校人才培养模式，探索人才培养方案的制订，确定了人才培养目标、毕业要求、课程体系等相关内容。通过探索与实践，从而使本专业的人才培养质量迈上一个新的台阶，并最终成为地方行业企业工程应用型人才培养的重要基地。

References

[1] 叶洪涛，罗文广，曾文波. 基于专业认证的地方高校人才培养模式探索[J]. 高教论坛，2012（10）：34-35，43.

[2] 江学良，胡习兵，陈伯望，等. 专业认证背景下土木工程专业人才培养体系探索与实践[J]. 高等建筑教育，2015（1）：29-35.

[3] 王宪彬，阎春利，邓红星. 工程教育专业认证背景下的人才培养方案研究——以东北林业大学交通运输专业为例[J]. 黑龙江教育（高教研究与评估），2016（3）：77-79.

[4] 贾鹤鸣，戴天虹，吴迪. 工程教育认证体系下自动化专业人才培养模式的探索与思考——以东北林业大学为例[J]. 科教文汇（上旬刊），2016（1）：48-49.

[5] 李澄非，梁淑芬，左德明. 多平台交互下"供配电技术"课程教学改革与实践[A].
Hong Kong Education Society.Proceedings of 2014 3rd International Conference on Physical Education and Society Management(ICPESM 2014 V24)[C].Hong Kong: Education Society,2014:4.

培养目标与毕业要求达成度评价研究与实践

李现明　杨西侠

（山东大学，山东 济南 260061）

摘　要：以山东大学自动化专业卓越工程师教育培养计划班为例，阐述了培养目标、毕业要求、课程体系、教学内容等逆向设计、正向实施的基本思路，详细给出了其培养目标达成度与毕业要求达成度的评价方案。

关键词：培养目标；毕业要求；达成度；评价

Research and Practice on Evaluation about Educational Objective Achievement and Graduation Requirement Achievement

Xianming Li, Xixia Yang

(Shandong University , Jinan 250061, Shandong Province, China)

Abstract：Taking "A Plan for Educating and Training Outstanding Engineers" in automation specialty of Shandong University as an example, basic ideas to reverse design and forward implementation about educational objectives, graduation requirements, curriculum system, teaching content and so on are given in this paper. The evaluation program about educational objective achievement and graduation requirement achievement is elaborated.

Key Words：Educational Objectives；Graduation Requirements；Degree of Achievement；Assessment；

引言

山东大学自动化专业于 2009 年通过工程教育专业认证，有效期 3 年；2012 年通过有效期延长认证，延长有效期 3 年。在长达 8 年的过程中，作者深刻认识到：工程教育专业认证确实是一个保障并提高教学质量的科学方案、有效抓手。但是，其"有效"的前提条件是，必须让全体老师而非仅仅部分教学骨干都能深刻理解并自觉地、创造性地按"学生中心、成果导向、持续改进"的理念投入本科教学工作中。否则，"认证"就会蜕变为"劳民伤财"的"形象工程"、蜕变为单纯为"通过"而"认证"。恰恰在上述基本点上，"认证"与目前"科研项目为中心、科研经费为导向"的大环境存在强烈冲突，需付出巨大努力去逐步化解，绝非短时间能够完成。为此，山东大学自动化专业决定暂停申请新一轮认证，转而扎扎实实、创造性地按认证要求做好相关基础性工作、提高人才培养质量。如此，将"认证"由"目的"转变为提高教学质量的"手段"，则未来进行认证，细雨无声、水到渠成，而非上下动员、紧张突击。本文以自动化专业卓越工程师教育培养计划班为例（以下简称自动化（卓越）专业），阐述其对培养目标、毕业要求、课程体系、教学内容等整个培养过程逆向设计、正向实施的基本思路，详细

联系人：李现明. 第一作者：李现明（1964—），男，博士，教授.
基金项目：山东大学专业综合改革——自动化

说明其在培养目标达成度、毕业要求达成度评价方面进行的探索与实践。

1　培养目标达成度评价

1.1　培养目标的制定

依据山东大学办学定位、社会经济发展需要、学科支撑条件与专业发展定位，教育部"关于实施卓越工程师教育培养计划的若干意见"文件精神,制定自动化（卓越）专业培养目标：德、智、体、美全面发展，基础知识宽厚、专业知识扎实、具备国际视野、实践能力强、创新意识好、综合素质高的高级工程技术人才。期待学生通过毕业后 5 年左右的实践锻炼，能够成长为控制理论与控制工程、电力电子与运动控制、自动检测与过程控制、微电子与计算机技术、智能管理与决策等领域的研发、设计工程师。

作为参照，列出山东大学自动化专业（非卓越班）的培养目标如下：本专业培养德、智、体、美全面发展，基础知识宽厚、专业知识扎实、实践能力强、创新意识好、综合素质高的自动化科学与技术人才。期待学生通过毕业后五年左右的实践锻炼，能作为团队负责人或核心成员在控制理论与控制工程、电力电子与运动控制、自动检测与过程控制、微电子与计算机技术、智能管理与决策等领域从事技术研究、技术开发、工程设计、工程实施、工程应用、教育教学等工作。

二者对比，卓越班与非卓越班培养的都是"自动化科学与技术人才"，但卓越班培养目标设定为"研发、设计工程师"，高于非卓越班。这是因为研发、设计工程师是各类工程师的"龙头"。

1.2　培养目标的细化分解

为进一步制定毕业要求、进行培养目标达成度评价，必须对培养目标进行细化分解。上述培养目标具体分解如下：

目标 1：针对具体复杂工程项目，能够综合运用控制理论与控制工程、电力电子与电力传动、自动检测与信息处理等相关技术，统筹考虑社会、法律、环境、经济等多种非技术因素，设计出优选解决方案，并能够较好地解决方案实施过程中遇到的关键技术问题；

目标 2：能够独立承担或作为团队核心成员承担控制理论与控制工程、电力电子与电力传动、自动检测与信息处理等相关领域技术或产品的研发、设计任务；

目标 3：有创新的意识与能力，有终身学习的习惯与能力，努力追踪、学习、研究并积极应用与本职工作相关的前沿技术；

目标 4：在工程实践或研究开发中透彻理解并模范遵守法律法规、职业道德、工作规范、技术标准，具备良好的沟通和团队合作能力,包括足够的跨文化背景下的沟通与合作能力，具备较强的工程项目管理与协调能力；

目标 5：成长为工作单位技术骨干，具备优先获得中级技术职称的资质和能力。

卓越班培养目标的细化分解高于非卓越班。以目标 5 为例，非卓越班为"具备获得中级技术职称的资质和能力"，卓越班突出了"优先"二字。

1.3　培养目标达成度评价

山东大学自动化（卓越）专业培养目标达成度评价采用调查表方法，调查对象是校友本人和校友直接领导。对上述培养目标细化分解后的 5 项子目标，每项赋分 20 分，制成调查表。请毕业 5 年左右的校友本人、校友直接领导分别对照子目标打分，最后取所获有效调查表的平均数据作为该届毕业生培养目标达成度。

2　毕业要求达成度评价

2.1　基于培养目标制定毕业要求

根据培养目标及其细化之后的子目标，制定毕业要求。毕业要求必须能够支撑培养目标的达成。山东大学自动化（卓越）毕业要求覆盖工程教育专业认证 12 项毕业要求、兼容卓越工程师教育培养计划通用标准。

毕业要求 1——工程知识：具备从事本专业工程技术工作所需的数学、自然科学、工程基础知识、专业知识、经济管理知识并能将它们用于解决复杂工程实际问题。了解本专业前沿技术、发展趋势、典型生产过程的生产工艺与设备，具有系统的工程实践学习经历特别是企业学习经历。

毕业要求 2——问题分析：能够应用所学知识，并通过查阅文献，发现、提出、分析本专业领域复杂工程实际问题，获得有效结论。

毕业要求 3——设计/开发解决方案：详细了解本专业领域系统设计、集成、开发、工程应用的基本方法。针对本专业领域的复杂工程实际问题，能够具有综合运用理论和技术手段，提出解决方案，设计出满足特定需求的系统，并具有运行、维护能力。在设计过程中，能够综合考虑社会、健康、质量、安全、效益、法律、文化、环境等因素，体现创新意识。

毕业要求 4——研究：能够基于相关科学技术原理、采用相关科学技术方法，对本专业领域的复杂工程实际问题进行研究，包括实验设计、数据分析与解释，通过信息综合得到合理有效的结论。

毕业要求 5——使用现代工具：针对本专业领域复杂工程实际问题，能够选用、开发恰当的技术、资源、工具，进而进行模拟、预测、优化，并能够正确理解其局限性。

毕业要求 6——工程与社会：了解本专业相关行业在生产、设计、研究与开发、环境保护、可持续发展等方面的方针、政策、法律、法规、技术标准，能够合理分析、评价本专业工程实践和复杂问题解决方案对社会、健康、安全、法律、文化的影响，具有应对危机与突发事件的初步能力，并理解应承担的责任。

毕业要求 7——环境和可持续发展：能够合理分析、理解、评价针对复杂问题的专业工程实践对环境和社会可持续发展的影响。

毕业要求 8——职业规范：身心健康，爱国敬业，精益求精，勇于创新、追求卓越。具有强烈的社会责任感、足够的人文社会科学素养，能够在工程实践中理解并遵守工程职业道德、规范，履行责任。

毕业要求 9——个人和团队：能够在多学科背景下的团队中依靠自身能力与优势承担个体、团队成员、负责人的角色。

毕业要求 10——沟通：能够就本专业领域复杂工程问题与业界同行、社会公众进行有效沟通与交流，包括撰写设计文件、技术报告、陈述发言、清晰表达或回应指令。熟练使用英语，具备一定国际视野，能够在跨文化背景下进行有效沟通与交流。

毕业要求 11——项目管理：理解并掌握工程管理基本原理与经济决策方法，能在多学科环境应用。

毕业要求 12——终身学习：具有自主学习、终身学习意识，具有不断学习、适应发展的能力。

2.2 毕业要求的细化分解

为研制课程体系和进行毕业要求达成度评价，必须对毕业要求进行细化分解。以毕业要求1、毕业要求2、毕业要求3为例，细化分解如下：

1-1 掌握高等数学、工程数学、大学物理、工程制图、机械工程基础知识，能将其综合用于控制对象的工作原理理解、分析、建模、求解；

1-2 掌握电路、电磁场、模拟与数字电子技术基础知识，能将其综合用于电气、电子装置的建模、分析、综合、设计；

1-3 掌握自动控制理论、信号分析与处理、运筹学基础知识，能将其综合用于控制工程的建模、分析、综合、优化；

1-4 掌握计算机软硬件基础知识，并将其用于控制工程中的软硬件分析与设计；

1-5 掌握自动检测、过程控制、电力电子、运动控制等专业知识，能将其综合用于解决相关复杂工程问题。

1-6 通过系统的工程实践学习经历特别是企业学习经历，了解经济管理基础知识、本专业前沿技术及发展趋势、典型生产过程的生产工艺与设备，增强解决复杂工程实际问题的能力。

2-1 针对具体、实际的复杂工程，能发现、提出，并准确表达其中的控制问题；

2-2 能识别、判断复杂控制工程实际问题中的关键环节与参数；

2-3 面对一个复杂控制工程实际问题，能通过检索、分析文献，寻求有效解决方案；

2-4 能正确表达一个控制工程实际问题的解决方案；

2-5 能应用数学、自然科学和工程科学的基本原理，综合分析影响控制系统的各种因素，论证所提解决方案的合理性。

3-1 能够根据用户实际需求、工艺要求、被控对象主要参数，确定控制系统的功能、性能、技术指标；

3-2 详细了解自动化专业领域系统设计、集成、开发、应用的基本方法，能够设计出满足工程实际要求的控制系统技术方案；

3-3 能够在安全、环境、法律、规程规范等现实约束条件下，通过技术经济评价对设计方案进行可行性研究与评价；

3-4 能够通过建模，对实际控制系统进行分析与综合；

3-5 能够通过系统集成，设计实际工程控制系统，体现集成创新；能够安装、调试、运行、维护本人或他人设计的实际工程控制系统；

3-6 能够通过图纸、报告、实物等形式，展示设计/开发成果。

自动化（卓越）专业将上述 12 项毕业要求具体细化分解为 52 条。

2.3　根据毕业要求研制课程体系

根据 12 项、52 条毕业要求，研制了自动化（卓越）课程体系，它由 58 门必修课（含独立课程号的实践环节，共计 150 学分）和若干门选修课（至少选足 10 学分）构成。

2.4　设计课程体系对毕业要求的支撑矩阵

为体现各门课程对毕业要求的具体支撑，设计了 58 门必修课对 12 项、52 条毕业要求的支撑矩阵。一般而言，每门课程重点支撑 52 条毕业要求中的 3 条左右；每条毕业要求，一般由 3 门左右的课程重点支撑，每门课程赋予一定期望值、期望值之和为 1.0。设计支撑矩阵是一项非常艰巨、复杂的任务，我们组织了一个由相关各学科人员组成的专家组，历时 9 个月，方才得到一个相对科学合理的支撑矩阵（该矩阵过分庞大，此处省略）。

由于选修课课程特征各异、对 52 条毕业要求支撑各异，如果将其纳入毕业要求支撑矩阵，则评价工作量倍增。考虑到所谓"毕业要求"乃是基本要求，因此支撑矩阵中只列入必修课，亦即理想情况下所有必修课对毕业要求形成了 100% 的支撑。选修课对毕业要求构成增量支撑，"锦上添花"。

自动化专业卓越班与非卓越班在课程体系方面的主要不同之处在于：卓越班在大一、大二、大三结束后的三个暑期，增加了统一进行、面向企业的工程实践课程；卓越班主要专业核心课程，选用著名的英文原版教材。通过理论、实践两个

方面的加强，把卓越班打造成自动化专业的"强化版"。

2.5　基于支撑矩阵修订教学大纲

各课程组根据课程体系对毕业要求的支撑矩阵，修订各门课程的教学大纲。除常规意义上的教学大纲内容外，教学大纲还要明确本课程对毕业要求的具体支撑、教学过程是如何实现这种具体支撑的、考核过程如何评价这种具体支撑的实际达成度，引导任课教师在教学过程中加强与本课程毕业要求具体支撑条目相关的内容并重点考核。

2.6　毕业要求达成度评价方案

毕业要求达成度评价方案设计如下。

（1）建立课程体系对毕业要求的支撑矩阵。共计 58 门必修课程（含独立设课的实验实践课程）、52 条毕业要求，每门课程重点支撑其中的数条、每条毕业要求由数门课程支撑。对每条毕业要求对应的课程各赋予科学、合理的支撑度期望值，期望值之和为 1.0。

（2）根据课程考核结果，计算 52 条毕业要求每条的课程达成度。以毕业要求分解指标点 2.5 为例：毕业要求分解指标点 2.5,由电机与拖动基础、运动控制系统、过程控制系统三门课程支撑，它们对指标点 2.5 的支撑度期望值分别赋予为 0.4、0.3、0.3。根据课程考核情况，电机与拖动基础、运动控制系统、过程控制系统实际达成的支撑度分别为 0.36、0.28、0.26，则该届学生毕业要求指标点 2.5 实际达成度为 0.9。

（3）将 52 条毕业要求的课程达成度合成为 12 项毕业要求每项的课程达成度。设毕业要求 2.1 至 2.5 的课程实际达成度分别为 0.8、0.9、0.8、0.85、0.9，取其平均值，则毕业要求 2 课程达成度为 0.85。如此，可获得毕业要求 1 至 12 的所有毕业要求课程达成度。

（4）将 12 项毕业要求每项的课程达成度合成为本届毕业生毕业要求达成度课程统计值。取 12 项毕业要求的课程达成度的平均值，作为本届学生毕业要求达成度课程统计值。

（5）调查并统计毕业要求达成度学生自评值。毕业要求是复杂的，单纯依赖课程考核评价难以获得真实的毕业要求达成情况，为此，引入主观评价因素。"人，贵有自知之明"，不妨让学生自

己评价自己。卓越班毕业生全员参加，由学生自评各指标点达成度，得到该生自评毕业要求达成度，计算全班学生自评毕业要求达成度的平均值，作为该班毕业要求达成度学生自评值。

（6）调查并统计毕业要求达成度教师评价值。 "当局者迷，旁观者清"。单纯靠学生自评，也难免片面。对学生实际的毕业要求达成情况，其毕业设计指导教师应有充分发言权。请该班所有毕业设计导师，评价所指导的学生相对于 52 条毕业要求的达成度并合成为该指导教师对该生的毕业要求达成度主观评价，以所有毕业设计导师对所有学生毕业要求达成度主观评价的平均值，作为该班毕业要求达成度教师评价值。

（7）主客观多源数据合成，得到最终的毕业要求达成度。 毕业要求达成度课程统计值、学生自评值、教师评价值各按 0.6、0.2、0.2 权重合成，作为本届学生毕业要求达成度。

将于 2018 年夏季依据本方案，对 2018 届卓越班学生进行毕业要求达成度评价，进而基于评价结果优化培养方案、培养过程，形成持续改进。

3 结论

（1）以山东大学自动化（卓越）专业为例，阐述了其对培养目标、毕业要求、课程体系、教学内容等培养过程进行逆向设计、正向实施、反馈优化的基本思路。

（2）给出了山东大学自动化（卓越）专业培养目标达成度、毕业要求达成度评价方案。

References

[1] 林健. 卓越工程师培养——工程教育系统性改革研究[M]. 北京：清华大学出版社，2013.

[2] 林健. 卓越工程师培养质量保障——基于工程教育认证的视角[M]. 北京：清华大学出版社，2016.

[3] 余晓. 卓越工程师培养：工程实践教育的理论与实证[M]. 上海：上海交通大学出版社，2013.

[4] 邹晓东，等. 打造第四代工程师——工程领导力及创业能力开发 [M]. 杭州：浙江大学出版社，2014.

面向工程教育认证的毕业设计问题分析及质量提升策略

杨 青[1]　周 萍[1]　许川佩[1]　张敬伟[2]　任风华[1]

（[1]桂林电子科技大学 电子工程与自动化学院，广西 桂林 541004；

[2]桂林电子科技大学 计算机与信息安全学院，广西 桂林 541004 ）

摘　要：工程教育认证标准要求人才培养应先建立清晰的专业人才培养目标和学生毕业要求，再构建相应的课程体系，实施课程教学，最后开展考核评价。毕业设计因其涉及内容的综合性，是认证考核评价的一个重要指标，毕业设计的质量对学生的毕业要求达成度具有重要影响。文章针对工程教育认证标准对毕业设计的要求，详细分析了毕业设计工作开展中存在的问题，进而提出了提升毕业设计质量、适应工程教育认证的一些举措。

关键词：工程教育认证；毕业设计；质量提升

Engineering Education Accreditation-Oriented Problem Analysis and Quality Improvement Strategy on Graduation Project

Qing Yang[1], Ping Zhou[1], Chuanpei Xu[1], Jingwei Zhang[2], Fenghua Ren[1]

([1]School of Electronic Engineering and Automation, Guilin University of Electronic Technology, Guilin 541004, China

[2]School of Computer Science and Information Security, Guilin University of Electronic Technology, Guilin 541004, China

School of Computer Science and Information Security)

Abstract: Engineering education accreditation considers that the first things for the cultivation of talents are to establish professional cultivation objectives and students' graduation criteria, which are followed by curriculum system construction, instructional operation, assessment and evaluation. Graduation project is a very important part for accreditation for its integration of knowledge, the quality of graduation project plays an important role to check whether a student reaches the graduation requirements. Aiming at these requirements on graduation project by engineering education accreditation, this paper made a detailed analysis on those existing problems of graduation project, and then put forward serval strategies to improve the quality of graduation project and to adapt to engineering education accreditation.

Key Words: Engineering Education Accreditation, Graduation Project, Quality Improvement

引　言

《华盛顿协议》是目前国际上最具影响力的工程教育学位互认协议，在 1989 年由美国等 6 个英语国家的工程教育认证机构发起成立，其宗旨是通过多边认可工程教育认证结果，实现工程学位互认，促进工程技术人员国际流动。2016 年 6 月，中国成为《华盛顿协议》第 18 个正式会员国。成为会员国后我国的专业认证就具备了国际实质等效性，借此可促进高等学校按国际先进理念推动教育教学改革，加快与国际接轨[1,2]。

按照工程教育认证标准，高等学校在人才培养的过程中，首先按国家社会需求、行业产业发

联系人：杨青，第一作者：杨青（1976—），女，硕士，副教授，研究方向为智能控制与智能信息处理.

基金项目：广西高等教育本科教学改革工程项目（2016JGA207，2017JGB228）；广西区自动化虚拟仿真实验教学中心（桂教高[2015]59 号）；智能科学与技术特色专业建设（广西高等教育创优计划，桂教高[2015]93 号）；桂林电子科技大学教育教学改革项目（JGA201706）.

展、学校定位、专业特色确定人才培养目标，再确定毕业要求，从而构建相应的课程体系，实施课程教学，最终进行考核评价。课程体系对毕业要求形成支撑，课程教学对毕业要求实现支撑，考核评价对毕业要求证明支撑[3]。课程体系、课程教学和考核评价对毕业要求形成了三个逻辑严密的闭环。

笔者所在学院及专业于 2013 年和 2017 年两次接受全国工程教育专业认证专家组现场考查，由于毕业设计是课程体系中能对所有毕业要求形成支撑的环节，毕业设计的质量最能全面支撑学生是否达到所有毕业要求，由此成为专家进行评估评价中重点考核的环节。专家肯定了我们在毕业设计环节上的持续改进，但也指出了仍然存在的一些问题。笔者在对为适应工程教育认证标准下毕业设计现有问题进行详细分析的基础上，提出了毕业设计质量提升的一些策略。

1 面向工程教育认证的毕业设计开展问题与分析

本学院的毕业设计一般安排在第 7 学期中启动，首先聘任指导教师，由指导教师出题，经专业毕设审题小组审题，主要审核题目是否符合专业培养方向，题目近三年的重复率及同届重复率，题目难易度。教师按审题反馈意见做相应修改后召开毕设动员大会公布课题，课题分配实行双向选择。毕设开始后，依次经开题、中期检查、查重、盲审、验收、答辩等环节共实施 16 周的毕设过程，其中学院出台了毕业设计论文撰写要求，毕业设计管理规定等一系列详尽文件。上述各项举措保证了毕业设计的正常开展，但在契合工程教育认证的具体要求，例如学生应具备解决相关专业领域的复杂工程问题的能力、应具备一定的国际化视野，能对专业前沿知识追踪和具备外语运用能力等方面，仍然呈现了较多不足，下面逐一列举分析。

（1）在培养学生解决复杂工程问题的能力方面，部分毕业设计题目较为简单，工作量不够饱满。学生在毕业设计阶段，就业压力大，部分学生还需参加研究生复试、考公务员、实习或培训，放在毕业设计上的精力不足，并对学校严格的验

收传统感到压力，在选题上比较青睐于难度中等偏下的题目，教师出题也就偏于简单，任务指标减少并且不够明确。对于主观能动性差、对毕设积极性不高的同学，只限于完成基本任务，不对课题加以任何发挥，在系统性能上不追求精益求精，创新意识不强，导致毕设作品完成质量不高。简单的题目及学生只完成基本指标的心态不能很好地支撑工程认证标准下学生具备解决相关专业领域的复杂工程问题的能力。

（2）在强化学生本专业领域的工程知识方面，主要问题是部分题目与工程实际结合不够紧密，不能很好地凸显本专业工程问题。由于每一个毕业设计作品都要进行演示验收，教师和学生都需考虑如何用实验模型来展示作品，另外由于指导老师工程经验受限，不能将专业工程问题提炼为毕业设计题目。毕业设计的题目明显属于电子信息大类，却不能凸显专业特点，也不能很好地支撑工程认证标准下学生具备本专业领域的工程知识毕业要求。

（3）在训练学生利用文献分析和解决相关工程问题的能力方面，主要问题是文献查阅与利用不足，对文献的引用不够规范。学院规定任务书、开题报告不少于 5 篇参考文献，其中至少 1 篇外文文献。毕业设计论文不少于 10 篇参考文献，其中至少 3 篇外文文献，所有参考文献都要正确加引用标注。然而有的指导教师在任务书中没有精选文献，[M]类文献居多，[J]类文献较少，且同一教师的多个任务书文献给出一样。学生开题报告和论文中列出的文献还存在和教师给出文献一本不差的现象，毕业论文中都对文献进行了标注，但大多引用标注不正确。对文献的参考和引用重视度不够，直接导致毕业论文质量不高，这也不能很好地支撑工程认证标准下学生具备利用文献去分析和解决相关工程问题的能力。

（4）在拓展学生国际化视野、提升学生对专业前沿知识追踪和外语运用能力方面，主要问题是英文摘要及英文资料翻译质量较低。学院规定毕设过程需完成对外文资料（约 4 万字符）的翻译工作，然而在质量监控中没有对毕设所需翻译的外文资料的内容和翻译质量严格把关，论文的第三方评阅也没有评阅这一部分，指导教师也大多只检查英文摘要部分。学生在时间紧，任务多，

监控不严的情况下自然没能高质量地完成英文资料翻译。这也不能很好地支撑工程认证标准下学生具备一定的国际化视野，能对专业前沿知识追踪和具备外语运用能力。

（5）在加强学生的工程与社会、环境、职业规范认知方面，主要问题是对任务书的指标要求重视不够，方案设计对社会、安全、环境因素考虑不足。部分指导教师的科研能力和工程素养受限，在任务书的指标制定上缺乏科研严谨性，部分指导教师迫于针对任务书的指标进行作品验收的压力，指标规定不够明确。学生在毕业设计过程中欠缺按指标进行分析、设计和解决问题，并综合考虑社会、安全、环境因素对作品影响的有效指导。这对工程认证标准下学生应具备一定的工程与社会、环境、职业规范的毕业要求支撑不足。

（6）在学生利用所学知识开展分析研究的能力培养方便，主要问题是过于重视作品验收结果，论文理论知识欠缺。由于学生多，教师的科研教学工作任务繁重，一般由 4～5 位教师组成的毕设验收答辩小组要在一天时间内完成对 20 位左右学生的验收答辩，再由于本校学生实践动手能力相对较强的优良传统，师生都比较重视作品的验收效果，学生的作品一般都能较好地演示。但为了毕设的作品效果，模块化的硬件和软件都增多，学生只知其然不知所以然，答辩时间局限在每人 15～20 分钟，对软硬件设计都没有深入理解，反映到论文中是方案论证不充分，实验方法和数据分析归纳不到位。这一方面对工程认证标准下学生能利用知识并能进行分析与研究，得出有效结论的毕业要求支撑不足。

（7）在文稿撰写能力、语言表达能力、业界沟通能力培养方面，主要表现为科技论文写作不够严谨，技巧掌握不够。尽管我们在任选课程中增加了"科技论文写作"，但学生的科技论文写作锻炼过少，再加上学位论文的学术规范检测压力，学生在论文写作中口语化严重，通常是完成了作品调试后再匆匆撰写论文，教师最多是帮助学生修改摘要和引言部分，后面的章节花的功夫不够。一篇质量高的科技论文产出必须是掌握了一定的论文写作技巧，并经反复推敲。毕设论文的写作质量对工程认证标准下学生能具备本专业良好的

设计文稿撰写能力、语言表达能力和业界沟通能力的毕业要求支撑不足。

2　毕业设计质量提升策略

面向工程教育专业认证需求，本文针对上述各个问题及原因，遵循工程教育专业认证的"持续改进"[4]的核心理念，提出了以下毕业设计质量提升的策略。

（1）提高师生对毕业设计在工程教育专业认证中的重要性认识，深化师生对工程教育价值的认知。加强教师对工程教育认证的学习与培训，在毕业设计教学实施过程中切实围绕认证标准下的要求展开。每一年的优秀毕业设计作品录制视频，在毕业设计动员会上展示，引导学生树立毕业设计是最能实现知识融合，自我提升的环节，树立勇于创新、勇于争优的思想。强调完善的毕业设计全程质量监控体系，将管理落到实处[5]。

（2）提高校内指导教师的工程素养和科研能力，积极引导企业导师在毕业设计中发挥作用，以实际问题带动学生的专业知识应用能力和解决复杂工程能力提升。注重教师队伍建设，对教学为主的教师，也要融入科研团队，参与科研的讨论和设计环节，这样保证其工作重心仍在教学任务上，也能改善科研素养的缺失，同时能够增加科研视野的开阔性，及时地将前沿知识、创新思维、工程问题等引入毕业设计的课题中。大力提倡教师进行海外交流学习，通过出国进行科研访学或参加专业课程研修的方式直接或间接地提高师生国际视野。在毕设指导教师的聘任中，增加更多的企业导师与校内老师共同指导，条件不允许的情况下，至少审题小组中邀请企业导师参与，尽量使课题与专业工程实际相关，利用企业导师的工程经验，合理制定任务指标[6]。

（3）降低外文资料翻译工作量，选择专而精的外文文献，增加质量监控中对外文翻译部分的把关，让外文翻译的选材对引导学生关注国际前沿、拓宽专业视野起到切实的引导作用。指导教师应协助学生选择与课题相关，与专业相关，较为前沿的外文文献，在数量上可降低到 5 千字符较为合适，在第三方评阅和答辩中都不应忽略对外文文献翻译工作的占分比值，否则这部分工作

失去监管后完全没有发挥作用。专注于把一篇相关外文文献精读，切实提升学生外文应用能力。

（4）增加学生对文献的查找和阅读能力培养，重视论文的写作，保证文献的正确标注引用，坚决杜绝文献引用走过场。每周一次的毕设辅导答疑不应该仅仅是教师对学生问题的解答，而是要组织学生发挥主动性，展示对文献的详读和理解，锻炼学生的沟通表达能力。同时展示阶段性的成果对文字的形成，有效拉长论文撰写时间，反复修改，精雕细琢，最终形成高质量的毕业论文[7]。

3　结语

在工程教育认证理念中，人才培养目标是人才教育的终极成果，毕业要求是对学生毕业时应该掌握的知识和能力的具体描述。毕业设计是课程体系中一个能对所有毕业要求形成支撑的重要环节，毕业设计的质量最能全面反映学生是否达到所有毕业要求。笔者围绕工程教育认证标准，通过分析毕业设计现有的一些问题，并提出相关解决措施，符合工程教育认证中"持续改进"的理念，以期提升毕业设计质量，最终提升人才培

养质量。

References

[1] 吴启迪. 提高工程教育质量，推进工程教育专业认证上：在全国工程教育专业认证专家委员全体大会上的讲话[J]. 高等工程教育研究，2008（2）：1-4.

[2] 万玉凤，柴葳. 中国高等教育将真正走向世界[N]. 中国教育报，2016-06-03（001）.

[3] 陈关龙. 复杂工程问题的理解与教学实施案例[Z]. 中国工程教育认证协会 2016 年第一期工程教育认证培训资料，2016.

[4] 林健. 工程工程教育认证与工程教育改革和发展[J]. 高等工程教育研究，2015（2）：10-19.

[5] 缪新颖，何东钢，崔新忠.联动科创活动和科研提高毕业设计质量[J]. 实验技术与管理，2017（2）：144-146.

[6] 屈霞，刘自强. 提高高校本科毕业设计质量的对策[J]. 实验室研究与探索，2013，32（7）：201-205

[7] 周璐，许林，刘忠信，等. 面向智能专业的本科毕业论文（设计）管理模式探析[J]. 计算机教育，2016（10）：70-72

应用型本科自动化专业的成果导向教育实践

胡文金　宋乐鹏　刘显荣　谢　东　张俊林

（重庆科技学院，重庆市 401331）

摘　要：应用型本科是我国工程教育的重要组成部分，成果导向是工程教育改革的核心理念。文章介绍了如何将成果导向遵循的反向设计原则用于应用型本科自动化专业的实践过程，重点阐述了基于反向设计原则，确定人才培养目标、毕业要求、课程体系和教学内容的方法和过程。

关键词：成果导向；反向设计；工程教育；应用型本科自动化

Outcome Based Education Practice of Applied Automation

Wenjin Hu, Lepeng Song, Xianrong Liu, Dong Xie, Junlin Zhang

(Chongqing University of Science and Technology, Chongqing，401331，China)

Abstract：The applied undergraduate education is an important part of engineering education in China. The outcome based education is the core idea of engineering education reform. This paper introduces how to use the reverse design rules of outcome based education to the practical process of the applied automation. Focusing on the principle of reverse design, the cultivation aim, graduation requirements, curriculum structure and teaching content are discussed.

Key Words：Outcome Based Education；Reverse Design；Engineering Education；Applied Automation

引言

发展"应用技术型高校"是国家战略，分类培养人才，引导一批普通本科高校向应用技术型高校转型，是国家教育发展新阶段的顶层设计。在转型发展过程中，地方高校转型发展成为教育部重点工作，正加快推进。2013 年 6 月，国内 35 所以应用技术型高校为办学定位的地方本科院校为成员的应用技术大学（学院）联盟在天津成立，共同探讨"部分地方本科高校转型发展"和"中国特色应用技术大学建设之路"。随后，各省市相继成立应用型技术大学联盟。我国开设自动化专业的高校众多，但同质化倾向依然严重，如何办好应用型本科自动化专业，提升其工程教育质量，更好地服务于行业和地方需求，已成为教育界、工程界和地方政府等共同关注的问题。人才的培养涉及培养目标的确定、毕业要求的制定和课程体系的构建等诸多环节，其中，准确定位培养目标是先导，确定和细化毕业要求是基础，构建课程体系是关键，持续改进是动力，师资和支持条件是保障。工程教育专业认证倡导的成果导向教育（Outcome Based Education，OBE）理念通过反向设计上述各环节，可以力促教育产出，对提升应用型本科的工程教育质量具有重要的作用。本文以应用型本科自动化专业为对象，研究其培养目标、毕业要求、课程体系和教学内容的反向设计方法和过程。

联系人：胡文金．第一作者：胡文金（1965—），男，硕士，教授．

基金项目：重庆市高等教育教学改革研究项目（151018，12020016），重庆科技学院本科教育教学改革研究项目（201511，201530，201615）．

1 反向设计教育理念

反向教学设计是针对传统的正向教学设计而言的。正向教学设计设计是基于课程导向的，教学设计从构建课程体系入手，专业培养方案的重点是如何构建课程体系，课程体系的构建遵循一定学科布局和专业划分，专业课程的知识结构强调学科知识体系的系统性和完备性，教育模式和教学过程倾向于传授已知的知识问题，教学条件和运行机制倾向于为解决确定的问题。传统培养方案中的培养目标和毕业要求往往是对同一个问题的两种描述方式。培养目标是学生毕业设计所具有的知识、能力和素质的总体描述学生能在何种领域从事何种工作。而毕业要求则是对学生毕业时所具有的知识、能力和素质结构的详细描述。这种详细描述是相对的，并非细化出具有可操作性的指标点，因此，课程体系和教学内容能否支持毕业要求的达成也是不确定的。

反向设计改变了正向设计的不足，整个设计始于需求，其过为：调研内外需求，确定培养目标，制定毕业要求，分解毕业要求指标点，制定课程目标，组织教学内容，实施教学过程，评价教学产出。课。教学评价针对各个环节，但主要针对培养目标的符合度和达成度进行评价，针对毕业要求的符合度和达成度的评价。培养目标只能适应内外需求的变化，而从毕业要求到教学过程实施的各环节则需要通过教学评价进行内反馈动态校正。

2 培养目标的确定

2.1 需要思考的问题

应用型本科毕业生广泛扎根基层，因此应用型本科专业要合理的确定培养目标，需要深入思考三个问题。

一是培养目标与需求的关系。反向设计理念确定培养目标始于内外需求，需求是确定培养目标的依据，培养目标只能去主动适应客观存在的各种内外需求。内部需求和传统的教育教学设计基本类似，主要包括教育教学规律，学校的办学定位、办学思路和人才培养理念及教学主体的需要等；外部需求的主体为国家、社会和行业、用人单位等，包括国家和社会需求、行业和地方产业需求、用人单位需求、学生或家长需求等多个层面。

二是培养目标含有明确的定位和预期成就的描述。培养目标描绘了学生毕业后 5 年左右所能达到的预期成就，尽管这一成就的达成是通过学校的培养、企业培养、社会培养和个人培养共同实现的，但一个专业的培养目标定位准不准却对学生在毕业 5 年左右能否达成其预期成就有着基础性的作用。培养目标的预期成就一般可以分解为 4~6 条具体的培养目标，其知识和能力水平要能覆盖美国工程师协会提出的工程师应该具备的 13 个关键特性及其 30 项能力。

三是具体到应用型本科自动化专业，应该有合理的定位，不宜高，也不宜低。要正确认识到应用型本科与国内研究型本科的差距和实际就业岗位能力要求的差别；同时也要认识到我国工程师与国外工程师基础能力、技术能力和业务能力存在的差距，结合美国工程师协会的 30 项能力要求，可以选择多数方面是强覆盖，少数方面是弱覆盖。

2.2 培养目标制订举例

我校自动化专业毕业生主要到石油、冶金、机械、电子、环保、能源行业和地方产业等领域从事自动化系统的设计、集成、调试、运行、维护及管理等工作，独立解决现场问题是用人单位和行业的需求，即要求从业者必须具备现场工程师所具有的基础能力、技术能力和业务能力，因此，现场工程师一般可以作为多数应用型本科自动化专业的培养目标。

我校自动化专业培养目标的定位表述为："具有适应技术、经济和社会发展所需的基础能力、技术能力和业务能力，胜任石油、冶金行业和地方产业等领域自动化系统的设计、集成、调试、运行、维护及管理等工作，协调解决现场工程问题的工程师。"预期本专业学生毕业后 5 年左右达到以下目标。

培养目标 1：具有工程伦理道德、尊重社会价值和承担社会责任的能力。

培养目标 2：熟悉技术规范，具有跨文化交流、协同工作和管理能力。

培养目标 3：具有运用数学、自然科学和工程知识等，识别和分析现场工程问题所需的基础能力。

培养目标 4：具有终身学习，具有运用新方法、新技术、新软件等现代工程技术和工具的能力。

培养目标 5：在多种现实约束条件下，具有协同解决现场工程问题所需的技术能力和业务能力。

3　毕业要求的制定与指标点分解

3.1　需要思考的问题

毕业要求必须支撑培养目标的达成。要合理制定毕业要求，需要深入思考四个问题。

一是要明确培养目标和毕业要求的区别。传统的人才培养方案涉及的培养目标和毕业要求对应的时间节点都是学生毕业时刻。按工程教育认证和成果导向所指的培养目标与毕业要求对应的时间节点显著不同。毕业要求描述的是学生毕业时所具有的知识和能力水平，不同于培养目标，后者描述的是学生毕业后 5 年左右能够达到的知识和能力水平。不仅两者的时间节点不同，达成的途径也不尽相同。培养目标的达成需通过学校培养、企业培养、个人培养和社会培养协同达成。毕业要求是通过本专业的教学环节来达成的。

二是要明确培养目标与毕业要求存在明确的对应关系。一条培养目标既可以由多条毕业要求支撑，同时一条毕业要求也可以支撑多条培养目标。这种对应关系是可逆的，但内在的规则不变，即分配的几条毕业要求应该可行且合理地支撑某一条培养目标的达成，某一条毕业要求达成的能力和多条培养标涵盖的基础能力、技术能力和业务能力存在着较为明显的对应关系。

三是如何根据通用标准的 12 条确定本专业的毕业要求。我国工程教育教育专业认证通用标准 2015 版规定的毕业要求共有 12 项，尽管不要求每个专业的毕业要求都是 12 条，但对于应用型本科院校，受办学时间、办学实力、现有基础、行业认可度和社会认可度等多因素的影响，如果制定的毕业要求低于 12 条，则很难取得业界专家的认同；如果多余 12 条，则无形之中提升了毕业要求的达成难度，教学设计的难度相应增加。对于毕业要求数量和内涵与通用标准存在差异的，进行专业认证和自评时，还需论证其毕业要求和通用标准毕业要求的符合度。对应用型本科专业更为困难的是，通用标准 12 条毕业要求中有 8 条涉及复杂工程问题，各专业的毕业要求必须就复杂工程问题做出可行的、可信的、有成效的响应。

四是毕业要求指标点的分解。分解目的是将毕业要求表达成具有可衡量、导向性、有逻辑关系、有专业特点的指标点，引导教师有针对性的教学，引导学生有目的学习。分解原则是保证指标点对应的教学活动覆盖了毕业要求，并将学生将能学到的行为和技能的教学情境对应的 3~5 个教学环节。毕业要求分解粗放，不具有可量性；分解过细则对应的所有教学环节显著增多，其逻辑关系变得复杂和模糊。应用型本科专业一般以通用标准的 12 条毕业要求为基础，结合本专业的培养目标与定位，增加限制性行业或专业术语，形成本专业的毕业按要求。一般将技术类毕业要求分解为 4~6 个指标点，将非技术类毕业要求分解为 2~3 个指标点，共计 35~40 个毕业要求指标点。

3.2　毕业要求与指标点分解举例

我校自动化专业使用 12 条毕业要求覆盖工程教育专业认证通用标准的 12 条毕业要求。此处以毕业要求 2 和毕业要求 5 为例进行说明。

毕业要求 2 描述为："能够应用数学、自然科学和工程科学的基本原理，识别、表达并通过文献研究分析自动化系统中的复杂工程问题，以获得有效结论。"对应的指标点分解为以下 5 条。

指标点 2.1：能识别电路与电子系统的主要环节和参数；

指标点 2.2：能识别控制系统的主要环节和参数；

指标点 2.3：能认识并判断实际工程问题有多种解决方案，能分析文献寻求可替代的解决方案；

指标点 2.4：能正确表达一个实际工程问题的解决方案；

指标点 2.5：能运用基本原理分析自动化系统中的复杂工程问题的影响因素，证实解决方案的合理性。

毕业要求 5 描述为："能够针对自动化系统的复杂工程问题，分析、选择与使用恰当的技术、资源、现代工程工具和信息技术工具，实现对复杂工程问题的预测与模拟，并能够理解其局限性"。对应的指标点分解为以下 3 条。

指标点 5.1：了解常用的电路与电子、自动控制、计算机软硬件工具；

指标点 5.2：能够针对自动化领域复杂工程问题，分析与选择恰当的电路与电子、自动控制、计算机软硬件等技术和工具；

指标点 5.3：能够使用现代技术和工程工具对自动化领域复杂工程问题进行预测与模拟，并理解其局限性。

4　课程体系的构建

4.1　课程体系构建原则

构建课程体系要遵循三个原则：

一是要保证所构建的课程体系能够有效支撑毕业要求搭建的能力结构，并要保证课程体系要相对科学合理。毕业要求必须通过与之相适应的课程体系才能在教学中实现，即毕业要求必须逐条地落实到每一门具体课程中，毕业要求（指标点）与课程体系之间的对应关系一般要求用矩阵形式表达，通常将其称为毕业要求达成度矩阵。

二是要兼顾学校、学院和专业的产出。学校应该结合工程教育认证要求，为全校的工科专业搭建相应的课程群，例如人文、数理基础等；学院应该搭建相近学科专业的课程群，例如电类基础、信息类基础课程群等。如果学校的各专业设置不同的全校性基础课程，或学院的各相近专业设置不同的专业基础课程，学校、学院的教学运行、教学管理则变得相对复杂，学校和学院的教学产出则相对低下。

三是要结合办学定位、行业优势设置本专业的专业课程，将行业中的复杂工程问题有效分解到相关课程或课程群中。

4.2　应用型本科自动化专业课程群实例

图 1 所示是我校自动化专业的课程体系构建实例，由 7 个课程群构成。课程群 1 是学校层面设置的课程，服务于学校的所有工科专业，包括人文社科类、数理基础类课程，工程与社会、环境与可持续发展等工程教育专业认证所需的非技术类课程。课程群 2 和课程群 3 是学院为电类专业和信息类专业设置的课程群。课程群 4～课程群 7 是自动化专业设置的课程群。在控制手段和行业应用类课程重点注入行业智慧，突出行业发展和行业要求，达到行业目标。重点考虑以市场需求、企业需要和行业要求为导向的专业教育，与此相应，控制手段类课程需结合技术发展、行业应用趋势，构建涵盖企业用到的主流大中型 PLC 系统、DCS 系统和在线分析技术，行业应用类课程重点体现行业知识、工艺流程、测量和控制方法，石油、天然气、化工、冶金等行业中的典型控制系统。

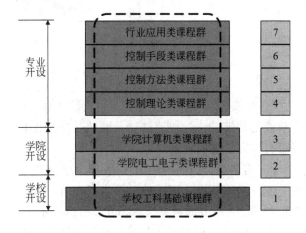

图 1　应用型本科自动化专业的七大课程群

4.3　对接复杂工程问题的课程群

依托我校的石油和冶金行业背景，从石油行业额、冶金行业中的典型工艺流程及其自动化系统凝练出复杂工程问题，从工程实现层面将其分解为构成自动化系统的检测仪表、控制仪表和执行仪表三大环节，按照现场工程师胜任三大部分工作的能力要求，再细分到具体的课程群，如图 2 所示。

课程群中的"电气控制技术与 PLC"等课程和"PLC 课程设计"实践环节培养学生解决电气控制领域的复杂工程问题的能力，例如，冶金行业的轧钢厂翻引钢机械手电气控制系统的现场复杂工程问题解决能力。机械手电气控制系统具有复杂工程问题的以下特征。

① 需要深入分析液压系统主油泵冗余控制原理和切换逻辑、机械手高效快速工作机制、控

制逻辑和联锁保护逻辑等。

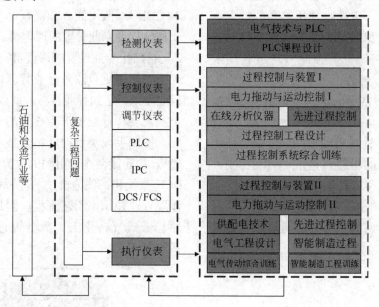

图 2　对接复杂工程问题的课程群组

② 需要液压系统温度保护与可持续工作，卸荷节能与快速响应，快速移动、翻转与安全保护等带有冲突性的问题。

③ 需要综合应用的知识包括：计算机电气制图，制图技术标准，液压传动技术、电气控制与 PLC 技术，人机界面组态技术、OPC 通信技术等。除"电气控制与 PLC 技术"外，其他知识均需在"PLC 课程设计"环节进行学习和实践。

"过程控制与装置"等课程和"过程控制系统综合训练"等实践环节，培养学生解决石化行业过程控制领域的复杂工程问题的能力，如天然气净化控制系统的现场复杂工程问题解决能力。吸收塔是天然气净化厂的主体单元之一，其控制系统具有复杂工程问题的以下特征。

① 需深入分析吸收塔的物料、质量和能量平衡，天然气脱硫的工程原理。

② 需解决吸收塔液位与贫液流量、质量与能耗，吸收塔液位与闪蒸罐液位、质量与能耗等之间的冲突。

③ 需安全联锁，确保人身安全、设备安全和生产过程的可持续性。

④ 需要综合化工工艺、控制技术、仪表技术和通信技术等，才能实现该自动化系统。

同理，"电力拖动与运动控制"等课程和"电

气转动系统综合训练"等实践环节，培养学生解决冶金行业电气传动领域的复杂工程问题的能力，例如，热轧工艺过程的控冷自动化系统的现场复杂工程问题解决能力。

5　教学内容的组织

5.1　教学内容的反向设计要求

以对接复杂工程问题的课程群为例，表 1 给出了各课程的教学内容反向设计要求，依据这些要求，可以反向设计出各课程的教学内容。该思路也可以适度地推广到专业基础课程的教学内容设计。

表 1　部分课程教学内容的反向设计要求

课程名称	教学内容反向设计要求
常用电气技术与 PLC	基于典型电气控制系统反向设计教学内容
PLC 课程设计	采用具有复杂工程问题特征的 PLC 控制系统项目训练
过程控制及装置	基于典型的工业过程控制系统（如换热器控制、吸收塔控制、反应釜控制等）反向设计教学内容
电力拖动与运动控制	基于典型的工业电气传动系统（如变频调速、直流控制调速、伺服控制等）反向设计教学内容
过程控制工程设计	基于过程控制工程中的技术规范、规程规范、项目管理、技术经济管理等要求反向设计教学内容

续表

课程名称	教学内容反向设计要求
在线分析仪器与样品处理技术	基于先进过程控制需求或优化控制需求反向设计教学内容
过程控制系统综合训练	采用具有复杂工程问题特征的吸收塔自动化系统及其等同项目进行工程实践训练
电气工程设计	基于电气工程设计中的技术规范、规程规范、项目管理、技术经济管理等要求反向设计教学内容
供配电技术	基于车间供配电要求反向设计教学内容
电气传动系统综合训练	采用具有复杂工程问题特征的轧钢工艺段的控冷自动化系统及其等同项目进行工程实践训练
先进过程控制	基于石化过程典型 APC 案例反向设计教学内容
机器人控制技术	基于主流品牌机器人应用技术反向设计教学内容
智能制造工程	基于智能制造工程的技术规范、规程规范、项目管理、技术经济管理等要求反向设计教学内容
智能制造工程训练	采用具有复杂工程问题特征的智能制造生产线统及其等同项目进行工程实践训练

5.2 教学内容反向设计实例

此处以"微机原理及应用"课程为例，阐述一门课程教学内容的反向设计方法。应用型本科自动化专业应该摒弃 x86 机型，转而以嵌入式处理器为参考机型讲授微机原理类课程，以便更好地对接自动化仪表、电子产品的设计与实现，增强该课程的就业属性。图 3 是"微机原理及应用"课程教学内容反向设计路线图。课程以工业自动化领域广泛使用的"多功能调节仪表"为对象，按仪表的功能单元重构教学知识单元和课程知识结构。学生学习每个单元的每一个知识点，都在为实现这台仪表"添钻加瓦"，学生学完课程知识后，能力方面形成嵌入式系统的开发基础能力，

获得的工程资源包括了智能仪表的硬件和软件资源，学生的学习过程表现为知识收获、能力提升和资源汇集的协调发展过程。

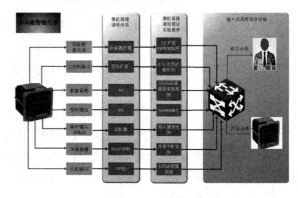

图 3 "微机原理及应用"课程教学内容反向设计路线图

6　结论

（1）成果导向遵循的反向设计理念用于指导应用型本科的教学设计，有利于引导应用型本科提升工程教育质量。

（2）反向设计贯穿人才培养的全过程，关键是课程体系的构建和教学内容的组织。

（3）应用本科更应该依据行业领域中的现场复杂工程问题反向设计教学环节。

References

[1] 李志义. 解析工程教育专业认证的成果导向理念[J]. 中国高等教育，2014（17）：7-10.

[2] 刘宝，任涛，李贞刚. 面向工程教育专业认证的自动化国家特色专业改革与建设[J]. 高等工程教育研究，2016（6）：48-52.

[3] 刘政，赵振华，李云. 基于工程教育的自动化类应用型人才培养模式探索[J]. 黑龙江教育（高教研究与评估），2015（9）：80-81.

工程教育认证背景下的自动化专业持续改进策略研究

贾鹤鸣　张佳薇　管雪梅　刘一琦　黄建平

（东北林业大学，黑龙江 哈尔滨 150040）

摘　要：本文以国际工程教育认证为契机，分析自动化专业近年来的现状和未来的发展定位情况，以国际化的改革视角从学生人文素质、师资创新培养和实践教学改革工作等方面进行了持续改进策略的全面探索，为自动化专业的未来发展指明了方向，更加有利于促进专业建设的工程实用化和国际通用化，全面培养学生的综合素质能力。

关键词：工程教育认证；专业建设；持续改进

Research on Continuous Improvement Strategy of Automation Specialty Under the Background of Engineering Education Accreditation

Heming Jia, Jiawei Zhang, Xuemei Guan, Yiqi Liu, Jianping Huang

(Northeast Forestry University, Harbin 150040, Heilongjiang Province, China)

Abstract：Based on the international engineering education accreditation as an opportunity analysis automation situation in recent years and future development orientation, to reform the international perspective from the humanistic quality of students, teachers training and practice teaching reform and innovation and other aspects of a comprehensive exploration of continuous improvement strategies, pointed out the direction for the future development of automation specialty, more conducive to the promotion of professional construction of the practical engineering and the international general, all-round development of students' ability.

Key Words：Engineering Education Accreditation；Professional Construction；Continuous Improvement

引言

自动化专业虽是发展历史悠久的传统学科，在不同的社会发展时期，都表现出强烈的社会需求。自动化产业的发展迫切需要大量的专业人才，需要具有扎实的自动化专业基础知识和基本技能、良好的人文科学素养和工程职业道德、较强的团队合作和沟通交流能力，能够在自动化相关领域承担工程管理、工程设计、技术开发等工作的自动化领域工程师[1~3]。国家重点建设以自动化技术为支撑的新一代信息技术产业和现代工业为本专业发展提供了重大机遇，国家推进工业化和信息化的融合为本专业提供了广阔的市场前景和发展契机[4]。

联系人：张佳薇. 第一作者：贾鹤鸣（1983—），男，博士，副教授.

基金项目：黑龙江省研究生教育创新工程资助项目（JGXM_HLJ_2016014）；黑龙江省高等教育学会"十三五"高等教育科研课题（16Q029）；黑龙江省教育科学"十三五"规划课题（GJD1316011）；东北林业大学教育教学研究重点项目.

1 专业发展定位

1.1 专业发展现状

东北林业大学自动化专业紧紧围绕"育人"这一核心任务，坚持"育人为本、崇尚学术"的办学理念，坚持培养学生"品德、知识、能力和素质"协调发展，逐步实现从知识传授向更加注重实践能力和素质培养的转变，按照"厚基础、重实践、强能力、促个性、敢担当"的培养原则，致力于为我国自动化行业培养自动化领域工程师。努力培养具有扎实的自动化专业基础知识和基本技能、具备较强的工程实践能力和团队合作与沟通交流能力、具有良好的人文素养和工程职业道德以及较强的社会责任感的高级工程技术人才。学生毕业后 5 年左右将成为自动化领域工程师，能在自动化相关领域承担工程管理、工程设计、技术开发等工作，成为所在单位相关领域的技术骨干或管理人才。

本专业隶属于机电工程学院，与电气工程及其自动化、通信工程、电子信息工程等专业组成电类学科群，互为支撑；并以电气工程及自动化实验室、电工电子技术实验室、大学生创新（电类）实验室、大学物理实验室和工科教学实习中心为依托，上述专业基础课和专业课的实验课程、毕业设计等教学过程中对本科生开放。此外，以电气工程及自动化实验室为依托的大学生创新实践基地面向本专业全面开放，学生根据自己的兴趣，参加大学生各项创新创业项目或参与到教师的科研项目中[5]。对学生了解并初步掌握专业常用仪器设备、接触学科前沿并熟悉科学研究基本方法、增强学生实践能力形成了有力的支撑。

1.2 传统教学模式存在的问题

一、实践课程体系:与综合工程创新能力培养不适应

1. 实验课程对应理论知识设置，彼此孤立，无法满足解决复杂工程问题的需求

2. 实验内容设计时对知识要求的深度与广度缺乏层次，学生自主研学空间不足。

3. 实践教学进程统一有余，考察形式单一且创新能力的个性化培养不足。

二、教学模式：创新能力培养的内在驱动力不足

1. 教学模式以知识传授为中心、以教师为主导，学生被动地接受知识与验证知识。

2. 创新活动一般在课外开展，只面向少数学习成绩优异同学，教师和学生对创新活动的主动共同参与度不高、互动不够。

3. 创新活动往往依靠外力推动，内在驱动力不足。

2 自动化专业发展的持续改进策略

2.1 国际化环节的持续改进

近年来，在毕业生和企业调查反馈中，国际化交流与合作能力被越来越多地提及。可以认为，随着我国经济不断发展，社会对该方面能力要求会越来越强。为了提升专业师资队伍的国际化水准，学院鼓励教师到国内、外访学，学习国内、外大学的教学（包括工程教育）理念、模式和方法，提升教学和科研能力。近三年学院先后选派 6 名专业教师赴国内外大学进行访学学习。

2.2 学生人文培养环节的持续改进

本专业在修订培养方案时，认真听取了其他院校和企业的多方意见，并及时进行了修订，更加注重对学生人格、品德修养的培养。从新生入学伊始，即向他们灌输健全人格的基本标准，培养他们以正面的态度对待世界、他人、自己、过去、现在、将来、顺境、逆境，做一个自立、自信、自尊、自强、幸福的进取者。鼓励学生积极参与各种有益身心健康的实践活动。鼓励学生根据兴趣积极学习各种人文、艺术类等课程，培养学生的人文素养和健全的人文精神；鼓励学生积极参加社会实践，锻炼自身交流协调与领导能力。

自动化专业自 2014 年开始施行本科生导师制，明确要求专业教师必须兼任本科生导师。导师主要职责是指导学习方法、介绍专业情况、选课指导、职业规划等，同时也对学生的思想动态、人生观、个人健康等加以了解和辅导，可以充分发挥教师在学生培养中的主导作用和学生的主体作用，建立新型师生关系，注重因材施教，深化教育教学和人才培养模式的改革，更拓宽了教师关心学生、了解学生、服务学生的渠道。

2.3　师资力量的持续改进

2.3.1　青年教师

为提高青年教师教学水平，在以往咨询、督导组听课、领导听课、青年教师助课等措施的基础上，学院增加了青年教师授课竞赛、教学名师教学观摩等活动。

2.3.2　兼职教师

针对传统高等教育模式中，重知识传授轻能力培养，工程能力综合训练不够，企业专家参与课程体系设置广度深度不够的问题，为了拓展本科生工程教育知识面，专业在人才培养过程中注重教师结构的多元化组成，结合本专业的特色及人才培养的需求，积极聘请校外具有工程背景、符合条件的企业专家、专业技术人员和科研人员作为校内兼职教师，以优化师资结构，参与本科教学工作。近两年专业聘请了 12 名符合条件的兼职教师指导学生的毕业设计，并有部分兼职教师承担了"自动控制讲座"的授课任务。

2.3.3　双师型教师

为了提升专业师资队伍的工程水准，提高专业教师指导学生解决复杂工程问题的能力。学院和专业先后选派多名青年骨干教师赴企业实地培训。2014 年学院选派自动化专业四名一线教师，其中包括一名实验教师，赴宁波亚德客股份有限公司进行为期一个月的"模拟自动化生产线实训项目"的培训；2015 年专业选派一名骨干教师，2016 年专业选派三名骨干教师，赴江苏汇博机器人技术有限公司接受"机器人控制技术"的实训。

2.4　实践教学体系的持续改进

2.4.1　实验课程的持续改进

（1）完善实践教学体系，培养学生实践能力。梳理整合实验课内容，加大综合性、设计性实验的比例；增加实验学时数、增设多门课程设计。

（2）在实践课程中的成绩评定环节采取量化评定的形式，根据学生实验操作情况、焊接装配的质量、调试的结果、设计是否达到功能和技术指标要求以及课程设计说明书的质量等，综合量化评定综合实验的成绩。实验内容要求同学自己动手设计、焊接、装配和调试系统，上述综合实验形式使得课堂理论知识得到了运用和提升，充分发挥了学生在实践教学培养环节中的主体作用。

（3）增加课程群综合实验。例如"两轮直立平衡车综合实训设计"，涵盖专业基础课程（电路、数字电子技术、模拟电子技术、电机学）和专业课程（自动控制原理、单片机原理、检测与转换技术）等，通过课程间的知识交叉运用和考核极大地提高了学生解决复杂工程实践问题的能力。

（4）按照专业实践能力培养要求和认知规律，有机结合实际生产过程的现有技术，分层次、分阶段构建认知性实习教学环节与操作性实习环节，提高学生对最新工程技术的理解和运用能力。

2.4.2　实验平台的持续改进

2014 年投资 81 万元购置了亚德客（AIRTAC）模块化自动生产线综合实验设备，2015 年投资 152 万元购入高级在线过程控制生产实训平台（HB-1 型光机电控一体化综合实验平台），为自动化专业课程提供了高水平的实验平台，为训练和培养学生解决复杂工程问题的能力提供实验平台，可用于计算机控制系统课程设计、科研与工程实践等实践教学环节。

2.4.3　实习实训基地建设的持续改进

强化专业培养与行业的关系，挖掘行业社会资源，提升产学研的合作水平，拓展和丰富校外实习实训基地的建设，促进"双师型"教师培养，保障学生实践技能满足社会需求，通过"请进来、走出去"的形式双向沟通，建立了十余个校外实习实训基地。每年接纳学院自动化专业的本科生进行 1～2 周的专业实习，每年为学院 3～5 名教师进行企业实践培训。校外实习实训基地每年选派企业有丰富工程经验的技术人员参与课程实践教学的指导。

2.5　持续改进的目标

（1）利用在线课程和重点课程网站等教学模式实现线上线下同步教学，提供丰富的教学资源，培养学生的自主学习能力和提高学生工程实践能力。

（2）创新改革阶段考试模式，以培养学生工程实践能力为目标，通过课内设计、答辩、撰写报告的多样化考核方式锻炼学生的知识运用、团队合作、沟通和解决问题能力，全面提高学生综合素质，让学生在理论学习与实践教学的融合中获得终身学习的意识。

（3）设计多层次、立体化课程群综合实践体系，培养学生解决"复杂工程问题"的能力。结合大创项目与学科竞赛的共建平台，由此带动下使学生的独立科研实践能力和同行业领域的竞争力全面提升，大幅提升就业率和保研面试通过率。

3 结论

本文结合我校专业建设发展的特点，以工程教育认证的持续改进思想为原则，分别从提高工科学生人为素质、培养符合人才培养标准的新型教师队伍、加强学院和专业的实践教学工作等方面进行具体的改进策略研究，给出探索性的建设路径和具实施方案，为专业的发展奠定了重要基础。

References

[1] 余寿文. 工程教育评估与认证及其思考[J]. 高等工程教育研究，2015（3）：1-6.

[2] 姜宇，姜松. 基于工程教育认证的教师教学创新能力研究[J]. 高校教育管理，2015，9（6）：105-109.

[3] 吴迪，贾鹤鸣，宋文龙. "互联网+"时代实现教育公平的路径探索[J]. 当代教育科学，2016（23）：34-37.

[4] 林健. 工程教育认证与工程教育改革和发展[J]. 高等工程教育研究，2015（2）：10-19.

[5] 贾鹤鸣，戴天虹，吴迪. 自动化专业课程的研究性教学模式初探[J]. 科教文汇，2015（11）：59-60.

工程教育认证下自动化专业培养目标和实践改革之思考

赵艳东　吴　兵　樊春玲

（青岛科技大学 自动化与电子工程学院，山东省 青岛 266042；）

摘　要：提高国内高校的教育教学质量是我国的工程教育认证目标中的一项重要内容。文章就是在当前工程认证的背景下，更好地解读工程认证的理念，持续投入和改进工作而进行的一点思考。文章分析了工程认证框架下培养目标的制定原则，并针对笔者学院自动化专业的实践教学改革给出了几点深入的思考。

关键词：工程教育认证；培养目标；实践教学

About Objective and Practical Innovation of Automatic Major Under the Accreditation in Higher Engineering Education

Yandong Zhao, Bing Wu, Chunling Fan

(Qingdao University of Science and Technology, Qingdao 266042, Shandong Province, China)

Abstract：Improving educational quality is one of the most important objectives of the Engineering Education Accreditation in China. Under the framework of Accreditation, we study the ideas, work hard about the development of automatic major and improve our work continuously. This paper analyzes the development of the automatic major and proposes the principle of major project making and gives some ideas about practical course innovation.

Key Words：Engineering Education Accreditation；Educational Objectives；Practical Teaching

引言

我国自 2005 年启动工程师制度改革和工程教育认证工作以来，经历了十几年的时间，于 2013 年成功申请成为《华盛顿协议》临时签约组织成员，并在日后成为正式成员。期间，经历了从无到有、逐步建立起了相对完备、在国际上实质等效的中国工程教育认证体系。

教育认证是"为了确定并鼓励以最好的方式完成工程师开展实践所学的学术准备，保证毕业生在其工作的职业领域内经过一定时间后拥有合格的专业技术资质，并能通过参加培训与技能提高项目，继续保持和提高其职业能力[1]。"教育认证是为了确保职业工程师能力和素质而设定的职业准入门槛中的"3E"之一，这"3E"分别是教育（Education）、经验（Experience）和考试（Examination）[2]。作为一种智力保障制度，认证的目的体现的是工程教育各利益相关方的价值追求，不同的国家或地区、不同的发展阶段，专业认证的目的既要有反映保证和改进专业教育质量的共同核心价值，又具有适合于各自国情和所处时代背景的特殊性[3~5]。

国内各高校各专业在自己的目标制定框架下，纷纷开展专业工程教育认证工作。从高校层面来看，工程教育认证其核心内容就是以毕业要求为准绳综合评价培养质量。纵向的来看，工程

联系人：赵艳东. 第一作者：赵艳东（1976—），女，博士，副教授.
基金项目：山东省研究生教育创新计划项目（SDYY14037）.

认证的工作落在高校的任务，无论何种专业，其最终落实到培养目标的制定上。有了培养目标，才能对于到具体的毕业要求，根据毕业要求才能更进一步制定教学计划，落实各教学环节，从而给出考核评价。完成一次顺向的任务还远远没有结束，而是要形成闭环结构，从而进行持续改进。因此首要的工作就是专业培养目标的确定。所以培养目标的定位和明确是所有工作开展的基础，若培养目标不明确，后期进行修改，则所有的过程都要重新开始。这对于认证来说是极为不利的。

因此，本文从当前的自动化专业发展出发，对培养目标的制定原则方面进行了一点思考，也为我们学院自动化专业进一步明确目标，并为进行工程认证工作做一点准备工作。在此基础上，就认证工作中工程实践能力培养方面进行了一些探索，为我们今后改进教学方法、革新教学模式、提高培养质量给予一点基础性的铺垫。

1 专业培养目标制定原则

我校的自动化专业历史悠久，可以追溯到1972 年我校设立的化工仪表及自动化专业，已有45 年的历史。专业设立的初衷是培养化工行业生产过程自动化的工程技术人才。"文革"后恢复高考，仍然以化工过程自动化为主要方向。1983 年，成立自动化系。1998 年，根据教育部新的专业分类及学科发展情况，对原专业课程体系内容和范围进行了扩充。形成了以生产过程自动化、工业电气自动化和机电一体化为主要专业方向的局面，并将专业名称正式改为自动化专业。因而我校的自动化具有鲜明的化工行业特色，多年来毕业的学生在化工等行业做出了突出的成绩。

文献[6]中对于《华盛顿协议》的解读中明确指出，在人才培养过程中，地方工科院校应适时转变思想观念、及时调整人才培养目标与办学定位等，提高工程素质教育质量，使得各方面与国际相接轨，达到国际专业认证的要求。所以就我校的自动化发展来看，其目标的制定拟遵循如下原则。

（1）在办学定位方面，应立足于本省经济发展，突出自身发展特色，并形成特色优势工科专业。

本学校以化工、橡胶为基础，因而自动化专业便依托化工生产过程和装备制造业的自动化技术和自动运行进行开展，长久以来形成了鲜明的特色。因而本专业的发展在工程教育认证的总指导框架下，应依托这样的背景，用于培养在国家化工等流程工业和装备制造业等离散工业中的工科应用型人才。因而培养目标中的复杂问题也就相应的定位在化工和装备，即流程和离散工业中信息的获取、处理和输出等相关的问题，利用数学或工程等方法经提炼成相关的数学问题并加以分析和解决。

（2）培养目标应定位于培养应用型高级专门人才和创新型人才。

"成果导向"是工程教育认证的核心内容。培养的学生能干什么，实际上跟学生在学校经历了哪些实践环节有密切关系。因此在充分具备了电路、控制理论、自动检测与仪表、过程控制工程、计算机控制技术和集散控制系统与现场总线等方面的基础理论知识的基础上，要利用一切资源构建和开发实验实践平台，才能为学生提供实践的机会，实践是应用的前提，实践是创新的土壤。没有实践，就不可能实现培养目标，进而脱离了"成果导向"的轨道。

（3）培养目标应定位于培养具有高尚的职业道德的人才

一个人事业的成功，不仅仅要看他的职业成就，更加关键的是他从事什么职业是否对他的祖国的发展做出了贡献。因此，注意培养热爱祖国、拥护社会主义，具有远大理想、高尚思想道德的人才是我们培养目标定位的根本。因而，在目标的实现过程中，应该更加注重其人文科学精神的培养，职业道德的培养和团队合作能力以及不断学习和适应发展的能力的培养，才能在走入社会后真正为大众做贡献。

2 教学改革探索和思路

工程认证标准中的"outcome based"一词就是基于产出产品的质量进行评价，即成果导向。所以评价标准从原来的知识导向型转变为能力导向型，也就是我们关心的不仅仅是"学生懂了什么"而更多的是"学生能做什么"。这就为高校教育过程提出了更多的要求，特别是能够为学生提供更多的实践机会，使学生得到动手锻炼的机会。因此，实践教学改革就显得尤为重要。

2.1 实践教学改革的思路

（1）首先，应加大实验实践设备的购置。

实验设备是学生在学校进行动手实践的最好平台。专业实验平台应该是面向全院自动化专业学生的综合平台。从下向上应该分层次，逐次递强。第一层，基础实验平台。能够满足自动化专业基础和专业课程的基础实验。包括验证性实验、设计型实验。第二层，综合设计实验平台。能够为学生提供更多的灵活性操作，设备应为多模块化的、标准接口的，使学生能够按照自己的设计思路进行系统构建，并在此基础上完成系统功能。第三层，创新性实验平台。包括学院组织的各级大赛所购置的实验设备平台。另外，在导师研究项目中开展的各级各类实验项目和平台。主要为学生提供创新性研究，可获得不同层次的科研成果。从下到上，可满足不同层次学生培养的目标要求。

（2）其次，应培养教师的工程实践能力。

工程认证制度中有一项重要的要求就是师资队伍。要求教师数量满足要求，结构合理，教师队伍有能力达成学生的目标并且拥有一定的工程背景以满足专业教学需要。因此师资队伍的建设也应该分为三大类型。就目前的情况来看，我院自动化专业有一部分高校教师没有参加过实践锻炼，从高校进高校，这类教师一方面充分发挥其理论研究的优势，在课堂教学环节下功夫，培养其成为课堂教学能手。另一方面，发挥其科研优势，以科研项目为主导，增加科研设备，并为学生提供创新性实验指导，同时提升教师自我工程能力。其次，对具有实践锻炼经历的或者有工程背景的教师，充分发挥其实践优势，教学和实践相辅相成，相互促进。在学生实践类设计或工程实践方面为学生提供指导。还有一部分教师具有一定的理论和实践能力，作为培养对象，鼓励其参加各种实践锻炼机会，培养其成为双师型教师，更好地发挥其主动性和创造性。

（3）最后，改革实验管理制度，使得各级实验设备能够得到高效利用。

实验设备的购置是必要条件的话，那么实验室的管理制度就是实验设备作用的充分条件。当前我们自动化专业的学生培养主要是以本科教育为主，每年入学的本科生约 600 名。如何使所有的学生都能得到工程实践锻炼，达到认证标准下的成果导向宗旨进行的目标，对于我们来说实际上是一种考验。改革当前的实验管理制度，尽量实现 24 小时开放性实验室、预约制度、考核系统等是当前迫在眉睫的工作。另外，在原有实验设备上，老师们发挥自主性，开发更多的实验项目，也是充分发挥设备作用的有效途径。因此，在课堂教学的基础上，通过各种方法开展实践教学，才能给予学生更多的动手机会，从而提高学生的动手能力，才能切实完成培养社会所需要的实践能力强、真正具有工程意识和一定创造性的应用型人才的培养目标。

2.2　实践教学的几点探索

下面给出近年来在实验教学、课程设计和其他辅助教学环节方面的一些思路，给出几点有益的探索。

（1）实验室条件改善

近来，学校和学院加大资金投入力度，建设了新的实验大楼。因此在实验室面积和实验设备上都进行了大力的建设和改善。通过整合已有的实验室和建设新的实验室，能够为学生提供的专业实验室主要有"微机原理"实验室"自动控制原理"实验室"计算机控制"实验室"检测技术及仪表"实验室"传感器技术"实验室"控制仪表"实验室"过程控制"实验室"集散控制系统"实验室"PLC 控制"实验室等基础实验设备。另外经过考察和调研，拟建设"过程控制工程实训中心""计算机控制系统综合实训实验室""工业先进控制与优化创新实验室"等。在实践中培养学生理论联系实际、动手能力、严谨的科学态度和科学的合作精神。

（2）培养方案的设置方面

在保证学生理论课程学习的基础上，尽量压缩和减少课堂教学课时，增加实践环节。在新的培养方案中，为了平衡理论课程学习和实践教学，将实践环节的课时保证在 34 学时左右，这样实践学时和理论课程学习之比达到一个合理的系数。同时，为了加快学生提前进入专业，在大学二年级增了专业课程设置，同时配套了实践环节。例如，增加了"微机原理创新实训"的基础课程实训环节，另外在专业课上保留原有的"计算机控制课程设计""运动控制课程设计""集散控制系统课程设计""自动化专业综合实验"等，使学生通过解决某个实际问题，巩固和加深各门课程中所学的理论知识，从而提高解决实际问题的能力。此外，增加了"控制工程综合创新与实训"环节，利用已有的水位、温度综合实验装置和新建的精馏塔实物装置，切实模拟实际生产过程，使学生能够更直观地了解工业过程地工艺要求、控制目标、实现方法等。在实训过程中，从系统的工艺要求开始到系统构建、控制实现完成模拟下来，锻炼学生提出、分析、解决问题的能力，从而在此过程中锻炼学生的团队合作和创新思维。

（3）课程研讨和课题协作方面

在理论教学过程，我们已在计算机控制技术这门课程中增加了课程研讨和分组完成课题的教学环节。将学生按照每组10人进行分组，每组自行选择感兴趣的课题，且题目不能重复，在老师的指导下完成方案的设计。各组员进行分工合作，查找资料、整理、汇总、做出PPT报告文档，并进行答辩。期间，各组成员发挥各自的主观能动性并组织协调，每个成员对课题一部分进行汇报，老师根据汇报给组员打分。这样可以充分地调动学生的主动性和创造性，并培养学生的团队合作精神和协调解决问题的能力。另外，我们还利用与企业建立产研关系，让学生参与到企业的项目开发中完成课程设计的教学环节。以学生为主体，支持学生的个性化发展，激励学生的创新意识，培养学生动手能力和解决实际问题的能力。

（4）大学生专业大赛方面

工业4.0是未来的发展趋势，从产品设计、生产规划、生产过程、生产实施以及服务的全生命周期都需要不同类型的人才。自动化技术日新月异，课本教材却永远是昨天的技术，如果只是淡村从过去的技术学习，人才培养始终会慢一拍。而全国（地区性）性的专业大赛可以满足学生和老师对于新技术和新科技的探索能力。就像"西门子"杯全国大学生过程控制挑战赛的宗旨，"促进大学生工程实践水平的全面提高，激发广大大学生学习工程技术的兴趣，提高学生针对实际问题进行过程控制实践的能力"，专业老师带领不同的参赛队伍参加了"西门子"杯全国大学生过程控制挑战赛，"飞思卡尔"杯全国大学生智能车竞赛等专业性竞赛，取得了比较 满意的比赛成绩，达到了锻炼队伍，开阔眼界的效果。其中参赛队伍的组成包括了不同年级的专业大学生，不仅为他们提供了一个交流平台，也形成了一个传帮带的良性传统。

（5）实践环节方面遇到的问题

生产实习是专业培养方案中一个重要的实践环节，当前在生产实习方面遇到的最突出问题是实习场所问题。近年来，为了给学生寻找一个生产条件能满足专业等方面的要求的实习单位，学院领导和专业老师通过各种渠道联系了很多的企业，这里既包括国有大中型企业，也有一些专业相关的私营企业。但是，我们在去联系的过程中，多数单位都不愿意接待实习学生。原因是多方面的。

在实习的内容上也存在不少问题。学生到企业中里实习多数不让学生亲自动手，学生往往只能到厂里参观，而且也只能看"外表"，生产过程中的一些技术文件，例如，工艺流程、工程图纸等学生基本看不到，想学的学生还问一问师傅，不想学的学生基本就是走马观花，实习的效果大打折扣。

3　结论

本文通过探讨工程认证制度下的培养目标的制定原则，就当前自动化专业的发展，以及以成果导向机制指导下的实践环节教学改革进行了思考，给出了一点在实践方面进行改革的思路和方法。工程教育认证是一个大背景，它是工程教育认证和工程师培养的指导大纲，是国际上公认的协议标准。我们要正确地理解工程教育认证理念，并建立我们的工程教育认证体系，才能更好地促进我国教育的标准化，从而提高教育质量。

References

[1] 王玲，雷环.《华盛顿协议》签约成员的工程教育认证特点及其对我国的启示[J]. 清华大学教育研究，2008（5）：88-92.

[2] 方峥.《华盛顿协议》签约成员工程教育认证制度之比较[J]. 高教发展与评估，2014，30（4）：66-76，119.

[3] 张文雪.《中国特色工程教育专业认证制度研究》，[D]. 清华大学：清华大学博士学位论文，2009.

[4] 王欣欣，杨振中. 工程教育认证制度对测控技术与仪器专业本科教学的导向探索研究[J]. 教育教学论坛，2015（33）：81-82.

[5] 王瑞朋，王孙禺，李锋亮. 论美国工程教育专业认证制度与工程师注册制度的衔接[J]. 清华大学教育研究，2015，36（1）：34-40.

[6] 李泽国.《华盛顿协议》与地方工科院校高等工程教育改革[J]. 吉林化工学院学报，2014，31（8）：1-5.

专业认证背景下课程教学大纲重构中的思考——以《微机原理与接口技术》为例

张永林　朱志宇

（江苏科技大学 电子信息学院，江苏 镇江 212003）

摘　要：课程是落实教育理念的载体。在专业认证的背景下，应当运用 OBE 理念，以学生为中心，以学习成果为导向，对课程教学大纲进行彻底重构，切实推进工程教育改革。文章以"微机原理与接口技术"课程为例，对教学大纲重构中的逻辑结构、课程目标、对毕业要求的支撑、教学实施、课程考核、目标达成度评价、教学反馈与持续改进等问题进行了探讨，以期对同行有所启发。

关键词：专业认证；教育理念；教学大纲；重构

Thoughts on Syllabus Reconstitution in the Program Accreditation Context

Yonglin Zhang, Zhiyu Zhu

(Jiangsu University of Science and Technology, Zhenjiang 212003, Jiangsu Province, China)

Abstract：Courses are the carrier to implement educational ideas. In the program accreditation context, accrediting engineering programs should reconstitute their syllabuses thoroughly using the outcome-based and student-centered educational idea to advance the engineering education reformation. In this paper, using Microcomputer Principle & Interfacing Technique as an example, we investigated some issues, when reconstituting syllabuses, such as logical structure, course objectives, support to graduate attributes, teaching implementation, assessment, evaluation, continuous improvement and so on, in hope of giving some enlightenment to our peers.

Key Words：Program Accreditation; Educational idea; Syllabus; Reconstitution

引言

自 2005 年我国开始构建工程教育专业认证（以下简称专业认证）体系以来，专业认证的先进理念有力地推动了我国工程教育专业教学改革[1]。尤其是 2016 年 6 月 2 日，国际工程联盟大会一致同意我国成为《华盛顿协议》正式成员以来，工程教育专业认证在国内引起了广泛重视，工程教育改革方兴未艾。

以学生为中心，以学习成果为导向，重视形成性评价和持续改进，是工程教育专业认证的核心理念[2]。这些理念不但应当体现在人才培养体系设计的宏观层面，更应当贯穿于教学活动实施的微观过程。课程是落实教育理念的载体。如果不把"以学生为中心"理念落实到每一门课程中，不按照新的人才培养理念重新思考和设计每一门课程，而依赖教务管理部门出台的措施和制度，很难实现教学改革的目标。

联系人：张永林. 第一作者：张永林（1972—），男，博士，副教授.

基金项目：自动化类教指委专项教学改革课题（2016A04）.

教学大纲是教师和学生之间关于教与学投入和责任的一份"教学合同"，是落实"以学生为中心"理念的基础和抓手[3]。从表面看，教学大纲就是一份关于课程教学的文档；从实质上看，教学大纲是对一门课程进行系统化设计的结果，是一门课程的教学实施方案。因此，教学大纲重构是人才培养方案重构的核心工作。

为适应高等教育发展的新形势，推动我校教育教学改革的深入开展，进一步探索以提升本科人才培养质量为核心的内涵建设和特色发展之路，学校在总结 2013 版本科专业培养方案实施成效的基础上，于 2016 年 5 月启动了本科专业人才培养方案（2017 版）的重构工作。目前正在进行教学大纲的重构，下面以"微机原理与接口技术"课程为例，就教学大纲重构中的一些问题谈谈我们的看法。

1 教学大纲的逻辑结构

教学大纲一般应包括对教学目标的分析，对课程内容结构、学习资料的选择和编排，对教学活动的要求/指导/评价标准，对课程参与、评分的要求，对教学伦理的要求，对教学日程的安排等，阐明教与学双方的责任，便于提前分配学习和教学时间投入。教学大纲的设计中，应贯彻专业认证的核心理念，各部分内容之间应有合理的逻辑。

课程教学大纲包括课程基本信息、课程目标、基本教学内容及其目标、建议教学方法、建议学时分配、课内实验安排、课程考核、课程目标达成度评价、教学反馈与持续改进以及推荐参考资料等 11 个部分。课程基本信息部分简要描述本课程的学分、学时、编号、性质、先修课程、后续课程、适用专业、开课单位等信息；课程目标部分描述通过本课程学习后学生应取得的学习成果；课程目标与毕业要求的关系部分描述本课程对毕业要求的支撑；基本教学内容及其目标部分主要描述本课程必须教/学的内容及其所支撑的课程目标；建议教学方法部分描述本课程具体实施时的教学方法及其学时建议，不同教学内容建议采用的教学方法；建议学时分配部分描述各教学单元内容的建议学时；课内实验安排部分描述课内实验项目的名称、学时、性质、类型、每组人数等；课程考核部分描述课程考核成绩的组成及其具体考核内容和方式，包括考试试卷的题型、题量、考查点及其考核要求等具体要求；课程目标达成度评价部分描述课程总目标和各课程子目标的评价方法；教学反馈与持续改进部分描述整个教学过程中师生之间应有的学习效果交流和因应措施，以及下一轮教学和课程的持续改进要求；推荐参考资料部分列出本课程的备选教材、主要参考书目及网络资源。

教学大纲各部分的逻辑结构如图 1 所示，其中包括课程目标、教学实施、课程改进三个循环。

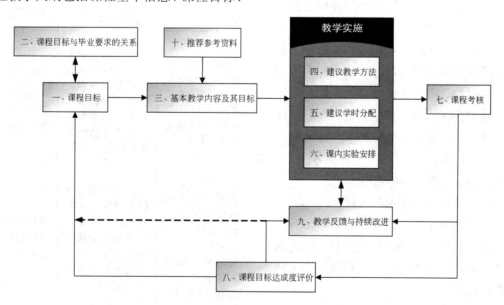

图 1 课程教学大纲各部分的逻辑结构

毕业要求达成度矩阵是教学大纲系统化设计的起点和终点。课程目标→教学内容→教学实施→课程考核→课程目标达成度评价→课程目标，形成教学大纲系统的外环；教学实施→课程考核→教学反馈→（调整）教学实施，形成教学实施过程的闭环监控，为实时调整当前教学活动以提升教学效果，以及下一轮教学实施的持续改进提供依据；课程考核（结果）→达成度评价→持续改进→（新）课程目标→进入外环，形成课程持续改进的路径。

2　几点思考

下面按照图 1 所示的课程教学大纲重构逻辑，从课程目标、支撑目标的教学内容、教学实施、课程考核、课程目标达成评价、教学反馈与持续改进等几个方面，谈谈我们在重构中的一些思考。

2.1　关于课程目标

之所以用"课程目标"而不是"教学目标"，主要考量有三：其一，培养方案中设有以学生自学为主，甚至没有教的课程或环节（如第二课堂、形势政策实践等）；其二，充分体现以学生为中心的教育理念，课程目标是教师"教的目标"，更应该是学生"学的目标"；其三，与国际接轨。

运用 OBE 反向设计的教学设计理念，根据毕业要求设计课程目标。在简明扼要的课程总目标下，应设置 5 条左右课程子目标，子目标之间应有明显的逻辑关系，逐级深入。课程子目标必须是课程完成后学生应获得的能力，这些能力应明确支撑毕业要求的达成，描述时可用不同的动词表达程度上的差异（一般可分成记忆、理解、应用、分析、评价、创造等 6 个依次递增的层次）。课程子目标应是明确的、可测量的。测量方法（课程目标评价方法）应在大纲中明确给出。

以"微机原理与接口技术"课程为例。

本课程旨在培养学生运用微处理器基本原理和常用输入输出接口技术解决相关工程问题的能力。通过本课程的理论学习与实践训练，学生应取得如下学习成果。

（1）能够用原码/反码/补码表示计算机中的有符号数（包括定点数与浮点数）并简单运算，能够进行二进制数与十进制数的相互转换；能够表示 ASCII 码和 BCD 码。

（2）能够理解 8086 CPU 工作原理，尤其是各寄存器的功能、存储器和堆栈的组织以及引脚功能；能够正确使用内部寄存器；能解释 8086 CPU 典型工作时序。

（3）能够理解 8086 CPU 常用指令的功能和用法；能够设计并调试小规模汇编语言程序；能够分析中等规模汇编语言程序代码。

（4）能够理解存储器的存储原理和特征；能够设计存储器扩展接口，包括地址分配、地址译码和信号连接。

（5）能够理解 I/O 端口及其寻址方式、CPU 与外设传送数据方式；能够设计微机与输入输出设备的典型接口电路，并编写应用程序。

（6）能够分析、设计典型微机应用系统，通过文献分析证实所设计方案的合理性，并制定合适的实验方案进行验证。

2.2　关于课程目标对毕业要求的支撑

每个课程子目标应支撑至少一个毕业要求指标点，并给出其支撑权重。一个毕业要求指标点对应的课程子目标的权重之和为 1。

以"微机原理与接口技术"课程为例，其课程目标对毕业要求的支撑关系如表 1 所示。

表 1　课程目标对毕业要求的支撑关系

支撑的毕业要求	支撑的指标点（支撑权重）	课程目标（权重）
1. 工程知识：能够将数学、物理学、工程基础理论和专业知识用于解决自动化领域的复杂工程问题。	1-2. 掌握电路、电子技术、计算机软硬件技术等工程基础知识，能够应用其基本概念、基本理论和基本方法分析实际问题。(0.2)	课程目标 1（0.1）课程目标 2（0.2）课程目标 3（0.3）课程目标 4（0.1）课程目标 5（0.3）
2. 问题分析：能够应用数学、物理学和工程科学的基本原理，识别、表达并通过文献研究分析自动化领域复杂工程问题，以获得有效结论。	2-3. 能够通过分析文献寻求可替代的解决方案，对影响因素进行分析论证，证实解决方案的合理性。(0.2)	课程目标 3（0.2）课程目标 5（0.2）课程目标 6（0.6）

2.3 关于教学内容及其目标

专业知识体系重构是课程基本教学内容重构的基础。在我校自动化专业 2017 培养方案重构过程中，参照自动化专业规范，考虑当前自动化理论和技术的发展及其在船舶与海洋工程中的应用实际，对 2013 级培养方案中专业知识体系进行重新梳理和更新，形成 2017 版自动化专业核心知识体系。本版知识体系分 8 个知识领域、65 个知识单元。完成本版知识体系所用的学时约占专业教学时数的 60%，计 530 学时加 6 周集中实践环节，共 39 学分。本知识体系所列的知识领域、知识单元和知识点不与具体某一门专业课程挂钩，大部分专业课程的知识跨多个知识领域。

课程基本教学内容重构应在专业课程体系重构的统一考量下，结合课程的内涵、科技发展、教学设想等因素，进行专业相关知识单元和知识点的整体设计。每个知识单元应明确支撑至少一个课程目标。

以"微机原理与接口技术"课程为例，其课程子目标与教学单元的主要支撑关系如表 2 所示。

表 2 课程子目标与教学单元的主要支撑关系

课程子目标	目标 1	目标 2	目标 3	目标 4	目标 5	目标 6
教学单元支撑	单元一	单元二	单元三、六	单元四	单元五、六	单元六

2.4 关于教学实施

教学实施的设计中应深入贯彻以学生为中心、以学习成果为导向的教育理念。以学生为中心的教学模式强调发挥学生在教学中的自主性、能动性和创造性，激发他们迫切的学习愿望、强烈的学习动机、高昂的学习热情、认真的学习态度；让学生从自己的认知结构、兴趣爱好、主观需要出发，能动地吸收新的知识，并按照自己的方式将其纳入已有的认识结构中去，从而充实、改造、发展、完善已有的认识结构；让学生自主选择和决定自己的学习活动，依靠自己的努力达到学习的目标，形成自我评价、自我控制、自己调节、自我完善的能力；使学生在学习中有强烈的欲望追求新的学习方法和思维方式，追求创造性的学习成果。以学生为中心的教学模式也十分重视发挥教师在教学中的主导作用。教师要对教学目标、教学内容、教学方式、教学过程和教学

评估等教学要素进行精心设计，引导学生完成各种教学活动，达到预期的教学效果[1]。

"微机原理与接口技术"课程强调理论与实践相结合，通过理论学习、实践运用，课堂讨论、课后动手，使学生获得知识运用能力、实验分析能力和工程设计能力。教学中应注重工程实例的引入和分析，引导学生独立思考和自主分析，并因材施教；应结合授课内容，适当安排不同难度的复习思考题（建议分成基本/提高/综合三个层次）或实践项目题（贯穿整个教学过程，分阶段检查推进），充分运用 emu8086、Proteus 等仿真工具，使学生及时巩固学习成果。实践项目应有一定工程背景和复杂度，尽量覆盖本课程主要内容；项目具体名称和设计目标可由学生自定、教师把关，也可由教师推荐、学生选择。实践项目如以团队形式开展，任课教师应关注所有成员。

我校自动化专业 2017 级人才培养方案中，该课程为 64 学时，大纲建议采用以下教学方法。

- 课堂讲授（40 学时）：主要用来引入新概念或新实例，讲解重点和难点，以便学生课后学习。
- 实验（16 学时）：主要用来开展需要硬件支持的实验，不包括学生自主仿真实验。
- 辅导与答疑（6 学时）：主要用来检查学生课外学习效果，回答学生问题，以及习题辅导。
- 研讨（2 学时）：主要用来抽查实践项目，学生汇报交流。
- 学生自主学习（不少于 64 学时）：不计入课程总学时。主要用来自主学习（充分利用视频公开课、微课、MOOC 等网络教学资源），预习复习，完成思考题或实践项目等，其中：理论自学不少于 32 学时，仿真实践不少于 32 学时。

具体实施过程中，任课教师可根据教学效果适当调整，鼓励采用新的教学方法。教师应关注学生参与性，注重启发式教学。

2.5 关于课程考核

知识运用能力、问题分析能力、实验研究能力、设计开发能力等专业能力，尤其是非技术的工程能力，绝不是一次考试、一张试卷就能评定的。要达到专业认证理念下的课程目标，必须加

大课程考核的改革力度，必须加强学生学习过程的跟踪评估与考查，加强平时考核力度，逐步加大平时考核比重。平时考核形式应适合课程特点，考虑学生实际，且可以覆盖全体学生。大纲中对考核方式应尽可能明确、合理、可操作、可追溯。在考核过程中，应注意学生的个体差异，可以适当制定个性化的评定方式，并适时进行评定。

以"微机原理与接口技术"课程为例，课程考核由平时考核（30%）、实验考核（10%）和期末考试（60%）三部分组成。平时考核考察项目包括到课情况（5%）、自主学习情况（5%）、课后作业（5%）、实践项目（15%），每个考察项都有明确的评分方法。实验考核依据学生实验准备、实验实施与效果、实验报告等情况对每个课内实验进行单独考核，分五个等级综合打分，不及格允许重做。每个实验成绩折算后加权求和形成实验考核成绩。实验考核具体要求由实验教学大纲明确。期末考试采用闭卷笔试形式，时间120分钟，满分100。大纲中对考试试题的考查点、考查要求、建议分值，题型、题量、难易程度等均有明确要求。

2.6　关于课程目标评价

课程目标达成度评价结果是毕业要求达成评估的重要依据。为增加评价结果的可信度，应至少采用两种不同方法进行评价。评价方法应明确、可行。课程目标达成度评价结果必须用于课程的持续改进。

以"微机原理与接口技术"课程为例，先采用任课教师定量评价与学生自我定性评价相结合的办法对各课程子目标达成度进行评价，然后采用课程子目标加权和的方法得出课程目标达成度。

定量评价根据学生期末考试情况进行，具体计算方法如下：

$$课程子目标i达成度_a = \frac{试卷中相关试题学生得分}{试卷中相关试题总分}$$

定性评价采用问卷调查形式让学生对自己的学习成果（课程子目标）进行自我评价，根据学生自评等级，按表3折算成课程目标达成度。

表3　课程目标达成度学生自我评价等级折算

自我评价等级	很好达成	较好达成	一般达成	基本达成	部分达成
课程子目标i达成度$_b$	0.9	0.8	0.7	0.6	0.5

$$课程子目标i达成度 = 课程子目标i达成度_a × 0.6 + 课程子目标i达成度_b × 0.4$$

$$课程目标达成度 = \sum 课程子目标i达成度 × 权重i$$

式中，课程各子目标对应权重如表4所示。

表4　"微机原理与接口技术"课程各子目标对应权重

课程子目标i	目标1	目标2	目标3	目标4	目标5	目标6
权重i	0.05	0.1	0.15	0.1	0.2	0.4

2.7　关于教学反馈与持续改进

教学应是一个互动的过程，互动应当贯穿教学全过程。教学大纲中应该对学生学习情况反馈（包括学生向老师反馈，老师向学生反馈）进行适当要求和规范，以及时跟踪学生学习效果，并做出适当应对。反馈信息应可检查地充分用于课程的持续改进。

课程的教学反馈和持续改进包含三个层面：① 对当前教学活动的持续改进。每届学生或多或少总会存在差异，教师在教学开展前，应认真分析教学对象；在教学过程中，应及时收集学生学习效果信息，适时调整教学活动，以期提升教学效果，达成课程目标。② 对下一轮教学活动的持续改进。教学结束后，通过调查学生学习效果，分析考核结果，评价课程目标达成度，在下一轮教学活动中持续改进。③ 课程的持续改进。任课教课应对多轮课程目标达成情况进行分析，跟踪学生在后续课程学习中以及工作后运用本课程知识解决相关工程问题的能力，结合与本课程相关的社会需求及技术发展，对本课程进行持续改进，适时修订教学大纲。

2.8　关于教材和参考资料

尽管通常第一个推荐参考资料就是可适用教材，但我们认为，在明确教学内容的前提下，不宜在教学大纲中限制教师选择教材的自由，尤其是在教学内容重构的背景下，常常也没有完全合适的教材可用。在教学大纲中指定教材，也可能限制学生的视野。提供充足的教学参考资料而不指定教材也是国际名校的通行做法，有利于培养学生的自主学习能力和信息获取能力。

3　结论

课程教学大纲的直接受众是学生，教学大纲要采取什么形式和内容，是教师和学生之间的约定。一份细则详尽的课程教学大纲，不仅可以约束师生双方的行为，还可以有效地引导学生的课内学习，合理地帮助学生规划课余时间，并高质量地完成课程作业[4]。理想的课程教学大纲，应当教育理念先进、课程目标明确、教学内容合适、考核方法科学、评价方式合理，应当让师生看后都明白教什么学什么，怎么教怎么学，怎样考如何评。

在专业认证的背景下，专业应当运用 OBE 教育理念，采用反向设计方法，对课程教学大纲进行彻底重构，将"以学生为中心，以学习成果为导向，持续改进"的教育理念贯彻每一门课程、每一位老师和学生，切实推进工程教育改革。

致谢

感谢南京理工大学吴晓蓓教授对本文的悉心指导。

References

[1] 李志义. 对我国工程教育专业认证十年的回顾与反思之一：我们应该坚持和强化什么[J]. 中国大学教学，2016（11）：10-16.

[2] 中国工程教育认证协会. 工程教育认证标准（2015版）.

[3] 郭文革. 高等教育质量控制的三个环节：教学大纲、教学活动和教学评价[J]. 中国高教研究，2016（11）：58-64.

[4] 郭爱萍. 美国高校课程教学大纲研究——以阿克伦大学为例[J]. 中国大学教学，2014（11）：93-96.

基于工程认证的数字电子技术实验课改革

任国燕[1] 任国梅[2]

([1,2] 重庆市沙坪坝虎溪大学城 重庆科技学院)

摘 要：工程认证对应的毕业指标点的实现不是单一教学环节能够完成的，但是如果在每个教学环节都以工程认证指标点为目标，合理设计教学过程，对培养学生工程意识是极为有利的。文章就数字电子技术实验教学为例，从实验内容、实验考核评价标准等方面进行了有针对性的改革，通过一个具体的实验项目介绍了实验开展的过程，为在实验中培养满足工程认证的要求进行了积极的探索。

关键词：工程认证；数字电子技术；毕业指标点

Reforming Digital Electronic Lab Course Based on Engineering Accreditation

Guoyan Ren[1], Guomei Ren[2]

([1,2]Chongqing University of Science and Technology, Chongqing 401331, China)

Abstract：The graduation target corresponding to engineering accreditation is not a single course can be completed. If in each course linking to the engineering accreditation index as the goal, it is extremely advantageous to cultivate students' awareness of the engineering using the reasonable design in the teaching process. In this paper, the digital electronic technology experiment education is used as an example to explain how to meet the accreditation requirements, from the experiment content, assessment standards and to other aspects of the targeted reform. An active exploration was carried out for the training of engineering through a specific experiment project. The process of experiments is also introduced.

Key Words：Engineering Accreditation；Digital Electronics；Graduation Target

引言

工程认证是近年来我国高等院校工科专业为了培养与国际接轨的应用人才而采用的评价指标，我校自动化专业根据华盛顿认证协议梳理了该专业学生毕业五年后应该具备的五项培养目标。

（1）具有工程伦理道德、尊重社会价值和承担社会责任的能力。

（2）熟悉技术规范，具有跨文化交流、协同工作和管理能力。

（3）具有运用数学、自然科学和工程知识等，识别和分析现场工程问题所需的基础能力。

（4）具有终身学习，具有运用新方法、新技术、新软件等现代工程技术和工具的能力。

（5）在多种现实约束条件下，具有协同解决现场工程问题所需的技术能力和业务能力。

要达到上述能力，学生应该在四年的学习阶段通过相关的课程掌握必要的基础知识，并将这些知识应用于工程实践。

联系人：任国燕. 第一作者：任国燕（1973—），女，硕士，副教授

工程能力的培养需要教学环节的支撑，合理设置课程内容和实践环节是必要的。

值得注意的是，没有一门课程能够单独培养一种能力，因此有必要审视每门课程能够用到的知识和能力，认真思考如何在课程中体现工程认证的能力培养，这正是今后课程改革的重点。

本文将以数字电子技术实验课程为例，论述如何在这门课程中有针对性地培养工程认证所需的能力。需要提及的是工程能力的培养不是一朝一夕能够实现的，也不是哪门特定课程能够专门培养的，学生只能在平时授课环节中不断地加强学习目标，逐步培养工程意识和工程能力，实现专业认证的培养目标。

1 工程教育对课程的要求

数字电子技术实验课程是自动化专业学生在大学二年级学习的一门基础课（数字电子技术）的课内实验课程，教学目的是培养学生基本的工程实践能力，是一门实践性很强的课程。要求学生通过验证、自行设计电路，安装，调试电路，排除电路故障，初步掌握数字电子技术的原理，并能根据需要合理选用所需集成电路，设计并制作出实际电路，提高动手操作能力和创新能力，提高运用理论解决实际问题的能力。根据工程认证的毕业指标，教研组统一认识，形成了如下课程目标。

目标 1：能够利用常见的分立元件门电路（与门、与非门、或门、非门、异或门、同或门）构成组合逻辑电路，还包括使用中规模集成芯片（编码器、译码器、加法器、比较器、数据选择器和分配器）构成具有一定功能的电路。（对应毕业要求指标点 1.2，即掌握电路、电子技术，信号获取等基础知识，能将其用于分析工程问题中的信号电路问题；）

目标 2：能够利用典型的触发器芯片搭建时序逻辑电路，会使用常见的时序逻辑集成电路芯片。（对应毕业要求指标点指标点 2.1 即能识别电路与电子系统的主要环节和参数。）

目标 3：能设计实施数字电子技术相关的实验，学会基本仪器的使用方法和数字电路的基本调试方法，会分析实验结果，得到有效结论。（对应毕业要求指标点 4.4，能正确采集和整理实验数据，对实验结果进行分析和解释，获取有效结论。）

目标 4：会根据实际需求分析选用合适的器件实现小型的数字电子系统，掌握控制器的设计方法，掌握数字系统的调试方法。了解数字系统的先进设计方法，了解利用一种硬件描述语言进行电路设计的方法和步骤。（对应毕业要求指标点 5.1，即了解常用的电路与电子、自动控制、计算机软硬件工具。）

基于对工程认证的理解，实验的具体要求有：

（1）实验过程中不抄袭他人的设计和数据，实验报告独立完成。

（2）实验分组，组长是自愿担任的，在实验中形成团队合作机制，培养团队精神和管理能力。

（3）实验设计过程有理论依据，强调逻辑电路设计中的建模问题，即用逻辑代数的语言解析实际问题，将电路的功能用逻辑分析工具如真值表、状态转换图的形式描述出来，电路设计有理论依据。

（4）掌握一种典型的仿真软件，要求实验前用软件仿真的形式进行设计验证。要求自学软件的使用方法，培养自学习惯，为培养终身学习习惯打下基础[1]。

2 数字电子技术实验课改革

2.1 实验内容的改革

数字电子技术实验课程是自动化专业的基础实验课程，它的改革重点是内容改革，除了增加设计性实验项目减少验证性实验项目外，笔者认为实验内容的改革应遵循以下几个原则。

（1）为满足毕业要求指标 5.1，实验内容应紧跟国际相关课程的教学发展趋势，增加一些利用现代电子设计软件，基于可编程逻辑器件的实验项目。例如，VHDL 语言初步这个实验，就是为了给学生介绍 Quartus II 软件和 VHDL 语言而设置的。

（2）实验内容应能够体现器件的多样性和灵活性。为了让学生体会数字电子设计的不同层次，围绕同一个题目要求学生用不同的方法实现设计也是实验内容改革的一个方向。例如，要求学生用三种方法设计的三人多数表决电路实验就是让学生明白电路设计的多样性。

（3）设计一些与自动化控制相关的实验项目。例如，储液罐系统控制逻辑电路的设计实验[2]。

（4）引入数字系统的概念，介绍数字系统的设计方法，综合应用已有的数字部件组成实用的小型数字系统[3]。

（5）设计双语实验项目。我校 2011 年申报成功"数字电子技术"重庆市双语示范课，双语教学实验项目也于 2016 开始在自动化专业学生中试点，目前已开展的英文实验项目有 6 个，其中包含一个利用可编程器件设计数字电路的实验。同学们普遍认为双语实验能够延续课堂双语教学的效果。

2.2　实验考核的改革

实验成绩占总评成绩的比例为 30%，它由两部分组成，一是平时的基础实验，二是期末的实验考试成绩。

2.2.1　平时基础实验考核指标项

工程认证前，学生做实验只需做个预习报告，实验结束后只需交个总结报告即可，针对工程认证，我们增加了仿真预习、自主创新、实验成本等环节。

实验评分的考核指标主要有以下几个方面。

预习阶段：电路原理图及仿真文件检查

实验成本：是否充分利用实验室已有条件，材料与元器件选择合理性，成本核算与损耗。

自主创新：功能构思、电路设计的创新性，自主思考与独立实践能力。

实物验收：电路功能是否正确，电路测试结果是否符合设计要求。

排除故障能力考核：实际排故情况与提问方式相结合。

实验报告：实验报告的规范性与完整性。

2.2.2　期末实验考核

实验考核分为基础性实验部分和设计型实验部分，学生可以根据自身情况选择相应的实验进行考试，其中基础性实验满分为 100，设计型实验满分为 110。

评分标准

1．电路设计正确　　　　　　　　（20 分）

2．电路搭接正确　　　　　　　　（30 分）

3．实验结果正确　　　　　　　　（30 分）

4．正确使用仪器　　　　　　　　（20 分）

其中，"电路设计正确"要求根据题目要求自行设计实验电路和实验实施方案，制定合理的实验步骤；"电路搭接正确"20 分包括正负电源线选择、地线接入（5 分），信号输入输出线（5 分），元件极性（5 分），测试点位选择（5 分），要求无原理性错误。"正确使用仪器"20 分包括信号发生器的使用（10 分），示波器使用（10 分）。要求正确合适的档位选择。

考核操作中不规范要适当扣分，电源接反，烧坏电路按不通过处理。

2.3　典型实验案例分析

这个实验是学生在学习数字电子技术课程过程中开设的一个综合性设计性实验，涉及的知识有序列脉冲发生器的概念、序列脉冲检测器的概念，要求掌握时序逻辑电路的设计方法和步骤，最重要的是在学生的知识和能力有限的情况下欲通过此实验帮助他们建立电路分块调试和系统调试的概念，培养学生调试数字电子电路的基本技能。

2.3.1　实验任务描述

要求设计一个序列脉冲检测器，电路的输入信号 A 是与时钟脉冲同步的串行数据，输出信号为 Z；要求电路在 A 信号输入出现 110 序列时，输出信号 Z 为 1，否则为 0[2]。实验的主要内容就是要求学生分析设计任务，查找相关理论依据设计电路。要求设计过程完整具体，并且要对设计的电路进行模拟仿真，最后确定实验电路和具体实验步骤，搭建真实的硬件电路验证实验结果。

2.3.2　实验任务解析

通过布置设计任务，分析要实现这个任务的电路应该具有记忆功能，所以这是一个典型的时序逻辑电路的设计问题。

重点解决时序逻辑电路设计和测试中应该注意的如下问题。

（1）时序逻辑电路设计中的建模问题，即用逻辑代数的语言解析实际问题，将电路的功能用状态转换图和状态转换表的形式描述出来。

（2）设计的方法：数字电子电路设计有几个层次？可以用提问的方式让学生明确目前自己所处的设计层次。

（3）按电路功能和测试电路需要将本次设计

电路分成几个模块，并设计各模块电路，这里还包含设计方案的论证。例如：序列脉冲检测电路的设计可以用触发器设计，可以用 PLD(可编程逻辑器件)设计，也可以用专用单片机集成芯片如（89C51）设计，本次设计结合学生实际情况用触发器和可编程逻辑电路设计。了解用触发器设计的局限性。

（4）设计电路的仿真验证过程：要求学生学习 Multisim 软件，选择合适的芯片（与实验室一致），在仿真环境中搭建电路，观察实验现象，验证实验结果。

（5）在实验室搭建真实电路，建议学生掌握模块化的调试方法。

（6）电路功能扩展建议：讨论可以从哪些方面扩展功能。

在实验完成后，可以组织学生以项目演讲、答辩、评讲的形式进行交流，了解不同解决方案及其特点，拓宽知识面。

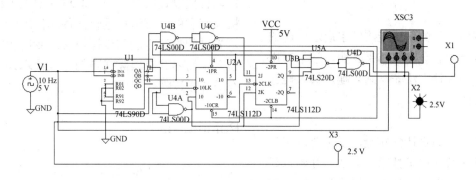

图 1　实验仿真电路

2.3.3　实验结果分析

整个要设计的电路应由两个模块组成，一个是序列脉冲检测器，另一个是序列脉冲发生器，这两部分电路共用同一个时钟属于同步时序逻辑电路。

同步时序逻辑电路常用的设计方法有三种：

（1）触发器设计法。

（2）常用集成时序逻辑电路+组合逻辑电路法。

（3）可编程逻辑器件设计法。

图 1 就是利用触发器设计的电路，其仿真波形如图 2 所示。

此电路还可以用可编程逻辑器件实现。选用

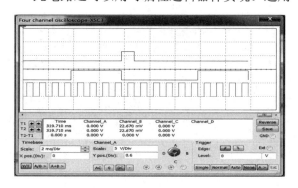

图 2　仿真波形

的软件是 Quartus II [4]

用可编程器件设计所用的 VHDL 语言程序如下：

```
library IEEE;
use IEEE.std_logic_1164.all;
entity detector is
  port ( CLOCK, X: in  STD_LOGIC;
         Z       : out STD_LOGIC );
end;
architecture first_sm_arch of detector is
type Sreg_type is (S0, S1, S11);
signal Sreg: Sreg_type;
begin
  process (CLOCK)
  begin
    if CLOCK'event and CLOCK = '1' then
      case Sreg is
        when S0 => if  X='0' then Sreg <= S0;
                    elsif X='1' then Sreg <= S1;
                    end if;
        when S1 => if  X='0' then Sreg <= S0;
                    elsif X='1' then Sreg <= S11;
```

```
                end if;
    when S11 => if   X='0' then Sreg <= S0;
                elsif X='1' then Sreg <= S11;
                end if;
    when others => Sreg <= S0;
      end case;
  end if;
 end process;
 Z  <= '1' when Sreg = S11  else '0';
end first_sm_arch;
```

可编程逻辑器件的使用能给学生展示先进的设计方法和设计理念。实验结果表明，学生对用软件设计硬件的设计方法非常感兴趣，极大地促进了学习积极性。

2.4　改革效果

变验证性实验为设计性实验，学生会以工程设计的角度学习数字电子技术，会从一开始设计电路时就要分析问题，归纳设计思路和方法，规划实验器件，按要求设计电路，最终解决问题，这样的实验设计对学生的工程意识培养是极为有利的。用多种方法和器件实现同一功能电路，有利于学生掌握不同层次的设计方法，有助于提高学习积极性。仿真软件的学习与使用使学生们在实验之前就可以检验设计的正确与否，这是今后进行电子设计必不可少的环节，可以起到事半功倍的效果。实验考核兼顾了过程和结果的考核，学生更加重视平时的实验课程，旷课等情况有所好转，实验效果明显提高。

3　结论

本文以自动化专业工程认证为目的，探讨了基于工程认证的数字电子技术实验改革方向和措施，叙述了实验内容改革和考核方式改革的具体情况。以一个具体的实验案例说明利用 EDA 技术通过仿-实结合的方式开展实验预习与实作是今后实验开展的主要方式[5]。实践证明在数字电子技术实验课程教学过程中以工程认证指标点为目标，合理设计教学过程，对培养学生工程意识是极为有利的。可编程逻辑器件的使用能给学生展示先进的设计方法和设计理念。双语实验教学的引入是培养具有国际视野的工程技术人才的一个有益的尝试[6]。

References

[1] 田淑珍，贾玉荣. 仿真工具在数字逻辑实验中的应用[J]. 实验技术与管理，2015（1）：135-137.

[2] Thomas L. Floyd.数字电子技术基础系统方法[M]. 北京：机械工业出版社，2014.

[3] 康华光. 电子技术基础（数字部分）[M]. 第五版. 北京：高等教育出版社，2008.

[4] 陈军. Quartus II 与数字电路实验教学整合的实践探索[J]. 自动化与仪器仪表，2014（2）：166-168.

[5] 黄勤易. 基于 EDA 技术的数字电路设计性实验研究[J]. 现代电子技术，2005（10）：65-68.

[6] 任国燕. 数字电子技术课程改革探讨[J]. 科学咨询，2010(10).

工程教育认证背景下的自动化品牌专业建设研究

伏 姜 吴益飞

（南京理工大学，江苏 南京 210094）

摘 要：工程教育认证是目前世界上通行的工程专业人才培养质量监督和评估体系。以工程教育专业认证的标准、理念为引导，南京理工大学自动化专业作为江苏省品牌专业建设项目，通过专业建设的探究与实践，结合学校特色和专业优势，确定以专业认证理念引领品牌专业建设的研究思路，明确自动化专业品牌建设的实施方案，为实现人才培养质量的不断提高提供有益参考。

关键词：工程教育专业认证；品牌专业；自动化

Research on the Construction of Automation Brand Specialty under the Background of Engineering Education Certification

Jiang Fu[1], Yifei Wu[2]

([1,2]Nanjing University of Science and Technology, Nanjing 210094, Jiangsu Province, China)

Abstract：The accreditation of engineering education is the current monitoring and evaluation system of quality for the training of engineering professionals in the world. Guided by the standards and concepts of engineering education professional certification, we determine the research ideas of leading top-notch academic program project(TAPP) with professional certification concepts and the implementation plan of TAPP to the automation specialty of Nanjing University of Science and Technology, by practicing and researching on TAPP and combining school characteristics and professional advantages. Thus we provide a useful reference for the continuous improvement of the quality of personnel training.

Key Words：Engineering Education Accreditation System；Top-notch Academic Program；Automation

引言

自动化是助力新的产业革命和技术变革的关键领域之一，是国家军事、工业、服务业和科技现代化的主要标志。所以，自动化专业的发展对社会经济与科技进步有着重要作用。

工程教育认证是目前世界上通行的工程专业人才培养质量监督和评估体系。以工程教育专业认证的标准、理念为引导，南京理工大学自动化专业作为江苏省 A 类品牌专业建设项目，通过专业建设的探究与实践，结合学校特色和专业优势，确定以专业认证理念引领品牌专业建设的研究思路，明确自动化专业品牌建设的实施方案，为实现人才培养质量的不断提高提供有益参考。

1 研究背景

1.1 工程教育专业认证

2013 年 6 月，在国际工程联盟大会上，我国

联系人：伏姜. 第一作者：伏姜（1987—），女，硕士，助理研究员.
基金项目：2017 年南京理工大学高等教育教学改革研究立项课题（2017-A-19）.江苏高校品牌专业建设工程资助项目（PPZY2015A037）.

经过正式表决成为《华盛顿协议》预备会员,自此得到了国际工程教育认证体系的认可。我国成功加入国际高等工程教育认证体系,对助力我国工程类专业评价标准和国际评价体系接轨通行起到了至关重要的作用。

2016 年 6 月,我国在国际工程联盟年会上成为《华盛顿协议》正式成员。这标志着我国实现工程教育国际化,今后美国、英国、澳大利亚等其他正式成员将承认通过该协议认证的我国工程专业本科学位。

1.2　江苏省品牌专业建设

江苏省以品牌建设为目标,为推动高等教育新发展采取了系列重要举措:2003 年开始实施"省级品牌专业"建设,2014 年实行"高校品牌专业建设工程方案",不断加大力度。

《江苏高校品牌专业建设工程实施方案》提出的重点任务是"四个一流",也就是建设一流专业、造就一流人才、打造一流平台、产出一流成果;目标是重点建设一批在全国同类型专业中具备领先优势、高标准通过国际工程教育专业认证、在世界具备竞争力、影响力的品牌专业。

1.3　南京理工大学自动化专业工程教育认证、江苏省品牌专业建设情况

2013 年,南京理工大学自动化专业首次接受教育部工程教育认证,成为我国加入《华盛顿协议》后,学校首个接受并顺利通过认证的专业。2016 年,自动化专业第二次接受教育部工程教育专业认证并顺利通过,专业建设的整体情况再次得到充分肯定。

2015 年 6 月,江苏省教育厅公布了品牌专业建设工程一期项目,包含 A 类 100 个,B 类 100 个,C 类 58 个。南京理工大学自动化专业榜上有名,获批 A 类品牌专业建设项目。

2　国内外研究现状

2.1　国外研究现状

国外关于专业认证方面的研究较深入,但是专门针对专业认证背景下的品牌专业建设的研究则较少。

关于专业认证标准:1989 年,欧美一些国家提出建立《华盛顿协议》成员国家,目的在于推动工程教育的国际化发展进程。美国工程与技术认证委员会(Accreditation Board for Engineering and Technology,ABET)是具备专业认证实施标准的权威机构,ABET 在进行专业认证过程中,具备严格的审核制度、程序和标准。美国自 2001 年起实行全新认证标准 EC2000。

关于专业认证制度:美国关于专业认证的研究内容较为丰富,研究体系也相对完善,为其他国家开展专业认证相关研究提供了宝贵的经验以及翔实的案例。专业认证最初涉及的是应用在医学范畴的评价体系,在给医学研究搭建了明确指标体系的同时,也给其他专业的认证制度研究打下了坚实的基础。后来,随着研究的横向拓宽和纵向深入,工程教育认证渐渐应用到建筑等其他越来越多的专业中。

关于专业认证的实施环节:Hewitt,Darryl Warren 研究了医疗专业访问委员会提出的建议,详细阐述了实施专业认证过程中人才培养质量获得的实际提升。Baisi,Louis Michael 认为应该开设专业认证制度实践经验的传授课程,进行经验交流和相互学习。

关于工程师培养模式:美国学者 Seely,Bruce 从培养目标、教学、课程、继续教育、校企合作等多个角度细致介绍了美国工程师的培养状况。Richard T. Schoephoerster 和 Peter Golding 以德州大学艾尔帕索分校作为例子,阐述工程师培养过程的相关注意事项以及应该改进的地方。

2.2　国内研究现状

国内关于工程教育认证和工程师培养的资料较为充足,这为本研究的开展提供了有利的条件,但是将工程教育认证与品牌专业建设相关联的也较少,仍需对其进一步拓展和丰富。

关于工程教育认证的发展历程:王娜对专业认证各阶段的实施情况进行了全面的总结,且将我国工程教育认证的发展历程概括为三个阶段,即筹备、开局、探索。张又通过对美国工程教育认证的论证分析得出,该国专业认证的发展是工程教育进程的必然结果,此外,该国的专业认证从医学开始,随着发展应用范围越来越宽。

关于专业认证的标准:刘灵芝、李涛等详细列举了我国工程教育认证的多个经验范例,概述了高校工程教育认证的现状、实施背景和发展进

程。张彦通等人通过对欧美国家专业认证标准发展历程的研究，明确了我国工程教育认证标准须不断改革、完善的必要性。

关于工程师培养模式：傅静对人才培养模式的研究以量、质、创新和经济效益等方面作为视角，并且介绍了"习而学"、CDIO 两种创新教育模式。清华大学林建教授较为全面、系统地研究了"卓越工程师培养计划"；他指出，培养标准的研究及制订是培养各种类型、层次的卓越工程师后备人才的一项非常重要的基础工作，也是最终实现"卓越计划"的重要目标。王贵成等人研究分析了"卓越计划"实施的必备条件，阐述了"卓越计划"的特点和宗旨，并且从学习意识、综合素质、团队合作等角度指出了"卓越计划"对学生的要求和约束。

3 借鉴与启示

3.1 以工程教育认证理念引领品牌专业建设

以学生为中心、成果导向、持续改进是工程教育认证所遵循的三个基本理念，这些理念对促进教学改革、引导品牌专业建设有着举足轻重的作用，同时也代表着工程教育改革的方向。

核心理念是以学生为中心：学生的学习成果为学生走入社会从业提供根本的质量保证，也是证明专业教育成效的最直接、最有力的证据。成果导向已经成为当前欧美国家工程教育的主流理念，用成果导向理念引导品牌专业建设，现实意义重大。

工程教育认证对于树立发展性评估理念、优化品牌专业人才培养体系、建立教育质量保障制度等具有重要的引导作用和指导意义。品牌专业应该结合学校"双一流建设"和自身优势及特色，积极吸纳专业认证的程序、标准、运行机制等，在建设过程中尤其要注重突出特色、创新机制、强化优势、打造品牌。

3.2 基于持续改善理念的自动化品牌专业建设

自动化专业有明显的跨学科特征，研究方向以及应用领域较为广泛，学生的特点和兴趣爱好也各不相同，所以，在制订专业建设目标和培养方案时，要充分考虑因材施教，拓宽学生知识面，增强人才的适应性。

高等教育正在向着"厚基础、宽口径"的方向发展，"厚基础"注重设置扎实的基础课程和核心专业课程，"宽口径"注重拓宽学生知识面，增强其从业的适应性。国内外知名高校近年来纷纷结合学校自身的办学特色以及师资情况，在自动化专业下设置系列选修课程或者特色培养方向，为学生提供更宽广的选择面，实现专业方向分流，丰富自动化专业的内涵建设。

另外，科技的飞速发展和创新正不断改变制造业的面貌，智能制造、工业 4.0 等新技术不断出现，各行各业朝着网络化、数字化、虚拟化的方向发展，对自动化专业人才培养提出了新的更高的要求。自动化专业的培养目标要能洞见社会和产业的发展方向，课程设置应具备前瞻性，移除、修改落后的课程，进一步增加实践创新环节的比重，增强学生的适应能力。

3.3 根据社会需求和专业定位制订培养目标

培养目标的制订对于学科专业发展和人才培养质量来说都非常重要，应当紧密结合社会需求、经济发展、学校定位和专业特色，避免过于宏观，力求对社会贡献度高，给学生满意度高，真正提高人才培养质量。

工程教育专业认证对于专业的培养目标制订有明确的要求，强调适应性和可操作性。一般来说，应该根据学校的定位以及专业多年办学而形成的特色，通过走访、座谈、问卷等多种方式与任课教师、辅导员、教务员、在校生、毕业生、用人单位代表等多方广泛深入交流，收集意见建议，制订专业的培养目标。

References

[1] 陈益林，马修水，何小其. 应用型大学工程教育专业认证体系的构建 [J]. 扬州大学学报：高教研究版，2011（2）：25-28.

[2] 李志义. 解析工程教育专业认证的成果导向理念 [J]. 中国高等教育，2014（17）：7-10.

主题 9:

自动化专业教育教学改革与实践

5个"自主"，探索"新生研讨课"教学新模式

戴先中　钱　堃　甘亚辉

（东南大学 自动化学院，江苏 南京 210096）

摘　要：刚进入大学的一年级新生，尚未完成从学习方法上和心理认知上从高中阶段的被动学习向大学阶段的主动学习的转换。为加快这一转变过程，"新生研讨课"应运而生。但"新生研讨课"一般仅 1 个学分，如何能在有限学时内完成如此繁重的任务，急需教学模式的改变、创新。本课程"新生研讨课—自动化与工业化、信息化的关系"，围绕精心选择的研讨课题，通过引导学生"自主组队、自主选题、自主研学、自主讨论、自主互评"，探索一种师生互动、学生全员参与、答辩式讨论为主的教学新模式，为建立基于教师指导下的研究探索式的学习方式开一个好头。

关键词：新生研讨课；新模式；探究式学习；自动化

Exploration of Teaching Pattern for Freshman Seminar by Five Initiative Activity

Xianzhong Dai, Kun Qian, Yahui Gan

(Southeast University, Nanjing 210096, Jiangsu Province, China)

Abstract：A freshman who just entered a university may not have changed his studying approach from the passive way for high school life to the active way for university life. Freshman seminars are started up to help them get through this change. These seminars usually take only 1 credit. Therefore, it is a great challenge to finish such task within limited teaching hours. A new teaching pattern in course *Freshman Seminar: Relation between Automation, Industrialization and Information* is introduced here to help teachers start these courses. In our course, elaborated discussion topics will be presented for the freshmen. Thereafter, students will work in groups initiatively by their own choice, choosing their topic initiatively by their own choice, exploring initiatively by their own choice, discussing initiatively by their own choice, and scoring each other initiatively by their own choice. Our new course is characterized by the aforementioned five initiative activities. Such pattern is an exploration for new teaching pattern with interaction between teacher and students, everyone involvement and defensive discussion. It is believed that such activities will help freshmen getting a good start for learning by research exploration under teacher supervision.

Key Words：Freshman Seminar；New Pattern；Learning by Research Exploration；Automation

引言

刚进入大学的一年级新生，尚未完成从学习方法上和心理认知上从高中阶段的被动学习向大学阶段的主动学习的转换[1,2]。如何加快这一转变过程，一直困扰大学尤其是研究型大学。"新生研讨课"应运而生。

新生研讨课（freshman seminar）发源于美国[3]，我国清华大学 2003 年首先将新生研讨课引入本科教学，2010 年始，各高校尤其是研究型大学纷

联系人：戴先中. 第一作者：戴先中（1954—），男，博士，教授.

纷开设新生研讨课[4]。

新生研讨课主要划分为适应性新生研讨课（Orientation freshman seminar）和学术性新生研讨课（Academic freshman seminar）两类；授课方式灵活多样，座谈互动是新生研讨课的主要形式[5]。虽然不同类型的新生研讨课在内容和结构上存在着差异，但具有共同的本质特征，即所有新生研讨课都强调了新生从中学向高校"过渡"这一阶段，旨在协助学生在学术和社会生活发展方面成功地过渡到大学阶段[6]。

但"新生研讨课"一般仅 1 个学分 16 学时，如何能在有限学时内真正达到"帮助新生过渡到大学阶段"这一目标，仍有待授课模式的改变、创新。

东南大学也从 2010 年起开始探索"新生研讨课"，我们作为首批开设课程，从 2011 年起为 1 年级学生开设"新生研讨课：自动化与工业化、信息化的关系"。经过 6 年来的不断探索，逐步摸索出教师引导、学生 5 个"自主"、答辩式讨论的教学新模式，学生逐步学会了自主组队、自主选题、自主研学、自主讨论、自主互评，为基于教师指导下的学生探究式学习方式开了一个好头。

从独创新模式一开始，就获得学生好评"老师的讲课方式非常非常非常新颖！自己有点上国外学校的感觉了"。今年遴选为首批"东南大学示范性新生研讨课"。

本文详细介绍教师引导、学生 5 个"自主"、答辩式讨论的教学新模式。

1　学生 5 个"自主"、答辩式讨论的教学新模式

"新生研讨课：自动化与工业化、信息化的关系"，安排在新生入学第一学期的下半学期，紧跟着新生入学专业导论课"自动化学科概论[7]"之后。专业导论课完整地向学生介绍：①自动化、自动化科学技术、自动化学科和专业各自的含义、内容及其相互关系；②自动化学科的知识体系，学生需要掌握的知识及相互关系；③自动化专业的课程体系，学生需要学习的主要课程及相互关系。通过专业导论课的学习，学生已对自动化、自动化基本原理、自动化系统有一较完整的了解，

从而使研讨课题能有高度、深度，有一定的学术性，更符合针对大学生开设的专业研讨课。

课程架构与授课模式介绍如下。

课堂上教师先用 1 个课时，介绍课程的性质、定位，介绍从高中阶段的被动学习向大学阶段的主动学习的重要性，介绍"自主组队、自主选题、自主研学、自主讨论、自主互评"的"新生研讨课"教学新模式的具体实施方法，介绍如何组织团队与如何围绕三大知识模块开展 3 轮研学训练（每轮 5 个学时）。

每轮研学训练的实施过程为：由 5～8 位学生自愿组成研究小组，（5 个小组）分别围绕 5 个不同课题（下面详细介绍）开展研学（先确定课题具体名称、安排分工；再收集资料、组织讨论、确定课题大纲、确定具体内容；后对材料加工组织、完成研学报告；最后做好报告准备：确定报告人、确定各人的主回答问题内容。此部分课堂 2 学时，教师引导、答疑并参与），并以研究组为单位将研学成果做成标准的 PPT 报告，在课堂上做（严格计时的）10 分钟报告，然后回答其他组同学的提问、质疑。最后教师对各组（从课题名称、内容到演讲、提问与回答）进行逐一点评（着重指出存在的问题），引导学生能完成优质的研学 PPT 报告、能准确和正确（口头）表达（包括讲演与回答提问）、能正确（规范）提问和能提有深度的问题。最后，全体讨论共同关心的问题。每组用时 25～30 分钟，全部 5 组约 150 分钟，计课堂用时 3 学时。

同样的研学训练分 3 轮进行，每轮针对不同知识模块分 6～7 个不同课题供学生选择，组成不同的研究组，即每位同学（3 轮训练）可参加 3 个不同的研究组研学，培养学生的团队合作、自我学习和完善的能力。

3 轮研学训练的三大知识模块及其课题分别为：

（1）知识模块一：围绕"深入认识自动化"展开，设 7 个课题方向供学生选择（各组选不同的课题方向）：自动化的核心、自动化与控制、自动化与机器人、自动化的利与弊、知识自动化、要不要全自动化（无人）工厂、我看自动化；

（2）知识模块二：围绕"自动化与工业化关系"展开，设 6 个课题方向供学生选择（各组选

不同的课题方向）：工业化的本质与核心、工业化标准的动态发展、工业化发展的 3 个阶段、自动化技术是工业化的核心技术、我国目前仍处在工业化中期、科技创新与工业革命。

（3）知识模块三：围绕"自动化与信息关系"展开，设 6 个课题方向供学生选择（各组选不同的课题方向）：信息化的内涵与外延、为什么欧美国家认为他们处于后工业化时代、服务自动化与信息化关系、先进自动化技术是（工业）信息化的核心技术、如何理解"工业化促进信息化，信息化带动工业化"、CPS 与自动化关系。

学生选择的课题实际上还只是一个课题方向，每个组在选定的研学课题方向下，自主确定研学的具体题目与内容。这一方面给学生有更广阔的选择空间（也锻炼与考验学生的自主选题能力），另一方面也能确保 5 个组最后确定的 5 个研学题目与内容各不相同。

考核与评分方法也进行了创新：根据每轮各组的研学报告内容、PPT 组织情况给小组分（满分 50，该组所有学生得同样分），根据课堂 PPT 演讲人的演讲效果等给演讲人分（满分 50），根据其他回答问题人的回答问题效果等给分（满分 50，既不是演讲人又不回答问题，得 0 分）。每轮每人得分满分 100，取后两轮的平均分（第一轮作为练习）作为每人的最终成绩。

从 2016～17 学年始，还增加了每个小组对其他组的研学成果的评价环节（包括点评与评分）。

2　教学新模式的特点与创新点

教师引导下学生 5 个"自主"、答辩式讨论的教学新模式的特点与创新点主要有：

（1）教师引导下的答辩式讨论，切实提高学生表达与交流能力。

3 轮答辩式讨论营造出自由的讨论气氛，相应的评分规则又"迫使"每位学生都要在课堂上至少开口 3 次（如不开口将不及格），每轮 5 个组答辩后的教师当堂点评让学生不断地了解、领悟如何"提问"与"回答"，从而从原来的不敢问、不能问（提不出问题）、不会问（提不出高质量的问题）逐步成长为敢问、能问、会问。

（2）实现了教师引导下的学生"自主组队、

自主选题、自主研学、自主讨论、自主互评"。

➤　自主组队：学生可根据自己的爱好等自由组成研学小组。

➤　自主选题：每个组可自主选择研学课题（方向），并在该研学课题（方向）框架下，自主确定研学的具体题目与内容。

➤　自主研学：每个组自主安排研学的分工与进程，并开展具体的研学，完成研学报告。

➤　自主讨论：一方面是每个小组研学时的自主讨论；另一方面是汇报研学成果时的全体讨论，完全由学生自主提问、回答，老师仅作为主持人和最后点评。

➤　自主互评：学生对其他组的研学成果进行课堂点评与打分。

（3）适应性研讨和学术性研讨结合，启发新生探求未知世界的兴趣，初步培养提出、研究解决学术问题的能力，为建立基于教师指导下的研究探索式的学习方式开一个好头。

本课程安排在新生入学专业导论课"自动化学科概论"之后，学生已对自动化、自动化基本原理、自动化系统有一较完整的了解，再加上精心选择的研讨课题，从而使研讨课题能有一定的学术性，在加快新生从高中阶段的被动学习向大学阶段的主动学习这一转变过程的同时，培养学生提出、研究解决学术问题的初步能力，并使学生进一步了解专业，热爱专业。

3　教学新模式对教师能力的要求

要使教学新模式能有好的教学效果，对教师能力有很高要求，除了知识渊博（学生自主选题涉及的知识面及其广泛）外，还需要有好的引导、启发学生的能力，有优良的表达（做 PPT 以及演讲）能力和敏锐的评判能力，并且还需要在以下 3个方面不断摸索、提高。

（1）如何引导学生自主组队、自主选题。

为充分调动学生的积极性，需要给学生较大的自主选择空间，但由于课时的有限，必须在很少的时间内完成。经过我们的不断探索，将自主组队与自主选题相结合，让学生根据选题爱好进行组队，是较好的方法。自主组队与自主选题（选课题方向）的时间控制在 10～15 分钟内。

（2）如何引导学生自主研学、自主讨论。

自主研学、自主讨论是研讨课的主体，首先引导学生在研学课题（方向）框架下，自主确定研学的具体题目与内容；引导学生自主安排研学的分工与进程，并开展具体的研学，完成研学报告；汇报研学成果"答辩"时老师仅作为主持人，完全由学生自主提问、回答。

（3）如何使评价（点评）客观、贴切，使评分公开、公正。

每组"答辩"之后，教师的客观、贴切点评与公正的评分极其重要，是学生获得直接指导，提高演讲、回答问题能力和提高提问能力的关键一环。对"答辩"过程中存在的各种问题，教师需要分类有重点的一一指出（对重要的需多次指出）。第 1 轮 5 组"答辩"主要解决如何组织 PPT 和如何演讲，第 2 轮 5 组"答辩"主要解决如何回答问题，第 3 轮 5 组"答辩"主要解决如何提问（提高质量的问题）。

4　新模式的实施效果

5 个"自主"的教学新模式明显提高了学生自主组队、自主选题、自主研学的能力、显著提高了学生总结研学成果（做成标准的 PPT 报告）并在课堂进行报告（科技演讲）的能力与水平，显著提高了学生提问与回答问题的能力。课堂面貌也发生了极大改变，学生从不活跃到活跃，从不敢问、不能问（提不出问题）、不会问（提不出高质量的问题）逐步成长为敢问、能问、会问。

从探索授课新模式一开始，就得到了学生的好评（参见图 1）："教学方法很特别，真正做到了研讨，收获很大""实施了一种创新的讲课模式，让学生自己讲，他点评，之间互相讨论""老师的讲课方式非常非常非常新颖！自己有点上国外学校的感觉了""给同学充分的发言机会　通过团队项目培养学生的合作能力"，并鼓励老师"加油，再接再厉！"。学生评教分数也不断提高，2016—2017 年度获得了 96.28 的高分（学院均分 92.15，全校均分 93.11）。今年遴选为首批"东南大学示范性新生研讨课"。

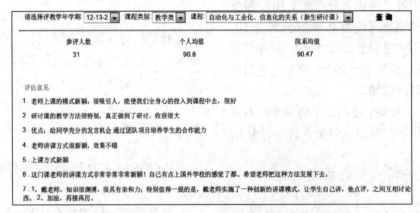

图 1　学生对新生研讨课的评价（摘自东南大学学生评教网）

References

[1] 龚放. 大一和大四:影响本科教学质量的两个关键阶段[J]. 中国大学教学，2010（6）：17-20.

[2] 刘俊霞，张文雪. 新生研讨课：一种有效的新生教育途径[J]. 黑龙江高教研究，2007（6）：146-148.

[3] 林冬华. 美国新生研讨课全国调查 20 年：背景、发展与启示[J]. 中国高教研究，2011（11）：33-36.

[4] 黄爱华. 新生研讨课的分析与思考[J]. 中国大学教学，2010（4）：58-60.

[5] 王辉，潘敏. 新生研讨课发展历程及中美新生研讨课类型划分，教学研究[J]. 2013，36（6）：57-60.

[6] 旋天颖，黄伟. 大学本科新生研讨课的经验与分析[J]. 中国大学教学，2014（2）：33-36.

[7] 戴先中，马旭东. 自动化学科概论[M]. 北京:高等教育出版社，2016.

"嵌入式控制系统"课程教学的探索与实践

李治斌[1]　薛小波[1]　徐　明[1]　肖　璇[2]

([1]国防科技大学机电工程与自动化学院自动控制系，湖南 长沙　410073

[2]湖南省工程职业技术学院 土木工程系，湖南 长沙 41000)

摘　要：本文首先分析了"嵌入式控制系统"课程的特点，然后详细论述了本校自动化专业该课程理论教学的模式设置、项目教学法和比较教学法的运用，以及在实验设备设计改进等方面所做的尝试和探索。实践表明这些设置、方法和探索有助于提高学生的学习兴趣和主动性，对培养学生研究开发能力和创新能力具有重要意义。

关键词：嵌入式控制系统；比较法教学；项目教学法；创新能力

Exploration and Practice of Embedded Control System

Zhibin LI[1], Xiaobo XUE[1], Ming XU[1], Xuan Xiao[2]

([1]Mechatronics and Automation school of National University of Defense Technology, Changsha Hunan 410073

[2]Hunan Vocational College of Engineering , Changsha Hunan 410000)

E-mail: lizhibin1208@163.com

Abstract: In this paper, the characteristics of the embedded control system course are put forward. Based on this introduction，the exploration and practice on teaching model arrangement，Item Teaching Methods, Comparative Teaching Methods and the methods to overcome the barriers in designing experimental devices are demonstrated. The curriculum has a great significance to improve students' learning interest, and enhance their comprehensive ability in engineering practice.

Key Words: Embedded Control System，Comparative Teaching Methods, Item Teaching Method, Innovative Ability,

引言

随着嵌入式技术的迅猛发展，嵌入式系统相关课程的发展和研究也越来越受到重视，各大高校相继开设了嵌入式系统相关课程，并不断探索新的教学与实践方法[1~3]。近年来国防科技大学"计算机硬件及控制系列"国家级教学团队针对嵌入式系统系列课程的教学进行了有益探索和研究，目前已开设的嵌入式系统系列相关教学课程包括高级语言程序设计、计算机硬件技术基础、微机接口与应用、单片机系统设计和嵌入式控制系统等，并配备相关实验课程。

嵌入式技术是一门涉及计算机体系结构、计算机软硬件以及其他相关电子技术的综合技术，因此"嵌入式控制系统"课程所涉及的知识面广、综合性和实践性非常强。"嵌入式控制系统"作为实验研究型课程，除了课堂的讲授，实践环节尤

联系人：李治斌. 第一作者：李治斌（1977—），男，硕士，副教授.

为重要，整个课程的教学设计需要综合考虑实验设备和具体实验项目、作业及考试考核等环节的安排[4]。下文从课程特点、课程教学设计和教学效果三方面介绍作者在"嵌入式控制系统"课程教学中所作的探索和实践。

1　课程特点

1.1　课程定位

在自动化专业教学中，将该课程定位为专业基础课，以应用实践为主。课程教学课时有限，而嵌入式控制领域涉及的知识面广、知识点多，为解决两者之间的矛盾，课程目标设置为：培养学生嵌入式控制系统的基础开发能力，以实践教学为主，理论教学为辅，作为自动化专业基础课程，为学生从事嵌入式控制系统研究打下基础。

1.2　课程教学内容

"嵌入式控制系统"课程的主要教学内容包括嵌入式处理器的架构、嵌入式系统程序设计、嵌入式控制系统接口与应用设计以及嵌入式操作系统。该课程涉及高级语言程序设计、计算机体系结构、计算机软硬件以及其他数字电路、模拟电路等电子技术等多门课程的内容及知识的综合。因此需要以上课程作为预修课程，为"嵌入式控制系统"课程的教学打下基础。

1.3　课程实践性要求高

课程学习需要大量的实践课程支撑，并且嵌入式控制系统功能强大，可扩展多种外部控制设备。因此需要授课教师具备丰富的嵌入式开发经验，能及时解决实践教学中学生遇到的各类问题。

2　教学模式与教学方法

2.1　教学模式

"嵌入式控制系统"课程学习初期，学生需要在原有计算机知识结构体系上，进一步学习嵌入式软硬件理论知识，但这些理论知识概念抽象、晦涩难懂、内容枯燥，学习过程中存在陡峭的学习曲线[2]，使得入门困难，容易动摇学生将课程学好的信心。因此课程的教学模式适合采取"感性启发－实践强化－理论提高"逐步深入的方法。首先，理论教学的主要任务是突出学习嵌入式控制系统的重要性。可以通过日常生活和科学研究中广阔的应用前景，引导学生的学习兴趣；通过往届学生实验作品和竞赛作品，激发学生的学习动力和竞争意识。其次，实践教学是对理论知识的学习和强化，按照项目和实验应用对知识章节归类，以项目和实验来引导学生学习，促进学生熟练运用嵌入式控制系统各功能模块。最后，通过课程总结、实验报告和课程答辩完成项目的总结，构建控制专业知识体系。

2.2　教学方法

传统的课程教学中大都存在理论与实践教学内容相对独立、分散等问题。在"嵌入式控制系统"课程教学中，通常首先讲授嵌入式微处理器的架构；其次是指令和编程、存储器、中断与接口技术；然后讲定时/计数器，串行通信等及相关模块应用；最后介绍嵌入式控制系统的开发步骤和应用实例。实验教学环节则根据理论教学的进度，安排与教学内容相关的验证型和基本设计型实验。各个实验单元内容间相互独立，且学时不足，学生不能有效地从实验中获得成功激励，没有应用背景，教学与实践效果不佳，对最终嵌入式控制系统设计和开发的帮助不大。采用这种"按序教学"的方法，学生普遍反映课程知识不易掌握。原因在于这些知识单元中概念多、内容杂、容易混淆，难于记忆。针对以上问题，在课堂教学中进行了以下探索和尝试。

2.2.1　案例牵引理论教学，激发学习的主动性

俗话讲"兴趣是最好的老师"，嵌入式课程的特点也决定了要想使学生学好这门课程，必须激发学生的学习兴趣和主动性。

首先，在教学初期利用典型案例，介绍嵌入式领域的现状与发展趋势，使学生感到嵌入式控制系统既"高大上"又"触手可及"，激发他们深入探究的兴趣。比如，在本课程教学时给学生展示了三类嵌入式应用的例子：①国内外好玩好看的机器人，②生活中无处不在的智能家电和可穿戴设备，比如智能手表、智能手环等，③前几届学生的课程作品等。

为了激发学生兴趣，又防止学生产生畏难情绪，在前期课堂中，采用倒推式的案例教学法，在课堂中简要剖析两种嵌入式控制系统，一种为国外科研试验中比较前沿的产品（如波士顿动力

公司的滑轮机器人 Handle），另一种为实验室的轮式机器人。将产品分解，反向推出产品的开发设计过程。从产品到模块的分解，从实物与不同章节课程内容的对应（如表 1 所示），使学生直观地感受嵌入式系统的应用，激发了学生学习探索的兴趣，使其积极主动学习。

表 1　案例实物与课程章节知识点对应关系

实物组成部分	课程章节教学知识点
嵌入式控制系统板	嵌入式系统架构 嵌入式最小系统
按键、LED 控制部分	嵌入式控制系统 GPIO 外部中断系统
电机转速控制（PWM）	TIM 的定时器应用（PWM）
编码器测速	TIM 的计数器应用
转速及其他信息显示	串口通信应用 显示器接口设计
超声波测距、红外传感器及 A/D、D/A 转换等	外围接口设计

2.2.2　项目驱动实践教学，满足学生成就感

项目教学是通过实施一个完整的项目而进行的教学活动[5]。与传统教学法相比：学生由被动学习转变为主动学习，教师由课堂教学的讲授者、主导者转变为指导者和学生的合作者。项目教学法中，学生可以根据兴趣自主设计项目实施计划。因此，项目教学法不仅传授给学生理论知识和操作技能，更重要的是把理论教学、实践教学、学生的兴趣和创新能力有机地结合起来，充分发掘学生的创新潜能。

紧密结合嵌入式控制系统教学内容，课程教学组设计的实践项目示例如表 2 所示。课程教学开始时，授课教师就将任务布置下去，让学生们带着任务去学习、查找资料、思考及讨论，完成需求分析报告，后续完成系统方案设计，并随着课程的深入，不断细化各功能模块设计。

学生可以自由组合并选择题目，可选择给定实验项目，亦可自行设计实验项目，只需由教师确认可行即可。学生每组 2 人，根据组内分工，自行设计接口硬件、驱动程序以及应用软件，从而锻炼动手能力、提高查阅资料、分析和解决问题的能力，真正在应用中理解所学知识，真正应用所学知识解决实际问题。

表 2　实践教学项目设计示例

序号	实验项目名称
1	直流电机 PID 控制
2	GPS 电子导游
3	轮式机器人走迷宫
4	智能宠物机器人
5	轮式机器人巡线竞速
6	轮式机器人搬运工

对授课教师而言，在组织教学的过程中充分研究课程知识点，分析出难点和重点，更重要的是需将知识点根据项目需要进行必要的分割，合理设计教学单元，以便于学生快速准确地掌握新知识。

教师教学过程中合理组织项目，难度要循序渐进，但不再像传统教学模式那样按照教材顺序授课，而是提取项目所需要的知识点信息，按照功能单元的需求，按需授课，做到随用随学，以达到学生每周都能够完成特定单元的学习，能够完成特定项目的实验，从而获得成就感，增加深入学习的动力。

近几年的教学过程中，学生基本可以每周完成一个功能单元的学习，最后三周可在前面所学功能单元的基础上，完成整个项目的设计、实现与调试。

2.2.3　对比式教学，减少讲授课时，事半功倍

因为课时少，而课程知识点多，与学生以前学的各课程知识有诸多联系，所以教学过程中可引导学生巧妙地运用比较式教学法，利用已学知识过渡，通过对比更新来掌握新知识新技术[6]。

"嵌入式控制系统"与先修课程"计算机硬件技术基础"[7]联系紧密，知识点关联和相似较多。因此，在"嵌入式控制系统"课程教学中，可以采用比较式教学法进行对比教学。二者部分知识点对应关系如表 3 所示。

表 3　两门课程章节知识点对应关系

嵌入式控制系统	计算机硬件技术基础
嵌入式系统处理器	微型计算机系统工作原理 微处理器
存储器与总线架构	微型计算机总线与总线技术
通用和复用 GPIO	IO 接口技术 可编程并行接口
TIM 定时器原理与应用	定时技术 可编程定时/计数器
嵌入式处理器的异常和事件	微型计算机的中断系统
USART 通信、SPI 接口	微型计算机的常用外设接口

比如知识点"嵌入式处理器的异常",与之前学过的"微信计算机的中断系统"有很多相似处,所以在通过引导学生回顾先修课程中的中断过程及其使用方式,以及中断服务程序设计的方法和使用技巧来学习嵌入式系统的异常、中断及其向量表。通过比较式教学法,不仅能使学生复习巩固已学知识,而且可以引导他们学以致用,激发他们深入学习和探索的欲望,从而进一步激发学生的学习兴趣,减少课堂教学讲授时间,鼓励学生发现问题,并独立解决问题[8]。

2.2.4　以做代讲,实践与理论教学进一步融合

将理论课堂教学搬到实验室中进行,实现"边学边做、边做边学"。

在教学课堂设计中采用 BOPPPS 模型[9],将课程依起承转合分为六个阶段,依次为引入 B(Bridge-in)、学习目标 O（Objective）、课前摸底 P（Pre-Test）、共享学习 P（Participatory Learning）、课内检验 P（Post-assessment）、总结 S（Summary）。项目教学法和 BOPPPS 模型的结合应用改变了传统上的师生关系,学生由被动接受知识转变为主动发现问题、提出问题,教师由课堂教学的讲授者、主导者转变为指导者和学生的合作者[8],更能激发学生们的兴趣和主观能动性。

为了能够顺利实施上述教学设想,课程教学组在实践环节进行了改进:

选用基于同一种嵌入式处理器的不同实验平台,使得学生从单元实验过渡到综合项目更为容易。嵌入式控制系统综合实验箱(如图 1 所示)提供模块化的、接口全开放的功能单元模块,适

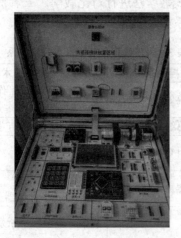

图 1　嵌入式控制系统综合实验箱

合学生完成单元知识的学习。差动轮式机器人(如图 2 所示)和全向轮式机器人（如图 3 所示）与综合实验箱采用同一种嵌入式处理器,方便学生完成单元知识练习后,无缝移植原有程序,完成综合项目。

图 2　差动轮式机器人

图 3　全向轮式机器人

同时,从嵌入式控制系统综合实验箱到两种轮式机器人,实验设备的控制系统由简单到复杂逐步递进,满足了不同教学任务的要求,也能够适应不同水平的学生需求,方便教师做到因材施教。

此外,在实践中教师鼓励学生自制实验接口电路板。这样既解决了实验方案单一,学生思路受实验系统限制的实际问题,也能提高学生的创新实践能力。

为了检验教学方法改进的效果,也为了突出"嵌入式控制系统"课程作为实验研究型课程其实践环节的重要性,实践环节必须在课程的评价考核中占有相当的比重。因此课程的整体评分标准设计为

最终成绩=平时实验成绩 40%+项目结题报告

30%+考试成绩 30%

3 教学效果

在前期理论教学环节，利用多媒体教学设备展示的学科前沿相关研究视频给学生留下强烈的视觉冲击，引起学生的学习兴趣。课程教学中期，采用启发式提问、学生分组讨论等方法，使学生积极参与实验项目的设计，有效地满足学生的成就感，减小学习过程中的畏难情绪。最后三周的综合项目阶段，各个小组能够利用前面所学的各个基本功能单元的内容，完善和细化方案设计，最终完成整个项目设计、实现和调试，达到了预期教学目标。

通过与学生座谈和调查发现，改进教学法的班级中能独立进行软、硬件设计的同学达 92%，能独立调试完成的同学达 85% 。而往年的教学班级中，这两组数据分别为 61%、52%。采用项目教学法、BOPPPS 教学模型，学生的自学能力和接受新知识的能力有着显著的提高，尤其是对工程项目的开发过程有了更加感性的认识。采用对比教学法、按需授课和以做代讲等教学手段，能够有效压缩理论讲授课时，凝练理论教学内容，提高学生学习的主动性。

随着嵌入式技术的迅猛发展，该课程教学还有其他许多值得深入探讨和研究的地方，本文也仅仅针对"嵌入式控制系统"课程的部分教学方法和实验设备改进提出了点点浅薄意见和建议，希望这些方法能对提高学生的系统开发能力和素质有所帮助，能为学生毕业后进一步深造或走向工作岗位打下基础。

References

[1] 黄晓玲，段凤云，赵建科. 嵌入式系统实验教学体系的探索与实践[J]. 实验室技术室管理，2006（4）：85-87.

[2] 汪湛清，彭熙伟，郑成华，等. 嵌入式系统实验教学中的挑战题[C]. 2013 年自动化教育年会，2013.

[3] 王刚. CDIO 工程教育模式的解读与思考[J]. 中国高教研究，2009（5）：86-87.

[4] 刘森，慕春棣. 自动化专业的嵌入式系统教学探讨[J]. 实验室技术室管理，2007（1）：115-117.

[5] 崔贯勋，等. 基于任务驱动的实践课程教学改革与探索[J]. 实验技术与管理，2010，27（6）.

[6] 黄平，王伟，韦金辰，等. 基于 ARM 的嵌入式控制系统教学方法研究[J]. 哈尔滨职业技术学院学报，2010（6）：75-76.

[7] 邹逢兴，李春，李治斌，等. 计算机硬件技术基础简明教程[M]. 北京：高等教育出版社，2011.

[8] 梁宜勇，王晓萍，赵文义，等. "嵌入式系统"课程教学与实践探讨[J]. 中国大学教学，2009（5）：36-37.

[9] 李鹏，耿丽娜，马建军. "精确制导技术"课程教学改革探索[C]. 2015 年自动化教育年会，2015.

[10] 左建勇. 面向工程的实训教学模式与案例分析[J]. 实验室研究与探索，2011，30（7）：157-161.

[11] 王松武，刁鸣，于云峰. 适应学生课外科技活动的实验室开放与运行模式[J]. 实验室技术室管理，2007（7）：139-141.

[12] 徐慧，金敏. "三点一线"教学方法在"嵌入式系统"课程中的应用[J]. 计算机教育，2009（10）：39-41.

"现代控制理论"课程知识点逻辑关系设计

刘亚东　　周宗潭

（国防科技大学 机电工程与自动化学院，湖南 长沙 410073）

摘　要：本文介绍了笔者在"现代控制理论"课程教学中逐步设计形成的三种知识点逻辑关系网。分别是"从零输入响应、零状态响应角度设计的知识点逻辑关系网""从分析与综合的角度设计的知识点逻辑关系网"以及"核心知识点理解中 A 矩阵约旦形式的应用"。利用前两个方面的知识点总结方式，在教学中可提醒学生系统化地掌握核心概念，理解核心概念在整个理论框架中的作用。"核心知识点理解中 A 矩阵约旦形式的应用"这一设计，学生的注意力可正确地投向输入、内部状态和输出的连接关系中去，考察所需技巧学生是基本具备的，所以在教师的合理引导下，学生可以自主完成相关内容的学习。

关键词：现代控制理论；知识点逻辑关系；约旦矩阵

Design of Knowledge Logical Relationship of 'Modern Control Theory' Lecture

Yadong Liu, Zongtan Zhou

（College of Mechatronic Engineering and Automation, National University of Defense Technology, Changsha 410073, Hunan Province, China）

Abstract: This paper introduces three kinds of logical network of knowledge points in the course of "modern control theory". Respectively is: "from the zero input response, zero state response viewpoints designing knowledge logical relation network", "from the view of logical relationship of analysis and synthesis" and "application of A matrix in the Jordan form in understanding of core knowledge ". By using of the first two aspects in teaching can remind students to systematically master the core concept, the role of the core concepts in the theoretical framework.   It is well worth for students to understand and master the theory. By application of A matrix in the Jordan form in knowledge understanding, the attention of students can be correctly paid to the relationship of input, output and internal state. For the mathematical skills needed is basically built, with a reasonable guidance of teachers, students can independently complete the relevant learning.

Key Words: Modern Control Theory; Logical Network of Knowledge; Jordan Matrix

引言

笔者承担"现代控制理论"教学任务近 10 年，在教学过程中始终强调知识点的体系化，即知识点的理解必须放在"知识点间的逻辑关系""知识点在系统建模、分析与控制"中的作用这个大的背景下进行。在教学过程中，笔者尝试了从不同角度提出知识点的逻辑关系。目前形成了三种较为成熟的知识点逻辑关系网，即"分析与综合的

联系人：刘亚东. 第一作者：刘亚东（1977—），男，博士，副教授.

逻辑关系网""零输入响应和零状态响应逻辑关系网""基于约旦矩阵形式的分析方法"。三种逻辑关系网在实际教学中都进行了应用，在不同的教学阶段，强调程度不同。下面笔者分别介绍三种逻辑关系网的设计思路与内容。

1 从"零输入响应、零状态响应"角度设计知识点逻辑关系

在现在控制理论中，系统的响应分为"零输入响应"和"零状态响应"两种，分别对应着系统在"非零初始状态"和"输入"两种驱动力下的响应。从这两种系统响应出发，也可以归纳出"现代控制理论"知识点逻辑网来。具体划分如图 1 所示。

图 1　从"零输入响应"和"零状态响应"角度设计的知识点逻辑关系网

1.1　内部稳定性和外部稳定性的划分

稳定性可以分为外部稳定性和内部稳定性。本质上讲它们的定义是相同的，都是"有界驱动力产生有界输出"。在外部稳定性下，就具体成为"一个有界的输入总是激励一个有界的输出"，即 BIBO 稳定，而内部稳定性是指"一个有界的非零初始状态总是激励一个有界的输出"[1]。可见区别就在于输入源的不同，所以可以针对输入源来对这两种稳定性进行归纳。在数学上研究内部稳定性时针对的是"零输入响应"，研究外部稳定性时针对的是"零状态响应"。两种稳定性的推导则直接从两种响应的数学表达式着手。

1.2　可控性和可观性的划分

可控性研究的是在输入作用下，内部状态是否可以在状态空间内任意两点间实现转移。关注点在于内部状态和外部输入的连接关系以及内部状态之间的连接关系。而这两种连接关系都反映在"零状态响应"的表达式内，所以可控性是和"零状态响应"联系在一起的[2]。可控性的判别也是从"零状态响应"的数学形式出发来进行推导的。可观性研究的是可否利用输出信息计算出初始状态信息，关注点在于输出和内部状态的连接关系，以及内部状态之间的相互连接关系。而这两种连接关系在数学上都体现在"零输入响应"的表达式内。可观性判别就是从"零输入响应"的数学形式出发进行推导的。

1.3　状态反馈和状态观测的划分

状态反馈可以改变系统极点的位置，进而影响稳定性、系统动态特性等系统的性能。但前提条件是系统必须是"可控的"，这是因为状态经过加权后是通过输入端进入系统的。只有当系统是可控的，即系统内每个状态和输入都有着直接或者间接的连接关系，内部状态才可以直接或者间接的从输入获得能量。显然状态反馈能够成功实现系统性能的改造，就依赖于这种内部状态和输入间的直接和间接的联系，而这两种连接都反映在"零状态响应"中。

状态观测是将原系统输出和仿真系统输出的差别信息实时反馈给仿真系统，使仿真系统的内部状态实现对原系统内部状态的准确估计。反馈信息是从积分环节之前、输入环节之后引入的，所以反馈信息不需要通过输入与内部状态的连接通路进入系统，但是在判别仿真系统是否准确估计了原系统的内部状态时，是通过原系统与仿真系统的输出是否一致来判断的，也就是说反馈信息必须能够改变仿真系统的输出，输出和内部状态需要有直接或者间接的连接（即系统是可观的）。所以状态观测是和"可观性"联系在一起的，进而是和"零输入响应"联系在一起。

2 从"分析与综合"的角度设计知识点逻辑关系网

"分析与综合"这一逻辑关系在笔者教授的"信息处理原理""现代控制理论""计算机控制技术"等课程中均被采用。在信号层面,"分析"是指将信号从一个整体分解为若干个局部(整体到局部),所以三大变换的正变换均属于"分析"。

而"综合"则是相反的过程,给出了信号的局部,如何整合出整体信号,也就是从局部到整体,所以三大变换的反变换属于"综合"。在"现代控制理论"中,"分析"是指从整个系统出发,得到各种性质的过程。如状态空间方程的求解(定量分析)、稳定性分析、可控可观性分析。 而"综合"是指给定系统的某些性质(如极点位置),通过系统设计,设计出整个系统来,如利用状态反馈的极点配置、基于状态观测的状态反馈等[3],如图 2 所示。

图 2 从"分析与综合"角度设计的知识点逻辑关系

3 核心知识点理解中 A 矩阵约旦形式的应用

在状态空间方程的求解、内部稳定性判别、可控可观性的理解与判别等核心内容的理解上,利用等价变换的思想将 A 矩阵转化为约旦矩阵,利用约旦矩阵的相关性质可以很好地简化问题分析过程,降低对数理推导的要求,使得这些核心内容更加具体化,降低了理解和掌握的难度[3,4]。笔者的教学实践反复证明了这一点。

3.1 约旦矩阵在可控可观性理解上的作用

当 A 矩阵具有约旦矩阵形式时,从信息流向的角度来看,系统被分成了一些并联的子系统,

每个约旦小块都对应这一个子系统。子系统之内不同状态间有信息的交互,并且这种信息的交互有固定的信息流动方向,总是从子系统最后的状态出发,依次作用于前一个状态,这样就形成一个单向的信息(能量)流动链条。这样一来,在分析系统的结构和信息处理规律时就变得非常简洁明了。如在判定可控性时只需要关注约旦小块最后一行所对应的 B 矩阵(输入矩阵)的行即可。需要关注的 B 的那些行是内部状态和外部输入的直接连接通路,而约旦小块的特殊形式所造成的单向信息流动链条,则是外部输入和内部状态的间接通路。不但判别变得简单,同时学生也可以很好地理解这样做的原因。这就使得可控性这个

相对来说抽象的概念变得可以直观的理解。约旦矩阵在可观性的理解上也有类似的结果。采用约旦形式后，在可控可观学习中，学生的注意力正确地投向了输入、内部状态和输出的连接关系中去，这一关系的考查所需技巧学生是基本具备的，所以在教师的合理引导下，学生可以自主完成相关内容的学习，独立得到结论。这对于学生的自主学习可以起到很好的作用。

3.2　约旦矩阵在状态空间方程求解中的作用

状态空间方程的求解无论是在时域内进行还是在频域内进行，最后都面临着关于 A 矩阵的一个非线性函数的计算。对于一般形式的 A 矩阵函数的计算，基本思路是使用查理—汉密顿定理，但是当 A 矩阵具有约旦矩阵形式时，其函数是由固定表达形式的。方程求解只需要套带公式即可实现。

3.3　约旦矩阵在内部稳定性理解上的作用

在 3.2 中说明了在求解状态空间方程时，如果 A 矩阵为约旦矩阵，那么方程的解是有确定函数表达的。实际上约旦矩阵 A 的函数的每一项都有解析表达，并且表达的核心式是 $t^i e^{\lambda_k t}$ 这一形式。这时要求系统是内部稳定的就相当于要求 A 矩阵函数的每一个元素都必须是有界的，在渐近稳定时会进一步要求每一项都会随着时间而趋于零。在观察表达式的具体形式时，可以非常直观地得到内部稳定性的判定条件（A 矩阵的特征值的实部决定的系统的内部稳定性）。这样在内容的

理解上只要教师稍加引导，学生就可以通过自己的推导得到最后的结论，原本的教学难点学生可以主动地参与进来，取得了很好的教学效果。

4　结论

本文从"分析与综合""零输入响应、零状态响应""A 矩阵的约旦形在核心知识点理解中的作用"三个方面讨论了笔者对"现代控制理论"知识点逻辑网的设计。这三种设计是笔者在近 10 年的教学中逐渐提炼总结出来的。从实践教学效果来看，可以很好地将知识点体系化，将教学难点的理解直观化，提升学生在理论学习中的参与度和主动性。这些内容设计配合笔者设计的研讨环节，提升了"现代控制理论"课程的教学效果。

References

[1] 郑大钟. 线性系统理论[M].2 版. 北京：清华大学出版社，2002.

[2] Stanley M. Shinners，Modern control system theory and design(2nd Edition)[M]. Wiley Press, 1998.

[3] Chi-Tsong Chen. Linear system theory and design(2nd Edition)[M], Oxford University Press，1999.

[4] RichardC.Dorf，现代控制系统[M]. 11 版. 北京：电子工业出版社，2011.

"自动控制原理"课程研究性教学改革与实践

罗家祥　高红霞

（华南理工大学，广东 广州 510640）

摘　要： "自动控制原理"是自动化、电气工程等专业的本科专业基础课程，理论性强，知识点多，数学描述与物理概念相互印证，学生难以理解和掌握。结合课程特点，从研究性教学的思路出发，探讨了该门课程的教学改革方法，提出在课堂教学中采用基于问题的研究性授课方法，以及学生从问题角度重新整理知识点、关注科技前沿的报告型课后学习模式。这种教学方法一方面提高了学生对"自动控制原理"课程的学习热情，另一方面培养了学生深度思考、团队协作以及学术表达的能力。

关键词： 自动控制原理；研究性教学；课程改革；实践

Research-based Teaching Reform and Practice for "Principles of Automatic Control"

Jiaxiang Luo, Hongxia Gao

(South China University of Technology, Guangzhou 510640, Guangdong Province, China)

Abstract： "Principles of Automatic Control" is a professional foundation course for automation, electrical engineering and other undergraduate programs. The course is with strong theoretical knowledge, many mathematical descriptions and physical concepts, interplaying with each other, and so students are difficult to understand. Combining with the characteristics of curriculum and starting from the idea of research-based teaching, the ways and methods to teaching reform of this course are discussed in this paper. A research-oriented teaching method based on the decomposition of questions in classroom teaching and an after-school learning mode of the students rearranging knowledge, paying attention to the forefront of science and technology are proposed. This kind of teaching method on the one hand, can improve the enthusiasm of students learn the course of "Principles of Automatic Control", on the other hand, can cultivate the deep thinking, teamwork, and academic expression ability of the students.

Key Words： Automatic Control Principle; Research-based Teaching; Curriculum Reform; Practice

引言

自动控制技术是数控机床、汽车、航空飞行器等工作器械或生产过程的关键技术，研究生产过程或者工作机械如何自动地按照预先设定的规律运行，在工农业生产、交通、国防和航空等领域中获得了广泛的应用。"自动控制原理"是自动控制技术的基础理论，研究自动控制的共同规律，是我国自动化、机械、测控技术与仪器、电气工程及其自动化等相关专业一门重要的专业基础课程，在工科专业教学体系中占有重要地位。

联系人：罗家祥. 第一作者：罗家祥（1979—），女，博士，副教授.
基金项目：华南理工大学新工科研究项目；广东省高等教育教学研究和改革项目；华南理工大学教学成果奖培育项目.

《自动控制原理》以三大变换（拉氏变换、傅立叶变换、Z 变换）、微积分和复变函数为数学基础，研究单输入、单输出的自动控制系统描述、分析与设计问题。该门课程理论性强，概念抽象，数学描述与物理概念相互印证，知识点多，难以理解和掌握[1,2]。在该课程传统的教学过程中，主要以传统教学手段为主，即讲解——接受式的教学方式，教授按照教材上的知识体系结构，按部就班地向学生传授知识，以帮助学生形成认知结构。但是，由于本课课程的特点和学生认知能力的不足，学生在课程进行过程中可能会越来越难以理解课程所学知识：① 本课程知识点多，学生容易因理解不透彻而遗忘知识点；② 数学推导公式众多，学生容易因数学知识掌握不清晰而不理解知识点；③ 课程理论与实践联系紧密，学生容易因知识不理解而导致难以将理论应用于实际自动控制系统的分析与设计。导致学生疲于机械性记忆，而很少提出"为什么"的问题，教学效果差。对该类专业课程，以上的教学方式显然不利于调动学生的积极性，只能让学生了解这门课程"皮毛"，而不是理解本质，不利于学生进行"分析问题、解决问题"的思维训练，也不利于创新思维的培养。

近年来，为了提高大学生在学习过程中的积极主动性和培养大学生的研究和创新能力，研究性教学方法受到了越来越广泛的重视。我国学者已从理论[3~5]和实践[6~8]上对研究性教学的内涵进行了相关解读和实践。有专家认为研究性教学是一种将教师研究性教授与学生研究性学习、课内讲授与课外实践、依靠教材与广泛阅读、教师引导与学生自学有机地结合并达到完整、和写、统一的教学[4]。基于该研究性教学的内涵，针对"自动控制原理"课程，积极探索"自动控制原理"研究性教学策略，提出在课堂教学中采用基于问题的授课模式，以及学生从问题角度重新整理知识点、关注科技前沿的报告型课后学习模式。开展的教学实践表明该教学方法取得了良好效果，深受学生好评。

1 "自动控制原理"课程研究性教学策略

典型的研究性教学方法有案例教学、基于问题解决的学习和基于问题的学习[3]。其中，基于问题的学习的主要教学过程包括提出问题、分析问题、形成假设和验证假设、修正假设。通过引导学生解决复杂的、实际的问题，使得学习者建构宽厚而灵活的知识基础，训练解决问题的技能，培养学习的积极主动性和终身学习的能力。《自动控制原理》尽管知识点众多，但从问题提出和问题解决的角度来看，可高度概括成如下四个基本问题：① 什么是自动控制系统；② 如何描述自动控制系统；③ 如何分析自动控制系统性能；④ 如何设计自动控制系统。这与研究性教学方法中基于问题的学习策略不谋而合。充分结合"自动控制原理"的课程特点，运用基于问题的学习方法，提出了"自动控制原理"课程研究性教学策略。

1）学习目标逐级分解

作为一种教学方法，研究性教学以问题为中心，培养学生的问题意识。纵观整个科学研究史，新科学、新技术都是以人类不断地提出问题和解决问题而进步的。比如，哲学的发展是以解决人类从哪里来、到哪去等基本问题展开的，引发了人类对自然界的思考，推动了科学的发展。爱因斯坦也说过"发现问题和系统阐述问题可能要比解答问题更为重要"。如果一个大学生不对世界、科学、对课程知识充满好奇，学习便缺乏主动性，难以做出推动科学发展的成绩。因此，保持学生在课程学习中提出疑问或者保持疑问就显得非常重要。在研究性教学过程中，教师需要重新审视整个学习目标，将学习目标逐级分解形成子问题，以问题的形式展开课程教学。

2）教师授课方式的改变是培养学生研究性学习的关键

由于课程的复杂性，教师课堂授课仍然是教学的主要手段之一，但需要进行教学过程中采用启发性的、以问题为导向的授课方法。以问提为核心进行精心的教学设计，注重引导学生如何分析问题和用已有知识构建解决问题的方法，激发学生积极思考。不但可以提高课堂互动性，还可以提高学生的研究兴趣，培养学生的主动思考习惯。

3）培养学生的创新精神和创新素质

在学生进行研究性学习过程中，培养学生的

创新精神和科研素养是研究性学习的主要目标。研究性教学并不要求学生真正地对所学的教学内容进行理论性创新和研究，因此，可在课堂教学的基础上，让学生在课堂教学后对知识点进行重新思考和拓展学习。比如以问题形式对知识点重新归纳总结、学科前沿问题探讨、实例分析、实验验证等。旨在培养学生归纳总结能力，提高学生对学科的认识度，以及对科学研究和课程学习的兴趣。

2 "自动控制原理"研究性教学的实践

基于上述教学策略，"自动控制原理"研究性教学的实施方案如下：

1）学习目标的分解

为了以问题为核心开展教学，需将课程大目标分解成为两级子问题（如图 1 所示），按照"提出问题——分析问题——假设检验（解决问题方法）——验证和修正假设（对解决方法的讨论）"的思路，将课程所涉及的知识点串成为各级子问题和解决问题的方法。

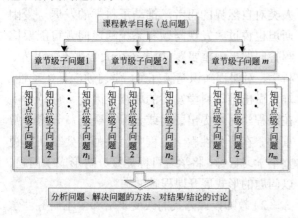

图 1 学习目标分解图

以频率特性分析法为例，设计了如下问题：

① 频率特性定义和物理含义是什么？

② 如何用图形表示系统的频率特性？有什么优势？（引出奈奎斯特曲线和对数频率特性）

③ 如何在图形化的系统开环频率特性中分析系统性能？（引出稳定裕度）

④ 如何在图形化的系统闭环频率特性中分析系统性能？

在第三个问题对应的知识点"稳定裕度法"

再进一步设计如下子问题：

① 典型系统的奈奎斯特曲线离（-1, j0）的距离为何可以反映出系统稳定特性？

② 如何评价远离的程度？(引出幅值裕度和相位裕度)

③ 两种裕度如何计算？

④ 稳定裕度能否反映时域指标性能？

⑤ 从开环对数频率特性能否分析出系统的性能？如何分析？

根据以上逐级问题的引导与分析，让学生更为清晰地构架整个章节知识点的逻辑关系。

2）以问题为中心的知识点教学

将学习目标分解成各级子问题后，教师的授课方法对引导学生思考起着重要的作用。在课程教学中，围绕问题进行精心的教学设计，注重引导和激发学生学习与探究的兴趣，逐渐培养学生的主动思考习惯。

一是在教学过程中，采用生活中常见又比较有趣的案例引发学生思考，提出对应于某个知识点的子问题，引导他们对于这个子问题能否解决的思考，着重分析为何以及能从哪些方面入手思考，逐步引出解决问题的方法。锻炼学生分析问题和解决问题的能力。

二是构建知识体系结构图，引导学生归纳总结，锻炼学生的逻辑思维能力和归纳总结能力，培养他们有联系地看待知识点，从而对知识点进行深入的理解。

三是在教学中以问题的形式及时引入其他课程、最新科学研究的新进展和新成果叙述，不仅可以丰富教学内容，而且可以让学生接触科研前沿，对培养学生科研思维、提高学生研究兴趣有着重要作用。

3）以归纳、推广、实践为核心的课后讨论学习

课后讨论学习以专题报告为基本形式开展。专题报告是对所学的章节级问题的知识点、课程相关领域新的问题和关键技术进行思考和拓展性总结，包括问题提出、归纳、分析和比较，给出结论；最后以专题汇报和总结报告提交研究成果。在这个过程中，以团队形式展开，学生自由分组，每组一个组长，对某个问题进行阐述和总结。这种方法不但可以培养学生"提出问题——分析问

题——解决问题——结果讨论"的学术思维，还可以提高学生的团队协作能力、演讲能力。

在实践中，围绕课程知识点和控制科学与工程学科热点问题，给学生确立了如下 11 个方向：① Matlab 仿真；② 控制系统的数学模型；③ 控制系统的时域分析；④ 控制系统的根轨迹；⑤ 控制系统的频率分析；⑥ 控制系统的校正；⑦ 智能设备；⑧ 非线性控制系统；⑨ 先进控制技术；⑩ 离散控制系统；⑪ 智能车间。这些题目涵盖了课程知识、学科热点和学科应用工具的使用，以扩展学生的知识范围。

要求学生自由形成小组（一组四五人），通过文献搜索、实验验证和归纳总结，完成报告：① 内容简单介绍；② 课题意义和作用；③ 研究问题的方法是什么；④ 如有实验，补充仿真实验结果；⑤ 得出的结论，以及对本问题的理解和深入的思考。在此期间，教师的角色就是指导者，而学生则是知识的学习者、总结者和传播者。

4）实施效果的总结和评价

从学生的反馈来看，学生对课程学习的积极主动性和对科学研究的兴趣得到了很大的提高，主要表现在：

（1）以问题为引导的教学方法使得学生在授课时能够积极思考，主动回答问题的次数明显增加，课堂互动性加强；所提问题多数是对知识点的发散式思考，反映出学生对知识点的理解更为深入；

（2）在课后讨论过程中，每组学生分工明确，均能对各主题做较为深入的阐述，锻炼了学生的团队合作与语言表达能力；从总结报告看，基本能按照预设的五个方面开展，但整体阐述的逻辑性还需要加强；

（3）从课下交流看，学生对控制科学与工程学科的前沿研究有着浓厚的兴趣，并意愿将机器人、人工智能等作为未来研究领域；

（4）从期末考试成绩来看，与其他未实施研究性教学的班级相比，在高分个数和平均分上均表现更好。

3　结论

"自动控制原理"是一门理论性强、概念抽象、数学描述与物理概念相互印证、知识点多、学生难以理解和掌握的课程，但又是自动化、机械、测控技术与仪器、电气工程及其自动化等相关专业的一门非常重要的专业基础课程。本文采用研究性教学思想，对"自动控制原理"课程进行改革与实践，提出了在课堂教学中采用基于问题的授课模式，以及学生从问题角度重新整理知识点、关注科技前沿的报告型课后学习模式。教学实践表明了课程改革的有效性。以上是作者在自动控制理论教学中的认识和经验。实际上，教学中没有普遍的、一定行之有效的方法，需要教师根据具体的教学对象选择恰当的教学方法。

References

[1] 李东霞，石庆研. 自动控制原理课程教学改革探索与实践[J]. 武汉大学学报：理学版，2012，58（s2）：153-156.

[2] 王万良. "自动控制原理"课程教学中的几个关键问题[J]. 中国大学教学，2011（8）：48-51.

[3] 赵洪. 研究性教学与大学教学方法改革[J]. 高等教育研究，2006，27（2）：71-75.

[4] 夏锦文，程晓樵. 研究性教学的理论内涵和实践要求[J]. 中国大学教学，2009（12）：25-28.

[5] 别敦荣. 研究性教学及其实施要求[J]. 中国大学教学，2012（8）：10-12.

[6] 王李. "内部控制"课程的研究性教学实践[J]. 中国大学教学，2010（9）：63-65.

[7] 柴干. 交通信息工程及控制专业硕士课程的研究性教学实践[J]. 东南大学学报：哲学社会科学版，2016，15 增刊（6）：146-148.

[8] 管清波，冯书兴. 研究性教学方法在运筹学课程中的实践[J]. 现代教育技术，2008，18（13）：35-37.

"非线性系统导论"研讨课程的教学改革

翟军勇

（东南大学 自动化学院，江苏 南京 210096）

摘　要：在实际工程控制领域，非线性现象是普遍存在，非线性系统的理论与方法也一直备受关注。为更好地实施《非线性系统导论》研讨课程教学改革，从注重理论基础、加强课堂讨论、把握学科发展前言动态和考核方式等四个方面对该课程进行改革。实践结果表明，这些改革将有利于培养学生的科学思维方式和研究方法，同时提高了学生的语言表达与交流能力。

关键词：非线性系统；研讨课程；教学改革

Teaching Reform for the Seminar of "Introduction to Nonlinear Systems"

Junyong Zhai

(School of Automation, Southeast University, Nanjing 210096, Jiangsu Province, China)

Abstract：In the field of practical engineering control, nonlinear phenomena are ubiquitous, and the theories and methods of nonlinear systems have been paid much attention. In order to implement the introduction course of nonlinear systems well, the curriculum is reformed from four aspects, which are theoretical foundation, strengthening class discussion, grasping discipline development trends and technology introduction, and reforming examination methods. The results show that these reforms will help students develop the scientific way of thinking and research methods, while improving their abilities of expression and communication.

Key Words：Nonlinear System；Seminar；Teaching Reform

引言

实际工程中，大多数系统都是非线性的。线性系统只是相对近似而已。近年来，随着非线性系统理论的发展，也越来越受到各高校的重视。目前，在国内各大工科院校，《非线性控制系统》课程已成为自动化专业及相关专业研究生和高年级本科生的重要课程之一[1-4]。我校自动化学院开设了"非线性系统导论"课程，共 32 学时，主要面向全校电类专业本科生。该课程的教学理念和目标是：培养学生科学的思维方法和研究方法，有效拓宽学生跨学科的知识面；培养学生根据所研讨的课题进行调研、查阅资料、提出问题和解决问题的思想、方法和技术手段等，同时通过课堂讨论培养学生的语言表达与交流能力。

1　注重理论基础

以实际控制问题为导向，给出非线性控制的基本概念和基本方法，但不注重理论的严格证明。

联系人：翟军勇. 第一作者：翟军勇（1977—），男，博士，教授.
基金项目：东南大学校级研讨课程教改项目.

从而使学生不仅能更好地理解和掌握非线性系统基本理论，而且能够将非线性控制方法应用到实际控制问题中。首先，讨论 Lyapunov 稳定性理论。从线性系统出发，讲授 Lyapunov 方程及系统稳定性判据。再引入非线性系统的基本概念，重点举例说明非线性系统不再满足叠加原理。对线性系统而言，采用线性微分方程来描述，进而可以用叠加原理来求解。例如考虑线性定常系统

$$\dot{x} = Ax \qquad (1)$$

其解满足下列方程

$$x(t) = e^{At}x(0) \qquad (2)$$

此时，该系统的解与状态初值呈线性关系，即满足叠加定理。但对非线性系统则不然。考虑如下一阶非线性系统

$$\dot{x} = -x + x^3 = -x(1 - x^2) \qquad (3)$$

其解为

$$x(t) = \frac{x(0)}{\sqrt{x^2(0) - (x^2(0) - 1)e^{2t}}} \qquad (4)$$

显然，系统的解 $x(t)$ 与状态初值 $x(0)$ 为非线性的关系，故叠加定理不再适用。

其次，非线性系统的平衡点与稳定性特性更加复杂。在线性系统中，孤立平衡点只有一个，线性系统稳定性只与其结构和参数有关，与初始条件和外加输入信号无关。对非线性系统（3）而言，其平衡点有 $x = 0$，$x = -1$，$x = 1$。这三个平衡点的稳定性情况也各不相同，系统的时间响应曲线如图 1 所示。

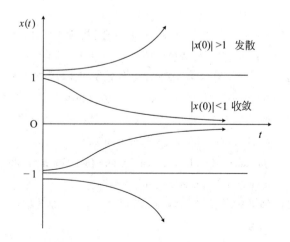

图 1　非线性系统的时间响应曲线

当 $|x(0)| > 1$ 时，随 $x(t)$ 随时间 t 增长而增大，当 t 趋于 $\ln\dfrac{|x(0)|}{\sqrt{x^2(0) - 1}}$ 时，$x(t)$ 将趋向无穷大，出现了有限时间逃逸现象；当 $|x(0)| < 1$ 时，$x(t)$ 随时间增长而趋近于零。故 $x = 0$ 这个平衡点是稳定的，$x = \pm 1$ 这两个平衡点是不稳定的。通过此例子可以看出，非线性系统可以存在多个孤立平衡点，系统的稳定性不仅与系统的结构参数有关，还与初始条件和输入信号有关。初始条件不相同，系统运动的稳定性也不相同。

第三，非线性系统存在许多特殊的现象，如自激振荡、跳跃谐振、多模态共振等。自激振荡是指在没有外界作用下，系统中存在的持续且具有一定稳定性的等幅振荡。这与线性系统常见的收敛到平衡点或发散运动完全不同。通过相平面法，讨论二阶非线性系统的稳定性。而对高阶非线性系统，则利用描述函数法进行稳定性分析。

2　加强课堂讨论

改变传统的教学模式，不再是老师在课堂上讲授，学生们在下面听课。在基础内容讲解后，让学生查阅相关文献，促使他们成为一个探索者、思考者、讲演者和答疑者。让学生们的思考与讨论来推动本课程研讨。与此同时，教师提出更深层次的问题，引导学生思考的方向。进一步加强师生之间的互动关系，让每一节课都是充满求知欲、活泼和生动的交流。本课程讨论共分为 4 个专题：非线性系统的自适应控制、非线性系统有限时间控制、非线性系统输出反馈控制和切换系统的稳定性。自适应控制是指在没有人的干预下，根据被控对象的参数或周围环境变化，自动调整控制器参数以获取满意的控制性能。自适应控制应用广泛，最初应用在航空航天方面，现已发展到机床、通信领域、网络媒体传输等方面。

课堂讨论采用小组形式，首先学生们自行分组，每组 3～5 人，并协商选定 4 个专题中的一个，同时保证每个专题都有小组选定。然后，每个小组成员查阅该专题所涉及的资料，另外每个小组推荐一名同学做报告，以此拓宽大家的视野，丰富对专题的认识。充分的准备就意味着在课堂上向每一位同学传达最丰富、最能引起共鸣的学术信息。做演讲报告的同学需制作幻灯片，并组织开展针对专题的课堂讨论。而小组其他成员，要求至

少能够回答出报告拟定的一个问题。这样使得每位同学都有明确的目标和任务，且都必须做好充分的准备。因此，我们特别强调"问题导向"而非追求"知识体系导向"。课堂讨论示意图如图2所示。

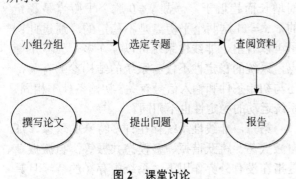

图 2　课堂讨论

3　把握学科发展前沿动态

近年来，非线性系统理论与应用已成为当今控制理论与控制工程领域研究的热点问题。作为非线性控制的基础课程，必须把握好前沿发展动态与研究成果，加强学生对基础理论的学习。将最新的有关非线性控制方法提供给学生，学生再结合自身的专业知识进行思考，帮助学生更加清晰地了解原有技术与方法的不足，以便更好地掌握新技术的发展。如韩京清教授所提出的自抗扰技术已成为非线性控制系统研究的重要分支之一[5]。该方法吸取了传统 PID 控制技术的精髓，同时吸收现代控制理论，而不依赖被控对象的精确模型。跟踪微分器根据参考输入和被控对象来安排过渡过程，从而给出控制信号，其控制器如图3所示。通过该过渡过程的各阶导数动态实现，解决响应速度与超调量之间的矛盾。与传统的状态观测器不同，扩张状态观测器设计了一个扩展的状态量来跟踪模型未知部分和外部扰动的影响。在反馈回路中加以补偿。

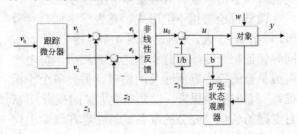

图 3　自抗扰控制器

4　考核方式改革

当前，我们必须改变传统的应试教育模式，朝着培养高素质、创新性人才的方向发展。考核方式不再以最终的考试成绩为重心，改变以往的一张考卷定终身的做法。因面向全校工科学生，不再采用卷面考试，而是将学生的课堂演讲和研究报告作为主要考核方式。根据每组的演讲报告PPT 质量、讨论情况、与老师的互动等综合打分，作为整组的成绩，占总成绩的40%，以此来鼓励同学之间相互合作，培养团队协作能力。每位同学根据选择的课题，查阅资料文献，并完成一篇研究报告，占总成绩的50%。在鼓励合作的同时又保证每个学生的独立从事科研的能力。最后，学生的平时成绩占总成绩的10%，包括课外准备、课堂提问和出勤情况。

5　结论

"非线性系统导论"课程已成为控制理论与控制工程专业研究生和高年级本科生开设课程之一。本文从注重理论基础，加强课堂讨论，把握学科发展前言动态，以及考核方式等四方面对该课程教学改革进行探讨，以此提高研讨课程的质量，增强师生互动，同时提高学生的独立思考与团队合作的能力，增强了学生的语言表达与交流能力。在近几年实践过程中取得了良好的教学效果。

References

[1] 冯纯伯，费树岷. 非线性控制系统分析与设计[M]. 北京：电子工业出版社，1998.

[2] 刘文定，陈锋军. 探究非线性系统实践教学的新模式[J]. 中国电力教育，2011（19）：126-127.

[3] 顾大可，姜文娟. 非线性系统理论课程教学改革与实践[J]. 科教文汇，2013（262）：67-69.

[4] Hassan K. Khalil. Nonlinear Systems[M]. Upper Saddle River, NJ: Prentice-Hall, Inc., 2002.

[5] 韩京清. 自抗扰控制技术[M]. 北京：国防工业出版社，2008.

"过程控制系统"实践案例：基于模糊神经网络 PID 的液位控制系统设计

蔡林沁　吴承宪　李星辰　郭俊欣

（重庆邮电大学自动化学院，重庆 南岸 400065）

摘　要：本文介绍了过程控制系统实践教学案例。该案例针对传统液位控制系统 PID 算法存在的参数整定困难、系统的鲁棒性能差等问题，提出了基于模糊神经网络对 PID 参数进行在线自整定的算法。该算法提高了液位控制系统对环境的适应能力，在对液位误差进行模糊处理后，通过系统自调节 BP 神经的加权系数，实现 PID 参数的动态改变，仿真结果表明，基于模糊神经网络 PID 算法的液位控制在调节时间、超调量等性能指标上显著优于传统 PID 算法，具有一定的工业应用价值。

关键词：模糊神经网络；PID 算法；液位系统；自整定

Design of Liquid Level Control System Based On Fuzzy Neural Network PID Algorithm

Linqin Cai, Chengxian Wu, Xingchen Li, Junxin Guo

(Chongqing University of　Posts and Telecommunications Automatization College,Chongqing400065,Chongqing,China)

Abstract：This paper introduced the case of Process Control System practice teaching. In this paper, the PID parameters auto - tuning algorithm based on fuzzy neural network is proposed to solve the problems that the parameters of classical PID control system are difficult to set and the robustness of the system is unsatisfactory. This algorithm improves the adaptability of the liquid level control system to the environment. After fuzzy processing of the error of the liquid level,the dynamic changing of the PID parameters is realized by the auto-adjusting weights of the BP neural network. The simulation results show that the fuzzy neural network PID controller is superior to the classical PID controller in settling time and overshoot, and it brings certain value to industrial application .

Key Words：Fuzzy Neural Network;PID Algorithm;Liquid level Control System;auto-tuning

引言

《过程控制系统》是自动化专业的方向课程之一，涉及控制理论、生产过程、计算机技术、检测仪表等多学科知识的综合与应用，对培养学生工程实践能力非常重要。在该课程的教学过程中，不断探索课程教学方法改革，坚持加强实践教学环节，培养学生综合实践能力与创新意识。课程开始向学生介绍了课程知识体系及考核要求，使同学们从整体上把握课程知识结构，并搜集近三年发表的过程控制相关学术论文，按"建模 MATLAB/Simulink 仿真、组态软件、硬件设计、应用案例"进行分类，将资料上传到 QQ 交流群，引导学生阅读、学习科技论文，了解课程涉及的具体内容。然后，要求学生进一步查阅相关文献，自由组队，以过程控制为对象，自拟题目，综合应用自动控制原理、智能控制、计算机控制技术、单片机技术、系统仿真、组态软件等各课程的综合知识，完成过程控制系统设计大作业，充分发

联系人：吴承宪. 第一作者：蔡林沁(1973—)，男，博士，教授.

挥学生的创造性和自主学习能力。

液位控制系统是过程控制中较常见的控制系统之一，在实际的教学和工业生产都有很大的应用。本文介绍了在该课程实践教学环节中，学生设计、实现的基于模糊神经网络 PID 的液位控制系统方案。该方案完全由学生设计，经过课堂答辩与结果展示，取得较好效果，充分体现了学生应用控制理论、系统仿真、过程控制等专业知识的综合能力。

1　基于模糊神经网络 PID 的液位控制系统方案设计

对于实际的液位控制系统，由于外部（环境变化）和内部（系统死区、饱和和非线性）等原因，传统的 PID 控制具有一定局限性，系统的鲁棒性很差。模糊控制是一种不需要建立控制对象精确数学模型，而是以人的控制经验作为控制知识模型，以模糊逻辑推理作为控制算法的智能控制[1]。神经网络具有较强的自学习功能，可以逼近任意非线性函数，用作控制器具有自适应能力和不依赖模型的特性[1]。通过两种算法的结合，经过在线迭代，可以解决实际液位控制系统非线性、大时延等特性。

1.1　系统结构

液位控制系统是以液位为被控制参数的系统，广泛地应用于各种工业生产过程中[2]。基于模糊神经网络 PID 的液位控制系统设计方案如图 1 所示，该系统通过液位高度反馈来减小液位输出误差。

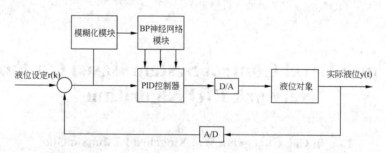

图 1　基于模糊神经网络 PID 的液位控制系统设计方案

控制器包括三个部分：① 模糊控制模块。通过对系统输入参数进行模糊化处理，基于预先采集的知识库，对参数进行模糊判决。这样可以提高系统的自适应能力，增强系统对非线性的控制。同时，通过归一化输入的参数，解决了神经网络 Sigmoid 函数可能产生的积分饱和现象。② PID 控制器。通过传统的 PID 控制器，直接对液位对象进行闭环控制。③ BP 神经网络。前馈神经网络呈现分层结构，通过误差反向传播，实现动态调整神经网络权值。不同的权值输出相应的 PID 参数，在多次迭代计算后，寻找到合适的 PID 参数作用于 PID 控制器。

1.2　模糊控制模块

模糊控制模块的建立是基于人类经验和决策行为，通过对 $e(k) = y(k) - r(k)$ 和 $\Delta e(k) = e(k) - e(k-1)$ 进行模糊化，通过查询模糊表得到合适的模糊输出，对模糊输出进行模糊判决即可得到精确的输出 $O(k)$。最后将 $O(k)$ 送到神经网络的输入层。

1.3　BP 神经网络模块

神经网络是以生物学和心理学为基础，具有自学习和并行处理能力，而且具有很好的泛化能力。本文采用三层神经网络，其结构如图 2 所示。网络输入层具有三个节点，隐含层具有五个节点，

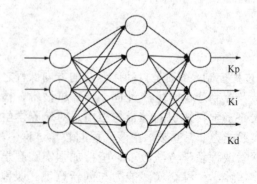

图 2　神经网络结构

输出层具有三个节点。为了保证神经网络输出 k_p、k_i、k_d 三个参数均为正数，所以决定在输出层选用非负的 Sigmoid 作为活化函数。

取系统的性能指标函数为[3]

$$J = \frac{1}{2}(r(k) - y(k))^2 \qquad (1)$$

神经网络的输出为模糊化后的系统状态变量，网络的隐含层输入输出为[3]

$$net_i^{(2)}(k) = \sum_{j=1}^{3} \omega_{ij}^{(2)} O_j^{(1)}(k)$$
$$O_i^{(2)}(k) = f[net_i^{(2)}(k)] \qquad (2)$$
$$(i = 1, 2, \cdots, 5)$$

神经网络输出层的输入输出

$$net_l^{(3)}(k) = \sum_{i=1}^{6} \omega_{li}^{(3)} O_i^{(2)}(k)$$
$$O_l^{(3)}(k) = g[net_l^{(3)}(k)], (l = 1, 2, 3) \qquad (3)$$
$$O_1^{(3)}(k) = k_p, O_2^{(3)}(k) = k_i, O_3^{(3)}(k) = k_d$$

$\omega_{li}^{(3)}$ ——输出层加权系数， $g[\cdot]$ ——输出层活化函数，本文中 $g[x] = (1/2)(1 + \tanh(x))$ 。

$$\Delta\omega_{li}^{(3)}(k+1) = -\eta \frac{\partial u(k)}{\partial \omega_{li}^{(3)}} + \alpha\Delta\omega_{li}^{(3)}(k) \qquad (4)$$

式中：η 为学习速率；α 为惯性系数。

并且有

$$\frac{\partial u(k)}{\partial O_1^{(3)}(k)} = e(k) - e(k-1)$$
$$\frac{\partial u(k)}{\partial O_2^{(3)}(k)} = e(k) \qquad (5)$$
$$\frac{\partial u(k)}{\partial O_3^{(3)}(k)} = e(k) - 2e(k-1) + e(k-2)$$

因此可以得 BP 神经网络 NN 输出层的加权系数的修正公式为[3]：

$$\Delta\omega_{li}^{(3)}(k+1) = \eta\delta_l^{(3)} O_i^{(2)}(k) + \alpha\Delta\omega_{li}^{(3)}(k)$$
$$\delta_l^{(3)} = e(k+1)\mathrm{sgn}\left(\frac{\partial y(k+1)}{\partial u}\right) \times \frac{\partial u(k)}{\partial O_l^{(3)}(k)} \qquad (6)$$
$$\times g'[net_l^{(3)}(k)] \qquad (l = 1, 2, 3)$$

依据上述推算办法，可得隐含层加权系数的修正公式[3]：

$$\Delta\omega_{ij}^{(2)}(k+1) = \eta\delta_i^{(2)} O_j^{(1)}(k) + \alpha\Delta\omega_{ij}^{(2)}(k)$$
$$\delta_i^{(2)} = f'[net_i^{(2)}(k)]\sum_{l=1}^{3}\delta_l^{(3)}\omega_{li}^{(3)}(k)(i = 1, 2, \cdots, 5) \qquad (7)$$

式中：

$$g'(x) = g(x)[1 - g(x)]$$
$$f'(x) = [1 - f^2(x)]/2$$

模糊神经网络 PID 参数调节可以归纳如下[3]：

（1）设计合适的模糊神经网络系统，确定合适的极点数和层数，初始化各神经网络层系数，选定合适的学习速率 η 和惯性系数 α，$k = 1$；

（2）设置液位高度 $r(k)$ 和液位采样实际输出值 $y(k)$，计算此时系统的误差 $e(k) = r(k) - y(k)$；

（3）根据式（5）～（6）计算神经网络的各层神经元的输入与输出，神经网络输出层的输出为 PID 控制器的参数 k_p、k_i、k_d；

（4）根据式（3），计算 PID 控制器的输出 $u(k)$，求得系统输出；

（5）由式（7）和（8）在线对输出层、隐含层系数进行及时的修正；

（6）设置 $k = k + 1$，返回（2）。

2 仿真与实现

本文结合 Matlab 和组态软件，实现液位控制系统仿真实验。Matlab 通过 OPC (OLE for Process Control) 协议向组态软件读写数据。OPC 是 Windows 平台程序和工业现场过程控制系统通信的一种重要手段。它是基于标准的数据访问和交互的组件。OPC 具有开放性、互连性、高效性和产业性[4]。组态软件的仿真结果如图 3 所示，通过模拟二阶水箱系统的液位控制，通过不同的 PID 算法，可以清晰地比较各种算法的响应曲线。

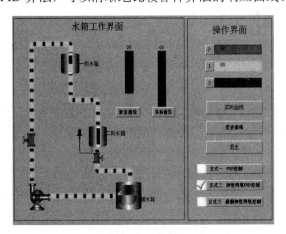

图 3 组态软件的仿真结果

通过仿真对比传统 PID 控制、神经网络 PID

和模糊神经网络 PID 三种算法，发现不同算法的优劣性。图 4 所示是模糊神经网络算法和神经网络算法 PID 自整定的过程。图 5 所示是神经网络 PID 和传统 PID 算法的比较，从图中可以清晰地看出神经网络 PID 调节时间短、超调量较小。图 6 所示是模糊神经网络 PID 算法和神经网络 PID 算法的区别，可以看出引入模糊控制后的系统上升时间更短，超调量大大减小。

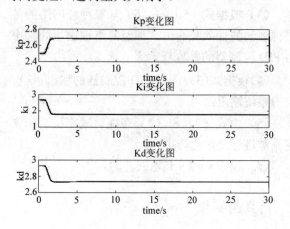

图 4 模糊神经网络算法和神经网络 PID 自整定的过程

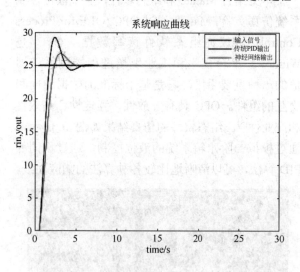

图 5 神经网络 PID 与传统 PID 算法的对比

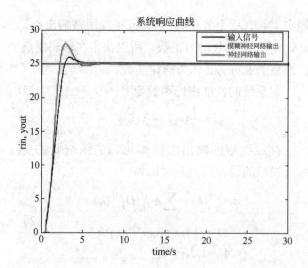

图 6 模糊神经网络 PID 与神经网络 PID 算法的对比

3 结 语

本文介绍了"过程控制系统"实践教学改革过程中学生的设计案例。该案例设计、实现了基于模糊神经网络 PID 的液位控制系统仿真，实现了 PID 参数的自整定过程，通过实验结果可以清晰地看到模糊神经网络在液位控制系统中的优越性，增加了系统的鲁棒性。该案例由学生自由选题，自由组队完成，并在课堂上进行 PPT 汇报及结果展示，有利于充分激发学生的积极性与创造力，取得较好的教学效果。

References

[1] 张金龙，徐慧，刘京南，等. 基于模糊神经网络的精密角度定位 PID 控制[J]. 仪器仪表学报，2012（3）：549-554.

[2] Dahmas Sabri-Naji-Gubran. 基于模糊 PID 控制器的双容液位控制系统研究[D]. 大连：大连理工大学，2015.

[3] 欧国徽，刘春波，潘丰. 基于改进模糊神经网络的 PID 参数自整定算法[J]. 江南大学学报：自然科学版，2011（2）：145-149.

[4] 傅春霞. OPC 数据访问服务器的开发研究及实现[D]. 北京：北京工业大学，2004.

"自动控制理论"课程中翻转课堂教学方法改革与实践

季瑞瑞[1,2] 辛 菁[1,2] 刘 丁[1,2]

(1 西安理工大学 自动化与信息工程学院，陕西 西安 710048；
2 信息与控制工程国家实验教学示范中心，陕西 西安 710048)

摘 要：介绍了我校国家级精品资源共享课"自动控制理论"的网络资源建设情况，总结了近年来针对本科生开展课程翻转课堂教学改革的经验，包括课前导学与课堂组织，分析了翻转课堂教学对于教师和学生的挑战，并提出了进一步深入开展翻转课堂教学的一些建议。

关键词：翻转课堂；教学模式改革；自动控制理论

The Reform and Practice of Flipped Classroom Teaching Mode in Automatic Control Theory Course

Ruirui Ji[1,2], Jing Xin[1,2], Ding Liu[1,2]

(1School of Automation and Information Engineering, Xi'an University of Technology, Xi'an,710048,Shaanxi Province, China;

2National Demonstration Center for Experimental Information and Control Engineering Education, Xi'an,710048,Shanxi Province, China)

Abstract：The construction of the national excellent resource-sharing course, Automatic Control Theory, is introduced. The experiences of reforming the teaching mode through flipped-classroom in recent years are summarized, including learning guidance before class and classroom management. The challenge for teachers and students is analyzed, and some suggestions to further carry out the flipped-classroom teaching reformation are proposed.

Key Words：Flipped Classroom；Teaching Mode Reformation；Automatic Control Theory

引言

"自动控制理论"是自动化及相关专业的一门重要的基础课程，在课程体系中该门课程为学生搭建了公共基础课程学习阶段与专业课程学习阶段的桥梁，使学生在初步建立系统科学的基础概念的基础上掌握针对控制系统分析与校正基本理论与基本方法，为学生未来从事工业过程、系统、装备等领域复杂工程问题的建模和控制工作奠定理论基础。同时，这门课程具有较完整的知识结构和理论体系，在课程组织与教学实施中操作性较强，为实施教学改革奠定了基础。近年来，许多高校在课程教学内容改革、教材建设、教学手段和教学方法改革、实验室建设等方面做了积极有效的探索与实践，从不同角度提高课程目标的达成度，为推进教学改革，提高教学质量做出了有益的探索。

联系人：季瑞瑞. 第一作者：季瑞瑞（1978—），女，博士，副教授.
基金项目：国家级精品资源共享课立项建设项目《自动控制理论》，2017 陕西省高等学校教育教学改革研究项目、西安理工大学教育教学改革研究项目（地方院校自动化专业创新创业人才培养模式探索与实践；翻转课堂教学模式研究与实践——基于国家级精品资源共享课《自动控制理论》）

近年来不断深化的工程教育认证体系科学又系统地梳理了专业人才培养工作，强调以学生为中心的教学理念，从"教师教了什么"提升到"学生学到了什么""会做什么"，更加注重学生终身学习能力的培养，在此过程中，教学方法的改革与探索是培养学生研究性思维和创新能力的重要手段和途径。但在目前的教学实践中还存在诸多问题：教师不能及时转换角色；新信息和新技术在课堂教学中不能发挥更大的作用；激发学生主动学习的策略不够深入。2011 年以来，"翻转课堂(The Flipped Classroom)"作为专业教育领域中最受人青睐的一种现代课堂教学理念，已逐渐成为教育者关注的热点[1~3]。翻转课堂可以利用信息技术促进学生自主性学习，使得在统一要求，统一进度的班级授课制度之下也能适当兼顾到学生的个别差异，开展个性化学习。随着互联网的普及和各种学习平台的创设，翻转课堂为课堂教学提供了一种全新的教学理念和改革途径。

随着电脑和移动设备的普及，校园网络的覆盖，学生可以随时随地访问到网络资源。麻省理工学院（MIT）的开放课程、耶鲁公开课、可汗学院的微视频、中国国家精品资源共享课程、大学公开课等大量优质教学资源的涌现，为高等院校开展翻转课堂提供了优质资源支持；而师生对于传统教学方法的懈怠以及对被动学习、学时限制、个人差异、学生学习状态反馈等既有的模式不满都不同程度地影响着教学目标的达成。同时这也为推进此项改革注入了新的动力。改变孕育发展，挑战激发活力。如何在信息化环境下推行翻转课堂教学理念，开展翻转课堂教学设计，进行翻转课堂教学实践，给予学生全新的教学感受和亲身实践，促进教学质量的提高具有重要的现实意义[4]。

本文总结了近年来我校在国家级精品资源共享课《自动控制理论》的基础上，开展翻转课堂教学模式改革的实践，针对在课堂改革中获得的收益与存在的不足，就如何更好地结合网络资源开展翻转课堂教学提出了建议。

1　国家级精品资源共享课建设情况

我校《自动控制理论课程》2008 年被评为国家级精品课程，2013 年 12 月获批教育部第三批国家级精品资源共享课立项建设，2014 年 9 月完成课程转型升级，在教育部爱课程网站上线运行以来学生反映良好，2016 年 6 月被评为国家级精品资源共享课。课程上线以来，课程团队积极丰富更新各类课程资源、补充培养教学队伍、勇于实践教学改革，持续进行网站维护，轮流管理课程网上学习社区，解答学习者提出的与课程及教学相关的问题，并积极在网上开展教学研讨及与学习者的互动交流。目前课程网上在学人数 410 人，运行良好。

课程的主要教学资源包括：

1.1　基本资源

课程基本资源包括课程简介、教学大纲、教学日历、考评方式和标准、学习指南、参考文献、实验指导书，每一章教学资源包括知识点、教学要求、重点难点、知识点注释、教学录像（随堂录制）、演示文稿，习题作业、习题答案、单元测试题，课程资源还包括 2 次软件仿真实验和 1 次硬件实验的指导书、技能点和注释，在课程最后还包括综合测试、期中测试、期末试卷及答案。

1.2　拓展资源

课程拓展资源包括自动控制理论发展简史及在工业界作用等英文文献、二十世纪自动控制领域中最有影响的 25 篇经典论文、MATLAB 控制系统工具箱使用指南、课堂知识点演示动画、典型控制系统实例等。

1.3　资源特色

课程突出基本概念和基本理论，符合认知规律，层次分明，教学资源丰富，深度和广度适中。课程注重建立基本概念，树立知识的应用背景，并将学科的最新研究成果融入其中，使课程具有先进性和时代感。课程强调理论与实践的统一，建立了分层次、先进的开放式实验教学体系，培养学生在实践中综合应用所学知识的能力和实践创新能力。课程教学团队还结合课程建设更新出版了"十二五规划"教材《自动控制理论》（第 2 版）。

2　翻转课堂教学模式改革

优质的精品资源共享课程资源为翻转课程教学改革开展提供了有效的资源保障，如何真正做到以学生为中心、启发式教学为主导，"教"与"学"的实质互动，还需通过对课堂内外学习空间和时间的协调安排、激活差异化教学，促进学生的个性化、协作化学习等方式，精心设计翻转教学活动的内容。翻转课堂采用"混合式"学习方式，它包括课前的在线学习和课堂面对面教学这两部分[5]。在线学习"视频"以学生自主学习为主，但其中的重点难点以及知识点之间的内在联系，仍需要教师的启发、帮助与引导；课堂上进行面对面教学是在教师指导下由学生围绕作业中的问题、实验中的问题或教师提出的某个专题进行自主探究或小组协作探究。

近年来通过对我校自动化、电子信息工程等相关专业本科生开展"自动控制理论"翻转课堂教学模式研究与实践，研究翻转课堂教学的可靠模式与方法，以达到课程与教学的深度融合；将"教"与"学"在整个教学活动中同体、共生，促进学生学习的主动性、积极性和创造性，同时提高教师的动态设计、教学机智等综合素质。

2.1 课前导学

课前导学是学生获取知识的重要途径，也是实施改革的重点之一，要注意避免将此过程与传统的课程预习混淆。其关键点是在这一过程中将授课内容的难点和重点转换变成问题，帮助学生在课前明确自主学习的内容、目标和方法，并取得自主学习成效。

2.1.1 自主学习导学单

自主学习导学单是翻转课堂的抓手，使教师开始成为学生自主学习的导师，在此环节应充分考虑让学生自主学习解决哪些问题、可以提供哪些方法帮助学生使自主学习更有效、课堂教学创新设计哪些活动。自主学习任务单的质量会影响学生自主学习的深度、广度与达成学习目标的可能性，还有可能影响课堂教学方式和内容组织。

学习任务单提前归纳总结出每章节的知识点，以及对应的爱课程教学视频和教材内容。明确学生通过自主学习应该解决达成的目标：要求学生能够基本理解知识点的内容。采用基于问题驱动的形式，帮助学生使自主学习更有效：明确课程内容的重点和难点，提供不多的测试题目（应能反映学习误区、知识漏洞），考虑到不同层次学

生需要，可以有附加题充分激励学生学习动力。表1是以第三章控制系统稳定性分析内容为例的导学单设计。

表1 自主学习导学单实例

项目	内容
章节	**3-4 控制系统的稳定性**
视频	视频第3章第3节第1讲第11分钟至结束
学习目标（3难点4重点）	1. 通过阅读教材 P87-88，学习视频 11 分至 22 分，了解系统稳定性的描述和定义 2. 通过学习视频 22 分至 25 分，理解线性系统稳定性是系统的固有性能，只与系统的闭环极点有关，与输入无关 3. 通过阅读教材 P88-89，学习视频 25 分至 39 分，巩固线性系统的时域数学模型，理解闭环极点在 S 平面位置和响应形式的 4 种情况 4. 通过学习视频 39 分至结束，掌握线性系统稳定的充分必要条件
学习任务	1. 如何判断一个实际控制系统，是否稳定？ 2. 系统的斜坡响应是发散的，则该系统不稳定，这样的说法正确吗？为什么？ 3. 位于 S 平面原点处的闭环极点引起的系统输出形式是怎样的，是否稳定？ 4. 系统闭环极点决定系统的稳定性，闭环零点的作用是什么？ 5. 求解出一阶、二阶系统稳定的结构参数条件。 6. 思考如何判断高阶系统的稳定性？

2.1.2 学情反馈

学生依据导学单的内容和要求，在学习视频教学内容的基础上，及时整理和归纳需要进一步掌握的内容，特别是对于有难度的知识点，努力做到胸中有数，以便教师在课堂上有针对性地解决学生真正需要帮助的问题。为了提高课堂效率，学生有问题可以和同组同学进行交流，也可以和助教老师进行交流，交流方式可以利用爱课程的学习社区，可以采用 qq 群获其他方式。对学生提前进行分组，并配备助教，学生完成视频学习后，由小组组长负责汇总组内成员提出了疑问和组内讨论未解决的问题，提前提交给助教老师，助教对学情反馈的情况进行分类统计，以便于授课教师有针对性的备课，确定需要补充和拓展的知识，调整课堂教学方式和安排。

2.2 课堂组织

课堂教学是帮助学生完成知识内化的过程，

同样也是翻转课堂改革关键环节。在此，对教师在对课程内容的把握、知识点的挖掘与理解以及应对学生提出的"生""冷"问题等方面都提出的更高的要求。一方面教师需要从理论与实践相结合的视角，在深刻理解和消化教学内容的基础上，精心设计教学过程，将传统的知识讲解模式和习惯转变为激发思考和答疑解惑；另一方面教师还需要具备教学机智应对各种临时情况，因为翻转就意味着不能照本宣科、按部就班地执行教学方案，对课堂时间的掌控，应对学生的突发提问，每节课都不同，需要随时调整节奏和进度。

课堂的组织形式方式依据其具体情况应是多样化的，主要包括完成复习视频教学内容、互动释疑、练习巩固、总结梳理等内容。以下是对课堂 50 分钟的教学组织框架。

（1）视频复习（10 分钟）：老师根据学生反馈的视频学习情况，对视频的知识点进行简短复习，归纳必须掌握的基础知识点。

（2）互动释疑（15 分钟）：针对难以理解的知识点或者基础规律之外的特殊情况，例如从结构图到信流图转化时，综合点之前的引出点和综合点之后的引出点怎么区分？提出问题，小组讨论，代表讲解，老师点评。

（3）练习巩固（20 分钟）：根据时间情况，布置分层次（易，中，难）作业，学生独立完成，计算量稍大的题目可以提出解题思路，老师巡视，帮助有困难的学生完成。

（4）总结梳理（5 分钟）：系统化总结所学知识结构和思维导图，总结解题方法和技巧，帮助学生内化知识结构。最后提出引申问题，为下节课教学内容做铺垫。

3　经验与总结

2015 年和 2016 年秋季学期，我们针对 2013 级和 2014 级的本科生开展了《自动控制理论》翻转课堂教学改革，在暑假前就将视频学习任务布置给同学，在授课前安排学生根据导学单完成学习任务，在课堂上完成知识点梳理与归纳，帮助学生建立知识点架构图。

翻转课程的改革实践得到了学生的广泛支持与肯定，在对此课程的评价中，学生写到："希望

老师经常使用翻转课堂"，"每堂课的知识循序渐进、环环紧扣，特别是"翻转课堂"的效果特别明显，激发了学生的学习兴趣"，"课程形式很好，添加了翻转课堂，有利于我们总结思考，搭建知识框架。"期末学习成绩表明学生对翻转章节的内容掌握很牢固，对课程的认识也不局限于会求解考题，反而对专业的兴趣更加浓厚，注重课程内容的整体性和系统性。

从学习成绩来对比，在相同题库试卷考核中，使用翻转课堂比传统教学方式的期末成绩，优良率高了 15%，不及格率低了 9%；2013 级自动化专业 5 个班学生有 61 人考取了本校和外校的研究生，均参加了考研初试专业课《自动控制理论》考试。以上结果说明达到了预期成效。

翻转课堂的实施对于习惯于传统教学模式的师生均是挑战[6-9]，在教学实践中有以下体会。

3.1　对教师的挑战

（1）前期教学准备工作量大，因为翻转课堂教学出发点从"我怎样把知识讲好"变成"学生怎样把知识学好"，任务单的设计需要更多地考虑学生的认知能力和认知规律。

（2）课前需要根据学生反馈的情况进行梳理，及时调整课堂环节的安排；课堂上与学生的互动，中间也许会遇到突发状况，课堂的生成性较强，需要教师的教学机智。

（3）教师本身对教学方式的改革热情和积极性是推进这项改革的根本动力，这源于教师对教育事业、对学科专业的热爱和责任。

3.2　对学生的挑战

（1）长期习惯了被动式学习，需要时间适应自主学习模式，在学习过程中，需要学生克服困难，抵制网络诱惑，学会团队合作与交流，勇于探索与钻研，这对培养学生终身学习能力都是积极的帮助。

（2）自律性不够，加上其他科目学业影响，可能会使教学环节有可能落不到实处，或落实得不够好。如果学生课前不看视频，上课的时候也就难以进行有效的学习。

3.3　几点建议

（1）自动控制理论课程内容理论性强，尤其从第 5 章频域法开始，需要学生有较高的数学基础和抽象思考能力，所以不是所有章节内容都适

合翻转。教学改革实践应从实际出发，循序渐进。我们选择的是前四章内容，相对理论推导较简单，也便于学生自学和理解。

（2）无法避免滥竽充数的学生，毕竟很难跟踪每一个学生的课前自学实际情况，如果学生在自主学习阶段没有投入在研讨交流中，他不仅没有观点可发表，甚至听不懂别人讨论的问题。因此需要掌握学生第一手学情，了解每个学生的学习投入时间、学习进度、知识掌握情况。

（3）翻转课堂课内指导更多是培养知识的运用和理解，避免成为习题课。因此，在教学组织时，除了纵向知识点讲解，还需要进行横向梳理，我们在每章的最后和课程总复习阶段，指导学生进行相关内容的知识点整理，跳出来把书读薄，学生逐渐就学会了融会贯通。

（4）学生水平不等，想做好的分层教学，师生比例就需要加大，而目前大课堂的组织方式、大教室的空间结构也需要做出相应改变，方便学生进行不同规模和形式的讨论，显然，这需要学校有关部门的协助与介入。

4 结束语

翻转课堂翻转了传统的教学理念，实现了以学生为中心开展差异化个性教学的模式；翻转了传统的师生角色，学生自主学习，教师变成课程工作者与学习促进指导者，实现了教学角色的互换；翻转了传统的教学内容，实现了由碎片化学习转向整体性学习，促进知识内化。

我们在充分利用国家精品资源课网络资源的基础上，对翻转课堂教学在《自动控制理论》专业课程教学中的适用性进行一些探索和尝试，期望实现"教学相长"的教育理念。今后我们将进一步细化翻转课堂教学，结合问卷调查对学生的学习现状及教学内容采取适当的教学策略和方法，优化翻转课堂教学设计和评价体系，对翻转课堂教学整体效果进行分析和评价，并积极在其他课程中推广。

References

[1] 田爱丽，吴志宏. 翻转课堂的特征及其有效实施——以理科教学为例[J]. 中国教育学刊，2014（8）：29-33.

[2] 赵兴龙，翻转课堂中知识内化过程及教学模式设计[J]. 现代远程教育研究，2014（2）：55-61.

[3] 王红，赵蔚，孙立会，等. 翻转课堂教学模式的设计——基于国内外典型案例分析[J]. 现代教育技术，2013，23（8）：5-10.

[4] 蒋宗礼. 建设国家精品资源共享课提高人才培养质量[J]. 中国大学教学，2013（1）：13-16.

[5] 钟晓流，宋述强，焦丽珍. 信息化环境中基于翻转课堂理念的教学设计研究[J]. 开放教育研究，2013，19（1）：58-64.

[6] 张陶勇. 高校"翻转课堂"教学的审视与反思[J]. 教育教学论坛，2017（2）：208-210.

[7] 崔璨，刘玉，汪琼. 我国高校翻转课堂实施情况分析[J]. 中国教育网络，2015（5）：28-30.

[8] 李洪芹，刘海珊，吴健珍. 翻转课堂教学模式研究[J]. 课程教育研究:学法教法研究，2016（2）：33-34.

[9] 胡立如，张宝辉. 翻转课堂与翻转学习：剖析"翻转"的有效性[J]. 远程教育杂志，2016，34（4）：52-58.

"自动控制原理"英文教学的实践与思考

王 薇 林 岩 左宗玉

（北京航空航天大学 自动化科学与电气工程学院，北京 100191）

摘 要：专业课程的英文教学对于培养具有国际视野与国际合作意识的专业人才具有重要意义。文章介绍了北京航空航天大学"自动控制原理"专心课程英文教学的实践情况，阐述了对明确课程目的、教学内容模块化、渐进式教学、使用计算机辅助工具和明确对学生数学基础的要求等问题的思考。对学生的调查结果表明，教学取得了良好的效果。

关键词：英文教学；模块化；渐进式

English Teaching of Automatic Control Theory: Practice and Reflections

Wei Wang, Yan Lin, Zongyu Zuo

(School of Automation Science and Electrical Engineering, Beihang University, Beijing 100191, Beijing, China)

Abstract：English Teaching in major courses is of great significance for training professionals with international vision and international cooperation consciousness. This paper introduces the practice of "Automatic Control Theory" on English teaching curriculum in Beihang University, expounds the thinking of curriculum objectives, modular and progressive teaching methods, assisted computer tools and requirements on the mathematical basis of of the students. The survey results show that the teaching has achieved good results.

Key Words：English Teaching；Modular Teaching；Progressive Teaching

1 引言

培养具有国际视野与国际合作意识的高素质人才是当前高等教育的重要任务之一。使用英文进行本科阶段专业课程教学，对于吸取国外课程先进教学理念和经验，与国际先进水平对接，提升本科教学水平具有重要意义，同时可以使本科生熟悉专业交流语言，为后续借鉴国际同行成果，开展国际交流与合作创造条件。

"自控控制原理"是北京航空航天大学自动化科学与电气工程学院承担的一门国家精品课程，也是自动化教学的专业核心课。通过该门课程的教学，将使学生对与自动控制基础、经典和常用的理论方法有深入的了解，为后续专业课程的学习及从事相关领域工作奠定基础。开展英文教学以来，在促进学生熟悉英文授课方式，提升国际交流能力，储备拔尖人才等方面取得了良好的效果。

本文从"自动控制原理"英文教学实践出发，描述了课程的开展和教学过程遇到的问题，阐述了对英文教学目的、方法等方面的思考，提出了

联系人：王薇. 第一作者：王薇（1983—），女，博士，副教授

基金项目：北京航空航天大学"自动控制原理"创新性教学改革（ZG211J1729）.

明确课程目的、内容模块化、渐进式教学、适度使用计算机辅助工具等措施，以有效提高学生的学习效果。

2 教学实践

2.1 小班教学模式

需要指出的是，并非所有的学生都需要接受全英文授课的训练。同时，由于目前学校还不具备本科全程开展英文授课的条件，所以绝大部分学生对于英文专业课还比较陌生。为了保证学生的学习质量和课程的实施效果，该课程一直采用小班教学模式，并对选择英文授课班的学生提出明确的要求。比如，选课学生原则上应该达到大学英文四级优秀的水平，口语较流利。要求的明确有利于学生进行自我评估，以及教师对学生做出较准确的筛选。在这种选择机制下，每年约有40名学生进入授课阶段。

2.2 授课过程

课程分上下两个学期进行。其中，上学期课内 48 学时，下学期课内 30 学时。选用 Katsuhiko Ogata 著《Modern Control Engineering》(Fifth Edition)为原版教材，程鹏主编《自动控制原理》（第二版）为中文教材。

在教学过程中，课程组注重根据英文授课的特点教学，不生搬硬套中文教学的教学大纲，根据学生的水平和对课程的接受程度，灵活调节课程进度，采用模块化和渐进式的教学方式，并注意结合计算机辅助软件使用，取得了良好的教学效果。上述措施内容详见第 3 节。

2.3 课程效果

为了及时了解学生的学习效果，课程组注重随堂设置问答环节，并在学期末集中进行问卷调查。问卷调查对课程效果、课时分配、教材选取、听课困难等多方面进行了统计，帮助课程组进一步改进教学方案设计。

调查的统计结果显示，课程的总体满意率达到了 95%以上，课程组采取的模块化教学和渐进式教学的方法也得到了学生的认可。调查中，学生也提出了非线性控制部分难度较大，但课时相对较短的问题，需要后续改进。

3 英文教学的几点思考

课程组根据对课程的定位和课程特点的分析，并结合学生反馈的建议，在教学实践中进行了一些方法上的探索。

3.1 明确课程目的

虽然是英文授课，但课程组始终认为英文只是沟通媒介，课程的首要目的应该也必须是使学生较为深入和完整地掌握完整的自动控制原理，其次才是熟悉英文专业交流方式，拓展国际视野。专业知识本身与英文授课方式，如同内容和形式，是辩证统一的关系。英文授课是专业内容各要素统一起来的结构和表现内容的方式，虽然其会影响专业内容的学习效果，但是专业内容才是课程的根本。只有在全程始终明确坚持这一点，才会避免授课舍本逐末，过度纠结于专业英文水平的提升。

在这一原则下，课程中遇到英文教学难以使学生很好地理解课程内容的情况，课程组会改为中文为主，或中文与英文双语的方式，保证学生专业知识的习得。

3.2 教学内容模块化

对参与课程的学生调查结果显示，在上课过程中，如果因为某部分内容不能理解，很有可能跟不上后续上课进度，从而影响整节课的学习效果。其内在的原因可细分为两种情况：一、A 部分的公式推导过程理解有困难，学生的注意力持续集中在 A 部分，而错过了后续 B 部分的计算和 C 部分的分析；二、三部分结合过于紧密，当 A 部分没有理解时，B 和 C 的学习都受到很大影响。

对于前一种情况，在汉语教学时，大部分学生可以自我划分 A、B、C 三部分，虽然 A 部分没有理解，但是在了解 A 部分的结论后，仍然可以较为顺利地完成 B、C 部分的学习。但是课程组在教学实践中发现，英文教学中，大部分学生因为英文难以达到母语一样熟练，在没有教师辅助的情况下，将教学内容划分为 A、B、C 三部分将比汉语教学中更加困难。学生的调查结果也支撑了课程组的观点，有大约一半的学生认为英文课程中需要投入更多的注意力在英文沟通中，因此在理解教学内容的结构上难度更大。

对于后一种情况，可以把这种课程内容设置称为耦合型。耦合型的课程对于学生理解来说难度较大，对于英文教学的课程尤甚。

按照斯金纳（B. F. Skinner）程序教学法的理念，可将课程分为界面较为清晰的若干小而分离的模块，然后将它们按逻辑顺序组织教学[1,2]。对于第一种情况，课程组将内容分为 A、B、C 模块，对于第二种情况，则将模块划分得更细，力求模块之间耦合最少，模块的内容或结论可以进行简单的描述或概括。模块划分完毕后，在进入模块和模块讲解结束后，教师都会提醒学生即将进入模块的内容和讲解完毕的模块的结论。同时，课程组注意到在模块间利用提问互动的方式效果更加显著。

对教学效果的调查结果表明，提前告知可以有效减少学生理解内容主旨的时间，告知内容结论则可以大大方便学生在即使不理解前述内容的情况下，也可以继续同步接受后续的内容，而模块间的提问将进一步促进了学生对整个模块内容的思考，效果较为显著。

3.3　渐进式教学

课程组在教学实践中发现，由于许多学生之前并未接受过沉浸式的英文授课，在课程初始的一段时间内，还在适应英文的沟通方式，因此对于课程的理解速度与深度方面均较低。而随着对英文授课以及授课老师表达方式的熟悉，英文与母语之间的转换速度越来越快，部分基础较好的学生在课程中后期，甚至达到接近于直接用英文进行思考的程度，其对课程内容的理解力也大大加强[3]。

斯金纳在强化作用理论中，提出了条件作用规律和消退作用规律。消退作用规律是指通过有差别的强化，缓慢地减少两种（或两种以上）刺激的特征，从而使有机体最终能对两种只有很小差异的刺激做出有辨别的反应[4]。将这种规律进行合理外延就得到了渐进式教学模式[5]，即根据学生的接受程度逐步增加英文授课比例和课程速度。

基于上述思考，课程组认为使用渐进式教学的思路调整教学大纲是合适的。英文课程教学大纲调整后，其课时安排与中文授课有所不同，在初始阶段学时适当增加，教学进度放慢了，而后

逐步加快。对学生的调查结果发现，学生对调整后的课时安排总体满意，感觉有足够的缓冲期来适应沉浸式英文课程。在调查中发现的由于总课时长度限制和初始阶段学时的增加，使得课程最后的非线性控制部分课时显得相对不足的问题，课程组计划后续申请适当增加英文课程的课时进行解决。

3.4　计算机辅助工具的使用

以 Matlab 为代表的计算机辅助工具，经过多年的发展，已经深入自动控制领域学习、研究和应用的方方面面。《自动控制原理》中涉及的全部方法均可以用其较为容易的实现。教学采用的英文原版教材 *Modern Control Engineering* 与传统中文教材不同，Matlab 的使用更是贯穿始终，不仅内容推导、计算、分析使用，课后习题更是直接要求用 Matlab 完成。这一点引发了课程组和学生的共同思考。在调查中，部分学生也认为，既然有了如此先进而且易于获取的工具，是否可以将所有的作业均改成用计算机辅助工具完成。

课程组经讨论认为，自动控制原理是自动化相关专业的核心课程之一，自动化专业学生需要了解常用方法的来龙去脉，才能为后续更高难度的专业学习和应用打下基础。计算机软件函数已将许多设计内容封装，完全依赖计算机软件完成课后作业将无法对一些设计细节进行练习，而这些细节对于自动控制相关问题的分析大有裨益。因此，课程组仍然保留了大部分传统的课后作业，并要求不得使用计算机软件进行辅助。

但是，与此同时，课程组认同计算机软件已然成为问题分析的必要手段，因此在课程中也穿插进行了 Matlab 等软件的使用，布置了一些有代表性的课后习题，要求学生用计算机软件完成，并与自己的分析计算进行对照。

对于计算机辅助工具的使用程度与课程本身的要求有关。如果课程的目的是一定程度了解的基础上进行工程应用，并不要求深入，则可以适当增大计算机软件的使用比例，直至将其作为主要的授课和完成作业的手段，毕竟时至今日，计算机软件已经可以满足工程应用领域绝大部分的需求。

3.5　进一步明确对学生数学基础的要求

因为"自动控制原理"课程对学生的数学基

础要求较高。而英文教学中，更需要学生能较为熟练地使用高等数学、线性代数的相关数学概念和工具，以避免与英文沟通形成过分的注意力竞争，严重影响学习效果。目前课程尚未对学生提出明确的数学基础要求，在授课过程中发现个别基础较为薄弱的学生，跟上课程进度的难度比中文教学更大。因此，后续课程组计划向学生建议高等数学、线性代数等课程的分数线，使学生选课前的自我评估更加全面。分数线拟设置在数学成绩前 20%附近。

4 结论

本文基于北京航空航天大学"自动控制原理"英文教学的实践，阐述了英文课程的目的和特点，针对教学过程遇到的问题，介绍了对明确课程目的、教学内容模块化、渐进式教学和使用计算机辅助工具等措施的思考和使用。对学生的调查结果表明，实施上述措施后，教学取得了良好的效果。

References

[1] 陈宁，王怡飞. 斯金纳程序教学在现代教育中的作用[J]. 九江学院学报，2006（4）：135-136.

[2] 李德才. 关于模块化教学的几个问题[J]. 合肥学院学报，2013，23（4）：64-68.

[3] 姜淞秀，等. 不同熟练度双语者非语言任务转换的差异[J]. 心理学报，2015，47（6）：746-756.

[4] 余江敏. 斯金纳的强化理论及其在教学中的作用[J]. 曲靖师范学院学报，2001，20（1）：92-94.

[5] 黄高飞. 关于计算机网络渐进式教学的探讨[J]. 中山大学研究生学刊，2006，26（1）：104-108.

"C++程序设计"课程教学改革与实践

杨万扣　王庆领　魏海坤　孙长银

（东南大学 自动化学院，江苏 南京 210096）

摘　要：针对当前"C++程序设计"教学过程中教师和学生普遍反映的"难教、难学、难通"问题，东南大学自动化学院开启了程序设计课程教学改革。我们从教学大纲、教学模式、教学方式、考试方式等方面进行了探讨研究，提出了理论教学、项目驱动、考试形式多样化三位一体的教学模式；理论和应用相结合的教学方式；注重平时项目考核、期末上机考试的考试方式。重点突出理论联系实际和项目设计能力的培养，以此来培养理论和应用全面型人才。

关键词：C++；教学改革；项目制

Teaching Reform and Practice of "Programming in C++"

Wankou Yang, Qingling Wang, Haikun Wei, Changyin Sun[1]

(School of Automation, Southeast University, Nanjing 210096, Jiangsu Province, China)

Abstract：In view of the current "Programming in C++" teaching process teachers and students generally reflect the problem of "difficult to teach, difficult to learn, difficult to master", School of automation at Southeast University presses ahead with the programming planned reforms in accordance with the established timetable and road map. We have studied the teaching syllabus, teaching mode, teaching methods and examination methods, and put forward the teaching mode of theoretical teaching, project-driven and examination form diversification. The combination of theory and application is the teaching method. Pay attention to the usual project assessment and test based on computer at the end of the term. Focus on the theory of practice and the ability of project design and make the students be good at theory and application.

Key Words：C++；Teaching Reform；Project-driven

引言

程序设计是电子信息类专业的核心课程之一，美国 IEEE 和 ACM 的教学计划均把程序设计课程列为工程技术相关专业的本科必修基础课程[1,2]。信息技术的日新月异变化，尤其当前人工智能的热潮，使各行业对软件设计类人才的数量和质量提出了更多和更高的要求。清华大学、浙江大学、东南大学在内的国内知名工科高校都开设了各种程序设计类课程。以东南大学自动化专业为例[3]，目前开设的程序设计类相关课程包括"C 程序设计""C++程序设计""Java 编程""数据结构""计算方法""网络信息编程""Python 程序设计""Java 程序设计"等。东南大学其他工科专业的情况类似。

目前各工科专业程序设计类课程的教学存在以下问题。

（1）各专业程序设计类课程总体呈"多、重、杂"的现状

联系人：杨万扣. 第一作者：杨万扣（1979—），男，博士，副研究员

基金项目：东南大学教学改革研究项目. 江苏省高校优势学科建设工程资助项目. 中央高校基本科研业务费专项资金资助.

目前各专业的一般做法是"C 程序设计"为必修课，再安排其它程序设计类课程作为选修。但各类程序设计类课程的总体安排通常缺乏总体规划和优化[4]。体现在：（1）面相对象和面向过程的讲授顺序尚未厘清。目前的现状，是部分专业直接从面向对象入手讲授"C++程序设计"，如东南大学的大部分专业；绝大多数江苏省内外高校则只讲授面向过程的"C 程序设计"。但是面向过程变成是基础，任何程序设计最后都会落实到面向过程。而且为很多后续课程（如"微机系统与接口"等）考虑，面向过程的程序设计思想是学生必须掌握的，因此教学过程的最佳选择是统一让学生先学习面向过程的 C 程序设计部分内容，然后再学习其他面向对象的程序设计语言。（2）各课程的授课存在次序不合理、内容重复和不平衡等问题。如最适合作为"C 程序设计"先修课的"Python 程序设计"往往是专业任选课；"C 程序设计"课程内容偏多偏难；"Visual C++""数据结构""Java 程序设计"等课程存在较多的重复内容，等等。

（2）学生总体编程能力偏弱，遇到实际项目时"不会编程"的现象很普遍

尽管各专业一般以"C 程序设计"或"C++程序设计"为核心程序设计课程，但由于相当一部分高校以考级为导向，导致学生虽然能通过各类计算机等级考试，但很多学生遇到真正的工程应用问题时却束手无策；另一部分以竞赛为导向的高校，虽然参加竞赛的学生编程和调试能力很强，但难以惠及绝大部分学生；也有部分学校实行了项目制教学，但项目设置通常过于简单，难以锻炼学生的编程和调试能力。另外，师生互动和学生互动太少，也导致了只有少数学生能脱颖而出。上述情况说明，工科专业学生修完 C 语言或 C++程序设计课程后编程和调试能力总体偏弱。这一点也反映在后续课程任课老师以及用人单位对学生的评价和反馈上。

（3）教师和学生在 C 或 C++课程的教学过程中普遍反映"难教、难学、难精"

尽管 C 或 C++程序设计课程应以编程能力培养为主要目的，但由于很多教师自身软件设计经验不足，中国多年来养成的填鸭式教学模式的惯性等原因，导致了该类课程以课堂教学为主（主要是语法讲授）的教学模式依然是目前主流。而且我们的学生在中小学被训练成更加适应填鸭式教学法。但是程序设计能力不是单纯依赖课堂教学就能掌握的，因此该现状直接导致了教师普遍反映该课程"难教"，学生普遍反映该课程"难学、难通"的现象。

1 教改方案

随着我国高校国际化进程的加速，国外高校普遍使用的基于项目（或问题）的教学模式（PBL）、研讨型教学模式等纷纷为国内高校所采用[5~13]。

东南大学自动化学院从学科的具体特点和学生实际基础出发，以程序设计课程的自身结构和认知发展理论为依据，设计了适用于程序设计课程、体现卓越工程师和创新思维培养精神的一系列项目，并研究管理使得项目发挥出最大成效，通过不同主题的项目布置，指导和激发大学生对程序的主动学习和运用；通过个人项目和团队项目，强化大学生创新思维的学习和运用能力。

1.1 教学大纲编排

遵循由浅入深的原则，一般是先学入门级的解释语言 Python，再学习 C 语言和数据结构、算法设计等其他必修课程，最后是 Java、Visual C++等多选一的程序设计类课程。

在东南大学采用一年三学期制基础上，基础程序设计课程体系为：

（1）"Python 编程"学习，安排在一年级秋季长学期第 1~4 周学习。让学生先修"Python 编程"这一入门级的编程语言，以降低 C 语言的学习难度。Python 是一种解释语言，非常容易上手，目前国外很多大学的工程专业都把该语言作为学习 C 编程的先修课。为避免占用过多学分，可以参考国外做法，把该课程安插在一年级的专业导论类课程中，甚至安排学生自学。

（2）"C 程序设计"学习，安排在一年级秋季长学期。主要讲述 Linux 环境下的 C 语言编程，要求学生尽量学透 C 语言（面向过程），并以个人项目为主、团队项目为辅训练学生的个人编程和调试能力。

（3）"C++程序设计"学习，安排在一年级春

季长学期。主要讲述 VC 平台上的 C++编程。即在 windows 平台，开展基于对象和面向对象编程，以个人作业训练学生掌握课堂知识点，以个人项目训练学生独立设计与开发小型应用的能力，以团队项目为主训练学生的团队分工与合作能力。

（4）"综合课程设计"学习，安排在二年级暑期第一学期。主要根据不同专业背景设计项目训练学生，主要用于完成一个有一定难度和展示度的团队合作项目。如学生就开始完成条码识别，通信接口软件设计等专业相关课题，并鼓励学生早进实验室。

这样的学程和内容编排不仅降低了学生学习"C++程序设计"的难度，还可让学生在面向对象编程之外更扎实地掌握工科专业必需的面向过程的编程思想，为后续课程学习打下良好的基础。

1.2 教学模式

基于项目的研讨型教学模式：

对核心课程"C++程序设计"，拟采用与国外知名工科院校（如麻省理工学院等）类似的项目制教学模式。为适应我国高校教学现状，引入个人项目和团队项目两种同时使用的项目方式。其中个人项目一般是有一定工程应用背景的上机题，也是"C++程序设计"第一长学期的主要项目方式。个人项目要求每个学生单独完成，目的是锻炼学生的个人编程能力和调试能力；团队项目是第二长学期和课程设计阶段的主要项目方式，是需要 3～4 人合作完成（建议 3 人）的项目，目的是锻炼学生通过团队合作完成较大项目的能力。

与为软件设计规范接轨，每个个人项目都要求学生按规范编写程序代码；对团队项目，还必须作项目开题报告和结题报告，撰写项目需求说明、项目中期报告和详细设计说明等技术文档；项目结束后学生还应递交个人小结，并给出组内其他成员对项目的贡献度。上述规范化的项目实施过程是项目制的重要组成部分，其目的不仅是提高学生的项目文档写作水平及规范化程序代码，也将为后面的成绩评定提供依据。

拟在团队项目实施过程中嵌入研讨型教学模式。研讨环节可出现在项目开题和项目结题报告过程中。同一项目或内容相对比较接近的项目可集中研讨。对项目开题，研讨的内容包括欲实施项目的研究现状、存在的问题、项目的难点、准备采取的方案等；对项目结题，研讨的内容包括技术难点的解决方案、软件功能演示等。研讨时学生才是主角，教师的作用主要是控制研讨进程，并记录学生表现以便于后面的评分。

课题组的前期实践表明，由于同类项目放在一起研讨，学生之间的共同语言很多，研讨氛围往往非常热烈。同时，为保证好的研讨效果，参与研讨的学生规模在 30 人左右比较合适。另外，合适的研究生助教可替代教师角色，较好地完成研讨主持工作。

1.3 教学方式

把程序设计的知识点，转化为某个问题的求解，用"问题"组织教学，使学生在解决问题中掌握知识的发生、发展过程以及知识结构和运用规律。这样可以让学生把教学过程看成学生独立自主地发现、分析、解决问题的过程。具体到程序设计的教学中，我们采用下述三个环节，即设置问题情境、提出问题，学生思考、讨论、提出解决方法，教师对学生所提方法予以评价并给出相对最优的解决方法。在上述三个环节中，设置问题情境、提出问题是非常重要的，教师必须分析各教学单元的教学目标，确定必须学习和掌握的知识点，以及为达到规定的教学目标所需的教学内容和教学顺序。通过教学目标的分析，选出当前所学知识中的基本概念、基本原理和基本过程作为知识主题，然后将这些知识主题隐含在一个个的问题中。所设计的问题应考虑大多数学生所具有的知识水平和解决问题的能力，每次课的问题不宜太大、难易适中，具有可操作性和合理性。

利用多媒体教学课件、动态 Flash 演示系统等先进教学手段。在讲授有关算法复杂度的推导，尤其是递归函数的推导时，尽量使用传统的板书教学模式，以方便学生掌握推导思想及推导过程。

1.4 考核方式

以编程能力为主要导向的过程化学生成绩评定：

采用国外知名工科高校通用的方式，以编程能力为导向（即项目成绩为主）评价学生能力。核心问题是如何尽可能客观地评价学生的项目参与和项目完成情况。下面以"C++程序设计"为例介绍成绩评定思路，该思路已经在东南大学自动化专业经过多年实践，供其它课程参考，。

"C++程序设计"课程有团队项目和个人项目两类项目形式，为照顾学生的计算机等级考试等需求，暂时保留了以语法考试为主的期末考试（笔试），但笔试成绩仅占总评成绩的30%。第一个长学期安排了10个个人项目，5分/个，共占50分，安排一个团队项目，占20分，期末考试占30分；第二个长学期有4个个人项目，10分/个，共40分，1个团队项目共30分，期末上机考试30分。

为客观评分，在项目完成过程中让学生递交各类体现项目完成质量的项目文档，老师尽可能在研讨过程中相对客观地记录学生的项目参与情况，并基于这些信息制定定量化的学生成绩评定表。

（1）团队项目评分。每个团队项目完成情况评分由六部分组成，功能实现占50%，开题报告占5%，开题文档占10%，结题报告占5%，结题文档占20%，代码规范性得分占10%。参加团队项目的每个组员都有相同的团队项目成绩。学生的实际项目得分则是在团队项目成绩的基础上参考学生在项目中的参与情况而给出。学生的项目参与情况评分主要参考每个学生"个人小结"里给出的组内成员的项目贡献度，以及开题和结题时提问和回答问题的情况。

（2）个人项目评分。每个个人项目只需要递交程序代码和项目设计文档。另外，为保证每个学生的编程和调试能力，并避免学生互相抄袭，每个个人项目都有一部分内容要求实验指导老师进行上机时的一对一验收。验收过程中，老师会询问学生的算法思想，改动程序，现场由学生调试成功。最终每个个人项目评定时，功能实现占40%，设计文档占25%，代码规范性占20%，上机一对一验收占15%。

每个个人项目和团队项目结束后，任课老师实时公布各位学生的最新成绩，以保证透明性，并对学生形成一定的压力。

2　效果

按照实施方案教学，且行且调整。教学效果有了明显改进。大大提高了学生的动手编程积极性和动手编程效果。

（1）考试成绩。

平均成绩从往年70分左右提高到85分左右，平均成绩得到大幅提升；不及格率从往年30%左右降低到10%左右；优良率从往年16%左右提高到25%左右。

（2）编程能力。

学生实际动手能力得到显著提高，学生养成良好的编程习惯和程序风格。

3　结论

通过对"C++程序设计"课程教学改革与实践，探索教学为实践服务，切实感受到教师不仅传授知识，更要激发学生学习的主动性和创造性。为了克服传统教学过程中的灌输性和枯燥性，充分调动学生学习的积极性和创造性；同时大力提高学生的知识面向实践的应用能力，注重创新研究能力的培养，这要求实践教学手段及方法也应不断更新，紧跟工业界和学术界发展潮流。按照提出的研究型实践教学理念，"C++程序设计"教学质量和效果在不断的教学改革中会越来越好。

尽管我们的程序设计类课程有许多地方需要改进，但也应该意识到，国外的教学模式[12, 13]并不适合原封不动照搬到国内。这是因为我们在生源质量、大学文化等方面与国外高校相比有很大的差别。

References

[1] Jeannette M. Wing. Computational Thinking[J]. Communications of ACM, 2006, （3）.

[2] 何钦铭，陆汉权，冯博琴. 计算机基础教学的核心任务是计算思维能力的培养[J]. 中国大学教学，2010,（9）.

[3] 东南大学自动化专业 2013 级培养方案. 东南大学自动化学院. 2013.

[4] 谭定英，张洪来，赵文光，等. 计算机程序设计课程群建设研究[J]. 软件导刊，2015（01）.

[5] 柯胜男，黄明和，雷刚. 基于"项目驱动"的教学研究与探索[J]. 计算机教育，2007（8）

[6] 黄明和，雷刚，郭斌，等."导师制下项目驱动教学模式"的研究与实践[J]. 计算机教育，2007（2）.

[7] 王晓勇，肖四友，张文祥. 基于能力培养的 C 语言项目化训练教学模式初探[J]. 计算机教育，2009（10）.

[8] 陈锦晓. "课题研讨" 式教学法的实践创新[J]. 高等教育研究学报，2007（1）.

[9] 许卉艳，赵明学. 研讨式教学模式在英语专业本科教学中的实践[J]. 中国高等教育，2011（7）.

[10] 王辉宪，杨建奎，李辉勇，等. 基础课示范实验室建设与化学实验教学改革[J]. 实验室研究与探索，2010（9）.

[11] 高小鹏，吕卫锋，马殿富，等. 工程教育认证提升专业建设水平[J]. 计算机教育，2013（20）.

[12] http://ocw.mit.edu/courses/electrical-engineering-and-computer-science/.

[13] http://ocw.mit.edu/courses/electrical-engineering-and-computer-science/6-087-practical-programming-in-c-january-iap-2010/.

OBE 模式下控制课程群闭环支撑体系建设与实践

刘微容 [1,2,3]　刘朝荣 [3]　李　炜 [1]　李二超 [2]　赵正天 [1]　鲁春燕 [1]

（[1] 兰州理工大学 电气工程与信息工程学院，甘肃 兰州 730050；[2] 甘肃省工业过程重点实验室，甘肃 兰州 730050；
[3] 兰州理工大学 电气与控制工程国家级实验教学示范中心，甘肃 兰州 730050）

摘　要： 全球经济社会的快速发展对高级专门工程人才提出了更高的要求，我校自动化专业积极响应国家战略和未来产业发展需求，针对上述我校自动化专业学生培养过程中存在的难题，践行工程教育认证理念和标准，从控制类课程群建设角度在专业培养目标、毕业要求、课程教学目标和教学内容等方面开展了大量的探索与实践，建立了基于 OBE 模式下控制课程群闭环支撑体系，取得了明显成效。

关键词： 工程教育认证；OBE；控制课程群

Construction and Practice of Closed-loop Support System for Control Technology Curriculum Group in OBE Mode

Weirong Liu[1,2,3], Chaorong Liu[3], Wei Li[1], Erchao Li[2], Zhengtian Zhao[1], Chunyan Lu[1]

([1] College of Electrical and Information Engineering, Lanzhou University of Technology, Lanzhou, 730050, Gansu Province, China;
[2] Key Laboratory of Gansu Advanced Control for Industrial Process, Lanzhou, 730050, Gansu Province, China;
[3] National Demonstration Center for Experimental Electrical and Control Engineering Education, Lanzhou University of Technology, Lanzhou 730050, Gansu Province, China)

Abstract： As the rapid development of global economy and society put forward higher requirements of senior specialized engineering talent, we should actively respond to national strategies and industrial development needs. Based on the concept and standards of engineering education certification, we construct the closed-loop support system for control technology curriculum group in OBE mode, which includes program educational objectives, student outcomes, curriculum objectives and content. The favorable effect has been obtained in the practice teaching.

Key Words： The Engineering Education Accreditation；OBE；The Curriculum Group of Control Technology

引言

全球经济社会快速发展对制造业提出了更高更复杂的需求，各国为应对此次产业需求的重大变革制定了相匹配的战略性规划，例如美国的"国家先进制造战略计划"、德国的"工业 4.0"和中国的"中国制造 2025"。即将到来的第四次工业革命对高等教育培养出的工程人才提出了更高的要求，以"卓越工程师教育培养计划"实施为标志，中国的工程教育逐步在从培养工程科学家到培养工程师的转变[1]，特别是与工程教育发展息息相关的工程教育认证工作正在如火如荼地展开。目

联系人：刘微容. 第一作者：刘微容（1976—），男，博士，教授.
基金项目：2014 年自动化类专业教学指导委员会专业教育教学改革研究课题面上项目资助（2014A32）；教育部卓越工程师教育培养计划（教高函[2011] 17 号）.

前，各高校正依据具有国际实质等效性的认证标准，结合学校或专业的特点，对照认证标准中的学生、培养目标、毕业要求、持续改进、课程体系、师资队伍和支持条件等 7 个关键要素，正在开展全面深入的工程教育改革与实践[2, 3]。

1　现存的问题

我校自动化专业控制类课程教师遵循先基础后专业的教学模式，在具体教学过程中，先讲授自动控制原理、现代控制理论等专业基础课程，而后讲授过程控制、智能控制、控制系统仿真等专业课程，为学生奠定控制系统设计的理论框架，支撑了培养具备自动化科学与技术领域的理论、知识和专业技能的应用型高级专门人才目标的达成。我校自动化教师在教学过程中从目标、模式、方法和制度等多个角度进行了大量改革尝试并取得了一系列成果[4]，但是受传统以教师为中心、以知识为目标的教育模式制约，仍然存在着知识博而不专、实践能力不足和工程素养欠缺等问题。

针对上述我校自动化专业学生培养过程中存在的难题，我校自动化专业自 2014 年 9 月起，全面贯彻工程教育认证"以学生为中心、产出为导向、持续改进"理念，对照认证标准中的 7 个关键要素，展开了全面深入的工程教育改革与实践。在此过程中，控制课程组的教师从课程群的角度，在课程体系、目标、内容和考核等方面开展了有效的探索与实践。

2　方法与手段

2.1　确立专业培养目标，细化专业毕业要求

我校自动化专业在十三五规划中，以学校"基础理论实、专业口径宽、工程能力强、综合素质高、具有创新精神和国际视野"的高级专门人才总体培养目标为指导，紧密结合西部区域经济发展升级需求，积极响应国家中长期发展战略，以自动化专业的工程教育认证为契机，提出了重建以学生为中心的工程教育理论课程体系，建立载

体明确、层次清晰、目标具体的创新实践教学体系，建立专业教学质量监控和持续改进机制，保障专业建设与发展的可持续的改革目标。

2015 年，参照《中国工程教育专业认证协会工程教育认证标准（2015 版）》，"自动化专业建设指导与咨询委员会"依据社会、用人单位、往届毕业生对专业培养目标的意见和建议，经过两轮反复研讨，在 2013 版培养目标的基础上，进一步提炼出学生毕业 5 年后事业发展预期，提出了 2016 修订版培养目标：本专业培养能够发现、研究、解决自动化领域复杂控制工程问题，具备"国际视野、系统思维、协同创新"能力的工程师和专门人才。毕业 5 年后应具备的能力目标为：目标 1：能够熟练应用自动化领域工程技术，具备设计研发、运营管理复杂系统的能力，具有创新能力。目标 2：具备有效协调并科学处理自动化工程实践与社会、环境的可持续发展问题的能力。目标 3：具有良好的职业素养，具备与主管部门、业界同行和社会公众开展交流合作的能力。目标 4：跟进全球自动化前沿技术，具有终身学习的意识和职业学习的能力。

依据培养目标和社会技术需求，我们制定了 12 条毕业要求，进而考虑"清晰、明确、可衡量，易于收集证据并能够证明达成"的原则，对 12 条毕业要求进行了分解，建立了毕业要求的 33 条二级指标点，并构建了培养目标和毕业要求的支撑关系。

2.2　构建课程群对毕业要求的支撑关系

以学生能力培养为目标导向，我们重新构建了以学生为中心的全新课程与能力支撑体系，明确建立了自动化专业控制课程群对工程知识、问题分析、设计开发解决方案等指标点的支撑关系，如表 1 所示。

从表 1 可以看出，我们构建了控制类课程与毕业要求的群支撑关系。基于群支撑关系，控制类课程群覆盖了毕业要求 4 个一级指标点和 9 个二级指标点的能力要求，为自动化工程实践提供理论框架和知识体系。其中，"自动控制原理"和

表 1　控制课程群对毕业要求指标点的支撑关系

一级指标点	二级指标点	自动控制原理	现代控制理论	过程控制基础	智能控制
1.工程知识	1.2 能够运用自动化工程专门知识，跟踪自动化前沿技术，为自动化工程实践提供理论框架和知识体系	√			
	1.3 能够运用数学、自然科学知识，对复杂对象/过程建立满足工程精度要求的数学模型	√			
	1.4 能够运用所学的专业知识和技术，对模型进行求解、分析、校验，并尝试改进		√		
2.问题分析	2.1 能够运用数学、自然科学和控制科学的基本原理，发现复杂工程中控制的关键问题，并进行合理表达	√			√
	2.2 能够运用控制工程科学知识，并考虑工程实际，对复杂工程问题进行初步分析	√	√		
3.设计/开发解决方案	3.1 能够理解复杂工程中的工艺流程、设备装置和控制指标，并确定系统的设计目标			√	
	3.2 能够结合相关行业背景，运用控制科学知识与技术，论证和拟定整体控制方案			√	
	3.4 能够针对系统存在的时变、非线性、多变量耦合等复杂特性，合理地设计控制器或控制算法，并进行仿真及参数优化	√	√		
4.研究	4.1 能够针对自动化领域内复杂工程问题，明确被控对象、性能指标，确定研究目标和技术路线			√	√

"现代控制理论"侧重模型建立、系统分析和控制算法设计等能力培养；"过程控制基础"和"智能控制"课程侧重对复杂工程问题的模型建立、方案设计和深入研究等能力培养。同时，控制课程群中不同课程又分别支撑不同的毕业要求二级指标点，《自动控制原理》支撑的 5 个二级指标点构建了学生对控制系统分析和设计的基础能力，"现代控制理论"支撑了 3 个二级指标点侧重于系统模型建立与求解，"过程控制基础"支撑了 3 个二级指标点侧重于流程工业复杂控制方案设计与实现，"智能控制"支撑了 2 个二级指标点侧重于对复杂问题的创新性思维和分析。

由此构建的控制类课程群，每门课程既有明确的知识-能力-素质的要求，还各有侧重促使课程之间有机联系和相互支持，有效避免了传统课程以知识传授为核心且彼此分别独立的问题。

2.3　重构课程教学目标和教学内容

为确保 2.2 节中毕业要求与控制类课程之间的群支撑关系达成，课程群全体教师认真梳理了各门课程的教学目标和教学内容，以能力培养为目标，依据理解-应用-分析-评价-创新循序渐进的学习原则，重构了课程教学目标和教学内容，如表 2 所示。

表 2　控制课程群各门课程的教学目标

序号	课程名称	教学目标（与毕业要求二级指标点一一对应）
1	自动控制原理	（1）具备自动控制系统的基础知识和理论、基本方法和技能 （2）具备对各类单输入单输出控制系统建模、求解的初步能力 （3）能够运用自动控制的基本原理，对复杂工程中的控制问题进行合理表达 （4）能够运用所学知识、方法和技能，对复杂工程中的控制系统进行初步分析 （5）具备对实际工程系统不同复杂特性，合理进行控制器设计及参数优化的初步能力
2	现代控制理论	（1）掌握状态空间分析法的基本理论和基本方法 （2）具备对各类控制系统进行建模、分析的初步能力 （3）能够运用所学理论和方法，具备对复杂工程中控制系统的综合与设计能力

序号	课程名称	教学目标（与毕业要求二级指标点一一对应）
3	过程控制基础	（1）能够根据复杂生产过程的生产工艺流程和设备，提出过程控制系统的控制指标和要求 （2）能够应用过程控制系统的基本原理、理论和方法，设计过程控制系统方案 （3）能够明确被控对象、性能指标，确定研究目标、关键问题和技术路线，并进行分析和研究
4	智能控制	（1）具备应用智能控制理论对复杂对象控制的关键问题进行合理表达的能力 （2）能够应用智能控制新理论新方法对自动化领域内复杂工程问题进行分析

从表 2 所列课程教学目标可以看出，相比较于传统的知识型教学目标，新的课程教学目标实现了从知识传授到能力培养的转变，不仅强调了基础知识的掌握，更为重要的是强化了应用、分析、评价和创新能力的培养。将原来笼统模糊的知识型教学目标细化为具体准确的能力目标，为课程教学模式改革和达成度评价指明了方向，也为学生确立了明确的能力目标。

此外，新的课程目标有效整合原来课程群中不必要的冗余的教学目标，还坚决摒弃了不符合技术进步和行业发展要求的陈旧内容，整补充了部分符合现代技术进步的内容，达到了持续改进课程内容的目标。对某些重要能力培养，新的课程群教学目标对此部分能力有意识进行了重复，但不是简单重复，而是不断深化和递进的重复，

以强化学生该方面能力的培养。

因此，整合与优化后的新课程群教学目标和教学内容，注重课程间能力培养的协调发展，起到了承上启下、相辅相成的作用，培养学生在面对复杂工程问题时建模、分析、设计和优化等能力。

3　实践过程与效果

自 2015 年 9 月秋季学期开始，我校自动化专业控制类课程群的教学活动按照上述闭环支撑体系展开了具体的工作。经过两年的探索与实践，控制类课程群的整体教学效果得到有效提升，其中"自动控制原理"和"现代控制理论"两门课程近两年的课程目标达成对比图分别如图 1 和图 2 所示。

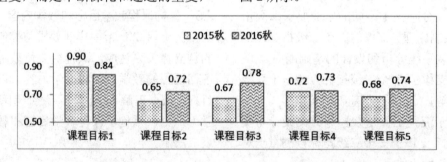

图 1　近两年"自动控制原理"课程目标达成度对比

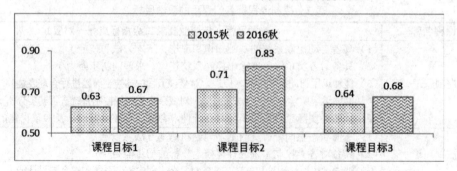

图 2　近两年"现代控制理论"课程目标达成度对比

根据课程目标达成度的评价方法，详细统计分析了2015年秋季学期453名学生和2016年秋季学期456名学生的各项学习成绩，计算得到了课程目标达成度。从图1的两年课程目标达成度结果可以看出，通过相关教学活动的实施，各项课程目标均已达成，实现了对学生相应能力的培养；同时，各指标点达成度不尽均衡，也反映了学生在知识获取、能力提升、素质形成过程中从易到难的客观规律。从图1中的2015年秋课程达成度可以看出，学生的控制系统建模、求解能力（1.4）及对复杂工程中的控制问题进行合理表达能力（2.1）相对薄弱，因此，在2016年的教学中，有针对性地加强了这两方面能力的训练，从2016年课程达成度结果可以看出，（1.4）和（2.1）对应的能力有了明显的改善，实现了课程教学的持续改进。

深入分析"现代控制理论"课程教学目标（指标点）达成度及课程整体达成度的计算，我们可以看出：指标点（1.4）获得了0.63的达成度，说明学生利用现代控制理论知识建立状态空间和脉冲传递函数等模型的能力已初步达成；指标点（2.2）获得了相对较高的达成度0.71，该指标点对应的考核内容多且有一定难度，说明学生已具备了运用现代控制理论知识对复杂工程问题进行初步分析的能力；指标点（3.4）达成度为0.64，反映出学生已初步具备了合理设计MIMO和离散等复杂系统中的控制器或控制算法并对其进行测试及参数优化的能力。对比分析图2中"现代控制理论"两年的课程目标达成度，原来相对薄弱控制系统建模能力（1.4）和控制算法设计能力（3.4）

得到提升，而指标点（2.2）对复杂工程问题进行初步分析的能力持续加强。

基于上述分析，我们可以看出基于达成度评价体系，不仅为课程教学提供了有效的评价方法，更为基于OBE的控制课程群闭环的持续改进提供了翔实的依据和目标。

4 总结

我校自动化专业积极响应国家战略和未来产业发展需求，全面贯彻工程教育认证标准，针对上述我校自动化专业学生培养过程中存在的难题，在控制类课程群从专业培养目标、毕业要求、课程教学目标和教学内容等方面开展了有效的探索与实践，建立了基于OBE模式下控制课程群闭环支撑体系，取得了明显成效，使学生在掌握知识的同时，具备了对复杂控制工程问题的建模、表述、分析及控制参数优化的能力以及自主学习能力。

References

[1] 周绪红. 中国工程教育人才培养模式改革创新的现状与展望[J]. 高等工程教育研究, 2016（1）：1-4.

[2] 章兢, 傅晓军. 谈基于课程或课程群的教学团队建设[J]. 中国大学教学, 2007（12）：15-17.

[3] 林健, 工程教育认证与工程教育改革和发展[J]. 高等工程教育研究, 2015（2）：10-19.

[4] 鲁春燕, 李炜, 苏敏, 等. 融CDIO理念于"自动控制原理"课程教学探索与实践[C]. 2015年全国自动化教育学术年会论文集, 2015.

帝国理工学院人才培养模式探析

张兰勇[1] 刘 胜[1] 马忠丽[1] **Christos Papavassiliou**[2]

（[1]哈尔滨工程大学，黑龙江 哈尔滨 150001；[2]英国帝国理工学院，伦敦 SW7 2AZ）

摘 要：本文以伦敦帝国理工学院电子工程系的人才培养模式为研究对象，通过对本科工程教育、教学方法与教学评估、工程教育质量保障体系、工程教育学习模式培养等四个方面进行分析，深入剖析其人才培养过程中管理、教学、保障等方式方法，为我国的"卓越工程师教育培养计划"以及工程教育专业认证提供来自欧洲高水平大学的经验和实践启迪。

关键词：帝国理工；工程教育；人才培养

An Analysis of Talent Cultivation Model in Imperial College London

Lanyong Zhang[1], Sheng Liu[1], Zhongli Ma[1], Christos Papavassiliou[2]

（[1]Harbin Engineering University, Harbin 150001, Heilongjiang Province, China;

[2]Imperial College London, London SW7 2AZ, London, United Kingdom）

Abstract：This paper takes the talent cultivation mode of the Department of Electronic Engineering of Imperial College of Science and Technology in London as the research object. Through analysing four aspects of undergraduate engineering education, teaching methods and teaching evaluation, engineering education quality assurance system, studying mode of engineering education, we can get its personnel training method of management, teaching, security, which can provide ways for our country's "excellent engineer education and training program" and engineering education professional certification from the European high-level university experience and practice inspiration.

Key Words：Imperial College London; Engineering Education; Talent Cultivation

引言

本文对帝国理工学院的本科人才培养模式进行了研究，并希望可以借鉴进行哈尔滨工程大学的新型人才培养模式以及专业认证工作。本文主要对帝国理工的本科人才培养进行研究，关于硕士及博士研究生的培养另行撰文。

在英国，未经授权而设立学位或相应学历属于违法行为，得到学位授予权的依据是皇家许可状或议会法案。要获得学位授予权，高等院校必须表明他们对保证质量的承诺，并且拥有相应的体系来确保学术质量。高等教育质量保障署（QAA）公布的规章中对于学校应该达到的标准有详尽的说明。英国学位可分为学士学位（Bachelor Degree）、硕士学位（Master Degree）和博士学位（Doctor of Philosophy）。学士学位是第一级学位，通常授予完成 3 年大学学习的学生。学士学位有两种类型：荣誉学士和普通学士。荣誉学士学位的级别高于普通学士学位，还分为三类：一级荣

联系人：张兰勇. 第一作者：张兰勇（1983—），男，博士，讲师.
基金项目：中国学位与研究生教育学会课题（C-2015Y0403-145）.

誉学位、二级荣誉学位和三级荣誉学位。普通学士学位对于课程的专业化程度不如荣誉学位要求的高。一般而言，学士学位可分为文学学士、理学学士、法学学士和工程学士等类别。但很多情况下，相同科目的学位课程，不同的学校会颁发不同的学位名称。如：法律专业的学生，通常被称为法律学士或文学学士。本文所研究学院为帝国理工学院电子工程系（Department of Electrical and Electronic Engineering，EEE），一般授予的是工程学士。

帝国理工学院成立于 1907 年，是一所世界顶尖的专供理工领域的研究型大学。帝国理工是英国罗素大学集团成员，又与剑桥大学、牛津大学、伦敦大学学院、伦敦政治经济学院并称为"G5 超级精英大学"，尤其以工程专业而著名，拥有 14 位诺贝尔奖获得者和 2 位菲尔兹奖获得者。在 2016—2017QS 世界大学排名中位列第 9 位[1]。

本文通过走访系里的教学一线教师、教学管理人员以及本科生，总结帝国理工学院本科教学模式，为提高我校人才培养质量提供可行之路。接下来以帝国理工电子工程系为例，分析帝国理工学院的本科人才培养模式。帝国理工电子工程系本科生为三年制，分为两个专业电力电子工程学士以及电子与信息工程学士。硕士学位为四年制，分为电力电子工程硕士，电力电子工程管理硕士，电子与信息工程硕士三种[2]。

1　工程教育贯穿始终，鼓励创新与设计

帝国理工的本科教育以实践、创新工程师为培养目标。帝国理工学院的课程体系是以集成的方式设计的，逐步建立学生的工程专业知识。利用理论和实践的平衡，许多团队项目与讲座一起运行。帝国理工的本科课程由相关专业机构认证，因此是作为工程师的专业实践的正式教育要求的一部分[3]。工程师是创新者和问题解决者，所以帝国理工通过课程和实践安排培养学生的实践技能，实践规划管理和团队合作能力。以电力电子工程专业学生为例，从第一年开始，通过结构化的项目工程课程开发学生的工程技能，并且每学年组建一个团队项目（Group Project），以建立工程设计过程的基础。首先解构一个简单的电子玩具，并使用电路仿真程序来了解它的工作原理。

然后，让学生提出并设计一些玩具的增强功能，并在电路仿真器中尝试。最后，学生建立自己选择的设计，并与其他团队竞争进行测试。在二三年的小组项目中，与帝国理工学院商业学院合作，让学生调查产品和服务的技术，社会和财务方面，以及如何改进设计，构建和测试它们。在实验教学方面，每学年均有电气和计算机实验课程，每周一次课程以获得宝贵的实践经验。在最后一年，需要学生实现一个个人项目（Individual Project），独立学习、使用一个或多个新技术领域的知识，解决技术问题，最后要完成一个可以交付使用的作品，写出高质量的技术报告，并且要准备一个陈述（presentation），清晰地讲解、证明所完成的项目。该项目是学生学位课程中最重要的单一工作，为其提供展示独立性和独创性的机会。

此外，从学生成绩权重也可以看出帝国理工学院对学生实践能力的重视。一年级基础课成绩占总成绩六分之一，二年级成绩占总成绩三分之一，而第三学年的专业课以及实践部分占总成绩的二分之一。

电气和电子工程毕业生担任 Dyson 公司的电子工程师，捷豹路虎的底盘电子工程师，彭博社的金融软件开发商，伦敦交通设计工程师，帝国理工学院研究助理等。此外，广泛分布于以下领域：计算机系统和信息技术，医疗电子，消费电子，航空电子，机器人，移动通信网络，发电，国防和安全，运输，设计咨询，管理咨询和财务。

2　教学方法多样，教学评估持续改进

帝国理工学院非常重视从始至终培养学生的学科基础支撑的基础。一年级和二年级教学计划涵盖模拟和数字电子，通信和控制等领域的电气和电子工程基础，以及数学和计算课程。可以学习通过建模来分析和优化系统的方法。在第三年，开始设计学生的学位课程，以符合学生的兴趣和技能，由个人导师引导。通过学习电气和电子工程的一系列高级科目，以及通过帝国视野的人文或语言模块或与帝国学院商学院合作的业务模块，允许实施在学位课程中同化的技术信息，并开发新的方法来解决当今的问题[3]。

帝国理工采用如下多种教学方法相结合的教学方法，包括讲座、团队项目、硬件实验、个人项目、答疑课、软件实验、理论教学等，并通过

课程软件和硬件评估，口头和海报演示，报告，书面考试等多种形式考查学生，全面提高学生言语表达、团队合作、基础理论、实践能力等。所有的课程都由学校的在本领域具有专长的学术人员讲授，如此可以将他们广泛的研究经验带入教室[4]。

同时，帝国理工的课程衔接与转移机制为继续教育提供良好的通道。帝国理工电子工程系的硕士为一年制，其所有课程分为电力电子工程领域和计算领域，提供 60 门选修课程，选修 8 门即符合毕业标准。其中，数字信号处理、仪器设备技术、数字系统设计、控制工程、电能系统、人工智能、通信网络、微波技术、模拟集成电路系统、先进电子设备、光电子学、电力电子、高级编程、生物医学电子技术、嵌入式系统、编码理论、数字图像处理、信息理论等二十余门课程为本科生课程，如果本科生选修了相关课程硕士可不再学习，同时要求选修 2～3 门学术前沿的小波与应用、分布式计算与网络、预测控制、移动医疗与机器学习、大尺度数据处理、人类神经机电控制、网络与网络安全等课程，如此既节省了相关学习时间又了解了国际学术前沿知识，开阔了学生视野。

3 工程教育质量保障体系完善，课程体系持续改进

帝国理工学院的内部评价机制是高校教育质量的重要保障。评价方法包括课程负责人提交的课程实施情况报告、外部评审者的评价意见、教职员工和学生的反馈意见、外部专业评价机构的评价报告以及毕业生及其雇主的意见等。评价结果对于改进教学和提高质量具有重要作用。

帝国理工学院每年会进行一个学生调查，调查对象为大学最后一年级的学生，时间为最后一个学年的第二学期，调查目的是了解他们对学校的评价以及如何改进教育质量，调查问题包括学生对所学课程的质量评价、对学校学业支持工作质量的评价、对学校各部门管理工作的评价、对在校期间个人成长的评价等。这些意见最后都要反馈到实际的教学和管理工作中。

针对电力电子工程专业，所有的课程由 IET（工程技术学院）代表工程理事会进行专业认证。获得专业认证的课程体系，表示其培养的学生就已经达到行业认可的能力标准。帝国理工学院与工程技术学院的认证协议每五年更新一次。比如 2017 年的培养方案较 2012 版的培养方案就增加了嵌入式系统、人工智能、机器学习导论等适应用人单位需求的课程。课程体系的持续改进也使帝国理工的毕业生更具竞争力。现附 2017 版培养方案，如表 1 所示。

表 1　电子工程系本科生 2017 版培养方案

序号	第一年	第二年	第三年（选修）
1	电路分析	数字电子技术	模拟集成电路与系统
2	数字电子技术	模拟电子技术	通信系统
3	半导体器件	电源工程	数字信号处理
4	模拟电子技术	通信系统	控制工程
5	能量转换	信号与线性系统	信号与系统中的数学
6	信号与通信技术导论	控制工程	光电子学
7	软件工程 1：计算技术导论	高等数学	电能系统
8	高等数学	电子器件	人工智能
9	工程设计与实践	领域前沿、算法与复杂性分析、计算机结构导论（三选二）	通信网络
10	电子技术实验		微波技术
11	计算方法实验		生物医学电子技术
12	综合设计实验	电子技术实验	仪器设备技术
13		计算方法实验	数字系统设计
14		综合设计实验	现代信号处理
15			先进电子器件
16			电力电子技术
17			实时数字信号处理
18			高级编程
19			机器学习导论
20			嵌入式系统
			毕业设计
			工业实践

本科生第一学年和第二学年为必修课，需要掌握数学、电子、控制、通信等领域知识。第三学年为选修课阶段，其中 1～11 门选修课至少选修 4 门，12～20 门选修课至少选修 2 门。除此之外，电子工程系还与帝国理工学院商学院合作，开设了两门课程，本科生必须在 Imperial Horizons 和 Business for Professional Engineers and Scientists 中选一门。

从其三年电子工程专业本科课程的设置来看，专业必修课重基础、重工程素质和实际操作能力的培养，选修课丰富、涉及面宽，给学生一个较大的自主学习和成长的空间，尤其是在实验课程的设置上，更体现了培养学生自主学习、运用知识、团队合作、勇于表达自己的理念。

目前的认证协议将在 2019—2020 学年开学的学生续期。毕业生除了获得的主要帝国理工学位，还将在完成课程后获得伦敦学院城市与公会协会（ACGI）的颁发学位证明。因此，帝国理工学院的毕业生在英国以及全世界都供不应求。

4 以经验导向的工程教育学习模式，提高学生的专业素质

帝国理工学院以"为学生提供足够的工业经验"作为工程教育课程改革的主导方向[5]。经验导向的课程改革以培养学生的工业实践和工程师职业所需的能力为核心，其秉持的理念是：促进工科学生的经验学习积累，使工科毕业生更像"工程师"而不是"学生"；鼓励学生增加职业知识，提升专业能力；提供世界一流的工程教育，培养工程产业和工程学术界的国际化领导人才。经验导向的工程学习目标具体表现在以下四个方面：第一，团队技能，通过分组学习、合作试验、课程单元等形式发展团队合作能力，培养责任意识，这是未来职业实践最为看重的；第二，创新和解决问题的能力，为学生提供一定的方法、思维、程序或数据分析手段，训练学生在新的情景下解决问题的能力；第三，表达与沟通能力，通过谈话、讨论、会议发言等方式重点培养学生专业性的口头沟通能力；第四，职业技能，主要指可迁移的能力，如分析与决策能力，沟通和人际交往技能，团队合作技能，组织、计划和择优的能力，创新和改革的能力，以及领导力。这些学习目标在帝国理工学院的课程设计中得以凸显。

在帝国理工学院，基于经验的教学方式除了传统的讲授之外，还有其他体现研究性、做中学特点的方法。其一，实践（Practice）。实践和讲授同等重要，其形式可以是基于实验（Lab-based）、诊断性实践（Clinical Practice）或现场工作（Field Work）的，该方法的功能是：通过团队工作和模型测试将理论联系实际，通过交流沟通和解释数据

来理解科学问题，通过激发创新和解决问题来培养实践技能。其二，辅导（Tutorials）。以小型团队形式和导师进行学术互动，交流观点，解答疑问，向同伴学习；导师也会鼓励学生开展积极学习和反馈，提高自我表达能力，开展"做中学"实践。其三，项目工作（Project Work）。参与高级的学习项目，培养创新思维以理解和应用知识，培养时间管理和团队合作等技能，并最终获得原创性作品。其四，企业工作和国外游学（Placement and Vacation Learning）。这对理工科学生尤其重要，基于工作的学习对学生的专业能力和学术能力都有很大提高，参与志愿服务或国外访学也能扩展视野和积累学习经验。

5 结论

本文通过对帝国理工学院电子工程系的工程教育、课程体系、教学方法、教学评估、学习模式等进行研究，总结了其人才培养的方式方法，分析了帝国理工学院毕业生在欧洲以及世界供不应求的原因，希望借此提高我国相关领域人才培养质量，为我国的"卓越工程师教育培养计划"以及工程教育专业认证提供来自欧洲高水平大学的经验和实践启迪。

References

[1] http://ranking.promisingedu.com/qs.

[2] http://www.imperial.ac.uk/engineering/study/undergraduate/.

[3] 王玲，万建伟，安成锦. 伦敦帝国理工学院本科教学特点探讨[J]. 高等教育研究学报，2012，35（4）：52-58.

[4] http://www.imperial.ac.uk/electrical-engineering/study/undergraduate/.

[5] 崔军，顾露雯. 经验导向：帝国理工学院工程教育学习模式新动向[J]. 煤炭高等教育，2014，32（5）：11-16.

[6] Imperial College London Strategy 2015-2020. https://www.imperial.ac.uk/media/imperial-college/about/leadership-and-strategy/public/Strategy2015-2020.pdf.

[7] http://www.imperial.ac.uk/engineering/staff/education-and-teaching-support/teaching-fellows/.

多学科交叉背景下的计算智能课程教学研究

王 田 乔美娜 陈晓磊

（北京航空航天大学，北京 100191）

摘 要：随着科学技术的发展，人们获取、采集信息的手段也变得碎片化、多源化。在此背景上基于交叉学科发展背景与实际的教学实践，介绍了针对计算智能课程的教学改革模式，将相关的交叉学科的知识和新的技术发展应用于教学过程中，并结合改革的方式提高学生解决交叉学科问题的能力。

关键词：学科交叉；计算智能；教学模式

Research on Computational Intelligence Course in the Context of Interdisciplinary

Tian Wang, Meina Qiao, Xiaolei Chen

(Beihang University, Beijing, 100191, China)

Abstract：With the development of science and technology, people can gather and obtain the information from multi-source and in the fragmented style. In this environment, this paper based on the development of cross-disciplinary background and practical teaching practice, introduces the teaching model for the computational intelligence courses. This article applies the interdisciplinary knowledge and new technology to the teaching process. The inducing-mode teaching, flip classroom and other models are taken to improve students' ability to solve interdisciplinary problems.

Key Words：Interdisciplinary；Computational Intelligence；Teaching Model

引言

从多学科交叉融合的背景，主要是从神经科学、信息科学、控制科学与计算智能交叉的多学科角度出发，研究了计算智能的教学模式改革方法。主要包括内容有在课堂教学中介绍计算智能技术的基本概念、原理与实际应用技术，并结合神经科学、控制科学中的融合多学科知识的具体例子，介绍国内外相关研究的成果以及研究的进展情况，使得学生能结合实际深入了解本门课程的具体知识，为神经科学、信息科学、控制科学与计算智能的交叉提供新的途径，提高课堂教学效果，组织多名学生，自由组成小组，结合其专业方向与计算智能所学的内容进行调研并提出科研方案，培养学生利用所学知识解决复杂交叉学科问题的能力。

1 学科交叉形势下计算智能课程的发展

计算智能是当前科学技术发展的前沿技术之一，智能就是系统在不确定环境中，为了恰当的行为，针对特定目标而进行的有效地获取信息、处理信息和利用信息，而成功地达到目标的能力。

联系人：王田. 第一作者：王田（1987—），男，博士，讲师.

基金项目：中央高校基本科研业务费专项资金（YWF-14-RSC-102），国家自然科学基金（61503017），北京航空航天大学教改基金（4003054），航空科学基金（2016ZC51022）.

"不确定系统"意味着要随机应变，"知识"是"信息"的高级形式，利用"信息"是推断、决策的过程，计算智能是在内在机制上的模拟。计算智能在发展的过程中不断地产生新思想、新力量、新方法。其涉及信息科学、生物科学、系统科学、控制科学等多个领域，包括神经网络、模糊系统、模拟进化方法等理论和方法的综合应用与系统集成。在图像处理、模式识别、机器学习、智能系统等领域均有广阔的应用与发展前景。社会的进步和人类的发展需要生产力更加发达，人类生活更加智能化，这些都需要自动化专业的知识来实现，而计算智能的思想更是在其中起到了推动作用，促进了自动化领域的革新。

习总书记在 2014 年 6 月 9 日在第十二次两院院士大会讲话中强调"我国进入新型工业化、信息化、城镇化、农业现代化同步发展、并联发展、叠加发展的关键时期……我国要在科技创新方面走在世界前列……必须大力培养造就规模宏大、结构合理、素质优良的创新型科技人才"。创新人才需要多学科知识，只有综合运用多学科的知识才能对问题进行综合的分析、分解，才能得到好的方案[1]。《中共中央国务院关于深化教育改革全面推进素质教育的决定》也明确指出，培养学生的创新精神和实践能力是素质教育的重点。这是根据世界的趋势和我国社会主义现代化建设的需要，针对现实教育的不足而提出的具有时代意义的战略决定。人才的培养与交叉学科密切相关。科学上新的理论发现或者新的技术的产生，也往往出现在学科的交叉点上。例如，自从 2012 年起兴起的深度学习技术即是融合了信息科学与生物学的基础原理。

我国现有的专业教育有了相对统一的培养目标、专业设置、教学计划、教学组织方式等，呈现出高度的统一性和计划性。尽管我国开展了扩大高校的办学自主权、调整专业目录等改革，但教育的统一性和计划性特征仍非常鲜明，专业对口的观念仍十分强烈。培养计划与课程设置也是基于特定的专业需求来规划。在现有的学科设置方式与培养机制上，建立一套研究生交叉学科创新人才培养的方法将是本文研究的重点。

2 学科交叉的发展趋势

学科交叉是现代创新的源泉，也是创新人才培养的摇篮。但一般情况下高校学科的设置主要是以专业人才培养模式为主，学科划分严格跟随社会的发展，创新能力的培养也需要交叉学科综合发挥作用才能将其解决[2]。在社会发展的需求的驱动下，学生的创新能力、实践能力、沟通能力、学习能力等都需要在课程的教学中经过学习来提高[3]。

"交叉学科"（跨学科，Interdisciplinary）一词最早于 1926 年由美国哥伦比亚大学心理学家 R.S. Woodworth 提出，用于指超过一个学科范围的研究活动。我国著名科学家钱学森先生也对交叉学科做出定义：交叉学科是指自然科学和社会科学相互交叉地带生长出的一系列新生学科。交叉学科具有培养创新人才的有利条件[4, 5]。在许多科学前沿问题的攻克上，交叉学科起到了至关重要的作用，交叉学科也被用于多项重大问题的解决中，而且重视交叉学科将同时推进各独立的学科向更深层次和更高水平发展。现在人工智能领域中的深度学习方法，即是交叉学科发展的一个典型案例。深度学习方法发展了传统的人工神经网络技术，在结合高性能计算硬件图形处理器（Graphics Processing Unit，GPU）的计算能力的基础上，利用并行计算关键技术，构建人脑视觉启发的模型，在图像识别领域最先取得了卓越的成果。而后深度学习技术拓展到图像检测、自然语言处理（Natural Language Processing，NLP）等领域，并在自然场景理解、视频内容解析、遥感图像目标检测、聊天机器人、搜索系统中取得了一系列突破。深度学习是计算智能中传统的人工神经网络的进展，这项技术的提出，与制造、自动化科学、计算机科学的综合密切相关。此外，智能制造解决了高性能计算的硬件平台、计算机科学的并行计算技术使得深度学习网络得以快速计算，从而能为自动化科学中的模式识别与智能系统学科的研究内容与关键问题服务，并产生巨大的理论和实践价值。

计算智能是一门综合性的课程，涉及神经科学、信息科学、优化方法等多学科的交叉与综合[6]。在现有的学科设置方式与培养机制上，本文建立了以课程为中心的交叉学科创新人才培养的方法。针对交叉学科教育实施方法，以模式识别学科为基础，以计算智能课程教学为依托，研究了交叉学科培养创新人才有效机制[7]。

3　计算智能中多学科交叉的主要教学实践内容

3.1　结合专业、应用背景的教学模式

在教学过程中处理好课程的广度与深度的平衡至关重要，在教学中研究了教学过程中两者的平衡问题。由于课堂教学的时间有限，而同时面对不同学院、不同学科的学生，达到使学生在整体了解计算智能课程中的基本知识点、学术思想的同时，也针对其自身学科的研究点，充分利用计算智能课程中的内容来将其解决[8]的目的。

现在的关键科学问题的研究往往不再是单一学科的问题，而是融合各学科知识，需要多学科人才共同解决。一个跨学科的科研项目，参与的人员一般需要经过长期的探索才能克服困难取得成功。在课程教学中，培养学生克服浮躁情绪的心态也非常重要。这样在课程的教学中，鼓励学生分组与不同背景的同学一起讨论问题，并锻炼学生沟通的能力和克服项目困难的毅力，激发学生的创新意识。

3.2　多学科综合的交流与互动

计算智能的课程主要是神经网络、模糊逻辑与进化计算的相关理论与计算方法的结合。课程主要是讲解相关的理论，而这些相关的理论需要与具体的问题相结合才能体现出价值[9]。传统的授课方式主要是老师讲学生听的模式。在这样的模式下，老师和学生之间的交流不足，学生和学生之间的交流也不充分。

在课程教学与学生接触的基础上建立了更加全面的交流与互动的学生培养模式。建立了学生与多学科领域研究者交流的平台，创造了接触多学科理论、方法和技术的机会，用以结合本学科的研究课题，寻求新结合点，提高学生的创新性。研究了鼓励学生学习不同学科或领域知识，与不同学科教师进行学术交流的方案，促进了师生间的交流合作，使不同学术背景的老师的经验、智慧作用于培养学生的创造性。引导学生积极参与多学科研讨活动，促进各个学科的学生之间的相互理解和交流，同时积极参与理论知识的实践。

在授课中，研究了结合各学生实际背景与工程实际的多学科交叉综合的教学模式。计算智能作为模式识别学科的一门课程，与实际的工程应

用密切相关。从工程知识、问题分析、设计/开发解决方案、研究、使用现代工具、个人和团队、沟通等角度，培养学生的创新性。研究点面结合、翻转课堂的教学方式，在宏观上让学生对各个学科中的应用有了解，在微观结合具体的工程应用范例对知识点进行更加深入的阐述与讲解。

在授课中研究增加互动环节的教学模式，促进学科交流与融合。引入小班教学、翻转课堂的教学模式，老师授课主要是起到引导作用。在提出某个知识点后，学生组成小组进行积极讨论，讨论的思想不仅能解决所提出的问题，并且可能产生新的学术火花，组成新的理论和技术促进计算智能的发展。组织学生结合自身的专业方向，与计算智能相结合做研究，并在课堂上用 PPT 来演示自己组的工作。学生的专业方向如图 1 所示，所做的课题方向如图 2 所示。全班 61 名同学都参与了分成了 14 个小组进行项目讨论，每组 5 到 6人。学生的组队的原则是，要求能够实现组成交叉学科的不同学科之间知识的有效交流与合作，并且鼓励学生积极发挥自身的学科优势，让交叉学科研究模式内资源实现组内充分的共享。

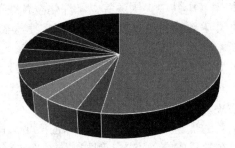

■自动化 ■能动 ■航空 ■计算机 ■机械 ■经管
■生医 ■交通 ■宇航 ■仪器 ■软件

图 1　学生的专业方向

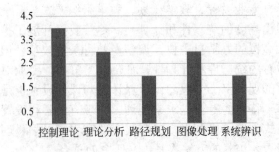

图 2　学生所做的课题方向方向

在灵活、自由选题的基础上，学生结合计算智能所授课的内容，在机器人的控制理论、计算智能的理论分析、机器人的路径规划、图像处理

与系统辨识共 5 个研究方向进行了文献调研、程序编写，并提交了实验报告。学生的报告表达清楚，内容充实。这些表明学生在自己的研究领域上结合计算智能的内容进行了充分的调研，并结合自己的研究方向做了研究。学生在准备的过程中相互讨论在科研中的体会与遇到的问题，并以团队合作的形式解决了相关问题。

通过交叉学科的分组讨论与汇报，每组的同学在汇报的过程中，也是给老师和其他的同学传输经验与知识的过程。在汇报其组的研究成果的过程中，提高了交叉学科研究生的学术交流与合作的能力。在以后的工作岗位上，需要就复杂问题与业界同行及社会公众进行有效沟通和交流。这些交流和沟通，包括撰写报告和设计演示文稿、陈述发言、清晰表达等。学生也具备了一定的国际视野，能充分调研中文、外文的相关文献，找到学术热点、难点，能够在跨文化背景下进行沟通和交流。学生在汇报的过程中，有的组即采用英文的 PPT 作为基础进行清晰的报告。这些表明其具备了向其他人展示自己，清晰表达的能力。

教学过程中也深刻的表现出了交叉学科研究模式的多样性。学科交叉的多样性体现在构成和内容两个方面，既有自然科学内的学科交叉和社会科学内的学科交叉，又有自然科学和社会科学间的学科融合等。在课程教学的过程中，学生的汇报体现出了自然科学内部的深度融合与交叉问题。例如将计算智能用于控制领域、图像处理领域，并解决了实际的问题。自然科学与社会科学的融合也有所表现，有的组介绍了利用深度学习技术生成不同风格的艺术画，在调研的过程中除了对深度学习技术有了充分的了解，也调研了不同风格的艺术画的特点。

在进行跨学科领域的研究的同时，能发现很多交叉性的、边缘性的问题。学生们经过分组讨论与汇报发现，在科技创新领域没有完全统一的思想，也没有完全统一的模式。例如，学生所汇报的研究方向有类似的题目，但是大家解决问题的思路并不相同。这是在组员集思广益，开拓思路下产生的良性结果。而不仅是在研究生的学习阶段，很多科学工作者也是借助于跨学科、多学科交叉的研究，突破束缚，超越了单一学科领域的范围，从而获得丰硕的创新成果。部分同学将所学的深度神经网络用于图像的处理中，并公开发表学术论文，获得了研究成果。

4　结论

本文介绍了交叉学科背景下计算智能的教学模式。计算智能作为多学科交叉的综合学科，随着科学技术的发展，其涵盖的方法也在逐步地扩充。课程的教学是交叉学科人才培养不可缺少的一个环节，也是学生创新能力与实践能力的一个重要载体。基于交叉学科的内容多样化、形式多样化，学科跨度大的特点，本人在教学实践中融合多学科的内容，并让学生自由灵活组队进行交叉学科的研究的探索工作。通过课程教学的探索与研究，本文提出了结合学生专业背景的教学模式，促进多学科综合的交流与互动。学生在教学的过程中培养了交流的能力，并培养了利用所学的知识与自身学科基础融合的能力，充分地体现了交叉学科的特点，也发挥了计算智能课程自身的综合性的优势。计算智能的教学模式也应随着技术的发展不断总结、逐步改进，从而培养出能解决现实生活中的多学科交叉问题的复合型人才。

References

[1] 施晓秋，刘军."三位一体"课堂教学模式改革实践[J]. 中国大学教学，2015

[2] 赵灿. 从交叉学科角度论研究生创新能力培养[J]. 当代教育理论与实践，2011，3（4）：68-70

[3] 张于贤，郭旭，于明. 一个适于我国交叉学科研究生培养模式的模型及其应用[J]. 中国管理信息化，2009（22）：102-104.

[4] 高磊. 研究型大学学科交叉研究生培养研究[D]. 上海：上海交通大学，2014.

[5] 张治湘. 我国研究型大学交叉学科研究生培养模式研究[D]. 大连：大连理工大学，2014.

[6] 杜长海. 计算智能及其在城市交通诱导系统中的应用研究[D]. 重庆：重庆大学，2009.

[7] Coso, A.E., Bailey, R.R., Minzenmayer, E. How to approach an interdisciplinary engineering problem：Characterizing undergraduate engineering students' perceptions[C]. Frontiers in Education Conference（FIE 2010），Oct. 27-30，2010.

[8] 魏建香. 学科交叉知识发现及其可视化研究[D]. 南京：南京大学，2010.

[9] 吴云峰. 计算智能新技术及其生物医学信号分析应用[D]. 北京：北京邮电大学，2008.

工程教育背景下检测与转换技术课程教学模式改革探索

张浩琛 [1,2,3]　曹慧超 [1,2,3]　刘朝荣 [1,2,3]　何俊学 [1,2,3]

（[1] 兰州理工大学电气工程与信息工程学院，甘肃　兰州 730050；[2] 甘肃省工业过程先进控制重点实验室，甘肃　兰州 730050；[3] 兰州理工大学电气与控制工程国家级实验教学示范中心，甘肃　兰州　730050）

摘　要：本文总结了检测与转换技术课程教学中存在的问题，基于工程教育背景和培养的要求，从课程教学内容、教学方法和课程评价内容等方面进行教学改革，建立了本课程的持续改进机制，用于实际课程教学中，取得了较好的效果。

关键词：检测与转换技术；教学内容；教学方法；持续改进

Exploration on Teaching Mode of Detection and Conversion Technology Course under Engineering Education Background

Haochen Zhang[1,2,3], Huichao Cao[1,2,3], Zhaorong Liu [1,2,3], Junxue He [1,2,3]

([1]College of Electrical and Information Engineering, Lanzhou University of Technology, Lanzhou Gansu Province, 730050, China; [2]Key Laboratory of Gansu Advanced Control for Industrial Processes, Lanzhou University of Technology, Lanzhou 730050, China; [3]National Demonstration Center for Experimental Electrical and Control Engineering Education, Lanzhou University of Technology, Lanzhou 730050, Gansu Province China)

Abstract：This paper summarizes the problems existing in teaching of Detection and Conversion Technology. Based on the engineering education background and training requirements, the teaching reform is carried out from the aspects of course content, teaching methods and evaluation contents, and the effective improvement mechanism of this course is established. The feedbacks b proves that the reform has achieved good results.

Key Words：Detection and Conversion Technology; Course Content; Teaching Methods; Continuous Improvement

引言

兰州理工大学是一所地方型重点本科院校，人才培养核心为紧扣现代工程教育理念，培养一大批能够发现提出问题、分析解决问题、具有创新能力的应用型工程师。兰州理工大学自动化专业一贯秉承"突出工程实践，拓宽知识领域"的原则，强调以市场需求引导专业方向，强化培养自动化专业的应用型工程人才为目标。特别是自2015年开始，自动化专业面向任课教师宣讲工程教育理念，组织相关学习研讨，积极推动专业课程向工程教育方向改革。在这样的背景下，检测与转换技术课程的教学应基于工程教育的基本要求开展相关课程教学的改革工作，要突出以学生为中心[1, 2]，以学生能力培养为抓手[3]，积极推进课程教学内容、教学方法的改革和持续改进，以

联系人：张浩琛。第一作者：张浩琛（1987—），男，硕士，讲师。
基金项目：自动化类专业教学指导委员会专业教育教学改革研究课题面上项目（2014A32），兰州理工大学电信学院2016年度教学研究项目.

加强课程教学效果，满足专业工程教育背景下人才培养的要求[4, 5]。

1 检测与转换技术课程教学存在的问题

（1）课程内容不满足工程教育培养的要求。

改革前，教学内容只涉及传统传感器基本原理、测量电路和应用，缺少新型传感器、新型检测技术、工业检测技术和工业仪表测量原理等内容，在当前新技术变革和工程能力培养背景下，迫切需要将这些内容添加到教学内容中。

（2）教学方法不适应对学生工程能力的培养。

改革前是"老师讲、学生听"纯灌入的教学模式[6]，教师片面强调理论而忽视应用，过于强调学生对单个知识点的掌握而忽视了对学生整体能力的培养。这种方式显然与强调以学生为中心，以学生能力培养为目标的工程教育理念相违背。

（3）评价内容不符合工程教育培养要求。

课程评价方式有平时成绩、实验成绩和考试成绩，平时成绩由出勤和作业成绩构成。但是在评价内容上，作业量小，作业和考试题型、考查评价内容单一，只能评价学生有没有记下，不能很好地评价学生有没有理解、能不能分析、会不会解决。

（4）没有形成有效的课程持续改进机制

工程教育以"学生为中心"，更关注是否形成对课程有效的持续改进机制。改革前，课程均有评教机制，但是这种评教机制难以正确反映教师授课情况，更无法体现教师个体在教学中存在的不足，这样对课程教学的持续改进无法作到"有效性"，课程教学过程无法从根本上得到改进。

2 课程内容改革

检测与转换技术课程知识点多，各部分内容相对独立，将课程知识点分块，使课程内容呈现明确的模块划分，不仅利于学生学习，也便于教师授课。整个教学内容划分为传感器与检测技术概论、检测系统共性基础理论、传感器原理和工业检测技术与检测系统四个部分。本课程内容体系如图1所示。

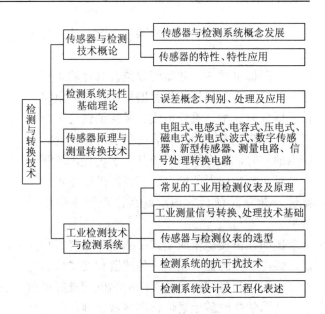

图1 检测与转换技术课程内容体系

本课程教学内容采取教材+补充资料的形式，教材中主要包含前三部分课程内容，第四部分课程由讲义、上课用 PPT 等有关资料提供，并共享给学生学习使用。在教学内容中，删减一些不必要的理论讲授，引导学生去理解基本概念、基本原理，而不是简单记忆概念和公式。增加工程应用案例，全课程共设置了 52 个工程应用案例，这些工程案例中，便于学生对基本概念、原理和应用的理解。在教学内容上，突出检测系统的设计，深化学生的系统观，培养和加强学生对检测系统的设计能力。

3 课程教学方式和评价内容改革

（1）探究式的理论教学方式。

探究式理论教学要求教师在课堂对理论知识点讲述上，不是简单讲述概念，说明结论，而是去演绎理论发现和推导的过程，促进学生理解其本质，会思考和应用，潜移默化地培养学生发现和探究的能力。课程授课建议板书，以便学生记录和跟进教师的思路。

例如在热电偶热电定律的讲述上，没有直接给学生引出结论，而是设置热电偶在工程应用中的不同场景和存在问题，通过热电动势分析推导出热电定律结论，并进一步引导学生通过推导出的结论去探究如何解决上述问题。

（2）工程应用实例讲解课程内容，建立知识联系。

在课程讲授中，教师可以结合具体的工程应用案例，从方案设计、传感器原理、转换电路、传感器仪表选型、系统集成、系统调试与运行等逐个环节自习剖析[7]，使学生在学习课程规定知识点的同时，掌握检测系统开发的过程，增强学生分析、解决问题的能力。同时，借助工程应用案例，建立起前后知识点联系，巩固学生学习效果。

例如在讲授电阻应变式传感器、电容式传感器、磁电式传感器、光电式传感器和波式传感器时，均可以列举工业现场不同的物位测量应用背景，帮助学生理解上述传感器测量原理。在后续讲授工业现场物位测量时，可以引导学生回忆接触过的物位检测原理和传感器仪表，通过不同工业现场应用背景归纳出不同物位测量传感器的特点及使用注意事项，让知识点贯穿课程全部，使学生加深对知识点的理解。

（3）课内课外学习相结合。

除了课堂上讲授外，教师可以利用学生课外时间引导学生对课程的学习。向学生共享有关的课程资料，布置相应的课程作业，引导学生在课外时间学习并完成作业，教师在上课时针对学生课后自学的有关内容，进行总结性概述和解释即可。

例如，在讲述工程检测图纸及描述时，先给学生共享相关国标及说明，布置综合性小作业，先让学生在课后自学，在课堂上，教师只讲授方法、技巧和可能存在的问题，引导学生利用现有资料并自己查阅资料去解决问题。利用课内和课外学习的结合，有效解决了课时少课程内容多的矛盾，能够加强学生的自学能力，利用图书馆、网络查阅文献的能力，分析和解决问题的能力。

（4）微视频讲授相结合

在课堂中引入小视频，能更加形象展示传感器测量原理、测量电路和应用等内容，吸引学生注意力，增强学生课程学习兴趣。小视频时间以3～5分钟为佳，过短视频展示内容过少不完整，过长会影响课堂的教学进程。

例如在对差压流量计、涡街流量计、编码器原理及应用的讲述上，通过使用小视频教学能够更加直接地向学生讲授传感器测量原理。

（5）与其他专业课程的结合

本课程可以与单片机、PLC 等课程在应用方面进行联系，可以让学生充分利用所学理解本课程内容和实际工程应用，能够使学生更加深刻地理解专业课程间的相互联系和应用，提高教学效果，增强学生学习的主动性，加深专业学习兴趣。

例如在课程中，穿插传感器或检测仪表在工程应用中与 PLC 或微控制器连接的内容，不仅使学生掌握传感器或检测仪表的测量原理，也使学生对其工程应用有了更直观的认识。

（6）课程评价的改革。

工程教育要求课程的评价符合设定的课程目标要求，体现对学生能力的评价。在课程评价内容改革上，增加了作业中工程设计问题，并将设计类题目完成情况作为作业评价的重要依据；在试卷中，基于课程目标设定了工程背景的分析题和设计题，强化对学生分析、设计能力的评价。

4　建立有效的课程持续改进机制

工程教育的培养要求决定了课程要有持续改进机制[8]，同时课程持续改进是一个"评价-反馈-改进"反复循环的过程[9]。本课程将教学质量评价和课程目标达成评价结果作为课程持续改进的重要依据，建立了本课程持续改进机制，确保能够有效地实施本课程的持续改进，不断改进课程教学内容，提高教学效果，增强学生培养质量。课程持续改进实施主体为本课程任课教师，循环机制如图 2 所示。

考试成绩用于成绩分析，最终形成课程目标达成情况分析；课程问卷用于学生对课程教学情况的反馈与评价。两部分评价结果最终形成对课程整体评价，对评价结果分析并提出改进意见。课程问卷由课程组老师编写，发放给学生填写。两种评价方式一个侧重学生课程学习情况和课程目标达成情况，另一个侧重教师上课情况并侧面反映课程目标达成情况。两者相互补充，能更有效地反映课程教学中存在的相关问题，及时作到持续改进。评价结束后，课程组教师会集体分析评价结果，邀请系里教授共同讨论并提出可操作性的持续改进措施；提出的持续改进措施用于下一年的课程教学中，实现对课程循环的持续改进。

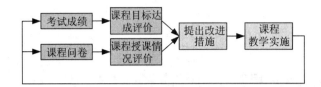

图2　本课程持续改进循环机制

5　结论

围绕工程教育要求，我校自动化专业检测与转换技术课程对教学内容、教学方法和评价内容进行了一系列改革，建立了课程的持续改进机制。一系列措施的实施，提高了学生学习积极性，学生对课程教学评价也在逐步提高。在2017春季组织的课程问卷调查中，有87.3%的学生对教师的课程教学作了4分以上评价(满分5分)；有90.9%的学生认为课程中工程设计内容对自己有较大启发，学到了额外的知识；有69.1%的学生认为教师在课堂能够较好地培养大家分析解决问题的能力；有89.1%的学生对教师课堂教学方法进行了较好的肯定；有94.5%的学生认为自己能够较好地达到课程目标规定的要求。但是课程仍有许多待完善的地方，还需不断地改革与发展，不断调整教学内容与方法，真正做到培养创新、高素质应用型人才的目的。

References

[1] 张恩旭，李祖明，封莹，等. 基于工程教育认证的教学管理改革与探索[J]. 中国教育技术装备，2017（4）：99-100.

[2] 林健. 工程教育认证与工程教育改革和发展[J]. 高等工程教育研究，2015（2）：10-19.

[3] 赵亦希，陈佳妮，陈关龙. 以学生能力培养为导向是工程教育专业认证的基本准则[J]. 上海教育评估研究，2014（4）：5-7.

[4] 刘宝，李贞刚，阮伯兴. 基于工程教育专业认证的大学课堂教学模式改革[J]. 黑龙江高教研究，2017（4）：157-160.

[5] 刘忠富，李厚杰，石立新. 依托工程教育推进传感器与检测技术课程的改革[J]. 中国电子教育，2016（1）：40-45.

[6] 丁爱华. 自动化专业"检测与转换技术"课程教学改革[J]. 高教学刊，2015（1）：35-36.

[7] 周春梅.《传感器与检测技术》课程项目教学法的应用[J]. 天津科技，2015（3）：77-78.

[8] 李永华，刘红，杜晓明，等. 工程教育专业认证视角下的专业建设[J]. 高教学刊，2016（11）：82-83.

[9] 李志义. 解析工程教育专业认证的持续改进理念[J]. 中国高等教育，2015，（Z3）：33-35.

工程教育背景下自动化专业控制课程群的建设与实践

李二超　刘微容　李　炜　苏　敏　赵正天

（兰州理工大学 电气与信息工程学院，甘肃 兰州 730050）

摘　要：针对高等教育大众化时代，自动化专业学生培养过程中存在的学生学习动力不足、积极性不高、知识碎片化和工程实践能力欠缺等问题，引入现代工程教育认证的核心理念--以学生为中心的教育理念、以目标导向的教育取向和持续改进的质量文化，依据工程教育专业认证标准的新要求，深入分析控制课程群间的逻辑关系，提出自动化专业控制类课程总体教学目标和要求，对控制课程群中每门课程的教学理念、教学体系、教学内容、教学模式、教学方法、教学手段和考核方式进行相应的改革，并建立自动化专业控制类课程的质量监控体系。最终，构建介于专业和课程之间基于课程群的控制类课程工程教育模式。

关键词：工程教育；控制课程群；自动化专业

Construction and Practice of Automatic Control Curriculum Group under Engineering Education Background

Erchao Li, Weirong Liu, Wei Li, Min Su, Zhengtian Zhao

(Lanzhou University of Technology, Lanzhou, 730050, Gansu Province China)

Abstract：In the era of mass higher education, problems in the process of the students lack of learning motivation, the enthusiasm is not high, knowledge fragmentation and engineering practice ability training of automation specialty, the core idea of introducing modern engineering education certification — student-centered educational philosophy, educational orientation goal oriented and quality of continuous improvement culture, according to the new requirements of engineering education accreditation standards, in-depth analysis of the relationship between the control logic of curriculum group, puts forward the automation control courses of general teaching aims and demands, reform accordingly for each course control the course group teaching philosophy, teaching system, teaching content, teaching mode, teaching method, teaching means and assessment methods, and establish a quality control system automation control courses. Finally, based on the construction of professional and Curriculum between between engineering education mode control courses curriculum group.

Key Words：Engineering Education; Automatic Control Curriculum Group; Automation

引言

近十年来，我国实施了加大高校建设投入、增强高校师资力量和扩大高校招生规模等一系列重大举措，有效地解决了国民经济发展规模快速增长与各类人才数量短缺的难题。截至目前，我国培养的大中专以上各类科技人才总数已达世界首位，为我国经济的腾飞提供了有力的科技支撑和数量保障。但是，大部分高校的仍沿用传统的"精英教育"培养模式应对当下"大众教育"的需

联系人：李二超. 第一作者：李二超（1980—），男，博士，副教授.

基金项目：自动化类专业教学指导委员会专业教育教学改革研究课题面上项目(2014A32)、兰州理工大学教学改革项目。

求，存在人才培养定位不明确，人才培养模式单一、产学研脱节等问题，造成毕业生工程实践能力薄弱、原始创新能力不足，这将成为制约我国国民经济实现持续、快速发展的关键因素。

针对上述我国科技人才培养过程中存在的培养质量不高的问题，各高校分别从教育目标、培养模式、教学手段和管理制度等方面启动实施了一系列人才培养改革方案。经过长期的探索与实践，各高校逐步建立了各具特色的人才培养模式、丰富有效的教学方法和规范完整的教学管理制度，提高了毕业生的综合素质和工程实践能力。在近几年的教学改革过程中，越来越多的高等教育工作者清楚地认识到，要真正提高毕业生的工程实践能力，增强原始创新能力，培养高素质复合型创新人才，适应我国建设创新型国家和人才储备战略的需要，我国的高等教育工作必须彻底摆脱以教师为中心的传统教育体系，建立以学生为中心的现代工程教育体系。

为促进我国工程教育的改革，提升工程教育质量，教育部在2006年启动了工程教育专业认证试点工作，这标志着我国高等教育教学改革研究掀开了新的篇章。（传统的教学观念、教学模式不能适应以学生为中心的要求、产出导向的教育理念认识不够、人才培养标准意识和建设滞后等问题），各高校组织教育工作者认真学习领会现代工程教育认证核心理念——以学生为中心的教育理念、以目标导向的教育取向和持续改进的质量文化，依据具有国际实质等效性的认证标准，结合学校或专业的多样性和个性化特点，对照认证标准中的学生、培养目标、毕业要求、课程体系、师资队伍、支持条件和持续改进等7个关键要素，正在开展全面深入的工程教育研究与改革。

1 改革内容和解决的问题

当前兰州理工大学自动化专业的课程体系组织模式为：以控制理论为中心，组织必需的数学、物理等基础类课程，以控制系统的实现为目标，规划其他技术类课程。其中，"自动控制原理""现代控制理论""过程控制"和"智能控制"四门核心课程共同构成的控制类课程群是自动化专业课程体系的主体，在自动化专业学生培养中具有举足轻重的地位，不仅为控制工程提供理论依据，同时也为自动化提供控制手段。

多年来我校自动化教师遵循先基础，后专业（即首先学习自动控制原理、现代控制理论，然后学习过程控制、智能控制等课程）的教学原则开展具体的教学活动。通过教师与学生的共同努力，大多数学生能较好地掌握单门课程的具体内容，但是学生普遍反映存在着学到的知识博而不专、欠缺完整的实践和研究能力等问题。针对这些问题，我们从教学过程中的目标、模式、方法和制度等多个角度进行了改革尝试，但实践结果表明相关教学改革成效一般，未能从根本上解决上述问题。究其原因主要有：首先，我们在每门控制课程教学过程中忽视了控制类课程总体教学目标和要求，割裂了各门课程之间关联性，容易造成学生出现学此忘彼、对控制知识掌握不全面的现象。其次，在以教师为中心的传统教育体系下，全部教学活动的重心落在如何让学生有效地掌握课程知识方面，对学生工程素质和能力的培养用力不够，使得学生工程实践和研究能力明显不足。

（1）改革目前的教学体系。

按照工程教育认证标准的要求，实行基于学习结果的教学体系（Outcome-based Education）：以学生为中心，注重学生的学习结果，关注学生经过一段学习经历后，能做什么。制定能观测、能展示的学习结果要求，围绕这一清晰的产出结果，制定课程计划、教学方法、教学实践活动和评估方法，保障最终的学习效果。

课程群教学体系改革围绕自动化专业学科进行组织，为达到预期学习效果，重新调整课程计划，促使科目之间有机联系和相互支持，而不是各自分离和独立的；将学习结果中的知识—能力—素质进行有机结合，使其形成相互支持的课程体系；每门课程都规定明确的知识—能力—素质的学习效果，以确保学生将来最终取得学习结果。

（2）改革目前的教学内容。

按照工程教育认证标准的要求，控制类课程群的教学内容要充分体现与生产实践、社会发展相结合的特征，充分反映自动化相关产业和领域发展的新要求，提高学生解决实际问题的能力。教学内容中对一些重点、难点内容要精心组织，讲深讲透，确保学生对基本理论的掌握。

控制类课程群存在门数多、学时多、相互之间交叉重叠、实践教学薄弱等不足，必须加以改革。因此，对目前的控制类课程教学内容需要进行整合与优化，注重课程间协调发展，优化知识结构，在各门课程中做到承上启下、相辅相成，目标就是以系统分析为契机，探讨系统的动态性能和稳态性能，掌握实现系统控制器（调节器）的设计方法。

加强相关课程教师间的交流，不仅要交流探讨同一课程及前后衔接紧密的课程内容和教学方式，还要求在几年时间内每一个教师对整个课程体系中所有重要课程都能够讲解一遍，使得每一个教师能完整掌握整个课程群的内容与关系。

（3）改革目前的教学方法与教学手段。

在高等工程教育专业认证体系下，从事工程教育的教师要不断提高教育教学质量，改善教学方法和提高教学技术。教学方法要面向工程实际，更多地采用案例分析、综合设计、小组学习、项目训练等形式培养学生主动学习和团队合作能力，提高工程意识和设计技能。教师也要深入研究当前国内外工程教育的发展形势，将国际上最新的科学思想和科研成果传授给学生。

目前的教学方法和教学手段不能完全满足教学要求。课堂教学中教师总是赶课时，灌输多，学生理解掌握的少，特别是目前普遍存在的教学时间短，信息量大、教学进度快、学生思维跟不上未能真正吸收。控制类课程群涉及的知识面广，基本概念多，理解困难，学习起来较为枯燥，教师在教学方法上需综合采用启发式、导入式、问答式、案例式、场景式等方式激发学生的学习兴趣提高学生的参与热情。在控制类课程群的教学过程中根据课程的重点和难点开设专题讨论课。教师提前将讨论的要求和内容布置给学生让学生充分准备积极参与，活跃课堂气氛、提高教学效果。此外，积极开发多媒体课件，建设试题库和教学网站，丰富教学手段。

聘请国内本学科领域的专家作为兼职教授，进行课外辅导、学科前沿讲座，扩大学生的知识视野，丰富学生的实践知识。

根据产、学、研一体化原则，组织学生进行实际工程调查，广泛收集科技资料，使教学、科研、生产工程结合，跟踪现代科技发展。

（4）改革目前的考核方式。

考核是检验课程教学的必要手段和形式。目前的考核方式单一，学生主动思考、探究问题的积极性不高，考前突击，为考试而考试的现象较为突出。课程群考核方式计划采用"闭卷笔试、实验环节综述性报告、课堂讨论、小测验作业"形式。重视学习过程质量评价，实现评价标准的多元化，能充分有效反映学生的学习效果。

（5）提高目前的实践环节。

设计和开发基于 MATLAB 的紧密结合课程知识点的仿真程序和题目，主要包括自动控制原理的仿真、现代控制理论的仿真、过程控制的仿真、智能控制的仿真等，通过学生上机编程和波形演示，加深学生对相关知识点和实际应用课题的印象；其二，设计和开发基于 PCS 过程控制系统、A3000 过程控制系统、倒立摆等设备的开放性实验平台，具备 PID 控制、状态反馈、模糊控制等内容的实验和波形实时显示功能，通过实验进一步加深学生多学科的理解。

通过仿真和开放性实验两个实践环节，一方面使学生形象化、立体化理解控制学科的主要知识点及各课程间的关系，另一方面使学生具备一定的设计和研究能力。

制定一套包括开放性实验—院校竞赛与学生研究项目—全国竞赛与创新项目的"三步走计划"和控制类课程群课外创新实践体系。

打造校内外结合的创新实践平台。发挥校内作为"甘肃省工业过程先进控制重点实验室"重要部分的"网络化先进控制实验室"和"过程控制实验室"在自动化专业控制类课程群实践教学中的作用[1~5]。通过校企联合，建立校企联合实验室和校外实习基地，增加动手能力，提高学生的学习积极性。

（6）解决的问题。

针对高等教育大众化时代，自动化专业学生培养过程中存在的学生学习动力不足、积极性不高、知识碎片化和工程实践能力欠缺等问题，引入现代工程教育认证的核心理念——以学生为中心的教育理念、以目标导向的教育取向和持续改进的质量文化，依据工程教育专业认证标准的新要求，深入分析控制课程群间的逻辑关系，提出自动化专业控制类课程总体教学目标和要求，对控制课程群中每门课程的教学理念、教学体系、教学内容、教学模式、教学方法、教学手段和考核方式进行相应的改革，并建立自动化专业控制类课程的质量监控体系。最终，构建介于专业和课程之间基于课程群的控制类课程工程教育模式。

2 主要特色

1）建设立体化的控制类课程群

在现有多媒体课件教学方式的基础上，通过教师队伍建设、课程体系建设、综合仿真和实验的建设，在加强本学科教学和科研能力的基础上，从多个方面加深学生对课程间联系和主要知识点的理解，并使学生具备良好的实践和研究能力，培养适应工程认证和社会发展需求的自动化专业人才。

2）建立全程动态监控体系

①建立课程组对控制类课程群学生的统一管理机制。考虑教师知识技能的互补性，对教学内容、开放性实验、实践环节进行集体研究和决策。②建立 4 周一次（4-1）的学生学习过程阶段考核制度。考查、了解学生每个阶段学习进度完成情况和上一阶段存在问题的更正纠偏，从而使学生顺利完成课程学习。③建立课程群教师一周 4 次（1-4）的答疑指导机制。一方面使学生的问题能及时得到解决，以确保学生能按时、保质保量完成课程学习，另一方面，教师对各位学生的学习状态能随时掌握，对学生也是一个很好的鞭策。

3 结论

通过兰州理工大学自动化专业进行了 2 届教学，构建基于目标导向的控制类课程群教学体系，形成课程学习—教学实践—创新竞赛相结合的教学模式，重构控制类课程群内课程的教学流程，建立自动化专业控制类课程的质量监控体系，激发学生学习兴趣、调动学生主动性、优化自动化专业学生的知识结构，改善自动化专业学生工程实践能力，提高自动化专业教育质量，增强自动化专业人才培养对产业发展的适应性，探索出一条适合自动化专业工程教育培养目标、符合控制类课程群课程教学规律和发展趋势的教改之路。

References

[1] 李二超，李炜，刘微容. 基于 WinCC 和 Matlab 的一种简单在线仿真方法[J]. 实验技术与管理，2008，25（3）：69-72.

[2] 刘微容，李二超，李炜. 一种基于 WinCC 的 PID 型自适应模糊控制系统的设计[J]. 工业仪表与自动化装置，2009（2）：29-31.

[3] 李二超，李战明. 单输入模糊控制在液位控制系统中的应用[J]. 航空制造技术，2009（5）：82-84.

[4] 李二超，李炜，刘微容. 利用 WinCC 改进 PD 控制的实现[J]. 实验技术与管理，2008，25（4）：97-99.

[5] 李二超，李炜，李战明. 半实物网络控制系统仿真平台设计与实现[J].电气自动化，2012，34（2）：21-22.

工程认证指导下的电路课程过程化教学改革

盖绍彦 达飞鹏

（东南大学 自动化学院，复杂工程系统测量与控制教育部重点实验室，南京 210096）

摘 要：电路理论课是重要的电类基础课。工程教育认证标准（2015 年版）提出专业必须具有持续改进机制，从而不断提升教学质量。进行电路课程的过程化教学，通过建立常态化的沟通反馈机制，及时了解学生的学习情况和需求；建立有效的评估和评价机制，重视教学改革，使学生更加关注学习过程，端正学习态度，提高了课程成绩和通过率。

关键词：电路；考核；过程化教学

Process Teaching Reform of Circuit Course under the Guidance of Engineering Certification

Shaoyan Gai, Feipeng Da

(Key Laboratory of Measurement and Control of Complex Systems of Engineering, Ministry of Education, School of Automation, Southeast University, Nanjing 210096, China)

Abstract：Circuit theory is an important basic course of electrical engineering. The standard of Engineering Education Certification (2015 Edition) suggests a continuous improvement mechanism, so as to continuously improve the quality of teaching. The process of teaching in circuit course, establish effective assessment and evaluation mechanism by the establishment of normal communication and feedback mechanism, and make students pay more attention to the learning process, with correct attitude towards learning. The course scores and pass rate is improved.

Key Words：Circuit; Examination; Process Teaching

引言

电路分析课程是电子与信息类专业的第一门基础课。在整个电子与电气信息类专业的人才培养方案和课程体系中起着承前启后的重要作用。随着我国工程教育认证标准的提出，对电路分析课程教学的实践性、能力培养和质量监控提出了新的要求。

在工程认证的指导思想下，工程教育的核心是培养合格的高层次工程技术人员，作为基础理论的电路课程教授的是必备的基础理论知识。中国工程教育认证是按照《华盛顿协议》成员国（地区）公认的国际标准和要求，由中国工程教育认证协会组织实施的认证。该认证旨在实现我国工程教育的国际互认，推进我国工程教育与国际接轨，进而提升工程教育质量。2015 年 3 月，中国工程教育认证协会颁布了工程教育认证标准（2015 年版），对我国高等学校本科工程教育专业课程体系提出了新的要求。对于电子信息与电气工程类专业，该标准给出了详细的专业分类以及

联系人：盖绍彦．第一作者：盖绍彦（1979—），男，博士，副教授．

基金项目：东南大学教学改革研究项目．江苏省高校优势学科建设工程资助项目．中央高校基本科研业务费专项资金资助．

每个细分专业的具体要求进行了规定。其中电路理论课，包含直流电路、正弦交流电路等基础内容，是重要的工程基础类课程。

在教学中我们发现，近年来电路课程学生成绩不理想，期末考试不及格率常年在 30%左右，处于比较高的水平。这一方面是由于重要基础课，老师的要求较高，考试严格；另一方面，也和近年来学生的努力状况下降相关，表现在：1）平时普遍缺乏良好的学习习惯，学习的过程中不注意知识的积累，所交的作业通常是一样的；2）考试时有的难度较低的题目，甚至是和作业或例题题目思想类似的，做的也会普遍不好，表现出的水平远远低于平时作业质量；3）考试前寄希望于老师给划范围或者降低考试难度。

在标准的指引下，把握和落实好标准的提出的新要求，重点是做好电路课程的过程化教学，有利于进一步完善电路分析课程教学，提升教学质量。

1 过程化教学改革

1.1 改革内容

基于工程认证的要求，电路课程的改革重点在于：

（1）教学模式改革：强调理论与实践的相互融合。

自动化等电子信息类专业的教育目标是培养具备电子技术和信息系统等基础知识，能从事相关方面研究、设计、制造、应用和开发的高等工程技术人才，具有较强的工程性。以自动化专业为例，要求学生具有从事自动化工程所需的数学、自然科学、工程基础和专业知识，并能够综合应用这些知识解决自动化工程领域复杂工程问题；能够应用自动化工程相关的基本原理和技术手段，设计自动化领域复杂工程问题的解决方案。电路基础课程既是数学、物理学等基础课的后续课程，又是电子与信息类所有专业的后续技术基础课和专业课的基础，兼具理论性和实践性。因此，在教学模式设计上强调理论与实际的融合，教学内容要紧跟科技发展的趋势，通过实例教学、实验室教学等方式，逐步培养学生的实践能力和创造能力。

（2）过程化的教学评价改革：着眼于质量持续改进。

工程教育认证的开展意味着我们建立了工程教育质量监管控制机制。工程教育认证标准（2015年版）提出专业必须具有持续改进机制，从而不断提升教学质量。为了促进教育质量的不断提升，要求电路基础课程建立常态化的沟通反馈机制，及时了解学生的学习情况和需求；建立有效的评估和评价机制，重视教学改革，进而持续改进教学效果，为学生达到毕业要求奠定良好的基础。

（3）以目标为导向的工程认证改革：强调以能力提升为目标。

全球化的深入发展和全球科技的快速发展给工程教育带来了新的发展契机，也在教育认证方面提出了更高的要求。面对日益专业化、科学化的工程问题，需要培养具有解决复杂工程问题的卓越人才。这也是工程教育认证标准提出的毕业要求。因此，电路基础课程要以提升学生能力为教学目标，秉持以学生为中心的教育理念，整个教学过程和环节以学生为本，让学生能够掌握电子技术和信息的基本原理和专业知识，同时重点培养学生运用这些知识来分析、研究和解决问题的能力，达到学以致用。

1.2 改革的总体建设目标

设置科学的考试方式，充分利用考试的引导作用，使学生更加关注学习过程，端正学习态度，提高课程成绩和通过率。推动课程的教学与管理工作，促进学生平时解决问题的培养和综合素质的提高，实现真正意义上的素质教育。

1.3 具体实施工作

（1）合理划分考试过程。

通过有连续性层次性的阶段考试实施改革。由于电路课程每部分内容存在着较大的差异，因此依据课程的特点来划分考试阶段。在项目实施过程中，从时间上看，我们在授课7周，12周后对所学内容进行考试；内容上看，按照课程的章节进行安排，在直流、交流基础和耦合章节讲解完后对所学知识进行考试。

（2）考试形式多样。

由于每次的考试内容有针对性，所以每次过程考试的考试方式不同。考试方式根据本阶段的教学内容采用不同形式，包括常规的开卷/闭卷考试和课堂测验。

（3）考试成绩统计和评价公正。

最后成绩由每次过程考试的成绩按照比例进行统计，对于没有通过过程考试的学生，则需要进行课程重修。这种方式激励了学生的学习热情和积极性，通过全面的考试，给学生整体一个公正、合理的评价。

（4）教学模式改革。

按认证标准要求，调整理论教学的重点，包括直流电路、正弦交流电路、一阶和二阶动态电路、电路的频率分析、二端口网络等。把实践能力、工程能力的培养体现在教学内容设计，相关知识点的处理方法等各个方面，比较具体详尽地提出教学体系的构建思路。

对电路基础课程理论简化和扩展的目的是更好地适应当前的实际工程技术现状和趋势。理论课程应当在强调电路的两类约束（几何约束和元件约束）的基础上，适当淡化网孔电流法、节点电压法等具体求解方法的叙述，至少不必将某些分析方法作为基本公式要求学生记忆。还有一些内容，如二阶电路的谐振，实际上是系统频率响应的特殊情况，在信号与系统课程中会更完整的分析，同时在具备拉普拉斯变换等更高级知识后会更容易理解，在本课程中完全可以以介绍或者举例的方式带过。在简化已有理论内容的同时，还应该增加一些与工程实际结合更紧密的扩展内容，例如大量引入各种实际电路作为例题和作业。考虑到学生都有较好的高中物理学和数学基础，将一些实际电路的建模过程引入课堂教学是完全可行的。

2　改革的理论意义和实际效果

2.1　改革的意义

（1）学习风气。

考试对学生的学习活动具有很大的导向作用。现在我们加强对学生平时学习的引导，帮助他们养成良好的学习习惯。通过对现行考核评分制度的改革，将一部分分数用于教师对学生平时学习情况的考核及管理，降低期末考试成绩的比重，用分数来引导，强制学生重视平时学习，积累知识点，从而有效地提高他们的学习效果。

（2）教学工作。

通过本项目的实施，有力地推动了课程的教学与管理工作，促进学生解决问题能力和综合素质的提高，实现真正意义上的素质教育。原来期末考试作为一次定性的评测，会给学生造成很大压力。有些学生平时学习很好，但考试没有发挥好，导致考试成绩不理想；有些学生平时不学，考试采用不正当手段，可能最后的成绩会很高。现在考核的全面性得到有效的提高，正确地评价了学生的学习效果和水平。

2.2　改革实际效果

本项目教学改革对象是自动化学院二年级本科生。经过两年的教学实践，所测试班级的学生出勤率非常高，作业练习的认真程度也大幅提升，提交率和完成率明显提高，学生学习的积极性有了明显改善。课程最后成绩中的优良比例也有很大提高，考试及格率上升 10%，可以看出学生对所学知识的掌握情况较好。

在实施改革前后的相关数据如下：

（1）实行改革前的 13-14-2 学期，最终成绩评定的构成如下：

平时成绩　　　　期末成绩

　10%　　　　　　90%

平时成绩由作业和出勤情况决定。

（2）实行改革后的 16-17-2 学期，最终成绩评定的构成如下：

平时成绩　期中成绩 1　期中成绩 2　期末成绩

　10%　　　20%　　　　20%　　　　50%

平时成绩由作业和出勤情况决定。"期中成绩 1"和"期中成绩 2"分别是两次期中考试成绩。

实行改革前后的最终成绩分布如表 1 和表 2 所示。

表 1　改革前（13-14-2 学期）成绩分布

分数	≥90	80～89	70～79	60～69	45～59	≤45
人数	7	10	9	17	7	12
比例	11%	16%	14%	27%	11%	19%

表 2　改革后（16-17-2 学期）成绩分布

分数	≥90	80～89	70～79	60～69	45～59	≤45
人数	6	24	15	10	5	5
比例	9%	36%	32%	15%	7%	7%

从表中可以看到，过程化教学的改革，给了学生正确的引导，使他们平时对待课程的认真程

度和积极性有了提高，成绩分布也更为合理，不但考试及格率大幅上升，而且良好以上的比例也有明显提高，整体考核分数的分布曲线更为合理，区分度更好，也更能体现出学生的实际水平。

2.3 进一步的理论分析

由上面结果可以看出，由于把课程的考试分散到整个学期学习过程中，并且因为采用了综合几次考试的评定机制，避免了多数学生平时放松期末突击的不良学习习惯，激励学生平时认真学习，很好地改善了学生学习风气。

其次，由于最终成绩是由每次阶段考试的成绩按照比例进行综合评定，而不是集中考试的一次定性评测，所以不会因为一次考试发挥不好或投机取巧而影响该课程的最终成绩，这样对每个学生都是公平合理的。成绩评定更加合理化。

3 结论

综上，如何通过调整教学内容和教学方法，提高学生学习的积极性，客观准确地评价学习效果，是电路基础课教学在工程教育认证背景下面临的首要改革问题。

通过考核成绩评定的过程化改革，按照各次考核比例进行综合评定，而不是集中考试的一次定性评测，对每个学生公平合理地进行评价，能够较真实地反映学生的学习情况。通过过程化的考核体系，我们在在理论和实践中取得了很好的效果。

电路基础课程需要进一步拓展教学内容方式、强化实践教学、改革多元化考核等举措来提高教学实践导向、能力导向和质量监控，进一步提升教学质量。

References

[1] 刘成林. 工程教育认证背景下现代控制理论课程教学分析与改革[J]. 中国教育技术装备，2016（18）：106-108.

[2] 张国光. 面向工程教育认证的电路分析基础课程体系建设[J]. 教育教学论坛，2013（11）：152-154.

[3] 聂振钢. 工程教育认证标准下的电路分析课程教改探究[J]. 教育现代化，2016（32）：16-17.

[4] 许崇海. 工程教育专业认证研究初探[A]. Information Engineering Research Institute, USA.Proceedings of 2014 4th International Conference on Education and Education Management（EEM 2014 V69）[C]. Information Engineering Research Institute, USA: 2014：6.

基于"卓越计划"的计算机控制技术课程教学改革与探索

祝超群　刘微容　王志文　刘仲民　王　君　张浩琛　鲁春燕

（兰州理工大学，甘肃 兰州 730050）

摘　要：："卓越计划"的主要目标是培养具有工程实践和工程创新能力的卓越工程师，围绕这一培养目标，针对"卓越计划"自动化专业学生计算机控制技术课程教学过程中出现的问题，从课程教学模式、实践教学方式和课程评价体系等几个方面进行了改革与探索，以期对同类高校"卓越计划"专业学生课程教学提供借鉴和参考。

关键词：自动化；卓越计划；计算机控制技术；教学改革

Teaching Reform and Exploration of Computer Control Technology Course Based on Outstanding Engineers Plan

Chaoqun Zhu, Weirong Liu, Zhiwen Wang, Zhongmin Liu, Jun Wang, Haochen Zhang, Chunyan Lu

(Lanzhou University of Technology, Lanzhou 730050, Gangsu Province, China)

Abstract：The main purpose of The Outstanding Engineers Plan is to cultivate outstanding engineers with engineering innovative and practice ability. According to the problems in the computer control technology course teaching of students who major in automation for The Outstanding Engineers Plan, this paper carries out reform and exploration in the following aspects, such as course teaching model, practice teaching methods and course evaluation system, etc. All of this aims to provide constructive references for the course teaching of similar colleges.

Key Words：Automation Majors; Outstanding Engineers Plan; Computer Control Technology; Teaching Reform

引言

2010 年 6 月，中国教育部联合各有关部门和行业协（学）会，共同启动"卓越工程师教育培养计划"（以下简称"卓越计划"）。教育部的"卓越计划"是贯彻落实《国家中长期教育改革和发展规划纲要（2010—2020 年）》和《国家中长期人才发展规划纲要（2010—2020 年）》的高等教育重大改革项目[1~3]。"卓越计划"的目标是培养造就一大批创新能力强、适应经济社会发展需要的高质量工程技术人才，为建设创新型国家、实现工业化和现代化奠定坚实的人力资源优势，增强我国的核心竞争力和综合国力[4]。兰州理工大学（以下简称"我校"）于 2011 年被教育部批准为"卓越计划"高校，自动化专业是我校"卓越计划"试点专业之一。

基于"卓越计划"人才培养目标和我校创办教学研究型大学的定位，我们确定了以工程能力素质培养为主线的自动化专业人才培养模式，改变传统的教学理念，从理论教学为主、实践为辅转变为基础理论和工程实践能力并重，着重培养

联系人：祝超群. 第一作者：祝超群（1977—），男，博士，副教授.

基金项目：教育部卓越工程师教育培养计划（教高函[2011]17 号）；教育部自动化类专业教学指导委员会专业教育教学改革研究课题面上项目（2014A32）.

学生的创新思维和工程实践能力。计算机控制技术是自动化专业学生的专业主干课程，是一门结合了计算机技术、自动控制理论和网络通信技术等知识的综合性专业课。通过该课程的学习，使学生获得计算机控制的相关知识，掌握计算机控制系统的基本设计方法，为今后从事自动化工程领域相关工作打下基础。在"卓越计划"思想指导下，我们针对计算机控制技术课程教学中实际存在的问题，从课程教学模式、实践教学方式和课程评价体系等方面进行了改革和探索，以期为同类高校自动化专业的课程教学提供有益的参考。

1　传统课程教学现状分析

计算机控制技术课程以计算机基础、电子技术基础、自动控制原理、微机原理及应用和单片机原理等为先修课程，课程的理论性和实践性都比较强。当前，计算机控制技术课程教学中存在的问题主要体现在以下几个方面。

1.1　课程教学模式需要优化

传统的计算机控制技术课程教学模式主要采用"传授-接受"式的教学方法，即以教师的讲授为主，学生课堂听讲为辅，并且先由教师在课堂上完成理论知识的讲授，然后学生再通过课程实验和综合训练进行实践能力的训练[5,6]。这种教学模式的优点是课程教学具有很强的计划性，便于实现教学职能部门的监督与管理，但是教学进程安排的灵活性较差，虽然在有限的教学时间内可传授给学生尽可能多的专业知识，但忽视了学生在教学过程中的主导地位，使学生总是处在一个被动的学习状态，无法主动参与整个教学活动，很大程度地挫伤了学生学习的积极性。而且，计算机控制技术课程的内容涉及自动化专业大部分的专业课，可以说几乎浓缩了自动化专业的知识精华，包含的基础知识和教学内容较多，理论和实践知识的综合性较强，学生在一开始接触该门课程时，由于工程经验的欠缺，往往感觉到教学内容比较抽象，很难理解该课程的精髓。此外，在教学内容上过分依赖于教材，重理论而轻实践，实践教学仅起到辅助作用。这种"理论是理论，实践是实践"的教学模式人为地割裂了理论和实践的关系，不符合学生对知识的心理认知规律，

使得学生在该课程的学习中遇到很大的困难，从而造成课程教学效果也不尽如人意。

1.2　实践教学方式有待改进

计算机控制技术课程的实践教学一般由课程实验与综合训练两部分组成。这两部分实践教学大都是以专业实验室中现有的仿真头加封闭式的实验箱或半封闭式的开发板为基础完成的，这些试验设备的结构相对比较简单，功能较为单一，教师能够安排和让学生真正自主发挥的实验项目都很有限。而且课程实验多以认识性和验证性的实验为主，设计性和综合性的实验较少，虽然多数学生最终能够得到预期的实验结果，但大都只是按照实验指导书内容按部就班地完成实验内容，并没有真正理解实验过程中一些具体操作的实际意义。学生的课程综合训练也只能在现有实验设备的基础上进行一些较为简单的计算机控制系统设计，由于实验时间和实验条件的限制，一些先进的控制算法很难真正地进行应用，与工程实际尤其是与自动化工程项目脱节。这种实践教学方式使学生的创新性思维受限于具体的硬件实践环境，在很大程度上制约了学生应用该门课程所学知识解决实际工程问题的能力，很多学生在结束该课程的学习后仍无法胜任计算机控制系统的设计与调试工作，这与社会对学生专业需求的差距较大。

1.3　课程评价体系需要完善

传统的计算机控制技术课程评价体系是以知识考核为中心，考核内容大多局限于教师所讲授的知识，留给学生分析和解决问题能力的发挥空间很小，缺乏对知识体系的全面考虑和对学生综合能力的评价[7]。课程考核的方式也比较单一。具体而言，理论内容的考核主要以学生出勤、作业提交的数量和质量等方面的记录量化后作为平时成绩，以课程试卷的答卷情况作为期终成绩，将两者综合考虑就得到了学生的理论课程总评成绩。而且，试卷中理论知识考核点较多，应用方面的测试较少，大部分内容需要记忆。这种考核方式偏重于对学生知识点的考核，对知识的应用能力、分析与解决问题能力的培养仍得不到验证，在一定程度上鼓励了学生对书本知识死记硬背、作业抄袭，难以调动学生学习的积极性，忽视了对学生创新思维和实践能力的培养[8]；实践内容

的考核也是采用这种模式,根据学生的出勤、实践内容的完成情况作为依据,确定学生的最终成绩,只注重考核学生的实践操作能力,却忽略了对学生理论知识和工程实践与创新能力的综合评价。因此,必须对计算机控制技术课程评价体系进行改革。

2　课程教学改革与探索

教育部"卓越计划"强调培养学生的工程能力与创新能力,显然,传统的计算机控制技术课程教学模式达不到"卓越计划"的人才培养目标。针对该课程的具体特点和实际存在的问题,本文对自动化专业"卓越计划"试点班的计算机控制技术课程从课程教学模式、实践教学方式和课程评价体系等各方面进行了一系列的探索与实践。

2.1　优化课程教学模式

传统的"以教师为中心"的课程教学在一定程度上影响了学生的学习兴趣,制约了学生创新性思维能力的锻炼,不利于实现工程实践和工程创新能力兼具的"卓越计划"人才培养目标。因此,计算机控制技术的课程教学模式必须根据"卓越计划"人才培养目标进行调整,具体来说可在以下几个方面进行优化。

2.1.1　将理论教学与实践教学相结合

在课堂教学实施过程中,教师要注重实现理论与实践相结合。一方面使学生通过课堂教学掌握计算机控制技术的基本概念、基本原理和基本方法,另一方面让学生了解在工程项目中这些理论知识的作用及如何进行实际应用。教师既要侧重课程基础知识的讲授,也要引导学生积极探索、勤于实践,将理论教学和实践教学交叉进行,以理论知识为基础,以实践应用为导向,将两者有机地结合起来,从而加深学生对理论知识的理解及提高学生分析和解决自动化领域复杂工程问题的能力。

2.1.2　将课堂讲授与师生互动相结合

在课堂教学中老师要与学生积极互动,注重双向交流,充分体现学生在教学过程中的主导地位,让学生从被动学习变为主动探究,成为课堂教学的主角。教师备课时要精心设计教学过程,针对课程教学目标中的知识点提出相应的工程问题,积极引导学生从问题开始对课程内容进行学习,让学生通过分析问题、解决问题的过程加深对课程理论知识的理解。这些工程问题一部分可在课堂讨论中直接解决,而难以理解的重点问题教师可设计为课程大作业,通过学生的自主学习结合课堂讨论来解决,让学生在设计解决方案的过程中学会进行创新性思考、对知识活学活用,从而培养学生终生学习的意识和自主学习的能力。

2.1.3　将课程教学与科学研究相结合

课程任课教师如果有相关的计算机控制系统的工程研究课题,可让学生有限度的参与进来。学生从最初的项目可行性研究、总体设计方案论证到软硬件设计及计算机控制系统的调试,参与整个自动化工程项目的全过程。通过参与自动化工程课题和对外的科技服务,让学生看到所学理论和实践知识的具体应用及对国民经济所做出的贡献,让学生感觉到学有所用,从而激发学生的学习热情。

2.1.4　将课堂教学与专题讲座相结合

在条件允许的情况下,由任课教师可邀请校内专家或企业专家在校内定期举办一些学生感兴趣的专题讲座、工程案例讨论会。通过专题讲座和工程案例讨论会可以拓宽学生的工程教育知识面,使学生对于计算机控制技术发展前沿具有了更全面的认识,在提升学生专业理论素养的同时,开阔学生的科学视野,提高学生的工程实践能力。

2.2　改进课程实践教学方式

由于计算机控制技术课程涉及的知识面广、与前续课程的内容联系紧密,而且工程实践性较强。因此,教师合理组织实践教学的各个环节,采取有效的实践教学方式,对于培养学生的创新精神和工程实践能力,具有十分重要的意义。

2.2.1　增加创新性实践教学内容

工程实践能力的培养一方面要求学生能够将课程理论知识转化为实践动手能力,另一方面还要求学生具有实际工程开发的创新意识。因此,为了提高课程实践教学质量,可适当减少验证性的实验内容,提高设计性和综合性实验内容在实验环节中的比例。在实验室现有实验设备的基础上,组织有丰富实践经验的教师编写实验讲义,重新按照"卓越计划"培养目标设计实验内容,根据实践教学目标有意识地将实验项目根据内容和难度分为验证性实验、仿真性实验和综合设计性实验。通过验证性实验使学生尽快熟悉计算机控制系统的基础结构和开发流程；通过仿真性实验让学生利用仿真软件搭建出计算机软硬件控制系统，并且进行控制系统的仿真调试；而在综合设计性实验中只给出系统设计参数要求或系统功能要求，给学生更多的独立思考和创新机会。三个不同层次的实验内容在实现难度上层层递进，符合学生在学习过程中由易到难的认知规律，有助于学生形成计算机控制系统的整体设计思路，对所学的课程理论和实践知识能够达到融会贯通，真正提高学生的工程实践能力。

2.2.2 采用开放性实验教学方式

工程实践能力的培养离不开长期的、有意识的工程训练和培养。为保证学生工程实践能力培养的效果，计算机控制技术课程实践教学可采用开放性的实验教学方式，主要包括实验时间开放和实验内容开放两个方面[9]。实验时间开放是指学生能够根据自己的安排合理地预约参加实验的时间。此外，除了规定学时的实验时间之外，学生还可以提前预约实验室的空闲时间，这种实验室开放时间的自由度增加了学生参与实践教学的自主性；实验内容开放是指在完成了指定内容的基础性实验之后，学生可以根据自身兴趣和能力水平，自行设计具有综合性和创新性的实验。经过指导教师审核同意后，由学生自主选择实验题目，并完成实验的全过程。实验期间指导老师负责按时开放实验室、提供相应的实验设备，并给予学生适当的指导和帮助。这种开放性实验教学方式充分提高了实验室利用率，也培养了学生自主学习和创新性思维的能力。

2.2.3 设计工程型课程综合训练

考虑到实验室的实验设备只能满足基本的实践教学需求，与实际的自动化工程项目实施还存在一定的差距。因此，可采用与企业共建实验室的方式，把企业最先进的计算机控制技术引入专业实验室中，如我校自动化专业分别与飞思卡尔、施耐德、ABB、罗克韦尔等国际知名自动化公司合作建立了多个自动化实验室，为学生提供了很好的实践平台。在这些实践平台的基础上，教师给学生布置具有实际工程背景的课程综合训练任务，学生分为三人一组，要求在规定的时间内完成课程综合训练。在指导教师的帮助下，按照计算机控制系统的工程设计流程，同组学生相互协作，查阅设计资料、设计实现方案，选择实验设备，确定系统实现步骤，合作完成计算机控制系统的设计与调试，并提交完备的设计报告。采用这种方式进行课程综合训练，既检验了学生对基础知识的掌握情况，又培养了学生相互协作、沟通交流的能力。

2.3 完善课程评价体系

良好的课程评价体系不但可以检验学生对课程知识的掌握程度，而且能够激发学生的创新思维、培养学生的实践能力与自主学习的意识。任课教师应根据计算机控制技术课程的特点，结合自动化工程的行业规范，采取对学生的知识掌握、学习能力、过程表现和实践能力的综合评价方式，建立符合"卓越计划"的人才培养目标的课程评价体系。

2.3.1 将学习过程考核与课程总体考核相结合

任课教师按照课程教学目标和教学大纲的基本要求，确定课程平时考核内容，考核方式及在课程总评成绩中所占的比例[10]。在课程教学过程中，任课教师可根据不同阶段的教学要求，采用多种不同的测试方式来了解学生的平时学习状况，如在课堂上对基础知识进行提问、针对工程案例分组展开讨论，针对项目设计类问题提交设计报告等，通过这些有目的测试获取全体学生的教学信息。规定课程总评成绩由过程考核成绩和期终考试成绩综合评定，同时还有意识地逐步提高过程考核成绩在总评成绩中所占的比例，以此来激发学生学习知识的主动性和积极性。

2.3.2 将理论知识考核与实践应用考核相结合

在进行计算机控制技术课程学习考核时，任课教师不仅要考核学生对理论知识的掌握，而且要对学生应用所学知识解决实际问题的能力进行考核。任课教师可在学生刚开始课程学习时，提前给学生布置一个具有自动化工程背景的设计题目，让学生带着任务进行课程理论知识的学习，并且在学习的过程中逐渐找出解决问题的方法，直到课程结束后提交全部的设计文档。由任课教师对控制方案设计的和开发质量、文档的撰写水平等指标进行打分，所得成绩计入过程考核成绩。通过这种形式的考核，可以让学生从一开始上课就进入学习状态，不断根据设计要求去学习新的知识。此外，这种带着问题、边学边用的学习方式，可以很好地培养学生独立思考的能力及开拓进取的创新精神，促使学生养成良好的学习习惯。

2.3.3　实践过程考核与总体考核相结合

针对课程综合训练环节，任课教师应将学生在综合训练过程中的表现与总评成绩结合起来进行考核。在开始进行课程综合训练时，任课教师将学生进行随机分组，将不同的设计任务布置给各组学生，指导学生进行资料查阅，学生根据参考资料给出满足系统要求的总体设计方案，并由指导教师对各组的设计方案进行审核与评分；通过审核的各组学生按照设计方案进行计算机控制系统的软硬件设计，完成设计后由指导教师对各组学生表现和完成情况进行评分；最后由各组学生在实验设备上进行系统硬件搭建与软件调试，完成系统设计任务后进行答辩，指导教师根据每个学生的实际操作表现与答辩中回答问题的情况进行评分。任课教师将过程监控中获得的学生平时成绩与最终提交设计报告的质量综合考虑，就可给出每位学生课程综合训练的总评成绩。通过这种过程考核与总体考核相结合的方式，可督促学生全心全意地参与综合训练的全部过程，认真完成综合训练的每一个阶段性任务，不但能培养学生创造性解决问题的能力，而且也能实现对学生实践能力水平的全面考察。

3　结语

考虑到计算机控制技术课程在自动化专业学生培养体系中的重要地位，本文依托"卓越计划"工程教育理念，针对课程教学过程中存在的问题，从课程教学模式、实践教学方式和课程评价体系等几个方面进行了改革与探索。针对我校 2012 级和 2013 级自动化专业"卓越计划"试点班的计算机控制技术课程教学，我们进行了相应的课程教学改革实践，"卓越计划"试点班学生普遍反映受益良多，不但对计算机控制技术产生了浓厚的兴趣，对工业控制技术也有了更深刻的认识，而且在课程实践教学过程中获得了丰富的实践经验，锻炼了系统调试能力，增强了团队合作意识。同时，计算机控制技术课程教学改革也有效提升了课程教学质量，得到相关教师的普遍认可。今后我们仍需不断探索，进一步推进计算机控制技术课程教学改革，充分调动学生学习的积极性和主动性，培养学生的工程实践和工程创新能力，从而达到"卓越计划"的人才培养目标，将学生培养成真正的卓越自动化工程师。

References

[1] 程磊，戚静云，兰婷，等. 基于"学科竞赛群"的自动化卓越工程师创新教育体系[J]. 实验室研究与探索，2016，35（6）：152-156.

[2] 屠立忠，陈洪，高成冲. 以"卓越计划"为载体的应用型人才培养新模式[J]. 南京工程学院学报：社会科学版，2015，15（2）：70-73.

[3] 崔传金，杜学强，钱俊磊，等. "卓越工程师计划"企业实践环节教学改革探讨[J]. 大学教育，2015（11）：16-17.

[4] 林健. "卓越工程师教育培养计划"通用标准研制[J]. 高等工程教育研究，2010（4）：21-29.

[5] 孙莱祥，张晓鹏. 研究型大学的课程改革与教育创新[M]. 北京：高等教育出版社，2005.

[6] 张妍，林永君，程海燕. "卓越班"单片机相关课程教学改革探索与实践[J]. 实验科学与技术，2015，13（6）：186-189.

[7] 李念良，李望国. 基于应用型人才培养的高校课程考核改革探究[J]. 科教导刊，2013（9）：14-15.

[8] 郭春燕. 高职院校课程考核改革实践探索[J]. 无锡职业技术学院学报，2012，11（1）：13-15.

[9] 徐顺清. 面向"卓越计划"的计算机控制技术课程教学改革与实践[J]. 网络与信息工程，2015（17）：93-94.

[10] 罗桂玲. 关于高校课程考核方式改革的思考[J]. 漳州师范学院学报：哲学社会科学版，2005（4）：124-126.

传统考核方式改革分析——基于 B/S 模式通用 在线考试系统的设计

关丽敏 [1]　汪贵平 [1]　李伟刚 [2]

（[1]长安大学，电子与控制工程学院，陕西 西安 710061；[2]西安昆仑工业集团有限责任公司，陕西 西安 710043）

摘　要：随着信息技术的飞速发展，"互联网+"理念已渗透入各行各业。考试改革是教育教学改革的重要内容，为了适应自动化专业教学改革的需求，本文使用 C#、ASP.Net、HTML、JavaScript、AJAX、SQL 等编程语言或技术，设计了基于 B/S 模式的互联网在线考试系统。该系统具备以下功能:学生信息管理、试题库管理、试卷管理、在线考试、自动阅卷、统计分析等功能，实现了对单选题、多选题、判断题、填空题、简答题以及上述各种题型组合而成的组合题型的支持，有这些基础题型的支持，基本能够满足目前大部分的考试。系统具有设计合理、运行稳定、人机界面友好、易于维护等优点。本系统对"互联网+考试"的相关创新具有一定的参考价值。

关键词：互联网+；在线考试；B/S；防作弊

Analysis on the Reform of Traditional Examination—Design of General Online Examination System Based on B/S Mode

Limin Guan[1], Guiping Wang[1],WeiGang Li[2]

([1]Chang'an University, Xi'an 710061, Shanxi Province, China;

[2]Xi'an KunLun Industry Group Company, Xi'an 710043, Shaanxi Province, China)

Abstract：With the rapid development of information technology, the concept of "Internet +" has infiltrated all walks of life. Examination reform is an important part of education teaching reform. In order to meet the needs of the teaching reform of the automation specialty, this paper designs an internet test system based on B/S mode, using C#, ASP.Net, HTML, JavaScript, AJAX, SQL and other programming languages or techniques. The system has the following functions: student information management, examination management, examination paper management, online exam, automatic marking, statistical analysis, and other functions. Realized with single topic selection, multiple choice and judgment, fills up the topic, short answer and a combination of the above various question types, this system can meet most of the test at present with the support of these basic question types. The system has the advantages of reasonable design, stable operation, friendly interface and easy maintenance. This system has some reference value for the innovation of "Internet + test".

Key Words：Internet+；Online Examination；B/S；Anti-Cheating

引言

随着网络平台和网络技术的快速发展，现代教学朝着信息化、网络化的方向发展，传统考试方式已经越来越不适应现代教学的需要。

《国家中长期教育改革和发展规划纲要（2010—2020 年）》指出："加强网络教学资源体系建设，开发网络学习课程，鼓励学生利用信息手段主动学习、自主学习，增强运用信息技术分析解决问题能力。"[1]在高校教学中考试是衡量学生掌握知识点的重要手段，也是体现学生学习效果的最好方式。但是，传统意义上的纸质考试，多

联系人：关丽敏. 第一作者：关丽敏（1986—），女，硕士，工程师.

是以人工干预的方式进行，其过程复杂，要想完成从命题到实施考试，再到教师对试卷的评阅，会花费大量的人力和物力，效率极低，而且考试不易管理，不能有效地对学生的考试成绩进行科学的数据分析，挖掘不出大量有用的信息。

通过开发在线考试系统，根据试题库的内容，随机抽取试题，生成试卷，这样大大地减少了教师在考试前的大量准备工作，减少了人力的投入。在考试过程中，由于试题是随机抽取的，可以杜绝学生的考试作弊行为。考试结束后，通过该系统自动判卷、统计分数、排名等一系列考后工作。在考试系统中还具有在线学习功能，学生按照教师设定的学习内容，可循序渐进地学习。

综上所述，这种考试形式能有效地保证考试的相对公平，不仅效率高，而且节约环保。因此，开发一款通用的在线考试系统，满足不同的考试需求，势在必行。

1　总体设计

1.1　B/S 结构模式

B/S 模式，是基于浏览器/服务器的一种架构模式。在 B/S 模式下，用户端的计算机上只需要安装浏览器即可实现对应的访问。在服务器端需要安装数据库以配合业务及应用的执行。用户要对数据进行查询时，通过浏览器访问 Web Server，即可实现数据的交互。浏览器/服务器模式的结构如图 1 所示[2]。

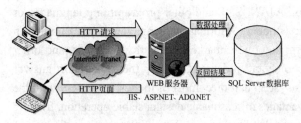

图 1　B/S 结构

1.2　三层架构体系

为了便于本系统的开发和维护，在系统的开发过程中，我们使用了三层架构体系。三层架构体系包括表示层（UI）、业务逻辑层（BLL）、数据访问层（DAL）[3]。

（1）表示层（UI）

所谓的表示层也称为界面层，其实就是我们用户所看到的用来操作的界面，体现在本系统中，就是 aspx 页面，主要是用来显示从服务器端传来的数据同时可以接受用户在界面输入一些数据，并把用户输入的数据请求，返还给服务器，为用户提供了交互式操作界面。

（2）业务逻辑层（BLL）'

业务逻辑层主要是用来起到承上启下的作用，承上是表现在对前台提交过来的一些数据的处理，启下是通过对数据层返回来的一些数据经过业务逻辑的判断、组合、筛选等，并最后把结果响应回表示层的一个过程。

（3）数据访问层（DAL）

数据访问层主要是用完成来对数据的访问、读取和传递。可以理解为对数据库的数据进行一些简单的 SQL 操作，比如增添、删除、修改、查找等。这三层之间的相互关系，如图 2 所示[4]。

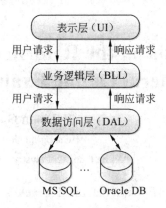

图 2　三层架构体系

1.3　系统的总体结构

一切从实际出发，紧紧围绕高校各系部考试时的各项要求，从系统的界面、功能、操作、维护等方面尽可能满足需求。本系统大体满足以下功能：

考生进入系统，试题清晰显示，只需要按步骤答题，就会使用，无须培训。在规定的时间内，可以进行单选、多选、判断、填空、简答以及上述各种题型组合而成的组合题型的答题，交卷后形成试题文件。系统支持多媒体（图片、声音、动画）在试题中呈现。考生可通过系统提供的在线考试倒计时功能，随时了解考试剩余时间，时间结束时系统将自动交卷，自动阅卷，给出成绩，保证成绩真实、准确，并且考生可随时查看考试成绩。并支持成绩排行、分析、导出、归档操作。

教师编写各题型题目，导入试题，维护题库。题库具有统计分析功能，并以图表的形式显示某一课程的试题分布是否覆盖了全部知识点、难易程度是否分布适中，题型分布是否合理、题量是否适中等。

教师在线生成试卷，规定考试时间、各题型数量和每题分值。系统具有强大的组卷策略，可随机抽取试题，也可由教师手动添加组卷策略，生成样卷供教师查看对比，对不满意的组卷进行删除。

管理员管理考生信息和管理员信息，可对考生进行添加、删除、修改和查询；可设置不同权限的管理员来对后台不同管理模块进行管理。

考试最重要的是保证其公平性和公正性，在本系统中采用以下方式有效地防止考生作弊：一台机器原则上只能接受一位考生的登录信息；本系统最终生成的答案文档以加密的方式存储，防止考生通过拷贝等方式作弊[5]；相邻的 IP 地址试卷不一样，禁止连接互联网，禁止使用 U 盘，禁止共享，周期截屏等。

根据上述业务概述，得出如图 3 所示的在线考试系统功能结构图。

由图 3 可知，在线考试系统解决了传统考试存在的诸多弊端，如考场布置、试卷的管理等，不再是传统人工管理方式，取而代之的是数据库软件系统，其管理操作也转化为对考试相关信息流管理模式。

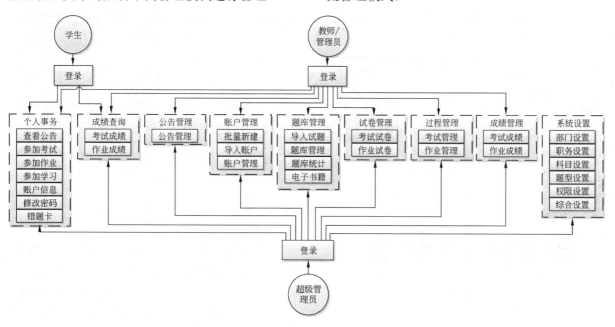

图3 在线考试系统功能结构图

在线考试系统由个人事务、成绩查询、公告管理、账户管理、题库管理、试卷管理、过程管理、成绩管理和系统设置九大系统配置而成。系统结构图如图 4 所示[3]。

2 在线考试系统详细设计

鉴于系统模块内容较多，篇幅有限，在此只介绍部分功能模块的设计。

2.1 主页

系统账户分为超级管理员、管理员（教师）

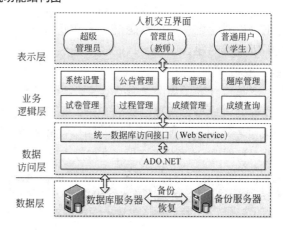

图4 系统结构图

和普通账户（学生）三类，其中超级管理员拥有最高权限，管理员拥有建立公告、账户、试题和试卷等权限，可为管理员设置评卷账号、评卷题型和角色菜单等权限，普通账户拥有查看公告、参加考试、参加作业和成绩查询等权限。

2.2 考试页面

考生进入系统后，点击参加考试，进入考题选择界面，列出了当前用户可参加考试的所有试卷，考生选择某一个试卷，单击"开始考试"按钮，可打开正在考试界面如图5所示。

在正在考试界面中，单击右上角的"检查答卷"按钮，可打开查看答卷情况界面，如图6所示。

如果试卷过期，试卷将不再显示在参加考试列表中，考生答完卷后单击右上角"提交答卷"按钮交卷。考生提交试卷后，系统自动评分，及时向考生显示出本次考试的得分。

图5 正在考试

图6 答卷情况

2.3 错题卡

显示用户在考试或者作业的过程中的错题，考生可以对错题卡中的错题进行多次联系练习，巩固所做错的题。

2.4 成绩查询

成绩查询界面如图7所示。列出当前已经成功交卷并可以查询成绩的答卷记录，可输入试卷名称和考试起止时期进行查询。如果试卷不允许查看评卷结果，试卷将不会显示在成绩查询记录中。

图7 成绩查询

单击"排名"，可查看用户在此次考试中的名次。

单击"答卷"按钮，可打开查看答卷界面。在查看答卷界面中，错题"本题得分"用红色字体标记，并且可将考生答卷导出到Word软件中，用于存档和打印等。答卷界面略。

单击"统计"按钮，可对答卷进行统计分析，统计分析界面略。

2.5 参加学习

在参加学习界面如图8所示。列出了当前用户可以浏览的所有科目章节内容，单击"浏览"按钮或章节名称，可浏览学习章节中的具体内容。电子书籍中可发布用于考试、作业等的教材内容，促进学生自主学习的积极性。

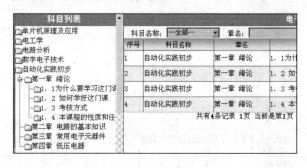

图8 电子书籍

2.6 题库管理

（1）题库管理。

在题库管理界面中，可新建、浏览、修改和删除试题，可输入条件进行查询，可将查询结果导出到Excel文件中。超级管理员可对所有试题进行操作，管理员只可对自己建立的试题进行操作。题库管理界面如图9所示。

图9 题库管理

新建试题界面如图10所示。新建试题时，可选择科目名称、知识点、题型名称、试题难度、选项数目、试题分数等。

图10　新建试题

在新建试题界面中，试题内容、试题选项、试题答案和试题解析都可以通过 HTML 编辑器插入图片、音/视频、表格、Flash 动画和数学公式等多媒体信息，HTML 编辑器界面如图 11 所示。

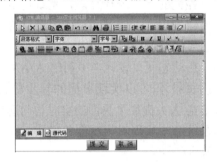

图11　HTML 编辑器界面

（2）题库统计。

在题库统计界面中，列出了科目名称和试题数量等信息，如图 12 所示。

图12　题库统计

单击"试题分布"按钮，可打开如下试题分布界面，如图 13 所示。教师可通过查看试题分布中的题型、知识点、难易程度等来判断题库中的试题是否安排合理，能否对学生所学的知识点进行全面考察。

图13　试题分布

2.7　试题管理

考试试卷管理界面中，可新建、修改、删除和预览试卷，可输入试卷名称和选择组卷方式进行查询。组卷方式分为随机组卷和手工组卷。

随机组卷界面如图 14 所示。

出题方式中的题序固定表示每位考生的试题和顺序都完全一样；题序随机表示每位考生的试题完全一样但题序打乱；试题随机表示每位考生的试题在试题策略条件下随机产生，可有效防止考生作弊。

在随机组卷界面中，单击"添加策略"按钮，可打开如下添加随机策略界面，如图 15 所示。

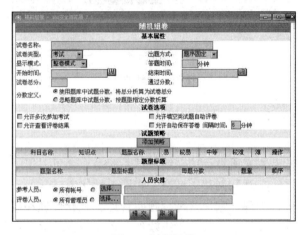

图14　随机组卷

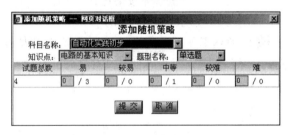

图15　添加随机策略

手工组卷与随机组卷类似，唯一不同的是手工组卷中添加策略是手工添加试题，如图 16 所示。

图16　添加手工策略

2.8　成绩管理

在成绩管理界面中，可查看所有考生某一科

目的考试成绩，并且可统计出平均分、最高分、最低分等。同时可对知识点、题型、试题等进行统计分析。知识点统计界面如图 17 所示。试题统计界面如图 18 所示。

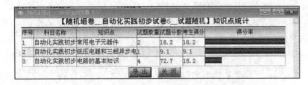

【随机组卷__自动化实践初步试卷6__试题随机】知识点统计

序号	科目名称	知识点	试题数量	试题分数	考生得分	得分率
1	自动化实践初步	常用电子元器件	2	18.2	18.2	
2	自动化实践初步	低压电器和三相异步电	1	9.1	9.1	
3	自动化实践初步	电路的基本知识	4	72.7	15.2	

图 17　知识点统计

【随机组卷__自动化实践初步试卷6__试题随机】试题统计

序号	题型名称	基本类型	试题数量	试题分数	考生得分	得分率	选A	选B	选C	选D	选E	选F
1	单选题	单选类	1	9.1	9.1		100%	0%	0%	0%	0%	0%
2	单选题	单选类	0	4.5	4.5		0%	0%	0%	100%	0%	0%
3	单选题	单选类	0	4.5	4.5		0%	100%	0%	0%	0%	0%
4	单选题	单选类	1	9.1	0		0%	50%	50%	0%	0%	0%
5	单选题	单选类	1	9.1	9.1		100%	0%	0%	0%	0%	0%
6	填空题	填空类	1	9.1	3							
7	填空题	填空类	1	45.5	7.6							

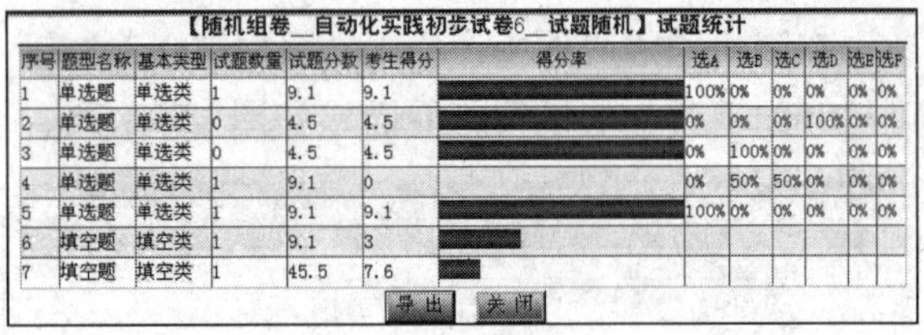

图 18　试题统计

3　结论

本文所设计的在线考试系统是一套可以用于学校在互联网和局域网上实现无纸化考试学习、公告管理、账户管理、题库管理、试卷管理和成绩统计等于一体的集成软件。在我校自动化专业的日常教学考核中试运行效果良好。

本系统主要功能和特点如下：

（1）系统基于微软先进的.Net 平台，B/S 架构模式，系统部署、维护方便，具有良好的开放性、伸缩性和可扩展性。

（2）灵活的账户管理功能，系统账户分为超级管理员、管理员（教师）和普通账户（学生）三类，其中超级管理员拥有不同的权限。

（3）试卷出题方式可采用题序固定、题序随机或试题随机模式；试卷显示方式分为整卷模式和逐题模式；试题随机和逐题模式可有效防止作弊。

（4）系统可对试题的科目、知识点、题型、难度、分数、试题内容和试题解析等属性进行设置。系统提供单选类、多选类、判断类、填空类、问答类以及上述各种题型组合而成的组合题型，完全可以满足目前试题要求。

（5）多种组卷模式，既可以单科目组卷，也可以多科目综合组卷；可在试卷策略中按科目、知识点、题型和难度随机抽取试题组卷，也可手动自由选择试题进行组卷；可将试题按试题分数或按题型指定分数折算成试卷总分；可设置题型显示顺序等属性。

（6）试题内容丰富，试题中可插入图片、音/视频、表格、Flash 动画和数学公式等，全面支持听力测试、语音辨析、音/视频赏析等试题，真正实现了多媒体试题。

（7）强大的答卷统计功能，系统可对考生答卷按成绩、知识点、题型和试题得分进行统计，并以图表形式直观显示。

（8）在动态网页设计当中利用 AJAX 创建快速动态网页技术,可以实现页面的异步更新,节约了数据带宽,大大提高了页面的实时访问速度。

本系统暂未实现对主观题的考核，在今后将进一步改进。

References

[1] 谭红春，金力，高洁. 通用在线考试系统的开发与设计[J]. 齐鲁工业大学学报，2016，30（5）：51-54.

[2] 罗丽. 基于 B/S 模式的高校学生选课系统的设计与实现[D]. 长沙：湖南大学，2014.

[3] 李展飞，罗竞华，胡桂考，等. 基于 ASP.NET AJAX 技术的在线考试系统的设计与实现[J]. 电脑知识与技术，2016，12（12）：121-125.

[4] 高扬. 基于.NET 平台的三层架构软件框架的设计与实现[J]. 贵州大学计算机科学与信息学院，2011，21（2）：77-81.

[5] 张焱焱，冉祥金. 一种在计算机基础考试中防作弊的方法及实现[J]. 探索与观察，2016，18（32）：46-47.

基于 LabVIEW 的"自动控制原理"教学辅助系统设计与应用

刘志鸿　温素芳

（内蒙古工业大学，内蒙古自治区 呼和浩特 010051）

摘　要：在 LabVIEW 平台上设计实现的自动控制原理教学辅助系统，涵盖了经典控制理论的全部内容，在教学中与相应理论推导有机结合，有利于激发学生的学习兴趣，帮助学生理解教学内容。该系统地应用，显著的改善了授课质量，提高了教学效果。

关键词：自动控制原理；教学辅助系统；LabVIEW

Design and Application the Teaching Assistance System for Principle of Automatic Control on LabVIEW

Zhihong Liu, Sufang Wen

(Inner Mongolia University of Technology, Huhhot 010051, Inner Mongolia, China)

Abstract：A novel teaching assistance system for principle of automatic control is designed, and developed on the LabVIEW platform. This system covers all classical control theory areas, and coherently combines with the corresponding theory deviation during the teaching process. This system motivates students study passion, and help students understanding teaching materials. The application of this system greatly improves the teaching quality, and enhances teaching effects.

Key Words：Principle of Automatic Control；Teaching Assistance System；LabVIEW

引言

"自动控制原理"是自动化专业和电气专业的重要基础理论课，它是学习"现代控制理论""过程控制"等本科后续课程的基础，也是学习"线性系统理论""自适应控制"等研究生课程的基础，还是工业过程控制与优化设计的理论依据[1, 2]。课程具有内容多、理论性强、逻辑推导繁杂等特点。课程的教学往往以理论推导为主，辅助适当的例题进行讲解。学生在课程学习中容易出现对知识含义不理解、单纯以做题为目的学习等现象，不利于对学生独立思维和动手能力的培养。因此，开发具有合理内容、人性化界面、交互式功能的教学辅助软件将成为对课堂教学的有益补充[3]。

LabVIEW 是由美国国家仪器（NI）公司推出的一种使用基于图形化编程方式的虚拟仪器软件开发环境，具有界面直观、控件丰富、编程效率高等特点。为此，设计实现一套基于 LabVIEW 的自动控制原理教学辅助系统，将该系统应用在课堂教学中，与相应的理论教学有机结合，能显著改善授课质量，提高教学效果。此外，LabVIEW 软件使用方便，基于图形化的编程语言使学生较容易上手，课下鼓励学生自主设计该系统，能够进一步提高学生的知识运用能力和程序设计能力。

联系人：刘志鸿. 第一作者：刘志鸿（1974—），女，硕士研究生，副教授

基金项目：内蒙古工业大学教改项目（2014252）.

1 教学辅助系统的设计

1.1 系统整体方案

"自动控制原理"教学辅助系统采用模块化的设计思想，根据课程大纲的要求，涵盖了经典控制理论的全部内容，包括时域分析、根轨迹分析、频域分析、线性系统校正、非线性系统、离散系统六个模块，其中时域分析、线性系统校正、离散系统、非线性系统又包括几个子模块，整体结构如图1所示，实现的界面如图2所示。

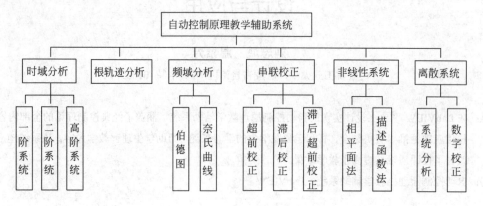

图1 整体结构图

图2 系统界面

1.2 系统的实现

应用LabVIEW软件中的Control Design and Simulation工具包，结合Matlab语句，可以很方便地实现系统，下面以根轨迹分析模块为例说明本系统的实现过程。图3和图4分别为根轨迹分析模块的前面板和程序框图。

打开前面板的控件选板，拖入两个数组控件，作为传递函数零点和极点的输入框；将图形菜单中的二维图片拖入，来显示系统的传递函数；拖入XY图，用来显示阶跃响应；放置四个数值显示控件，将标签名称改为"上升时间""峰值时间""调节时间"和"超调量"，用来显示阶跃响应的动态性能指标。

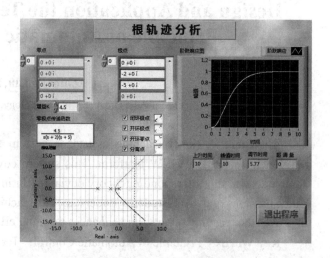

图3 根轨迹分析模块的前面板

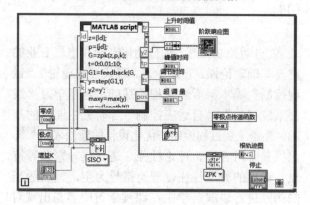

图4 根轨迹分析模块的程序框图

程序框图的设计，利用while循环，实现程序重复执行。打开函数控件的控制与仿真模块，添加"CD Construct Zero-Pole-Gain Mode.vi"函数，用来构成系统的传递函数模型；添加"CD Draw Zero-Pole-Gain Equatoin.vi"函数,用来显示传递函数的模型的表达式；添加"CD Root Locus.vi"，用来绘制根轨迹。嵌入 Matlab 脚本，将开环传递函数变换为闭环传递函数，绘制阶跃响应曲线，计算动态性能指标，输出变量与相应的显示控件连接。

在零点、极点和增益 K 输入框中，给定开环传递函数的零极点位置及根轨迹增益 K 的值，零极点形式的传递函数显示在对应的框中，绘制出系统的根轨迹图。同时，显示闭环系统的阶跃响应曲线，计算出上升时间、峰值时间、调节时间和超调量四个动态性能指标，将根轨迹分析与时域分析融合在一起。

2 教学辅助系统在课堂教学中的应用

传统的教学中，往往按照"定义-推导-举例"的过程进行，枯燥的数学公式和证明，让学生很难引起兴趣。而硬件实验受具体教学条件影响，有较多限制，在课堂教学中无法实现。将本教学辅助系统引入课堂中，提高了学生的学习兴趣，同时也很好地帮助学生理解了工程概念。

例如在根轨迹分析的教学中，启动系统，打开图 3 所示的根轨迹分析模块，给定开环零极点和根轨迹增益，此时开环传递函数为

$$G(s) = \frac{4.5}{s(s+2)(s+5)}$$

绘制出根轨迹，让学生首先有一个初步的直观认识，根轨迹起始于开环极点，终止开环零点，有三条分支，趋向于无穷远处。

此时根轨迹增益 $K^* = 4.5$，闭环极点位于负实轴上，系统处于过阻尼状态，阶跃响应无超调。

改变根轨迹增益使 $K^* = 10$，闭环主导极点是左半平面的复数根，系统处于欠阻尼状态，阶跃响应有超调，如图 5（a）所示。

再改变根轨迹增益使 $K^* = 100$，闭环极点进入右半平面，系统不稳定，阶跃响应发散，如图 5（b）所示。

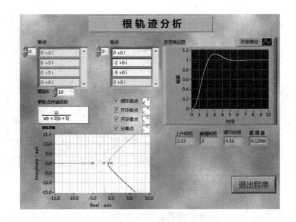

图 5（a） 根轨迹分析模块

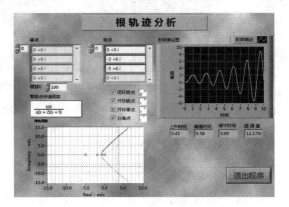

图 5（b） 根轨迹分析模块

通过以上对比分析，看到开环传递函数根轨迹增益对闭环极点的位置以及阶跃响应和动态性能的影响，进而帮助学生掌握根轨迹的概念，同时让学生更好地理解了根轨迹分析法与时域分析法各自的优缺点以及二者之间的关系。

频域分析法是"自动控制原理"课程中教学的难点，开环幅相曲线和对数频率特性曲线更是学生学习中的"拦路虎"。如图 6（a）所示的频域分析模块，给定开环传递函数

$$G(s) = \frac{10}{s(s+1)}$$

把两种频率域的曲线放在一起，向学生说明，系统的开环福相曲线与负实轴没有交点，对应在对数频率特性曲线中即为相频特性曲线与 –180°线没有交点，幅值裕度为 ∞。这样学生就对这两种曲线之间的关系有更深的理解。在后续奈奎斯特稳定判据的讲解中，从开环福相曲线上推导出稳定判据，在对数频率特性曲线上如何应用，就会顺理成章。

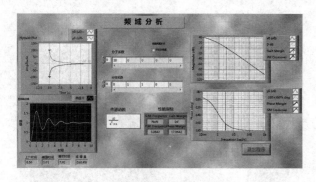

图 6（a）　频域分析模块

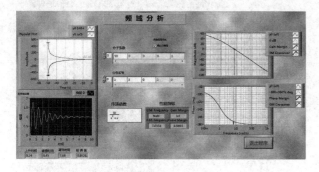

图 6（b）　频域分析模块

在频域分析模块中同时显示阶跃响应曲线及时域指标，能让学生更好地理解频域指标与时域指标之间的对应关系。如图 6（b）所示，增加开环增益，使 $K = 50$，频域指标中截止频率 ω_c 变大，相角裕度 γ 减小，对应时域曲线中上升时间和峰

值时间变快，超调量明显增大。不同域之间的对比，让学生对频域法的优点有了更深刻的认识。

3　结论

根据"自动控制原理"课程的特点，结合 LabVIEW 作为辅助教学手段，加深学生对课本知识的理解。辅助教学系统结合实例，用图形加以验证说明，使得教学效果生动鲜明，使学生对所学知识有了直观的印象，加深了记忆。而 LabVIEW 软件面向对象的特点和界面美观、简洁、易于移植的优势，适用于建议学生进行独立编程，设计具有自身特色的虚拟实验软件，在熟悉知识的同时培养学生独立思考和解决问题的能力，鼓励创新精神的养成。

References

[1] Richard CD, Robert HB. Modern Control System（10th Edition）[M]. 北京：科学出版社，2007.

[2] 田作华，陈学中，翁正新. 工程控制基础[M]. 北京：清华大学出版社，2007.

[3] 李霞. LabVIEW 在"自动控制原理"课程教学辅助软件开发中的应用[J]. 科教文汇，2012（10）：38-39.

基于 PLC 的丝杠控制系统及在自控原理实验中的应用

刘 中[1] 富 立 袁少强 张军香

（[1] 北京航空航天大学，北京 100191）

摘 要：自动控制原理是自动控制及相关专业一门重要的专业必修课，具有理论性强、内容抽象的特点。而同时自动控制理论又以实际系统为控制对象，具有很强的工程性和实践性。通过将实际控制系统引入自动控制原理实验教学中能够建立控制理论与实际系统之间的紧密联系，促进对理论知识的理解与深化。文章将基于PLC 的丝杠控制系统引入自动控制原理实验教学中，将抽象的数学模型与实际系统相对应，通过设计的控制率直接实现对实际系统的控制。在加强理论知识深化的同时，锻炼学生分析问题解决问题的能力，锻炼解决复杂工程问题的能力。

关键词：自动控制原理；可编程逻辑控制器；实验教学

PLC-Based Screw System and Implication in Automatic Control Theory Experiment

Zhong Liu[1], Li Fu, Shaoqiang Yuan, Junxiang Zhang

（[1]Beihang University, No.37 XueYuan Road, Haidian District 100191, Beijing, China ）

Abstract：Automatic control theory is an important compulsory course of automation and relevant specialties. It is very abstract and theoretical，at the same time automatic control theory is with strong engineering and practice for using practical system as its object of study. The close relationship between control theory and practical system can be constructed by bring real control system into experimental teaching. A PLC-based screw system is designed for automatic control experimental teaching in this paper. Abstract mathematical model is corresponded to practical system and designed control law directly control practical system. The proposed system deepens learning result and improve students capability of how to analysis problem and settle the problem and solve complex engineering problem.

Key Words：Automatic Control Theory；PLC；Experiment Teaching

引言

近年来，国内工科高校本科教育一方面强调学生工程能力的培养，以华盛顿协议为蓝本的工程教育认证及 CDIO 教育为主要途径。另一方面，以计算机仿真技术为主要手段的虚拟仿真实验建设正受到广泛关注，国家也在大力推广虚拟仿真实验中心建设。与传统实验室相比虚拟仿真实验具有明显的优势。不受场地和资金的严格限制，可以提供良好的实验平台，提高实验教学水平；可以整合实验教学资源，实现实验室的真正开放；改变实验教学模式，培养科技创新人才。虚拟仿真实验是专业实验教学的有益补充和创新。有效进行多学科交叉，打破专业实验的限制，有利于

联系人：刘中. 第一作者：刘中（1976—），男，硕士，工程师.
基金项目：校教学改革项目（4003051）.

培养学生的创新能力。如何将实物与虚拟仿真相融合，发挥各自特点，提高实验的灵活性、开放性、综合性，锻炼学生的动手能力和解决复杂工程问题的能力，成为值得研究并急需解决的实际问题。自动控制原理是自动控制专业及机电、电子、发动机、可靠性、交通等相关专业一门重要的必修课。该课程具有理论性强、内容抽象的特点，而同时自动控制理论又以实际系统为控制对象，具有很强的工程性和实践性。实验是自动控制原理教学中必不可少的组成部分，通过对实际系统的分析与实践了解理论与实际的联系，了解传递函数与实际系统的对应关系，了解控制率是如何作用于实际系统的。

本文通过将基于 PLC 的丝杠控制系统引入自动控制原理实验教学中，以实际系统为基础建立系统的数学模型，以实际的控制指标要求为依据设计实际的校正方式和参数，对实际系统进行控制。采用 OPC 接口将 Matlab/Simulink 与梯形图编程方式进行无缝连接。既可以直接采用工业现场的梯形图编程方式，也可以采用 Simulink 框图搭建的方式进行实验。同时建立了虚拟仿真实验，通过将 Matlab 与三维引擎连接，可以通过三维动画的方式直观地观测控制效果，利用校云实验中心资源进行虚拟仿真实验。实现理论与实际相结合、虚拟实验与实际系统相结合、课内与课外相结合的实验方式。

1 现状分析

从目前国内高校范围来看，绝大多数自动控制原理实验是采用全数字仿真或基于模拟电路的半实物仿真来实现的。全数字仿真虽然具有设计灵活、实验场地和设备要求不高、实验结果便于控制等优点，但同时也存在相对抽象、实验结果趋同、缺乏综合性等缺点。采用基于模拟电路的半实物仿真系统虽然在一定程度上解决了全数字仿真存在的问题，但以模拟电路作为研究对象，也存在着控制效果不直观的缺点，并且与实际控制系统存在很大的差别。不利于学生对数学模型的理解，不便进行综合性实验。对于锻炼学生分析问题解决问题的能力也存在着欠缺。从另外一方面考虑，如果全部将自动控制原理实验都采用

实际系统进行教学，必然会导致学时紧张，需要对相关编程语言、数据接口等进行先修学习，增加了教学的难度，也不利于学生对控制原理本身的理解。同时，设备的台套数、成本、维护等都会影响实验的广泛开展。

依托虚拟现实、多媒体、人机交互、数据库和网络通信等技术，构建高度仿真的虚拟实验环境和实验对象是学科专业与信息技术深度融合的产物。虚拟仿真实验有利于实验的开放及综合化，是实验室建设的发展趋势。同时，近些年逐步推广的 MOOC 课程，翻转课堂等都是与信息技术及虚拟仿真密切相关的。将现有设备与虚拟仿真相融合，探索二者的有机结合点，发挥各自优势，锻炼学生的工程实践能力，促进以学生为中心的教学理念及自主学习、探究学习、协作学习等实验教学方法改革是未来的发展趋势

北京航空航天大学自动化与电气教学研究实验中心目前承担了全校所有开设自动控制原理课程院系的相关实验教学工作，年均工作量超过 16000 人学时。实验覆盖面广、工作量大。为增强实验教学与实际工业现场的联系、提升实验教学的整体水平，我单位与罗克韦尔公司建立了联合实验室，其中配备了基于 PLC 的丝杠控制系统。为充分利用工业实际设备开展实验教学，本文采用实物与虚拟仿真相结合的方式，一方面通过实际系统让学生建立控制系统建模、设计及分析的概念，并通过实际系统的调试锻炼动手能力及解决复杂工程问题的能力。另一方面，通过虚拟仿真实验的方式，可以扩展实验的时间与空间，便于实验的顺利开展。

2 系统组成与功能

丝杠系统具有摩擦损失小、传动效率高、精度高等特点，是工具机械和精密机械上最常用的传动元件，被广泛应用于各种工业设备和精密仪器。以丝杠为对象进行实验涉及机械、控制、电子等学科，实验过程涉及计算机、传感器、软件等实际系统。丝杠系统控制既可以采用 PC 机进行控制又可以采用 PLC 进行控制，系统涉及建模、响应特性、校正等内容，适合自动控制原理、工业过程控制等课程实验。实验系统由丝杠本体、

可编程逻辑控制器、变频器、电机、编码器等组成，可以实现位置与速度的控制。可编程逻辑控制器采用的是罗克韦尔公司生产的 Micro850 系列，变频器采用的是 Allen-Bradly 公司生产的 PowerFlex525 系列。电机采用 15W 三相 220V 交流调速电动机。系统可以通过以太网进行相互连接与通信。

2.1 系统建模

滚珠丝杠系统机械传动机构由伺服电机、联轴器、滚珠丝杠副、两端支撑轴承、直线导轨副等部件组成，如图 1 所示。

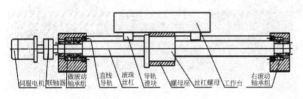

图 1 丝杠机械传动机构

由于系统联轴器连接部分、丝杠运动部分与轴承连接部分以及直线导轨部分的摩擦对丝杠整体运动的影响较大，建立的模型非常复杂。因此，为了简化模型复杂程度，方便对模型的分析，建模过程只考虑黏性摩擦，而电机与丝杠端的连接视作刚性连接，丝杠各部分的转动惯量全部包含进电机的负载惯量中。丝杠进给部分与工作台的连接也不考虑回程间隙。可建立滚珠丝杠系统的动力学模型（见图 2）。

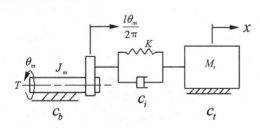

图 2 滚珠丝杠系统的动力学模型

图中：T 为伺服电机驱动力矩；θ_m 为滚珠丝杠转角；J_m 为旋转部件总转动惯量；C_b 为旋转部件总黏性摩擦系数；l 为滚珠丝杠导程；K 为进给系统轴向总刚度；C_i 为进给系统轴向黏性摩擦系数；C_t 为滚动直线导轨黏性摩擦系数；M_t 为工作台质量；x 为工作台位移。

系统微分方程如下

$$\begin{cases} T = J_m \ddot{\theta}_m + c_b \dot{\theta}_m + \dfrac{l}{2\pi} K \left(\dfrac{l}{2\pi} \theta_m - x_t \right) \\ \quad + \dfrac{l}{2\pi} c_i \left(\dfrac{l}{2\pi} \dot{\theta}_m - \dot{x}_t \right) \\ K \left(\dfrac{l}{2\pi} \theta_m - x_t \right) + c_i \left(\dfrac{l}{2\pi} \dot{\theta}_m - \dot{x}_t \right) = \\ \quad M_t \ddot{x}_t + c_t \dot{x}_t \end{cases}$$

$$(1.1)$$

上式中消去 θ_m 便得到了四阶模型系统。为了便于计算及实现，还需要对模型进行降阶处理。引用参考文献[2] 稳定自适应控制器的方法，将系统降阶为二阶系统。

$$G(s) = \frac{s+2}{s^2 + 3s + 6} \quad (1.2)$$

2.2 基于梯形图的控制

对于 PLC 的编程，工业现场一般是采用梯形图方式。而且只有 PLC 生产厂家提供的相关软件才能实现对硬件设备的所有控制，所以系统的最底层必须使用梯形图，它是由继电器与接触器的逻辑演变而来，使用方便，便于阅读。CCW（Connected Components Workbench）能够对 Micro800 全系列控制器进行编程控制。对丝杠位置控制的程序如图 3 所示。

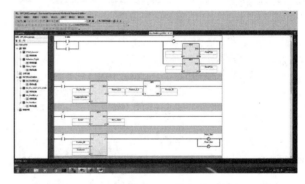

图 3 对丝杠位置控制的程序

2.3 基于 Simulink 的控制

虽然采用梯形图编程是工业现场常用的方式，并且其本身具有使用简单、便于阅读等特点，但如果直接将其应用于实验教学还需学生用额外的时间熟悉和学习相关编程方法，并且程序对系统的控制不直观，也不方便采用一些其他的控制方法。这里采用了 Matlab/Simulink 与 RSLinx 直接进行通信的方式，系统的参数、控制指令由 RSLinx 直接返回或发送给 PLC，而 Matlab 将

RSLinx 返回的参数进行计算作为反馈或信息显示引入 Simulink 框图，将控制率计算的结果发送给 RSLinx。这两者之间的接口采用了 OPC（Object Linking and Embedding for Process Control）协议如图 4 所示，它可以为不同厂家的不同软硬件设备建立通信连接。

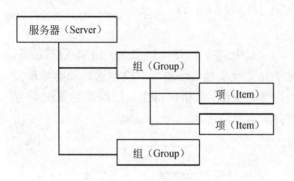

图 4 OPC 结构图

采用 OPC 完成 MATLAB 与 PLC 的通信后，在实验用计算机上就可以直接利用 Simulink 框图实现对 PLC 的实时控制，完成速度或位置的控制。实验中无须对底层的 PLC 程序进行编程，在 MATLAB 中完成仿真与实际的控制，并且便于控制率的修改，如图 5 所示。

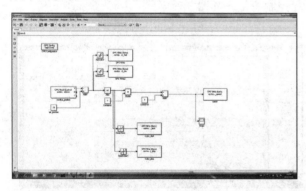

图 5 利用 OPC 接口通信的 Simulink 框图

2.4 虚拟仿真实验设计

由于实物实验在很大程度上会受到场地、设备台套数、开放时间等因素的制约，不便于实验的广泛开展，无法充分满足学生的需求。由于我中心承担的教学工作量很大，更急需采用灵活的方式进行实验。本系统将虚拟仿真实验引入教学实验中，采用多种方式实现。

虚拟仿真的数据来源主要依据 MATLAB 计算，通过数据接口传递给服务器程序，驱动三维

仿真环境。三维虚拟仿真环境通过后台调用 MATLAB，丝杠运动端依据 MATLAB 计算结果进行移动，并且可以在同一界面上显示运动端的位置、速度等信息，如图 6 所示。依托学校课程中心及云实验中心，可以将虚拟仿真模型置于服务器，学生能够在校园网内任意时间和地点登录进行实验，极大扩展了实验的时间和空间范围。

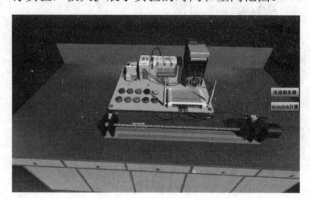

图 6 三维虚拟仿真实验界面

3 教学内容及方法设计

目前自动控制原理实验中采用模拟电路搭接的方式建立一、二阶系统以及其他控制对象，虽然能够通过测试和控制率设计观察到实际效果，但也仅仅是曲线、时间、峰值、稳态值等数据。无法真正看到一个控制系统的控制效果。建立丝杠系统的数学模型，对于速度控制可以近似为一阶系统，对于位置控制可以近似为二阶系统。设计实验环节对丝杠系统进行控制系统的校正。将 PID 控制三个主要参数的意义通过实验的方式展示出来。以实物完成原自控原理实验中一二阶系统动态相应特性及控制系统校正的内容。

本系统可以实现自动控制原理实验中如下几个实验项目。

（1）时域响应测试与性能分析实验；

（2）串联校正设计实验；

（3）控制系统测试、设计综合实验；

（4）状态反馈与状态观测器实验。

课内与课外教学过程密切融合，将建模及控制率的设计作为预习内容及课下学习内容，设计的结果可以通过虚拟仿真的方式看到较为直观的效果。实物的调试作为课上内容，调试中出现的

问题在课上或课下进行分析和解决。合理分配课内外内容、优化教学环节有利于翻转课堂等教学模式的实现。具体地讲，虚拟仿真方式可以实现机理建模、控制率设计与仿真、系统虚拟仿真与调试，通过三维动画及数据曲线等方式观察控制效果。这样可以将建模及控制率设计和仿真部分作为课外内容，比如课前预习等。实物控制实验可以实现实验建模、控制率设计、现场调试，通过实物的运动及数据曲线等观察控制效果。课上可以进行系统的实验建模及系统调试，综合运用PLC、变频器等实物实现控制指标要求。

例如在控制系统测试、设计综合实验项目中，要求学生对丝杠的位置进行精确控制，并且要满足调节时间、超调量等指标要求。系统的建模、控制率设计与参数整定等内容可以作为课前预习部分。学生通过机理建模得到系统的数学模型，通过控制率的设计及Matlab仿真得到响应曲线，然后登录服务器，自动将仿真结果数据上传，驱动三维虚拟仿真模型直观地看到结果。设计指标达到要求以后，可以进入实验室进行现场实物实验。实物实验有两种方式：一种是采用工业界常用的梯形图编程方式，此方式适合于有一定PLC编程基础的学生；另一种是Matlab通过OPC直接与RSLinx通信，这种方式不需要了解PLC编程，直接在Simulink中不需编程即可实现对丝杠的控制。在虚拟仿真实验的基础上，进行现场调试，实现对丝杠位置的控制。由于实际系统与建立的数学模型存在误差，实际系统的功率限制，实际系统的死区和非线性等因素都会影响控制效果。所以需要学生在实验过程中进行控制参数的调整，对影响控制效果的因素进行分析与评估。在仿真实验阶段能够对控制率参数的调整有一个比较清晰的了解。例如PID控制，通过虚拟仿真实验能够了解PID参数的整定方法以及调整的方法，在实物实验时可以借助这些知识与经验，较为快速地实验参数的整定。在实物实验结束后，可以通过课后思考题加深对理论知识的理解，通过虚拟仿真方式可以采用更灵活、更多样的控制方法实现丝杠的控制，扩展有限的实验教学资源。

4 结论

（1）建立了一套基于PLC的丝杠控制系统，可用于自动控制原理实验当中。可以采用梯形图及Simulink框图两种方式对丝杠进行控制。软硬件可选，接口开放。

（2）建立了丝杠控制虚拟仿真实验系统，通过三维仿真能够显示丝杠移动端位置、速度等信息。实现实验的虚实结合。

（3）对教学内容与方法进行了重新设计，实现课内课外相结合。

References

[1] 康全礼，丁飞己. 中国CDIO工程教育模式研究的回顾与反思[J]. 高等工程教育研究，2016（4）：40-46.

[2] 李志义. 对我国工程教育专业认证十年的回顾与反思之二：我们应该防止和摒弃什么[J]. 中国大学教学，2017（1）：8-14.

[3] 郭红晓，莫德举. OPC技术及其软件的开发[J]. 北京化工大学学报：自然科学版，2002（3）：73-75，80.

[4] 王永强，张承瑞. 滚珠丝杠进给系统仿真建模[J]. 振动与冲击，2013，32（3）：46-49.

[5] 李安伏，崔亚量.基于OPC的Matlab与组态王的数据通信[J]. 电力自动化设备，2007（7）：113-115.

[6] Priyanka E B, Maheswari C, Meenakshipriya B. Parameter monitoring and control during petrol transportation using PLC based PID controller[J]. Journal of Applied Research & Technology，2016，14（2）：125-131.

[7] 张昆，段其昌，张从力，等. MATLAB与PLC之间的通信技术[J]. 自动化技术与应用，2005，24（12）：54-55，58.

[8] Lieping Z, Aiqun Z, Yunsheng Z. On remote real-time communication between MATLAB and PLC based on OPC technology[C]//Control Conference，2007. CCC 2007. Chinese. IEEE，2007：545-548.

[9] 刘惠敏. 基于MATLAB的自动控制原理虚拟实验教学平台设计[J]. 实验室科学，2016，19（3）：48-52.

基于 TRIZ 理论的高校大学生创新力培养研究

诸 云[1] 郭 健[1] 张丹丹[2] 熊玉倩[2]

（南京理工大学，江苏 南京 210094）

摘 要：高校大学生创新力的培养面临着许多矛盾和困难，主要体现在学生、教师、学校、机构平台等方面。论文在分析当前高校大学生创新力培养现状的基础上，基于 TRIZ 理论的相关原理，提取了高校大学生创新能力缺乏的四个主要矛盾并给出了相应的解决矛盾的措施。最后以南京理工大学自动化学院为例，结合 OBE 理念进行了与自动化专业相关的具体实施案例分析。

关键词：创新力；矛盾；TRIZ 理论

Research on the cultivation of College Students' Innovation Ability Based on TRIZ Theory

Yun Zhu[1], Jian Guo,[1] Dandan Zhang[2], Yuqian Xiong[2]

(Nanjing University of Science and Technology, Nanjing 210094, Jiangsu Province, China)

Abstract：The cultivation of college students' innovation ability is facing many contradictions and difficulties, mainly reflected in the aspects of students, teachers, schools, institutions and so on .Based on the analysis of the current situation of College Students' innovation ability and the relevant principles of TRIZ theory, this paper extracts four main contradictions of the lack of creative ability of college students and give the corresponding measures to solve them .Finally, taking School of Automation of Nanjing University of Science and Technology as an example, combined with the OBE concept, the specific implementation case analysis related to automation specialty is carried out.

Key Words：Innovation; Contradiction; TRIZ Theory

引言

现如今世界经济和信息高速发展，各国间综合国力的强弱逐渐体现在科学技术领域的发展。在国家科教兴国、人才强国的重要战略下，建设创新型国家成为必然之势，高校也应承担起社会责任，培养创新型的高科技人才[1]。培养高校大学生的创新能力具有十分重要的意义，不仅有利于国家的科技实力的进步，对于大学生的自身发展也更有利于提高竞争力。

高校应当充分认识自身承载的使命，从理论到实践不断促进大学生创新能力培养的完成。因此需要深入研究大学生的创新能力现状及所反映出来的问题，并采取合理举措疏通难点，保证大学生创新力的发展。

在国家的积极鼓励和倡导下，当代高校大学生的自主创新能力有了一定程度的提高，但仍存在不少问题，例如：相当一部分大学生没有参与

联系人：诸云. 第一作者：诸云（1985—），女，博士，助理研究员.

基金项目：本文系 2015 年江苏省高等教育教改研究立项课题 "协同创新视角下大学生创新能力培养的研究与实践"；2015 年江苏省"十二五"规划资助专项课题 "主体诉求视角下高校资助育人模式创新研究"；2015 年南京理工大学教改重点课题 "基于四创能力模型的自动化类人才实践教育模式研究" 的阶段研究成果. 江苏高校品牌专业建设工程资助项目（PPZY2015A037）.

创新活动的意识和欲望，创新知识薄弱，成果贫乏等。导致这些状况的原因有很多：

从大学生自身方面来看，当前国内高校部分学生缺乏大胆求新的精神，局限于书本知识所教授的定理规律而不思破旧立新、深层次探索，很大程度上局限了创新能力的提升。再者，大部分大学生创新意志缺乏磨炼，这也必然抑制创新实践的实现。从教师方面来看，大学教师教学方式略单一，与学生的交流开放程度也较欠缺，并且创新教育的师资力量不足。从学校以及机构平台来看，大部分学校有学术部门以及一些与学术创新有关的社团协会，但是活动较为单一，各平台之间联系较少，给学生提供的选择也就相对较少。从而导致学生加入创新活动或者迸发创新想法的机会就很少，削减学生对科技创新的热情。

1 高校大学生创新力培养现状探析及主要矛盾提取

目前，在高校大学生创新能力的培养过程中，主要存在以下几个方面的矛盾：

1.1 学生层面

相当一部分学生缺乏创新动机，即使有创新意识也没有动力付诸于实践。原因可归纳为以下三个方面：

（1）大学生在面对来自各方面的诱惑时容易产生焦虑和迷惑，此时他们衡量事情的基本原则大多是个人价值是否被满足以及被满足的程度，功利性较强。例如有些大学生学习勤奋认真并且担任学生骨干，但其目的并非单纯地想要提升自身的综合能力而在为评奖评优等个人价值的实现创造条件。这些心理在无形中阻碍了学生的创新动机的形成。

（2）大学生面临就业的压力，用人单位普遍看重学生的学历以及学业成绩，这就导致一些大学生只重视课程考试，不愿意花费时间在创新上。

（3）部分学生在创新力方面的起点低、基础差，又因懒惰心理、畏惧心理及自卑心理的作怪，在实践中往往虎头蛇尾，见异思迁，放弃追求。

1.2 教师层面

目前，大多数高校教师在学生科技创新能力培养方面投入较少，尤其是在中青年教师中存在着创新意识不强的情况，并且由于教学任务繁重，很难对大学生创新力的养成进行高质量的辅导。

教师是教学活动的引导者，教师教育思想的更新和教育观念的转变尤为重要，而当前教育体制中的大多数教师还只是扮演着讲授书本知识的角色，只有很少一部分教师在注意到培养学生创新能力的基础上能够给学生列出明确的培养目标，这样的创新教育效果显然会大打折扣。此外，在培养学生的创新力时应当添加边缘或其他综合类学科的知识作为理论基础。边缘学科的学习对于培养学生发散思维有着重要的作用，有助于开阔思维，拓宽视野[2]。在目前的教育体系中，仅有少部分教师会向学生拓展跨学科的知识，高校的教师应该引起注意。

1.3 学校层面

教学计划难以激发大学生的创新能力，学校的课程设置不合理，考核评价体系不科学。近些年虽然许多高校进行了教学改革，但是仍然存在一些问题。公共基础课时间设置较长，专业课科目多且教学课时长，这些课程不但占满了学生的时间而且学生所学知识无法及时吸收和应用。学生缺少时间、精力和条件去学习自己感兴趣的辅助学科，也无法学习其他专业的学科，这必将影响到学生创新思维的形成以及创新能力的培养。而课程的考核方式还是以考试结合课后作业以及考勤的方式进行评判。这种评价机制对于学生加强课本知识学习能起到一定督促作用，但不利于促进学习主动性[3]，最终学生所掌握的也只是书本上一成不变的知识，学生对书本知识的应用却无从考量。

1.4 机构平台层面

丰富的创新思维的迸发需要良好且高效的机构平台作为支撑。现如今，高校中与促进学生创新能力发展相关的机构平台不算全面但也能满足学生对于培养创新思维的需求。然而，大多数高校在实验室、学生会学术部门、与创新有关的社团的工作比较分散，不能紧密合作，缺乏沟通，这势必降低了学生创新活动的效率。学生花费大量时间和精力却一直不能得到好的反馈从而也消磨了他们的意志力与兴趣。

此外，虽然高校中有很多社团和协会，但是真正和科技创新主题有关的却不多，缺少学术气氛，这一点也可以从各机构之间缺少联系来分析。如果各机构的活动有交叉一方面就可以使得创新活动更加多样化，增加学生对创新领域的选择，另一方面就可以构建项目导向或兴趣导向类合作小组，增强学生之间的合作，起到相互促进的作用，进一步提高学习效率。

对应上述问题，高校大学生创新力培养存在以下四类主要矛盾，即：矛盾 1：大学生主修课程与参与创新活动的选择冲突；矛盾 2：教师传授专业知识与拓展创新性教学的冲突；矛盾 3：学校考核评估体制与科技创新激励力度的矛盾；矛盾 4：机构平台之间交流欠缺的矛盾。

2 基于 TRIZ 理论的矛盾分析

TRIZ（Theory of Inventive Problem Solving）为"发明问题解决理论"，在 1946 年由前苏联发明家根里奇·阿奇舒勒提出。迄今为止，TRIZ 已分析了 900 多万份专利。TRIZ 理论的基本作用包括 4 点：

（1）系统分析问题产生的原因，发现问题本质，提取主要矛盾。

（2）针对创新性问题或者主要矛盾，提供最优解决方案。

（3）打破传统思维模式，激发创新思维，开拓分析视角。

（4）基于技术体系进化规律，确定探索方向，预测发展趋势，开发新产品。

运用 TRIZ 理论解决问题首先要对其解决方法进行评价，评价的标准是理想状态和理想最终结果的定义。另外，一个问题的解决可能会导致新问题的产生，新问题需要按照同样的步骤进行解决。因此运用 TRIZ 理论去解决相关问题是个重复循环的过程。

TRIZ 理论能对技术发明中产生的各种矛盾进行较为准确的分析，核心是消除矛盾，揭示技术系统进化的原理[5]。目前，该理论不仅仅用于技术变革和创新问题，也逐渐渗透进高校学生创新能力培养过程中，本文就是采用 TRIZ 理论对高校大学生创新力培养进行分析研究，提取核心矛盾并提出针对性的解决策略。

TRIZ 理论与以上四个矛盾结合，进行矛盾分析：

（1）大学生主修课程与参与创新活动的选择冲突分析与对策：这两个选择的矛盾主要表现在学生面对上课、考试和参与科技创新活动的时间分配上。对于多数学生而言，高绩点、好名次可能更有诱惑力，参加科技创新活动虽然在高校中也有一定的奖励，但是想要在这些活动中获得奖项学到新知是一个漫长而又未知的过程，远比考一个好成绩来的困难。大学生普遍的懒惰、浮躁以及薄弱的意志力使得他们放弃参与到科技创新活动中去，把精力花费在一成不变但能给他们带来基本荣誉的书本知识上。这种矛盾表面上是大学生创新意识的欠缺但其核心是课程时间安排冲突，如果有效进行时间分割，将有利于学生参与到科技创新中去。

针对以上矛盾核心的分析提出主修课程与创新思维培养课程既融合又分阶段安排的策略。具体实施方法是在课程安排时考虑给予学生锻炼创新能力的时间，在课程前期以授课为主，课堂上教师针对具体内容适当提出一些探索前沿知识的思路给学生，这样在课程的后期通过带领学生进入实验室将在课堂上的启发通过实践来实现。通过这种集体方式让大多数同学都参与到创新活动中去，学生就不会因为挤不出课外时间而拒绝参与创新活动，更有利于创新思维的开发与碰撞。

（2）教师传授专业知识与拓展创新型教学的冲突分析与对策：这个矛盾的主要表现是教师以传授课本知识为主，对于培养学生创新能力的教学方案没有计划安排，随机随性传播一些创新想法，这就导致了学生经常出现听后就忘等现象，无法循序渐进地启发和培养学生的创新能力。这种矛盾出现的直观原因是教师自身还没有明确地将创新添加到教学中去。高校的教师大部分在科研方面都有不同层次的造诣，但是对于培养学生创新能力方面并不能给出明确的培养计划，这必然阻碍大学生创新能力的提高。这种矛盾的核心是教师在长期形成的教学模式下，有些不愿意花时间精力去改变墨守成规的教案而有些则是由于本身专业前沿技术单一从而没能给出合理的培养学生创新能力的计划。

针对以上矛盾核心的分析提出两个相关策略，一是各学院依据专业领域不同创新活力不同划分教师应给学生制定创新能力培养的等级，要求教师按期汇报培养学生创新能力的计划并将其列入教师考核要求中去。这种方法虽然有些强制性，但可以汇集更为专业而又有活力的师资力量，一个学校的师资是学生全面快速发展的保证。二是学校教师组建教学探讨组，通过收集不同专业教师的专业前沿情况以及各学科之间的联通之处探讨制定相应的培养学生创新能力的教学计划。

（3）学校考核评估体制与科技创新激励力度的矛盾分析与对策：这个矛盾主要表现在一方面不能调动学生的积极性，另一方面没有给予教师一定的改变教学方法的空间，使得教学方法仍然较为单一。矛盾产生的主要原因是学校没能及时更新考核评估体制。大多数高校当前仍主要以考试成绩作为评奖评优、保研、入党等的主要依据，虽然也适当添加了科技创新在评估中的比重，但是仍有不合理的地方。这种矛盾的核心是如何权衡考试成绩和科技创新在考核评估中的比重。

针对以上矛盾核心的分析提出两种相关策略，一是教育部门通过定期召集高校教师以及学生，聆听教学反馈。在国家倡导创新理念的政策下及时跟进，根据不同的学校水平，不同的学科特点制定新的考核方式，实现学生在保证书本课程知识吸收完全的基础上最大化提升创新能力。另一种是在本科生评奖评优制度中适当效仿研究生，增加科研业绩评分在总分数中的比重。大一学年学生刚步入大学，评优规则主要以课程成绩为主，课程考试成绩与科研成绩比重为9:1；大二学年学生专业课程增加，学生慢慢接触相关的专业知识，科研能力较大一有所增加，因此课程考试成绩与科研成绩比重变为7:3；大三学年是学生专业课程最多专业知识掌握最熟练的一年，最为适合学生加入科研培养创新能力，因此课程考试成绩与科研成绩比重变为最大5:5；大四学年学生根据个人发展需求会选择不同的方向，因此可以前三学年课程成绩、科研成绩再加以毕业生毕业发展情况进行综合评选。

（4）机构平台之间交流欠缺的矛盾分析与对策：这个矛盾主要表现在各平台创新活动局限新意不足导致参与到其中的学生数目不足。资源配置、管理不协调是矛盾产生的主要因素之一。大多数高校在实验室、学生学术组织、与创新有关的社团的工作比较分散，不能紧密合作，缺乏沟通，这势必降低了学生创新活动的效率。这种矛盾的核心是如何增强各平台的联系。

针对以上矛盾核心的分析提出利用互联网促进各平台间合作的策略。首先建设网站搭建个性化交流平台，此网站中需包括各平台单独的主页以及互动交流模块。之后各平台将自己机构的各阶段计划在主页上发布，告知给其他相关平台，使得资源相通促进相互合作。个性化交流平台使得各创新部门、高校的学生、教师都能一起交流，有效提高学生创新参与度以及完成效率。

3　实施案例

以上基于 TRIZ 理论进行了大学生创新力培养的相关研究，结合《华盛顿协议》工程教育认证的 OBE 理念，针对自动化专业毕业生的创新力培养的实例进行具体的说明。

成果导向教育（Outcome based education, OBE）指的是将对于学生通过教育后所能取得的成果作为教师进行课程设计和教学实施的目标。在传统的课程设计过程中通常由课程本身出发，再到学科要求和目标，而 OBE 提倡"逆向"原则，由最终需求来决定培养目标，有了这个目标就可以合理规划毕业要求，根据该要求设置出更有针对性的课程体系，以达到教育目标与结果相一致的理想状态，提高教育教学效能。

为了大力提升自动化专业学生的创新能力，培养出具有自动化专业特色的高水平工程技术人才，结合 TRIZ 理论和 OBE 理念，优化对于自动化专业毕业生的创新能力要求，提高人才培养的质量。

目前，在自动化专业的学生中，创新能力的培养主要遇到这些困境或矛盾：创新实践教育理念和培养目标不清晰的问题；专业和课程体系缺乏培养力的问题；实践教育机制成效不足的问题；创新环境和氛围缺乏活力的问题。

在培养方案的制定过程中，可将自动化专业本科生教育培养的方案制定、修订及调整看作是一个反馈控制系统的动态调整过程（如图1所示）。该系统与传统本科生教育培养模式的关键区别，在于对本科生的素质能力现状分析进行科学的分析、聚类，从而因材施教，制订合理的培养方案，配置适当的教学资源。一方面可以使不同层次的学生得到最佳培养效果，另一方面可以使资源的价值实现最大化。此外，一套完善、科学的人才输出质量反馈子系统是该培养系统的有力保障。

通过毕业生的信息反馈、用人单位的需求调研和人才质量的跟踪与评价，校方能够及时地实现人才培养方案的动态调整，保证高质量创新型本科生人才的可持续输出。

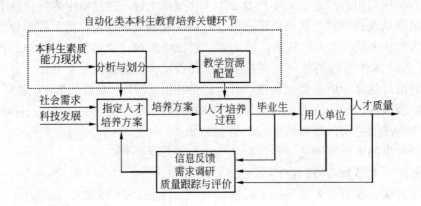

图 1　自动化专业学生培养方案的动态调整图

在现阶段，高校中的创新环境和氛围通常缺乏活力，创新的难度因此而增加，因此必须营造有益于学生发挥创新精神、能够推动实践活动获得成功的各种因素和条件，并且能够保证自动化创新实践教育的环境是长期稳定和有效的。针对此问题矛盾，分层多类丰富大学生创新实践平台和激励政策势在必行。以南京理工大学自动化学院为例，学院目前建构了覆盖自动化类本科专业的院-校-省-国级创新竞赛体系，例如已连续举办 12 届的机器人大赛、连续举办 11 届交通科技大赛、电气创新大赛、自动化本科生创新创意大赛、"鼎新杯"学院大学生课外学术科技作品竞赛，再到各类省部级国家级比赛，例如"挑战杯"竞赛、"互联网+"创意竞赛、智慧城市创意竞赛等。此外建设并完善了自动化学院宝欧大学生课外创新基地、自动化学院怡咖电气大学生创新创业工作室，争取到专项基金奖励积极参与创新创业的师生等，取得较好的创新教学实践效果。

4　结论

高校大学生是国家的希望，他们肩负着建设国家的重任，而创新是推动国家进步的不竭动力。本文在分析当前高校大学生创新力培养现状的基础上，基于 TRIZ 理论的相关原理，提取了高校大

学生创新能力缺乏的四个主要矛盾并给出了相应的解决矛盾的措施，最后通过结合 OBE 理论提出与自动化专业相关联的案例进行说明。分析表明只有从学生、教师、学校以及平台机构着手，针对性的实施对策才能有效地提高高校大学生的创新能力，为科技强国增添重要的力量。

符 号 说 明

TRIZ——Theory of Inventive Problem Solving，发明问题解决理论

OBE——Outcome-based education，成果导向教育

References

[1] 彭顺金，周怡，李新，等. 地方高校大学生创新教育的现状及其创新能力培养对策[J]. 科教导刊，2013（16）：7-9.
Peng Shunjin, Zhou Yi, Li Xin, et al. [J]. science guide training status and Countermeasures of innovation education innovation ability of students in local universities, 2013（16）：7-9.

[2] 张鹏，于兰，刘助柏，等. 高校大学生创新能力培养现状及对策研究[J]. 大学教育科学，2005（3）：50-53.
Zhang Peng, Yu Lan, Liu Jia-bai, et al.Study on the

Current Situation and Countermeasures of Cultivating College Students' Innovative Ability[J]. University of Education Science，2005（3）：50-53.

[3] 周树海. 基于 TRIZ 理论的高校大学生创新能力培养平台构建研究[J]. 佳木斯教育学院学报，2014（3）：209.

Zhou Shu hai. Research on the construction of innovative ability training platform for college students based on TRIZ theory[J]. Journal of Jiamusi Institute of education，2014 （3）：209.

[4] 李旭日. 当前高校大学生创新能力现状及原因分析[J]. 才智，2011（25）：254.

Li Xu ri. Current situation and cause analysis of College Students' innovative ability [J]. Intelligence, 2011（25）：254.

[5] 凌晨，胡晨. 基于 TRIZ 理论的高校人力资源配置矛盾消解研究[J]. 南京理工大学学报：社会科学版，2015（6）：69-72.

Lin Chen，Hu Chen. Research on the Disintegration of Human Resource Distribution in Colleges and Universities Based on TRIZ Theory[J]. Journal of Nanjing University of Science and Technology （Social Science Edition），2015（6）：69-72.

[6] 周少基. 大学生创新能力缺乏现状及改善对策[J]. 时代教育，2014（15）：201.

Zhou Shaoji. The lack of innovation ability of college students and improve the countermeasures[J]. Time Education，2014（15）：201.

[7] 张翼翔，崔佳，唐昕. 大学生创新创业能力培养中 TRIZ 理论之应用研究[J]. 人力资源管理，2017（1）.

ZHANG Yi-xiang，CUI Jia，TANG Xin.Application of TRIZ Theory in Cultivating College Students' Creative Entrepreneurship [J]. Human Resource Management，2017（1）.

[8] 隋爽，孙淑荣. 关于大学生创新创业能力培育路径的研究[J]. 民营科技，2017（1）.

Sui Shuang ，Sun Shurong.Study on the Path of Cultivating College Students' Innovative Entrepreneurship[J]. Private Technology，2017（1）.

基于创新能力培养的控制工程类研究生课程教学改革的研究

林 海 张泽莹 朱 旭 杨盼盼 左 磊 闫茂德 汪贵平

（长安大学 电子与控制工程学院，西安 陕西 710064）

摘 要：研究生课程教学是研究生培养过程中的重要环节，其质量直接影响研究生创新能力的培养。文章以自动化专业为依托，针对当前研究生课程教学中存在的一些问题，从教学观念、教学内容、教学方法以及考核方式等四个方面提出了关于创新能力培养的课程教学改革建议。

关键词：研究生课程教学；创新能力；教学改革

Research on the Teaching Reform of Engineering Courses for Engineering Students Based on the Cultivation of Innovation Ability

Hai Lin，Zeying Zhang，Xu Zhu，Panpan Yang，Lei Zuo，Maode Yan，Guiping Wang

(School of Electronic and Control Engineering, Chang'an University, Xi'an 710064, Shaanxi Province, China)

Abstract：Graduate teaching is an important part of the graduate training process, its quality directly affects the cultivation of graduate students' innovative ability. Based on the automation specialty, this paper puts forward some suggestions on the reform of curriculum teaching from the four aspects of teaching concept, teaching content, teaching method and assessment method in view of some problems existing in the current postgraduate course teaching.

Key Words：Postgraduate Course Teaching; Innovation Ability; Teaching Reform

引言

研究生教育是以基础理论和专业知识为基础，突出对学生独立的理论思维能力和实践动手能力的培养。尤其是对工科研究生而言，实践动手能力是开展研究生科学研究和创新的基础。一般来说，创新能力可以由理论学习、实验教学和论文研究三方面的培养逐渐形成的。其中，研究的课程教学被普遍认为是影响学生创新能力的一个重要因素[1]。

教学质量作为研究生课程的考核的一个重要的环节，它直接影响研究生教育的质量和水平。教学质量是高等学校生存和发展之本。提高研究生教学质量是高等学校保障高水平人才培养，实现教育规模、结构、质量和效益协调发展的重要举措。教学效果评价是保证教学质量的重要途径。建立一套科学高效的研究生教学质量评价体系，切实保障研究生课堂教学的效果，为高校研究生管理部门提供决策支持，是一项重要的系统工程[2]。

如何提高研究生课程教学质量的问题受到了较多关注。章晓莉等[1]针对我国研究生教学质量的现状，通过对欧美等国研究生教学质量的分析

联系人：林海. 第一作者：林海（1978—），男，博士，副教授.

基金项目：长安大学 2015 年度教学改革研究项目（110000160054）；2015 年长安大学研究生高水平课程建设项目（310632156102）.

比较，得出构建我国全日制硕士研究生能力培养的一些建议。王忠伟[2]和李昌新[3]分析了我国研究生课程教学过程中存在的问题，并对研究生课程的教学质量进行了针对性的探讨。包迪鸿[4]分析了研究性教学的基本理念、主要模式及内容并对课程建设提出了提高质量的方法和措施。秦发兰[5]通过在改变知识观的角度上分析了构建研究生课程教学质量评价体系的必要性及研究现状，探讨了研究生课程体系需要改革的具体内容，对研究生课程教学体系改革的实践进行了初步探索。现有文献从不同角度对提高研究生教学质量进行了分析探讨，但尚未针对研究生教学的特点建立科学有效的评价体系。

在国外，针对研究生课程教学也进行了多次的改革和调整[6]。例如，多伦多大学在 20 多年前就进行了研究生课程教学改革，主要是由于以往的课程教学方式和中国的类似，经过改革后的方法主要侧重于学生的研究能力和创新意识能力的培养，提倡学生个人的主动学习和学生之间的群组开展一种开放式的交流学习活动。课程教学中需要加入最新的学科研究前沿。其教学模式呈现出一种"以教授引导下的开放式研讨活动"。教学考核方式紧紧围绕着一个项目来进行。整个课程教学以全方位评价学生的研究和实践能力。这种研究生课程教学方法被称之为研究式学习[7]。

在国内，研究生课程教学一直以知识传授的方式进行着[8]。教学中必须遵循着相同的教学大纲，并按照大纲内容进行教学活动。授课手段也多采用 PPT 的电子课件的教学方式，其内容主要都是教材内容的重现，教学内容很难和学科前沿紧密结合，无法做到有效发挥授课教师的自身的研究特长。同时，在教材内容中，大多数研究生课程教学都采用一本主讲教材和基本参考书，其内容都比较过时，无法体现出最新学科前沿内容。与此同时，在研究生授课学时中，广泛采用 30～40 学时的研究生课程教学时间，这对于学生在学习中没有足够时间开展调研、阅读和项目开展。虽然目前的多数研究生课程都建立了网络平台，但局限于观念问题和网络平台本身建设问题，它们并没有发挥当初设定的期望目的，多成为了摆设或者仅仅用于收发作业等简单功能之用[9]。另外，导师对于课程教学也起到了推波助澜的作用，研究生的课程选择一般需要参考导师的意见，对于一些需要课后完成的实践性作业，导师能否提

供良好的实验环境，这一点尤为重要。还有学生对于导师的"散养"式[10]培养方式很不满意，许多研究生认为，导师都不来教我，我怎么开展教学实验，怎样分析实验数据，怎样完成论文作业。这就是研究生和导师之间没有建立一个良好的师生关系，值得反思。

硕士研究生的课程教学阶段是从本科时期的知识学习阶段向研究生后期课题研究阶段过渡的重要时期，是研究生培养过程中的一个基础环节[11]。这就决定了研究生课程教学不应仅仅只是本科式的知识传授的延续，而应是知识传授与科研能力培养并重。从根本上说，是一种建立在科学研究基础上的教学。然而当前的研究生课程教育中存在着一些共性的问题及误区，严重影响研究生的教育质量。要解决这些问题，必须改变传统的教育思想和教学模式，注重加强研究生创新能力的培养，积极开展教学方法改革，探索研究生教学的新方法。目前，长安大学电子与控制工程学院设有交通信息工程及控制、智能交通与信息系统工程（自设）、控制理论与控制工程、检测技术与自动化装置、系统工程、模式识别与智能系统、导航制导与控制等 7 个学科硕士授权点。研究生课程教学中存在的主要问题有：在教学内容上，讲授内容陈旧，信息量少，学科交叉少，难以和最新的研究成果相结合；在教学方法上，仍然采用传统的教师讲和学生听的授课模式；在教学环节上，缺少培养研究生研究能力的实践内容等。本项目主要依托于研究生课程"先进控制技术"和"可编程控制器网络与技术"的课程教学实践，分别从教学观念、教学内容、教学方法以及考核方式等方面对以往的研究生课程教学模式进行了反思，并对其改革进行了探索及实践。

1 正确认识研究生课程教学

研究生课程是研究生专业构成的"零件"之一，但是人们经常把研究生课程比作研究生教育系统的"心脏"，因此，研究生的课程教学也认为是整个研究生培养中的重要环节，其质量直接影响研究生创新能力的培养。由此可见，课程教学在研究生教育中具有举足轻重的地位。

总的来说，研究生课程教学具有三个重要特

点：一是教学方法上的探究性，传统教师的教学方法只传递知识，不注重激励思考，这不利于研究生的创新思维的发展，因此，研究生教学要以研究生为主体，要更多地采用启发式、研讨式、参与式教学方法，使"教学"升华至"创新"，教师引导研究生探究学习，而研究生在探究中掌握研究方法，培养创新思维；二是教学内容上的不定性，它是由研究生教育的特征决定的，科学研究是一个不断行进的过程，其科研成果不断地出新换旧，而教师授课时会将研究的最新进展放进教学内容中，做到及时更新，让研究生得到最新的研究动向；三是考核方式上的创新性，研究生考试应该注重考核研究生综合运用所学知识和技术解决实际问题的能力，考试答案应该具有多样性和不定性，考试方法不应该拘泥于传统的笔试，而要具有多元化，考试范围不应该局限教学范围，知识和能力考核并驾齐驱。

近年来，随着研究生教育的迅速发展，培养研究生的创新能力，成为研究生教育的重要任务之一，在此，分析一下课程教学对研究生创新能力培养的重要性。课程学习是为了培养研究生的理解能力和研究本专业及相关领域的学术成果的能力，培养研究生运用所学知识来认识、理解、评价和揭示本专业领域最前沿知识的能力，课程学习的作用可以构建合理的知识结构、打下扎实的基础理论和专业知识。培养创新能力主要是培养研究生发现问题、分析问题和解决问题的能力，而培养这种能力又必须具备完备的知识结构和专业技能，这在很大程度上取决于有针对性的研究生课程，接着再通过教师引导研究生探究学习，研究生获取知识理解创新。所以，必须重视研究生课程教学，大力培养研究生的创新意识和创新能力。

2 研究生课程教学中存在的主要问题

要真正抓好研究生课程教学，培养研究生创新意识和创新能力，必须正视研究生课程教学中存在的主要问题。本文以自动化专业为依托，提出存在的主要问题如下。

（1）在教学内容上，讲授内容陈旧、滞后，研究性、前沿性不足，且存在与本科生课程内容衔接重复或脱节的现象。随着现代社会高速发展，知识更新速度加快，人才培养却滞后不前，这导致两者矛盾日益剧增，在研究生课程教学中，课程内容是实施课程教学的载体，因此，课程内容的基础性、先进性和综合性显得极其重要。另外，一些课程所用的教材不及时更新，这导致研究生获取不到学科领域内的最新知识和科研成果。与此同时，研究生的一些课程与本科生课程相比，在内容和体系上缺乏必要的衔接，由此造成这些课程出现重复或脱节的现象，缺少知识传授的连续性和科学性。

（2）在教学方法上，仍然采用教师讲、学生听的授课模式，这种"填鸭式"单向传授知识的教学方法，缺乏探究性、启发性、实践性和自主性，重视教师的主导性，轻视学生的主体性，教师不注重研讨式的教学方法，研究生参与不到课堂教学中，导致课堂氛围死气沉沉，不利于创新思维的产生。

（3）在教学环节上，缺少培养研究生创新能力的实践内容。研究生课程教学应该以掌握研究方法和培养解决实际问题能力为目的，但在传统教学中，研究生很少有机会能够深入具体的研究实践中，归根结底是研究生教学硬件不足、设备不配套，实验经费投入不足，有时因为实验材料短缺，导致部分学生不能亲手操作，或几人组队操作，但这基本都是在观摩，没有达到实验教学的目的，难以锻炼和提高研究生的实践动手能力和应用能力，严重影响教学效果。另外，对于课后留下的实践性作业，导师能否提供一个良好的实验环境，这个也尤为重要，许多研究生对于导师的"散养"式管理颇为不满，觉得导师不教我，我该如何开展实验，分析数据，完成论文作业。存在这种问题的学生已经忽略了，导师制的主旨是为了培养研究生独立思考问题和解决问题的能力，导师的任务只是引导和激发，研究生才是整个实验过程的实践者和完成者。大多数研究生都被动地等待导师的询问，也不敢于表达自己的想法和向导师提问题，盲目地认为自己的问题可能很低级、愚蠢，这些诸如此类的问题都不利于培养研究生的创新意识和创新能力。

3 研究生课程教学改革的几点建议

本作者主要在从事我校电子与控制工程学院的研究生课程"先进控制技术"和"可编程控制

器网络与技术"的教学工作，想分别从教学观念、教学内容、教学方法以及考核方式等四个方面，谈谈自己的心得体会，提出如下几点建议，与青年同行共勉。

（1）摒弃传统的教学观念

不同的教学观念带来的是不同的教学效果，而传统的教学观念已经不适合现今课程教学，因此，传统的教学观念必须改革，教师必须转变传统的教学观念，明确课程教学是以培养研究生的创新意识和创新能力为目标，将传统的接受式教育模式转向探究式教学模式。只有树立了这样的教学观念，教师就会充分准备教学资源，将最新知识和科研成果及时整合到教学内容中，将研究思想和方法选择性地引入课堂，新的教学模式可以提高研究生的自主学习能力，培养研究生的创新意识与创新能力，使研究生在未来的工作或研究中更有信心地进行创新。研究生课程应该树立一个明确的思想，即创新才是科技前进的真正驱动力，缺乏创新的科学研究是毫无意义的。因此，创新必须以前人的研究为基础，创新必须不断质疑前人的成果。知识是课程教学的载体，抛开知识，课程教学便失去了依托，但学习知识不是研究生课程的最终目的，学习是为了发现问题、分析问题和解决问题。

（2）创新课程教学内容

教学内容的创新是课程创新中的重要方面。以先进控制技术这门课程为例，它的教学内容包含基础理论和相关控制技术，外加实践教学为辅助和补充，前者是创新的基础，后者则是创新的堡垒，没有夯实的基础，怎会有牢固的堡垒，可见教学内容的重要性。传统学科专业虽然有着完整的知识体系，但是随着产业结构调整和社会经济发展，原有的知识体系从总体上看已经过时，因此，传统学科专业的课程教学内容创新，应将着重点放在前沿技术与传统学科知识的融合上，让两者有机地结合在一起，借助前沿技术为平台，使传统学科专业在课程教学内容的组织上，紧跟学科领域内最新的动态发展，实验以必选教材为主，选读教材为辅，而不只是停留在必选教材的教授。对于课程教学内容的选择和组织上，除了追求学科知识体系的系统性和完整性，还要让研究生获取到前沿的知识和创新的教学内容，这有利于培养研究生的创新意识和创新能力。对于研究生课程教学内容的安排，应该从传授课程向探究课程转变，这有利于研究生掌握相关学科专业的知识框架体系。

（3）改进传统的教学方法

课程教学内容旨在培养研究生的创新精神、提高科研能力，而教学方法也应该与其相适应，应注重培养研究生的创新意识和创新能力。以先进控制技术这门课程为例，如何改进以理论为主的教学方法，本作者使用 seminar 教学法，它是以教师和学生为共同教学主体，以学术交流互动为特征，以相互启发、相互激励为进步动力的课堂交流模式。将教学内容分为主题教学和专题研讨两部分。主题教学以教师为主体，介绍了先进控制技术这门课程的发展脉络及展示该课程的前沿发展背景，提出课程要讨论的相关主题，如先进控制有几个主要控制技术：模糊控制、鲁棒控制、智能控制、自适应控制等，学生自行选择感兴趣的控制技术；专题研讨以学生为主体，学生们对自己选择的控制技术为主题，通过课下学习、研讨等方式做出主讲 PPT，在课上讲授，师生对主讲内容进行质疑、研讨。seminar 教学法最大的特点是互动性，它能充分调动学生参与教学的热情，激发学生的创新潜能，极大地提高学生的学习能力。另外课堂教学作为学生获取知识的重要渠道，它不是学生被动接受知识的过程，而是主动思考、主动学习、积极参与的过程。因此教师在课堂教学过程中要充分重视学生的主体作用，积极开展启发式教学，调动学生的自学意识和探究精神，调动学生参与教学的热情；同时发挥教师自身的主导作用，在研究生解决问题的过程中进行方向性的引导和点拨。再以可编程控制器网络与技术这门课程为例，如何改进以实践为主的教学方法，本作者对该课程的教学方法采用多媒体教学和实验室教学等手段结合在一起，讲解时多以实际案例说明，并且摒弃传统的实践教学，即学生按照教师整理的指导讲义上的步骤完成实验过程，验证实验结论。而只是对学生提出设计要求和技术指标，学生为了完成任务，需要查阅大量的相关资料，从实验目的、原理、任务和要求逐项分析，并用实验结果来验证实验效果。针对自动化类专业特点，该课程与实际的工程应用密不可分，如选用交通信号灯控制、三相异步电动机正反转控制等经典案例，对这些案例进行控制过程分析、系统硬件设计、系统软件设计、程序调试等，并且与学生互动探究，学生参与的积极性很高，思维活跃，大大培养了研究生知识应用能力。对于所留的设计题，学生会积极主动地投入在实验教学中，进行验证实验效果或修改实验过程，如果实验成功，学生会产生巨大的成就感，大大激发了学习兴趣；如果实验失败，学生也会积累经验，激励自己继续做下去，直到实验成功。改变传统的"灌输式"实践教学模式，灵活运用多种教学方法，积极探索互动式教学模式，大力培养学生的创新意识和创新能力。

以可编程控制器网络与技术这门课程为例说明，以2015级选修该课程的研究生为课程改革对象，通过与2014级选修该课程的研究生对比，2015级研究生的课程考核成绩为良好以上的比例提高了 15.8%（课程改革前为 35.1%，课程改革后为50.9%），而不合格率则降低了8.7%（课程改革前为10.5%，课程改革后为1.8%），课程改革后的教学效果明显优于课程改革前，可见"可编程控制器网络与技术"这门课程改革在2015级研究生中进行了成功实践。

（4）设计科学的考核方式

考核方式应该着重考察研究生掌握知识的能力。在研究生培养方案中一定要明确每门课程的考核性质，是考试还是考查，不能把闭卷考试作为课程考核的主要方式，这对于培养研究生创新意识和能力完全发挥不了作用。一般来说，基础课、专业课、公共课进行考试，选修课进行考查。无论考试或考察都应该明确考核方式，并提出具体要求，严禁随意改动考核方式。规范考核管理，有利于调动研究生学习热情，增强教师的责任意识。研究生课程考试应该采取多样化的考核方式：笔试、口试与论文结合，本作者从事的课程先进控制技术采用基础理论知识考试、撰写设计报告和公开答辩相结合的形式进行考核，学生认真对待，效果不错；理论与实践相结合，考核成绩由理论考试与实践考试共同决定，各占一定比例，理论考试结合实例进行实践分析，实践考试结合实例进行理论分析，本作者从事的课程可编程控制器网络与技术采取上机考试方式，用 PLC 完成硬软件设计，如果学生不投入实验教学中来，无法参加本课程的考核；日常考勤和作业成绩相结合，包括日常出勤、作业和课堂表现等，该项考核所占比重虽然不大，但可以督促学生照常上课、学生主动参与课堂讨论和及时完成作业。考核方式旨在锻炼培养学生的分析解决问题能力、科研

写作能力、交流表达能力等。当然，不管采用哪种考核方式，秉持公平、公正的态度，才能真正发挥考核作用。

4　总结与思考

研究生教学质量是"教"与"学"共同合作的结果，其旨在认清有效教学的本质。有效教学的核心价值是研究生的有效发展，需要教师有效地教和学生有效地学。研究生课程有效教学要求教师树立以研究生有效发展为本的教学理念，把研究生课程教学中的问题作为科研课题进行研究，在专业化发展过程中转变教学方式，引导研究生学习、思考和探究，培养学生的创新意识和创新能力；要求学生在学习科研中发挥主体性，转变学习方式，带着问题学习，秉持自主学习的态度和自主学习能力，成为一名优秀的研究生。研究生的可持续性发展与教师的专业化发展是研究生课程教学所追求的目标。

References

[1] 章晓莉. 基于科研能力培养的研究生课程教学改革的思考[J]. 教育探索，2010（7）：36-38.

[2] 王忠伟，陈鹤梅.论研究生培养中的课程创新[J]. 学位与研究生教育，2006（9）：14-17.

[3] 李昌新. 研究生课程教学的研究性及其强化策略[J]. 中国高教研究，2009（4）：24-25.

[4] 包迪鸿，等. 完善我国研究生课程教学的思考与研究[J]. 黑龙江高教研究，2005，（6）：122-123.

[5] 秦发兰，等. 研究生课程教学中存在的主要问题及对策初探[J]. 华中农业大学学报：社会科学版 2007（6）.

[6] 刘永泉. 加强研究生课程建设提高研究生培养质量[J]. 黑龙江高教研究，2008（5）.

[7] 温静，胡显莉. 加强研究生课程建设培养研究生创新能力[J]. 重庆工学院学报，2006（12）.

[8] 万运京. 对提高研究生课程教学质量的若干思考[J]. 河南师范大学学报：哲学社会科学版，2006（6）.

[9] 张华强，张晋格，等. 自动化专业实验室建设与教学、管理的改革建议[J]. 科教论坛，2004（2）：68-71.

[10] 汤晓茜. 研究生"导师制"改良的内外途径[J]. 江苏高教，2017（2）：64-66.

[11] 张华强，张晋格，等. 现代控制工程基础理论教学体系与系列课程[J]. 科教论坛，2002（1）：5-7.

基于工业化与信息化深度融合的自动化专业课程体系改革

王　平　蔡林沁　吕霞付　虞继敏　向　敏

（重庆邮电大学，自动化学院，重庆 400065）

摘　要：面向"中国制造 2025"国家重大发展战略需求，构建了基于工业化与信息化深度融合的自动化专业课程新体系。该体系紧跟自动化领域的最新发展趋势，突破传统的课程设置概念，以知识点为主线，设置九大模块，加强各模块间的逻辑关系；突破理论教学与实验教学的概念，将理论与实验深度融合，适应新形式下自动化专业人才培养的需要。

关键词：自动化专业；课程体系改革；中国制造 2025；工业化与信息化

Automation Course System Reform Based on Deep Integration of Informationization and Industrialization

Ping Wang, Linqin Cai, Xiafu Lv, Jimin Yu, Min Xiang

(Chongqing University of Posts and Telecommunications, Chongqing 400065, Chongqing, China)

Abstract：Oriented "Made in China 2025", a new automation professional course system was constructed based on deep integration of informationization and industrialization. The proposed course system follows the latest trends in the field of automation and breaks through the traditional curriculum concept, which consists of nine modules according to knowledge points and strengthens the logic relationship among various modules. Moreover, the new course system breaks through the Concept of theory teaching and experiment teaching and achieves the deep integration of theory and experiment to meet the need of automation professional talent training under the new situation.

Key Words：Automation；Course System Reform；Made in China 2025；Informationization and Industrialization

引言

本世纪以来，自动化所处的环境与以往大为不同，（被控）物理系统和信息网络的规模和复杂程度已大大超出了传统自动化（理论）的应用范围。2005 年信息物理融合系统（CPS）概念的提出；2012 年德国工业 4.0 与美国工业互联网的出世与大力推进；2015 年《中国制造 2025》的规划与实施；既向自动化（学科、专业）提出了挑战，更为自动化发展提供了前所未有的机遇。在此背景下，教育部高等学校自动化类专业教学指导委员会（下简称教指委）牵头开展了"自动化专业课程体系改革与建设试点"工作，期望对现有课程体系进行大力度的改革，尝试建设全新的专业课程体系，摸索出一套完整的适应当前自动化发展需求的"自动化专业新课程体系"[1]。

联系人：蔡林沁. 第一作者：王平（1963—），男，博士，教授.
基金项目：教指委自动化专业课程体系改革与建设试点（2016A05）.

2016 年 3 月，我们抓住教指委专业课程体系改革与建设的机会，深入分析当前自动化专业面临的机遇与挑战，以及"中国制造 2025"国家发展战略对自动化人才培养的需求[2]，充分结合我校在信息技术领域的特长，提出了"基于工业化与信息化深度融合的自动化专业课程体系改革与建设"方案，并有幸通过教指委的遴选，被批准成为全国 5 所试点院校之一。经过 1 年多的建设，形成了较完善的自动化专业新课程体系，并已在我校 2016 级自动化专业卓越工程班进行试点。本文主要介绍了课程改革总体思路、体系架构及实施情况。

1 基于工业化与信息化深度融合的自动化专业课程体系

课程体系面向《中国制造 2025》国家重大发展战略需求，充分利用我校在信息技术方面的特长和我院产学研结合方面的优势，强化自动化技术

在"工业化与信息化深度融合"中的桥梁作用，突破了传统的课程设置概念，以知识点为主线，系统设置九大模块，各模块按照知识点进行优化与组织教学，教学时间可以跨多个学期，强调各知识点的连贯性和系统性；突破理论教学与实验教学的概念，将理论与实验深度融合，不划分理论课与实验课，边讲理论、边作实验或通过实验引出理论问题，再讲解基本原理和方法，通过实验加深对理论问题的理解；极大压缩了课程总学时，为学生工程实践能力、自主学习能力的培养留出更多时间与空间。同时，结合我国当前"卓越工程师教育培养计划"的现状[2, 3]，该课程体系制定了各模块对学生工程实践能力培养的具体要求，以适应当前我国工程教育专业认证的大趋势及其对人才培养课程体系的总体要求，具体如图 1 所示。该体系由 A 学分和 B 学分两部分组成，共 157 学分，其中 B 学分由学校统一规划，共设置 7 学分。

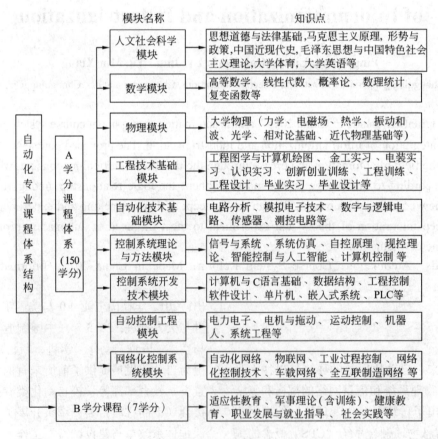

图 1　自动化专业课程体系

（1）人文社会科学模块。

本模块包含外语、政治、体育、经济、法律

与管理等知识，按学校 2016 版培养方案统一执行，向学生推荐适合本专业培养目标的课程。

（2）数学模块。

本模块有效整合高等数学、线性代数、概率论与数理统计、复变函数等知识体系，按高等数学、工程数学基础进行设置，积分变换的内容结合控制理论与方法模块讲授，概念、理论和方法的引入注重阐明实际背景，每章节后增加相关数学欣赏，用以开阔学生视野，激发求知欲。每单元知识结束前安排一次与工程相关的综合问题练习，提升学生运用数学知识解决分析工程问题的能力。同时，将 Matlab 等仿真软件的计算方法恰当地融入课程教学内容中，对相关基本原理、概念、数学问题进行验证和求解，通过数学软件应用实例，培养学生运用数学软件进行数学建模的能力。

本模块主要培养学生正确利用数学基础知识与方法，识别和表述复杂自动化系统的工程问题，明确其关联因素和本质特征，构建合适的数学模型，提高学生对复杂工程问题的数学计算、逻辑推理、数学抽象及数学建模能力。

（3）物理模块。

本模块包含大学物理中力学、电磁场、热学、振动和波、光学等基础知识，并以专题形式介绍相对论和近代物理基础。在梳理现行大学物理中的定律、定理和原理的基础上，注重介绍物理学与其他学科的密切联系，特别是物理学与自动化专业相关课程的衔接，在章节体系上将电磁学知识相对提前讲授，为学生参加科技竞赛及自动化专业课程学习提供支撑，并增加前沿性与先进性教学内容，建立"传统教学课堂""网络虚拟教学课堂"和"实践创新课堂"三位一体的大学物理教学模式，强调理论教学与实验教学的结合，优化大学物理实验教学内容，注重学生创新能力和科学思维方式的培养。

本模块培养学生对物理系统原理、结构的认知能力，能够对自动化工程问题存在的各类物理现象进行观测和分析，明确其中的关联因素和本质特征，能够设计物理实验方案，对实验数据进行分析与解释，提高学生应用物理知识解决复杂工程问题的分析、研究能力。

（4）工程技术基础模块。

本模块包含工程图学与计算机绘图、金工实习、电工实习、创新创业训练、工程训练、工程

设计、毕业实习、毕业设计等知识点，采用模块化构建课程体系，结合具体的工程设计实例，培养学生基本的工程设计能力和标准化意识；以自动化产品生产制造企业的实际生产为背景，开展典型机械产品加工、电子产品设计制造全链条的工程实习和实训，培养学生的实践能力和创新能力；以科研课题和企业项目需求为基础，结合本专业的工程实际问题开展工程设计和工程实现，培养学生的工程意识、协作精神以及综合应用所学知识解决实际问题的能力。其中，创新创业训练项目包括学生在课外参加的各级各类科技竞赛、科研活动、学术活动、创新创业训练、课外实验活动、社会实践、文体活动等。按照学校创新创业拓展项目学分认定标准计入学分，要求学生至少修满 5 学分。

本模块培养学生具备自动化专业所需的机械工程基础、设计/开发能力和创新意识，能够针对工程问题，开发、选择与使用恰当的技术、资源、现代工程工具和信息技术工具，通过个人和团队，能够设计针对复杂工程问题的解决方案，设计满足特定需求的系统或单元（部件），并能够在设计环节中综合考虑社会、健康、安全、法律、文化以及环境等因素，以及自动化装置及工程项目的相关标准和规范，应用工程管理原理与经济决策方法，分析评价设计方案的可行性。提高学生问题分析、设计/开发解决方案、使用现代工具、团队协作、沟通交流、工程项目管理等综合能力及工程与社会、环境与可持续发展意识。

（5）自动化技术基础模块。

本模块有效整合了电路分析、模拟电子技术、数字与逻辑电路、传感器、测控电路等知识体系，突出电路基本定理、定律、基本分析方法及应用。结合典型电子仪器和汽车电子仪表案例，引出基本原理、概念与方法，强调理论问题的具体化，边讲理论、边作实验或通过实验引出理论问题，实现将理论与实验深度融合。同时，紧密围绕各章节关键内容，设计综合性实验，采用随堂实验与堂下作业相结合的方法，提高学生对实验实践能力。

本模块培养学生具备自动化专业所需的电子电路基础，能选择合适的传感器，设计合适的测量电路，利用电路仿真工具，对电路进行设计、

修正和测试，能正确识别和表述复杂自动化系统中信息检测工程问题，观测和分析其中的关联因素和本质特征，能正确采集、整理、分析与解释信息检测系统的实验数据，并结合测量对象特征获得合理有效的结论，提高学生对复杂工程问题的识别、分析能力，以及工程应用和实验研究等能力。

（6）控制系统理论与方法模块。

本模块有效整合了积分变换、信号与系统、自动控制原理、现代控制理论、智能控制与人工智能、系统仿真、计算机控制技术等知识体系，以倒立摆控制为主线，贯穿整个模块，加强信号与系统、控制理论的基础实验，强化 Matlab/Simulink 对控制系统的分析与仿真方法，各部分内容有机衔接，有效减少冗余、重复内容。通过典型实验与案例，引出控制理论基本原理、概念与方法，强调理论问题的具体化，加深学生理解，提升学习兴趣；紧密围绕各章节关键内容设计综合性实验，采用随堂实验与堂下相结合的方法，培养学生的自主学习与系统思维能力。

本模块课程培养学生正确利用控制理论与方法，识别、表述复杂控制系统的工程问题，明确其关联因素和本质特征，设计合适的研究方案，并建立合适的数学模型，能利用 Matlab/Simulink 等工具，对系统特性进行分析、预测和校正，提高学生对复杂工程问题的识别、分析、研究的能力，培养学生系统的思维能力。

（7）控制系统开发技术模块。

本模块整合计算机与编程语言基础、数据结构、单片机、嵌入式系统、PLC 和工程控制软件设计等知识，以"单片机最小系统—智能小车—智能小车协同控制（车联网/车载仪表）—立体车库"为主线，构造一个由立体仓库、多个搬运机器人与智能小车以及车联网组成的复杂自动化系统作为综合性开发/实验平台，教学过程的各环节，包括理论教学、实验以及课外设计/开发均与该平台密切结合。其中，单片机部分要求组装并开发智能小车及其控制系统，嵌入式部分要求开发车联网终端系统并与智能小车及其控制系统集成来支持智能小车的协同控制，PLC 部分要求开发出立体仓库及搬运机械手控制系统，工程控制软件设计部分要求能为相应子系统软件的开发提

供合适的解决方案。整个题目持续一学期，贯穿本模块的主要知识点，而且要求多个课外综合型开发实验的结果最终要求能集成运行。

本模块培养学生具备自动控制系统设计/开发能力所需的软硬件知识和创新意识，使学生能够针对工业过程控制、嵌入式系统、智能仪器仪表等领域复杂工程问题，制定解决方案并通过元件/模块、部件/子系统、系统级多个层次的开发与实验，设计满足特定需求的部件或系统，培养学生对复杂控制工程的开发能力。

（8）自动控制工程模块。

本模块整合电力电子、电机与拖动、运动控制、机器人等知识点，通过单片机控制直流电动机调速与正反转、机械臂控制、一环到三环的位置伺服系统等实例强化控制对象的数学模型、控制方法与系统设计技术，以工业机器人、焊接机器人为对象介绍高精度复杂控制对象模型的用法和物理意义，实现单关节轨迹控制、多关节的计算力矩控制、多关节的 PD 控制和不同精度的位置控制，提高学生对自动化系统复杂工程问题的识别、分析、研究能力。

本模块培养学生运动控制工程基础与应用能力，能够利用机电及控制等基本原理和方法，能够综合运用所学对复杂运动控制系统的工程问题进行识别、分析、研究，并构建合适的数学模型；能够针对自动化领域复杂运动控制工程问题提出系统解决方案，分析评价设计方案的可行性，提高学生工程应用、设计/开发解决方案的能力。

（9）网络化控制系统模块。

本模块有效整合自动化网络技术、物联网、工业过程控制、网络化控制、车载网络、全互联制造网络等知识体系，以工业过程控制系统、网络化控制为主线，加强各部分内容的衔接，有效减少重复冗余内容。以中药萃取控制系统、汽车CAN 网络和核反应堆控制系统为主要实验对象/平台，贯穿整个模块的教学活动，结合典型实验与案例引出网络化控制的基本原理、概念与方法，提高学生对网络化控制系统的分析、设计、开发能力与创新意识。本模块培养学生网络化控制技术基础，能够针对自动化领域复杂工程问题提出网络化系统解决方案，并综合考虑社会、健康、安全、法律、文化以及环境等因素，分析评价设

计方案的可行性，能了解工业网络发展方向和相关标准和规范，评价工业网络工程实践对社会可持续发展的影响，提高学生工程应用、设计/开发解决方案的能力及工程与社会、环境与可持续发展意识。

2　课程体系的实施

该课程体系已在我校 2016 级自动化卓越工程师班开始试点，第一学年教学计划已具体实施。学校安排了专门教室，为试点班级固定教学和学习场地。目前学院正根据课程体系各模块的建设目标与要求，购置所需的教学设备，并根据各模块教学需要，将仪器设备安放在学校安排的固定教室，并 24 小时向学生开放，以满足理论教学与实验教学有机结合的需要，也方便学生课后练习与自主学习。同时，学院从 2016 级自动化卓越工程师学生入学开始，给每位学生发放了一套单片机最小系统，并通过专题讲座形式，讲授单片机系统的基本使用方法，引导学生自主学习，培养学生学习兴趣，为及早参加各类科技竞赛奠定基础。

在 2016（2）学期的自动化技术基础（1）（电路分析）课程教学中，每个学生配发数电和模电口袋实验室，课堂为学生配置的电脑安装电路仿真软件，上课时边讲理论、边作实验或通过实验引出理论问题。实践表明：学生对各种概念有更直观的理解，对相关理论问题不再茫然，学习更有兴趣，特别是课堂非常活跃，互动性更好，提出了很多更实际的问题。期末测试也显示全班整体成绩也明显优于其他班级。

在试点学生的日常学习和管理中，学院除了给每 5～6 名学生安排一名指导老师，作为学生的学习导师，指导学生日常学习及课外科技创新实践活动外，还充分利用学校硕士研究生助教、助研、助管的"三助"政策，本学期为试点班级安排了两名研究生助教，协助教师对教学仪器设备、学生课后实践等进行管理，并将根据教学需求，

从下学期开始每学期为试点班级安排 5～6 名研究生助教，协助授课老师的课前实践教学准备、学生课后实践辅导、固定教室的教学设备管理等任务，切切实实为保障学生学习效果服务，也为硕士研究生提供实践锻炼机会。

3　结论

在教指委"自动化专业课程体系改革与建设试点"项目的总体规划下，我校自动化专业在教指委工作组专家的指导下，构建了"基于工业化与信息化深度融合的自动化专业课程体系"。目前该体系正式作为我校 2016 级自动化专业卓越工程师班的培养方案，第一学年教学任务已全面实施，本学期主要涉及人文社会模块、数学模块和物理模块的教学，学期结束后，我们将组织专家对方案实施效果进行评估，并不断优化实施方案。

从第三学期开始，该课程体系将逐步涉及专业基础/专业课程的教学，可以肯定实施中一系列传统问题将不断涌现，如何保障授课教师全身心投入，以保证课堂教学不偏离预定的实施方案，如何建设适用于新体系的教材、实验环境及教学资源等，将是我们下一步课程体系建设面临的典型问题。

References

[1] 自动化教指委. 关于开展"自动化专业课程体系改革与建设试点"暨申报"自动化类教指委专项教学改革课题"工作的通知，2016.

[2] 吴晓蓓.《中国制造 2025》与自动化专业人才培养[J]. 中国大学教学，2015，8.

[3] 刘丁. 全国高校自动化专业"卓越工程师教育培养计划"调研报告[J]. 中国大学教学，2014，4.

[4] 韩璞，林永君，刘延泉，等. 自动化专业卓越工程师课程体系的改革与实践，实验室研究与探索，2011，30（10）.

基于雨课堂的混合式教学模式设计与实践

谢将剑[1]　张军国[1]　陈贝贝[2]　吴宇璐[3]

（[1]北京林业大学 工学院，北京 100083；[2]北京林业大学 教务处，北京 100083；[3]北京优慕课在线教育科技（北京）有限责任公司，北京 100084）

摘　要：针对电力系统继电保护教学中存在的问题进行了分析，引入混合式教学模式，依托雨课堂教学工具进行课程设计，将其应用到实际教学中，设计了相应的调查问卷对所设计的混合教学模式的应用效果进行调查，调查结果表明该模式的教学效果良好，并对存在的问题进行了分析，可以为其他课程进行混合式教学模式的设计提供参考。

关键词：继电保护；翻转课堂；混合式教学；设计；实践

Design and Practice of Blending Learning Model Based on Rain Classroom

Jiangjian Xie[1], Junguo Zhang[1], Beibei Chen[1], Yulu Wu[3]

([1]Beijing Forestry University, School of Technology, Beijing 100083, China; [2]Beijing Forestry University, Teaching Affairs Office, Beijing 100083, China; [3]Beijing Umooc technology (Beijing) Co., Ltd., Beijing 100084, China)

Abstract：The existing problems in power system relay protection teaching were analyzed, hybrid teaching model was introduced, curriculum design was performed through rain classroom teaching tools, then applied to the actual teaching, to examine the application effect of design of hybrid teaching model, related questionnaire was designed, the survey results showed that the effectiveness of the teaching model was good, and existing problems were analyzed, which can provide a reference for the design of hybrid teaching mode for other courses.

Key Words：Relay Protection；Flip Classroom；Blending Learning；Design；Practice

引言

混合式教学模式采用网络线上与线下的混合方式，通过引进面对面教学来改进网络教学的不足，在高校教育领域受到了极大的关注[1]。这种新的教学模式从根本上改变了传统教学中的师生地位和关系，在培养学生基本技能以及创新能力等方面表现出了巨大优势[2]。新教学模式的应用催生出了一大批新的教学工具，雨课堂是学堂在线与清华大学联合推出的一种混合式教学工具[3]，旨在将"课前-课上-课后"的每一个环节都给予学生全新的学习体验，为推动教学改革提供有利的保障。本文以混合式教学理论为指导，基于雨课堂教学工具，形成一种新的混合式教学模式，在"电力系统继电保护"课程中进行实践，取得了一定的效果，并对存在的问题进行了分析。

1　电力系统继电保护课程现状

继电保护是电力系统二次部分的重要组成部分之一，在实际运行的电力系统当中，继电保护是不可或缺的一部分。因此在电气工程类专业课程中，"电力系统继电保护"课程是主干专业课，

联系人：谢将剑. 第一作者：谢将剑（1988—），男，博士，讲师.
基金项目：北京林业大学校级教学改革研究项目（BJFU2016JG052）.

是掌握好电力系统二次部分不可缺少的一门专业必修课。但是由于存在以下三个方面因素的制约，传统授课方式的教学效果并不理想：

（1）在有限的课堂时间内，单一的讲课进度无法适应能力参差不齐的学生

该课程综合应用了学生在前四个学期所学的多门课程知识，其中包括电路、数字电路分析、模拟电路分析以及电力系统分析四门难度较大的课程。有些学生在学习以上四门课程的时候已经觉得困难，而继电保护需要在上述四门课程知识基础上完成更高层次的学习，还涉及大量的分析与计算。在传统的授课方式下，课堂上给予学生思考的时间有限，一旦一节课跟不上节奏，就容易形成恶性循环，渐渐对课程失去兴趣，从而导致学习的主动性不高，学习效果急剧下降。

（2）传统课堂中理论和实践的结合方式受限

该课程工程实践性较强，传统的课堂授课形式在一定程度上制约了理论与实践相结合，使得学生对理论知识的了解只是浮于表面，而对于其实际的应用方面的知识极为匮乏，课下也没有时间和学生就实践应用进行讨论。

（3）单一的考核方式直接影响学生的学习方式

考核方式以及考核标准单一，长期的标准化考试造成了学生学习态度和行为的标准化和机械化，而没有认识到电气工程专业课程学习的特殊性，平时很难主动学习，只是为了拿高分，在考试前才突击做题、复习，学习效果自然不理想。

基于上述原因，为了提高"电力系统继电保护"课程授课的效果，需要在重视该课程的基础上，优化课程设计，加强师生之间的互动，对教学形式进行改革，引入混合式教学模式，可以使学生学习更加灵活、主动，让学生的参与度更强。

2　混合式教学模式实践

混合式教学模式的设计主要包括课前预习（课前）、课堂内容设计及执行（课中）以及课后复习（课后）三大部分，涉及的主要活动如图 1 所示，这三部分是不断循环往复的。

2.1　课前预习

混合式课堂的课前预习有别于传统课堂的预习，其预习要求学生提前完成教师设计的预习任

务，达到设定的预习目标。课堂上，教师需要根据预习的效果进行有针对性的讲解，因此课前预习目标的设计合理与否，直接关系到混合式课堂教学的效果。

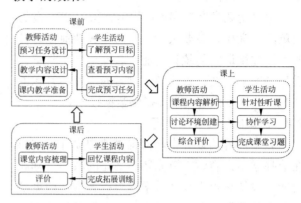

图 1　以雨课堂为交流平台的混合教学模式活动

混合式课堂的教学目标强调编写细化，即把一个综合性的目标细化成许多小的、分散性的目标。目标在描述时尽可能分层次，从而体现结构性特点。布卢姆教育目标分类法认为学生的认知程度由浅至深可以分为六个层面：知识（识记）、理解（领会）、应用（运用）、分析（分解）、评价（评估）、创造（综合）[4]，将预习目标的设计和这六个层次相对应，能够对学生的学习目标提供更为明确的要求。

例如，在 3.1 节的距离保护的原理与构成中，设计了如表 1 所示的预习目标。

表 1　线下预习目标设计示例

能 力（技 能）目 标	知 识 目 标
1．能够分析不同短路形式下故障环路的类型和数量； 2．能够运用故障环路的概念选择距离保护的接线形式； 3．能够针对不同故障选择合适的距离保护的接线形式。	1．能够复述距离保护的原理； 2．能够描述阻抗元件的作用； 3．能够解释故障环路的概念； 4．能够区分接地距离保护和相间距离保护的接线方式； 5．能够描述距离保护的主要组成部分。

预习目标分为知识目标和能力（技能）目标两大类，知识目标属于较低层面的目标，能力（技能）目标则是较高层面的目标，层次分明，让学生更明确预习的目的。同时，为了检验学生预习的效果，设置相应的习题，考核学生的掌握程度。

课前预习的内容的呈现主要以 PPT 和视频的

方式，有别于课上讲解的 PPT。预习的 PPT 要与细化的预习目标相对应，内容层层递进，将学生思维连贯起来，适当的位置录制音频讲解，为学生的线下学习提供充分的引导。

通过雨课堂客户端可以提前将预习 PPT 发送给班级的学生，并要求学生按时完成课前预习任务。通过雨课堂的统计功能，教师可以实时掌握学生预习的人数、每个学生预习的进度、答题的情况，为课堂内容的设计提供数据技术。

2.2 课堂内容设计及执行

教学内容的设计中，根据微课程设计方法，在选择教学内容时，首先要与细化的教学目标相对应，以知识点来设计教学内容；其次，根据学生预习的答题情况，总结出一些有针对性的探究题目，并对课内学生的活动（独立探究、协作学习、成果交流和汇报、评价等方面）进行设计，要求学生通过探究能"知其然，知其所以然"。比如，阶段式电流保护的过电流保护的整定需要考虑电流继电器的返回系数，而电流速断保护和限时电流速断保护的整定则不需要，要求学生们小组讨论，去发现其内在的原因。

课堂环节要和预习环节相呼应，设计相应的限时课堂测试，检测课堂学习的效果，同时在进行深层次分析后，设计更难的题目要求学生及时回答。对预习存在的问题，课前及时进行答复，出现频次较多则需引入课堂进行讨论。对于需要讨论的问题，可以尝试开启弹幕的功能，活跃气氛的同时提升学生参与讨论的积极性。对于以往教师提问题，存在很少有学生愿意起来回答的现象，现在学生可以通过手机参与答题，提升参与度的同时，短时间内能了解每个学生的想法，课堂效率也得到提高。对于个别学生没有听懂的情况，可以通过雨课堂匿名反馈给教师，教师课下可以及时回复。

2.3 课后复习

教师设计复习 PPT 梳理并总结本次课程的主要内容，布置作业或者更高层次的思考题，供学生去探索，启发学生的创新思维。例如，在变压器保护中，涌流会对纵联差动保护产生影响，需要设置涌流闭锁，要求学生深入思考涌流的识别方法，并通过 MATLAB 仿真去实现识别算法。最后，通过给学生讲解实际应用中微机继电保护常

用的算法，可以让学生更了解实际生产实现的方式，并发现实践思维和理论思维的异同。

2.4 课程考核方式

在课程考核方式中，摒弃传统课堂中只通过期末考试实现考核的方式，增加过程评价环节。充分利用雨课堂的统计功能，增加对课前的预习、课上的讨论和课堂测试以及课后的拓展训练这三大部分的评价与考核环节，细化评价考核的准则。考虑到学生能力参差不齐，并鼓励学生积极参与新的教学模式，过程评价占总成绩的 50%。这部分成绩中，参与度占 60%，准确率占 30%，拓展训练占 10%，依据每次课程的统计数据给出具体分数。通过设计的综合考核体系对学生学习实现更全面的考核，让更多的学生真正参与到学习过程中，进一步培养学生良好的学习习惯。

3　混合式教学模式实施效果分析

为了了解学生对新教学模式的评价，围绕以下四个方面设计了调查问卷：1. 能力提高的满意度；2. 授课模式的满意度；3. 课程评价与考核方式的满意度；4. 总体满意度。评价等级分为四级：A 代表非常满意，B 代表满意，C 代表中立，D 代表不满意。以选课学生为调查对象，共 70 人，回收有效问卷 49 份，调查结果如图 2 所示。

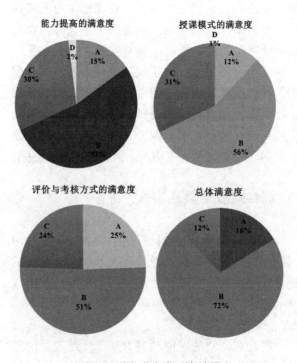

图 2　学生满意度调查结果

从调查结果看：

学生对自己能力提高的满意度调查中，不满意的只占2%，绝大部分认为通过该学习模式得到了较好的学习效果；在授课模式的满意度上，68%的学生对该教学模式较为满意，另外32%的学生对该模式表示中立或者不满意的情绪，主要原因在于所带的班级该学期课程较多，其中还包括几门较难的专业课，该部分学生认为本课程的预习任务占用了他们的课外时间，限制了他们的课堂外的自由；对评价与考核方式的满意度，76%的学生均表示满意，其余的学生还不太能习惯这种注重过程的考核方式。

总体满意度上，88%的学生表示满意，不存在不满意的学生，说明学生对于新的混合式教学模式的接纳程度还是比较高的，也有部分学生存在不适应的情况。但综合多方面来看，本文提出的基于翻转课堂的混合式教学模式的引入效果是良好的。

4 结论

本文利用雨课堂教学工具，将基于翻转课堂的混合式教学模式引入"电力系统继电保护"的课程教学，问卷调查结果显示，88%的学生表示总体满意，其中16%非常满意，说明该教学模式的实施效果良好，该教学模式具有以下优点。

（1）雨课堂工具方便学生随时、随地、重复地学习，学生在制定的教学任务引导下拥有更大的学习自由度，不同水平的学生可以根据自身情况安排不同的学习方案，克服了学生学习能力参差不齐的问题，有助于提升本专业学生整体的学习效果。

（2）基础知识在预习部分完成，课上有充足的时间，结合实践案例，进行更深层次内容的探讨，借助雨课堂的师生互动功能，提升学生主动参与课堂的积极性。

（3）强调过程评价与考核的综合考核方式，有利于促进学生学习，培养良好的学习习惯。

但是还存在一些问题。例如，在该教学模式实施的过程中存在部分学生课下学习欠缺主动性、消极对待课程作业的问题，后期有必要对提高学生主动性的方法进行进一步的研究。

References

[1] 郭冠平，张小宁. 生态视域下的混合式学习模型构建[J]. 现代教育技术，2013（5）：42-46.

[2] 田富鹏，焦道利. 信息化环境下高校混合教学模式的实践探索[J]. 电化教育研究，2005（4）：63-65.

[3] 臧晶晶，郭丽文. 滴水成雨：走进雨课堂[J]. 信息与电脑：理论版，2016（8）：235-236.

[4] 郭亚楠. 基于布卢姆教育目标分类学的课程一致性研究[D]. 上海：上海师范大学，2016.

基于知识关联思想的数字信号处理课程
教学方法探索与实践

王秋生　董韶鹏　张军香

（北京航空航天大学　北京市　100191）

摘　要：本文系统地分析了在自动化专业开设数字信号处理课程存在的实际问题，提出了基于知识关联思想的数字信号处理课程教学方法，详细地阐述了它的具体内涵和实施策略，并给出了实施该方法取得的教学效果。本文论述的基于知识关联思想的教学方法不仅仅局限于数字信号处理课程，也可以为其他课程建设、改革与发展提供有益的借鉴和参考。

关键词：数字信号处理；知识关联；教学方法

Exploration and Practice of Teaching Methods of Knowledge Association for Digital Signal Processing

Qiusheng Wang, Shaopeng Dong, Junxiang Zhang

(Beihang University, Beijing 100191, China)

Abstract：The teaching problems existed in the course of digital signal processing, which is opened in the school of automation science, are systematically analyzed. The novel teaching method, which is based on knowledge association, is proposed for the course. The main ideas and operation strategies of the teaching method are discussed in detail. The enhancement of teaching qualify are given afterwards. The presented teaching method are not only limited to the course of digital signal processing, it can be served as one of valuable references of the teaching construction and reform for the other opened courses.

Key Words：Digital Signal Processing；Teaching Methods；Experiment Teaching

引言

近三十年来数字信号处理技术得到了飞速发展，并广泛应用于通信雷达、消费电子、生物工程、智能控制、电力电子等诸多领域，它已经成为信息社会中推动经济和社会发展的、最有影响力的技术之一。与此同时，数字信号处理课程在高等理工科教育体系中的地位和作用日益突出，国内外很多理工科院校都将其作为必修课程或选修课程，部分学科（如检测技术）甚至将其作为专业课程。与此同时，国内部分高校在自动化专业针对本科学生也开设了数字信号处理课程，并对其教学方法、实验方法、双语教学、辅助教学、教学改革等多方面等进行了非常有益的探索和实践，其中包括北京航空航天大学自动化科学与电气工程学院[1~14]。但是数字信号处理技术诞生于通信与电子工程领域，在控制学科（自动化专业）开设该课程面临着一些实际问题，需要通过持续不断的课程建设和教学改革逐步地加以解决。因

联系人：王秋生. 第一作者：王秋生（1971—），男，工学博士，副教授.

基金项目：教育部高等学校自动化类专业教学指导委员会和北京航空航天大学教改立项项目资助.

此，对数字信号处理课程教学方法的探索与实践非常重要。

1 课程教学存在的实际问题

虽然在控制学科（自动化专业）开设数字信号处理课程是学科交叉与专业融合的客观要求，但是数字信号处理技术并不起源于控制工程领域，导致开设该课程存在如下问题：

（1）课程内容比较抽象：不同于自动化专业的其它课程，数字信号处理是用抽象的数学符号或公式描述数字信号分析与处理过程。国外部分学者甚至用"幽灵"来形容数字信号处理技术，也从侧面说明了该课程的抽象性和难理解性。大量数学符号和公式的引入，使部分学生误认为它是类似于数学的理论课程，或是缺少控制学科实践背景的理论课程。课程内容的抽象性使部分学生失去了学习兴趣和动力，直接影响了课程教学质量，也模糊了该课程的设置目的。

（2）教材内容受到制约：目前数字信号处理课程的主流教材、辅助材料、应用实例几乎都以通信领域为背景，国内外影响力很大的经典教材，如 A. V. Oppenheim 著的离散时间信号处理、S. K. Mitra 著的数字信号处理——基于计算机的方法等都是如此，而体现控制学科的特色实例和相关素材较少。因此，在自动化专业开设数字信号处理课程存在着部分授课内容与知识背景不匹配的情况，对课堂教学、实践教学和辅助教学等产生了一定的影响，也降低了该课程的学科归属感。

（3）先修知识基础薄弱：信号与系统是数字信号处理的先修课程，但是受达到毕业条件的总学时数和总学分数的限制，在自动化专业并没有开设信号与系统课程，仅仅用自动控制原理的相关内容替代。由于与数字信号处理相关的部分内容在信号与系统中是详细讲授的，而在自定控制原理中却非常简单，如 $\delta(t)$ 函数的性质等。缺失完整的先修课程知识，导致学生知识基础薄弱，既增加了教学难度，又提高了理解难度，还使部分学生产生畏难情绪，这对开展高质量教学工作是不利的。如何有效地弥补先修知识的不足，是数字信号处理课程教学方法探索的重要内容。

（4）教学学时相对较少：自动化专业分配给数字信号处理课程为 44 学时/2.5 学分（授课 32 学时、实验 12 学时），学时/学分总数均远低于美国麻省理工学院、瑞思大学、加州大学圣巴巴拉分校、加拿大多伦多大学等国外知名高校。受课程学时和学分限制，既无法在课堂上占用时间补充先修基础知识，又无法开设占用学时较多的硬件实验。学时的有限性与内容的丰富性构成了难以调和的矛盾，同样给课堂教学、实验教学和辅助教学带来挑战。在有限的学时内如何提高授课和实验效率，也是数字信号处理课程改革的重要内容。

（5）特殊阶段组织教学：数字信号处理课程开设在大学四年级上学期，此时正值研究生入学考试的复习阶段，部分学生对课程学习采取消极、漠视甚至抵触的态度，出勤率不高是该阶段存在的普遍现象。根据连续几年的出勤率调查，通常都不超过 80%；部分学生平时不注意积累，在临近期末考试时，采取突击学习方式应付考试，特别的，还出现仿真代码雷同和课后作业雷同的情况。尽管采取了必要的防范措施，但是授课时间的特殊性仍然给教学工作带来了不利的影响，难以实现对教学过程全生命周期的综合监控与管理。

上述问题增加了数字信号处理课程教学、实践教学和辅助教学的难度，直接影响着教学效果和教学质量。因此，需要在课程建设和教学改革项目的支持下，提出先进的教学理念和教学方法，在探索和实施过程中逐步解决上述问题，以此提高课程吸引力和学习主动性，提高学生分析和解决问题能力，最终达到培养高素质、实践型、创新型工程技术人才的长远目标。

2 基于知识关联思想的教学方法

针对数字信号处理课程教学过程存在的上述问题，本文提出了基于知识关联思想的教学方法，其核心思想是基于客观事物存在普遍联系的朴素观念，通过探索课程之间的知识关联关系、课程内部的知识关联关系以及傅里叶分析方法的知识关联关系，建立数字信号处理课程的概念体系、知识体系和方法体系，为解决教学过程中存在的问题提供有效的途径，以此提高教学效率与质量。

2.1 课程之间的知识关联

建立课程之间的知识关联关系的基本思想：

探索数字信号处理与自动控制原理等课程内容之间的内在联系，即根据课程内容之间的相似性和差异性，从概念原理、框图流图、方程公式、计算方法等多个角度出发，利用比较和对比方法，建立不同课程之间的知识关联关系，并采取启发和比较的教学方法组织课堂教学，以此降低理解知识的难度，减小因缺失先修课程知识而产生的不利影响。数字信号处理与自动控制原理之间的知识关联关系（部分）如图 1 所示。

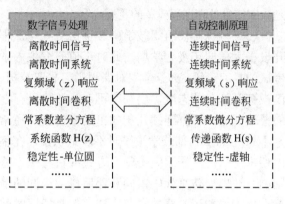

图 1　课程之间的知识关联关系

在数字信号处理课堂教学过程中，利用图 1 所示的知识关联关系，将自动控制原理相关内容作为知识铺垫，采用启发式教学方法，实现讲授知识的自然过渡。例如，在讲授 Z 变换时，利用数字信号处理的 Z 变换与自动控制原理的拉普拉斯变换的相似性与差异性，从概念、方法、地位、作用等层面建立它们的关联关系。再如，在讲授系统函数时，利用数字信号处理的系统函数与自动控制原理的传递函数的相似性与差异性，从含义、来源、表示等多方面建立它们的关联关系。在授课过程中，不同课程之间的知识关联关系以逻辑图或方框图形式在黑板上或幻灯片上反映出来，既复习了以往的知识，又降低了理解的难度，还降低了学生缺少先修课程知识产生的影响。

2.2　课程内部的知识关联

建立课程内部知识关联关系的基本思想：探索数字信号处理课程内部各知识点之间的内在联系，并通过对比、比较和推理的方法，实现不同章节之间的知识关联，以此建立完整的概念体系和知识体系，进而降低理解课程知识的难度。数字信号处理的课程内的知识关联关系如图 2 所示。

在数字信号处理的课堂教学中，图 2 所示的

知识关联关系可以使看似零散的授课内容系统化。例如，讲授描述离散时间线性时不变系统时，可以从差分方程、系统函数、频率响应、体系结构、实现技术等多个角度出发进行阐述，而在讲授每个方面时，都是将以前讲过的内容作为出发点，逐步推演出它们之间的联系，形成描述离散时间线性时不变系统的总体知识结构。

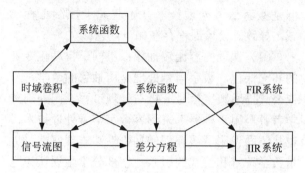

图 2　课程内部的知识关联关系

值得注意的是，建立课程内部的知识关联关系需要主讲教师打破章节界限，以框图或流图的形式勾勒出这种逻辑关系。从概念层面出发而建立的图 2 所示的知识关联关系，需要在教学实践中不断丰富，以满足课程内容多样化的需求，也可以针对某个主题建立它的知识逻辑关系。例如，在讲授无限长/有限长单位脉冲响应滤波器时，首先抽取出数字滤波器的共性知识，然后根据个性内容区分不同类型的滤波器，最后以设计结果形式给出必要的图形验证。建立课程内部的知识关联关系，可以有效地避免了课程内容零散化的问题，这对建立完整的概念体系和知识体系非常必要，对培养学生的思维能力和系统观念非常有益。

2.3　傅里叶分析方法的知识关联

建立傅里叶分析方法的知识关联关系的基本思想：数字信号处理的核心方法是傅里叶分析（包括傅里叶变换和傅里叶级数），建立傅里叶分析方法的内在关联关系，可以将课程知识点纳入该体系之中，将分散在不同章节的分析方法系统化，有效地消除课程内容的碎片化问题。傅里叶分析方法（包括傅里叶变换、Z 变换、离散傅里叶变换、离散傅里叶级数等）的知识关联关系如图 3 所示[14~16]。其中，$x_c(t)$ 和 $\tilde{x}_c(t)$ 分别表示模拟非周期信号和周期信号，$X_c(s)$ 和 $X_c(j\Omega)$ 分别表示 $x_c(t)$ 的拉普拉斯变换和连续时间傅立叶变换，

$x[n]$ 和 $\tilde{x}[n]$ 分别表示数字非周期信号和周期信号，$X(z)$ 和 $X(e^{j\omega})$ 分别表示 $x[n]$ 的 z 变换和离散时间傅立叶变换，$X[k]$ 和 $\tilde{X}[k]$ 分别表示 $x[n]$ 的离散傅立叶变换（DFT）和 $\tilde{x}[n]$ 的离散傅立叶级数（DFS）。

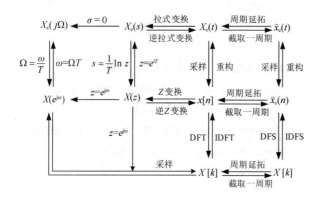

图 3　傅里叶分析方法的知识关联关系

在数字信号处理课堂教学过程中，图 3 所示的知识关联关系可以使数字信号处理课程主体内容网格化，为学生提供比较完整的傅里叶分析体系，有利于培养学生的抽象思维能力和系统观念。例如，在讲授离散傅里叶变换（DFT）时，可以仅选取与 DFT 关联密切的部分，而在进行期末复习时，再将图 3 所示的知识关联关系完整地展现出来。虽然图 3 所示的内容可以用公式或表格形式表示，但是采用逻辑图表示更加直观、清晰。

3　教学实践与教学体会

基于知识关联的教学方法是在多年教学实践经验基础上总结出来的，已经成功地用于自动化专业的数字信号处理教学过程，既建立了课程之间的知识关联关系，又建立了课程内部的知识关联关系，还建立了傅里叶分析方法的知识关联关系，从而使授课内容更加系统，避免出现信息孤岛现象，让教学过程更加顺畅，使学生获得了完整的概念体系与知识体系，便于全面系统地掌课程内容。

基于知识关联的教学方法的有效性已经得到教学实践检验。三年多的教学实践表明，在授课过程中渗透知识关联关系，对提高教学质量的作用非常明显，学生的积极性明显得到提高。虽然

本文提出的基于知识关联思想的教学方法不能解决第 1 节论述的所有问题，但是听课学生普遍反映，授课过程概念清楚、重点突出、内容完整，所学知识的印象深刻。与此同时，本文提出的教学方法得到了有关专家的认可和赞同。

4　结论

本文针对数字信号处理教学过程中存在的问题，提出了基于知识关联思想的教学方法，对不同课程之间的知识关联关系、课程内部的知识关联关系，以及傅里叶分析方法知识关联关系进行了系统的论述。它通过建立课程知识之间、课程内部知识之间的内在联系，使学生获得系统的、完整的知识体系，有利于全面的、系统地掌握数字信号处理课程内容。本文所提出的教学方法是在多年的教学实践中得出的，并经过了三年的教学实践检验，赢得了有关专家的认可和广大学生的赞同。本文提出的教学方法非常适用于概念抽象、内容多样、知识关系复杂的基础课程或专业课程。

本文的教学研究工作受到教育部高等学校自动化类专业教学指导委员会和北京航空航天大学教学改革项目的支持和资助，特此表示感谢。

References

[1] 刘大年，史旺旺，孙贵根. "数字信号处理"课程的形象化教学方法探索[J]. 电气电子教学学报，2006，28（4）：104-107.

[2] 宁更新，李建中，方学阳，等. DSP 实验多元化教学方法的探索[J]. 实验室研究与探索，2011，30（7）：121-122.

[3] 张安清，林洪文，陈洪泉. "数字信号处理"课程教学改革与方法研究[J]. 2013，36（4）：113-115.

[4] 张刚，贺利芳，何方白，等. 基于 Matlab 的 "数字信号处理"课程教学探索[J]. 高等教育研究，2007，24（2）：45-46.

[5] 殷海双，王永安. "数字信号处理"课程教学改革与探索[J]. 中国电力教育，2011（7）：75-76.

[6] 高军萍，王霞，李琦，等. "数字信号处理"课程教学改革的探索与体会[J]. 电气电子教学学报，2007，

29（2）：19-21.

[7] 李梅，陈玉东，崔艳云，等．"数字信号处理"课程的教学改革与实践[J]．泰山学院学报，2005，27（3）：96-100.

[8] 王艳芬，王刚，张晓光，等．"数字信号处理"精品课程建设探索[J]．电气电子教学学报，2011，33（2）：22-24.

[9] 彭启琼．"数字信号处理"课程双语教学的初步实践与探讨[J]．电气电子教学学报，2003，25（4）：12-14.

[10] 袁小平，王艳芬，史良．基于Matlab的"数字信号处理"课程的实验教学[J]．实验室研究与探索，2002，21（1）：58-60.

[11] 朱学勇，杨谏，蔡竟业，等．浅谈"数字信号处理"课程的改革[J]．电气电子教学学报，2005，27（4）：13-15.

[12] 汪西原．"数字信号处理"课程实践教学改革的探索[J]．高等理科教育，2005，63（5）：95-98.

[13] 王典，刘财，刘洋，等．数字信号处理课程分类和分层教学模式探索[J]．实验技术与管理，2013，30（2）：31-35

[14] 王秋生，袁海文．"数字信号处理"课程的分层实验教学方法[J]．北京航空航天大学学报：社会科学版，2011，24（5）：109-112.

[15] Mitra S K. Digital Signal Processing-A Computer-Based Approach（Second Editon）[M]．Mcgraw-Hill Companies，Inc.，2001：1-40.

[16] Oppenheim A V，Schafer R W，Buck J R. Discrete Time Signal Processing（Second Edition）[M]．Pearson Education.，1999：1-7

计算机控制系统实验的改革研究

李　敏　陈国定

（浙江工业大学，浙江　杭州　310023）

摘　要：文章阐述了计算机控制系统实验改革的重要性，介绍了自行研制的计算机控制系统实验装置，分析了计算机控制系统实验的主要内容、改革的意义与改革成效。

关键词：计算机控制系统实验；Cortex-M4 单片机；温度控制；两轮车平衡控制；教学改革

Research on Reform of the Experiment of Computer Control System

Min Li, Guoding Chen

(Zhejiang University of Technology, Hangzhou 310023, Zhejiang Province, China)

Abstract：This paper introduces the importance of the experimental reform of computer control system, introduces the experimental device of computer control system, analyzes the main contents of computer control system experiment, the significance of reform and the reform effect.

Key Words：Computer Control System Experiment; Cortex-M4 Single-chip Microcomputer; Temperature Control; Two-wheel Vehicle Balance Control; Teaching Reform

引言

计算机控制系统实验是我校本科自动化专业的最后一门必修专业实践课，位于本科实践教学环节的顶层，因此，有着其重要的地位，并一直十分受重视。曾为此自制了基于 51 单片机的"温度控制系统"，并以此用于计算机控制系统大型实验教学十几年，取得了预期的教学效果。但是计算机技术更新迅速，不断有集成度更高、速度更快的各类计算机控制器涌出，基于计算机的计算机控制系统也应相应升级提高，以适应社会对人才培养的需要。

1　实验内容的改革初探

1.1　目前课程内容存在的问题

1.1.1　课程衔接不紧密

随着计算机技术日新月异，如何跟上层出不穷的计算机更新的步伐，又能给学生扎实的基本训练，培养学生的创新实践能力，是高等教育面临的重要课题。面对挑战，单片机课程的内容进行了改革，从原来的 MCS51 系列单片机，过渡到 Cortex-M4 系列单片机，单片机课程的内容得到了迅速提升。而计算机控制系统大型实验的内容是以 MCS-51 单片机为核心的温度控制系统，因此，产生前后脱节现象，计算机控制系统大型实验也行随之改革，不至于出现先难后易的现象，而是更应巩固加强对单片机所学知识，形成完整的知识结构。

联系人：李敏. 第一作者：李敏（1963—），女，大学，高级实验师.
基金项目：浙江工业大学教改（201607）.

1.1.2　内容亟待更新

实验内容除了技术要上层次，丰富实验项目也是改革的重点。原有大型实验的内容是基于温度控制系统展开，虽然教学内容不可谓不丰富，从硬件到软件，从模块到系统，涵盖了计算机控制系统的各个环节：输入输出通道（采样）、人机对话、控制算法等，从教学效果看还是相当不错，各设计小组最终呈现的是多姿多样的设计，无论是人机对话还是控制算法都有着不同的变化。但是选题还显单一多样性不足，如何选择增添不同类型的控制系统，是一直思考的问题。

1.2　实验内容的选择

针对以上问题对计算机控制系统大型实验的改革势在必行，而改革如何进行，主要从以下几个方面入手。

1.2.1　增加选题

智能小车竞赛是培养学生创新动手能力的大平台，参加过竞赛的学生较之没有过类似实践经历的学生，在学习和实践能力上都有着天壤区别，我校在历年竞赛中都有骄人的成绩，其中的竞赛项目对于课堂知识的提升融合十分有益，相关教师在指导智能车项目上有着丰富的知识储备，认为两轮平衡车系统适合作为大型实验项目。其一，设计任务量适中，两周的时间可以完成；其二，对象模型小巧，且只需要平衡控制无须控制速度与方向，不需大的实验场地。

1.2.2　新增计算机控制技术实验

数据采集有 A/D 转换、V/F 计数器方式，输出控制有端口位控和电机 PWM 控制，设置通信接口，可以与上位机接口，也可以实现各控制单元互联。设置液晶显示与按钮键盘等人机接口。

1.2.3　新增控制系统功能

增加上位机数据采集平台，在 PC 机上显示实时曲线，改变以往只有单片机的人机对话功能的情况。这样更有利于培养学生的综合能力，学到更多的东西。

2　实验教学改革实施

2.1　研制实验设备

基于以上思考，研发新的实验设备，自制基于 Cortex-M4 系列单片机的计算机控制实验系统。

2.1.1　系统组成

实验系统如图 1 所示，分为两个子系统："温度控制系统"和"两轮车平衡控制系统"，温度控制系统以小功率家用电烤箱为被控对象，炉温为被控参数，控制其炉温恒定，且给定阶跃响应动态性能良好，温度可调范围为 30℃～150℃；两轮车平衡控制系统是以两轮车模为被控对象，车模角度为被控参数，控制其保持站立平衡。系统控制器采用 TI 公司的基于 Cortex-M4 的 Tiva™TM4C1294，两系统公用的外围电路为人机对话部分：液晶显示和键盘输入，并通过串口将数据传输到上位机，以显示系统的动态特性。其余"温度控制系统"包含温度传感与放大、电烤箱的可控硅功率控制，这部分电路做在用户外围电路板上；"两轮小车平衡控制系统"包含陀螺仪与加速度计信号检测与放大、小车两轮驱动电机控制，这部分以模块的方式固定在小车车体。

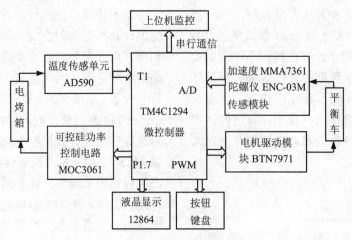

图 1　系统结构框图

2.1.2 系统特点

新研制实验设备包含以下先进性：

（1）高性能的控制器。该实验系统控制器是基于 ARM Cortex-M4 的 TM4C1294 系列 32 位微处理器，其资源丰富可以提供有力的外设支持。

（2）硬件电路模块化设计。如系统中系统选用 3 轴陀螺仪 ENC-03RC +3 轴模拟加速度传感器 MMA7361 模块，测量车模的倾角和倾角速度；选用大功率 H 半桥集成芯片 BTN7971 以及电源调节芯片组成的直流电机驱动模块，实现电机的 PWM 控制。

（3）实时的上位机数据图形显示。带有 UART 模块可方便的与 PC 机进行串行通信，传输数据给 PC 机，实现上位机实时图形显示。

（4）两种控制系统类型。实验系统囊括了过程控制与运动控制两大控制方向。有着不同的要求，使学生对设计计算机控制系统有了直观的设计体验。

2.2 实验教学实践

2.2.1 实验任务及要求

要求学生以 TM4C1294 为控制核心，完成对温度控制系统或两轮车平衡控制系统的设计。

（1）人机对话部分，针对液晶屏设计，实现给定值及 PID 参数实时在线修改；设计上位机程序，以显示被控参数的变化曲线。

（2）数据采集及滤波，针对温度传感器 AD590 或两轮车角度测量的陀螺仪和角加速度计，将实时温度或两轮车姿态数据采集到单片机，片机，利用软件滤波进行处理。

（3）驱动电路设计编程，完成温度调功控制或小车 PWM 控制。

（4）运用 PID 算法得到满意的控制效果，温度控制系统要求温度在 30℃～120℃内的闭环控制，超调量 σ%≤20%，温度误差精度≤±0.5℃；两轮车平衡系统要求能平衡站立，当施加外力干扰偏离垂直位置 30° 时能迅速恢复平衡。

2.2.2 实验教学形式

该实验属于大型综合性实验，学时数为 2 周；学生 3～4 人一组完成其中一个系统全部设计任务，实验由学生自主完成，指导教师只在实验开始时对实验内容及原理、实验要求及进程安排进行必要的讲述，重点讲解系统各部分设计中的注意事项，使学生更好地理解实验的基本内容和计算机控制系统的设计、调试方法。学生在实验室编程和调试，教师巡视解答问题，指出设计中的疑难问题，及时纠正学生错误，引导学生开拓思路、训练基本技能、提高综合应用能力。

期间安排课外资料的查询阅读，培养学生文献检索的能力和自主学习的意识、自主学习的能力。

2.2.3 实验成绩评定

平时成绩评定以教师指导时的巡视记录为依据，包括签到、实验过程等。其中学生在平时实验与问题讨论中的表现，包括出勤情况占 30%，实验结果验收情况，占 50%，实验报告完成质量，占 20%。

3 实验课程改革的效果和意义

3.1 实验课程改革的效果

两轮智能车系统是智能车竞赛项目，将这样的竞赛作为本科生综合实验，增加了实验的难度、趣味性和可选性，可以激发学生的学习积极性，提高创新实践能力。该实验采用开放的形式，以学生自主设计为主，教师指导为辅，极大地提高了学生的自主意识，提高了学生综合运用能力和实践能力。

3.2 实验课程改革的意义

计算机控制系统实验的改革，内容上与单片机课程改革相统一，使得计算机课程教学体系更完整，上下课程衔接密切，起到相互促进、共同提高的作用。新增实验项目使教学内容更丰富，促进了相关理论课的课程建设。

其次，适应了新技术人才培养的需要，用 TI 公司的 Cortex-M4 代替现有的 MCS-51，不光是简单的机型改变，而是新技术新理念的变革，编程由汇编语言到 C 语言，从寄存器操作过渡到调用库函数，这样培养出的学生才不会与社会需求脱节，而出现用人单位抱怨不能马上上手使用的尴尬。

4 结论

计算机大型实验的改革，从内容到形式都有大幅提升，巩固了该课程在专业实践课程中的地位，对高素质人才培养做出了积极的贡献。

References

[1] 李敏，陈国定. "计算机控制系统"课程设计实验系统[J]. 电气电子教学学报，2009（S2）：47-49.

[2] 郝莹，张文彪，李保林. 新型计算机控制实验系统的设计[J]. 实验室科学，2011（1）：70-72.

[3] 郝莹，房朝晖，白瑞峰. 温度计算机控制实验系统设计[J]. 高校实验室工作研究，2013（2）：114-116.

[4] 李峰，李萍，赵虎，等. 分布式计算机过程控制实验系统的设计[J]. 仪器仪表学报，2004（S2）：329-331，334

[5] 陈朋，杨东勇. 面向创新型人才培养的单片机原理教学改革探索[J]. 科技视界，2015（20）：23，97.

[6] 陈国定，杨东勇，陈朋. 强化工程实践与创新能力培养的微机类课程实验教学[J]. 实验室研究与探索，2017（4）171-173.

可编程控制器课程教学改革研究与实践

周　琳　迟书凯　黎　明　牛　炯

（中国海洋大学，工程学院，青岛 266100）

摘　要：文章针对可编程控制器课程内容相对较少,但是却具有综合性、多变性、实践性、典型性与实用性等特征，全面分析了教学中存在的问题，坚持以培养人才为核心的教学理念，通过更新教学内容、改变教学方法、丰富教学评价机制、编写教材和开发新型教学实验模块等方面对课程进行了改革，旨在激发学生的学习兴趣，培养学生的学习信心并提高学生的创新意识。

关键词：可编程控制器；教学改革；教学实践

The Research and Practice on Educational Reform of Programmable Logic Controller

Lin Zhou, Shukai Chi, Ming Li, Jiong Niu

(College of Engineering, Ocean University of China, Qingdao 266071, Shandong Province, China)

Abstract：Due to the "Programmable Controller" course has the characteristics of comprehensiveness, variability, typicality and practicability, we exhaustively analyzes the problems in the teaching process, adhere to the idea of taking the talents cultivation as the core of teaching, so the reforms such as the renovation of teaching contents and methods, the enrichment of teaching evaluation mechanism and the exploitation of new teaching materials and experimental modules have been implemented and aim at stimulating students' interests and confidence in learning and aware their sense of innovation and creativity.

Key Words：PLC; Educational Reform; Teaching Practice

引言

可编程控制器（PLC）以其可靠性高、功能完善、适用性强、编程容易、维修方便等特点而成为现代工业实现自动化的核心设备，在工业控制的各个领域获得了极为广泛的应用[1]。现各大高校的自动化相关专业为了结合实际生产和工程应用，都开设了有关可编程控制器应用的专业课程，以适应目前人才培养的要求。对于此课程的教学来说，如何在教学中利用各种教学方法和手段，充分调动学生的积极性，既强调理论而又偏重实践，全面提高课程的教学质量和效果成为目前关注的重点内容[2]。

由于此门课程与工业控制结合紧密，具有涉及知识面广、应用广泛、实践性强的特点，因此在国际上的高等院校非常重视 PLC 综合实验项目的开发工作和同企业界的密切联系[3]。中国海洋大学于 2014 年 10 月与美国罗克韦尔自动化公司合作建立了中国海洋大学—罗克韦尔自动化实验室，配备了罗克韦尔公司新型的可编程控制器实验平台，并将"可编程控制器"课程作为未来自动化专业课程教学改革项目之一。

联系人：周琳. 第一作者：周琳（1980—），男，博士，副教授.

基金项目：教育部产学合作协同育人项目（201602009011）.

针对"可编程控制器"课程的特点，分析近三年本科生学习此门课程的课堂情况、考试成绩以及在罗克韦尔实验室中进行实验后的反馈情况，可将教学改革的主要方向锁定在课程教学改革和实践教学改革两个方面。

1　课程教学改革方面

1.1　教学内容与教学大纲

PLC 课程主要讲授的是 PLC 的工作原理、程序设计方法及其应用，对于理论教学既强调学科理论的系统性、完整性，又重视实际工程应用，同时需保证实践环节的课时比例，突出与理论教学内容密切相关的实验内容和实验要求，使教学内容在能适应生产实际要求的同时，提高和锻炼学生的动手能力和创新能力[2]。所以在教学中可适当减少理论讲授部分，增加课内实验的时间，把一部分的理论讲授课程放到实验室中，使学生能够在学习的过程中进行实践。

目前工业现场中常用的 PLC 以西门子、罗克韦尔（AB）、三菱、欧姆龙公司的为主，虽然这些产品的工作原理相似，都使用国际标准的编程语言，但在程序指令结构和程序设计方法方面都各有不同。通常各高校的课程教学中都是依托本校实验室所拥有的 PLC 的品牌来讲授课程。针对此类情况，需加强学生学习的通用性。在教学中除了有针对性的依托现有实验设备讲授之外，还将其他工业中常用的 PLC 与之进行比较教学，使学生广泛了解各品牌的产品性能以及在行业前沿的应用情况。

PLC 是国际化的产品，应用在全世界的工业现场中，所以在教学中还应选取或编写可编程控制器相关的专业英语材料，作为课程其中一个部分穿插在教学中，使学生在学习理论知识的同时了解相关的英语词汇、术语及一些特定数值的表示方法。

1.2　教学方法

在课堂教学中，使用传统教学和现代教学相结合的手段，采用板书和多媒体结合的方式，既能够调整教学节奏，给学生思考的时间，又能够通过丰富生动的画面吸引学生注意力，激发学习兴趣。在课堂上注重加强与学生之间的互动和交流，通过提问、交流讨论等方式，提高学生学习的主动性和积极性。

在教学过程中，还要结合科研活动、技术开发和工程实践补充教学内容，为学生列举 PLC 在工业、农业和交通运输业等行业中应用例子的同时，还将教师从事的 PLC 工程实例引入教学中，提高学生课堂学习的兴趣，使其体会到 PLC 的实用性、可靠性和灵活性。另外结合工程实际，将 PLC 相关科研项目结合到学生未来的毕业设计中，软硬件结合，注重应用性、实用性，为培养学生的工程技术应用能力打下坚实的基础。

1.3　考核方式

由于单纯的笔试以及理论知识考核不能对学生的综合素质和学习成果进行准确评估[4]。所以在教学过程中，需采用多样化的考核形式，如课堂提问、作业、实验报告、小组合作项目等。作为常规考试形式的期中和期末两次成绩占据学期总成绩的 60%左右，将其他的考核方式作为平时成绩，并按照 40% 的比例计入总评成绩。

同时逐渐弱化期末考试在学生素质评估中的比重，根据本课程偏重实践的特点增加实践性内容的考核，通过实际操作的形式，考查学生的学习效果，激发学生的兴趣，提升其对学习的积极性。另外，借鉴西方的学术报告、论文、答辩等方式，对学生的素质进行全面评估和检测，以小组合作的形式设置相应的项目，引导学生以小组为单位，通过小组成员的相互配合完成项目设计，培养学生的团队精神和竞争意识。

建立试题库，综合考虑知识点的分布、试题的难易度和各类考核点所占的比重，增加综合应用的内容，提高试卷的覆盖面。逐渐使学生将考试视为一种自我检测的手段，将注意力集中到自身素质而非分数的提高方面，顺应社会发展的实际需求，避免出现高分低能的现象。

1.4　教材编写

随着自动化技术及信息技术的发展及其在工业控制中的广泛应用，可编程控制技术也在发生着深刻的变革[5]。目前可编程控制器原理及应用课程的教材很多，大部分是针对西门子和三菱公司的 PLC，而且很多教材中所针对的 PLC 型号落后，严重滞后于当前形势的发展，不能适应日益变化的教学需要。

由于中国海洋大学—罗克韦尔实验室所使用的 AB Micro 850 PLC 的型号较新，针对此型号 PLC 的教材较少，而目前仅有的少量教材中均没有编程方法方面的内容。因此，需要结合目前已有的普通高等教育国家级规划教材，编撰一本适合本校教学用的教材，教材将以 AB Micro 850 系列 PLC 为基础系统的讲述 PLC 的基本组成、工作原理、程序设计等方面的内容，重点突出梯形图程序的设计方法及应用。

2 实践教学改革方面

2.1 实验室建设

实验室是教学与科研的基地，是衡量高校办学水平与科研水平的重要标志，也是学科建设与发展的基础、培养新世纪高科技型人才的摇篮。通过实验，学生可以从课堂走向实验室，从理论走向实践过程[6]。因此对实验室进行建设，改善学生实验条件是教学改革中的一项重要任务。

自 2014 年建立中国海洋大学—罗克韦尔自动化实验室后，更新了实验室的软硬件实验条件，为开设高质量的实验课程提供了基础保障，实验室全貌如图 1 所示。经过对近三年学生实验中的情况调查和实验后学生反馈显示，在实验效率大幅提高的同时，学生对于此门课程的兴趣也有很大的提升。

图 1 中国海洋大学—罗克韦尔自动化实验室

实验室建设不仅要重视硬件资源的建设，更要注重软环境的建设[7]。硬件资源配套建设可以立竿见影，但软环境的建设则具有长期性，需要一个积淀的过程。为了加强实验室软环境的建设，实验室在提高开放程度的同时，不断地完善管理制度，营造出多元化的教学环境，有针对性地培养对工业自动化控制感兴趣的创新型人才。同时，依托罗克韦尔自动化实验室组织本科生参加了第三届、第四届"AB 杯"全国大学生自动化系统应用技术大赛，均取得赛事一等奖的好成绩。通过比赛，加强了学生的创新意识、创新精神、团队协作精神和设计研发实践能力，提升了学生的工程实践素质。

2.2 实验内容建设

以培养学生综合研究创新能力为核心，研究设计新的实验项目，并丰富实验对象。开发一部分实际的实验对象，其集可编程控制器、变频器、触摸屏、编程软件、仿真实验教学软件等于一体，可直观地进行 PLC 基本指令的练习。同时针对学校实验空间不足的问题，利用现有实验台的开编程显示屏，以组态软件实现系统仿真开发模拟对象。图 2 所示为实验室已开发的模拟仿真实验项目。

图 2 已开发的模拟仿真实验项目

3 结论

"可编程控制器"课程由课堂教学、实践教学组成，是一个比较复杂的教学体系，各高校的教学方式、内容存在较大差异，而教学的质量又受到教师教学水平、实验条件、学生能力等诸多因素限制，要全面提高教学效果、增强学生综合能力需要在课程教学和实践教学方面不断地研究和探索，坚持以学生的培养为核心的教育理念，努力培养符合社会需求和专业培养目标合格的大学毕业生，使其在社会中找到属于自己的位置。

References

[1] 李果，张广明，凌祥，等．"可编程控制器"教学实验改革与特色教材建设探索[J]．中国电力教育，2010（10）：106-107.

[2] 李晓丹，王晓磊．可编程控制器技术课程教学方法的改革研究[J]．辽宁工业大学学报：社会科学版，2012，14（6）：123-124.

[3] 李丽．高职 PLC 应用技术课程实践教学改革的探讨[J]．教育探索，2012（5）43-44.

[4] 周楠，蒋欣灿．基于西方大学考核方式的我国高校学生考核方式问题及创新建议[J]．科教导刊，2015（32）：16-17.

[5] 王亭岭，熊军华，周玉．"电气控制与 PLC 应用"课堂教学模式探索与教材建设[J]．高教学刊，2017（2）：84-85.

[6] 李炎锋，杜修力，纪金豹，等．土木类专业建设虚拟仿真实验教学中心的探索与实践[J]．中国大学教学，2014（9）：82-85.

[7] 戴克林．高校实验室建设与创新人才培养研究[J]．实验技术与管理，2014，31（7）：32-35.

论继续提高我院自动化课程教学质量的方法

毛　琼[1]　齐晓慧[2]　董海瑞[3]　曹英慧[4]

（[1,2,3]军械工程学院，河北 石家庄 050003；[4]经济学院，河北 石家庄 050003）

摘　要：为进一步提高自动化专业人才培养的质量，文章以专业基础课程"自动控制原理"为背景，从课程教学的顶层设计与实施、课堂教学的内容和方法研究、理论教学、实践教学和教学研究之间融合与推进等方面对现阶段的课程教学方法进行了探讨，并结合教学实践工作对上述几个方面进行了应用与完善，使课程教学质量再上一个新台阶。

关键词：自动控制原理；理论教学；教学改革；教学实践

The Methods of Continuing to Improve Teaching Quality of Automation Course Continuing in Our College

Qiong Mao[1]，XiaoHui Qi[2]，haiRui Dong[3]，YinHui Cao[4]

（[1,2,3]Ordnance Engineering College,Shijiazhuang,050003,He Bei,China；[4]Economy College,Shijiazhuang,050003,He Bei,China）

Abstract： In order to further improve the quality of training automation professionals, this paper took the professional basic course "automatic control principle" as the background, and discussed many contents,such as the curriculum's top design and implementation, classroom teaching content and method research and the integration and promotion between theoretical teaching, practice teaching and teaching research ,and combined with teaching practice on the above aspects of the application and improvement,and made the teaching quality to a new level.

Key Words： Automatic Control Theory；Theoretical Teaching；Teaching Reform；Teaching Practice

引言

　　课堂教学质量是院校人才培养质量的基石，专业基础课程的课堂教学质量是专业人才培养质量的基础[1]。"自动控制原理"作为我院5个直通车专业的专业基础必修课和合训各专业的工程技术基础必修课程，承担着培养相关学科专业人才和信息化装备人才的任务，其教学质量与课堂教学设计、组织和实施以及教学研究、教学实践等多方面相关。下面本文从该课程教学现状出发，从多方面探索继续提高该课程教学质量的方法，使其再上一个新台阶。

1　教学现状分析

　　我院"自动控制原理"课程于2007年被评为总装优质课程，在课程组组长齐晓慧教授的带领下，经过二十多年课程组成员的共同建设，教学质量在教学改革与实践的推动中稳步得到提高，逐渐形成了一套正规、完善和系统的课程体系，在教学中获得了非常好的效果，但是近几年来随着教学质量的进一步提高。

联系人：毛琼. 第一作者：毛琼（1982—），女，博士研究生，讲师.

1.1　理论与实践的结合不够深入

《自动控制原理》是一门工程性极强的理论课程，需要将理论与实践深度融合才能凸显其应用潜力，因此课堂教学时必须紧扣工程应用背景，才能使基本理论更通俗易懂，生动而有趣。虽然课程组在该方面做了很多努力，如课程组在课程教学中也引入了一些工程或装备应用案例，但其量少，且使用时也缺乏系统性设计，致使效果不是非常明显。课堂教学时理论讲解仍然占了很大一部分，举例时抽象例题所占比例大，理论与实际的联系仍然较弱。

1.2　教学研究与教学实践的互助互推作用发挥不够充分

教育工作者深知：教学研究与教学实践是相互依存和互相推进的关系。教学研究的问题来源于课堂教学实践，其研究的手段依赖于教学实践，研究的成果又对课堂教学实践有重要的推动作用[2]。上述关系在"自动控制原理"课程教学、研究与实践中更加明显，其本身高度工程化特征使得它在理论教学、教学研究与实践上本身就浑然一体，需要融合推进。而在目前的教学中，将二者分开对待的问题比较普遍，且很多教师"重"课堂教学，"轻"教学研究，更不注重将二者结合起来提高教学。

1.3　教学内容有待进一步优化和完善

目前，该课程与其他诸多课程一样存在授课课时被进一步压缩的现状，使得课堂教学变得非常紧张，另外，授课对象呈现出许多专业化的特征，授课要求也逐渐向实战聚焦，进一步要求"自动控制原理"课程教学在内容、设计、方法的组织和实施上进一步优化。

2　改进当前教学的做法

为进一步提升课程的教学质量，课程组采取了以下措施：

2.1　进一步强化理论与实践之间的联系纽带

课程组为强化理论课程与实践之间的关系，主要采取了以下做法。

（1）注重顶层设计和细节性渗透并行。

在教学时，为强化课程教学的实践性，课程组注重在顶层设计时就将教学过程置入一个作战场景进行情景启发式教学，从武器装备使用的一些实际问题出发引出其各方面性能要求，从而将学生引入相关理论知识模块学习的分流当中（见图 1 和表 1）；在各个知识分支点教学中，在讲述完其具体理论细节后又以控制系统为纽带将它们逐个串起，实现由理论到实际应用的回归，最后通过课后任务驱动的形式将相同的联系方法和分析方法辐射到其他控制系统的学习当中，引导学生将理论分析和实际应用紧密统一起来。

图 1　情景启发式教学场景图

表 1　实际问题向理论问题转化过程（以高炮为例）

总　问　题	实　际　问　题	知识模块	知　识　点	章节
高炮系统有什么作战需求或怎样才算有较强的杀伤力？	受不受控制端指令控制？	稳定性	稳定的定义、条件、判断方法	第三章：控制系统的性能分析
	在调整炮身过程中晃动强不强烈？在角度调整上速度快不快？	动态性能	动态性能的定义、评定指标体系、评定方法	
	武器的命中精度如何？	稳态性能	稳态性能的定义、评定方法	

（2）抽象例题具体化。

为了缓解实际教学过程中"重"理论知识学习"轻"工程应用的问题，在向学员传授理论知识时采取了将以往抽象例题具体化的方法。通过

为以往的抽象例题赋予具体工程应用背景，并结合教师的问题引导、分析将原本枯燥的理论学习隐藏在常见问题的趣味探索之中，较大程度地激发学生渴望知识、探索世界的本能。如在第三章

有关控制系统稳定性的讲解中，以往都是以图2a的形式直接考查劳斯判据在稳定性设计上的应用，过程枯燥，但后来课程组将上述问题置入某一交通控制系统的设计情景（见图2b），让学生充当设计师进行一项简单的参数设计任务，使学习过程变得非常有趣，不仅达到了掌握劳斯判据的目的，而且还让学生了解到理论是如何与工程进行结合的，极大地拓宽了课程的深度和广度。

（3）以科技创新前沿活动为牵引。

为了培养学员的系统思维能力和工程实践能力[3,4]，提高教学效果和促进学员素质、能力的培养，课程组把重心放在课堂教学的同时，以学院科技创新活动为平台，将理论教学和实践进行了紧密结合。拟以理论知识为带领，以创新实践活动为途径，在应用中活化理论，在理论学习中以实践活动寻求理论知识的发力点，突出知识的价值，诱发学员学习兴趣。

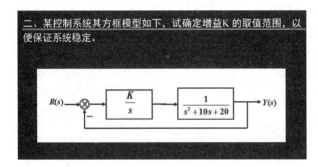

图 2a 抽象例题

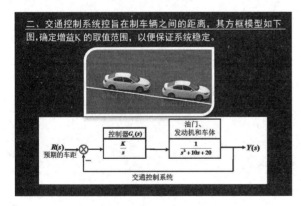

图 2b 抽象例题具体化

2.2 突出教学研究对教学实践的影响

为了充分发挥教学研究对教学实践的带头和促进作用，采取了以下做法：

（1）以现有教学研究为牵引，研究课堂教学方法。

为进一步提升课堂教学的效果，课程组在以往综合使用案例式、情景启发式、研讨式以及任务驱动等多种教学方法的基础上，以教学研究为牵引进一步研究各种方法的高效搭配与使用问题，近三年申报"自动控制原理课程融合式教学研究""高效课堂教学研究与实践"二项研究课题。拟以教学研究和课堂教学实践为双足，彼此支撑和前后推进，从而带动课程授课质量的上升。

（2）以以往教学研究成果为基础，继续推动其向课堂教学发力。

课程组在以往教学研究成果"无人机专业实战化教学研究""信息化条件下院校教学模式创新研究"和"网络教学应用效果提升研究"等的基础上，将研究取得的一些方法、前期实践已取得的一些经验以及建设的一批课程教学资源（如网络课程[5]、多媒体课件、微课视频等）继续深层次融合到课程教学实践中，进一步落实研究成果，提升教学的实际效果。虽然前期的教学研究课题已经终结，但是自动控制原理人改进教学效果永远在路上。

2.3 教学内容、方法的改进

为了缓解学时被进一步压缩带来的授课困境，课程组对课程内容进行了进一步优化设计，按着知识点之间的递进关系对授课内容进行了深度梳理，从授课效率和效果上对授课思路、方法和所用案例进行了较大调整；同时为了弥补授课内容的精简给课程教学带来的影响，在提高授课效率的同时在课下增加微课视频、微信答疑的方式，增加现场答疑课时以及充分发挥课代表对学员的学习管理和指导等多种手段强化学员在课堂外的学习。为进一步探索适合授课对象特点（知识水平、理解力等）的教学方法，激发学员在课堂教学中的主体性，加大了推进式教学方法在教学使用中的比重，以它为主要手段灵活串入其他教学方法，教师充当教学推动的暗线，引导学员自己走"发现问题、分析问题、解决问题和获取知识"的明线，推动教学的进行。

3 教学改进的效果

对于上文中提到的改进教学质量的一些做法，到目前为止课题组共完成了三期的教学应用实践。期间共完成了 200 次课堂现场授课、32 个组的科技创新制作（第二课堂）、开发微课视频、教学动画、案例等资源共计 110 个，期间通过向学生开展的问卷调查、讨论交流和座谈获得的反馈情况表明：上述方法对改进目前教学有较好的效果。有学生向教师反映"以前认为该课程很有用但不知怎么用，现在头脑逐渐开始清晰"，并且要求教师进一步将抽象理论具体化进行到底！

References

[1]　徐理勤，赵东福，顾建民. 从德国汉诺威应用科学大学模块化教学改革看学生能力的培养[J]. 高教探索，2008（3）：70-72.

[2]　钟金明，李苑玲. 基于 CDIO 理念的工程教育实践教学改革初探[J]. 实验科学与技术，2009（6）：67-69.

[3]　张宇钢. 构建以能力培养为目标的应用型实践教学体系[J]. 合肥学院学报，2011，21（2）.

[4]　吴倬. 论能力培养在高校教书育人工作中的重要作用[J]. 清华大学教育研究，2002（5）.

[5]　王猛，王玉锋. 基于创新能力培养的计算机网络实验教学体系探索[J]. 现代计算机，2013（9）.

面向工程教育专业认证的"控制系统计算机仿真"课程建设研究

毛海杰 [1,2,3]　蒋栋年 [1,2,3]　赵正天 [1,2,3]　李　炜 [1,2,3]　刘微容 [1,2,3]　李二超 [1,2,3]

（[1] 兰州理工大学 电气工程与信息工程学院，甘肃 兰州 730050

[2] 甘肃省工业过程重点实验室，甘肃 兰州 730050

[3] 兰州理工大学 电气与控制工程国家级实验教学示范中心，甘肃 兰州 730050）

摘　要：在工程教育专业认证背景下，围绕工程认证"以学生为中心，以产出为导向、持续改进"的三大核心理念，针对"控制系统计算机仿真"课程所存在的问题，本文提出了从教学理念、教学方法、教学手段、质量考核标准等各个层面的改革和建设思路，为提高学生的工程意识、工作素质和工程实践能力，真正实现该课程对于毕业要求指标点的有效支撑，发挥本门课程应用的作用。

关键词：工程教育认证；课程建设；成果导向教育

Research on Construction of Computer Simulation of Control System Facing Engineering Education Professional Accreditation

Haijie Mao[1,2,3], Dongnian Jiang[1,2,3], Zhengtian Zhao[1,2,3], Wei Li[1,2,3], Weirong Liu[1,2,3], Erchao Li[1,2,3]

([1]College of Electrical and Information Engineering, Lanzhou University of Technology Lanzhou 730050, Gansu Provice, China

[2]Key Laboratory of Gansu Advanced Control for Industrial Process,Lanzhou 730050, Gansu Provice, China

[3]National Demonstration Center for Experimental Electrical and Control Engineering Education, Lanzhou University of Technology, Lanzhou 730050, Gansu Provice, China)

Abstract：Under the background of engineering education accreditation，which the core ideas are student-centered, outcome-based education, continuous improvement, the paper proposed the reform and construction measures for the computer simulation of control sysyem from teaching ideas, teaching methods, teaching means and quality assessment standards, in order to improve students' engineering consciousness, work quality and engineering practical ability. It can realize the effective support of the course for graduation requirements.

Key Words：Engineering Education Accreditation；Course Construction；Outcome-based Education

引言

近年来，工程教育专业认证工作已在全国高等院校中如火如荼地展开，该项工作对引入先进的工程教育理念，推进工程教育专业的教学改革，提高教育教学质量具有十分重要的意义[1~4]。对高校的专业建设而言，工程教育认证既是机遇又是挑战。自 2014 年开始，我校自动化专业也在逐步积极开展专业认证的相关工作。尽管已经在专业体系构建、课程设置上完成了全新的设计和规划，

联系人：毛海杰. 第一作者：毛海杰（1978—），女，硕士，讲师.

基金项目：2014 年自动化类专业教学指导委员会专业教育教学改革研究课题面上项目资助（2014A32）；兰州理工大学教改项目资助.

但在实践层面及具体教学环节上，还需要有进一步的谋划。

"控制系统计算机仿真"课程作为自动化专业的一门专业必修课，由于课程实践性较强的特点，对自动化专业学生的工程与实践能力培养起着重要的作用。随着工程教育专业认证的实施，如何调整课程的教学内容与教学方法，以适应新形式下人才培养目标的需求，是目前迫切需要解决的问题。

1 现有课程体系存在的问题

"控制系统计算机仿真"课程在我校讲授已有近20年的历史，期间，为适应不同培养目标的需求，与培养计划调整相一致，对该课程进行了数次改革。最初是作为"自动控制原理"课程中上机仿真实验的一部分。后来，随着学科知识的发展，课程内容的日益丰富，该课程开始作为一门独立的学科课程在我校自动化、电气工程及其自动化专业第七学期开始讲授。后针对该课程综合性、实践性强的特点，将其更改为综合训练，时间为三周。随着学生人数的急剧增加，2006年，以学校制定新一轮培养计划，修改课程大纲为契机，对该课程再次进行了改革，将其更改为一门独立课程，学时安排为32学时，其中：16学时为理论授课，16学时上机实践，考核方式为综合测评。

在多年的教学与实践中发现，传统的理论与实践教学在教学内容及教学管理等环节还存在一定的问题，教学效果不够理想。尤其在工程教育专业认证背景下，教师的教学理念和教学方法等还有很多有待改进的地方。

1.1 理论教学内容创新性不足，复杂工程问题体现偏少

现有课程内容体系建立在知识的系统性和完整性之上，在知识点的选择和安排上没有脱离传统的教学理念，新理论、新方法等方面知识点增加缓慢，没有体现工程教育所要求的"能力"主线，与实际工作中要求的课程内容或知识点的编排存在一定的差距，尤其是工程教育中所要求的复杂工程问题体现偏少。

1.2 上机实践内容工程背景不足，重"知识"，轻"能力"现象还较为突出

不言而喻，计算机仿真仅凭课堂上讲授是不行的，那无异于纸上谈兵，既引不起学生的兴趣，也无法让学生真正理解知识、掌握技能。因此该课程的上机实践部分是学习本门课的重要环节，也是由"掌握知识"到"拓展能力"的有效途径。以往的上机题目，对象多为一般的通用数学模型，工程背景不够明确；同时，在上机实践的考核中，由于验证性题目相对较多，用以检测知识掌握的比重较大，真正考核能力的内容相对较少。因此，训练真正要达到的学会用 Matlab 分析解决实际工程问题目标难以实现，这也有悖于工程教育的培养目标。

1.3 理论教学与实践教学连接不够紧密

在现有学时安排下，一般是先进行理论授课，结束后再集中进行上机实践。在16学时的理论授课中，教师一般会首先进行理论知识的讲授，包括有关仿真的基本概念、连续（离散）系统的数学模型的建立及其离散化、各种数值积分算法等。剩余时间学生上机实践，并就所布置的题目对理论知识加以理解并应用。由于授课与上机分开进行，使得学生在课堂上所学到的理论知识不能很快地在上机时加以应用，从而也就不利于学生对本课程所学理论知识的深入理解与灵活应用。

目前国际全球经济一体化势必要求一个国家的高等工程教育进入世界经济的大循环中，这对高等工程教育提出了更高的要求，并推动着高等工程教育不断改革与创新。在这种情形下，"控制系统计算机仿真"如何从培养目标出发，通过对毕业要求指标点的支撑分解，进一步明确该课程的教学目标，真正贯彻和落实工程教育专业认证理念，对提高我校自动化专业本科生实践能力及工程素养具有十分重要的意义，也为自动化专业顺利通过工程教育专业认证提供保障。

2 面向工程教育专业认证的课程改革和建设思路

围绕工程教育专业认证"产出为导向，学生为中心，持续改进"的理念，切实加强课程建设

中的能力培养，突出与工程实践的紧密融合。主要改革和建设思路如下。

2.1 依据《工程教育认证标准》，全面修订课程大纲

随着工程教育专业认证的展开，原有的课程大纲，在内容与形式等方面都已不再适用。工程认证所要求的 OBE 教育模式，一是要求教师在教育活动之前对学生达到的发展水平有清晰的认识，要用精细的"教学大纲"控制教学开展；二是要选择与教学目标类型一致的教学方法[9,10]。因此，经过"控制系统计算机仿真"课程组多次讨论，重新修订了课程教学大纲。在教学内容方面，通过增加部分与工程实际相关的内容，引入了复杂工程问题的分析，教学中在加强基本知识与技能讲解的同时，更注重对复杂工程问题的实践能力的培养。

2.2 教学设计过程中要树立以学生为中心，以产出为导向，转变教学理念

工程教育的实施首先是对教育教学理念的变革，每门课程的知识内容体系中要体现"能力培养"的要求，树立工程教育服务行业、企业人才需求的观念。这就要求我们在具体的课程教学过程中，要转变传统的以教师为中心，学生被动接受的教育理念，逐步树立以学生为主体、以能力培养为目标的理念。在"控制系统计算机仿真"课程的教学中要使学生明确，对于工科院校的学生，不仅要学习知识，更重要的是应用学过的知识来分析和解决具体的实际工程问题，做一名真正的工程师。同时从学习的过程中"学会学习""学会思想"，生成智慧，生成正确的人生观和价值观。

2.3 对课程内容进行调整与优化，构建多层次立体化教学体系

结合课程实践性强的特点，在原有理论教学内容基础上进行改革与整合，构建新型的多层次、立体化的课程教学体系。利用现有的条件与资源，将"控制系统计算机仿真"教学内容划分为三大模块：第一模块为基础型，这一模块主要侧重于学生基本专业知识的掌握。第二模块为综合型，是以专业的基本内容为基础的"控制系统仿真技术"理论教学的提高部分。在这一过程中，鼓励学生综合运用基础知识，提高对知识的综合应用

能力。第三模块为研究型，增加能反映真实问题的"控制系统仿真技术"理论教学环节。教学内容尽量做到教学与生产、科研相结合。同时，整个教学内容的设计过程完全按照现实中的生产和科研工作来进行，从提出问题到分析问题、解决问题，学生完成课程内容学习以后，基本了解生产或科研项目从开展到结束的整个过程，使教学工作不仅从内容上，更从方法上与工程实际接近，进一步开拓学生的创新思维，拓展实践空间，培养学生的工程意识。

建立基础性教学内容、综合性教学内容和研究性教学内容的不同学习方式，丰富课堂教学与课外自主学习的不同学习途径。基础型和综合型教学内容，每个学生都要通过深入学习并上机实践，独立完成；对于研究型教学内容，学生可根据自己的兴趣与特长分成小组，组成学习团队，采取自主学习与教师指导相结合的方式，实现学习效果的最优化；教师将提前准备好的与基础教学内容相关的拓展性题目以任务书的形式分配给学生，而完成学习任务的过程则由学生自己确定。通过自主学习与团队协作相结合的方式，对于提高学生的自主学习与终身学习意识和团队协作精神这类非工程素养，具有积极的促进作用。

2.4 多种教学方法相互应用、相互渗透，教研结合，拓展学习空间

为与"工程教育"培养目标相一致，努力借鉴国内外教育教学方法和教学改革经验，注重理论与实际密切结合。在教学方法方面应突出以下特点。

（1）以激发兴趣、加深理解、注重应用为目标，采用灵活多样的授课方法。

教学方法上，可灵活采用多种教学方法。如可采用基于问题的小组研讨式教学：在课堂教学过程中有意识提出一些问题，组织学生进行课堂讨论，让学生由被动听讲变成主动思考、主动参与，激发学习兴趣，培养学生良好的学习方法，并逐步提高分析问题和解决问题的能力。例如，在讲解面向复杂连接的闭环系统数字仿真时，为保证 Q 阵逆存在及去掉 $\dot{y}_0$ 项可采用此方法：首先，教师可给出要讨论的问题，如为何要保证 Q 阵逆存在及去掉 $\dot{y}_0$ 项？实现的方法有哪些？在分析了问题的产生原因及不同解决方法后，再引导学

生哪种方法更具实现意义，选择好方法后，通过让学生自己分析其物理意义，从而得出结论：只要保证系统中不含纯比例或纯微分环节，即可保证 Q 阵逆存在；为去掉 $\dot{y}_0$ 项，只需将含有微分项系数的环节不直接与参考输入连接即可。同时，在选择实验题目时，可专门布置一些含有"纯比例、纯微分环节"或"含微分项系数的环节与参考输入直接相连"的"陷阱"类题目，学生在上机仿真时会发现，若不经过一定的处理，不同的仿真方法将会得到完全不同的结果，从而加深对该问题的理解。

针对各章节不同重点、难点，针对相关知识提出问题，启发引导学生，任课教师在教学中积极发挥主观能动性，在保证基本要求的前提下，注重理论联系实际，启发学生思考，总结归纳等。例如在介绍常微分方程的数值解法时，可采用基于方法的比较式教学：对每一种数值解法，通过公式推导、步长选取、误差分析等过程，列表比较每种方法关于精度、计算速度及稳定性三方面的性能，从而可加深学生对该知识的理解，在具体应用时可根据不同的应用目的恰当选择相应算法。

（2）教研结合，为优秀学生创造良好的机会，拓展学习和发展空间。

通过课程组的一些科研项目或工程，可采用基于项目的参与式教学方法，动员和选拔有浓厚兴趣且成绩较好的学生进入项目组，使其参与其中，让学生加深了解工程实际，了解所学知识的具体应用，是培养学生实际动手能力的一个有效手段。同时也为优秀学生创造良好的学习机会，拓展其发展空间。例如，在课程组主要成员参与的某横向课题"电源车模型仿真系统开发"项目中，先后有 4 名学生参与项目的实验数据的采集、仿真数据处理及大量的仿真实验测试工作。教研结合、课堂与项目结合，多渠道拓展学习和发展空间，培养学生的创新创业能力已成为课程组的集体共识。

（3）加强课堂管理。

加强课堂管理，改变传统教学中的教师主导型，把学生当成课堂教学的中心和主体，通过提问、小组讨论等方式，让学生积极参与到课堂的教学过程中，变被动接受为主动获取，提高学生

的学习主动性和积极性。

2.5　改革上机实践环节，提高学生分析、解决实际问题的能力

"控制系统计算机仿真"课程的上机实践是整个课程教学的一个主要环节，从其 16 学时的课时安排可见其重要地位。因此，在明确上机目的前提下，精心选择并合理设置实验内容，有效加强实验过程管理。

在题目类型的选择上，结合教师的相关科研成果，突出工程背景，注重加强实践环节的综合性和创新性。与理论教学相对应，上机内容主要分三大部分：其一，验证性习题。与理论授课内容中的"基础型"模块相呼应，主要针对课程重点内容所布置的习题，考查学生对基础理论的掌握情况；其二，综合设计题。与理论教学内容中的"综合型"相对应，通过给出具有一定工程背景的仿真模型，借助于仿真工具，实现对控制系统性能的分析；其三，研究设计题。与理论教学内容中的"研究型"相对应，体现"复杂控制工程"特性，通过给出"定速巡航""起重器防摆""倒立摆""双容水箱"等具有实际工程背景的控制实例，使学生从中任选其一，在一定的约束条件下，经过系统建模、控制性能分析、控制器设计到仿真结果分析等一整套环节的训练，重点培养学生对知识的综合应用及分析和解决复杂控制工程问题的能力。

2.6　凝练课程教学目标，明确课程目标对毕业要求指标点的支撑，构造合理有效的质量考核标准

工程教育专业认证背景下，课程教学目标达成度是教育评价的一部分，是评价课堂教学质量、为教师提供教学反馈信息的手段，是教学过程中的重要一环。在明确课程内容对毕业要求指标点的支撑内容与分配比例下，采用恰当的考核内容和考核方式能够引导学生选择科学的学习方法，使其达到理想的效果，实现预定的培养目标。经学院教学指导委员会讨论通过，本课程对毕业要求指标点的支撑如表 1 所示。

为有效支撑相应的毕业要求，经课程组多次讨论，在 2016 修订版的课程大纲中，最终确定本课程教学目标为：

（1）掌握 Matlab 仿真软件的基本使用方法，掌握数值仿真的基本算法及程序实现，具备利用仿真工具分析线性连续、离散及非线性等复杂控制系统性能的能力，并能理解其局限性。

（2）依据性能指标要求，具备设计常规控制器并对其进行优化的能力。

针对"控制系统计算机仿真"课程的特点及教学目标，采用基于过程的多模块质量评价方式，主要从平时上课、上机过程及实验结果三方面重点考察，以督促学生重视每一个教学环节。学生

的期末课程总评成绩主要由 3 个模块构成，分别为平时成绩、上机考核成绩和仿真报告成绩。平时成绩主要考核学生平时课堂出勤、作业、结合课程内容组织的专题研究和讨论等，可依据出勤率高低、作业质量、讨论问题的积极性等方面给出成绩；上机考核成绩主要考查学生在每次上机实践训练过程中知识运用与理解能力、程序编制能力及软件调试能力等，采用口头测试等方式进行，依据回答问题的正确或深入与否给出成绩；仿真报告是在上机过程中，根据理论授课内容所布置的作业，依据格式是否规范、内容是否正确、分析是否严谨等几方面综合评定。每道作业均包括程序编制、运行结果及结果分析三部分，并在作业的最后附上机实践过程中的心得体会，引导学生注意总结和归纳所学内容，并用较为科学的语言表达出来。这也是对学生文档编辑、撰写及表达能力的一个有效锻炼。为体现分析和解决"复杂工程问题的"培养，该报告由两部分组成，上机报告Ⅰ—基础部分和上机报告Ⅱ—综合部分。其中上机报告Ⅱ各考核环节所占分值比例及与课程目标的支撑关系如表 2 所示。

表 1 课程教学目标对毕业要求的支撑

毕 业 要 求		课程目标对毕业要求的支撑关系
3.设计/开发解决方案	3.4 能够针对系统存在的时变、非线性、多变量耦合等复杂特性，合理地设计控制器或控制算法，并进行仿真及参数优化。	课程教学目标 2
5.使用现代工具	5.3 能恰当应用计算机软件、硬件技术及仿真工具，完成控制工程项目的预测、模拟与仿真分析，并理解其局限性。	课程教学目标 1

表 2 考核内容、评价细则与课程目标的支撑关系

成绩组成	考核/评价环节	分值	考核/评价细则	对应的课程目标
平时成绩	口试	45	对所提问题回答准确、流畅，并具有良好的交流和沟通能力：43 分； 对所提问题回答基本准确，沟通能力较好：38 分； 回答问题欠准确，表达尚可：33 分； 回答问题欠准确，沟通表达较差：29 分； 对所提问题回答不上来或回答错误：20 分。	1、2
	考勤与作业	10	根据考勤次数与作业质量，按一定比例得到。	1
报告成绩	上机报告Ⅰ—基础操作	45	文档及程序编写规范、严谨，90%以上的题目仿真结果正确、可信，分析合理准确：43 分；	1
	上机报告Ⅱ—综合设计		文档及程序编写较规范，70%以上的题目仿真结果正确，分析合理：38 分； 文档及程序编写欠规范，50%以上的题目仿真结果正确，分析尚可：33 分； 文档及程序编写不规范，或 50%以下的题目仿真结果不可信，有分析：29 分； 文档及程序编写不规范，或 50%以下的题目仿真结果不可信，无分析：20 分。	2

备注：在上述各百分制成绩求和后，最终总评成绩按五级制上报。

3 课程改革实施效果

根据教学计划安排，2017 年春季学期，在 2014 级自动化专业 6 个班的课程教学中，课程组严格按照新版教学大纲的要求组织教学，从课程

内容的讲授、上机报告的布置、学生的过程管理到最后的课程质量的评价等全方位进行如上所述的综合改革与积极实践。结果表明，学生学习的积极性和主动性明显增强，通过定量的课程教学目标达成度计算，结果均好于往年。当然，在教学过程中仍然存在一定的问题，如具有一定工程

背景的以体现复杂工程问题的上机报告Ⅱ，其设计题目数量总体偏少，学生分组后人数偏多等，在今后的教学中需进一步扩充题目数量，在内容上增加边界和约束条件等，进一步体现复杂特性，以进行持续改进。

4 结论

通过树立以学生为中心、以产出为导向、持续改进的教学理念，采用基于问题的小组式讨论教学、比较式教学、基于项目的案例教学等多种教学方法，调整和优化教学内容，突出实践性和工程性，并着力加强课程的过程管理和质量考核。通过各教学环节改革，以解决原课程教学内容创新性不足、教学方法和教学手段单一等问题。最终为学生毕业要求的达成，发挥本门课程应有的作用。

References

[1] 韩晓燕，张彦通，王伟. 高等工程教育专业认证研究综述[J]. 高等工程教育研究，2006（6）：6-10.

[2] 陆勇，浅谈工程教育专业认证与地方本科高校工程教育改革[J]. 高等工程教育研究，2015（6）：157-161

[3] 张文雪，刘俊霞，彭晶. 工程教育专业认证制度的构建及其对高等工程教育的潜在影响[J]. 高等工程教育研究，2007（6）：60-64.

[4] 姚韬，王红，佘元冠. 我国高等工程教育专业认证问题的探究[J]. 大学教育科学，2014（4）：28-32.

[5] 张晓华. 控制系统计算机仿真与 CAD[M]. 北京：机械工业出版社，2005.

[6] 薛定宇. 控制系统计算机辅助设计——MATLAB 语言与应用[M]. 北京：清华大学出版社，2006.

[7] "自动化学科专业发展战略研究"课题组，自动化学科专业人才培养分类及其定位研究[J]. 中国大学教学，2005，25（3）：12-13.

[8] 毛海杰，冯小林，李炜，"控制系统计算机仿真"课程改革与实践[J]. 电气电子教学学报，2009（S2）：157-159.

[9] 康东，彭焕荣，米韶华，本科自动化专业的工程教育探索[C]. 第六届全国高等学校电气工程及其自动化专业教学改革研讨会论文集，2009.8，哈尔滨：697-701.

[10] 贾鹤鸣，戴天虹，吴迪，工程教育认证体系下自动化专业人才培养模式的探索与思考[J]. 科教文汇，2016（1）：48-49.

面向智能制造发展需求的自动化专业本科毕业设计改革方案

熊永华　陈　鑫

（中国地质大学（武汉）自动化学院，湖北 武汉 430074）

摘　要：本文指出了优化毕业设计指导流程，与时俱进的改善毕业设计的标准和规范，是培养自动化专业本科毕业生，使之适应智能制造技术发展趋势的重要方法。提出了从毕业设计电子案例库建设、选题及评判论证机制、导师研究生本科生三级指导机制设计、日常管理规范优化等四个方面进行毕业设计改革，设计了完整的改革方案，并分析了可行性和预期成果。

关键词：智能制造；自动化；毕业设计

Reform Scheme of Graduation Design of Undergraduates for Automation Specialty Oriented to the Development of Intelligent Manufacturing

Yonghua Xiong, Xin Chen

(China University of Geosciences, Wuhan 430074, Hubei Province, China)

Abstract：This paper points out the optimization of graduation design process, advance with the improvement of graduation design standards and norms, is an important method to develop automation professional graduates and to adapt to the intelligent manufacturing technology development trend. It puts forward the reform of graduation design from four aspects, such as electronic case library construction of graduation design, selection of topic and evaluation mechanism, advisor graduate undergraduate three level guidance mechanism design and daily management regulation optimization, designs a complete reform plan, and analyzes the feasibility and expected results.

Key Words：Intelligent Manufacturing；Automation；Graduation Design

引言

自动化专业面向现代制造业和装备领域自动化、智能化发展的动态需求，培养学生掌握电工技术、电子技术、控制理论、自动检测与仪表、过程控制、运动控制、系统工程、计算机技术和网络技术等较宽广领域的工程技术基础和专业知识，因此要求自动化专业的本科毕业生具备较强的实践动手能力，包括工程设计、电路开发、软件编程、系统集成等侧重于实践操作的专业综合技能。本科毕业设计正是培养自动化专业本科生这些实践专业综合技能的关键环节，直接影响到学生的择业和进一步深造，与我校的毕业生就业率、本科生培养质量息息相关[1~3]。

联系人：熊永华. 第一作者：熊永华（1979—），男，博士，教授.
基金项目：2016 年中国地质大学本科教学工程项目——面向制造业自动化人才需要的专业培养改革与建设（ZL201608）；自动化类教指委专项教学改革课题——面向制造业智能化和网络化发展需求的自动化专业课程体系改革与建设（2016A02）.

"十三五"时期，是全球信息化进入全面渗透、跨界融合、加速创新、引领发展的新阶段，随着工业4.0、互联网+等信息科技浪潮的到来，传统制造业正迈入智能制造的新时代，智能机器人技术、人机一体化技术、虚拟现实技术、无线工业通信网络技术等各种电子信息领域的新兴技术已逐步应用于工业生产过程中，需要自动化专业的本科毕业生亟待了解和掌握[3]。在此背景下，进一步强化毕业设计的重要性，优化毕业设计的指导流程，与时俱进地改善毕业设计的标准和规范，是培养自动化专业本科毕业生，使之适应智能制造和全球信息化技术发展趋势，符合我国"十三五"信息化发展规划需求的重要方法，对于提高本科培养质量，打造优势和重点学科，都具有重要的意义[4, 5]。

1　问题分析

我校自动化学院非常重视本科毕业设计工作，面向全院的两个专业：自动化专业和测控技术与仪器专业，目前已经制定了本科毕业设计论文工作规范、毕业设计指导手册、毕业设计选题规范、毕业设计成绩评定标准等一系列流程及规范，但这些标准和规范在执行的过程中陆续暴露出一些问题，经过初步调研分析，当前我院自动化专业本科毕业设计中，存在的主要问题在于：

（1）选题与本科毕业生的去向结合不够紧密

经过与部分同学和老师交流发现，同学们对于毕业设计的选题多为给什么就做什么的方式，而老师也很少关心名下的本科毕业生是即将投入工作岗位还是继续读研深造，通常是根据现有的规范要求选取与生产实习较为接近的选题，往往未能很好地关注当前主流用人单位对于自动化专业毕业生的技能要求，容易形成颠倒的局面，即：即将就业的毕业生从事的是适合继续读研究生的科研型课题，而保研或考研的同学做的则是适合培养就业型人才的课题，从而降低了我校学生就业或深造的竞争力。

（2）选题未能很好地与当前智能制造或研究的前沿热点问题相结合。

由于自动化学院新成立不久，师资力量有限，教师的科研和教学压力都较大，因此在本科毕业设计选题上，容易出现相同的或类似的毕业设计题目多年重复使用的情况，其中有些选题显然难以适应智能制造和信息化技术的发展速度，可能三五年前是新技术，但近一两年就已经不再适用而逐渐被新技术淘汰了，这将大幅度降低毕业生在参加一些知名的高新企业面试或研究生入学复试时的竞争力，毕业生在今后的工作或深造中也难以很快地适应需求。另外，本科毕业设计论文没有上网入数据库，也是造成这一问题的重要原因。

（3）对毕业设计学生的日常管理缺乏统一规范。

例如，通常对于毕设学生的管理，采用的是导师负责制，导师每周或每两周与学生见面沟通交流一次，而除此之外的时间，学生在干什么老师很少能够知情，这样导致的问题是很多学生不能达到毕设节点要求的进度，从而降低了培养质量。

（4）对毕业设计学生的指导多为宏观指导，缺乏微观层面的技术指导。

随着自动化专业的扩招，我校自动化学院师生比日益增高，因此老师很少有时间和精力对学生进行微观层面的技术指导，例如帮助学生修改或调试程序代码、协助进行实验、逐字逐句修改论文等，而多为宏观层面进行技术方法、实施方案和结构布局上的指导。但在国外发达国家，例如美国，由于师生比很低，老师的指导层面也会非常具体，教授会和学生一起调试代码或修改PPT，因此学生的教育质量也相对较好。

（5）毕业设计指导流程仍有大量需要严谨和完善的地方。

在毕业设计选题方面，基本以导师拟定题目为主，缺乏具体的选题参照和审核标准细则。在论文成果的评判方面，主要以3～5人的小组为单位，各个小组之间的成绩评判也缺乏统一的参照和评判标准，各组往往依照评优或差评指标从本组进行挑选，容易出现在一个组里进行"矮子里选高个子"等现象。此外，当前很多新兴的信息化和实时通信技术未能很好地在毕业设计指导的过程中发挥应有的作用。

2　建设内容及实施方案

2.1　主要建设内容

本文所提改革方案的主要建设内容包括如下几个方面。

（1）自动化专业毕业设计电子案例库建设与

实施。

由于当前的本科毕业设计论文不上网、不入学术数据库，信息公开程度非常低，因此毕业设计选题、标准评判等均缺乏有效的参照，容易造成重复选题、选题未能与当前智能制造技术和社会需求同步切合，各毕业设计小组评判标准不一等现象。

本方案拟调研国内外知名的先进制造企业对于自动化专业人才的技术需求，调研和学习国内外重点大学的自动化专业本科毕业设计选题机制和评判标准，根据所得相关技术需求和标准，进行典型毕业设计案例的收集、筛选和整理工作，并据此建设一个自动化专业毕业设计电子案例库，具有的主要功能包括：分类存储和管理入库全国知名高校自动化专业毕业设计精品案例，以及我院自动化专业每年的部分典型毕业设计选题报告、毕业设计论文、毕业设计程序、工程制图、图片及多媒体等资料的电子文档，具备一定的查询和统计分析能力，从而为今后的毕业设计选题和评判提供参考。电子案例库每年进行更新，从而确保了选题的技术实用性和时效性，使得本科毕业生所掌握的技能符合其就业去向、符合智能制造背景下对新技术的需求和信息化社会的需要。

（2）毕业设计选题与评判标准论证机制设计与实施。

本科毕业设计的题目是用人单位或研究生导师所参考的重要依据，因此本科毕业设计的选题对于本科生今后的发展规划，以及我校的毕业生竞争力具有重要的影响。此外当前毕业设计的评判标准，则往往以小组老师打分为主要依据，缺乏大范围领域内的参考和评判依据。因此，本方案拟充分利用自动化专业毕业设计电子案例库的资源优势，结合我院现有的自动化专业师资力量，设计一套完善的自动化专业本科毕业设计选题与评判标准论证机制，主要包括优化后的本科毕业设计选题论证流程及规范、优化后的本科毕业设计评判标准及规范、本科毕业设计选题与评判论证小组及论证委员会的设计与建设等。

（3）导师研究生本科生三级指导机制设计与实施。

在师生比例升高的情况下，导师对于本科毕业设计的指导会逐渐趋向于高层面宏观化，而实际上微观具体的技术指导更能够提高本科毕业设计的教育质量。由于自动化专业的扩招，师生比例将更高。考虑研究生更加熟悉导师的研究课题，且高年级的研究生已经具备了相当的研发技能，通过研究生的传帮带过程，一方面可以给予本科生微观的代码或图纸级指导，另一方面也培养了研究生的传授能力，同时也大大降低了老师的劳动强度，因此本方案拟发挥导师所属研究生的作用，设计并试点实施一种导师、研究生、本科生三级指导机制，包括设计研究生传帮带规范和考核标准、研究生传帮带管理办法等，从而实现导师研究生和本科生三方均受益的新局面。

（4）日常管理规范优化与实施。

主要包括通过对学生和老师进行走访、座谈和调查问卷等方式，进一步收集目前正在执行的本科毕业设计规范中所凸显出的一些主要问题；针对这些问题，进行论证分析，充分利用现有的先进的实时通信方法以及学院即将建成的本科生实验室，以及本方案即将建设的自动化专业本科毕业设计电子案例库，研究设计一种既要进行节点把关，又要对本科毕业设计全过程进行有效把控的流程规范；通过1～2届毕业生的实施与效果反馈，形成一种有效的和稳定的日常管理规范标准，进而推广到我院的其他专业以致外校的相关专业中。

2.2 实施方案

具体实施方案流程如图1所示。

（1）首先，完成案例的收集工作，包括国内外重点高校的优秀案例和我院的一些典型案例，并结合相关知名的智能制造企业和科研机构对于自动化专业毕业生的技术需求，设计选题及评判标准论证方法。

（2）然后，实施建立自动化专业电子案例库。此后的毕业设计选题，可以从电子案例库中筛选出仍然具有技术时效性的优秀选题，也可以自主选题，但是自主选题需要经过选题标准论证。

（3）接下来，设计毕业设计日常管理规范和三级管理机制。在选题结束后开展毕业设计的过程中，有研究生的导师应该采取三级管理机制，同时也应该遵循日常管理规范的约束。形成的毕设成果经过评判标准论证后，可以作为典型案例入电子案例数据库。

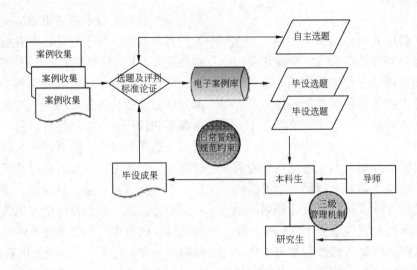

图 1　实施方案流程示意图

（4）最后，毕业设计案例的收集和整理工作，应该根据自动化专业相关技术发展趋势，每 2～3 年完成一次，并对电子案例库进行更新，从而形成良性循环。

3　可行性与预期成果

3.1　可行性分析

（1）基础及技术条件可行性。

在基础条件上，要求为每个本科毕业生提供一个专用实验室位置，提供所需要的实验设备及装置，并提供场地用于建立各系专用的毕业设计指导研讨室和会议室。在技术实现上，主要要求方案的负责人和项目组成员具有一定的控制系统集成和企业信息化项目开发经验，从而为实现电子案例库的建设提供技术保障。

（2）数据获取可行性。

我校自动化学院与国内外重点大学交流密切，例如国外的美国韦恩州立大学、普渡大学、加拿大阿尔伯达大学、英国利物浦大学和日本的东京工业大学，均有长期的合作关系；与国内的浙江大学、华中科技大学、西北大学、东北大学、华南理工大学等拥有自动化专业国家重点学科的知名高校也有较为密切的合作交流；学院与国内知名智能制造企业，如华为、联想、东风汽车、比亚迪、中石油、中海油、三一重工、国电南瑞、美的电器等都有长期的交流和合作；这些都为案例库的建设提供了可靠的数据来源。

（3）组织和实施可行性。

本改革方案依托我校自动化学院自动控制系进行试点实施，专门成立了项目小组，并有专门的研究生作为助教，为方案的顺利执行、稳定运行和推广应用提供了可靠的组织保障。在实施上，本方案基本不需要占用额外的设备和人力资源，不影响老师和同学们的正常工作和生活，而方案实施后将形成良性循环，既提高了研究生和本科生的教育质量，同时也为老师们节省了大量的时间和精力，从而获得三赢的局面，因此本项目易于实施且实施后收益巨大。

3.2　预期成果

本方案目前刚刚开始试点实施，进展顺利，本方案试点改革完成以后，将建成自动化专业本科毕业设计电子案例库，并形成一系列优化的流程及规范，可以推广到我校或者全国的相关信息类专业，预期具体成效如下。

（1）面向智能制造的自动化专业毕业设计电子案例库 1 个。

（2）面向智能制造的自动化专业毕业设计选题论证流程及规范 1 个。

（3）面向智能制造的自动化专业毕业设计评判标准及规范 1 个。

（4）导师研究生本科生三级指导机制及规范 1 个。

（5）本科毕业设计日常管理规范 1 个。

我校自动化学院是 2016 年自动化专业教执委"自动化专业课程体系改革与建设试点"方案

与实施的 211 高校试点单位，正在执行教执委课题"面向制造业智能化和网络化发展需求的自动化专业课程体系改革与建设"，该课题主要从面向智能制造的自动化专业的课程设置上进行课程群的改革。而本方案则主要从毕业设计的角度来进行试点改革，因此本方案与该教执委课题形成了一条主线，可以互为补充，从而分别从课程体系改革和毕业设计改革两个方面同步进行，以期培养能够适应智能制造发展趋势、"十三五"信息化发展规划需求和社会需要的优质的自动化专业本科毕业生。

4　结论

本文针对自动化专业本科毕业设计中存在的一些问题，从毕业设计电子案例库建设、选题及评判论证机制、导师研究生本科生三级指导机制设计、日常管理规范优化等四个方面进行具体实施，从而优化自动化专业毕业设计指导流程和毕业设计规范，在毕业设计这一重要环节进行满足技术需求、符合社会需要的重点传授和强化训练。本文所提方案的实施，一方面是"十三五"新形势下国家和社会发展对于新型自动化技术或科研人才的迫切要求，另一方面也是我校自动化专业

扩招和建设"国内具有重要地位，国际具有重要影响"学科建设发展的迫切要求，同时通过资源整合和优化利用，既减少了老师的劳动强度，又提升了教育质量，是一项多赢的举措。本文所提方案适用于科研型和应用型学校，更新频率为每年更新一次。目前，这一方案仍处于实施阶段，相信会有较好的实施效果。

References

[1] 李二超，李炜，苏敏，等. 对自动化专业毕业设计教学改革的几点思考[C]. 全国自动化教育学术年会，2013.

[2] 周璐，许林，刘忠信，等. 面向智能专业的本科毕业论文（设计）管理模式探析[J]. 计算机教育，2016（10）：70-72.

[3] 周伟. 高职机械制造与自动化专业毕业设计模式改革与实践[J]. 科技资讯，2015，13（5）：228.

[4] 李心平，姬江涛，李树强，等. 农业机械化及其自动化专业本科毕业设计改革探索[J]. 中国现代教育装备，2016（11）：51-53.

[5] 毛洪贲，殷德顺，郭娟，等. 基于.NET 的本科毕业设计（论文）智能管理系统的研究与设计[J]. 现代教育技术，2010，20（10）：128-131.

面向卓越工程师培养的自动化专业教学改革研究

周丽芹　綦声波　刘兰军　黎　明

（中国海洋大学，山东 青岛 266100）

摘　要：课程体系、教学内容和教学环节是工程人才培养的基本要素，是能否培养出符合标准的工程人才的关键。以往的课程体系、教学内容和教学环节已经不能适应"卓越计划"对工程人才培养的要求，必须通过重新设计课程体系、更新教学内容和重新组织教学活动来实现卓越工程师培养的学校标准。文章基于"卓越工程师培养计划"核心理念和自动化专业的特征，结合国家海洋开发战略的需求，论述了培养具有自动化专业本质特征，又能服务于海洋仪器装备相关行业的卓越工程人才的教学改革实践模式。重点研究了课程体系、教学内容、实践平台三个方面。

关键词：卓越工程师；课程体系；系统；海洋特色；课程群

Research on the Teaching Reform of Automation Specialty for Excellence Engineers

Liqin Zhou, Shengbo Qi, Lanjun Liu, Ming Li

(Ocean University of China, Qingdao 266100, Shandong Province, China)

Abstract: The curriculum system, teaching content and teaching links are the basic elements of engineering personnel training, and it is essential whether it can train the qualified engineering talents. In the past, the curriculum system, teaching content and teaching links cannot meet the requirements of "excellence plan" for engineering personnel training. The school standard of excellence engineer must be realized by redesigning the curriculum system, updating the teaching contents and reorganizing the teaching activities. Based on the core idea of the "Excellent Engineer Training Program" and the characteristics of the automation specialty, this paper discusses the teaching reform practice mode of cultivating outstanding engineering talents with the characteristics of automation specialty and serving the related industries of marine equipment and equipment. Focusing on three aspects of the curriculum system, teaching content and practice platform.

Key Words: Excellent Engineer; Course system; System; Ocean Characteristics; Course Group

引言

"卓越工程师教育培养计划"是贯彻落实《国家中长期教育改革和发展规划纲要》和《国家中长期人才发展纲要》的重大改革项目，重点培养造就一大批创新能力强、适应经济社会发展需要的高质量各类型工程技术人才。工科专业如何转变教育模式以适应国家经济发展的需要，是目前中国由制造业大国转为制造业强国迫切要解决的问题[1]。"卓越工程师教育培养计划"的实施将引起高等学校工程教育的一场变革，具体体现在教

联系人：周丽芹. 第一作者：周丽芹（1972—），女，硕士，副教授.

基金项目：山东省本科高校教学改革研究重点项目"面向卓越工程师培养的自动化专业教学改革研究"（2012010）.

育教学理念、师资队伍、人才培养标准方面[2]。在教育教学理念方面我们要在面向国家需求、面向行业发展、面向工程能力、面向校企共建的理念和方法上有所突破，要为培养不同类型的卓越人才提供平台。在师资队伍上，要提高教师自身的工程意识和能力。在人才培养标准方面涉及国家、行业和学校的标准，总的要求是培养具有国际视野的高级工程人才。而所有这一切的核心是教育教学理念，需要制订合理的培养方案，关键是建立合理的、适应工程化教育的课程体系和教学内容。

1 研究意义

自动化专业是一个典型的工科专业，自动化专业人才培养一直以"厚基础、宽口径"为目标，因为自动化专业的毕业生未来要服务于各行各业的自动化工程的需要。自动化专业的人才应该具有"强（电）弱（电）结合、软（件）硬（件）兼施、管（理）控（制）结合"的素质。自动化专业作为传统专业，其课程体系和教学内容相对成熟，但自动化专业作为知识更新速度最快的专业之一，又需要对其课程体系、教学内容进行不断修正，以适应社会的发展。

自动化专业需要服务于一个行业，中国海洋大学的自动化专业定位于海洋仪器装备行业，这是一个新兴的、发展中的行业。在国家的中长期发展规划中、山东省建设"蓝色经济区"的规划中、青岛市建设"蓝色硅谷"的规划中，都将发展海洋仪器装备作为一个重要的发展方向。然而，目前海洋仪器与装备专业人才匮乏。中国海洋大学自动化专业定位于海洋仪器装备专业人才的培养，恰逢国家大力开发海洋的"天时"，又处于中国海洋特色最为显著的高等学府，占有"地利"，加上自动化专业的教师已经并正在承担多项国家级的海洋仪器装备的课题，具有相当的工程能力，更有"人和"。占有"天时、地利、人和"的中国海洋大学自动化专业，正在以全新的面貌，积极探索服务于海洋仪器装备行业的卓越工程人才的培养。

2 研究内容

2.1 开发了基于"系统"理念的自动化专业综合实践教学平台

（1）根据自动化专业总体教学目标、内容，设计开发了新型的基于"系统"理念的自动化专业综合实践教学平台，如图 1 所示。构建了几乎能够涵盖本专业所有核心课程和主干课程的科学合理的实践教学体系，能够支撑课程实验、实习实训及创新活动。

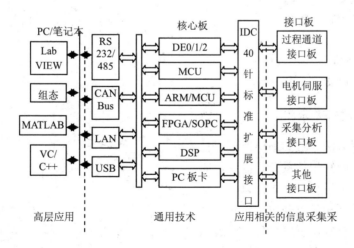

图 1 实践教学平台的系统结构图

（2）充分发挥教师和学生的主观创造能动性自主研发了多类实验板，包括 FPGA、ARM、单片机、运动控制、过程控制等实验板，探索充分利用实习资源，形成指导老师设计平台，高年级学生制作平台，低年级学生使用平台的良性循环的模式。

（3）实验项目的开发及指导书的编写。实验指导书中按照基础篇、部件篇和系统篇三个层次来编写，以满足不同层次的学生挑选不同层次的实验的要求，也可满足学生学习某种技术从简到难的渐进性。

2.2　课程群建设的研究与实践

（1）根据专业课程体系，研究课程群的建设，明确理论知识点、工程知识点，划分了基础电与嵌入式技术、控制理论、控制工程、海洋特色课程四个课程群，如图2所示。

图2　课程群划分示意图

（2）构建课程群知识树，如图3所示。研究知识点的分布与衔接，制定核心课程的课程标准。通过知识树合理分布知识点，加强课程之间的联系，做到知识点分布有层次、循序渐进，核心知识合理重复，有序强化。

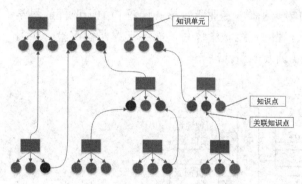

图3　课程群知识树示意图

以过程控制课程群为例，从其顶层课程"自动化仪表与过程控制"的知识体系开始梳理，向下分解知识点，通过知识树合理分布知识点，加强课程之间的联系，做到知识点分布有层次、循序渐进，核心知识合理重复，有序强化。以过程控制系统中的典型问题——温度控制系统设计为例，自顶向下逐层分解，以此来关联其他课程，如图4所示。

（3）设计系统级的实验，改进实验教学中课程之间缺少关联的问题，围绕顶层课程的系统级实验，自顶而下地开展实验设计，如图5所示。

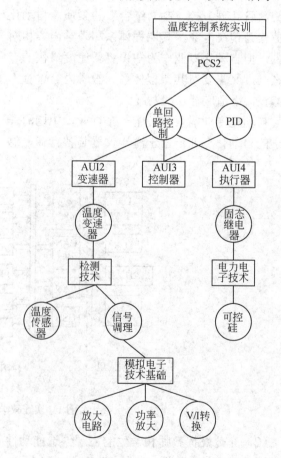

图4　简化的知识点网络图

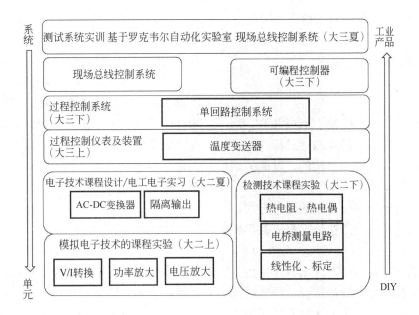

图5 知识点分解图

以过程控制课程群中的顶层实践课程"测控系统实训"为例，把复杂的控制系统中的相关知识点向下分解，在低年级的课程实验及课程设计中以模块级和单元级实验进行体现。学生在学习的时候自下而上逐步形成系统。

（4）模拟工程项目，培养工程实践能力。训练学生在技术上、规范上、过程上能够达到工业项目的要求。同时鼓励创新，让学生"主动实践"。以电子技术课程设计、电工电子实习、测控系统实训、毕业实习、毕业设计几个综合实践环节为抓手，系统培养学生工程实践能力，做到实验工程化、设计系统化、过程标准化、文档规范化。

2.3 实验室建设

（1）根据培养目标、课程体系，理顺实验室与承担相关课程的对应关系，根据需求，重新整合或新建，形成10个实验室，为各类创新活动提供实践平台，形成实验、实习、实训、课程设计、专题实验、科技竞赛、毕业设计等从认识—单元—系统—综合—工程系统的实践培养体系。

（2）遵循"海洋特色、工业主流、自研创新"的实验室建设理念，采用"科教结合、虚实结合、校企结合"的实验室建设方法，以工科基础强化海洋特色，以海洋特色带动工科发展，打造"工海融合"的实践教学体系。

2.4 课堂教学与创新活动

（1）构建系统的科技竞赛体系，研究竞赛与

实践教学之间的相互融合促进作用。利用"以赛促学"和"以赛促教"的方式促进学生创新能力的培养和教师水平的不断提高。

（2）开设了专题实验，使竞赛的前期知识培训纳入到正常教学环节中。强化知识结构的设计与建设，使每一个知识模块构成一个适当的训练系统。与竞赛相结合开设了电子系统设计、光机电系统设计、智能车、机器人控制四个专题实验，如图6所示。学生可根据兴趣爱好选修。

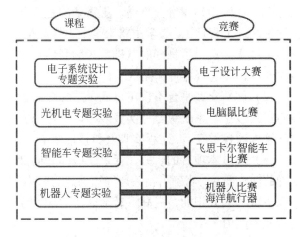

图6 专题实验与竞赛对应图

（3）针对课外科技创新活动的特殊需求，提出了"基地搭台、教师导演、学生主演"建设模式，搭建了以学生为主体的大学生创新实践平台，形成了"大一看热闹、大二看门道、大三做主力、

大四做研讨"培养形式和学生科创梯队。

3　改革成果和实践效果

3.1　改革成果

（1）根据创新人才的能力结构和课程的内容、知识点设置实践教学环节，确定教学目标，安排教学内容，形成具有内在逻辑结构的、以能力培养为主线的实践教学体系。

（2）探索了教师—学生—设备的融合方式，激发了老师和学生共同的创造热情，形成教学相长的实践学习氛围。

（3）按照"强化工科基础，突出海洋特色"的核心理念，根据自动化专业的特征，结合国家海洋开发战略的需求，进行了人才培养体系和实验室建设的改革。

3.2　实践效果

本课题的研究主要依托于11、12级自动化学生和11级教学计划。在近三年的时间里动态跟踪教学计划的执行情况及学生学习、实践情况，同时不断征询意见，采用问卷调查，教学研讨的方式对教学计划进行修订，对教学情况进行调整，形成了适合培养卓越工程师的校内实践教学体系。

（1）实践教学体系的运行不仅可以使学生更好地掌握本专业的知识，在完成本科学时学分的同时能够把所学知识融会贯通，更重要的是强化了学生系统工程意识，为学生将来走上工作岗位、从事工程实际奠定了良好的基础，为顺利地完成教学计划、实现培养目标提供了有力保障。

（2）创新实践平台不仅可以满足单独核心课程的实践教学、系统综合型实践教学，还可以支撑该领域的各类实习、工程实训及科技创新活动。

（3）通过本项目的研究，促进了教师之间课程群的交流研讨，明确了相关课程知识点的联系，拓宽了教师的知识面，提高了教师队伍的综合素质和业务能力。

（4）通过创新实践体系的运行，学生的创新能力得到显著提高。参加竞赛的人数逐年增加，获奖层次逐步提高，特色日渐突出。

（5）开展面向海洋工程的自动化专业人才培养体系的改革具有重要的现实意义，具有普适性和推广价值。而中国海洋大学自动化专业开展该项目的研究，对于培养我国海洋仪器装备的专业人才，促进我国海洋自动化事业的发展更具有重要的意义。

4　结论

本文探讨了面向卓越工程师培养的自动化专业课程体系、教学内容和教学平台。通过实践的方式开发了基于"系统"理念的自动化专业综合实践教学平台，形成思路先进、方法可行、性价比高的创新性实验教学模式；建立了合理的、适应工程化教育的课程体系和教学内容；面向海洋领域，注重特色人才的培养。此模式可推广。

（1）自动化专业是典型的工科专业，本论文所提出的基于"系统"理念的自动化专业综合实践教学平台及教学体系结构具有工科的普遍适用性，具有通用价值，可以在其他工科专业中推行。

（2）自动化专业需要在一个行业或领域中应用才能发挥作用，在海洋工程领域的应用，将为自动化在其他领域应用提供经验。

（3）本论文提出的面向卓越工程师培养的自动化专业教学改革模式对非卓越工程师计划的专业也有很重要的借鉴意义。

References

[1] 林健. 谈实施"卓越工程师培养计划"引发的若干变革[J]. 中国高等教育，2010（17）：30-32.

[2] 刘克汉. 卓越工程师教育培养计划呼唤高校教育教学新理念[J]. 大学教育，2013（16）：42-43.

面向自动化类专业的创客课程案例教学实践

赵广元[1]　张　良[2]　周金莲[3]　潘　峰[4]

([1]西安邮电大学，陕西 西安 710121；[2]西安卫星测控中心，陕西 西安 710143；
[3]宁夏理工学院，宁夏 石嘴山 753000；[4]东北大学，辽宁 沈阳 110819)

摘　要：建设创客课程是高校创客文化建设、创客教育实施得以落地的必由之路。文章首先分析了创客教育的社会背景和现实需求，提出创客课程教学改革的总体框架。以 C 语言创客课程的案例教学实践为例进行实践探索。这一方法在 3 所高校以不同方式进行了实践，取得良好效果，显示出应用价值。最后指出实践推广所需解决的问题并给出建议。

关键词：创客教育；创客教学法；创客课程；C 语言

Case Teaching Practice for Automation Majors

Guangyuan Zhao[1], Liang Zhang[2], Jinlian Zhou[3] Feng Pan[4]

([1]Xi'an University of Posts and Telecommunications, Xi'an 710121, Shaanxi Province, China;

[2]Xi'an Satellite Control Center, Xi'an 710143, Shanxi Province, China;

[3]Ningxia Institute of Science and Technology, Shi zuishan 753000, Ningxia Hui Autonomous Region, China;

[4]Northeastean University, Shenyang 110819, Liaoning Province, China)

Abstract：Construction of the maker course is one of ways for the construction of college students' maker culture and the implementation of the maker education. This paper first analyzes the social background and practical needs of the innovation, and puts forward the overall framework of the reform of the maker course. A Case Study—Case Teaching Practice of C – language is given. This method has been practiced in different ways in three universities, good results shows application value. Finally, the problems that need to be solved in practice are pointed out and corresponding suggestions are given.

Key Words：Maker Education; Maker Teaching Method; Maker Course; C Language

引言

当创客文化进入校园，学校参与到创客运动中，形成了创客教育（Maker Education）。创客教育融合信息技术的发展，开拓了创新教育的新园地[1]。通过在创客空间中碰撞、分享的自主、开放氛围中开展的创客活动和课程，学生可以接触最前沿的技术，动手实现其想法，并充分激发想象力，培养创新能力。创客在这样的方式下正柔软地改变着教育[2]。

学生参与创客学习的关键因素之一是课程[3]。课程化是创客教育扎根并惠及全体学生的必由之路[4]。创客教育进课程将形成面向创客教育的课程体系，是高校创客教育不可或缺的组成

联系人：赵广元. 第一作者：赵广元（1975—），男，硕士，副教授.

基金项目：陕西省教育科学十二五规划 2014 年度课题"基于原型系统提升创新能力的实践与研究"（SGH140604），陕西省教育科学十三五规划 2016 年度课题"教育创客空间建设与运行模式研究"（SGH16H079），西安邮电大学 2017 年度教学改革研究项目"跨学科协作的创客课程改革与实践研究".

部分。大课程观强调[5]，课程本质上是一种教育进程，课程作为教育进程包含了教学过程。课程不仅仅是存在于"观念状态"的可以分割开的"计划"，课程根本上是生成于"实践状态"的无法分解的、整体的"教育活动"。因此，在讨论创客课程改革时，需要包含课程的内容、教育方式、教学过程等各方面。本文首先分析创客教育的社会背景和现实需求，提出面向自动化类专业的创客课程教学改革的总体框架。以 C 语言课程的实践为例，给出教学改革案例，并对在 3 所不同层次的高校的具体实施进行分析。

1　创客教育的实践需求

创客教育研究既有广阔的社会背景，也有迫切的现实需求。因此可分别从这两个方面考查研究背景。

1.1　社会背景

（1）中国制造 2025 背景下人才培养的需求。2017 年 2 月 14 日，教育部发布由其联合人力资源和社会保障部、工业和信息化部共同编制的《制造业人才发展规划指南》（教职成〔2016〕9 号）。作为《中国制造 2025》的重要配套文件。其内容可以概括为四个"全"，即全方位构建人才培养体系、全领域进行人才供给改革、全过程推进教育教学创新、全角度加强人才培养保障。

主动改革传统的教育教学模式，创新培养机制，迎接第三次工业革命、工业 4.0、中国制造业人才发展的挑战，拥抱这些挑战，顺势而为、开拓创新，教育才能真正有所作为。

（2）教育信息化趋势为教育带来良好实施环境。《教育信息化"十三五"规划》（教技[2016]2号）中明确指出："有条件的地区要积极探索信息技术在'众创空间'、跨学科学习（STEAM 教育）、创客教育等新的教育模式中的应用，着力提升学生的信息素养、创新意识和创新能力，养成数字化学习习惯，促进学生的全面发展，发挥信息化面向未来培养高素质人才的支撑引领作用。"

在新兴科技和互联网社区的发展大背景下，创新教育以信息技术的融合为基础，传承了体验教育、项目学习法、创新教育、DIY 理念的思想，成为信息技术使能的创新教育实践场。在教育信息化的大趋势和大背景下，将创客教育植入课程，符合数字土著的特质，能够赋予学生更多自由畅想以及实践体验的机会，带给他们更多学习的乐趣。伴随着创客课程学习成长起来的学生，他们的创造潜能将得到持续开发，有助于他们在创新时代有所作为。

1.2　研究的现实需求

（1）强化专业认知：学生和教师的共同需求。以非计算机专业的 C 程序语言设计为例。当前，C 语言课程存在难教、难学的问题。究其原因，一是不同专业的学生都接受着同样的内容、同样的教法；二是学生不清楚本门课程对于自己专业发展有何意义，存在专业认知不足、学习兴趣不高的问题。创客课程将通过多领域、跨学科整合，面向不同专业设计相应的教学案例，使学生深刻理解本门课程对于所学专业发展的重要作用。

（2）增强实践能力：社会和学校的共同期待。今年两会时，教育部长陈宝生坦言："我们还存在着一些教育教学方面的问题，就是重课堂教学，轻实践能力的培养。教学和实践两张皮脱节，课堂上学的不会熟练操作。在内容建设方面也有这样的问题，内容比较陈旧，讲的还是过去的技术。学生学了去就业，这个技术是过时的，没有用。"在笔者与企业的交流对话中，他们的反馈信息中显示出需要学生有较强的动手实践能力，当然这默认地包含了学生在实践过程中主动解决问题、与他人协作或寻求帮助、准确地表达自己的作品等，实际上是多方面能力的综合体。同行的相关调查中，也得出类似的结论，认为高等工程教育人才培养必须适应工程领域人才需求的变化，在工科大学生的素质要素中，责任意识、团队合作、解决问题能力、终身学习能力等要素非常重要。在工科大学生未来职业发展中，这些要素比知识和技能等要素的影响更大[6]。

2　创客课程改革实践的总体框架

创客教育可分为创客的教育和创客式教育两种类型。创客的教育是在创客空间环境下，通过专门指导教师开设专门创客课程；创客式教育将创客教育理念融入各学科教学过程，开展的基于制造的学习。因此，创客课程的设计应从服务于创客教育的总体目标出发，针对这两种类型分别开展教学改革研究。其总体框架如图1所示。

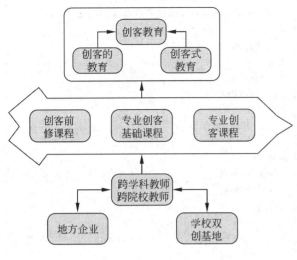

图1　研究总体框架

这一框架需研究或改革内容与目标如下。

（1）创客前修课程的开发与教学实践。这部分是服务于创客的教育，作为专门的创客课程，面向的对象为专业低年级学生，将以新生研讨课或选修课的形式开出。主要基于开源硬件（如开源电子设计平台 Arduino），在内容设置上一是开源硬件自身的基本认知学习，二是设置面向不同专业的初级案例。目标是强化低年级学生的创客思维，引导其主动进行创客实践并习惯于分享，培养创客精神。

（2）专业创客基础课程的开发与教学实践。面向专业的 C 语言创客课程可作为专业基础课程的代表。这部分既可以突出软件开发能力的提升，服务于创客的教育，作为专门的创客课程；也可以区别于创客前修课程，突出提升专业认知和学习兴趣，服务于创客式教育，作为融合式创客课程。作为非计算机专业的课程，宜以开源硬件 Arduino 为工具，设计与 C 语言课程知识点相匹配、并与专业相适应的案例，将这些案例融入课程中。目标：加强 C 语言的面向专业性，提升学生兴趣和专业认知。

（3）专业课程的创客化的改革实践。这部分服务于创客式教育，是融合式课程的代表。将把从现实应用中获得的创客项目嵌入课程。目标是促进基于项目的学习和做中学等教学方法的实施，通过带动学生的主动学习加深课程原理的理解、探索未知的勇气和信心。

以上是改革实践的核心内容。但在大课程观的理念指导下，还需以下方面的实践研究。

（1）创客教学方法与学习评价的改革实践。将设计的创客项目案例融入课程教学中，针对不同课程研究相应的创客教学方法；鉴于创客教育更注重"做"的特点，需特别加强过程评价以及对开源项目的准确科学评价。这将从学生反馈中不断改进。目标是将创客教育的教学方法和学习评价方法植入现有的课程教案。

（2）创客教育进课程的支持平台的应用研究。一是合理利用学校的创新创业基地资源，实施学生自主性的项目实践；二是构建网络交互平台加强学生成长记录、创客微课程发布、创客项目展示等。如可利用目前学生广为接受的微信公众平台开发不同课程板块，实现上述功能。

3　案例展示——基于 C 语言课程的案例教学实践

3.1　创客实践工具选择

开源硬件被认为是撬动创客教育实践的杠杆[7]。其中，对于非计算机专业来讲，Arduino 更为易用。Arduino 是一款便捷灵活、方便上手的开源电子原型平台，包含硬件（各种型号的 Arduino 板）和软件（Arduino 开发环境）。它适用于艺术家、设计师、爱好者和对于"互动"有兴趣的所有用户。其适合人群非常广泛。其优势表现为：① 价格低廉，应用方便。② 良好的跨平台性。③ 简易的编程环境。④ 开源及可扩展的硬件和软件。⑤ 应用非常丰富。将 Arduino 开源平台应用于教学实践，对于学生尽早进行项目实践、通过实践提升学习效果有着积极的意义。

3.2　课程案例的设置

正如 Arduino 所展现的优势，在课程中基于 Arduino 开发案例或进行项目制作，将使得课程更加生动，更贴近实际应用。如在 C/C++程序设计课程的课堂教学中，可设置如表 1 所示的案例，增强面对面授课的生动性、趣味性。

以下给出一个自行车尾灯的创客项目案例。图 2 所示为一款自行车尾灯产品。其组成为 5 个 LED 灯，以及一个按键。按键兼有控制 LED 灯开、关以及不同模式显示的作用。

表 1 基于 Arduino 开源平台的 C/C++实验

序号	实验科目	内　容
1	变量基本运算	在数码管上显示结果。
2	位运算	以不同方式点亮发光二极管。
3	字符串操作	在液晶屏上显示字符串操作结果。
4	分支结构	读取键盘输入，执行不同计算，在数码管上显示相应结果。

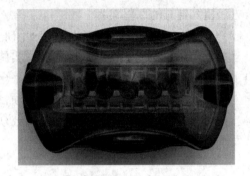

图 2　一款自行车尾灯

案例要求：基于 C 语言，用 LED 灯和按键、Arduino 控制器实现该自行车尾灯的功能。

项目示例程序如图 3 所示。为避免程序冗长且为学生扩展留有余地，该程序给出了 3 种 LED 灯循环模式。

```
/*
  按钮输入　Button
  2014 年 11 月 26 日 22:31:21
*/
const int buttonPin = 2;
const int ledPin =    13;
int led[8] = {14, 15, 16, 17, 18, 19, 20, 21};
int flag = 0;

void setup()
{
    pinMode(ledPin, OUTPUT);
    pinMode(buttonPin, INPUT);
    Serial.begin(9600);
    for (int i = 0; i < 9; i++)
    {
     pinMode(led[i], OUTPUT);
    }
}

void loop()
```

图 3　自行车尾灯项目示例程序

```
{
    int buttonState = 0;
    buttonState = digitalRead(buttonPin);
    Serial.println(buttonState);//测试输出按键状态

    if (buttonState == 1)
    {
      flag++;
      while (flag > 4)
        {
            flag = 0;
        }
    }
    delay(1000);
    switch (flag)
      {
        case 0:
          mode2();
          break;
        case 1:
          mode1();
          break;
        case 2:
          mode2();
          break;
        case 3:
          mode3();
          break;
        case 4:
          mode1();
          break;

      }
}

void mode1()   //第一种闪烁模式
{
    for (int i = 0; i < 9; i++)
    {
      digitalWrite(led[i], HIGH);
    }
}

void mode2()   //第二种闪烁模式
{
    for (int j = 0; j < 9; j++)
    {
      digitalWrite(led[j], LOW);
    }
}

void mode3()   //第三种闪烁模式
{
```

图 3　（续）

```
    for (int i = 0; i < 9; i++)
    {
        digitalWrite(led[i], HIGH);
        delay(100);
        digitalWrite(led[i], LOW);
    }
}
```

图 3 （续）

3.3 课程的实施问题及应对措施

3.3.1 Arduino 的知识导入问题

因为 Arduino 的编程语言的语法类似 C 语言，只在程序框架区别于 C 语言，同时还引入了 C++ 的面向对象概念，而对于硬件基础的要求则非常宽松，对于基本器件的一般使用只需有常识性的知识即可。实践证明：在课程开始前做简要的单片机硬件铺垫、引入面向对象概念，基于 Arduino 设计各知识点实验并贯穿课程是可行的。创客空间组织的多期"创客实践班"吸纳了包括大一或大二低年级的学生，他们均能较快熟悉起编程环境和硬件。较之以往 C 语言实验只在计算机屏幕上显示结果，开源硬件 Arduino 丰富了表现形式，带来了更加不一样的体验。

3.3.2 创客教学的方法探索

黎加厚[8]认为对应创客需具备五方面的能力，即运用知识的能力、控制输出结果的能力、自己动手实现的能力、处理关系和界限的能力、对产品市场的洞察能力。可转化到教学中成为"5步创客教学法"：创意：培养学生的想象力、创造精神；设计：学生把创意转化为具体项目的设计；制作：学习和使用工具，到小组协作，动手将设计制作成产品；分享：从个体认知，到集体认知，集体智慧形成；评价：过程性评价，关注学习过程、创新精神和科学方法论。

这一创客教学法中，不排除按照案例所进行的重复实践。这一步可看作学生对创客工具的学习和对创客项目的初步认知。学生只有经过这一关卡，才会有信心继续创客实践。否则，创客实践将成为空谈。如要求学生分组实施上述的自行车尾灯项目后，可进一步组织分享交流，激发新的创意，以此循环。

4 在 3 所高校的实践探索及分析

C 语言课程作为自动化专业的必修基础课程之一，历来受到重视。但由于学生所进行的实验大多是对知识点功能的验证。即使开展基于项目的学习，也是纯软件项目，一般不与专业发生联系。本文所实践的 C 语言创客案例教学，在 3 所院校开出。根据不同实际，其开设形式也有所区别。总体上体现出课程的创客化改革有利于学生创客精神的培养和内化。分别说明如下：

4.1 西安邮电大学自动化学院创客实践班的实践

该班面向全校不同专业，项目实践以混学科专业、年级编组，课程以项目牵动，非正式地开展。目前已开出四届。这一课程的开设，有力地提升了低年级学生进行专业项目实践的兴趣和信心。高年级的学生有效发挥传帮带作用，初步达到了全人培养的目标。在作者所指导的挑战杯竞赛作品团队中，均有低年级本科生参与。这是区别于未实施创客教学的最明显的标志。

4.2 东北大学信息科学与工程学院创新实验班的实践

该班是拔尖班，特别重视学生实践能力的培养。课程以 16 课时的短期课程开出，一般利用完整的周末两天时间。入门培训形式为讲练结合，之后以基于智能小车的创新项目为主，自主开展实践。因为学生有较强的实践基础及较扎实的理论基础，结合不同传感器为智能小车赋予了实用功能，创新实践表现突出，效果良好。课程在该班学习完"微机原理"课程后开出，有效地巩固了所学原理，明确了其具体应用，起到了理论与实践紧密联系的纽带作用。

4.3 宁夏理工学院电气信息工程学院的实践

在正常的 C 语言/C++课程教学中嵌入微型的创客项目案例，以促进对知识点的理解。因为项目与硬件结合，学生兴趣极高。全部学生自发购买了 Arduino 控制器及相关的传感器主动进行实践。目前，他们形成不同的学习小组，利用晚上在实验室自发实践。这其中，老师也参与指导，并以此带动学生参加大学生创新创业训练计划项目的申报和参加学科竞赛等。这一效果显示出本文实践对于应用技术型高校顺利转型具有积极意义。

5 结论

本文基于实践认为基于创客理论实现专业课程的改造，对于促进创客教育落地有积极意义。

为此，提出创客课程教学改革的总体框架，并以
C 语言课程的实践为例，给出教学改革案例。对
在 3 所高校的实践进行了分析。总体上看，实践
效果明显，且可以通过多种形式灵活开设。需要
说明的是，在推广应用中，如果不同专业的教师
组队（如计算机专业+自动化专业）建设类似的创
客课程，将会取得更好的效果。

目前存在的问题及建议：

（1）在教学制度上予以支持。在全球范围内
普遍存在的问题是重科研轻教学。对于如何促进
教师投身教学应在制度上予以保障支持。建议：
对跨学科跨院系进行课程建设的教师团队，以有
效的方式鉴定其工作占比，进行科学的绩效考核；
在校级以上的教改项目中开辟专门的创客课程建
设项目，并明确由一线教师主持，给一线教师更
多的机会，从而激发其更高的积极性。

（2）在经费保障上予以支持。创客案例开发
需要一定的硬件开支和软件开发费用。建议：在
学校创客文化建设的相关经费中支出专门经费用
于创客课程建设。

References

[1] 祝智庭, 孙妍妍. 创客教育:信息技术使能的创新教育实践场[J]. 中国电化教育, 2015（1）：14-21.

[2] 李凌. "创客"：柔软地改变教育[N]. 中国教育报, 2014-09-23（005）.

[3] 刘晓敏. 中国大学生参与创客运动的关键驱动因素[J]. 开放教育研究, 2016（6）：93-102.

[4] 陈刚, 石晋阳. 创客教育的课程观[J]. 中国电化教育, 2016（11）：11-17.

[5] 陈德明, 祁金利. 大课程观视野下高校就业指导课程体系的建构[J]. 前沿, 2010（5）：132-134.

[6] 徐瑾, 李志祥. 对工科大学生素质要求的调查分析[J]. 北京理工大学学报：社会科学版, 2013（2）：155-160.

[7] 雒亮, 祝智庭. 开源硬件:撬动创客教育实践的杠杆[J]. 中国电化教育, 2015（4）：7-14.

[8] http://blog.sina.com.cn/s/blog_54b9ab5e0102v3f6.html.

浅谈新工科背景下的应用型自动化专业的课程体系改革

瞿福存

（成都信息工程大学控制工程学院，四川 成都 610225）

摘　要：我国已经建成世界最大规模的高等工程教育，但存在工程教育实践环节薄弱，支撑制造业转型升级能力不强等问题。"新工科"建设的复旦共识为工程教育指出了改革方向。在此背景下，本文讨论了当前我国工程教育的主要问题，对自动化专业人才培养究竟有何新的要求，自动化专业人才培养改什么？今后推动中国自动化发展的主要技术和领域，最后重点介绍了应用型自动化专业课程体系改革的主要思路。

关键词：新工科；自动化专业；课程体系

A Brief Discussion on the Curriculum System Reform of Applied Automation Specialty Under the Background of the New Engineering

Fucun Qu

(Chengdu Information Engineering University College of Control Engineering, Chengdu 610225, Sichuan Province, China)

Abstract：China has built the largest scale of Higher Engineering Education in the world.However, there are such problems as weak engineering education practice, weak ability to support the transformation and upgrading of the manufacturing.The Fudan consensus in new engineering has pointed out the direction of reform for engineering education.Under this background, this paper discusses the main problems of Engineering Education in our country,What are the new requirements for the training of automation professionals?What is the reform of the training of automation professionals?Main technologies and fields for promoting China's automation development in the future.Finally, the main ideas of the curriculum system reform of applied automation specialty are introduced.

Key Words：The new Engineering；Automation Specialty；Curriculum System

引言

当前，国家推动创新驱动发展，实施"一带一路""中国制造2025""互联网+"等重大战略，以新技术、新业态、新模式、新产业为代表的新经济蓬勃发展，对工程科技人才提出了更高要求，迫切需要加快工程教育改革创新。2017年2月18日，教育部在复旦大学召开了高等工程教育发展战略研讨会，达成了"新工科"建设复旦共识,新工科被归纳为"五个新"，即工程教育的新理念、学科专业的新结构、人才培养的新模式、教育教学的新质量、分类发展的新体系。在此背景下，应用型自动化专业的课程体系怎样改革？下面从当前我国工程教育的主要问题，对自动化专业人才培养究竟有何新的要求，自动化专业人才培养

联系人：瞿福存. 作者：瞿福存（1961—），男，博士，教授.
基金项目：校企联合培养人才模式的探索与实践（Y2015031）.

改什么？今后推动中国自动化发展的主要技术和领域，应用型自动化专业课程体系改革的主要思路等几个方面进行讨论。

1　当前我国工程教育的问题

我国已经建成世界最大规模的高等工程教育，但制造业人才培养与企业实际需求脱节，产教融合不够深入、工程教育实践环节薄弱，学校和培训机构基础能力建设滞后。依然存在着制造业的人才结构性过剩与短缺现象，传统产业人才素质提高和转岗转业任务艰巨，领军人才和大国工匠紧缺，基础制造、先进制造技术领域人才不足，支撑制造业转型升级能力不强。

2　对自动化专业人才培养究竟有何新的要求

对工业自动化装备设计人才的需求。智能化是制造自动化的未来发展方向，作为智能制造过程中的执行载体，自动检测装备、自动装配设备、工业智能机器人、无人机、数据采集和存储装备等自主研发和设计是不可或缺的重要环节。通过此类装备的规模化应用，推动传统的制造业向"智能工厂"转型。

对人工智能技术人才的需求。人工智能技术的发展为生产过程中数据与信息的分析处理提供了有效的方法，给制造技术增添了智能的翅膀。人工智能技术尤其适合于解决特别复杂和不确定的问题，该技术在制造业中的应用必将全面提升制造业的智能化程度。

对软件人才的需求。智能化制造要求从产品开发到设计、外包、生产及交付等，生产制造的每个阶段都需要实现高度的自动化、智能化，并且各阶段的信息高度集成是必然趋势。软件将成为构建智能化工厂的重要基础，人性化操作接口、高功效运算平台连接、跨网络的云端运算、信息集成分析与统计都将成为关键要素。

对多学科交叉复合型人才的需求。在互联网与工业化深度融合的驱使下，未来的制造业必将成为一项综合应用各学科门类的前沿领域。传统条块分割式的人才专业结构已经不适应发展的需

要，一专多精、多专多精的复合型人才将是未来信息产业人才需求的方向，系统设计、调试、维护等人才的重要性将日益凸显。

3　自动化专业人才培养需要改什么

打牢学生控制理论的基础，增加优化理论、自适应控制、系统辨识、智能控制等知识内容。

增强学生掌握信息、网络等技术的能力，增加网络技术、控制系统仿真、嵌入式系统等知识内容。

结合自动化技术应用的领域，有针对性地补充专门知识，比如楼宇自动化、机器人技术等知识内容。

增加智能感知技术、知识自动化技术、智能规划技术、系统集成技术、物联网技术、虚拟化技术、知识管理技术、系统工程技术等内容。

如何将这些原理和技术转化为专业教学内容，尚需深入分析并提炼出教学的知识领域和具体的知识点，需要重新组织专业的教学体系。

4　今后推动中国自动化发展的主要技术和领域

推动自动化发展的主要技术有：

（1）网络通信。尤其是无线移动通信，标志性成果是物联网、车联网。

（2）人工智能。标志性成果是智慧城市、智能交通、智能汽车乃至自动汽车。

（3）基于微控制器、微机电技术的微系统。不久的将来微系统将无处不在，MCU 无处不在，最终自动控制无处不在，可穿戴，可植入。

（4）预测和预测控制技术。自动化的方法论，除了反馈，还有预测。预测和预测控制不仅仅在自动化系统中成立，在工程、经济、社会、生命、生态系统中同样存在。只有反馈控制，没有预测和预测控制，智能机器人、智能汽车、自动汽车是无法想象的。

（5）以视觉和语音技术为代表的新的媒介技术，或者说反馈手段。以前的反馈是建立在信号基础上的，今后的智能机器人、智能汽车将更多地采用视觉和语音，以及其他新的媒介技术。

今后中国自动化的主要应用领域有：

（1）汽车。特别是新能源汽车，尤其是电动汽车、汽车智能与智能汽车，标志性成果是自动驾驶的电动汽车。2015 年中国 GDP 的六分之一来自汽车及相关行业，而全世界污染物排放的六分之一来自汽车。

（2）机器人。产业转型、升级，必须利用机器人技术尤其是智能机器人技术，提高产品的一致性，降低生产成本。标志性成功是无人工厂，黑灯工厂。一台机器人如果只代替一个工人，成本控制在 15 万元，企业就愿意接受。

课程体系改革和建设应当重视以上领域与技术。这些技术是构成智能自动化系统的使能技术，这些领域是智能自动化系统的主要应用领域。

5 应用型自动化专业课程体系改革的主要思路

5.1 一体化课程体系设计

按照应用型自动化专业人才知识、能力、素质的要求，对课程体系进行一体化设计，分为知识课程体系和技能课程体系。

5.1.1 知识课程体系

如图 1 所示。通过该课程体系的学习，使学生掌握从事自动化系统开发和系统运行、管理、维护等所需要的基本知识。为了体现新工科对优化理论和智能技术的重视，在专业基础课中增加"运筹学"这门课程，在专业课中增加"智能控制""机器人技术"和"机器人视觉及应用"3 门课程。

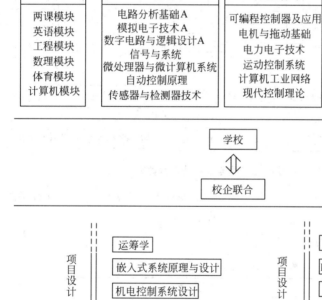

图 1 应用型自动化专业的知识课程体系

5.1.2 技能课程体系

在该课程体系构建中，始终贯彻以综合性设计大项目为主要载体，在尽可能接近实际工程的环境下，培养学生获取知识和综合运用知识的能力，较强地解决实际工程问题的能力。以项目为主的技能课程体系如图 2 所示。它以一级项目（机器人设计与制作、智能家居装置设计与实现、智能楼宇装置设计与实现）为主线，以二级项目（金

工实习、电子系统设计、控制系统软件设计 I / II、控制系统设计与实现 I / II）为支撑，三级项目以核心课程为基础，如自动控制原理、可编程控制器及应用、运动控制系统、机电控制系统设计、机器人技术等。不单独设置自动控制系统软件设计类课程，而将其融合在各级项目中。将一些自动化领域应用较流行的软件平台如 MATLAB、PLC 编程平台软件，融合在相关课程中。

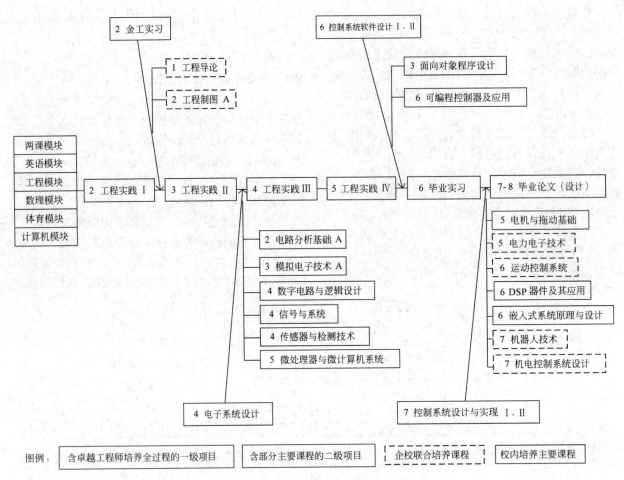

图例：　含卓越工程师培养全过程的一级项目　　含部分主要课程的二级项目　　企校联合培养课程　　校内培养主要课程

图 2　应用型自动化专业技能课程体系

5.2　课程整合

5.2.1　课程模块设计

课程整合以能力、素质的培养为核心，对应于培养标准，落实到具体的课程模块中进行培养，如表 1 所示。

表 1　培养标准与课程模块

一 级 标 准	二 级 标 准	三 级 标 准	能力评价的课程模块
1. 知识	1.1　相关科学知识	1.1.1　自然科学知识	公共基础课模块
		1.1.2　人文社会科学知识	
		1.1.3　经济管理知识	
	1.2　工程基础知识	1.2.1　计算机技术	公共与专业基础课模块
		1.2.2　信息技术	
		1.2.3　电工电子技术	
		1.2.4　工程制图与机械	
	1.3　专业知识	1.3.1　专业基础知识	专业基础课模块
		1.3.2　专业方向知识	
2. 能力	2.1　获取知识的能力	2.1.1　终身学习能力	公共与专业基础课模块、专业课模块、工程训练模块
		2.1.2　文献检索能力	
		2.1.3　实验和发现知识	
	2.2　应用知识的能力	2.2.1　系统思维能力	专业课模块、工程训练模块
		2.2.2　工程推理及解决问题能力	
		2.2.3　工程综合实践能力	

续表

一 级 标 准	二 级 标 准	三 级 标 准	能力评价的课程模块
2. 能力	2.3 创新能力	2.3.1 创新思维能力	专业课模块、工程训练模块
		2.3.2 创新实践能力	
		2.3.3 科研开发研究能力	
	2.4 团队合作能力	2.4.1 组建或积极参与团队	
		2.4.2 在团队中领导或协作	
		2.4.3 团队运行与成长	
	2.5 交流能力	2.5.1 人际交流能力	
		2.5.2 外语交流能力	
3. 素质	3.1 思想道德素质	3.1.1 政治素质	公共基础课模块、专业基础课模块
		3.1.2 道德品质	
		3.1.3 法律意识	
		3.1.4 诚信意识	
	3.2 文化素质	3.2.1 文化艺术修养	
		3.2.2 现代意识	
		3.2.3 理性意识	
	3.3 专业素质	3.3.1 科学素质	
		3.3.2 工程素质	
	3.4 身心素质	3.4.1 身体素质	
		3.4.2 心理素质	
4. 在企业与社会环境下构思、设计、实现、运行系统	4.1 外部和社会环境	4.1.1 工程师的角色与责任	专业课模块、工程训练模块
		4.1.2 积极健康的价值观	
	4.2 企业与商业环境	4.2.1 了解和欣赏企业文化	
		4.2.2 初步创业意识	
	4.3 系统的构思与工程化	4.3.1 能理解或设计系统目标和要求，定义功能、概念和结构等	
		4.3.2 参与或组织项目构思、设计、实现和运行的基本能力	
		4.3.3 项目发展的管理	

5.2.2 课程设计

学生通过四年学习，应达到会设计一个完整系统（如运动控制系统）；会应用一台设备（如可编程控制器）；会使用一个工具软件（如组态软件）。在课程体系设计时，对教学内容交叉、缺漏的课程进行整合。例如：由"运筹学""嵌入式系统原理与设计"和"机电控制系统设计"实现"自动化系统集成"相关知识的学习，由"智能控制""机器人视觉及应用"和"机器人技术"实现"机器人控制"相关知识的学习。

5.2.3 能力、素质培养在课程中的落实

将能力、素质培养落实到各课程中，具体如表2所示。

表 2 各课程的能力、素质培养

主 要 课 程	培养的能力和素质
可编程控制器及应用	达到会程序编写及应用可编程控制器的能力。
电机与拖动基础	具有应用电力电子技术、电机与拖动知识、运控知识进行运动控制系统设计与实现的能力。
电力电子技术 B	
运动控制系统	
机电控制系统设计	
嵌入式系统原理与设计	会编写嵌入式系统的程序，具有嵌入式系统开发的基本能力。
智能控制	具有开发机器人系统的基本能力

（续表）

主　要　课　程	培养的能力和素质
机器人视觉及应用	具有开发机器人系统的基本能力
机器人技术	
过程控制系统	具有利用自动化仪表设计过程控制系统的能力
自动化仪表	
控制系统软件设计 I	具有利用组态软件设计自动控制系统的能力
控制系统软件设计 II	
控制系统设计与实现 I	具有在企业和社会环境下构思、设计、实现和运行系统的能力
控制系统设计与实现 II	

6　初步运行效果

上述方案从 2015 年开始实施,从 2014 到 2016 届本科毕业生的几项主要指标看,教学效果有了较大提升,如表 3 所示。

表 3　近 3 届本科毕业生主要指标

指标	2014 届	2015 届	2016 届
就业率	88.5%	90.5%	94.8%
毕业率	89.6%	93%	81.3%
授位率	93.3%	100%	98.5%
上研人数	4	5	7

7　总结

本文根据“新工科”建设的复旦共识思想,讨论了当前我国工程教育的主要问题,对自动化专业人才培养究竟有何新的要求,自动化专业人才培养改什么?今后推动中国自动化发展的主要技术和领域,重点介绍了我校自动化专业(属应用型)课程体系改革的主要思路。该方案自 2015 年实施后,初步效果良好,特别是就业率有了较大提升。

References

[1]　吴爱华. 加快发展和建设新工科主动适应和引领新经济[J]. 高等工程教育研究, 2017（1）.

[2]　熊光晶, 陆小华. 符合国际工程教育共识的 CDIO 课程体系培养模式[J]. 西安交通大学学报:社会科学版, 2006（10）.

[3]　国务院关于印发《中国制造 2025》的通知. 国发〔2015〕28 号, 2015-05-08.

提高自动化专业本科课堂教学质量的探索

郑永斌　谢海斌　徐婉莹　白圣建　李　春

（国防科技大学，湖南 长沙 410073）

摘　要: 本科人才培养在整个高等教育人才培养体系中居基础地位,而课堂教学是本科人才培养的首环节和主阵地, 其质量直接影响人才培养的质量。文章以提高自动化专业本科教学质量为目的,采用"以学习者为中心, 以教师为主导"的核心教学理念,围绕该理念进行了全新的教学整体设计,有针对性的创新教学方法和手段、更新教学内容、改革考核方式,引导本科生主动式学习和参与式学习,充分挖掘和激发本科生学习兴趣与潜能,最大程度地提高本科课堂教学的质量和效率。

关键词: 本科课堂教学质量;以学习者为中心、以教师为主导;教学设计;教学方法与手段

The Exploration on Improving the Quality of Undergraduate Teaching in Automation Specialty

Yongbin Zheng, Haibin Xie, Wanying Xu, Shengjian Bai, Chun Li

(National University of Defense Technology, Changsha 410073, Hunan Province, China)

Abstract: The training of undergraduates plays a key role in higher education system. Among all procedures, classroom teaching is the main way of training the Undergraduates, and its quality affects the training effect drectly. In order to improve the quality of teaching undergraduates in Automation, the learner-centered and teacher-oriented idea is adopted as the core concept. Based on the concept, undergraduates are guided to active learning and participatory learning, the teaching quality and efficiency are maximally improved by properly designing the courses, renewing the teaching methods and the content of courses and reforming the curriculum examine mode.

Key Words: The Course Quality of Training Undergraduates; Learner-centered and Teacher-oriented; the Designing of Teaching; The methods of Teaching

引言

在当今全球化的大潮中,世界各国在人才、科技、知识领域的竞争日趋激烈,都特别强调高等教育的质量。在此背景下,2010 年我国颁布了《国家中长期教育改革和发展规划纲要(2010—2020 年)》,对高等教育的要求是"全面提升高等教育质量,建设高等教育强国"。这一目标的提出,明确释放出的信号是"高等教育质量意识已经成为我国高等教育发展的国家战略"[1]。其中,本科人才培养在整个高等教育人才培养体系中居基础地位,探索提高本科人才培养质量的途径具有重要的现实意义。在本科人才培养的各个环节中,课堂教学是本科人才培养的首环节和主阵地,是高校实现本科人才培养目标和推动本科教学改革的根本着力点,在高校本科人才培养中处于核心位置。然而,国内高校传统教学普遍

联系人:郑永斌. 第一作者:郑永斌（1983—）,男,博士,副教授.

存在"重理论、轻实践，重知识灌输、轻能力培养，知识更新慢，学用脱节"等一系列问题，严重影响了本科教学质量的提高。本文研究重点是如何围绕"以学习者为中心，以教师为主导"的核心教学理念，进行全新的教学整体设计，创新教学方法和手段，更新教学内容，改革考核方式，充分挖掘和激发本科生的学习兴趣与潜能，拓宽本科生的视野，提高本科生的科研能力与动手能力，最大程度地提高本科课堂教学的质量和效率。

1 核心教学理念

建构主义学习理论认为"知识是不能教的"，而只能是学习者在真实情景中进行有意义的建构时习得，所以强调以学生为中心，强调学生对知识的主动探索、主动发现和对所学知识意义的主动构建[2]。20 世纪 50 年代，在构建主义学习理论基础上，美国人本主义心理学派的卡尔·罗格斯认为"传统的教学是建立在对人的本性错误的假设上的，其所采用的灌输方式使学生处于被动接受的状态，成为无主见、缺乏适应性的个体，而主体参与性是促进学生学习的原始性机制，首次提出"以学习者为中心"的理论；20 世纪 80 年代美国心理学家 Carroll 等提出以学生为中心的认知教学法[3]，引发了教育观念、教学方法与手段等的变革，给高等教育带来了极大的影响，在世界第一届高等教育大会上，联合国教科文组织提出高等教育要向"以学习者为中心"转变[2]。经过几十年的实践，"以学习者为中心"的教学理念已经取得巨大的成果，已经成为当前世界教育界的核心理念。

然而，由于历史和文化的原因，目前我国高等教育界"以教师为中心"的教育理念仍占很大的比例，课堂教学采用"教师满堂灌"的还不在少数，此种现象在本科教学中尤为严重。在此背景下，倡导"以学习者为中心"的理念具有现实意义。但是，我国大学生普遍缺乏主动学习的能力和积极性，在实施"以学习者为中心"的教学理念时，不能完全忽略教师的主导作用，即教师应充分调动学生学习的积极性和自信心，引导和鼓励学生主动性学习和参与式学习。因此，"以学生为主体，以教师为主导"才是我国本科教学应该采用的核心理念。

2 教学设计

实现"以学习者为中心，以教师为主导"的核心理念，必须对传统的教学设计、教学方法与手段进行了彻底的革新，否则该理念只能停留在理想阶段，难以取得预期的效果。

2.1 采用"一二三"模式的教学整体设计

首先革新的是教学的整体设计，即从传统的"三二一"模式变为"一二三"模式。传统的"三二一"模式，即在教学中"教师满堂灌"，面面俱到讲"三"方面的内容，布置作业或练习的时候只涉及其中"二"方面的内容，考核时只涉及其中"一"方面的内容，这是一种层层递减的模式，不利于学生的主动学习。相反，"一二三"模式是教师课堂上只讲授最核心的"一"方面内容，布置作业或练习涉及扩展后的"二"方面内容，考核时甚至涉及从未讲过或练习过的"三"方面内容。"一二三"模式好处是除了为学生最大限度地提供主动学习的时间保证和内容保证外，还能最大程度地刺激学生主动学习。

2.2 采用问题驱动式教学设计

在具体的教学设计上，区别于传统的"讲授驱动"方式，采用"问题驱动式教学法"（Problem-Based Learning，PBL）进行具体教学内容的设计[4]。科学始于问题，"问题驱动式教学"策略强调把学习设置在具体的、有意义的问题情境中，通过让学生合作解决真实世界中的现实问题，来探究隐含于问题背后的科学知识。"问题驱动式教学"实际上是建构主义教育理论的一部分，是通过问题导向式教学设计，将学生的学习过程转化为解决问题的过程，学生在解决一系列现实问题的过程中学习所需要的新知识，并在获得新知识的过程中探索研究方法，从而培养自主学习能力、创新能力和探究精神。

在具体的操作中，可采用"为何学—学什么—怎么解—如何用—总结提高"这一环环相扣、逐层递进的问题链来驱动教学活动实施，如图 1 所示。教师首先要起到引导作用，可以通过情景迁移或问题引入法，引导和鼓励学生对已有知识的再发现，让学生全方位体验知识的形成或构建过程，从而实现学生的主动式学习和参与式学习[5]。对学生来说，必须主动、独立、全要素的完成问题的解决。

图1　问题驱动式的教学设计

2.3　提供完整、严格、有压力的学术训练

与国外高水平大学的工科本科教学相比，我国工科本科教学设计中普遍缺乏学术训练环节，特别是完整、严格、有压力的学术训练，这种状况直接导致我国本科生的科研素质和学术素养落后于教育发达的西方国家。

在教学设计中增加学术训练环节的好处是多方面的。首先是服务于"以学习者为中心，以教师为主导"的核心教学理念，在具体的学术训练中，必然是学习者为中心、通过主动式的学习和实践来完成学术训练任务，可以培养学生"以学习者为中心"的自觉性。其次，也有利于学生体验式学习、探究式学习，有利于学生切身感受科研的全过程和全要素，加深对现有知识的理解、扩大知识面、建立合理的知识结构，培养学生的创新能力、实践能力、学术论文撰写能力和团结协作精神[6]。

在具体的操作中，可采用如图2所示的方式组织，教师发挥主导作用，设定学术训练的内容，并监督和参与每一个环节，确保学术训练的完整性、严格性，对学生施加一定的压力。学生是学术训练的主体，必须完成思考、研讨、探索、总结等内容。

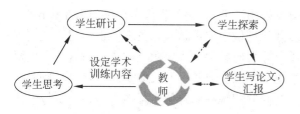

图2　学术训练组织方式

3　教学方法与手段

正如生产关系必须适应生产力一样，在选择教学方法和手段时，必须从本科生学习的实际情况和特点出发，否则，再先进的教学理念和教学设计都不会起到理想效果。例如，作者所在学校自动化专业本科生的特点是课多、自主学习的时间和精力有限，学习动力和学习兴趣比较欠缺，能力多样性和差异大，容易出现部分同学吃不饱、部分同学跟不上等现象。另外，"自动控制原理"等核心骨干课程知识陈旧。针对这些特点，围绕"以学习者为中心，以教师为主导"的核心教学理念，有针对性地设计如下教学方法和手段。

3.1　建设最适合"主动学习"的课堂氛围

为了能够高效实现"以学习者为中心，以教师为主导"的核心理念，首先需要教师和学生共同建设最适合"主动学习"的课堂氛围。心理学研究认为，人类对于外部世界的认识可分为三个区域：舒适区（Comfort zone）、学习区（Stretch zone）和恐慌区（Stress zone），如图3所示，其中在舒适区的个体得心应手，是处于熟悉的环境中做熟悉的事情、和熟悉的人交际，甚至个体本身就是该领域的专家，虽然心理上感觉舒适，但是学到的东西很少，进步缓慢；恐慌区，顾名思义，个体在这个区域中会感到忧虑、恐惧、不堪重负，比如在公共场合演讲，这种情况下过度的心理负担导致学习效率低。介于二者之间的是学习区，在此区间充满新颖的事物、知识和技能，可以适度挑战自我。显然，舒适区和恐慌区都不利于学习，而只有在学习区才有利于尝试新鲜事物，探索未知领域，才能快速开拓思维和视野，激发潜力，实现高效的学习。

图3　心理学中关于认知的舒适区、学习区与恐慌区

在具体的教学实践中，最有利于主动学习的

"学习区"，需要在物理空间和心理层面两个维度进行构建。首先建立物理空间上的"学习区"。例如有的同学喜欢坐在教室的后边，喜欢处于空间上的舒适区，但这不利于提高其学习效果。针对这种情况，可以改变教室的空间布局，把讲台式教室改为研讨式教室，即学生的座位呈环形分布，教师处于环形的中心。这种研讨式的教室客观上在空间上形成了"学习区"。其次，在心理层面建设"学习区"，即教师在课堂上对学生进行适度的奖励与惩罚，保护学生的问题意识，引导学生对自己学习状态进行评估，建立老师评价学生、学生评价老师以及学生之间互评的反馈渠道和机制。只有通过师生共同努力，才能不断完善有利于主动学习的课堂氛围。

3.2　采用 BOPPPS 模型组织具体教学内容

BOPPPS 教学模式是加拿大广泛推行的教师技能培训工作坊（Instructional Skills Workshop, ISW）推出的教学模式[7]，该模式强调以学生为中心的教学理念，对课堂教学过程进行模块化分解，每个模块都实现特定的目的，最终确保既定课程教学目标的有效实现。具体地说，BOPPPS 模型将课堂教学过程规划分为 6 个阶段或环节：导入（Bridge-in）、目标（Objective）、预评价（Pre-assessment）、参与式学习（Participatory Learning）、后评价（Postassessment）和总结（Summary/Closure）。在"导入阶段"导入新内容并通过引起学生的好奇心使其产生学习动力；"目标阶段"主要从认知、情感和技能三个方面明确地指出学习应该达到的要求和水平；"预评价阶段"主要用来评测学习者现在所知道的和所理解的，用于指导教学后续安排，以及提醒学习者自己已经学会的知识；"参与式学习"阶段主要是采用积极的学习策略使学习者深度参与到课堂中并实现教学目标的过程；"后测阶段"主要是确定学习者在经过本次课堂学习后与教学目标相关联的知识掌握程度；"总结阶段"主要是给教师和学习者提供一个共同反思的机会，学生反思自己学到了什么，教师反思本次授课存在的问题或为下次课程内容打下埋伏。目前该模型已经被全球超过百所大学和产业培训机构所推崇，实践表明 BOPPPS 是一个符合学习规律的、高效的教学模式。

在具体的教学内容组织上，灵活采用 BOPPPS 模型，结合 PBL 教学方式，精心设计每一堂课。

3.3　更新教学内容和建设高水平教材

目前，我国本科教学中存在的一个突出问题是部分专业核心课程知识陈旧，远不能适应当前的应用需求。以自动化专业为例，其专业核心课程"自动控制原理"的课程内容已经多年没有更新，很多知识点已经失去了生命力；很多学校的专业基础课程"计算机硬件基础"还讲授的是 8 位或 16 位 CPU，远滞后于主流应用中的 32 位或 64 位机。要提高本科教学质量，就必须更新教学内容，跟上知识更新换代的速度。可采用如下措施。

（1）科研成果进课堂。即把授课教师或教学团队的最新科研成果直接转化为优质教学资源，以案例的形式和前沿课程的形式引入课程内容中，一方面有利于更新教学内容，另一方面为学生进行学术训练提供素材支持。

（2）针对现有本科课程体系自身存在的不够灵活、不够开放和兼容的问题，可以考虑择优把国内外高水平 MOOC 课程纳入课程体系，并承认学生 MOOC 课程的学分。由于 MOOC 具有开放、自主学习、覆盖面广、学习资源丰富等特点，有利于更新教学内容的更新，也有利于实施"以学习者中心"的核心教学理念。

（3）建设高水平教材，一方面引入学科的最新知识，另一方面在知识、案例和习题的组织上要能够适应"一二三"的教学整体设计，最大程度地为学生自主学习和参与式学习提供支撑。

3.4　采用形成性评价为主的考核方式

考核是学生学习的指挥棒，要实现"以学习者为中心"的核心教学理念和提高教学质量，必须革新传统终结性评价为主的考核方式。建议采用形成性评价为主的考核方式[9]，强调对学生学习过程的评价，即科学合理地评价学生在构建"学习区"过程中的贡献，以及在知识学习、发现问题、分析问题和解决问题过程中的表现，突出对学生学习或实验过程中的态度、方法、发现问题、分析问题和解决问题的实际能力考核，引导学生自觉地进行"主动式学习"和"参与式学习"。

4 初步实施效果

上述教学理念、设计、方法和手段，在作者承担的两门自动化专业本科生课程"最优化方法"和"计算机控制"中得到了初步实施，取得了良好的教学效果，学生学习主动性较往年有明显改善，学生的学术能力和研究能力得到了训练，有学生根据课程实践内容参加学科竞赛和撰写学术论文。同时也得到了学校的承认，获得了本科教学校级优秀评价。

按照本文中的教学理念、设计、方法和手段提高自动化专业本科教学质量，是一个系统工程，需要全方位的革新，需要教育指导机构、各高校、广大一线任课教师以及学生的共同努力才能完成。

5 结论

本论文以提高工科（自动化专业）本科教学质量为目的，采用"以学习者为中心，以教师为主导"的核心教学理念，围绕该核心理念进行了"一二三"模式的教学整体设计、问题驱动式教学具体设计和本科生学术训练教学设计，并创新教学方法和手段，包括：建设最适合"主动学习"的课堂氛围，采用 BOPPPS 模型组织具体教学内容，通过科研成果进课堂和引 MOOC 资源进课程体系等方法更新教学内容，采用形成性评价为主的考核方式等，引导本科生主动式学习和参与式学习，充分挖掘和激发本科生的学习兴趣与潜能，最大程度地提高本科课堂教学的质量和效率。本文的研究成果，对于提高包括自动化专业在内的工科本科课堂教学质量具有重要意义。

References

[1] 邬大光，别敦荣，赵婷婷，等. 高等学校《本科教育教学质量报告》透视（笔谈）[J]. 高等教育研究，2012，33（2）：41-45.

[2] 刘献君. 论"以学生为中心"[J]. 高等教育研究，2012，33（8）：1-6.

[3] 唐群，雷久士，张熙，等. 以学习者为中心的教学模式的构建与实践[J]. 中国高等医学教育，2013（7）：32-33.

[4] 刘宝存. 美国研究型大学基于问题的学习模式[J]. 中国高教研究，2004（10）：60-62.

[5] 李春，邹逢兴，周宗潭，等. 计算机硬件技术基础精品课程研究型教学探索与实践[J]. 高等教育研究学报，2013，36（1）：26-29.

[6] 李正，林凤. 论本科生科研的若干问题[J]. 清华大学教育研究，2009，30（4）:112-118.

[7] Pat Pattison, Russell Day. Instruction Skills Workshop (ISW) Handbook for Participants[M]. Vancouver, The Instruction Skills Workshop International Advisory Committee, 2006.

[8] 张建勋，朱琳. 基于 BOPPPS 模型的有效课堂教学设计[J]. 职业技术教育，2016，37（11）:25-28.

[9] 郑永斌，张明，李春，等. 控制工程领域专业学位硕士研究生课程体系改革研究[J]. 高等教育研究学报，2015，38（3）：94-98.

项目导向教学法在专业课程中的实践

彭学锋[1]　刘建斌*[2]　李　红[2]

（[1]国防科技大学 计算机学院，湖南 长沙 410073；[2]国防科技大学 机电工程与自动化学院，湖南 长沙 410073）

摘　要：本文讨论了项目导向教学法（Project based Learning）的作用与特点，将该教学方法引入工科专业课程教学过程。以计算机控制课程为例，设计了与课程教学要求相适应的研究项目，基于软件资源共享与协同环境 Trustie 建立了课程实施所需的教学与项目研究资源。实践表明项目导向教学法能有效地提高学生学习专业课的兴趣和主动性，教与学的实践过程向自主性、合作性、研究性、创新性方向发展。

关键词：项目导向教学法；专业课程；教学资源；Trustie

Practice of Project Based Learning in Professional Courses

Xuefeng Peng[1], Jianbin Liu[2], Hong Li[2]

([1]Computer College of National University of Defense Technology, Changsha 410073, Hunan Province, China;

[2]Mechatronics and Automation College of National University of Defense Technology, Changsha 410073, Hunan Province, China)

Abstract：The application of project based learning in professional courses is discussed. Three projects of 'computer control' courses are designed, The valuable resource of project based learning is realized in 'Trustie'. Project based learning is beneficial for autonomous learning and improve ability to study comprehensive knowledge.

Key Words：Project Based Learning；Professional Course；Teaching Resource；Trustie

引言

大学教学方法是在教学中为完成一定的教学目的、任务所采取的教学途径或教学程序，是以解决教学任务为目的的师生间共同进行认识和实践的方法体系[1]。为将教学活动从向学生单纯传授知识转移到着重培养学生的学习能力和兴趣，国内高等教育的教学方法主要采取了启发式教学法、参与式教学法、讨论式教学法等[2]。启发式教学法主要包括案例教学、问题教学、模块教学等教学方式；参与式教学法包括模拟教学、实践活动教学、项目教学等翻转方式；讨论式教学法主要包括辩论、座谈研讨等。选用教学方法的依据一是教学目的、任务和要求，二是教学内容的性质和特点或课程的性质和教材的特点，三是教学对象的实际情况或者说学生的特点，四是教师的自身素质和所具备的条件，五是教学环境、教学时间和教学技术条件，六是教学方法的类型和功能[1]。

高校工科专业课教学是培养学生专业素质及创新能力的重要阶段，目的主要是学生综合运用基础课程知识解决专业问题的能力。如果把基础课教学看作打地基、做砖瓦过程，专业课教学就是在地基上利用砖瓦建设楼房的过程。专业课的教学地位与目的决定了项目式教学是十分适合的教学方法。项目导向教学方法（Project based Learning）是师生以团队的形式共同实施一个完整

联系人：刘建斌. 第一作者：彭学锋（1964.3—）.

的项目工作而进行的教学活动。在项目导向教学过程中，学生既独立思考、分析设计，又相互协作、系统实现与验证，培养学生的独立研究能力、协作精神，有助于学生科研能力及综合职业能力的养成。项目导向教学就是要充分发挥学习者的自主性，学生经过项目分析、查阅资料、项目设计、计算分析和仿真实验验证，形成项目分析设计报告参与讨论。研究表明项目导向与问题导向教学法能极大地提高学生学习专业课的兴趣和积极性，增强学习动机和参与性[3, 4]。

教育学者从教学方法的现状、走向、理论基础等多方面对高校教学方法进行了深入研究[1]，指出国内高校教学方法在功能上，由以知识传递为主的教学方法转变为在传授知识的同时注意发展学生的能力，加强学习方法与研究方法的指导；教法与学法相结合，由重教转到重学；由班级教学方法转向小组教学；教学方法向自主性、合作性、研究性、创新性教学发展。同时研究了国外教育教学的一些做法，在澳大利亚，将有关培养学生探究精神的课程列为必修课目。在英国大学，采用"项目教学法"，对学生进行综合素质能力训练，每个项目是具有实际意义的应用型或研究型开放式课题，不限定研究过程，没有标准答案，学生经过数学建模、仿真计算、分析，达到系统设计的目的，使用仪器设备定量化数据测量和采集等实验验证手段完成研究任务，整个过程富有挑战性和自主性。

1 项目导向法教学过程设计——以"计算机控制"专业课为例

"计算机控制"课程是计算机科学与技术专业课，属于计算机与自动控制的交叉应用技术课程，为学生从事计算机接口与实时控制应用工作奠定技术基础。课程的主要任务是掌握自动控制的原理、分析计算机控制的基本方法、掌握计算机控制器设计过程，熟悉计算机控制系统的硬件设计技术和软件设计技术，探究计算机控制系统的设计与实现方法。为实践"计算机控制"课程的项目导向教学，前提是建设符合人才培养方案和课程标准并具有实际意义的应用型或研究型项目。

1.1 "计算机控制"课程"项目"设计

"项目"要起到理论与实践的桥梁作用，既要通过项目提炼出内在的理论问题，又要利用掌握的理论，指导项目的研究实践。项目设置具真实性、完整性和启发性。

项目1：电机随动控制系统

电机随动控制系统是控制原理的经典和基础项目，可作为课程导入的研究项目，通过该项目的分析设计，掌握控制系统闭环思想和控制系统分析设计思路。电机随动控制系统项目如图1所示。

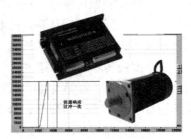

图1　电机随动控制系统项目

项目2：两轮自平衡车控制系统

两轮平衡车是控制原理典型应用，通过该项目的研究，掌握计算机控制算法与控制器设计。两轮平衡车控制系统如图2所示。

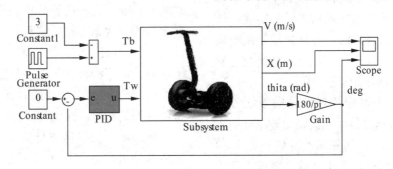

图2　两轮平衡车控制系统项目

项目 3：四旋翼无人机控制系统

四旋翼无人机控制系统利用开源飞控硬件和旋翼机零部件设计实现，具有很强的工程实践特性。四旋翼无人机控制系统如图 3 所示。

图 3　四旋翼无人机控制系统项目

1.2　项目导向的"计算机控制"教学过程设计

在"计算机控制"课程教学中，项目分析研究与理论教学相互促进，这门课程有它完整的理论体系和技术方法，知识结构是完整的和有机的。项目导向教学的实施要完成"项目"到"理论"的提升，还要实现"理论"到"项目"的反馈。就是要运用项目，经过研讨合作，探寻知识和概念，形成本课程规律和理论体系，让学生掌握课程整体的理论知识。同时运用计算机控制原理和理论知识分析项目，解决项目中的技术问题，并试验验证，获得解决实际问题的能力。

根据"计算机控制"课程标准，课程的主要任务是了解计算机控制的基本概念、分类以及发展历史、研究内容；掌握自动控制的基本原理、分析方法以及性能指标；掌握 PID 控制器的原理；计算机控制系统的硬件设计技术；计算机控制系统的软件设计技术；现场总线技术；计算机控制系统的设计与实现。课程知识点包括自动控制系统原理、反馈与闭环控制系统、控制系统性能指标、系统建模、控制系统分析、控制器设计与 PID 控制、PID 参数整定、数字离散方法与实现、计算机控制系统硬件设计方法、计算机控制系统软件设计技术方法、嵌入式计算机控制系统及过程计算机控制系统设计与实现等内容。

计算机控制技术课程的项目导向教学方法（Project based Learning）是师生共同实施完整的工程项目，将课程标准要求的知识点贯穿于项目中。在项目导向教学过程中，学生既独立思考、分析设计，又相互协作、系统实现与验证，培养学生的独立研究能力、协作精神，有助于学生科研能力及综合职业能力的养成。在教学的不同阶段采用不同的项目研究对应课程知识点。（1）在课程的计算机控制基本原理教学中导入由电机随动控制系统项目设计实现，学生完成直流电机转角控制，从掌握而自动控制系统原理、反馈与闭环控制系统、控制系统性能指标等知识点。（2）在控制系统设计与 PID 控制器教学中，引入两轮平衡车项目设计实现，项目结合 MATLAB 设计仿真分析，学会控制系统建模分析途径，掌握控制器设计与 PID 控制、PID 参数整定方法、数字离散方法与实现过程。（3）计算机控制系统硬件设计技术与软件设计技术教学中引入四旋翼无人机控制系统项目设计实现，掌握计算机控制接口与过程通道技术、功率驱动技术、硬件抗干扰技术和测量数据线性化处理、非线性补偿、标度变换方法、数字控制器的软件算法与实现、数字滤波技术等，充分体现计算机控制的接口与驱动、数据预处理、软件抗干扰与数字滤波等知识点。

2　基于 trustie 的项目导向课程资源建设

项目导向课程除需要设计典型项目，还需要支撑项目研究的资源，包括理论原理与项目设计资料、理论设计与仿真分析的计算机分析工具，项目实践平台，研讨交流平台等。软件资源共享与协同环境 Trustie（https://www.trustie.net/）为课程资源和项目开发提供了很好的平台，是高校教学实践活动理想平台，提供课程社区、项目社区、竞赛社区。

Trustie 课程社区为老师和学生教学提供了丰富的交流与协作工具，支持发布和复用各种类型的教学资源，实时统计分析教学行为，为各种教学评估提供数据支撑。课程社区包括课程动态、讨论区、资源库、作业、问卷调查、在线测试、统计等，本课程设计了多个问题进行讨论，并加载了 41 个国外控制理论的微课，9 讲总结性课件和项目相关资源，课程社区如图 4 所示。

Trustie 项目社区支持分组开发与实验，提供灵活的分布式协同手段，与课程社区集成实现了教学与工程实践一体化，项目社区如图 5 所示。

图4　Trustie 课程社区

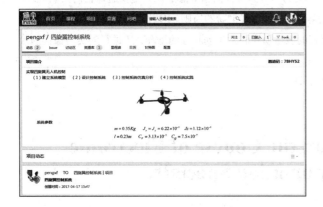

图5　Trustie 项目社区

3　结论

　　项目导向教学方法引入工科专业课程教学，将学习知识、掌握科学研究方法与培养能力贯穿在教学过程中。在计算机控制课程教学实践中设计了适合的研究项目，基于软件资源共享与协同Trustie 环境建立了课程实施所需的教学与项目研究资源。

　　项目导向教学法体现了"以学生为主体，教师为主导"的先进课堂教学观，学生由被动听课者变为掌握知识的主动学习者。教学中教师可及时了解学生学习中存在的问题，引导学生掌握课程知识点。项目导向教学法最明显优点是强调和鼓励学生积极主动的学习，引导学生拓宽思路，教学实践表明学生的学习主动性、知识学习效果、合作精神等各方面都发生了积极的转变。教学中学生的学习过程从接受知识转变为主动探索，在设计中掌握理论知识、思考技术问题，充分训练学生分析和解决问题的能力。项目导向教学法在拓展学生综合素质方面起到积极作用，学生通过项目研究培养了协作精神，锻炼了技术交流能力，有利于学生理论联系实际、灵活运用知识解决问题，为培养学生的终身学习能力和职业能力打下基础。

References

[1] 姚利民. 高校教学方法研究述评[J]. 大学教育科学，2010（1）：20-29

[2] 张发艳. 高校教学方法研究[J]. 课程教育研究，2015（3）：67-68

[3] Lisette Wijnia, Sofie M.M.Loyens and Eva Derous. Investigating effects of problem-based versus lecture-based learning environments on student motivation [J]. Contemporary Educational Psychology, 2011（2）：101-113

[4] Andrew J. Martin. Enhancing student motivation and engagement：The effects of a multidimensional intervention. Contemporary Educational Psychology[J] . Volume 33, Issue 2, April 2008, P. 239-269.

[5] 杜青平，熊开容，李冬梅，等. 问题推进式 PBL 教学法在专业课教学中的应用[J]. 大学教育，2016（8）：84-85.

[6] 魏哲铭，卢荣. 问题导向教学在大学基础教学中的应用[J]. 高等理科教育，2007（3）：116-118.

自动化专业"电子技术实验"课程建设与教学改革

王 波 王美玲 刘 伟 金 英 肖 烜

（北京理工大学 自动化学院，北京 100081）

摘 要：分析了自动化专业"电子技术实验"课程的教学现状，把以学生为中心、目标导向等国际工程教育的先进理念贯穿于自动化专业电子技术实验课程的改革之中，对实验课程的组织形式、教学内容、实验室开放等方面进行了改革。首先，按照以学生为中心，以能力培养为导向的指导思想来完善实验课程的组织形式；其次，本着规划先进，内容合理，打好基础，强调设计和体现创新的原则，对教学内容与教学方法进行了相应的改革；最后，开放实验室来保证实验课程的教学质量和学生创新性的培养。所进行的实验课程的改革对其他院校同类课程的教学改革具有借鉴意义。

关键词：电子技术实验；工程教育；学生为中心；能力培养

Construction and Reform on the Course of Electronic Experiment for Automation Specialty

Bo Wang, Meiling Wang, Wei Liu, Ying Jin, Xuan Xiao

(School of Automation, Beijing Institute of Technology, Beijing 100081, Beijing, China)

Abstract：On the basis of analyzing current electronic experiment course for automation specialty, a series of teaching reform is carried out on electronic experiment. Many concepts of international engineering education such as student centered and object orientation are adopted in the teaching reform. Firstly, organization form of experiment is improved according to taking students as the center and ability training. Secondly, teaching reform is carried out on experiment content and teaching method according to the idea of advanced planning, reasonable content, lay the foundation, emphasize the design and embodied innovation. Finally, teaching quality and cultivation of innovation ability are ensured through open laboratory. The teaching reform on electronic experiment course has reference value.

Key Words：Electronic Experiment；Engineering Education；Student Centered；Ability Training

引言

随着工业产业的迅速发展和科学技术的日新月异，工程教育越来越受到世界各国的重视。当前国际上比较先进的工程教育理念是以学生为中心，以工程实践为载体，以目标导向为原则[1,2]。自动化专业是一个工程性、实践性和综合性较强的工科专业，其突出特点是专业口径宽、专业内容丰富、覆盖面广[3]。电子技术课程，是自动化类、电气类、信息类等相关专业的核心专业基础课，具有很强的实践性[4,5]。结合工程教育理念改革自动化专业电子技术实验教学，培养学生的实践能力与创新精神，是理工科大学生培养的重要

联系人：王波. 第一作者：王波（1976—），男，博士，实验师.

基金项目：北京理工大学 2016 年"争创一流"本科人才培养专项—卓越计划专业"电子技术"课程改革与实践；北京理工大学自动化学院 2017 年教改项目—开放式、网络化电子技术实验课程建设与教学改革.

环节。

1 实验课程的教学现状

电子技术课程是北京理工大学精品课程，通过多年来的教学改革与建设，已经取得了一些成果，为自动化专业以优异的成绩通过工程教育专业认证提供了强有力的支持[3,6]。我校自动化专业电子技术实验单独设课，目前在实验过程中反映出来的主要问题有：

（1）学生实验预习不充分，很多学生的预习报告只是照抄实验参考教材中的内容。

（2）学生不能将 EDA（Electronic Design Automation 电子设计自动化）仿真工具与硬件电路有效结合，用来指导硬件电路的安装调试。

（3）教师在实验授课过程中，讲解内容太过详细，不利于学生自主学习和实践动手能力的提高；

（4）相对固定的实验内容缺乏能力发挥的空间，不能很好地调动优秀学生的学习积极性和创造性。

针对上述实验教学中存在的问题，电子技术教学研究所以自动化专业工程教育认证为契机，把以学生为中心、目标导向等国际工程教育的先进理念贯穿于实验教学改革中[7]，开展了电子技术实验课程的建设和教学改革。

2 实验课程组织形式的完善

电子技术实验课程的教学目标是使自动化专业的学生具有电子电路设计、安装、调试、实验操作的基本能力，并能够合理地分析实验结果。在电子技术实验课程组织过程中的指导思想为以学生为中心，以能力培养为导向。实验课程的具体组织形式如下：

（1）实验课前充分进行实验预习。为方便学生进行预习，提高实验预习质量，除实验参考教材外，学生还可以从电子技术网站上得到丰富的实验教学资源，主要包括实验内容、实验要求、实验教学课件和实验教学视频等。

（2）学生独立自主做实验。实验采用 1 人 1 组的形式，实验过程中充分体现"以学生为中心"，让学生成为实验的主体，教师从知识的传授者转变为学生实验过程中问题的引导者。

（3）撰写实验报告。书写实验报告的过程是学生利用所学基本理论对实验结果进行分析综合，准确进行科学表达的过程。

（4）实验课考试。实验课考试采用开卷的形式，试卷由实验教师自实验考试题库中随机抽取[8]。实验课考试不同于理论课考试，它不仅要求学生得到正确的结果，还必须考查学生的实验过程是否正确合理。

3 实验教学内容与教学方法的改革

工程教育要突出实践性、综合性和创新性，要尽可能把工程实践与素质教育结合起来，培养学生的综合创新能力[7]。电子技术实验主要分为基础型、设计型和综合型实验三类[9]。本着规划先进，内容合理，打好基础，强调设计和体现创新的原则，对教学内容与教学方法进行了相应的改革。

3.1 优化和调整基础型实验

数字电子技术实验集成逻辑门电路功能测试实验中，在集成门电路逻辑功能测试的同时，增加 TTL 集成门电路参数测试的内容。通过电压传输特性曲线的测试与绘制，使学生理解集成门电路的输入和输出特性的非线性关系，区别电压与电平的概念[10]。模拟电子技术实验单级放大电路的研究中要让学生体会放大电路中设置合适的静态工作点的重要性，进而对模拟电子技术课程中放大交流信号首先要研究直流通路的理论知识加深理解。

3.2 设计型实验中体现电子技术的发展

数字电子技术实验组合逻辑电路的设计实验中分别让学生用小规模集成电路实现四舍五入判别电路，用中规模集成电路实现三人表决电路。让学生体会小规模集成电路、中规模集成电路实现数字电路的特点。并进一步向学生介绍用大规模集成电路设计数字系统是目前数字电子技术的发展方向，调动学生的学习兴趣。模拟电子技术实验中要让学生搞清楚分立元件构成的放大电路和集成运放构成的放大电路的优缺点及应用场合，学会根据不同需要选择合适的放大电路。

3.3　将 EDA 软件的使用贯穿于整个实验过程

　　对所设计的电路要求学生先用 Multisim 软件进行电路功能仿真，仿真验证成功后再进行硬件电路安装和调试，软件仿真和硬件安装调试相结合可以大大提高实验效率，培养学生的工程实践能力。例如，学生利用 Multisim 软件设计的 8 位循环彩灯控制电路如图 1 所示，两级负反馈放大电路如图 2 所示。

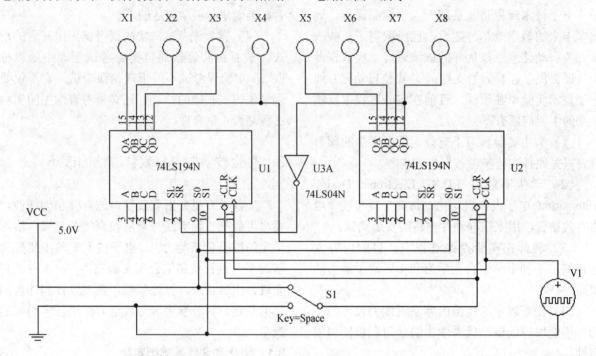

图 1　循环彩灯控制电路

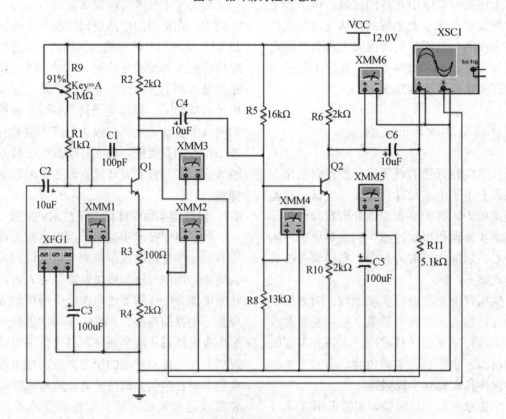

图 2　两级负反馈放大电路

3.4 跟踪电子技术的新发展

PSoC（Programmable System-on-Chip）技术是一种全新的电子系统设计技术。PSoC技术是在一个芯片上集成了微控制器以及嵌入式系统中通常围绕控制器的模拟及数字组件，并且这些组件可以由用户根据需要进行配置[11]。PSoC系统以其优越的性能和灵活性，成为电子设计领域非常重要的一个平台。把PSoC技术引入电子技术实验教学中，改变以往由分立器件或中规模集成电路组成的电子系统的设计思路，使学生能够从更高角度上来学习电子技术，拓宽学生的学术视野[12]。

4 开放电子技术实验室

自动化专业具有工程性、实践性、综合性和系统性的特点。因此，在保证正常教学计划的前提下，开放电子技术实验室进行相关的实验活动，开放时间内均有专门的实验教师进行指导。学生可以在非上课时间进入实验室进行实验内容的巩固、延伸以及相关创新性课题的研究。

4.1 加强实验教师队伍建设

高水平的实验教师队伍是保证实验教学质量的基础[13,14]。电子技术实验室的实验教学队伍由理论教师、实验教师和研究生助教共同组成。通过聘任研究生助教进一步扩大实验室的开放程度，提高实验资源的利用率。每一名研究生助教在进入实验室之前都会进行规范化的培训，达到合格的标准之后才允许上岗。鼓励和支持实验教师进行国内外学术交流和参观学习，不断提高实验教学队伍的综合素质。

4.2 开发开放式的电子技术实验箱

为鼓励和支持对电子技术实验感兴趣又学有余力的学生进行更深层次的实验，激发学生的创新性思维，培养学生综合运用知识分析解决实际问题的能力，开发设计了开放式电子技术实验箱和便携式电子技术实验箱，并申请获批了国家发明专利，其实物分别如图3和图4所示。借鉴国外很多著名高校在同类实验课程中紧跟电子技术的发展，综合更多的相关技术如微处理器、嵌入式系统来设计复杂的电子系统的经验[15]，电子技术实验箱设计时基于可拆卸替换的模块化思想，

提供用户自定义的实验区，实现单片机系统板、可编程片上系统板和面包板模块的自由更换，升级性好、兼容性强。该实验箱既可满足电子技术实验课程的需要，又可以作为学生自主创新实践的实验平台，为学生参加科技创新和电子设计竞赛提供了良好的实验环境。

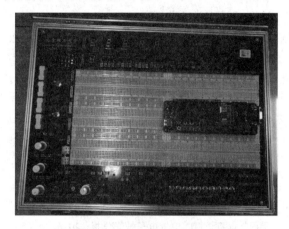

图3 开放式电子技术实验箱实物图

图4 便携式电子技术实验箱实物图

5 结论

北京理工大学电子技术实验课程以自动化专业工程教育认证为契机，以学生为中心、目标导向等国际工程教育的先进理念为指导，进行了一系列卓有成效的教学改革，取得了明显的教学效果。学生在近几年的全国大学生电子设计竞赛及其他全国性大赛中均取得了很好的成绩。电子技术发展日新月异，新观念、新技术、新工艺、新器件层出不穷，对实验课程必将产生深远的影响，电子技术实验课程的教学改革是一项长远的工程。

References

[1] 王刚. CDIO 工程教育模式的解读与思考[J]. 中国高教研究, 2009（5）: 86-87.

[2] 朱向庆, 胡均万, 曾辉, 等. CDIO 工程教育模式的微型项目驱动教学法研究[J]. 实验技术与管理, 2012, 29（11）: 159-162.

[3] 彭熙伟, 廖晓钟, 冬雷. 自动化专业课程教学改革的探索与实践[J]. 中国大学教学, 2016（1）: 72-74.

[4] 教育部高等学校电子电气基础课程教学指导分委员会. 电子电气基础课程教学基本要求[M]. 北京: 高等教育出版社, 2011.

[5] 佘新平, 余士求, 余厚全. "数字电子技术"课程实验教学改革探析[J]. 实验科学与技术, 2012, 10（5）: 67-69.

[6] 王美玲, 刘伟, 王波, 等. 电气专业"电子技术基础"课程教改探索[J]. 电气电子教学学报, 2016, 38（2）: 46-49.

[7] 彭熙伟, 郭玉洁, 汪湛清. 基于成果导向的自动化专业课程设计改革[J]. 电气电子教学学报, 2015, 37（5）: 87-89.

[8] 王波, 张岩, 王美玲. "数字电子技术实验"课程的改革[J]. 实验室研究与探索, 2012, 31（9）: 121-123, 127.

[9] 苏玉萍. "数字电子技术"实验教学改革探析[J]. 实验科学与技术, 2013, 11（3）: 81-83.

[10] 张晓晖, 陈新华. "数字电子技术"实验教学的改革与实践[J]. 实验室研究与探索, 2008, 27（10）: 120-121, 154.

[11] 雷芳, 刘乔寿, 刘科征, 等. 电子技术教学中的PSoC教学平台建设[J]. 实验室研究与探索, 2014, 33（12）: 183-186, 311.

[12] 王美玲, 陶涛鑫君, 江泽民, 等. 基于 PSoC 的数字电子技术教学改革探索[J]. 实验室研究与探索, 2014, 33（8）: 162-165, 189.

[13] 王海波. 高校实验教师队伍激励机制探讨[J]. 实验技术与管理, 2012, 29（3）: 340-343, 347.

[14] 吴迪, 朱昌平, 钟汉, 等. 精细化管理促进高校实验教师队伍建设[J]. 实验室研究与探索, 2014, 33（10）: 242-245.

[15] 宁改娣, 金印彬, 刘涛, 等. "数字电子技术"课程实验教学改革探讨[J]. 电气电子教学学报, 2013, 35（4）: 102-103.

"运动控制系统"课程考试改革与创新能力培养

郭　毓　吴益飞　王海梅　苏少钰　陈庆伟

(¹南京理工大学,江苏　南京　210094)

摘　要：针对"运动控制系统"课程的特点和教学存在的问题,提出以培养自动化专业创新人才为目标的多元化、开放性课程考核改革的思路,充分发挥考试对创新能力培养的导向作用,调动学生自主学习的积极性,提高了学生创新思维的能力和解决复杂工程问题的能力。

关键词：运动控制系统；考核方式；教学改革；创新能力

Evaluation Reform of "Motion Control Systems" Course and Cultivation of Innovation Ability

Yu Guo, Yifei Wu, Haimei Wang, Shaoyu Shu, Qinagwei Chen

(¹Nanjing University of Science and Technology, Nanjing 210094, Jiangsu Province, China)

Abstract：Aiming at cultivating innovation talents specialized in Automation, multiple and open evaluation reform idea is proposed by analyzing the course features of "Motion Control Systems" and the problems existed in the course study. With the proposed reform, the new evaluation modes play a positive guiding role for the innovative ability training and arouse students' enthusiasm of autonomous learning. Their ability of innovation thinking and solving complex engineering problems is improved greatly.

Key Words：Motion Control Systems；Evaluation Methods；Teaching Reform；Innovation Ability

引言

创新型国家呼唤创新型人才。高校作为创新型人才培养的摇篮,担负着提高创新人才培养水平的历史重任,必须全面深化教育教学改革,构建科学的创新型人才培养体系[1]。课程考试是教育教学中的关键环节,对教学活动具有很强的导向性[2,3],对培养目标的达成和人才培养质量的提高具有重要影响。然而,目前许多课程的考试,从形式到内容都与创新人才的培养不相适应,难以激发学生的学习兴趣,不利于培养学生的创新思维能力和综合实践能力,因此必须加强对课程考试改革的研究。本文结合自动化专业的"运动控制系统"这门专业核心课程,结合课程的特点及教学目标,以提高学生的学习兴趣、强化学生的工程观念、提高学生解决复杂工程问题的能力为目标,探讨课程考核方式的改革,着力培养自动化领域的创新型人才。

1 "运动控制系统"课程的地位、特点与及教学存在的问题

"运动控制系统"是自动化专业本科三年级的课程。它上承"自动控制原理"等专业基础课,下接"课程设计""毕业设计"等自动化专业的工程实践课,是自动化专业的核心专业课之一,对培养学生的工程意识、解决复杂工程问题能力和创新能力都具有重要作用。

联系人：郭毓. 第一作者：郭毓（1964—）,女,博士,教授.

基金项目：江苏高校品牌专业建设工程资助项目（PPZY2015A037）,自动化类专业教学指导委员会专业教育教学改革研究课题（2014A09）.

"运动控制系统"课程综合了电路、电子、电机及电力拖动、自动控制原理、电力电子技术、传感器技术、计算机控制技术等课程的相关基础知识，具有综合性强、复杂度高、覆盖面宽、理论与实践联系密切，且涉及自动化领域新技术新方法的突出特点，是一门教学难度大的课程[4,5]。由于"运动控制系统"课程独特的地位和特点，在自动化创新人才培养中担负着极为重要的角色。

然而，自动化专业的学生大都很"憷"这门课程。其原因是：一、系统复杂。从直流调速的双闭环控制到交流调速的矢量控制，系统数学模型较先修课程"自动控制原理"的一阶、二阶或高阶线性定常系统复杂得多；二、涉及的技术较多，综合性强。除"自动控制原理"和"现代控制理论"课程外，该课程还涉及电力电子技术、电机与拖动、微控制器、传感器等工程技术类课程，其中作为执行器的直流或交流电动机，结构复杂，工作原理涉及利用电磁相互作用实现机电能量的转换，较为抽象的。特别是交流电动机的工作原理，更是学生普遍反映最为难学的部分；三、工程设计过程繁复。针对复杂系统，需采用定性与定量相结合的思路，进行工程设计，这对于习惯了用公式定量计算的初学者而言会感到过程过于繁琐、枯燥。

如何提高学生的学习兴趣，强化学生的系统观念和工程意识，使之掌握解决运动控制系统复杂工程问题的思路与方法，是本课程教学设计的重点，也是教学改革的着力点。显然，如果没有科学的考核方式，学生学习的积极性很容易受到挫伤。为此，我们以课程考核改革为突破口，并在教学过程的设计中，以"控制系统组成、工作原理、系统分析和设计"为主线，由简到繁，循序渐进，并辅以MATLAB仿真和实践教学，通过本课程的教学，培养和鼓励学生自主学习和批判性思维，掌握自动化领域创新的基本方法，提高创新能力。

2 "运动控制系统"课程考核方式改革的思路

大量事实表明，创新型人才通常具有很强的好奇心和求知欲，有很强的自学能力与探索精神；拥有广博而扎实的基础知识和较高的专业水平；具有良好的合作能力、健康的心理素质和坚忍不拔的意志力。

怎样让学生通过"运动控制系统"课程的学习，激发自身的探索精神，提高洞察力，锻炼创造性思维能力、分析问题解决问题的能力和坚忍不拔的意志力等这些创新人才必备的特质，是该课程教学面临的一项重要任务。

众所周知，素有"指挥棒"之称的课程考试，对教师的"教"与学生的"学"具有很强的导向作用。与其他专业课一样，传统的"运动控制系统"考核方式大多为闭卷方式，"一卷定成败"；在考试内容方面也存在题型僵化老套，"死记硬背"的客观题多，主观题少，开放性的工程系统设计题几乎没有的问题，对学生综合素质、应用能力和创新能力考核不够。这种考核方式，存在重知识轻方法、重结果轻过程的倾向，显然不适合"运动控制系统"这类综合性强、复杂度高的专业课程的考核。实际上，这种考核方式还桎梏了学生的想象力，阻碍了学生自由探索的原动力的形成，不利于学生个性化发展和创造精神的培养。

针对课程考核存在的问题，我们提出的课程考核的改革思路是，转变教育教学观念，以解决复杂工程问题能力和创新思维能力培养为核心，结合"运动控制系统"课程的特点，改革期末闭卷的考核方式，代之以开卷、实验和过程考查相结合的综合性考核方式；改革以计算为主的考核内容，代之以开放性的分析与工程设计相结合的考核内容。使考试这根指挥棒将"教"与"学"引导到有利于工程创新型人才培养的方向上。以此为突破口，深化课程的教学改革，在课程教学过程中激发学生的好奇心和求知欲，鼓励和引导学生自主学习，培养批判性思维能力和创新精神。

3 考核改革的实践与创新能力培养

近年来，以解决复杂工程问题能力和创新思维能力培养为目标，我们结合"运动控制系统"课程的特点，积极探索和改进"运动控制系统"课程的考核方式。从半闭卷考试（可带 1 张 A4纸）到开卷考试，尽量减少死记硬背的内容，减轻学生不必要的记忆和计算负担，将课程教学引导到学生创新思维能力的提升上。同时改革考试的内容，不断提高开放性问题的比例，以激发学生的好奇心和求知欲，增强学生综合应用所学基础知识，进行运动控制系统分析和工程设计的能力。

实行开卷考试以来，学生们的学习观念有明显转变，学习本课程的积极性不断提高，学习效果得到较大提升。学生们在平常的学习中更加注重的是"为什么"而不仅仅是"是什么"，乐于思考和讨论新问题。例如，期中考试的试卷中，请同学们分析转速电流双闭环系统，当转速或电流反馈极性接反或断线时，系统运行状态会发生怎样的变化？当电网电压波动或负载变化时，系统运行状态又会发生怎样的变化？对于这类较为开放性的问题，学生们考后讨论热烈，积极发表自己的观点，还有很多同学会主动去做相应的数字仿真，通过仿真模拟其他故障发生时系统的动态和稳态性能的变化，这大大提高了的学生们学习的主动性，亦锻炼了学生们发现问题和自主探索的能力。又如很多同学在做转速电流双闭环调速系统仿真时，常常发现自己得到的仿真结果，与教材中的结果相差甚远。遇到这样的问题，老师们不是直接指出问题所在，而是鼓励学生自行通过理论分析和数值仿真寻找问题的根源，激发他们的求知欲，当学生们通过小组研讨和仿真，最终发现 PI 调节器仅输出限幅而没有积分限幅是造成大超调的原因之一时，对数值积分饱和问题的理解更加深刻。在此过程中激发了学生们学习本课程的兴趣，在提高分析问题解决问题能力的同时，还增强了解决复杂问题的信心。通过课程前半部分的学习和期中测验的引导，绝大部分学生能够养成主动学习、应用和探索的良好学习习惯。即使在课程的后半部分遇到交流电动机变压变频矢量控制这部分最为复杂的问题，也能够抓住主要矛盾，综合应用电动机、电力电子、现代控制的理论与方法，较好地掌握交流电动机运动控制系统的坐标变换、建模、静动态性能分析与控制器设计的思路和方法，并在期末考试中，对关于面向机器人工程应用的系统设计中表现出良好的创新意识和工程素养。

总之，这样的开卷考试和科学的考试内容，既激发了学生的好奇心和学习兴趣，也培养和发展了学生的思维能力和创造意识，使考试成为实现人才培养目标的手段，而不是目的，受到学生的广泛认可和欢迎。

此外，我们加强教学过程的管理，采用多元化考试方式。注重对学生学习过程的考核，改变"一卷定成败"的考试方式，而是依据期末考试、期中考试、实验成绩和平时成绩综合评定最终成绩。期中考试的题型更加灵活开放，目的是引导学生进一步转变观念，注重能力的锻炼。同时，增设期中考试，还可以对学生的前期学习进行状况检查和反馈，使老师和学生能够及时发现问题，并在后续的课程学习中可以针对性地进行调整和改进。考虑实验成绩和平时成绩，可以使学生更加注重锻炼动手能力，平时多下功夫，避免了考前临时抱佛脚的现象，也减轻了学生期末集中考试的压力，将课程学习的关注点更多地放在对新问题的分析，以及解决问题的思路上，更好地锻炼了学生直面复杂工程问题的能力和创新思维能力。

"运动控制系统"课程教学改革成效显著。从后续的课程设计、科研训练和毕业设计情况看，大多学生能够较好地应用"运动控制系统"课程所学的理论和方法，探索和解决实际中遇到的各种各样的复杂工程问题，例如在智能车、带电作业机器人、护理床、无人机等不同的运动控制系统设计中，表现出较强的自主学习能力和创新思维的能力，解决复杂工程问题的能力得到进一步提升。近年来，我校自动化专业学生年均获得与运动控制系统相关的国家级和省级科技竞赛奖励20 余项，毕业生获得国内外知名高校的高度认可和社会的广泛赞誉。

4 结论

培养自动化创新型人才，必须改革专业课程考试的方式和考试内容，将专业课程的"教"与"学"导向创新思维能力和解决复杂工程问题能力的培养，教学改革的实践表明，多元化、开放性的考核方式有利于调动学生自主学习的积极性，增强学生创新思维的能力，提高学生工程实践能力。为进一步提高自动化创新人才培养的水平，还需要认真研究自动化创新人才成长的规律和培养模式，全面深化课程改革，持续改进专业课程的教学内容和教学方法，营造更加有利于创新人才成长的环境和氛围。

References

[1] 高亮. 课程考试改革与创新型人才培养模式的构建[J]. 沈阳师范大学学报：社会科学版，2009，33（1）：35-37.

[2] 谢发忠，杨彩霞，马修水. 创新人才培养与高校课程考试改革[J]. 合肥工业大学学报：社会科学版，2010，24（2）：21-24.

[3] 钱厚斌. 创新人才培养视界的高校课程考试改革[J]. 黑龙江高教研究，2010，30（5）：61-63.

[4] 李萍，厉虹，侯怀昌. 电气工程及其自动化专业运动控制系统课程实验教学改革探讨[J]. 教育理论与实践，2010，30（5）：61-63.

[5] 李新德，郝立，包金明. "运动控制系统"课程的CDIO教学改革[J]. 电气电子教学学报，2014，36（5）：27-29.

参照产品谱系的自动化专业课程体系研究

汪贵平，黑文洁，黄　鹤，龚贤武，闫茂德

（长安大学 电子与控制工程学院，陕西 西安 710064）

摘　要： 为适应制造强国对人才培养的要求，针对高校毕业生实践创新能力不强、校企协同育人欠佳和项目创新不能落地等问题，提出了一种参照产品谱系的自动化专业课程体系构建方法。该方法将专业课程和产品系列相对应，课程体系中有知识、实验、产品和典型案例，真正做到理论教学与实践相结合；参照产品谱系整合形成的五个系列课，删除了大量陈旧知识使课时大幅度压缩，有利于新技术的引入；一个行业特色系列课与毕业设计相结合，参照企业产品谱系寻找创新项目，有利于创新的落实。该课程体系将人才培养聚焦产品谱系，形成了直观清晰的课程谱系和人才培养树，有利于学校和企业达成共识，满足企业对创新人才的需求。

关键词： 自动化；课程体系；课程谱；产品谱系

Automation Specialized Course System Research Referring to Product Spectrum

Guiping Wang, Wenjie Hei, He Huang, Xianwu Gong, Maode Yan

(College of Electronic & Control Engineering, Chang'An University, Xi'an 710064, Shanxi Province, China)

Abstract： In order to meet the requirement of manufacturing power for talents cultivation, and in response to the issue that college graduates practice innovation ability is not strong, the synergy between colleges education is not tight and the project innovation cannot implement, this paper proposes a reference product spectrum method of building automation specialized curriculum system. This method will correspond the specialized courses and product line and through corresponding to specialized course and product series, there is knowledge, experiment class, products and typical cases that truly combining theory teaching with practice; five series of lessons which were integrated by referring to the product spectrum are compressed due to deleting a large number of old knowledge to the introduction of new technologies; with the combination a series of occupational courses with graduation design and reference to enterprise product spectrum for innovation projects, it is conducive to innovate. The curriculum will focus on product spectrum of personnel training to form the intuitive clear spectrum and talent training tree,which is advantageous to the school and enterprise to reach consensus and meet the needs of enterprises to innovation talents.

Key Words： Automation；Course System；Course Pedigree；Product Lineage

引言

本世纪以来，自动化行业环境与以往大为不同，被控物理系统和信息网络的规模和复杂程度已大大超出了传统自动化理论的应用范围。在此背景下，2005 年提出信息物理融合系统概念，2012 年德国工业 4.0 出世，2015 年开始规划与实施中国制造 2025 等。

对现代产业技术发展新特征的深刻把握并切实转化为培养要求、融入培养过程是应用技术大学专业建设关系的根本[1]。作为培养我国自动化人才主力军的自动化专业，其课程体系并未根据

联系人：汪贵平. 第一作者：汪贵平(1963—)，男，博士，教授.

基金项目：2016 年自动化专业课程体系改革与建设试点暨自动化类教指委专项教学改革课题（2016A03），2015 年产学合作专业综合改革项目（"电子与控制工程学院卓越工程人才培养体系研究"，教高司函[2015]51 号），中央高校教育教学改革专项经费资助项目（jgy16075，jgy16009，jgy16018，310632176601 和 310632176101）.

自动化的发展做出相适应的、根本性的改变，教学内容严重滞后于最新自动化科技发展；授课过程中将现有的"自动控制原理""线性控制"等自动化课程过于偏重理论，针对控制对象理论与实际结合不足；对于高校大量自动化专业毕业生而言，没见过、没学过甚至没听过最新的自动化系统、设备等。工程教育应当综合考虑工程情境并回归工程实践，对课程进行系统重构的同时加强产学联系[2]。因此急需对现有课程体系加大改革力度，尝试建设全新的专业课程体系，包括大幅度减少专业基础课课时和改革专业课，紧密结合工程应用，服务于行业。

1 解决问题思路

目前，各高校自动化专业课程体系都是在教育部自动化类教学指导委员会指导下，结合学校办学条件并在多年办学经验的基础上逐步完善形成的，是经验的总结。教学内容的改革从学科体系转变为工程体系，部分高校从层级式课程转变为模块式课程，有的引入 CDIO 工程教育模式[3]。虽然存在一些明显的问题，但教师们都已经习惯，要做大的修改一定要有充足的理由和依据。对于自动化专业毕业生而言，其主要服务对象为自动化大型企业集团和行业，其主要职业发展方向是在自动化产品生产企业或应用自动化产品的相关行业。基于此，本文提出了如下三种解决问题的思路。

思路一：参照产品谱系

产品是企业能够提供给市场，被人们使用和消费，并能满足人们某种需求的任何东西，包括有形的物品、无形的服务、组织、观念或它们的组合。产品谱系是企业在长期为社会服务过程中所凝练的产品集合。通过分析若干大型自动化企业集团的产品谱系，归纳整理出相应知识点、知识单元和知识领域，在此基础上建立自动化企业课程。人才培养目标和企业发展目标共同聚焦企业关注的核心：产品谱系。参照产品谱系制订课程谱系进而建设课程体系有利于学校和企业达成共识，满足企业对人才培养的需求，有利于课程的整合。

思路二：紧跟学科发展前沿

国家创新要求企业创新，企业创新要求产品创新，产品创新要求企业拥有一批具有创新能力和创新精神的工程师，唯有不断创新并掌握新理论、新方法和新技术才能站在工业技术革新的制高点。因此，与当代科技发展相适应也是构建自动化专业课程体系的关键。高等学校是人才培养高地，应向学生传授新理论、新方法和新技术，推动企业技术革新和创新。因此应请教企业科技精英和专家开设新理论、新方法和新技术课程。

思路三：服务行业

自动化专业是一个万金油专业，这是自动化的学科交叉所决定的。事实上，自动化是提高行业产品转型升级的利器，而许多高校本身是行业特色高校。以长安大学为例，自动化专业具有公路交通、汽车电子特色，其毕业生主要分布在交通行业和汽车制造业。因此，应该为学生开设行业特色课程，结合产品谱系中服务行业企业应用，重点研究行业企业控制对象，建设与行业相对应的特色课程。

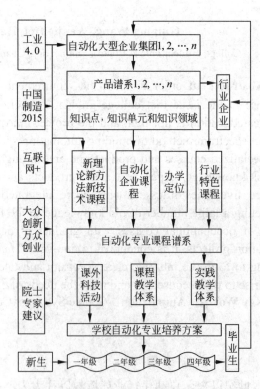

图 1　构建自动化专业课程体系的整体思路

综上所述，参照产品谱系构建自动化专业课程体系的整体思路如图 1 所示。通过分析大型企业集团产品谱系，归纳整理出自动化企业课程；根据企业科技精英和专家提出的专业建议设计新理论、新方法和新技术课程；按照学校专业办学定位和服务行业设置行业特色课程；三者相结合，同时结合应用型工程师、设计型工程师和研发型工程师对知识、能力和素质的要求，形成学校自动化专业课程谱系。在此基础上，建设课程教学体系和实践教学体系；综合考虑学生课内和课外科技活动，制订自动化专业培养方案；学生通过学校培养毕业后为自动化企业和行业服务。

由此可见，课程体系的制定基于企业需求同时又高于企业，所培养学生又服务于企业，有效地保证了培养和使用形成一个有机的整体。

2 大型企业集团产品谱系分析

以自动化行业产品最全、应用最广泛的 Siemens 公司产品谱系为例，它包括两大产品系列：中低压配电、工业自动化和服务；六大行业专用系列：楼宇科技、个人及家用产品、能源、驱动技术、医疗和交通。其中工业自动化产品系列又包含 11 个产品子系列：工业信息安全、自动化与控制系统、HMI 操作设备及 SCADA 系统、识别系统、工业通讯、低压控制与保护产品、产品生命周期管理软件、仪表和传感器、电源和电厂自动化。每个子系列又有多个子子系列和若干产品。行业专用系列也是如此。

通过对 Siemens 产品谱系分析，可得出如下结论。

（1）产品种类成千上万，但都是以自动控制系统应用为主线。

（2）行业技术应用也是围绕自动控制关键技术应用展开的。

（3）在众多核心技术中，控制器尤其是大型控制器鹤立鸡群。

（4）软件在产品谱系中的重要作用日益突现。

（5）从产品内部结构来看，模拟电路数字化，数字电路软件化。

（6）传感器、执行机构多种形式并存，向一体化和数字化方向发展。

（7）自动化产品向虚拟化、网络化、系统化和数字化工厂方向发展。

分析其他公司产品谱系，其结论大致相同。国内如浙大中控及和利时等企业则更加关注在行业企业的应用，其大型控制器系列产品较少。通过调研西安金路交通科技有限责任公司、中交第一公路勘探设计院、陕西高速电子公司和西安公路研究院等交通行业企业产品谱系和人才需求，可知交通行业企业更加看重交通系统设计和自动化典型产品应用。

3 参照产品谱系构建课程谱系

不同企业有不同的产品谱系，从不同产品谱系中直接归纳整理出自动化专业所需知识点、知识单元和知识领域难度相当大。为此提出如下三种解决方案：

方法一：借鉴原有课程谱系

原有课程谱系虽有各种不足，但自动化专业所需知识点、知识单元和知识领域大多包含其中。只需参照产品谱系，删除陈旧知识点，引入新知识即可。这种方法只能对原有课程谱系进行改良。

方法二：借鉴自动控制系统构成

图 2 所示为通用自动控制系统的构成。

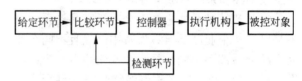

图2 自动控制系统的构成

从图 2 可总结出自动化专业系列课如下：

（1）检测环节系列课；

（2）控制器硬件系列课；

（3）控制器软件系列课；

（4）控制理论系列课；

（5）执行机构系列课；

（6）被控对象系列课（包括运动控制、过程控制和行业特色被控对象）。

Siemens 数字化工厂的层次架构如图 3 所示。

按其层次系列课可分为：

（1）现场层系列课；

（2）控制层系列课；

（3）操作层系列课；

（4）管理层系列课。

上述两种分类虽能反映自动控制系统的构成，但模块化过强会导致知识体系不完整。

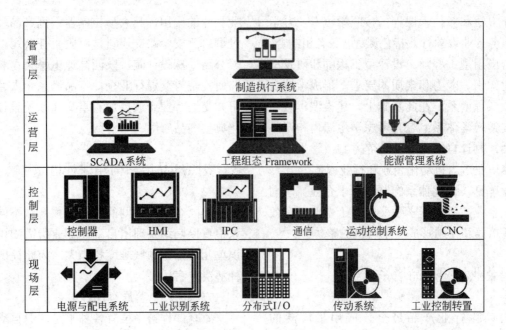

图3　西门子数字化工厂的层次架构

方法三：参照产品谱系法

综合上述两种方法，同时考虑到学生的知识、能力和素质是渐进式发展和提高的特点，将课程谱系按年级和系统构成整合成系列课。

参照产品谱系并不是完全照搬产品谱系，更不是以某一企业产品谱系为蓝本。况且不同企业的产品谱系都还不同，具有个性化特点。为此，设计每门专业课程或课程群围绕1~3个通用产品系列展开，课程中有两三个产品典型案例。在此基础上，本文所提出的参照产品谱系构建自动化专业课程谱系分类方法如下：

① 公共基础课；

② 控制系统入门系列课；

③ 计算机软件系列课；

④ 智能仪器仪表系列课；

⑤ 电源及驱动系列课；

⑥ 控制系统中级系列课；

⑦ 行业特色系列课；

⑧ 前沿技术系列课；

⑨ 实践环节课。

其中①和⑨与原有课程谱系一样。②~⑥是自动化专业的基本保障，通过分解也很容易转化为原有课程谱系的专业基础课和专业课。⑦是行业特色系列课，以长安大学自动化专业为例，主要是 IT、交通行业和汽车制造业等行业自动化技术应用系列课。⑧是介绍新理论、新方法和新技术的各种前沿课程。⑦和⑧供同学们按兴趣进行选择。

原有课程体系将专业课程分为专业基础课和专业课，课程依重要程度分为必修课和选修课。参照产品谱系法所形成的系列课很容易将其转换为原有课程体系。其中②~④为原有专业基础课，⑤~⑥为专业课，⑦~⑧为选修课。

参照产品谱系所构建的课程谱系最大特点是系列课教学目标明确。以控制系统入门系列课为例，它是为一年级学生开设，通过学中做和做中学，旨在培养学生专业兴趣的入门课。所包含课程如下：自动化专业概论（16 学时）、自动化实践初步（32 学时）、PLC 原理及应用（32 学时）和微机与单片机综合实验（4 周）。所对应的产品系列有：

（1）应用系列：电子元器件系列、低压电器系列、开环控制系统（电气控制系统）、单闭环控制系统（温度控制系统，用温度控制仪完成）和逻辑控制系统等；

（2）开发系列：平衡车、智能小车、温度显示仪、光立方等。

4　科学构建自动化专业课程体系

基于"加强基础，注重特长，突出行业特色，通过学校和企业密切合作，以工程项目为主线，着力提高学生的工程能力、创新能力和工程素质"的总体思路，以大工程教育观为指导，以自动控制系统的设计和研发为主线，以计算机软件和控制器（嵌入式系统）应用为抓手，以学生兴趣爱好和行业特色为突破口，面向生产第一线，参照产品谱系学习、应用实践和创新，重构自动化专业培养工程教育体系，培养一大批"学科学，用技术，做产品，求创新"的自动化专业毕业生。

4.1 课程体系的总体框架

以长安大学自动化专业新的课程体系的总体框架为典型案例进行阐述，采用图 4 所示工程科技人才培养树来表达。可以看出：人才培养树主要由树根、树干、树枝、树叶和果实等组成。其中树根对应基础课程，树干对应各系列课程，主树枝对应产品系列，小树枝对就产品子系列，树叶为各类选修课程，果实为该系列典型产品。要提高结果质量，必须经过修剪，保留五六个主树枝，每个树枝又分出 1～3 个小树支，树枝上才能硕果累累。五六个主树枝主要由上述课程谱系中②～⑦系列课来支撑。

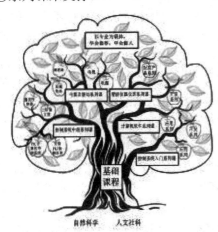

图 4　自动化专业工程科技人才培养树

工程科技人才培养树将学生所学课程和企业产品之间建立了直接联系，直观生动形象，特色明显，为课程体系改革提供了依据。其次，随着自动化技术的进步，对应的产品系列也在发展，这就反过来要求课程改革中要删除相应陈旧知识点，引入新技术。最后，修剪后的五六个主树枝重点突出，不涉及对应产品系列的课程坚决删除，有利于大幅度压缩课时。学生通过学习和实践，熟悉 6 大产品系列，掌握 7～10 个典型案例，自

行设计和制作 3～5 个产品，手中就有核心技术和金钢钻。

4.2　课程建设

课程是课程体系建设的关键环节之一。以电机拖动基础这门课为例，这门课程从 20 世纪 70 年代开始就叫此名称，延续至今，其内容虽有更新但变化不大。通过课程改革，清华大学等学校将其和运动控制系统合并，命名为电机拖动与运动控制系统，压缩了部分学时。

事实上，从控制系统结构来看，电机实际是执行机构的组成部分之一。要使学生全面掌握执行机构的整体功能，还必须掌握调速控制器和机械传动的基本原理和使用方法。其次，从毕业生反馈信息来看，真正从事调速器产品设计及研发的很少，更多的是使用。此外，原有课程体系中对机械传动未作介绍，使学生对生产线等不了解。

为此，本次课改将其命名为："电机拖动及机械传动"。删除原有课程中有关变压器的内容，增加伺服电机、永磁无刷直流电动机、永磁同步电动机、调速器和机械传动等内容。通过课堂教学重点讲解两三种电机和调速器的工作原理及选型，通过实验掌握最新的应用技术，通过参观汽车生产线了解机电系统的主要技术指标和机械传动原理，通过课内 3 级项目完成 1 个 CDIO 全过程，全面掌握执行机构的工作原理和系统构成。

该课程对应的产品系列有：

（1）电机系列：发电机、DC 电动机、3 相异步电动机、伺服电机、永磁无刷直流电动机、永磁同步电动机。

（2）调速器系列：直流调速器、交流变频调速器、步进电机控制器和其他调速器。

（3）机械传动：皮带传动、齿轮传动等。

通过该课程的建设，大幅度压缩了教学学时，有效地解决了理论与实践相结合的问题。同时对老师提出了更高的要求，对运动控制系统感兴趣的同学可选修该课。

4.3　系列课建设

系列课是在原有课程群的基础上，结合新技术发展，参照对应产品系列和系统构成进行整合而形成的。系列课建设原则如下：

（1）明确系列课所对应的产品系列，如果某门课程能对应 1-2 产品系列，将其作为该课程的

考核要求；

（2）按对应产品系列重组课程知识点和知识单元，形成知识领域，建设课程；

（3）删除陈旧知识。为保证理论知识的完整性，经反复论证保留相关知识，后续课程根本没有用到的知识坚决删除；

（4）课程中必须介绍产品系列对应的两三个典型案例；

（5）系列课必须有开设 2～4 周的综合实训、综合实验或科研训练项目，要求学生两三人一组完成 1 次 CDIO 全过程。

以智能仪器仪表系列课为例，它是在原有电子技术课程群基础上组建的。原课程群包括如下 6 门课程：电路、模拟电子技术、数字电子技术、FPGA 原理及应用（选修）、电子技术课程设计（1 周）和传感器与检测技术。这些课程同属专业基础课，很重要但学生学完感觉无用武之地，主要原因还是上述课程无法和实际产品系列相对应。

根据上述课程所对应的知识点和知识单元，结合电子技术的发展趋势，选择对应的产品系列如下：

（1）电工电子测量仪表包括电压表、电流表、功率表、电能表、万用表、示波器和信号发生器等；

（2）音频信号输入输出电路、功率放大器和音箱等；

（3）传感器、信号调理电路和智能传感器；

（4）非电量检测显示仪表；

（5）NI 虚拟仪器；

（6）交通行业专用检测仪表。

经整合后，系列课调整为：电子电路Ⅰ、电子电路Ⅱ、电子电路Ⅲ、传感器及检测技术和智能仪器仪表设计（2 周）。

同时，对原有课程内容进行了如下调整：

（1）将原有电源电路一章调至电力电子技术，将磁路分析调至电机拖动与机械传动；

（2）将电路模型、电路定律和电子元器件调至自动化实践初步；

（3）删除三极管多级放大电路，删除放大器、数字电路内部电路分析，着重介绍其外部特性；

（4）以典型信号调理电路为案例，介绍放大器的应用；

（5）以 FPGA 为主线介绍数字电路的应用；

（6）以万用表、示波器、电能表和信号发生器作为课程典型案例加以介绍；

（7）以 NI 虚拟仪器为主线，介绍虚拟仪器系统构成。

通过上述调整，有效引入了新知识如 FPGA 原理、VHDL 语言和虚拟仪器等，强化了理论与实践的结合，解决了专业基础课教学改革的目标问题。

5　结论

（1）参照产品谱系构建自动化专业课程体系抓住了专业课程设置的主线，解决了原有课程体系中课程设置目标不明确的问题，便于随着产品系列更新，删除陈旧知识和增加新内容。

（2）课程教学中有知识、有实验、有产品和典型案例，课外有围绕该产品系列的实训，毕业设计参照关注企业产品谱系找选题求创新，便于成果落地。

（3）尽管学校和企业的目标不同，但双方共同聚焦产品谱系，找到了人才培养和使用的契合点，促进了校企联合培养协同育人。

（4）本文提出的参照产品谱系构建自动化专业课程体系的方法在国内外文献中未见报道。所构建的自动化专业工程科技人才培养树，对于其他院校也具有参考价值。

References

[1] 吴仁华. 论应用技术大学专业建设的基本特征[J]. 高等工程教育研究，2016（4）：184-188.

[2] 邹晓东等. 基于大 E 理念与整体观的综合工程教育理念建构[J]. 高等工程教育研究，2015（6）.

[3] 周绪红. 中国工程教育人才培养模式改革创新的现状与展望——在 2015 国际工程教育论坛上的专题报告[J]. 高等工程教育研究，2016（1）：1-4.

[4] 汪贵平，李思慧，李阳，等. 构建自动化专业卓越工程师培养创新实践教学体系[J]. 实验室研究与探索，2013（11）：456-460.

[5] 顾佩华，胡文龙，林鹏，等. 基于"学习产出"（OBE）的工程教育模式——汕头大学的实践与探

索[J]. 高等工程教育研究，2014（1）：27-37.

[6] 彭江. 美国高等教育认证中的学生学习结果评估[J]. 复旦教育论坛，2014（1）：85-91.

[7] 汪贵平，雷旭等. 为新生开设专业实践基础课程的探索——"自动化专业实践初步"教学案例[J]. 中国大学教学，2012（11）：80-83.

[8] 李志义. 高等工程教育改革实践：思与行[J]. 高等工程教育研究，2008（2）：44-47.

[9] 马景兰. 电气工程及其自动化专业人才培养模式探索[C]. 第二届全国高校电气工程及其自动化专业教学改革研讨会论文集，2004.

磁盘驱动读取系统在控制工程教学中的应用

强 盛

（哈尔滨工业大学，黑龙江 哈尔滨 150001）

摘　要： 磁盘驱动器广泛应用于从便携式计算机到大型计算机等各类计算机中，代表着控制工程的重要应用。磁盘驱动读取使用直流电机驱动磁头臂转动，文章首先建立磁盘读取系统的二阶和三阶电机模型，然后分别用 PD 控制器，前置滤波器和极点配置方法设计了系统，最后仿真结果表明这三种方法能满足系统的性能指标。

关键词： 磁盘驱动读取系统；根轨迹；前置滤波器；状态反馈；阶跃响应

Disk Drive Read System in Control Engineering Education

Sheng Qiang

（Harbin Institute of Technology，Harbin 150001，Heilongjiang Province，China）

Abstract： Disk drives are used in computers. The disk drive reader uses a dc motor to rotate the reader arm. The model of disk drive read system is set up using second-order and third-order motor model. The root locus, prefilter and the pole placement methods are used to design the system. Simulations show that PD controller, prefilter and state feedback control law can meet the system specifications.

Key Words： Disk Drive Read System；Root locus；Prefilter；State Feedback；Step Response

引言

控制工程是一个充满神奇和挑战的跨学科的综合性领域，控制工程或控制原理课程是工科专业的核心课程。磁盘驱动器广泛应用于从便携式计算机到大型计算机等各类计算机中，代表着控制工程的重要应用[1, 2]。

磁盘驱动读取使用直流电机驱动磁头臂转动，磁盘驱动读取装置的设计目标是准确定位磁头，以便正确读取磁盘磁道上的信息。需要实施精确控制的受控变量是磁头的位置。磁盘的旋转速度在 1800 到 7200 rpm 的范围内，磁头在磁盘上方不到 100nm 的地方飞行，位置精度指标初步定在 1μm[3]。

本文首先建立磁盘读取系统的数学模型，然后分别用 PD 控制器，前置滤波器和极点配置方法设计了系统，最后仿真结果表明这三种方法能满足系统的性能指标。

1　磁盘驱动读取系统的数学模型

磁盘驱动读取使用永磁直流电机驱动磁头臂转动，直流电机称为音圈电机，磁头安装在一个与磁头臂相连的簧片上，如图 1 所示。

图 1　磁盘驱动器

由弹性金属制成的簧片能够保证磁头以小于 100nm 的间隙悬浮于磁盘之上。磁头读取磁盘上

联系人：强盛. 第一作者：强盛（1969—），男，博士，副教授.

各点处的磁通量，并将信号提供给放大器。在读取磁盘上预存的索引磁道时，磁头将生成图2（a）中的偏差信号。再假定磁头足够精确，如图2（b）所示，将传感器环节的传递函数取为 $H(s)=1$。我们使用电枢控制式永磁直流电机的模型，假定了簧片是完全刚性的，不会出现明显的弯曲。

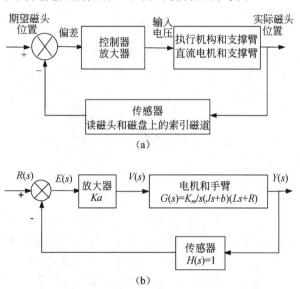

（a）

（b）

图2 磁盘驱动读写系统框图

磁盘驱动系统的典型参数如表1所示。

表1 磁盘驱动读写系统典型参数

参　　数	符　　号	典　型　值
手臂与磁头的转动惯量 d	J	1Nms²/rad
摩擦系数	b	20kg/m/s
放大器系数	K_a	10-1000
电枢电阻	R	1Ω
电机系数	K_m	5Nm/A
电枢电感	L	1mH

$$G(s) = \frac{K_m}{s(Js+b)(Ls+R)} = \frac{5000}{s(s+20)(s+1000)} \quad (1)$$

闭环传递函数为

$$\frac{C(s)}{R(s)} = \frac{K_a G(s)}{1+K_a G(s)} = \frac{5000K_a}{s(s+20)(s+1000)+5000K_a} \quad (2)$$

$R(s) = \dfrac{0.1}{s}$ rad 和 $K_a = 40$ 时，阶跃响应如图3所示。

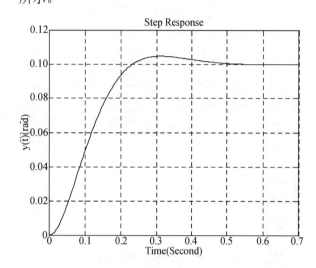

图3 r(t)=0.1rad 时的系统阶跃响应

2 根轨迹法

使用根轨迹选择控制器参数。PID 控制器为

$$G_c(s) = K_1 + \frac{K_2}{s} + K_3 s \quad (3)$$

因为对象已有积分，所以使用 PD 控制器：

$$G_c(s) = K_1 + K_3 s \quad (4)$$

目标是选择 K_1 和 K_3 以满足性能指标。系统如图4所示。

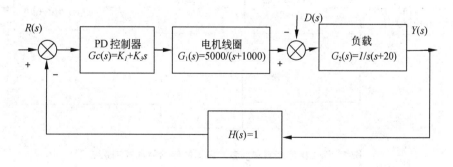

图4 PD 控制磁盘驱动系统

先改写 $G_C G_1 G_2 H(s)$ 为

$$G_c G_1 G_2 H(s) = \frac{5000(K_1 + K_3 s)}{s(s+20)(s+1000)} = \frac{5000K_3(s+z)}{s(s+20)(s+1000)}$$ (5)

其中 $z = K_1/K_3$，用 K_1 来选择开环零点 z 的位置，再绘制 K_3 变化时的根轨迹。令 $z=1$，于是

$$G_c G_1 G_2 H(s) = \frac{5000K_3(s+1)}{s(s+20)(s+1000)}$$ (6)

根轨迹如图 5 所示。

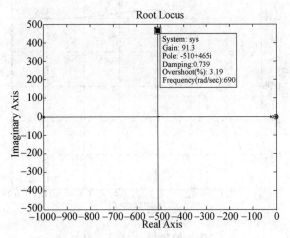

System: sys
Gain: 91.3
Pole: -510+465i
Damping:0.739
Overshoot(%): 3.19
Frequency(rad/sec):690

图 5 根轨迹

当 $K_3 = 91.3$ 时满足性能指标，如表 2 所示。

表 2 磁盘驱动系统性能指标和实际响应

性 能 指 标	期 望 值	实际响应
超调量	小于 5%	0%
调节时间	小于 250 ms	20ms
对单位干扰的最大响应值	小于 0.005	0.002

阶跃响应和扰动阶跃响应如图 6 所示。

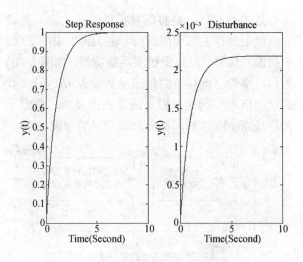

图 6 阶跃响应和扰动阶跃响应

3 前置滤波器

设计一个 PD 控制器，以便保证系统能够满足对单位阶跃响应的设计要求。闭环系统的框图如图 7 所示。为闭环系统配置了前置滤波器，其目的在于消除零点对闭环传递函数的不利影响。

为了得到最小拍响应的系统，将预期的闭环传递函数取为

$$\Phi(s) = \frac{\omega_n^2}{s^2 + \alpha \omega_n s + \omega_n^2}$$ (7)

对二阶系统而言，最小拍响应要求 $\alpha = 1.82$，调节时间满足 $\omega_n t_s = 4.82$，由于设计要求有调节时间小于 50ms，如果取 $\omega_n = 120$，就应该有 $t_s = 40\text{ms}$。而（7）式分母变为

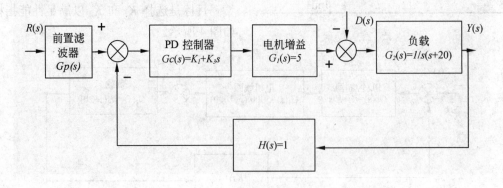

图 7 带 PD 控制器和前置滤波器的磁盘驱动控制系统

$$s^2 + 218.4s + 14400$$ (8)

闭环系统特征方程为

$$s^2 + (20 + 5K_3)s + 5K_1 = 0$$ (9)

式（8）和（9）等价，从而得到

$K_1 = 2880, K_3 = 39.68$。

控制器为

$$G_c(s) = 39.68(s + 72.58) \quad (10)$$

前置滤波器为

$$G_p(s) = \frac{72.58}{s + 72.58} \quad (11)$$

阶跃响应如图 8 所示。

实际响应如表 3 所示。

表 3　磁盘驱动系统性能指标和实际响应

性能指标	期　望　值	实际响应
超调量	小于 5%	0.1%
调节时间	小于 250 ms	40ms
单位扰动的响应峰值	小于 0.005	0.000069

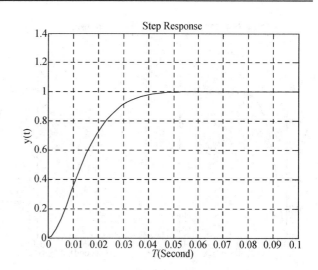

图 8　阶跃响应

础上设计闭环系统，并同时计算二阶和三阶模型的系统响应。

4 状态空间法

二阶闭环模型如图 9 所示。在此二阶模型基

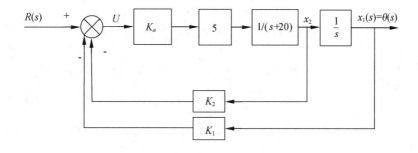

图 9　磁头控制系统

选择状态变量 $x_1 = y(t)$ and $x_2 = \mathrm{d}y/\mathrm{d}t = \mathrm{d}x_1/\mathrm{d}t$

开环系统的状态方程为

$$\dot{X} = \begin{bmatrix} 0 & 1 \\ 0 & -20 \end{bmatrix} X + \begin{bmatrix} 0 \\ 5K_a \end{bmatrix} r \quad (12)$$

带状态反馈的闭环状态方程为

$$\dot{X} = \begin{bmatrix} 0 & 1 \\ -5K_1K_a & -(20 + 5K_1K_a) \end{bmatrix} X + \begin{bmatrix} 0 \\ 5K_a \end{bmatrix} r \quad (13)$$

选择 $K_1 = 1$，闭环系统的特征方程为

$$s^2 + (20 + 5K_1K_a)s + 5K_a = 0 \quad (14)$$

选择 $\zeta = 0.9, \zeta\omega_n = 125$。期望的闭环特征方程为

$$s^2 + 2\zeta\omega_n s + \omega_n^2 = s^2 + 250s + 19290 = 0 \quad (15)$$

因此有 $K_a = 3858, K_2 = 0.012$。

二阶系统和三阶系统模型均满足性能指标，如表 4 所示。

表 4　磁盘驱动系统性能指标和实际性能

性能指标	期望值	二阶模型响应	三阶模型响应
超调量	小于 5%	<1%	0%
调节时间	小于 50 ms	34.3ms	34.2ms
单位干扰的最大响应值	小于 0.005	0.000052	0.000052

阶跃响应和扰动阶跃响应如图 10 所示。

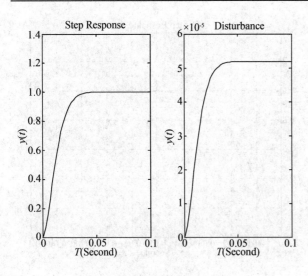

图 10　阶跃响应和扰动阶跃响应

5　结论

本文研究磁盘驱动读取系统的建模、方针和

控制。分别用 PD 控制器，前置滤波器和极点配置方法设计了系统，最后仿真结果表明这三种方法能满足系统的性能指标。

References

[1] Dorf Richard C, Bishop Robert H. Modern control systems[M].11th ed. San Antonio：Pearson Education, 2009：123-130.

[2] Fanklin Gene F, Powell J David, Emami-Naeini Abbas. Feedback control of dynamic systems[M]. 5th ed. San Antonio：Pearson Education, 2007：230-235.

[3] Ogata Katsuhiko. Modern control engineering[M]. 4th ed. San Antonio：Pearson Education, 2007:512-530.

工程教育专业认证背景下翻转课堂的设计与实践

杨玲玲 陈 玮 章 云 龙 德 李 明 杨其宇

（广东工业大学，广东 广州 510009）

摘 要： 工程教育专业认证要求大学教育坚持"以学生为中心"，而翻转课堂正是以"学生为中心"的新型教学模式。本文探讨翻转课堂的实现方法，分析翻转课堂实现过程中对教师和学生的要求。教学实例表明翻转课堂能够使学生积极参与课堂教学活动，课堂讨论需要教师的正确引导，才能达到期望的教学目标。

关键词： 工程教育；专业认证；翻转课堂；教学设计

Design and Practice of Flipped Classroom Under the Accreditation of Engineering Education

Lingling Yang, Wei Chen, Yun Zhang, De Long, Ming Li, Qiyu Yang

(Guangdong University of Technology, Guangdong Guangzhou 510009, Guangdong Province，Clline)

Abstract: The accreditation of engineering education requires university education to adhere to the "student centered" approach. The "flipped classroom" is a new type of teaching model based on "students as the center". This paper discusses the implementation method of the flipped classroom, requirements for teachers and students of the flipped classroom in the process of implementation. The teaching examples show that the flipped classroom enables students to participate actively in classroom activities，and the class discussion needs teachers' correct guidance to achieve the desired teaching goals.

Key Words: Engineering Education; Professional Certification; Flipped Classroom; Teaching Design

引言

2006 年，中国的工程教育专业认证工作正式开始，成为构建我国高等工程教育质量监控体系、提高工程教育专业教学质量的一项重要措施[1]。工程教育认证要求大学教育必须坚持"以学生为中心"和"产出导向"为原则展开，并进行"持续改进"。

在大学教育的主要环节——课堂教学中，必须"以学生为中心"展开教学活动，让学生养成自发学习、主动学习、探究学习的习惯，使学生在专业知识和技能、人文社会素养、团队协作和终身学习等方面均达到培养目标制定的要求。

翻转课堂是运用现代技术实现知识传授与知识内化的颠倒教学模式，它颠覆传统教学组织形式，实现基于"以学生为中心"的教学理念的转变[2]。翻转课堂将传统课堂转变为"提前学习—课堂讲解与练习—总结提高"的学习步骤，提高了教师教学的目的性，赋予了学生学习的自主性，增强了教学效果[3]。

本文在工程教育专业认证的背景下，根据传

联系人：杨玲玲. 第一作者：杨玲玲，女，博士，副教授.

基金项目：教指委高等教育教学改革研究课题（2014A26）；中央财政支持地方高校发展专项资金项目（粤教高函〔2014〕97 号）；广东省质量工程项目（粤教高函〔2015〕173 号，粤教高[2013]113 号）；广东工业大学 2014 年度校级"质量工程"项目.

统教学模式存在的问题，探讨翻转课堂的实现方法，分析翻转课堂实现过程中对教师和学生的要求，最后通过两个实例说明翻转课堂需要教师的正确引导，才能达到期望的目标。

1　传统教学模式存在的问题

工程教育专业认证的核心理念是以学生为中心，要求教学设计以学生知识、能力、素质达到既定标准（毕业要求）而设计；师资、课程等教学资源配置以保证学生学习目标达成为导向；质量保障与评价以学生学习结果为唯一标准[4]。

对照工程教育专业认证的核心理念，可以发现传统教学模式存在以下问题。

（1）教学设计以课程教材为依据

传统教学模式过度依赖教材，教材上有的讲授，教材上没有的少讲甚至不讲。教学设计以各门课程为主，不同课程（教材）中的重复内容会被多次讲解。课程之间的衔接不够紧密，先修课程和后续课程之间的关联关系未能在教学过程中体现出来。

（2）课堂教学以教师为主导

在传统教学模式中，教师是教学过程的主导者，学生是知识的被动接受者。课堂教学以教师讲解为主，教师通过板书、PPT 等形式向学生传授知识；学生依据教材，跟随老师的思路进行新知识的学习。

（3）考核方式单一，总评成绩以期末考试成绩为主

传统教学模式中，期末考试成绩一般占到总评成绩的 70%～80%。这种轻平时重期末的考核制度，使得学生平时上课不认真，仅仅在考试前一两周突击复习，还会强烈要求教师提供课程的复习大纲。

2　翻转课堂的实现方法

工程教育专业认证秉承以学生为中心的教育理念，坚持持续改进的质量保障机制，要求"对学生在整个学习过程中的表现进行跟踪与评估"。翻转课堂的实施过程能够全面贯彻工程教育专业认证的上述思想。

2.1　课前准备

教师根据课程内容进行课程教学设计。教学设计的关键是对课程知识点的梳理，可以打破教材的章节安排，而是以知识点的完整性为主要目标。力争每次课完成一个知识点或一个主题的教学内容。对应每个知识点，应准备若干例题和课堂练习，在课堂上做到讲练结合。

学生分成学习小组，根据教师布置的教学任务，在课前做好准备工作，包括知识点的学习、PPT 的制作、课程讲解的准备、例题讲解、思考题的设计等。

2.2　课中讲练

学生按学习小组进行知识点的讲解（包括例题），并给出若干思考题供同学们讨论回答。

老师对学生讲解的情况进行点评，进一步指出重点和难点；对例题进行讲解，组织学生对课堂练习的分组讨论。

2.3　课后总结

学生完成课程作业。

教师根据学生的课堂表现，记录平时成绩；根据学生对课堂练习的讨论情况，修改课程设计的内容；对整堂课的知识脉络进行梳理、归纳、总结；对翻转课堂的教学过程持续改进。

3　翻转课堂对教师和学生的要求

翻转课堂对教师提出以下要求：

（1）教学设计

教师要熟悉教学内容，课前需要花时间进行知识点的梳理，进行课程教学的设计，保证每次课完成一个知识点或一个主题的教学内容。对应每个知识点，合理设计若干例题和课堂练习，在课堂上做到讲练结合。

在传统教学模式中，教学设计环节会相对简单一些。教师通常是根据教材的章节顺序，完成教学进度安排，在课程教案中明确授课内容，适当准备例题和课后作业。

（2）课堂组织

教师要善于营造活跃的课堂教学氛围。对学生的讲解进行点评时，应以鼓励为主，因为每位上台讲解的同学都渴望得到教师和同学们的认可。在课堂练习的分组讨论中，引导学生的团队

学习与同伴合作互助意识，注意邀请那些没有上台讲解的同学进行汇报，避免出现"形式上集体讨论，实际上个体化学习"的现象。

在传统教学模式中，教师的课堂教学方式过于单一。教师通过课程 PPT，结合板书进行知识讲解，尽管课堂上会穿插若干提问环节，但总体上仍然是教师的一言堂。

翻转课堂对学生也提出了以下要求：

（1）课前预习

学生在课前需要认真预习，准备 PPT、习题和思考题，完成教师布置的知识点讲解任务；

（2）课堂上主动发言

学生需要积极主动地参与到课堂教学中，提问和发言的情况都将记入平时成绩，从而改变学生被动听讲的课堂教学情况。

（3）团队合作

因为平时成绩均以小组表现计分，所以不管是上台讲解，还是回答问题，每位成员都代表着团队。这就需要团队成员互相帮助，共同学习。

4 翻转课堂的实践和反思

案例一：电力电子技术课程的创新班教学

在进行教学设计时，将教材中的章节进行了调整，并增加了一些补充内容。

（1）将"电力电子器件应用的共性问题"与"电力电子器件"合并；将"PWM 控制技术"与"逆变电路"合并。

（2）在"变压器漏感对整流电路的影响"中增加单相桥和三相桥的推导过程；在"PWM 逆变电路的谐波分析"中，增加谐波分析的相关结论。

创新班学生共 25 人，分为 5 个学习小组。每个小组安排知识点讲解 5 次，每位同学均主讲一次。学生对电力电子器件、变流电路的应用等开放性问题讨论激烈，会提出各种不同的想法；对常规变流电路的工作原理、波形分析等内容则以课堂练习为主。

学生的讲解和讨论容易跑偏，或者找不到重点，教师在教学过程中要加以引导，及时总结，指出学习重点。

卓越班学生共 83 人，采用传统教学模式，与创新班学生进行期末统考。表 1 给出了期末考试的卷面成绩分析，可见采用翻转课堂教学模式，卷面成绩有效提高。

表 1 期末考试的卷面成绩分析

期末考试	创新班	卓越 1 班	卓越 2 班
人数	25	43	40
平均分	80	76	72

案例二：电气控制与 PLC 课程的普通班教学

针对课程以实用为主的教学特点，在课堂教学中增加大量例题和课堂练习，参考多本相关教材。

普通班学生共 84 人，分为 21 个学习小组。每个小组安排知识点讲解 1 次，课堂练习按小组提交结果 6 次。电气控制线路设计和 PLC 梯形图设计均为开放性练习题，每组可以提出不同的设计方案进行讨论。

学生以自己的视角和语言进行讲解，能够吸引课堂上的同学们，更容易产生共鸣。课堂气氛活泼，教学效果好。

5 结论

经过精心的教学设计和课堂教学组织后，翻转课堂成为教师与学生、学生与学生之间深度互动和协作探究的平台[5]。通过课堂教学的深度互动，学生由被动学习"翻转"为主动学习，激发了学生的学习兴趣与求知欲望。教师在互动过程中能够充分尊重个体差异，可以增进师生之间的信任与协作，从而实现教学相长。

翻转课堂深入贯彻工程教育专业认证标准的要求：建立教学过程质量监控机制。对学生的课前预习、课堂表现和练习、课后作业、实验设计等环节进行全面跟踪与评价，为学生成绩的评定给出详细的参考依据。

References

[1] 刘宝. 基于工程教育专业认证的大学课堂教学模式改革[J]. 黑龙江高教研究, 2017（4）：157-160.

[2] 邓岳川, 王延霞, 李德亮, 等. 基于 MOOC 翻转课堂的"GPS 原理与应用"课堂教学改革实践[J]. 测绘工程, 2017, 26（2）：76-80.

[3] 郑瑞强, 卢宇. 高校翻转课堂教学模式优化设计与实践反思[J]. 高校教育管理, 2017, 11（1）：97-104.

[4] 贾宏志. 工程教育专业认证背景下光电专业物理光学教学探讨[J]. 教育教学论坛, 2017（1）：160-161.

[5] 张陶勇. 高校"翻转课堂"教学的审视与反思[J]. 教育教学论坛, 2017（2）：208-210.

基于问题的学习在电子电路基础课程教学改革的应用

牛 丹 仰燕兰 陈夕松 周杏鹏 叶 桦

（东南大学复杂工程系统测量与控制教育部重点实验室，江苏 南京 210096）

摘 要：简介了电子电路基础课程的背景以及 PBL 教学法的特点和引进的必要性，探讨了该课程 PBL 教学法的 4 个关键环节，即设计案例和问题、分组学习、集中讨论、总结评价和考核，将 PBL 教学方法与传统的讲授教学相结合。指出 PBL 教学法在电子电路基础课程应用中的优点及在教学中所面临的问题。总体来看，PBL 教学法值得继续在本课程教学中探讨和应用。

关键词：电子电路基础；PBL 教学法；卓越工程师；教学改革

Application of PBL Teaching Method on the Course Reform of Fundamentals of Electronic Circuits

Dan Niu, Yanlan Yang, Xisong Chen, Xingpeng Zhou, Hua Ye

(Key Laboratory of Measurement and Control of Complex Systems of Engineering, Ministry of Education,

Nanjing, 210096, Jiangsu Province, China)

Abstract：This paper gave the background introduction of the detection of fundamentals of electronic circuits and analyzed the necessity and features of introducing PBL teaching method. Moreover, four key components in the problem-based learning (PBL) method used in the course teaching process, which include the cases designed by teachers, the self-studying divided into groups, the class discussion, the conclusions and the evaluation, were elaborated. The traditional lectures and the problem-based learning were combined. Then it pointed out the advantages and some existing problems when applying PBL teaching method in the fundamentals of electronic circuits teaching. In summary, PBL method was worthy of further promotion in this course for the undergraduate.

Key Words：Fundamentals of Electronic Circuits；PBL Teaching Method；Excellent Engineer；Educational Reform

引言

当今世界，通常可以用自动化、信息化程度水平的高低来衡量一个国家、一个地区的发达程度，由于电子电路作为自动化、信息化的基础与前提，因而受到国内外各界广泛重视。"电子电路基础"是自动化专业的专业基础课程，在本专业学习中占有非常重要的地位。同时"电子电路基础"还是一个实践性很强的课程，需要与实际应用紧密结合起来。多年以来，由于受到教学学时、教学场地、教学内容及师资力量等方面的限制，电子电路基础教学一直采用传统的课堂讲授理论方法。因为课程内容较为复杂，含有大量的理论公式推导，运用了较多的数学分析方法，使得学习过程有些单调枯燥，学生处于被动地位，教学效

联系人：牛丹. 第一作者：牛丹（1986—），男，博士，讲师.

基金项目：国家基金（61504027），省青年基金项目（BK20140647）.

果不理想，大部分学生不能够把课堂上学的教学内容真正应用到检索实践中去。如何更好地调动学生的课堂学习兴趣，提高电子电路基础课程的教学质量，成为电子电路基础课程教学改革中亟待思考和解决的问题。为了提高该课程的教学质量，和实施"卓越工程师教育培养计划"来培养造就一大批创新能力强、适应经济社会发展需要的高质量各类型工程技术人才[1]，近年来在专业课程"电子电路基础"教学方面进行了以基于问题的学习（Problem-Based Learning，PBL）教学方法为中心的一系列探索与改革，为今后相关教学改革提供了重要参考基础。

1 PBL 教育模式

心理学调查和理论揭示通过练习解决问题来学习，学生不仅能掌握知识还可以获得思考策略。PBL 是 1969 年美国神经病学教授 Barrows 在加拿大 McMarster 大学创立的教学模式[2]，后来扩展到包括教育学院、商学院、工程学院的教学改革中，现已成为国际上较为流行的一种教学方法[3~6]。PBL 是指在教学过程中，教师根据教学大纲要求和教学的重点、难点，在课堂上营造一种问题的情境，启发、引导学生自己去寻找答案，即学生在教师引导下，以"问题解决者"的角色积极主动地参与课堂讨论，提出问题、分析问题并解决问题，以实现教学目标的一种教学方法[7~9]。对于电子电路基础这门课来说，注重实践经验，通过电路和系统测试来验证各种电路设计的理论方法是教学的重点，因此将 PBL 教学法应用于该课程的教学是十分必要的。通过设置一些实际设计实例，让学生根据设计需求，主动探索、发现体会应用课本理论知识，解决实际设计难题的过程，获得直接的学习经验，从而培养他们观察、分析、比较、测试、验证的能力。近年来，笔者对 PBL 教学法在自动化专业电子电路基础课程中的应用进行了探讨。

2 电子电路基础课程教学改革探索

2.1 电子电路基础课程特点

自动化专业本身是一个实践性较强的工科专业，即使是研究各种控制理论方法，也需要在各种实际系统设计实践中验证。对于电子电路基础

这门课尤为如此，只有在各种嵌入式仪器仪表设计实践中才能真正理解和学好电子电路的设计方法。在制约电子电路基础课程 PBL 教学效果的众多因素当中，教学对象是非常关键的因素。一般说来，在高年级本科生（如大三下）中开设该课程，学生积极性会更高，因为他们面临着自己毕业设计或电子设计大赛课题上的许多亟待解决的问题，PBL 教学效果很好。而对于低年级本科生（如大二下），该课程一般在三年级或四年级上学期开设，由于他们还处在基础课程学习阶段，很少接触到电子电路设计这种专业性较强的科研活动，不会像高年级的学生那样在科研活动中明确而迫切地意识到各种电子电路设计需求，即对各种电子电路设计方法等缺乏有效实践认识。缺乏需求也就缺乏非常大的动力。很多本科生直到做相关的毕业设计或读相关方向的研究生时才体会到电子电路设计的重要性，此时才会发觉其能力的匮乏。究其原因，主要是上课时他们并未亲自体验解决专业问题的过程，因此到了真正需要利用该课程的知识解决实际需求的时候，会显得手足无措。这说明低年级本科生并非没有电子电路设计需求，重点在于教师如何在课堂上引导并激发他们挖掘自身的需求（可以通过各种电子设计大赛题目和一些实际和企业合作项目中各种嵌入式仪表产品设计项目），从而调动学生学习的积极性。所以在以问题为中心的 PBL 教学中，对于电子电路设计重要性和实践意识缺乏的低年级本科生对象，对教师提出了更高的要求。

2.2 PBL 教学法在电子电路基础课程的教学实践
2.2.1 设计案例

PBL 教学方法以问题为驱动，因此首先要设计案例和问题。根据过去的本科毕业设计题目、电子设计比赛题目，以及检测方向老师和企业合作的嵌入式仪表设计等具体的科研项目，从中提炼出与电子电路设计方法紧密相关的案例，并转化为各种问题，以问题作为学习的起点。

问题举例 A：增强语音信号

语音信号是通过无屏蔽电缆麦克风录制的，信号存在 60 赫兹的干扰信号。学生被要求用来设计一个信号处理电路来消除噪声，并使信号回归自然。在设计阶段，学生需要选择他们的信号输入电路模块和滤波器电路模块，判断他们的思路。

在实施仿真阶段，他们要进行模块的连接和每个模块的参数调节。

问题举例 B：显示测量信号频率值

显示电路是构成频率计电路的一个简单的子电路，它的构成方式也有很多种选择，通过该部分电路的设计研究能够建立起数字处理电路的基本概念、方法。设计阶段要确定显示器件、供电方式、过流过压保护等，操作阶段包括功能模块的连接与参数调节。

2.2.2　分组学习

教师将设计好的案例和问题提前一周左右发给学生，学生针对案例自由组队，然后将老师的问题进一步细化，这个细化要求学生根据提供的案例资料找出相关概念和主要知识点或感兴趣的知识点，要求学生要能回答老师的问题，然后是向老师或某个小组的其他同学提出相关的问题。如在进行"低噪声放大器的设计"教学中，学生要围绕"低噪声放大器"为中心设计的案例，来分析有源器件的选择方法、偏置电路和直流工作点的选择方法，以及反馈电路的设计和噪声匹配的使用等，再进一步要求掌握每一部分的基本原理和依据、注意事项等。为了减轻学生负担，可以适当有所侧重地安排各组内容。组员按组长的分工寻找相关资料，并且先在小组内讨论学习。在此过程中，老师要根据学生的情况，检查督促或指导同学寻找相关的资料，注意发挥学生的主观能动性。

2.2.3　上台讲演和集中讨论

各小组准备好材料后，每组由一名学生上台对一个问题进行中心发言，其他学生有不同观点可随时提出并讨论。最后将每组的答案归纳总结，形成一个合理的答案。其他组的同学可以向发言组同学提出问题。在此过程中，老师要充当引导者，善于激发学生的求知欲，在学生偏离主题时及时纠正，在学生沉默时打开话题，对学生的发言尽量不予干涉。

2.2.4　总结评价和考核

小组发言和讨论结束后，由老师做总结。总结时首先要明确指出重点解释教学目标中的内容、结论和关键方法等基础知识点，总结时可与学生的发言有机结合，指出在分组讨论过程中出现的各种问题，还可以有针对性地对普遍存在的

1~2 个具体问题进行讲解，必要时可通过布置课后作业的形式要求学生比较、整理相关的教学内容；其次是要注意给予学生鼓励，引导学生培养科学的学习方法。另外在 PBL 教学方法中，老师可以把握小组同学的提问或解答问题的频率，提问的适宜度和正确性；解答问题的逻辑性、准确度，回答问题和用于问题回答的知识信息及资料的正确运用和组织能力等来评定"个人得分"和"小组得分"。

2.3　PBL 方法的优势和注意事项

PBL 教学方法已在国内外有很好的应用，在医学、教育学等的教学实践中很多[3]，但在电子电路基础课程中还较少。实践表明，应用 PBL 法主要有下列优势：（1）利于激发学习兴趣，提高自主学习能力，PBL 法提供了一个相对独立和自由的学习环境。通过一个个实际的案例和项目实例，学生学习目标明确，再通过一个个问题的细化和小组讨论方法的应用，能够将枯燥的理论知识通过鲜活的应用实例展示给学生，学生在了解这些方法的实际用途后，在学习中就能够变被动为主动，做到了从"要我学"到"我要学"的转变；（2）培养学生团结协作的能力，同学在讨论的过程中各抒己见，通过对问题进行不断的分析、讨论，吸取他人正确的处理方法，同时与同学分享自己独到的见解和想法，从而使得一些理论知识和方法越来越明晰。重要的是在讨论的过程中，很好地培养了学生之间的团结协作能力；（3）培养科学思维习惯，提高解决实际问题的能力，通过对重要案例的讨论，加深学生对电子电路设计方法原理和实际操作等方面的理解，为今后的实践打下了坚实的基础。尽管 PBL 教学法在对学科的基础知识、重点和难点的掌握上可能与传统的 LBL 法差别不大，但通过这种综合的教学方法，学生灵活运用基础理论知识来解决实际问题的能力明显提高。课后回访显示有 82.5%的学生对引入 PBL 的教学方法表示认可和赞同，部分学生表示 PBL 学习方法能激发学习兴趣，培养团队意识，提高了实际动手和语言表达能力。

此外在使用 PBL 教学方法对电子电路基础课程进行教学过程中，要注意以下问题：（1）由于 PBL 法既要解决基本的知识点，又要让学生充分发言，需要大量的时间，所以需要教师精心设计

教案，合理安排时间，突出重点内容等；（2）在使用 PBL 教学法时，教师的实际工作量大大增加，对教师的教学技能和课堂组织驾驭能力的要求也越来越高。此外，教学案例库等基本素材建设也大大加强了任课教师的工作量。

3　结论

　　电子电路基础课程是一门实践性很强的课程，传统的教学方式不能获得良好的教学效果，而 PBL 这种以问题为中心的教学法却能够激发学生强烈的学习兴趣，锻炼自主学习和解决实际问题的能力。教学实践表明，采用 PBL 教学法的教学效果明显优于传统教学法。此外，在电子电路基础课程领域，PBL 教学法目前仍处于起步阶段，有些环节仍然存在问题，相信随着教学的不断深入，方法的不断改进，教学效果将会越来越好。

References

[1]　林健.“卓越工程师教育培养计划”专业培养方案研究[J]. 清华大学教育研究，2011（2）.

[2]　Barrows H. S. and Tamblyn R. M. The portable patient problem pack：a problem-based learning unit[J]. J Med Edu，1977，52（12）：1002-1004.

[3]　姜建兰，邱一华，彭聿平，PBL 教学法在生理学教学中的应用研究[J]. 基础医学教育，2012（3）.

[4]　王玲，左福元，罗宗刚. PBL 教学模式在高等农业院校动物科学专业教学改革中的应用与实践——以牛生产学教学为例[J]. 西南师范大学学报：自然科学版，2012，37（6）：254-257.

[5]　Wirkala C. and Kuhn D. Problem-Based Learning in K-12 Education Is it Effective and How Does it Achieve its Effects?[J]. Am Educ Res J，2011，48（5）：1157-1186.

[6]　Yadav A，Subedi D，Lundeberg M. A.，et a1. Problem-based learning：Influence on students' learning in an Electrical Engineering Course[J]. Journal of Engineering Education，2011，100（2）：253-280.

[7]　朱彩平. PBL 教学法在高校食品专业文献检索课程中的应用研究[J]. 安徽农业科学，2014，42（10）：3128-3130.

[8]　谢仁恩，陈曙光，李华新. 国内教育领域 PBL 研究的定量分析[J]. 现代教育技术，2009，19（2）：30-32.

[9]　刘承兰，罗建军，胡琼波，等. PBL 方法在《农产品安全检测》教学中的应用研究[J]. 安徽农业科学，2014，42（7）：2211-2213.

浅谈信息通信网络教学改革

曹向辉　周　波　孙长银

（东南大学　自动化学院，江苏　南京　210096）

摘　要：信息通信网络是自动化学科的重要的专业课程，也是一门与实际紧密结合的课程。针对现有教学过程中存在的学生学习兴趣不足、教学手段单一、教学内容系统性不强、教学内容体现新技术方面不足等问题，提出了突出系统性的教学内容改革、新兴网络技术的融合、项目驱动的教学实践和综合评分的考核环节改革相结合的教学改革方案，探索提高信息通信网络教学质量的新方法，培养学生兴趣，提高学生分析问题、解决问题的能力。

关键词：信息通信网络；教学改革；项目驱动

Discussion on Teaching Reform of Communication Networks

Xianghui Cao, Bo Zhou, Changyin Sun

(Southeast University, Nanjing 210096, Jiangsu Province, China)

Abstract：Communication networks are an important course in the automation subject, which closely connected with the practice. In view of the problems on existing way of teaching, such as inefficiency in fostering students' interests, monotony of teaching methods, weakness in systematic teaching arrangement, and lagging behind of the fast developing science and technology in this field, we propose a teaching reform method that integrates systematic teaching content arrangement, incorporation of emerging technologies, project-driven teaching reform and comprehensive score based evaluation reform. The ultimate goal is to explore new ways to improve the teaching quality of communication networks, cultivating student's interests, improving their abilities in analyzing and solving problems.

Key Words：Communication Networks；Teaching Reform；Project Driven

引言

随着信息通信技术的不断发展，计算机网络已经成为生产自动化、管理自动化和综合自动化的重要技术手段，网络通信技术已广泛应用于自动化各个领域。因此，网络技术不仅是计算机通信专业人员必须掌握的技术，也是从事自动化系统与工程设计和开发的技术人员必须掌握的基本知识，其重要性不言而喻。信息通信网络（或计算机网络）已成为很多高校自动化专业学生的必修课程，其目的是使学生较全面了解信息通信网络的发展、系统组成和体系结构，掌握现代通信网络技术的基本原理和实用网络技术，了解常用网络通信协议，培养基本的通信网络分析、设计与应用能力，为学习后续课程和毕业后从事自动化系统与工程设计和开发打下必要的网络通信方面的基础。

1　课程特点分析

1.1　理论与实际紧密结合

信息通信网络是与实践紧密结合的技术[1,2]，

联系人：曹向辉. 第一作者：曹向辉（1982—），男，博士，副教授.

基金项目：东南大学教学改革研究项目.

其中的关键内容，包括架构、协议、算法等都是面向实际应用的技术，其产生和发展往往都是以实际应用为驱动。同时，信息通信网络也逐渐成为人们日常生活的必需品，特别是随身可携带设备（例如笔记本电脑、手机、智能手表等）的推广，网络可谓无处不在、无时不在。学生在日常使用过程中往往也具有想把网络的基本技术弄清楚并熟练掌握的动力，使信息通信网络的教学拥有特有的优势。然而，实际教学中我们往往更加重视对基本概念、理论和协议的机理和流程的掌握，而对这些概念、理论和协议与实际的结合重视不够；以灌输式的方式为主，而没有从学生的实际出发，从日常生活中所提接触到的网络出发，引导他们逐渐去思考网络运行的本质。如果过于偏重理论和算法，而对联系实际重视不够，学生被动地学习，投入的智力活动较少，易使学生丧失兴趣，产生枯燥、乏味的感受。

1.2 教学内容系统性强

网络分层设计是信息通信网络的一大特点。信息通信网络可以认为是一个结构复杂的模块化系统，模块（或协议层）之间即进行功能区分又紧密联系和实时交互。如何把这种复杂的系统讲解清楚，并使学生系统性地掌握，具有一定的挑战性。如果在教学内容安排上重模块而忽视系统性，容易使学生难以理解网络结构、各层划分、协议规则等的必要性和重要性，难以准确、系统性地把握网络的功能以及各功能模块的关系。

现有的教材在内容安排上大体可以分为两种：协议层"自上而下"和"自下而上"的顺序安排方式[3~5]。前者从应用层讲起，逐渐深入到最底层物理层。这种方式从跟人们能接触到和最容易直观感受到的应用（如电子邮件、FTP）出发，逐渐引导学生深入发掘这些应用的实现过程，是一个探索机理、重构网络的过程。后者从物理层，即通信的基本要素出发，自下而上逐渐到应用层。这种方式需要首先建立通信原理的基本知识，从原理出发，逐渐构建信息通信网络的各个子层，是一个利用已知的技术和方法进行实践的过程。虽然两种方式都将各个子层作为重点讲解对象，但两种不同的顺序安排对学生的理解具有不同的效果。前者从现实出发去深入调查原理，有利于

抓住学生的兴趣，而且这种顺序安排也符合网络协议层向上透明的特点——上层协议的设计往往不需要知道下层协议的具体实现过程，即对网络上层的理解可以不需要先掌握下层的知识。而后者从原理出发去实现现实接触到的应用，有利于培养学生在网络架构、技术应用等方面的能力。

1.3 相关领域发展迅猛

信息通信网络是信息领域的重要基础，其发展可谓日新月异，不断有新的概念、架构、方法被提出和研究。最典型的例子就是无线移动通信网络技术，传统教材仍偏重 2G/3G，虽然很多新教材中已经加入了目前广泛应用的 4G 的内容，但即使这样也没有覆盖最新的技术，特别是 5G 的技术已经大量被研究和验证。因此，在教学中必须把握最新的研究方向和新技术的应用，及时对教学内容进行更新，使学生在掌握基础网络技术的同时，了解该领域的新进展、新方向。

2 急需解决的问题

根据以往的教学经验，我们认为在这门课程的教学中需重视以下几个方面的问题。

2.1 如何培养兴趣

学生是否有兴趣、能否深度参与到教学中是评价一门课程教学质量的一种重要方式。学生选择这门课或多或少地表明他们有一定的兴趣，但是作为教师如何培养更多的兴趣并使之固化是核心的问题。对于信息通信网络而言，学生选课的兴趣点主要包括想学习和掌握信息通信网络的原理、知识和方法，想了解该领域的新进展和新方法等。因此，培养兴趣也应从这些方面入手去思考。

2.2 如何照顾基础差异

虽然在日常生活中学生都会接触到信息通信网络，但对网络的理解程度显著不同。例如，并不是每个学生都对路由器、交换机、网关、调制解调器的功能有直观理解，可能所有人都知道 Wi-Fi，但不是每个人都知道 WLAN。有的学生对网络有过很多接触，甚至开展了相关的小型程序设计，对其中的概念比较了解；但有相当一部分学生基础薄弱，甚至对网络没有多少概念。另外，学生在学习这门课时，并不一定具有通信原理方

面的基础，这就造成对物理层部分内容的理解有一定的难度。

2.3 如何丰富教学手段

目前，信息通信网络在教学过程中采用了多媒体教学，但往往也只是利用简单的幻灯片逐页将知识内容呈现给学生，难以充分展示网络组成、协议、算法的动态变化过程以及各模块的内在关联，这与以往的课堂板书效果区别不是很大。

2.4 如何提高学生参与感

由于该课程与实际联系非常紧密，这就要求学生在掌握知识的同时能够运用知识实现某些功能或解决实际问题。这个目的虽然可以通过实验课来部分达到，但固定题目、固定形式的实验课程还是"命题作文"，其重点还是在考查学生对知识、技术的理解，但对能力的培养方面效果并不理想。

3 改革内容

基于信息通信网络的课程特点，针对以上问题和挑战，我们提出以下改革内容。

3.1 改革教学内容编排

目前，大多数教材采用了流行的从底层向上层的教学内容安排方式，但这种内容安排的单一化使得教学内容系统性不强。因此，在强化网络架构的基础上，增加对从顶层向下进行内容讲解的方法。基本思路是采用网络总体架构、"自上而下"和"自下而上"相结合的方式，充分发挥各方式的优势，提高系统性。首先，通过对网络总体架构的宏观讲解，使学生总体把握网络产生、发展的来龙去脉以及现有网络的基本结构框架，从宏观上加深印象。其次，通过从顶层到底层的"自上而下"的方法，使学生从切身感受到的网络服务入手，逐渐深入了解网络运行的机理和方法，从而从已知到未知，产生兴趣和持续学习的动力。最后，通过从底层到顶层的详细讲解，使学生逐层了解网络的原理、各协议的功能等。通过这种方式使学生更加系统性地理解教学内容。

3.2 及时把握技术进展

为了把握信息通信网络新的研究进展，除了传统有线网络的内容之外，将网络各层的原理和方法放在一些新的背景下（例如当下比较流行的

物联网、5G移动通信网络等技术），介绍网络协议和算法的用处，使他们了解信息通信网络的重大作用以及在未来仍将大有用武之地。同时，在项目库中增加对于信息通信网络在信息物理系统、网络化控制系统、物联网、车联网、下一代移动通信网络等方面的综述性项目，使学生通过阅读国内外最新文献，了解相关科技前沿，同时通过课堂演讲传达给全班学生。

3.3 改革教学方法，提高学习兴趣和积极性

3.3.1 增强内容趣味性

在介绍信息通信网络的概念、原理等过程中，融入信息通信网络在实际应用中一些鲜活的例子来吸引眼球和引导思考，对所学知识进行融合之后形成自己的思路，从而达到对知识的深入理解和融会贯通。例如，作为物联网的一个有趣的应用，智能家居可以使人们轻松操控家里的所有电器。通过这样的例子的引入，引发学生去思考如何实现，势必对网络本身产生兴趣。

3.3.2 增强内容逻辑性

对重要的知识点和方法，除了讲解其具体过程，还注重向学生介绍它们的来龙去脉和实际应用，使他们清楚这些内容的逻辑性，知道枯燥的框架和数学后面是非常有价值的方法。这样既有利于满足学生的求知欲望，也有利于他们建立较为系统的知识和方法体系。内容充实才能使他们不丧失兴趣。

3.3.3 增强内容形象性

注重教学内容的形象化。信息通信网络的基本原理跟交通运输系统具有极大的相似性，在教学中可以通过类比使内容更加生动和有趣，帮助学生直观理解。例如，网络协议的物理层可以类比为交通系统中修建道路，而数据链路层可以类比为搭建红绿灯，等等。

3.4 开展项目驱动的教学方式

以具体项目为目的，建立兴趣研究小组，开展项目驱动的教学。

3.4.1 建设课程项目库

围绕信息通信网络的应用开发和科学研究，建立项目库，学生根据自己的兴趣从中选择一个项目，并且自愿组建小组进行研究和开发。其关键在于建立完善的项目库和进行项目管理。项目库分为个人项目和小组项目，其中，个人项目以

具体的功能和小型应用为背景，锻炼学生对于知识的掌握、技术和方法的应用能力以及编程能力。部分兴趣较强的学生会自主提出项目题目和设计方案，甚至开发手机 APP 提高项目成果的实用性，这应该予以鼓励。小组项目以实现开发性的应用为目的，例如在手机上开发 Wi-Fi 热点应用等，锻炼学生的项目分析、任务分解和解决问题的能力以及沟通能力、团队协作能力等。

3.4.2　实时跟踪与管理

在项目实施过程中，及时了解项目进展，及时进行答疑。同时，开放信息通信网络相关实验室，使学生使用实验室的软硬件设备开展实验和开发，并且及时发现问题和解决问题。通过这种方式，也可以使学生深度参与到教学实验过程中。

3.5　改革考核环节

传统考核方式主要依赖于考试，这样难以全面客观地反映学生的学习水平和能力，而且也不利于督促学生平时的学习。因此，在教学内容、方法改革的基础上，在考核环节采用平时表现、个人项目成绩、小组项目成绩以及考试成绩相结合的方式，给出综合成绩。

通过改革，学生兴趣和能力得到提高，除了课堂学习之外，学生会充分利用课后答疑时间以及上机时间提高自己对知识的理解和动手能力，甚至利用课余时间自主开发一些兴趣性项目。

4　结论

本文分析了信息通信网络课程的特点和教学中的问题，提出了结合教学内容编排、把握最新研究进展、教学方法改革、项目驱动教学以及综合考试方式的改革方案，以培养和提高学生分析问题、设计开发、团队协作等的能力，激发学生对信息通信网络的兴趣，逐渐形成自主学习、自主开发、终身学习的意识。

References

[1] 辛焦丽，朱强. 浅谈计算机网络教学改革[J]. 电脑知识与技术，2011（35）：91-93，2015.

[2] 肖建良，敖磊. 计算机网络教学改革与实践[J]. 中国电力教育，2010（23）：91-92.

[3] Kurose，J.F.，Ross，K.W.，Computer networking：a top-down approach[M]. Boston，USA：Addison Wesley，2009.

[4] 谢希仁. 计算机网络[M]. 北京：电子工业出版社，2017.

[5] Andrew S. Tanenbaum，David J. Wetherall. 计算机网络[M]. 北京：清华大学出版社，2012.

试论"现代控制理论"课程教学中工程应用能力的培养

王宏华

（河海大学 能源与电气学院，江苏 南京 211100）

摘　要：本文以"现代控制理论"课程中的"能控性和能观测性分析"教学为例，从通过案例引入状态能控与状态能观的物理概念、揭示能控性和能观测性分析的工程实用价值、运用对偶原理促进学习迁移几个方面，对如何在现代控制理论教学中注重物理概念和工程应用背景，突出学生工程应用能力培养进行了探讨，并给出示例。

关键词：现代控制理论；教学改革；工程应用

The Training of the Engineering Application Ability in the Course of Modern Control Theory

Honghua Wang

(Hohai University, Nanjing 211100, Jiangsu Province, China)

Abstract：This paper takes the teaching of "controllability and observability analysis" in modern control theory courses as an example, investigating how to pay attention to the physical concept and engineering application background, highlight the students' engineering application ability training. Several teaching measures such as introducing the physical concept of state controllability and state observability, revealing the engineering practical value of the controllability and observability analysis, using the duality principle to promote learning transfer are discussed in the paper.

Key Words：Modern Control Theory；Teaching；Engineering Application

引言

"现代控制理论"是自动化、电气工程及其自动化等本科专业的一门重要专业基础课。该课程以动态系统基于状态空间模型的定量分析（状态方程求解）、定性分析（能控性、能观测性、李亚普诺夫稳定性）、状态反馈和状态观测器极点配置、最优反馈控制（线性二次型最优控制）为主线，重点讲授状态空间分析法和综合法的基本内容[1~10]。教学实践表明，由于状态空间控制理论的主要数学工具为线性代数、矩阵论，在教与学的过程中，均绕不开大量的矩阵、向量运算，故容易脱离工程实际，使状态空间控制理论的重要概念与方法淹没在数学公式中[2,3]。如何使状态空间控制理论与工程实际问题紧密结合，提高学生应用现代控制理论分析、解决工程实际问题的能力是一直存在的教学难题[8~10]。能控性、能观测性是现代控制理论中特有的概念，也是状态空间极点配置、最优控制、最优估计的设计基础，本文以"现代控制理论"课程中的"能控性和能观测性分析"教学为例，对如何在教学中注重物理概念和工程应用背景，突出学生工程应用能力培养进行探讨，并给出示例。

1　通过实例引入状态能控与状态能观的物理概念

由于在以外部数学模型为基础的经典控制理论中，不涉及能控与能观测问题，因此，教师在

作者：王宏华（1963—），男，工学博士，教授。

给出状态能控性和能观测性定义之前，首先应阐明状态空间描述是一种揭示了系统内部结构特性的数学模型，其中，状态变量为内部变量，输入、输出为外部变量。而在实际工程中，通常输入、输出变量的维数小于状态变量的维数，这就引发了外部的输入能否任意支配全部状态变量运动的问题即状态是否完全能控的问题，以及外部的输出能否完全反映全部状态变量任意形式的运动信息的问题即状态是否完全可观测的问题[1-3]。然后通过实例分析，揭示状态能控性和能观测性的工程背景和物理概念。

示例一：图 1 所示电路[1~3, 9]，$u(t)$ 为输入，选取状态变量 $x_1=u_{C_1}, x_2=u_{C_2}$，输出 $y=x_2$。

由电路基本定理，可建立图 1 电路的状态空间表达式为：

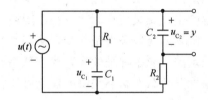

图1 示例1电路

$$\begin{cases} \begin{bmatrix} \dot{x}_1 \\ \dot{x}_2 \end{bmatrix} = \begin{bmatrix} -\dfrac{1}{R_1C_1} & 0 \\ 0 & -\dfrac{1}{R_2C_2} \end{bmatrix} \begin{bmatrix} x_1 \\ x_2 \end{bmatrix} + \begin{bmatrix} \dfrac{1}{R_1C_1} \\ \dfrac{1}{R_2C_2} \end{bmatrix} u \\ y = \begin{bmatrix} 0 & 1 \end{bmatrix} \begin{bmatrix} x_1 \\ x_2 \end{bmatrix} \end{cases} \quad (1)$$

显然，状态变量 x_2 可观测，但式（1）表明，x_1、x_2 相互独立（因两条阻容支路分别与理想电压源 $u(t)$ 并联），x_1 既无直接途径又无间接途径通向输出 y，故 y 中不含有 x_1 的运动信息，x_1 不可观测。针对图 1 电路，若要使 x_1 可观测，可增加 x_1 为另一个输出量。除此之外，可请学生思考，若改选输出 y 为流经 $u(t)$ 的电流，这时 x_1、x_2 均与输出有联系，就完全能观测吗？

x_1、x_2 均与输入 $u(t)$ 有联系，则均可控吗？不一定！需要视两条阻容支路的时间常数 $\tau_1(=R_1C_1)$、$\tau_2(=R_2C_2)$ 是否相等才能确定。若 $\tau_1=\tau_2$，只有当 $x_1(0)=x_2(0)$ 时才存在有限时间内能使 $(x_1(t), x_2(t))$ 运动到原点的控制 $u(t)$，即输入 $u(t)$ 不能任意支配全部状态变量的运动，因此状态

不完全可控。但若 $\tau_1 \neq \tau_2$，则对于任意的非零初态均存在控制 $u(t)$，在有限时间内使 $(x_1(t), x_2(t))$ 运动到原点，故状态完全可控。

通过上述实例分析，应使学生认识到状态变量与外部输入（外部输出）有直接或间接联系仅是其能控（能观测）的必要条件但并非充分条件。

在学生对能控性和能观测性的工程背景和物理概念有直观认识的基础上，再给出状态能控性和能观测性的严格定义及其判据就较易理解了。在讲解状态能控性和能观测性的定义及其判据之后，还应注意通过工程实例加强学生工程应用能力的培养，例如，可以直流电动机的双机传动系统为例，通过对其状态能控性和能观测性分析，研究其控制器和测量点的合理设置方案[11]。

2 能控性和能观测性分析的工程实用价值

应引导学生充分认识到，状态空间控制理论中的能控性和能观测性分析具有如下工程实用价值：

2.1 揭示了传递函数矩阵只能表征系统中能控且能观子系统动力学特性的局限

先从实例入手，引导学生认识到传递函数这一外部数学模型的局限性。

示例二：图 2（a）为某系统的方块图，图 2（b）为其状态空间实现。

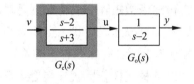

(a)

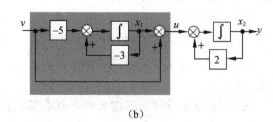

(b)

图2 示例2系统方块图及其状态变量图

图 2 系统的传递函数为

$$G(s) = \frac{s-2}{(s+3)(s-2)} \quad (2)$$

可请学生思考：式（2）的分子分母有公因式(s-2)，能否约掉该公因式，得到式（3）？

$$G(s) = \frac{1}{s+3} \qquad (3)$$

答案是肯定的，因为传递函数中的 s 并非微分算子而是复变量，保留了分子分母公因式的式（2）为系统的名义传递函数，而约掉公因式后的式（3）为系统的最小阶传递函数，两者是相等的，仅表征了系统能控且能观子系统 1/(s+3)的动力学特性。由式（3）易知，系统外部（BIBO）稳定。可这种外部稳定能确保系统真正稳定工作吗？

由图 2（b）写出系统的状态空间表达式为：

$$\begin{cases} \begin{bmatrix} \dot{x}_1 \\ \dot{x}_2 \end{bmatrix} = \begin{bmatrix} -3 & 0 \\ 1 & 2 \end{bmatrix} \begin{bmatrix} x_1 \\ x_2 \end{bmatrix} + \begin{bmatrix} -5 \\ 1 \end{bmatrix} u \\ y = \begin{bmatrix} 0 & 1 \end{bmatrix} \begin{bmatrix} x_1 \\ x_2 \end{bmatrix} \end{cases} \qquad (4)$$

式（4）的系统特征值为-3、2，故为内部不稳定。其状态完全能观但不完全能控，其中特征值-3 能控，特征值 2 不能控，这是由于在输入通道中，零点 2 屏蔽了极点 2，故不能控子系统对应的不稳定运动模态 e^{2t} 不受输入控制，实际系统并不能真正稳定工作。

在上述实例分析的基础上，可进一步引导学生对以下问题进行梳理总结，以培养其工程应用能力：

为什么传递函数矩阵一般情况下是对动力学系统的一种不完全描述，而状态空间表达式则是一种完全描述？两者在什么条件下等价？

为什么内部稳定性分析较外部稳定性分析更全面？两者在什么条件下等价？

经典控制理论中，广泛采用的用串联补偿器的零点抵消被控对象极点的校正方法有什么限制条件？工程实践中，能否采用不稳定的零点抵消不稳定的极点？

2.2　状态能控性及能观测性分析是状态空间综合的基础

仍应从实例入手，引导学生认识到能控性和能观测性分析是线性状态反馈系统设计的基础。

示例三：某系统按能控性和能观测性分解后的状态空间表达式如式（5）所示。

$$\begin{cases} \dot{x} = \begin{bmatrix} 1 & 0 & 0 & 0 \\ 0 & -2 & 0 & 0 \\ 0 & 0 & -1 & 0 \\ 0 & 0 & 0 & -3 \end{bmatrix} x + \begin{bmatrix} 1 \\ 1 \\ 0 \\ 0 \end{bmatrix} u \\ y = \begin{bmatrix} 1 & 0 & 1 & 0 \end{bmatrix} x \end{cases} \qquad (5)$$

请学生在对系统能控性和能观测性分析的基础上思考：该系统能否采用状态反馈进行闭环极点任意配置？能否采用状态反馈使闭环系统的极点配置为-1，-3，-1，-3 或-1±j，-1，-3 或-1±j，-5，-5？该系统采用状态反馈能否镇定？该系统的观测器是否存在？该系统的观测器极点是否可以任意配置？能否使观测器的极点配置在-2，-2，-2，-3 或-1±j，-2，-3 或-1±j，-5，-5？

在上述思考的基础上，可进一步引导学生总结梳理以下问题：系统按能控性和能观测性进行结构分解的工程意义何在？状态反馈闭环系统极点可任意配置的充要条件是什么？状态反馈闭环系统可镇定的充要条件是什么？状态观测器存在的充要条件是什么？状态观测器极点可任意配置的充要条件是什么？

2.3　为构造传递函数矩阵最小实现指明了方向

最小实现的工程意义在于为传递函数矩阵所描述的系统构建结构最简、积分器最少的仿真模型，从而可为基于模拟计算机的系统仿真降低硬件成本或为基于数字计算机的数值仿真降低计算成本。各种最小实现方法均是围绕使系统状态完全能控且完全能观测展开的。

3　注意引导学生灵活运用对偶原理以促进学习迁移

众所周知，促进学习迁移有助于提高教学效率和学生的知识获取能力，而学以致用则是实现学习迁移的重要条件之一[12]。

对偶原理是线性系统的重要性质，亦是简化系统分析与综合的重要理论。在现代控制理论教学中，应注意引导学生灵活运用对偶原理，以提高学生运用知识分析问题和解决问题的能力。

以线性连续定常系统为例，在推导出按能控性分解算法、单输入能控系统变换为能控标准型算法、单变量系统状态反馈极点配置算法等能控性问题的算法之后，应引导学生基于能控性问题的算法，运用原构系统的能控性（能观测性）等价于其对偶系统的能观测性（能控性）这一对偶性质，推导出按能观测性分解算法、单输出系统变换为能观测标准型算法、单变量系统状态观测器极点配置算法等能观测性问题的算法，这样通过知识的运用，既巩固了已有的知识，又促进了学生学习迁移能力的提高，而且可避免缺乏新意的繁琐数学推导。

4 结论

突出状态空间控制理论的物理概念和工程应用背景，注重学生工程实践能力的培养是现代控制理论教学改革的方向。本文以"现代控制理论"课程中"能控性和能观测性分析"的教学为例，对通过案例引入状态能控与状态能观的物理概念、揭示能控性和能观测性分析的工程实用价值、运用对偶原理促进学习迁移提出了建议。教学实践表明，这有助于提高学生应用现代控制理论分析、解决工程实际问题的能力。

References

[1] 王宏华，等. 现代控制理论[M]. 2 版. 北京：电子工业出版社，2013.

[2] 吴麒. 自动控制原理（上、下册）[M]. 北京：清华大学出版社，1992.

[3] 郑大中. 线性系统理论[M]. 2 版. 北京：清华大学出版社，2002.

[4] 韩曾晋. 现代控制理论和应用[M]. 北京：北京出版社，1987.

[5] 仝茂达. 线性系统理论和设计[M]. 合肥：中国科学技术大学出版社，1998.

[6] Franklin G.F，等著，动态系统的反馈控制[M]. 朱齐丹，等，译. 北京：电子工业出版社，2004.

[7] Katsukiko Ogata.，现代控制工程[M]. 3 版. 卢伯英，等，译. 北京：电子工业出版社，2000.

[8] 刘豹. 现代控制理论[M]. 2 版. 北京：机械工业出版社，2000.

[9] 胡寿松. 自动控制原理[M]. 4 版. 北京：科学出版社，2001.

[10] 赵明旺，等. 现代控制理论[M]. 武汉：华中科技大学出版社，2007.

[11] 易继锴，等. 电气传动自动控制原理与设计[M]. 北京：北京工业大学出版社，1997.

[12] 沈祖樾，等. 心理学教程[M]. 南京：南京大学出版社，1991.

微机原理及接口技术教学方法研究与实践

林 新

（北京航空航天大学 自动化科学与电气工程学院，北京 100191）

摘 要：微机原理及接口技术具有知识点零散、概念多等特点。针对学生学习过程中的问题，提出了一系列教学方法改进措施，主要有加强教学互动，增强教学内容关联性，引入课堂练习，改进实验内容和评价方法等。这些措施提高了学生的学习效率和学习积极性。

关键词：微机原理；实践教学；教学改革；教学方法

Research and Practice on Teaching Method of Microcomputer Principle and Interface Technology

Xin Lin

(School of Automation Science and electrical engineering, Beihang University, Beijing 100191, China)

Abstract：The course of microcomputer principle and interface technology have the characteristics of scattered knowledge with many concepts. According to the students' learning process, put forward a series of measures to improve the teaching effectiveness, mainly includes: strengthening the interactive between teacher and students, enhancing teaching content relevance, introducing classroom practice, improving the content and evaluation methods etc.. These measures improve the students' learning efficiency and enthusiasm.

Key Words：Icrocomputer Principle；Practice Teaching；Educational Reform；Teaching Method

引言

微机原理及接口技术是自动化专业专业基础课之一。一般情况下学生在大一、大二已经完成了电路、模拟电子技术和数字电子技术等课程的学习，对门电路的工作原理、二进制逻辑运算已经有了一定理解，但是对计算机内部的组成、结构和运行机制还没有概念。而课程体系中还需要学习计算机控制系统、过程控制等，因此微机原理及接口技术在自动化专业课程体系中起到了承上启下的作用。另外微机原理及接口技术课程的学习，也为信息类、电子电气类专业的学生，在以后的技术工作中快速熟悉和把握计算机相关的课题和工程项目提供了基础。因此，如何教好这门课具有重要意义。

1 主要存在的问题

微机原理及接口技术课涉及的教学内容比较多，主要包括数值计算、计算机结构和组成，8086微处理器内部结构和功能，寻址方式和存储器组织形式，指令系统和汇编程序编程、中断、接口电路及相关知识等，这些内容各自又包含有很多零散的知识点和概念。由于教学学时的限制，很难把所有知识点和内容讲透彻，学生在学习过程中不易抓住重点，难以融会贯通，难以建立完整的体系概念。由于所使用的编程语言为汇编语言，

作者：林新（1972—），男，博士，讲师.

指令系统丰富、复杂，软硬件密切关联，各部分章节前后关联，内容抽象，需要将理论课和实践环节密切结合，因此无论是教学还是学习都有一定难度。尤其是在目前环境下，教学课时少，很多内容在课堂是没有时间讲透彻，而学生课余不仅仅要完成多门专业课的学习，还需要参与科技活动、科技竞赛等实践活动，时间、精力很紧张，作业完成情况、实验预习准备都难以达到预期效果。在这种情况下，如何充分利用有限的教学时间帮助学生建立相关的基础知识，把零散的知识点串接起来形成一个体系结构的概念，提高学习效率，是一个非常重要的课题。

2 教学改进措施

在以往教学过程中针对发现的问题进行了一系列的教学方法的探索和实践，并且取得了一定的成效。改进措施主要集中在加强教学互动、改进教学内容、改进实验课评价方式等几个方面。

2.1 加强教学互动

由于微机原理及接口技术课程知识点多，概念繁杂，知识碎片化严重，学生学习难度较大，如果学生没有及时跟上教学步骤，对一些关键知识点理解不到位，学习的难度会越来越大。因此在教学过程中需要经常了解学生学习程度、对相关概念的理解程度，把握教学进度。加强教学互动又分为授课互动和引入课题练习两种措施。

2.1.1 授课互动

授课采用 PPT 和板书结合的方式。在以往的教学过程中发现只使用 PPT 进行讲解的效果较差，学生不能很好地理解所教授的知识，主要原因是每页 PPT 蕴含的教学内容非常丰富，但是授课过程中每页 PPT 占用的时间有限，短时间内学生面对丰富而又陌生的内容无从下手去分析和理解。即使老师在一旁讲解，学生也难以跟上老师的思路。因此现在教学过程中采用 PPT 和板书结合的方式，PPT 只显示主要的知识框架或者比较复杂的电路原理图，具体的知识点、原理和细节主要靠板书。通过老师板书引导学生进入学习知识的切入点、引导学生一步步思考和理解知识点及其相关原理。也就是说，授课的重点不在于把知识灌输给学生，而是在于帮助学生理清思路，

不仅仅要知道一些关键知识点是什么，也要一步步去理解其内在的运作原理、为什么采用这样的设计方案。

在引导学生思考和理解知识点的过程中，必然要时刻关注学生是否跟上老师教学的思路，一方面需要在授课过程中观察学生的反应，或者随时提问学生一些问题，了解学生的理解程度；另一方面，也设计了一些课程，将相关教学内容分解为几个关键的知识点让学生事先预习，然后在课堂随机抽查学生上讲台讲解，对于讲解过程中出现的问题，由老师和学生共同讨论和改正。由于大部分学生预习了相关内容，有了自己的思考方式和理解，因此课堂讨论气氛比较活跃，对相关知识的理解也比较深刻。

2.1.2 引入课堂练习

课堂练习主要是针对课下作业完成质量不高引入的改善措施。针对比较重要的学习内容和知识点出 1~2 道综合习题，结合教学进度和节点在下课前安排 15 分钟左右的时间，让学生自主完成，督促学生独立思考解决方法和答案，下课时收齐并及时批改，对于学生答卷中出现的错误进行批注，指出存在的问题并给出正确的答案，在下一堂课的时候返回学生。针对一些普遍存在的错误或者概念理解偏差，在课堂上进行简要的讲解和纠正。课堂练习主要是针对关键知识点、难点进行强化训练，是教师和学生之间的比较强势的互动方式，用于帮助学生把关键点、难点理解透彻，以便建立体系结构的概念。目前引入的课堂练习主要有以下几个方面。

（1）串操作指令编程。串操作指令是指令里面理解难度较大的一类，课堂练习的目的，不仅让学生熟悉串指令的使用，同时也是强化让学生理解存储器组织结构和读写操作的概念。

（2）键盘输入编程。训练基本编程规范，强调程序结构上的完整性，包括数据段和代码段定义、段分配和段寄存器初始化、返回 dos 等结构性模块；训练学生如何利用 DOS 功能调用输入/显示字符和字符串，尤其是要加深 9 号和 0A 号功能的理解。由于 9 号功能和 0A 号功能涉及数据区定义，通过课堂练习让学生及时理解和记住使用方法。

（3）结合汇编语言编程实验的课堂练习。主要包括排序算法编程和 BCD 加法编程。事先在课

堂上讲解相关的算法和示例程序，然后给出习题，让学生独立完成编程工作。由于练习内容和实验密切相关，因此经过练习后学生基本上掌握了实验相关的程序编写方法。经过批改、批注，以及课堂上对普遍性问题的纠正，帮助学生在实验课之前进行了预习和准备工作，使得实验课效率大大提高。

（4）译码电路设计。地址译码电路是微机原理里面非常重要的一个概念，是学生理解微型计算机体系结构非常重要的一个环节。不理解译码电路的工作原理，就不能正确理解数据如何传输给指定接口电路，也就无法理解微机系统、计算机控制系统内在的运行机制。因此除了在课堂上讲解译码电路原理和使用示例之外，特意安排了课堂练习，让学生自己设计译码电路，对指定的地址进行译码。设计方法有两种，一种是直接使用门电路进行搭建，一种是使用译码电路芯片（74LS138）进行译码。另外学生也可以延伸设计，将指令执行、CPU 输出地址和控制信号与译码器连接在一起。

（5）结合硬件编程实验的课堂练习：主要包括接口芯片 8255A、DAC0832、ADC0809 的三次课堂练习。以往教学过程中曾经出现学生没有进行预习的现象，直接使用别人的程序做实验，实际上学生不理解程序里面各个指令如何配合来实现算法、实现对外设控制。针对这些现象采取了一些改进措施，其中之一就是增加相关内容的课堂练习，把实验相关的基础知识点设计为习题，学生在理论课课堂上编程。批改的时候针对每个的学生的错误进行批注，指出其错误以及错误的原因，如何改正。因此当学生准备硬件实验课的汇编程序时已经有了基础，大大提高编程质量、提高实验现场的程序调试速度。

2.2 改进教学内容

在教学内容上注重前后的关联性，把学习有机融合在一起。比如在第二章 8086 体系结构的教学过程中引入 MOV 指令和 IN/OUT 指令。通过执行 MOV 指令和 IN/OUT 指令，讲解数据在 CPU 内部、CPU 与存储器、接口电路之间的处理流程、操作顺序，讲解指令对 8086 引脚的影响，让学生建立 CPU 指令执行过程的概念，初步理解 CPU 内部寄存器的功能和使用方法、存储器组织和 IO

接口的差异等；在学习第三章 8086 指令系统的时候，提前学习一些简单的汇编语言编程方法，让学生在学习指令的时候就开始编写一些小程序，同时着重讲解各种指令对 CPU 内部寄存器的使用和影响；在讲解输入输出接口芯片的时候，反复强化指令对 MIO、RD、WR、地址总线、数据总线等信号的影响，强化学生对之前 8086 体系结构知识的记忆和理解。通过内容前后关联的教学方法，将整个课程的各个章节有机融合在一起，前后照应，反复强化关键知识点和难点。

2.3 改进实验课评价方式

实验课是微机原理及接口技术课程的一个非常重要的环境。由于微机原理及接口技术课实践性强，需要通过实验课帮助学生建立直观的感性认识。在改进实验课方面，除了前面提到的增加课堂练习之外，还增加了以下措施。

1）针对每个学生进行提问，或者针对程序做一些小的改动以实现不同功能，并现场给出成绩。由于编程的特殊性，每个人都有各自的编程风格和实现思路，其他人尤其是初学的学生难以理解，因此通过提问的方式可以检查学时是否自己独立完成编程工作，是否真正理解相关概念。

2）鼓励学生开拓思路，自己构思算法或者不同方法类实现实验内容，允许学生在完成基本的实验内容的基础上，突破实验内容限制，编写更加复杂的实验程序，实现更加复杂的功能，并在实验成绩上予以奖励。这一项措施激励了相当一部分学生，在实验过程表现得非常积极主动，构思实现了很多方法和算法，实现了很多实验要求之外的内容，对于提高学生主动思考的能力起到了很好的作用。

3 改进效果

表 1 为某专业学生近 4 年来的成绩统计。从及格率上看，基本上为提高趋势，2017 考试成绩全部在 60 分以上，平均分也从 71 分提高到接近 80 分。

对于实验课，该专业 35 人中约有 7 人能够在实验过程中主动构思和实现更复杂的实验内容和编程算法，大部分学生能够在示例程序的基础上提出改进方法，独立编程完成实验。

表 1　某专业学生成绩统计

	2014	2015	2016	2017
90 分以上	10.34%	7.89%	13.33%	14.7%
80～89 分	41.38%	28.94%	26.67%	44.11%
70～79 分	13.79%	34.21%	33.33%	35.29%
60～69 分	13.79%	26.31%	20.00%	5.88%
60 分以下	20.69%	2.63%	10.00%	0.0%
平均成绩	71	74.7	74.4	79.9

4　结论

经过两届学生的教学实践，上述改进措施切实可行，提高了学生的学习效率，对督促学生主动深入思考所学的知识起到了积极作用。当今技术发展日新月异，新的教学模式也不断涌现，在以后的教学过程中也在考虑仿真软件辅助教学、知识点碎片化学习等方式。

References

[1] 王强，兰长林，钱湘萍，等. "微机原理"成绩统计分析与教学方法改革[J]. 大学物理实验，2016.

[2] 曹华，苏曙光，陈亨斌. "微机原理与接口技术"课程教学改革探索[J]. 电气电子教学学报，2015.

[2] 陈立刚，邹逢兴，徐晓红. 计算机硬件类课程实践教学改革的探索[J]. 电气电子教学学报，2014.

循序渐进设计实例在自动控制理论教学中的应用

强 盛

（哈尔滨工业大学，黑龙江 哈尔滨 150001）

摘　要："自动控制理论"是面向全校自动化、飞行器控制等本科专业开设的一门技术基础课。在教学过程中为解决理论联系实际的问题，在教学中列举一个循序渐进设计实例，如高精度机床滑动台系统，利用每一章所介绍的概念和方法，逐步对此例进行研讨。根据高精度机床对滑动台系统提出的严格要求，循序渐进地运用各章介绍的技术和方法，完成该系统的设计并满足给定的性能指标。

关键词：自动控制理论；循序渐进工程实例；高精度机床滑动台系统；教学改革

Application of Sequential Design Example in Automatic Control Theory

Sheng Qiang

（Harbin Institute of Technology，Harbin 150001，Heilongjiang Province，China）

Abstract：Automatic control theory course is one of the most important courses for many engineering major undergraduate students such as automation and control major. In order to solve the problem of the combination of control theory and engineering practice, we present a design problem that we call the Sequential Design Example to build on a design problem from chapter to chapter. High-precision machinery places stringent demands on table slide systems. The techniques and tools presented in each chapter are applied to the development of a design solution that meets the specified requirements.

Key Words：Automatic Control Theory；Sequential Design Example；High-precision Machinery Slide System; Teaching Reforms

引言

自动控制理论课程是理工科高等院校自动化专业必修的主干技术基础课之一。自动控制理论也是面向电气工程与自动化、自动化测试与控制、飞行器控制、机电控制与自动化、通信工程和交通运输工程等非自动控制专业本科生开设的技术基础课。通过本课程的学习，培养学生分析、设计控制系统的能力，熟练掌握 Matlab/Simulink 软件在控制系统分析和设计中的应用，通过实践性教学环节的训练，培养学生工程实践能力[1, 2]。

在自动控制理论课程教学中存在的主要问题是：理论与实践脱节。自动控制理论理论性强，抽象难懂，缺乏理论与实践的紧密结合。除了数学模型的建立部分还有实际系统外，从时域分析到根轨迹、频域法系统综合，都是从已知系统的动态结构开始，根本见不到原系统的影子，因此学生看到的是抽象的理论，而没有实际操作，久而久之，学生会对高深的理论失去兴趣[3]。

为解决以上问题，必须采取基于项目的教学方法改革，在教学中列举一个循序渐进工程实例，如高精度机床滑动台系统，利用每一章所介绍的

作者：强盛（1969—），男，博士，副教授.

概念和方法，逐步对此例进行研讨。根据高精度机床对滑动台系统提出的严格要求，循序渐进地运用各章介绍的技术和方法，完成该系统的设计并满足给定的性能指标。使得全部教学内容融会贯通，这是解决理论与实际相结合问题的有效手段[4]。

本文介绍高精度机床滑动台系统在自动控制理论各章中的具体教学方法，内容包括系统建模、分析和设计，以及用 MATLAB 求解各个具体设计和计算问题。

1 绪论的教学方法

对现代高精度机床日益迫切的需求导致了对工作台滑动系统的需求[5]。如图 1 所示，滑动系统的目标是准确地控制工作台按照预期的路径移动。

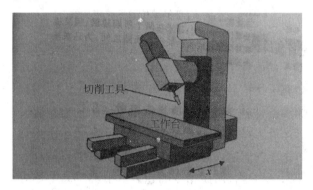

图 1 带有工作台的机床

画出反馈系统的框图模型，使它能达到预期的目标，也就是说，能使工作台如图中所示沿 x 轴方向移动。

反馈系统的模型框图如图 2 所示。

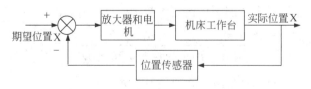

图 2 反馈系统模型框图

2 系统数学模型的教学方法

2.1 传递函数模型

如图 3 所示，希望为机床的加工台面准确定位。与普通球形螺纹绞盘比较，带有绞盘的牵引驱动电机具有低摩擦、无反冲等优良性质，但容易受到扰动的影响。图 3 中驱动电机为电枢控制式直流电机，其输出轴上安装绞盘，绞盘通过驱动杆移动线性滑动台面。由于台面使用了空气轴承，因此，它与工作台之间的摩擦可以忽略不计。

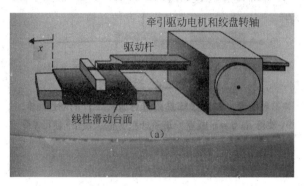

图 3 牵引驱动电机、绞盘和线性滑动台面

在此条件下，利用表 1 给出的参数，建立系统的模型。注意，建立的是开环模型，带有反馈的闭环系统模型将在后面介绍。

表 1 电枢控制直流电机绞盘与滑动台面的典型参数

Ms	滑块质量	5.693kg
Mb	驱动杆质量	6.96kg
Jm	滚轮、转轴、电机与转速计的转动惯量	$10.91 \times 10^{-3} kgm^2$
r	滚轮半径	$31.75 \times 10^{-3} m$
bm	电机阻尼	0.268Nms/rad
Km	扭矩常数	0.8739Nm/amp
Kb	反电动势常数	0.838Vs/rad
Rm	电机电阻	1.36Ω
Lm	电机电感	3.6mH

牵引驱动电机、绞盘和线性滑动台面模型如图 4 所示。

$$V_a(s) \rightarrow \bigcirc \rightarrow \boxed{\frac{K_m}{L_m s + R_m}} \rightarrow \boxed{\frac{1}{J_{TS} + b_m}}$$

图 4 牵引驱动电机、绞盘和线性滑动台面模型

图 4 中的开环传递函数为

$$\frac{X(s)}{V_a(s)} = \frac{rK_m}{s[(L_m s + R_m)(J_T s + b_m) + K_b K_m]} \quad (1)$$

式中，$J_T = J_m + r^2(M_s + M_b)$。

2.2 状态空间模型

继续考虑图3所示的滑动驱动系统，系统参数可以参见表1。滑台的摩擦和电机电感可以忽略不计。推导建立系统的一种状态空间模型。

开环传递函数如式（1）所示，定义状态变量 $x_1 = x, x_2 = \dot{x}, x_3 = \ddot{x}$，则状态方程和输出方程为

$$\dot{X} = \begin{bmatrix} 0 & 1 & 0 \\ 0 & 0 & 1 \\ 0 & -\dfrac{R_m b_m + K_b K_m}{L_m J_T} & -\dfrac{L_m b_m + R_m J_m}{L_m J_T} \end{bmatrix} X + \begin{bmatrix} 0 \\ 0 \\ \dfrac{r K_m}{L_m J_T} \end{bmatrix} v_a$$

$$y = \begin{bmatrix} 1 & 0 & 0 \end{bmatrix} X \tag{2}$$

3 系统分析的教学方法

3.1 反馈系统的特性

2.1介绍了用于平移加工工件的绞盘驱动系统。如图5所示，该系统采用电容传感器来测量工件的位移，所得到的测量值的线性度高，精确度高。试确定该反馈系统的框图模型。当控制器取为放大器，且反馈回路 $H(s) = 1$ 时，计算系统的响应。另外，试为放大器增益 $G_c(s) = K_a$ 选择几个典型值，分别计算系统的单位阶跃响应。

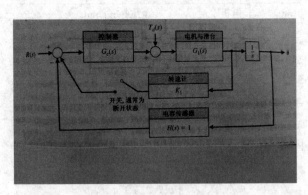

图5　带电容传感器的反馈系统

开环传递函数为

$$\frac{\theta(s)}{V_a(s)} = \frac{K_m}{s[(L_m s + R_m)(J_T s + b_m) + K_b K_m]} \tag{3}$$

闭环传递函数为

$$\frac{\theta(s)}{R(s)} = \frac{K_a K_m}{s[(L_m s + R_m)(J_T s + b_m) + K_b K_m] + K_a K_m} \tag{4}$$

分别取 K_a 为2，5，10，100。不同 K_a 下的单位阶跃响应曲线如图6所示。

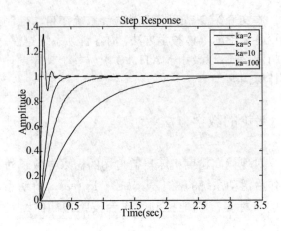

图6　不同 K_a 下的单位阶跃响应曲线

3.2 反馈系统的性能

前面几节都讨论了绞盘驱动装置。该装置总会有干扰信号存在。例如，当工件位置改变之后，加工部件就会放生变化。假定系统中的控制器仅仅是放大器，即 $G_c(s) = K_a$，试分析单位阶跃干扰对系统的影响，并选择放大器增益 K_a 的合理取值，使系统对单位阶跃指令的超调量小于5%，并尽可能减小干扰的影响。

代入对象模型参数，忽略电机电感，得开环传递函数为

$$\frac{\theta(s)}{V_a(s)} = \frac{26.035}{s(s + 33.142)} \tag{5}$$

对干扰的闭环传递函数为

$$\frac{\theta(s)}{D(s)} = \frac{26.035}{s^2 + 33.142s + 26.035 K_a} \tag{6}$$

对于单位阶跃干扰输入，稳态响应为

$$\theta_{ss} = \frac{1}{K_a} \tag{7}$$

式中，$K_a = 22$ 时，超调量小于5%。单位阶跃响应和单位扰动响应分别如图7和图8所示。

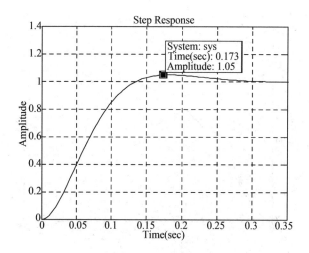

图7　单位阶跃响应

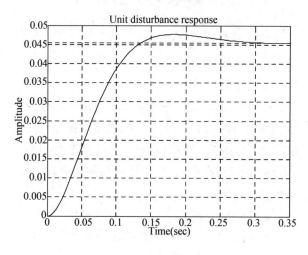

图8　单位扰动响应

3.3　线性反馈系统的稳定性

在 3.2 研究的绞盘驱动系统中，如果选择放大器作为控制器，试确定增益 K_a 的最大值，以便保证系统稳定。

闭环传递函数为

$$\frac{\theta(s)}{R(s)} = \frac{26.035K_a}{s^2 + 33.142s + 26.035K_a} \quad (8)$$

根据劳斯判据得知，K_a 为正数，系统稳定。

3.4　根轨迹法

在 3.1 中的驱动电机与滑动台面系统中，使用了由转速计提供的输出信号作为一路反馈信号（当开关未闭合状态）。转速计的输出电压为 $v_T = K_1\theta$，并根据此实现了可调增益 K_1 的速度反馈。试选择反馈增益 K_1 和放大器增益 K_a 的最佳值，使系统瞬态阶跃响应的超调量小于5%，且调节时间小于300ms（按2%准则）。

闭环传递函数为

$$\frac{\theta(s)}{R(s)} = \frac{26.035K_a}{s^2 + (33.1415 + 26.035K_aK_1)s + 26.035K_a} \quad (9)$$

特征方程为 $1 + K_1\dfrac{26.035K_a s}{s^2 + 33.1415s + 26.035K_a} = 0$

根轨迹如图9所示。

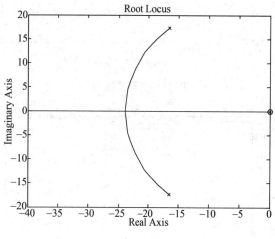

图9　根轨迹

选 K_a=22，要求 $\sigma_p < 5\%$，$t_s < 0.3$，则闭环极点在

$$-\zeta\omega_n = -\frac{4}{0.3} = -13.33 左侧，\quad \zeta > 0.69$$

因此选 $K_1 = 0.012$，此时闭环极点 $s = -20 \pm j13$

3.5　频域响应方法

考虑图 5 所示的模型，若断开该模型中的速度反馈回路（不再使用速度计），并将控制器取为 PD 控制器，即 $G_c(s) = K(s+2)$。当 K=40 时，试绘制系统的开环伯德图，并估计系统阶跃响应的超调量和调节时间（按2%准则）。

开环传递函数为 $\dfrac{26.035K(s+2)}{s^2 + 33.142s}$，当 K=40 时伯德图如图 10 所示。闭环系统单位阶跃响应如图 11 所示。

从图 11 可知，系统无超调，调节时间约为0.19秒。

3.6　频域稳定性

在图 5 给出的系统中，若选控制器为 $G_c(s) = K_a$，试确定 K_a 的值，使系统的相角裕度达到70°，并绘制此时系统的阶跃响应曲线。

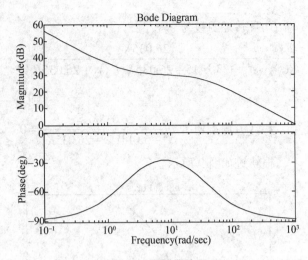

图 10 开环伯德图

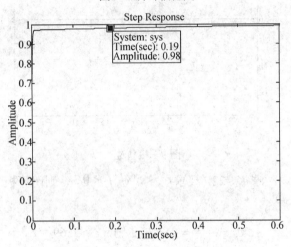

图 11 单位阶跃响应

开环传递函数为 $\dfrac{26.035K_a}{s(s+33.142)}$，当 K_a=16 时，

相角裕度为 70.3°。此时开环伯德图和闭环阶跃响应曲线分别为图 12 和图 13。

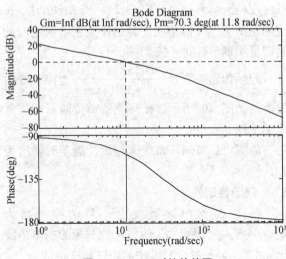

图 12 Ka=16 时的伯德图

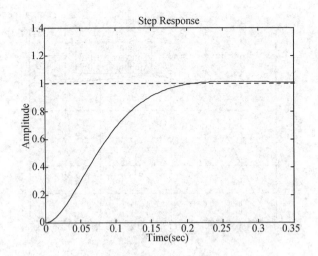

图 13 Ka=16 时的单位阶跃响应

4 系统设计的教学方法

4.1 反馈控制系统设计

图 5 给出的滑动系统采用了比例—微分控制器，即 PD 控制器。试为 PD 控制器选择合适的增益，使系统具有最小拍响应，而且调节时间小于250ms（按 2%准则）。然后计算系统的阶跃响应，验证设计结果。

闭环特征方程为

$$s^2 + (33.142 + 26.035K_D)s + 26.035K_P = 0$$

最小节拍响应系统标准化传递函数的典型系数和响应性能指标表如表 2 所示。

表 2 最小节拍响应系统标准化传递函数的典型系数和响应性能指标

系统阶数	系数		超调量	调节时间
	α	β		
2	1.82		0.1%	4.82s
3	1.90	2.20	1.65%	4.04s

查表 2 得二阶系统 $\alpha = 1.82$，$\omega_n T_s = 4.82$。因为要求 $T_s < 0.25$，取 $\omega_n = 19.28$，令

$$s^2 + \omega_n \alpha s + \omega_n^2 =$$
$$s^2 + (33.142 + 26.035K_D)s + 26.035K_P$$

得 PD 控制器 $G_c(s) = 14.28 + 0.075s$

单位阶跃响应如图 14 所示，调节时间为0.244 秒。

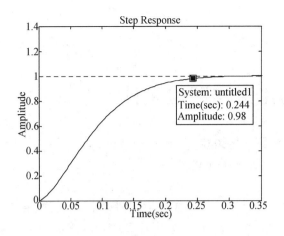

图14　单位阶跃响应

4.2　状态变量反馈系统设计

2.2 讨论过绞盘—滑台系统，并给出了状态空间模型。试为系统设计一个状态变量反馈控制器，使系统阶跃响应的超调量小于 2%，调节时间小于 250ms。

忽略电机的电感，假定位置 $x(t)$ 是输出。$x_1 = x, x_2 = \dot{x}$，得状态方程和输出方程为

$$\dot{X} = \begin{bmatrix} 0 & 1 \\ 0 & -33.14 \end{bmatrix} X + \begin{bmatrix} 0 \\ 0.827 \end{bmatrix} v_a \quad (10)$$

$$y = \begin{bmatrix} 1 & 0 \end{bmatrix} X$$

假设角度 θ 和角速度 $\dot{\theta}$ 可以测量，取作状态反馈：

$$v_a = -\frac{k_1}{r} x_1 - \frac{k_2}{r} x_2 + au$$

式中　$u(t)$ 是参考输入，即期望位置输出 $x(t)$，而 k_1, k_2 和 a 是待定系数。

$$x = r\theta = 0.03173\theta$$

则闭环状态方程和输出方程为

$$\dot{X} = \begin{bmatrix} 0 & 1 \\ -26.03k_1 & -33.14 - 26.03k_2 \end{bmatrix} X + \begin{bmatrix} 0 \\ 0.827a \end{bmatrix} u$$

$$y = \begin{bmatrix} 1 & 0 \end{bmatrix} X$$

$$(11)$$

取 $k_1 = 50, k_2 = 1, a = 1574.1$，则
$\sigma_p = 1.1\%, t_s = 0.11s$，闭环极点为
$$s_{1,2} = -29.59 \pm j20.65$$

Simulink 仿真图如图 15 所示。

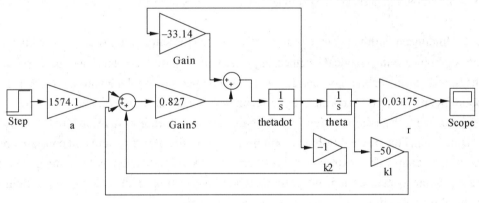

图15　Simulink 仿真图

5　结论

本文详细介绍了高精度机床滑动台系统在自动控制理论各章中的具体教学方法，内容包括系统建模、分析和设计，以及用 Matlab 求解各个具体设计和计算问题。该循序渐进设计实例的教学方法具有一定的推广价值。教学效果得到了显著提高。

References

[1]　强盛，史小平，何朕. 基于项目的"自动控制原理课程设计"改革探索[J]. 实验室研究与探索，2013，32（11）：416-418.

[2]　Franklin Gene F, Powell J David, Emami-Naeini Abbas. Feedback control of dynamic systems [M]. 5th ed. San Antonio：Pearson Education, 2007：230-235.

[3]　Ogata Katsuhiko. Modern control engineering[M]. 4th ed. San Antonio：Pearson Education, 2007:512-530.

[4]　Dorf Richard C, Bishop Robert H. Modern control systems[M]. 12th ed. San Antonio：Pearson Education, 2012：123-130.

[5]　P.I.Ro. Nanometric Motion Control of a Traction Drive[J]. ASME Dynamic Systems and Control, vol.55.2, 1994, pp.879-883.

智能建筑与楼宇自动化课程实验设计

倪建云　刘洪锦　谷海青　解树枝

（天津理工大学 电气电子工程学院，天津 300384）

摘　要：智能建筑课程是自动化专业的专业选修课程。它是一门紧密结合工程实际的技术性课程，该课程主要介绍智能建筑各个子系统的基本原理、主要技术、设计方法和工程实施，以及智能建筑系统集成等内容。本文根据课程教学内容及实验要求，通过将组态界面、监控系统与现场控制器等结合，分别设计了三个实验项目，包括空调监测系统、消防报警系统和恒压供水监控系统。实验系统可以给学生提供一个系统设计、集成、调试、测试的智能建筑系统综合工程实践平台，为学生工程实践能力的提高奠定基础。

关键词：实验系统；智能建筑；空调监测系统；恒压供水监控系统

Design of Intelligent Building Course Experiment System

Jianyun Ni, honjin Liu, Haiqing Gu, Shuzhi Xie

(School of Electrical Electronics Engineering, Tianjin University of Technology, Tianjin 300384, China)

Abstract：Intelligent building course is an elective course for automation specialty，which is a technical course closely combined with practical engineering. The course introduces the basic principle of intelligent building subsystems, main technology, design method , engineering implementation, system integration of intelligent building and so forth. According to the requirements and teaching contents of the course, this paper which is combined with the configuration interface and the monitoring system and field controller designs three experiments, including air conditioning monitoring system, fire alarm system and constant pressure water supply monitoring system. This experimental system can provide students with a integrated engineering practice platform about system design, integration, debugging, testing of the intelligent building system that can improve the ability of engineering practice to lay the foundation.

Key Words：Intelligent Building; Experimental System; air Conditioning Monitoring System; Constant Pressure Water Supply Monitoring System;

引言

智能建筑课程作为一门紧密结合工程实际的技术性课程，主要介绍智能建筑各个子系统的基本原理、主要技术、设计方法和工程实施，以及智能建筑系统集成等内容。由于专业选修课程学时较少，实践条件有限，要求在课程期间尽可能地使学生获得工程实践能力。所以，本文以智能建筑与楼宇自动化课程实验为主题，提出了智能建筑与楼宇自动化的实验课程设计方案，实验考核方法，培养学生的工程实践能力，达到课程教学目标。

1　课程实验分析

智能建筑与楼宇自动化课程作为自动化专业的一门综合技术及系统的选修课程，作为一门与

联系人：倪建云. 第一作者：倪建云（1977—），男，硕士，副教授.
基金项目：天津理工大学教学基金项目.

工程实际结合的技术性课程，受到学生的欢迎，课程开设已 15 年；由于实验条件的限制，该课程只有理论教学，没有设置实验环节，学生只能对智能建筑理论及各子系统有理论了解，并不能深入了解各种技术、系统及其实现方法，削弱了学生学习的积极性，也降低了课程的教学效果。经过自动化专业课程建设，增加实践教学学时、改善实践教学效果，在教学过程中增设 6 学时实验，而在实验设计中加入了三个实际系统，分别是中央空调系统监控实验和消防自动报警监控系统设计实验、恒压供水监控系统设计实验。从而以贴合实际工程项目的实验项目设计，增加学生学习的积极性，旨在提高教学效果，培养学生工程意识和工程标准意识，贯彻、执行国家标准的意识及工程规范意识。

1.1 实验要求及整体目标

实验是将理论运用于实践的重要环节，所以在实验课程要求上，使学生能熟练掌握组态王软件的使用，利用组态王设计简单楼宇自动化监控系统界面及数据连接，完成中央空调和消防报警监控系统的结构设计和界面设计，完成数据连接、数据显示、数据采集管理、报警信息管理。

通过实验教学实践，使学生具备建筑设备自动化系统的组成和设计方法；能设计建筑设备自动化及楼宇自动化系统；能够运用理论知识对楼宇自动化系统的设备、系统做综合设计，设计系统基本监控界面，编写实验报告。

1.2 空调监测系统

1.2.1 系统总体构成

空调系统主要包括冷冻机、冷冻水控制系统、冷却水控制系统、补水控制系统、新风机控制系统等[1]。基于分析论证，系统采用恒温差控制策略。其中，冷却水系统和冷冻水系统由固定变频泵和自由切换工频泵组成。冷冻机侧冷却水和冷冻水进出口温差设定值均为 5℃，通过实际温差反馈，PLC 调节变频器输出信号给电机从而达到变频目的，同时改变工频泵启停状态，实现了系统根据不同工况实时调节流量大小的节能要求。系统总体构成，如图 1 所示。

1.2.2 空调监测系统主界面

空调监测系统主界面（如图 2 所示），在画面中设置图素的动画连接，可以实现系统的动态运行显示，实时显示虚拟控制参数，以及切换到系统报表和趋势曲线来实时观察系统的各项数据和查看历史数据。

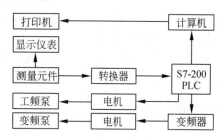

图 1　系统总体构成

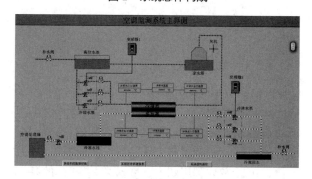

图 2　空调监测系统主界面

1.3 消防报警控制系统

1.3.1 系统总体结构

消防控制系统由三部分组成：1）消防报警主机及其探测器回路；2）上位机工控机；3）下位机 PLC。消防主机及其探测回路是整个系统的重要基础，没有这一系统的稳定运行，整个消防控制系统的运行便不能稳定可靠。消防报警机通过报警信号控制外部设备，组成联动控制系统。探测器回路的手报按钮和感温模块对应一个地址，消防报警主机根据按钮和模块的硬地址，确认传输信号，控制外部设备（这称为联动），实现回路上所有点的故障以及火警的循环监测。工控机上的组态软件通过发送命令，控制消防报警主机执行相应的动作，消防主机将确认的信号传送回上位机的组态软件，实现报警和动作显示。另外，由于现场距离主控室较远，采用 PLC 输出控制继电器，完成开关量数据的采集，接收上位机信息，实现电磁阀和声光的控制。

1.3.2 报警主界面

消防报警界面主要用组态王的报警窗口控件，然后进行相关参数的设置，达到模拟消防系统报警的效果系统结构图如图 3 所示。

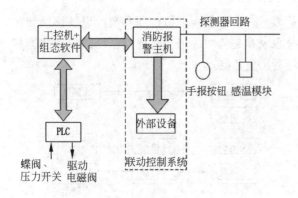

图 3　系统结构

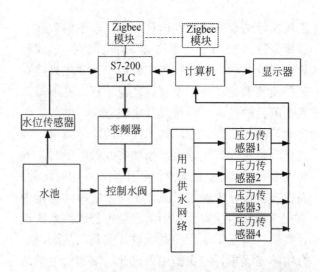

图 4　系统结构图

1.4　恒压供水监控系统

1.4.1　系统总体结构

恒压供水监控系统主要利用可控程序编辑器对恒压供水系统进行智能化设计，快速有效地对恒压供水监控系统进行规划、管理和控制。并且，通过将组态、变频器与 PLC 进行交互设计，相互连接，可以充分利用组态、变频器与 PLC 的基本原理和特性[2]，有效提升恒压供水监控系统的控制水平，保证恒压供水系统的供水质量，并且随时监控用户用水压力情况，随时发现共层建筑中高层用户水压不足的情况，并自动通过 S7-200PLC 控制变频器，进而控制水阀中水流量大小，从而解决在高层建筑中经常出现的供水不足的情况。该系统能随时监控变频器的工作频率、水池水位高低和水池水泵的工作情况，一旦出现频率过高，水位过高或者水泵工作异常的情况就会立即报警，从而保证系统的正常运行。各项压力参数也可以采用 Zigbee 模块进行短距离无线传输到计算机，从而通过计算机来远程控制各个水阀和开关的运行状态。恒压供水监控系统结构图如图 4 所示。

1.4.2　恒压供水监控系统设计

在这个主界面中不仅可以实现各个水阀的控制而且可以实现各个用户的水压值，并且根据这些水压值，一旦出现水压过低或者过高的情况，系统就会报警，从而改变三个变速控制水阀的开关实现用户恒压供水。而且可以通过主界面的各个按钮观察用户的实时和历史趋势曲线、实时和历史报表，并且查询电机，水泵等近期的报警情况和报表[3]。系统设计主界面如图 5 所示。

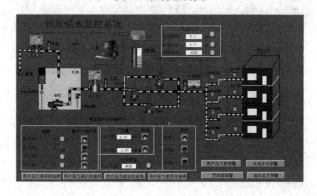

图 5　恒压供水监控系统主界面

2　实验考核

实验考核采用百分制，考核方式具体为平时考核和报告考核相结合[4]。实验过程中进行评分，问答考核，平时考核成绩占 40%，报告考核成绩占 60%。

2.1　平时考核成绩

平时考核成绩占实验总成绩的 40%，以百分制计分。从实验课出勤、实验预习、实验操作过程方面来进行综合评分[5]，其中实验课出勤、实验预习、实验操作过程、问答分别为平时成绩的20%、20%、40% 和 20%。

2.1.1　实验课出勤

出勤情况分为迟到、早退、旷课和请假，根据不同情况扣除相应的出勤分值，其中旷课时本次实验平时成绩记为零分，旷课三次则实验课总成绩零分。

2.1.2　实验预习

每次实验前，每个学生必须向指导教师出示预习报告，否则不能进行实验。实验预习报告内容包括实验名称、实验目的、实验原理、试验设备、实验过程、操作步骤等。教师在讲解实验过程中就实验原理、实验步骤和注意事项等部分进行提问以考查预习情况。每次实验过程中教师依据学生预习情况合理评定成绩，最后汇总按照相应的比例纳入平时考核成绩。

2.1.3　实验操作过程

在学生实验操作前，教师就实验中所用的软件、设备以及操作单元的标准操作方法、实验操作技能和注意事项进行简要的讲解。重要的关键的操作教师做演示以规范学生的操作方法。实验开始后，对学生的实验操作主要从实验设计、界面设计、变量设计、动画设计、系统运行等方面进行考察。根据不同的实验内容，对基本操作进行不同的细分量化，最后汇总按照相应的比例纳入平时考核成绩。

2.1.4　实验提问

实验过程中督促学生认真实验，对实验不认真的学生提出问题，请学生当场回答，并与学生讨论本实验可以增加哪些功能、利用哪个控件可以简化设计等问题。教师在考核过程中可就学生实验设计是否合适、操作规范、实验细节处理、现象观察、问题解决进行观察考核，并就所选实验的基本原理和关键点等方面进行提问，同时对出现的问题进行正确的解释和操作错误的纠正和规范。本部分考核为抽查，实验认真、主动设计、思考及发现问题并解决问题的同学可得满分，实验不认真，主动性不强的同学通过问题回答质量给分。

2.2　实验报告考核

每次课后要求学生每人一份实验报告，对实验报告考核的要点有：报告格式是否规范，书写是否清晰；实验内容是否合理，要求包含有必要的项目，如实验名称、实验目的、原理、简要的实验步骤及相应的装置图等，其中实验装置图要求用铅笔认真绘制；是否有对实验结果进行正确的数据处理、分析与讨论，如果实验失败或实验结果误差过大，是否给出了合理的解释和推测。实验思考题回答等是否合理。若发现有明显的抄袭痕迹，则本次实验报告分数为零，并对学生提出严肃的批评。教师综合以上几点对实验报告打分，签字，最后汇总按照相应的比例纳入平时实验总成绩。同时指出报告中出现的问题，提醒学生加以改正[5]。

3　结束语

通过实验系统的实验项目，不仅让学生们真正了解什么是智能建筑系统，更重要的是锻炼了学生基本的工程实践能力和工程集成能力。培养了学生在实际工程项目中，考虑国家的发展战略、技术标准、行业规范等工程标准意识，考虑在设计环节中社会、健康、安全、法律、文化及环境等因素对自动化领域复杂工程问题的影响。

References

[1] 黄锋. 基于 PC 机的 CAN 总线中央空调监测系统的研究[D]. 黑龙江：哈尔滨工业大学，2003.

[2] 韩鹏. 基于组态、变频器与 PLC 的恒压供水系统的设计[J]. 科技展望，2015，25（36）.

[3] 北京亚控科技发展有限公司. 组态王 6.5 使用手册[K]. 亚控公司，2003.

[4] 曹敏德，陈长水，徐胜臻. 有机化学实验考核方法的改革和探索明[J]. 实验技术与管理，2007，24（2）117，1.

[5] 孙耀冉，大学有机化学实验方式的考核[J]. 广东化学，2017，44（1）.

智能控制课程教学改革与实践

黄从智　杨国田　李新利　葛　红

（华北电力大学，北京　102206）

摘　要：对本科课程《智能控制》教学进行了改革实践，提出"1+4+X"的模块化教学模式，积极探索分级分类教学考核方式。采用全程贯穿启发式教学方式，理论教学紧密结合算法实现仿真程序实例，着力提高学生分析和应用智能控制算法解决实际问题的能力。教学实践结果表明：教学改革激发了学生的学习兴趣，较好地调动了学生学习的积极性和主动性，取得了较好的教学效果。

关键词：智能控制；教学改革；模块化；启发式教学；实践

Teaching Reform and Practice of Intelligent Control Course

Congzhi Huang, Guotian Yang, Xinli Li, Hong Ge

(North China Electric Power University, Beijing, 102206, China)

Abstract：After reform practice during the teaching practice of the undergraduate course named after intelligent control, the modular teaching called "1+4+X" is proposed, and the hierarchical classification teaching assessment mode is actively explored. By employing the heuristic teaching approach during the full range of the teaching process, the theoretical teaching is closely combined with the practical implementation simulation programs of the intelligent algorithms, and the final aim is to improve the ability of the student to solve practical engineering problem by analyzing and applying intelligent control algorithms. Finally, the learning interest of the students is aroused, the activity and initiative of the students learning is activated, and much better teaching performance is achieved after teaching reform, which is validated by the teaching practice.

Key Words：Intelligent Control; Teaching Reform; Modularization; Heuristic Teaching; Practice

引言

智能控制是我校自动化专业本科生一门重要的专业选修课程，修读本课程的学生一般已经熟练掌握了"自动控制理论""现代控制理论""线性代数"等专业基础课程，但本课程涵盖的基本概念、思想和方法一般都比较抽象难以理解，教学内容十分繁杂，其工程应用领域也十分广泛[1]。国内浙江大学等高校对本课程的教学改革经验介绍见文[2~15]。

本课程每年秋季学期面向自动化专业高年级学生开设，每年选课人数均超过 100 人，为使学生在有限课堂时间内在理论学习和工程应用两个方面都有所收获，笔者近几年教学实践中不断改革优化课堂教学内容，持续丰富完善教学资源库，注重贴近生产实际、贴近学生实际、贴近教学实际，着力培养学生独立思考能力、分析问题解决问题能力、创造性思维能力和想象能力，在理论教学内容和教学方式等方面进行了一系列持续卓

联系人：黄从智. 第一作者：黄从智（1982—），男，博士，副教授.
基金项目：华北电力大学教学名师培育计划和北京市共建项目资助.

有成效的探索和研究，在教学实践中不断反复总结教学经验优化教案，根据学生实际情况不断改进教学方式，取得了较好的教学效果。

在本科课程"智能控制"教学中，借鉴国内外其他高校教学经验结合本校实际，提出了模块化、分级分类教学模式和全程贯穿启发式教学方式，普遍采用理论教学和算法实现仿真实例相结合的方式开展课堂教学，强化算法设计能力、算法实际应用分析能力，立足于解决电力系统中的实际问题，较好地解决本科课程教学和硕士生开展自主研究性学习之间的衔接问题，激发学生浓厚的学习兴趣，确保学生在掌握课程基本内容的同时，积极主动扩大知识面和思维视野，及时了解掌握本领域国内外最新研究进展和动态，让学生"脑中有问题，心中有理论，眼中有方案，手上有算法"，努力提高学生结合实际工程提炼分析问题、应用各种智能优化控制算法解决工程实际问题的能力。

1 "1+4+X"模块化教学模式

智能控制作为一门年轻而又充满活力的新兴交叉学科，源于著名美籍华人傅京逊教授 1971 年首先提出的"智能控制（IC）"概念，他认为智能控制是人工智能（AI）和自动控制（AC）交互作用的结果，即所谓的"二元论"，但随着运筹学、认知心理学、人工神经网络、模糊数学、进化算法、优化理论等相关学科分支的迅猛发展，智能控制作为自动控制理论的高级发展阶段，越来越多地融合了多门学科的内涵，即所谓的"多元论"，因而是一门跨学科课程，而且由于新的智能控制算法不断涌现，其内涵也将会越来越丰富。

面对如此繁杂的跨学科课程，如何在有限的课时内让学生迅速有效地掌握智能控制的"精髓"，熟练掌握其核心概念、基本思想方法、仿真实现方法、工程应用解决思路，并能初步熟练应用这些智能控制算法解决实际问题呢?[6]笔者通过长期教学实践，在教学内容上进行了一系列的深入探索，针对本课程提出模块化、分级分类教学模式并在教学实践中不断反复修正调整。

考虑到学校电力特色背景和本专业学生实际学习情况以及课程难度设置等因素，经过反复筛选本课程教材决定选用刘金锟 2014 年 1 月在电子工业出版社出版的教材《智能控制》（第 3 版），该书的显著特点是介绍的所有智能控制算法都附带有 MATLAB 仿真实现程序，便于学生动手编程仿真验证。根据本课程教学大纲要求，除了第一次课绪论外，本课程的主要教学内容主要分为以下四个既相互独立又彼此关联递进的模块：专家系统、模糊控制、神经控制、遗传算法。课程最后的选讲部分根据学生实际需要介绍一些最新的典型智能优化算法及其在电力系统实际工程中的应用实例，以满足感兴趣学生进一步深造的需要。

首先，绪论部分主要从宏观上全面介绍智能控制学科的发展历史、研究现状及未来趋势，简要介绍本课程的主要内容，从应用对象、数学方法、对被控对象模型的要求、控制算法等多个不同角度详细阐述智能控制课程与之前所学习的以"传递函数"为核心概念的经典控制理论和以"状态空间方程"为核心概念的现代控制理论之间的联系和区别，要求学生结合自身实际充分利用一切可利用的学习资料和网络资源对感兴趣的领域进行更深入系统的了解和课外学习，通过课堂学习结合课外自习掌握各种智能控制算法的基本概念和思想方法、应用领域和发展方向。课堂教学过程中，绪论部分通过播放视频的方式介绍了采用智能控制的智能家居、智能窑炉模糊控制系统、机器蚂蚁、手机采购专家系统等多个真实案例。

第一部分主要介绍专家系统相关的基本概念和方法，除了简要介绍专家系统的基本概念、实现框架之外，主要内容是重点介绍专家系统的核心问题：基于搜索的问题求解，结合九宫格、八数码魔方等经典的实际搜索问题，引出纵向搜索和横向搜索算法，进而介绍包含 A*算法在内的等智能启发式搜索算法，着重让学生体会基本优化搜索算法和智能优化算法的核心思想和实现方式；最后介绍专家 PID 控制用于仿真验证的应用实例，着重介绍专家 PID 控制算法的核心思想及其程序实现方式。

专家系统是基于一系列确定性规则进行启发式搜索的，但实际工程中常用的推理规则往往不是确定性的而是模糊的，所以需要基于模糊规则进行搜索，这就是第二部分模糊控制的内容。日常生活中，模糊语言普遍存在，发电厂实际工程运行实践中，部分控制回路自动无法投入时，部分有经验的运行人员往往能够凭经验通过手动控制达到较好的控制效果，如果将这些经验转化为计算机能自动执行的控制策略，将会大大提高控制性能。模糊控制部分首先从模糊集合的基本概念入手，着重介绍模糊隶属度和模糊隶属函数的概念，介绍模糊数学的基础概念和模糊推理的基本计算方法，然后介绍模糊控制的基本原理及其应用方法。

模糊控制基于人们的日常生活经验，解决了智能控制中人类语言的描述和推理问题，尤其是一些不确定性语言的描述和推理问题，因而在机器模拟人脑的感知、推理等智能行为方面跨出了重大的一步。但模糊控制在处理数值数据、自学习能力等方面还远未达到人脑的水平。而人工神经网络从人脑生理学和心理学入手，通过人工模拟人脑的工作机制以实现机器的部分智能行为。因此，本课程第三部分首先简要介绍人工神经网络的发展历史、基本概念，通过介绍感知器的模型进而着重讲解实际应用非常普遍的 BP 神经网络。最后结合自动控制原理介绍了神经网络控制的基本理论和分类[16]。

神经网络的自学习性能特征作为智能的重要标志显著促进了相关领域理论研究及其工程应用的迅猛发展，但如何更快速精确地确定大规模待寻优参数仍是亟待解决的问题。本课程的第四部分遗传算法是基于达尔文提出的"进化论"演变而来的，不要求目标函数连续可导。遗传算法是一种基于自然选择和基因遗传学原理的智能优化搜索方法，借鉴生物界的"适者生存，优胜劣汰"生存法则，生物进化理论中的遗传、变异和选择便形成了经典遗传算法中的复制、交叉和变异等操作算子。这部分主要介绍遗传算法的基本原理及其应用。其算法精髓也是学习如粒子群算法、鱼群算法等其他各种进化算法的基础。

此外，本课程第五部分选讲部分每年根据部分感兴趣并渴望进一步深造的学生介绍一些新颖的包括果蝇算法、萤火虫算法、万有引力优化算法、烟花算法等典型智能优化算法，以供这些学有余力的学生进一步深入了解掌握相关的算法思想及其应用领域。

总之，本课程提出"1（绪论，宏观介绍智能控制基本内容及其应用领域）+4（专家系统、模糊控制、神经控制和遗传算法等四个基本模块）+X（选讲部分若干个相关模块）"模块化教学方式，要求全部同学宏观上掌握智能控制理论的基本内容，微观上深入了解掌握四个主要典型智能控制方法的基本思想及其实现方法，既满足了绝大部分学生完成课程学习内容的需要，又适应部分有较高学习需求学生的学习需要，较好地调动了学生学习的积极性和主动性，激发了学生的学习兴趣。

2　分级分类教学考核模式

由于学习本课程的学生处于大四上学期，学生由于找工作、准备考研或出国留学对学习本课程往往不太重视，如何积极诱导学生产生学习本课程的浓厚学习兴趣，有效引导学生掌握智能控制理论的基本概念、思想方法，以便为学生开阔眼界和思路、促进研究生阶段更进一步的深造奠定坚实基础一直是笔者近几年教学实践中不断研究思考的难题，这也形成了我们不断深化教学改革、精简教学内容、改革教学方式、创新教学模式的动力源泉。

经调研发现，选修本课程的学生毕业后的计划去向主要分为以下几类：找工作，准备考研，准备出国深造，还有部分同学基本确定已经保送国内外相关专业的硕士研究生。因此，考虑到学生的实际情况和本课程的教学实际情况，为达到比较好的教学效果，尝试对不同层次的学生学习提出不同的要求，积极探索分级分类教学考核模式。对于毕业后找工作的同学而言，大部分同学将走入发电厂热工检修及运行维护的工作岗位，对理论深度要求不高，重点要求大家通过课堂学习了解智能控制课程中的基本概念、思想方法，结合工程实际课堂内外随时积极主动思考将这些新型控制算法应用到发电厂实际中的可行性；对于准备考研的同学，着重了解各种典型智能控制算法的基本思想，了解其仿真程序实现算法的基本思路；对于已经确定保送硕士研究生的同学而言，不仅要求他们掌握算法的基本思想和实现方法，着重要求他们能够结合实际问题利用所学习的智能算法动手编程实现，通过实际动手开展仿真实验验证智能控制算法的效果；对于准备出国深造的同学，进一步提高要求，要求熟练掌握各种典型智能控制算法的仿真实现的同时，积极积累扩充专业词汇，阅读本领域经典英文教材和最新国外文献，了解本领域国内外最新研究动态。

此外，针对个别对某些算法非常感兴趣、学有余力的同学，主动提供相关算法的理论资料和算法仿真程序，以供他们在课外自学。

针对不同的同学提出不同的课程考核要求，考试成绩的评定探索采用平时成绩和课程考试成绩相结合的方式，平时成绩可根据学生自主完成的读书学习报告、计算机仿真实验、半实物仿真实验报告评定。通过分类分级教学考核模式改革，针对不同类别的同学提出不同的教学要求，并在教学过程中及时反馈教学效果，及时指导学生调整方向，及时解决学生课堂内外学习过程中的各种问题，让各位学生明确学习目标，学习过程中有的放矢，既培养学生实际动手能力，提高了分析、解决实际问题的能力，又为了解接触本专业领域的学科国际前沿方向、以后的学习和工作奠定了坚实的基础。

3 全程贯穿启发式教学方式

在教学实践中，本课程全程贯穿启发式教学方式，取得了较好的效果，以下结合课程实际仅举三例。

在专家系统部分的基于搜索的问题求解教学中，举出九宫格走迷宫的实例，通过不断提出问题引出新的搜索算法。在这个问题中，要解决的搜索问题就是如何选择合适的算法，经过一系列的算符运算操作从初始状态变化到目标状态。首先自然想到采取算法 1：随机搜索，但该算法一定能找到目标节点么？答案是不一定，因为可能会导致盲目循环，陷入死循环。这个问题如何解决呢？出路在于引入 CLOSED 表概念，从而引入算法 2，将已经搜索过的节点标记入 CLOSED 表中，"不走回头路"；引入 CLOSED 表后如果搜索图节点是有限的，一定会停止么？一定能找到目标点么？答案分别是一定和不一定。解决这个问题的出路在于继续引入 OPEN 表，从而引入算法 3，进一步将所有待扩展的子节点都标记入 OPEN 表中，这时搜索图节点是有限的，那么算法 3 一定

能找到解么？答案显然是的。在此基础上引入算法 4：纵向搜索（深度优先）算法和算法 5：横向搜索（宽度优先）算法。通过层层设问，步步紧逼，不断寻求更加复杂问题的搜索策略，不断启发学生深入思考。学生在思考的过程中也轻松掌握了各种不同搜索算法的特点及优缺点。

在模糊控制部分教学中，导论部分首先介绍"秃子悖论"：到底一个人有多少根头发才算秃子？是否存在一个正整数 N，大于或等于 N 根头发的人就是秃子，$N-1$ 及更少根头发的人就不是秃子呢？通过"模糊隶属度"概念引导学生思考模糊集合和经典集合的根本差别，其关键问题在于通过隶属度概念将元素与集合之间的关系从经典集合中的 0 或 1 两个取值扩展到模糊集合中的[0, 1]这一闭区间中了。通过介绍这个引子，可以极大地激发学生学习模糊数学的基本内容，并掌握模糊控制的相关内容。在此基础上，进一步结合日常生活实际介绍隶属度函数的概念及常见的隶属度函数，就很容易理解了。

在感知器神经网络的学习过程中，针对感知器如何实现逻辑运算"异或"问题，提出问题引导学生进行积极思考。在神经网络发展历史中，1969 年"图灵奖"获得者、美国麻省理工大学的 Minsky 教授在出版的"Perceptron"提出了一个非常经典的问题："唉，感知器连最简单的异或逻辑问题都实现不了，连接它有什么用。"大名鼎鼎的国际顶级人工智能专家提出的这个观点极大地打击了当时神经网络的研究，使得前苏联和美国有关神经网络的研究项目此后长达十五年都没有获批，致使神经网络的发展陷入了低潮。然后不失时机地向学生抛出问题，我们今天来一起研究下，感知器是否连最简单的逻辑运算"异或"都实现不了么？通过列举逻辑运算"异或"的真值表，画出模式分类示意图，分析后发现果真如此，在一个二维平面上，要采用一条直线将四个不同的输出模式划分为两个不同类型，果真如此，简直是不可能的。此处引导学生积极创造性思考，让学生发挥创造力独立提出各种可能的解决方案。经过集思广益，充分发挥学生的主观能动性，学生终于发现：采用单层线性感知器无法实现逻辑运算"异或"功能，但是如果采用多层线性感知器或单层非线性感知器就能很容易实现逻辑运算

"异或"功能。然后引导学生积极思考，分析计算出对应的激励函数方程及对应的感知器中各个神经元的权值和阈值等全部参数。引导部分学有余力的同学课外自学 MATLAB 软件、C 语言或 C++ 语言采用程序设计的方法解决这个问题，并进一步探索如何采用感知器实现逻辑运算"同或"功能。通过这种层层设问式教学方式，极大地激发了学生参与课堂教学和自觉开展课外教学的学习热情和学习兴趣，较好地发挥了学生独立自主思考问题的能力，取得了较好的教学效果。

4　理论教学结合算法实现仿真程序实例

智能控制算法一般都较为抽象，理解困难，所以本课程各部分的教学内容全部采用理论教学结合算法实现仿真程序实例的方式，并力图通过理论联系实际着重讲解各种智能控制算法的仿真实现方法[9]。

在专家系统部分，通过介绍专家 PID 控制器的算法理论及该算法的 MATLAB 仿真程序，通过仿真结果对比专家 PID 和传统 PID 的控制效果；模糊控制部分，着重介绍模糊控制器的两种实现方法：MATLAB 中的模糊控制工具箱和 m 文件仿真程序，通过仿真结果对比模糊 PID 和传统 PID 的控制效果；神经控制部分，着重介绍 MATLAB 中的 BP 神经网络工具箱相关函数，通过仿真结果对比神经网络 PID 和传统 PID 的控制效果；遗传算法部分，着重介绍如何利用遗传算法求取一个有约束条件的二元函数最大值问题，重点介绍了二进制编码和实数编码，通过讲解仿真程序加深学生对复制、交叉和变异等基本操作的理解和认识。

通过理论联系实际，课堂教学中全程贯穿融入各种典型控制算法的仿真程序和仿真结果，极大地激发了学生的学习兴趣，加深了学生对算法学习内容的理解和认识。

5　结语

通过在本科智能控制课程的教学实践中提出新型的教学方式和考核模式，并不断予以调整优化，反复摸索教学经验，不断优化教学内容，极大地激发了学生浓厚的学习兴趣，较好地实现了教学目标。教学实践效果表明，参与课程学习的

学生普遍由此对智能控制的课程内容产生了较大的学习兴趣，部分同学针对所学内容提出了一些很有新意的解决思路，通过进一步鼓励他们自主编程实现了所提出的解决方案。学生在学习过程中充分发挥了主体作用，充分激发学生的发散性思维能力和创造能力，提高了综合分析问题解决问题的能力和创新能力。

References

[1] 刘文艺，王曦. 智能控制课程设计教学改革研究[J]. 中国教育技术装备，2012（21）：39-42.

[2] 余伶俐，蔡自兴，肖晓明. 智能控制精品课程教学改革研究[J]. 计算机教育，2010（19）：35-39.

[3] 吴建设，于昕，焦李成. "智能控制"教学方法探索与思考. 计算机教育，2010（19）：93-95.

[4] 蔡自兴. 智能科学技术课程教学纵横谈[J]. 计算机教育，2010（19）：2-6.

[5] 蔡自兴，陈白帆，刘丽珏. 智能科学基础系列课程国家级教学团队建设[J]. 计算机教育，2010（19）：40-44.

[6] 李军红. 智能控制课程教学改革初探[J]. 中国教育技术装备，2011（12）：35-36.

[7] 罗兵，甘俊英，张建民. 智能控制课双语教学改革[J]. 计算机教育，2010（19）：106-108.

[8] 师黎，李晓媛. "智能控制基础"双语教学实践与效果评价[J]. 实验技术与管理，2009（3）：18-21.

[9] 张允，张运波，候丽华，等. 应用型本科"智能控制技术"课程教学改革的研究与实践[J]. 中国电力教育，2012（36）：52-58.

[10] 许力. "智能控制"课程的教学改革实践[J]. 电气电子教学学报，2016，38（5）：23-25.

[11] 韩立强，谢平，童凯. "智能控制"课程综合教学改革研究[J]. 电气电子教学学报，2016，38（5）：38-39，52.

[12] 朱培逸，徐本连，施健. "智能控制"研究性课程建设探讨[J]. 计算机时代，2015（2）：57-59.

[13] 魏利胜，郭兴众. 工程教育理念下的智能控制课程教学策略探讨[J]. 中国电力教育，2014，23（318）：29-30.

[14] 胡蓉，钱斌，祝晓红. 研究生"智能控制"课程教学改革与实践[J]. 电气电子教学学报，2015，37（5）：33-34，50.

[15] 赵新龙. 智能控制课程应用型教学改革探析[J]. 中国电力教育，2014，23（318）：27-28.

[16] 黄从智，白焰. 智能控制课程中感知器教案设计与教学实践[J]. 中国电力教育，2014（14）：95-96，102.

自动化国家级特色专业建设与实践

巨永锋　汪贵平　闫茂德　武奇生　龚贤武

（长安大学 电子与控制工程学院，陕西 西安 710064）

摘　要： 高等学校特色专业建设工作是教育部、财政部实施"高等学校本科教学质量与教学改革工程"（以下简称"质量工程"）的重要组成部分。自动化专业是长安大学国家级第一类特色专业建设点，为进一步提高本专业的教学质量，提升毕业生的就业竞争力，本专业依据教育部实施"质量工程"的意见和要求，明确建设目标，科学制定建设方案。近年来经过自动化教学团队全体教师的合作和努力，自动化特色专业建设点已取得丰硕的建设成果，形成的人才培养方案对同类高校自动化专业建设和改革具有参考和借鉴作用。

关键词： 特色专业建设点；自动化专业；建设目标；建设方案；建设成果

Construction and Practice to National Specialty of Automation

Yongfeng Ju, Guiping Wang, Maode Yan, Qisheng Wu, Xianwu Gong

（Chang'an University, Xi'an 710064, Shanxi Province, China）

Abstract： Characteristic specialized construction work in colleges and universities is an important part of the ministry of education, ministry of finance to implement "higher school undergraduate teaching quality and teaching reform project". Automation is national first class characteristic specialized construction points of the Chang'an university. In order to further improve the teaching quality of professional, improve the employment competitiveness of graduates, the professional according to the ministry of education to implement "quality project" views and requirements, confirms construction goals, formulates scientific construction plans. In recent years through teaching staff's cooperation and efforts of automation teaching team, automation characteristic specialty construction point have achieved fruitful results. The talent training program will serve as a reference for the reform and construction of the automation specialty in the same type of colleges and universities.

Key Words： Characteristic Specialty Construction Point; Automation; Construction Goals; Construction Schemes; Construction Results

引言

高等学校特色专业建设工作是教育部、财政部实施"高等学校本科教学质量与教学改革工程"（以下简称质量工程）的重要组成部分[1]。特色专业是指经过长期建设形成的，充分体现学校的办学优势、特点以及行业背景，在全国相同专业领域具有一定优势的专业。建设高等学校特色专业是优化专业结构、提高人才培养质量、办出专业特色的重要措施。

长安大学自动化专业的办学历史可以追溯到原西安公路学院1978年开始招生的交通自动控制专业，该专业从1993年开始招收交通信息工程及

联系人：巨永锋.第一作者：巨永锋（1962—），男，博士，教授.
基金项目：第六批高等学校特色专业建设点（TS12484）；中国交通教育研究会 2014—2016 年度教育科学研究课题（交教研 1402-45）；中央高校教育教学改革专项资金（310632160404,310632160905）.

控制专业研究生，2007 年招收控制理论与控制工程、检测技术与自动化装置专业研究生。目前拥有交通信息工程及控制、智能交通与信息系统工程学科博士学位授予权；有控制科学与工程一级学科硕士学位授予权；有交通运输工程和控制工程领域工程硕士专业学位授予权。交通信息工程及控制二级学科为国家重点学科。2010 年 7 月，本专业被教育部批准为第一类国家级特色专业建设点，这表明了我校办学实力的不断提升，对我校落实"质量工程"、不断加强专业内涵建设、提高人才培养质量产生了积极作用和重要影响。学校和电控学院按照有关加强"质量工程"本科特色专业建设的要求，进一步加强对自动化特色专业建设点的支持力度，紧密结合国家、区域经济社会发展需要，改革人才培养方案，强化实践教学，优化课程体系，加强教师队伍和教材建设，全面提高该专业建设水平与人才培养质量，努力实现其建设目标。

1 自动化特色专业建设目标

长安大学自动化专业经过 30 多年的建设和发展，尤其是"211 工程"建设，形成了鲜明的特色和优势，2006 年被评为陕西省名牌专业，自动化专业人才培养模式创新实验区被确定为 2009 年省级人才培养模式创新实验区。自动化专业已成为我国交通自动化领域高级工程技术人才培养的基地，为我国交通基础设施的建设和运营管理培养了大量的人才，在城市道路、高速公路以及城市轨道交通信息与控制等领域发挥着重要作用。

长安大学提出了坚持"两个转变"、突出"三个发展"的发展理念，即从跨越式发展向内涵发展、特色发展、和谐发展转变；从规模发展向稳定规模、优化结构、提高质量转变以及走内涵、特色、和谐发展之路。在这一指导思想下，本专业建设和发展的整体目标是：依托公路交通行业优势，以自动化专业为基础，突出交通信息与控制方向，打造出一流的特色品牌专业，建成高水平的学科，培养出高素质的创新型人才，以适应国家经济、科技、社会发展对自动化人才的需求。把强化特色、提高质量、提升层次作为主要建设目标。

1.1 教学改革目标

（1）修订和完善人才培养计划。按照 2010 版培养计划，修订现有教学大纲，使本学科的知识能力结构更为合理、特色更为鲜明、优势更为突出。

（2）系列教材建设。在构建经济社会发展需要的课程体系基础上，改革课程教学内容，注重交通信息与控制方向特色系列教材建设。

（3）精品课程和双语教学示范课程建设。在本专业的校级精品课程"自动控制原理""电机及拖动基础以及双语教学示范课程""现代控制理论/Modern Control Theory"建设的基础上，争取再获得 2 门校级精品课程或双语教学示范课程、4 门陕西省精品课程或双语教学示范课程。

（4）教学团队建设。在校级自动化专业教学团队建设的基础上，争取获得省级教学团队。

（5）改革实践教学。对实验、实习、设计等实践教学环节进行整合，加强综合性实验、综合性设计，充分利用校内学科竞赛创新实验室和校外教学科研实习基地，通过不同类型的工程实践和项目训练，提升学生融会专业知识、基本技能和知识的综合应用能力。

1.2 师资队伍建设目标

改革教师培养和使用机制，加强教师队伍建设。完善校内专任教师到相关产业和领域一线学习交流、相关产业和领域的人员到学校兼职授课的制度和机制。建立教师培训、交流和深造的常规机制，形成一支了解社会需求、教学经验丰富、热爱教学工作的高水平专兼结合的教师队伍。

本专业目前的师资力量较强，学历、职称、年龄结构较为合理，中青年教师和高学历的教师占多数。以长安大学全面实施"52311 卓越人才队伍建设计划"和"师资队伍提升计划"为契机，建设重点是：

（1）有重点地培养。在现有的中青年教师中培养 2~3 名拔尖的、在国内有影响的学术带头人，为他们创造条件，配备相应的学术梯队。

（2）面向海内外招聘。争取从海内外名校引进 2~3 名中青年学者，提高本学科的师资层次和国际视野，促进本专业人才培养国际化进程。

1.3 人才培养目标

进一步强化人才培养是学校中心工作的理

念，以"卓越工程师培养计划"为范式，培养创新型高级工程技术人才。

（1）不断提高人才培养质量。在稳定规模的前提下，使本专业人才培养质量有根本性的提高，使其成为业务能力强、综合素质高、受社会欢迎的人才。

（2）参加"挑战杯"竞赛和学科竞赛，在全国大学生电子设计竞赛、"飞思卡尔杯"大学生智能汽车竞赛中取得多项全国一、二等奖，并积极参加中国机器人大赛暨 RoboCup 公开赛等活动。

（3）保证就业率稳中有升。本科生的就业率保持在 95%以上。

2 开展的主要工作及取得的建设成果

自动化专业 2011 年获批国家级"卓越工程师计划"专业，并与中交第一公路勘察设计研究院有限公司共建国家级工程实践教育中心；2012 年被评为国家级综合改革试点专业[2]；2016 年获批陕西省高等学校创新创业教育改革试点学院。近年来，在自动化特色专业建设过程中开展的主要工作及取得的建设成果如下：

2.1 教学改革成果

近年来，自动化专业承担教育部高等学校自动化类专业教学指导委员会教改项目 1 项，教育部产学合作专业综合改革项目 15 项，中国交通教育研究会教育科学研究课题 1 项，陕西省教育教学改革研究项目 4 项。2014 年获国家级教学成果二等奖 1 项，2013 年和 2015 年获陕西省教学成果特等奖各 1 项，2011 年获陕西省教学成果二等奖 2 项，发表了 20 多篇教改论文。

（1）改革人才培养方案，修订和完善人才培养计划。

针对 2010 版培养计划执行过程存在的问题，经过近几年的研究与实践，形成了"一个目标，两种途径，三个问题，四种方法"的人才培养整体解决方案（如图 1 所示），即一个目标：培养自动化类卓越人才；两种途径：创新教学体系与资源配置模式；三个问题：一是如何引导新生向自主学习转变？这是提高本科教学质量的难点，二是如何解决学生的核心技术和能力"空心化"？这是提高学生就业层次和创新人才培养的关键，

三是如何培养学生从学校向企业工作转变？这是实现学生角色转换和顺利就业的基本要求；四种方法：兴趣培养、项目实训、校企合作和优化教学资源。在此基础上，修订完成了 2015 版培养计划，增加了卓越工程师教育计划[3]、轨道交通信号与控制和基地班三个专业方向。另外，按照学校大类招生和工程专业认证持续改进的要求，制订了 2016 版培养计划，并按照课程群实行课程负责人制度。通过培养计划和教学大纲的修订，使本专业的知识能力结构更为合理、特色更为鲜明、优势更为突出。

（2）加强系列教材建设。

近年来围绕课程体系建设出版专著或教材 20余部，其中编写教指委规划教材《自动化实践初步》和《嵌入式系统及应用》两部，其中《自动化实践初步》获批"十二五"国家级规划教材[4]；专著《多车型动态交通分配问题研究》和教材《高速公路监控系统》《公路隧道机电工程》、《物联网工程及应用》《基于 ARM 的单片机应用及实践—STM32 案例式教学》等 6 部交通行业重点著作和特色教材。这些专著和教材有力融入国际最新的科学技术研究成果，具有鲜明的交通信息类特色。教材建设更新和丰富了课程教学内容、凸显了专业特色，对培养高质量的卓越工程人才起到了重要作用。

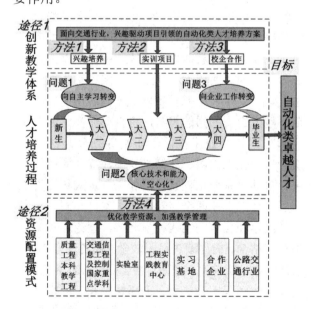

图 1 自动化专业人才培养整体解决方案

（3）优化课程体系，建设了高质量精品课程。

通过精品课程建设，进一步促进课程体系、课堂教学模式以及教育教学理念的变革。长安大学自动化专业高度重视精品课程在人才培养中的重要作用，近年来持续加大精品课程的建设力度，建成了"自动控制原理""自动化实践初步""电机及拖动基础"和"现代控制理论"4 门陕西省精品资源共享课程[5]。

（4）教学团队建设。

随着计算机技术、大规模及超大规模集成电路技术、通信技术、先进控制理论及智能化方法等的发展，传统的自动化技术面临新的挑战。自动化专业教学不能停留在传统的教学模式上，应顺应科学技术的发展步伐，与时俱进，不断地更新教育思想和理念，并赋予新的内容和创新，从而满足现代化科学技术发展的要求，满足国家对人才培养要求的提高。近年来，引进海外博士 7 人，有 8 名年轻教师出国访问研究。2014 年自动化专业教学团队获批陕西省教学团队。2016 年自动化专业的"控制理论课程群教学团队建设与发展"和"自动化（卓越工程师）科教融合创新人才培养教学团队"获批长安大学本科教学工程教学团队。

（5）强化实践教学。

2015 版培养计划和 2016 版培养计划对实验、实习和毕业设计等实践教学环节进行有机整合，加强综合性实验和综合性设计。以提高学生的工程实践能力与创新能力为目标，构建了以工程项目为主线的"四层次、三结合"创新实践教学体系（如图 2 所示），按照实践教学内容由简单到复杂，能力由弱到强的思路，将自动化专业毕业生应掌握的核心技术按四学年培养划分为四个层次：自动化入门层、计算机软硬件综合应用能力层、自动化系统工程设计层和企业实践和工程创新层。针对上述四个培养层次，安排不同的实践教学内容和相应的实践教学环节，理论、实验、项目三结合，循序渐进组织教学。在实现方式上，按照课堂、实验室、校园、社会四位一体的思路，培养学生工程实践能力、创新精神和工程素质，将课内课外培养相结合、学校与企业培养相结合、工程教育与人文精神培养相结合。

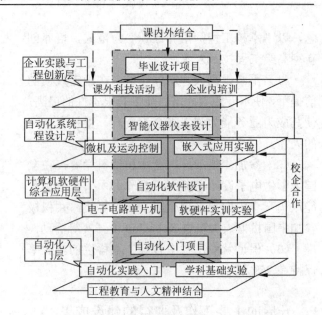

图 2　自动化专业"四层次三结合"实践教学体系

同时，在改革和建设中，申请并获批"交通信息与控制"国家级虚拟仿真实验教学中心、"自动化与交通控制工程"陕西省实验教学示范中心；共建"长安大学—中交第一公路勘察设计研究院有限公司"国家级工程实践教育中心以及"河南许继工控系统有限公司"等校外实习基地 7 个；2015 年正式成为西门子工程教育联盟成员，共建"长安大学—西门子（中国）有限公司数字化工厂集团"西门子先进自动化技术实验室，从而为创新实践教学体系的实施和学生实践能力的培养创造了优良的条件。

2.2　改革教师培养和使用机制，加强教师队伍建设

自动化专业以长安大学全面实施"52311 卓越人才队伍建设计划"和"师资队伍提升计划"为契机，改革教师培养和使用机制，加强教师队伍建设，引进了俄罗斯、日本、法国、新加坡、韩国等留学博士（后）。自动化专业现有教师 90 名，其中专任教师 65 人，外聘教师 25 人，其中专任教师中有教授 11 人、副教授 30 人、博士学位 43 人，形成了职称、年龄和知识结构合理的爱岗敬业专职教师队伍，3 人获陕西省教学名师奖，1 人获陕西省优秀教师。

2.3　人才培养成果

（1）学生参加创新创业训练计划项目及学科竞赛，成绩斐然。

近 3 年来，学院每年获得创新创业训练计划

项目 20 余项，3 年共计 65 项，获得经费 47.22 万元，占全校项目总经费的 10.34%，项目数和经费均位列全校第一。支持学生参加"挑战杯"大学生课外科技作品竞赛、"互联网+"大学生创新创业大赛和各类学科竞赛。自 2013 年以来，学生在各类学科竞赛中获得全国大学生电子设计竞赛国家奖 4 项，获"飞思卡尔杯"智能汽车竞赛一等奖 3 项、二等奖 10 项，获"挑战杯"全国特等奖 1 项；获中国机器人大赛暨 RoboCup 公开赛全国特等奖 1 项，1 等奖 9 项、二等奖 5 项。

（2）电控学院人才培养质量明显提升，就业层次高。

本科生源质量不断提高，报考我院本科生和研究生人数连年递增，四年学习中为学生提供学习指导、职业规划、就业指导和心理辅导等方面的措施并能够很好地执行落实，为学生搭建了良好的科技创新平台，鼓励学生积极参与，建立了严格的教学过程质量监控体系，保证教学质量。毕业生在就业市场具有较强竞争力，本科毕业生就业率稳定在 95% 以上，考研率达 30% 左右，社会和用人单位对自动化专业的毕业生评价较高。

3 主要特色

3.1 具有特色专业的人才培养体系创新

构建了"一个目标，两种途径，三个问题，四种方法"的人才培养整体解决方案。以三个级别的工程项目为主线，将知识、能力和素质培养交织在一起的自动化专业人才培养课程体系。在明确专业培养目标和学生毕业要求的基础上，坚持"基于产出"为教学理念，采用了"反向设计"原理对专业课程体系进行了重新设计和构建，并修订了培养计划、课程和实验教学大纲。通过专业实践从新生开始，激发学生专业兴趣，引导其向自主学习转变；坚持四学年专业实践不断线，强化学生的系统性工程实践经历，有效解决了学生的"核心技术空心化"问题；通过企业实践、专业层面的综合实验与毕业设计使学生具备适应行业工作和角色转变的能力。

3.2 具有特色专业的教学模式创新

基于工程教育核心问题，创新"四化"实践教学模式。突破了低年级以理论教学为导向的被动教学模式，激发学生学习兴趣，促进新生向主动学习转变。

① 为新生开设专业基础实践课程，使学生掌握抽象知识与具体产品之间的联系，实现工程知识形象化；② 注重企业课堂，配合项目案例分解训练，在"学中做、做中学"的过程中实现工程实践现实化；③ 将工程实践贯穿于四年教学始终，实现工程实践系统化；④ 各类实验室和科研平台向本科生开放，并制度化地开展学科竞赛与各类型课外科技创新活动，全方位培养学生创新意识，实现工程实践创新化。

3.3 面向交通行业的特色专业

以"交通信息工程及控制"国家重点学科、"自动化"综合改革试点专业等为支撑，参照自动化专业指导性规范，并针对自动化人才的需求和我校的交通行业特色，将具有"厚基础、宽口径、善创新、重能力，突特色"特征的工程研究应用型自动化系统见习工程师作为自动化专业培养目标。从工程知识、个人素质、团队能力三个方面培养学生的工程实践技能和创新能力，构建突出行业特色和工程应用特长的自动化专业研究应用型人才培养模式。

3.4 创新创业试点特色专业

以创新创业教育改革试点学院为依托，"自动化"专业构建了以提升学生创新创业能力为目标、以"理论教学体系+模拟实训体系+实战综合体系"为支撑的三位一体的创新创业教育体系。通过创新创业培养计划的建立和教学体系的完善，将创新创业教育理念融入人才培养体系中。构建创新创业平台，完善创新创业项目资助奖励制度，全方位、多领域服务学生创新创业活动，营造全校创新创业氛围，积极构建学校"大创业"格局。

4 结语

特色专业建设是高校"质量工程"建设的重要组成部分，特色专业体现了一所高校的办学优势和社会服务能力，是关系到一所高校是否受到社会广泛认可和欢迎的重要因素。我们要以我校自动化国家级"卓越工程师计划"专业、国家级综合改革试点专业建设为契机，不断深化自动化特色专业建设的改革与实践，取得丰硕成果，为同类高校自动化专业建设和改革起到有益参考和借鉴作用。

References

[1] 教育部 财政部关于实施"高等学校本科教学质量与教学改革工程"的意见[EB/OL]. http://www.edu.cn/gao_jiao_788/20120223/t20120223_744046.shtml，2007-01-23.

[2] 教育部、财政部关于"十二五"期间实施"高等学校本科教学质量与教学改革工程"的意见[EB/OL]，http://www.edu.cn/gao_jiao _788/20120221/t20120221_742947_5.shtml，2011-07-04.

[3] 巨永锋，汪贵平，武奇生. 卓越工程师培养创新实践教学体系探讨[A]. 深化专业教育改革，全面提升培养质量：2013；全国自动化教育学术年会论文集[M]. 北京：清华大学出版社，2013.

[4] 汪贵平，雷旭，武奇生，等. 为新生开设专业实践基础课程的探索——"自动化专业实践初步"教学案例[J]. 中国大学教学，2012（11）：80-83.

[5] 闫茂德，柯伟，杨盼盼. "现代控制理论"课程教学的改革与建设实践[J]. 教育教学论坛，2017（17）：109-111

工程教育认证背景下的自动化专业本科毕业设计改革与实践

夏思宇　黄永明

（东南大学 自动化学院，江苏 南京 210096）

摘　要：本科毕业设计是高校实践性教学中的重要环节之一。为适应工程教育认证的要求，本文对传统的常规性实践性环节进行相应的、必要的改革研究，具体围绕毕业要求指标点分解与达成度评价、优化选题设计、毕业设计过程管理、建立科学评定毕业设计成绩体系、创新手段等方面进行研究。本文提出以培养综合工程与创新能力为指导思想，加强过程管理，建立创新机制与符合工程教育认证的评价方法，为学生构筑深厚的工程技术根基，发挥其他课程不可替代的综合工程素质的教育作用。

关键词：毕业设计；工程教育认证；自动化

The Reform and Practice of Automation's Undergraduate Graduation Project for Engineering Education Accreditation

Siyu Xia, Yongming Huang

(Southeast University, Nanjing 210096, Jiangsu Province, China)

Abstract：Graduation project is an important composition in undergraduate practical education. In order to comply with the requirements in engineering education accreditation, this paper studies the necessary revolutions in the conventional practical education. In particular, we focus on the specification decomposition and the achievement's evaluations of graduation requirements, the optimization of topic selection, the project's process management, the establishment of an appropriate assessment system, and the measures for innovations. We propose an evaluation measurement which aims at cultivating comprehensive abilities in engineering and innovations, strengthens the process management, builds a mechanism for innovations, and complies with the engineering education accreditation. Our measurement is able to build a solid engineering base for undergraduates, and has an irreplaceable educational function for comprehensive engineering abilities.

Key Words：Graduation Project；Engineering Education Accreditation；Automation

引言

自动化专业本科毕业设计的基本教学目的是培养学生综合运用所学知识和技能分析与解决实际问题的能力，理解和掌握工程师工作的一般过程和规范性要求，初步形成融技术、经济、环境、市场、管理于一体的大工程意识，培养学生勇于探索的创新精神和实践能力，以及严肃认真的科学态度和严谨求实的工作作风。本科毕业设计是对大学生全面可持续发展能力的综合性训练，是交流能力、创新能力、实践能力和创业精神的重塑和验证环节，同时也是对四年大学学习的总结，在培养学生探索真理、强化社会意识、进行科学研究训练、提高创新实践能力等方面有着重要意义。

我国工程教育认证协会制定的《工程教育认证标准》[1]的条款中，对毕业设计提出明确要求：应设置完善的实践教学体系，应与企业合作，开

联系人：夏思宇. 第一作者：夏思宇（1978—），男，博士，副教授.

展实习、实训，培养学生的动手能力和创新能力。毕业设计（论文）选题要结合本专业的工程实际问题，培养学生的工程意识、协作精神以及综合应用所学知识解决实际问题的能力。因此，在工程教育专业认证的背景下，本科毕业设计的改革与实践，成为提升高校毕业设计教学质量、强化毕业生的工程能力、工程素养以及工程知识的必由之路[2]。

在当前世界各国工科院校进行的毕业设计改革中，加强基础，整合课程内容，注重工程实践和设计教育，已经成为普遍趋势。美国 MIT 提出了"回归工程"和"工程教育必须更密切的回到工程实践的根本上来"的培养原则；德国的工科院校一向特别注重培养学生的工程实践能力，重视学生理论联系实际能力和工程设计能力的培养；日本的工科专业学生从一进校即开始选择导师，四年级一年均以毕业设计课题研究为主。此外，英国、加拿大、丹麦等其他发达国家也在综合工程素质培养方面推进改革进程。

1 工程教育认证毕业要求指标点

2015 年，东南大学自动化专业提交认证申请后，遵照工程教育专业认证的标准和要求，制定了新的培养目标，并根据培养目标制定了新的毕业要求。对毕业要求指标点分解后，毕业设计相关的指标点与达成目标值如表 1 所示。从表中可以看出，毕业设计涉及到 12 项毕业要求中的 6 项共 9 个指标点，相对其他课程来说是最多的，并涵盖了从毕业设计开题、中期到小组答辩的各个阶段。

为了对这些指标点的达成进行达成度分析，我们对毕业设计的评分方法进行了修订。学生的毕业设计成绩由指导教师评分、评阅教师评分和答辩小组评分构成，三者的比例分别是 40%、20% 和 40%（如表 2 所示），具体的考核内容也进行了相应调整，以对应各个指标点。

表 1 毕业设计相关的指标点与达成目标值

毕 业 要 求	达成目标值
毕业要求 3 设计/开发解决方案	
毕业要求指标点 3.2：掌握自动化专业知识，能够设计自动化领域复杂工程问题的解决方案，并体现创新意识	0.3

续表

毕 业 要 求	达成目标值
毕业要求指标点 3.3：能够在设计环节考虑社会、健康、安全、法律、文化以及环境等因素，并评价解决方案的可行性	0.2
毕业要求 4 研究	
毕业要求指标点 4.1：能够根据自动化系统的需求，利用理论分析等手段，给出相关问题的研究方案和目标	0.2
毕业要求 5 使用现代工具	
毕业要求指标点 5.1：能够通过计算机网络等途径查询、检索自动化工程专业文献及资料	0.4
毕业要求 6 工程与社会	
毕业要求指标点 6.3：具有工程实习和社会实践的经历，能够客观评价自动化工程专业实践和解决方案对社会、健康、安全、法律以及文化的影响，并理解应承担的责任	0.3
毕业要求 8 职业规范	
毕业要求指标点 8.2：能够在自动化工程实践中理解并遵守工程职业道德和规范，履行责任	0.3
毕业要求 10 沟通	
毕业要求指标点 10.2：了解自动化工程及相关专业科技文档的基本构成以及要求，具备科技文档的写作能力和科技演讲的基本技能	0.4
毕业要求 12 终身学习	
毕业要求指标点 12.1：对自主学习和终身学习有正确的认识，能够掌握科学锻炼与运动的基本方法	0.5
毕业要求指标点 12.2：掌握一定的自我学习和完善的能力	0.7

表 2 毕业设计的评分方法

考核人	考 核 内 容	满分
指导教师评分（40%）	能够客观评价毕设对法律等非技术因素影响（对应指标点 6.3）	10
	毕设中能理解并遵守工程职业道德和规范（对应指标点 8.2）	10
	自主学习和终身学习能力（对应指标点 12.1）	10
	自我学习和完善的能力（对应指标点 12.2）	10
评阅教师评分（20%）	能给出切实可行的研究方案和目标（对应指标点 4.1）	10
	文献检索及引用能力（对应指标点 5.1）	10
答辩小组评分（40%）	能够解决复杂工程问题并体现创新性（对应指标点 3.2）	10
	毕业设计中能够考虑法律等非技术因素影响（对应指标点 3.3）	10

续表

考核人	考 核 内 容	满分
答辩小组评分（40%）	科技文档的写作能力和科技演讲的基本技能（对应指标点10.2）	10
	完成任务书规定的要求与工作量评价	10

2 毕业设计工作的改革与实践

自动化专业本科毕业设计改革的重点是进行整体规划，以培养学生工程实践能力为目标，加强对毕业设计过程的管理与监控，切实提高毕业设计的质量。具体围绕优化选题设计、毕业设计过程管理、建立科学评定毕业设计成绩体系、教师团队建设、创新手段等方面进行研究。改革的目标旨在建立毕业设计的长线教学机制[3]，将培养学生扎实的工程基础理论和专业知识与工程实际案例紧密结合，通过贯穿于整个人才培养过程的团队设计和创新实践训练，以培养应用型、创新型工程师为主线，培养自动化类专业信息获取、处理、应用等方面具有较强工程实践动手能力和综合应用能力的人才。

2.1 毕业设计与理论和实践课程内容优化整合，建立长效教学机制

以"基础性、综合性、创新性、开放性、整体优化"为准则，分析课程的性质、相互关系以及课程间内容的衔接，按基础理论类、软硬件实现类、应用类为序，从控制工程、智能机器人、智能信息处理三个研究方向，构建一个结构合理、层次清晰、相互配合、相互渗透、课程间相互连接的递进式体系。在毕业设计组织上，以三个研究方向为基础进行整体规划，突出专业方向特点，强化校企合作课题，避免课题的重复。分阶段实施毕业设计，让学生有充足的时间为毕业设计做准备，结合兴趣与专业选题，变被动为主动，提高毕业设计的积极性。

2.2 加强过程管理，注重进程性评价

东南大学自动化专业毕业设计的流程包括教师课题申报、学院审核课题并上传系统、学生动员大会、双向选择、学院审核并发布课题、任务书审核、开题、中期检查、学生中期大会、软硬件验收、论文查重、答辩资格审查、小组答辩、院级答辩、资料归档，整个毕业设计时间跨度将近 1 年。为避免时间长、环节多带来的问题，学校及学院从管理层面出台了相应的规章制度文件，并在毕业设计进行过程中进行严格管理与把关。例如，在课题审核阶段，学院出台文件规定，不允许近 3 年内同一指导教师的题目相近或相似，并鼓励指导教师联合企业申报课题。在答辩资格审查阶段，学校要求企业导师需在毕业设计管理系统中提交"企业教师毕业设计指导工作记录""企业教师毕业设计指导评价意见表"，为论文校内评审、推优提供参考（若不填写，学生无法提交论文定稿），并且企业课题学生答辩时，需聘请企业教师作为答辩小组一员。为杜绝论文抄袭现象，学校引入中国知网与维普论文自助检测系统，要求学生在论文定稿前进行查重，并必须满足学院制定的论文查重率要求。

2.3 面向社会，发挥专业特色，构建校企合作平台

充分利用校外资源，积极与企业展开多元合作，共建校企合作平台。合作方式包括：学院定期邀请企业人员来创新基地进行培训与指导，与学院指导教师一起参与设计创新课题；和企业联合开展丰富多彩的创新竞赛活动；利用大学生社会实践到企业进行参观；学生参与企业课题，企业为学生提供实习和技术孵化的环境。从而利用毕业设计校企合作平台这个桥梁，将学生、教师与企业三者连接在一起，最终实现共赢。

2.4 建立创新机制，培养学生创新能力

为鼓励优秀学生脱颖而出，在如下方面实行创新：第一，成绩评定创新。如果学生立论新颖，与社会问题和生产实际结合紧密且有实际指导意义，或者能涉足于学科领域中的难点或前沿问题，或者独立完成并已公开发表内容与所学专业相关的学术论文与专利，则应该给予较好的评价或在成绩上进行鼓励。第二，答辩时间创新。改变原来要求学生在统一的时间内答辩的形式。学生可申请提前答辩，提前完成毕业论文工作，进入有关课题更为深入的研究领域。第三，指导方式创新。教师在指导毕业设计时，避免填鸭式教育，要的不是灌满一桶水，而是要点燃一把火。不仅要引导学生熟悉问题的求解过程，更重要的是引导学生如何发现问题、提出问题、分析问题，教给学生一种思考问题的方法，培养学生创新能力。

3　结论

本文在工程教育认证背景下，以专业认证的理念和标准为导向，围绕制定合理毕业设计长效教学机制、加强过程管理、建立校企合作平台、强调创新机制、制定符合工程教育认证的评价标准和体系等方面对自动化专业的毕业设计模式进行初步的改革，对提高本科毕业设计（论文）质量的有效途径进行探索，以提升自动化专业毕业生的综合素质和社会竞争力，达到培养目标要求。经实践表明，整合优化后的毕业设计教学体系清晰完整，内容更趋科学，结构更趋合理，进度过程可控，便于教学组织实施。2015 年至 2017 年东南大学自动化学院连续 3 年拿到江苏省优秀本科毕业设计论文一等奖奖励，工程设计类课题由 2015 年的 32%上升到 2017 年的 61%，整体效果比之前有了较大提升。

References

[1]　工程教育专业认证标准 [EB/OL]. http://www.ceeaa.org.cn/main!newsList4Top.w?menuID=01010702.

[2]　胡正平，吴培良，许成谦，等. 从专业认证角度谈如何带好工科毕业设计[J]. 教学研究，2016，39（2）：103-106.

[3]　赵宁，井海明，任红红，等. 以毕业设计为中心的本科生的长线教学机制探讨[J]. 中国校外教育：理论，2011（z1）.

"运动控制系统"课教学方法研究和部分难点分析

李练兵[1] 江春冬[2] 李洁[3] 王睿[4]

（河北工业大学 控制科学与工程学院，天津 300130）

摘 要："运动控制系统"是高等学校自动化专业和电气工程专业的综合性专业课程。本文结合作者多年的教学经验，介绍了多门课程融合，理论联系实际等多种教学方法。在此基础上，结合直流调速系统和交流调速系统，对讲述要点和具体方法进行了分析。

关键词：运动控制系统；教学；方法；难点

Research on the Teaching Method of "Motion Control System" and Analysis of some Difficulties

Lianbing Li[1], Chundong Jiang[2], Jie Li[3], Rui Wang[4]

(School of Control Science & Engineering, Hebei University of Technology, Tianjin 300130, Tianjin, China)

Abstract："The motion control system" is an integrated professional course for the automation and electrical engineering of universities. Combining with the author's years of teaching experience, this paper introduces many kinds of teaching methods, such as Multi-course integration, theory connection practice. Based on this, the main points and specific methods are analyzed in combination with the dc speed regulation system and ac speed regulation system.

Key Words：Motion Control System; Teaching; Methods; Difficulties

引言

"运动控制系统"是高等学校自动化专业和电气工程及其自动化专业的综合性专业课程。它以电机与拖动基础、电力电子技术、自动控制理论、计算机控制技术等多门课程的知识为基础，有很强的理论性、知识性和应用性，对于所学的上述课程是一个综合应用过程[1]。学生对于转速单闭环参数计算、转速-电流双闭环工程设计、转子磁链定向的异步电机矢量控制等部分理解和掌握上有较大的难度[2]。这就要求教师在教学中不但要加强自身的理论和应用基础，还有善于运用板书

公式推导、多媒体动画演示和 MATLAB 仿真工具辅助，结合自控理论、电机学等先修内容进行讲解，同时对重点章节和知识点要采取相应的教学思路和教学方法，根据学生接受程度进行教学[3]。根据我们的体会，在教学当中应该注意以下几点：

1 注重知识的融汇，打通各门课程的联系

运动控制系统与先修课程关系紧密。比如建立调速系统模型的过程，需要帮学生回顾控制理论、电力电子和电机学的基础知识，启发学生用先修知识来理解新学的知识。如晶闸管整流的功率放大单元，要让学生理解如何由输入量—控制电平来控制触发相位，进而得到输出平均电压。在理解简单的输入—输出关系的同时，理解线性

联系人：李练兵. 第一作者：李练兵（1972—）男，博士，教授.

近似和正相关性对控制系统的作用。控制电平和输出电压的关系在教师看来非常简单，但学生理解需要一个结合实际的过程，所以需要激活学生在电力电子技术实验装置中操作过的控制电平和输出电压的既有经验[4]。

对于稳态误差的讲解也要紧密结合控制理论的知识基础。首先要让学生会求误差传递函数。误差传递函数固然可以用输入参考值减去由闭环传递函数求得的输出量的方式计算。但根据梅逊公式，最简洁易记的计算方法是：

$$负反馈闭环传递函数 = \frac{前向通道传向通道}{(1+开环传递函数)}$$

如果误差作为输出量，输入量—转速指令值的前向通道传递函数为 1，而误差后面的环节看作反馈通道，所以开环传递函数不变，这样计算形式非常简单。在控制理论中这是最简单的知识，但在运动控制系统中却是最实用的分析方法，需要反复运用让学生产生习惯性反应。这个方法再结合独立作用原理，后面的负载电流扰动和电流截止负反馈等处的输出量求解，学生都会变得容易理解和掌握。

稳态误差值的计算则采用终值定理，$t \rightarrow \infty$ 对应 s 域的 $s \rightarrow 0$。在自动控制理论中也是基础知识，但在求解转速闭环稳态误差时往往需要重新讲解终值定理、初值定理来帮助学生回忆。

可逆调速电路涉及较多电力电子技术的知识。桥式可逆电路的控制方法与其调制方式关系密切，理解 PWM 的单极性调制和双极性调制非常重要。让学生认识到 PWM 波形在关断期间的续流回路是分辨单极性还是双极性的方法。如果续流回路包含电源，就会出现电能回馈现象，这样负载两端电压就会有正负两种，这属于双极性。如果续流回路不包含电源，此时负载两端电压为 0，这样就是单极性调制。可逆 V-M 电路则是用到有源逆变的知识。一定要让学生理解到控制电压与触发控制角的对应关系，即控制电压为 0 时，触发角为 90 度，平均电压为 0；控制电压为正时，触发角小于 90 度，输出平均电压为正，属于整流状态；控制电压为负时，触发角大于 90 度，输出平均电压为负，如果有电流（电流只能沿晶闸管导通方向流动），此时进入动态的有源逆变状态。分析逆变还是整流与控制电压的正负和平均电流

流经哪组有关，这就使得本组他组的状态和控制器的输出状态结合起来[5]。

2　理论与实验相结合，在实际中验证理论

"运动控制系统"的闭环控制器设计强调稳、准、快，这三个指标也是自动控制理论的研究重点。运动控制系统不仅可以让学生学习闭环控制器的设计方法，还可以亲身感受到所谓控制系统的稳定性问题、准确性问题和响应的快慢速度。

在运动控制实验中，很多情况下我们只是让学生按照要求设置好参数后，开机做实验，记录阶跃输入下的电流和转速响应波形。虽然也记录不同负载下的闭环转速，但并没有让学生理解调速精度的要求，无法去体会和验证稳定性和准确性问题。我们在实验中让学生通过调整调节器参数，使得系统出现振荡，让学生调出转速周期性振荡的状态，真实地看到闭环调速系统的振荡现象，并通过纠正参数获得稳定的控制能力。通过改变调节器参数还可以观察到转速出现超调和逐渐不出现超调的过渡过程，观察到不同参数对系统响应速度的影响。记录这些参数和波形，可以更好地分析参数对动态响应的特点和原因。

对于双闭环设计的原理也要紧密结合自动控制理论来进行讲解，特别是被控对象和典型系统之间的关系，要通过调节器的选取来使两者一致。在回顾经典控制理论补偿控制器设计方法的同时，强调理论设计和工程设计的区别，使学生不把两者设计思想对立，而是统一起来。双闭环调节器设计方法的近似处理和近似条件非常重要。近似处理方法是工程性很强的方法，适用于各种实际系统的简化处理。其近似条件与系统工作的闭环带宽关系密切，所以还要特别讲解闭环频率特性和带宽的概念以及带宽频率和开环幅频特性的截止频率之间的关系。在这个过程中还要把分贝的表示方法和便利性讲解清楚。

3　深入浅出，生动讲解，激发学生的学习兴趣

异步电动机调速控制是相对难以理解的一部分。大部分学生容易对异步机的基本参数关系有

误解。由于存在转差，所以学生很自然地认为定转子磁链等物理量是异步的。所以我们上课时带两个条形磁铁，用两个磁铁模拟内圈和外圈的转子和定子。当把外圈的定子磁铁从与转子磁铁同相位的零转矩位置逐渐转到 90 度的过程中，让学生体验吸引转子磁铁的旋转的转矩逐渐增到最大，再转 90 度又减到 0，继续旋转则产生相反转矩的效果。通过实际演示让学生理解到如果定转子磁链不同步的后果是转矩周期振荡，平均转矩为 0。知道了这个现象，再讲异步机的电磁物理量的同步性学生就容易接受了。为了形象地理解异步机的工作原理，我们把异步机称作"自同步电机"。知道了转子上的电磁物理量都是与定子电磁物理量同步，且稳态时的旋转速度都是同步转速这个基本知识，再理解后续内容就要容易多了。

因为异步机存在非线性问题而导致学生对异步机的多种调速方法比较迷茫。所以要根据异步电机稳态等效模型的转差率 s 的条件，当 s 非常小时，让学生理解到其线性特征，从而让学生认识到对不同工作区域有不同的特性，并要特别强调稳态工作区域为线性区的基本特点及其必要性，让学生简化其理解方法，并自觉建立在线性区中转矩和转差速度成正比的工作特性。这样异步机的转差频率控制就不存在理解的障碍，只要把转子转速+转差速度=同步转速指令值这个实现问题讲解清楚，转速闭环的转差频率控制原理学生自然就理解了。

异步电机的矢量控制更是难点之一。首先是磁链模型的理解，要重新回到磁路原理进行分析，让学生理解自感、互感和漏感的关系，强调磁动势和磁场在气隙圆周上呈正弦分布的特点，理解线圈间的相互感应与相角位置的关系。

对于不同坐标系下的模型变换部分必须用板书逐个画图演示每一个坐标系变量向另一个坐标系的轴上的投影变换方法。还要将坐标变换的公式从一个个系数转换为系数矩阵，这个过程在黑板上逐渐推导出结果，比 PPT 放映 3-2 变换、2-3 变换的公式要细腻很多，降低了理解坐标变换计算的难度。

有了前面讲的"自同步电机"这个概念，讲到同步旋转坐标系 d-q 时，稳态时电磁物理量都会变为直流量，学生就会非常容易理解。不需要

再去讲人站在同步旋转磁场上观察磁场是静止的。旋转坐标系下的数学模型由于教材上的讲解一般不太详细，所以也要在黑板上推导，让学生理解模型得到的过程，避免不同坐标系变换时的困惑。从 d-q 到转子磁链定向的 m-t 坐标也是容易混乱的知识点。m-t 坐标是 d-q 坐标系 d 轴按转子磁链定向的特殊情况，但在 m-t 坐标系下可以实现异步机励磁和转矩解耦控制的可能性。因此基于 m-t 坐标系的两轴调节器和近似解耦控制框图是要求学生掌握的核心内容。

4 充分运用数字仿真工具，基于仿真验证进行理论设计

MATLAB 是目前最流行的数字仿真工具，采用 MATLAB 辅助教学非常便利。利用其 Simulink 工具可以进行直观的系统构建，调速系统的各个模块可以直接显示出来。设置好被控对象和控制器的参数后，通过运行仿真文件，可以观察到系统各个变量的波形。参数的修改非常容易，甚至可以在线修改参数以便随时观察到参数对控制性能的影响。比如对于转速-电流双闭环直流调速系统的动态特性分析，可在 Simulink 中构建设计双闭环调速系统，仿真观察其转速、电流以及各个控制量的动态波形。改变调节器参数，可以绘制出不同的仿真曲线这样可以使学生直观地认识到双闭环系统的特点。

交流调速中的矢量控制仍然可以采用 MATLAB 来进行仿真演示。通过构建转子磁链定向的矢量控制模型，可以通过观察 m-t 坐标的定子电流以及磁链和转矩、转速等量的波形。让学生真切感受到矢量变换与直流调速之间的等效关系，感受矢量变换的解耦控制效果。还要通过 MATLAB 设计作业等形式让学生养成随时采用仿真方法来分析验证设计方案的习惯。

结束语

"运动控制系统"的讲解不但要求教师具有坚实的理论和知识基础，还要有丰富的工程实践经验。在备课、讲述、课后作业和实验等各个阶段，根据学生的掌握状况，灵活地掌握课程进度和讲

授方法。不断改进运动控制系统的教学方法，同时持续不断地更新讲授内容，紧跟社会需求发展的步伐，对于培养合格的工程技术人才非常重要。

References

[1] 林立，等."电力电子及运动控制"教学方法探讨[J]. 电气电子教学学报.2012，34（4）.

[2] 朱艺锋，等.专业课程"运动控制系统"的课堂教学方法探析[J].实验室研究与探索，2013，32（11）.

[3] 陈霞，等."运动控制系统"课程教学探讨与实践[J]. 电气电子教学学报.2012，37（2）.

[4] 高林，等.运动控制系统多环节教学模式的探讨[J]. 中国现代教育装备，2008（7）.

[5] 王春凤，等.PWM 直流调速系统实验的教学实践[J]. 实验室研究与探索.2012，31（8）.

基于 CDIO 工程教育模式的微机控制课程
教学改革研究与探讨

李俊芳　高　强　郭　丹　李玉森

（天津理工大学 电气电子工程学院，天津 300384）

摘　要：微机控制技术课程是高等学校电气信息类专业重要的专业技术课，旨在培养学生以基础理论为学习框架和学习脉络，亲自介入实际工程项目中，灵活运用理论知识和技术解决实际工程问题，达到创新人才能力培养的目的。本文提出基于 CDIO 工程教育模式的以项目驱动教学的课程建设的研究。该课程作为自动化专业卓越工程师教育培养计划中的一门综合性技术课程，该模式已经在 2014 级自动化专业学生教学中实施，效果良好。课程的建设在同类课程建设中具有代表性和示范性，又具有较强的现实操作性。

关键词：微机控制技术课程；CDIO 工程教育模式；课程建设研究

The Microcomputer Control Courses Construction Research based on the CDIO Engineering Education Mode

Junfang Li, Qiang Gao, Dan Guo, Yusen Li

(School of electrical and electronic engineering, Tianjin University of Technology, Tianjin 300384, Tianjin, China)

Abstract：The microcomputer control technology course is an important professional technology course in institutions of higher learning electrical information engineering, aiming to cultivate students with basic theoretical framework for studying and learning, to intervene to the actual engineering projects in person, and to solve the practical engineering problems using the theoretical knowledge and technology, so as to achieve the purpose of cultivating the ability of innovative talents. In this paper, the construction of the course based on CDIO engineering education mode in project driven teaching is proposed. As the excellent engineers education program of the automation major, this course is a comprehensive technology curriculum. The teaching mode is implemented in the students of 2014 level from the automation and has good effects. The course construction in the similar course possesses an representativeness and demonstration, and has an strong practical operability.

Key Words：Microcomputer Control Technology Course; CDIO Engineering Education mode; Curriculum Construction Research

引言

为增强学生的动手实践能力，拓宽就业渠道。

当前专业课的教学目的，转化为培养学生以基础理论为学习框架和学习脉络，亲自介入实际工程项目中，灵活运用理论知识和技术解决实际工程问题，达到创新人才能力培养的目的。其中，微机控制技术课程是高等学校电气信息类专业重要的专业技术课，是控制技术和计算机技术相结合的产物，它融合了计算机技术、控制理论、微机

联系人：李俊芳. 第一作者：李俊芳（1974—），女，博士，副教授.

基金项目：天津理工大学教学基金项目（编号：YB15-38）.

原理、计算机通信技术以及过程控制等多种技术，以计算机在系统控制中的应用为中心，以计算机控制系统为主线，设计控制系统硬件、软件、系统分析和应用等方面的问题，是面向实际工程控制领域的一门综合性课程[1]。然而，随着科技的进步，仅仅局限于传统教学模式已不能适应社会对自动化专业卓越工程师培养计划的要求，同时也不能满足自动化专业工程认证的需要。

CDIO 模式是 2000 年由美国麻省理工学院以美国工程院院士为首的团队和瑞典皇家工学院等 3 所大学发起，经过 4 年的跨国研究而创立了一种新型工程教育模式[2]。CDIO 代表构思-设计-实现-运作（Conceive-Design-Implement-Operate）[3]。CDIO 工程教育模式由汕头大学于 2005 年率先引入国内，目前全国已有 39 所高校被批准成为 CDIO 试点高校[4]。北京一些高校的自动化学院已经被教育部批准为 CDIO 试点，基于此，本文开展基于 CDIO 工程教育模式的以项目驱动教学的"微机控制技术"课程建设的教学探索与实践。

1　微机控制技术课程教学中存在的问题

目前，传统教学多是以理论教学为主，一方面容易流于空泛，另一方面学生缺乏动手解决实际工程问题的能力。在面对具体工程项目时，如外出现场实习时，或课程设计时，一些学生无从下手。学生往往只能向课程中学习过的内容靠拢，有时又受到书本的束缚，这种从书本出发而不是从实际工程项目本身出发的现象，其根本原因是传统授课与工程设计脱节的问题。

传统的教学方法都采用以教师教为主、学生听为辅的授课方式，教师按章节授课，习惯性的注重其理论完整性和系统性，由于该课程涉及的相关专业课程较多，涉及的基础理论及概念也较多，学生通过授课来达到全面掌握确实有难度。

该课程开设 12 个学时左右的实验，但目前多数院校传统的实验往往是简单的演示性、仿真性、验证性实验，如 I/O 接口的实验，I/O 通道实验等，导致学生依然动手能力差。通过课程学习和实验后，很多学生反映仍无法独立完成简单计算机系统的设计、安装和调试工作，这与培养创新型人才的目标相去甚远，远远不能符合自动化专业卓越工程师培养计划的要求，更达不到工科专业培养应用型人才的目标。可见，微机控制技术课程建设已是迫在眉睫。

2　基于 CDIO 工程教育模式的课程改革的主要框架

课程改革主要有以下几个方面。

2.1　研究内容

（1）研究微机控制技术的教学内容，对该门课程教学内容进行综合整改。结合人才培养方案，在讲授这些课程时，将其中知识内容转化为若干个教学项目，围绕着项目组织展开教学。

（2）探索项目教学法在课程建设的应用，满足课程建设的需要。

（3）基于 CDIO 思想，探索实践教学新模式，设置面向卓越工程师并与实际工程结合密切的典型性及综合性实践项目。可设置为三个项目模块：验证型项目、基础设计型子项目以及微机控制综合型创新类项目，强化动手实践能力。

2.2　研究目标

（1）依据明确的实践型人才培养目标，搭建具有理论性和实践性以及可操作性的课程构架。

（2）对课程及实验涉及内容进行重组、整合、优化，降低冗余，形成微机控制技术的项目教学法。

（3）设计课程章节间衔接的综合性实践项目，以优化实践教学体系，达到"能力本位、知行并举"。

2.3　拟解决的关键问题

（1）以体现课程理论基础、课程内容关联和课程发展为目标，构建完善的课程构架，实现课程基础理论内容的合理设置，是难点问题，也是关键问题。

（2）将项目教学法在课程中得以体现，项目内容的规划既是重点又是难点，具体的实施和实现需要不断总结和借鉴。

（3）采用 CDIO 思想，延伸扩展实践动手的内容，设置模块化、创新化的多层次实践教学，由于该课程涉及几门相关课程，实验设备选取及实验内容制定的可行性上是关键问题。

3 开展项目教学及基于 CDIO 思想课程建设实施方案

微机控制技术课程建设的研究，特别是其中开展项目教学及基于 CDIO 思想的理论结合实践的实证研究，是对自动化学院的面向卓越工程师培养的学科建设乃至相关学院学科建设的有效推进，具有十分重要的现实意义[5, 6]如图 1 所示。探索从以下几个方面实施改革。

3.1 课程建设技术路线

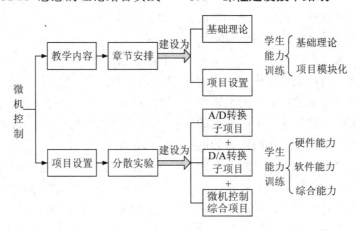

图 1　基于 CDIO 思想的微机控制技术课程建设技术路线

由技术路线看出，理论教学的设计思想是：微机控制技术总学时为 48 学时，（原课程安排为理论 36 学时+实验 12 学时，包括 6 个实验项目），课程建设后理论教学为 32 学时，并划分为 4 个模块，输入输出接口与输入输出通道、数字 PID 控制器的设计、微机控制系统设计及系统可靠性分析如图 2 所示。通过学习，要求学生掌握微机控制的基础理论，并理解微机控制系统设计思路及关键技术等，为后续项目的实现打下必要的基础。

3.2 项目教学设计思想

基于项目教学法和 CDIO 思想，将微机控制原来的 12 学时实验调整为紧扣课程内容的 16 学时的项目，将以往各章分散性实验建设为与课程内容密切结合三大项目模块，验证型项目、基础设计型子项目以及微机控制综合型项目。使学生从验证型、基础设计型项目中验证、复现和深入理解理论知识，并提高发现问题、解决问题的能力。通过综合型项目的实战来开拓学生的自主性、创造性思维，最终实现学生以项目为依托掌握课程理论内容，并达到能够针对具体项目问题进行独立探索、独立解决的综合性及创新性能力培养。

3.3 学生能力评价

构建一个综合的学生评价组成，将微机控制课程考核改为平时作业占 10%，项目完成成绩占 40%，期末笔试占 50%。笔试考查学生基础理论、基本技能、知识归纳能力和知识应用能力。项目综合实现则重点考核学生设计依据是否充足，项目方案是否合理，软、硬件设计是否可行以及结果是否正确。如果报告中体现了自己对本次综合项目独立而深入的思考，还将得到额外的附加分。

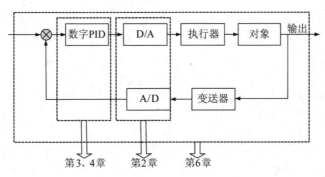

图 2　微机控制综合项目与各章节的对照关系图

3.4 实践

基于 CDIO 思想的理论结合实践的教学已经在我校 2014 级自动化专业学生教学中首次实施，而且采用了双语教学。课堂授课时已经给出大量的专业英语词汇，听课效果基本良好。特别指出实验环节，老师给出要点指导，又学生独立完成实验。对相对简单的项目，例如 A/D 转换子项目，D/A 转换子项目，学生都非常积极，大部分学生能提出自己的实现思路、方法及编写程序，并能独立全部完成。对综合性较强的项目，由于系统性较强，还是有一定难度。这个项目考核学生的知识综合掌握情况，也考核了实际解决问题的能力，此外需要学生一定的理解能力和查阅资料能力，只有个别同学提出设计思路并较好完成，得到优良分数，大部分得到合格分数。经过这一学期的实践，我们发现绝大多数学生都能对实践项目拥有浓厚的兴趣，积极地完成自己的工作，有些设计思路也会让老师打开眼界。

4 结束语

微机控制技术课程开展项目教学及基于CDIO 思想理论结合实践的实证研究，是对自动化专业面向卓越工程师培养乃至相关学院学科建设的有效推进。针对卓越工程师及工程技术人才培养的需要，提出重组课程知识结构，提高教学效率，构建满足具有理论性和实践性的课程构架。将项目教学法深入体现到工科课程教学中，体现项目驱动教学的工程教育理念。基于 CDIO 思想，实现理论教学与课程实践的高度结合，达到卓越工程师及工程技术人才培的目标，并迎合了工程认证的需要。

References

[1] 杨晓文，韩燮. 基于 CDIO 工程教育模式的数据库课程体系的教学改革探索[J]. 计算机时代，2010（11）：65-66.

[2] 杨祥，魏华，刘海波. 基于 CDIO 工程教育模式的工科计算机教育改革探讨[J]. 通化师范学院学报，2009，30（10）：94-96.

[3] 王洪涛，何益宏. 基于 CDIO 工程教育模式下"单片机原理及应用"课程教学研究[J]. 重庆高教研究，2011，30（5）：91-95.

[4] 王萍. 微机控制系列课程的改革与实践[J]. 教学研究，2002，25（1）：78-79.

[5] 童东兵，张莉萍，张颖，等. 基于任务驱动的"微机控制系统课程设计"教学与实践[J]. 上海工程技术大学教育研究，2016（1）：32-35.

[6] 庞敏敏. "微型计算机控制技术"教学改革探索与实践[J]. 城市建设理论研究：电子版，2016（15）.

CDIO 模式下的"自动控制原理"教学改革探索

（沈阳化工大学 信息工程学院，辽宁 沈阳 110142）

摘　要：CDIO 是以现代工业产品从构思、设计到实现、运作的全生命周期为蓝本的、旨在培养学生的工程能力的一种方法。工科专业如何转变教育模式以适应国家经济高速发展的需要，成为迫切要解决的问题。以自动化专业的一门主干课程"自动控制原理"为研究对象，将 CDIO 理念贯穿在课程学习的全过程。运用 CDIO 教育模式对课程的教学模式、教学设计、实验环节以及考核方式等多方面进行了改革探索，以期使学生在实际动手能力、独立创新能力、团队合作能力方而有所提高。

关键词：CDIO；工程教育；自动控制；教学改革

The Reform and Discovery of Automatic Control Principle Based on CDIO Model

（Department of Information Engineering, Shenyang University of Chemical Technology, Shenyang 110142, Liaoning Province, China）

Abstract：CDIO is based on modern industrial products from conception, research and development as well as the end of the operation of waste based on life cycle, and aims to help pupils develop a method of engineering capability. Engineering professional education model of how to adapt to changes in the national economy needs high-speed development has become an urgent problem to be solved. In the paper, a major course will be selected to study with the CDIO mode in order to how to teach and learn. A new model of engineering education was put forward so that students do in the practice, the independent innovation ability, teamwork ability has improved.

Key Words：CDIO; Engineering Education; Automatic Control; Education Reform

引言

CDIO（Conceive、Design、Implement、Operate）是近年来国际工程教育改革的最新成果。它以工程项目从研发到运行的生命周期为载体，通过项目设计将整个课程体系系统、有机地结合起来，学生以主动的、实践的方式参与课程的各个教学环节，强调课程学习要与项目设计相联系，以培养学生的工程实践能力[1]。

CDIO 培养大纲将工程毕业生的能力分为工程基础知识、个人能力、人际团队能力和工程系统能力四个层面，要求以综合的培养方式使学生在这四个层面达到预定目标[2]。CDIO 注重实践性教学和实际动手能力，主张课程实验教学应该从具体实际出发，然后上升至理论，最后再回到实际操作中，以创作最终产品为教学目标[3]。

1　现状及存在的问题

近年来高校工科毕业生普遍缺乏对现代企业工作流程的了解，缺乏团队工作经验，职业道德、

联系人：李凌. 第一作者：李凌（1972—），女，博士，副教授.

基金项目：2014 年自动化类专业教学指导委员会专业教育教学改革研究课题面上项目（2014A30）.

敬业精神等人文素质薄弱，所有这些都难以适应现代企业的发展需求。自动化专业的学生毕业后主要是到相关企事业单位担任工程师和技术研发人员，解决生产与经营中遇到的各种问题，所以该专业实践性很强。要求毕业生具有很强的动手能力、良好的团队合作能力和人际协调沟通能力。如何改变固有教学理念，充分利用好现有实验条件，探索出一条行之有效的工程教育模式，使学生在实际动手能力、独立创新能力、团队合作能力方面有所提高，就显得尤为重要。

"自动控制原理"课程理论性强，内容较抽象。在教学中多年来一直以教师为主体，注重知识点的讲授，轻视对学生能力的培养。原来的教学主要是讲授理论，然后是实验验证，和工程实践联系很少。导致学生错误地认为这门课程只是讲授各种算法和性能分析，在工作中应用不多，在教学体系上缺乏工程教育思想的指导，导致理论和实践相脱离。学生感到枯燥乏味，缺乏学习的积极性和自主学习的意识。这些都是目前所要解决的问题。

2　改革的思路与措施

为了激发学生的积极性，培养学生解决工程问题的能力，同时也为了提高课堂的教学质量，对传统"自动控制原理"课程教学模式、教学设计、实验环节以及考核方式等方面进行了改革。

2.1　教学模式改革

根据"自动控制原理"课程特点，运用 CDIO 工程教育理念，坚持以学生为本，建立知识、能力、素质培养体系，将系统的构思、设计、实施和运行贯穿整个教学过程，对"自动控制原理"的教学目标、课程体系、教学活动及组织形式等进行全方位思考与设计，形成基于 CDIO 的"自动控制原理"课程教学模式，如表 1 所示。

2.2　教学设计改革

CDIO 的核心思想是基于项目的工程教育。在"自动控制原理"课程理论教学时，基于 CDIO 模式，以学生自主学习为主，老师引导为辅。为此，在"自动控制原理"课程教学过程中，设计了诸多相关项目，以达到培养学生工程实践能力的目的，具体如表 2 所示。

表 1　基于 CDIO 的"自动控制原理"课程教学模式

能力培养目标	教学内容	实现方式
工程基础知识	自动控制的基本概念 控制系统的数学模型 线性系统的系统分析 线性系统的设计 采样控制系统的设计 非线性控制系统分析	理论授课 案例分析 网络资源 虚拟仿真 练习
个人能力	工程推理和解决问题的能力 控制系统和工程的思维能力 个人能力和态度 个人职业能力和态度	授课、案例研讨 实验教学 课程设计 专家讲座
人际团队能力	团队交流合作能力 使用外语能力	查阅文献资料 案例研讨 实验操作
工程系统能力	外部和社会背景环境的认知能力 企业与商业环境的认知能力 自动控制系统的构思与工程化的能力 自动控制系统的设计、实施和运行的能力	市场调研 项目设计

表 2　基于 CDIO 的"自动控制原理"课程项目设计

对应理论知识点	项目名称
1. 控制系统概述	自动控制系统演示实验
2. 动力学系统建模与传递函数	倒立摆建模及仿真
3. 控制系统时域分析方法	磁悬浮车系统时域分析
4. 控制系统频域方法	自动巡航系统频域分析与设计
5. 控制系统根轨迹方法	飞行器系统根轨迹分析与设计
6. 采样控制系统设计	直流电机控制系统设计
7. 非线性系统设计	倒立摆系统设计

传统的教学模式往往要求学生独立完成问题，而在企业中更加强调的是紧密的团队合作。因此，教学中学生可自由选择同学组成攻关团队，

合作完成各种项目，培养学生的合作能力、沟通能力、协调能力、项目管理能力与团队领导能力。

2.3 实验环节改革

传统的"自动控制原理"开设的实验课大多数是基于 Matlab 的软件操作，脱离了实际。按照 CDIO 理念，实验项目的设置要完全基于实际工程项目，要注重锻炼学生的思维能力、分析问题能力、独立解决问题能力以及动手能力。因此我们在设置实验课时，让实验安排始终贯穿于理论课程教学全过程，仿真和实验体系结构按照控制系统建模、分析以及设计为主线，最大限度地突出实践技能培养，锻炼学生动手能力和解决问题的能力。

倒立摆装置是进行控制理论教学及开展各种控制实验的理想实验平台。通过对倒立摆的控制，检验新的控制方法是否有较强的处理非线性和不稳定性问题的能力。同时，其控制方法在航天、机器人和一般工业过程领域中都有着广泛的用途，如机器人行走过程中的平衡控制、火箭发射中的垂直度控制和卫星飞行中的姿态控制等。教学中，将倒立摆作为工程实例贯穿整个课程，在各阶段理论教学后，完成倒立摆的系统建模、分析及控制器设计等，提高学生的工程应用能力及学以致用的信心。

具体实施分三个阶段：（1）引导学生充分利用图书馆和网络，搜集相关资料；（2）学生分成研究小组，跟随课程的学习进度依次完成被控对象的建模和性能分析，并完成控制器的设计，然后用 Matlab/Simulink 建立控制系统的仿真模型，对系统的控制性能进行仿真分析；（3）要求学生以组为单位撰写研究报告，并以小组的形式进行研究汇报，汇报中要求小组成员全员参加，教师和其他组学生同时对研究情况进行打分评价。通过汇报，不仅可以活跃研究氛围，加强各组学生之间的交流，开阔学生的视野，还可以检验每个学生在课题研究中的参与程度。

2.4 考核方式改革

传统的"自动控制原理"课程考核，一般都是平时成绩占 30%，闭卷考试卷面分占 70%。而平时成绩一般又分三块，实验占 10%，作业占 10%，出勤占 10%。试卷只能检验基本理论的掌握情况，不能作为评判学生的灵活运用能力和综合素质的评判依据。

CDIO 模式是强调加强学生综合素质和能力的培养，为了合理评判学生的学习成效，课程考试分数只占总成绩的 40%，平时成绩作为重点，注重学生的平时学习过程和表现，其中作业占 30%，发现作业抄袭现象的，双方记零分并进行教育批评以杜绝抄袭现象再次发生，实验占 30%，主要根据实验考勤、实验态度、创新能力、动手能力以及综合素质给成绩。

3 结论

以沈阳化工大学自动化专业的"自动控制原理"课程为研究对象，介绍了 CDIO 的教育理念，讨论了 CDIO 模式在"自动控制原理"课程改革思路与实施方案，以期在今后的实践中不断地总结和修正，进而推广到其他相关课程的 CDIO 教学中。

References

[1] 郭威. CDIO 模式在"软件体系结构"课程中的探究与实践[J]. 中国电力教育，2010（24）：121-122.

[2] 王硕旺，洪成文. CDIO：美国麻省理工学院工程教育的经典模式——基于对 CDIO 课程大纲的解读[J]. 理工高教研究，2009，28（4）：116-119.

[3] 王志强，蔡平，杜文峰. 基于 CDIO 理念的多媒体应用基础课程实践教学改革[J]. 计算机教育，2009（12）：137-138,143.

[4] 刘镇章，陈从桂，李东炜.CDIO 自动控制理论课程的探讨田[J]. 当代教育理论与实践，2012，4（7）：49-50.

[5] 尤文斌，丁永红. 自动控制理论实验教学研究[J]. 中国教育技术装备，2011，231（9）：109-110.

面向工程认证的自动化专业课程多元化考核体系研究

王华斌　李鹏飞　罗　妤　郭利霞

（重庆科技学院，重庆 401331）

摘　要：在工程教育专业认证背景下，为了适应自动化专业教学发展的需要，在分析旧的考核模式的弊端及局限性后，文章提出了多元化考核的思想。它的主要观点是在课程考核方式和考核内容上进行了改革，对自动化专业课程考核体系进行重构。

关键词：多元化考核；标准化考试；非标准化考试

The Research of Diversified Evaluation System of Curriculum System of Automation Towards Engineering Certification

Huabin Wang, Pengfei Li, Yu Luo, Lixia Guo

(Chongqing University of Science and Technology, ChongQing　401331, China)

Abstract：Under the background of the engineering education accreditation, in order to adapt to the development of automation teaching, it is proposed the idea of diversified assessment aftert the analysis of the old assessment model of defects and deficiencies. Its main idea is to reform the curriculum evaluation methods and content, and reconstruct the assessment system of the automation major course.

Key Words：Diversified Assessment；Standardized Examination；Non Standardized Examination

1　引言

　　工程教育专业认证是指专业认证机构针对高等教育机构开设的工程类专业教育实施的专门性认证，是国际通行的工程教育质量保障制度。工程教育专业认证要求专业课程体系设置、师资队伍配备、办学条件配置等都围绕学生毕业能力达成这一核心任务展开并强调建立专业持续改进机制和文化以保证专业教育质量和专业教育活力。其中对学生的科学评价是非常关键的环节。考试是目前高校行之有效的考核手段，一直以来考试成绩都是各高校检验教师教学质量，衡量学生知识掌握水平的重要依据，是检验教与学效果的主要手段。

　　根据布鲁姆的观点，教学评价大致可以分为诊断性评价（Diagnostive Assessment）、形成性评价（Formative Assessment）和总结性评价（Summative Assessment）三种。诊断性评价一般在教学过程开始之前进行，目的是确保学生在学习开始时具备必要的认知能力和情感特性，为教师设计一种合适的教学方案，使教学适应学生的特性和背景；形成性评价在教学过程中的每一个学习单元结束时进行，目的是及时掌握学生的学习状况，帮助他们改正错误、弥补不足，从而取得最优的教学效果；总结性评价是在一门课程结束或者某个学习阶段结束时进行，主要目的是评定学生的学业成绩，确定不同学生各自所达到的水准或彼此间的相对地位，并确定总体教学目标的达成状况。长期以来，我国各级各类学校的教育一直都是一种应试教育，忽视形成性评价，注重总结性评价，老师为了考而教，学生为了考而学，进而导致学生"上课记笔记，下课看笔记，考试背笔记，考后全忘记"这种评价体系，考查的是人脑储备知识的能力，而不是人脑运用知识的能力。尤其是目前高等工学教育考试，过分注重总结性评价在一定程度上弱化了考试功能的正常发挥和教育目标的实现，这不仅影响了高等教育质量，同时也影响了广大学生的学习积极性，阻碍了高素质人才的培养，存在诸多弊端。

2 自动化专业课程多元化考核改革的基本思想

多元化考核是指对自动化专业课程的考核方式、考核内容、成绩评定的方法及考核方式与管理方面存在多元性。自动化课程考核模式改革以"全面考核，多种形式，注重过程，促进发展"为指导思想，关注学生学习过程，注重信息反馈，全过程、综合地评价学生的学习成绩和学习效果。

将改革原有"一考成定败"的总结性考试模式，构建自动化专业课程形成性考核评价体系，强调自动化专业学生的学习过程考核，任课教师在教学过程中根据自动化专业不同阶段的教学要求，灵活运用提问、讨论、作业、小论文、小测验等多种方式了解学生学习状况，并通过测验获取教学信息，指导教学更好地开展，通过本体系去评价自动化专业学生的智能水平、创新能力是否符合工程认证要求的教学目标和人才培养目标的要求。

2.1 自动化专业考核内容多样化

从现行偏重于知识记忆考核转变为应注重知识应用能力、实践能力、解决问题能力和创新能力的考核。

针对自动化专业的不同课程、不同学习阶段运用多种考核方式。形成性考核不拘泥于传统的课堂提问或是记忆知识问答，而是以教师导学为主，采用阶段测试、问题研讨、小作业、论文、案例分析、调查报告读书笔记等方式，考核标准既有量化指标，又注重质性评价，其目的是在教师的引导下，师生交流沟通，有效反馈信息，促进学生在学习态度、学习方法和学习计划等方面的改进与提高。终结性考核以课程的期中或期末考试、学习阶段测试、综合技能测评、毕业前考核等构成，量化评价为主，考核标准统一、考核结果客观。如基础类课程以终结性评价为主，采取期中或期末考试题库命题的学校统一考试，成

绩核定70%；学习过程考核（平时测评）占30%；同一课程的不同内容，如基本概念、基本理论等以记忆和传承为主的教学内容，以标准化试卷的形式统一考试；不同学习阶段采取由任课教师、院部和学校组织不同形式和内容的考试。

2.2 考核方式多元化

采取非标准化考试标与准化考试相结合的方式。

非标准化考试是指在课程学习过程中或不同学习阶段，以学生的学习态度、学习策略及能力测试或知识拓展为评价目的，标准不统一，形式多样化，如口试、笔试、小组讨论、网络提交报告等。

标准化考试，即严格按大纲要求的比例、特定的题型、科学的程序进行命题和实施考试，使用统一的标准答案进行阅卷，其目的是有效地控制、减小各种人为误差，其特点是统一的试题、统一的答案、统一的评分标准。

依据教学目标和培养要求，对自动化专业的相关的课程如各科理论知识等运用标准化考试，遵循统一的评定标准，客观反映学生的学习成绩和学习效果。

3 自动化专业课程考核指标体系重构

从工程认证提出的新型教育理念出发，构建自动化专业课程考核评价系统。

3.1 自动化专业课程考核指标体系的确立

将自动化专业课程根据其理论课、实践课的不同分成ABC三类，不同类别相应的考核指标也不全相同，同一类课程的具体指标可能因为课程本身的特殊性、教师施教方法以及学生群体的不同而有所不同，因此确立既有共性又有个性的具体指标以及相应指标占总评成绩的比重是本项目重点需要解决的问题之一。将自动化专业的课程分为三大类。

A 理论课程：指完全以理论授课为主的课程，如自动控制原理，信号与系统等理论性较强的课程。

B 实践课程：指完全以实验、见习等实践环节的课程；如电子技术综合训练，单片机综合训练。

C 理论实践混合课程：兼有理论授课和实践环节的课程；如模拟电子、数字电子技术等课程。

3.2 自动化专业多元化考核的实施

与传统的课程"一考定终身"的方式相比，元化考核考核强调的是对过程的考核，在具体实施过程中无疑会大大增加教师的工作难度和工作

量。教师在教学过程中需要花相当大的精力去研究、设计如何进行课堂提问、讨论和互动，组织口试、答辩以及科学规范命题等，这需要在制度上有相应的保证，以保护个提高教师的积极性。

3.3　多元化考核结果分析及反馈制度的形成

教学考核评价既是一个教学管理过程的终结，更是下一个同样过程的开始，具有一定的鉴定和诊断作用，通过全面科学的考核结果分析获得的信息不仅有利于改进教学方法和手段，指导学生正确有效地学习，同时对提高教学质量、改进考试设计和提高考试命题质量都大有裨益。

针对自动化专业不同类别的课程其形成性评价体系的具体指标将不全相同：对于 A 类理论课程，评价体系包含平时课堂考勤、课堂提问和讨论、布置作业、小论文、期中考试、期末考试等组成部分，设定期末考试成绩占总评成绩的最高比例为 80%，其余组成部分的比例由教研室、任课教师根据课程以及学生群体的实际决定相应比例，可以采用标准化考试。B 类课程为实践类课程，评价体系包含平时考勤、提问和讨论、布置作业、小论文、实验考核、操作考核等组成部分，不采取理论测试的方式，注重考核学生的实践能力，可以采用非标准化考试；C 类课程理论实践兼而有之，评价体系包含平时考勤、提问和讨论、布置作业、小论文、实验考核、操作考核、期中考试、期末考试等组成部分，其中理论测试与实践考核的比例与理论课时数与实践课时数的比例相当，既可以采用标准化考试，也可非标准化考试，具体采用何种根据学校定位与学生的不同而不同。可以结合课程、教师以及学生群体的实际需要来定具体课程，考核体系指标，在课程开课初将考核方案告知学生，明确评分标准。

在考核过程中要及时、如实记录以作评价依据随时备查。任课教师在某一单项考核结束后应及时进行总结分析，并将分析结果及时向学生反馈，这不仅可帮助教师了解教学效果，改进教学方法，提高教学质量，更重要的是还可以帮助学生了解自身的学习情况，改进学习方法，提高学习效率从而体现形成性考核评价的真正价值。

根根据以上总体方案，教研室、任课教师可以结合课程、教师以及学生群体的实际需要来定具体课程考核体系指标，在课程开课初将考核方案告知学生，明确评分标准，在考核过程中要及

时、如实记录以作评价依据随时备查。任课教师在某一单项考核结束后应及时进行总结分析，并将分析结果及时向学生反馈，这不仅可帮助教师了解教学效果，改进教学方法，提高教学质量，更重要的是还可以帮助学生了解自身的学习情况，改进学习方法，提高学习效率从而体现形成性考核评价的真正价值。

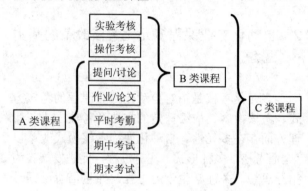

图 1　课程形成性考核评价指标体系简图

4　结论

本文根据考核改革目标，探索了自动化专业多元化考核方式。本文的多元化考核方式具有一定的实际应用价值，可供其他课程考核方式参考。多元化考核方式改革是对原有传统的考试方式的变革，而传统考试方式也具备评分标准化，教师和学生都比较适应的优点，因此怎样尽量保留传统考试方式的优点，同时发挥其他考核方式的优点，以获得合理的考核方式需要不断的探索和实践。

References

[1] 吴岩. 把握高等教育形式把握质保制度设计——以国际标准认证助推工程教育质量提升[R]. 北京:中国工程教育专业认证协会, 2015.

[2] 王文素. 高校课程考试改革的理论与实践探索[J]. 长春理工大学学报:高教版, 2009, 4（6）:55-6.

[3] 徐双荣, 盛亚男. 从国外大学考试谈我国高校课程考试改革方向[J]. 当代教育科学, 2009（19）:20-22.

[4] 李颖. 材料科学与工程专业课程体系教学改革与实践[J]. 河南化工, 2013, 30（2）:60-62.

项目驱动的 MATLAB 在运动控制系统教学中的应用

王艳芬

（河北工程大学，河北 邯郸 056038）

摘 要："运动控制系统"课程是自动化专业学生的重要专业课，对培养学生的专业素养，提高学生的专业技能至关重要。但是课程内容抽象、理论性强。本文针对运动控制系统的教学现状，提出采用项目驱动的 MATLAB 仿真辅助教学模式，探讨了该模式下教学项目的设计原则，分析了项目的实施过程，总结了项目实施过程应注意的事项。实践表明该成果的实施不仅提高了学生的学习兴趣、学习能力和实践能力，也对整个专业的改革与建设起到了积极的推动作用。

关键词：运动控制系统；MATLAB；项目驱动；仿真

Application of MATLAB Based on Project-driven in the Teaching of Motion Control System

Yanfen Wang

（Hebei University of Engineering，Handan，056038，Hebei Province，China）

Abstract：Motion Control System, an important course in the automation and its correlative majors, plays an irreplaceable role on theory and experiment teaching, scientific research and production practice. But it is an abstract and highly theoretical course. In this paper, in view of the present situation of teaching in the course of Motion Control System, MATLAB based on project-driven is adopted and the design principles of example projects are discussed, process of project implementation is analyzed, attentions in process of project implementation are summarized. The practice shows that it not only improves student's interest, but also promotes the entire specialized reform and the construction.

Key Words：Motion Control System；MATLAB；Project-driven；Simulation

引言

"运动控制系统"是自动化专业的一门传统专业课。课程内容涉及电机原理、电力电子和控制理论知识，学生学习难度较大[1]。"运动控制系统"又是一门面向应用的课程，与工程实际联系紧密。

如何将抽象的运动控制系统理论知识与工程实际应用很好地结合起来并为学生理解和使用，是我们在教学中一直探索的问题。

MATLAB 是 Matrix Laboratory（矩阵实验室）的缩写，它是由美国 MathWorks 公司开发的大型数学计算软件，它除了具有数值计算、图形绘制等传统功能外，还可以完成系统建模、动态仿真和动态分析系统最优化设计，并能用 SIMULINK 仿真工具对控制系统进行仿真、分析和调试[2]。

1 运动控制系统教学现状

"运动控制系统"课程涉及自动控制原理、电机及拖动基础、电力电子技术和计算机控制技术

联系人：王艳芬. 作者：王艳芬（1974—），女，硕士，副教授.

等多门课程的知识，具有较强的综合性和实践性[3]，多课程交叉，理论性强，教学内容抽象，工程背景浓厚，是自动化专业的一门重要的专业核心课。

在授课过程中，学生需理解许多抽象的概念，在此基础上推导数学公式，从而进行分析。若按照传统授课方式，由于运动控制本身原理性强，相关课程及知识点多，知识点之间互相交叉渗透造成知识理解上的困难。而且课程配套实验内容彼此孤立，架构的知识体系不连贯，不利于提高实验效果。为了改善这种情况，提出以项目驱动的 MATLAB 仿真辅助运动课程教学的模式。

项目驱动教学法是一种建立在建构主义教学理论基础上的新方法，是一种目前使用较多的教学方法。项目驱动式教学方法是以项目为核心，在教学时，结合 MATLAB 仿真软件，把学生的学习内容有效融入 MATLAB 仿真开发项目中，在仿真项目中模拟运动控制系统的不同情境，了解其产生的不同效果，掌握其控制规律。这样即解决了授课中的理论性过强问题，让学生切身体会到不同的控制对象其控制方式的不同，而相同或相似的控制方式中不同的控制参数对被控对象的控制效果又不同。开阔了学生的视野，强化了各学科相关知识的交叉融合。

2　项目驱动的教学模式

项目驱动法教学是以实践应用为根本目标，学生为主体，教师为主导，围绕具体的项目构建教学内容体系，通过师生共同参与完成一个具体的项目而展开的教学活动[1]。基于项目的学习，就是学习者围绕一个具体的项目，探索创新、内化吸收的过程中，以团队为组织形式自主地获得较为完整而具体的知识，形成技能并获得发展的学习[2]。

项目驱动教学法是以学生为作用中心，以项目为实施中心，以教学效果为评价中心。项目教学法在实施过程中要注意以上几点才能很好地实现既定教学目标。

基于项目驱动的 MATLAB 仿真的教学改革过程中，重点关注授课和实验环节的衔接。教学过程一般分为四个部分。

（1）课堂理论教学时借助 MATLAB 仿真平台进行项目的讲解，让学生直观观察运动控制系统的控制原理及其控制结果，激发学生学习的兴趣。

（2）课后学生利用个人电脑中的 MATLAB 软件进行课堂教学的拓展和实践。

（3）在平时布置一些开放性自选作业，让学生选择自己感兴趣的内容进行深入学习。

（4）与实验室的实际实验项目相结合，在实验课课前进行该项目的仿真及参数调整。

2.1　项目的选择原则

项目的设计是项目驱动法教学开展中的一个至关重要的环节。创建经典的、有代表性的、对比效果显著的最好是有实际应用价值的具体项目是我们选择项目的主要原则。

项目内容要覆盖重要的理论基础知识。运动控制的课程内容庞杂，知识点比较多。所以项目内容的选取上要慎之又慎。既要覆盖主要的知识点，又要不牵扯或少牵扯教材上未涉及知识点。一般来说选择书上的例题是不错的选择。

项目要具有一定的针对性和连续性。项目的内容要有针对性。针对特定的知识点提出项目，注意学生学习的几门课程之间的关联，科学合理进行项目规划。

同时项目与项目之间要有连续性。一方面是专业知识体系的连续性，另一方面前一个项目是后继项目的基础，后继项目是前一个项目的提高和升华。

运动控制系统中涉及的领域很广泛，如自动控制原理，现代控制理论，电力电子及电机等。本文选取的只是其中比较典型，控制过程不太复杂的项目。要求每个项目既要体现该控制系统对 MATLAB 仿真的具体要求，还要能基本覆盖现阶段教学内容的相关理论知识点。

本文所涉及的项目内容及教学目标如表1所示。

2.2　项目的实施

确定了项目，就要制定明确的设计任务、设计目标和实施方案。项目的实施过程一般分为课堂教学、基础项目、综合项目三个部分。不同教学阶段的项目功能和难度都是不同的，做到循序渐进，学生自然从课堂理论知识过渡到实践的具体操作。

表 1 项目内容及教学目标

项目内容	教学目标
开环直流调速系统及调速指标	建立简单直流调速系统
单闭环直流调速系统	掌握建立单闭环直流调速系统方法，静特性及动态分析，了解调速指标
转速负反馈闭环直流调速系统仿真	PWM-M 仿真，无差直流调速仿真
双闭环直流调速系统	掌握建立单闭环直流调速系统方法，静特性及动态分析，了解调速指标；掌握电流环及转速环的工程设计方法
调压交流调速系统	掌握交流电机调压调速系统方法，选择算法完成系统仿真
变频交流调速系统	掌握异步电机及、逆变器及测量等模块数学模型，选择算法完成系统仿真
转速开环恒压频比调速系统	掌握建立恒压频比即基频以下的数学模型，选择算法完成系统仿真
绕线转子异步电动机双馈调速系统	建立数学模型，建立仿真模型并设置参数

2.2.1 团队的建立

采取团队合作的形式完成综合性项目任务，强调"团队精神"，通过交流讨论，分析问题，确定方案，分析调试，解决问题。在这样的思想碰撞中，学生对知识点的掌握运用方面，学生的协作精神方面和科研能力等方面都极大的提高。

2.2.2 组织课堂教学

在理论教学阶段，教师根据教学内容安排以及项目的需求，组织实施教学计划。在此过程中，要充分考虑各实验项目对课堂讲授内容的需求。

2.2.3 基础项目实施

基础项目是 MATLAB 仿真的初级阶段，项目的内容比较基础，是用于分析、了解、掌握关键知识点的应用实例。一般由学生团队自己完成。锻炼学生独立胜任项目团队角色的能力，并能独立完成一个比较基础的项目任务。学生可以看到系统实际运行的结果，提升学生感性认识，增强参与项目的兴趣。在本文中，如开环直流调速系统、调压交流调速系统、变频交流调速系统等均属于基础项目。

2.2.4 综合项目实施

综合项目往往选择任务明确的、经典的、具有一定难度的、大部分学生能够完成的项目。综合项目一般是基础项目的综合，几个基础项目进行组合、调整，得到一个相对复杂的综合项目。综合项目一般由老师引导，学生讨论，实际验证。在本文中，双闭环直流调速系统、转速开环恒压频比调速系统、绕线转子异步电动机双馈调速系统等均属于工程项目。

以下以双闭环直流调速系统为例。通过团队充分的讨论，利用已学过的直流电机控制理论，首先建立电流环仿真模型，如图 1 所示[3]。

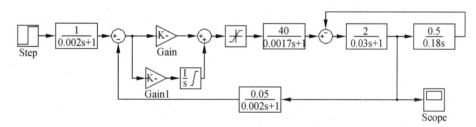

图 1 电流环数学模型仿真框图

在电流环模型的基础上，完成转速环的仿真   模型如图 2 所示。

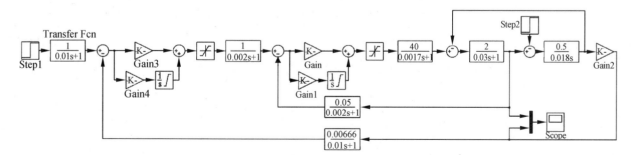

图 2 转速环数学模型仿真框图

在此基础上，可得到该系统的仿真运行波形图，并可对该系统的参数设置进行修改并观察波形图结果引导学生进行分析讨论。

在这样从简单到复杂，从理论到实际应用的项目实施过程中，提高了学生对运动控制知识的掌握，建立了运动控制的知识网络，提高了独立思考能力，为以后运用相关知识打下了坚实的基础。

2.3　项目实施的注意事项

2.3.1　关注多学科的交叉融合

任何一个现代工程几乎都离不开控制，因此任何一个控制系统的实现都是控制与工程结合或交叉的产物。在项目中往往与其他领域如化工，机械等领域存在交集，项目将系统设计、建模仿真与生物学实验有机结合，需要控制科学、分子生物学等多学科知识与技能。项目分析的过程就是一个多学科交叉融合的过程。

2.3.2　网络教学平台的建立

建立运动控制的网络教学平台，把教学资料包括MATLAB的教学项目和案例放在网络上，为学生提供了运动控制课程教学大纲、教师的电子课件、作业、模拟测试等资源。学生可以通过网络查看资料，也可以通过网络演示项目和案例，并可对项目和案例进行修改、拓展，促进学生更好地掌握所学知识。

3　结　论

项目驱动的 MATLAB 在运动控制系统中的应用以项目覆盖知识网络，以项目体系架构教学体系，以项目拉动启发和验证来组织教学，符合目前专业课教学的基本教学原则。

通过项目驱动运动控制教学模式的实施，所选项目具有宽广的知识覆盖面、较强的针对性、难度递增、适合教学等特点，使用效果良好，受到广大学生的欢迎。这一教学探索有效激发学生学习的积极性，提高学生的主动性及综合能力，锻炼了学生的创新能力，提高教学效果。

References

[1] 赵恒平，龙婷. 研究型大学本科教学定位与质量提升的路径选择[J]. 华北电力大学学报：社会科学版，2008（2）：120-124.

[2] 付立华. Matlab 在过程控制课程教学中的应用[J]. 河南工程学院学报. 自然科学版，2010（1）：73-76.

[3] 阮毅，陈伯时. 电力拖动自动控制系统-运动控制系统[M]. 北京：机械电子工业出版社，2009.

[4] 桂学文，徐稳，王凯. 利用研究型教学模式，培养大学生的创新意识与科研能力——以"信息经济学"课程教学为例[J]. 高等教育与学研究，2008（8）：38-41.

新工科背景下"电机与拖动"教学改革与探索

吕　剑　从兰美　何莉萍

（临沂大学 自动化与电气工程学院，山东 临沂 276000）

摘　要：“电机与拖动”课程是自动化专业的一门重要基础课，它在专业培养体系中起着承上启下的重要作用。针对该课程理论性强、教学难度大、考核方法单一等问题，本文结合新工科背景下人才的培养目标，从改进教学效果，提升教学质量容的角度，在课堂教学、实验教学、考核方法等方面，提出了一些教学改革建议。

关键词：新工科 电机与拖动 教学改革

Teaching Reform and Exploration of "Electric Machine and Drag" under the Background of New Engineering

Jian Lü, Lanmei Cong, Liping He

(School of Automation and Electrical Engineering, Linyi University, Linyi 276000, Shandong Province, China)

Abstract：The course of electric machine and drag is a basic course of automation specialty, and it plays a very important role in the professional personnel training system. But there are some problems in the teaching process, for instance, its content is abstract, the teaching is difficult and the assessment methods is not good. Some suggestions and concrete measures about teaching reform, which included curriculum's course content, teaching method, experiments teaching and assessment methods were proposed in this paper, which is more available for the cultivation of new engineering talents.

Key Words：New Engineering；Electric Machine and Drag；Teaching Reform

引言

近年来，"新工科"在人们的视野中不断出现，这一概念的提出，是目前工程教育大趋势的一种体现。与旧工科相比，"新工科"更注重实用性，学科的交叉与融合，特别是关注新技术如软件设计、电子控制、信息通信技术等与传统工业技术的结合。然而只有人才创新，技术才能发展，想要发展"新工科"，就必须顺应培养一批新型人才。我国高等工程教育改革发展已经站在新的历史起点，唯有改革才有出路。作为大学老师，应该在教学上不断实践，发挥优势，主动探索和推进新工科。

为顺应社会经济发展的潮流和企业的人才需求，高校培养的学生应该具备扎实的专业理论知识和较强的实际动手能力。"电机与拖动"是自动化专业学生必修的专业课程，在专业知识结构中占相对重要的地位，也是一门实践性较强的课程。当前，对学生知识技能的培养也要与时俱进，要从企业所需人才角度出发，对本课程进行教学改革，以便使学生在毕业后上岗时能尽快缩短适应期以满足岗位需求。而传统的教学模式、讲授方法与手段已不能适应新工科的要求，因此必须要改革教学方法和手段从而与新工科要求的教学理念、教学结构相一致。为探索"新工科"对自动

联系人：吕剑. 第一作者：吕剑（1987—），女，硕士，讲师.

化专业人才的需求，本文在本专业的培养目标和课程标准的基础上，结合精品课程建设，对该课程在教学内容的选取、教学方法的应用等方面进行改革上取得的成效进行了总结。

1 改良教学内容，优化课程体系

新工科要求培养的高技能人才是新的工程实践能力强、创新力强的综合型人才。为了使学生较好地掌握"电机与拖动"课程的内容，首要任务是要改革课程的教学内容，弱化理论分析，突出应用性，注重培养学生解决实际问题的能力。因此，在教学过程中，应加强课程内容的信息量，注重多给学生接触到新的科学研究成果和新技术发展和应用情况，与实际接轨[1]。

电机拖动课程的教学重点主要包括直流电机及其驱动、变压器、交流电机及其驱动三个部分。作为应用型本科院校，自动化专业的学生学习电机的目的是应用电机，为学习电机的驱动打下基础，那么关于电机的工作原理理解就够了。因此，该课程的讲授重点为电动机及其电力拖动，故在教学过程中应缩减学生难以理解而在实际生产应用偏少的内容，如直流电动机的换向过程分析；压缩变压器空负荷运行及矢量图的理论分析；弱化电磁场理论的学习，注重课程的结论性和应用性学习。

随着电力电子技术和元器件的发展以及现代控制理论的应用，交流异步电动机的启动、调速等各项性能都可与直流电动机相媲美。因此讲授的内容体系应与行业科技发展同步，可适当地删减直流电机部分内容，以交流异步电动机的工作原理及其拖动作为主线，重点讲解电机的结构和工作原理及工作特性详，详细讲解电机的启动和调速，增加一些与实际联系紧密的电机启动和制动，如异步电动机的软起动、变频调速等的原理和应用。

2 改进教学方法，提高教学质量

高等教育继承了传统的以课堂教学为主的"填鸭式"教学模式，在新形势下遇到了具有较强实践要求的工程人才培养需求的瓶颈。新工科概念的提出，对高校老师提出了新的挑战——既要做到坚持以学生为中心的教学理念，还要做到具有较强的针对性和可操作性，因此需要不断改革与探索尝试，力求找到最适合学生的教学方法，培养新工科人才。

2.1 授课方法的改革—教学相长

"电机与拖动"课程的理论性、系统性和实践性非常强，课本中展现的多是繁冗的理论、抽象的概念等枯燥的内容，学生略感难度较大。同时教学课时数相对较少，因此该课程的教学双方都存在着较大的困难。因此，在本课程教学中，本节课的讲授内容结束后，尽量留出一些时间给学生讨论，举出一些电机应用实例让学生分析，力求让学生消化本节课的授课内容，留下思维发挥的空间。因此，上每一节课前，要求教师必须做好教学设计，做到让学生提前预习，在课堂上积极反馈，课后思考。

教师对教学内容的设计就像一个舞台演员，他在每一个表达、每一句话和每一个动作中扮演着非常重要的角色，良好的教学设计能在有限的时间内传授更多的知识，同时获得良好的教学效果。良好的教学设计要求教师不断地学习、训练和总结，要使枯燥的工科课程更加生动有趣，还需要不断地努力，提高教学质量。同时，要力求简洁、清晰、集中，以此为出发点，来节省教学时间。在教授过程中，通过启发式教学和问题式教学引导学生主动思考，变被动学习为主动[2]。教师从灌输教学方式转变到互动式教学，让学生主动学习而非被动接受，积极引导学生融入教学中，形成良好的教学互动。从而使教学质量得到进一步的提高。以直流电机的原理及拆装为例，图 1 展示了互动式教学模式流程。

授课过程中充分利用利现代化的多媒体教学手段，黑板与电教两用。多媒体教学使得老师从大量的板书中解脱出来，因此他们有更多的时间与学生进行交流互动[3]。上课前，教师搜集在工作实践中接触的一些电气控制电路（元器件实物组装）并拍成照片制作成高清晰彩色动画图片进行幻灯播放演示给学生看，边讲解边演示，形象生动又直观，内容针对性强，幻灯画面可控，仿真效果好，深受学生的喜欢，充分调动了学生的学习积极性和兴趣。对于电机结构或其工作原理

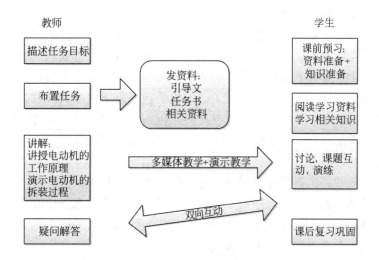

图1 互动式教学模式流程图

及其他概念，如果只是泛泛地讲解，学生会感觉抽象难以接受，如果向学生展示清晰的照片或视频会达到事半功倍的效果。讲课中，多利用实物和多媒体教学的方式，首先让学生进行感性认识，然后通过理论知识的详细讲解与分析，从而上升到理性知识，达到良好的上课效果。课后，学生对自己在课堂上所学的知识有疑问，可及时让学生或老师进行解答，让更多的学生理解，也可以促进教师改进教学方法和内容。

2.2 实验方法的改革—重视实践

从新工科培养人才的角度看，基本上是以培养既有理论知识又有实践能力的应用型人才为主，"电机与拖动"课程不仅涉及理论知识而且还有许多实验、实训项目。实验教学在该课程中占有很大的比重，合适的实验教学方法不仅可以有效引导学生独立思考并提高实际动手的能力，而且在此过程中，巩固了学生对理论知识的理解，激发学生的学习兴趣，为后续的理论课也打下了很好的基础，理论课和实践课相辅相成，形成一个良性循环。

按照以往的教学模式，实验操作是安排在理论知识全部讲授完成后才进行，这种方式取得的实验效果差强人意。如果将实验环节插入理论教学中来，即理论知识学习的每一章节或者某个知识点的学习结束后，立即安排相应的实验课程，及时通过实践训练，增强学生的学习兴趣并加深理解和掌握的理论知识。这种边学习变实验使得理论与实际动手能力实现了无缝对接，教学效果更佳。

首先，由于学生第一次接触到电机实验，所以在安排实验内容时，应该循序渐进，由浅入深，同时实验内容要具备典型性。实验教学的指导原则是在课时有限，但要确保循序渐进地让学生吸收，逐步提高学生动手能力，同时掌握电机的相关知识，使得训练效果最大化。实验教学过程中指导学生在练中学，学中练。实验中，老师要认真巡视，监控学生实操过程中存在的问题，对不合规范的操作及时纠正，对学生比较模糊的概念予以讲解，提高实操训练质量。实验过程中，若有学生提出问题，老师暂时不会给出答案，而应积极引导学生自主思考，培养学生积极主动的探索意识和严谨的工作态度，鼓励并引导他们独立思考，自己想办法来解决问题，有意培养其发散思维和创新思维。其次，本课程有很多验证性实验，其特点是实验内容单一，约束性太强，不利于培养学生创新思维的培养。因此，通过增加创新性、设计性、综合性的实验，可以在巩固学生的理论知识的同时，提高学生独立分析问题和解决问题的能力。针对这种设计性、创新性实验，为了能够充分发挥学生的主观能动性，教师只提供实验目的、实验要求及注意事项等，而实验方法和步骤则由学生自己拟定。第三，实验内容分为必选实验和选做实验两种，在完成必选实验的前提下，学生可以根据自己的能力和兴趣来自主选择选做实验。同时，约定好实验室开放时间，以保证他们有更多的时间进行研究性和创新性实验。这样既可以充分调动学生的积极主动性，培养其实践动手能力，还可以激发学生的创造性潜能和创新能力。这种课堂学习与实验实训紧密结合、"教、学、做"一体的教学模式是理论教学与实践教学有机结合的最佳模式。最后，对于学习有余力、动手能力较强的学生，可以带领他们参加各种科技竞赛、参与教师科研，这是提升学生综合能力和创新能力的有效途径。经过几届师生的反复教学探索与实验，教师的教学探究和学生的学习主动性得到了提高，教学与学习取得了良好的互动。教师变灌输式教学为指导式、互动式教学，同时配合合理的考核方案，学生变被动接受为积极思考、主动学习，明显提高了教学质量。

2.3 强化校外实习环节教学—产教融合

高等教育在校外实习环节普遍有所弱化，而本课程是与实际生产生活密切相关的，所以必须要注重课后实习环节的安排。在暑假或者小长假，各方面条件允许的情况下，组织学生去不同的去到相应的电机、变压器企业去参观或实习，增强学生对电机结构、生产装配过程、技术要求指标等的感性认识。深入企业现场的过程中，学生在向企业工人学习的过程中，做一些力所能及的工作，能学到课本上没有的知识，扩展了学生的视野。同时，通过企业现场学习，学生了解了企业的人才需求，对自己今后将工作的环境有所认识，对后续专业课的学习会更加主动，更有目标性。

3 改革考核方案，优化考核方式

本课程的考核方案尤为重要，根据本学院自动化专业的培养方案，本课程的考核真实体现学生对该课程基本内容的了解和掌握；要求真实反映学生自主学习的积极性[4]。通过对"电机与拖动"课程的教学改革，以及精品课堂建设方案的要求，设计出本课程的新考核方案，努力使学生掌握对知识的实际运用能力和引导学生提升综合素质。在考核的过程中，务必要做到以下两点：

（1）过程考核：考试是检验环节，不是最终目的，教育的目的不是应付考试，而是通过教学培养理论知识扎实且实操能力强的"新工科"人才。因此要制定合理的考核方式——通过过程评价方法，教师在教学过程中发现问题，解决问题，以保证人才培养目标的实现。过程考核即每结束一个单元或者一个知识点的教学就对学生进行单元测验，测试内容不仅仅是笔试还包括对老师提出的问题作出的即兴解答，或者对某一问题的深刻剖析。考试结束后，老师给予综合评分。这种过程考核模式，方便老师摸清教学效果及学生的学习情况，从而实施有针对性的教学改进措施，达到教学相长的效果。通过考试巩固学生所学的理论知识，通过考试提高学生的实际操作能力和将来就业参与劳动力市场竞争能力，真正体现素质教育的本质。

（2）加强实验考核：本课程实验成绩必须占到足够的比重，比如实验成绩占比提高到 30%～40%，以引起学生对实验环节的足够重视，调动学生的试实验积极性。此外作为一门实践性很强的课程，在实验考核上也应严格要求，不能简单地以实验报告定成绩，而应该以学生的实际操作能力为主。考核中，应对学生每次的实验水平表现进行打分，同时，应制定有一定难度的实验项目行考核，对学生分组，要求每组学生在规定时间内完成，根据实验完成情况打分。这样才能客观公正地考核学生实验水平，同时使学生从内心真正把实验能力培养作为学习的一个重要目标。

这种考核方式使学生时常处在一种应战状态，每个学生都在积极地学，以便通过考核。实际上每进行一轮考核，学生的理论水平和实际动手能力就能提高一个台阶，上一个档次。

4 结论

"新工科"教育的根本任务是培养先进技术的应用型人才，课程教学是实现新工程人才培养目标的根本途径，教学质量直接影响着人才培养质量的核心要素。本文从教学内容、授课模式、实验方式和课程考核等方面，对难教难学的"电机与拖动"这门课程进行了改革。在教学改革实施过程中，提高了教师的教学探究性和学生的学习主动性，教育学形成良好互动，教学质量随之提高。但在教学过程中某些方面还不尽如人意，今后还需不断探索、改进和完善，尝试培养新工科人才。

References

[1] 贺晓蓉，贺娟，李山. "电机与拖动基础"精品课程建设探讨[J]. 中国电力教育，2011（24）.

[2] 徐晓峰. 工程应用型"电机与拖动"课程改革初探[J].

电子电气教学学报，2011（1）.

[3] 万忠民，荣军，李武，等. 案例教学法在电机与拖动教学中的应用研究[J]. 电子技术，2014（11）.

[4] 刘启新，张丽华. 改革"电机与拖动"教学培养合格本科应用型人才[J]. 南京工程学院学报，2003（6）.

关于系统控制理论与思维方式的思考

张 明

（国防科技大学，湖南 长沙 410073）

摘 要：学习控制学家的思维方式，或许对应付各种挑战性难题有所助益。文章讨论如何像控制学家一样思考。作为具有中国传统文化背景的人，我们首先要培养科学精神，并在日常生活中实践理性精神。其次，要把握系统控制论的核心观念以改善我们的思维；最后，我们不仅应当学习像机器智能那样计算，更要像有智慧的人一样思考。我们应该专注于只有人类才能做的事情，让人真正发挥人的用处，去"设计"一个更适合人类生存发展的未来。

关键词：系统控制理论；思考方式；人工智能

On System Control Theory and Thinking Methods

Ming Zhang

(National University of Defense Technology, Changsha, 410073, Hunan Province, China)

Abstract: In order to face various challenging problems in the world, it may be helpful for us to think like a control scientist. In this paper, it is discussed how to think like a control scientist. First, we, as people with Chinese traditional culture background, should learn more about scientific method and practice rational thinking in our daily life. Second, we should borrow ideas from system control theory to improve our thinking ways. At last, we should not only learn how to compute like machine intelligence, but also think how to think as a human with wisdom. It is suggested that mankind should focus on what only human being can do and will create a new world in the future which is suitable for our human being.

Key Words：System Control Theory；Thinking Method；Artificial Intelligence

引言

思维之重要，在于我们面对各种问题时，可以帮助我们寻找思考的方向。所以，超常的智商、充分的知识或丰富的阅历，或许有助于我们寻找人生问题的答案，但不足以保证我们始终选择正确的方向。面对不确定的未来和技术的高度进化，系统控制论或许对我们思维具有重要的启迪作用。我们不妨看看控制学家如何思考的。

有不少学者认为，系统控制论是东方整体观和西方还原论结合的产物。但是笔者认为，对于当代中国人，东方模糊整体观是深入骨髓的，因此，笔者认为：要像控制学家一样思考，首先要注意学习实践科学的认识论，培养理性精神；其次，要把握系统控制论的几点核心观念：动态的过程观，反馈的机制和鲁棒性的观念；最后，像控制学家一样思考，不妨对比机器智能，深化对智能的认识，发挥人类智慧的优势，让人真正发挥人的用处，去"设计"一个更适合人类生存发

作者：张明（1970—），男，博士，教授.

展的未来。

1　要培养理性精神

物理学诺贝尔奖得主费曼说，如果地球文明即将消亡，而人类只能用一句话传达出地球文明的知识精髓，那么他的建议是"世界是原子构成的"[1]。我很喜欢这种简单明快、单刀直入的风格。而东方人一向有"家传一张纸，外传万卷书"以及"传子不传女"的传统，所以我个人认为，近代科学没有在中国产生是非常自然的事情，不值得大惊小怪，但是，这正是我们需要反思自身文化的地方。斯蒂芬温伯格在其书中所说："我想说明现代科学的发现是何其的困难，它的规范和标准是何以难得发现。"[2]

科学的认识论实际上是西方经验主义传统和理性主义传统交融的结果。说到此处，我们不妨先听听爱因斯坦和玻尔两位大师关于量子物理的对话[3]：

爱因斯坦与玻尔虽迭有争论，但是他们却以不同的方式都同意，量子力学是不完整的，乃至于也不是最高的。他们真正争辩的是，一个不完整的理论是否可能成为最高的理论。有一次爱因斯坦说："啊！我们的理论太贫乏，没办法讲述经验。"玻尔回答说："不是！不是！我们的经验太丰富，没办法用理论讲。"因此他们的哲学观不同，但对科学的认同感是相当一致的。

目前有一种观点[4]主张，认为现代物理学转了一大圈，最终与东方哲学一致了，说明东方哲学的高明。但是，很多学者不同意这一观点，而倾向于认为东西方文化一开始就走了不同的路。东方的观念是：世界如此复杂，我们根本不可能用简化的理论去说明。换言之，似乎压根就不相信自然背后有共性的规律可循。尽管南怀瑾先生[5]认为易经是三易之学：简易、变易和不易。其中不易就代表宇宙有规律可循。可是正如老子道德经所主张的"道可道，非常道，名可名，非常名。"这种规律是很难言说的，这与禅宗所谓"说似一物即不中"有异曲同工之妙。换言之，东方的哲学总是带有几分神秘的色彩和模糊的成分，没有悟性是很难明白所谓的规律（道、佛性）的。

而西方的哲学轨迹则走上了另一条道路，如启蒙运动的倡导者伏尔泰所主张的：人应当大胆使用自己的理性。人应当发展"积极而有序"的智力，力图用精确地、自洽的和可传达的语言（如数学）去刻画宇宙背后的规律[6]。古希腊有毕达哥拉斯学派主张"万物皆数"[7]，文艺复兴的伽利略更相信"宇宙是数学撰写的大书"[8]。在东西文化交融这个意义上，玻尔更像是东西方文化兼通的科学大师。既要寻求自然背后的共性规律，同时又不让这种共性规律承载不该承担的义务和期待。

其实，我们在东西方文化的对比中，不要过多寻找自身文化的优越感：西方科学的威力与局限性是一枚硬币的两个侧面，东方哲学的高明和保守又何尝不是呢？如同一位理智的教育工作者所说：一个人的优点就是缺点，而他的缺点也是优点。

中华文化的伟大不在于我们去印证它过去的辉煌，而在于我们有勇气兼收并蓄，开创未来。唐朝的伟大，是文化的伟大，更是海纳百川的博大。历史研究表明，唐朝时期的中华文化充分吸收了包括巴比伦文明、希腊文明、罗马文明、印度文明的基因[9~11]。

现代的研究[12]早已发现，西方文化传统有很多东方文化的源头，如毕达哥拉斯曾与东方佛教文化接触，有观点认为毕达哥拉斯本人就是佛教徒，现在我们所使用的数字记号被冠以阿拉伯数字之名（实际是印度人的发明），古希腊文明、罗马文明则是借助阿拉伯文化得以保存的。

因此，我的第一个核心观点是，要像控制学家一样思考，我们首先应主动学习西方科学的理性传统，而理性传统和实验检验正是科学认识论的精华所在。

2　要把握系统控制核心观念

我这里介绍的是在近几年新生研讨课教学实践中形成的观点。在我的心目中，控制、系统和信息是三位一体的有机整体。我在这里谈论的是"控制—系统—信息"等概念群所构成的广义"控制"。关于"控制论""系统论"和"信息论"，有各种专著可以参考[13~15]。但是，即便你不看那些专著，你也希望能明白我想表达的意思。

化繁为简，我以为控制最重要的观念有三：动态的过程观；反馈的机制；鲁棒性的观念。

2.1　动态的过程观

学过控制，我个人最重要的收获之一是建立起"动态的过程观"。

有人可能争辩说，这没有什么稀奇的，古希腊哲学家德谟克利特早就说过：人不可能两次踏入同一条河流；而中国的《易经》讲三易之理："简易""变易"和"不易"，其中的变易不也是表达同样的观点吗？其实上述观点进一步强化了动态观点的重要性。但是，"动态的过程观"有着更为丰富的技术内容。我们不妨"从日本人仿制茅台酒"的故事开始。

中国的茅台酒天下闻名，日本人羡慕之余，就盼望着仿制。他们采用了当时最先进的化学技术分析茅台酒的成分，然后用现代化学工艺制造出了日本茅台。从化学成分看，日本茅台与中国茅台有 99.99%以上都是相同的，但是，结果让日本人感到大为沮丧：即便与真茅台酒之间只有微不足道的差异，但是用人的舌头去鉴别时，他们制造出的化学茅台甚至算不上酒。

原因何在？且不说化学分析的技术怎么能胜过千年进化的味蕾，也不说酿制茅台酒需要当地不可复制的特殊水质。仅从控制的观点看，酿制酒的工艺就是一个复杂的过程，单纯从最终的静态产品（茅台酒）还原出其生产过程是一件不可能的任务。无论有多么精妙的数学技巧和先进的化学工艺，都无法弥补"动态的过程信息"的缺失。

动态的过程观，是我特别要向我的东方读者强化的观点。因为人心理的惰性，倾向于认为世界是静态的，而且人们常常很容易忽视过程信息的重要性。

在生活中把握动态的过程观，特别需要小心并善待"延迟效应"[16]。世界上有很多事不可能立竿见影，因为系统响应是一个动态过程，效应往往存在滞后。

如果忽略延迟效应，很可能出现反应过度，调整失当的情况。对于性子急的朋友，要明白"欲速则不达"并不是空洞的说教，而是存在动力学的机制；对于胃口好又急着减肥的朋友，要充分领悟"七分饱"的智慧里包涵着"动态过程观"

和延迟效应；对于好强的父母，面对改善缓慢的子女，更要多几分耐心。

为了强调动态的过程观，我不得不忍痛割爱，把"反馈的机制"放在了第二位。但是我个人依然觉得是值得的：在我看来，动态的过程观是具有丰富内涵、发挥着重要作用却非常容易受到忽视的幕后英雄。

2.2　反馈的机制

如果说"动态的过程观"是实力超群的无名英雄，那么反馈的机制算得上名动天下却不离我们身边的武林大侠。但是武林大侠特立独行，身在人群中却也依然有着旁人不能理解的寂寞。

反馈的机制，实际上扎根于我们的举手投足之间。如果没有反馈的机制，我不可能完成敲打键盘写下上面的文字；如果没有反馈的机制，我们甚至不能准确完成倒水、骑车或吃饭等日常活动。可以说，反馈的机制，是我们日常使用广泛而不需要意识到其存在的机理。

反馈无所不在，却依然可能为人们所忽略或低估：牛顿第三定律，作用力与反作用力其实也是反馈定律，所以反馈的机制在力学中；"富者越来越富，穷者越来越穷"的马太效应实际上是"正反馈"的效应；老师批改学生的作业，用红笔指出学生的错误，也是建立反馈的机制，促进学生的学习；瓦特在改进蒸汽机时引入了飞球调节器，实际上引入的就是反馈的机制。一定程度上，可以说：反馈启动了工业革命；现代社会的管理，可以说离不开各种反馈机制，甚至可以说没有反馈，就没有现代管理；人利用反馈的机制适应不同的环境；没有反馈，机器人、无人飞机、无人汽车不可能成为现实；人开车控制方向也是使用反馈的机制；广泛使用的 PID（比例—积分—微分）控制的秘诀就在于创造性地采用了反馈的机制，充分利用了过去（积分）、现在（比例）和将来（微分）的偏差信息……

在生活中，我们其实可以有意识地使用反馈的机制来调整情绪，协调人际关系，营造良好的心理环境，让生活更加美满和谐。毫不夸张地说，生活的艺术就是创造性使用反馈机制的艺术。即便你忽略反馈的机制，它依然在发挥作用，忽略它本身也构成了一种新的反馈通路，对你的人生发生作用。

作为小结, 就是八个字: 善待反馈, 回报无穷。

2.3 鲁棒性 (Robustness) 的观念

或许有很多专家觉得, 说完了动态的过程观和反馈的机制之后, 就可以搁笔, 这样更凸显"动态观念"和"反馈机制"的重要性。

我个人倾向于强调鲁棒性的观念, 正是因为鲁棒性是大自然馈赠给人类的礼物, 而鲁棒性也在控制领域里获得了新的生命。

我们之所以需要树立鲁棒性的观念, 是因为我们对于世界的知识是不精确的, 世界上也存在各种意想不到的干扰和噪声, 我们的数据也是有限精度的数据。这个有限精度、充满不确定和噪声的世界, 居然可以运行得很好, 说明大自然本身就具备鲁棒性和自我调节的功能。

控制理论却从中获得了无穷的灵感: 世界不是一尘不染的世界, 我们也不必奢望这个世界是纯净的, 但是我们可以建设一个包容的、具有自我调节功能的鲁棒系统。

鲁棒的观念与控制的两大主题[17]有着紧密的联系: 反馈机制是克服不确定性的有利武器, 也是保证系统鲁棒性的重要机制; 而系统的性能与鲁棒性之间存在交替关系, 被何毓琦先生[18]称之为优化理论中的"没有免费午餐定理 (No-Free-Lunch-Theorem)", 如果写成公式, 可以简记为:

性能 * 鲁棒 ≤ 常数

这个定理可以与经济学领域的"世界上没有免费午餐原理"相媲美: 效率与公平之间存在交替关系。更有趣的是, 世界上没有免费午餐原理, 也可以与量子力学领域的不确定性原理交相辉映: 在微观领域, 我们不能同时测准位置与动量, 写成公式便是:

位置精度 * 动量精度 ≤ 常数

对于鲁棒性观念的偏爱, 自然难免有个人的感性因素。周克敏教授在其专著[19]的扉页上, 调皮而风趣地把 H_∞ 控制称为"爱趣无穷", 深合我心。

不过, 鲁棒性观念真正能够入围三甲的根本原因还在于我心中的理念: 真正的理想主义者不是那些在口头上声称纯粹理念的人, 而是在残酷的现实世界中依然坚守自己的底线的人, 在逆境中咬牙坚持的人。用现代的流行语说, 我们要理想, 而不要理想化。

3 要深化对人工智能的认识,

像控制学家一样思考, 不妨对比机器智能, 深化对智能的认识, 发挥人类智慧的优势, 让人有人的用处[20], 去设计一个更适合人类居住和发展的未来。

维纳曾一再告诫不要让机器承担过于重要的工作, 但是技术的发展和进步似乎不以人的意志为转移, 技术宛如脱缰的野马, 似乎走上了自我进化的征程, 人类再也跟不上技术发展的节奏[21]。有的未来学家甚至预言人类将在 2050 进入拐点: 人工智能将全面超越人类智能。随着深度学习算法的成熟, "阿发狗"战胜人类围棋冠军, 这种智能危机就更加迫在眉睫。

最近, 当今围棋积分榜第一人柯洁在输给"阿发狗"后, 在与人类棋手的比赛中获得了惊人的 22 连胜, 先后超越吴清源 20 连胜和李世石 21 连胜的历史纪录, 被冠以"半人半狗"的雅号。人工智能一定程度颠覆了过去人类对于围棋定式的迷信, 让人类对于围棋有了新的理解。

物理学家彭罗斯曾经提出过著名的彭罗斯之问: 为什么人类的心智创造出的数学, 可以很好地描述物理宇宙, 而人类心智又是由物理世界进化而来? [22]

如果说人类智能注定从宇宙中进化而来, 那么是否人类终将注定发展出高于人类自身的人工智能, 成为人类自己的掘墓人呢?

我以为这只是一种可能性。技术的发展同样给了我们人类更多反思的机会, 把我们从烦琐的重复劳动 (包括体力劳动和可以归结为"计算"的脑力劳动) 中解放出来, 去发掘属于人类自己的智慧。

无论技术如何进化, 机器智能如何发展, 我们都应当去用设计者的思维去透视人类的未来。《未来简史》[23]如果是一种预言, 这种预言的最大作用或许在于: 人类可以规避人类拒绝接受的未来。

4 结束语

本文主要讨论如何像控制学家一样思考[24], 是近几年来教学实践和反思的结果, 关于系统科学的思想的阐述可参考郭雷教授主编文献[25]：系统科学进展。我们认为：学习系统控制学家的思维方式，或许对应付各种挑战性难题有所助益。

作为具有中国传统文化背景的人，我们首先要培养科学精神，并在日常生活中实践理性精神。其次，要把握系统控制论的核心观念以改善我们的思维；最后，我们不仅应当学习像机器智能那样计算，更要像有智慧的人一样思考。我们需要专注于只有人类才能做的事情，让人真正发挥人的用处，去"设计"一个更适合人类生存发展的未来。

References

[1] Feynman Leighton Sands, The Feynman Lectures On Physics[M]. 北京：世界图书出版公司，2010.

[2] 斯蒂芬·温伯格. 给世界的答案：发现现代科学[M]. 北京：中信出版社，2016

[3] 弗兰克·维尔切克. 丁亦兵，乔从丰，等译. 世纪之争：爱因斯坦与玻尔[M]. 北京：科学出版社，2010.

[4] F. 卡普拉. 朱润生译. 物理学之"道"：近代物理与东方神秘主义[M]. 北京：北京出版社，1999.

[5] 南怀瑾. 易经杂说[M]. 北京：中国世界语出版社，1996.

[6] 斯坦利·霍纳，托马斯·亨特，丹尼斯·奥克holm，等. 哲学的邀请：问题与选择[M]. 顾肃，刘雪梅译. 上海：译文出版社，2014.

[7] 约翰·塔巴克. 数学和自然法则，科学语言发展史（数学之旅）[M]. 王辉，胡志云译，胡作玄校. 北京：商务印书馆，2009.

[8] 罗素. 西方哲学史[M]. 王畅译. 北京：商务印书馆，2013.

[9] 崔瑞德. 剑桥中国隋唐史[M]. 西方汉学研究课题组译. 北京：中国社会科学出版社，2016.

[10] 卜正民，卢威仪. 哈佛中国史，第三卷，世界性帝国：唐朝[M]. 张晓冬，冯世明译. 北京：中信出版社，2016.

[11] 日本讲谈社. 中国的历史 隋唐时代：绚烂的世界帝国[M]. 桂林：广西师范大学出版社，2012.

[12] 约翰·霍布. 西方文明的东方起源[M]. 孙建党译. 于向东，王琛校，济南：山东画报出版社，2010.

[13] 钱学森. 工程控制论[M]. 上海：上海交通大学出版社，2007.

[14] 维纳. 控制论（或关于在动物和机器中控制和通信的科学）[M]. 郝季仁译. 北京：北京大学出版社，2007.

[15] Karl J. Astrom, Richard M. Murray, Feedback Systems: An Introduction for Scientists and Engineers[M]. Princeton University Press, 2008

[16] 彼得·圣吉. 第五项修炼[M]. 郭进隆译. 上海：上海三联书店，2003.

[17] W. H. Fleming, Report of the panel on future directions in control theory：A Mathematical perspective, 1988.

[18] 何毓琦. 科学人生纵横谈：何毓琦博文集萃[M]. 何姣，等译. 北京：清华大学出版社，2009.

[19] Kemin. Zhou, John C. Doyle, Essential of Robust Control, Prentice Hall, 1997.

[20] 维纳. 人有人的用处[M]. 陈步译. 北京：商务印书馆，1978.

[21] 布莱恩·阿瑟. 技术的本质[M]. 曹东溟，王健译. 杭州：浙江人民出版社，2014.

[22] 罗杰·彭罗斯. 通向实在之路：宇宙法则的完全指南[M]. 王文浩译. 长沙：湖南科学技术出版社，2013.

[23] 尤瓦尔·赫拉利. 未来简史：从智人到神人[M]. 林俊宏译. 北京：中信出版社，2017.

[24] 张明编. 像控制学家一样思考[M]. 北京：国防科技大学出版社，2017.

[25] 郭雷，张纪峰，杨晓光. 系统科学进展[M]. 北京：科学出版社，2017.

主题 10：

自动化专业教学质量保障体系建设

基于诚信因子的自动化本科课程考核方式与成绩评定模型研究

宋春跃 赵豫红 王 慧 谢依玲

（浙江大学 控制科学与工程学院，浙江 杭州 310027）

摘 要：本文以自动化专业的核心课程"自动控制原理"为对象，阐述和分析了目前我国高校本科生课程考核方式以及成绩评定方法存在的利弊。在此基础上，以诚信因子为参数，给出了本科生课程考核方式与成绩评定的模型，以达到在新的教育环境和社会环境下，更合理地评定学生对课程的掌握程度以及相应课程的最终成绩，从而体现成绩的公正公平。

关键词：课程考核方式；成绩评定；诚信因子

Integrity Factor Based Modeling of Evaluation Methods and Assessment for Undergraduate Courses

Chunyue Song, Yuhong Zhao, Hui Wang, Yiling Xie

(College of Control Science and Engineering, Zhejiang University, Hangzhou 310027, Zhejiang Province, China)

Abstract：In this paper, the undergraduate curriculum evaluation methods are addressed and analyzed by investigating the "Principles of Automatic Control" which is the core course of automation. Due to the popularization and development of network technology, there are many false information and noise during the process of course assessment which makes the final score injustice. In order to achieve a more reasonable assessment of the understanding levels of courses and the final score of the corresponding course, a model of evaluation methods and assessment for undergraduate courses is proposed and the integrity factor, as a parameter, is introduced in the model, which reflects the justice of students' achievement under the new educational environment and social environment. Applying the proposed model to the assessment of "Principles of Automatic Control" course, the associated results show its justice and potential.

Key Words：Course Evaluation Methods; Course Assessment; Integrity Factor

引言

随着科技的发展和教学条件的改善，学生获取信息的渠道也急剧增加，倡导真正树立以学生自主学习为中心的教育理念已逐渐形成[1]。为此，我国高校进行了有关课程的各级教学形式和内容的改革，如教学方法的改革、MOOC 课程的建设、"大班授课小班辅导"教学模式的改革等。改革的目的是使学生更主动、更好地掌握课程知识。但不管如何教改，最终都要给出学生对知识掌握程度的评定，即成绩。成绩也是学校对学生掌握知识程度的认可与肯定，涉及学生后续的求职、保研和出国深造。从另一方面说，给出合理的成绩也是学校对学生和社会的一种责任。如果不能公正公平地给予学生最后成绩的评定，那么无论什

联系人：宋春跃. 第一作者：宋春跃(1971—)，男，博士，教授，博导.
*自动化类专业教指委专业教育教学改革研究课题

么形式的教学改革都会挫伤学生自主学习的积极性,进而教学改革的预期效果就得不到保证。为了避免一次考试就确定课程最终分数的弊端,以体现学生的真实水平,现在流行的评分机制是平时成绩和最终考试成绩的加权平均。但是在引入平时成绩的同时,却带来了一个负面的影响,即平时成绩的诚信度如何?如果平时成绩不真实,那么最终成绩也会产生偏离,从而背离了成绩评定公平公正的初衷,而且形成了矛盾。所以,如何在新形势下,对课程考核方式与成绩评定方法进行探索具有重要意义,课程考核方式和成绩评定方法的合理能够确保其他教学改革内容的顺利实施和成功。

"自动控制原理"一直是自动化专业最重要的专业基础课,几乎所有具有工科专业的高校都会开设该门课程。近几年来,得益于多媒体教学的应用与电子教案的普及,以及各级教改的推进,该门课程在授课形式和内容上也在进化。尽管我们已采用了从多个角度来对学生成绩进行评定的方法,也取得了一点进展,但效果仍不十分理想。例如,目前我们学生的成绩评定一般由平时作业成绩、课堂测试成绩、讨论课成绩以及最后卷面成绩组成,另外还包括一个小论文或一个大作业成绩。从成绩组成的角度看,这些信息已足够可以公正地评定学生最后成绩了。但在目前电子教案满天飞的新形式下,这些组成的成绩信息大都存在很多虚假信息[2],可以说在一定程度上是不公平的,这样就做不到公正地课程考核和成绩评定了。

如何动态地设计课程考核方式与成绩评定方法以达到公平公正地对学生掌握知识进行评定是相应教改的关键所在[3]。本文以自动化专业的核心课程"自动控制原理"为对象,阐述和分析了目前我国高校本科生课程考核方式以及成绩评定方法存在的利弊。在此基础上,以诚信因子为参数,给出了本科生课程考核方式与成绩评定的模型,以达到在新的教育环境和社会环境下,更合理地评定学生对课程的掌握程度以及相应课程的最终成绩,从而体现成绩的公正公平。

1 "自动控制原理课"程教学理念

"自动控制原理"课程实施的以学生为中心

的教育理念可由图1说明。图1中,"以学生为中心的教育理念"是系统的输入和期望目标,"各种形式的教改"是一个控制器,而被控对象就是学生,"合格人才"是培养目标,其中"成绩"是可测量的输出,"噪声"代表成绩测试过程中临场发挥或各种不诚信因素对成绩的影响,"成绩评定环节"是对各种形式的考核进行成绩测评,然后把检测后的成绩反馈给系统。本文分析的重要内容就是关于"成绩评定环节"这个模块的,如果测量出现了偏差,那么设计再精美的教改方案也不能使系统达到设定目标,甚至有可能使系统(不稳定)失败。这里的难点是成绩测量中包含了大量的噪声,而且存在很大滞后。要注意的是,以学生为中心教育理念下的学生素质表现、对课程的理解和应用、对问题的思考和解决方案等,这些是在课程过程中甚至是课程完成之后无法立即就能得到的!本文成绩的定义仅指课程实施过程中不同形式的考核成绩。

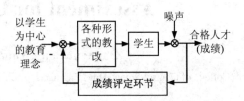

图 1　教学理念方框图

以往对课程实施过程中成绩的测量多表现为课堂提问以及平时作业。课堂提问属于抽样检测,是对班级整体对课程掌握程度的一个统计特征值,包含了很大的噪声,忽略了每个个体同学的成绩。为此,通过小班化课程设计,针对每个个体进行成绩的测评,并使得成绩测评点更为频繁,为公正公平正确的评定成绩提供了数据,体现了课程全过程监督的理念。

2 成绩测评方式分析

目前学生的成绩评定组成部分的优缺点分析如下:

2.1 平时作业

对于几乎所有课程,平时作业都是很重要的考核方式。这种考核方式的出发点在于敦促学生平时认真学习,减少学生在期末考试前复习的压力，同时深化对课程内容的理解，提高学生实践和运用知识的能力。

然而这种考核方式目前有诸多问题。最重要的就是学生之间存在抄袭作业的情况。此外，不同于以往，由于电子设备和计算机网络的发展，作业答案经过历届同学的累积，很多作业试题在网上都已有解题过程和答案。这样造成的后果就是平时作业成绩无法真正衡量学生对课程的掌握。由于老师不可能频繁地变换作业题，特别是如自动控制原理这般经典的课程，平时作业的题目答案相对固定，考核人很难判断学生是否存在抄袭。所以设计平时作业的意义在一定程度上被这两个弊端所削弱。

2.2 到课情况

到课情况也是一种常见的考核方式。通常与课堂测试联合使用。到课情况的考核让学生更加注重平时在课堂上的学习，避免出现大规模的旷课，有利于保证学生的学习进度统一。

但是这种考核方式却是重数量不重质量的。到课情况与学生的学习状态并没有很直接的关系。尤其是在大学的自动控制原理课上，氛围相对宽松，老师很少监督学生的学习状态。如果学生认真听讲，那么他就能有所进步；如果学生心不在焉，即使在课堂上老师也很难让其学会课程内容。还有一点，就是到课情况的考察需要付出成本，如果采取口头点名的方式，在班级容量很大的情况下不能顾及所有学生，如果采取签到的方式，学生将很容易通过让他人代签的方式使考核形同虚设。

2.3 课程论文

论文是一种非常灵活的考核方式，要求学生具备较强的分析和思考能力。论文分为命题论文和开题论文。命题论文的考核方式是指老师指定某个题目，学生根据题目撰写论文。优点是简化老师的考核，方便老师以一个较为固定的标准评判，缺点是限制了学生的创造力，在某些时候会让学生感到束手束脚，无所适从。

开题论文则更加注重运用知识。老师不会给论文题目做任何形式上的限定，学生可以充分利用所学知识进行相关讨论和研究。但是在自动控制原理课程当中，学生学到的知识还相对浅显，如何让学生言之有物，能联系实际，是老师面临的一大难题。而在正确引导学生选择论题的同时，老师还要针对不同的论文题目给出不同的分数，带有很强的主观色彩。

2.4 读书报告

读书报告和论文类似，都是让学生以书面形式表达观点。但是相对于论文来讲，读书报告更注重对于书本内容的理解。对于自动控制原理课程的读书报告，书目的选择至关重要。过于艰深的理论不仅不会促进学生深入学习，反而会增加学生对于学习的挫败感，降低学习积极性。而过于简单的内容则失去了让学生发挥能力的作用。另外，如果书目中所使用的某些表达和课本上标识的有所不同，也非常容易让学生混淆，在学习开始阶段这是不利的。

2.5 课堂测试

课堂测试主要考查学生在某一阶段的学习情况，对于学生的平时学习有很强的促进作用。为了在平时测试中取得优异成绩，学生必须在课堂和作业中加以关注，并且做到及时复习所学内容。但是课堂测试会占用一定量的课时，如果使用不当，将会影响到课程进度，进而引发学生学习困难。自动控制原理课程的内容比较丰富，所以要在适度的情况下利用课堂时间检验学生的学习效果。值得注意的是，课堂测试不同于期末考试，由于是在课堂上进行的，受空间大小限制，学生大都紧挨着坐，很难杜绝查阅资料，交头接耳或抄袭，课堂测试成绩也无法公正地反映真实的知识掌握。这对于考核的诚信是极大的损害，所以老师务必要确保学生是在独立自主的情况下完成测试。

2.6 课程设计

课程设计和论文有异曲同工之妙，在很多方面，如目的和形式都是类似的。只是课程设计需要更强的创新思维和实践价值。但是理论与实践相结合是一项艰巨的任务，通常需要一定的前期准备，而初步接触自动控制原理的学生，如果不能很好地掌握课堂所学知识，那么课程设计并没有太多的意义。而且容易使学生浪费大量的时间，却不一定能得出很完善的结果，这对于自我要求严格的学生更是进退维谷。所以老师要谨慎使用这种考核方式，并且做好完备的前期辅导。

2.7 课堂研讨

课堂研讨是指由学生组成小组，在课后讨论

课程相关问题，形成观点并在课堂上向全体学生展示学习的成果。这种方式是近期较为流行的一种，综合了合作学习和开放式学习两种元素，可以考查学生的创新能力和合作精神。而学生之间的合作不仅可以节约学习时间，也可以加强学习效果，使得出的结论更加丰富，内容更加深刻。

在讨论课上学生本来可以表现自我对知识的掌握和运用程度，但受限于课堂时间，我们无法做到深入讨论，往往浅尝辄止；另外我们也无法做到每个人都有机会发言，老师很难判断在研讨过程中各个学生的学习和贡献程度。实际上，不乏一些投机取巧的学生希望能够在一个小组里靠其他学生完成作业，而不是积极地参与。所以讨论课成绩也无法反映真实状况。例如，我们教改过程中学生对课堂讨论的反馈意见包括："基于种种因素，课外小组讨论的含水量还是有一点的，不排除个别组借鉴其他班小组讨论成果的情况。""讨论成果某种程度上还是跟一开始是大家自由组队的情况有关。组队情况分为：大神和大神抱团；学弱和学弱抱团；一个大神带一群学弱飞的情况。前两种情况就导致学得好的越来越好，学得差的想学好也力不从心，更学不好了。最后一种情况是学霸带着学沫飞，学神带着学渣跑……对小组里做得好和做得多的人来说还蛮不公平的，缺乏人性因素考虑。"

2.8 期末考试

这种考核方式由来已久。老师一般对于期末考试的命题也有很丰富的经验，无论是基础理论还是进阶知识，都能够很完整地考察。特别要指出的是，期末考试相对以上其他形式的测试环节，它是比较诚信的一个测试环节。我们理应对这个测试环节的成绩给予更多的信任。但是期末考试还是以理论知识为主，受到考试时间的限制，不可能给学生很多自由发挥的余地，所以期末考试应该是重点之一，但不应该是考核的全部内容。

综上，为评定成绩可进行多种多样的考核，但每种考核方式都有其利弊。为了公平公正正确评定学生成绩，一方面要采用多种考核方式，以激发学生们的自主学习能力，另一方面也要看到，在现有环境下，很多种成绩测评方式都包含很多虚假信息，在最后成绩评定时，需要把这些虚假信息尽可能地过滤掉。

3 考虑诚信因子的成绩评定

通过上文分析，我们知道现阶段我国进行的各种教改中，学生成绩评定环节存在很多虚假信息。如何尽量减少这些虚假信息的影响，公正公平正确地给出每位学生的课程成绩是教改成功的关键所在，为此，我们引入诚信因子。先让我们来看看欧美国家的成绩评定模型。

国外大学的电子工程系、机械工程系和化学工程系几乎全部开设有自动控制原理的专业基础课，主要面向大三或者大四的学生。他们在成绩评定上也是结合作业、课堂测验、期中考试、大作业和期末考试等手段，最后成绩的评定也是各个环节的加权得分。一般为平时占50%，期末占50%[4]。但由于国外诚信观念的深入和惩罚机制的严格，以及国外人均教学空间的宽裕，相对而言，这种成绩评价体系比较适合他们。平时和期末各占50%也意味着平时和期末都具有同样的诚信权重。在现阶段我国教改的大旗下，为了突出教改效果，人们往往加大平时成绩的权重。一般我国高校课程最后成绩的合成模型为：50%平时+50%期末，或60%平时+40%期末，甚至有的达到70%平时+30%期末。结合我国现阶段成绩评定现状的分析，我们知道即使是期末和平时成绩各占50%的评价体系已显然不适合我国高校的课程成绩评定，更何况更高的平时成绩权重算法。

按一般的成绩合成形式，即最终成绩$(F)=\alpha*$平时成绩$(P)+(1-\alpha)$期末考试成绩(Q)，期中，$\alpha\in[0,1]$。若以期末卷面成绩(Q)为基准，定义成绩获利（偏差，$E)=F-Q=\alpha*(P-Q)$。一般而言，由于平时成绩有很多参考（作弊）信息的加入，在题目相同难度情况下，有$P\geqslant Q$。若当学生卷面成绩不小于40时才有资格获得最终成绩，那么，同学们的成绩获利（偏差$E)\in[0, \alpha*60]$，即学生最大可获得比期末卷面成绩高$\alpha*60$的分数。若$\alpha=0.6$，则最高获利可达36分。图2所示是对于不同的α，学生获利E的曲线图。

从图上不难看出，这种成绩评定使得所有人成绩都抬升，显然有失公允。为了说明存在的问题，有以下假设并分析如下。

（1）每个同学得到的平时成绩和期末成绩均服从正态分布，具有相同的方差。

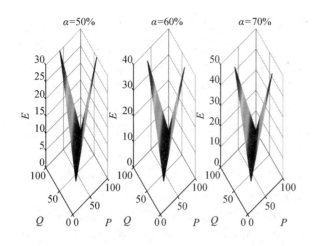

图2 不同权重下学生分数获利 E 的曲线图

（2）在高度信息化的今天，所有学生的平时成绩都存在一定程度的虚假性，致使学生期末成绩普遍低于平时成绩。

（3）在监考严格的现实情况下，我们认为所有人的期末成绩诚信度均为 100%。

根据以上假设，A 同学的平时成绩表现为 $P \sim N(p, \sigma^2)$，期末考试卷面成绩表现为 $Q \sim N(q, \sigma^2)$。

由于期末考试的严格性，其真实性为 100%。因此 q 是 A 同学的一定程度的真实水平均值，而 p 为 A 同学平时表现的水平均值。由于诚信度问题，在相同题目难度下普遍有 $p \geq q$，若将这两部分成绩按一定比例加权，即 $F = \alpha * P + (1-\alpha) * Q$，则 $F \sim N(\alpha * p + (1-\alpha) * q, \alpha^2 \sigma^2 + (1-\alpha)^2 \sigma^2)$。最终该同学的得分期望值 $F = \alpha * p + (1-\alpha) * q \geq q$，当且仅当 $p = q$ 或 $\alpha = 0$ 时取等号。因此我们看到每个同学得到的成绩期望值普遍存在高于真值的现状，正如图 2 分数获利图所示。

我们引入诚信因子 $\rho \in [0, 1]$ 来调整平时成绩。ρ 取值越小代表在这次成绩测试中其成绩值越不诚信；相反，ρ 取值越大则代表其成绩值越可信。例如期末考试成绩的 ρ 为 1。加入诚信因子后的平时成绩 $\tilde{P} = \rho * P \sim N(\rho p, \rho^2 \sigma^2)$。注意，由于诚信因子的加入，此时 $\tilde{P}$ 也为学生成绩的真实体现，会有 $\rho p = q$，则有 $\rho = q/p$，注意到 $p \geq q$，所以 $\rho \in [0, 1]$。然后按一定比例加权 $F = \alpha * \tilde{P} + (1-\alpha) * Q$，有 $F \sim N(\alpha \rho p + (1-\alpha) * q, \alpha^2 \rho^2 \sigma^2 + (1-\alpha)^2 \sigma^2)$。

为了体现公平公正准确地给出每位同学的课程成绩，我们希望 F 在接近 A 同学真实掌握知识水平的同时，其标准差 $\alpha^2 \rho^2 \sigma^2 + (1-\alpha)^2 \sigma^2$ 尽可能小，

以保证最终成绩波动最小。为此，对该式求极值，则有下式成立：

$$\alpha = \frac{\sigma^2}{\rho^2 \sigma^2 + \sigma^2} = \frac{1}{\rho^2 + 1}$$

即当 $\alpha = 1/(\rho^2 + 1)$ 时，F 的标准差取到最小，为 $\left(\frac{2\rho\sigma}{\rho^2 + 1}\right)^2$。特别地，若平时成绩诚信度也为 100%，即 $\rho = 1$，此时 $\alpha = 0.5$，即平时成绩和期末成绩各占 50%。这应该是国外成绩评定 50% 的由来，它是建立在诚信的基础之上。诚信因子的引入，把平时虚假成绩 P 换算成了具有诚信 100% 的成绩 $\tilde{P}$，此时，$\alpha = 0.5$ 来进行最终成绩的合成（见实例）。

在自动控制原理课程授课过程中，平时成绩的组成是多样的。假设平时成绩包括了每次作业、随堂小测、小组展示等 n 次成绩，若每次成绩 $X_p \sim N(p_i, \sigma^2)$，$(i=1, 2, \cdots, n)$，且每一次成绩对应的诚信因子为 ρ_i。由上面的推理可知，要使给出的成绩足够真实须有 $\rho_i = q/p_i$，$(i=1, 2, \cdots, n)$。再取每次成绩的权重为 α_i，并满足 $\alpha_1 + \alpha_2 + \cdots + \alpha_n = 1$，则考虑诚信因子后的总平时成绩为：$\tilde{P} \sim N(\sum_{i=1}^{n} \alpha_i \rho_i p_i, \sigma^2 \sum_{i=1}^{n} \alpha_i^2 \rho_i^2)$。若要使 $\tilde{P}$ 成绩稳定，即其方差最小，须有 $\sum_{i=1}^{n} \alpha_i^2 \rho_i^2$ 最小。

根据柯西不等式，$\sum_{i=1}^{n} \alpha_i^2 \rho_i^2 \sum_{i=1}^{n} (\rho_i^2)^{-1} \geq (\sum_{i=1}^{n} \alpha_i)^2 = 1$，即

$$\sum_{i=1}^{n} \alpha_i^2 \rho_i^2 \geq \left[\sum_{i=1}^{n} (\rho_i^2)^{-1}\right]^{-1}.$$

由于 α_i 及 ρ_i 均不为零，若要使等式成立，须有

$$\alpha_1 \rho_1 = \alpha_2 \rho_2 = \cdots = \alpha_n \rho_n,$$

另有，$\alpha_1 + \alpha_2 + \cdots + \alpha_n = 1$，可解得 $\alpha_i = \left(\rho_i^2 \sum_{j=1}^{n} \frac{1}{\rho_j^2}\right)^{-1}$。

特别地，对任意 i 都成立的 $\alpha_i = \left(\rho_i^2 \sum_{j=1}^{n} \frac{1}{\rho_j^2}\right)^{-1}$，可进一步令 α_i 约等于 $\alpha_i = \frac{\rho_i}{\sum_{j=1}^{n} \rho_j}$，这样会使总的 $\sum|\alpha_i|$

误差最小。若每次测试的诚信都是 100%的，即 $\rho_i=1$，该式的物理解释即为每次测试成绩的权重是其算术平均。在实际授课过程中，由于测试的环境和考察的难易度不同，可适当在算术平均的基础上进行波动修订（见实例分析）。这样加权后的平时成绩和期末卷面成绩进行合成来形成最后的课程成绩，即 $F=\alpha*\tilde{P}+(1-\alpha)*Q$。

按以上分析，若给每个同学都划定诚信等级度，并由此给每个同学设定其每次平时成绩的权重比 α_i，这种方法在实际操作中的可行性较低，而对班级每类的平时成绩划定统一的诚信度比较可行。

综上所述，我们通过分析和严谨推导得到了成绩评定的评价模型。下文将通过实例来说明这种模型的合理性。

4　实例分析

2015 学年，我们自控班 41 人，全部平时成绩包括 14 次平时作业成绩，4 次课堂测验成绩，11 次课堂讨论成绩，1 次期中成绩，如表 1 所示。表中还包括了期末卷面成绩，每项成绩均为百分制。

表中不考虑诚信因子的平时成绩合成是按如下方式进行的：$P=45\%*$平时作业$+20\%*$课堂测试$+25\%*$课堂讨论$+10\%*$期中测试；该种情况下的最终成绩合成方式为 $60\%*P+40\%*Q$,期中 Q 为卷面成绩。权重说明如下：共有 30 次平时成绩，平时作业占 14/30，由于平时作业评分标准没有考试那么严谨，故选择的权重小于其算术平均值，这里为 45%；课堂讨论占 11/30，由于课堂讨论评分比较主观，且以小组为单位，其权重也小于其算术平均值，这里为 25%；课堂测试占 4/30，尽管课堂测试的评分标准也不是很严谨，但其测试范围相比作业而言要广，有助于考查学生的能力，这里其权重大于其算术平均值，选择为 20%；期中测试占 1/30，由于期中测试有相对严格的评分标准，且考试范围更广，故这里权重选择为 10%。

考虑诚信因子的平时成绩合成方式为：$\tilde{P}=45\%*0.9*$平时作业$+20\%*0.95*$课堂测试$+25\%*0.9*$课堂讨论$+10\%*1*$期中测试；该种情况下的最终成绩合成方式为 $50\%*\tilde{P}+50\%*Q$。由于

平时作业是课下离线进行的，有资料参考，故这里其诚信度设置为 0.9；尽管课堂讨论是课上进行的，但由于讨论题目是提前发布的，可供学生离线商讨，而且不同组员间也会相互借鉴，故这里其诚信度也设定为 0.9；课堂测试是突击进行的，但考虑到有书本可参考以及有交头接耳现象，这里设定其诚信度为 0.95；期末考试由于较其他形式都严格，类似于期末考试形式，故设置其诚信度为 1。

从表格上不难看出，如果不考虑诚信因子，无论是平时成绩的均值还是其中位数，都远远大于期末卷面的相应值。若此时仍加大平时成绩的权重，无疑使得最终成绩含有很大虚假成分。这也是本文考虑的问题所在。当考虑诚信因子后，平时成绩的均值和中位数都有一定程度的回落（见图 3）。

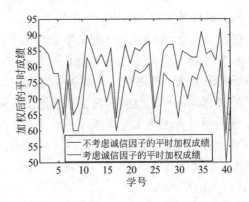

图 3　学生平时成绩图

从图 3 和图 4 可以看到，在评定平时成绩时，考虑诚信因子后，其成绩都有一定程度的回落。从表 1 中也可以看到，考虑诚信因子后，平时成绩和期末卷面成绩的均值和中位数相比，波动较小：平时成绩均值 72，而期末卷面均值是 68，平时成绩中位数 75，而期末卷面中位数是 67；而不考虑诚信因子，平时成绩和期末卷面成绩的均值和中位数相比波动较大：平时成绩均值 81，而期末卷面均值是 68，平时成绩中位数 84，而期末卷面中位数是 67。两种情况下，学生成绩评定的获利如图 5 所示：不考虑诚信因子时，成绩几乎都是大幅度提高的，正如图 2 所示的那样。而考虑诚信因子时，成绩的获利是在稍微大于零附近波动。这比较符合实际情况。

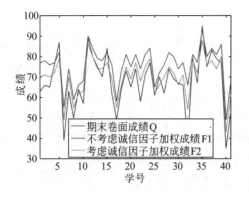

图 4 学生期末卷面成绩和最终成绩对比图

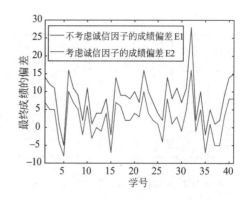

图 5 学生最终成绩和卷面成绩偏差图

表 1 学生全部成绩列表

学号	平时作业	课堂测试	课堂讨论	期中测试	期末卷面 Q	不考虑诚信因子的平时成绩 P	最后成绩 $F1$（一般合成，$\alpha=0.6$）	偏差 $E1=$ $(F1-Q)$	考虑诚信因子的平时成绩 P	最终成绩 $F2$（本文方法，$\alpha=0.5$）	偏差 $E2=$ $(F2-Q)$
1	93	74	90	77	63	87	77	14	77	70	7
2	93	74	90	73	66	86	78	12	75	71	5
3	82	87	90	74	65	84	76	11	74	70	5
4	85	54	88	68	76	78	77	1	67	72	−4
5	80	62	88	79	87	78	82	−5	70	79	−8
6	50	72	83	77	39	65	55	16	59	49	10
7	79	79	88	88	63	82	74	11	76	70	7
8	57	67	72	75	50	65	59	9	60	55	5
9	74	52	72	62	64	68	66	2	60	62	−2
10	74	74	81	73	57	76	68	11	68	63	6
11	91	89	89	90	89	90	90	1	83	86	−3
12	85	87	88	85	80	86	84	4	79	80	0
13	88	52	89	83	75	81	79	4	72	74	−1
14	82	94	81	80	70	84	78	8	77	74	4
15	78	77	90	71	84	80	82	-2	69	77	−7
16	87	87	88	73	62	86	76	14	75	69	7
17	50	82	72	73	49	64	58	9	60	55	6
18	80	72	88	68	64	79	73	9	68	66	2
19	90	79	89	80	73	87	81	8	77	75	2
20	91	62	81	72	65	81	75	10	72	69	4
21	86	92	83	82	74	86	81	7	79	77	3
22	87	77	88	87	58	85	74	16	78	68	10
23	88	92	83	79	71	87	81	10	79	75	4
24	91	92	83	83	77	88	84	7	81	79	2
25	56	77	72	80	61	67	65	4	63	62	1
26	76	57	90	62	70	74	72	2	62	66	−4
27	90	82	81	80	62	85	76	14	78	70	8
28	91	82	91	71	74	87	82	8	76	75	1
29	87	92	91	68	69	87	80	11	75	72	3
30	79	82	88	51	67	79	74	7	64	66	−1
31	89	72	91	79	66	85	77	11	75	71	5
32	83	89	89	61	38	84	66	28	70	54	16

续表

学号	平时作业	课堂测试	课堂讨论	期中测试	期末卷面 Q	不考虑诚信因子的平时成绩 P	最后成绩 $F1$（一般合成，$\alpha=0.6$）	偏差 $E1=$ $(F1-Q)$	考虑诚信因子的平时成绩 P	最终成绩 $F2$（本文方法，$\alpha=0.5$）	偏差 $E2=$ $(F2-Q)$
33	83	82	81	85	79	83	81	2	77	78	−1
34	80	89	83	83	67	83	77	10	76	72	5
35	93	92	91	80	95	91	93	−2	81	88	−7
36	88	69	88	88	75	84	80	5	77	76	1
37	89	77	89	68	83	85	84	1	73	78	−5
38	90	69	88	56	79	82	81	2	68	74	−5
39	94	92	91	81	77	92	86	9	82	80	3
40	53	57	72	56	35	59	49	14	50	43	8
41	81	59	88	73	53	78	68	15	68	61	8
平均值	82	77	85	75	68	81	76	8	72	70	2
中位数	85	77	88	77	67	84	77	9	75	71	3

5　结论

　　时移事易，变法亦易。随着现代教育的发展，各级教育改革也在随之进行。教改的目的是促使学生由被动学习变为主动学习，以达到提高综合素质的目的。从表象上看，成绩的评价仍是各级教学改革的晴雨表。全过程课程监控理念的深入，使得平时成绩在最终成绩的评定中占的比重也越来越大。但是，由于教育硬件条件及诚信机制的不完善，致使平时成绩有很大的水分，如果不加分析地合入最终成绩，会造成成绩评定的不公平，最终会导致各级教改目的不能完成预期目标。本文分析了目前我国高校存在的各种考核方式的利弊，并把诚信纳入成绩评定中，分析了诚信因子的必要性，并给出了如何公正正确的评定最终成绩的方法，最后，通过一个实例说明了所提出的成绩评定模型的有效性。当然，世事无绝对，诚信因子这里是人为设定的，是一个主观参数，还需要在教改过程中进一步探索其设置的方式。

　　鸣谢：浙江大学 SRTP 训练项目，并感谢马龙、邹罗葆、秦臻等同学的调研及研讨。

References

[1] 王珑. 借鉴英国 BTEC 教学模式改革高职考核评价方法的浅析[J]. 中国职业技术教育，2003（1）：40-41.

[2] 陈晓晖，高超，龙鹏举，等. 关于大学生诚信状况的调查与分析[J]. 思想教育研究，2007（2）：39-42.

[3] 汤群. 试论新课改中学习评价实施过程的转变及对策[J]. 安徽体育科技，2003，24（1）：111-113.

[4] http://mason.gmu.edu/~cchen9/.

模糊模型评价卓越工程理论教学研究

宋乐鹏　胡文金　官正强

（重庆科技学院，重庆 401331）

摘　要：针对本科理论教学评价中的主观随意性，各项指标权重不科学性等问题，提出采用模糊综合评价模型，在专家经验和问卷调查的基础上，利用严密模糊逻辑推理最大程度的避免主观随意性，合理确定评价指标，科学分布指标权重，利用模糊理论设计出理论教学中的定性问题，使定性与定量有机结合。通过科学的评价，提高理论教学评价的客观性、公平性和准确性，从而提高教师教学的积极性，对教学质量的严格把控性，极大地发挥教师的潜能，为理论教学提供一种既定性又定量的科学评价方法。

关键词：理论教学评价；模糊评价；评价指标；指标权值

Research on Teaching Evaluation of Excellent Engineering Theory based on Fuzzy Model

Lepeng Song, Wenjin Hu, Zhengqiang Guan

(Chongqing University of Science and Technology, Chongqing 401331, Chongqing, China)

Abstract：According to the theory of undergraduate teaching evaluation in the subjectivity, the weight of the indicators is not scientific problems, put forward the fuzzy comprehensive evaluation model, based on the experience of experts and questionnaire survey, using rigorous fuzzy logic reasoning to maximize avoid subjectivity, determine a reasonable evaluation index. We use fuzzy theory to design qualitative problems in theoretical teaching, and make qualitative and quantitative combination. Through the scientific evaluation, we can improve the teaching evaluation of the theory of objectivity, fairness and accuracy. We can improve the teachers' teaching enthusiasm, to strictly control the quality of teaching, maximize the potential of teachers. Scientific evaluation method can provide both a qualitative and quantitative theoretical teaching.

Key Words：Theoretical Teaching Evaluation；Fuzzy Evaluation；Evaluation Index；Index Weight

引言

"卓越工程师教育培养计划"（简称"卓越计划"），是贯彻落实《国家中长期教育改革和发展规划纲要（2010—2020 年）》和《国家中长期人才发展规划纲要（2010—2020 年）》的重大工程[1~3]，如何将卓越工程师专业的理论教学全面面向卓越工程师展开，如何科学地评价卓越工程师专业理论教学效果，极大地发挥教师主人翁的使命感和责任感，使教学评价更加客观、公平、准确和科学，这是我们全体教师需要迫切解决的问题。

国内外对教学评价已经开展了大量工作，吴立志、韩伯棠[3]采用德菲尔法（Delphi），构造出以教学态度、教学内容、教学方法和教学效果为

联系人：宋乐鹏. 第一作者：宋乐鹏（1976.10—），男，硕士，教授.

基金项目：重庆市高等教育教学改革研究项目（重点项目）《以工程实践能力为核心的自动化专业卓越工程师培养模式研究与实践》（1202016）；以及重庆市高等教育教学改革研究项目（142005，151018）；2013 重庆市高等教育教学改革研究项目《本科院校自动化专业卓越工程师人才培养现状的主要问题及对策研究》（CQGJ13C435）；重庆科技学院本科教育教学改革研究项目《输变电工程标准化和典型化设计在电气工程专业相关教学中的应用》（201429）；其他基金（201511，201530，201615）.

指标的教学质量评价体系，用单模糊综合评价和多层次模型综合评价教学质量。郭向勇、傅国强[4]就多媒体教学质量构造了 12 项评价指标，用模糊综合原理对这 12 项评价指标进行推算，得出评价结果。吴映瞳、张立杰、于明洁[5]将模糊评价原理应用到教学研究性大学教师的评价，以思想政治、科研能力、教学能力、本科生人才培养能力、研究生人才培养能力为评价指标，利用三角模糊原理对其进行评价，得出评价结论。丁家玲、叶金华[6]以教学态度、教学方法、教学效果和总体评价指标，结合层次分析法和模糊综合评价来评价课堂教学质量。美国评教注重老师的自评报告，法国和日本在评教过程中注重与老师的交谈，通过交谈了解老师方方面面的信息，进而得出评教结论，英国评教注重学生对该门课的任课程度[7,8]。综合国内外教学评价体系，传统的评价方法存在诸多缺点，即单项评价多，评价主观因素重，评价方式单一等。模糊模型评价充分考虑传统评价模式的缺点，结合评价因素的特征构建综合评价指标体系，充分考虑专家经验和模糊变量之间的函数关系，科学合理地确定各个评价因素的权重，客观、准确地反映各项指标的特性，从而大幅降低评价中人为主观性因素的影响。科学合理的评价有利于老师及时发现教学中的问题，及时调整授课计划和授课方案，提高教学；有利于管理者做出科学的管理，为老师职称晋升和奖金分配提供科学依据；有利于学习同事之间的优点，发扬自己的优点，克服自己工作中的不足；有利于检验教学效果和教学实践的成败，比较不同的教学方法，不同的教材对学生的效果，找出更加科学合理的教学方法和教学教材等。

结合国内外课堂教学评价指标和我校卓越工程师培养计划，卓越工程理论教学评价指标可以从以下几方面展开：教学态度、教学内容、教学方法、教学效果、老师自评报告、老师交谈、学生评价、督导评价。

1　自适应模糊综合评价指标分析

影响卓越工程师理论教学质量的主要因素及教学质量的评价指标，各因素与指标的具体内容如表 1 所示。

表 1　理论教学评价一和二级指标

一级指标（U_i）	二级指标 u_{ij}
师德及教学态度（U_1）	爱岗敬业，教书育人，严格要求，关心学生成长 u_{11}
	备课充分，讲授熟练 u_{12}
	教学严谨，充分重视每一个同学 u_{13}
	合理布置作业，认真辅导、答疑、批改作业 u_{14}
教学内容（U_2）	符合大纲要求，深度、广度适宜 u_{21}
	注重理论与实际的结合，恰当地引入工程案例 u_{21}
	关注学生工程实践能力培养，适当要求学生查阅相关工程资料，并进行相关项目开发与设计 u_{22}
	内容丰富、新颖，注重吸收学科新成果，反映学科新动向 u_{23}
	循序渐进，重点突出，难点分散 u_{24}
教学方法（U_3）	注意启发学生思维，调动学生积极性 u_{31}
	能够大量、合理地讲解工程案例，讲解方法生动 u_{32}
	实验能充分调动学生动手能力以及主动性和积极性 u_{33}
	通过解决复杂工程能力，培养学生能力 u_{34}
	使用普通话；合理使用教具等辅助教学手段；板书板画规范、合理 u_{35}
教学效果（U_4）	学生听课注意力集中，课堂气氛热烈、有序 u_{41}
	能使学生较好地掌握课程教学要求，并了解相关工程设计标准，分析和制作过程 u_{42}
	学生分析和解决问题的能力得到培养 u_{43}
老师自评报告与老师交谈（U_5）	自评报告客观认真，批评与自我批评深刻 u_{51}
	充分引证国内外同行的优缺点，并加以学习、消化、吸收 u_{52}
	在交谈中能够流利自如地应用专业知识，并栩栩如生地举例 u_{53}
	能够充分了解每一个学生的特点，以及学生掌握知识的程度 u_{54}

建立一级评价指标的模糊集合为：$U = \{$师德及教学态度，教学内容，教学方法，教学效果，老师自评报告与老师交谈$\} = \{u_1, u_2, \cdots, u_n\}$

每个一级指标的评价过程。首先确定每个一级指标下二级指标之间的权重集 W，$W = (w_1, w_2, \cdots, w_n)$，满足 $\sum_{i=1}^{n} w_i = 1$，$w_i \geq 0$，权重集是以定量方式反映各因素在评价中的重要程度；其次专家对每一项指标评分，评分可以是 5 分制、百分制或等级制，专家的评分结果，将评分结果归一化处理为 0 到 1 之间的分值，具体处理方法为，设专家评分结果为 $(a_1, a_2, \cdots a_n)^T$，归一化处理后结

果为 $A_1=(a_1/\sum_{j=1}^{n}a_j, a_2/\sum_{j=1}^{n}a_j, \cdots a_n/\sum_{j=1}^{n}a_j)^T$；最后得到一位专家分别对 u_1 的评价结果为，

$$u_1=W*A=(w_1, w_2, \cdots, w_n)*(a_1/\sum_{j=1}^{n}a_j, a_2/\sum_{j=1}^{n}a_j, \cdots a_n/\sum_{j=1}^{n}a_j)^T.$$

对 U_1 中每一因素 $u_{1j}(j=1, 2, 3, 4)$ 进行单因素评价，假设请专家通过听课打分，对某教师授课的各因素进行评价，结果如下：$f(u_{11})=$（专家 1，专家 2，专家 3，专家 4，专家 5）$=(89, 95, 88, 92, 97)$，$f(u_{11})$ 为四个专家分别对 u_{11} 指标的评价。同理可以得到 $f(u_{12})=(87, 84, 81, 90, 94)$，$f(u_{13})=(86, 79, 88, 89, 90)$，$f(u_{14})=(89, 84, 91, 84, 79)$。

$Z=[89, 95, 88, 92, 97; 87, 84, 81, 90, 94; 86, 79, 88, 89, 90; 89, 84, 91, 84, 79]$

对 U_1 中每一因素 $u_{1j}(j=1, 2, 3, 4)$ 之间的权重集 W，的确定可以采用抽样调查方法、经验确定、打分的方法、层次分析法（AHP）以及 Delphi 法，本论文的权重采用层次分析法来确定。

$W=(w_1, w_2, w_3, w_4)$，满足 $\sum_{i=1}^{4}w_i=1$，$w_i \geq 0$

层次分析法为：构造成对比较矩阵 对同一层次的各元素分别关于上一层次中某一准则的重要性进行两两比较，从而达到全面比较的目标，这是层次分析法的要点之一。在上述提出的决策问题中，需要比较的因素有 $x_1, x_2, \cdots, x_n$。欲了解每一因素对目标的影响有些困难，为此先比较两个（成对）因素的重要性，其意义如表 2 所示。

表 2 模糊语言量化

x_i 比 x_j	同等重要	稍重要	重要	很重要	绝对重要
a_{ij} 取值	1	3	5	7	9

2 层次单排序及一致性检验

定义

$$w_i = \frac{\sum_{j=1}^{n}a_{ij}}{\sum_{i=1}^{n}\sum_{j=1}^{n}a_{ij}} \qquad (1)$$

称为因素的权，令

$$W=\{w_1, w_2, \ldots, w_n\} \qquad (2)$$

W 称为 $x=\{x_1, x_2, \cdots, x_n\}^T$ 的权向量，权向量中各分量的大小反映了各决策因素重要性的对比度。例如在评价实践教学时要考察五个因素：教学态度、教学内容、教学方法、教书育人、教学效果，分别用 $x_1, x_2, \cdots, x_5$ 表示。根据考察讨论可定出下列对比矩阵。

$$T=\begin{pmatrix} 3 & 2 & 1 & 1 \\ \frac{1}{2} & 1 & 2 & 2 \\ \frac{1}{3} & \frac{1}{2} & 1 & 1 \\ \frac{1}{3} & \frac{1}{2} & 1 & 1 \end{pmatrix} \qquad (3)$$

进行计算并列出表 3。

表 3 评价因素模糊规则表

因素	x_1	x_2	x_3	x_4	$\sum_{j=1}^{4}a_{ij}$
x_1	3	2	1	1	7
x_2	1/2	1	2	2	5.5
x_3	1/3	1/2	1	1	2.8
x_4	1/3	1/2	1	1	2.8
$\sum_{i=1}^{4}\sum_{j=1}^{4}a_{ij}$					18.1

于是

$$w_1 = \frac{\sum_{j=1}^{4}a_{ij}}{\sum_{i=1}^{4}\sum_{j=1}^{4}a_{ij}} = 0.387; w_2 = 0.303; \qquad (4)$$

$$w_3 = 0.155; w_4 = 0.155 \qquad (5)$$

因此

$$w=(0.387, 0.303, 0.155, 0.155) \qquad (6)$$

五位专家对 U_1 的评价结果为

$$U_1 = W*(A_1, A_2, A_3, A_4, A_5)$$

$$=W*\begin{pmatrix} f(u_{11}) \\ f(u_{12}) \\ f(u_{13}) \\ f(u_{14}) \end{pmatrix} \qquad (7)$$

$$=[0.387 \quad 0.303 \quad 0.155 \quad 0.155]$$

$$*\begin{bmatrix} 89 & 95 & 88 & 92 & 97 \\ 87 & 84 & 81 & 90 & 94 \\ 86 & 79 & 88 & 89 & 90 \\ 89 & 84 & 91 & 84 & 79 \end{bmatrix}$$

$$=[87.9, 87.5, 86.3, 89.7, 92.2]. \qquad (8)$$

同理可以得到

$$U_2=[89.6, 78.9, 88.6, 85.7, 89.5]; \qquad (9)$$

U_3=[87.6，87.6，83.2，87.5，89.9]；（10）
U_4=[90.3，83.5，73.4，79.9，82.8]；（11）
U_5=[90.3，92.2，89.6，84.7，84.2]；（12）
A=[87.9，87.5，86.3，89.7，92.2；89.6，78.9，88.6，85.7，9.5；87.6，7.6，83.2，87.5 89.9；90.3，83.5，73.4，79.9，82.8；90.3，92.2，89.6，84.7，84.2]　　（13）

即得到五位专家分别对同一教师的一级指标评价结果为：

$$U = \begin{bmatrix} 87.9 & 87.5 & 86.3 & 89.7 & 92.2 \\ 89.6 & 78.9 & 88.6 & 85.7 & 89.5 \\ 87.6 & 87.6 & 83.2 & 87.5 & 89.9 \\ 90.3 & 83.5 & 73.4 & 79.9 & 82.8 \\ 90.3 & 92.2 & 89.6 & 84.7 & 84.2 \end{bmatrix} \quad (14)$$

对 U 中每一因素 U =(U_1，U_2，U_3，U_4，U_5) 之间的权重集 Q，同样可以采用层次分析法来确定，确定的结果为：

Q=[0.17，0.22，0.28，0.22，0.11]　（15）

五位专家分别对同一教师的最终评价结果为：

$$P_1 = Q*U = [0.17 \quad 0.22 \quad 0.28 \quad 0.22 \quad 0.11]*$$

$$\begin{bmatrix} 87.9 & 87.5 & 86.3 & 89.7 & 92.2 \\ 89.6 & 78.9 & 88.6 & 85.7 & 89.5 \\ 87.6 & 87.6 & 83.2 & 87.5 & 89.9 \\ 90.3 & 83.5 & 73.4 & 79.9 & 82.8 \\ 90.3 & 92.2 & 89.6 & 84.7 & 84.2 \end{bmatrix} \quad (16)$$

P_1=[88.982，62.873，83.463，85.498，70.414]。

同理可以得到五位专家对第 2、3…位老师的评价结果为：

P_2=[90.463，97.226，89.928，95.275，94.671]
P_3=[70.187，73.262，74.621，73.746，78.563]
P_4=[83.456，84.782，87.832，84.639，88.684]
⋮

根据五位专家对 P_1、P_2、P_3、P_4…的综合评价结果，分别去掉一个最高分和一个最低分，再将其他专家的评价结果求平均值得到最终的评价结果。

P_1 最终的评价结果为：

（83.463+85.498+70.414）/3=79.8

P_2 最终的评价结果为：

（90.463+95.275+94.671）/3=93.5

P_3 最终的评价结果为：

（73.262+74.621+73.746）/3=73.9

P_4 最终的评价结果为：

（84.782+87.832+84.639）/3=85.6

由此可见，综合考虑参评人员在五项指标上的评价结果，得出 P_1、P_2、P_3、P_4 的综合排名分别为第三名、第一名、第四名、第二名。如果以五级制评价即综合评价分别为中、优、中、良。

3 应用举例

分别对重庆科技学院自动化专业其中 8 名老师进行传统评价和模糊模型评价，评价结果如表 4 所示。

表 4 自动化专业 8 名教师理论教学传统评价结果

序号	教师姓名	教学态度	教学内容	教学方法	教学效果	老师自评	评价等级
1	教师 1	良	良	良	良	优	良
2	教师 2	优	中	中	中	优	优
3	教师 3	中	良	良	优	优	中
4	教师 4	良	良	良	良	优	良
5	教师 5	良	良	良	良	优	良
6	教师 6	优	优	良	优	优	优
7	教师 7	良	中	中	良	良	中
8	教师 8	良	良	中	良	良	良

五位专家用模糊模型评价对教师 1 的评价结果如下：

$f(u_{11})$= (87，86，80，82，87)
$f(u_{12})$=(97，94，85，90，94)，
$f(u_{13})$=(76，89，88，79，86)，
$f(u_{14})$=(84，92，91，74，79)
w =（0.387，0.303，0.155，0.155）
U_1=(87.86，89.81，84.46，82.71，77.86)
U_2=(82.82，94.73，74.45，72.33，79.74)
U_3=(81.83，88.64，81.45，83.59，77.69)
U_4=(83.22，87.79，78.32，81.74，82.13)
U_5=(83.54，89.78，75.87，86.82，84.56)
Q=[0.17，0.22，0.28，0.22，0.11]
P_1=(83.57+80.91+79.90)/3=81.46
同理得到
P_2=(78.42+78.43+77.92)/3=78.26
P_3=(90.42+92.86+90.95)/3=91.41
P_4=(85.46+84.63+84.55)/3=84.88

$P_5=(86.77+89.14+88.52)/3=88.14$

$P_6=(93.68+89.57+94.62)/3=92.62$

$P_7=(80.15+74.93+78.64)/3=77.91$

$P_8=(80.13+79.22+84.67)/3=81.34$

采用传统的评教方式得到 8 位老师的考评结果为：良、优、中、良、良、优、中、良；采用模糊模型评教结果为：良、中、优、良、良、优、中、良。从考评结果我们发现教师 2 和教师 3 的考评结果差别比较大。传统考评教师 2 为优，但模糊模型考评为中，传统考评教师 3 为中，但模糊模型考评为优。究其原因主要是传统的考评结果最终由专家打分，可能存在专家平时对教师 2 印象好，因此考评结果为优，专家平时对教师 3 印象不好，因此考评结果为中，但是我们从传统的考评结果中可以大致推断出教师 2 考评结果为中或良，教师 3 考评结果为良或优，但由于考评方式的不同，可能带来不公平，不合理的考评结果，这只是传统考评的一种弊端，传统考评结果还存在其他各种不合理因素，因此这样的考评结果会影响老师工作的积极性等一系列问题。

4　结论

面向应用技术大学的卓越工程理论教学评价工作是一项比较困难的工作，由于参评人员的情况大致相同，竞争非常激烈，如果处理不好，不仅对参评人员不公平，也会对以后的工作有所影响。本文应用模糊数学方法构建卓越工程理论教学评价体系，通过模糊集合和模糊矩阵将评价指标中的定性问题转为定量问题，权重系数和评价系数通过权重采用层次分析法来确定，减少人为主观因素对评价结果的影响，使评价结果更具科学性、全面性、客观性、合理性。同时，通过客观的教学评价，将结果反馈给老师，这更具有说服力。这对教师提高理论教学水平，督促教师提升主人翁责任感，优化整个教学过程，提高课堂教学效果有着重大的影响和意义。

References

[1] 林健. "卓越工程师教育培养计划"专业培养方案研究[J]. 清华大学教育研究, 2011（2）：47-55.

[2] 唐勇奇, 黄绍平, 刘国繁, 等. 校企合作培养"卓越工程师"——以湖南工程学院实施"卓越工程师教育培养计划"为例[J]. 教育探索, 2010（12）：71-73.

[3] 吴立志, 韩伯棠. 应用模糊综合评判的置信度准则评价教师教学质量[J]. 北京理工大学学报：社会科学版, 2003, 5（2）：8-9.

[4] 郭向勇, 傅国强. 以模糊数学方法构建多媒体教学质量综合评价体系[J]. 电化教育研究, 2007（167）：76-80.

[5] 吴映瞳, 张立杰, 于明洁. 基于模糊多属性决策理论的教学研究型大学教师评价研究[J]. 科技管理研究, 2010（14）：110-115.

[6] 丁家玲, 叶金华. 层次分析法和模糊综合评判在教师课堂教学质量评价中的应用[J]. 武汉大学学报：社会科学版, 2003, 56（2）：241-245.

[7] 王红艳, 吴志华, 宫红英. 国外发展性课堂教学评价实施的影响因素研究[J]. 外国教育研究, 2012, 39（7）：2-9.

[8] 陈秀娟, 张凤娟. 中美两国外语教育的比较研究[J]. 黑龙江高教研究, 2013（9）：65-67.

基于校友调研的自动化专业培养状态分析
——浙江工业大学的案例

杨马英　李志中

（浙江工业大学 信息工程学院，浙江 杭州 310023）

摘　要：根据对浙江工业大学自动化专业历届毕业生的网上问卷调查，总结了学生职业发展的基本状态，分析了学校课程设置与教学对毕业生职业发展的影响，并从技术发展与市场需求的视角提出了专业教学改革的思路。

关键词：自动化；校友调研；反馈改进

Automation Education Status Analysis Based on Alumni Investigation——Case of Zhejiang University of Technology

Maying Yang, Zhizhong Li

(College of Information Engineering, Zhejiang University of Technology, Hangzhou 210023, Zhejiang Province, China)

Abstract：According to the online survey of graduates of Zhejiang University of Technology majoring in automation, summarizes the basic status of students' occupation development, analysis of the impact of school curriculum setting and teaching of graduates occupation development, and professional teaching reform are put forward from the technology development and market demand perspective.

Key Words：Automation；Alumni Investigation；Feedback Improvement

引言

工程教育专业论证强调目标导向的过程培养和基于产出的教学评价。因此，毕业生职场发展状态调研是一项很有意义的工作，可以检验过往人才培养的效果。我校自动化专业自 1977 年创立至今，已培养了大批专业人才，其中不少毕业生成为社会中坚力量。但这么多年专业培养的成效究竟如何？有哪些经验教训需要回顾总结？这是我们非常关心的问题。以往虽有校友座谈交流，但参与人数有限，代表性不强。也有针对毕业生的问卷调查，但被调研对象的毕业年限短，调研内容的专业针对性不强，难以得出对专业建设、人才培养方案和课程教学更具针对性的结论。

2016 年，我们以自己开发的网络调查信息平台为媒介，开展了浙江工业大学自动化专业历届毕业生发展状态和校友企业用人需求调研。一方面，希望通过校友个体的社会适应度和职业发展轨迹了解以往人才培养方案与措施的效果与不足，为专业的人才培养机制调整提供依据。另一方面，通过对行业技术发展与社会用人需求、毕业生专业知识结构需求的调研，为基于产出的高校课程设置与教学内容改革提供参考。本文是对调研结果的分析。

联系人：杨马英. 第一作者：杨马英（1966—），女，博士，教授.

校教改项目：基于 OBE 理念的电气信息类人才培养状态调研与分析（JG1417）.

1 自动化毕业校友的基本状态分析

1.1 学校培养对于职业发展的支撑情况

本次问卷调查，共收回自动化专业校友反馈84份。其中，毕业20年以上的校友24人，10至20年的27人，6至10年的12人，5年以下的有21人，呈现良好的毕业时间分布跨度（见图1）。对这些反馈的统计分析能较好地反映自动化专业办学发展过程的特点与问题。

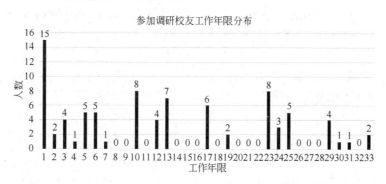

图1　参加调研的校友工作年限分布

从毕业生的社会认可度来看，受调查群体从事的岗位包括技术研发、行政管理、市场营销、教育等方面，年薪在20万以上的有22人，10万～20万的有29人，5万～10万的有30人（其中20人为近5年内毕业生），职场发展总体良好。

一个总体的统计结果显示，接受调研的校友群体中行业分布很广泛，有电力科学研究院、自来水公司、杭钢股份、中控信息公司、浦发银行、方正电机、西子电梯、正原电气、三门核电、浙江省质量检测研究院、大华技术股份、三星电子、海康威视、华为、微软中国等众多不同类型的传统行业与高新技术产业，也有高校。这体现了本专业就业面宽的特点。近年来，在视频监控、信息软件开发行业工作的毕业生比例呈增长趋势。调查显示，51.2%的校友认为他们的工作性质与专业强相关，40%的校友认为与专业关联性不大，甚至有8.8%的校友认为与专业完全没有关系。44%的人有过跳槽的经历。这个数据在近年毕业的校友中比例更高。这与二十多年前大学毕业包分配的情况是有很大不同的。因此，我们的培养方案在重视学科基础与人文科学素养的同时，在专业方向上应该有更大的灵活性，为学生提供更多的发展空间。

在与同行相比具有的能力优势这个问题上，频数排在前五位的是"积极的态度与行为能力""职业道德（责任与忠诚）""思考与解决问题能力""沟通协调能力"和"团队合作能力"，而在"自我导向的持续学习能力""自我管理能力（情绪、压力等）""电脑运用能力（IT能力）""适合变迁能力""领导能力""创新、创造能力""质量与成本管理能力""外语能力""国际化认知能力"方面则显得信心不足（见图2）。这是值得关注的。

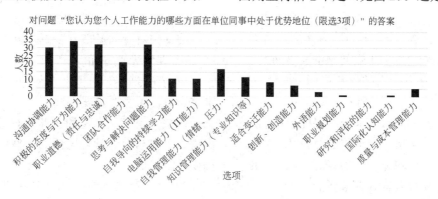

图2　个人工作能力自我评估

1.2　毕业 5 年数据分析

返回问卷的校友中，有 11 人已从大学毕业五年，我们特别关注了他们的反馈信息。这些校友中有 8 人从事技术服务和研发工作，另有 3 人从事市场营销。年薪 20 万以上的有 2 人，10 万～20 万的有 6 人，3 人年薪在 5 万～10 万。有 6 人毕业后没换过工作。3 人认为完全胜任目前工作，另外 8 人选择"比较胜任"。

7 人对目前工作比较满意，4 人则认为一般。

有 8 人认为自己对工作所要求的技能非常熟悉和比较熟悉，3 人认为掌握程度一般。

认为和单位同事关系非常融洽和比较融洽的有 10 人。

在个人职业发展前景方面，6 人认为很乐观，另外 4 人持谨慎态度。

在职场优势方面，多数人在"沟通协调能力""积极的态度与行为能力""职业道德（责任与忠诚）""团队合作""思考与解决问题能力""知识管理能力（专业知识等）"方面表现自信，而"自我导向的持续学习能力""电脑运用能力""自我管理能力（情绪、压力等）""适合变迁能力""创新、创造能力""外语能力""职业规划能力""国际化认知能力""质量与成本管理能力""领导能力"方面选择的人较少，值得关注。

总体而言，多数校友在毕业五年后能熟练掌握所在部门的工作流程和技术，成为该领域的专业人才。这是令人欣慰的。

1.3　学校本科教育的价值所在

课程对于职场的影响是我们反复问起的一个问题。校友们在对工作至今最有用的大学课程中，列举最多的课程有高等数学、英语、C 语言、自动控制原理、单片机、电子技术。这反映了大学专业基础与核心课程知识对于学生成长的作用。正如有的校友写的："许多工程问题都要借助数学工具来解决。"也有不少校友提到了工厂供电、计算机控制技术、过程控制、PLC、Java 语言、电力电子、检测技术、嵌入式系统等课程的影响。这些课程是跟校友从事专业工作的内容密切相关的。可见，专业知识和能力的培养对于毕业生顺利入职并成长为领域专家具有重要的作用。而这些课程名称的背后，往往有一个印象深刻的好老师。这也是校友给我们反馈的信息。优秀的老师

在课堂上的引导对于学生未来发展的影响是久远的。

一个不容忽视的现状是，统计数据显示，用人单位对新入职员工的职业培训呈减少趋势。84 人中，曾经在工作单位接受 12 月以上培训的有 13 人，这些人除 2 人外其他均为 80～90 年代毕业生。培训 6～12 月的 3 人均为 90 年代以前的毕业生。此外，15 人接受过 3～6 月的培训，40 人培训时间少于 3 个月，13 人完全没有得到过单位的培训。自然，工作单位对于员工的职业培训越来越简化，这也是和专业人员跳槽流动频繁密切相关的一个社会问题。在极为现实的社会需求面前，高校，特别是像浙江工业大学这样的省属高校，更多地担负起了就业技能培训的责任。

还有的校友对语文、政治理论课、毕业设计、体育等课程印象深刻。校友们认为，这些课程和环节"能培养理解力和独立思考能力、严谨的工作态度、自主完成一项陌生领域的项目的能力"，"解决了世界观和方法论问题，学习了控制论、系统论的知识和方法，对管理工作很有用"，"身体健康最重要，能够应对各种工作压力"。

由此可见，本科教育不只是见识增长和专业提升，也是人格养成，思维能力培养的关键时期。知识是能力的基础，适合的课程体系结构，对奠定学生的知识基础并培养学生分析问题、解决问题的能力和综合素养至关重要，而大学教师的言传身教同样有非常重要的引导作用。

2　人才培养的问题与挑战

现在回过头来看，如果大学学习有遗憾，你希望还要增加些什么课？锻炼哪些方面的能力？

校友们对此的反馈有以下几个方面。

1）课程设置方面

自动化专业就业面宽，是否可增设机械、化工等对象技术的选修课程。

这是一个发展迅速的全球化时代，应该增加英语、金融与财务管理方面的选修课程，补充经济核算的知识。

2）社会实践方面

增加就业指导和对口的社会实践，以便尽早了解社会，规划个人职业生涯。这是毕业较早的

校友提及的，在就业从计划经济转向市场经济的最初阶段，我们的应对有很多匆忙，对学生的就业缺乏必要的指导。但近年来，组织在校学生开展假期社会实践的活动越来越多，企业进校园宣讲也吸引了不少低年级的学生旁听，大家对个人将来要从事职业的规划越来越清晰，这是一件好事。但是从更高层面来说，不少大学生尚缺乏与国家和地方经济发展及社会需求相结合的"宁静致远""下得去、上得来"的大视野与大格局的成才观。

反思我们的培养计划，很遗憾的是，专业实习起到的作用有限，集体组织实习往往流于参观的形式。这里既有自动化专业宽口径特点的因素，学生就业方向多元，比较难以找到合适的集体实习企业。而企业则担心影响生产秩序，对接纳大量学生专业实习兴趣不大。

3）综合素养与能力提升方面

加强合作交流、自主学习等能力和创新意识、社会责任等综合素养。问卷调查中，多数人提到从事专业工作需要培养应对新技术挑战的终身学习的能力。从事管理工作需要培养领导团队所必需的表达能力、人际交往和沟通能力、项目管理能力。

工程实践能力需要提升。除了课外参与教师课题研究和科技竞赛的一部分学生，不少学生动手能力和工程意识欠缺。校内课程教学与实践环节教学方式需要改革。

校友答卷给予了我们重要的培养质量反馈信息。在以学生为中心、成果导向、质量持续改进的工程教育认证理念指导下，我们的努力改进方向是明确的，任重而道远。

3 培养状态调研对专业建设的启示

对自动化专业培养状态调研的统计分析一方面给予了我们人才培养的基本信心，同时也在技术发展趋势、课程设置、综合素质与能力培养等方面给予了我们很多启迪。工程教育跟产业发展是紧密联系、相互支持的。在经历了三次工业革命后，目前，基于信息物理融合系统的智能化促进产业变革的"工业4.0"时代正在到来。而智能制造是实施《中国制造2025》的主攻方向。其主线是信息化与工业化的深度融合，互联网与传统工业的融合。这是中国新一轮制造发展的制高点，对自动化专业人才培养的挑战，意味着：对工业自动化装备设计人才、人工智能技术人才、软件人才、多学科交叉复合型人才的新需求[1]。改进过去工作的不足，主动适应新技术、新产业、新经济发展，探索形成新工科建设模式[2]，这是当前摆在我们自动化教育工作者面前的重要课题。

接下来我们开展的专业建设和教学研究方向有：

1）确定培养目标方面，结合资源短缺、环境污染、能源紧张等难题对人类生存和可持续发展带来的挑战，提出绿色工程教育目标和毕业要求，并细化落实到各个教学环节中。

2）课程体系建设，着重做好三方面工作：前沿知识和学科交叉知识体系，实践创新性课程体系，工程教育通识。

这里的关键点是，改良教材和教学内容，重构核心知识，充分融合基础知识。而在专业课设置上，要考虑区域经济发展的特点，并在专业知识学习方面给学生更多的自主选择权。基于这一出发点，我们在最新一轮的培养方案修订中，已经设立了装备自动化技术与智能信息处理两大方向，加强了互联网应用、软件开发类课程。

3）课程教学改革，更加着眼于学生能力培养。在更多的课程中变革课堂讲授为主的教学模式，运用线上线下混合课程、项目式教学、讨论课等多种形式，激发学生参与的热情，将实践能力、合作能力、沟通能力、领导力等能力的培养贯穿于教学的全过程。

非常重要的一点是，在教学过程中要注意培养学生持续学习的能力和习惯，学生在大学期间的学习时间是有限的，但是新技术、新问题的出现一定会伴随着人的一生。因此，教育使命的一部分，是要让每一个学生养成持续学习的能力和习惯。

4）建立更多的校企合作关系。让教学内容更具有应用针对性，让教学过程延伸到校园外，让实践环节（认知实习、生产实习、课程实习、毕业实习、社会实践等）真正发挥实效。

4 结论

自动化专业需要适应电子信息和人工智能等技术迅猛发展的现状，适应智能制造产业发展的需求，常办常新。我们开展专业校友发展状态调研，目的是了解人才培养的反馈结果，使学校的人才培养更好地和社会需求接轨。遗憾的是，校友联络的工作量和难度较大，有一些年份毕业校友参与调查问卷的数量尚不够多。我们将把今后的教学质量校友反馈工作做得更好，也期待更多的同行交流，祝福自动化专业的未来。

References

[1] 吴晓蓓.《中国制造 2025》与自动化专业人才培养[J]. 中国大学教学，2015（8）：9-11.

[2] 胡波，冯辉，韩伟力，等. 加快新工科建设，推进工程教育改革创新[J]. 复旦教育论坛，2017，15（2）：20-27.

加强过程管理的本科生毕业设计（论文）分类指导浅谈

杨 欣 徐盛友 苏玉刚 孙 跃 李 斌

（重庆大学自动化学院，重庆 400044）

摘 要：本科生毕业设计（论文）质量直接影响着本科人才培养质量和学校总体教学水平，搞好本科生毕业设计（论文）对保证高校人才培养质量具有十分重要的意义。本文从自动化专业"本科生毕业设计（论文）的分类选题、过程管理"等方面介绍了加强毕业设计管理的做法和取得的一些经验，并应用于重庆大学自动化学院的毕业设计指导之中，并取得了较好的评价效果。

关键词：过程管理；毕业设计；分类指导

Classified Supervising on the Undergraduate Graduation Design Based on Process Management

Xin Yang, Sheng-you Xu，Yu-gang Su, Yue Sun，Bin Li

(Chongqing University, Chongqing 400044, China)

Abstract：Undergraduate graduation design quality directly affects the overall teaching quality of undergraduate talent training quality, it is very important in undergraduate graduation to ensure the quality of personnel training in universities. Two aspects such as "the classification of the graduation design topic selection, process management are introduced in this paper, And we also share some experiences of strengthening the management of graduation design practice in this paper, and it is also applied to evaluate the bachelor graduation design for the major of automatic Control in Chongqing University.

Key Words：Process Supervising；Graduation Design；Clarified Direct

引言

当今社会，随着中国制造 2025、"一带一路"等国家战略的提出，自动化专业发展面临极大的机遇与挑战。自动化信息技术已经成为现代高科技的主流技术，一个国家的自动化水平高低是衡量国家发达程度的基本标志之一。随着社会竞争的加剧和各工程领域自动化程度的提高，自动化专业的人才培养是自动化信息技术最核心的内容和工作，如何实现满足中国制造 2025、"一带一路"等国家战略需要的自动化人才培养已经成为各行业领域迫切的任务，其中高校应该承担培养面向行业应用人才的重任[1]。

自动化专业是以传授自动控制基础理论知识和控制系统设计基本方法、培养学生理论素质和解决实际工程问题能力为主[2]的强工程背景专业。其所涉及的"控制类课程"（如自动控制原理、现代控制理论、运动控制基础、过程控制系统、智能控制理论基础、先进控制理论、最优控制、自适应控制、机器人控制技术基础等）是该专业

联系人：杨欣. 第一作者：杨欣（1977—），女，博士，副教授.

基金项目：国家自动化专业卓越工程师教育培养计划、重庆市高等教育教学改革研究重大项目（1201015）、重庆市自动控制原理精品课程项目、重庆大学教育教学改革研究一般项目（2014Y20）、重庆大学本科校级优质重点课程（自动控制理论系列课程）.

的主要理论课程。如何科学、有效地实现理论的综合应用并对自动化人才素养进行评价，成为影响自动化专业人才培养、控制类课程体系改革的重要因素[3]。而本科生毕业设计（论文）作为本科生人才培养的最后一个环节，是学生控制领域知识应用能力的综合体现，直接反映了本科人才培养质量和学校总体教学水平。

本科生作为信息技术最基础的人才体系，搞好本科生毕业设计（论文）对保证高校人才培养质量具有十分重要的意义。并且适当的毕业设计指导对本科生毕业后立即进入职业生涯起着承上启下的作用，本科生毕业设计（论文）一方面可以为毕业生作为对大学本科阶段知识的总结，另一方面可以为进入行业或继续深造学习打下基础，所以本文浅谈加强过程管理的自动化本科生毕业设计（论文）分类指导的个人经验和看法。

1　本科生毕业设计（论文）课题分类选定

1.1　面向行业应用性课题的选定

本科生毕业设计（论文）课题选定问题实际上是要解决培养什么类型人才的问题。目前一部分本科生毕业设计（论文）课题定位不明，大多重视学术型等理论课题，而轻视行业应用型课题。这种重学术轻应用、重理论轻实践的课题取向，不利于我国高等学校本科生毕业设计（论文）的分类发展和多样化人才培养。对于本科毕业后不继续读研而直接工作的本科学生应该分类指导，应该把这部分学生作为培养应用型人才的主要部分，其毕业设计课题尽量以工程应用为主，来源于生产生活一线，能够解决实际的问题，培养学生解决实际问题的能力，既提高了学生的学习兴趣，也培养了学生的动手和实践能力，把这部分学生培养成适应社会需求的应用型人才，其知识、能力、素质结构具有鲜明的特点，理论基础扎实，专业知识面广，实践能力强，综合素质高，并有较强的科技运用、推广、转换能力等。但其人才培养也应有别于高职高专院校培养的技能型人才。因为高职高专院校培养的是面向生产、服务、建设、管理第一线的技术型人才，他们的知识更新能力、专业提升能力甚至综合素质都相对弱一些[4]。

针对自动化专业，可以选定生产自动化、化工自动化、热工自动化、物流自动化等方面的行业性课题，尽量在选题过程中联系工程实际，培养工程实践能力。

1.2　面向基础理论性课题的选定

目前，一般认为传统本科院校培养的是基础知识宽厚、综合素质较高，具有良好自学能力的研究型、学术型人才，它承担着为更高层次教育提供生源的任务，对于本科毕业后继续读研而不直接工作的本科学生应该分类指导，应该把这部分学生作为培养基础理论性学术型人才的主要来源。

对于基础理论性课题的选择，可以在以下几种确定课题来源。

（1）知识探究型。这是研究课题中的最低层次。学生学到某一方面知识，在教师指定下拓宽学习范围，获得学习体验，甚至形成学习报告。这种学习研究，尽管只是初步，但对于在更大范围和程度上激发学生研究学习无疑是全新的起点。

（2）学术研究型。学生在文理各科学习中，对某一教学内容发生浓厚兴趣，从而确定课题，寻找导师给予指导，花上数周、数月甚至年余时间研究探索，写出学术论文。

（3）创造发明型。在学生"研究性学习"课程中，最高的研究层次应当属科技的创新发明。学生通过自己的努力，以科技创造为目标，进行认真的科技发明尝试，并取得了成果。然后应用于社会并为社会创造出一定的社会效益[5]。

对于自动化专业的本科学生，在本科生毕业设计（论文）中，基础理论的课题可以选取与自动控制原理涉及的知识领域、分析控制系统的稳定性、控制系统的动态性能和稳态性能、自动控制理论中典型问题的类比问题、预测控制、职能控制、神经网络算法等基础性问题进行课题选定指导，为学生进入研究生阶段打下研究基础。

2　本科生毕业设计（论文）过程管理

过程管理，就是对过程的管理，是达成目标的重要环节管理。本科毕业设计（论文）过程管理主要是在本科毕业设计当中的每个节点进行质量控制，建立本科毕业设计（论文）过程绩效测量方法和过程控制方法，通过对每个过程细节控制管理，从而达到本科毕业设计（论文）全面质量管理，并实现持续改进和创新。

大学是要培养面向工业界、面向世界、面向未来的优秀创新实践人才，培养造就一大批创新能力强、适应经济社会发展需要的高水平工程应用型人才，针对这个目标，本科生毕业设计（论文）在实施过程中根据控制技术传播特性和人才培养规律进行科学管理[6]。

本科毕业设计（论文）的实施过程主要由文献查阅、开题报告、译文翻译、设计实施、设计总结组成，根据本科毕业设计（论文）的过程特点，分成三个阶段。

2.1 初期阶段过程管理

在学生进行设计选题以后，通过对本科毕业设计（论文）任务书的要求，需要通过大量相关文献的查阅和国内外动态的了解，寻求实现设计（论文）的方法。在此阶段，学生要完成文献的查阅、开题报告和外文翻译。在此阶段的过程管理，主要是要保障学生正确理解设计任务，监督学生完成足够量的文献查阅，改进学生的设计实现方案。在此阶段主要通过定期的设计文档检查、学生教师交流记录检查、开题报告质量评估检查进行管理。

设计文档检查中主要是检查文献阅读和下载是否全面、课题需要的基础理论知识是否具备，如果不具备，则督促学生尽快学习和补充。学生教师交流记录中主要是检查学生和指导教师定期交流的情况，保障学生能够参与到设计任务中。开题报告质量检查主要是通过学生的开题报告文档质量、开题报告讲述及答问成绩，评估学生设计（论文）任务解决方案的可行性。以上均需形成正式记录文档，并判定学生能否顺利进入下一阶段。

2.2 中期阶段过程管理

中期阶段主要是学生进行毕业设计（论文）的方案实施阶段。中期检查则主要针对"课题进度、课题创新点、课题进行过程中存在的困难及解决办法"等方面内容进行管理和检查。以避免部分学生在相对漫长的毕业设计过程中敷衍了事、得过且过的不良倾向，这些措施为保证学生

毕业设计（论文）高质量、高水平起到了十分重要的作用。

在此阶段主要通过定期的设计进度报告检查、学生教师交流记录检查、督导设计完成度检查进行管理。设计进度报告检查主要是通过学生定期进度报告讲述和问答情况，检查学生设计任务完成情况是否与进度安排相同，发现学生设计中存在的困难，帮助引导学生解决当前问题。教师交流记录检查主要是检查学生和指导教师定期交流的情况，监督学生全力投入设计任务中。督导设计完成度检查主要是通过学院督导与学生面对面、一对一的交谈，了解学生设计进度及设计过程中存在的问题。以上均需形成正式记录文档，并判定学生能否获得答辩资格。

2.3 后期阶段过程管理

后期检查学生的论文是否规范、文档是否齐全，毕业设计（论文）答辩准备是否充分等。学生毕业设计（论文）质量的检验、评价和考核是对学生创新思维的考验、创新能力水平的检测、创新成果的评价。此阶段检查保证了每一位参加毕业设计（论文）的学生能够在最后的毕业答辩阶段充分地展现自己的归纳能力和表述能力，同时将自己的设计思想准确地向专家组表达，并且推荐毕业设计（论文）优秀、语言表达能力强的学生参加校级示范性答辩[7]。

在此阶段主要通过毕业设计（论文）文档规范化检查、毕业设计（论文）交叉评阅、毕业设计（论文）答辩进行管理。毕业设计（论文）文档规范化检查主要是检查学生毕业设计（论文）附件、正文是否符合规范化要求，是否达到本科生毕业设计标准要求。毕业设计（论文）交叉评阅主要是通过相关专业教师的评阅意见进一步检查学生毕业设计（论文）质量。毕业设计（论文）答辩主要是通过学生的报告讲述、专家答辩等环节，评估学生的毕业设计（论文）水平。以上均需形成正式记录文档，并判定学生毕业设计（论文）的最终成绩，并发掘、推荐毕业设计（论文）优秀论文。

2.4 加强考勤管理

本科业设计期间正是学生需要参加全国各地的招聘会，毕业生找工作的繁忙时间。参加招聘会则势必造成设计时间减少，不允许学生参加招

聘会将影响就业率，而针对这种情况，就必须提高学生的有效设计和指导时间。对在校生我们坚持每日考勤制度，教师和学生每日碰面交流。教师要保证在实验室的指导时间，同一小组教师的指导时间交叉开来，每个教师到实验室后都要点名一次，这样如果一个设计组有多名指导教师，则该设计组每天都可以保证有教师在设计室指导，每天多次的点名促使学生必须在教室进行设计，同时也避免只有一个教师的设计组，在教师去指导时，如果有的学生刚好有事出去就会错过当天得到指导的机会[8]。

3　结论

自动化专业是一个多学科交叉的综合性专业，具有理论知识和工程应用背景结合的特点。本科毕业设计效果，直接影响并决定了自动化优秀人才的培养质量，分类对学生进行毕业设计选题并加强过程管理能有效科学地对本科毕业设计进行指导，可以更好地保障自动化人才的培养。

重庆大学自动化学院近年来，为了保障学生的培养质量、提高学生的专业素养，大力推广并贯彻过程管理制度。通过多年的实施，取得了显著的效果，端正了学生的学习态度，提高了毕业设计（论文）的质量，强化了学生的自动化专业素养。

References

[1] 辛琳琳，陈世彩. 高校课程质量评价的多元化理论探析[J]. 山东：临沂大学学报，2014（1）：25-28.

[2] Yang Xin, Sun Yue, Li Nan, et al. The Exploration and Research of Automation Educational System For Innovation Application Talents[J]. Washington, DC：Advances in Education Research, 2012（12）：157-160.

[3] Yang Xin, Xu Shengyou, Su Yugang, et al. The Research and Construction of Automation Control Theory Course System for Excellent Engineers[J]. Washington, DC：Advances in Education Research, 2014（15）：457-460.

[4] 姜庆玲. 高大数据时代下高职院校 E-learning 课程质量评价体系的构建与应用[J]. 成都：辽宁师专学报，2016（1）：21-2.

[5] 刘东，李晨洋，刘嫄春. 基于 AHP 的建筑材料精品资源共享课程教学改革模式探讨[J]. 重庆：高等建筑教育，2014（6）：19-21.

[6] 季侃，金侠鸾. 本科课程中研究方法的教学探析——以 DEA 方法与财务管理教学为例[J]. 南京：亚太教育，2015（8）：32-36.

[7] 余魅，加强毕业设计过程管理，提高本科人才培养质量[J]. 成都：电子科技大学学报：社科版，2005，7（1）：110-112.

[8] 王桂梅，赵月罗，苏梦香，联合指导，加强过程管理，提高毕业设计质量[J]. 河北工程大学学报：社会科学版，2007，24（1）：107-108.

主题 11：

自动化专业校企合作平台建设

"企业实践一"对自动化专业卓越计划学生
能力培养的探索与实践

赵正天 [1,4]　汪应军 [2,3]　刘微容 [1,4]

（[1] 兰州理工大学 电气工程与信息工程学院，甘肃 兰州 730050；[2] 天水电气传动研究所有限公司，甘肃 天水 741020；
[3] 大型电气传动系统与装备技术国家重点实验室，甘肃 天水 741020；[4] 甘肃省工业过程先进控制重点实验室，
甘肃 兰州 730050）

摘　要： "卓越工程师教育培养计划"的实施，需要高校和企业密切配合，完成理论知识、实践能力与工程素质的培养与提高。本文以自动化专业学生在"企业实践一"环节中应获得的能力为出发点，阐述了选择"企业实践"实施单位所考虑的主要因素，并从实践过程的组织管理、实践过程的学习内容和实践效果的成绩评定等三方面介绍了"企业实践一"的实施模式，为完善自动化专业卓越工程师培养模式提供借鉴。

关键词： 卓越工程师；自动化；企业实践；实施模式

Exploration and Practice of Cultivating the Ability of Students for Excellence Plan of Automation Specialty by "Corporate Practice One"

Zhengtian Zhao[1, 4], Yingjun Wang[2, 3], Weirong Liu[1, 4]

（[1]College of Electrical and Information Engineering, Lanzhou University of Technology, Lanzhou 730050, Gansu Province, China; [2]Tianshui Electric Drive Research Institute CO. LTD, Tianshui 741020, Gansu Province, China; [3]State Key Laboratory of Large Electric Drive System and Equipment Technology, Tianshui 741020, Gansu Province, China; [4]Key Laboratory of Gansu Advanced Control for Industrial Processes, Lanzhou University of Technology, Lanzhou 730050, Gansu Province, China)

Abstract: The practices of "Excellent Engineer Training Program" needs closely cooperation between universities and enterprises, in order to that students must lay a good foundation of engineering theory and obtain practical ability. Based on the ability that the students should be given during the "Corporate Practice One", we described the dominant factor by which we select the enterprises, and the implementation pattern including process organization and management, learning content, grading. Our work provides reference for improving the training mode of Excellence Plan of Automation Specialty.

Key Words: Excellent Engineer; Automation; Corporate Practice; Implementation Pattern

引言

"卓越工程师教育培养计划"（以下简称"卓越计划"）已列入国家中长期教育改革与发展规划纲要（2010—2020），是大规模高等工程教育改革的信号。教育部启动"卓越计划"的主要目的是培养一批掌握核心技术、具有创新能力的卓越工程师。学生应掌握的核心技术包含两个层面[1, 2]：一是本专业的新理论、新技术和新方法；二是发现问题、分析问题、解决问题进而创新的

联系人：赵正天. 第一作者：赵正天（1980—），男，硕士，讲师.
基金项目：自动化类教指委专业教育教学改革研究课题面上项目（2014A32），甘肃省青年科技基金项目（1506RJYA103），甘肃省工业过程先进控制重点实验室开放课题项目（XJK201521）.

综合能力。前者可通过讲授前沿课程解决；后者包含知识、能力和素质等方面的内容，需要通过做工程项目来解决[3]。自动化专业恰恰是一个典型的工程专业，其学科来源于工程实际，其应用也是面向工程实际的。在"企业实践"中培养学生的综合能力，自动化专业具备得天独厚的优势。

2012 年 8 月，兰州理工大学自动化专业正式获得教育部卓越工程师试点专业批准。为了更有效地开展卓越工程师培养工作，我专业对首批参加卓越工程师培养的试点院校进行调研，借鉴兄弟院校的先进经验，结合我校本专业的具体情况，有效加以吸收和改进，探索并建立适应兰州理工大学自动化专业自身特色的卓越工程师培养方案和实施措施。其中，企业培养阶段的累计时间为 1年，由现场教学、综合训练、专业认知实践一、专业认知实践二、企业实践一、企业实践二和企业实践三等 7 个环节组成，采用学校、企业双导师联合指导的方式，利求将工程实践同理论知识相结合。

1 "企业实践一"的能力要求

按照我校自动化专业卓越计划的培养方案，"企业实践一"安排在三年级第一学期第 17 至 21学周。在此之前，卓越计划的学生已经完成了通识教育课程的学习，以及除"微处理器原理及应用"和"检测与转换技术"以外的大部分专业基础课程的学习，专业课程尚未涉及。因此，"企业实践一"对卓越计划学生的能力要求处于"由懵懂到逐渐清晰"的初级阶段，要求他们熟悉安全生产的基本要求，具备应对危机与突发事件的初步能力；掌握电气工程制图标准和绘制方法，熟悉自动化系统设计规范；掌握常用仪器仪表、工具的使用方法及相关机电产品的工作原理；初步掌握本专业技术标准、政策、法律和法规；通过工程案例和项目实践，熟悉自动控制系统设计开发设计的步骤和方法，进一步了解相关专业技术、产品和技术手段，具有良好的质量、安全、效益、环境、职业健康和服务意识；进行必要的实际操作训练，初步具备一定的工程能力。参照

如表 1 所示的未来工程师资质知识工程体系[4]，"企业实践一"的能力要求在一定程度上涵盖了其中的第 4、7、8、9、10、11、12、13 条等非技术类关键特性，如图 1 所示。

表 1 未来工程师资质知识工程体系

序号	关键特性与能力要求
1	分析与实践
2	在设计上注重完整性和细节
3	创意和创新
4	交流
5	关于科学和数学的应用知识
6	精通所选领域的工程和熟悉相关技术领域
7	熟悉商务和管理方面的知识
8	领导能力
9	专业和积极的态度
10	在全球范围内，了解社会和历史因素
11	了解并符合相关法律、法规、标准和规范
12	取得工程师执照，并且熟知工程规范及专业操守
13	致力于终身学习

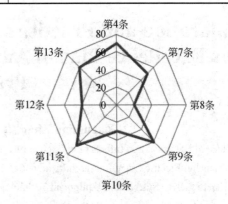

图 1 能力要求的非技术关键特性覆盖

2 "企业实践一"的实施单位

为保证卓越计划在企业实践阶段的培养效果，"企业实践一、二、三"的实施单位的选择至关重要，需要从两方面考虑。一方面，所选企业要与自动化专业对口，且具有强烈的社会责任感；另一方面，所选企业要具有旺盛的生命力和强大的研发能力。

2.1 专业对口，社会责任心强

我校自动化专业以自动化应用型工程人才和精英人才为培养目标，秉承了"突出工程实践，拓宽知识领域"的原则，以市场需求为专业的引

导方向，具有鲜明的"过程控制""运动控制""微控制器应用及产品开发"的专业特色。在此基础上，我们改进自动化普通班的培养方式，凝练了"自动化红柳卓越工程师班"的培养模式，进一步凸显"专业基础实，工程能力强，适应速度快，就业范围宽"的人才特色。因此，所选的企业实践实施单位就必须在"过程控制""运动控制""微控制器应用及产品开发"等方面具备一定的技术积累和优势，能在一定程度上引领行业发展方向。鉴于此，我们选择"金川集团信息与自动化工程有限公司"和"天水电气传动研究所有限公司"作为"企业实践"教学过程的实施单位。同样，这两家企业具有强烈的社会责任感，它们常年接收其周边的高等学校相关专业的学生实习。

2.2 生命力旺盛，研发能力强

为保证"企业实践"教学的持续性，其内容的前瞻性，我们所选择的实践单位，不能仅为生存而专注于生产运营，而应该具备旺盛的企业生命力，具有稳定的客户群，占据一定比例的市场份额，并拥有自己的研发平台和研发团队。其中，研发平台最好是省部级以上的重点实验室。我们选择的"天水电气传动研究所有限责任公司"拥有"大型电气传动系统与装备技术国家重点实验室"，"金川集团信息与自动化工程有限公司"其母公司"金川集团股份有限公司"拥有"镍钴资源综合利用国家重点实验室"。这两个实验室都是科技部第三批批准建设企业国家重点实验室。研发团队方面，我们所选择的两家单位，由于其所承接的工程项目大多数都是"独家定制"的非标项目，所以它们的都拥有多支能力出众的研发团队。

3 "企业实践一"的实施模式

为确保"企业实践一"课程目标的有效达成，我们探索了一套较新颖的实践模式。该模式涉及实践过程的组织管理、学习内容和成绩评定等方面。

3.1 实践过程的组织管理

自动化专业的"企业实践一"历时 5 周，完全在企业进行，学生离开了熟悉的校园，整个实践过程除了安排学生的学习内容，还得考虑学生的日常生活。鉴于此，我们探索性的规划了一整套管理模式，按时间划分包含"到企业前""在企业中"和"离开企业后"三部分。在学生正式进入企业前，我们召开动员大会，向参加实践的学生和带队教师，就企业实践的课程目标、安全事项、纪律要求、实践内容、考核方式、行程安排、住宿饮食、人身保险等方面进行说明。同时，我们邀请方便到校的学生家长进行座谈，向其告知学生企业实践的相关情况；对于不便到校的学生家长，我们向其寄出《企业实践家长知情同意书》，以书面的方式向其告知相关情况。在企业实践一过程中，学生 3~5 人一组分配给研发部门的具有高级职称的业务骨干，以"师傅带徒弟"的方式完成相关实践内容，期间，完全按照企业的作息制度上下班。值得一提的是，为锻炼学生口头表达能力和 PPT 制作能力，巩固白天所学内容，充分利用晚上和周末的业余时间，学生们以类似"值日"的方式安排好日程计划，坚持每晚 3~4 名同学，通过 20~30 分钟 PPT 小报告形式，向其他同学介绍近期的学习内容、收获和疑惑等相关情况，之后进行讨论总结。在企业实践一结束后，学生进行寒假修整。新学期伊始，举行"企业实践一"汇报答辩，让每位学生向答辩教师、低年级的学弟学妹们展示他们的实践收获。

3.2 实践过程的学习内容

"企业实践一"是自动化卓越班的学生第一次真正地进入企业"上班"。如何高效利用好 5 周的时间，为后续的"企业实践二"和"企业实践三"打好基础，合理安排好学习实践内容是非常关键的。这 5 周的学习实践内容由企业中负责带学生的师傅具体安排，但必须涵盖以下内容：① 安全教育、职业道德和工程伦理教育，企业文化和企业精神教育；② 应对危机和突发事件的练习；③ 自动化相关行业的技术标准、政策、法律和法规的学习；④ 相关软件和技术手段的学习和应用；⑤ 在车间或班组中，学习并能够使用常规仪器仪表、工具和相关机电设备；⑥ 经项目组的学习和训练，初步具备工程文件的撰写能力。

表 2　企业评分表

学生 ＼ 评价内容	评分点 1 熟悉安全生产的基本要求，具备应对危机与突发事件的初步能力	评分点 2 能够初步掌握行业技术标准、政策、法律和法规	评分点 3 能够使用常用仪器仪表、工具，并掌握相关机电产品的工作原理	评分点 4 能够掌握电气工程制图标准和绘制方法，熟悉自动化系统设计规范	评分点 5 熟悉自动控制系统设计开发设计的步骤和方法，具有良好的质量、安全、效益、环境、职业健康和服务意识
学生甲					
学生乙					
学生丙					
⋮					

注：请为每位学生的每一项"评价内容"打 1～10 分，其中 10 分最高，1 分最低。

3.3　实践效果的成绩评定

"企业实践一"结束后，成绩的评定是对各实践环节完成情况的考核，由实践考核小组完成的，考核小组成员包括企业教师和带队教师。成绩评定以学生的实际能力为主要依据，以汇报答辩为形式，以实习报告、"企业评分表"（如表 2 所示）和"带队教师评分表"（如图 2 所示）为载体，围绕"企业实践一"的能力要求进行评定。其中，"带队教师评分表"涵盖了实践纪律、日常表现和阶段报告等内容，主要涉及学生日常管理方面的成绩评定；"企业评分表"则主要评价学生能力的获得情况。学生的最终成绩评定组成如图 3 所示。

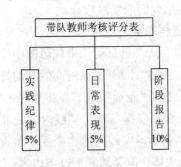

图 2　带队教师评分表组成

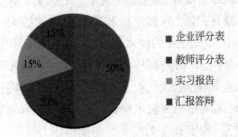

图 3　学生最终成绩评定组成

4　结论

实施"卓越工程师培养计划"是一项系统工程，作为我校自动化专业卓越工程师培养的一个关键环节，"企业实践一"对学生相关能力的培养至关重要。鉴于国内未有现成的模式可以遵循，我们通过 3 年的探索与实践，总结了一套相对完整有效的"企业实践一"的实施模式，这套模式在"天水电气传动研究所有限公司"进行"企业实践一"过程中予以实施，历经 2012 级、2013 级、2014 级三界自动化卓越工程师班的 42 名学生。

这 3 届学生企业评价的能力获得情况统计如图 4 所示，总体均超过了 0.7 的达成阈值，其中评分点 2 对应的"能够初步掌握行业技术标准、政策、法律和法规"的能力和评分点 5 对应的"熟悉自动控制系统设计开发设计的步骤和方法，具

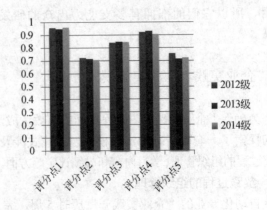

图 4　企业考核分析

有良好的质量、安全、效益、环境、职业健康和服务意识"的能力，达成情况略低于其他评分点的能力要求，有待进一步加强。

我们探索实践的这套实施模式保证了"企业实践一"阶段能力培养要求的达成，并为后期的"企业实践二"和"企业实践三"的顺利实施，打下了坚实的基础，值得借鉴。

References

[1] 孙康宁，傅水根，梁延德，等. 浅论工程实践教育中心的问题、对策与通识教育属性[J]. 中国大学教学，2011（9）：17-20.

[2] 朱高峰. 工程教育的几个问题探讨[J]. 中国高等教育，2010（Z1）.

[3] 汪贵平，李思慧，李阳，等. 运用系统方法科学构建自动化专业卓越工程师培养创新实践教学体系. 2013年全国自动化教学年会论文集.

[4] Engineering Body of Knowledge, Prepared by the Licensure and Qualifications for Practice, Committee of the National Society of Professional Engineers, first edition, 2013.

独立院校自动化专业依托"校企合作平台"
工程应用型人才培养之探索

汪纪锋[1] 李 洁[2] 党晓圆[3]

（[1,2,3]重庆邮电大学 移通学院，重庆 合川 401520）

摘 要：为使独立院校自动化专业培养的人才与市场接轨，重庆邮电大学移通学院自动化专业依托"校企合作平台"，深化教育教学改革、深度开展校企实质性合作，优化师资队伍建设、强化学生实践创新能力，以培养适应市场需求的创造型、工程应用型人才。

关键词：校企合作；自动化；工程应用型人才

Exploring the Training of Applied Engineering Talents in Automation Professional of Independent College Based on the "School-Enterprise Cooperation Platform"

Jifeng Wang[1], Jie Li[2], Xiaoyuan Dang[3]

（College of Mobile Telecommunications, Chongqing University of Posts and Telecommunications，Hechuan 401520,Chongqing Province, China）

Abstract：In order to make the Automation Professional of CQYT training personnel to adapt to market demand,The automation professional Based on the "School-Enterprise Cooperation Platform",Deepening the Reform of Education and Teaching, Strengthen substantive cooperation between schools and enterprises, Optimize the construction of teachers, Strengthen students' practice and innovation ability, Training of the needs of the market to the Creative ability,engineering and application-oriented talents .

Key Words：School-Enterprise Cooperation；Automation；Engineering Application Talents

引言

随着我国经济的高速发展，国家发展战略"中国制造 2025"提出的"智能制造"，以及国际上"工业 4.0"等概念的提出，加速了我国各行各业对产业的"智能化"水平的升级，可见市场对"自动化"类人才的需求量巨大。但是根据用人企业的反馈，高校毕业生往往达不到企业具体岗位的"用人"要求，到企业后需要再培养一段时间才能真正意义的"上岗"，出现了高校培养的人与社会需求"脱节"的情况[1]。因此，高校应加强与用人企业的深度合作，培养企业需要的人才，其有效途径为校企合作共建"协同育人平台"。目前大量的校企合作处于"浅层次"合作状态，出现高校"一头热"现象，其根本原因其一是缺乏政府的相

联系人：汪纪锋. 第一作者：汪纪锋（1944—），男，重庆人，自动化系主任，二级教授.

基金项目：重庆市 2015 年本科高校三特行动计划电气工程及其自动化特色专业建设项目（编号：渝教高（2015）69 号）；教育部高等学校电气类专业指导委员会专业教育教学改革研究课题"应用技术型独立院校电气类专业基于校企合作创新平台协同育人研究"（编号：DQJZW2016011）.

关政策支持[2]，其二是没有实现双方互利互赢，企业利益不明显。

1 重庆邮电大学移通学院自动化系"校企合作平台"搭建

重庆邮电大学移通学院是全日制普通本科院校，经教育部批准由重庆邮电大学举办的独立学院，不同于有国家财政支持的普通本科高校，也不同于高职院校。我校培养学生的定位为培养本科层次的"技术型、创新型、应用型"人才，同时我校还是重庆市首批"教育部本科应用技术性试点院校"之一。因此学生不仅需要夯实的专业理论知识，更是需要将专业知识应用于实践的能力和一定的创新能力。为更好地培养学生具有"这些能力"，与市场接轨，采取与企业合作的方式，注重人才培养的实用性与实效性。我校自动化专业注重加强校企合作，走"产、学、研"相结合的道路，使学校和企业互惠互利。目前自动化系与国家电投集团重庆合川发电有限责任公司、中国四联仪器仪表集团有限公司、重庆红亿机械有限公司签署校企合作协议，并开展实质性合作，以此为基础构建了自动化专业"校企合作平台"。

2 自动化专业建设及专业学科群建设

专业建设作为学校的根本性的基础建设，为了更好地为国家经济建设服务，主动融入国家战略"中国制造2025"发展创新布局，加快新一代信息技术与制造业深度融合，发挥学科特色和优势，增强科技自主创新能力及科技成果转化能力，自动化系积极开展学科布局结构调整，适应"智能制造"产业转型发展的实际需求，构建"智能制造学科专业群"，在学科群建设的基础上，结合专业培养实际，开展具体的专业建设。

"智能制造学科专业群"融合自动化专业、机械设计制造及其自动化专业、电气工程及其自动化专业、机械电子工程专业、测控技术与仪器专业和物联网专业，以智能制造技术与工程为主要方向，在学科分属上既具有学科交叉性，同时又具有学科基础的共性，通过积极开展学科群建设，使得各专业之间相互支撑、相互配合、相互促进，

以加快自动化专业的建设，培养适应市场需求的创造型、工程应用型人才。

2.1 "智能制造学科专业群"建设主要举措，依托"校企合作平台"举办"智能制造工程师班"

为了适应国家发展战略"中国制造2025"提出的"智能制造"，以及"工业4.0"要求，满足市场对"智能制造"人才的需求，使学生毕业后就能成为一名合格工程师，直接胜任工程师岗位工作。依托"校企合作平台"，我校自动化系与红亿公司联合举办"智能制造工程师"试点班，采用"2.5+1.5"人才培养模式，实现"企业进课堂，课堂融行业"。"智能制造工程师班"的特色是凸显"工匠"潜质的智能制造技术。从2017级开始，在自动化、机械设计制造及其自动化等专业中选拔部分学生进入智能制造工程师班"学习，前2年在学校接受教育部所要求的大学基础课程学习，第3年开始进入学校联合企业培养阶段，其中前半年时间进行专业课及技能学习，采用课堂授课与现场讲述相结合的教学方式，以便学生明白所学知识是如何在实践中应用的，在专业授课时以讲述概念为主；后半年在企业进行实践，在实践中学习完成两门专业课程，使学生在工厂实际生产环境中完成全部专业课程的学习。第4年，在企业进行生产实习和毕业设计，同时形成实际工作能力。在大三和大四这两年中除了培养学生的实际动手能力外，在教授专业课时强调和重点培养学生的再学习能力，借鉴德国应用技术大学经验，留出足够多的时间由学生自学完成（老师做必要的引导与辅导）。再学习能力的培养至关重要，这种能力的培养将作为校企联合教学的一个重点。

2.2 依托"校企合作平台"科研项目，加强"智能制造学科专业群"建设

高校应充分发挥自身优势，立足地方经济，依托行业发展，主动为企业服务，如抽调部分教师到企业，协助企业研发新产品、技术革新以及解决技术难题等。通过"校企合作平台"相关企业的"科研项目"开展，把科研成果转化为可以带来经济效益的生产力[3]，以促进"智能制造学科专业群"建设。例如我校与重庆红亿机械有限公司开展的"汽车发动机缸盖柔性自动生产线"攻关项目，我校自动化系每年选派3名以上自动

化专业、机械类专业教师到企业，参与该项目的研发工作。2017 年 2 月"移通—红亿"校企联合开发研制的"汽车发动机缸盖柔性自动生产线"攻关项目，成功完成了其中的第一子项内——座圈自动装配智能设备。

3　依托"校企合作平台"，修订人才培养方案，培养创造型、工程应用型人才

在设计人才培养方案时，应特别强调理论联系实际，努力培养学生的实践动手能力和创新思维能力，设置能力拓展项目，特别注重符合认知规律，富有启发性，有利于激发学生学习兴趣，训练本学科专业特有的思维方法和解决实际问题的综合能力，突出学生发现问题、分析问题和解决问题的能力的培养[4]。为了使培养的人才符合企业用人需求，依托"校企合作平台"，邀请企业专家到校，对人才培养方案进行论证和修订，确保其贴近生产实际、与生产需要紧密结合，使得所培养的学生具有良好的岗位适应能力和继续发展能力。例如我校自动化系 2016 级培养方案修订时，邀请企业专家到我校进行了人才培养方案论证，提出了加强学生实践能力的培养。

自动化专业人才培养方案通过专家论证，构建了"实验、课程设计、实习、毕业设计"的实践教学体系，通过校内的实验、实习基地，学生掌握了一定的专业实践知识和动手能力，借助"校企合作平台"，安排学生到企业参观实习、顶岗实习，选拔部分学生到校企合作单位"真题真做"毕业设计，通过这些举措，使学生了解生产实践设备与技术，将理论与实践结合，进一步理解专业内涵、了解就业前景等。在企业实践过程中，引导学生发现问题，通过与其他人交流学习，进而分析问题、解决问题，培养了学生的创新能力、沟通交流能力，达到了培养创造型、工程应用型人才的目的。

例如我校安排了 39 名 2017 届自动化系毕业生分别到四联集团和红亿机械公司进行毕业设计，指导老师均为企业高级工程师以上职称，结合产品设计、制造研制等课题实现"真题真做"，保证了毕业设计质量。通过这些举措，提高了学生的专业实践能力及岗位工作适应能力，还使学生热爱本专业、增强学习信心和目的、提高学习兴趣等方面起到了良好作用，有效地培养了工程应用型人才。

4　依托"校企合作平台"，加强师资队伍建设

自动化系大力实施高水平师资队伍建设工程，重视教师素质能力提升，借助"校企合作平台"，加强"三能型"教师培养，促进教学水平提高。通过师资队伍建设推动科学研究、教学改革和学科专业建设，不断提高人才培养质量，逐渐形成了一支凝聚力强、层次结构合理、科研与教学并举的师资队伍。

"三能型"的专业课教师，既能讲理论，又能指导实训，还能与企业共同进行技术研发。培养"三能型"教师是应用技术大学师资队伍建设的关键点。

我们通过采取引进有企业工作背景的"三能型"教师等措施外，还依托"校企合作平台"，将现有教师培养为"三能型"教师。

主要措施为采取分层分类的培养举措，我校自动化系有计划安排教师到合作企业实践锻炼，已经形成每学期选派 3～5 名教师到企业实践锻炼的培养机制。目前已先后选派张强、张姣 2 名教师到中国四联仪器仪表集团有限公参加工程实践锻炼 4 个月；先后选派曹强、李洁 2 名教师到国家电投集团重庆合川发电有限责任公司参加工程实践锻炼 1 个月；先后选派何聪、张钰柱等 3 名教师到重庆红亿机械有限公司加入其项目研发团队。教师通过深入企业实践锻炼，熟悉生产一线的设备和新技术，将理论与实践相结合，提高了自身的专业技术水平和实践操作能力，了解企业对应用型本科人才的需要情况；特别是通过参与企业的研发项目，使教师逐步从单一型"理论"教师转变"三能型"教师。

其他措施为依托"校企合作平台"，聘请合作企业有丰富实践经验、扎实理论基础的高职称人员为我校兼职教授，通过"传帮带"的导师制，提高青年教师的专业实践教学水平。我校自动化系聘请了中国四联仪器仪表集团、重庆红亿机械有限公司等合作企业 12 名高级工程师为我校兼职教授。这些实践经验丰富的兼职教授参与到教育教学工作中，通过开展讲座等形式让学生了解本专业生产实践中的实用知识和新技术，例如 2016

年 11 月 30 日，我校兼职教授红亿机械公司总工程师姜国宾，为自动化系同学们带来了一场"如何快速成为一名优秀工程师"的专题讲座。

通过不断的加强自动化专业师资队伍，以推动教学改革，凝练和建立体现个性化教育和工程应用的实践教学新模式，培养多学科交叉的高素质自动化专业人才，加强学生就业创业能力，更好地为国民经济和社会发展服务。

5 校企合作实现"学生受益"目的

校企合作的宗旨是："校企双赢、学生受益。"围绕着这个宗旨，在开展校企合作事项时，应充分调动企业参与合作教育的积极性，在满足企业需求的前提下，让学生到企业进行参观实习、认识实习等，实现学校积极开展校企合作的初衷"让学生受益"。

5.1 加强学生工程实践认识能力

单纯依靠学校实验室资源，通过传统教学模式"验证性实验"、课程设计采用"仿真教学"，这些"虚拟"的课题，学生学起来积极性不高；教师教学案例千篇一律，教起来缺乏创意，不能掌握行业前沿技术，导致毕业生进入企业后不能适应企业环境与工作流程[5]。通过校企合作平台，让学生到合作企业进行短期的参观实习或较长期的工程实践认识实习，填补传统实践教学模式对工程实践认识的不足。例如我校自动化系在 2016 年 4 月 20 日、2017 年 3 月 15 日先后安排自动化系 2012 级、2013 级四十余名学生到重庆合川发电有限责任公司参观实习；2017 年安排 30 余名学生到重庆红亿机械有限公司参观实习；2017 年 7 月 17 日到 2017 年 8 月 18 日安排佘俊德、李小军等 2015 级同学到国家电投集团重庆合川发电有限责任公司进行为期一个月的实习。

通过到企业实习等举措，使学生了解生产实践设备与技术，培养了学生的工程实践认识能力，将理论与实践结合，进一步理解专业内涵、了解就业前景等，为学生毕业以后更好地适应社会、适应工作、选择人生方向打下良好的基础。

5.2 激励学生科技创新兴趣与能力

学生通过到校企合作企业参观、企业导师引导，认识工业生产中的实际需求与案例，了解行业前沿技术，激发学生对科技创新的兴趣，并通过参加各种科技竞赛，培养学生的工程实践能力与创新能力。在这些激励与各方面努力下，近几年我校自动化系学生参加科技竞赛的数量与质量明显提升，由 2012 年 2 人次增至 2016 年 85 人次，省部级以上学科竞赛获奖种类由 1 种增至 10 余种。近三年，学生在全国数学建模、全国大学生工程训练综合能力竞赛、全国大学生电子设计、"西门子杯"中国智能制造挑战赛、"蓝桥杯"等大学生创新竞赛中均取得佳绩。例如在"全国大学生'西门子杯'工业自动化挑战赛"（2015 年）总决赛中荣获全国一等奖。

通过上述一系列措施，激励学生科技创新兴趣与能力，培养学生的工程实践能力与创新能力，毕业生也获得了社会认可，就业情况良好。例如 2016 届毕业生孙猜胜现就职于北京现代汽车有限公司、任聪现就职于中铁集团；2017 届毕业生周壮现就职于日立电梯（中国）有限公司、万腾杨现就职于国家电投合川发电有限公司工作。自动化专业近几年就业率逐步攀升，2015 年就业率为 94.62%、2016 年就业率为 95.31%、2017 年就业率为 96.12%。

6 结束语

重庆邮电大学移通学院自动化系将以学校应用技术大学建设为契机，抓住"中国制造 2025"发展机遇，进一步增加校企合作数量和质量，依托"校企合作平台"，不断进行人才培养新模式改革、课程体系探索、强化学生实践创新能力，培养适应市场需求的创造型、工程应用型人才。

References

[1] 张健. 校企合作"五度"问题及其解决方略[J]. 中国职业技术教育，2016（33）：82.

[2] 郑永进，高慧敏. 地方性高职院校的发展策略选择——基于资源依赖理论视角[J]. 职业技术教育，2014（4）：21.

[3] 张健. 校企合作："合"的问题与"作"的策略[J]. 职教通讯，2015（7）：75.

[4] 何衡. 高职院校推进校企合作过程中的管理困境与突破[J]. 安徽职成教，2014（2）：12.

[5] 张志强. 校企合作存在的问题与对策研究[J]. 中国职业技术教育，2012（4）：62.

河北工程大学自动化专业校企合作人才培养模式研究

韩　昱　王艳芬

（河北工程大学 信息与电气工程学院，河北 邯郸 056038）

摘　要：文章以在工程背景下河北工程大学自动化专业校企合作人才培养模式改革为研究目标，从转变教学思路和方法、加强校企合作、实践环节科技创新培养，在共建目标、组织管理、共建方案和人才培养实习基地等方面进行了详细的分析和探讨。提出加强工程实践能力和培养工程应用型人才的教学方法，为应用型自动化专业本科人才培养方案提供依据。

关键词：校企合作；实习基地；科技创新；工程能力

A Study on Models for Talents Cultivation of School Enterprise Cooperation in Automation Major of Hebei University of Engineering

Yu Han，Yanfen Wang

(Hebei University of Engineering, Handan 056038, Hebei Province, China)

Abstract：The models for talents cultivation of school enterprise cooperation in automation major of Hebei University of Engineering is taken as the research target, at the background of engineering. From the change of teaching ideas and methods, strengthen cooperation and practice training in science and technology innovation, build target, organization and management, build a program framework and talents cultivation practice base and other aspects of the detailed analysis and discussion. The teaching methods of strengthening engineering practice ability and training engineering applied talents are put forward, which can provide basis for undergraduate training program of application-oriented automation specialty.

Key Words：School Enterprise Cooperation; Practice Base; Technological Innovation; Engineering capability

引言

自动化专业作为河北工程大学重点支持建设的专业之一，人才培养的定位是培养高素质、技能型、创新型人才。为了更好地适应社会的需求，校企合作建设就成为自动化专业建设的核心任务之一[1,2]。进行校企合作是河北工程大学培养高素质、高技能人才的一种有效途径，是深化产学研合作教学的重要载体。为进一步加强我校自动化专业校企合作模式，在共建目标、组织管理、共建方案框架和人才培养实习基地等方面进行了详细的分析。

1　校企合作共建目标

通过自动化专业校企合作共建，力争实现以下目标。

联系人：韩昱. 第一作者：韩昱（1979—），女，硕士，讲师.

（1）实现人才培养与企业需求相融合。

建立自动化专业建设指导委员会，在企业设立实训基地、就业基地，优秀学生毕业后直接由企业聘用的人才培养方式。

（2）实现专业教师与"能工巧匠"相融合。

建设校企结合的教学团队。聘请自动化行业领军人物为担当兼职带头人，发挥其把握行业发展方向和熟悉岗位能力需求的优势，通过企业兼职、国内外培训等措施，提高专业带头人的工程实践能力，使其在课程体系构建等方面发挥主导作用[3]。在课程团队中实行"双骨干教师"机制[4]，聘请企业技术与管理骨干担当"兼职骨干教师"，发挥其精通实践技能的优势，在实训教学、实训教材开发、项目案例实施、实践教学方法改革中发挥主导作用。

（3）实现教学内容与工程实践相融合。

按照企业实际工作要求和学生学习认知规律重新序化课程内容，实现专业核心课程教学内容与实际工作任务相结合，使学生在掌握基本的专业知识和专业技能的同时，在实践中深化对知识的理解和提高。

（4）实现校园文化与企业文化相融合。

工程理念和模式在本专业教学中推广应用。引入企业先进的文化理念，强化与企业文化有关联的教育内容，培养与企业一致的行为规范。在实验实训基地建设上突出企业文化和良好的职业氛围，通过举办企业家报告会、校企联谊活动、"企业杯"学生科技活动和专业技能竞赛，有意识地将企业文化渗透在本专业学生的课外活动中，实现校园文化活动与企业文化的对接。

2　校企合作组织管理建设

校企合作共建专业和人才培养旨在加强教学的针对性和实用性，提高学生的综合素质，培养学生的动手能力和解决问题的实际能力，实现人才培养的多样化。校企合作人才培养有多种形式，积极推行与生产劳动和社会实践相结合的学习模式，开展订单培养，探索任务驱动、项目导向、顶岗实习等有利于增强学生能力的教学模式。校企合作共建专业实行校、系两级管理，学校负责审核、检查和重大问题的处理，系部负责具体的

实施和管理工作。

2.1　成立校企共建自动化专业领导小组

领导小组全面领导、组织、实施我校自动化专业校企共建的各项工作，检查系部和企业产学合作教育工作的实施完成情况，协调和处理工作中出现的问题。

2.2　成立专业指导委员会

聘请企业技术专家任校外专业指导委员，不断扩大校外专业指导委员的队伍。专业指导委员会主要由自动化行业知名企业的技术专家组成，在专业设置、人才培养、教学建设和改革等方面进行专业教学计划和课程设置的论证工作。发挥专业指导委员在合作培训、共建校内实训基地、引进新技术和先进的管理模式、学生毕业实习和就业等方面的作用，完成互惠双赢的合作项目，实现企业与学校的互利互助。

2.3　加强为企业对口培养人才的工作

产学结合共建专业既是一种教学形式，也是一种教育思想。产学结合作为一种教育思想，它主要反映了本专业的高等教育以市场为导向，主动面向市场，服务社会的教育理念，强化为企业对口培养人才的工作。

3　校企合作基本框架建设

3.1　共建专业结构

根据社会的需求设置专业结构，学校在校企共建中不断调整专业结构，优化专业布局。校企双方人员共同组成专业指导委员会、专业建设团队，根据企业需求，调整专业教学计划、实训计划。

3.2　合作修订教学计划

依据当今科技的发展，企业技术的革新，邀请邯郸市星瑞自控设备有限公司、邯郸市东宝自控设备有限责任公司等企业的专家探讨研究，修订本专业教学计划和人才培养方案，加强实践教学，包括基础技能训练、基础实验、综合设计性实验和创新能力训练（包括开放实验、大学生竞赛、大学生创新训练计划和毕业设计等）。

3.3　共建特色课程和专业教材

学校与企业联合开展自动化专业高技能人才培养课程，即在校学习基础理论课程，在合作企

业进行实践环节教学，实习内容课程化，企业深度参与学生培养。首先，要把培养适应工业生产一线的现实和发展需要的工程应用型人才作为服务面向定位。其次，结合服务面向定位和专业人才培养目标，以素质教育为主题，以工程教育为主线，确定学生的知识、能力、素质结构。第三，

强化工程教育，使工程教育贯穿人才培养的全过程。学科基础平台课为工程基础教育阶段，专业平台课为工程专业教学阶段。通过以上措施的实施，逐步构建"懂理论、有技术、能创新"三位一体的应用型创新人才培养体系，如图 1 所示。

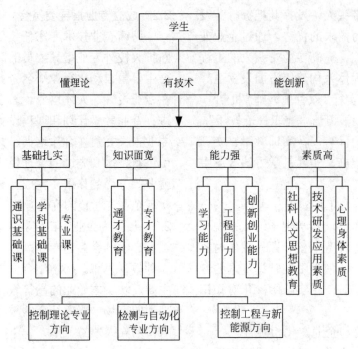

图 1 应用型创新人才培养体系示意图

3.4 共建师资队伍、共享科研成果

一方面邀请企业的技术专家到学校担任实习指导教师；另一方面选送青年教师赴企业挂职锻炼，联合开展企业职工培训。通过校企共建，打造自动化专业具有鲜明高技能人才培养特色的"双结构"型师资队伍。在科研方面，学校教师可以与企业联合申报科研项目，合作进行科学研究，联合开发产品等各个方面。企业也可以将部分产品的前瞻性研究任务交给校内专业教师进行。通过联合科研，使得高校教师走出"象牙塔"，增强科研成果的工业转化，提高开发水平，企业不断地提高产品质量、降低成本，提高产品竞争力。

3.5 共建实习基地

河北工程大学自动化专业已建成的校外实践教学基地有邯钢集团、邢台煤矿、东庞煤矿、中国第一拖拉机集团等。进一步扩大校内、外实习基地的数量，力争在 5 年内再增加 3~5 个实践教学基地。

3.6 共建教学场所

将实践教学场所，特别是实验室建设与企业接轨，从实验室建设方案的确定、实验内容的开发和实验过程的实施，均由校企协同设计，做到课程与实验内容的统一。

3.7 共建社会服务平台

依托河北工程大学"邯郸市装备制造中小企业集群创新公共技术服务平台"，集成邯郸市高等院校、科研院所、中小企业服务中心、工程技术研究中心、创业服务中心以及各类企业化技术服务机构，共建自动化专业社会服务平台，有效地为邯郸市中小企业提供自动化专业新产品开发、新技术应用等方面服务，也为本专业的发展壮大创造良好的合作交流环境。

4 结论

由学校和共建企业组织相关人员，对校企合作共建自动化专业的组织管理、教学实施等情况

进行不定期的检查，给出指导意见。通过专家评判、学生评价等形式，对共建企业、专业教师进行综合考核，根据综合考核的具体情况，对于不符合要求的企业或教师及时整改，确保本专业校企共建工作的顺利进行。

References

[1] 李艳英，于春晓，侯永海. 应用型本科院校自动化专业校企合作人才培养模式的探索[J]. 当代教育实践与教学研究：电子刊，2014（9）：139.

[2] 岳舟. 地方本科院校自动化专业校企合作教育的探索[J]. 电脑知识与技术，2014（7）：1456-1457.

[3] 许素安，谢敏，黄艳岩，等. 基于"校企合作"模式的高校自动化专业控制类专业课程教学改革与实践[J]. 教育教学论坛，2012（33）：45-46.

[4] 郁炜，张露，楼飞燕，等. "校企合作、工学结合"的自动化专业实践教学体系研究[J]. 教育教学论坛，2012（9）：98-99.

摄像头循迹智能车实验平台关键技术研究

董韶鹏 姜凯伦 袁 梅

（北京航空航天大学 自动化科学与电气工程学院，北京 100191）

摘 要：本文以摄像头循迹智能车为对象，研究循迹智能车相关控制算法，包括舵机、电机控制算法、摄像头采集算法、图像信息提取算法、PID 控制算法和循迹算法。在此过程中，收集整理开发过程中的问题和解决方案。在实验室提供全套摄像头智能车硬件的条件下，开发一整套循迹智能车实验项目，使学生掌握智能车调试的软硬件相关技术。

关键词：循迹智能车；控制算法；实验项目；PID；竞赛

The Key Technical Research of Camera Tracks Smart Car Experiment Platform

Shaopeng Dong, Kailun Jiang, Mei Yuan

(School of Automation Science and Electrical Engineering, Beihang University, Beijing 100191, China)

Abstract: Intelligent vehicle based on camera tracking for object, intelligent vehicle tracking related control algorithm, including the steering gear and motor control algorithm, the camera acquisition algorithm, image information extraction algorithm, PID control algorithm and tracking algorithm is proposed. In the process, the problems and solutions are collected and collated. In the laboratory hardware conditions, provide a full range of camera intelligent car project to develop a set of intelligent vehicle tracking experiment, make the students master the intelligent car debugging of hardware and software technology.

Key Words: Tracking Smart Cars; Control Algorithm; Experimental Projects; PID; Competition

引言

随着嵌入式系统的迅速发展，关于智能小车的研究逐渐受人关注。智能车竞赛逐渐被越来越多的大学生所熟知和参与[1]。智能车相关研究涉及很多高新科技以及自动化、电子、计算机学科等前沿技术，对于当今大学生学科竞赛水平提高有很好的推动作用[2]。

对于学习自动化、计算机、嵌入式系统、车辆工程等相关专业的大学生和爱好者来说，参与整个智能车竞赛，完成软硬件设计以及参数调整等过程意义非凡[4]。在参与竞赛时，需要灵活运用数电、模电、自动控制原理等相关学科所学内容，根据实际功能需要设计和调试智能车电路和结构[5]。

从 2006 年开始我国智能车竞赛发展至今已经在中国成功举办了十一届。如今智能车比赛被广泛认定为国家教育部正式承认的五大大学生竞赛项目之一，与数学建模、电子设计、机械设计、结构设计等四大竞赛并列[6]，每年各工科类大学都踊跃参赛。因而有必要在大学中专门开设智能

联系人：袁梅．第一作者：董韶鹏（1982—），男，工学硕士，实验师．

基金项目：教育部校企合作（北航-恩智浦俱乐部）和北京航空航天大学教改立项项目资助．

车相关实验课程，并对其中的关键技术进行研究。

1 智能车平台硬件组成

实验室提供的智能车的硬件包括 K60 芯片、系统主板、电机驱动模块、电机舵机、编码器、电源转压稳压模块等。智能车各模块组成如图 1 所示。

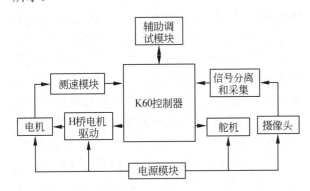

图 1　智能车组成结构框图

在智能车的竞赛中，控制智能车主要由电机控制前进速度、舵机控制方向来实现智能车进动效果。整个控制系统中主要执行机构虽然简单，但是想要达到快速稳定的控制效果并不简单，需要结合 PID 闭环实现，因此需要编码器采集测速。

2 智能车软硬件调试

2.1 舵机、电机控制

舵机和电机的控制程序都依靠 K60 单片机的 FTM 模块输出 PWM 波进行控制。

电机调试过程中，设置 FTM 模块控制寄存器输出频率为 2000Hz 的电机控制 PWM 波，占空比根据需要输入控制量。通过 K60 输出 4 路 PWM 波经过电机驱动模块控制电机，其中 1、3 路对应左、右后轮电机正向转动，2、4 路对应左、右后轮反向转动。当需要电机快速减速时，通过开启 2、4 路 PWM 输出将电机反转一小段时间可实现快速减速。

舵机控制中采用 PD 转向控制，通过实验确定左右极限及中间位置 PWM 波占空比，结合宏定义编写转向控制函数，将舵机从左极限位置到右极限位置转向对应至 0～100 控制数。

2.2 OV7620 图像采集

OV7620 有 4 个同步信号：VSYNC（垂直同步信号）、FODD（奇数场同步信号）、HSYNC（水平同步信号）和 PCLK（像素时钟信号）。在采集过程中基本思想为：当场信号 VSYNC 到来时判断上升沿或者下降沿触发开始采集像素信号，每一个 PCLK 采集一次数据端口输出的数据并存入内存，每遇到一个行同步信号换下一行，每遇到一个场信号换下一场[7]，如图 2 所示。

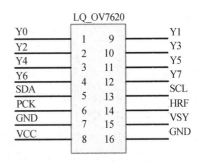

图 2　摄像头信号接口

智能车的摄像头接口设置行、场中断分别为 PTD13 和 PTD14，设置边沿捕捉，进入 IO 中断后对行、场中断进行判断，可设置隔行、隔列采集。在 OV7620 摄像头调试过程中将单片机 PTD13 和 PTD14 引脚分别接 HRF 行中断和 VSY 场中断。在场中断程序中设置变量计数判断奇偶场信号，可以选择连续采集和隔场采集，当场信号来了之后进入场中断，初始化 DMA 模块，设置源地址为摄像头数据输出口与单片机连接的 IO 口，目的地址为相应的图像信息存储内存数组。DMA 触发源设置为 PCLK 信号输入 PORT 口，传输次数为图像大小的列数。

经过实验，调整行场信号捕捉方式会造成图像偏离中心现象，通过调整图像大小和起始存储列可解决。以此方法采集效果相比采用延时跳过消隐区采集像素好很多，每秒 60 场稳定采集每场图像，几乎不会出现遗漏像素点情况，利用 DMA 搬运同时降低 CPU 工作负荷。

2.3 编码器速度采集

编码器速度采集使用 K60 单片机的 LPTMR（低功耗计时器）功能结合 PIT（周期中断定时器）功能来实现，初始化配置 LPTMR 模块处于脉冲计数模式；脉冲源选择外部引脚 LPTMR_ALT1

或者 LPTMR_ALT2 作为外部计数时钟源,分别对应智能车上编码器 1 和编码器 2 接口为 P5 和 P6,对应 K60 单片机的 PTC5 和 PTA19;设置脉冲计数上限为 0xFFFF;设置脉冲计数极性选择上升沿触发。当外部引脚有脉冲出现时,单片机脉冲计数功能启动,记录每个上升沿脉冲,将脉冲总数存放在 CMR 寄存器中。利用 PIT 定时器产生周期为 10ms 的定时中断,配置 PIT 中断函数,在中断回调函数中读取寄存器中数据并清零。

3　智能车关键算法

3.1　图像二值化

二值化算法的思路是:设定一个阈值 valve,当图像采集完毕后,存放在一个二维数组中,对矩阵的每一行按顺序从左至右或者从中间向两侧与设定阈值作比较,若该点灰度值大于或等于设定的阈值,则将该点数值设为灰度最大值;同样,若该点灰度值小于设定阈值,则将该点数值设为灰度最小值。这样输出的图像就这有最大和最小灰度值对应的黑白两色[8]。

智能车跑道上有明显的黑色引导线与纯白色的跑道对比非常明显,其对应摄像头采集到的灰度数值差也较大。因此在智能车赛道图像中运用的二值化算法十分简单易行,实验时设定一个阈值,将每一行的灰度信息比较得出 0/1 数据代替原有数据。

二值化效果图如图 3 所示,经测试赛道白色区域不清洁有污迹情况下经过二值化处理后完全不影响赛道信息提取。

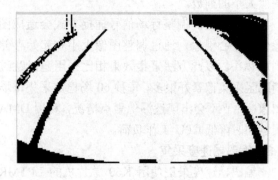

图 3　二值化效果图

3.2　图像滤波处理

图像出现少数噪点并不会影响整幅图像的信息提取,如果对整幅图像全部像素点进行判断和滤波,由于像素点数很多,要执行上万条指令才能完成整幅图像全部像素判断,所以不采用对整幅图像所有像素点滤波的做法。在实际控制当中,图像的重要信息在于赛道左右黑线的位置,其余信息都可以忽略,在控制算法当中又需要根据左右黑线的位置计算出赛道中线的位置,所以重要的控制信息在于经过处理之后的赛道中线位置信息[9, 10]。因此采用将赛道中线位置滤波,采用中值滤波对其进行处理,得到平滑的位置信息。

中值滤波经常用于图像处理中用于滤除图像中干扰信号提升图像质量。中值滤波是一种非线性平滑滤波技术,在一定条件下可以克服线性滤波带来的图像细节的模糊问题。在中值滤波算法中,处理数字图像时,使用每一点领域内几个点的中值代替原来的点,使其更加接近真实值,从而滤除孤立噪点和突变值。智能车采集到的图像信息存放在一个设定好的行数*列数的二维数组中,数组中每个数据对应每个像素点的灰度值。中值滤波采用的滑动窗口一般含有奇数个数据点,对这个窗口中的灰度值进行排序,用窗口的中的灰度值的中值来代替中心点的灰度值,然后将其中值赋值给中心点即可。

3.3　赛道信息提取算法

摄像头采集完毕后,图像存放在一个二维数组之中。提取过程就是在这个坐标系中,提取左右边界的坐标并计算出舵机打角的值。

至于提取边界的方法,采用差值法通过临点做差来判断,一旦差值大于设定黑白跳变值,则根据差值正负判断边沿种类。基准行的查找是最关键的一环,从近处靠近车体开始查找。从提取的图像中间开始向两边查找,一旦找到边界或者已经查找到数组两端,则停止查找[12]。由于赛道中间为白色,而从内向外查找,在查找到赛道外部之前必然会经过边界,一旦找到边界就停止查找可以有效避免被赛道外的错误信息所干扰。由近及远逐行查找,每一行提取到的赛道中线位置作为下一行的起始点。

3.4　PID 速度控制

PID 控制是将系统输出值与目标值之间的差值作为主要的控制量,将偏差值用比例、微分、积分三项的线性组合来产生控制量,控制量用来输出控制所控单位，因此 PID 为基于线性控制的控制器[13]其原理框图如图 4 所示。

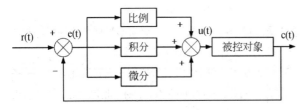

图 4　PID 原理框图

$$\Delta u(k) = K_P \left\{ \begin{array}{l} [e(k) - e(k-1)] + \dfrac{T}{T_I} e(k) + \\ \dfrac{T_D}{T} [e(k) - 2e(k-1) + e(k-2)] \end{array} \right\} \quad (1)$$

$$= K_P \Delta e(k) + K_I e(k) + K_D [\Delta e(k) - \Delta e(k-1)]$$

式中，$K_I = K_P \dfrac{T}{T_I}; K_D = K_P \dfrac{T_D}{T}; \Delta e(k) = e(k) - e(k-1)$

从公式 1 中可以看出，在实际的控制中，由于一般采样周期 T 不变，确定参数 K_P、K_I、K_D，使用前后连续 3 次的测量值的偏差值即可计算出控制量。

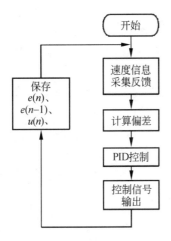

图 5　增量 PID 流程图

3.5　PD 舵机转向控制算法

在小车的方向控制中，不需要像速度控制采用增量式 PID 控制一样考虑已经走过的路线，可以舍去 PID 控制中的 I 项，采用 PD 控制[13]。在实际控制过程中，小车通过摄像头信息采集和控制器信息提取后得到左右边线的位置拟合出中线的位置，采集到的中线位置通过与标定位置做差得到偏差值，将偏差值经过 PD 控制算法计算得到舵机的 PWM 控制量。

提取到的赛道信息有 90 行，也就是一个长度为 90 的数组，算法中对数组进行分段加权累加，靠近小车的近端加权系数较大，位置偏差对应转向角度较大，能够快速调整小车的偏差位置。远端加权系数较小，调整系数实现在弯道前提前转向又不至于转向过晚导致冲出赛道。其中控制公式为公式 2。

$$STEER\_control = K_P * mid\_error\_1 +$$
$$K_D(mid\_error\_1 - mid\_error\_2) + STEER\_mid$$
$$\qquad\qquad\qquad (2)$$

4　结论

本文针对摄像头寻迹智能车实验平台开发中的关键算法进行研究，经过实际场地调试各项参数，基本循迹功能能够可靠实现，可以正确通过弯道、环形、十字弯等赛道，直线赛道能够快速加速通过，速度响应良好。调试过程中，可通过串口发送图像、速度等信息至上位机查看。经过反复测试，选取合适二值化阈值和 PID 参数，在专业竞赛赛道中整体平均通过速度可达 1.5 m·s^{-1}，能够满足实验课程需求。

本文的研究工作受到教育部校企合作（北航-恩智浦俱乐部）和北京航空航天大学教学改革项目的支持和资助，特此表示感谢。

References

[1] 郭景云. 基于 16 位单片机 MC68S912DG128 自寻迹智能小车的设计[J]. 牡丹江教育学院学报，2009（6）：66-67.

[2] 尹念东. 智能车辆的研究及前景[J]. 上海汽车，2002（4）：40-42.

[3] 汤正. 基于 KL25Z128VLK4 单片机的智能车系统设计[J]. 电子世界，2015（16）：181-184.

[4] 侯海燕. 自动循迹智能车的设计与实现[D]. 南京：东南大学，2013.

[5] 王静，金建，陈凯，等. 基于归一化算法智能车的设计与实现[J]. 电脑知识与技术，2015（8）：72-77.

[6] 张朝民，曾敬，李睿华. 飞思卡尔智能车大赛终点标志的识别[J]. 数字技术与应用，2010（7）：37.

[7] 蔡自兴. 智能机器人技术研究与展望. 中国人工智能

　　学会智能机器人专业委员会首届学术研讨会论文集，
　　1993：1-5.

[8] 张凯，任维平.人工智能在汽车驾驶技术领域发展综
　　述[J]. 中国科技纵横，2016（6）：35-36.

[9] 王晶.智能小车运动控制技术的研究[D]. 武汉:武汉理
　　工大学，2009.

[10] 侯虹. 采用模糊 PID 控制律的舵机系统设计[J].航空
　　兵器，2006，2（1）：7-9.

[11] 李银华，路新惠. 改进型自适应中值滤波算法在图像
　　处理中的应用[J]. 郑州轻工业学院学报：自然科学
　　版，2009（1）：83-86.

[12] 李太福. 基于在线参数自整定的模糊 PID 伺服控制系
　　统[J]，交流伺服系统，2005（4）.

[13] 蔡述庭.“飞思卡尔”杯智能汽车竞赛设计与实践——
　　基于 S12XS 和 Kinetis K10[M]. 北京：北京航空航天
　　大学出版社，2016：228-229.

基于工程认证的"自动化微工厂"实践教学平台

郝 立[1] 包金明[1] 王 飚[2]

（[1] 东南大学，江苏 南京 210096；[2] 昆山巨林科教实业有限公司，江苏 昆山 215300）

摘 要：本文针对目前自动化专业实践教学方面存在的问题，提出了基于工程认证的实践环节的教学模式，并以培养学生能力为主要目标构建了自动化微工厂的综合实践平台，详细论述了该平台的系统组成，并提出了基于该实践平台的教学模式。实践证明，通过该实践环节的教学，不仅提升学生对自动化专业的认识，同时也提高学生的工程实践能力和创新能力。

关键词：运动控制；实践教学；工程认证

Platform of Practical Teaching about Tiny Automatic Factory Based on Engineering Education Professional Certification Standards

Li Hao[1], Jinming Bao[1], Biao Wang

（1 School of automation，Southeast University，Nanjing，210096，Jiangsu Province，China

2 Kunshn Julin Science and Education Industry co. LTD, 215300, Jiangsu Province, China）

Abstract：The new teaching mode based on engineering education professional certification standards is proposed and discussed in order to solve the problems in the practice teaching of automation. For increasing the abilities of the students, the practice teaching system based engineering education professional certification standars is proposed and built. The practical teaching platform is discussed and the teaching mode is proposed based on this platform. The practice results show that the student's thinking and practicing are improved by this teaching mode.

Key Words：motion control；practice teaching；engineering education certifaction

引言

工程认证是由专门协会和专业领域的教育工作者对高校开设的工程专业教育进行的认证，保证 服务于工程领域的人才的工程教育质量。目前世界最具影响力的是《华盛顿协议》[1]。《华盛顿协议》（Washington Accord）是一个有关工程学士学位专业鉴定、国际相互承认的协议，是目前国际普遍认可最具权威性、国际化程度最高、体系较为完整的工程教育专业互认协议。2013 年 6 月，我国加入了《华盛顿协议》，成为该协议签约成员，这不仅为我国工程类学生走向世界打下了基础，也意味着中国高等教育将真正走向世界[2]。越来越多的学校和专业将进行工程教育认证，通过认证，将显著提高本专业的社会和企业认可度，为学生今后的就业、升学以及长期职业发展创造有利的条件。

2015 年，东南大学自动化学院开始准备工程专业认证，并提出了培养目标。为提高学生的实践能力，东南大学自动化学院与巨林科教实业有限公司合作，将自动化工厂引入教学中，并开发了"自动化微工厂"的实践教学平台。该教学平台以实际工业系统为原型，构建了一套完整的自动化工厂实训系统，主要有运动控制、机器人、计算机视觉、计算机网络、制造业自动化等，可以开展自动化专业的核心专业课程的实验、课程设计及毕业设计，能够将本科阶段的教学有机的衔接，培养学生的复杂工程实践能力，设计能力、管理能力、协作和创新能力。

1　实践教学环节与教学平台的问题

工程教育专业认证标准中课程体系明确规定：工程实践与毕业设计（论文）至少占总学分的 20[3-4]，必须设置完善的实践教学体系，培养学生的实践能力和创新能力，同时明确了"复杂工程问题"的概念，并以完成复杂工程系统设计为目标，这对实践环节和实践教学平台都提出了更高的要求。然而，目前的自动化实践教学中仍存在许多问题，难以到达 OBE 的教育培养模式，主要问题如下。

（1）课程实验比较单一，验证型实验多，课程之间缺乏连接，前序课程实验缺乏对后续实验教学的引申。

（2）生产实习环节，企业很难提供实习岗位，主要以参观为主，难以满足工程认证的要求。

（3）课程设计主要是某门课程的设计，复杂工程系统设计较少；同时，理论设计较多，工程实践类的设计较少。针对少部分工程类设计，缺乏控制对象。

（4）毕业设计方面，理论仿真多，工程类设计少，同时也缺乏实际系统供学生调试。

（5）实验设备的开放性不足，实验设备一般是封装好的，学生无法探测设备内部内容，无法将设备与理论教学中的具体内容联系起来，只能进行简单接线，完成验证型实验。同时设备功能单一，无法供多门课程进行实验教学。

因此，从工程专业认证标准看，目前的实践教学环节满足不了认证标准规定的具备解决复杂工程问题能力和非技术要素要求。

2　自动化微工厂实践平台

2.1　系统组成

根据工程教育认证标准对实践教学的要求和自动化专业实践平台及教学的不足之处，东南大学联合昆山巨林科教实业有限公司，研发了一套面向工程教育认证,结合工业 4.0 和中国制造 2025 的实践环节的教学平台。该平台融合了自动控制理论、运动控制、机器人技术、计算机控制技术、计算机网络、PLC、MCU、各类软件课程、自动化元件、电工技术等课程内容，实践平台的整体系统组成如图 1 所示。图 2 所示为其实验平台"自动化为微工厂"实物图。

自动化"微工厂"系统由微工厂生产线和各个分立的实验实训模块组成。其中生产线主要是由微型立体仓库、工业机器人物料搬运、雕刻加工单元、雕刻打磨单元、锁丝装配单元和视觉检测单元组成的一个全自动化的智能生产加工柔性单元。其软件部分包含 Art cam、WebAccess 和 MES。控制器由专业机器人控制器、数控雕刻控制器构成、锁丝机控制器、视觉检测控制器组成。

分立实验模块主要由传感器模块、控制器模块、伺服驱动（电机模块）、机器人模块和各类控制对象模块组成。可以开展课程实验和综合课程设计及毕业设计。

2.2　系统特点

与目前的实践教学平台相比，自动化"微工厂"具有以下特点。

（1）将工厂实际的生产线引入实践教学。自动化微生产线综合了微型仓库、机器人和各种加工机械，实现了机器人取料、雕刻机加工工件、锁丝机组合工件、视觉检测装置进行产品检测和产品入库的整个流程，使学生对工业现场有感性认识，能够不出校门就将所学知识与将来的现场有机结合。提高学生的学习兴趣。

（2）实践模块的高度开发性。如图 3 所示，与传统实验装置的不同，微工厂教学模块的开放性很高，学生能够看到真实的实验对象，能够在实物上进行实验操作。

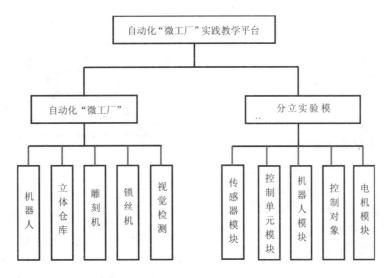

图1　自动化"微工厂"系统组成

图2　自动化"微工厂" 实物图

（3）控制对象的多样性。微工厂提供了多种控制对象，如三轴数控操作模块、升降旗对象、物料分拣对象、皮带传输对象等，可以进行多个内容的综合课程设计和毕业设计。

（4）组合的灵活性。自动化微工厂将各个单元进行模块化设计，各个模块之间可以自由组合，

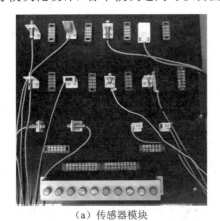

（a）传感器模块

图3　实验模块

（b）PLC模块

（c）对象模块

图3 （续）

构建不同的控制系统。如伺服驱动（电机模块）包括直流电机、交流电机、直流伺服电机、交流伺服电机、步进电机模块；控制器包括PLC、MCU、DSP 等模块；控制器模块、伺服驱动模块及控制对象模块之间可以自由组合，组建不同的复杂系统，灵活性好。

3　实践教学模式

根据工程认证的思想，基于自动化"微工厂"的教学模式思想为制定目标、分解任务和内容、知识链接的方式，如图 4 所示。

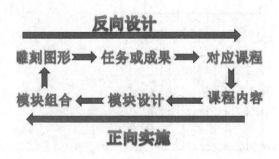

图 4　教学思想

3.1　教学设计

以完成某一图形的雕刻任务为例，阐述其教学思路。首先设定教学目标，根据目标制定教学任务，并将任务和微工厂设备进行链接，并分解到各个课程，在进行课程设计时明确课程的地位和作用，并明确课程学习完成后能够实现系统中的那部分功能，最后组合系统。

3.2　教学方式

自动化微工厂组合了实际生产线与实验模块，根据其设备特点，可采用如下教学方式。

（1）首先进行任务分解，设定不同目标，制定不同任务，并将任务与课程内容进行结合，教师在授课过程中向学生提出明确的学习目标。

（2）大一认识阶段，学生可以参观微生产线，对本专业建立感性认识，并明确在今后的学习中学习内容是为实现目标服务的，提高学生后续的学习热情。

（3）利用实验模块开展实验教学，除了理论验证实验外，紧密结合最终的设计目标，在日常的课程教学中完成目标任务各个模块的设计，理论教学与实践教学紧密结合，始终以实现目标为教学导向。

（4）在综合课程设计阶段，可以进行组合，利用模块化的实验设备进行单一系统调试，调试通过后，各组学生配合，完成大系统的调试与运行，实现最终目标。

3.3　教学结果

从 2014 年起，我校学生已经基于自动化微工

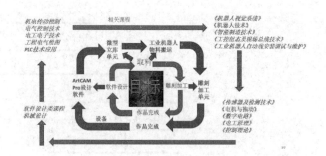

图 5　教学设计示例

产实验平台进行了"运动控制系统"课程群的实验教学和课程设计、并完成每学期 40 人的生产实习的教学任务，同时，每学期有 10 人的毕业设计是基于自动化微工厂完成的。其中运动控制系统课程群的课程主要包括自动化元件、电力电子技术、PLC 和运动控制系统等课程。以设计以双闭环控制系统为目标，以直流电机为对象，将任务分解到自动化元件、电力电子技术和运动控制系统，从熟悉对象、学习电路设计到系统设计，结合前序所学的软件课程，学生在运动控制系统课程设计中完成系统软硬件设计和系统调试，并进行验收和答辩。该课程设计实施 2 学期，教学结果表明，学生都能完成任务设计，30%的学生能够很好地完成系统软硬件设计，设计出软硬件并进行系统调试。40%的同学能够完成硬件设计、制作出控制电路和主电路并进行调试，完成部分软件设计。30%学生能完成系统硬件设计，没有时间进行软件开发与设计。学生普遍反映他们在该课程设计中学到了很多内容，尤其是工程实践的能力得到极大的锻炼。同时，基于该平台，我校已经连续 4 年进行了学生的生产实习环节的教学，并将 PLC 和生产实习两门课程结合，历时一个月，40 名学生都能根据设计任务和设计对象完成硬件设计和 PLC 软件设计，并通过 1 个月的实训学习，极大地提高了学生解决问题的能力。同时，每年的毕业设计，至少 2～3 名学生能获取毕业设计优秀的成绩。

4　结论

自动化微工厂不仅提供了实际的生产线，更提供了多样的、开放的实验模块，其设备内容几乎涵盖了自动化专业所有课程，并结合了工业 4.0

和中国制造 2025 的内容，不仅能够满足自动化专业工程认证的要求，更能培养学生的实践创新能力。

References

[1] 姜理英，陈浚. 工程教育专业认证背景下环境工程专业教学改革探析[J]. 浙江工业大学学报：社会科学版，2014（3）.

[2] 晋浩天. 工程教育认证对我们意味着什么[N]. 光明日报，2013-11-27.

[3] 陈旭升，刘中美，周丽，等. 依托科研课题探索和实践生物工程专业本科毕业设计（论文）教学[J]. 教育教学论坛，2015（38）：140G142.

[4] 中国工程教育专业认证协会. 工程教育认证工作指南（2015 版）[Z]. 2015.